PATHOLOGIE GENERALE

Le NOUVEAU TRAITÉ DE PATHOLOGIE GÉNÉRALE sera publié en quatre volumes qui paraîtront à des intervalles rapprochés : l'ouvrage est vendu cartonné.

Chaque volume sera vendu séparément et le prix en sera fixé selon l'étendue des matières.

Le Tome premier est vendu **22** *fr.*

Jusqu'à la publication du tome II, il est accepté des souscriptions à l'ouvrage complet au prix de 88 fr.

Il n'est demandé aux souscripteurs aucun versement d'avance. Ils paieront chaque volume au prix marqué et le dernier leur sera facturé de telle sorte que le prix de la souscription ne soit en aucun cas dépassé.

NOUVEAU TRAITÉ

DE

PATHOLOGIE GÉNÉRALE

COLLABORATEURS :

MM. ACHARD, BALTHAZARD, BERGONIÉ, BEZANÇON, BOINET,
BORY, CADIOT, J. CAMUS, CLAUDE, CLERC, J. COURMONT,
P. COURMONT, DEMANCHE, DESGREZ, MATHIAS DUVAL, GARNIER,
GILBERT, GOUGET, GUIART, IMBERT, JOSUÉ, LAMBLING,
LANGLOIS, LE GENDRE, LEJARS, LE NOIR, LETULLE, E. LÉVY,
MAYOR, MÉNÉTRIER, MULON, NETTER, NOGIER,
PAGNEZ, RAVAUT, SICARD, TEISSIER,
VILLARET, VUILLEMIN, P.-E. WEIL, FERNAND WIDAL, ZIMMERN.

NOUVEAU TRAITÉ
DE
PATHOLOGIE GÉNÉRALE

PUBLIÉ PAR

CH. BOUCHARD
Professeur honoraire de pathologie générale
à la Faculté de Médecine,
Membre de l'Académie des Sciences
et de l'Académie de Médecine.

G.-H. ROGER
Professeur de pathologie expérimentale
à la Faculté de Médecine,
Membre de l'Académie de Médecine
Médecin de l'Hôtel-Dieu.

TOME I

RÉDIGÉ PAR MM.

ACHARD, BERGONIÉ, CADIOT, P. COURMONT,
MATHIAS DUVAL ET MULON, IMBERT, LANGLOIS, LE GENDRE,
LEJARS, LE NOIR, NOGIER, ROGER, VUILLEMIN

PARIS
MASSON ET CIE, ÉDITEURS
LIBRAIRES DE L'ACADÉMIE DE MÉDECINE
120, BOULEVARD SAINT-GERMAIN (VIe)

1912

PRÉFACE

Fixer l'état de la science à un moment de son évolution, synthétiser les conceptions auxquelles conduisent les acquisitions actuelles, montrer les voies nouvelles ouvertes aux explorations futures, tel est le triple but de cet ouvrage.

On y trouvera l'exposé des doctrines modernes. Mais on y chercherait en vain les doctrines d'une École.

Les Écoles qui furent si florissantes jadis, celles de Paris ou de Montpellier, comme celles de Berlin, de Vienne ou de Dublin, n'existent plus. Nous avons assisté à leur agonie et nous avons conduit leur deuil. Notre planète est trop petite et les communications y sont devenues trop faciles, trop promptes et trop fréquentes pour qu'une Université puisse s'isoler et s'immobiliser dans le mouvement général, pour qu'un savant puisse se murer dans la contemplation de son système. On ne peut plus parler de la doctrine d'une École, mais on doit compter avec la doctrine d'une Époque.

Une École, autrefois, se caractérisait par une méthode ou par une doctrine. Aujourd'hui, la méthode en médecine est partout la même. Elle est basée sur l'observation et l'expérimentation. Après avoir longtemps opposé l'un à l'autre ces deux modes de l'investigation scientifique, après avoir discuté sur leur valeur et leur importance relatives, on est arrivé à reconnaître qu'il n'y a pas de différence fondamentale, quand un fait morbide est réalisé, entre un pathologiste qui l'étudie à l'hôpital et un autre pathologiste qui l'étudie dans son laboratoire. Des deux côtés, l'investigation se poursuit de la même façon. Les procédés sont analogues; ils sont seulement un peu plus délicats pour le clinicien dont les recherches ne doivent être ni dangereuses ni douloureuses. Mais il y a peu de moyens, mis en œuvre par la technique physiologique, qui ne puissent être appliqués à l'homme. Ce fut justement l'œuvre de ces quinze ou vingt dernières années, d'augmenter l'arsenal dont peut disposer la clinique. Les perfectionnements apportés aux appareils de mensuration et d'exploration, l'emploi de la radioscopie et de la radiographie, les améliorations de la méthode graphique, les applications de plus en plus nombreuses des analyses chimiques, histologiques et cytologiques, les progrès de la bactériologie, la recherche des réactions humorales et notamment des changements survenus dans les propriétés biologiques du sang, ont considérablement augmenté le champ des investigations cliniques. Aussi, dans la plupart des cas, le médecin qui veut recueillir une observation complète, est-il forcé d'avoir recours à une série de méthodes compliquées et délicates.

La seule différence que l'on puisse découvrir entre le clinicien et l'expérimentateur étudiant un fait morbide, c'est que l'expérimentateur, maître du déterminisme, est capable de provoquer l'apparition ou le retour du fait, quand il sera disposé à l'observer ou quand il aura le désir d'en commencer ou d'en poursuivre l'étude. Le médecin est la victime du hasard; il est forcé d'attendre et bien souvent le retour du fait morbide le surprend à l'improviste, de sorte qu'il peut manquer l'occasion de s'instruire, s'il n'a pas l'esprit suffisamment patient, vigilant et alerte.

Il ne faut pas cependant exagérer la différence : la maladie qu'on observe a été provoquée, elle aussi; il appartient à l'attention, à la pénétration, à la perspicacité du clinicien, de discerner la cause, de fixer l'instant où elle a opéré, de découvrir les circonstances qui lui ont permis d'agir. Est-ce par l'expérimentation que Rollet a démontré les modes divers de transmission de la syphilis? C'est par l'observation clinique seule, et les médecins qui ont eu le triste courage d'expérimenter sur l'homme, en cette matière, n'ont rien ajouté à sa démonstration. C'est bien par l'expérimentation que Villemin a prouvé l'inoculabilité du tubercule; mais c'est au nom de la clinique que sa contagiosité était affirmée par les médecins napolitains du xviiie siècle et que, depuis longtemps, elle était proclamée par toutes les populations du midi de l'Europe.

Ne séparons donc pas l'observation et l'expérimentation qui sont une seule et même chose. Mais reconnaissons que si le champ de l'expérimentateur est étroit, si les maladies qu'il peut transmettre sont en nombre restreint, comparées à l'infinité des maladies que nous observons, il a dans son domaine une puissance et une promptitude d'action qui lui permettent de mener le progrès, dans les questions de pathogénie et de physiologie pathologique, plus vivement que le médecin ne saurait le faire.

De la méthode, dont nous venons de rappeler les principes, découle la doctrine. Celle de ce livre, c'est celle qui, à l'heure actuelle, et dans tous les lieux, se dégage des recherches et des méditations auxquelles se livrent les hommes de science. C'est la doctrine d'une époque où l'on n'affecte plus d'ignorer le passé; où l'on est d'autant plus respectueux des précieuses acquisitions accumulées par l'observation des siècles écoulés, qu'il nous est permis de les interpréter et de les comprendre à la lumière des révélations de la science expérimentale contemporaine. Nous les expliquons mieux aujourd'hui qu'hier. Mais nous sentons qu'on les expliquera mieux demain. Il en sera toujours ainsi. La science est dans une évolution continuelle. Actuellement, nous entrevoyons les lueurs qui nous font présager d'où viendront les nouvelles clartés. C'est ce qui fait que la doctrine médicale, au moment où ce siècle commence, n'est pas seulement la synthèse des acquisitions anciennes; c'est aussi la détermination d'un point de départ, d'où l'on s'engage dans une route à direction connue, route dont on prévoit les étapes et où l'on ne se trouve pas étranger, bien qu'elle soit encore inexplorée.

***

Les idées que nous venons d'exposer brièvement ont déjà présidé à la conception du *Traité de Pathologie générale*, dont la publication, commencée en 1895, s'est terminée en 1903. Depuis longtemps, l'ouvrage est épuisé. Le moment nous semble venu de publier, non une deuxième édition, mais un *Nouveau Traité*. Le plan est analogue. Cependant nous avons supprimé les chapitres consacrés à la description des parasites et des agents infectieux, ainsi que les articles de sémiologie. Les questions nouvelles ont trouvé la place à laquelle elles ont droit. Nous avons donné plus d'importance à l'étude des agents physiques, à l'histoire des intoxications et des auto-intoxications. Nous avons ajouté des articles nouveaux sur l'anaphylaxie et les glandes dites à sécrétion interne. Enfin, nous avons considérablement développé la partie relative aux explorations cliniques et aux nouvelles méthodes de diagnostic.

Plusieurs collaborateurs de l'ancien Traité ont bien voulu nous conserver leur précieux concours. Parmi les collaborateurs nouveaux, les uns appartiennent à cette cohorte de jeunes médecins qui consacrent leur activité aux recherches scientifiques. Les autres sont des maîtres, des collègues qui nous ont apporté le témoignage de leur sympathie, en même temps qu'ils assuraient le succès de l'œuvre commune par le concours de leur science et par l'autorité de leur nom. Que tous soient remerciés aujourd'hui, tous ceux qui sont inscrits au frontispice de cet ouvrage.

Avril 1912.

BOUCHARD. — ROGER.

60

NOUVEAU TRAITÉ

DE

PATHOLOGIE GÉNÉRALE

INTRODUCTION

A

L'ÉTUDE DE LA PATHOLOGIE GÉNÉRALE

Par H. ROGER

CHAPITRE PREMIER

LA VIE ET LA MATIÈRE VIVANTE

Définition de la médecine. — Étude critique des principales théories émises sur la santé et la maladie. — Étude critique des principales conceptions de la vie. — Animisme, vitalisme et néo-spiritualisme. — Unicisme et positivisme. — Répercussion des conceptions philosophiques sur la physiologie et la médecine. — Idée abstraite de la vie. — Propriétés fondamentales de la matière vivante. — La nutrition. — Énergétique vitale. — Origine et reproduction de la matière vivante. — Développement, évolution et désintégration de la matière vivante. — Manifestations psychiques.

Définition de la médecine. — Étude critique des principales théories émises sur la santé, la maladie et la vie. — La *médecine* est une science et un art. La *science médicale* a pour objet l'étude des maladies; l'*art médical* a pour but le maintien et le rétablissement de la santé.

Ces deux termes *santé* et *maladie* paraissent exprimer des idées si simples et si précises qu'on pourrait regarder comme inutile toute tentative de définition. Ne semble-t-il pas évident que la santé est caractérisée par le jeu régulier des organes, la maladie par un trouble dans leur fonctionnement? N'est-il pas admissible que la maladie est un état contre nature, une sorte d'anomalie, une dérogation aux lois biologiques? Ne doit-on pas opposer constamment la santé à la maladie, comme on a opposé, comme on oppose encore la vie à la mort?

Cette idée, fort séduisante au premier abord, et dont on trouve comme une première notion dans quelques écrits d'Hippocrate (1), a été parfaitement exprimée par Sprengel : « Nous définissons les maladies, dit-il, une déviation notable du rapport avec les desseins de la nature, ou un état tel du corps qu'il se produit des actes et des phénomènes en désaccord avec les fins de la nature (2) ». Mais c'est surtout Friedländer qui a développé cette doctrine, et qui, comparant les maladies du corps avec celles de l'esprit, arrive à une conception, trop bien exposée pour ne pas être reproduite intégralement. « Pour qu'il y ait maladie, il faut une telle déviation, un tel trouble de la vie, que la forme qu'elle prend alors, non seulement paraisse complètement contraire à la constitution humaine, mais encore que cette constitution se montre défectueuse, privée de toute régularité, et voisine de la destruction. La maladie du corps est caractérisée par une éruption hors des liens de la nécessité, par une sorte d'usurpation de la liberté; la maladie de l'esprit est caractérisée par la gêne et la perte de la liberté (3). »

De ces définitions déjà anciennes, on peut en rapprocher une autre, beaucoup plus récente; c'est celle que nous trouvons dans le livre de Rindfleisch : « La maladie est un état anormal de notre corps et de notre vie, qui se traduit pour le patient lui-même et pour ceux qui l'entourent par diverses manifestations, les symptômes morbides (4). »

En admettant que la maladie soit un état contre nature, il faut demander à une définition de préciser ce qui se cache sous cette phrase un peu vague. Si l'on considère la maladie comme une déviation, un écart du type régulier de la vie, on s'en fera une idée qui variera évidemment suivant les doctrines métaphysiques. Ceux qui placent la cause des phénomènes vitaux dans l'organisation spéciale de la matière seront conduits à expliquer la maladie par un trouble fonctionnel ou une altération anatomique; ceux qui admettent que la vie relève d'un principe supérieur, plus ou moins intimement uni à la matière, chercheront la cause de la maladie dans une modification de ce principe.

Les définitions peuvent varier dans la forme, mais elles se ramènent toujours à ces deux grandes idées : l'une fait consister la maladie en des troubles ou des lésions; l'autre invoque les modifications d'un principe vital.

Dès l'origine de la médecine, les deux théories opposées se trouvent en présence. Les auteurs y ont souvent apporté des modifications et ont pensé pouvoir étayer une sorte de théorie mixte, en essayant de com-

(1) « Rien de funeste ni de mortel ne survient dans les choses conformes à la nature » (HIPPOCRATE, Des jours critiques. *Œuvres complètes* (trad. Littré), t. IX, p. 299).

(2) SPRENGEL, *Institutiones medicæ*, t. III, p. 1. Amsterdam, 1808.

(3) FRIENDLÆNDER, *Fundamenta doctrinæ pathologicæ*, p. 32. Halæ, 1823.

(4) RINDFLEISCH, *Éléments de pathologie* (trad. Schmitt), p. 1. Paris, 1886.

biner l'action du principe vital avec le rôle des manifestations somatiques. Mais, malgré les réticences ou les contradictions, on voit bientôt les deux tendances se dessiner : l'une, plutôt matérialiste, qui naît avec Asclépiade et Galien; l'autre plutôt spiritualiste, dont on peut saisir les premières notions dans quelques écrits d'Hippocrate.

Malgré les nombreux travaux qu'ont entassés les philosophes, les médecins, les physiologistes, malgré les découvertes dont s'est enrichie la Science moderne, le mystère de la vie suscite toujours d'angoissants problèmes, et les opinions qui ont été émises par les premiers penseurs ont traversé les âges; reprises, modifiées, amendées, elles survivent toujours; elles comptent toujours d'acharnés adversaires et de zélés partisans.

L'étude de l'être malade ne peut être entreprise que si l'on possède des connaissances suffisantes sur l'être normal. Avant de définir la maladie, il faut chercher une définition de la vie ou, pour prendre une expression moins abstraite, il faut déterminer les propriétés caractéristiques de la matière vivante.

Trois mots suffisent à représenter à notre esprit ce que nous apprend l'observation la plus minutieuse de l'être vivant le plus parfait : la matière, le mouvement, la pensée. Trois théories s'efforcent de nous expliquer le mystère de la vie : l'unicisme, qui tend à tout rapporter à la matière ou plutôt à tout expliquer par l'intervention de forces analogues à celles qui régissent le monde inanimé; l'animisme, qui définit l'être vivant par un principe spécial, plus ou moins indépendant de l'ambiance; le vitalisme, qui invoque l'intervention de forces plus ou moins nombreuses et plus ou moins hiérarchisées.

Animisme et vitalisme. — On répète souvent que l'*animisme* est une doctrine ancienne et qu'elle se trouve à la base de presque toutes les mythologies. Si le Créateur anime l'homme de son souffle, il ne faut pas conclure qu'il lui confère une âme immortelle. Le dogme de l'immortalité est de beaucoup postérieur aux vieilles cosmogonies religieuses. On doit entendre simplement que le souffle divin met en jeu la fonction qui, à première vue, semble la plus caractéristique, celle qui se terminera avec le dernier soupir, la respiration.

L'animisme médical trouve sa formule dans la conception de Stahl une âme unique, pensante, raisonnable, ayant conscience de soi, excite dans la matière un mouvement tonique, vital, lui permettant de résister à la putréfaction. La maladie doit être considérée comme l'effort de l'âme pour rétablir l'équilibre des actions et expulser les substances nuisibles.

E. Chauffard [1] a essayé de rajeunir la conception ancienne. Il admet que « la pensée, l'action, la fonction s'enlacent dans une invincible union » et que l'âme exerce une action sur les actes de la pensée où elle

[1] E. Chauffard, *La vie. Études et problèmes de biologie générale.* Paris, 1878.

procède avec conscience et sur les phénomènes physiologiques qu'elle régit inconsciemment suivant des lois primordiales.

Le *vitalisme* procède plus spécialement des philosophes qui, depuis Pythagore, Platon, Aristote et Sénèque jusqu'à Bacon soutinrent la pluralité des âmes. Les Grecs en distinguaient deux, quelques-uns en admettaient trois. La première est l'âme pensante, intelligente et immortelle, désignée sous le nom de noûs, νοῦς, qui dirige les actes les plus élevés de l'esprit. La seconde, psyché (1), ψυχή, est l'âme des sensations et de l'amour. La troisième, pneuma, πνεῦμα, est le souffle qui donne la vie et le mouvement à toute la machine.

Saint Thomas d'Aquin nous accorde également trois âmes : la psyché occupe la poitrine; le pneuma est répandu dans tout le corps; le noûs siège dans la tête. Chaque âme se divise en trois parties : c'est ainsi que l'âme végétative comprend la nutritive, l'augmentative, la générative.

Le vitalisme sépare donc nettement l'âme pensante de l'âme vivifiante. Cette dernière peut être unique ou bien elle peut être divisée en autant de parties qu'il existe de fonctions. Nous arrivons ainsi aux doctrines de Paracelse et de Van Helmont. Chaque organe est conduit par une archée (2) qui a présidé à sa formation et qui dirige son fonctionnement. Ces archées sont sous la dépendance d'une archée supérieure au-dessus de laquelle se place l'âme sensible; celle-ci n'est elle-même que l'enveloppe de l'âme immortelle. Tant que l'archée conserve son état normal, tant que l'accord subsiste entre elle et les archées secondaires, la santé se maintient : l'équilibre est rompu quand ces conditions ne sont plus remplies.

Si nous ouvrons le livre de Barthez, nous y trouvons une doctrine beaucoup plus philosophique. Pour cet illustre médecin, il faut distinguer l'âme pensante et le principe de la vie. « Dans l'état actuel de nos connaissances sur l'homme, dit-il, on doit rapporter les divers mouvements qui s'opèrent dans le corps humain vivant à deux principes différents, dont l'action n'est pas mécanique et dont la nature est occulte. L'un est l'âme pensante et l'autre est le principe de la vie.... Les maladies sont essentiellement des suites d'affections du principe de la vie dans l'homme;... elles sont en général déterminées automatiquement par l'action des causes morbifiques, soit externes, soit internes, conformément à des lois qui sont établies pour le principe vital, et qui ne sont ni mécaniques ni arbitraires (3). »

(1) La jolie fable gréco-latine que nous a transmise Apulée est la personnification de la doctrine philosophique. Psyché, la délicieuse amante d'Éros, est heureuse tant qu'elle s'abstient de rechercher la cause de son bonheur. La Science est pour elle une source de souffrance. Dès qu'elle allume le flambeau, l'amour disparaît. Mais il revient bientôt, et, plus fort que la Science, il finit par réaliser la félicité parfaite.

(2) Mot inventé par Basile Valentin, adopté par Paracelse et Van Helmont et venant de ἄρχειν, commander.

(3) BARTHEZ, *Nouveaux éléments de la science de l'homme* (Discours préliminaires), t. I, p. 25, et p. 42, 3e édit., 1858.

Quant à la nature même de ce principe de la vie, Barthez la conçoit de la façon suivante : « Ce principe a une existence distincte de celle du corps qu'il anime.... Mais il est possible que ce principe ne soit qu'une faculté innée,... qui nous est inconnue dans son essence, mais qui est douée de forces motrices et sensitives... régies suivant les lois primordiales.... On manque aux règles de la méthode philosophique lorsqu'on assure à présent qu'une seule âme ou un seul principe de la vie produit dans l'homme la pensée et les mouvements des organes vitaux. Cependant on ne doit pas affirmer qu'il soit impossible que la suite des temps n'amène la connaissance de faits positifs,... qui pourront prouver que le principe vital et l'âme pensante sont essentiellement réunis dans un troisième principe plus général (1). »

Nous avons tenu à citer les textes, afin de bien préciser la conception de Barthez, qui a eu un si grand et si juste retentissement et qui a compté, parmi ses défenseurs, des hommes comme Lordat, F. Bérard, Jaumes. C'est qu'en effet Barthez avait essayé de dégager la science biologique de la métaphysique; mais, entraîné à son insu par la tendance même qu'il combattait, il ne put réussir dans le projet de réforme qu'il avait conçu, et finit par investir d'une existence réelle le principe vital qu'il avait introduit tout d'abord à titre de simple formule scientifique (2).

Néo-spiritualisme. — La doctrine de Barthez établit une transition toute naturelle entre les théories anciennes et les conceptions modernes des néo-animistes et des néo-vitalistes.

Aujourd'hui on est bien forcé de reconnaître que l'être vivant est soumis à l'action des forces physico-chimiques. Bichat, Cuvier, J. Muller pensaient que la vie est essentiellement caractérisée par une lutte contre les forces externes. L'idée a été modifiée, atténuée, pourrait-on dire. On admet encore que certaines manifestations vitales sont d'une essence spéciale, qu'elles relèvent d'un principe particulier, qu'elles sont en désaccord avec les lois qui régissent la matière brute. Bunge insiste sur le discernement des cellules chargées de l'absorption; elles exercent une sélection et semblent obéir à une incitation intelligente. Heidenhain fait remarquer que les sécrétions ne suivent pas les lois de l'osmose; Ch. Bohr, à la suite de travaux remarquables, arrive à une conclusion analogue pour les échanges respiratoires.

Les faits sur lesquels s'appuient les *théories néo-spiritualistes* sont exacts. On se trouve en présence de phénomènes que les conquêtes actuelles de la physique et de la chimie sont incapables d'expliquer. Faut-il invoquer l'intervention d'un principe spécial? Faut-il au contraire, poussant plus loin l'analyse, essayer de ramener l'inconnu au connu?

Ainsi posée, la question semble résolue d'avance. Dire avec Pauly que les cellules sont douées d'une conscience qui les incite à remplir

(1) Barthez, *Ibid.*, t. I, p. 125-128.
(2) Comte, *Cours de philosophie positive*, t. III, p. 515, 5e édit., 1893.

telle ou telle fonction, c'est exprimer en langage métaphysique une donnée expérimentale. La tâche du savant doit être justement de pénétrer la nature de cette conscience cellulaire et les travaux sur les tropismes semblent avoir éclairé le problème d'un jour lumineux. Sans doute nombre de phénomènes biologiques, nombre de faits ressortissant à l'histoire de l'absorption, de la sécrétion, des échanges gazeux n'ont pas encore trouvé leur formule définitive. Si l'on invoque pour les expliquer une force vitale, on n'a qu'à s'arrêter et à se contenter du mot. Si l'on veut au contraire poursuivre l'analyse, on réalisera une œuvre utile. On n'arrivera pas d'emblée à la solution du problème, mais on rencontrera sur la route des résultats nouveaux et intéressants.

Beaucoup de savants, bien qu'attachés aux doctrines spiritualistes, abandonneraient volontiers à l'action des forces ambiantes la direction des sécrétions glandulaires et des phénomènes nutritifs. Mais ils ne peuvent se résoudre à ne pas invoquer un principe spécial quand il s'agit d'expliquer l'évolution générale, ontogénique et phylogénique, des êtres vivants, ou de comprendre les lois qui président à leur développement, au maintien de leur forme, à la persistance ou à la modification des caractères transmis par l'hérédité ou l'atavisme.

Les uns, plutôt naturalistes, Reinke, Karl Camillo, Schneider, admettent qu'une force téléologique est seule capable de diriger l'adaptation. Dresch va jusqu'à prétendre que les organismes ont la puissance de modifier par eux-mêmes leurs fonctions en de nouvelles conditions externes. Les autres, plutôt physiologistes, supposent qu'une force mystérieuse permet le développement de l'être suivant un plan primitif. Aristote parlait d'une *cause formelle*, Cl. Bernard invoquait une *idée directrice* et, plus récemment, Reinke introduisit la notion des *déterminantes*, guides intelligents de la force matérielle aveugle.

On a réduit ainsi le principe vital à une puissance directrice. Cette conception, en apparence bien modeste, rappelle la théorie de Kepler, admettant dans les planètes une âme chargée de les guider sur leur trajectoire. Une telle idée fait sourire quand il s'agit de la marche imposée à l'Univers. Elle est sérieusement discutée, elle est admise encore aujourd'hui par des savants illustres, quand il s'agit des êtres vivants. Et cependant ne voyons-nous pas dans tous les phénomènes qui nous entourent la même conservation du plan primitif? La même loi apparaît aussi bien, quand nous considérons la formation des mondes ou la marche des astres, que lorsque portant nos yeux plus près de nous, nous laissons tomber notre regard sur le développement d'un être vivant ou sur la cristallisation d'un sel. Le cristal qui dans l'eau-mère reforme l'angle brisé, obéit à la même idée directrice que le triton qui restaure la patte amputée. Les deux manifestations sont évidemment de même ordre. Pourquoi chercher dans une intervention mystérieuse l'explication du phénomène vital, tandis qu'on s'efforce de trouver une formule simple pour le phénomène physique?

Restent enfin les philosophes et les savants qui abandonnent aux lois naturelles tous les phénomènes physique et chimiques dont l'organisme est le siège, mais laissent en une place spéciale les manifestations intellectuelles. Bunge [1], s'inspirant des doctrines de Leibnitz, fait remarquer que les sentiments et les passions ne sont jamais ordonnés selon l'espace, mais seulement selon le temps, et cela lui suffit pour leur dénier tout rapport avec un mécanisme quelconque.

Il est un argument plus important. On a pu soutenir que les phénomènes psychiques échappent aux lois de la corrélation des forces et ne peuvent être considérés comme rentrant dans le domaine de l'énergétique. Cette observation est capitale et mérite d'être longuement discutée. Nous y reviendrons quand nous étudierons les propriétés générales de la matière vivante.

Ce rapide exposé suffit à démontrer que, tout en se modifiant sur bien des points, en se transformant sur d'autres, en abandonnant certains processus pour retenir les phénomènes dont la formule physico-chimique nous échappe, les doctrines spiritualistes conservent une position extrêmement forte. Elles comptent encore d'illustres représentants. R. Virchow lui-même invoquait une force vitale pour expliquer « ce quelque chose tout spécial qui caractérise les phénomènes de la vie et qui les distingue de tous les autres ».

Monisme et positivisme. — Malgré les efforts des néo-spiritualistes, la tendance actuelle est de rejeter l'intervention de tout principe échappant aux lois de la corrélation des forces.

Dès lors, deux positions sont possibles.

On peut admettre que les phénomènes multiples et variés dont l'ensemble caractérise la vie, sont dus à l'organisation spéciale de la matière; que les forces qui s'y manifestent ne sont que les forces cosmiques, y subissant des transformations plus ou moins complexes.

A la dualité ou à la pluralité des principes invoqués par les animistes et les vitalistes, on oppose aussi l'*unicisme* ou *monisme*.

Mais il est loisible de mettre d'accord les doctrines opposées. On peut, s'inspirant du *positivisme* comtien, rejeter la formule spiritualiste et la formule uniciste. On peut se contenter d'enregistrer les phénomènes apparents, sans essayer d'en pénétrer la nature intime; on observe les manifestations vitales, on étudie les conditions de leur développement, leurs rapports avec les phénomènes ambiants; on note leurs particularités, leurs caractères spécifiques, sans s'efforcer de les rattacher aux phénomènes cosmiques, en se tenant également éloigné et de ceux qui veulent les identifier et de ceux qui n'admettent aucune assimilation. Cette position, très scientifique, permet à notre sentiment

[1] Bunge, *Cours de chimie biologique et pathologique* (trad. Jacquet). Paris, 1891, p. 1 et suiv.

intime, de conserver les dogmes anciens : elle permet à notre esprit de s'en affranchir suffisamment pour comprendre les découvertes modernes.

Si nous laissons de côté l'influence d'un principe vital, soit que nous voulions tout ramener aux lois du monde inanimé, soit que nous voulions rester dans un doute d'ailleurs légitime, nous pouvons constater que les conceptions de la vie et de la maladie ont considérablement varié suivant les époques. Elles ont reflété les doctrines philosophiques et les doctrines scientifiques, et ont évolué parallèlement aux acquisitions nouvelles et au progrès.

L'*unicisme* ou *monisme* se confondit d'abord avec le *matérialisme*. Il s'efforça d'expliquer tous les actes vivants, y compris les manifestations intellectuelles, par les propriétés générales de la matière [1].

Quand triomphèrent les *théories cinétiques*, les unicistes furent conduits à considérer la vie comme un mouvement.

Aujourd'hui une idée plus haute tend à se dégager. Les êtres vivants nous apparaissent comme des machines dont le fonctionnement est soumis aux lois de l'*énergétique*. Loin de lutter contre les forces ambiantes, ils leur obéissent et leur empruntent les éléments de leur activité. Tous les actes, même les plus compliqués, les sensations, la pensée, la volition, perdent de plus en plus leur caractère mystérieux.

Pour accumuler l'énergie nécessaire aux diverses manifestations de son activité, l'être vivant emploie des procédés qui nous permettent de le considérer comme une *machine chimique*, mais cette machine diffère des appareils que nous savons construire et utiliser. Elle en diffère en ce qu'elle est capable de se développer, de s'entretenir et de se reproduire automatiquement.

Nous touchons ici au problème fondamental. Puisque la machine vivante possède des propriétés et des qualités qui lui assignent une place à part, faut-il admettre qu'elle est douée d'une puissance spéciale,

[1] Les philosophes classiques, qui ont si longtemps combattu les déductions qu'on peut tirer des faits physiologiques et des observations médicales, se sont vivement attaqués à la phrase partout citée comme étant de Cabanis. « Le cerveau sécrète la pensée comme le foie sécrète la bile. » Malgré toutes les recherches que j'ai faites, je n'ai trouvé cette phrase que dans les écrits publiés par les adversaires du grand philosophe. Je crois donc intéressant, pour rétablir la vérité, de donner le texte exact : « Pour se faire une idée juste des opérations dont résulte la pensée, il faut considérer le cerveau comme un organe particulier, destiné spécialement à la produire; de même que l'estomac et les intestins à opérer la digestion ; le foie à filtrer la bile; les parotides et les glandes maxillaires et sublinguales à préparer les sucs salivaires. Les impressions, en arrivant au cerveau, le font entrer en activité. Elles sont alors isolées et sans cohérence. Le viscère entre en action, il agit sur elles et bientôt il les renvoie métamorphosées en idées.... Nous conclurons que le cerveau digère en quelque sorte les impressions; qu'il fait organiquement la sécrétion de la pensée » (CABANIS, *Rapports du physique et du moral de l'homme*, 4e édit., Paris, 1824, p. 133-134).

Je ne fais aucune difficulté pour reconnaître que la dernière phrase contient une expression critiquable. Mais ce n'est qu'une comparaison, et si on prend la peine de lire tout le chapitre, on y trouvera une conception qui, dans son ensemble, ne paraît pas en contradiction avec les derniers progrès de la science.

ou faut-il espérer que nous allons trouver dans l'étude de l'énergétique la définition de la vie?

Il nous faut résoudre tout d'abord une question préalable. Peut-on définir la vie?

Les définitions ne manquent pas. Cl. Bernard a réuni les principales et, après en avoir montré l'insuffisance, il s'est bien gardé d'en proposer une nouvelle. Les philosophes modernes, qui ont essayé de présenter une conception en rapport avec les dernières découvertes scientifiques, ne semblent pas avoir trouvé le trait spécifique qui permît de distinguer l'animé de l'inanimé. C'est que nous ne définissons que les productions de notre esprit, les conceptions mathématiques, par exemple ; mais nous ne pouvons saisir la caractéristique des phénomènes naturels, parce que nous ne pouvons en pénétrer l'essence. Nous ne définissons pas plus la vie que nous ne définissons le mouvement, parce que la vie n'existe pas en dehors de la matière vivante et que le mouvement n'existe pas en dehors de ce qui se meut. Le physiologiste et le médecin doivent même éprouver une certaine crainte à personnifier une abstraction; rien d'instructif à cet égard comme l'erreur de Flourens qui, à la suite de ses mémorables expériences, voulut opposer l'intelligence à la vie et localisa la première dans le cerveau, la seconde dans le bulbe au point qu'il dénomma le nœud vital. N'était-ce pas une sorte de réminiscence des idées métaphysiques de Barthez, appuyée seulement sur des données expérimentales!

Au lieu de nous attarder à des discussions stériles sur la nature et l'essence de la vie, il nous faut aborder le problème concret et rechercher quels sont les caractères de la matière vivante. Nous devrons mettre en relief les rapports qui l'unissent à la matière brute, puis rechercher les propriétés et les qualités qui permettent de lui assigner sur notre globe une place spéciale et bien déterminée.

Caractères fondamentaux de la matière vivante. — Les physiciens et les philosophes ont longtemps discuté sur la nature de la *matière* et de la *force* et sur leurs relations réciproques. Ces discussions furent aussi diffuses que stériles, elles n'ont abouti à rien. C'est que le problème était mal posé. La distinction, en apparence si simple et si évidente, repose sur une confusion de mots ou sur une interprétation erronée des faits. Un objet n'est connu que par les perceptions qu'on en a, c'est-à-dire par les propriétés qu'on peut lui découvrir. Or toutes les perceptions sont d'ordre dynamique. La matière ne se révèle donc que par les propriétés dynamiques dont elle est douée. C'est par l'énergie qu'elle détient qu'on doit la définir.

Ces propriétés sont au nombre de quatre. Trois ressortissent à la physique : ce sont la *masse*, qui est l'énergie de volume; l'*élasticité*, qui est l'énergie de forme; le *poids*, qui est l'énergie de pesanteur ou de gravitation. La quatrième propriété est liée à la constitution élémentaire du corps : c'est l'*énergie chimique*.

Il est bien évident que d'autres propriétés peuvent s'ajouter à celles que nous venons d'énumérer. Mais elles sont contingentes; ce sont des propriétés d'emprunt. Les unes, comme la chaleur ou la couleur, sont facilement perçues. Les autres ne sont décelées que par les transformations que nous leur faisons subir : la charge électrique d'un corps ne devient apparente que si nous la transformons en mouvement, en lumière ou en chaleur.

Toutes ces propriétés appartiennent également à la matière brute et à la matière organisée. Il est inutile d'y insister, mais il était bon de les rappeler parce que ce sont les propriétés fondamentales des corps. Supprimons-les par la pensée, il ne restera plus rien. La matière ne nous est connue que par un ensemble de propriétés énergétiques, ce qui a conduit certains physiciens à soutenir qu'elle n'a pas d'existence propre. Cette notion serait appelée à disparaître et, dès aujourd'hui, pourrait être reléguée parmi les idées mortes que nous traînons derrière nous et dont le poids inutile nous empêche de nous élever à des conceptions plus hautes.

Si cela est, la distinction que nous devons essayer d'établir entre la matière brute et la matière vivante doit être cherchée dans le domaine de l'énergétique. La question se posera donc sous la forme suivante, qui n'est qu'une forme nouvelle d'un problème fort ancien : l'être vivant possède-t-il une énergie qui lui soit spéciale ou ne fait-il qu'utiliser et transformer les énergies ambiantes?

Envisageant la question sous cet angle, nous trouvons deux termes qui sont absolument inséparables : l'être et l'ambiance. Vouloir discuter sur la nature de l'être, abstraction faite du milieu, est une grossière erreur de logique. Or, si nous réfléchissons sur la situation d'un être vivant, nous devons tenir compte de deux ambiances : l'ambiance immédiate, c'est le milieu où vit, se développe et évolue l'être ou la cellule; l'ambiance générale où se déroulent toutes les manifestations de la nature.

Lorsque les conditions ambiantes ne sont pas favorables, l'être périt ou bien il reste comme une masse inerte, gardant la faculté de se développer quand il se trouvera placé dans un milieu approprié. Tel est le cas du rotifère desséché ou de la graine conservée en un lieu sec à l'abri de l'humidité. On parle, dans ces cas, de *vie latente*. L'expression est mauvaise, car elle suppose encore la vie comme une force indépendante. Il serait plus juste de dire que c'est de la matière vivante à l'*état statique*, la vie manifestée représentant la matière vivante à l'*état dynamique*. Suivant la comparaison classique, c'est la situation de l'horloge dont le poids est remonté; il suffit d'imprimer un mouvement au balancier pour que le fonctionnement commence. C'est aussi la situation d'une pile dont il suffit de réunir les deux pôles pour faire naître un courant.

Pour que le développement commence et se poursuive, trois conditions sont nécessaires. Il faut que l'être trouve un milieu humide, une température fixe ou variant dans des limites assez étroites, certaines substances chimiques.

C'est aujourd'hui une notion banale que la vie n'est possible que dans les milieux liquides. Les êtres qui s'agitent à la surface du sol ne résistent que grâce à la constitution d'un milieu interne représenté par le sang, la lymphe et les plasmas interstitiels.

L'importance de la température est encore plus manifeste; les variations compatibles avec l'existence sont comprises dans des limites assez restreintes. Enfin, il est bien évident que des substances chimiques sont nécessaires à l'édification de la molécule organique. Ces substances sont fort nombreuses. Quelques-unes sont indispensables; elles font partie intégrante de tout protoplasma; ce sont le carbone, l'azote, l'oxygène et l'hydrogène. Il faut y ajouter divers sels minéraux, dont certains peuvent se remplacer, dont quelques autres ne se trouvent qu'en quantité minime, mais qui, même à l'état de traces, jouent un rôle physiologique considérable.

Parmi les substances indispensables à la vie, nous avons cité l'oxygène. Certains êtres semblent capables de s'en passer : tels sont les microbes anaérobies. Ce n'est qu'une apparence. Comme tous les éléments vivants, les anaérobies ont besoin de l'oxygène, seulement, au lieu de l'emprunter à l'atmosphère, ils le dégagent des combinaisons organiques. Ainsi s'explique l'intensité des fermentations auxquelles ils donnent naissance. Mais il serait peut-être erroné de vouloir opposer complètement ces deux manières d'utiliser l'oxygène. Contrairement à ce qu'on pourrait croire au premier abord, la vie anaérobie apparaît comme le processus général. Les belles recherches de A. Gautier et de Ehrlich nous ont montré que toutes les cellules possèdent un pouvoir réducteur; elles dégagent l'oxygène de ses combinaisons et le font servir à leur nutrition et à leurs manifestations énergétiques. La vie aérobie est une fonction surajoutée, apanage de quelques êtres.

Les autres éléments fondamentaux de la cellule peuvent être empruntés à l'air et à l'eau. Les êtres inférieurs, notamment certains végétaux unicellulaires, sont capables de vivre et de se développer dans de simples solutions minérales. Ils possèdent un pouvoir de synthèse extrêmement énergique dont sont également doués les végétaux à chlorophylle. Les cellules animales sont plus délicates; même dans les êtres les plus simples, elles exigent qu'on leur fournisse des substances organiques. C'est avec des matériaux déjà complexes qu'elles vont édifier leurs molécules. Plus on s'élève dans la série, plus on voit augmenter l'exigence des cellules. Elles finissent par avoir besoin d'un milieu organique spécial et deviennent incapables de s'accommoder aux grandes variations auxquelles s'adaptent si facilement les êtres inférieurs.

Pour pouvoir subsister dans le milieu liquide qui l'entoure, la matière vivante doit opérer des échanges continuels avec les substances qui s'y trouvent dissoutes. Mais elle-même ne doit pas s'y dissoudre; il est seulement nécessaire qu'elle puisse en être imbibée. On peut donc la comparer à une sorte d'éponge. Pour parler plus exactement, nous devons dire qu'elle est formée par une *masse colloïdale*, c'est-à-dire par une série de particules insolubles désignées sous le nom de *micelles* et tenues en suspension dans un liquide, formant un troisième milieu, le *milieu intra-cellulaire*. Ainsi déterminé, le système colloïdal, qui constitue essentiellement le protoplasma, est limité par une membrane renfermant une forte proportion de graisses et de lipoïdes. C'est une membrane semi-perméable dont on a d'autant mieux étudié les propriétés qu'on a réussi, par des procédés artificiels, à en fabriquer de semblables.

Telle est, réduite à ce qu'elle a d'essentiel, la constitution de la cellule. Le volume de cette unité vitale peut varier, mais ne peut dépasser certaines limites afin que soient bien assurés les échanges dynamiques ou organiques entre les éléments vivants et l'ambiance.

Les échanges organiques se font à travers la membrane semi-perméable qui ne laisse passer que des cristalloïdes ou des corps à molécules peu volumineuses. Donc toutes les substances qui entreront dans les cellules ou qui s'en échapperont devront avoir des dimensions réduites. Toutes les substances qui sont destinées à séjourner dans la cellule devront être transformées en masses colloïdales, volumineuses, incapables de traverser la membrane au moins dans les conditions physiologiques. Cette remarque est capitale. Une cellule peut renfermer des sels, par exemple des sels de calcium ou de potassium, en proportion beaucoup plus élevée que le milieu ambiant. Une telle dérogation aux lois de la diffusion s'explique très facilement. La cellule retient les sels parce qu'elle les fait entrer dans de grosses molécules colloïdales.

En même temps qu'ils perdent certains de leurs caractères, les sels ainsi combinés en acquièrent d'autres qui jouent, dans les phénomènes de la vie, un rôle considérable.

On sait que la plupart des actes vitaux s'expliquent par l'intervention de composés organiques désignés sous le nom de *ferments* ou *enzymes*. La nature de ces composés fort complexes est encore mal connue. Mais il semble que leur activité soit en rapport avec un élément minéral qui s'y trouve parfois à l'état de simple trace. Le pouvoir fermentatif serait donc lié à un métal ; la substance colloïde à laquelle ce métal est uni a pour effet de lui conférer un état moléculaire spécial et c'est grâce à cet état moléculaire que la propriété fermentative se trouve acquise et fixée.

Allons-nous découvrir dans cette constitution colloïdale de la matière et dans cette propriété des ferments la caractéristique de la vie ? Nullement.

Depuis les progrès de la synthèse chimique nous savons reproduire dans le laboratoire des composés organiques analogues à ceux qu'élaborent les êtres vivants. Si nous n'avons pas encore réussi toutes les combinaisons, les résultats obtenus permettent de prévoir le jour où toutes seront plus ou moins facilement réalisées.

Mais il y a plus. De nombreux travaux nous ont montré que les *métaux colloïdaux* jouissent d'un grand nombre de propriétés longtemps considérées comme caractéristiques de la matière vivante. Ils accomplissent des fermentations et sont sensibles à l'action des agents qui détruisent les êtres vivants, aux poisons aussi bien qu'à la chaleur.

Il faut remarquer, du reste, que les actions dites fermentatives se produisent aussi en dehors des ferments : une solution de glycose en milieu alcalin donne, sous l'influence de la lumière solaire, un dégagement d'anhydride carbonique, en même temps qu'il se forme de 4 à 5 pour 100 d'alcool. On peut également obtenir dans des solutions salines des digestions de la fibrine et de la caséine. Mais les processus se déroulent avec une lenteur extrême. Le rôle des ferments consiste à hâter les transformations.

S'il perd aussi son caractère mystérieux, le ferment n'en conserve pas moins une importance considérable; il explique les phénomènes caractéristiques de la nutrition, c'est-à-dire les phénomènes essentiels de la vie.

Nutrition. — La nutrition comprend, comme on sait, deux actes : l'assimilation et la désassimilation.

La désassimilation persiste après la mort. On peut l'étudier facilement sur les organes et les tissus isolés et conservés dans un milieu aseptique, à la température du corps. Il se fait une auto-digestion ou autolyse, dont les produits sont analogues ou identiques à ceux qu'abandonne l'être vivant. On a pu pousser ainsi jusqu'à ses dernières limites l'étude de la désassimilation et l'on est arrivé à établir que ce processus est dû à l'influence des ferments. Ces mêmes ferments sont capables d'agir en sens contraire, c'est-à-dire qu'ils opèrent des actions reversibles et, suivant les circonstances, dirigent et expliquent l'assimilation aussi bien que la désassimilation. Mais il faut reconnaître que l'étude de l'assimilation est moins avancée et paraît plus difficile. Elle est cependant beaucoup plus importante. Sous l'influence de la cellule vivante, au contact de cette cellule, les substances minérales se groupent et s'unissent d'une façon particulière. Dans une solution minérale j'introduis un microbe et aussitôt ce microbe fait un choix au milieu des matières que je lui offre; il en réunit certaines de manière à édifier des molécules colloïdales volumineuses et complexes. Ces combinaisons nouvelles, bien que renfermant un nombre restreint d'éléments, varient à l'infini. Elles diffèrent d'un microbe à l'autre et, si nous considérons les végétaux supérieurs et les animaux, nous pouvons dire qu'elles diffèrent d'une espèce à une autre, d'un individu à un autre et, chez un même individu, d'un organe à un autre. Chaque cellule élabore des substances douées d'un caractère spécifique extrêmement marqué.

La nutrition est essentiellement caractérisée par la diffusion de certaines substances, en dissolution dans le milieu ambiant, à travers la membrane semi-perméable. Nous avons déjà fait remarquer que si les matières introduites dans la cellule conservaient leur caractère primitif, elles n'auraient aucune raison de s'y accumuler. Il faut donc qu'elles soient transformées en molécules plus grosses, non diffusibles, qui ne puissent plus passer à travers la paroi. Cette loi s'applique aussi bien aux substances constituantes du protoplasma, aux protéines, qu'aux substances que la cellule met en réserve pour ses besoins énergétiques, graisses et hydrates de carbone. Si, par exemple, le milieu contient un hydrate de carbone colloïdal, de l'amidon, la cellule, par un ferment qui diffuse en dehors d'elle, transformera l'amidon en sucre, corps cristalloïde soluble, qui pénètrera facilement. Pour le retenir, le même ferment, par une action reversive, transformera le sucre en une matière colloïde, le glycogène. Un processus analogue s'observe dans les graisses neutres qui ne franchissent les membranes qu'après avoir été dédoublées en glycérine et acide gras; une fois dans la cellule, elles sont mises en réserve à l'état de graisses neutres.

L'édification d'une molécule complexe nécessite l'accumulation d'une certaine quantité d'énergie qui sera mise en liberté quand au cours de son évolution, la matière subira une transformation régressive, c'est-à-dire quand la molécule volumineuse, complexe et instable, se résoudra en une série de molécules plus petites, plus simples et plus stables.

Une division importante s'impose.

Nous avons déjà fait remarquer que toutes les cellules ne possèdent pas la même aptitude à transformer l'anorganique en organique. On peut dire que moins un organisme est élevé, plus il est capable de grouper des substances simples. Les êtres perfectionnés ne travaillent que sur des molécules déjà complexes.

Un grand nombre de végétaux, y compris les bactéries, peuvent vivre et se développer aux dépens de substances purement minérales. De l'eau, quelques sels, suffisent à la plante et lui permettent de combiner le carbone emprunté à l'anhydride carbonique ambiant avec l'eau, l'oxygène et l'azote et de fabriquer des graisses, des hydrates de carbone, des protéines. Dans les mêmes conditions, l'animal ne saurait vivre. Si la nutrition est semblable dans les deux règnes, c'est-à-dire si elle se fait sur le même plan et d'après les mêmes principes, et si elle tend vers le même but, l'alimentation est bien différente. L'animal a besoin de substances déjà complexes; il exige des aliments vivants ou ayant vécu. Il est donc tributaire de la plante, et, s'il s'agit d'un carnassier, il est tributaire de l'herbivore. La vie des êtres les plus élevés est subordonnée à la végétation ou à la vie des êtres inférieurs.

Une partie seulement de la matière organisée, empruntée aux individus inférieurs, est utilisée par les individus supérieurs. Il y a un déchet. Il y a un véritable gaspillage de la vie, une grande quantité de matière vivante inférieure doit être détruite pour qu'une petite quantité de matière vivante supérieure prenne naissance. C'est là une loi générale qui peut être étendue à l'évolution sociale; dans le développement de l'humanité que d'hommes naissent et périssent pour que quelques-uns puissent grandir et se développer.

Énergétique vitale. — Sous l'influence des idées soutenues par Cl. Bernard, on avait admis que l'être vivant était sans cesse occupé à élaborer des matières complexes pour accumuler de l'énergie et à les détruire, c'est-à-dire à les dégrader en des corps plus simples, pour en dégager l'énergie accumulée. Ainsi à toute manifestation de l'activité vitale correspondrait une usure cellulaire.

Sans doute, l'énergie n'est rendue apparente que par des destructions, et des destructions souvent considérables. Dans le monde vivant comme dans le monde inanimé, pour produire il faut détruire; pour faire de l'acide carbonique, on détruit du marbre; pour faire de l'électricité, on détruit des acides et du métal ; pour faire du mouvement, on détruit du charbon. Ces destructions sont évidemment plus apparentes que réelles : ce sont des transformations qui libèrent l'énergie chimique. Chez les êtres vivants, c'est de la matière organique qui disparaît. Mais, suivant la remarque de Le Dantec, ce n'est pas celle qui constitue le protoplasma, ce sont des réserves puisées ailleurs ou élaborées dans ce but. Quand un muscle se contracte, du sucre est décomposé et la molécule d'hydrate de carbone retombe à l'état d'anhydride carbonique et d'eau. Mais ce sucre ne fait pas partie intégrante de la cellule musculaire. Qu'il lui soit fourni par le sang ou qu'il soit accumulé dans l'élément contractile, peu importe. C'est une substance aussi étrangère à la cellule que le charbon utilisé dans la locomotive est étranger à la machine. La cellule est le foyer où se fait la combustion et son fonctionnement, loin d'entraîner une usure, provoque un accroissement. C'est une loi biologique que le développement est en rapport direct de la fonction, loi qu'on peut énoncer encore de la façon suivante : le travail augmente l'assimilation.

Les divers phénomènes dont l'ensemble caractérise la nutrition ne peuvent se manifester sans la constitution d'un milieu chimique dans lequel l'être puise les éléments nécessaires, et sans l'existence d'un milieu dynamique où il trouve l'énergie qu'il pourra accumuler ou transformer.

Pour que la matière vivante se développe, l'intervention de certaines forces est indispensable, mais ces forces ne pourront varier que dans des limites assez étroites; trop faibles ou trop intenses, elles seront incapables de subvenir ou de répondre aux besoins énergétiques de l'organisme. Il faut donc qu'il y ait correspondance parfaite entre les actions externes et les réactions internes; il faut autant de fonctions internes, isolées ou combinées, qu'il y a d'actions externes à contre-balancer, ce qui a fait dire à H. Spencer : « La vie est la combinaison définie des changements hétérogènes, à la fois simultanés et successifs, en correspondance avec des coexistences et des séquences externes [1]. »

Chez les êtres inférieurs toutes les réactions aux excitations peuvent être accumulées dans une seule cellule. A mesure qu'on s'élève dans l'échelle, des complications se produisent, des appareils spéciaux apparaissent. C'est la *loi de la division physiologique du travail*, ou, ce qui semble plus exact, de l'*adaptation fonctionnelle*. Peu à peu, à chaque

(1) H. SPENCER, *Principes de Biologie*, t. I, p. 320 (trad. Cazelles), 3e édit., 1888. Il n'est peut-être pas inutile de faire remarquer que cette formule, d'ailleurs fort juste, ne constitue pas une définition, car elle peut s'appliquer à un grand nombre de manifestations qui n'appartiennent pas aux êtres vivants.

sorte d'excitation, on voit correspondre une fonction déterminée. Ces fonctions doivent être envisagées comme des réactions nécessaires provoquées et entretenues par les puissances externes et finissant par entraîner des modifications morphologiques. C'est l'action externe qui provoque la fonction et c'est la fonction qui provoque l'organe. Ainsi, chez les larves de salamandre, qu'on empêche de nager à la surface de l'eau, de grandes branchies se développent à la place des poumons; l'anomalie peut aller si loin que des larves de triton, maintenues dans l'eau, deviennent aptes à la reproduction.

L'énergie qui intervient pour expliquer et diriger les manifestations vitales nous est essentiellement fournie par le soleil.

Dès 1833, J. Herschel avait exprimé l'idée que les rayons solaires étaient la source première de presque tous les mouvements qui s'opèrent à la surface de la terre; il y avait rattaché les actions géologiques, météorologiques et vitales. Les travaux modernes ont pleinement confirmé cette conception. La quantité de chaleur reçue par la terre, quand le soleil est haut et n'est pas caché par des nuages, atteint 17 000 chevaux-vapeur par hectare. L'industrie humaine ne sait pas encore capter cette quantité énorme d'énergie. La plante en utilise un peu moins de 1 pour 100 et cette accumulation si minime suffit et au delà à tous les besoins énergétiques des animaux.

Les recherches calorimétriques ont permis d'étudier le rendement de la machine animale et ont établi ainsi une analogie nouvelle avec les machines industrielles. L'énergie accumulée par les végétaux est transformée par les animaux en mouvements, et, accessoirement, en d'autres manifestations, mais la plus grande partie est excrétée, rejetée à l'état de calorique. Cette excrétion est nécessaire, car elle permet aux manifestations vitales et notamment aux actions zymotiques de s'accomplir. Bien qu'elle ne soit pas utilisée pour le fonctionnement, l'énergie calorique est indispensable au maintien de la vie.

Les mutations chimiques qui sont liées aux phénomènes de la désassimilation et aux manifestations énergétiques aboutissent à la production de substances inutiles dont l'accumulation créerait un danger. Mais ces corps ont une structure relativement simple et peuvent facilement diffuser dans le milieu ambiant. S'ils ne sont pas éliminés, ils provoqueront une *auto-intoxication* qui ralentira et finira par arrêter la nutrition, c'est-à-dire par entraîner la mort. Il s'agit là d'un phénomène qui n'a rien de mystérieux et que les données de la chimie nous permettent d'expliquer et de comprendre. Les ferments tendent à établir l'équilibre entre les corps en présence. Voilà pourquoi leurs actions sont réversibles. Prenons un exemple simple. Un ferment, contenu dans la cellule hépatique, est capable de disloquer la molécule de glycogène, grosse molécule colloïdale, en une série de molécules plus petites qu'il transforme par hydratation en molécules de glycose; réciproquement ce même ferment peut déshydrater les molécules de glycose et les souder en une molécule volumineuse de glycogène. Suivant que domine l'une ou l'autre substance, la fermentation se fera dans un sens ou dans un autre. On peut donc écrire :

$$\text{Glycogène} + \text{Eau} \rightleftarrows \text{Sucre}.$$

La réaction tend vers un état d'équilibre que nous serons capables de rompre en ajoutant au mélange devenu stable, du glycogène, du sucre ou de l'eau.

Des faits analogues se retrouvent quand on envisage les graisses et les matières azotées. Un même ferment dédouble les graisses neutres en glycérine et acide gras, et réciproquement reconstitue avec ces corps des graisses neutres. Les albumines sont par un même ferment transformés en peptones et les peptones en albumine.

Dans tous ces cas, quand l'équilibre est atteint, la fermentation cesse. On conçoit que, si les déchets ne sont pas éliminés, ils arrêtent l'action des ferments et déterminent un équilibre final. C'est ainsi qu'on ramène à une question d'équilibre chimique, un des plus importants processus de la biologie.

Origine et reproduction de la matière vivante. — Il serait assez facile de montrer que tous les phénomènes dont la cellule vivante est le siège, peuvent se résoudre en des phénomènes physiques et chimiques. Mais il reste un point qui n'est nullement éclairci. Nous voyons très bien comment vit la cellule, nous ne voyons pas du tout comment sa vie débute. Jusqu'ici on n'est pas parvenu à créer une parcelle de matière vivante. La physique et la chimie semblent donc impuissantes et la matière vivante conserve le caractère fondamental de ne pouvoir se développer qu'aux dépens d'elle-même. La preuve en est, nous dit-on, que si l'on prend une solution, minérale ou organique, si on la stérilise par la chaleur, jamais un être vivant ne commencera à y vivre. Pour que la pullulation se fasse, un germe est indispensable.

Cette expérience bien connue conduit à affirmer qu'il n'y a pas de génération spontanée, que la matière vivante, depuis le moment où elle est apparue sur notre globe, ne fait qu'évoluer, et qu'il ne s'en crée pas de nouvelle. Si elle venait à disparaître, il ne s'en reproduirait plus, du moins dans les conditions où se trouve actuellement notre planète.

Il y a peut-être dans ces conclusions, une certaine exagération. Un liquide stérilisé par la chaleur ne se peuplera pas de bactéries, s'il n'est pas contaminé par des germes venus du dehors. Cette expérience est parfaitement exacte, et il serait même étonnant qu'il en fût autrement. Mais en est-il de même dans la nature? On affirme que la vie est une manifestation qui continue et qui n'a pas de nouveaux points de départ. Qu'en sait-on? Que se passe-t-il au fond des Océans? Que se passe-t-il même autour de nous? Les germes répandus dans l'univers sont suffisamment nombreux pour expliquer tous les développements que nous observons. C'est possible, et l'expérience qui serait destinée à démontrer le contraire semble à l'heure actuelle difficile à concevoir et à réaliser. Mais si j'insiste sur ce point, c'est parce qu'il ne faut pas s'endormir sur un résultat partiel. Si les êtres vivants n'apparaissent pas dans certaines conditions, s'ensuit-il qu'ils ne puissent pas apparaître dans d'autres? Est-on en droit d'affirmer que le savant cherchant à créer de la vie poursuit une chimère? Je suis persuadé qu'il ne réussira pas facilement. Mais je ne suis pas du tout persuadé que son effort soit condamné d'avance, et que l'expérience ne mérite pas d'être tentée. Elle le sera forcément le jour où nous connaîtrons mieux les propriétés des êtres vivants et les transformations de l'énergie ambiante.

Ces réflexions, qui sembleront peut-être un peu chimériques, trouvent cependant un appui dans un fait fort curieux. On sait que la glycérine ne cristallise pas. On aura beau la refroidir, elle deviendra plus pâteuse mais restera amorphe. Or, il s'est trouvé qu'un jour le hasard a permis la cristallisation d'un échantillon de glycérine. Crookes a étudié les cristaux ainsi formés et il a montré que si dans de la glycérine ordinaire refroidie on ajoute un cristal de glycérine, la cristallisation gagne de proche en proche. En chauffant le milieu, la glycérine devient sirupeuse, et si on la maintient un certain temps à 18°, elle perd la propriété de cristalliser en se refroidissant. Si nous comparons le cristal à un être vivant, nous dirons qu'à 18° le milieu est stérilisé et que de nouveaux cristaux ne se développent que si l'on introduit un germe cristallin.

Voilà donc un cas où nous voyons une forme cristalline apparaître spontanément, je veux dire dans des conditions indéterminées, qui se sont trouvées réunies par hasard et ont provoqué le début d'un phénomène nouveau. Pourquoi n'en serait-il pas de même pour les êtres vivants? Mais, dira-t-on, peut-on raisonnablement comparer un être vivant à un cristal? L'étude du développement des êtres va nous montrer que les analogies sont nombreuses.

Développement, évolution et désintégration de la matière vivante. — Nous avons vu par quel mécanisme la cellule forme de la matière organique : l'accumulant dans son intérieur, elle augmente sa masse; si l'accroissement n'était pas limité, l'être perdrait bientôt la faculté de rester en concordance avec les forces cosmiques. Aussi, arrivé à un certain degré n'est-il pas capable d'augmenter de volume, et, si la nutrition continue à être positive, la matière finit par se scinder. La scission peut se faire d'une façon régulière et les deux parties seront égales et douées de la même activité : c'est ce qui a lieu chez les êtres inférieurs, les amibes par exemple; chez ces protozoaires, il n'existe ni mère, ni fille : c'est toujours la même cellule originelle qui continue à vivre et à se diviser. On peut donc dire que pour ces êtres inférieurs il n'y a pas de mort naturelle.

La mort naturelle n'existe pas davantage pour les êtres plus élevés, si l'on envisage, non l'individu, mais l'espèce, c'est-à-dire si l'on ne tient compte que des cellules génératrices qui servent à la perpétuer. Comme le dit Weismann : « Le corps, le soma, produit, à ce point de vue, dans une certaine mesure, l'effet d'un appendice accessoire des véritables porteurs de la vie, des cellules de la reproduction [1]. » Il en résulte que « la série des organismes peut être considérée comme formant un seul organisme continuellement existant [2] ».

La mort est donc une manifestation individuelle qui abat les branches sur le tronc éternel de la vie. Elle est apparue en même temps que la scissiparité a été remplacée par la reproduction sexuelle ou plus exactement par la conjugaison. Les infusoires sont doués des deux modes de reproduction. Mais si on empêche la conjugaison, les animaux en se reproduisant par scissiparité s'étiolent et finissent par disparaître, ils meurent par atrophie. La conjugaison leur rend la jeunesse et leur confère l'immortalité.

S'agit-il là d'un phénomène vital? On serait tenté de le croire au premier abord, mais les recherches de Loeb et de Calkins ont établi que l'on peut provoquer un rajeunissement semblable en modifiant les conditions chimiques du milieu. Bien plus, grâce aux travaux de Loeb, Calkins, Yves Delage, nous savons aujourd'hui que la fécondation n'est pas indispensable au développement de l'œuf. En opérant sur des œufs d'oursin, on arrive à provoquer la segmentation et l'apparition des larves par des procédés chimiques ou physiques. N'est-ce pas une des plus belles conquêtes sur le monde vivant? N'est-il pas admirable qu'on ait pu ramener à des phénomènes physico-chimiques un des processus vitaux les plus caractéristiques?

Il n'en faut pas moins, dira-t-on, un germe initial; nous ne pouvons nous en passer; nous devons nous le procurer pour mettre en marche la série des manifestations vitales. Cette remarque est très juste, mais elle s'applique également au monde anorganisé. Reprenons la comparaison que nous avons faite entre le développement des êtres vivants et le développement des cristaux. Les solutions sursaturées peuvent être assimilées aux bouillons de culture. Le milieu reste liquide ; on y introduit un cristal et bientôt un deuxième cristal se développe, puis un troisième et peu à peu un nombre énorme d'individus cristallins apparaît. Dans certaines conditions et avec certaines substances, la cristallisation se fait avec une telle lenteur qu'on croirait assister à l'éclosion d'êtres vivants. Je ne puis entrer dans le détail de toutes ces expériences qui montrent combien sont étroites les analogies entre les deux ordres de phénomènes [3]. On peut pousser plus loin la comparaison. On peut découvrir des ressemblances frappantes entre l'accroissement d'un cristal dans son eau mère et l'accroissement d'un microbe dans son bouillon de culture. Enfin, dans un cas comme dans l'autre, nous observons une remarquable fixité de forme. L'être vivant est capable de réparer certaines lésions et de régénérer des organes lésés; certains vertébrés inférieurs, comme le triton et la salamandre, ont le don de reproduire un

(1) Weismann, *Essais sur l'hérédité*, p. 97 (trad. de Varigny). Paris, 1892.
(2) H. Spencer, *Loco citato*, t. I, p. 511.
(3) On trouvera un excellent exposé de la question dans le livre de Dastre : La vie et la mort, *Bibliothèque de Philosophie scientifique*, Paris, s. d.

membre amputé. Il en est exactement de même chez le cristal qui reforme l'angle qu'on a brisé. La même idée directrice se manifeste dans les deux cas.

Il y a, dit-on encore, entre le monde organique et le monde anorganique une différence frappante. L'être vivant est le siège de transformations continuelles. On conçoit donc qu'on ait pu opposer l'immobilité de la matière brute à la mobilité de la matière vivante, la stabilité de la première à l'instabilité de la seconde.

Une pareille distinction n'est soutenable que si l'on borne sa vue au moment présent ou si l'on se contente de jeter un coup d'œil distrait sur la surface des choses. Le raisonnement du philosophe qui parle de l'immobilité de la matière brute rappelle la conception de l'insecte éphémère : devant ses yeux ouverts pour quelques heures à la lumière, un homme endormi ne représentait qu'une masse dépourvue de vie, inerte et immuable.

Pour qui envisage l'ensemble de l'univers, l'évolution apparaît générale et continue. Les mondes qui peuplent l'espace se développent, se transforment, puis déclinent et se désagrègent. La géologie nous montre les mutations des roches. La physique nous révèle le mouvement continuel des molécules et des atomes. Mais ce sont surtout les découvertes de ces dernières années qui ont apporté des arguments décisifs. Les études sur la radio-activité, sur la transformation de l'uranium, sur les émanations du radium, nous ont montré dans la matière brute des cycles évolutifs comparables à ceux de la matière vivante; leur durée atteint pour certains quelques milliers d'années ; d'autres, comme l'émanation de l'actinium, meurent en une seconde.

La désintégration des éléments radio-actifs se fait comme la désintégration des éléments vivants suivant un cycle non réversible. Mais, contrairement à ce qu'on avait cru autrefois, toutes les manifestations énergétiques qui se déroulent sur notre globe se comportent de même. On ne peut plus soutenir que les opérations mécaniques peuvent se développer dans deux sens opposés, tandis que les opérations vitales se poursuivent toujours dans le même sens. Sans doute dans un cycle thermique idéal, tout est réversible ; dans la réalité il y a toujours un déficit. Les énergies se dégradent, elles tombent à l'état de calorique, dont une partie est perdue pour notre globe. Quand une transformation a lieu, la quantité d'énergie reste invariable, mais la qualité s'altère et l'énergie utilisable baisse. Ce sont ces remarques qui ont conduit Clausius à la notion bien connue de l'entropie et qui ont amené W. Thomson à sa conception sur la fin du monde. Tous les phénomènes naturels évoluent dans le même sens, et les quantités d'énergie dont dispose notre globe vont constamment en diminuant et finiront par s'éteindre. Comme un être vivant, notre système planétaire aura vieilli et sera mort.

Manifestations psychiques. — Je n'ai fait qu'indiquer à grands traits les analogies de plus en plus nombreuses que nous découvrons entre tous les phénomènes qui se passent autour de nous. Cependant, parmi les fonctions attribuées aux êtres vivants, il en est quelques-unes qui leur semblent tout à fait spéciales et particulières, dont, au premier abord, on ne trouve même pas une ébauche dans le monde inanimé : ce sont les fonctions psychiques, depuis l'instinct qui porte l'animal inférieur à chercher sa nourriture, à s'accoupler et à pondre ses œufs dans l'endroit approprié, jusqu'à l'intelligence la plus haute dont témoignent les œuvres d'un homme de génie.

Si nous nous bornons à envisager les manifestations supérieures, la pensée, la volonté, la conscience du moi, nous ne serons pas étonnés qu'on ait voulu et qu'on veuille encore invoquer l'influence d'un principe spécial. C'est sur ce terrain que les spiritualistes conservent les positions acquises. Ils ont dû cependant faire une concession. Ils ont bien été forcés de reconnaître que les altérations matérielles du cerveau, que les troubles fonctionnels provoqués par les intoxications et les infections retentissent sur le principe psychique immatériel. Il y a donc incontestablement un rapport entre le psychisme et le somatisme. S'il s'agissait d'une autre manifestation vitale, on l'expliquerait simplement en disant que la cellule cérébrale sert à une transformation énergétique. Mais si l'on veut conserver le dogme spiritualiste on éprouve une certaine difficulté. Plusieurs théories ont été proposées. La meilleure est encore celle de Leibniz. Une harmonie préétablie est supposée exister entre le corps et l'âme, comme entre deux pendules parfaitement réglées qui, indépendamment l'une de l'autre, suivent une marche parallèle. Il serait peut-être plus exact aujourd'hui de comparer le système à un appareil d'induction ; on aurait ainsi une image des relations entre l'état somatique et l'état psychique. Mais ce serait encore une comparaison grossière qui ne servirait qu'à masquer notre ignorance.

Faut-il donc nous arrêter au célèbre *Ignorabimus* de Du Bois Reymond et déclarer que la connaissance des manifestations psychiques supérieures échappe et échappera toujours à notre entendement? Faut-il au contraire essayer de les ramener à des phénomènes mieux connus et tenter de leur trouver une équivalence énergétique?

Si nous acceptons la doctrine spiritualiste, nous devrons nous contenter d'étudier les manifestations de l'âme sans essayer de les rattacher aux forces ambiantes. Mais, si nons sommes persuadés que l'univers constitue un système parfaitement coordonné où tout se lie et s'enchaîne, nous serons conduits à poursuivre continuellement nos recherches et à multiplier nos investigations. Pour comprendre les manifestations intellectuelles, nous devrons débuter par l'analyse des actes instinctifs. Si nous pouvons les rattacher à des attractions physiques ou chimiques, nous aurons commencé à faire perdre leur caractère mystérieux à toute la série des phénomènes psychiques.

En étudiant le fonctionnement des organes, la nutrition des cellules et des êtres unicellulaires, on découvre des actes qui semblent révéler une spontanéité, je veux dire un discernement, un choix, en un mot un rudiment d'intelligence. Ne voyons-nous pas les cellules choisir les substances qui conviennent à leur alimentation? Ne voyons-nous pas les leucocytes cheminer en troupes serrées vers un point attaqué par les microbes? les spermatozoïdes s'élancer vers l'ovule et lutter de vitesse jusqu'à ce que l'un d'eux atteigne la cellule femelle.

Les êtres unicellulaires sont également capables de choisir leurs aliments, de se diriger vers l'air, le soleil ou l'ombre. Les individus même peu élevés dans l'échelle animale recherchent avec un instinct admirable l'occasion de s'accoupler. La mouche sait déposer ses œufs sur la viande où les larves trouveront leur nourriture.

Tous ces phénomènes, dont plusieurs sont déjà fort complexes, s'expliquent facilement aujourd'hui. L'étude des *tropismes* a fait faire plus de progrès à la psychologie que toutes les dissertations des philosophes. La notion des *lignes de force* introduite en physique par Faradey, rend compte des attractions exercées sur les êtres vivants par la gravitation (*géotropisme*), la lumière (*héliotropisme*), l'électricité (*galvanotropisme*), ou la constitution des corps et des milieux ambiants (*chimiotropisme*).

La théorie générale peut se résumer très simplement[1] ; par suite de leur symétrie, les animaux orientent leur corps de façon que les points symétriques de la surface soient atteints par les lignes de force sous un angle égal. Si les angles sont inégaux, l'excitation n'étant plus semblable l'appareil moteur travaillera inégalement de part et d'autre du plan de symétrie. Il en résultera un mouvement de rotation qui se prolongera jusqu'à ce que les deux côtés soient atteints par les lignes de force sous un angle égal. En étudiant sur les êtres inférieurs les phénomènes qu'on rattache à l'instinct ou à la volonté, on constate que tous, ou presque tous, sont régis par des actes de cet ordre. Je ne puis entrer dans le détail des intéressantes observations qui ont été faites. C'est évidemment le point de départ d'une théorie générale qui permettra d'expliquer peu à peu les manifestations les plus complexes.

La même conception s'applique déjà aux êtres supérieurs. L'excitation produite sur un nerf peut être considérée comme la transformation d'une énergie externe en une variété nouvelle que nous pouvons désigner provisoirement sous le nom d'*énergie nerveuse*. Cette énergie se transformera dans la moelle et le cerveau et pourra provoquer un mouvement. Il faut remarquer seulement que la quantité d'énergie nécessaire pour produire ce résultat et pour amener une dépense considérable de force musculaire peut être minime. C'est qu'en effet l'énergie nerveuse ne fait que déclancher l'énergie chimique accumulée dans le muscle. Suivant la comparaison classique, c'est l'effet de l'allumette faisant sauter la poudrière, ou du levier qui met en train la machine et lui permet d'accomplir un travail considérable alors qu'un enfant le fait manœuvrer.

L'étude des phénomènes psychiques est particulièrement difficile, car les réactions ne sont pas immédiates, ce qui suppose des accumulations

(1) J. Loeb, *Einleitung in die vergleichende Gehirnsphysiologie und Psychologie*. Leipzig, 1899. — *La dynamique des phénomènes de la vie* (trad. Dauden et Schæffer). Paris, 1908.

considérables d'énergies externes. D'un autre côté, l'excitation ou l'action modifie l'appareil transformateur. La cellule nerveuse garde le souvenir du phénomène accompli. Ce souvenir, dont nous trouvons un rudiment dans la matière inanimée et qui apparaît plus nettement chez les végétaux, est surtout manifeste chez les animaux. Mais ce qui s'emmagasine dans la cellule ce n'est pas, comme on a pu le supposer, une image, une image qui se fixerait comme sur une plaque photographique. C'est la série des impressions, c'est-à-dire des réactions qui se sont succédé dans le temps. La cellule qui a été impressionnée réagit différemment, car elle n'est plus ce qu'elle était. Un tel résultat ne peut nous surprendre, il est analogue à bien des faits que nous enseigne la mécanique. Si nous nous bornons à l'étude des animaux, nous constatons facilement que c'est le cas particulier d'une loi très générale. Une toxine qui impressionne un organisme suscite la production d'un anticorps. Il y a donc une modification dans les sécrétions cellulaires, modification durable ou passagère expliquant la persistance ou la disparition de l'immunité. De même les impressions nerveuses modifient pour un temps plus ou moins long le fonctionnement de la cellule; elles provoquent des souvenirs qui restent vivaces pendant toute la vie ou qui peu à peu s'affaiblissent et disparaissent. L'ensemble des modifications psychiques résultant des excitations externes explique un des phénomènes les plus importants de la personnalité : la mémoire.

Ainsi lorsqu'on étudie les manifestations psychiques, en partant des êtres inférieurs, on voit que certaines d'entre elles peuvent se ramener à des formules énergétiques. Si l'on est capable d'expliquer les plus simples, on peut entrevoir le moment où l'on saisira le mécanisme des plus complexes.

Dès lors tous les phénomènes de la vie seront considérés comme nécessairement liés aux autres phénomènes cosmiques. L'être vivant ne semblera plus un organisme indépendant, agissant à son caprice et jouissant d'une liberté absolue; ses actes nous apparaitront enchaînés d'une façon systématique. Et si, par impossible, on devenait capable de connaître toutes les forces qui ont agi sur un être depuis sa conception jusqu'au moment où nous l'envisageons; si on pouvait noter et préciser toutes les impressions qui ont atteint ses ascendants et ont préparé ce qu'on appelle sa personnalité, on pourrait prédire son avenir et écrire d'avance son histoire physiologique, pathologique et morale. Le cours de la vie est aussi étroitement fixé que la marche d'une comète. Seulement il nous est impossible de connaître et d'apprécier les causes innombrables qui interviennent. Voilà pourquoi on a admis pendant si longtemps l'indépendance des êtres vivants. Notre croyance à la spontanéité vitale, comme notre croyance au libre arbitre, n'a pas d'autre cause que notre ignorance des influences multiples auxquelles nous sommes soumis.

CHAPITRE II

LA MALADIE

Les conceptions de la maladie. — Les troubles morbides. — Division des causes morbifiques. — Importance des réactions organiques. — Troubles fonctionnels et lésions anatomiques. — Définition de la maladie. — La maladie et l'affection. — Les diathèses.

Les conceptions anciennes de la maladie. — L'idée qu'on se fait de la maladie découle tout naturellement de la conception qu'on se fait de la vie. Nous avons suffisamment insisté sur les conséquences des théories spiritualistes. Ceux qui les soutiennent encore aujourd'hui y ont apporté de telles modifications qu'il est inutile de reprendre et de discuter les travaux anciens. Il est plus intéressant de rechercher quelles formes ont revêtues à travers les siècles les théories unicistes. Celles-ci ont tout d'abord trouvé un fondement dans certaines conceptions philosophiques. Asclépiade, inspiré des doctrines de Leucippe, Démocrite, Épicure, transporta l'atomisme en physiologie : l'être vivant lui apparut comme un agrégat, une réunion d'atomes laissant entre eux des espaces ou des pores : la santé résultait d'une proportion exacte entre les pores et les atomes dont les mouvements ne devaient pas être gênés; la maladie se produisait quand les pores étaient obstrués par des atomes, soit que leur nombre eût augmenté, soit que leurs mouvements fussent déréglés ou que leur forme eût subi une altération.

En face de cette théorie qui a fait d'Asclépiade le fondateur du *solidisme*, se dresse l'*humorisme* qui, né avec Hippocrate, était adopté et transformé par Galien. Pour Galien, la santé était représentée par un juste mélange des quatre humeurs cardinales, le sang, le phlegme, la bile et l'atrabile; la maladie résultait d'une altération quantitative ou qualitative de ces principes.

Ces deux conceptions, plus différentes en apparence qu'en réalité, devaient être reprises, complétées, réunies et fusionnées. Plus ou moins modifiées dans leur forme, elles ont traversé les âges, et sont parvenues jusqu'à nous.

L'idée de Galien, conservée par les Arabes, se retrouve dans Borelli et les *iatro-mécaniciens*. Les progrès de la mécanique avaient eu un retentissement considérable en philosophie et en médecine. Descartes y avait puisé sa conception de la vie. Borelli, Boerhaave ramenèrent tous les phénomènes physiologiques et pathologiques à des jeux de pompes, de pistons, de leviers; la chaleur animale était attribuée au frottement des globules contre les vaisseaux; la sécrétion urinaire était considérée comme le passage d'un liquide à travers un crible.

Les progrès de la *chimie* firent naître parallèlement une autre doctrine. Avec Sylvius de le Boe, Willis, on ne parle plus que de distillations, de fermentations, d'effervescences. Plus tard, quand Girtanner s'efforça de démontrer que l'oxygène est le principe de la vie, ce fut à l'obstacle dans l'introduction de ce gaz que Reich attribua les fièvres. Baumes, profitant des dernières acquisitions de la chimie, rattacha toutes les maladies au défaut ou à l'abondance de l'oxygène, de l'hydrogène, de l'azote, du phosphore.

L'*iatro-chimisme*, tout grossier qu'il était, indiquait une tendance à laquelle nous ne pouvons qu'applaudir : chercher dans les phénomènes relativement simples du monde anorganique l'explication des manifestations si complexes que présentent les êtres vivants. L'exagération des iatro-chimistes, comme des iatro-mécaniciens, avait consisté à perdre de vue ce que l'être vivant a de spécial et de particulier. Une réaction devait fatalement se produire : elle aboutit à deux doctrines : l'une *anatomique*, l'autre *physiologique*.

On conçoit facilement combien les médecins, au commencement du XIXe siècle, ont dû être impressionnés par les découvertes de ceux qui s'engagèrent sur les traces de Bonnet et de Morgagni. Aux nuageuses hypothèses qui se disputaient la faveur des savants, l'école anatomique substituait des données tangibles et des résultats palpables. Aussi finit-on par admettre que les troubles fonctionnels supposent nécessairement une lésion organique. Ce fut l'opinion de Rostan et, renchérissant sur ses contemporains, Alibert arriva à définir la maladie : « la lésion d'un ou de plusieurs organes ». Les altérations humorales étaient rejetées au second plan et considérées comme consécutives aux lésions viscérales. Piorry alla encore plus loin : il n'admit plus de maladies, il n'admit que des états organopathiques.

Parallèlement à la conception anatomique se développait la doctrine physiologique. Elle eut tout d'abord pour base la notion d'*irritabilité*. Cette notion n'était pas nouvelle. Elle se trouve déjà dans Aristote et dans Galien, elle fut étudiée par Glisson et par l'École de Boerhaave. Mais, à la suite des travaux de Haller, elle prit une place prépondérante; elle servit de base à la doctrine de Brown. Pour ce médecin, la vie ne se maintient que par une propriété particulière qui rend les corps vivants capables d'être affectés et de réagir. Les maladies ne sont que des modifications de ce principe; il y a *sthénie* ou *asthénie*, suivant que l'irritabilité est trop forte ou trop faible.

Cette conception eut un retentissement considérable : en Allemagne, où elle inspira Hahnemann; en Italie, où elle fut reprise par Rasori; en France, où elle trouva un écho dans Broussais.

Rasori admit, comme Brown, que les maladies peuvent se ramener à deux états opposés; mais, contrairement au médecin anglais, il pensa que la plupart des maladies sont asthéniques; c'est la théorie du *contro-stimulus* où les maladies sont divisées en inflammatoires et non inflammatoires.

Broussais exagéra encore les doctrines de Rasori ; ce fut le règne de l'*inflammation* et de la médication spoliative, dont on retrouve la continuation dans l'œuvre de Bouillaud. Mais Broussais se garda bien de faire de l'inflammation une entité spéciale ; pour lui, au contraire, toutes les maladies ont un substratum anatomique ; elles débutent par une lésion locale, et ne se généralisent que secondairement ; tout ce qui n'a pas de siège déterminé ne représente qu'un groupement arbitraire, une réunion de symptômes, et non une maladie.

Ainsi, à la fin du XVIIIe siècle et au commencement du XIXe, nous trouvons dans les auteurs, dans Broussais notamment, une double tendance, inspirée par les recherches anatomiques de Bonnet et de Morgagni, par les doctrines physiologiques de Haller et de Bichat : l'idée de rattacher les maladies à une lésion organique dérive des premières ; l'idée d'invoquer une propriété spéciale de la matière vivante procède des secondes.

Lorsque les progrès de la physiologie eurent fait connaître le rôle et le fonctionnement des principaux organes, on essaya de donner de la maladie une définition éclectique, tenant compte à la fois des troubles et des lésions. C'est ainsi que Chomel considère la maladie comme « un désordre notable survenu soit dans la disposition matérielle des parties constituantes du corps vivant, soit dans l'exercice des fonctions [1] ». La même idée a été exprimée par Monneret : « La maladie est un état anormal du corps vivant, caractérisé par une altération de structure ou par un trouble de fonctions [2]. »

Qu'il y ait dans la maladie lésion anatomique ou trouble fonctionnel, c'est ce que nous ne pouvons nier ; que ces altérations ou ces troubles suffisent à caractériser la maladie, c'est ce que nous ne pouvons admettre.

La maladie étant l'apanage des êtres vivants, ne peut être définie par des manifestations qui se retrouvent dans le monde anorganique. Quand, dans une machine, une pièce est brisée ou rouillée, on dit qu'il y a altération ou trouble : mais il ne vient à l'idée de personne de dire que cette machine est malade. Quand, en pathologie, un homme guéri d'une tuberculose pulmonaire succombe accidentellement et que l'autopsie révèle quelques granulations fibreuses ou infiltrées de sels calcaires, on dit qu'il existait une lésion ; mais cette lésion était latente et l'agent pathogène qui l'avait provoquée avait fini par s'éteindre ; on dit dès lors que la maladie était guérie. Il en est de même pour un kyste hydatique qui, à la suite d'une intervention chirurgicale ou spontanément, se rétracte et subit la transformation calcaire ; la guérison est survenue, malgré la persistance d'une lésion hépatique.

Le trouble fonctionnel ne peut suffire non plus à caractériser la maladie. Le bon sens avait déjà fait la distinction et créé l'expression d'infirmité : un homme qui a été amputé ou qui est devenu aveugle est un infirme et non un malade, et pourtant l'absence de son membre ou de

(1) CHOMEL, *Éléments de pathologie générale*, p. 16, 5e édit., 1863.
(2) MONNERET, *Traité de pathologie générale*, t. I, p. 17, 1857.

ses yeux trouble considérablement ses fonctions de relation. On dit de même qu'une maladie s'est terminée par ankylose; cela revient à dire que la maladie s'est terminée par une lésion entraînant un trouble fonctionnel; pour nous, l'expression est parfaite; mais elle constitue un nonsens, si l'on veut caractériser la maladie par le trouble des fonctions.

Nous empruntons ces exemples à la pathologie externe, parce qu'on juge moins bien des troubles internes; ceux-ci n'appellent l'attention que lorsqu'ils se traduisent par des manifestations appréciables; c'est ce qui a achevé d'établir la confusion entre les termes que nous essayons de préciser.

La nécessité de différencier les troubles, les lésions et les maladies, n'avait pas échappé aux plus anciens médecins. Pour expliquer la maladie, Hippocrate fait intervenir un nouveau facteur, une sorte de force supérieure et extérieure à l'homme : c'est la *nature médicatrice*; quand les humeurs sont troublées, la maladie traduit l'effort de la nature pour ramener à l'état normal les actes de l'organisme. C'est ce qui conduit Hippocrate à cette pensée bien connue : « La nature est le médecin des maladies [1] »; mais il reconnaît que souvent la nature prend une mauvaise voie et qu'elle ne doit pas être abandonnée à elle-même.

Si la nature ne constitue qu'une abstraction, une entité métaphysique, et si, par là, le mot d'Hippocrate ne peut être accepté intégralement, une grande idée ne s'en dégage pas moins : rattacher la maladie non à l'altération organique, mais à la réaction qu'elle provoque. Bien des médecins ont été séduits par cette conception, dont Sydenham a donné une formule d'une précision remarquable : « La maladie n'est autre chose qu'un effort de la nature qui, pour conserver le malade, travaille de toutes ses forces à évacuer la matière morbifique [2]. »

Invoquer la nature, quel que soit le sens qu'on attache à ce mot [3], c'est risquer d'introduire une nouvelle hypothèse métaphysique. Mais si l'on comprend sous ce nom l'ensemble des forces cosmiques, on se rapproche considérablement des conceptions modernes, dont il nous faut maintenant aborder l'étude.

Troubles morbides. — Pour que la vie puisse se manifester, trois conditions, avons-nous dit, sont nécessaires : il faut que l'être soit placé

(1) HIPPOCRATE, Des épidémies. *Œuvres complètes* (trad. Littré), t. V, p. 315.

(2) SYDENHAM, *Médecine pratique* (trad. Jault), p. 1. Paris, 1784.

(3) « Par nature, j'entends toujours l'assemblage des causes naturelles, qui, quoique brutes et entièrement destituées d'intelligence, sont néanmoins conduites avec une extrême sagesse dans leurs opérations et leurs effets... suivant un ordre fixe et une méthode constante. » (SYDENHAM, *Loco citato*, p. 103.)

« La nature est le système des lois établies par le Créateur pour l'existence des choses et pour la succession des êtres. La nature n'est point une chose, car cette chose serait tout; la nature n'est point un être, car cet être serait Dieu; mais on peut la considérer comme une puissance vive, immense, qui embrasse tout, qui anime tout.... Cette puissance est, de la puissance divine, la partie qui se manifeste.... Le temps, l'espace et la matière sont ses moyens, l'univers son objet, le mouvement et la vie son but. » [BUFFON, Vue de la nature. *Œuvres complètes* (édit. Flourens), t. III, p. 294.]

dans un milieu liquide, où il trouve les matériaux indispensables à sa formation et à sa rénovation : il faut qu'il puisse rejeter au loin les substances qui ont servi à manifester son activité et sont devenues inutiles et même nuisibles; il faut enfin qu'il soit soumis à l'influence de forces cosmiques exerçant sur lui des actions qu'il puisse contre-balancer.

Si le milieu conservait une constitution invariable, si les agents externes ne subissaient aucune modification, les réactions vitales seraient en concordance continue avec les forces cosmiques; elles se manifesteraient avec une régularité imperturbable, la vie serait uniforme; il ne surviendrait aucun changement évolutif, bon ou mauvais, il n'y aurait ni troubles morbides, ni maladie. Il se produirait seulement une usure progressive et les lois de l'entropie expliqueraient la mort même dans ces conditions idéales.

Dans la réalité, il est loin d'en être ainsi. La matière est placée dans un milieu dont la constitution se modifie constamment; elle est soumise à l'action de forces dont l'intensité et la direction varient d'un moment à l'autre. Aux trois conditions nécessaires à la manifestation de la vie correspondent exactement trois ordres de troubles morbides.

Le milieu peut contenir en quantité trop faible ou trop considérable les matériaux destinés à la rénovation de la matière vivante; il peut renfermer des substances nuisibles, les unes provenant de l'être qui y vit et qui y rejette les produits de sa désassimilation, les autres introduites accidentellement; enfin, les forces cosmiques peuvent être insuffisantes pour susciter des réactions vitales, ou bien elles possèdent une énergie trop considérable qui tend à renverser complètement l'édifice instable de la molécule organique. Insuffisance ou excès des matériaux de rénovation, adultération du milieu par des substances inutiles ou nuisibles, variations des forces cosmiques, telles sont les trois conditions fondamentales de la maladie. On pourrait même simplifier cette conception et n'admettre que deux groupes de causes : celles qui tiennent aux modifications du milieu intérieur, celles qui tiennent aux modifications du milieu extérieur. Si ces modifications sont trop marquées, l'équilibre sera rompu et la matière perdra ses propriétés spécifiques, sinon, elle pourra opposer des réactions qui contre-balanceront les influences pathogènes.

Si l'on veut, comme on devrait toujours le faire, demander des renseignements à la pathologie comparée, on peut commencer par l'étude des êtres unicellulaires.

Supposons qu'on ait ensemencé un bouillon de culture avec des bactéries. Il sera facile de provoquer chez ces êtres inférieurs des manifestations morbides. Il suffira d'agiter le bouillon, de modifier la température, de faire agir un courant électrique, de faire varier la constitution chimique du milieu, ou d'y introduire une autre bactérie. Les troubles que provoqueront ces causes morbides seront assez simples, mais leur étude est loin d'être dénuée d'intérêt. La végétation sera plus ou moins retardée, les sécrétions et les fermentations seront modifiées, enfin le microscope révèlera de profondes altérations morphologiques. Si on reporte les bactéries malades dans un milieu eugénésique, tantôt elles donneront naissance à des individus normaux, tantôt la descendance conservera certains des caractères nouveaux imposés par la maladie. Ce procédé très simple nous permet d'observer en quelques jours trois séries de manifestations morbides, des troubles fonctionnels, des altérations structurales, des tares héréditaires.

Si nous envisageons les êtres supérieurs, le problème semble se compliquer, mais en réalité les causes morbides peuvent toujours se ramener à quatre principales : deux appartiennent au milieu externe, ce sont les *causes mécaniques* et *physiques*. Le troisième groupe comprend les *agents chimiques*, qui tantôt agissent à la surface de l'organisme et sont désignés sous le nom de caustiques, tantôt modifient la constitution du milieu et sont alors désignés sous le nom de toxiques. Enfin le quatrième groupe renferme les *agents animés*. Mais ceux-ci rentrent en réalité dans un des trois groupes précédents. Quelques-uns agissent mécaniquement, tels sont les animaux qui déterminent des traumatismes, tels aussi les parasites qui lèsent directement les tissus. Il en est qui mettent en jeu de l'énergie physique, c'est le cas de la torpille ; d'autres qui, par leurs venins ou par les poisons que renferme leur organisme, provoquent des intoxications. Enfin, c'est par les poisons qu'ils renferment ou qu'ils sécrètent qu'agissent les agents microbiens : l'infection se résout en une intoxication.

On sera peut-être étonné que nous laissions de côté les *causes internes* des maladies. La plupart des auteurs leur consacrent un chapitre, c'est bien à tort croyons-nous. Les maladies sont toujours dues à des agents externes. Invoquer une cause interne, c'est se laisser encore influencer par la croyance à la spontanéité vitale. Il n'y a même pas d'exception pour les troubles transmis par l'hérédité ou par l'innéité. Car la maladie des parents a été provoquée par un agent externe, et ce qu'on observe chez les descendants n'est que la continuation des troubles dont la cause doit, comme toujours, être placée en dehors de l'organisme.

On a dit souvent que la *maladie est une réaction de l'organisme à une cause morbifique*. Une pareille formule a l'avantage de mettre en évidence le facteur le plus important, c'est-à-dire l'être vivant. Puisque la maladie est l'apanage de ce qui vit, il est indispensable de faire entrer la notion de vitalité dans sa définition. C'est ce qu'a parfaitement compris Littré : « C'est à la vie elle-même, dit-il, qu'il faut demander quelle est l'idée de la maladie », et il arrive à considérer la maladie comme « *une réaction de la vie, soit locale, soit générale, soit immédiate, soit médiate, contre un obstacle, un trouble, une lésion* (1) ». Cette définition a le mérite de tenir compte du processus pathogénique, c'est-à-dire du mode d'action de la cause. Or il est facile de concevoir que les causes, quelles

(1) LITTRÉ, Art. MALADIE. *Dict. de méd. en* 30 vol., t. XVIII, p. 576. Paris, 1838.

qu'elles soient, ne peuvent agir sur la matière vivante que de deux façons : les unes tendent à troubler les manifestations fonctionnelles; les autres tendent à déterminer des modifications structurales, c'est-à-dire à produire des lésions anatomiques.

Les lésions anatomiques sont dues aux agents mécaniques qui dilacèrent les tissus, les organes ou les cellules et aux agents chimiques et physiques qui sont capables de dissoudre certaines substances ou de coaguler le protoplasma. Les altérations ainsi constituées provoqueront secondairement un certain nombre de troubles fonctionnels.

Les autres agents amènent d'abord des troubles fonctionnels qui peuvent aboutir secondairement à des altérations anatomiques. C'est le cas le plus fréquent. On a souvent renversé les termes, bien à tort. La plupart des agents pathogènes, toxiques ou infectieux, ne provoquent pas directement des lésions. Celles-ci résultent des modifications survenues dans le fonctionnement de l'organisme. On sait que la fonction crée l'organe, le maintient et le dirige. Un trouble fonctionnel entraîne forcément, d'une façon précoce ou tardive, des modifications morphologiques et structurales. La lésion anatomique nous apparaît donc comme une conséquence du trouble physiologique. Elle est créée par la déviation fonctionnelle et pourra à son tour provoquer de nouveaux troubles. On a pris l'habitude d'attacher à la lésion anatomique une importance trop considérable; elle n'est le plus souvent qu'un résultat secondaire et inconstant.

Les manifestations morbides, troubles et lésions, se divisent en deux groupes : les unes résultent de l'action exercée par l'agent pathogène; les autres, ce sont les plus importantes, relèvent d'une réaction de l'organisme.

En quoi consiste cette réaction? Faut-il la considérer comme ayant un caractère spécial et comme différant totalement de ce qu'on observe à l'état physiologique? Nous ne le croyons pas. Les phénomènes morbides ne sont pas foncièrement distincts des phénomènes normaux; les lois biologiques sont les mêmes dans les deux cas : l'opposition entre la santé et la maladie s'efface à mesure qu'on poursuit l'étude des phénomènes vitaux. Ce serait une erreur de croire que l'être vivant pût disposer de manifestations différentes, destinées les unes aux conditions normales, les autres aux conditions pathologiques. Le mode de réaction est toujours le même; les résultats qu'on observe diffèrent par leur intensité, mais ils sont dirigés vers le même but, c'est-à-dire qu'ils tendent toujours à contre-balancer l'action des forces externes.

On pourrait donc être conduit à supposer que la maladie représente un processus nécessaire et heureux. Cette idée contient certainement une part de vérité; mais, acceptée dans toute sa rigueur, elle conduirait à faire rejeter les interventions thérapeutiques, ayant pour but de combattre le mode de réaction de l'organisme malade. Il y aurait là un danger évident, car la réaction n'est pas toujours salutaire; son intensité et sa direction dépendent à la fois de la cause pathogène et de l'organisme; aussi, suivant l'état de ces deux facteurs, peut-on observer des réactions trop faibles, trop vives, ou contraires au retour vers l'état d'équilibre normal. La maladie ne peut donc être considérée comme une manifestation toujours favorable, ainsi que le voulait Sydenham; elle est parfois utile, souvent nuisible, toujours dangereuse.

Il suffit, pour s'en convaincre, de réfléchir à ce qui se passe dans une infection. Supposons qu'un microbe, un pneumocoque par exemple, ait été introduit dans le poumon. Si l'organisme ne possède pas une immunité naturelle ou acquise, le microbe va pulluler et il va sécréter des substances toxiques. Ce premier stade, qui ne se traduit par aucune manifestation appréciable, correspond à l'incubation; puis survient une réaction caractérisée par le frisson, la fièvre, la congestion du poumon, la formation d'un exsudat fibrineux. La maladie se trouve dès lors constituée; elle nous apparaît comme une réaction heureuse : la lésion qui la caractérise a pour effet de localiser le microbe et d'empêcher sa diffusion dans l'organisme; les changements dans le chimisme des humeurs, liés au trouble nutritif que produisent les toxines microbiennes, aboutissent à la formation d'antitoxines qui combattent le développement de l'agent pathogène ou neutralisent les poisons qu'il sécrète. Mais en diminuant le champ de l'hématose ou en s'accompagnant de congestions trop étendues, l'hépatisation peut créer un danger, et les modifications nutritives imposées à l'organisme par les poisons microbiens deviennent trop souvent le point de départ d'affections viscérales, immédiates ou tardives. Le processus est donc susceptible de compromettre ou de troubler la vie, mais il était utile.

Il en est de même pour la fièvre, on pourrait dire pour toutes les manifestations morbides. La fièvre ne représente pas non plus une réaction anormale; ce n'est pas de la chaleur extra-naturelle, c'est l'exagération d'un processus habituel. Son influence est parfois salutaire : mais sa trop grande intensité crée un danger pour l'organisme, et la thérapeutique confirme cette notion théorique, en nous faisant voir les bons effets des méthodes réfrigérantes.

Les réactions morbides sont donc analogues aux réactions normales, elles obéissent toujours aux mêmes lois; seulement elles paraissent différentes, parce qu'elles sont suscitées par des causes nouvelles ou qu'elles se passent dans des milieux altérés; en tout cas, elles sont aveugles, non disciplinées, et peuvent devenir la source de nouveaux dangers.

Ainsi la santé est la réaction de la matière bien morphologiée, vivant dans des milieux invariables, répondant à des excitations exactement contre-balancées; la maladie est la réaction de la matière, altérée dans sa forme, vivant dans des milieux adultérés, subissant l'influence de causes externes non contre-balancées. Autrement dit, la santé est la réaction organique dans des conditions fixes et préétablies; la maladie est représentée par des réactions de même nature, mais se produisant dans des conditions variables et nouvelles. Puisque les causes varient, les réactions peuvent rester immuables dans leur essence, tout en étant dissemblables dans leurs manifestations. On ne doit donc pas opposer la physiologie pathologique à la physiologie normale; on doit simplement considérer la première comme une conséquence de la seconde.

La variabilité et l'instabilité des causes externes suscitent constamment des réactions organiques s'éloignant de la régularité parfaite qui constitue l'état de santé. Les troubles qui en résultent peuvent être trop légers pour mériter le nom de maladie; on leur applique alors le nom d'indisposition. L'indisposition fait une transition toute naturelle entre la santé et la maladie; nulle part, dans la nature, nous ne trouvons d'états différents qui ne soient reliés par une série intermédiaire. Entre la santé et la maladie se place une foule de troubles mal définis qui les rapprochent et les fusionnent. On peut même dire que la santé parfaite n'existe pas. Il n'y a pas d'absolu dans ce monde; nous savons que les conceptions abstraites du bien et du beau ne répondent à rien de réel, et qu'il faut nous contenter d'un bien relatif. Ce qui est vrai en métaphysique est également vrai en médecine; nous concevons un être dont les milieux organiques auraient une constitution invariable et chez lequel les forces externes seraient complètement contre-balancées : nous concevons la santé parfaite; mais il nous est facile de comprendre qu'elle ne peut exister et que notre santé est toujours dans un état d'équilibre plus ou moins instable. Les réactions morbides ont pour effet de ramener la matière vivante vers cet état relativement bon et, en tout cas, compatible avec les manifestations de la vie.

Si la cause pathogène n'a exercé qu'une action passagère, la matière semble, au bout d'un certain temps, reprendre son état primitif. De même, en mécanique, un système instable revient à l'équilibre après une série d'oscillations. Il y a, dit-on, entre les deux ordres de phénomènes une différence capitale. Le système mécanique revient exactement à son état initial. Le système organique conserve une empreinte, plus ou moins persistante, parfois indélébile, des modifications qui lui ont été imposées. Après la maladie se produit un équilibre nouveau : l'organisme a subi un changement, changement parfois inappréciable à première vue, mais que nos modernes méthodes d'investigation mettent facilement en évidence. Telles sont, par exemple, les modifications des humeurs après une maladie infectieuse.

La différence est peut-être moins tranchée qu'on ne l'avait cru tout d'abord. On peut observer dans le monde anorganique des phénomènes analogues. C'est ce que démontrent d'intéressantes expériences publiées par Hartmann. Un cylindre de métal soumis à une traction s'allonge, puis, si la force est suffisante, une striction se produit et, si on continue l'expérience, le barreau se brise en ce point plus faible. Mais si on suspend la traction et, si après avoir soumis la barre étranglée à l'action du tour et l'avoir ramenée à la forme cylindrique, on recommence une deuxième traction, un étranglement se produit encore, mais c'est en un point différent. Dans la région menacée s'est faite une condensation moléculaire. Ce phénomène pourra être répété à plusieurs reprises et si on recommence l'expérience un certain nombre de fois, la tige aura durci dans sa totalité, elle ne pourra plus s'allonger. Si la traction est suffisante, elle se brisera.

J'ai choisi cette expérience entre plusieurs analogues, parce qu'elle est particulièrement démonstrative. Elle établit une nouvelle analogie entre les réactions de la matière brute et les réactions de la matière organique. On y voit nettement une réparation dirigée vers un but, et une adaptation rapide à des conditions nouvelles.

Définition de la maladie. — Les considérations préliminaires que nous avons présentées établissent que la maladie est l'ensemble des réactions provoquées dans un système organique par un agent externe qui tend à en modifier l'équilibre instable et dont l'action n'est pas aussitôt contre-balancée.

La cause pathogène ne peut agir que de trois façons : elle exerce une action mécanique, une action physique ou une action chimique. Les agents animés mettent en œuvre un ou plusieurs de ces processus.

Toute action mécanique se traduit au point d'application de la force par une lésion, qui, si la vie se maintient, sera suivie de réactions secondaires. Les agents physiques et chimiques sont également capables de déterminer au point où ils viennent en contact avec l'organisme, des modifications structurales plus ou moins évidentes. Cependant dans un grand nombre de cas, il ne se produit que des modifications d'ordre dynamique et nous ne pouvons déceler aucune altération appréciable. Ayant subi ainsi l'action de la cause morbifique, l'organisme réagit. Mais, nous ne saurions trop le répéter, cette réaction est d'ordre dynamique. Le trouble fonctionnel se développe primitivement; s'il persiste ou s'il se prolonge, il pourra entraîner secondairement une modification structurale. Il représente donc l'élément indispensable, c'est le stade nécessaire : la lésion anatomique est inconstante et contingente. On peut observer des maladies sans lésions, sans altérations organiques appréciables; on ne peut concevoir une maladie sans un trouble fonctionnel.

Nous dirons donc que *la maladie est l'ensemble des actes fonctionnels et secondairement des lésions anatomiques qui se produisent dans l'économie, subissant à la fois les causes morbifiques et réagissant contre elles.*

Cette définition, que nous empruntons au professeur Bouchard, nous paraît résumer merveilleusement les conceptions auxquelles conduit la science moderne. Elle indique nettement l'action de la cause et la réaction de l'organisme; elle place dans leur subordination exacte les troubles fonctionnels et les lésions anatomiques.

Si la lésion anatomique, signature plus ou moins permanente d'un trouble plus ou moins passager, paraît n'occuper qu'une place de second plan, son importance n'en est pas moins considérable. Les travaux successifs n'ont fait qu'en accroître l'intérêt. Autrefois on se contentait des lésions appréciables à l'œil nu. Puis est venue la recherche microscopique. Le perfectionnement de la technique a permis de créer l'histo-chimie. C'est le stade de transition avec les recherches qui commencent actuellement. L'histo-chimie nous révélait des lésions liées aux changements que subissent les colloïdes. C'étaient, malgré leur petitesse, des lésions encore volumineuses. Nous avons aujourd'hui la prétention de pousser plus loin l'investigation. L'heure est venue où l'on va commencer l'étude des lésions ultra-microscopiques. Après avoir décrit les altérations des organes et des tissus, puis les altérations des cellules, il faut aborder l'histoire des éléments constitutifs des cellules et des humeurs.

Puisque l'ultra-microscope nous permet d'apercevoir les grains colloïdaux, nous concevons qu'un chapitre nouveau va s'ouvrir et ne tardera pas à être rempli par l'étude des colloïdes à l'état pathologique. L'analyse chimique des organes ou des tissus, l'analyse histo-chimique de la cellule seront ainsi complétées par des analyses plus pénétrantes qui atteindront les éléments primordiaux auxquels s'arrête aujourd'hui l'investigation scientifique. C'est assez dire que nous pouvons entrevoir déjà l'introduction de la chimie physique dans le domaine de la pathologie.

Maladie, affection, diathèse. — L'évolution naturelle des maladies est de ramener l'organisme vers l'équilibre primitif, c'est-à-dire vers l'état normal. Cependant, même dans les cas les plus favorables, bien que le retour à la santé soit parfait, bien qu'il ne subsiste plus aucun trouble, l'organisme de l'individu guéri diffère de ce qu'il était avant l'évolution morbide; des conditions nouvelles ont été créées par la maladie et l'être, pour continuer à vivre, a dû s'y accoutumer. Comme le dit très justement Le Dantec, vivre c'est s'habituer. Après la maladie s'est établi un équilibre nouveau qu'on apprécie nettement par l'étude du sang. A la suite de l'infection, ce liquide acquiert des propriétés bactéricides et antitoxiques, modifications heureuses qui ont permis la guérison et engendrent l'immunité, mais qui ne traduisent pas moins une modification profonde du fonctionnement organique.

Quand la cause pathogène est permanente, la santé ne peut se rétablir que s'il se produit une modification plus ou moins profonde du système primitif, et le nouveau mode d'existence ne paraîtra normal que si la force morbide continue à agir. Qu'à un moment donné son action cesse, l'être ainsi modifié, replacé dans les conditions premières, perdra de nouveau l'équilibre; il y aura rupture de la nouvelle concordance, et la suppression de la cause morbide ramènera une maladie. Ce résultat, que la théorie nous fait admettre, se trouve fréquemment réalisé en clinique : Un homme fait des excès de boisson; au début l'alcool détermine divers troubles, l'ivresse par exemple; peu à peu, l'équilibre se rétablit et l'usage quotidien du toxique est parfaitement supporté; qu'on vienne alors à supprimer brusquement l'agent morbifique, aussitôt le nouvel équilibre est rompu, il se déclare des accidents de *delirium tremens* que l'alcool peut conjurer.

Il est bien certain que les changements vitaux survenus sous l'influence d'une cause morbifique persistante ne sont pas, en général, favorables à l'organisme atteint. L'adaptation aux conditions nouvelles est une concordance de nécessité, aboutissant à la production de troubles fonctionnels ou de lésions anatomiques qui pourront survivre à la cause morbide et devenir le point de départ de nouveaux accidents.

Supposons par exemple un homme atteint d'une infection. La présence des toxines microbiennes dans l'intérieur de son organisme suscitera diverses réactions anormales, notamment des modifications nutritives; il pourra en résulter des lésions anatomiques qui continueront à évoluer après la suppression de la cause. Ce sera, par exemple, une altération valvulaire, une néphrite ou une cirrhose. Dans bien des cas ces lésions restent latentes pendant un temps plus ou moins long et se traduisent, après plusieurs années, par de l'asystolie, de l'angine de poitrine, de l'albuminurie, de l'ictère ou de l'ascite. D'autres fois on verra survenir des modifications de la nutrition cellulaire; ainsi se constituent les diathèses, qui souvent sont des suites de maladies infectieuses ou toxiques et qui, une fois développées accidentellement, peuvent se transmettre par hérédité.

Dans les cas de lésion valvulaire, de néphrite ou de cirrhose, devons-nous dire qu'il s'agit de maladies? On peut objecter que l'altération valvulaire, par exemple, si elle ne donne aucune réaction apparente, ne constitue qu'une lésion; elle ne représente une maladie que si elle provoque de la toux, de la dyspnée, de l'angoisse précordiale, c'est-à-dire si elle suscite des troubles morbides. On arrive ainsi à cette conclusion bizarre que la cardiopathie, suivant des circonstances d'une importance secondaire, méritera ou ne méritera pas le nom de maladie.

Cette confusion disparaît si l'on tient compte de l'élément primordial, du *primum movens* de toute la série morbide, de la cause efficiente.

Ainsi, dans l'exemple cité ci-dessus, supposons que la cause ait été une infection, la fièvre typhoïde, par exemple : le microbe, par ses toxines, suscite une série de réactions qui se traduisent d'abord par une évolution aiguë; c'est la dothiénentérie; puis survient une guérison apparente. En réalité, la nutrition modifiée sur certains points se fait sur une nouvelle base; il n'y a, sans doute, aucun trouble appréciable; mais l'évolution morbide n'en continue pas moins, et si, après des années, on trouve une cardiopathie, celle-ci ne représente qu'une suite lointaine de l'infection antérieure; c'est une lésion consécutive, un trouble à longue échéance. Mais, dans quelques cas, le plus souvent peut-être, on constate la lésion valvulaire et l'on est dans l'impossibilité de remonter à sa cause. Il est donc important de bien distinguer les deux processus, et par conséquent de leur appliquer deux dénominations différentes. Or nous possédons justement deux termes qui n'ont pas toujours été employés dans le même sens, mais que nous pouvons conserver à la condition d'en préciser la signification : ce sont les mots *maladie* et *affection*.

La *maladie* est le processus morbide envisagé dans toute son évolution, depuis sa cause initiale, jusqu'à ses conséquences dernières; — l'*affec-*

tion est le processus morbide, envisagé dans ses manifestations actuelles, abstraction faite de leur origine.

Dans l'exemple cité plus haut, nous dirons maladie infectieuse et affection cardiaque.

Si l'on adopte cette façon de parler, qui nous semble assez rationnelle, on arrivera à conclure qu'il n'y a pas de maladies d'organes ; on ne devra pas dire : maladies du foie, du cœur, du système nerveux ; il faudra dire : affections du foie, du cœur, du système nerveux ; car les maladies, les lésions ou les troubles fonctionnels ne sont jamais d'origine interne ; il existe toujours une cause externe, qui peut nous échapper, mais que l'induction scientifique nous force d'admettre. Les troubles nutritifs héréditaires ne font pas exception à cette loi : il peut sembler au premier abord que les cellules sont nées avec une nutrition particulière qui les pousse vers un désordre morbide ; on pourrait penser que, dans ce cas, la maladie est une production de l'organisme. Il n'en est rien en réalité : la nutrition vicieuse, qui caractérise la diathèse, est la résultante des influences extérieures auxquelles les parents ont été soumis. On peut donc toujours remonter, au moins théoriquement, à une cause externe ayant agi sur l'être malade, ou sur ses générateurs.

La distinction que nous avons dû établir entre la maladie et l'affection est analogue à celle que Bazin avait admise. On a vivement critiqué, sur ce point, la doctrine de l'illustre dermatologiste. Dans un article d'ailleurs fort remarquable, Maurice Raynaud [1] soutient que Bazin emploie ces deux mots dans un sens différent de celui qu'on leur attribue habituellement. Il en résulte, dit-il, une confusion d'autant plus grande que certains auteurs, Bouchut et Hecht, entre autres, leur imposent une signification justement inverse.

Aujourd'hui le mot « affection » a trois sens différents :

Celui que lui donne Bazin, et qu'on trouve déjà dans Sprengel : L'affection est la manifestation d'une maladie ; ainsi l'insuffisance mitrale est une affection, manifestation de la maladie rhumatisme ; l'adénite est une affection, manifestation de la maladie tuberculose.

Bouchut entend, par affection, une souffrance vague, indéterminée, une viciation générale de l'économie. La scrofule est une affection, l'adénite est une maladie.

Enfin Raynaud pense qu'il faut laisser au mot « affection » son sens traditionnel, tel qu'il a été formulé par Galien, tel qu'il a été conservé par l'École de Montpellier : c'est la modification intime de l'organisme en présence de la cause qui préside au développement des maladies. L'affection est le dernier terme auquel puisse parvenir notre intelligence et dont nous ne pouvons pénétrer l'essence.

Quoi qu'en dise Raynaud, ce dernier sens est loin de correspondre à celui qu'avaient adopté les anciens. Galien, dont on invoque l'autorité,

[1] MAURICE RAYNAUD, Art. MALADIE, *Dictionnaire de médecine et de chirurgie pratiques*, t. XXI, p. 508. Paris, 1875.

a employé tout autrement ces expressions. « Si l'on se conforme à la diction des Grecs, dit-il, on dira plutôt des parties où il existe des mouvements contre nature qu'elles sont affectées; tandis que pour les parties qui ont des diathèses (états permanents) contre nature, on dira qu'elles sont malades.... La tête est affectée quand elle éprouve une affection sympathique de l'estomac, elle est malade quand elle éprouve une affection idiopathique [1]. »

On voit d'après cette citation, que Bazin s'est parfaitement conformé à l'usage traditionnel. Aussi beaucoup de médecins ont-ils adopté la même façon de parler, et Hallopeau a donné deux définitions qui nous semblent parfaitement acceptables : « *Les affections représentent les troubles de la santé considérés dans leurs rapports avec les processus morbides; les maladies sont des troubles de la santé considérés dans l'ensemble de leur évolution, et par conséquent dans leur rapport avec la cause qui domine cette évolution* [2]. » C'est donc la cause initiale qui fait l'unité de la maladie.

Aux exemples que nous avons déjà donnés, nous pouvons en ajouter quelques autres, qui fixeront mieux les idées. La pneumonie, par exemple, est une affection du poumon et une maladie microbienne; la gale est une affection de la peau et une maladie parasitaire. Ce système de nomenclature serait fort simple si l'on pouvait chaque fois remonter à la cause initiale; mais il n'en est pas ainsi : nous ne décelons pas toujours l'origine d'une néphrite ou d'une cirrhose; nous savons que les affections du rein, du foie, comme toutes les affections viscérales, sont des déterminations ou des suites de maladies; mais souvent nous ne pouvons retrouver cette maladie première. Il en résulte qu'on se contente trop facilement d'étudier les manifestations actuelles : on observe un homme atteint de congestion pulmonaire ou d'albuminurie; on reconnaît que les accidents sont sous la dépendance d'une insuffisance mitrale; on s'imagine alors posséder tous les éléments du problème clinique et l'on considère comme peu important de remonter à la cause initiale de la *série morbide*, à la maladie qui a déterminé cette affection cardiaque. En pratique, il est souvent indifférent de connaître la cause, et c'est pour cela qu'on peut, sans grand inconvénient, négliger la distinction que nous admettons entre l'affection et la maladie; mais le nosographe ne doit pas se faire le propagateur de pareilles confusions; il faut qu'il donne à chaque terme un sens précis et spécial.

Les diathèses. — L'affection, telle qu'elle avait été comprise par les maîtres de l'École de Montpellier, Barthez, Bérard, Dumas, Lordat, Jaumes, correspond à peu près à ce que nous désignons aujourd'hui sous le nom de diathèse.

La *diathèse* doit être définie « un trouble permanent des mutations nutritives qui prépare, provoque et entretient des maladies différentes

(1) GALIEN, Des lieux affectés, livre Ier, chap. IV. *Œuvres anatomiques, physiologiques et médicales* (trad. Daremberg), t. II, p. 485. Paris, 1856.

(2) HALLOPEAU, *Traité élémentaire de pathologie générale*, p. 2, 4e édit. Paris, 1893.

comme formes symptomatiques, comme siège anatomique, comme processus pathogénique (1). » La diathèse est un tempérament morbide, et le tempérament est la caractéristique dynamique de l'organisme; c'est tout ce qui concerne les variations individuelles des activités nutritives (Bouchard).

On peut évidemment multiplier à l'envi le nombre des types cliniques relevant des variations nutritives; deux seulement méritent d'être conservés : le lymphatisme et l'arthritisme.

L'arthritisme, qui a été si bien étudié dans ces dernières années, est dû à un ralentissement de la nutrition. Cette *bradytrophie*, suivant l'expression de Landouzy, explique les diverses manifestations symptomatiques, qui s'observent simultanément ou successivement chez un même individu ou dans une même famille; c'est le lien qui réunit des troubles en apparence disparates. La diathèse correspond donc à une réalité clinique; depuis les travaux de Bouchard, on sait qu'elle répond à une réalité scientifique.

CHAPITRE III

MOYENS D'ÉTUDE DE LA PATHOLOGIE

Définition et divisions de la pathologie. — Importance de la pathologie générale. — Médecine et philosophie. — Les méthodes. — Les moyens d'étude de la pathologie. — L'observation et l'expérience. — Les découvertes. — Importance de la pathologie expérimentale. — Théories et hypothèses. — Les erreurs; leurs causes et leur influence.

Définition et divisions de la pathologie. — La *pathologie* (πάθος, souffrance, maladie) est cette partie des sciences médicales qui a pour objet l'étude des maladies et des affections.

Elle comprend les chapitres suivants : l'*étiologie*, qui recherche les causes morbifiques; la *pathogénie*, qui établit par quel mécanisme ces causes agissent sur l'organisme vivant; la *physiologie pathologique*, qui montre comment l'organisme réagit; l'*anatomie pathologique*, qui dévoile les modifications structurales résultant des actions et des réactions morbides; la *symptomatologie*, qui énumère les réactions appréciables pendant la vie; la *nosographie*, qui décrit et classe les maladies. A ces diffé-

(1) Bouchard, *Maladies par ralentissement de la nutrition*, p. 376. Paris, 1882.

rentes branches dont l'ensemble constitue la science médicale, on doit en ajouter deux qui se rapportent plutôt à l'art médical, c'est-à-dire au côté technique (τεχνή, art) de la médecine. Ce sont le *diagnostic* et le *pronostic* : le diagnostic fait reconnaître la place que la maladie occupe dans le cadre nosologique, le pronostic s'efforce d'en prédire l'évolution.

La pathologie a pour complément indispensable la *thérapeutique* avec la *chirurgie*, la *prophylaxie* et la *diététique*. La thérapeutique (θεραπεύειν, soigner) est la partie de l'art médical qui, mettant à profit les données scientifiques fournies par la matière médicale et la pharmacologie, s'efforce de soulager les malades et de modifier favorablement l'évolution des maladies et des affections. La *chirurgie* est la branche de la thérapeutique qui se propose de guérir une maladie ou une affection par des procédés manuels (χειρ, main). La *prophylaxie* (προφυλαξις, de προφυλασσειν, veiller), dont l'*hygiène* (ὑγίεια, santé) représente la partie principale, dicte les préceptes qui permettent d'éviter la maladie. La *diététique* (δίαιτα, régime) indique le régime à suivre pour favoriser la guérison ou conserver la santé.

En résumé, la science médicale comprend : l'étiologie, la pathogénie, la physiologie et l'anatomie pathologiques, la symptomatologie, la nosographie, la matière médicale, la pharmacologie ; l'art médical comprend le diagnostic, le pronostic, la thérapeutique, la chirurgie, la prophylaxie, la diététique.

La pathologie embrasse presque toute la médecine. Il y a donc un disproportion manifeste entre son étendue et les limites de l'esprit humain. C'est ce qui a conduit à scinder son étude en plusieurs parties distinctes. On admet généralement les divisions suivantes : la *pathologie spéciale* ou *descriptive*, comprenant la *pathologie interne* ou *médicale* et la *pathologie externe* ou *chirurgicale*; la *pathologie comparée;* la *pathologie expérimentale;* la *pathologie générale.*

La *pathologie spéciale* ou *descriptive* a pour objet l'étude analytique des maladies; elle a pour complément indispensable la nosographie, qui classe et coordonne les descriptions. La pathologie spéciale présente une série de monographies; elle trace des tableaux où elle s'efforce de faire entrer toute l'histoire de la maladie, depuis sa cause jusqu'à ses lésions anatomiques et ses manifestations cliniques. Elle se trouve encore trop vaste pour ne pas avoir été divisée. De tout temps, on a admis une pathologie externe et une pathologie interne : la première s'occupe des maladies qui s'accompagnent de lésions facilement accessibles ; la deuxième envisage les altérations des organes profonds. Cette distinction était bonne autrefois; elle correspondait à la division classique en chirurgie et en médecine; la pathologie externe décrivait les lésions justiciables d'un acte opératoire. Mais aujourd'hui, on n'hésite plus à intervenir dans nombre d'affections internes; le champ de la chirurgie s'est notablement agrandi, et il devient vraiment bizarre de placer dans la pathologie externe l'histoire de certaines lésions viscérales ou l'étude des localisations cérébrales. Réciproquement, toutes les affections externes ne sont pas chirurgicales; telles sont, par exemple, les affections de la peau. Bien plus, les affections articulaires sont tantôt externes, tantôt internes; les arthrites tuberculeuses rentrent dans le premier groupe, les polyarthrites rhumatismales dans le second. Mieux vaut donc employer les expressions de pathologie médicale et de pathologie chirurgicale; la première envisage les affections qui sont justiciables d'un traitement pharmaceutique; la deuxième étudie celles qui nécessitent une intervention manuelle.

On a voulu aussi admettre diverses branches de pathologie, basées sur leurs études spéciales; citons, par exemple, la pathologie infantile ou pædiatrie, la syphilographie, la pathologie obstétricale, la pathologie exotique; suivant l'organe ou le système étudié, on a créé les expressions de dermatologie, gynécologie, odontologie, stomatologie, ophtalmologie, laryngologie, rhinologie, etc. D'autres auteurs ont admis une pathologie cardiaque, une pathologie infectieuse, etc. Il serait facile de multiplier ces dénominations en rapport avec la tendance, de plus en plus grande, à la spécialisation.

Un intérêt considérable s'attache à l'étude des maladies qui peuvent frapper les êtres qui nous entourent, et surtout à chercher par quels points elles se rapprochent ou s'éloignent de celles qui atteignent notre espèce. Cette partie de la science, qu'on désigne sous le nom de *pathologie comparée*, peut se borner à envisager les mammifères ou les vertébrés supérieurs : ainsi limitée, elle possède une grande importance pratique, puisqu'elle nous montre comment certaines infections se transmettent des animaux à l'homme et comment on peut les combattre; l'histoire du charbon, de la morve, de la tuberculose, de la rage, de la trichinose, ne se comprend que si l'on envisage ces diverses maladies chez tous les mammifères, et même chez tous les vertébrés.

Mais la pathologie comparée peut avoir des visées plus hautes; elle peut embrasser toute l'échelle des êtres, animaux et végétaux, et rechercher les analogies que présentent, chez tous, certaines réactions morbides. On pourrait commencer par les êtres unicellulaires. Nous avons déjà dit qu'il est facile de déterminer chez les microbes des troubles fonctionnels et des lésions. C'est qu'aucun être vivant n'échappe à l'action des agents pathogènes : dès que la vie apparaît, apparaît la souffrance.

Laissant de côté les végétaux, on peut se contenter d'étudier les grands processus morbides en commençant par les protozoaires les plus simples et en remontant progressivement aux animaux les plus compliqués. Cette méthode intéressante, utilisée par Metchnikoff(1), rendra incontestablement les plus grands services à la médecine; à en juger par quelques résultats entrevus incomplètement, on peut espérer qu'elle servira à résoudre plusieurs questions controversées.

La pathologie comparée ne se borne pas, en général, à enregistrer les faits qu'elle rencontre. En étudiant les animaux, on est toujours libre

(1) METCHNIKOFF, *Leçons sur la pathologie comparée de l'inflammation*. Paris, 1892.

d'intervenir pour arrêter ou diriger les observations, et l'on peut essayer de reproduire sur des individus sains des phénomènes semblables à ceux qu'on observe chez les individus malades. C'est ainsi que s'est constituée la pathologie expérimentale.

La *pathologie expérimentale* a donc pour objet de modifier l'évolution des maladies spontanées, et de créer des lésions, des troubles et des maladies.

Pendant longtemps, l'expérimentateur n'a pu faire que des traumatismes; plus tard, l'usage des poisons lui permit de pénétrer là où le scalpel ne pouvait parvenir et de s'attaquer aux éléments histologiques. Aujourd'hui, les progrès de la bactériologie ont fourni le moyen de faire naître à volonté chez les animaux un grand nombre d'infections. La pathologie expérimentale est devenue le complément indispensable de la clinique; l'étiologie, la pathogénie, la physiologie et l'anatomie pathologiques, la pharmacologie, ne peuvent se passer de son secours.

Mais la pathologie expérimentale ne peut donner la solution de tous les problèmes; elle est incapable de reproduire les divers symptômes des maladies ou de poser les indications thérapeutiques. Enfin, les renseignements qu'elle fournit en pharmacologie ne doivent pas être transportés intégralement à la pathologie humaine : de ce qu'une drogue, à dose de 1 milligramme, tue un lapin de 1 kilogramme, il ne faut pas conclure qu'il soit nécessaire d'employer 70 milligrammes pour tuer un homme de 70 kilos; en raisonnant ainsi et en calculant d'après la dose mortelle pour le chien, on trouverait que, pour empoisonner un homme, il ne faut pas moins de 1gr,3 de sulfate neutre d'atropine.

Devant de pareils faits, il est permis de se demander quelle est la valeur des expériences pratiquées sur les animaux.

On a souvent adressé trois reproches à la pathologie expérimentale. On a soutenu que les observations recueillies sur une espèce ne sont pas applicables aux êtres d'espèce différente; que les maladies provoquées ne sont nullement comparables aux maladies spontanées; que toute intervention opératoire modifie l'animal en expérience au point de rendre inacceptables les résultats obtenus.

Il y a certainement une part de vérité dans ces critiques; mais il ne faut pas en exagérer la portée. Il est évident qu'on doit faire un juste départ de ce qui est applicable à l'homme et de ce qui est spécial à l'animal; le simple bon sens en dit plus sur ce sujet que tous les raisonnements.

L'expérimentation seule a pu établir la cause efficiente des maladies infectieuses. Pour celles qui sont communes à l'homme et aux animaux, pour le charbon, la morve, la tuberculose, aucun doute ne peut être émis. On connaît les microbes de ces maladies, on les isole, on les cultive et l'on arrive à reproduire chez les animaux des troubles et des lésions analogues à ceux que révèle l'observation clinique. Nul ne peut nier qu'en opérant ainsi, on ait résolu un des côtés les plus importants du problème étiologique.

Faire naître une maladie chez un animal, c'est obtenir un résultat important. Mais l'expérimentateur doit pousser plus loin l'analyse : maître des phénomènes qu'il provoque, il doit étudier le mécanisme qui préside à leur développement; il doit rechercher comment les agents pathogènes suscitent les réactions morbides, c'est-à-dire qu'il doit déterminer la pathogénie et la physiologie pathologique des troubles ou des lésions qu'il produit. La clinique fournit les indications, les idées de recherches; l'expérimentation donne les démonstrations inébranlables; elle permet d'affirmer le rôle des conditions qui favorisent ou entravent l'action des agents morbifiques; elle éclaire le mécanisme des lésions et fait suivre, pas à pas, le développement des altérations anatomiques; elle précise les troubles des fonctions et les fixe, d'une façon indiscutable, par la méthode graphique; elle facilite l'analyse chimique; elle étudie le mécanisme des symptômes, elle fait connaître l'action des médicaments. Les observations cliniques sont forcément complexes; toujours interviennent plusieurs facteurs. C'est à l'expérimentateur à isoler l'influence de ces causes secondes, à en montrer l'importance, à les étudier une à une. Ainsi se sont établies les notions que nous possédons aujourd'hui sur les associations microbiennes, sur le rôle de la fatigue, de l'inanition, des intoxications, des lésions antérieures, des troubles nerveux dans le développement ou les localisations des processus morbides.

Enfin, c'est à l'expérimentation sur les animaux qu'on doit toujours s'adresser, quand on veut connaître les effets d'une substance médicamenteuse. On est forcé d'agir ainsi par de hautes raisons déontologiques. Ce n'est qu'après avoir longuement étudié dans le laboratoire, après avoir déterminé l'action complète sur les animaux, après avoir analysé tous les effets produits sur chaque appareil, qu'on est autorisé à pratiquer une tentative thérapeutique sur l'homme. Nous ne saurions trop le répéter : on ne peut employer un médicament nouveau que si l'on s'est entouré de toutes les données de la science expérimentale; alors, tenant compte de la sensibilité beaucoup plus grande de l'homme, on commencera par des doses extrêmement faibles, que l'on fera bien le plus souvent d'essayer sur soi-même; puis, lorsqu'on aura acquis l'espérance qu'on peut rendre service au malade, on prescrira le médicament. Tel est le seul cas, suivant nous, où une expérience puisse être tentée sur l'homme. Mieux vaut ne pas résoudre un problème important que de mettre en danger la vie ou la santé de ses semblables. Cette règle déontologique semble élémentaire, et l'on est stupéfait qu'elle n'ait pas arrêté les tentatives criminelles de ceux qui ont inoculé à l'homme des maladies virulentes ou qui ont commencé sur lui l'étude des médicaments.

Nous ne discuterons pas la question de savoir si l'on a le droit d'opérer sur les animaux. Aucun doute ne peut subsister à cet égard. La vivisection s'impose comme une nécessité sociale; Cl. Bernard [1] l'a

[1] Cl. Bernard, *Introduction à l'étude de la médecine expérimentale*, p. 172. Paris, 1865.

démontré avec une rare éloquence. Aujourd'hui, du reste, l'expérimentation médicale ne soulève que peu de critiques ; les résultats immenses obtenus dans ces dernières années, l'importance des applications qui découlent des découvertes récentes, ont su calmer les protestations. De tous les côtés on s'est adonné, à l'envi, aux recherches de laboratoire; il en est résulté des progrès rapides, mais en même temps les questions sont devenues de plus en plus complexes, de plus en plus difficiles, et leur étude s'est trouvée exiger un grand nombre de connaissances préalables.

Le médecin expérimentateur doit être un clinicien doublé d'un bactériologiste, d'un physiologiste et d'un anatomo-pathologiste; il doit connaître la chimie et la physique aussi bien que l'anatomie, la physiologie et la pathologie comparées. Aussi, tend-on, de plus en plus, à se restreindre à quelques branches de la pathologie expérimentale ou à collaborer sur les sujets complexes. C'est une division du travail qui découle du progrès.

De la pathologie générale. — Au-dessus des diverses branches des sciences médicales se place la *pathologie générale.* Elle définit les termes, fixe leur signification, détermine les lois des phénomènes morbides, recherche et classe les causes, les processus, les symptômes; elle trace les règles de la nosographie; elle fait les cadres où la pathologie spéciale placera ses descriptions. La pathologie générale représente la synthèse, c'est-à-dire la partie la plus élevée des sciences médicales; elle en est l'introduction, elle en est le couronnement.

Pour mériter son titre et sa suprématie, elle ne doit pas se contenter d'étudier l'homme malade; elle doit envisager toute la série des êtres et tâcher de discerner, sous les apparences diverses, le fonds commun qui se retrouve, à l'état morbide comme à l'état physiologique, aux divers échelons de la vie. Comme le dit si justement Cl. Bernard, « la physiologie et la pathologie générales sont nécessairement fondées sur l'étude des tissus chez tous les animaux (nous ajouterons, et les végétaux), car une pathologie générale qui ne s'appuierait pas essentiellement sur des considérations tirées de la pathologie comparée des animaux (ou plutôt des êtres), dans tous les degrés de l'organisation, ne peut constituer qu'un ensemble de généralités sur la pathologie humaine, mais jamais une pathologie générale dans le sens scientifique du mot [1] ».

La pathologie générale existait longtemps avant que le nom fût inventé. Dès que l'esprit humain a réfléchi sur la nature de la vie, de la santé, de la maladie, il s'est trouvé aborder certaines questions rentrant dans l'étude de ce que nous appelons aujourd'hui la pathologie générale. Hippocrate s'en est occupé à maintes reprises, notamment dans les aphorismes, dans les traités sur l'ancienne médecine, sur l'art médical, sur les épidémies, sur la nature de l'homme, etc. En plusieurs endroits,

(1) Cl. Bernard, *Ibid.*, p. 216.

il est revenu sur l'importance et le rôle des idées philosophiques en médecine. « Le médecin philosophe, dit-il, est égal aux dieux; il n'y a guère de différence entre la philosophie et la médecine. Tout ce qui se trouve dans la première se trouve dans la seconde (1). »

Cette union de la philosophie et de la médecine, proclamée par Hippocrate, est également reconnue nécessaire par Galien. « S'il est vrai que la philosophie soit utile au médecin, et quand il commence l'étude de son art et quand il se livre à la pratique, n'est-il pas évident que le vrai médecin est philosophe. Car il n'est pas besoin, je pense, d'établir par une démonstration qu'il faut de la philosophie pour exercer honorablement la médecine, lorsqu'on voit que tant de gens cupides sont plutôt des vendeurs de drogues que de véritables médecins, et pratiquent dans un but tout opposé à celui vers lequel l'art doit tendre naturellement (2). » Dans le traité auquel nous empruntons cette citation, Galien ne fait que suivre et développer Hippocrate; mais, dans un autre ouvrage il envisage, pour la première fois, les maladies d'une façon abstraite. Il les divise en trois groupes : dans le premier, il range celles qui frappent « les parties similaires comme les artères, veines, nerfs, os, cartilages, ligaments, membranes et chairs », c'est-à-dire les parties que Bichat devait réunir plus tard sous le nom de tissus; le deuxième groupe comprend les maladies qui s'attaquent aux organes « cerveau, cœur, poumon, foie, rate, œil, rein »; enfin, le troisième groupe renferme les maladies « de tout le corps » (3). Si nous ajoutons que, dans d'autres endroits, Galien a étudié les causes des maladies, a recherché leur siège, discuté sur les crises, nous serons conduit à reconnaître que c'est lui qui fut le fondateur véritable de la pathologie générale.

Nous pourrions dresser une longue liste des auteurs qui, dans les siècles suivants, s'adonnèrent à l'étude de la philosophie médicale. Citons simplement, parmi les plus connus, Fernel, Sennert, Rivière, Haller, de Hœn, Bœrhaave. Mais nous devons réserver une mention spéciale à Gaubius (4), qui eut le mérite de créer l'expression de « pathologie générale ».

Pendant longtemps la pathologie générale s'était un peu perdue dans les sphères nuageuses de la métaphysique. On se contentait de discuter sur la nature ou l'essence des maladies, sur l'intervention d'un principe vital; on envisageait d'une façon abstraite et théorique les grands processus morbides, l'inflammation ou la fièvre. Bouchard rompit complètement avec les errements anciens et montra que la pathologie générale doit s'appuyer à la fois sur les données de l'observation clinique et sur les résultats de l'expérience. Elle doit avoir une porte ouverte sur le

(1) Hippocrate, De la bienséance. *Œuvres complètes* (trad. Littré), t. IX, p. 233.

(2) Galien, Que le bon médecin est philosophe. *Œuvres anatomiques, physiologiques et médicales* (trad. Daremberg), t. I, p. 7. Paris, 1854.

(3) Galien, De differentiis morborum liber. *Operum tomus tertius* (Nicolao Leoniceno interprete). Basileæ, 1562, t. III, col. 5-20.

(4) Gaubius, *Institutiones patologiæ medicinalis*. Lugduni Batavorum, 1758.

laboratoire, une autre sur l'hôpital; au lieu de discourir sur l'essence des choses, elle doit réaliser la synthèse des faits. C'est dans cet esprit que Bouchard a poursuivi son œuvre [1]; ses études sur les maladies par ralentissement de la nutrition, ses leçons sur les auto-intoxications, ses travaux sur les principales questions de la pathogénie, sa préoccupation constante d'appuyer ses conceptions sur des données positives, sur des faits cliniques ou expérimentaux, ont exercé une profonde influence sur la marche de la médecine et ont ouvert une large voie où se sont engagés un grand nombre de chercheurs. La pathologie générale a acquis ainsi une autonomie complète; il serait donc illogique, suivant l'exemple donné par quelques pays, de réunir son enseignement à celui de l'anatomie pathologique ou de la pathologie expérimentale; il faut que ces diverses branches soient séparées. Celui qui veut s'adonner à l'étude de la pathologie générale ne doit être exclusivement ni un anatomo-pathologiste, ni un expérimentateur, ni un clinicien; il doit connaître les diverses branches de la médecine, il doit posséder à fond la pathologie comparée, il ne doit ignorer ni les travaux anciens, ni le mouvement philosophique contemporain. Aussi est-il rare qu'un seul homme puisse suffire à cette tâche immense; la pathologie générale ne peut être le plus souvent qu'une œuvre collective où chacun, s'appuyant sur ses études spéciales, anatomiques, expérimentales, cliniques, historiques ou philosophiques, s'efforce d'exposer les grandes idées qui se dégagent de l'analyse des faits; c'est ainsi qu'on s'élève aux conceptions synthétiques et qu'on arrive à tracer les règles qui peuvent conduire à la découverte de la vérité.

On a dit souvent que ceux qui indiquent des méthodes ne savent pas les appliquer. Bacon a codifié les lois de l'investigation scientifique et il n'a pas fait de découverte; ceux qui ont contribué au progrès de la science ignoraient souvent les principes de la logique. Il est certain que seuls les hommes qui expérimentent par eux-mêmes connaissent les difficultés que soulèvent les recherches scientifiques; seuls ils sont capables d'indiquer les détails de la technique; les philosophes ne peuvent que dégager certaines lois générales; mais, en agissant ainsi, ils ont exercé une influence parfois heureuse sur la marche des sciences naturelles.

La médecine n'a jamais pu se détacher complètement de la philosophie. Longtemps elle est restée sous sa tutelle; longtemps les doctrines médicales se sont ressenties des théories scholastiques. C'était le règne de l'autorité; on commentait Hippocrate et Galien ou bien on discutait sur les causes premières, sur la nature et l'essence des maladies. Aujourd'hui un mouvement inverse se produit; la physiologie et la pathologie se sont peu à peu affranchies du joug de la philosophie, et ont entraîné cette science dans des voies nouvelles. La découverte des localisations cérébrales, l'analyse des troubles du langage, la description des psy-

(1) BOUCHARD, *Maladies par ralentissement de la nutrition*. Paris, 1882. — *Leçons sur les auto-intoxications dans les maladies*. Paris, 1887. — *Thérapeutique des maladies infectieuses*. Paris, 1889. — *Les microbes pathogènes*. Paris, 1892.

choses, ont plus fait pour les progrès de la psychologie que toutes les dissertations des spiritualistes. Actuellement, trois méthodes sont utilisées par les psychologues. L'ancienne méthode subjective ou introspection : l'observateur essaye de démêler l'influence exercée sur son âme par les divers événements qui en peuvent troubler la quiétude. S'il n'est guère capable d'analyser une impression violente pendant qu'elle se produit, il peut au moins analyser l'empreinte qui subsiste. L'observation extérieure ou méthode objective, n'a plus seulement pour but l'étude de l'homme, elle s'étend même aux animaux; elle ne se contente pas d'observer les actes; elle essaye de porter un jugement par un procédé indirect, c'est-à-dire qu'elle étudie les produits de l'activité mentale. Enfin, de même que la médecine, la psychologie est devenue expérimentale : des laboratoires se sont fondés et ainsi se sont constituées la psychologie physiologique, la psycho-physique et la psychologie pathologique.

Moyens d'étude de la pathologie. — Si la psychologie ancienne a pu nuire à l'essor de la médecine, la logique, en précisant les lois de l'investigation scientifique, lui a été extrêmement utile.

Deux méthodes permettent d'arriver à la connaissance des vérités naturelles, et ces deux méthodes, le médecin les emploie : ce sont l'*observation* et l'*expérience*.

« On donne le nom d'observateur à celui qui applique les procédés d'investigations simples ou complexes, à l'étude des phénomènes qu'il ne fait pas varier et qu'il recueille, par conséquent, tels que la nature les lui offre. On donne le nom d'expérimentateur à celui qui emploie les procédés d'investigations simples ou complexes pour faire varier ou modifier, dans un but quelconque, les phénomènes naturels et les faire apparaître dans des circonstances ou des conditions dans lesquelles la nature ne les lui présentait pas. Dans ce sens, l'observation est l'investigation d'un phénomène naturel et l'expérimentation est l'investigation d'un phénomène modifié par l'investigateur [1]. »

Comme toutes les sciences, la médecine n'a pu faire au début que des observations. C'était la période empirique, qui ne constitue pas, comme on le dit souvent, la négation de la science, mais en représente le premier stade. L'expérimentation sur les animaux a eu Galien pour fondateur. Galien fut le premier à pratiquer des vivisections d'une façon systématique; il opéra sur des porcs et poursuivit un grand nombre de recherches toutes basées sur la même méthode : il enlevait les organes, détruisait les tissus, coupait les nerfs; c'étaient évidemment des procédés grossiers, qui ne laissent pas pourtant de rendre encore aujourd'hui de signalés services.

Galien avait nettement indiqué la voie que devaient suivre les expéri-

(1) Cl. Bernard, *Introduction à l'étude de la médecine expérimentale*, p. 29. Paris, 1865.

mentateurs; il avait utilisé de bonnes méthodes, et avait fait de grandes découvertes. Après lui le mouvement scientifique s'arrêta, l'humanité abandonna la recherche de la vérité pour s'abstraire dans les discussions religieuses. C'est la période du lourd sommeil qui s'appesantit sur le moyen âge. On se contentait de commenter Hippocrate et d'enseigner les doctrines de Galien déformées par les Arabes. On n'osait pas entreprendre des recherches scientifiques. Il était même dangereux d'en parler; Roger Bacon fut condamné à la prison éternelle, pour avoir écrit qu'il faut étudier la Nature, « ce grand livre ouvert à tous ».

Le réveil commencé au XVIe siècle, aboutit au siècle suivant à la découverte de la circulation par Harvey, à la publication par Bacon et par Descartes des ouvrages qui devaient codifier la recherche scientifique.

Au XVIIIe siècle, de grands progrès s'accomplirent. Spallanzani, par ses recherches sur la digestion et les fermentations ; Haller par son grand traité de physiologie et ses travaux sur l'irritabilité ; Van Swieten par ses études sur les embolies ; Lavoisier par ses découvertes chimiques qui devaient transformer la biologie ; Fontana par son mémoire sur les venins; et, quelques années plus tard, au commencement du XIXe siècle, Bichat par la création de l'anatomie générale et par ses recherches sur la vie et sur la mort, préparaient l'avènement de la pathologie expérimentale dont Magendie, Flourens et Cl. Bernard devaient assurer le triomphe.

Magendie introduisit dans la science l'amour du fait. Les théories, les conceptions philosophiques ne l'intéressaient pas. Les contradictions le laissaient indifférent. Ces contradictions dont souriait sa verve sceptique, fixèrent l'attention de son disciple, Cl. Bernard. Il comprit que la mission du savant ne se borne pas à observer et enregistrer les résultats. On doit coordonner et classer les faits nouveaux et les rattacher aux faits antérieurement découverts; on s'efforcera aussi de faire disparaître les contradictions et les anomalies. En biologie comme dans toute autre science, l'exception n'existe pas : les mêmes causes produisent toujours les mêmes effets. Une variabilité dans les résultats indique que les conditions expérimentales sont dissemblables ou mal déterminées. On voit ainsi apparaître la doctrine du déterminisme, doctrine féconde qui vaguement entrevue par Aristote et par Bacon, mieux précisée par Leibniz et par A. Comte, allait être définitivement établie par Cl. Bernard.

Les travaux de Cl. Bernard contribuèrent puissamment à élever la pathologie au même rang que les autres sciences biologiques. Ils expliquaient le mécanisme des troubles morbides. Mais ils ne donnaient guère d'indications sur la cause des maladies.

Cependant quelques recherches publiées au commencement du XIXe siècle avaient appelé l'attention sur l'inoculabilité de certaines infections. Rayer avait réussi à transmettre la morve humaine aux solipèdes. Magendie et Breschet avaient établi que la salive de l'homme enragé était virulente. Enfin, en 1866, Villemin commença la publication de ses mémorables recherches sur l'inoculabilité de la tuberculose.

Dès lors, le terrain était préparé pour le développement et la fructification des théories microbiennes.

Comme il arrive bien souvent, c'est par une voie détournée que la vérité réussit à se faire jour. C'est en poursuivant l'étude des fermentations, en luttant contre la théorie de la génération spontanée qu'on a été conduit à la méthode qui devait mettre hors de conteste l'origine animée des infections. Lorsque Leuwenhoeck voyait des animalcules apparaître dans les liquides organiques abandonnés à l'air ; lorsque Spallanzani, Schwann, Pasteur, établissaient que ces êtres microscopiques ne naissent pas de la décomposition de la matière, mais proviennent de germes préexistants, personne ou presque personne ne se doutait que ces faits allaient éclairer le problème des maladies infectieuses. N'est-ce pas un bel exemple de l'intérêt qui s'attache aux études en apparence dénuées d'applications pratiques? N'est-ce pas aussi un exemple saisissant du retentissement que toute découverte peut avoir en médecine?

Les êtres vivants sont trop tributaires des éléments et des forces qui les entourent pour n'en pas subir la constante influence. Tout progrès en physique, en chimie, en histoire naturelle doit avoir, tôt ou tard, sa répercussion en médecine.

Ce fut au milieu du XIXe siècle que Davaine découvrit le premier microbe pathogène, le bacille charbonneux. Mais ce fut seulement à la suite des travaux de Pasteur que se fonda la science bactériologique, et cette science, née d'hier, s'est développée avec une rapidité étonnante. Après les luttes, les critiques, les tâtonnements de la première heure, de tous les côtés on s'est mis à l'œuvre. La moisson a été particulièrement riche. En moins de 20 ans, on a découvert les agents pathogènes de la plupart des infections ; on les a vus, on les a isolés, on les a cultivés ; on a reproduit chez les animaux presque toutes les infections humaines ; on a déterminé le mode d'action des bactéries ; on a élucidé le problème de la prédisposition et de l'immunité : on a découvert de nouvelles méthodes de diagnostic. Enfin, par les vaccinations et la sérothérapie, on a renové la prophylaxie et la thérapeutique.

L'observation médicale. — Malgré les progrès accomplis, malgré la direction nouvelle imprimée aux recherches médicales, l'observation clinique reste à la base de toutes les études de la pathologie. Elle en est le point de départ ; elle en est l'aboutissant.

Jusque dans ces derniers temps, le médecin était avant tout un observateur. Pendant des siècles, son rôle s'était borné à relever soigneusement les troubles dont se plaignait le malade, à noter les quelques manifestations que l'inspection décelait : aspect général, facies, décubitus, changement de couleur ou lésions des téguments, état de la langue. On avait rarement recours à la palpation. C'était l'inspection qui fournissait les renseignements et, si Hippocrate a connu les pulsations artérielles, c'est surtout parce que le malade s'en plaignait ou parce qu'elles étaient devenues visibles. Ce fut seulement après les travaux d'Hérophile et de Galien que la palpation méthodique de l'artère entra définitivement dans la pratique courante. Cependant Hippocrate avait déjà indiqué un moyen important de diagnostic : la succussion. Le bruit hydroaérique ainsi obtenu est parfaitement décrit. Mais il fut considéré comme traduisant la présence dans la plèvre, non d'un épanchement gazeux, mais d'un épanchement liquide. Malgré l'erreur d'interprétation, le procédé était d'une importance capitale, et on peut s'étonner qu'il n'ait pas conduit le médecin à appliquer systématiquement l'oreille sur la poitrine des malades (1). Il faut arriver au XIXe siècle pour voir cette méthode si simple entrer dans la science et, grâce au génie de Laennec, arriver du premier coup à la perfection. La percussion inventée quelques années auparavant par Auenbrugger et vulgarisée par Corvisart, complétait le moyen de diagnostic qui nous apparaît encore aujourd'hui comme le plus précieux pour l'exploration des organes thoraciques.

Peu à peu l'observation se trouva aidée par des instruments qui avaient pour but de découvrir les parties cachées. Les spéculums ont été fabriqués dès la plus haute antiquité. Hippocrate s'en servait déjà pour l'exploration du rectum. Le Musée de Naples renferme des spéculums très bien construits qui ont été trouvés dans les fouilles de Pompeï. Avec les progrès de la mécanique et de la physique l'instrumentation allait se perfectionner. On parvenait peu à peu à cathétériser tous les conduits de l'organisme; puis vinrent l'ophtalmoscope, le laryngoscope, l'endoscope qui découvraient les parties cachées et en rendaient l'exploration facile. On est arrivé, dans ces derniers temps, à appliquer une méthode analogue à la trachée, aux bronches, à l'œsophage. On a pu éclairer les cavités. Enfin la découverte de Röntgen permet de projeter sur l'écran et de fixer par la photographie la plupart des organes et des tissus qui entrent dans la constitution du corps.

En même temps on faisait profiter le diagnostic des méthodes chimiques, histologiques, bactériologiques. On les applique journellement à l'examen de l'urine, et depuis quelque temps on les utilise pour l'étude des expectorations, des vomissements, des matières fécales. Mais c'est l'examen du sang qui fournit les renseignements les plus curieux et les plus importants : la numération des globules rouges, la numération et surtout la détermination des diverses espèces de leucocytes; la recherche des myélocytes; la recherche par l'examen microscopique des parasites vivant ou passant dans le sang; la recherche par l'hémoculture des microbes qui envahissent ce liquide; la détermination des propriétés biologiques nouvelles qu'il peut acquérir, comme le pouvoir agglutinant; la

(1) Il est possible qu'Hippocrate ait, sinon pratiqué l'auscultation, du moins approché l'oreille du thorax des malades. C'est ce que tend à faire supposer le passage suivant : « Ensuite, écoutant la voix et la respiration, on peut reconnaître par l'oreille ce qui n'est pas autant manifeste chez les gens bien portants ». (HIPPOCRATE. Prorrhétique, t. II, § 3. *Œuvres complètes* (trad. Littré), t. IX, p. 15).

méthode de l'index opsonique et de la déviation du complément, voilà des procédés qui deviennent de plus en plus précis et sont de plus en plus utilisés. On peut encore, dans un but diagnostique, étudier comment s'éliminent les substances introduites dans l'économie. Enfin l'avènement de l'asepsie, en permettant de faire sans inconvénient des ponctions dans les séreuses, dans les organes, dans les vaisseaux, de pratiquer des incisions exploratrices et des biopsies, a fourni le moyen de découvrir les parties cachées et de recueillir des liquides ou des fragments de tissus qui sont soumis aux diverses investigations scientifiques.

Aussi, dans ces trente dernières années, le diagnostic s'est complètement transformé; il a cessé d'être un art pour devenir une science, mais en même temps il a perdu sa simplicité primitive. Le médecin doit s'exercer aux explorations de toutes sortes. Il doit apprendre à manier des instruments extrêmement délicats. Il lui est nécessaire d'avoir à sa disposition un matériel compliqué. Il lui faut faire, le cas échéant, aussi bien un examen radioscopique qu'un examen histologique, une culture microbienne qu'une analyse chimique. S'il n'a pas un laboratoire à sa disposition et s'il est isolé, il ne pourra jamais trouver ni le temps nécessaire ni les moyens suffisants pour mettre en œuvre les nombreux procédés que la science lui fournit.

Voilà pourquoi une distinction s'impose. Dans la pratique, on se contentera le plus souvent des procédés les plus simples, ce ne sera qu'en face d'un cas rare ou difficile qu'on aura recours aux méthodes nouvelles. Mais, comme il est impossible à l'heure actuelle d'être également compétent sur toutes les branches de la médecine, on devra s'adresser à des spécialistes qui pratiqueront l'exploration ou l'analyse nécessaire.

Quand on veut faire progresser la science il n'en est plus de même. Une observation n'a de valeur que lorsque toutes les explorations ont été pratiquées. Si le malade succombe on ne peut plus se contenter, comme autrefois, d'une autopsie rapide. Il ne suffit pas de noter les lésions grossières que l'examen macroscopique révèle. Il faut avoir recours à l'examen microscopique et, comme au cours d'une maladie, tous les organes réagissent, il faut multiplier les investigations. Les petites glandes, notamment les glandes closes, dont personne ne se souciait autrefois, doivent être examinées avec un soin particulier. Elles remplissent dans l'économie des fonctions d'une importance capitale, que nous commençons seulement à entrevoir.

Malgré l'importance des résultats qu'elle fournit, l'anatomie pathologique, même aidée du microscope, ne semble pas capable d'éclairer les processus cliniques. Nous sommes trop accoutumés à raisonner anatomiquement. Quand nous trouvons une lésion appréciable, notre esprit est satisfait. C'est un tort, à mon sens, de vouloir chercher dans la mort le secret de la vie. Les altérations anatomiques ne sont que le résultat des troubles fonctionnels, tout au plus permettent-elles dans certains cas de saisir l'aboutissant d'un processus ou la nature d'une réaction morbide. La constatation de cellules altérées ou de productions nouvelles, fournit des indications intéressantes sur le mécanisme de certains troubles. Mais les renseignements que donnent les analyses chimiques, encore trop négligées, semblent avoir une plus grande importance. Enfin la recherche des modifications fonctionnelles survenues dans les organes, des propriétés nouvelles acquises par les humeurs, nous donne des renseignements bien plus précieux. Elle nous fait saisir les réactions morbides que suscite la cause pathogène. Elle nous fait assister à la lutte engagée par l'organisme et aux moyens de défense qui sont mis en œuvre. Plus se poursuivent les recherches actuelles, plus on relègue les études anatomiques au second plan pour mettre en tête les recherches expérimentales.

Médecine expérimentale. — Nous ne sommes plus à l'époque où l'on opposait la médecine clinique à la médecine expérimentale. L'expérience n'étant, suivant l'expression de Cl. Bernard, qu'une observation provoquée, le médecin en fait toujours et constamment, il en fait dès qu'il intervient pour mieux étudier les phénomènes, il en fait journellement à l'époque actuelle, quand il a recours aux nouvelles méthodes d'exploration clinique. Le médecin est donc devenu un véritable expérimentateur, mais c'est un expérimentateur occasionnel qui reste la victime du hasard. Bien souvent un fait intéressant est isolé et il faut attendre des années avant de rencontrer un deuxième cas qui permette de compléter les premières notions acquises. Nous ne pouvons ni provoquer ni rappeler les phénomènes qui nous intéressent. Il faut attendre qu'ils se représentent accidentellement. Et ce qui complique le problème, c'est que jamais deux cas ne sont absolument identiques.

Rien de décevant, à ce propos, comme l'expérimentation thérapeutique pratiquée sur l'homme; un médicament abaisse la température, modifie favorablement l'évolution d'une maladie, enraye le développement d'une complication, est-ce bien à ce médicament qu'il faut attribuer tous ces effets favorables? Que serait-il arrivé si l'on avait laissé agir la nature? Combien il faut entasser d'observations pour pouvoir se faire une opinion sérieuse! Combien on se prépare de désillusions quand on se borne à une étude sur l'homme! A peine s'il est besoin de rappeler le nombre incalculable de médicaments qui semblaient justifier les plus grandes espérances et n'ont pas tardé à sombrer dans un éternel oubli.

On ne saurait donc demander trop de renseignements à l'expérimentation sur les animaux. Celle-ci puise ses inspirations à trois sources différentes.

Le plus souvent on prend pour point de départ les maladies de l'homme ou les maladies des animaux. Après avoir observé aussi complètement que possible l'être malade, on essaye de reproduire les mêmes manifestations chez des animaux sains, non seulement pour déterminer l'étiologie, mais aussi pour essayer de fixer le mécanisme des accidents, pour préciser la nature des réactions, pour découvrir les moyens thérapeutiques.

L'observation n'est pas le seul point de départ de l'expérience. Parfois on cherche à vérifier une idée théorique ou une hypothèse. D'autres fois enfin on opère un peu au hasard, poussé par une sorte de sentiment vague, par une intuition subite de la vérité; on fait une mutilation, on injecte une substance quelconque sans soupçonner ce qui pourra se produire. Cette dernière méthode est souvent fort bonne, elle conduit à des résultats intéressants, à la seule condition qu'on sache voir les phénomènes qui se présentent et qui sont d'autant plus difficiles à saisir qu'on ne les attend pas et qu'on ne les a pas prévus.

Si les idées théoriques nous poussent quelquefois à entreprendre des expériences heureuses, elles peuvent aussi entraver considérablement l'investigation. Bien des fois on n'a pas tenté une recherche parce qu'on la jugeait inutile, absurde ou condamnée d'avance par la doctrine. C'est dans ce sens que des hommes, relativement peu instruits, ont pu avoir des idées originales; leur esprit était dégagé des entraves que nous impose, malgré nous, l'éducation que nous avons reçue. Aussi a-t-on pu voir des savants, adonnés à l'étude de la chimie par exemple, faire des découvertes immenses quand ils ont tourné leurs efforts vers les sciences biologiques. Médecin, Pasteur n'aurait peut-être pas accompli la grande révolution qui a bouleversé la médecine; il n'aurait jamais dit, sans doute, que l'ostéomyélite était un furoncle des os, assertion qui souleva tant de critiques pour ne pas dire davantage et qui, si l'on se place simplement sur le terrain étiologique, peut être considérée comme exacte.

Les idées préconçues, outre qu'elles peuvent détourner des recherches originales, peuvent gêner encore dans les expériences qu'on poursuit. L'observateur et l'expérimentateur doivent écouter la nature : ils doivent recueillir tout ce qu'elle leur dit; ils ne doivent pas rejeter ce qui est contraire à leurs doctrines pour conserver ce qui leur est utile; c'est ce qu'on fait trop souvent, parfois à son insu. On ne voit pas ce qu'on ne veut pas voir; on a obtenu un premier résultat qu'on a lieu de croire bien observé : d'une expérience suivante on ne garde que ce qui semble confirmer l'observation précédente. C'est ainsi que la science s'encombre de notions incomplètes ou erronées. Peut-être éviterait-on cette tendance bien naturelle si l'on était mieux persuadé qu'il n'y a pas de faits contradictoires, pas de mauvaises expériences, pas d'exceptions; il n'y a que des observations incomplètes, ou insuffisamment déterminées. Les contradictions apparentes doivent seulement nous engager à pousser plus loin l'investigation scientifique et à mieux préciser les conditions expérimentales.

Un des grands avantages de l'expérimentation c'est qu'on peut toujours reprendre une question, vérifier les faits annoncées et par conséquent les soumettre au contrôle de la critique.

On peut faire de la critique d'art sans être un artiste, certains amateurs y excellent. Mais, pour porter un jugement sur les expériences d'autrui, faut être capable de les répéter. En science, comme en littérature ou en art, il est exceptionnel qu'un homme soit doué d'un esprit à la fois critique et créateur. Le plus souvent les critiques sont des savants laborieux, habiles, mais ne possédant pas assez d'idées pour poursuivre des recherches personnelles : on doit donc leur savoir gré de reprendre ce que les autres ont fait, de vérifier les découvertes, d'infirmer, de confirmer ou de modifier les résultats nouveaux, de déblayer le terrain des observations erronées ou incomplètes.

Mais les critiques ne sont pas infaillibles, et trop souvent des objections fausses, en empêchant d'accepter une vérité nouvelle, ont retardé le mouvement scientifique.

L'expérimentation, a dit Cl. Bernard, doit nous rendre modestes et indulgents. Si l'on était bien pénétré de cette maxime, on n'attaquerait pas un travail sans avoir essayé, autant que possible, de s'éclairer auprès de son auteur et sans avoir longuement étudié la question. A voir avec quelle facilité certains hommes essayent d'amoindrir les découvertes des autres, on est porté à se demander si c'est bien l'amour de la vérité qui soulève toujours les discussions. Quand elle reste sur le terrain scientifique, la critique expérimentale conduit à des résultats importants; c'est un moyen de progrès. Mais, trop souvent, les recherches contradictoires ont eu un autre mobile; la jalousie a poussé des esprits médiocres à s'attaquer aux œuvres des hommes de génie et leur a permis de couvrir d'un masque scientifique leurs haines personnelles. Nous n'avons pas besoin de citer d'exemples : l'histoire des sciences nous en fournirait un trop grand nombre.

Quand on a recueilli impartialement et, pour ainsi dire, naïvement, des observations ou des expériences, on doit les coordonner, les classer, en tirer des conclusions ou des lois; enfin on a le droit de proposer des théories ou des hypothèses, mais c'est à la condition de ne considérer ces hypothèses que comme des jalons qui marquent le mouvement de la science; ce sont des bâtisses provisoires qu'il faut souhaiter voir disparaître rapidement, car elles doivent céder devant les découvertes ultérieures. Les conceptions de l'esprit humain, formées de vérités partielles et relatives, évoluent comme les êtres vivants. Jamais une idée n'arrive d'emblée à son complet développement : elle commence par une phase embryonnaire, s'accroît peu à peu, puis, parvenue à son apogée, elle s'affaiblit, s'éteint, disparaît, laissant derrière elle des idées-filles qui parfois n'ont qu'une ressemblance lointaine avec l'idée-mère dont elles émanent.

Longtemps la science n'a pas progressé, parce que le respect de l'autorité faisait considérer comme des dogmes les hypothèses et même les erreurs des anciens. Aujourd'hui nous ne connaissons que le respect des faits et nous avons le droit de demander à l'expérimentation des résultats précis et inattaquables.

Il faut reconnaître cependant que des hypothèses prématurées ont pu ouvrir des horizons nouveaux. L'homme qui a émis une idée ne reposant sur aucun fait, a eu parfois l'intuition de la vérité. On est très sévère aujourd'hui pour ces théoriciens qui ne donnent aucune preuve à l'appui de ce qu'ils avancent; nous croyons pourtant qu'ils rendent souvent les plus grands services. Il est arrivé qu'un homme de génie ait eu une conception exacte de la réalité et que les observations ultérieures, basées sur des faits précis, aient semblé lui donner tort. Ainsi le progrès amenait un recul. Hippocrate a eu le pressentiment de la circulation du sang; il considérait que les veines, expression qui englobait également les artères, formaient un cercle (1). Plus tard, en cherchant, à la suite d'Aristote, à déterminer par des dissections précises, l'origine des vaisseaux, on s'éloigna de plus en plus, à mesure que l'anatomie progressait, de l'intuition qu'avaient eue les anciens.

Les conceptions même erronées ne sont pas toujours inutiles. Les doctrines phrénologiques de Gall et de Spurzheim ne s'appuyaient sur aucune base solide et pourtant elles ont ouvert une voie qui a été féconde et qui a conduit à la découverte des localisations cérébrales. Les erreurs sont souvent profitables, ne serait-ce qu'en suscitant des recherches contradictoires.

Des erreurs. — Les erreurs peuvent tenir à des vices d'observation, d'expérimentation, d'interprétation.

Les erreurs d'observation ne sont pas rares. Elles ont été niées par des philosophes illustres qui considèrent l'esprit humain comme un miroir réfléchissant fidèlement les objets extérieurs. Mais, comme le fait si bien remarquer Bacon, « toutes les perceptions soit des sens, soit de l'esprit, ne sont que des relations à l'homme et non des relations à l'univers. L'entendement humain, semblable à un miroir faux, réfléchissant les rayons qui jaillissent des objets et mêlant sa propre nature à celle des choses, tache, tord pour ainsi dire et défigure toutes les images qu'il réfléchit (2). » C'est qu'en effet notre entendement, plus que nos sens, sert à la perception. Notre esprit supplée aux données positives, il les corrige et les complète. Les images des phénomènes sont tellement passagères et estompées qu'il faut avoir un certain génie pour les saisir au moment de leur fugitive apparition. La plupart des hommes ne savent pas voir. Les uns rapportent tout ce qu'ils observent à ce qu'ils ont déjà vu, ou plutôt à ce qu'on leur a montré. Les autres, entraînés par leur imagination ou leur affectivité, ne veulent pas retrouver les aspects connus; leurs prétendues découvertes ne sont que des déformations d'images anciennes.

Les erreurs dépendant de l'expérimentation sont encore plus nombreuses. Les unes tiennent aux installations défectueuses de nos laboratoires; les autres à notre technique; d'autres enfin à l'état du sujet qui sert aux recherches.

(1) « Les veines répandues dans tout le corps, donnent le souffle, le flux et le mouvement, les veines qui proviennent nombreuses d'une seule; et cette veine unique, où elle commence et où elle finit, je ne sais; car un cercle étant accompli, le commencement n'en est pas trouvé. » (HIPPOCRATE, De la nature des os, § 11. *Œuvres complètes* (trad. Littré), t. IX, p. 185).

(2) BACON, Novum organum des sciences. *Œuvres*, traduites par Lasalle. Dijon, an 8, t. IV, p. 105.

Les fautes de technique sont journalières. C'est qu'en effet à mesure qu'elle progresse, la science se complique; les moyens d'étude deviennent plus nombreux, les méthodes plus délicates. La médecine, étant tributaire d'un grand nombre de sciences différentes, tout expérimentateur ou tout observateur qui veut étudier complètement un cas donné est forcé d'avoir recours à la fois à la chimie, à la physique, à la bactériologie, à l'histologie, à la physiologie. Il est à peu près impossible de pouvoir manier convenablement les appareils utilisés par ces différentes sciences; de là des difficultés innombrables et des fautes continuelles.

Enfin, quand on expérimente sur un animal vivant, il ne faut jamais oublier qu'on opère sur un être ayant une personnalité, réagissant à sa manière, dont l'instinct, l'intelligence, la sensibilité, peuvent à chaque instant intervenir, dont la santé peut être troublée à notre insu par une maladie antérieure. Si l'on fait des recherches bactériologiques, les causes d'erreur sont encore plus nombreuses puisqu'on met en présence deux êtres vivants éminemment variables.

Les erreurs d'interprétation seraient les moins graves si l'on faisait le départ entre les faits et les déductions qu'on en tire; les faits bien observés sont immuables; toutes les conceptions auxquelles ils servent de base sont susceptibles de continuelles variations.

Les exemples abondent. Nos sens nous font voir le mouvement du soleil autour de la terre : c'est un phénomène d'une observation facile, mais qui a conduit à des conclusions erronées. Le singe qui aperçoit son image dans un miroir passe sa main derrière la glace pour saisir l'animal que ses yeux lui montrent. Il faut donc que constamment une interprétation vienne compléter, expliquer ou corriger les données sensorielles. Comme le dit si bien le poète :

> Quand l'eau courbe un bâton ma raison le redresse,
> La raison décide en maîtresse.
> Mes yeux, moyennant ce secours,
> Ne me trompent jamais, en me mentant toujours [1].

Les causes d'erreur sont tellement nombreuses que les plus grands savants n'ont pas su les éviter. Cette constatation est faite pour nous rendre indulgents et modestes, pour nous empêcher de sourire des fautes que nous relevons chez les autres ou de rougir de celles que nous avons commises.

Loin de nous décourager, le spectacle des erreurs humaines doit nous donner confiance en l'avenir : il démontre la puissance infinie de l'esprit humain et prouve l'évolution continuelle de la science. Faire l'histoire de l'erreur, c'est faire l'histoire du progrès. C'est que le plus souvent, l'humanité marche, non de l'inconnu vers le connu, mais de l'erreur vers la vérité. Aussi loin que la tradition remonte, elle nous fait découvrir une cosmogonie, une physique, une physiologie, une pathologie. L'esprit

(1) LA FONTAINE. *Fables*, Livre VII, fable 18e : « Un animal dans la lune ».

crédule de nos ancêtres acceptait les explications les plus bizarres et les plus folles; un mot satisfaisait sa curiosité. L'homme a longtemps vécu dans la tranquillité que donne l'ignorance. Les manifestations de la vérité sont venues peu à peu troubler sa quiétude. Elles ont créé le besoin de savoir, d'apprécier, de poursuivre un but qui s'éloigne sans cesse. Notre curiosité s'est éveillée; notre critique est devenue plus aiguisée et plus pénétrante. Nous avons aperçu certaines de nos erreurs et nous avons reconnu notre ignorance. Nous avons mis au jour l'imperfection de notre édifice scientifique et nous attendons avec impatience que de nouveaux travaux en viennent combler les lacunes.

Des découvertes. — A mesure que la science progresse, les découvertes se multiplient. On est véritablement stupéfait en comparant la lenteur du progrès avant le XIXe siècle, à la rapidité de la marche scientifique et à l'importance des résultats obtenus dans ces trente dernières années. C'est qu'autrefois les chercheurs étaient rares et isolés; aujourd'hui ils sont devenus légion. Les travaux qui paraissent sont tellement nombreux que nul ne peut se vanter de posséder sur une question une bibliographie complète. Ces travaux peuvent être divisés en trois groupes.

Les uns ne sont destinés qu'à compléter, vérifier, ou réfuter des faits connus. Ils contiennent parfois des aperçus nouveaux. Mais ce sont de petits détails qui, pour intéressants qu'ils puissent être, n'exercent aucune influence sur la marche du progrès. C'est que la plupart des hommes ne sont capables que de reprendre et développer les idées des autres. Ils suivent l'ornière où se rue, derrière un homme de génie, la foule des ambitieux. C'est sur ce terrain battu que s'engagent les luttes. C'est alors que les petites découvertes apparaissent en même temps et soulèvent de grosses polémiques de priorité; questions personnelles et mesquines dont la science n'a que faire; qu'importe celui qui, le premier, a pu reconnaître un détail nouveau; ce détail peut être intéressant; mais, à voir combien d'hommes l'ont aperçu simultanément, on peut conclure qu'il n'était guère difficile de le découvrir.

Les grandes découvertes, celles qui constituent véritablement les faits nouveaux, celles qui marquent dans l'histoire des sciences, qui servent à jalonner la route du progrès apparaissent, je ne dis pas sans avoir été préparées, mais sans avoir été précédées de faits suffisamment lumineux pour éclairer la multitude.

On est souvent surpris de la discordance qui existe entre l'intelligence d'un homme et l'importance de son œuvre. C'est que certaines découvertes véritablement capitales, ont été simplement faites par hasard. Un travailleur, habile, consciencieux, tenace peut apercevoir un fait nouveau dont la connaissance aura les conséquences les plus importantes.

D'autres fois, l'œuvre est véritablement adéquate à l'esprit. L'homme qui l'accomplit n'a pas vu un fait par hasard. Il a conçu un plan de recherches, il a créé une méthode nouvelle, il a frayé un chemin inconnu ou commencé à défricher un terrain inculte. Il ne faut pas croire cependant que l'idée pousse, par génération spontanée, dans le cerveau d'un homme de génie. Une idée n'apparaît pas d'emblée. Elle a ses générateurs. Ce sont des faits ou des hypothèses, qui n'ont pas fixé l'attention des foules et n'ont eu aucune importance appréciable. Ce sont des faits d'attento, des découvertes isolées, qui semblent sans intérêt et qui cependant exercent sur certains esprits une empreinte profonde, parfois inconsciente. Ces petits faits qui étaient épars, dispersés, incohérents, l'homme de génie les assemble, les réunit, les coordonne. Mais, sans leur influence préalable, la synthèse n'aurait pas eu lieu. On peut appliquer à la découverte scientifique cette grande loi qui me semble régir toute la marche de l'humanité. Ce sont les événements qui font naître les hommes et non les hommes qui font naître les événements. Si l'on veut un exemple, je dirai volontiers que Pasteur n'a pas créé la bactériologie; c'est la bactériologie qui a créé Pasteur. Car les microbes étaient connus avant ses recherches, car leur importance dans les fermentations était déjà soupçonnée, car leur pouvoir pathogène était déjà admis, car les variations de leur virulence étaient déjà déterminées. Si la science n'était pas arrivée à ce point de son évolution, il est probable que le génie de Pasteur n'aurait pu se tourner vers l'étude des infiniment petits. Le moment était venu pour qu'un homme supérieur réunît les éléments épars et édifiât le nouvel édifice. Il faut que des travailleurs obscurs aient défriché le terrain, qu'ils y aient semé des germes féconds, il faut que l'homme de génie trouve les éléments de la moisson pour la faire fructifier.

Pendant longtemps les grandes découvertes ont été mal accueillies. Malgré les faits antérieurs qui les préparaient, les annonçaient et, pour les esprits clairvoyants, les rendaient nécessaires et inévitables, elles étaient reçues par la raillerie, la critique, ou tout au moins le scepticisme. Il y a et il y aura toujours des esprits rétrogrades qui ne pourront s'accoutumer au progrès. Il suffit de rappeler quelles luttes il a fallu soutenir pour faire accepter les vérités qui aujourd'hui nous paraissent les plus évidentes et les moins discutables : le mouvement de la terre, la circulation du sang, le rôle des microbes.

Actuellement une amélioration s'est accomplie. Les transformations scientifiques de ces dernières années ont été tellement nombreuses et les résultats tellement merveilleux que nous nous étonnons moins; nous sommes devenus moins routiniers; nous nous adaptons mieux aux faits nouveaux. Nous en comprenons plus vite l'importance, nous saisissons plus rapidement les déductions qu'on en peut tirer. Voilà comment le progrès engendre le progrès.

A mesure qu'elle évolue, la science devient de plus en plus impersonnelle.

Il y a là une différence frappante entre l'œuvre de l'artiste et l'œuvre du savant. C'est que l'artiste extériorise sa personnalité. Le savant essaye d'intérioriser la nature. L'artiste est inimitable. Nul ne peut reproduire ce qu'il a réalisé. Comparez à un chef-d'œuvre de la sculpture ou de la peinture les innombrables copies qu'on en fait. Vous verrez bien vite que les copies ne servent qu'à faire ressortir la puissance et l'originalité du modèle. En science, il n'en est pas ainsi. Un fait bien déterminé tombe dans le domaine public. Pour peu qu'on ait l'habitude de l'expérimentation, on le répète sans peine et on ne tarde pas à oublier le nom de celui qui l'a découvert. L'œuvre artistique a son individualité; à elle seule elle constitue un tout. L'œuvre scientifique est une pierre isolée qui n'a sa raison d'être que si on la scelle dans l'édifice. Une fois qu'elle est casée, on oublie le travail qu'il a fallu accomplir pour la préparer et la mettre en place. L'édifice scientifique s'élève grâce aux efforts synergiques d'une multitude de travailleurs. Certaines parties plus saillantes, mieux sculptées, fixent encore l'attention et rappellent le nom de quelques collaborateurs. La plupart des autres sont bien vite oubliés. Ceux qui émergent deviennent des centres d'attraction. On leur attribue toutes les découvertes qui se sont accomplies autour d'eux. On les fait profiter des travaux auxquels ils n'ont pris aucune part et même des idées qu'ils ont combattues. L'esprit humain ne veut pas se surcharger la mémoire. Quelques noms lui suffisent pour jalonner la route du progrès. Quand on étudie sans parti pris, l'historique des questions, on comprend combien la postérité est souvent injuste. Mais qu'importe à celui qui travaille que son œuvre soit condamnée à passer inaperçue, qu'importe qu'on la méconnaisse, si elle est utile. Le plaisir de la recherche est suffisamment fort, et le bonheur de la découverte, si minime soit-elle, est assez puissant, pour attirer et retenir certains esprits. La joie que procure le travail désintéressé est la seule récompense qu'un savant ait le droit d'ambitionner.

CHAPITRE IV

LES LOIS EN MÉDECINE

Statistiques et lois numériques. — Les lois physiologiques. — Les lois physico-chimiques ou lois des actions externes. — Les lois biologiques ou lois des réactions internes. — Lois de la nutrition, de la reproduction, de la conservation du type originel, de l'individualité. — Les lois pathologiques. — Les lois des actions externes; lois étiologiques; lois pathogéniques. — Les lois des réactions morbides. — Lois pharmacodynamiques et lois thérapeutiques.

Les lois en médecine. — La loi est l'expression d'un rapport nécessaire et constant entre deux phénomènes.

Une loi ne souffre pas d'exception : l'exception indique une expérience insuffisante ou une science incomplète; dire qu'un phénomène se produit le plus souvent, c'est avouer qu'on n'en connaît pas le déterminisme ; quand on sait exactement dans quelles conditions il survient, on est capable de le provoquer constamment.

Nous ne pouvons donc admettre les prétendues lois numériques. A chaque instant, en médecine, on a recours à la statistique et on s'imagine qu'en entassant des chiffres on peut arriver à découvrir des lois : « Une telle méthode, s'il est permis de lui accorder ce nom, ne serait réellement autre chose que l'empirisme absolu, déguisé sous de frivoles apparences mathématiques [1]. »

Pourtant on a fait, et on fait si souvent encore des statistiques médicales, que nous devons insister un instant sur cette question. Elle est d'autant plus importante que la statistique a les honneurs de la publication officielle. Nous ne voulons pas nier les services que peuvent rendre les comptes rendus réguliers qui paraissent aujourd'hui, et notamment les relevés de la morbidité et de la mortalité, mais nous croyons qu'il ne faut pas trop leur demander. Ces statistiques reposant sur des diagnostics fournis par les médecins, et donnés, le plus souvent, en dehors de toute autopsie, sont forcément erronées. Les seules bonnes statistiques sont celles qu'on fait soi-même. On obtient ainsi des renseignements sur la marche, le pronostic et le traitement des maladies, mais on n'arrive qu'à des résultats empiriques. Il suffit, pour s'en convaincre, de voir ce qu'est devenue la fameuse loi de Louis. C'était l'époque où la statistique florissait. Louis soutint « qu'après quinze ans il n'y a pas de tubercules dans un organe, s'il n'y en a dans les poumons ». Pour lui, cette loi « est assurément une des plus importantes de la pathologie, une des plus éminemment pratiques ». Il ajoute qu'il ne lui connaît que trois exceptions et « ces exceptions, infiniment rares, comme on le voit, ne font que relever l'importance et l'universalité de la loi [2] ». C'était de l'empirisme pur, et les recherches modernes ont établi que la prétendue loi de Louis est dénuée de toute valeur.

Sans doute, les statistiques ont de l'importance. Il est intéressant de savoir que le rétrécissement mitral est plus fréquent chez la femme que chez l'homme, que la tuberculose pulmonaire siège au sommet, que l'artério-sclérose se développe dans la vieillesse, que la pneumonie a une évolution cyclique, que l'insuffisance aortique peut déterminer la mort subite, et que l'insuffisance mitrale aboutit à l'asystolie. Mais tous ces faits souffrent de nombreuses exceptions; ce ne sont pas des lois. Un médecin sait théoriquement que la pneumonie se termine par guérison vers le neuvième jour, qu'il se produit alors une défervescence brusque; mais la statistique lui apprend que, dans 10 à 20 pour 100 des observations, la mort est survenue. Mis en face d'un cas particulier, s'il fait appel à ses souvenirs numériques, il pourra annoncer que le malade a 80 ou 90 chances sur 100 de guérir; que les complications méningées

(1) Aug. Comte, *Cours de philosophie positive*, t. III, p. 329, 5e édit., 1893.

(2) Louis, *Recherches sur la phthisie*, p. 182, 2e édit. Paris, 1843.

ne s'observent qu'une fois sur 200 ou 250 cas et qu'il est encore plus rare de voir survenir un abcès, de la gangrène ou de l'induration chronique ; ces données ont leur intérêt, c'est incontestable. Mais combien il est plus important de savoir ce qui surviendra dans le cas particulier qu'on envisage ! Or, pour continuer l'exemple de la pneumonie, le médecin sera d'autant plus apte à établir un pronostic précis, qu'il pourra mieux déterminer l'influence que les diverses conditions personnelles exercent sur la marche de l'infection ; la connaissance de l'âge du sujet, de son état général, des maladies qu'il a pu avoir, l'interprétation attentive des différents symptômes qu'il présente, voilà ce qui permet de poser un pronostic et, dans ce cas, la statistique n'a rien à faire. A mesure qu'on connaîtra plus complètement le rôle de ces divers facteurs, on sera de plus en plus maître des phénomènes, on pourra d'autant mieux en apprécier la valeur, d'autant mieux formuler un pronostic certain et un traitement rationnel. Le jour où toutes les conditions qui peuvent influer sur la marche de la pneumonie seront déterminées, il n'y aura plus de pourcentage à faire, on possédera des règles scientifiques qui permettront de savoir ce qui surviendra dans chaque cas.

Nous sommes loin de posséder de pareils éléments d'appréciation. C'est qu'en effet la complexité des causes qui influencent l'évolution morbide rend la détermination exacte fort difficile, sinon impossible. Aussi les statistiques ne doivent-elles pas être abandonnées, elles fournissent des données utiles, mais elles ne peuvent servir de base à l'édification des lois.

Quand on ne connaissait pas la nature parasitaire de la gale, on accumulait des statistiques sur les causes qui semblaient présider au développement de cette maladie. Aujourd'hui les données numériques ne signifient rien. La gale est toujours produite par l'acare, voilà la loi étiologique ; elle naît toujours par contagion : voilà la loi pathogénique. Nous ne faisons plus de pourcentage sur la valeur des traitements, nous employons les parasiticides et nous guérissons toujours le malade : voilà la loi thérapeutique.

Si nous insistons sur ces faits qui peuvent paraître trop simples, c'est parce que ces vérités ne sont pas encore admises par tous et qu'elles sont parfois méconnues, même par les expérimentateurs. C'est surtout en matière de bactériologie que ces notions fondamentales semblent un peu négligées. Nous voyons, à chaque instant, des expérimentateurs habiles annoncer que tel microbe, inoculé dans des conditions semblables à des animaux en apparence identiques, produit des résultats différents. Le charbon, par exemple, injecté à 40 lapins en tue 39 ; le quarantième qui a reçu la même dose que les autres survit : voilà le fait ; c'est une donnée numérique intéressante, sans contredit. Mais combien nous serions plus heureux de savoir pour quel motif ce lapin a survécu quand les autres mouraient ! Personne cependant ne semble s'inquiéter de cet être exceptionnel, personne ne recherche les causes de sa résistance, et pourtant, si nous pouvions les saisir, peut-être aurions-nous une notion nouvelle sur le mécanisme encore si obscur de l'immunité.

On dit souvent qu'un même microbe peut produire, chez des animaux de même espèce, des lésions différentes, et on semble enchanté d'avoir obtenu ainsi des résultats analogues à ceux que fournit la médecine humaine. Mais la pathologie expérimentale ne doit pas se contenter de répéter ce que lui apprend l'observation clinique; son rôle serait alors bien réduit, pour ne pas dire bien inutile; il lui faut pousser plus loin l'analyse scientifique. Si un microbe produit tantôt des lésions du foie, tantôt des lésions du rein, tantôt des altérations de la moelle, l'expérimentateur doit chercher dans quelles conditions un organe ou un tissu est affecté plutôt qu'un autre. Sans doute, ce problème est difficile à résoudre; mais mieux vaut avouer son impuissance que de s'endormir dans la quiétude qu'on semble éprouver, quand on reproduit sur un animal ce qu'on observe chez l'homme.

Les bactériologues ont longtemps discuté sur la fréquence du passage de la bactéridie charbonneuse à travers le placenta. Les statistiques ont établi que le fait est inconstant, ce qui veut dire indéterminé. Malvoz fit faire un progrès à la question : il montra que la bactéridie n'infecte le fœtus que lorsque le placenta est altéré. C'était un pas vers le déterminisme du phénomène, mais le problème n'a fait que se déplacer : il faut rechercher maintenant quelles sont les causes qui favorisent ou expliquent les altérations placentaires. Le jour où nous aurons une réponse à cette nouvelle question, le problème sera résolu; nous dirons : la bactéridie passe toujours dans telle condition, jamais dans telle autre. Nous posséderons alors une loi, tandis qu'actuellement nous ne connaissons qu'un fait numérique. Cet exemple montre quelle est la marche à suivre et prouve, une fois de plus, que les découvertes successives ne font souvent que modifier les problèmes en y introduisant des inconnues nouvelles.

Lois physiologiques. — La difficulté qu'on éprouve à fixer exactement les conditions des phénomènes biologiques rend malaisée la détermination des lois qui les régissent.

Nous croyons pourtant qu'on peut actuellement grouper, sous cinq chefs différents, les lois auxquelles les êtres vivants obéissent. En tant que corps, ils sont soumis aux mêmes lois que la matière brute : ce sont les *lois des conditions physico-chimiques* de leur existence ou *lois des actions externes*. Les agents cosmiques suscitent une série de réactions qui caractérisent l'activité vitale : ce sont les *lois des réactions internes*. Celles-ci ne se produisent que si la matière vivante est placée dans des conditions qui lui permettent d'accomplir le double mouvement de création et de destruction organiques que l'on désigne sous le nom de nutrition. Les *lois de la nutrition* ont pour conséquence les *lois de la reproduction*, la matière vivante ne pouvant s'accroître indéfiniment; mais, en se scindant, la matière conserve ses caractères primordiaux, aussi les lois de la reproduction englobent-elles les *lois du type originel*. Enfin, chaque être représentant une unité plus ou moins parfaite, on doit étudier les *lois de l'individualité*. Ces quatre dernières lois servent à caractériser la matière vivante; on peut les réunir par conséquent sous le nom de *lois biologiques*.

On arrive ainsi à la classification suivante :

Lois physico-chimiques ou lois des actions externes.

Lois biologiques ou lois des réactions internes	Lois de la nutrition. Lois de la reproduction. Lois du type originel. Lois de l'individualité.

Sans doute notre division est artificielle et nous ne la donnons pas comme définitive. Mais il nous a semblé utile de grouper les conditions fondamentales de la vie. La tentative n'est pas nouvelle: Cl. Bernard avait fait des essais analogues, et avait cru pouvoir ramener à sept les caractères généraux des êtres vivants : organisation, génération, nutrition, évolution, caducité, maladie et mort. Il est facile de voir par quels points cette classification se rapproche et s'éloigne de la nôtre.

I. Lois physico-chimiques. — *Lois des actions externes*. — L'être vivant n'échappe à l'action d'aucune des forces qui agissent sur la matière brute. Il est soumis aux lois de la pesanteur, de la chaleur, à l'action de la lumière, de l'électricité, etc. Comme la matière brute, il doit supporter le choc des agents mécaniques qui peuvent le détruire ou l'altérer en partie. Les plus anciens observateurs avaient reconnu l'influence des agents cosmiques sur la matière vivante, mais n'en avaient vu que le mauvais côté; ils avaient cru que la matière vivante devait lutter contre eux, tandis que sans eux, au contraire, elle ne pourrait manifester son activité. Nous avons suffisamment insisté sur ces faits pour n'avoir pas à y revenir.

Chez les êtres élevés, les lois physico-chimiques règlent un grand nombre de phénomènes normaux ou pathologiques. L'étude de la pesanteur et de l'hydraulique doit servir d'introduction à l'histoire de la circulation; les phénomènes de l'évaporation expliquent comment la sudation tend à abaisser la température organique; les découvertes de la chimie trouvent de nombreuses applications dans les phénomènes de la digestion, de la nutrition, dans la fixation de l'oxygène sur l'hémoglobine. Il en est de même des lois de l'osmose, de la pression osmotique, du coefficient de partage, de la dissociation, des vibrations sonores, de l'émission lumineuse; tout ce qui est vrai, en dehors de l'être vivant, l'est également en dedans de lui; c'est ce qui nous a conduit à rejeter une force vitale, qui n'aurait pas d'équivalent mécanique et échapperait au principe de la corrélation des forces.

En pathologie, nous voyons la même obéissance aux lois cosmiques : un organe qui s'hypertrophie et devient plus lourd tend à s'abaisser; les gaz épanchés dans la plèvre s'élèvent au-dessus des exsudats séreux ou purulents; l'incompressibilité des liquides rend compte des dilatations du thorax, dans les cas de pleurésie; les données de l'acoustique expliquent les modifications des bruits pulmonaires ou cardiaques perçus à l'auscultation. Rien de plus instructif à ce propos que l'histoire de la circulation; la transformation des mouvements saccadés du cœur en un mouvement continu tient en grande partie à l'élasticité des artères; les modifications relevant de l'athérome, celles qui résultent d'un anévrysme sont tout à fait semblables à celles qu'on peut reproduire artificiellement, en faisant écouler des liquides dans des tubes rigides ou en plaçant des ampoules élastiques sur le trajet des conduits.

Il ne faudrait pas cependant exagérer l'importance des lois physico-chimiques, car l'être vivant a des procédés particuliers de réaction, grâce à quoi il acquiert une physionomie si spéciale.

II. Lois biologiques ou lois des réactions internes. — La loi fondamentale de la vie, c'est le maintien de l'équilibre instable, qui permet à la matière vivante d'être en concordance parfaite et continue avec les forces externes.

Quand les forces externes sont bien contre-balancées l'harmonie est complète, c'est l'état de santé; quand elles deviennent capables de rompre l'équilibre vital, deux éventualités sont possibles : ou bien l'équilibre instable est détruit et le système tombe à un état d'équilibre stable; la matière perd à tout jamais les propriétés spéciales qu'elle avait acquises, c'est la mort; ou bien elle finit par contre-balancer les forces externes, et par leur opposer des réactions qui tendent à la ramener à un équilibre instable : c'est la maladie qui aboutit, soit au retour vers l'équilibre instable primitif, soit à la constitution d'un nouvel équilibre instable, soit enfin à un équilibre stable après quelques oscillations.

Ces considérations s'appliquent à tous les êtres. Les phénomènes généraux dominant toujours ceux qui le sont moins, il nous a fallu chercher la caractéristique de la vie et de la maladie dans les manifestations communes à tout ce qui peut vivre ou être malade. Étudier seulement l'homme, c'eût été aborder le problème par son côté le plus difficile.

Mais la complexité croissante des types vivants doit immédiatement faire admettre deux groupes dans les lois des réactions vitales. Le premier renferme les lois générales qui s'appliquent à l'universalité des êtres; les tissus élémentaires étant semblables chez tous, les phénomènes qui s'y passent sont identiques : c'est ce qu'on pourrait appeler les *lois des réactions protoplasmiques*. Le deuxième groupe comprend les lois particulières qui ne s'appliquent qu'à certains êtres et deviennent d'autant plus nombreuses qu'on s'élève davantage dans la série : c'est ainsi que nous devons envisager les lois des réactions des muscles, des nerfs, des organes. Ces *lois des réactions organiques* sont comprises dans les lois générales protoplasmiques, dont elles représentent de simples déductions; elles sont en rapport avec la complexité plus grande de la vie et la division physiologique des actes qui en est la conséquence.

La loi des réactions internes ayant pour but ou pour effet de ramener toujours la matière à être en concordance avec les actions externes, a pour conséquence la loi des *adaptations* au milieu extérieur. Cette nouvelle loi qui rentre, en grande partie, dans les lois de la nutrition, éclaire notablement les phénomènes de l'évolution; elle fait comprendre comment ont dû se produire les fonctions, et les organes qui servent à les accomplir; elle englobe la célèbre loi de Milne Edwards ou loi de la *division du travail physiologique* qu'on tend à remplacer aujourd'hui par la loi du *perfectionnement organique.* Elle explique encore comment se créent les races, les espèces, les genres. C'est ainsi que les amibes d'eau douce peuvent être acclimatées à vivre dans l'eau salée; il arrive un moment où ce nouveau milieu leur devient indispensable; elles succombent si on les remet dans l'eau ordinaire. Voilà un remarquable exemple d'adaptation : l'être est venu en concordance parfaite avec le nouveau milieu; il s'y est si bien adapté qu'il ne peut plus s'accommoder du milieu primitif. De même, en pathologie, nous voyons un alcoolique, pris de délire quand on supprime l'alcool, se calmer quand on lui rend son toxique habituel.

Lois de la nutrition. — Après les détails que nous avons déjà donnés sur la nutrition, il est inutile d'insister longuement sur l'importance des lois qui régissent ce processus.

Nous rappellerons seulement que la nutrition comprend deux actes : l'assimilation ou formation de matières complexes et instables aux dépens de matières plus simples et plus stables, synthèse qui nécessite une accumulation de forces empruntées au monde cosmique; la désassimilation, processus inverse auquel on peut rattacher les actes par lesquels l'être libère l'énergie dont il a besoin. Nous avons vu que tous ces phénomènes ne peuvent se produire que dans des milieux liquides et que le développement et le maintien de la vie exigent la présence de deux milieux : le milieu externe ou dynamique dans lequel l'être puise l'énergie qui lui est nécessaire; le milieu interne, qui chez les espèces inférieures se confond avec le milieu ambiant, dans lequel l'individu puise les substances dont il a besoin et rejette celles qui lui sont devenues inutiles.

Les êtres unicellulaires rendent la force apparente sous des formes simples. Les manifestations deviennent plus complexes, chez les êtres plus élevés. Il se crée des appareils pour la dépense de l'énergie, appareils musculaires, électriques, lumineux. Enfin la chaleur produite ne se dissipe pas immédiatement et la température du milieu interne se maintient à un degré fixe. A mesure que les phénomènes se compliquent, l'indépendance de l'être vis-à-vis des variations cosmiques devient de plus en plus grande; les cellules finissent par être presque entièrement à l'abri des modifications du milieu ambiant et notamment des variations thermiques, résultat remarquablement heureux qui, rendant plus facile la concordance entre les réactions internes et les actions externes, permet la complexité plus grande et le jeu plus régulier des phénomènes vitaux.

Pour que la matière puisse vivre, il faut qu'elle ait à sa disposition certains principes spéciaux. Dans les cellules, nous trouvons une charpente minérale, des corps ternaires servant à la dépense de l'énergie, une matière azotée qui représente la partie essentielle. Les composés azotés possèdent une instabilité considérable, dont sont douées certaines substances artificielles, comme la nitro-glycérine, et qui atteint son plus haut degré dans la matière vivante. Mais, pendant le travail vital, notamment pendant le travail musculaire, ce n'est pas la matière azotée, c'est la matière hydrocarbonée qui se détruit; seulement, la transformation ne se produit qu'au contact de la matière azotée. Il y a donc à considérer une série de *lois* ou de *conditions chimiques* dont la connaissance conduirait à la découverte des phénomènes les plus intimes de la vie.

On peut concevoir la matière vivante, réduite à ses éléments essentiels : tel est le protoplasma, qui représente la vie à l'état de nudité. Mais, généralement, on ne considère pas la matière en dehors de la forme qu'elle revêt, et l'on arrive ainsi à la cellule. On s'est donc attaché à discerner les lois de la cellule et on est arrivé à conclure que toute modification de l'organisme se résume en une modification portée sur cet élément primordial; les phénomènes physiologiques, pathologiques ou toxiques ne sont au fond que des actions cellulaires, générales ou spéciales.

Il serait cependant utile de pousser plus loin l'analyse et d'étudier la vie et les altérations du protoplasma lui-même. Quelques tentatives ont été faites dans ce sens; mais les auteurs ne semblent pas en avoir compris la portée ou du moins ont-ils donné aux résultats obtenus une signification différente. Tout le monde connaît la mémorable expérience de Buchner qui soumit la levure de bière à une trituration prolongée, puis à l'action de la presse hydraulique. Il obtint ainsi un liquide, dit suc de presse, qui conservait le pouvoir de faire fermenter le glycose et de le transformer en alcool. Cette expérience capitale prouvait, d'après l'auteur, que le protoplasma de la levure renferme un ferment qui fut dénommé zymase. En réalité, l'expérience ainsi conçue et exécutée ne donne pas un ferment; elle dégage le protoplasma de son enveloppe cellulaire. La preuve en est que le suc de presse perd rapidement le pouvoir de faire fermenter le sucre. Il s'atténue et meurt absolument comme de la matière vivante.

Il serait très important de poursuivre sur les différents organes et tissus des expériences de ce genre. Les études histologiques sur la cellule seraient ainsi complétées par des recherches chimiques sur le protoplasma. Il serait intéressant de savoir quelles sont les propriétés qui disparaissent quand on a détruit la structure, quelles sont celles qui persistent. Nous savons déjà que le suc de presse est capable d'absorber de l'oxygène, de dégager de l'acide carbonique, de produire certaines fermentations. Ce sont des données importantes qu'il serait utile de compléter.

La plupart des êtres étant constitués par une agglomération de cellules, il existe entre ces composants multiples des relations étroites qui établissent l'unité de l'individu; les différentes parties agissent synergiquement et concourent ensemble au maintien de l'existence. Dans les êtres élevés, on peut saisir à un plus haut degré l'existence de ces *synergies fonctionnelles*, qu'elles soient ou non régies par le système nerveux, et qui ont pour conséquence, en pathologie, les *sympathies morbides*.

Lois de la reproduction et lois du type originel. — Nous avons essayé d'établir plus haut que les lois de la reproduction ne sont qu'une conséquence des lois de la nutrition. La matière, ne pouvant s'accroître indéfiniment, est forcée de se scinder. L'être, qui naît ainsi, conserve les caractères de son origine. Les lois du *type originel* comprennent donc les lois du *type générique*, du *type spécifique*, du *type ancestral*, du *type individuel*. Si l'être diffère plus ou moins de ses générateurs, c'est tantôt parce qu'il continue une série morbide peu marquée chez les parents; tantôt parce que des causes externes ont agi sur lui pendant sa période embryonnaire ou dès son arrivée dans le monde : sans les influences ambiantes, les êtres reproduiraient d'une façon parfaite tous les caractères de leurs ancêtres.

Il faut considérer, comme rentrant dans le même ordre de faits, les lois qui régissent la morphologie et l'histogénie. Enfin il n'est pas jusqu'aux déviations tératologiques qui n'obéissent aussi à des lois immuables. Quand l'expérimentateur veut produire un monstre, il suit les moyens que la nature met en œuvre; il agit sur l'être qui se développe, en modifiant le milieu extérieur ou le milieu intérieur : dans le premier cas, il fait varier la pression, la chaleur, la lumière, il s'adresse aux agents mécaniques ou à l'électricité; dans le deuxième cas, il entrave l'apport des substances nutritives, empêche l'élimination des produits de la désassimilation; enfin, plus souvent peut-être, il a recours aux poisons. Mais si l'expérimentation est difficile chez les êtres élevés, elle devient fort simple chez les êtres unicellulaires; ceux-ci ne possèdent pas de milieu intérieur qui les protège contre les variations ambiantes; il suffit donc de modifier le milieu cosmique où ils se développent; c'est ce qu'on fait couramment en bactériologie : on ajoute au bouillon de culture différents antiseptiques et l'on voit dès lors le développement des cellules se produire suivant des types nouveaux; on peut même arriver à créer ainsi des races spéciales fort distinctes de la souche primitive. La tératologie n'est donc pas une œuvre du hasard; elle obéit à des lois et notre effort doit tendre uniquement à les déterminer.

Lois de l'individualité. — Nous considérons comme un individu « tout centre ou axe capable de présenter, d'une manière indépendante, l'accommodation continue des relations internes à des relations externes qui constitue la vie [1] ».

L'individualité est très nettement délimitée chez les animaux supé-

[1] H. Spencer, *Principes de biologie*, t. I, p. 252 (trad. Cazelles), 3e édit. Paris, 1888.

rieurs. Un homme, par exemple, est un individu qui se rend parfaitement compte de son unité; il a la conscience du moi. L'homme a beau être composé d'une série d'organites, on ne doit pas le comparer, comme on l'a fait souvent, à un polypier. Dans ce dernier cas, chaque composant a son individualité et peut vivre isolément; chez l'homme et chez les autres vertébrés, la vie des cellules ne peut se maintenir en dehors de la vie générale.

A mesure qu'on descend l'échelle des êtres, l'individualité diminue, ou plutôt devient divisible. Chez certains invertébrés, des parties émanées du tout peuvent acquérir une individualité. Quand on coupe une hydre, chaque morceau donne naissance à un individu; réciproquement, si l'on introduit, dans une hydre, une hydre plus petite qu'on a retournée, de façon à mettre les deux endodermes en contact, une soudure s'opérera : les deux êtres n'en feront plus qu'un.

L'individualité devient encore plus obscure quand on passe aux êtres vivant en colonies. Chez les polypes, il y a simple accolement d'individus séparés; mais, chez les hydractinies, il existe une division du travail qui a fait admettre une *individualité* et une *conscience coloniales*(1).

Si nous envisageons les plantes, nous voyons qu'une branche ou même une feuille est susceptible de vivre isolément et par conséquent de représenter un individu : l'arbre n'est donc qu'une série d'individus, soudés ensemble, et capables de vivre chacun pour son compte. L'individualité des plantes diminue encore dans les cas de symbiose, mais s'efface en sens contraire; chez les lichens, par exemple, deux espèces s'associent et se complètent mutuellement.

Ainsi la notion du moi, qui n'est que l'expression psychologique de la notion d'individualité, doit être maintenue pour les animaux supérieurs; elle se modifie et s'efface quand on envisage les invertébrés et surtout quand on passe à l'étude des végétaux.

L'individu, tel que nous l'avons défini, est un composé d'unités anatomiques et physiologiques. L'unité anatomique, représentée essentiellement par la cellule, obéit aux lois générales qui régissent les individus; elle peut s'accroître et se reproduire; mais les descendants, suivant les lois du type originel, sont absolument semblables aux générateurs. C'est du moins ce qui a lieu à l'état normal; s'il n'en est plus de même à l'état pathologique, c'est que les conditions externes ont varié et ont entraîné nécessairement des modifications réactionnelles. Les cellules du foie donnent naissance à des cellules du foie; si l'on sectionne un morceau de la glande, le tissu se reproduit intégralement. Mais si l'on soumet le viscère à l'action d'une cause agissant sans cesse, à une intoxication par exemple, les réactions se modifient pour que la matière vivante puisse entrer en concordance avec les nouvelles conditions vitales; des cellules dégénèrent ou périssent; des canalicules biliaires se développent d'une

(1) Perrier, *Les colonies animales et la formation des organismes*. Paris, 1881. — Ribot, *Les maladies de la personnalité*, 5e édit. Paris, 1894.

façon anormale; des bandes du tissu conjonctif apparaissent et l'architecture du foie se trouve complètement bouleversée.

L'unité physiologique est représentée par un groupement de cellules, de tissus et d'organes agissant synergiquement vers un but déterminé; plus complexe que l'unité anatomique, elle se trouve beaucoup plus difficile à réparer. Quand on enlève sur un mammifère un fragment de tissu, la restauration peut se faire d'une façon intégrale ; mais quand on ampute un membre, celui-ci ne se reforme pas. Pourtant il n'en est pas ainsi chez les invertébrés et même chez quelques vertébrés inférieurs, où le membre mutilé peut se reconstituer d'une façon intégrale.

Ces exemples nous conduisent donc à une loi qui semble le complément des lois du type originel et de l'individualité : c'est la loi de la *restauration du plan primitif* que nous avons déjà suffisamment étudiée et qui trouve son analogue dans l'histoire du cristal reformant l'angle qu'on a brisé.

Même lorsqu'il est placé dans des conditions parfaites, l'individu est soumis à la grande loi de l'évolution. Après une période d'accroissement et de perfectionnement, phase positive, survient la phase négative caractérisée par l'amoindrissement de l'activité, la décrépitude et la sénescence pour aboutir à la mort.

Il est remarquable que les cellules reproductives échappent jusqu'à un certain point à cette loi. Même lorsque les générateurs sont très vieux, le produit, tout en étant moins parfait, n'est pas de beaucoup inférieur aux enfants conçus pendant la période active. C'est que la fécondation, comme l'ont établi les recherches de Maupas sur les infusoires, provoque un rajeunissement des cellules. Il s'agit, comme nous l'ont appris les travaux de Loeb, d'une modification chimique que l'on peut reproduire artificiellement. On est donc conduit à se demander si l'on ne réussira pas quelque jour par des procédés analogues à rajeunir les cellules somatiques. Il y aurait, d'ores et déjà, des recherches intéressantes à poursuivre sur l'intensité des échanges nutritifs accomplis par des cellules âgées; il faudrait étudier l'influence que le sang exerce sur la nutrition suivant qu'il provient d'un animal âgé ou d'un animal jeune. Il est possible que le sang du vieillard se prête moins bien aux échanges. Mais ce qui doit être surtout troublé, c'est le fonctionnement des cellules et c'est évidemment la diminution de leur activité nutritive, c'est-à-dire de leur aptitude à exécuter le double mouvement de l'assimilation et de la désassimilation, qui caractérise la vieillesse. Cette aptitude diminuant, les fonctions s'affaiblissent et notamment les fonctions des cellules chargées de neutraliser et d'éliminer les poisons autogènes. La mort se prépare ainsi peu à peu, d'une façon progressive.

Il est important, quand on étudie le problème de la mort, de le considérer sous deux faces différentes.

On peut envisager la mort de l'individu. Elle est caractérisée chez les êtres supérieurs par l'arrêt de la circulation et surtout de la respiration. L'individu est mort quand il a rendu le dernier soupir.

Cette conception de la mort, étant limitée aux êtres supérieurs, ne saurait être acceptée. Il faut que la définition ait un caractère plus général, il faut qu'elle puisse s'appliquer même aux êtres unicellulaires. Or, la mort de la cellule est caractérisée par la coagulation définitive des colloïdes protoplasmiques. Telle est la définition chimique qui a pour corollaire la définition physiologique suivante : la mort de la cellule est caractérisée par l'arrêt des échanges nutritifs.

Considérons un animal qui a subi la piqûre du bulbe, au point dénommé par Flourens le nœud vital : la respiration est arrêtée ; la circulation s'arrête à son tour. L'animal est mort ou plutôt paraît mort, car il suffit de pratiquer la respiration artificielle pour voir toutes les fonctions se ranimer. Mais si l'on attend un certain temps, la mort sera réelle et définitive. C'est que la suppression de ces deux grandes fonctions a arrêté les échanges et cet arrêt a été suivi d'une coagulation du protoplasma. Suivant la sensibilité de la cellule, cette coagulation se fera plus ou moins vite. La mort atteindra donc progressivement et individuellement chaque tissu, chaque organe, chaque cellule. L'être mourra peu à peu, de sorte que les fonctions pourront reprendre après un temps parfois fort long. Kuliabao a ranimé le cœur d'un homme qui, depuis dix-huit heures, avait cessé de battre.

Nous avons considéré la mort comme la conclusion de la vie individuelle. Nous avons donc opposé de nouveau le soma périssable aux cellules génératrices qui ne périssent pas. Mais il faut bien remarquer que les espèces vivantes, bien que beaucoup plus durables que les individus, se transforment et disparaissent ; il y a donc aussi une sénescence des cellules reproductrices, dont témoigne la dégénérescence des races trop pures. Ce sont les croisements qui semblent apporter l'élément nouveau capable de conférer un certain rajeunissement.

Pour nous borner à l'individu, nous croyons avoir démontré qu'il faut considérer la mort générale ou mort apparente et les morts locales ou morts cellulaires. Les processus qui peuvent déterminer la mort apparente sont fort nombreux ; la mort cellulaire a une formule plus simple : l'arrêt du phénomène caractéristique de la vie, la nutrition.

Lois pathologiques. — Nous nous sommes efforcé, à plusieurs reprises, d'établir qu'il ne faut pas opposer l'un à l'autre l'état de santé et l'état de maladie. Il y a, entre ces deux manières d'être, un trop grand nombre de transitions pour qu'on puisse les regarder comme essentiellement distinctes. Là où une observation superficielle montre seulement des différences, une étude plus approfondie ne fait voir que des analogies. Sous des aspects variables, nous retrouvons toujours le même mode de réaction ; les lois biologiques sont également vraies en pathologie et en physiologie ; elles dirigent et expliquent tous les phénomènes vitaux aussi bien pendant la maladie que pendant la santé.

Mais si la maladie est véritablement provoquée par des causes externes qui tendent à détruire l'équilibre instable de la matière vivante, il est évident qu'on doit admettre certaines lois propres à l'état pathologique. On peut envisager d'une part l'action des causes externes, d'autre part es réactions internes de l'organisme atteint. C'est la division que nous avons proposée pour l'étude des lois physiologiques.

I. Lois des actions externes (*lois étiologiques; lois pathogéniques*). — A une maladie définie, il faut une cause constante et déterminée. Voyons à ce propos ce qui se passe dans les infections.

Si l'on ouvre un traité de pathologie, datant de quelques années, et qu'on parcoure les chapitres consacrés à l'étiologie des maladies infectieuses, on constate que, pour chacune d'elles, les auteurs invoquent les causes les plus diverses : la fatigue, le surmenage, le froid, la chaleur, le traumatisme, les variations du baromètre ou du thermomètre, l'état de l'air ou de l'eau.... Que ces conditions jouent un rôle, c'est indéniable; mais leur multiplicité ne fait, en réalité, que masquer notre ignorance. On peut admettre un grand nombre de causes adjuvantes ; on doit rechercher *une* cause efficiente. Il est impossible que des influences banales, comme le froid ou la fatigue, puissent à elles seules produire des maladies aussi différentes que la pneumonie, l'amygdalite, la fièvre typhoïde ou le rhumatisme articulaire aigu; on conçoit, au contraire, que ces diverses influences soient capables de venir en aide à un agent spécifique.

Rien d'aussi instructif à cet égard que l'histoire du charbon. Que de causes on a invoquées, pour expliquer cette infection, dont la pathogénie devint si claire, le jour où l'on reconnut son origine animée et où il fut établi que le charbon est la maladie de la bactéridie comme la gale est la maladie de l'acare. Dès lors, plus de statistiques, plus de pourcentages; dans le sang et les organes des animaux charbonneux, on rencontre *toujours* le microbe spécifique. La maladie est déterminée; nous connaissons sa *loi pathogénique* ou plutôt sa *cause nécessaire*.

Il en est de même pour la tuberculose; la misère, les privations, la fatigue, les excès, constituent des causes importantes, mais insuffisantes; pour devenir tuberculeux, il faut un facteur indispensable et constant: le bacille que Koch nous a fait connaître. Inutile de multiplier les exemples; on ne discute plus aujourd'hui sur les causes des érysipèles traumatiques, des septicémies ou des pyohémies post-opératoires; on ne publie plus de statistiques démontrant que tel procédé permet d'éviter ces accidents. On sait qu'il s'agit toujours d'infection; qu'on se mette à l'abri des germes, et jamais on n'observera ces diverses complications.

Puis, par une généralisation bien naturelle, on est arrivé à supposer que toutes les maladies infectieuses relèvent d'un agent animé. Personne ne met le fait en doute pour les affections contagieuses et inoculables, comme les fièvres éruptives. Mais on discute encore pour certains groupes morbides qui semblent avoir quelques caractères spéciaux, le rhumatisme articulaire aigu, par exemple, et surtout le cancer.

Si le microbe est la cause nécessaire de la maladie infectieuse, il n'en est pas toujours la cause suffisante. Autrement dit, un microbe pathogène, introduit dans un organisme, ne produit pas nécessairement une infection.

Au début des études bactériologiques, les problèmes étiologiques avaient semblé acquérir une simplicité étonnante : toute la question revenait à trouver le microbe, à l'isoler, à le cultiver, et à reproduire la maladie. Mais il ne faut pas oublier que le microbe envahisseur et l'organisme envahi sont deux êtres vivants, c'est-à-dire doués tous deux d'un pouvoir réactionnel, qui varient sans cesse suivant l'influence des conditions externes.

Pour ce qui est du microbe, le résultat est évident; en modifiant le milieu où végète l'agent pathogène, on modifie notablement sa virulence, c'est-à-dire son aptitude à croître dans l'organisme vivant. D'un autre côté, une foule de conditions agissent sur l'organisme envahi, augmentent ou diminuent sa résistance. On conçoit dès lors de combien de causes adjuvantes il faut tenir compte. Les anciens ne s'étaient donc pas trompés en invoquant un grand nombre de conditions étiologiques; ce qui leur avait échappé, c'est la nécessité d'un agent pathogène spécifique.

Ce qui complique encore l'étude des problèmes étiologiques et pathogéniques, c'est qu'on ne peut établir une équation parfaite entre les agents pathogènes tels que l'expérimentation nous les a fait connaître et les maladies telles que la pathologie les a individualisées. Il est démontré aujourd'hui que des altérations anatomiques et des manifestations cliniques, en apparence identiques, peuvent être sous la dépendance de microbes différents; réciproquement, un même microbe, suivant des conditions souvent difficiles à déterminer, est capable d'engendrer des maladies anatomiquement et cliniquement dissemblables.

Ceci nous ramène à cette loi fondamentale, formulée par Bouchard : c'est l'organisme et non le microbe qui fait la maladie. Il est facile de concevoir que l'organisme puisse se comporter de la même façon vis-à-vis d'agents différents; c'est un fait également vrai en pathologie et en physiologie. Qu'on excite un nerf moteur, le résultat sera identique : il se produira un mouvement, quel que soit l'agent employé, physique, chimique ou physiologique. Il en est de même en pathologie; la suppuration, la gangrène, l'endocardite ulcéreuse, les broncho-pneumonies, les angines relèvent de microbes fort différents.

Réciproquement, un même microbe suscite les lésions les plus variées. C'est à peine s'il est besoin de rappeler les longues discussions qu'a soulevées l'histoire de la tuberculose. Quelle ressemblance y a-t-il, en effet, entre les diverses manifestations de cette maladie? Aussi, sans la présence du bacille spécifique, est-il bien difficile d'affirmer l'identité de la tuberculose miliaire aiguë, de la pneumonie caséeuse, de certaines pleurésies, du lupus, des abcès froids ou des synovites à grains riziformes. La cause est toujours la même, et pourtant les manifestations cliniques semblent n'avoir entre elles aucun rapport.

Les résultats sont semblables quand on envisage le pneumocoque, le streptocoque, le staphylocoque, le bacille du côlon.

La médecine clinique nous avait déjà fait connaître des anomalies analogues et avait su réunir des manifestations morbides qui paraissaient absolument dissemblables. La variole hémorragique, par exemple, et, d'une façon plus générale, les fièvres éruptives malignes offrent une symptomatologie et une évolution bien différentes de celles que présentent les maladies auxquelles on les rattache. Il en est de même des formes atténuées et particulièrement de certaines formes frustes de la scarlatine; leur nature n'est souvent reconnue que plus tard, soit parce qu'il survient une néphrite et que l'on aperçoit une légère desquamation cutanée, soit parce que, dans l'entourage du malade, on voit se développer une scarlatine typique.

Ainsi les lois qui régissent les réactions morbides obscurcissent notablement la simplicité apparente des lois étiologiques. Il faut donc rechercher soigneusement quelles sont les causes qui interviennent pour imprimer à la maladie une physionomie aussi variable. On devra faire alors la part équitable de ce qui appartient au microbe, de ce qui appartient à l'organisme. Augmentation, diminution ou modification de la virulence, voilà la formule d'attente qu'on applique au premier; puis on fait intervenir d'autres facteurs : le nombre des microbes, l'action adjuvante ou entravante des associations bactériennes, l'importance de la porte d'entrée. Pour l'organisme, on a invoqué l'influence de l'âge, des maladies antérieures, de l'alimentation, du repos ou de la fatigue, du surmenage physique ou mental. Expérimentalement on a pu reproduire certaines de ces modalités cliniques en plaçant les animaux dans des conditions spéciales, en lésant leurs organes, sectionnant leurs nerfs, etc. Mais, en somme, nous nous trouvons en présence d'une série de problèmes qui ne sont pas près d'être résolus : nous connaissons la loi étiologique nécessaire des infections; nous ne faisons qu'entrevoir les lois des causes adjuvantes.

Ce que nous disons des microbes, peut s'appliquer aux poisons; le rapprochement est d'autant plus juste que c'est par des substances toxiques qu'agissent les agents infectieux.

Prenons, par exemple, l'alcool; son action sur l'organisme se traduit par les manifestations les plus variées, l'ivresse, le *delirium tremens*, la pachyméningite, le pseudo-tabes, la cirrhose hépatique, etc. Il en est de même pour les autres toxiques, aussi bien pour le phosphore et l'arsenic que pour le plomb et le mercure. Réciproquement, il existe des pseudo-tabes, des cirrhoses, des pachyméningites chez des individus nullement entachés d'alcoolisme. Seulement, en matière d'intoxication les questions sont plus simples qu'en matière d'infection, les poisons chimiques ont une constitution fixe, tandis que les poisons microbiens ont une constitution variable. Aussi a-t-on pu pousser plus loin l'analyse expérimentale et est-on parvenu à fixer quelques lois que nous étudierons plus loin sous le nom de *lois pharmacodynamiques*.

Si les causes de la maladie sont fort nombreuses, les processus pathogéniques, c'est-à-dire les procédés employés par les agents pathogènes pour nuire à l'organisme, sont fort restreints et peuvent être groupés sous quatre chefs (Bouchard) : troubles primitifs de la nutrition; dystrophies élémentaires primitives [1]; infections; réactions nerveuses. Comme le fait remarquer Cl. Bernard, il en est de même en chimie : bien des agents transforment l'amidon en glycose; mais le procédé mis en œuvre est toujours le même, c'est un procédé d'hydratation. En pathologie, bien des causes déterminent des congestions aiguës; mais, dans tous les cas, le mécanisme est identique, il s'agit d'une modification vasomotrice.

II. Lois des réactions morbides. — En parlant des causes pathogènes, nous avons montré que les réactions morbides peuvent être semblables alors que les agents sont différents, différentes alors qu'ils sont semblables. Il est certain que ces résultats, fort déconcertants au premier abord, ne sont pas livrés au hasard; ils ont leurs lois déterminées. Mais la complexité très grande des phénomènes rend fort difficile la découverte de ces lois. Nous ne possédons que quelques notions générales et peu précises sur la prédisposition et la résistance à la maladie, sur les causes qui modifient les aspects cliniques. N'ayant pu déterminer les lois, nous sommes forcés de nous en tenir à des rapports numériques. On dit, par exemple, que telle maladie débute par des frissons, mais que parfois elle s'installe insidieusement; on note soigneusement les symptômes qui surviennent, tout en reconnaissant que, dans certains cas, ils font défaut. Trop souvent tout semble livré au hasard, et la symptomatologie, et la marche, et la durée, et la terminaison. Parfois cependant on a obtenu des résultats numériques qui conduisent à des semblants de lois. On a pu déterminer empiriquement la marche de certaines maladies cycliques, le retour périodique des accès intermittents. Mais, même dans ces cas, trop d'exceptions viennent tromper toute prévision et nous rappeler que nous ne connaissons rien ou presque rien des lois qui régissent l'évolution des maladies, qui leur impriment une physionomie spéciale, une gravité ou une bénignité particulière. Il est bien certain que ces lois existent; le nier serait nier la science médicale elle-même. Mais tant qu'on n'aura pu les déterminer, les statistiques seront utiles et les données empiriques intéressantes.

La tendance naturelle de l'organisme malade à recouvrer la santé se traduit en pathologie par deux lois importantes : la loi des compensations et la loi des suppléances.

La *loi des compensations* peut s'exprimer ainsi : quand un organe est partiellement détruit, la partie subsistante tend à maintenir l'équilibre en exécutant un surcroît de travail.

Ce fait est manifeste pour les organes pairs, qui, au point de vue philosophique, ne constituent qu'un organe. Enlevez un rein sur un animal

[1] Sous ce nom M. Bouchard désigne les réactions qui surviennent dans les tissus, à l'occasion des actions produites par les agents externes, sans participation des systèmes nerveux ou vasculaire.

vivant, l'autre rein ne tardera pas à rétablir le taux normal de l'uropoèse. Il y aura exagération de la fonction, et consécutivement hypertrophie de la glande. De même que la fonction fait l'organe, c'est l'intensité de la fonction qui règle le développement de cet organe.

La *loi des suppléances* s'applique aux organes aptes à se remplacer. L'exemple le meilleur nous est fourni par l'étude du foie et du rein. Quand le foie devient incapable d'exercer son rôle protecteur et de détruire les poisons qui se forment dans l'organisme, le rein vient à son secours et élimine l'excès de matière toxique que le foie a laissé passer; un équilibre plus ou moins parfait se rétablit ainsi sur une nouvelle base; mais le rein se fatigue à ce surcroît de travail et finit par s'altérer à son tour; il ne peut supporter indéfiniment le passage de substances qu'il ne doit pas éliminer dans les conditions normales, et le trouble fonctionnel finit par créer la lésion. Ainsi, de même qu'il existe, à l'état normal, une loi des synergies fonctionnelles, de même il existe, en pathologie, une loi des synergies ou plutôt des *sympathies morbides*. Nous étudierons cette loi à propos des *processus pathogéniques de deuxième ordre*; c'est elle qui définit le mécanisme par lequel les lésions ou les troubles d'un organe retentissent sur d'autres organes, souvent éloignés : tels sont les troubles cardiaques dans les affections du foie ou du rein, les altérations pulmonaires dans les affections cardiaques, etc.

Lois pharmacodynamiques et *lois thérapeutiques*. — Dans un article extrêmement remarquable, Schutzenberger et Hecht [1] établissent très justement une différence importante entre les lois pharmacodynamiques et les lois thérapeutiques.

Les *lois pharmacodynamiques* déterminent l'action des corps sur l'organisme normal; elles se déduisent de recherches expérimentales sur les animaux et même sur l'homme et peuvent prétendre à une grande précision.

Une substance toxique ou pharmaceutique (φάρμακον, poison) doit être étudiée au double point de vue de ses effets et de sa dose mortelle.

On établit des lois pharmacodynamiques quand on détermine l'action convulsivante de la strychnine ou le pouvoir mydriatique de l'atropine, quand on découvre les doses efficientes et les doses mortelles des médicaments et des poisons. On avait cru à un moment que, pour tuer une même unité d'animal, 1 kilogramme par exemple, il fallait une dose absolument constante. Cette dose a été désignée par Bouchard sous le nom d'*équivalent toxique*. Les recherches de Bouchard et les nôtres ont montré qu'on peut aller très loin dans la détermination de ces équivalents; mais elles ont fait voir aussi qu'il ne faut pas s'attendre à une précision mathématique. Si 1 milligramme tue un animal de 1 kilogramme, il ne faut pas 2 milligrammes pour tuer un animal de 2 kilogrammes. La loi est plus complexe, car les tissus et les organes ne se développent pas pareil-

(1) SCHUTZENBERGER et HECHT, Lois en pathologie. *Dict. encyclopéd. des sciences médicales*, 2e s., t. III, p. 50. Paris, 1870.

lement, ce qui devrait avoir lieu pour que la toxicité restât invariable.

Même en opérant sur des animaux de taille semblable on ne peut arriver à des résultats absolument fixes. Il faut tenir compte des susceptibilités individuelles, ce qui ne désigne pas une propriété vague ou capricieuse, mais s'entend des particularités innées et des modifications imposées par les maladies ou les troubles antérieurs. Les doses mortelles et les effets des poisons doivent donc osciller dans des limites qu'il est impossible de préciser.

Les *lois thérapeutiques* ne découlent pas des lois pharmacodynamiques ; elles ont pour base l'étude du malade et reflètent les tendances médicales des différentes époques. D'après les principes qui lui servent de base, la thérapeutique peut être divisée en quatre classes : la thérapeutique symptomatique, la thérapeutique étiologique, la thérapeutique pathogénique, la thérapeutique physiologique.

La thérapeutique symptomatique consiste simplement à parer à des accidents immédiats, à lutter contre certains troubles sans remonter à leur cause et à leur point de départ. Si elle n'est le plus souvent qu'un aveu de notre ignorance, elle est parfois la seule admissible : lorsqu'il s'agit de parer à des accidents qui menacent la vie, il faut avoir recours à une médication d'urgence et tenter de supprimer ou d'apaiser les troubles sans en rechercher l'origine. Elle est encore indiquée comme médication calmante, destinée à pallier certains symptômes gênants ou pénibles.

La thérapeutique étiologique s'attaque à la cause même du mal. C'est elle qui, au premier abord, semble la plus rationnelle. Il paraît évident que la suppression de la cause doit avoir pour conséquence la disparition de tous les accidents consécutifs : c'est l'application du vieil adage : *sublata causa, tollitur effectus*.

Cette médication est souvent impossible et même inutile. Elle est impossible, quand nous ne pouvons atteindre la cause; elle est inutile quand la cause a entraîné des troubles secondaires qui évoluent pour leur propre compte. C'est le cas de revenir à la division que nous avons admise entre la maladie et l'affection : dans la maladie, la médication étiologique est souvent efficace; dans l'affection, elle ne l'est qu'assez rarement. Si, par exemple, on se trouve en présence d'une cardiopathie, on ne tiendra évidemment aucun compte de la maladie initiale dont la lésion cardiaque n'est qu'une suite éloignée.

C'est surtout dans le traitement des maladies parasitaires que la médication étiologique donne de beaux résultats; elle fournit les parasiticides, les vermifuges, les antiseptiques. Elle fournit aussi les antidotes. On fait encore de la médication étiologique quand on emploie des sérums bactéricides, quand on a recours à certaines méthodes abortives, quand on utilise certains spécifiques.

De toutes les méthodes thérapeutiques, la plus importante, celle dont Bouchard a mis en évidence la valeur primordiale, est, sans contredit, la thérapeutique pathogénique. Elle prend ses inspirations dans le mode d'action des causes. Celles-ci pouvant agir de deux façons, mécaniquement ou chimiquement, provoquent deux ordres de modalités réactionnelles, dont l'étude constitue la physiologie pathologique : ce sont les réactions nerveuses et les troubles de la nutrition. A ces quatre ordres d'actions et de réactions correspondent quatre méthodes thérapeutiques.

Aux causes mécaniques, on oppose, le plus souvent, des traitements mécaniques. C'est par des procédés mécaniques qu'on assure l'hémostase, qu'on régularise les plaies, qu'on maintient les fractures. C'est par des procédés mécaniques qu'on combat les déplacements des organes, les hernies, les éventrations, les ptoses.

Parmi les causes agissant chimiquement, il faut placer en première ligne les toxiques. Si l'on peut atteindre le poison et le neutraliser, on pratique une médication étiologique; mais le plus souvent on doit avoir recours à la médication pathogénique, en luttant contre les troubles produits, en favorisant l'élimination des substances, en provoquant des réactions qui en neutralisent les effets : c'est dans ce groupe que se rangent la sérothérapie antitoxique et l'opothérapie.

La thérapeutique physiologique prend ses inspirations dans le fonctionnement de l'organisme malade. Elle est dite naturiste, quand elle s'efforce d'exagérer le trouble fonctionnel, c'est-à-dire de parachever le mouvement réactionnel commencé par la nature. On fait de la médication naturiste quand on prescrit l'opium pour augmenter la constipation que provoque une péritonite, quand on donne un purgatif pour guérir une diarrhée toxi-infectieuse, quand on a recours à des applications chaudes sur un tissu enflammé. On en fait également, quand on essaye de réveiller une réaction engourdie ou arrêtée en utilisant la tuberculine de Koch ou les vaccins de Wright.

Si les réactions sont trop intenses, on doit, par une médication antinaturiste, les combattre et les refréner. C'est ainsi que, par l'emploi des révulsifs, des déplétions sanguines, des réfrigérants, on s'efforce d'entraver certains processus congestifs ou inflammatoires.

Voilà tracées dans leurs grandes lignes les lois thérapeutiques telles qu'on peut les déduire de l'observation des faits et de l'étude des processus. Malheureusement, s'il est facile de poser les indications générales, il n'est pas toujours possible de les remplir, et, trop souvent, le médecin doit se contenter du traitement symptomatique, parfois même de l'empirisme. Il doit encore avoir recours à la statistique dont les données sont indispensables pour le fixer sur la valeur des traitements; il obtiendra ainsi des résultats d'attente qu'il abandonnera à mesure que progresseront nos connaissances sur les causes des maladies, sur leur mode d'action et sur les réactions de l'organisme. Aux données de l'empirisme se substitueront peu à peu les lois thérapeutiques.

CHAPITRE V

NOSOLOGIE ET NOSOGRAPHIE

Les termes médicaux. — Les dénominations usuelles. — Les règles de la nosographie. — Groupement de symptômes et maladies. — Nécessité et difficulté des classifications en médecine. — Résumé des principaux essais de nosographie. — Importance des manifestations cliniques en nosographie. — Les maladies infectieuses, spécifiques et non spécifiques; les maladies parasitaires; les maladies toxiques; les lésions traumatiques; les affections.

Les termes médicaux. — A mesure qu'une science progresse, les termes qu'elle emploie se modifient; les dénominations anciennes, qui ne traduisent que des notions incomplètes et erronées ou qui sont basées sur des apparences grossières, disparaissent peu à peu. C'est ce qui a eu lieu en physique, en histoire naturelle et surtout en chimie. Il est vrai qu'on arrive ainsi à créer des mots d'une longueur parfois désespérante. Aussi, dans quelques cas, a-t-on substitué au terme scientifique, imposé par la nomenclature, une expression plus facile à retenir par le public : c'est ainsi qu'on dit antipyrine au lieu de diméthylphénylpyrazolone, antithermine au lieu de phénylhydrazine lévulinique, sulfonal au lieu de diéthylsulfonediméthylméthane, lorétine au lieu de acide métaiodoortho-oxyquinolianasulfonique, etc.

Plusieurs fois, en médecine, on a essayé de remplacer les dénominations anciennes par des dénominations nouvelles, établies d'après des règles fixes. Toutes les tentatives de ce genre ont échoué. Il faut avouer qu'elles n'étaient guère encourageantes : les mots bizarres, créés par Piorry, Alibert ou Spring, mettaient à une dure épreuve les mémoires les plus robustes. On a donc continué à employer les dénominations anciennes, parfois en les détournant de leur sens primitif et bien que plusieurs eussent été formées contrairement aux lois de l'étymologie. Il en résulte qu'aucune règle scientifique n'a présidé à la formation des expressions médicales, à la nomenclature des troubles, des lésions, des affections ou des maladies.

Les maladies ont été dénommées d'après un symptôme prédominant, une lésion anatomique, ou une idée théorique parfois erronée; dans quelques cas, on leur a imposé le nom de l'auteur qui les avait décrites, ou bien on a conservé un mot qui a été transmis par la tradition et dont l'étymologie exacte n'est pas toujours connue; souvent une même maladie s'est trouvée désignée sous plusieurs étiquettes différentes.

Les dénominations tirées de la symptomatologie ont au moins l'avantage de ne pas consacrer une hypothèse fausse. Il n'y a donc aucun inconvénient à dire *fièvre typhoïde* ou *goitre exophtalmique*, et ces expressions semblent meilleures que celle de *dothiénentérie* qui accorde trop d'importance aux lésions intestinales, et celle de *maladie de Basedow* ou *de Graves* qui ne fait que continuer une discussion historique. Pour les mêmes raisons, on peut conserver les mots *chlorose*, *anémie pernicieuse*, *ictère grave*. L'expression *tumeur blanche* est moins heureuse; appliquée autrefois aux adénites des scrofuleux, elle désigne aujourd'hui les arthrites tuberculeuses; elle rappelle simplement la tuméfaction de la jointure et l'absence de phénomènes inflammatoires et, si on la prenait à la lettre, elle consacrerait une erreur en faisant considérer comme une tumeur une simple manifestation bacillaire. C'est encore d'après une apparence extérieure qu'on a créé le mot *charbon*; et, dans le groupe des maladies charbonneuses, on fait rentrer l'œdème malin, les infections pulmonaires ou intestinales, c'est-à-dire des types cliniques dans lesquels on ne retrouve plus la lésion qui a donné son nom au genre morbide. *Anthrax* a la même signification étymologique que charbon; il n'a qu'une seule supériorité, c'est qu'il provient du grec. En France, il désigne une affection analogue au furoncle; en Angleterre, il s'applique au charbon; il en résulte des erreurs que les traducteurs n'ont pas toujours su éviter. On n'a pas été très heureux non plus en conservant l'expression de *charbon symptomatique*, qui ne signifie pas grand'-chose et rappelle seulement les confusions d'autrefois entre le charbon bactérien et le charbon bactéridien. C'est ainsi qu'un auteur allemand, citant des recherches françaises sur le charbon symptomatique, pensa qu'il s'agissait du charbon bactéridien, et ne comprit pas comment l'auteur pouvait soutenir que le lapin n'est pas sensible à ce virus et que la bactéridie est un microbe anaérobie. Les Allemands possèdent, en effet, deux mots distincts pour ces deux infections : *Rauschbrand* et *Milzbrand*; ce dernier, qui signifie *gangrène de la rate*, s'applique au charbon bactéridien; il faut avouer qu'il est encore plus mauvais que notre ancienne expression de *sang de rate*.

Les progrès de l'anatomie ont conduit à désigner les maladies par la lésion principale que l'autopsie fait découvrir. Il en résulte qu'une même entité morbide a pu recevoir plusieurs noms différents, et a été dénommée soit d'après l'auteur qui l'a individualisée, soit d'après un symptôme ou une lésion, soit d'après l'étiologie ou la pathogénie : c'est ainsi qu'on dit *fièvre typhoïde*, *fièvre continue*, *typhus abdominal*, *dothiénentérie*, *fièvre éberthienne*; — *ictère grave*, *ictère infectieux*, *atrophie jaune aiguë du foie*; — *paralysie générale*, *périencéphalite diffuse*; — *atrophie musculaire progressive*, *poliomyélite antérieure*, *maladie d'Aran-Duchenne*, etc. Parfois la maladie n'a été caractérisée que par une lésion anatomique grossière : ainsi le terme de *cirrhose*, créé par Laënnec, n'avait d'autre but que de rappeler la couleur jaune roux (κιῤῥός, roux) du foie sclérosé. Le mot a fait fortune et, détourné de son sens primitif, il est devenu synonyme de *sclérose* (σκλήρωσις, de σκληρός, dur) : on dit couramment aujourd'hui cirrhose du rein, de la rate, du poumon.

Certaines maladies sont désignées par le pays où elles règnent, ou du moins où elles ont été observées pour la première fois. Ce sont surtout les noms exotiques qui ont été adoptés : *diarrhée de Cochinchine*, *pied de Madura*, *fièvre du Texas*. Parfois une même lésion a reçu plusieurs noms géographiques : *boutons du Nil*, d'*Alep*, de *Biskra*. Enfin c'est dans le même ordre d'idée que la syphilis a été si souvent désignée en France sous le nom de *mal de Naples*, en Italie sous le nom de *mal français*.

Donner le nom d'un homme à une maladie, c'est payer un juste hommage à celui qui, le premier, l'a décrite : il semble équitable de dire *maladie de Hodgkin*, de *Corrigan*, de *Bright*, d'*Addison*, de *Little*, d'*Aran-Duchenne*, de *Graves*, de *Basedow*, de *Weil*. Aujourd'hui on a une grande tendance à généraliser cette façon de parler, qui serait peut-être acceptable si les recherches historiques ne faisaient constamment remonter la priorité des découvertes à des médecins de plus en plus anciens. C'est ainsi que le goître exophtalmique a été successivement désigné sous les noms de Graves, Basedow, Parry, et, d'après Tapret, devrait être appelé maladie de Marsh; l'insuffisance aortique avait été découverte par Vieussens longtemps avant Corrigan, et tout le monde sait que l'épilepsie jacksonienne avait été admirablement décrite par Bravais dès 1827. Parfois on a proposé d'adopter le nom d'un auteur qui n'a guère ajouté à l'étude de la maladie; il est bien certain, par exemple, que la maladie de Weil était parfaitement connue avant la description de ce médecin. On abuse tellement des noms propres, surtout en pathologie nerveuse, qu'on les impose même à des symptômes, le *signe de Romberg*, de *Westphall*, d'*Argyll Robertson*.

Enfin on conserve souvent des noms anciens ou populaires, bien qu'ils consacrent des erreurs. Il n'y a pas bien longtemps on parlait de *lait répandu* et de *fièvre de lait*, et on décrit encore la *goutte remontée*. On continue à dire *abcès par congestion*, expression qui a toujours été mauvaise et qui n'a plus de sens aujourd'hui qu'on connaît la nature tuberculeuse des lésions. Personne ne suppose plus que l'*hypocondrie* ait son point de départ dans un organe situé sous les côtes et que l'*hystérie* soit due à des troubles utérins; néanmoins ces deux mots ont été maintenus et l'on dit *hystérie mâle*, ce qui, à ne considérer que l'étymologie, constitue évidemment un non-sens. Que penser encore de l'expression, *paralysie générale*, appliquée à une maladie qui ne compte pas la paralysie parmi ses symptômes? Il est vrai que le mot est employé dans son sens étymologique, dissolution; il indique une dissolution générale des facultés intellectuelles. L'expression est donc contraire à l'usage, mais elle est soutenable, il serait plus difficile de défendre le terme de *paralysie agitante*.

Le langage médical possède des noms auxquels leur étymologie latine ou grecque donne un aspect scientifique : *furoncle* vient de *furunculus*, voleur; il faut avouer qu'on ne sait pas trop pourquoi. *Pica* est un mot latin qui veut dire pie; cet oiseau avait la réputation imméritée, paraît-il, de manger des substances indigestes. *Choléra* vient du grec χολέρα, qui signifie gouttière; c'est une allusion à l'écoulement des déjections alvines. *Cancer*, *chancre*, *carcinome* ont la même origine : *cancer* en latin, καρκινος en grec servaient à désigner le crabe. *Gangrène* a un sens analogue; il vient de γάγγρανια dont l'origine est γραῦς, écrevisse de mer. Que penser des mots *aphte*, qui signifie simplement inflammation (ἄφθα, de ἅπτειν, enflammer), *asthme*, qui veut dire respiration (ἆσθμα), *amnios*, qui désigne l'agneau et fait allusion à la consistance molle des membranes? Pour ne pas allonger cette liste, nous ne citerons plus qu'un exemple : c'est le mot *syphilis*, créé par Fracastor et qu'on fait provenir de σὺν, avec, et φιλεῖν, aimer, ou de σῦς, porc, et φιλεῖν, aimer, ou même de σίφλος, haïssable, ce qui conduirait à adopter l'orthographe « siphilis » (Bosquillon). Voilà donc une série de mots qui dérivent d'analogies grossières et erronées. Ces termes n'ont pas plus de valeur que les expressions populaires que Brissaud [1] a essayé de réhabiliter et qu'il a étudiées avec autant d'esprit que d'érudition. De fait, on est souvent plus près de la vérité quand on dit qu'un enfant est *noué* que lorsqu'on le déclare *rachitique*.

Un même mot peut avoir les sens les plus divers : *épilepsie* (du verbe ἐπιλαμβάνειν, saisir, parce que les accidents surviennent tout d'un coup), s'applique à une névrose; *épilepsie jacksonienne* indique des convulsions symptomatiques d'une lésion cérébrale; *épilepsie spinale* désigne une trémulation spéciale qui n'a rien à voir avec l'épilepsie vraie. Rien ne prête plus à confusion que le mot *rhumatisme* (ῥεῦμα, fluxion), employé tantôt pour désigner une maladie aiguë, tantôt pour une affection chronique de toute autre nature, tantôt enfin comme synonyme d'affection *a frigore*. Nous pourrions citer encore les mots *apoplexie*, *ataxie*, *tabes*, qui tous sont usités dans les sens les plus variables.

Ce qui achève de mettre le trouble, c'est que les mots : affection, maladie, lésion, passent souvent pour synonymes. On dit *maladie mitrale*, pour désigner une double lésion mitrale, *maladie de Corrigan*, pour l'insuffisance aortique, etc. Enfin on associe parfois d'une façon bizarre les notions étiologiques et symptomatiques : de là les termes d'*hystérie toxique*, *hystérie mâle*, l'expression de *pneumonie infectieuse*, comme si toute pneumonie ne relevait pas d'un agent infectieux.

Il est vraiment difficile de rêver une nomenclature plus confuse, plus arbitraire, plus contradictoire. On a essayé pourtant de déterminer exactement la valeur de certains termes. Ainsi le mot *phtisie* (φθίσις, consomption) s'est appliqué à un moment à toutes les affections consomptives : c'est son sens étymologique et c'est ainsi qu'il a été employé par Bayle et même par Trousseau et Belloc; la phtisie laryngée de ces

[1] Brissaud, *Histoire des expressions populaires relatives à l'anatomie, à la physiologie et à la médecine.* Paris, 1892.

derniers auteurs comprenait la tuberculose du larynx, le cancer et la syphilis; aujourd'hui *phthisie* ou *phtisie* est devenu synonyme de tuberculose, bien qu'on dise parfois phtisie syphilitique en parlant de la syphilis du poumon. D'autres expressions, encore plus vagues, tendent à disparaître; le mot *dartre*, dont on a fait autrefois un si grand abus, a cédé devant l'eczéma, le lichen, le pityriasis. Par contre, on a étendu outre mesure certaines expressions : *érythème* (ἐρύθημα) veut dire rougeur : les dermatologistes modernes, non contents d'avoir créé l'érythème ortié, nous parlent d'érythème polymorphe et d'érythème bulleux et désignent l'engelure par érythème pernio.

Il existe pourtant quelques règles de nomenclature, qui ont été assez bien suivies. On a adopté des suffixes ou des radicaux attributifs pour donner au substantif désignant une partie normale de l'organisme un sens pathologique précis. Le suffixe ITE indique une inflammation : on dit *endocardite*, *péricardite*, *péritonite*, *méningite*, *entérite*, *néphrite*, *hépatite*, etc.; mais le mot *pleurite* est moins employé que *pleurésie*; *pneumonite* n'a pu détrôner *pneumonie*.

Le suffixe OME indique une tumeur néoplasique : *carcinome*, *épithéliome*, *endothéliome*, *sarcome*, *fibrome*, *myome*. CÈLE (κήλη, tumeur) désigne surtout les tumeurs produites par la hernie des organes : *entérocèle*, *épiplocèle*, *méningocèle*, *pneumocèle*; mais parfois il signifie simplement tuméfaction : *sarcocèle*, *hydrocèle*.

Parmi les autres radicaux attributifs devenus suffixes nous signalerons ALGIE (ἄλγος, douleur) et ODYNIE (ὀδύνη douleur), qui servent à désigner les phénomènes douloureux : *céphalalgie*, *névralgie*, *odontalgie*, *myalgie*, *pleurodynie*, etc., et le suffixe OÏDE (εἶδος, ressemblance), qui indique les ressemblances et se trouve accolé aussi bien aux mots latins qu'aux mots grecs : *cancroïde*, *encéphaloïde*, *adénoïde*, *varioloïde*, etc.; *fièvre typhoïde* signifie fièvre ressemblant au typhus. mais on dit *typhiques* bien plus souvent que *typhoïdiques*, ce qui établit encore une confusion regrettable.

D'autres fois, c'est un préfixe qui, placé devant un nom d'organe ou un terme physiologique, sert à en modifier le sens. On emploie DYS (δύς, préfixe indiquant l'idée de privation, de mal) pour indiquer la difficulté d'une fonction : c'est ainsi qu'on a les mots *dysphagie*, *dyspepsie*, *dyspnée*, *dystocie*, *dysurie*, *dysentérie*, *dyscrasie*. Le contraire de DYS est le préfixe EU (de l'adverbe εὖ, bien); il est plus rarement employé, quoiqu'on dise encore *eupepsie*, *eupnée*, *eucrasie*. Enfin, on se sert des privatifs A, ANA, devant des mots indiquant un état fonctionnel; on spécifie ainsi une suppression de fonction : *anesthésie*, *analgésie*, *aphasie*, *anachlorhydrie*. Le préfixe PARA (à côté, de côté, dérangement de fonctions), est justement employé dans les mots *parasite* (παρὰ, à côté; σιτος, aliment), *paresthésie*, *paraphasie*; il est moins exact dans *paracentèse* et se trouve complètement détourné de son sens dans le mot *paraplégie*, qui désigne arbitrairement les paralysies localisées aux membres inférieurs.

Pour ne pas multiplier les exemples, nous ne signalerons plus que deux séries d'expressions fort employées aujourd'hui. Le préfixe PSEUDO (ψευδής, faux) se place avant le nom d'une maladie et sert à indiquer qu'il s'agit d'un syndrome spécial différant de la maladie qu'il simule : on dit ainsi *pseudo-tabes*, *pseudo-sclérose en plaques*, *pseudo-tuberculose*. C'est définir un état morbide par une négative, c'est-à-dire donner une définition contraire aux règles de la logique; sans compter comme le fait remarquer Potain, qu'il n'y a pas de fausses maladies : il n'y a que de fausses dénominations.

Enfin quelques auteurs emploient beaucoup le terme PATHIE comme suffixe à la suite d'un nom d'organe; le mot ainsi créé indique une affection de cet organe, sans préjuger de la nature de la maladie. Cette manière de faire nous semble parfaitement rationnelle; les mots *cardiopathie*, *myélopathie*, *encéphalopathie*, *pneumopathie*, etc., ont le double avantage d'être bien construits et fort suggestifs; cardiopathie est plus simple qu'affection cardiaque et plus juste que maladie du cœur. Il serait facile de généraliser cette nomenclature; en désignant ainsi toutes les affections, on spécifierait nettement l'organe atteint; ce seraient des termes génériques, dont l'usage ferait cesser la confusion constante qu'on établit et qu'on maintient entre l'affection et la maladie.

Quant aux maladies, il serait plus difficile de modifier leurs dénominations. L'usage a prévalu de leur appliquer les termes transmis par la tradition, alors même que ces termes sont insuffisants ou erronés. Il est dangereux de lutter contre la routine et les tentatives qu'on a faites, n'ayant pas réussi, nous ne nous hasarderons pas à en proposer une nouvelle.

Les règles de la nosographie. — La nosographie a pour but de distribuer méthodiquement les maladies par classes, ordres, genres et espèces. Elle complète les données de la nosologie qui s'occupe d'individualiser les maladies, de les définir et de les dénommer.

Les premiers médecins, réduits aux seules données de l'observation, ne connaissant les maladies que par les phénomènes cliniques qui les révèlent, ont été souvent conduits à considérer de simples symptômes comme de véritables entités morbides. Plus tard on a pu grouper certaines manifestations qui se reproduisaient simultanément dans un grand nombre de circonstances. La réunion naturelle d'un groupe de symptômes est désignée sous le nom de syndrome (συνδρομή, concours). Le syndrome est un groupement important, qu'on ne doit pas confondre avec la maladie; l'ictère, l'angine de poitrine, l'anémie, la paraplégie, voilà des syndromes; quand on les a reconnus, il faut remonter à la maladie causale.

Les *symptômes* représentent la révélation clinique de troubles fonctionnels ou de lésions anatomiques. L'étymologie du mot (σὺν, avec; πίπτειν, arriver, survenir) implique l'idée du rapport de causalité et de coïncidence qui existe entre les maladies et les troubles qu'elles déterminent[1].

Les *symptômes subjectifs* ne sont perçus que par le malade; telles sont surtout les sensations douloureuses; les *symptômes objectifs* sont ceux que le médecin peut constater, soit parce qu'ils sont apparents, comme la tuméfaction d'une partie ou les éruptions cutanées, soit parce qu'ils peuvent être mis en évidence par une exploration manuelle ou une méthode spéciale d'investigation : les symptômes objectifs que le médecin recherche et découvre sont encore désignés sous le nom de signes physiques, tels sont ceux que fournissent la palpation, la percussion, l'auscultation, l'examen au moyen de l'ophtalmoscope, du laryngoscope, etc. Souvent un symptôme est à la fois subjectif et objectif; dans le cas de dypsnée par exemple, le malade a la sensation de l'étouffement et le médecin constate la gêne respiratoire.

Les symptômes ont longtemps suffi et parfois suffisent encore à individualiser une maladie ou une affection. On leur assigne alors un nom qui rappelle leur principale manifestation clinique : c'est ainsi qu'on a isolé l'ataxie locomotrice progressive avant de connaître la lésion anatomique qui la caractérise. Il en est de même de l'ictère grave, dénomination symptomatique et évolutive que certains auteurs tendent à remplacer aujourd'hui par l'expression étiologique d'ictère infectieux, ou par la désignation anatomique d'atrophie jaune aiguë du foie.

On conçoit la patience et la sagacité qu'ont dû déployer les cliniciens, pour arriver à discerner, au milieu des nombreux symptômes que présentent les malades, ceux qui se groupent de façon à constituer des entités morbides. Plus tard, l'anatomie pathologique a complété l'œuvre commencée par la clinique; les recherches modernes sur l'étiologie n'ont que peu ajouté aux conceptions anciennes et n'ont fait que les confirmer dans la plupart des cas. On avait su individualiser la fièvre typhoïde, le charbon, la morve, la lèpre et la tuberculose, avant que la bactériologie eût découvert les microbes de ces maladies. Le génie de Laënnec avait établi l'unicité de la tuberculose par les seules données de la clinique et de l'anatomie macroscopique; les travaux de Grancher et de Thaon avaient confirmé, par les recherches histologiques, la conception de Laënnec; la découverte de Koch, complétant l'œuvre de Villemin, n'a fait que donner une base inébranlable aux idées anciennes et a seulement permis de rattacher à la tuberculose quelques lésions moins importantes et moins nettement spécifiées.

La clinique n'a pas eu besoin du secours de la bactériologie pour tracer l'histoire des fièvres éruptives. Rien de mieux établi que cette partie de la médecine; contagion, infection, types réguliers ou irréguliers, formes malignes ou frustes, complications immédiates ou tardives, les médecins avaient tout observé et il n'est guère probable que les expérimen-

[1] HECHT, art. SYMPTÔMES, *Dict. encyclopédique des sc. médicales*, 3e série, t. XIV p. 155. Paris, 1884.

tateurs ajoutent grand'chose quand ils auront réussi à cultiver les parasites de ces fièvres.

Dans les cas où la bactériologie nous fait connaître les agents pathogènes, elle n'a pas toujours fourni une base utilisable en nosographie. Il est difficile de réunir dans une même description les affections causées par le staphylocoque, le streptocoque ou le pneumocoque. Ces trois microbes, par exemple, pouvant produire des inflammations pulmonaires, on serait conduit à scinder le groupe des broncho-pneumonies et à répéter dans plusieurs chapitres des descriptions presque identiques. Il en est de même pour l'endocardite ulcéreuse; la clinique a montré qu'il existe des infections qui présentent entre elles de grandes similitudes par ce seul fait qu'elles développent des lésions analogues sur l'endocarde. Les recherches bactériologiques pourront nous apprendre que telle forme est plutôt en rapport avec tel microbe; mais il y aura toujours intérêt à ne pas démembrer l'histoire de cette entité symptomatique. Nous pourrions en dire autant des méningites, des angiocholites, des suppurations les plus diverses depuis le simple abcès jusqu'au phlegmon diffus : les manifestations sont identiques, quel que soit l'agent pyogène. On ne peut donc prendre en considération le microbe, car on serait conduit ainsi à diviser des groupements naturels et à réunir les affections les plus disparates : l'érysipèle, certains phlegmons, certaines broncho-pneumonies, diverses septicémies, quelques formes d'infection purulente se trouveraient placés dans un même chapitre, sans compter qu'on pourrait y ajouter les affections chroniques, développées longtemps après la terminaison apparente de la maladie.

Réunir des faits cliniques dissemblables, scinder des groupements symptomatiques évidents, tels sont les deux grands défauts qui empêchent actuellement de prendre les notions étiologiques pour base d'une nosographie.

Il pourrait sembler préférable de tenir compte de la pathogénie; la classification aurait l'avantage de répondre aux études qui préoccupent le plus les expérimentateurs et les médecins; elle serait très simple, puisqu'elle ne comprendrait que quatre groupes. Malheureusement, dans bien des cas, nous ne savons pas exactement quel est le processus qui est mis en œuvre; d'autres fois, un même agent pathogène peut déterminer une maladie par plusieurs procédés différents. Il suffit, pour s'en convaincre, de considérer les deux tableaux ci-dessous qui représentent le cadre des classifications étiologiques et pathogéniques.

1° CLASSIFICATION ÉTIOLOGIQUE DES MALADIES

- A. Maladies exogènes
  - Agents mécaniques.
  - Agents physiques.
  - Agents chimiques.
  - Agents animés
    - parasitaires.
    - infectieux.
- B. Affections endogènes (*Suite des maladies exogènes ancestrales ou personnelles.*)
  - Hérédité.
  - Troubles de la nutrition.
  - Affections organiques.

2° CLASSIFICATION PATHOGÉNIQUE DES MALADIES (BOUCHARD).

A. Dystrophies élémentaires primitives.
B. Troubles primitifs de la nutrition.
C. Infections.
D. Réactions nerveuses.

Il est bien évident qu'il n'y a aucun rapport entre les deux classifications, chacun des agents étiologiques pouvant mettre en œuvre plusieurs procédés pathogéniques.

Les classifications pathogéniques ont le double avantage d'être fort simples et d'offrir un très grand intérêt pratique; car en faisant comprendre le mécanisme des accidents, elles donnent le plus sûr moyen de les combattre; il est impossible de faire une thérapeutique rationnelle si on n'est pas renseigné sur le processus morbide. Elles ne peuvent néanmoins servir de base unique à une nosographie; car en clinique, avant de rechercher par quel procédé la maladie s'est produite, on détermine par quels troubles elle se traduit. Aussi le nosographe doit-il se baser, avant tout, sur les phénomènes que le clinicien observe le plus facilement.

Pour qu'une classification soit bonne il faut que le signe soit constant, distinct et apparent. La science ayant pour but de découvrir des rapports, doit s'efforcer de mettre en évidence la liaison qui existe entre les propriétés internes ou cachées et les manifestations extérieures. Le caractère externe, grâce au rapport, devient un signe des caractères internes. Cette règle de la logique trouve son application en nosographie, et nous conduit à chercher la caractéristique de la maladie dans les réactions de l'organisme atteint. Ces réactions sont de deux ordres : les unes appréciables déjà pendant la vie, ce sont les symptômes; les autres, décelables seulement après la mort, ce sont les lésions anatomiques. Les anciens médecins ne connaissant guère que les symptômes, proposèrent des classifications symptomatiques; quelques-uns se basèrent sur l'évolution des accidents, d'autres sur l'influence des médicaments; l'expression de *fièvres à quinquina* traduit cette tendance et, si les *classifications thérapeutiques* n'ont guère prévalu, il faut reconnaître qu'elles répondaient à une réalité et pouvaient jusqu'à un certain point se ramener aux classifications étiologiques, suivant le vieil adage, *naturam morborum curationes ostendunt.*

Au commencement de ce siècle, les découvertes anatomo-pathologiques firent naître des classifications anatomiques. Celles-ci ont pu donner de bons résultats. Louis, en montrant la constance des altérations intestinales dans la fièvre typhoïde, dégagea cette infection de la classe des fièvres putrides. Mais, poussées à l'excès ou employées d'une façon exclusive, les classifications anatomiques conduisent à des groupements absolument artificiels : c'est ainsi que Virchow décrit, dans un même chapitre, sous le nom de tumeurs lymphatiques, la scrofule, la tuberculose, la fièvre typhoïde et la leucémie. Les classifications anatomiques sont d'autant plus insuffisantes que, dans bon nombre de cas, les lésions organiques sont inconnues ou font défaut; il faut donc, de toute nécessité, admettre des maladies relevant d'un simple trouble fonctionnel.

Les premières tentatives de nosographie remontent au XVIe siècle; elles sont dues à Fernel (1558) et surtout à Félix Plater (1560). Mais c'est au XVIIIe siècle que les médecins, suivant l'exemple donné par les naturalistes, essayèrent de grouper les maladies en familles, genres et espèces, Sauvages s'engagea dans cette voie, mais multiplia les divisions au point d'admettre 2400 espèces morbides. Puis parurent successivement les travaux de Vogel, Vitel, Macbride, Cullen.

Au commencement du XIXe siècle, Alibert [1] tenta une réforme complète de la nosographie. S'appuyant sur les résultats obtenus en botanique, il changea les termes, créa des familles, des genres, des espèces, des variétés, partant d'une lésion organique et arrivant successivement à classer tous les troubles qui en dépendent.

Dans les familles on trouve les gastroses, entéroses, uroses, pneumonoses, angioses, blennoses, etc. La famille des gastroses comprend les genres polyorexie, hétérorexie, dysorexie, polydipsie, adipsie.... Le genre polyorexie (état de l'estomac qui mange avec excès) renferme les espèces bovina, canina, lupina.

On conçoit que cette tentative, au moins originale, n'ait pas eu grand succès. Elle arrivait en même temps qu'un livre qui devait faire époque, la *Nosographie* de Pinel [2]. L'importance de l'ouvrage nous engage à reproduire la classification proposée; on y verra l'influence qu'exerçaient au commencement du XIXe siècle, les conceptions de Bichat et ses idées sur les tissus.

Fièvres	inflammatoires, bilieuses ou gastriques, pituiteuses ou muqueuses, putrides ou adynamiques, malignes ou ataxiques; peste.
Phlegmasies	cutanées, des membranes muqueuses, séreuses, du tissu cellulaire, des organes parenchymateux, des tissus musculaire, fibreux, synovial.
Hémorragies. . . .	des membranes muqueuses, des tissus cellulaire, séreux, synovial.
Névroses.	des sens, des fonctions cérébrales, de la locomotion, de la voix, des fonctions nutritives, de la génération.
Lésions organiques.	générales (syphilis, scorbut, gangrène, cancer, tuberculose), particulières (anévrysmes, rétrécissements, anasarque, hydrocéphalie, ascite).

Sans doute cette classification n'est pas parfaite, elle a le très grand inconvénient de réunir des faits disparates; ainsi dans les phlegmasies cutanées, on trouve la teigne à côté de la variole. Il y avait néanmoins,

(1) ALIBERT, *Nosologie naturelle ou les maladies du corps humain, distribuées par familles*. Paris, 1817.
(2) PINEL, *Nosographie philosophique ou la méthode de l'analyse appliquée à la médecine*, 6e édit., 3 vol. Paris, 1818.

dans cette tentative, un groupement qui pouvait séduire les esprits philosophiques et dans lequel le processus morbide était mis au premier rang. Aussi cette classification modifiée fut-elle reprise par un grand nombre d'auteurs, par Grisolle entre autres.

Toutes les classifications contiennent, croyons-nous, des parties excellentes, toutes prêtent à la critique, parce que toutes sont artificielles; la classification parfaite qui se basera à la fois sur l'étiologie, la pathogénie, l'anatomie pathologique et les symptômes, ne pourra être tentée que lorsque la science sera achevée.

Actuellement nous ne pouvons que grouper les faits d'après leur plus grand nombre de caractères similaires.

Or, il existe un groupe morbide dont l'autonomie a frappé tout d'abord les observateurs, ce sont les *maladies infectieuses*. Les fièvres éruptives en représentent le type le mieux défini et on ne comprend pas comment des hommes éminents ont pu les ranger parmi les affections cutanées. Mais il est nécessaire, dans le groupe des infections, de faire une grande division (Bouchard). Certaines maladies ont des caractères bien tranchés et relèvent d'agents pathogènes qui reproduisent toujours le même type morbide : ce sont les *maladies infectieuses spécifiques*. La cause étiologique suffit à déterminer le groupe morbide : les maladies charbonneuses sont celles que provoque la bactéridie; la tuberculose, la morve, la diphtérie, le paludisme, peuvent et doivent être définis par leurs agents microbiens.

Le groupe des maladies infectieuses spécifiques doit comprendre peut-être le rhumatisme articulaire aigu, le zona, le cancer ou, d'une façon plus générale, les néoplasmes, la lymphadénie, l'anémie pernicieuse. On ne saurait évidemment trop faire de réserve à ce sujet, car un jour viendra peut-être où l'on démontrera que plusieurs de ces types cliniques ne sont même pas d'origine parasitaire. Pour le moment, bien qu'on n'ait pas réussi à transmettre expérimentalement ces maladies ou à déceler leurs agents pathogènes, c'est, croyons-nous, avec les infections spécifiques qu'elles ont le plus de rapports.

Les *maladies infectieuses non spécifiques* diffèrent des précédentes par les caractères suivants : elles sont dues à des bactéries vulgaires qui habitent presque constamment nos téguments et nos muqueuses, végétant comme de simples saprophytes; chaque type clinique peut être produit par des agents différents; chaque microbe peut susciter les manifestations les plus diverses. Dans les maladies spécifiques, il y avait un ensemble symptomatique, sinon univoque, du moins assez nettement défini pour permettre de rapprocher et de réunir les divers types morbides; dans les maladies infectieuses non spécifiques, il n'en est plus ainsi : nous y faisons rentrer les septicémies et les pyémies, qui établissent en quelque sorte la transition entre les maladies spécifiques et les non spécifiques; elles se rapprochent des premières parce qu'elles ont une évolution clinique bien déterminée; elles se rangent parmi les secondes parce qu'elles peuvent être produites par les agents microbiens les plus divers; septicémies et pyémies relèvent souvent du staphylocoque ou du streptocoque, et ces microbes peuvent susciter, dans d'autres circonstances, des manifestations complètement différentes.

Les véritables infections non spécifiques comprennent les inflammations exsudatives comme l'érysipèle, suppuratives comme les phlegmons, dégénératives comme l'ictère grave, pseudo-membraneuses comme certaines angines non diphtériques, ulcéreuses comme l'endocardite infectieuse, nécrosantes comme la gangrène pulmonaire, etc. Or ce qui domine toute l'histoire de ces maladies, ce n'est pas l'agent pathogène; le streptocoque, par exemple, détermine l'érysipèle, les abcès, les phlegmons, les fausses membranes, l'endocardite ulcéreuse; il en est de même du pneumocoque, du bacterium coli, du staphylocoque doré qui suscitent les manifestations les plus diverses. Ce qui domine, disons-nous, ce qui doit être mis au premier rang dans l'étude nosographique, c'est la localisation morbide. Le même microbe, le staphylocoque doré, produit le furoncle, l'ostéomyélite, l'endocardite ulcéreuse, et pourtant personne n'aura l'idée de réunir des affections aussi disparates dans un même chapitre; une pareille classification serait absolument artificielle, elle égarerait l'esprit du médecin et rendrait plus confuses les descriptions cliniques. Les maladies infectieuses non spécifiques ne forment pas un groupe autonome; aussi, après avoir décrit les septicémies et les pyémies, devra-t-on les envisager comme des causes d'inflammation des organes, des tissus et des systèmes. En agissant ainsi, on se conforme à la tradition de la clinique, meilleur juge dans ce cas que la bactériologie.

Les maladies infectieuses constituent un vaste chapitre dans le groupe des maladies parasitaires. Leur autonomie se justifie, non par la nature des agents qui les provoquent, mais par les caractères des réactions qu'ils suscitent. On avait pensé autrefois que seules, les bactéries étaient capables de produire des infections, ce qui assurait l'unité étiologique du groupe. Cette opinion, que nous avons toujours combattue, est totalement abandonnée aujourd'hui : le paludisme, la syphilis, la fièvre récurrente, les leishmanioses, les trypanosomoses sont de véritables infections et cependant elles relèvent de parasites animaux.

Comme toutes les divisions, la séparation des agents pathogènes vivants en infectieux et parasitaires est artificielle. Il existe cependant entre les deux classes quelques caractères distinctifs importants.

Une première distinction nous est fournie par la façon dont les deux sortes d'agents traitent l'individu sur lequel ils vivent. Le parasite ménage son hôte, il lui fait le moins de mal possible, lui soutire juste ce dont il a besoin pour sa propre existence; il comprend qu'il est de son intérêt de conserver le plus longtemps possible l'individu qui l'héberge.

L'agent infectieux ne prend pas toutes ces précautions; il agit avec brutalité, se développe rapidement, tend à envahir l'organisme entier, trouble son fonctionnement, suscite des réactions extrêmement vives; il engage une lutte terrible, dont l'issue varie suivant une foule de circonstances secondaires.

Le parasite se trouve bien dans le coin où il végète; il grossit lentement, s'étend fort peu, n'envahit guère l'économie et, si à un moment donné, il entraîne la mort, c'est en quelque sorte accidentellement, par maladresse; tel, le ver intestinal qui remonte et s'engage dans les voies aériennes. Aussi, le parasite, se contentant de peu est-il facilement supporté; il ne réveille pas de violentes réactions et souvent passe inaperçu. Cependant il peut grossir et, lorsque son volume devient considérable, il détermine divers troubles, tel est le cas du kyste hydatique. Mais les phénomènes sont dus à la compression, ils sont d'ordre mécanique. Au contraire, les agents infectieux agissent surtout par les fermentations qu'ils provoquent et par les substances toxiques qu'ils renferment, élaborent ou sécrètent. C'est là justement que réside la différence capitale. Sans doute, comme toutes les distinctions, celle-ci n'est pas absolue; les parasites produisent aussi des substances toxiques, mais ils les produisent en petites quantités : avec les agents infectieux l'intoxication devient prépondérante et explique tous les phénomènes réactionnels.

On peut donc dire que *les maladies infectieuses sont des réactions provoquées dans un organisme par les troubles fonctionnels et les altérations anatomiques que produisent les poisons élaborés ou sécrétés par certains agents parasitaires*.

Cette définition est évidemment passible de nombreuses objections. Chaque fois qu'on veut définir les choses naturelles on éprouve des difficultés insurmontables : les transitions sont tellement insensibles qu'il est impossible de découvrir des démarcations nettement tranchées : c'est toujours une question de plus ou de moins.

Les *maladies toxiques* constituent un troisième groupe bien défini, au moins par ses conditions étiologiques. Elles se subdivisent en exogènes, ce sont celles où les poisons sont produits en dehors de l'organisme, et en endogènes, où les substances nocives prennent naissance dans l'organisme lui-même. Ce deuxième groupe qui correspond aux auto-intoxications se subdivise lui-même en deux groupes secondaires. Dans quelques cas les poisons sont formés par les cellules mêmes de l'organisme : ce sont des produits de sécrétion qui sont retenus ou des produits d'élaboration glandulaire qui subissent une évolution anormale; ou bien ce sont des produits de désassimilation ou des déchets provenant des diverses manifestations énergétiques. Il s'agit alors de poisons autogènes. Dans d'autres cas les poisons prennent bien naissance dans l'organisme, mais ils sont hétérogènes c'est-à-dire formés par des parasites ou des agents infectieux; tels sont les poisons produits par les bactéries intestinales.

Le *traumatisme* constitue une classe particulière; il crée des lésions, provoque des réactions nerveuses, ouvre la porte aux infections, suscite des dystrophies telles que chéloïdes, cicatrices vicieuses, cals exubérants, pseudarthroses. Le bon sens vulgaire avait eu raison de distinguer les blessés et les malades. Dans le chapitre consacré au traumatisme, on devra étudier les dystrophies élémentaires primitives, renvoyant aux infections et aux réactions nerveuses pour les complications immédiates, aux affections des tissus ou des systèmes pour les manifestations ultérieures.

Il est très important, pour le nosographe, de maintenir la distinction fondamentale entre la *maladie* et l'*affection*. Les maladies, qu'elles soient infectieuses, toxiques ou parasitaires ne doivent être étudiées comme maladies que durant leur évolution actuelle; leurs conséquences, leurs suites, leurs séquelles, suivant l'expression de Landouzy, doivent être décrites avec les affections : c'est toujours parce que nous mettons la clinique au premier plan que nous formulons cette règle. Un individu atteint d'une lésion mitrale est un cardiopathe; c'est l'affection du cœur qu'il est important de connaître. S'il est intéressant de savoir que cette lésion relève d'une fièvre typhoïde ou d'un rhumatisme, il est bien certain que l'homme en asystolie n'est ni un typhoïdique, ni un rhumatisant; dire qu'il a une maladie de cœur et se contenter de ce diagnostic, c'est faire preuve d'un esprit peu philosophique, mais c'est souvent faire assez pour la pratique, puisque la lésion cardiaque évolue d'une façon semblable, quel qu'en ait été le point de départ.

Les affections se divisent en trois groupes suivant qu'elles sont acquises, héréditaires ou congénitales.

Les premières sont consécutives à des maladies infectieuses (spécifiques ou non), à des intoxications, plus rarement à des maladies parasitaires ou à des traumatismes. Mais l'affection n'a pas toujours un substratum anatomique : tout peut se borner à des troubles fonctionnels; on devra donc envisager ici des processus d'une importance considérable : les auto-intoxications, les réactions nerveuses, les troubles nutritifs consécutifs, etc.

Les affections héréditaires sont des suites des maladies ancestrales; c'est parce que les parents ont subi l'influence de causes morbifiques, infectieuses ou toxiques, parce que leur nutrition cellulaire a été troublée par les excès, le surmenage physique ou mental, ou simplement affaiblie par les progrès de l'âge, que les enfants possèdent, en naissant, un tempérament particulier, des aptitudes spéciales, un état diathésique, parfois des stigmates de dégénérescence. L'état morbide peut se transmettre ainsi pendant plusieurs générations et il devient dès lors difficile de remonter à la maladie première.

Les affections congénitales reconnaissent pour cause les maladies de l'embryon ou du fœtus. Si elles se développent de bonne heure, elles provoquent une monstruosité; si elles apparaissent plus tard elles suscitent des altérations semblables à celles qu'on observe chez l'adulte; mais, agissant sur un organisme en formation elles peuvent amener des arrêts de développement : c'est là leur caractère véritablement spécial. Le meilleur exemple nous est fourni par la maladie bleue, conséquence d'une endocardite qui s'est développée chez le fœtus et s'est localisée sur les valvules pulmonaires. Mais il va sans dire que les infections congénitales, comme la syphilis ou la variole, ne doivent pas être classées parmi les affections héréditaires; elles méritent d'être considérées comme des maladies; si l'agent infectieux s'est introduit d'une façon particulière, il n'en conserve pas moins ses propriétés fondamentales.

Nous avons résumé dans un tableau cette tentative de nosographie. Il est bien certain que notre classification est artificielle et, comme tous les essais de ce genre, est provisoire. Elle devra être modifiée à mesure que la science progressera. C'est ainsi que nous avons laissé parmi les infections d'origine inconnue, celles qui semblent dues à des virus filtrants et qu'on tend à considérer comme étant d'origine animale : telles sont les fièvres éruptives, la fièvre aphteuse, la fièvre jaune, et la rage.

I. — MALADIES PARASITAIRES INFECTIEUSES

SPÉCIFIQUES

A. GÉNÉRALES.

		D'ORIGINE			
		BACTÉRIENNE	MYCOSIQUE	ANIMALE	INCONNUE
Éruptives	érythémateuses				Rougeole. Rubéole. Scarlatine.
	vésiculeuses				Suette. F. aphteuse. Zona.
	bulleuses				Érythème polymorphe. Varicelle.
	pustuleuses				Vaccine. Variole.
	polymorphes			Syphilis. Pian.	
Septicémiques		F. typhoïde. Mélitococcie. Grippe. Charbon. Peste.		F. récurrente. Trypanosomoses. Leishmanioses.	Typhus exanth.
A productions nodulaires		Morve. Tuberculose. Pseudo-tub. Lèpre.	Oosporoses; actinomycose, mycétome. Sporotrichose. Aspergillose. Endomycose. Saccharomycoses.		
A productions néoplasiques					Néoplasmes? Lymphadénie (?)

B. LOCALISÉES SUR

l'appareil digestif. . . .	Choléra. Dysenterie	Dysent. amibienne. D. balantidienne.	
le foie.			F. jaune.
le larynx	Coqueluche.		
les organes glandulaires.	Oreillons (?).		
la peau et les muqueuses. — pseudo-membr.	Diphtérie.		
la peau et les muqueuses. — ulcéreuse. .	Chancre mou.		
la peau et les muqueuses. — suppurative.	Blennorragie.		
le tissu cellulaire. . . .	Gangrène gazeuse.		
le système nerveux. . . .	Tétanos. Méningite c.-sp.		Rage.
le système séreux. . . .	Rhumat. art. (?)		
les organes hématop.		Paludisme.	

NON SPÉCIFIQUES

A. GÉNÉRALES.

	D'ORIGINE GÉNÉRALEMENT BACTÉRIENNE
	Septicémies. Pyémies.

B. LOCALISÉES SUR

les organes, les tissus, les systèmes.	Inflammations.	exsudatives. suppuratives. dégénératives. pseudo-memb. ulcéreuses. gangreneuses.

II. — MALADIES PARASITAIRES NON INFECTIEUSES

	D'ORIGINE VÉGÉTALE	D'ORIGINE ANIMALE
du tégument externe. .	Trichophyties. Favus. Tokelau. Caratés. Trichosporose. Dermatite cancériforme.	Pédiculose. Phtiriase. Thrombidiose. Ixodidose. Sarcoptidose (gale). Démodécidose. Linguatulidose. Affections par larves cuticoles.
des cavités annexes		Affect. par larves cavicoles.
des organes des sens. .	Otomycoses. Kératites mycosiques,	

des muscles et du tissu sous-cutané. . . .		Trichinose. Dracunculose. Volvulose. Loa. Filariose.
de l'appareil digestif. .	Champignons divers.	Amœboses. Helmintoses. Distomatose intestinale. — hépatique. Botriocéphales. Tænia et échinococcose. Ascaridose. Oxyurose. Trichocephalose.
de l'app. respiratoire. .	Champignons divers.	Uncinariose. Anguillulose.
du sang.		Distomatose.

III. — MALADIES TOXIQUES

EXOGÈNES

d'origine minérale . . .	Saturnisme. Hydrargyrisme. Empoisonnement par le phosphore, l'oxyde de carbone, l'arsenic, l'antimoine.
d'origine végétale. . . .	Alcoolisme. Tabagisme. Morphinisme. Empoisonnements alimentaires.
d'origine animale. . . .	Empoisonnements alimentaires. Venins.

ENDOGÈNES

autogènes	Sécrétions et élaborations glandulaires. Désassimilation. Manifestations énergétiques.
hétérogènes	Agents parasitaires. — infectieux.

IV. — LÉSIONS TRAUMATIQUES

V. — AFFECTIONS

ACQUISES

Résultats ou suites des	maladies ou traumatismes	Troubles fonctionnels	Auto-intoxications. Troubles nutritifs et diathèses. Troubles des réactions nerveuses et névroses.

HÉRÉDITAIRES

Suites des	maladies ancestrales.	Lésions anatomiques.	Dégénérescences. Scléroses. .	des organes, tissus, systèmes.
Reproduction des. . . .	caractères ancestraux.	Dégénérescence physique ou mentale. Stigmates divers.		

CONGÉNITALES

Suites des	maladies fœtales. maladies embryonnaires.	Difformités. Malformations. Monstruosités.

CHAPITRE VI

L'ÉVOLUTION EN PATHOLOGIE

Maladies anciennes et maladies nouvelles. — Les types cliniques. Leurs variations actuelles : influence de l'âge, du sexe, du sujet, de la race. Leurs variations dans l'espace : pathologie européenne et pathologie exotique. Leurs variations dans le temps. — Rôle de la civilisation et de l'hygiène. — Sélection naturelle et sélection sociale.

Mutabilité des types cliniques. — La science moderne a établi que rien n'est immuable, que rien n'est fixe dans la nature. Les astronomes nous ont fait connaître les révolutions des systèmes planétaires; les géologues ont pu suivre, couche par couche, les transformations de notre globe; les naturalistes ont démontré la mutabilité des espèces. Il suffit de regarder autour de soi pour retrouver les traces d'êtres disparus, pour voir se modifier les races existantes. L'homme n'a pas échappé à la loi de l'évolution; son aspect extérieur, son caractère, son intelligence, ses mœurs se sont transformés peu à peu; il est bien certain que l'homme primitif n'a qu'une ressemblance assez lointaine avec l'homme du xxe siècle.

Les maladies, relevant de l'action des agents externes et des réactions de l'organisme, ont dû forcément se modifier, au fur et à mesure que se transformaient les forces cosmiques et les êtres animés. L'induction conduit à admettre la mutabilité des types cliniques et l'étude historique en donne des preuves nombreuses. De même qu'il existe des êtres fossiles et qu'il se produit des races nouvelles, il y a des maladies qui s'éteignent et des maladies qui se créent.

Ces vérités paraissent bien simples, aujourd'hui que les théories de Lamarck et de Darwin nous ont habitués à envisager la variabilité des manifestations de la vie. Mais il est curieux de remarquer que les anciens observateurs avaient été frappés également de la mutabilité des types morbides et que des philosophes, comme Plutarque, ont essayé de démontrer que « le changement de la façon de vivre est suffisante cause pour pouvoir et engendrer et faire cesser en nous des maladies [1] ».

Nous ne pouvons citer tous ceux qui ont tenté de porter quelque jour dans l'étude si intéressante et si difficile de la pathologie à travers les siècles. Mais, de tout temps, il s'est trouvé des hommes qui n'ont pas hésité à affirmer l'apparition ou la disparition de certaines maladies: tels furent Ingrassias [2], Sprengel [3], Gruner [4] et surtout Hecker [5], le véritable fondateur de la pathologie historique. En France, nous signalerons les remarquables travaux de Bœrsch [6], de Littré [7] et le savant livre de Ch. Anglada [8].

C'est surtout l'étude des grandes épidémies qui peut servir à l'histoire de l'évolution en pathologie. Malheureusement les comparaisons sont rendues très difficiles par l'insuffisance ou le laconisme des descriptions anciennes. Aussi a-t-on longuement discuté sur chacun des fléaux qui ont ravagé le monde : les uns ont pensé qu'ils apparaissent à certains moments pour disparaître ensuite; suivant la comparaison de Sydenham. les épidémies arrivent comme les comètes et, après un certain temps, s'éloignent pour des siècles ou pour toujours. D'autres observateurs, au contraire, ont cherché à rattacher les épidémies anciennes aux maladies actuelles, particulièrement au typhus et aux fièvres éruptives. La difficulté du sujet justifie toutes les interprétations; mais la lecture des descriptions semble donner raison à ceux qui admettent l'existence de maladies autonomes, ayant duré un certain temps et ayant disparu aujourd'hui.

Nous ne pouvons avoir de renseignements bien nets sur les anciennes épidémies d'Égypte. Moïse ne fait que mentionner la maladie qui frappa un grand nombre d'hommes et d'animaux, 2445 ans avant l'ère chrétienne [9].

Dans un autre livre de la Bible [10] on trouve signalée une peste que Dieu envoya pour punir la faute de David; la maladie ne dura que trois jours, mais elle entraîna la mort de 70000 personnes. On a voulu considérer aussi comme se rattachant à la peste une affection qui atteignit les Philistins et se caractérisa par « des hémorroïdes dans les parties secrètes du corps... les intestins sortant hors du conduit naturel se pourris-

(1) PLUTARQUE, Propos de table. Livre VIII, question IX : « s'il est possible qu'il s'engendre de nouvelles maladies ». *Œuvres mêlées* (trad. Amyot). Nouvelle édit., revue par Clavier, t. XVIII, p. 415-427. Paris, 1802.

(2) INGRASSIAS, *De tumoribus præter naturam*, cap. I, p. 205. Neapoli, 1552.

(3) SPRENGEL, *Histoire de la médecine* (trad. Jourdan), t. I, ch. IX. Paris, 1835.

(4) GRUNER, *Morborum antiquitates*. Vratislaviæ, 1774.

(5) HECKER, *Die grossen Volkskrankeiten des Mittelalters* (ouvrage publié par HIRSCH). Berlin, 1865.

(6) BOERSCH, Essai sur la mortalité à Strasbourg. *Thèse de Strasbourg*. 1836.

(7) LITTRÉ, Des grandes épidémies. *Revue des Deux Mondes*, 4e sér., t. V, 1836.

(8) ANGLADA, *Etude sur les maladies éteintes et sur les maladies nouvelles*. Paris, 1869.

(9) La Sainte Bible, Exode IX (trad. de Sacy). Paris, 1789, t. I, p. 232.

(10) La Sainte Bible, Les Rois. Livre II, ch. XXIV (trad. de Sacy). Paris, 1791, t. III, p. 356.

saient ». Ce qui est intéressant c'est qu' « il sortit tout d'un coup des champs et des villages une multitude de rats » (1). Pour apaiser le Seigneur, les Philistins se décidèrent à lui offrir cinq anus en or et cinq rats sculptés dans le même métal.

La première grande épidémie sur laquelle on possède des documents sérieux est la peste d'Athènes qui sévit 428 ans avant J.-C., et fut décrite d'une façon saisissante par Thucydide (2), puis par Lucrèce (3). C'est probablement la même maladie qui envahit l'Europe au IIe siècle sous l'ère des Antonins (épidémie antonine) et qui, après une nouvelle apparition au IIIe siècle, s'éteignit pour toujours. Il semble prouvé, en effet, que la peste d'Athènes n'a aucun rapport avec la peste à bubons. Celle-ci, qui fut peut-être observée en Libye, en Égypte et en Syrie dès le IIe siècle, atteignit l'Europe au VIe siècle; ses ravages devinrent de plus en plus terribles jusqu'au XIVe siècle, puis elle se restreignit à quelques régions où on la retrouve encore aujourd'hui.

Le mot de *peste* servait autrefois à désigner toute grande épidémie, aussi a-t-il été appliqué à des maladies très différentes. A côté de celles dont nous avons déjà parlé, nous pouvons signaler encore la peste noire ou peste de Florence, de 1346 à 1350. Cette infection, qui provenait de la Chine, dévasta toute la terre, tuant les hommes et les animaux; la mortalité fut extraordinaire; à Florence, du mois de mars au mois de juillet, 600 000 personnes succombèrent (Boccace); à Avignon il y eut 50 000 décès en sept mois. L'épidémie, qui dura trois ans, tua environ 25 millions de personnes, c'est-à-dire le quart de la population européenne. A partir de cette époque, elle resta endémique en Angleterre jusqu'en 1679. En France, la dernière épidémie fut celle de Marseille (1720) qui frappa 96 000 personnes sur une population de 247 000.

Tout en persistant encore, certaines maladies tendent à diminuer de fréquence et à se circonscrire à quelques régions, et on peut espérer qu'elles finiront bientôt par disparaître. L'exemple le plus saisissant nous est fourni par la lèpre; au XIIIe siècle, on comptait en France 2000 léproseries; il y en avait 19 000 en Europe. Aujourd'hui, la lèpre s'est localisée à quelques contrées; en France, on en trouve encore des cas sporadiques autour de Marseille et de Nice. Enfin, si l'on admet que les Cagots des Pyrénées sont des lépreux, on aura une preuve remarquable des transformations qu'une infection peut subir à travers les âges.

En revanche, il existe des maladies qui ont apparu à une certaine époque et ne semblent pas destinées à disparaître de sitôt. Les fièvres éruptives ont été importées au VIe siècle. Si la variole existait déjà en Chine un millier d'années avant J.-C., elle n'a été mentionnée en Europe qu'en 570 par Marius, évêque d'Avenches (Suisse), et en 580 par Grégoire

(1) *Ibid.* Livre I, ch. V., p. 141.
(2) THUCYDIDE, *Histoire de la guerre du Péloponèse* (trad. Zévort), t. I, p. 170. Paris, 1852.
(3) LUCRÈCE, *De la nature des choses* (trad. Lagrange), livre VI. Paris, 1768, t. II, p. 407-410.

de Tours [1]. La rougeole date de la même époque et cette dernière maladie semble s'être installée chez nous d'une façon presque définitive. La scarlatine a été signalée, au XVIe siècle, par Ingrassias. Enfin la suette miliaire apparut pour la première fois en Angleterre en 1485; mais les symptômes des premières épidémies étaient bien différents de ceux qui caractérisent les épidémies modernes, dont l'histoire commence au XVIIIe siècle (suette picarde, 1718-1723). Aussi quelques savants, comme Hecker et Littré, ont-ils nié l'identité des deux maladies.

Si nous passons aux temps modernes, nous trouvons la méningite cérébro-spinale qui ne commence qu'au XIXe siècle. En 1831, le choléra fit sa première invasion en Europe et, l'année suivante, pénétra en France. Depuis cette époque, il est revenu à plusieurs reprises, conservant toujours le même aspect clinique, mais ne pouvant plus, grâce aux progrès de l'hygiène et de la thérapeutique, persister ni s'étendre.

Les maladies infectieuses ne revêtent pas toujours les mêmes caractères de bénignité ou de gravité. De temps en temps elles peuvent acquérir une malignité extraordinaire : ce fut le cas pour la syphilis au XVIe siècle. Le même fait se remarque, à chaque instant, pour la grippe, la pneumonie, la fièvre typhoïde, le typhus, la diphtérie. L'histoire de la scarlatine est, à cet égard, bien instructive. Sydenham, qui donna une description si exacte de cette fièvre éruptive, la considérait comme une affection bénigne, méritant à peine le nom de maladie. Bientôt après, Morton observait une épidémie des plus meurtrières qui sévit à Londres de 1672 à 1689. Depuis cette époque, la scarlatine est restée assez grave en Angleterre, tandis qu'en France, après avoir été très redoutable pendant quelques années, elle est devenue relativement bénigne.

On parvient parfois à saisir les conditions qui modifient ainsi l'évolution des maladies microbiennes. Comme le fait remarquer Füster, on doit invoquer les combinaisons indéterminées des causes cosmiques et des influences morales et politiques. Il est bien certain que l'encombrement, le surmenage, les infractions à l'hygiène et notamment l'usage d'eaux contaminées, expliquent l'explosion et l'apparition soudaine de certaines infections. Mais, si l'on arrive, dans quelques cas, à préciser les conditions étiologiques, on est réduit trop souvent à invoquer, avec les anciens auteurs, la constitution médicale, le génie épidémique. De tout temps on a remarqué que les épidémies meurtrières sont précédées de perturbations cosmiques, variations considérables de pression et de température, tremblements de terre, éruptions volcaniques. Virchow espérait que l'étude approfondie de ces diverses causes conduirait à prédire l'imminence des épidémies comme on prédit les phénomènes météorologiques. Nous sommes loin de posséder de telles connaissances et, pour le moment, nous ne saisissons même pas comment agissent les

(1) Grégoire de Tours, *Histoire des Francs* (trad. Guizot), Paris, 1874, t. I, p. 298 (le traducteur a désigné la maladie sous le nom de *dysenterie*, et a traduit *corales pusulas* par *pustules au cœur*; le sens semble être *élevures ayant la couleur du corail*.

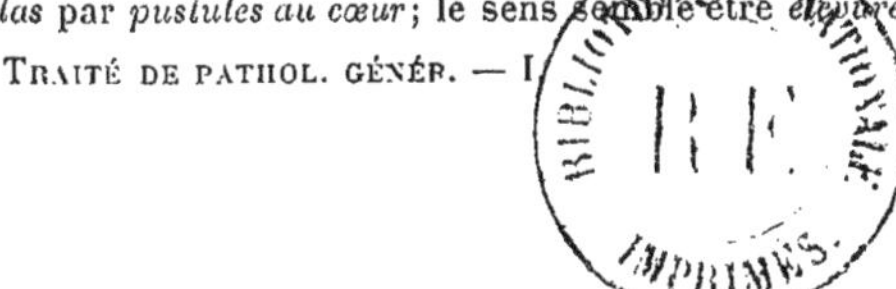

variations cosmiques. Portent-elles leur action sur les germes pathogènes? Cela n'est guère probable, quand on voit, dans les laboratoires, les microbes supporter sans grand inconvénient le froid et le chaud, l'humidité et le dessèchement, ne rien perdre de leur virulence quand on les soumet à des pressions de 800 à 1000 kilos par centimètre carré, et n'être légèrement atténués qu'à 2 et 3000 (¹). Il est donc plus rationnel d'admettre que les divers troubles atmosphériques agissent sur l'homme et diminuent sa résistance. Suivant les lois biologiques bien connues, les êtres résistent d'autant moins qu'ils sont plus élevés en organisation; voilà pourquoi les variations cosmiques ont bien plus de prise sur l'homme que sur les bactéries.

La symptomatologie des maladies épidémiques ou contagieuses n'est pas restée invariable, témoin l'histoire de la grippe : autrefois, on observait des formes catarrhales et des localisations pulmonaires; aujourd'hui on rencontre en même temps des manifestations nerveuses qui parfois sont isolées ou persistent pendant de longs mois après la guérison apparente.

D'autres maladies se sont également modifiées; dans ces dernières années nous avons pu suivre les changements de la pneumonie. Actuellement l'évolution n'en est plus aussi régulière ni aussi franche qu'autrefois; la résolution est beaucoup plus traînante et, plusieurs semaines après la défervescence, on trouve souvent des signes stéthoscopiques qui embarrassent le médecin et font émettre des doutes sur la nature de l'affection.

Ces quelques notions générales nous conduisent à étudier de plus près les conditions, nous n'osons dire les causes, qui impriment aux maladies des caractères particuliers et en expliquent la mutabilité.

Recherchons d'abord les variations dépendant du sujet atteint; nous envisagerons ensuite les modifications qui surviennent dans l'espace et dans le temps.

Influence du sujet sur la mutabilité des types cliniques; influence de la race, du pays. — L'âge modifie notablement l'évolution des maladies infectieuses. Les exemples de cette vérité abondent dans la science; nous n'en citerons que deux : la pneumonie affecte des caractères particuliers chez l'enfant, et s'accompagne notamment de manifestations cérébrales qui font souvent penser plutôt à une inflammation des méninges qu'à une lésion pulmonaire; chez le vieillard au contraire la maladie peut rester latente et amener subitement la mort. La tuberculose du premier âge diffère complètement de la tuberculose de l'adulte; elle est identique à la tuberculose expérimentale des rongeurs et se caractérise par une éruption de granulations miliaires, atteignant, comme chez le cobaye, les ganglions, la rate, le foie. Pour poursuivre l'analogie, nous trouvons chez les jeunes enfants des septicémies, dues

(¹) Roger, Action des hautes pressions sur quelques bactéries. *Acad. des Sciences*, 3 décembre 1894. — *Archives de Physiologie*, janvier 1895.

le plus souvent au streptocoque et évoluant absolument comme les maladies inoculées aux animaux de laboratoire.

Le sexe imprime également une physionomie particulière aux infections et prédispose à certaines lésions. Le rétrécissement mitral, par exemple, est bien plus fréquent chez la femme que chez l'homme; il en est de même de la chlorose et, quand celle-ci évolue chez les garçons, elle affecte une symptomatologie différente. On sait que la syphilis détermine chez la femme quelques manifestations spéciales : la fièvre de la période secondaire, l'hypertrophie splénique, les syphilides pigmentaires du cou ne s'observent que rarement chez l'homme. Aussi, même en laissant de côté les affections génitales, pourrait-on écrire un chapitre intéressant sur la pathologie suivant les sexes.

Il existe aussi une pathologie individuelle. Il n'y a pas deux êtres absolument semblables, ayant même constitution anatomique et même valeur physiologique; il ne peut donc y avoir deux êtres absolument semblables devant la maladie. Le plus souvent, pourtant, les différences sont trop légères pour nécessiter des descriptions spéciales; mais, dans certaines circonstances l'état du sujet entraîne des types cliniques particuliers. Rien de démonstratif, comme l'histoire de la pneumonie; les modifications symptomatiques de cette infection sont bien plus l'effet de l'organisme que du microbe; la pneumonie des alcooliques ne ressemble en rien à la pneumonie des enfants, des adultes sobres ou des vieillards, ni aux pneumonies secondaires survenant au cours d'une autre infection comme l'érysipèle ou d'une affection chronique comme le diabète. Ce que nous disons de la pneumonie, nous pourrions le répéter des autres maladies; le délire, les convulsions sont des manifestations banales qui se rencontrent dans un grand nombre de cas, mais qui ne surviennent pas indifféremment chez tout le monde; leur développement est subordonné à l'état antérieur du sujet. Pour ne citer qu'un exemple, on sait que le rhumatisme cérébral ne s'observe que chez une catégorie de gens, chez ceux dont le système nerveux a été mis à mal par les excès de toutes sortes ou par un travail intellectuel exagéré.

La prédisposition individuelle règle aussi l'évolution des infections chroniques, comme la tuberculose : les gens roux, les Vénitiens, comme les appelle Landouzy, sont fréquemment atteints de phtisie pulmonaire; chez les arthritiques, au contraire, la tuberculose est rare ou revêt une forme spéciale, généralement bénigne, qu'on désigne sous le nom de phtisie fibreuse.

Si, de l'individu, nous nous élevons à la race, nous trouvons des modifications analogues. Il est certain qu'il y a une pathologie spéciale à la race noire et, chez les blancs, la fréquence ou la gravité de certaines affections varie suivant les peuples. Nous ne parlons pas, bien entendu, de l'influence des climats; mais, à ne considérer que la race, nous voyons que sous toutes les latitudes, les Israélites sont prédisposés à certains troubles morbides et souvent entachés d'arthritisme; on peut soutenir, il est vrai, que ces effets sont dus à leur situation sociale et à leurs mariages consanguins. De même, il n'est pas absolument démontré qu'il faille ramener à une question de race la gravité de la scarlatine chez les Anglais; cette opinion expliquerait pourquoi la scarlatine est également redoutable chez ceux qui habitent la France (Cazin), mais elle semble contredite par le fait que la maladie a été bénigne en Angleterre jusqu'au siècle dernier.

Certaines races semblent particulièrement prédisposées à la tuberculose. Les nègres, même dans leur pays, sont la proie de cette maladie. Elle fait en quelques contrées de tels ravages, qu'elle semble devoir anéantir prochainement diverses peuplades, les Canaques et les Maoris des archipels du Pacifique. La race jaune n'est pas épargnée. Au Japon, 32 pour 100 des décès sont dus à la tuberculose.

La syphilis évolue aussi d'une façon redoutable dans les pays chauds, surtout sur les sujets de race jaune. La période secondaire est fort courte et souvent passe inaperçue; presque d'emblée apparaît la période tertiaire, caractérisée par des lésions profondes, ulcéreuses ou phagédéniques, désorganisant la peau et le squelette, mais n'atteignant que rarement les viscères. Au contraire, chez les blancs qui dans les mêmes régions contractent la syphilis, on observe parfois des formes graves, mais le plus souvent la maladie évolue comme en Europe.

La race noire est particulièrement prédisposée aux infections pneumococciques. Le microbe a une tendance marquée à provoquer des septicémies graves et donne souvent naissance à des méningites parfois foudroyantes.

Le tétanos est très fréquent chez les nègres. Il sévit souvent sur les nouveau-nés et, dans certaines régions, il a pu causer la mort du tiers ou même de la moitié des enfants mis au monde. Mais s'agit-il d'une prédisposition spéciale? Ne faut-il pas invoquer plutôt les conditions hygiéniques déplorables de ces populations?

Il est classique d'affirmer que la race noire est à l'abri de la fièvre jaune. Il serait plus juste de dire que dans les pays où sévit cette infection, les natifs indigènes ou créoles ne sont que rarement atteints. Marchoux et Simon ont montré que cette immunité s'explique aisément. Les enfants sont presque constamment frappés. A cette période de la vie, la maladie est bénigne et guérit facilement. Mais elle confère une immunité plus ou moins solide et plus ou moins durable.

La pathologie comparée fournit des exemples encore meilleurs. Qui ne connaît l'immunité des moutons algériens contre le charbon, l'immunité des moutons noirs de Bretagne contre la clavelée, et, en pathologie végétale, la résistance des vignes américaines au phylloxéra? Il en est de même pour les poisons : Darwin rapporte des faits établissant que la sensibilité ou la résistance de certains êtres est en rapport avec la coloration de leur système pileux.

Les aptitudes ou les immunités de races, bien qu'elles résistent au changement de climat, tiennent peut-être à une accoutumance contractée dans certaines contrées et fixée d'une façon durable dans les générations successives. Cette hypothèse, fort probable, nous conduit à étudier brièvement les variations des maladies dans l'espace.

L'influence des pays sur les symptômes d'une même maladie infectieuse est prouvée par un grand nombre d'exemples. On cite souvent le paludisme. Mais contrairement à l'opinion ancienne, il semble que les différentes formes de la maladie sont en rapport avec la pullulation d'hématozoaires différents.

Parmi les infections qui sévissent sur toute l'étendue du globe et revêtent suivant les pays des caractères spéciaux, on peut mentionner, outre la syphilis dont nous avons déjà parlé, la fièvre typhoïde. Cette maladie a souvent décimé les armées européennes envoyées dans les pays chauds. D'après P. Manson, dans les Indes anglaises, la mortalité des soldats européens par fièvre typhoïde serait plus élevée que la mortalité par choléra.

Il est enfin quelques maladies qui sont localisées en certaines régions et ne semblent pas pouvoir s'acclimater dans d'autres. Telles est par exemple la fièvre jaune. Mais des travaux récents nous expliquent facilement ce fait; la maladie n'est transmissible que là où existe l'insecte servant à transporter les germes pathogènes, c'est-à-dire la *Stegonya fasciata*. Beaucoup d'autres faits, en apparence inexplicables, doivent tenir à des conditions étiologiques analogues [1].

Influence des conditions sociales. — Les maladies subissent, dans leur fréquence ou leur forme, des changements parallèles aux variations que présentent les conditions sociales de l'homme. La civilisation est un des principaux facteurs qui interviennent pour modifier la pathologie.

Pendant les périodes guerrières de l'humanité, on observe surtout les traumatismes et les affections qui résultent de la misère, du surmenage, de l'encombrement. Ces fléaux ont existé de tout temps; mais, quand vinrent les armes à feu, la nature des plaies se modifia et entraîna une véritable révolution dans la chirurgie de l'époque. Aujourd'hui les blessures sont encore différentes; les nouvelles armes exercent des ravages de plus en plus terribles; mais en revanche, on peut espérer que, dans les prochaines guerres, on aura moins à compter avec les infections; les progrès de l'antisepsie et de l'hygiène, en diminuant les maladies des camps et les infections traumatiques, septicémies, pyohémies, tétanos, érysipèles, rétabliront l'équilibre de la mortalité.

La période de la civilisation, qu'on pourrait appeler la période de navigation, a servi à la propagation de nombreuses infections. Nous avons transporté au delà des mers les maladies de notre continent. Qui ne connaît les ravages des fièvres éruptives, décimant les populations qui en avaient été épargnées jusqu'à cette époque? Réciproquement nous avons importé diverses maladies exotiques; quelques auteurs soutiennent que la syphilis fut du nombre; il y eut, en tout cas, le choléra, dont

(1) Pour les renseignements sur les maladies tropicales on consultera le livre de : Jeanselme et Rist, *Précis de Pathologie exotique*, Masson et Cie, édit. Paris, 1909. Nous avons emprunté divers renseignements à cet excellent ouvrage.

on connaît les nombreuses invasions. Heureusement, par suite d'une compensation dont nous trouvons de si nombreux exemples, les progrès de l'hygiène ont souvent permis d'arrêter la marche des épidémies.

Le moyen âge a été une époque de guerre et de famine. C'est à cette dernière cause qu'il faut attribuer certaines pandémies, dont on a voulu faire des entités spéciales (1) et qu'on a désignées sous les noms de *typhus famélique* et de *fièvre de famine* (Mersseman) : c'est le *famine fever* des Irlandais, le *Hungertyphus*, *Hungerpest*, *Armentyphus*, des Allemands.

En réalité, la famine ne crée pas une maladie spéciale, mais prédispose l'organisme à une série d'infections différentes, en tête desquelles se place le typhus exanthématique. C'est la véritable maladie des malheureux, des affamés, des surmenés; c'est celle qui sévit pendant la guerre de Trente Ans, surtout de 1630 à 1640; qui régna pendant la Fronde; qui décima à maintes reprises l'Irlande et la Silésie; qui frappa l'Algérie en 1867 et 1868 et fit périr 217 000 indigènes; qui a été observée encore en 1893, sous forme de petits foyers épidémiques, à Lille, à Amiens, à Paris. D'autres infections ont pu exister en même temps, telle est la fièvre à rechutes qui est presque toujours sous la dépendance de l'insuffisance alimentaire (Murchison). Enfin on a observé simultanément le scorbut, des suppurations externes ou internes, de la bronchite purulente, des endocardites, des péricardites, des pneumonies, des ulcérations buccales, des diarrhées colliquatives, de l'ascite et de l'anarsaque, des ecchymoses, des éruptions, des troubles intellectuels.

Cette énumération suffit à établir que la famine diffère de l'inanition. Le tableau présenté par les malades n'a pas de rapport avec les phénomènes qu'on observe chez un animal privé de nourriture. C'est que, dans la famine, il n'y a pas abstinence absolue; les malheureux mangent des substances infectes, des matières putréfiées, des plantes non comestibles et quelquefois toxiques, et, de plus, vivent dans une atmosphère empestée par les nombreux cadavres qui jonchent les routes; ajoutons à ces causes l'influence des impressions morales, du découragement, de la terreur et souvent l'action des conditions météorologiques, sécheresse torride ou humidité considérable, qui ont préparé la disette.

Les maladies de famine, malgré leurs manifestations disparates, conservent un fonds commun. La famine, comme le dit justement Arnould (2), crée la réceptivité morbide et cause l'impuissance de la réaction; elle confère par conséquent une physionomie particulière aux maladies qu'elle provoque.

Parmi les diverses causes qui lui donnent naissance, on peut citer les perturbations sociales (guerres, révolutions), les intempéries des saisons, les maladies des végétaux (ergotisme, maladies des pommes de terre). Mais ce qui domine toute l'étiologie, c'est le rôle de l'accaparement et

(1) DE MERSSEMAN, De la fièvre typhoïde et de la fièvre de famine. *Bulletin de l'Acad. de méd. de Bruxelles*, t. VII. 1848-49. — *Gazette médicale de Paris*, 1849.

(2) ARNOULD, art. FAMINE. *Dictionn. encyclopédique des sciences médicales*, 4e série, t. I, p. 187-235. Paris, 1877.

de l'agiotage. C'est ainsi qu'on s'explique les épidémies qui ont ravagé les pays les plus fertiles, comme la France; personne n'ignore le fameux Pacte de famine qui, de 1729 à 1789, entretint la misère dans notre pays.

Influence de la civilisation. — Si nous jouissons des avantages d'un progrès incessant, il nous faut tenir compte de certains inconvénients inhérents au progrès lui-même. Chaque fois que les lettres et les sciences sont grandement cultivées, on retrouve les mêmes particularités : un travail intellectuel considérable, un surmenage mental, l'élévation, au-dessus de la moyenne, d'intelligences d'élite. Mais, comme le fait remarquer Ribot[1], la dégénérescence, fatalement inhérente à tout ce qui s'élève, abaisse la race de ces privilégiés du talent, du pouvoir ou de la richesse. Il en résulte la production de névropathes, de débiles, de dégénérés. Ces êtres inférieurs ne se montrent pas seulement dans notre siècle; on les retrouve à toute période de civilisation avancée.

A côté des maladies, des affections, des défauts ou des vices qui sont communs à toute société policée, il en existe qui sont particuliers à notre état actuel et que nous devons essayer de mettre en évidence.

Les progrès de l'industrie ont, par exemple, notablement augmenté les empoisonnements par sophistications. Dans un grand nombre d'aliments ou de boissons, on trouve des métaux toxiques et notamment du plomb, des matières nocives antiseptiques ou colorantes, de dangereux produits artificiels, comme les huiles de vin et les bouquets, des poisons putrides, etc. Le danger est d'autant plus important que ces produits pathogènes sont ingérés à petites doses fréquemment répétées et détériorent la santé d'une façon insensible. Bien des cas de néphrite interstitielle ou d'artério-sclérose, dont la cause échappe, relèvent en réalité d'une intoxication progressive par les poisons alimentaires. On peut expliquer par des intoxications de ce genre certaines épidémies dont on n'avait pas tout d'abord compris la nature. Telle fut l'*acrodynie*, affection bizarre qui frappa Paris et les départements voisins en 1828, puis s'étendit vers la Belgique, atteignit plus tard le Mexique et la Perse. On s'accorde aujourd'hui à rattacher cette affection à l'intoxication arsenicale.

En étendant son champ d'action, l'industrie a augmenté aussi le nombre des intoxications professionnelles, intoxications par le mercure, le plomb, le phosphore. Il est vrai que diverses mesures prophylactiques ont réussi à rétablir l'équilibre et à diminuer la fréquence des accidents. Mais les améliorations obtenues ne contre-balancent pas encore les mauvais effets de la civilisation.

En revanche, nous avons vu diminuer considérablement les maladies parasitaires et surtout les maladies infectieuses. Les progrès de l'hygiène en ont arrêté la marche; les progrès de la thérapeutique en ont abaissé la mortalité. Enfin l'usage des vaccinations préventives parviendra probablement à en atténuer encore ou même à en supprimer les effets. Les

(1) Ribot, *Les maladies de la personnalité*, p. 21, 5e édit. Paris, 1894.

résultats ont été merveilleux en ce qui concerne la variole; les Allemands n'y voient plus qu'une maladie historique, et quelques-uns négligent de la décrire dans leurs livres. Les vaccinations par cultures stérilisées ou par extraits microbiens, la séro-prophylaxie contribueront encore à diminuer la morbidité et à faire disparaître certaines infections. Parmi celles qui persistent et continuent à sévir, les unes, comme la fièvre typhoïde, s'observent surtout dans les grandes agglomérations; d'autres, comme la tuberculose, prennent une extension véritablement effrayante. Si l'amélioration des égouts, des systèmes de vidanges, l'épuration des eaux, la désinfection des locaux contaminés ont considérablement diminué la fréquence de la fièvre typhoïde dans les villes, si l'on peut espérer que la vaccination préventive va encore la restreindre, combien on se trouve désarmé en face de la tuberculose; voilà le véritable fléau de l'humanité, on pourrait même dire de la plupart des animaux; nombre de mammifères et d'oiseaux étant susceptibles de contracter la tuberculose et de la transmettre.

Reste une dernière source d'infection, dont un jour peut-être on observera la disparition, ce sont les maladies vénériennes. On a dit parfois que leur fréquence témoignait de la richesse d'un pays, et quelques esprits chagrins considèrent comme une preuve de notre décadence commerciale la diminution très notable du chancre mou. Ce qui pourra les rassurer, c'est que la syphilis continue à faire de nombreux ravages; elle est seulement beaucoup moins grave qu'autrefois et, en France, on n'observe qu'exceptionnellement les formes malignes. Cela tient probablement à une sorte de vaccination ancestrale et surtout à une application plus rigoureuse du traitement spécifique.

De toutes les causes pathogènes qui agissent à notre époque, une des plus importantes est représentée par le surmenage intellectuel.

Notre siècle est un siècle de travail excessif. Les facilités énormes de l'instruction, la possibilité pour chacun de s'élever au-dessus de ses conditions originelles, ont ouvert une large voie à toutes les ambitions. Mais les progrès incessants de la science et la quantité prodigieuse des publications compliquent considérablement les études, et empêchent de remarquer bien des travaux intéressants. Ce qui aurait assuré la renommée autrefois est insuffisant aujourd'hui. Il faut, pour émerger de la foule des travailleurs, des découvertes véritables; et, comme il n'est pas donné à tout le monde d'en faire, on essaye d'y suppléer par un nombre considérable de publications imparfaites et hâtives. L'agitation cérébrale, qui détourne le savant de son but véritable, se retrouve également chez l'homme de lettres, chez l'artiste, l'industriel ou le financier. Dans toutes les professions la lutte devient plus acharnée et plus pénible; elle se traduit par une déchéance précoce des forces physiques ou des aptitudes mentales. Et si l'homme surmené peut achever son existence sans paraître ressentir les résultats funestes de son entraînement artificiel ou de son ambition démesurée, les troubles morbides éclateront dans sa descendance et se traduiront par la dégénérescence de sa race. L'excès de fatigue exige l'excès de repos ; l'être qui provient d'un générateur surmené est un névropathe dont les cellules semblent incapables de tout travail continu.

A cette première cause de dégénérescence s'en ajoutent d'autres, qui relèvent encore plus directement de nos conditions sociales.

La difficulté d'arriver à une situation, l'augmentation du luxe et des dépenses font qu'on se marie de plus en plus tard. Les enfants issus de parents âgés ou surmenés sont trop souvent débiles ou peu résistants; ils ont parfois une décrépitude précoce et se reconnaissent facilement à leur peu de développement physique et à leur peu de jeunesse cérébrale.

Les unions sont surtout basées sur l'état social des futurs, sur leur situation, sur leur fortune. Jeunes gens et jeunes filles ont passé leur vie dans des appartements clos, végétant comme les plantes dans les serres chaudes; leur existence a été partagée entre les travaux excessifs, les plaisirs énervants, les exercices physiques exagérés et mal compris. Comme le dit si bien Bouchard, on ne remédie pas à une fatigue intellectuelle par une fatigue physique, on ne fait qu'ajouter le surmenage corporel au surmenage mental. En accouplant ces êtres débiles, faibles ou névropathes, qui ont les mêmes défauts, les mêmes qualités, la même consanguinité de mœurs, on fait de la reproduction, contrairement aux lois qui devraient la régir, et l'on condamne les enfants futurs à la dégénérescence.

On s'explique ainsi l'existence de ces familles névropathiques, où l'on rencontre les tares physiques et mentales, les vices, la folie, parfois même le crime. Si quelques hommes peuvent encore émerger et se faire remarquer par leurs aptitudes artistiques, l'asthénie de leur système nerveux mal équilibré se traduit par des troubles qui rappellent leur origine; on retrouve les contradictions de caractère, le découragement facile et surtout l'ennui, le spleen qui, de l'Angleterre, semble avoir envahi la France.

Il serait cependant exagéré de conclure que les troubles mentaux ont considérablement augmenté dans notre siècle ; leur fréquence peut paraître plus grande, parce qu'on sait mieux en reconnaître les formes atténuées. Mais, ce qui est incontestable, c'est qu'ils se sont modifiés dans leurs manifestations. Les idées délirantes traduisent les préoccupations ou les tendances d'une époque : au moyen âge elles revêtaient une forme religieuse et mystique, aujourd'hui elles affectent surtout un caractère ambitieux.

Enfin, de tout temps, on a vu certaines variétés de folie prendre une extension insolite, véritablement épidémique, et cela surtout à l'occasion des grandes perturbations physiques ou sociales.

Au moment de la peste d'Athènes, il y eut un redoublement d'impiété et de débauches ; avant de mourir, dit Thucydide, on trouvait tout naturel de jouir de la vie. « On voulait jouir sans retard et on ne visait qu'au plaisir du moment, en songeant que les biens et la vie étaient également éphémères. Ni la crainte des dieux, ni aucune loi humaine ne retenait personne[1]. » Boccace nous apprend qu'il en fut de même pendant la peste de Florence. « L'autorité révérée des lois tant divines qu'humaines était comme tombée en abandon. » La crainte faisait fuir les malades; « les pères et les mères refusaient de voir et de soigner leurs enfants[2] ».

En même temps, l'aberration se traduit par des actes de sauvagerie : au XIVe siècle, lors de la peste noire, on martyrisa les Israélites, on en brûla 2000 à Hambourg, on en tua 12 000 à Mayence. De même, quand le choléra éclata en Europe, on s'en prit aux commerçants, aux marchands de denrées, aux porteurs d'eau, et la fureur populaire fit un nombre considérable de victimes. Plus récemment, en Russie, pendant les dernières épidémies de choléra, les médecins furent accusés de propager la maladie et ce fut contre eux que se déchaîna la colère d'un peuple superstitieux et ignorant.

La folie qu'engendrent les grandes épidémies peut revêtir un côté mystique; telle fut l'origine de la secte des flagellants : au moment de la peste noire, des bandes d'hommes presque nus parcouraient l'Allemagne, les Pays-Bas, le nord de la France, se frappant à coups de discipline, chantant des cantiques, disant que leur sang se mêlait à celui du Christ pour le salut de la chrétienté.

Il existe d'autres épidémies de folie qui résultent de la tendance de certains esprits à lutter brutalement contre ce qui est établi, à vouloir renverser la société ou arrêter le progrès, à vouloir faire aboutir par une violence irraisonnée les revendications sociales. Nous n'insisterons pas sur cette psychose qui, le plus souvent, aboutit à la criminalité et dont l'histoire des sabotages actuels fournit de si nombreux exemples.

Ainsi, quelle que soit la branche de la médecine que l'on envisage, on reconnaît facilement que les types morbides ne sont pas fixes, que des maladies anciennes disparaissent, que des maladies nouvelles prennent naissance, que les formes cliniques se modifient constamment. Ces notions sont également vraies, qu'on étudie les infections, les intoxications, les traumatismes, les troubles nutritifs ou les vices héréditaires. Chaque époque a donc ses inconvénients et ses avantages et, si la nôtre a vu naître de nouvelles causes morbifiques, elle a su leur opposer de nouveaux moyens curatifs ou prophylactiques. Il en résulte que les accidents sont conjurés, mais il en résulte aussi une complication croissante de l'existence, puisqu'il y a augmentation simultanée ou successive des causes pathogènes et des moyens de défense.

Notre civilisation semble avoir substitué à la sélection naturelle, qui a pour conséquence la survie des forts et des robustes, la sélection sociale qui a pour effet la survie des faibles et des dégénérés. Les enfants des pauvres naissent mieux constitués que les enfants des riches, mais ils succombent en plus grand nombre, et il suffit de voir ce qui se passe

(1) THUCYDIDE, *Histoire de la guerre du Péloponèse*, Livre II, § 53 (trad. Zevort). Paris, 1852, t. I, p. 186.

(2) BOCCACE, *Le Décaméron* (trad. F. Reynaud). Paris, 1890, t. I, p. 5 et 6.

dans une crèche d'hôpital, pour être frappé de la mortalité excessive des nouveau-nés dans la classe laborieuse. Parvenus à l'âge adulte, les ouvriers sont généralement doués d'un développement physique plus parfait que les hommes des classes supérieures; mais ils sont plus exposés aux causes de destruction, mécaniques, toxiques ou infectieuses.

Cependant il ne faudrait pas exagérer les différences et opposer complètement la sélection naturelle et la sélection sociale.

Si la civilisation permet parfois le développement d'hommes chétifs, inférieurs par leur constitution physique, elle sauve bien des hommes supérieurs par leurs aptitudes intellectuelles; si elle favorise la survie des dégénérés, ce n'est que d'une façon passagère, les êtres inférieurs finissant par s'éteindre, par suite de leur infécondité ou de leur débilité croissante. On est ramené ainsi aux grandes lois qui ont régi toute l'évolution, et on est conduit à considérer la sélection sociale comme un simple chapitre de la sélection naturelle, la sociologie n'étant elle-même qu'un chapitre de la biologie. Aussi, malgré quelques heurts, malgré quelques chutes ou quelques arrêts passagers, l'évolution suit-elle toujours sa marche ascendante vers le progrès, et, si parfois on se prend à déplorer l'agitation de notre époque, on se console facilement en voyant l'amélioration continuelle de l'humanité, et on plaint ceux qui maudissent le temps présent, pour n'avoir pas étudié le passé.

CHAPITRE VII

LE MÉDECIN

Rôle du médecin dans la famille et dans la société. — Ses travaux et ses études. — Difficultés de l'art médical. — Les nouvelles méthodes de diagnostic et de traitement. — Prépondérance de l'observation clinique. — Philosophie et pathologie générale; leur importance en médecine. — Résumé général.

Rôle du médecin. — « L'art se compose de trois termes : la maladie, le malade, le médecin [1] ».

Nous avons étudié, d'une façon générale, la maladie et le malade; nous devons dire quelques mots du médecin.

[1] HIPPOCRATE, Des épidémies, I, 5. *Œuvres complètes* (trad. Littré), t. II, p. 637. Paris, 1840.

Par sa profession, le médecin est appelé à pénétrer dans les familles; son premier devoir est d'y faire le bien. Il doit, par son désintéressement, sa bienveillance et son zèle, inspirer la confiance à ses malades; et il réussira à leur rendre service s'il se rappelle, suivant le mot célèbre de F. Bérard, que la médecine est un art qui guérit quelquefois, soulage souvent, console toujours.

Quand il est imbu de ces idées, le médecin ne tarde pas à devenir le confident et l'ami de ses malades; il connaît leurs erreurs, leurs misères ou leurs fautes et, bien des fois, il réussit à relever leur courage ou à calmer leurs tristesses. C'est en même temps un conseiller; on lui demande son avis sur les sujets les plus graves, sur le mariage, sur le choix d'une carrière. Il semble même que l'involution religieuse, à laquelle nous assistons, ait pour conséquence d'augmenter encore et d'étendre son influence. Peu à peu le médecin a remplacé le prêtre. La plupart des hommes ont besoin de confidents. Ils savent qu'ils peuvent en toute sécurité s'adresser au médecin. Le secret professionnel est la sauvegarde des intérêts personnels et sociaux. Il est et doit être absolu; sa nécessité a été proclamée de tout temps. « Quoi que je voie ou entende dans la société pendant l'exercice ou même hors de l'exercice de ma profession, je tairai ce qui n'a jamais besoin d'être divulgué, regardant la discrétion comme un devoir en pareil cas. [1] » La loi n'a fait que consacrer ce que les médecins ont toujours considéré comme leur devoir. Il est universellement admis qu'un médecin ne doit jamais rien dévoiler. Alors même que les intéressés l'autoriseraient à parler, il doit se récuser et se taire. Agir autrement serait jeter la suspicion sur les personnes qui, conformément à la loi, exigeraient de lui le silence.

Cette règle ne souffre d'exception que pour certains cas bien déterminés. Le médecin peut indiquer un diagnostic sur les feuilles de décès et il doit faire la déclaration de certaines maladies contagieuses. Encore, dans ce dernier cas, fera-t-il bien de mettre le malade ou la famille au courant de l'obligation qui lui incombe.

Il est certaines circonstances où l'on peut hésiter sur la conduite qu'il convient de tenir. Le cas le plus angoissant est celui où l'on apprend qu'un homme, en pleine évolution de syphilis, va contracter un mariage. C'est aussi celui où une femme contaminée par son mari met au monde un enfant syphilitique; pour une raison quelconque elle ne peut allaiter : on va prendre une nourrice mercenaire. Le médecin doit-il révéler à la femme de quelle maladie elle est atteinte, va-t-il trahir le secret que le mari lui a confié ou va-t-il laisser infecter la nourrice à qui l'enfant sera remis? Enfin quand le médecin est dépositaire d'un secret dont la révélation peut sauver un innocent injustement accusé, quelle conduite doit-il tenir?

Toutes ces questions ont été longuement et admirablement étudiées à

(1) HIPPOCRATE, Serment. *Œuvres complètes* (trad. Littré), t. IV, p. 632. Paris, 1844.

maintes reprises[1]. Il est inutile d'y insister. Nous ne citons ces exemples que pour montrer combien de problèmes délicats le médecin est appelé à résoudre; combien il a besoin de connaissances, de jugement et de tact!

Si, de la famille, nous passons à l'État, nous voyons le médecin chargé des missions les plus difficiles. Médecin légiste, il éclaire la justice et fréquemment ses réponses entraînent la condamnation ou l'acquittement du prévenu. Aliéniste, il devra se prononcer sur l'état mental de ses concitoyens, sur leur responsabilité, sur la nécessité de leur interdiction ou de leur séquestration. Hygiéniste, il aura à prévoir l'arrivée des épidémies et à indiquer comment on peut les éviter ou les combattre; il sera chargé d'établir les quarantaines et les cordons sanitaires; il sera appelé à visiter les malades et les suspects, à faire désinfecter les locaux contaminés; ailleurs, il s'occupera de la prostitution, des moyens de la réglementer ou de la restreindre, des mesures à prendre contre la propagation des maladies vénériennes; il aura le devoir d'indiquer comment on peut enrayer les progrès de l'alcoolisme; il fera connaître les dangers des sophistications alimentaires. Il devra aussi s'occuper des mesures destinées à protéger la première enfance. N'est-ce pas à un médecin, à Th. Roussel, que la France est redevable des lois qui tendent à diminuer la mortalité infantile? Par ses études sur les dégénérescences physiques et mentales, le médecin a montré les effets du surmenage, du travail excessif et précoce, tant physique qu'intellectuel; il est devenu le conseiller du législateur qui réglemente le travail de l'usine, le collaborateur de l'universitaire qui fixe les programmes de l'enseignement.

Les progrès de l'industrie, qui ont complètement transformé la vie des sociétés modernes, lui ont créé de nouvelles tâches. Les lois sur les accidents du travail ont réglementé ses rapports avec les ouvriers blessés. Les expertises ont acquis une importance capitale. Le médecin est consulté à chaque instant et doit apprécier quel dommage résulte de l'accident et quelle indemnité ce dommage comporte. L'expansion coloniale a ouvert un autre débouché à son activité. Des instituts spéciaux ont été créés où l'on enseigne tout ce qui a trait à l'hygiène et à la pathologie des pays exotiques. Enfin le rôle du médecin dans l'armée nous apparaît chaque jour plus considérable. On sait qu'en temps de guerre, les maladies font plus de ravages que les blessures; les progrès de l'hygiène pourront, autant que les progrès de la chirurgie, contribuer à la diminution de la mortalité.

Mais c'est encore à l'hôpital que le médecin semble accomplir ses plus

[1] DECHAMBRE, art. DÉONTOLOGIE. *Dictionnaire encyclopédique des sciences médicales*, 1re série, t. XXVII, 1882. — DU MÊME, *Le médecin; devoirs privés et publics*. Paris, 1883.

BROUARDEL, art. SECRET MÉDICAL. *Dict. de médecine et de chirurgie pratiques*, t. XL, 1886. — DU MÊME, *Le secret médical*, 2e édit., 1893.

FOURNIER, *Nourrices et nourrissons syphilitiques*. Paris, 1878. — DU MÊME, *Syphilis et mariage*. Paris, 1880.

JUHEL-RENOY, *Vie professionnelle et devoirs du médecin*. Paris, 1892.

nobles missions. Il consacre à son service les premières heures de la journée. Il s'y trouve entouré d'élèves qu'il a le devoir d'instruire, qu'il doit faire profiter de ses études et de son expérience, auxquels il doit inculquer à la fois l'amour de la médecine et le respect du malade. Longtemps il restera jeune parce qu'il vit au milieu de la jeunesse; chaque jour il deviendra meilleur, parce qu'il vit au milieu des misères. La vue continuelle des souffrances, si elle étouffe tout mouvement inutile de sensiblerie, n'engendre pas l'indifférence; elle aiguise et assagit la pitié; elle fait naître la compassion et la sympathie. Le médecin devient indulgent parce qu'il connaît les fautes, qu'il en pénètre les raisons cachées et en découvre les racines profondes; il devient compatissant parce qu'il comprend la souffrance et qu'il entend la douleur.

Enfin, que la guerre éclate, que les épidémies surviennent, nous retrouvons le médecin, ses élèves et ses aides, rivalisant de zèle et d'ardeur, soulageant ceux qui souffrent, consolant ceux qui meurent, bravant avec calme les dangers les plus grands, succombant souvent au fléau contre lequel ils ont lutté. Le médecin, comme le soldat, affronte le péril, sans ostentation ni faiblesse, en homme qui accomplit simplement son devoir.

Voilà, esquissé dans ses principaux traits, le rôle du médecin, dans la famille et dans la société. Par ses aptitudes, ses connaissances, ses fonctions, il a grandement contribué au progrès général, à l'augmentation du bien-être, à la diminution de la maladie, de la souffrance et de la mortalité. L'état sanitaire d'un pays et sa civilisation suivent toujours une marche parallèle. « C'est à la médecine, a dit Descartes, qu'il faut demander la solution des problèmes qui intéressent le plus la grandeur et le bonheur de l'humanité. »

Bien qu'il rende aujourd'hui beaucoup plus de services qu'autrefois, bien qu'il soit plus souvent consulté sur les diverses questions intéressant la famille et la société, le médecin a vu peu à peu diminuer son prestige. On ne le considère plus comme un savant qui veut bien faire profiter ses concitoyens de la grande expérience qu'il a acquise. On le regarde comme un industriel vivant d'un métier.

Il n'est pas difficile de trouver les raisons de ce changement également préjudiciable aux médecins et aux malades. Il y a quelques années, les hommes, même les plus instruits, ignoraient tout ou presque tout de la chimie, de la physique ou de la physiologie. Actuellement les connaissances scientifiques se sont répandues et bien souvent un malade s'aperçoit que sur certaines questions il en sait plus que son médecin. La supériorité qu'il a acquise diminue sa confiance, car, il faut le reconnaître, tandis que le public s'intéresse de plus en plus aux sciences qui sont à la base de la médecine, les étudiants tendent de plus en plus à les négliger. Le niveau scientifique du public s'élève, le niveau scientifique du médecin s'abaisse. Et, comme s'il ne se rendait pas compte du tort qu'il se fait, bien souvent le médecin se plaît à proclamer son ignorance. Beaucoup veulent se borner au rôle de praticien, appliquant, sans essayer de les approfondir, les découvertes des autres. C'est au moment où la médecine est de plus en plus tributaire des sciences physico-chimiques qu'on veut encore restreindre le temps qui, dans nos Facultés, est consacré à leur étude. On n'a pas l'air de comprendre que toutes les réformes qui diminueront la valeur scientifique du médecin diminueront son prestige professionnel.

Ce qui contribue encore à ce discrédit, c'est que les journaux quotidiens consacrent aux questions médicales de nombreux articles; le public acquiert des notions plus ou moins exactes qui lui donnent le moyen de discuter et de juger. Enfin des bruits malveillants se sont répandus et ont trouvé un écho soit dans la presse, soit dans le roman. On a parlé de compromissions, d'ententes, de trafics, de dichotomies. Ce qui n'est, fort heureusement, qu'une rare exception est considéré par beaucoup comme une habitude ou une règle. Aujourd'hui la confiance est ébranlée; le public suspecte les conseils qu'on lui donne; il craint qu'ils ne soient pas complètement désintéressés. Le prestige dont jouissait le médecin semble emporté par le vent, qui, dans notre société actuelle, s'acharne à déraciner tout ce qui s'élève au-dessus du niveau moyen. Cette constatation, nous la faisons avec tristesse, tout en conservant l'espérance que, tôt ou tard, un revirement se produira qui rendra au médecin la situation privilégiée à laquelle son labeur, son dévouement et son abnégation lui donnent tous les droits.

Des études et des recherches médicales. — La multiplicité et l'étendue des diverses branches de la médecine rendent les études difficiles et imposent un travail considérable. Si les règlements permettent d'être docteur au bout de quatre ou cinq ans, il est bien certain que ce n'est pas dans un laps de temps aussi court qu'il est possible d'acquérir toutes les connaissances nécessaires. Il faut donc prolonger ses études ou plutôt ne jamais les abandonner. La rapidité des progrès qu'accomplit chaque jour la science force le médecin à travailler sans relâche, pour se maintenir au courant des découvertes dont il doit faire profiter ses malades. Il ne peut, comme dans d'autres professions, se contenter de suivre la routine et de marcher dans l'ornière commune. Sa situation spéciale, en lui confiant la vie de ses semblables, lui crée de nouveaux devoirs. On a le droit d'être mauvais peintre ou mauvais romancier, on n'a pas le droit d'être mauvais médecin.

Jusque dans ces derniers temps, le médecin était essentiellement un observateur. Il examinait les malades par des procédés simples et, sauf les cas relativement rares où une intervention chirurgicale était utile, il les traitait par des prescriptions médicamenteuses. Aujourd'hui un bouleversement complet se produit en médecine. L'application des découvertes modernes a rendu le diagnostic plus précis, mais plus compliqué. La thérapeutique utilise journellement des procédés manuels, nécessitant l'emploi de nombreux instruments.

Pour le diagnostic on a recours aux analyses chimiques, histologiques, bactériologiques. Il faudrait donc que le praticien pût installer un laboratoire à son domicile. Mais il n'aurait pas le temps matériel de faire des recherches, souvent longues et délicates, et puis, il lui faudrait acquérir une habileté technique qu'on n'obtient guère qu'après avoir passé de longues années au laboratoire. S'il confie ses analyses à autrui, bien souvent il sera induit en erreur. Que de fois nous avons vu des personnes incompétentes se charger de ces examens délicats et fournir des résultats erronés. Le médecin peut ainsi, sur la foi d'une analyse mensongère, changer un diagnostic exact, abandonner une médication efficace et la remplacer par un traitement inutile ou dangereux.

Même dans les grands centres, la difficulté est réelle; elle est insurmontable dans les petites bourgades et dans les campagnes.

Voilà pourquoi on ne saurait trop engager les étudiants et les jeunes médecins à ne pas dédaigner les procédés les plus simples de l'investigation clinique. Il est moins difficile, semble-t-il, d'établir un diagnostic de fièvre typhoïde par l'examen du sang, de méningite par la ponction lombaire, de diphtérie par la culture sur sérum coagulé, que de reconnaître ces maladies par la détermination exacte des troubles et par l'appréciation critique de leur valeur sémiologique. L'apparente certitude des procédés nouveaux justifie notre paresse et nous détourne de plus en plus de l'examen purement clinique. Je n'ai jamais cessé de réagir contre cette tendance fâcheuse. Même quand leur valeur est indéniable, les résultats fournis par les analyses scientifiques doivent être discutés. Ce sont des signes qui s'ajoutent aux autres signes; tous se complètent mutuellement, aucun ne peut supplanter les autres. Mais pour pouvoir tabler sur des caractères purement cliniques, il faut avoir longtemps fréquenté l'hôpital, il faut avoir vu un nombre considérable de cas, il faut avoir acquis une expérience qui ne s'obtient qu'après de longues années. C'est ce qui décourage beaucoup de jeunes médecins; ils préfèrent s'en remettre à d'autres procédés que la plupart d'ailleurs ne savent pas utiliser d'une façon correcte. Il faut donc s'habituer à ne compter dans la pratique que sur les moyens les plus simples. Mais il faut souhaiter aussi que, dans les grandes villes de France, se multiplient les Instituts où, sous un contrôle sérieux, pourront être exécutées les analyses réclamées par les médecins. C'est une nécessité à laquelle dans quelque temps on ne pourra pas se soustraire.

Si l'art du diagnostic se transforme en une science, la thérapeutique évolue également. Les traditionnelles médications par les substances toxiques semblent aujourd'hui de plus en plus inutiles. Sans doute, quelques-unes subsistent et subsisteront toujours. Mais en même temps, il faut compter avec la mécanothérapie et la physiothérapie, ces deux branches de la thérapeutique qui, nées d'hier, ont acquis dès aujourd'hui, une place prépondérante. Ces médications exigent des connaissances spéciales et surtout elles exigent des installations coûteuses et des instrumentations compliquées. Elles ne pourront donc être utilisées que dans les villes. Le médecin isolé dans de petits centres verra peu à peu les malades l'abandonner pour aller demander à ces méthodes un soulagement et une guérison.

Il semble que nous soyons arrivés à un tournant dans l'histoire de la médecine. Tout va se modifier et, après des tâtonnements plus ou moins longs, la pratique médicale va s'organiser sur des bases nouvelles.

Cette évolution de la science rend l'observation médicale de plus en plus difficile. Au commencement du XIXe siècle, il suffisait de noter soigneusement les troubles présentés par le malade, de préciser les signes de percussion et d'auscultation et, si l'on faisait l'autopsie, d'indiquer le poids des viscères et de décrire leur aspect macroscopique. La tâche était relativement facile; elle exigeait peu de temps. Voilà pourquoi des observateurs éminents ont pu, tout en s'adonnant à la pratique, publier des faits importants et réaliser de grandes découvertes.

Actuellement, il n'en est plus ainsi. Pour qu'elle soit acceptable, l'observation du malade doit être complétée par de nombreuses recherches. Suivant le cas, il faut se servir d'appareils enregistreurs, pratiquer des pesées ou des mensurations; il faut multiplier les examens hématologiques, c'est-à-dire non seulement compter les globules, mais encore déterminer les propriétés biologiques du sang; il faut rechercher les agglutinines, les opsonines, étudier la déviation du complément; il faut faire l'analyse chimique du sang, de l'urine, des matières fécales, des crachats. Ce qui rend le travail encore plus considérable, c'est qu'on ne peut plus se contenter des analyses sommaires qu'on publiait autrefois. Les procédés dits cliniques doivent être complètement abandonnés; il faut recourir aux méthodes précises, toujours longues et délicates, qui nécessitent un outillage coûteux et une technique difficile. Enfin si l'on fait l'autopsie, on devra soumettre les organes et les tissus aux analyses histologiques, bactériologiques, chimiques. Pour obtenir une observation complète, il faut souvent plusieurs mois de travail. Voilà pourquoi la collaboration s'impose. Seulement, il est indispensable que le médecin soit capable de diriger et de surveiller ses aides. Ceux qui veulent contribuer au progrès de la science sont forcés de plus en plus de se cantonner dans le laboratoire et d'y passer la plus grande partie de leurs journées. Il y a là encore une évolution complète dans l'histoire de la médecine, un changement dans la direction du travail. Il n'est plus possible, comme autrefois, de mener de front la pratique médicale et la recherche scientifique.

Malgré les difficultés actuelles, bien des médecins peuvent, par la publication de simples faits cliniques, rendre des services à la science et contribuer à ses progrès. Le praticien, ayant devant soi un grand champ d'observation, rencontre souvent des cas nouveaux et intéressants. Nous avons déjà fait remarquer combien les types morbides varient d'une contrée à l'autre, de la ville à la campagne. Si tout médecin ne peut être expérimentateur, tout médecin doit être observateur; pourvu qu'il soit instruit et pour peu qu'il soit attentif, il parviendra certainement au cours de sa carrière à recueillir des observations dignes d'être publiées. Hameau était un simple médecin de campagne, vivant à la Teste, et pourtant il a su reconnaître dès 1811 que la morve aiguë peut se transmettre du cheval à l'homme; en 1827, il constata pour la première fois en France la présence de la pellagre, dont il n'avait jamais lu la description et qu'on croyait confinée dans le Milanais et les Asturies. Pour citer un exemple plus récent, il nous suffira de rappeler que dans un petit village de Bretagne, à Lanilis, Morvan a pu recueillir des faits importants et nouveaux et a largement contribué à éclairer certains points de la pathologie nerveuse.

Qu'on n'objecte pas qu'il y a déjà trop de publications médicales. Nous reconnaissons volontiers qu'on fait bien souvent paraître des travaux qui ne contiennent rien de neuf, ou qu'on a le très grand tort de diviser un sujet et de consacrer plusieurs articles à une question qui pourrait être facilement traitée en un seul. Il est bien certain qu'on gagnerait à ce que les publications fussent plus condensées et plus restreintes. Mais ce n'est pas une raison pour ne pas livrer les observations intéressantes. La science médicale est surtout basée sur des faits recueillis dans la pratique hospitalière des grands centres; elle devrait être complétée par la pratique personnelle de la ville et par les observations prises à la campagne. On aurait alors les matériaux nécessaires pour les chapitres sur la pathologie, suivant les milieux sociaux et les contrées.

C'est ici qu'apparaît une différence capitale entre les œuvres d'art et les productions scientifiques. Un artiste médiocre ne laisse rien de durable : que de tableaux, de sculptures, de romans qui tombent aussitôt dans l'oubli. Le savant qui publie de petits faits ouvre souvent la voie à de grandes découvertes. On ne sait jamais quelles conséquences imprévues et fécondes un homme de génie sera capable de tirer d'une observation, en apparence banale, recueillie par un esprit médiocre. Les faits que nous considérons comme minimes ou inutiles sont le plus souvent des faits d'attente. Lorsque les Grecs s'amusaient à attirer des corps légers avec de l'ambre qu'ils venaient de frotter sur leurs vêtements, ils observaient un petit fait. Et cependant ce petit fait a été le point de départ de toutes nos connaissances sur l'électricité.

Les observations des praticiens pourraient encore servir de base à d'importantes études de psychologie. Nous avons déjà insisté sur le rôle de la médecine en psychologie ou plutôt sur les relations qui unissent la médecine à toutes les branches de la philosophie. Dans les anciennes écoles grecques, la philosophie était enseignée comme une introduction à la médecine. Aujourd'hui, moins que jamais, la médecine et la philosophie ne peuvent être séparées. La psychologie n'a progressé que lorsqu'elle s'est appuyée sur les résultats de la médecine. Aussi n'est-on nullement surpris qu'un médecin, Locke, ait été le fondateur de la psychologie moderne, et qu'un autre médecin, Cabanis, ait pu saisir les rapports qui unissent le physique et le moral. Les philosophes spiritualistes ont étudié leur âme; c'est le médecin qui connaît l'âme des autres; en pénétrant dans les secrets de l'homme, en fouillant dans les replis de sa conscience, il découvre ses défauts, ses besoins, ses aspirations; et, pour établir les règles de la morale, il se trouve plus apte que le philosophe, le romancier ou le législateur. On a dit souvent que l'hygiéniste est un professeur de morale : il a le grand avantage de l'enseigner au nom de l'expérience et de l'intérêt général.

La logique, indispensable à celui qui veut poursuivre des recherches scientifiques, a souvent profité des découvertes médicales; plusieurs des lois émises par Bacon et Descartes se trouvent déjà en substance dans Hippocrate, Galien, et surtout dans Aristote. La notion du déterminisme, telle que l'a formulée Cl. Bernard, est une des plus belles règles dont se soit enrichie la logique moderne.

Enfin la métaphysique ne peut être étrangère aux préoccupations de ceux qui doivent s'efforcer de pénétrer la nature de l'homme, de découvrir les lois de la vie, de la santé et de la maladie.

Les rapports entre la philosophie et la médecine sont surtout manifestes quand on envisage la pathologie générale puisque cette branche des sciences médicales fixe les idées sur les grands problèmes soulevés par l'étude de l'homme; puisqu'elle fournit des doctrines et des règles qui doivent servir constamment dans la pratique; puisqu'elle éloigne le médecin des changeantes données de l'empirisme pour lui apprendre à réfléchir sur les phénomènes qu'il observe, à discuter et à comprendre les interventions qu'il doit faire.

Envisagée de ce point de vue, la médecine nous apparaît comme la plus complexe et la plus attachante de toutes les sciences, comme le plus noble et le plus utile de tous les arts. Par la multiplicité des sujets auxquels elle touche, elle peut séduire la plupart des esprits. Par les résultats auxquels elle est parvenue, elle s'impose à la reconnaissance et à l'admiration de tous.

* * *

Tandis que les anciens philosophes considéraient l'homme comme un microcosme vivant et évoluant en toute indépendance et en toute liberté, la science moderne tend à établir un lien étroit et inéluctable entre les divers phénomènes de l'Univers. Les manifestations vitales, tout en conservant leur caractère spécial et différencié, sont soumises aux lois générales. L'être vivant nous apparaît comme une machine chimique qui transforme de l'énergie.

En face des phénomènes qui sous nos yeux se déroulent dans l'immensité, deux conceptions, j'allais dire deux sentiments, ont pris naissance. La première idée fut de rattacher toutes les manifestations visibles à des êtres immatériels, dirigeant la marche des astres, veillant au retour des saisons, protégeant le cours des fleuves, faisant végéter les plantes, faisant vivre les animaux, faisant penser les hommes. Peu à peu les phénomènes de la nature ont été ramenés à un enchaînement logique, c'est-à-dire adéquat à notre raison. Seules, les manifestations vitales ont eu la prétention d'échapper aux lois générales. Cependant les spiritualistes ont perdu du terrain; tout en battant en retraite, ils ont essayé de sauver les fonctions les plus pures et les plus élevées de l'âme humaine. Mais l'attaque se poursuit. Les recherches sur les tropismes tendent à ramener les manifestations psychiques aux lois de l'énergétique, à leur faire perdre leur caractère mystérieux et insaisissable. Et le savant peut, en toute assurance, répéter avec Liebig que « l'organisme offre encore au chercheur de l'incompris, mais plus d'incompréhensible ».

Serait-elle erronée, la doctrine uniciste aurait encore l'avantage de nous pousser à des recherches nouvelles. C'est le plus beau service que puisse rendre une théorie. Mais n'est-elle pas suffisamment grandiose, la conception qui établit un enchaînement entre les différentes forces de l'Univers et démontre que toutes les manifestations de notre globe, y compris les manifestations psychiques, traduisent les divers aspects que peut revêtir l'Énergie.

Une doctrine analogue s'était depuis longtemps imposée aux méditations des philosophes. Leibniz n'avait-il pas eu la conception d'une vie universelle dont les formes minérales, végétales et animales ne sont que le développement?

Les mêmes lois énergétiques et les mêmes lois évolutives s'appliquent à l'Univers entier, aux systèmes planétaires aussi bien qu'aux êtres vivants. L'évolution se fait suivant des ondes (1), dont la partie ascendante correspond aux périodes de progrès; puis, quand le sommet est franchi, commence la phase régressive ou la période de décadence. Actuellement notre monde est encore dans sa première période. L'homme marche vers un état meilleur; il se dirige vers un but auquel il n'atteindra jamais. L'involution commencera avant que l'évolution soit terminée. Mais cette évolution même ne se fait pas sans heurts, sans cahots et sans reculs. L'essor est constamment entravé par de multiples obstacles. En modifiant ou bouleversant les situations acquises, le progrès ébranle les assises de l'humanité; il engendre les maladies sociales dont souffre chaque époque, il modifie les aspects que peuvent revêtir les affections humaines, il explique les changements des types cliniques et leur variabilité.

Les modifications continuelles des races humaines entraînant des modifications parallèles dans les réactions morbides, on conçoit quelle somme considérable de persévérance et de travail les anciens obser

(1) BASILE CONTA, *Théorie de l'ondulation universelle* (traduction Tescanu). Paris 1894.

vateurs ont dû dépenser pour se reconnaître au milieu des manifestations anomales imposées par l'âge, le sexe, ou relevant du pays, de la saison, des conditions sociales. C'est justement parce que les faits varient suivant les milieux, qu'il faut faire appel au zèle de tous. C'est justement parce que les interprétations sont difficiles qu'il faut être indulgent pour ceux qui se trompent. Nous ne pouvons avancer qu'en tâtonnant dans la voie encore obscure de la vérité; il faut encourager ceux qui essayent d'éclairer la route. Si l'on songe aux difficultés qui naissent sous les pas de l'observateur et de l'expérimentateur, on leur saura gré de tous les efforts, même de ceux qui n'ont pas conduit à d'heureux résultats. Hippocrate avait parfaitement compris ces vérités, et, dans le premier de ses aphorismes, il semble avoir donné une leçon de modestie que feront bien de méditer certains critiques qui espèrent masquer la stérilité de leur esprit par la sévérité de leurs appréciations : « La vie est courte, l'art est long, l'occasion fugitive, l'expérience trompeuse, le jugement difficile (1). »

Malgré les obstacles auxquels elle se heurte, malgré ses arrêts, ses reculs ou ses défaillances, la Science marche d'un pas de plus en plus sûr et de plus en plus rapide. Hésitante tout d'abord, troublée et arrêtée dans son essor par les dogmes religieux ou métaphysiques, elle a su se dégager de ses entraves et elle a pris son vol vers l'inaccessible sommet où règne la vérité. Peu à peu nous avons vu émerger des brumes les horizons nouveaux. Peu à peu notre œil s'est habitué à contempler la lumière. Peu à peu notre esprit a compris l'étendue de sa puissance et la grandeur de sa destinée.

La contemplation des progrès qui ont été accomplis et qui se poursuivent journellement doit nous inspirer en la Science une foi absolue, non sans doute une foi aveugle qui fait tout accepter sans critique et sans contrôle, qui fait mettre sur le même plan les découvertes réelles et les observations hâtives, les conceptions fécondes et les hypothèses stériles. Le savant a le devoir de vérifier, de reprendre, de répéter. Il doit accueillir avec réserve les faits nouveaux tant qu'ils ne sont pas suffisamment constatés. Le doute scientifique est légitime. Mais, alors même que les travaux ultérieurs en démontrent la fausseté, certains faits erronés ont pu exercer une influence heureuse ; bien des fois ils ont conduit, par une route détournée, à une grande découverte. En essayant de vérifier une observation inexacte, on a pu parvenir à des résultats nouveaux et inattendus. C'est dans ces conditions que Schaudinn a découvert l'agent de la syphilis.

Les erreurs, les contradictions, les tâtonnements ne doivent pas ébranler notre foi. Pour se lancer dans la recherche scientifique, pour essayer de contribuer, dans la mesure de ses forces, au grand œuvre qui s'accomplit, il faut être persuadé que l'humanité s'améliore sans cesse;

(1) HIPPOCRATE, Aphorismes, 1re section, Aph. I. *Œuvres complètes* (trad. Littré), t. IV, p. 450. Paris, 1844.

il faut avoir l'amour désintéressé de la science; il faut avoir une espérance absolue dans l'avenir.

En brisant le joug des préjugés anciens, la science est appelée à rendre aux hommes, après une période d'agitation et d'angoisse, le calme et la sérénité. Elle les affranchira des craintes et des espérances chimériques, elle les empêchera de se prosterner devant les forces surnaturelles et d'invoquer leur secours. Elle leur apprendra que l'humanité porte en soi sa raison d'être : le travail est son moyen et le progrès son but.

PATHOLOGIE COMPARÉE
DE L'HOMME ET DES ANIMAUX

PAR

P.-J. CADIOT
Professeur à l'École d'Alfort,
Membre de l'Académie de médecine.

H. ROGER
Professeur à la Faculté de Paris,
Membre de l'Académie de médecine.

Objet et division de la pathologie comparée. — Évolution des lésions traumatiques. — Complications des plaies. Suppuration. Pyémies. Septicémies. Gangrènes. — Maladies infectieuses communes à l'homme et aux animaux. Fièvres éruptives. Diphtérie et affections pseudo-membraneuses. Charbon. Morve. Rage. Mélitococcie. Tuberculose. Pseudo-tuberculoses. — Parasites végétaux et mycoses. — Parasites animaux. — Intoxications. — Diathèses. Hérédité. Maladies évolutives et involutives. — Tumeurs. — Affections des organes, des appareils et des systèmes. Affections du sang, des appareils circulatoire, respiratoire, digestif, urinaire. Hémoglobinurie. Affections du système nerveux. Affections cutanées. — Résumé.

Objet et division de la pathologie comparée. — La pathologie comparée, envisageant les troubles morbides dans toute la série des êtres, devrait partir des individus inférieurs, unicellulaires, et remonter peu à peu jusqu'aux types les plus élevés; étudiant simultanément ce qui se passe chez les végétaux et chez les animaux, elle arriverait à discerner ce qui est commun à toutes les cellules vivantes, ce qui est propre à quelques-unes d'entre elles. La pathologie des éléments primordiaux, dont les résultats auraient une portée générale, servirait d'introduction à la pathologie des tissus et des viscères; on verrait ainsi quelles variations surviennent dans les parties similaires chez les différents individus; on serait conduit à étudier successivement la résistance de tous les êtres vivants à une même cause pathogène et à comparer les réactions des organes et des tissus homologues.

Une telle étude, qui aurait un intérêt philosophique considérable, ne peut être entreprise à l'heure actuelle; on possède trop peu de documents pour tenter une semblable synthèse; il faut se borner à faire de l'analyse. C'est ce qui nous a conduits à diviser le sujet en deux parties : la première sera consacrée aux maladies de l'homme et des animaux supérieurs; la seconde envisagera les réactions morbides chez les végétaux. Nous laisserons de côté les maladies des animaux inférieurs, non que leur étude soit négligeable, mais les quelques notions que nous possédons sont encore bien incomplètes et les résultats obtenus, soit en recherchant la phagocytose chez les Invertébrés, soit en étudiant les maladies des Insectes (Vers à soie, Abeilles), des Mollusques et des Crustacés, seront exposés à propos des infections, des intoxications, des tumeurs.

Ainsi délimité, le sujet que nous aborbons est encore bien vaste et bien difficile. Trop souvent les auteurs de médecine vétérinaire se sont contentés d'adapter à l'étude des maladies animales les descriptions de la pathologie humaine; un même terme s'est trouvé appliqué à des processus fort disparates : la chorée du chien, la fièvre typhoïde, l'influenza et la gourme du cheval, n'ont aucun rapport avec les affections de l'homme désignées sous ces mêmes noms; il en résulte des confusions continuelles qui rendent malaisée toute comparaison.

Cependant l'étude de la pathologie comparée, poursuivie avec soin par quelques auteurs [1], a déjà conduit à des notions générales fort importantes. Tandis que les animaux sauvages, rarement frappés par les infections ou les intoxications, sont surtout sujets aux lésions traumatiques et au surmenage que leur impose la nécessité d'attraper leur proie ou de fuir devant leurs ennemis, les animaux domestiques sont exposés aux mêmes causes pathogènes que l'homme; le travail auquel ils sont assujettis, la vie dans des espaces clos, la nourriture insuffisante, excessive ou mal appropriée [2], la contamination des aliments, de l'eau ou de l'air par une foule d'agents infectieux ou toxiques, le contact avec d'autres animaux et avec l'homme, expliquent suffisamment leur plus grande morbidité. Mais toutes les espèces domestiques ne sont pas également atteintes : les maladies sont d'autant plus nombreuses que l'être est plus élevé, c'est-à-dire plus complexe, et qu'il appartient à une race plus cultivée, partant moins résistante.

Les mêmes considérations peuvent s'appliquer à l'histoire des lésions congénitales, des dégénérescences de race, des diathèses, des affections héréditaires. Les individus qui naissent avec une tare sont en général destinés à périr rapidement dans les cas de sélection naturelle; ils peuvent survivre, au contraire, s'il s'agit d'animaux domestiques; aussi l'hérédité

(1) LARCHER, *Mélanges de pathologie comparée et de tératologie*. Paris, 1878. — Art. PATHOLOGIE COMPARÉE. *Dict. encyclop. des sc. méd.*, 2e série, t. XXI, p. 001, 1885.
BORDIER, *Pathologie comparée de l'homme et des êtres organisés*. Paris, 1889.
FRIEDBERGER et FRÖHNER, *Pathologie et thérapeutique spéciales des animaux domestiques* (trad. Cadiot et Ries). Paris, 2 vol., 1891-1892.
GALTIER, *Traité des maladies contagieuses des animaux domestiques*. Paris, 2 vol., 1891-1892.
GEDOELST, *Traité de microbiologie appliquée à la médecine vétérinaire*. Lierre, 1892.
NOCARD et LECLAINCHE, *Les maladies microbiennes des animaux*. 2e édit., Paris, 1902.
CADÉAC, *Pathologie interne des animaux domestiques*, 2e édit. Paris, 1905-1912.
HUTYRA und MAREK, *Specielle Pathologie und Therapie der Haustiere*. Iéna, 1910.

(2) Les fauves des ménageries succombent souvent à une cachexie qui tient simplement à leur nourriture exclusivement composée de viande; dans les conditions naturelles, leur instinct les conduit à dévorer les entrailles des herbivores, où ils puisent les aliments végétaux nécessaires à leur nutrition.

morbide existe-t-elle chez eux comme chez l'homme. Nous avons donc grand intérêt à connaître les maladies des êtres qui nous entourent; leur étude importe également au médecin, qui y trouve des éclaircissements pour la pathologie humaine, à l'hygiéniste, qui y puise des indications pour la prophylaxie, à l'expérimentateur, qui en tire des idées pour ses recherches.

Les lésions traumatiques et leurs conséquences. — Chez les animaux moteurs, les différents tissus sont fréquemment lésés par les agents traumatiques les plus divers ou atteints d'altérations consécutives à la fatigue.

Chez le cheval, en particulier, on observe communément des ténosites, des myosites, des ostéo-périostites provoquées par les efforts du travail ou le surmenage. Les jeunes animaux, surtout les poulains, sont atteints de rétractions tendineuses avec déviation des rayons osseux qui cèdent aux moyens orthopédiques ou nécessitent la ténotomie. Les entorses, les hydarthroses, les hydropsies des synoviales tendineuses sont communes chez les animaux de travail. Chez le cheval, on trouve parfois dans ces lésions des grains riziformes, qui n'ont rien de commun avec la tuberculose, laquelle est extrêmement rare chez les Équidés. Les affections aiguës ou chroniques des articulations inférieures des membres, comme celles des tendons fléchisseurs du pied — organes qui amortissent les réactions — sont particulièrement fréquentes chez les chevaux de course. De même l'ostéo-périostite et les exostoses des rayons inférieurs des membres, dont les grandes causes sont le surmenage locomoteur et l'hérédité, — celle-ci transmettant certains vices de constitution, une miopragie ou une irritabilité anormale du tissu osseux qui prédispose à ces lésions.

Les contusions peuvent amener de vastes épanchements de sérosité et d'huile, qui sont fréquents chez le cheval et occupent d'ordinaire soit la région abdominale, soit l'une des parties supérieures des membres. Chez les chevaux de trait, les pressions exercées par l'avaloire sont la cause habituelle de ceux qui siègent sur la fesse et la face externe de la cuisse. — Les plaies de la trachée, de l'ars, de l'aine, peuvent s'accompagner d'un emphysème traumatique, parfois fort étendu.

L'évolution des lésions traumatiques est identique chez tous les animaux; la réparation se fait par des processus analogues. Contrairement à une opinion longtemps accréditée, les fractures se consolident chez les animaux comme chez l'homme. Dans les petites espèces, chez le chien et le chat notamment, les fractures des membres guérissent facilement, même sans l'application de bandages. Dans les autres, la seule difficulté est d'obtenir l'immobilisation.

Les complications des plaies sont semblables, mais diffèrent par leur fréquence. Il est rare d'observer des réactions nerveuses graves; la syncope ne se produit que très exceptionnellement, de même le choc traumatique. — Les hémorragies persistantes ne se rencontrent guère que chez les animaux atteints d'affections dyscrasiques : chez les sujets hémophiliques ou leucémiques, la moindre plaie, accidentelle ou opératoire, peut donner lieu à des pertes de sang parfois considérables et difficiles à arrêter.

Suppuration. Pyémies et septicémies. Gangrènes. — De toutes les complications traumatiques, les plus importantes sont de nature infectieuse. L'asepsie est difficile à réaliser chez les animaux; aussi observe-t-on presque toujours des fièvres traumatiques, souvent de la suppuration, parfois des pyémies ou des septicémies et, dans quelques cas, la gangrène gazeuse ou le tétanos.

La suppuration, fréquente chez le cheval, encore assez commune chez le mouton et le porc, est plus rare chez le chien, le chat, le bœuf et les oiseaux. Dans la plupart des espèces, elle est surtout l'œuvre des staphylocoques et, plus rarement, des streptocoques, comme le montrent les chiffres suivants :

	KARLINSKI (1).		OBS. PERSONNELLES.		TOTAL.
	Mammifères.	Oiseaux.	Cheval.	Chien.	
Staphylococcus aureus	25	15	10	8	58
— albus	15	11	20	16	62
— citreus	5	14	»	»	19
— aureus et albus	»	»	10	12	22
Streptococcus pyogenes	23	11	6	2	42
Staphylococcus et streptococcus	»	»	7	3	10
Micrococcus tetragenus	9	10	»	»	19
B. pyogenes fœtidus	4	10	»	»	14
B. pyocyaneus	»	»	3	3	6
	81	71	56	44	252

Chez les solipèdes, la suppuration est provoquée par le streptocoque gourmeux et par les mêmes staphylocoques que chez l'homme, notamment par le *Staphylococcus albus*. — Les caractères qu'affecte la suppuration chez les Bovidés sont liés aux microbes spéciaux qui la déterminent : un streptocoque, un staphylocoque et trois bacilles : *B. pyogenes*, *B. liquefaciens*, *B. crassus* (Lucet).

Ainsi que chez l'homme, on trouve souvent plusieurs espèces bactériennes réunies dans un même foyer. Comme chez lui encore, on peut observer, sous l'influence de ces mêmes microbes pyogènes, des infections plus ou moins graves, notamment des *septicémies* et des *pyémies*. Le cheval et le chien sont atteints de septicémies à marche rapide relevant du streptocoque.

Le streptocoque joue aussi le principal rôle dans les *infections puerpérales*. Chez la vache, la *fièvre vitulaire* affecte deux formes bien différentes. L'une d'elles est une véritable septicémie streptococcique, qui

(1) KARLINSKI. Statistischer Beitrag zur Kenntniss des Eiterungserreger bei Menschen und Thieren. *Centralbl. für Bakteriologie*. Bd. VII, p. 113, 1890.

survient généralement deux ou trois jours après le part; elle est due à une délivrance incomplète, à l'emploi d'instruments sales, à la contagion; la mortalité, très élevée, atteint de 50 à 70 pour 100. L'autre, désignée sous le nom de *fièvre vitulaire paralytique*, semble être une toxi-infection d'origine mammaire, dont la guérison est généralement obtenue par l'injection dans les mamelles d'une solution iodurée, de liquides antiseptiques divers ou simplement d'air.

Les infections septico-pyémiques peuvent atteindre le fœtus sans que la mère soit manifestement malade; c'est le cas pour l'*avortement épizootique*. Assez commun chez la vache, où il est connu depuis longtemps, on l'observe également chez la jument ainsi que dans les espèces ovine et porcine. La contagion paraît s'opérer d'ordinaire, sinon toujours, par les voies génitales. On a cité quelques faits tendant à établir la transmission possible à la femme. Dans l'espèce caprine, l'avortement enzootique relève fréquemment de la mélitococcie.

Les arthrites puerpérales et certaines arthropathies dites rhumatismales sont particulièrement signalées chez les bêtes bovines. Les nouveau-nés, les veaux, les poulains, les agneaux, peuvent être atteints de *polyarthrites pyémiques*, longtemps confondues avec le rhumatisme articulaire aigu et sévissant parfois sous forme enzootique. Ces lésions articulaires ont pour point de départ la suppuration des vaisseaux ombilicaux, et relèvent soit d'une association microbienne (Uffreduzzi), soit du streptocoque (Nocard, de Saint-Germain) ou de la pasteurella (Nocard).

En dehors de la puerpéralité, on peut observer, chez le cheval surtout, l'*infection purulente* à la suite des plaies suppurantes, profondes et anfractueuses, en particulier de celles qui sont entretenues par la nécrose des os, des tendons, des lames aponévrotiques, par les synovites ou les arthrites purulentes. Il s'agit, en général, d'une infection streptococcique.

La *vaginite contagieuse*, qui sévit sur les vaches, notamment en Allemagne et en Suisse, est une maladie spéciale, différente de l'exanthème coïtal, provoquée par un streptocoque à courtes chaînettes qui pullule dans le mucus vaginal des malades. Elle entraîne presque toujours l'infécondité ou l'avortement.

Ce sont aussi des streptocoques que l'on trouve dans la plupart des lésions infectieuses de la mamelle. Dans une forme de la *mammite des vaches laitières*, Nocard et Mollereau ont décelé un streptocoque particulier qui se transmet par les mains du trayeur. C'est au contraire à une variété de staphylocoque (Nocard) qu'il faut attribuer la *mammite gangreneuse* des brebis, encore désignée sous le nom d'*araignée*. Ce microbe, sorte de staphylocoque adapté, dont la présence dans la mamelle paraît constante, ne provoque la mammite qu'à la faveur de quelque lésion interne de l'organe, produite par le soubattage tel que le pratiquent certains trayeurs inhabiles ou brutaux. Atténué dans des cultures exposées de trois à quatre mois à une température de

37 degrés et injecté sous la peau, il confère à la brebis une immunité qui persiste au moins trois ans [1].

Agents importants des lésions suppuratives ou pyémiques, les divers streptocoques affectent des caractères un peu variables, de telle sorte qu'il est impossible de décider actuellement s'il faut les considérer comme des races différentes d'une même espèce ou comme plusieurs espèces distinctes. La question est d'autant plus difficile à trancher qu'on n'est pas encore arrivé à s'entendre pour les quelques variétés de streptocoques qu'on rencontre chez l'homme.

S'il produit souvent de la suppuration, le streptocoque détermine rarement de l'*érysipèle* chez les animaux. On en a pourtant observé des cas chez le cheval, le bœuf, le chien, et l'on peut facilement reproduire la maladie chez le lapin; seulement, le plus souvent, les éruptions cutanées d'apparence érysipélateuse sont dues à des staphylocoques, notamment au staphylocoque blanc.

Parmi les autres infections à streptocoques, mentionnons encore la maladie du sommeil, qui sévit sur les poules, sans doute aussi dans d'autres espèces aviaires. Elle est provoquée par un streptocoque spécial (*S. capsulatus gallinarum*), aéro-anaérobie, cultivable sur tous les milieux, pathogène pour la poule, le pigeon et divers petits animaux.

Fréquentes chez les mammifères et les oiseaux, très diversifiées dans leurs formes, sporadiques ou enzootiques, les *septicémies hémorragiques* ont été attribuées d'abord à la *bactérie ovoïde* (Hueppe). On sait que celle-ci végète à l'état saprophytique dans le milieu extérieur, très répandue dans le sol, les eaux, les aliments, dans le tube digestif et sur les différentes muqueuses exposées des animaux sains, et qu'elle devient facilement pathogène sous l'influence de conditions multiples encore indéterminées. Se basant sur des constatations bactériologiques, Lignières a rangé ces septicémies en deux groupes principaux : les *Pasteurelloses*, dont les agents pathogènes (*pasteurella*) ont pour type le microbe du choléra des poules, et les *Salmonelloses*, rapprochées du *hog choléra*, provoqué par la bactérie de Salmon. Parmi les affections classées dans le premier groupe, signalons : pour le cheval, la *maladie typhoïde* et les *pneumonies*; — pour le bœuf, la *pneumo-entérite*, la *pleuro-pneumonie septique* et la *diarrhée des veaux*, l'*entéqué* qui sévit dans l'Amérique du Sud; — pour le chien, la *maladie du jeune âge* et le *typhus*. Mais nombre de ces affections relèvent en réalité de microbes filtrants ou de bactéries autres que la *pasteurella*. — Diverses septicémies hémorragiques plus ou moins analogues au choléra des poules et encore incomplètement étudiées sont rencontrées dans les espèces aviaires.

Des septicémies hémorragiques on peut rapprocher le *rouget du porc*. Cette infection est transmissible à l'homme et revêt chez lui les mêmes caractères que chez le porc. Dans la plupart des faits, la maladie

(1) BRIDRÉ, La mammite gangreneuse des brebis laitières; pathogénie; vaccination. *Bull. Soc. Vét.*, 1907, p. 500.

a été constatée sur des vétérinaires qui s'étaient infectés pendant la vaccination. Après une période d'incubation de douze heures à trois jours, le point d'inoculation s'entoure d'une tuméfaction chaude, douloureuse, avec teinte rouge bleuâtre de la peau. Le sérum spécifique possède une action curative très nette [1]. Nevermann a rapporté un cas mortel de rouget chez un vétérinaire qui, porteur d'une plaie au doigt, s'était inoculé accidentellement avec une culture.

Parmi les septicémies, il convient de signaler encore la *fièvre pétéchiale* ou *anasarque* du cheval. Assimilée en Angleterre au purpura hémorragique, elle survient soit comme complication d'un trauma suppurant, soit à la suite de la gourme, de la fièvre typhoïde, des pneumonies et de quelques autres maladies infectieuses. L'agent pathogène est habituellement le streptocoque. — Citons encore diverses affections dues à des microbes plus ou moins analogues au *proteus*.

Il existe chez les Poissons et les Batraciens des septicémies transmissibles aux mammifères; le *B. hydrophilus fuscus* [2], par exemple, est également pathogène pour les poissons, la grenouille, le lapin et le cobaye.

Un grand intérêt s'attache aux maladies causées par le *B. coli communis*. Ce microbe, qui se rencontre dans le tube digestif de presque tous les Mammifères, provoque des infections assez variées dans leur physionomie clinique; il peut être pyogène chez toutes les espèces et représente la cause principale des péritonites par perforation, des angiocholites suppurées, des septicémies d'origine intestinale. On voit fréquemment les lapins succomber à une diarrhée abondante, et l'on reconnaît à l'examen bactériologique que les accidents sont dus au *Bacillus coli*, qui a envahi leur organisme.

Des infections coli-bacillaires multiples, fort disparates, sont observées chez les mammifères et les oiseaux. Mentionnons principalement : la *diarrhée* et la *septicémie des veaux*, le *coryza gangreneux* des bovidés, les *septicémies* du furet, de la poule, du faisan. C'est un microbe voisin du coli-bacille qui provoque la maladie infectieuse des perroquets et des perruches désignée sous le nom de *psittacose*. Elle se communique assez facilement à l'homme et se traduit par une broncho-pneumonie rapidement mortelle.

Le tube digestif sert d'habitat à d'autres bactéries pathogènes. Chez le cheval, on y trouve le bacille de la *gangrène gazeuse*, et celui du *tétanos*. Ces deux microbes anaérobies, répandus en abondance à la surface du sol, envahissent facilement les plaies anfractueuses, souillées de terre ou de poussière, trouvant dans les tissus contus ou mortifiés un milieu favorable à leur développement. Les maladies dont ils sont les facteurs peuvent se propager au moyen des instruments malpropres;

(1) WELZEL, Ein Fall von Schweinerotlauf bein Menschen und dessen Heilung durch Schweinerotlaufserum. *München. med. Wochenschr.*, 1907, p. 2482.

(2) SANARELLI, Ueber einen neuen Mikroorganismus des Wassers. *Centralblatt für Bakteriologie*, B. IX, S. 195, 1891. — ROGER, Une épizootie observée chez des grenouilles. *Bull. de la Soc. de Biol.*, 8 juillet 1893.

elles peuvent se transmettre aux herbivores, plus rarement aux carnassiers, quelquefois à l'homme. Le tétanos est particulièrement fréquent dans les pays tropicaux, où il survient communément à la suite des opérations pratiquées sur les Equidés et cause une forte mortalité. Aujourd'hui, ces infections peuvent être conjurées par l'emploi des sérums spécifiques. Le sérum antitétanique injecté à titre préventif est d'une efficacité absolue chez le cheval.

Le *charbon symptomatique*, bien étudié par Arloing, Cornevin et Thomas(1), est une infection analogue à la gangrène gazeuse. Bien que les différences entre les deux agents pathogènes soient assez légères, on tend à considérer ces maladies comme distinctes et l'on admet que, contrairement à la gangrène gazeuse, le charbon symptomatique ne se transmet pas à l'homme. — La maladie infectieuse connue dans la République Argentine sous le nom de « *Mancha* », qui sévit sur les jeunes Bovidés, se rapproche du charbon symptomatique par ses caractères cliniques et anatomo-pathologiques(2).

Fièvres éruptives. — L'histoire des *fièvres éruptives* constitue un chapitre intéressant de la pathologie comparée.

La *rougeole* et la *scarlatine* semblent spéciales à l'homme, mais sont transmissibles à certains singes. Les recherches récentes poursuivies sur la scarlatine ont une importance considérable, car elles ont prouvé définitivement qu'un streptocoque plus ou moins différencié n'est pas la cause de l'infection (Cantacuzène, Landsteiner et Levaditi).

C'est surtout sur les *maladies varioliformes* que les auteurs ont discuté. Il en est une qui est commune aux animaux et à l'homme, ou plutôt qui est transmissible à ce dernier, c'est la *vaccine*. A peine est-il besoin de rappeler que le *horse-pox* du cheval s'inocule à la vache, que le *cow-pox* s'inocule à l'homme et qu'ensuite il peut faire retour à la vache et au cheval. Quant aux relations qui existent entre la vaccine et la variole humaine, elles sont encore discutées actuellement. A la suite des travaux de Eternod et Haccius, de Fischer, les unicistes ont paru triompher. Mais les recherches de Pourquier, de Juhel-Rénoy et Dupuy, de Kelsch, de Teissier et Duvoir ont ramené aux idées dualistes soutenues depuis longtemps par Chauveau. S'il peut rester quelque doute sur cette question, il n'en existe pas pour les autres infections qu'on a voulu rapprocher de la variole humaine; on s'accorde de plus en plus à y voir des maladies distinctes, de telle sorte qu'il faut admettre aujourd'hui, dans le genre variole, les espèces suivantes :

La *variole humaine*, inoculable au singe, au cheval, au bœuf, au porc, au mouton, à la chèvre, au chien, au lapin.

La *variole équine* et *bovine* (*horse-pox* et *cow-pox*), inoculable à l'homme (*vaccine*), au singe, au jeune chien, au porc et au lapin.

(1) ARLOING, CORNEVIN et THOMAS, *Le charbon symptomatique*. Paris, 1887, 2e édit.

(2) LIGNIÈRES et BIDART, Contribution à l'étude de la maladie connue en Argentine sous le nom de « Mancha ». *Archives de méd. exp. et d'Anat. pathol.*, 1903, p. 527.

La *variole porcine*, inoculable à l'homme, à la chèvre (Gerlach), et à laquelle on a attribué une origine tantôt humaine, tantôt ovine.

La *clavelée*, spéciale aux Ovidés, mais qui peut se transmettre par contact ou par inoculation au bœuf, au cheval, au porc, même à l'homme (Schmidt), tandis qu'elle épargne la chèvre,

La *variole de la chèvre*, qui est très rare et ne s'inocule pas au mouton.

La *maladie des chiens*, rangée naguère dans les pasteurelloses (Lignières), paraît être déterminée, comme la variole humaine et la vaccine, par un virus filtrant (Carré et Vallée). Elle consiste en une phlegmasie catarrhale des voies respiratoires et de la muqueuse oculaire avec ou sans éruption cutanée; elle se complique fréquemment de pneumonie, d'inflammations viscérales, de méningo-encéphalite ou de méningo-myélite. Ce qui lui donne un grand intérêt, c'est qu'elle laisse souvent, à sa suite, des affections nerveuses chroniques, notamment des parésies et des tics.

La *maladie des chats* semble identique à la précédente et frappe également les jeunes sujets.

La *gourme du cheval*, considérée par quelques auteurs comme la variole de cet animal (Viborg, Toggia, Trasbot), est en réalité une maladie spéciale, généralement attribuée, depuis les recherches de Schütz, au *Streptococcus equi*. Caractérisée par une phlegmasie des voies respiratoires supérieures avec abcédation des ganglions sous-glossiens, elle peut se compliquer de broncho-pneumonie, donner lieu à des abcès multiples, à des suppurations abondantes qui parfois finissent par entraîner la mort. Au cours de la gourme, on observe des éruptions ortiées, naguère encore confondues avec le *horse-pox*.

La *fièvre aphteuse*, qui frappe les Bovidés, les moutons, les chèvres, les porcs, semble due à un virus filtrant. Elle peut se transmettre à l'homme, comme l'avaient déjà établi les recherches de Adami (1695), Steurlin (1707), Michel Sagar (1763-65). On trouve la confirmation de ce fait dans la coexistence fréquente d'épidémies et d'épizooties, dans l'inoculation accidentelle chez des bouchers et des garçons de ferme, dans les nombreux cas dus à l'usage du lait, qui n'est pas virulent par lui-même, mais le devient par son mélange avec le liquide des pustules développées sur les trayons. Bertarelli a donné de cette transmission la preuve expérimentale en reportant sur les bovidés la maladie aphteuse de l'homme [1].

Diphtérie et affections pseudo-membraneuses. — Les derniers travaux bactériologiques ont établi que les affections pseudo-membraneuses peuvent être produites par les microbes les plus divers, de telle sorte que, chez l'homme, à côté de la diphtérie due au bacille

[1] Bertarelli, Uebertragung der Maul-und Klanenseuche auf den Menschen und Wiederimpfung der menschliche Krankheit auf die Rinder. *Centralblatt f. Bakteriologie. Originale*, 1908. Bd. XLV, p. 628.

de Lœffler, il existe des affections analogues, par leurs caractères objectifs, qui relèvent d'autres agents, notamment du streptocoque.

Chez les animaux, les résultats sont semblables : les bactéries les plus diverses peuvent déterminer des fausses membranes, mais presque jamais on n'y a décelé le bacille de Lœffler. Maints auteurs ont soutenu cependant que la diphtérie aviaire est identique à la diphtérie humaine et ont cité des cas de contagion réciproque([1]). Aucune des observations publiées n'autorise une semblable affirmation. Les produits virulents d'origine aviaire peuvent déterminer chez l'homme des angines banales, mais non, semble-t-il, la véritable diphtérie.

En étudiant les fausses membranes des oiseaux malades, on a rencontré plusieurs espèces de parasites. Le plus souvent ce sont des bâtonnets à extrémités arrondies, découverts par Lœffler chez le pigeon, retrouvés par Eberlein chez la perdrix et qui, d'après Loir et Ducloux ([2]), peuvent produire chez l'homme des lésions pseudo-membraneuses. Ces bacilles pullulent dans les fausses membranes, dans les viscères et dans le sang, ce qui suffirait déjà à les différencier du véritable bacille diphtérique; ils s'en distinguent d'ailleurs par les caractères de leur culture et par leur action pathogène : très virulents pour la poule, le pigeon, le dindon, le canard, le lapin, ils sont inoffensifs pour le cobaye et les Bovidés.

Quelques auteurs y ont trouvé soit des Grégarines ou des Flagellés (Pfeiffer), soit des Cercomonades (Rivolta chez la poule, Zürn chez le pigeon). Dans les cas de diphtérie grégarineuse, le tégument cutané est souvent atteint de végétations tuberculiformes, qu'on a voulu identifier au *Molluscum contagiosum* de l'homme.

D'après les travaux de Guérin, la diphtérie aviaire serait une pasteurellose. Cet auteur a préparé un vaccin pasteurellique qui pourrait être employé efficacement, à titre préventif, chez les oiseaux âgés de quelques semaines seulement. — Les récentes recherches de Bordet et Fally semblent établir que le véritable agent de cette maladie est un microbe extrêmement petit et immobile, ne se développant pas sur les milieux ordinaires stérilisés à l'autoclave, ne végétant que sur des milieux de culture délicats, riches en sang défibriné ([3]).

Il existe des affections diphtériques chez différents Mammifères, notamment chez les Bovidés. Dammann a soutenu que la diphtérie du veau est identique à celle de l'homme, sans d'ailleurs apporter aucune preuve à l'appui de son opinion. Klein a prétendu que le chat et la vache peuvent être atteints par le bacille de la diphtérie humaine et servent

([1]) Il n'est pas inutile de faire remarquer, à ce propos, que sous le nom de diphtérie aviaire, on a réuni des lésions fort disparates, dont quelques-unes, caractérisées par des masses caséeuses occupant le foie, ressortissent en réalité à la tuberculose.

([2]) Loir et Ducloux, Contribution à l'étude de la diphtérie aviaire en Tunisie. *Annales de l'Institut Pasteur*, août 1894.

([3]) Bordet et Fally, Le microbe de la diphtérie des poules. *Annales de l'Institut Pasteur*, 1910, p. 563.

aussi à propager la maladie. Cette conception ne peut être acceptée sans réserve, car les recherches de Lœffler ont démontré, dans la diphtérie bovine, la présence d'un bacille différent de celui qu'on rencontre habituellement chez l'homme, et, d'autre part, les expériences de Vladimirow (1) ont établi que le bacille de la diphtérie humaine, peu pathogène pour les Bovidés, ne se transmet pas par le lait. Aussi, dans l'état actuel de la science, est-on porté à conclure que les diphtéries des Oiseaux, des Bovidés et de l'homme sont dues à des agents différents. Et, si l'expérimentation démontre qu'on peut inoculer le bacille de Lœffler à quelques animaux, aucune observation n'établit nettement sa transmissibilité dans les conditions habituelles de la vie.

Le *bacille de la suppuration caséeuse* ou *bacille de Preisz-Nocard* se rapproche, par ses caractères morphologiques, du bacille diphtérique. Comme celui-ci, il élabore une toxine extrêmement active, qui tue les animaux d'expérience en provoquant des lésions congestives intenses. Il suscite chez les animaux, notamment chez le cheval, le bœuf, le mouton et le porc, des infections à caractères fort disparates. Dieckerhoff et Grawitz ont établi qu'il est l'agent de la dermite pustuleuse contagieuse du cheval; Preisz et Guinard l'ont trouvé dans une pseudotuberculose du mouton; Nocard, dans une lymphangite suppurée du cheval; Bridré, Carré et d'autres auteurs dans plusieurs affections du mouton s'accompagnant d'adénites suppurées ou d'abcès sous-cutanés.

Le *bacille de la nécrose* (Lœffler) détermine chez les animaux des lésions à caractères très variables selon son degré de virulence et les tissus affectés : — des lésions diphtéroïdes des muqueuses, de la nécrose des divers tissus et des parenchymes, des abcès de l'hypoderme et des viscères. Il est l'agent d'un grand nombre d'affections d'abord attribuées aux microbes pyogènes ordinaires. Chez le cheval et le bœuf, on le trouve dans les exsudats diphtériques de l'intestin, les gangrènes cutanées des régions inférieures des membres et de la queue, dans beaucoup de foyers nécrotiques ou purulents. Chez les petits animaux, il est le facteur de nombreuses lésions nécrotiques de la peau, des muqueuses et des autres tissus. Chez le chien, il provoque des plaques de dermite phlegmoneuse simulant celles de la gale folliculaire pustuleuse.

Infections diverses. — Les progrès de la pathologie expérimentale ont permis d'inoculer aux animaux la plupart des infections humaines. C'est surtout depuis qu'on opère sur les singes et spécialement sur les anthropoïdes que l'on a pu augmenter, dans des proportions considérables, le nombre des résultats positifs; mais dans les conditions habituelles de l'existence la transmission est assez rare. On a cité des cas de *lèpre* chez des chats, voire chez des perroquets vivant dans les

(1) Vladimirow, Du lait dans l'étiologie de la diphtérie. *Archives des sciences biologiques*, t. III, p. 58, Saint-Pétersbourg, 1894.

asiles de lépreux. On dit que, dans certaines contrées où la maladie est très répandue, les poissons des lacs sont atteints de nodosités lépreuses qui déforment la tête.

Diverses maladies exotiques semblent aussi transmissibles de l'homme aux animaux. La *peste* décime les rats habitant les maisons des individus infectés, et Yersin a obtenu des résultats positifs en inoculant à ces Rongeurs des cultures du microbe qu'il a découvert.

Les affections décrites sous le nom de *pestes* dans les diverses espèces animales — la *peste du cheval* (*horse-sickness*), qui sévit dans l'Afrique Australe où elle a été d'abord confondue avec le charbon et la piroplasmose; la *peste bovine*, qui règne en permanence dans les steppes de la Russie; la *peste porcine*, répandue dans les deux mondes et assez souvent associée à la pneumo-entérite; la *peste aviaire* — sont provoquées par des virus filtrants et, par conséquent, radicalement différentes de la peste humaine.

Les épidémies de *grippe* ont appelé l'attention sur la transmissibilité de cette maladie aux animaux. Olivier a cité des cas de contagion chez le chat; Sisley a soutenu que les épidémies humaines coexistent avec des épizooties équines. Mais si le cheval et les autres animaux sont sujets, comme l'homme, à des inflammations catarrhales de la muqueuse respiratoire, pouvant revêtir le caractère épidémique, — affections saisonnières décrites sous le nom de catarrhe laryngo-trachéal ou de grippe, — la transmission de la grippe humaine aux espèces animales reste à démontrer.

Quant à la maladie désignée chez le cheval sous les nom d'*influenza*, de *fièvre typhoïde*, *fièvre rouge*, *fièvre catarrhale*, elle n'a rien à voir avec notre grippe. C'est une affection contagieuse, qui s'accuse par une réaction fébrile intense, de la stupéfaction, et se complique parfois de pneumonie, de myocardite, d'entérite, d'accidents nerveux, de congestion des quatre pieds (fourbure). La mortalité est, en général, faible (2 à 5 pour 100). Dans les agglomérations de chevaux, quand elle sévit de concert avec la gourme, ce qui est assez fréquent, la proportion des cas de mort peut s'élever considérablement. — L'autopsie révèle des congestions viscérales et de la tuméfaction des plaques de Peyer, sans ulcération. Si les différences anatomiques n'ont pas semblé suffisantes pour faire rejeter toute assimilation entre la fièvre typhoïde du cheval et celle de l'homme, les recherches bactériologiques ont tranché définitivement la question. Jamais on n'a trouvé le bacille d'Eberth chez les animaux, et si, dans un cas, Perroncito a cru rencontrer chez le cheval un bacille analogue, il semble, d'après les renseignements fournis par l'auteur, qu'il s'agissait plutôt d'une forme anormale du *Bacillus coli*. Nous avons dit que, d'après Lignières, la maladie typhoïde du cheval serait une pasteurellose; mais ces résultats n'ont pas été confirmés. Les récentes recherches de Basset semblent établir que l'agent de cette infection rentre dans le groupe des virus filtrants.

Particulièrement fréquent dans certaines régions, considéré parfois comme une pasteurellose, le *typhus du chien* ou « maladie de Stuttgard » est une gastro-entérite hémorragique, souvent mortelle, dont l'agent pathogène est inconnu.

Charbon. — Parmi les maladies infectieuses communes aux hommes et aux animaux, et qui se transmettent des uns aux autres, les plus importantes sont le charbon, la morve, la rage, la mélitococcie, la tuberculose ([1]).

La dénomination de charbon s'applique aux différentes manifestations consécutives à l'introduction dans l'organisme et à la pullulation de la *bactéridie*, que Rayer et Davaine ont découverte en 1850. Ce qui donne à cette maladie infectieuse un puissant intérêt, c'est qu'elle a suscité d'innombrables recherches expérimentales qui en ont presque complètement élucidé l'étiologie et la physiologie pathologique.

L'animal le plus communément atteint est le mouton, chez lequel la maladie a été longtemps désignée sous le nom de *sang de rate*. Toutes les races n'y sont pas également sensibles; les moutons d'Algérie y sont réfractaires (Chauveau). La fréquence du charbon dans l'espèce bovine varie suivant les contrées; elle est assez grande en Algérie, en Allemagne, en diverses régions de la France. En certains pays, notamment en Russie, les chevaux ne sont pas épargnés. Les herbivores sauvages : chevreuils, daims, cerfs, sont parfois atteints. Les carnassiers, bien qu'assez résistants, ne sont pas complètement à l'abri. Telles sont les données concernant le charbon spontané, c'est-à-dire survenu en dehors de toute inoculation. Dans les laboratoires, on arrive, par divers artifices, à communiquer l'infection à tous les animaux, y compris les Oiseaux et les Batraciens.

C'est au contact des animaux que l'homme contracte le plus souvent le charbon. Tandis que chez lui la bactéridie reste généralement cantonnée au point d'inoculation, déterminant une lésion locale souvent curable, la pustule maligne, chez les animaux l'infection se généralise rapidement et la mort est presque fatale. La statistique allemande de 1888 montre que, sur 2457 animaux charbonneux, on ne put sauver que 67 bœufs et 2 porcs.

Le charbon, qui a causé de si grands ravages en certaines contrées, notamment dans la Beauce, où il a tué jusqu'à 20 pour 100 de la population ovine, provoquant une perte annuelle de 7 à 8 millions de francs, tend à disparaître aujourd'hui grâce à l'usage des vaccinations préventives, et l'on peut espérer qu'un jour il finira par s'éteindre.

Morve. — La *morve* est une maladie des Équidés. L'âne et le mulet y sont encore plus sensibles que le cheval. La brebis, la chèvre, le mouton, contractent assez facilement cette infection. Les Bovidés y sont complètement réfractaires. Le porc et le chien sont assez résistants;

([1]) ROGER, Maladies infectieuses communes à l'homme et aux animaux. *Traité de médecine*, 2e édit., t. I, p. 633-841. Paris, 1891.

au contraire le chat et les petits Rongeurs, cobaye ou souris, sont réceptifs et souvent utilisés pour les inoculations expérimentales.

La transmission à l'homme, signalée par Osiander en 1783, Delabère-Blaine en 1803, Hameau en 1811, a été définitivement établie par Elliotson (1833) et par Rayer (1837).

La découverte du bacille spécifique (Bouchard, Capitan et Charrin, Lœffler et Schütz) a fait entrer la question dans la voie scientifique. L'usage de la malléine, dont les propriétés ont été étudiées par Kalning, Preusse et Pearson, Helman, Nocard, en permettant de diagnostiquer la maladie sous ses formes frustes, qui sont communes, a fourni le moyen de lutter très efficacement contre cette infection. Celle-ci diminue graduellement. En France, depuis vingt ans, le nombre des cas de morve, chez les équidés, a baissé considérablement : de 1233 en 1887, il est tombé à 398 en 1908. Dans le département de la Seine, le nombre des chevaux abattus comme morveux était encore de 230 en 1903; il n'a été que de 17 en 1908.

Rage. — La *rage*, zoonose provoquée par un virus filtrant, tend également à s'éteindre. Grâce aux mesures employées, la maladie n'existe plus en Angleterre ni en Suède, et elle a presque complètement disparu en Allemagne. Les statistiques de l'Institut Pasteur attestent également la rapide diminution de la rage : le nombre des personnes traitées à Paris pour morsures rabiques était de 2671 en 1886; il est tombé à 420 en 1900, à 401 en 1910.

Le chien est, comme on sait, l'animal le plus fréquemment atteint; puis viennent le chat, les Carnassiers sauvages, comme le loup, le renard, le chacal. Les Herbivores y sont également sujets : on en a observé d'assez nombreux cas chez les Équidés, les Bovidés, même les Ovidés. Chez tous les êtres, hommes et animaux, la rage peut revêtir deux modalités différentes : la forme furieuse et la forme mue ou paralytique.

Les règlements de police ont contribué à restreindre les cas de rage chez les animaux. La découverte de Pasteur a donné le moyen d'empêcher le développement de la maladie chez les personnes mordues. Au début du traitement, en 1886, la mortalité atteignait encore 0,94 pour 100. Les perfectionnements apportés à la méthode l'ont fait tomber à 0,2 ou 0,3 pour 100. En 1910, des 401 personnes traitées à Paris, pas une n'a succombé.

Mélitococcie. — La *Fièvre méditerranéenne*, *Fièvre de Malte* ou *Mélitococcie*, provoquée par le *Micrococcus melitensis* de Bruce, est observée principalement chez la chèvre, plus rarement chez le mouton et les grands herbivores, le chien, le chat et diverses espèces aviaires (poules, canards). Connue chez l'homme depuis plus d'un demi-siècle et longtemps considérée comme circonscrite au littoral méditerranéen, elle est maintenant signalée dans presque toutes les contrées, où elle semble avoir été importée par des chèvres de provenance maltaise.

La maladie a été étudiée surtout chez la chèvre, d'abord à Malte, par Kennedy, Horrocks et Zammit, puis en France par de nombreux auteurs

(Wurtz, Danlos et Tanon, Aubert et Cantaloube, Dubois [1]). Le début de l'infection passe toujours inaperçu : l'état général des bêtes atteintes demeure excellent et aucun trouble appréciable n'est observé chez la plupart de celles-ci. Parfois, cependant, le lait est altéré et « tourne » immédiatement après la traite. On a remarqué aussi que la bronchite subaiguë ou chronique est assez fréquente dans le cours de la maladie. Chez les femelles pleines, l'avortement se produit dans 50 à 90 pour 100 des cas. Habituellement le fœtus est expulsé sans douleur, le placenta ne semble pas altéré; la bête ne paraît nullement malade et se nourrit comme à l'ordinaire. On peut toutefois observer diverses complications (infection puerpérale, boiteries, mammite). — Chez les boucs, la maladie s'accuse principalement par des boiteries et de l'orchite.

Dans l'espèce ovine, l'évolution est à peu près la même, et l'avortement est aussi le principal accident de l'infection.

Chez les sujets des autres espèces, la maladie ne paraît se traduire par aucun symptôme appréciable. — Chez les poules, elle donne lieu parfois à des épizooties qui causent une forte mortalité.

L'infection entre animaux de l'espèce caprine et de l'espèce ovine est surtout réalisée par l'ingestion d'aliments souillés, par le contact de l'urine ou du lait provenant des malades. La contamination par le lait n'est pas limitée aux chevreaux; chez les adultes, elle a lieu fréquemment par l'opération de la traite, quand le trayeur effectue celle-ci successivement sur un certain nombre de bêtes sans se laver les mains, ce qui est la règle. La cohabitation des sujets sains avec des malades entraîne presque toujours rapidement l'infection des premiers. La contagion par le coït est également commune : la maladie a été souvent disséminée par des béliers infectés.

Les modes de contamination de l'homme sont multiples (manipulations des malades, séjour dans les bergeries, expériences de laboratoire); mais, dans la grande majorité des cas, l'infection est la conséquence de l'ingestion de lait virulent ou des produits qui en dérivent (crème, beurre, fromage). La transmission de la maladie à l'homme est fréquente : dans le seul département du Gard, en une année, on en a constaté près de 500 cas.

Tuberculose. — De toutes les maladies communes à l'homme et aux animaux, la plus importante est sans contredit la *tuberculose*. Elle sévit sur presque tous les Vertébrés et, loin de décroître, comme la plupart des infections précédentes, elle semble faire chaque jour de plus nombreuses victimes.

De même que chez l'homme, dans toutes les espèces animales la contamination peut s'opérer par les voies respiratoires ou par la muqueuse digestive (aliments souillés par des matières tuberculeuses).

Malgré l'opinion inverse, encore assez répandue, il semble démontré aujourd'hui que le même agent produit la tuberculose chez tous les

(1) Dubois, *Étude sur la fièvre de Malte dans le Gard*, 1910.

animaux, ou du moins chez les mammifères et les oiseaux, et qu'il n'y a pas de différences spécifiques entre les bacilles humain, bovin et aviaire. Toutefois, par suite de leur passage dans des milieux différents, ces bacilles subissent certaines modifications secondaires, qui en font des races spéciales. D'un autre côté, les modes de réaction propres aux diverses espèces donnent une physionomie particulière aux troubles et aux lésions engendrés chez chacune d'elles.

C'est la *tuberculose des Bovidés* qui offre le plus d'intérêt, parce que ces animaux, atteints en forte proportion, sont souvent considérés comme représentant pour l'homme une importante cause de contamination.

La fréquence de la tuberculose bovine varie selon les races et les milieux. Rare dans les contrées polaires, elle est fort répandue en certains pays, où elle revêt les caractères d'un véritable fléau. Suivant les régions, la morbidité oscille entre 10 et 60 pour 100. Les animaux tenus en stabulation permanente lui payent un plus lourd tribut que ceux soumis au régime des pâturages. Même dans les contrées où elle sévit avec le plus d'intensité, la tuberculose est exceptionnelle chez les animaux jeunes : la proportion moyenne, chez le veau, est inférieure à 1 pour 10 000.

La tuberculose bovine peut se traduire par une infection générale, atteignant les séreuses et rappelant la granulie humaine. Plus souvent la maladie se localise aux poumons sous l'aspect de masses volumineuses (*pommelière*), parfois infiltrées de sels calcaires (*phtisie calcaire* de Delafond, *phtisie perlée*, *perlière*); dans quelques cas tout un lobe est envahi et son poids peut atteindre de 6 à 10 kilos. La rapidité de l'infiltration calcaire explique la rareté du ramollissement ainsi que des cavernes, et donne à la maladie un aspect un peu spécial, qu'on peut observer parfois chez l'homme (Kirstein, Troje) et chez le lapin (Troje). Dans d'autres cas, la tuberculose envahit les viscères abdominaux, le péritoine, assez souvent l'intestin, où elle se traduit par des ulcérations. Les altérations des méninges ne sont pas communes. Il est exceptionnel d'observer des localisations osseuses, articulaires, musculaires ou cutanées.

L'entérite chronique hypertrophiante des Bovidés, considérée comme d'origine tuberculeuse et comme provoquée par le bacille aviaire ou par le bacille humain, est une entérite bactérienne causée par un acido-résistant.

On a beaucoup discuté sur la fréquence de la tuberculose mammaire. Les statistiques accusent une proportion qui varie de 1 à 4 pour 100. Pour les cas où la tuberculose est généralisée, elle s'élèverait à 10 et 15 pour 100. Remarquons, toutefois, que le danger d'une contamination par le lait paraît moins redoutable qu'on ne l'a cru un moment, surtout dans les grandes villes, où les vaches laitières ne séjournent que peu de temps dans les étables.

Même dans les cas de tuberculose généralisée, l'animal peut conserver les signes d'un bon état général. Mais les lésions chroniques, celles notamment qui occupent les poumons finissent toujours par entraîner l'amaigrissement et l'anémie.

La possibilité de l'infection de l'homme par des produits virulents provenant d'animaux tuberculeux, surtout par le lait et la viande des Bovidés, a été généralement admise à la suite des expériences qui ont établi — il y a 40 ans — la transmission de la tuberculose humaine à des animaux de diverses espèces soit par l'inoculation, soit par l'ingestion de matières tuberculeuses (Chauveau). On a relaté un certain nombre de faits de contamination de personnes adultes ou d'enfants par du lait ou d'autres produits bacillifères d'origine bovine. Nul ne conteste la réalité de ces faits ou la possibilité de l'infection des humains par la viande et surtout par le lait des animaux tuberculeux, mais le degré de fréquence de cette infection est, depuis quelque dix ans, l'objet de recherches à résultats contradictoires et de débats qui laissent cette question indécise.

Deux doctrines sont actuellement en présence. L'une, défendue par Behring, soutient que le lait de vache est la source principale de l'infection tuberculeuse de l'enfant et que la tuberculose des adultes reconnaît très généralement cette origine. L'autre, développée par Koch, au Congrès de Londres, ne nie pas la possibilité de l'infection de l'homme par les bovidés, mais elle la tient pour très rare, presque négligeable, si on la compare à la fréquence et au danger de la contagion interhumaine. Koch affirme, avec raison, selon nous, que les mesures prophylactiques les plus rigoureuses qui pourront être prises à l'égard de la tuberculose bovine ne sauraient diminuer sensiblement la fréquence de la tuberculose humaine.

Bien qu'elle compte de nombreux partisans, et qu'elle s'appuie sur des faits anatomo-pathologiques et expérimentaux, la doctrine de Behring n'est pas solidement assise et paraît même peu vraisemblable. On n'a pas recueilli de données précises sur la morbidité et la mortalité des tuberculoses humaine et bovine dans les milieux ruraux où elles sévissent avec une intensité variable; on n'a pas recherché si la tuberculose humaine est d'une fréquence insolite dans les régions où le bétail est décimé par la pommelière; mais l'on sait que la tuberculose bovine était presque inconnue dans certains pays, alors que la tuberculose humaine y était très répandue. D'après Bang, il en a été ainsi dans les fermes du Danemark jusqu'à la fin du XVIIIe siècle, époque à laquelle la pommelière y fut introduite par du bétail importé de Suisse, d'Allemagne et d'Angleterre. De même, la tuberculose humaine est de longue date très fréquente au Japon, où l'on ne connaît que depuis une trentaine d'années la pommelière, importée dans les îles nipponnes par du bétail américain. Il faut remarquer encore que la tuberculose infantile d'origine intestinale est commune dans maints pays où les jeunes enfants ne consomment pas de lait de vache. Il en est ainsi au Japon : bien qu'allaités par leurs mères ou par des nourrices, les enfants y sont souvent atteints de tuberculose. — On sait, d'autre part, que l'adaptation du bacille tuberculeux aux milieux vivants dans lesquels il pullule, ou son accoutumance à ces milieux en a fait des variétés particulières aux diverses espèces animales, virulentes surtout pour les sujets de l'espèce dans laquelle chaque variété se perpétue, mais beaucoup moins pour les animaux des autres espèces. Abstraction faite de la réceptivité nécessaire et des causes adjuvantes capables de favoriser l'infection, l'organisme de l'enfant et celui de l'adulte constituent des terrains bien plus favorables pour le bacille humain que pour le bacille bovin.

Depuis l'application de la tuberculine au diagnostic de la bacillose bovine, il est facile pour les humains d'éviter cette source d'infection : on peut reconnaître les Bovidés tuberculeux et l'ébullition de leur lait supprime tout danger. Il a été soutenu, d'après quelques résultats expérimentaux, que le lait des vaches tuberculeuses, à un degré quelconque, était parfois bacillifère, mais pratiquement le danger est limité aux vaches atteintes de lésions mammaires spécifiques, et il paraît moins redoutable qu'on ne l'a dit. En ces dernières années, une enquête poursuivie sur ce point par l'Office sanitaire impérial allemand a porté sur 69 cas de tuberculose mammaire, constatés chez des vaches dont le lait (lait et laitage : beurre, babeurre, petit-lait, fromage) a été consommé cru pendant un temps plus ou moins long par 350 personnes (200 adultes et 150 enfants) ; elle a relevé seulement deux cas d'infection chez des enfants par le bacille de la pommelière. Encore que la Commission anglaise chargée d'étudier les rapports qui existent entre la tuberculose humaine et les tuberculoses animales ait insisté à nouveau sur la fréquence, chez les enfants, de l'infection tuberculeuse d'origine bovine, on peut conclure, semble-t-il, que la consommation du lait ou du laitage provenant de vaches atteintes de lésions bacillaires est peu redoutable. Le danger est minime, si on le compare à celui que fait courir à ses semblables l'homme atteint de tuberculose pulmonaire ouverte.

Les observations de *tuberculose du cheval* ne sont pas très nombreuses. Tantôt les lésions sont limitées aux organes de la cavité abdominale, occupant les viscères et les ganglions; tantôt elles sont localisées dans les poumons; tantôt enfin elles sont généralisées. Les altérations pulmonaires se présentent sous des formes multiples : granulie, infiltration diffuse, tumeurs sphériques qui ont l'aspect de masses sarcomateuses. Les tuberculoses osseuse, musculaire, cutanée, sont rares. La calcification envahit parfois les lésions viscérales, celles de la rate notamment, mais moins souvent que chez le bœuf. On a rattaché à l'action dystrophiante de la tuberculose diverses lésions athéromateuses, les ectasies, les anévrysmes des troncs artériels, notamment de l'aorte postérieure.

La *tuberculose du porc*, beaucoup moins fréquente que celle du bœuf, est constatée d'ordinaire sur des animaux relativement jeunes. Les statistiques des abattoirs montrent que, dans la plupart des pays, la proportion est comprise entre 0.5 et 5 pour 100. Mais, en certaines régions, elle atteint 8,10, jusqu'à 14 pour 100 (Danemark). C'est dans les contrées où la tuberculose du bœuf est la plus commune que l'on observe aussi le plus grand nombre de cas de tuberculose porcine. Celle-ci est presque toujours d'origine bovine. Elle débute généralement par l'appareil digestif; on trouve des ulcérations de la muqueuse de l'intestin grêle et du cæcum, des lésions des ganglions, du foie, de la rate. On peut rencontrer dans l'oreille moyenne et l'oreille interne des lésions qui semblent secondaires à la tuberculose du pharynx. La tuberculose primitive de l'appareil respiratoire est rare.

Contrairement aux assertions de quelques auteurs, la *tuberculose de la chèvre* et *du mouton* n'est pas exceptionnelle. L'expérimentation montre d'ailleurs que la chèvre est tuberculisable comme les autres animaux (¹).

La *tuberculose du chien* (²) est relativement commune. L'opinion inverse a été soutenue parce que, chez cet animal, les lésions revêtent souvent l'aspect de productions néoplasiques; les gros foyers développés dans le foie et le rein, les adénopathies, les épaississements de la plèvre, du péritoine, ont été longtemps considérés comme des tumeurs cancéreuses, et le microscope complétait la confusion en montrant une structure analogue à celle du sarcome ou du lymphadénome. Dans quelques cas cependant, les lésions sont semblables à celles qu'on observe chez l'homme; on rencontre des cavernes pulmonaires, des phlegmasies des grandes séreuses, des altérations de l'appareil urinaire, des ulcères cutanés. Il est intéressant de remarquer que la rate est presque toujours indemne.

Chez *le chat*, comme chez le chien, la tuberculose est tantôt généralisée, tantôt localisée aux organes du thorax ou de l'abdomen. On trouve d'ordinaire de volumineuses adénopathies mésentériques indiquant que le virus a pénétré par l'intestin.

On a quelque peu exagéré la fréquence de la *tuberculose du singe*. Cet animal, facilement inoculable, ne devient tuberculeux que dans la proportion de 25 pour 100, d'après les relevés du Jardin zoologique de Londres. La tuberculose du singe est remarquable par sa tendance à se généraliser et à produire des masses demi-liquides. L'infection frappe surtout les poumons et le foie, puis elle envahit les reins, la rate, plus rarement l'intestin. Dans un cas que nous avons observé, il s'était produit un véritable mal de Pott.

Personne ne croit plus actuellement que le *lapin* est « follement tuberculeux ». Cette assertion, dirigée contre les expériences de Villemin, est absolument erronée : les prétendus tubercules spontanés sont dus à des cysticerques, à des coccidies ou à des microbes différents de celui de Koch. Dans les cas où le lapin contracte la tuberculose par contagion, on trouve, dans les poumons, des foyers caséeux et même de petites

(¹) Cadiot, Gilbert et Roger, Tuberculose expérimentale de la chèvre. *Congrès pour l'étude de la tuberculose*, juillet 1893.

(²) Cadiot, *Tuberculose du chien*, 1 vol. Paris, 1892. — *Études de Pathologie et de Clinique*, Paris, 1898.

cavernes (Koch). Quand, au contraire, la tuberculose est inoculée, elle produit, chez le lapin comme chez le cobaye, une éruption de granulations miliaires, frappant surtout le foie et la rate.

La *tuberculose des Oiseaux* (1) est fréquente et sévit généralement sous forme enzootique dans les volières, atteignant surtout la poule et le faisan. Sur 600 poules autopsiées par Zürn, 62 étaient tuberculeuses. Les pintades, les perdrix, les paons sont assez souvent atteints. La présence de bacilles dans les déjections explique comment les oiseaux s'infectent par l'intestin. Il est beaucoup plus rare d'observer une contamination par les expectorations de l'homme; cependant Bollinger, Nocard, Mollèreau, Chelchowsky, Lemallerée, Durieux, Cagny, en ont cité des exemples.

Chez les Gallinacés, la tuberculose intéresse toujours le foie et la rate, plus rarement la peau, les os et les articulations. L'aspect histologique des tubercules diffère de celui qu'on constate chez l'homme et diffère même chez des animaux voisins, comme la poule et le faisan.

On a longtemps discuté sur la nature de la tuberculose aviaire, dont on a voulu faire une maladie à part. Nous continuons à penser que l'ensemble des faits expérimentaux publiés jusqu'ici conduit à admettre l'unicité de la maladie ; cette opinion, soutenue également par Courmont et Dor (2), Arloing (3), Nocard (4), tend à prévaloir aujourd'hui.

La *tuberculose du perroquet* mérite une mention spéciale. Chez cet oiseau, on observe fréquemment des lésions tuberculeuses de la peau, des muqueuses, du tissu conjonctif sous-cutané, des os et des articulations. Ces lésions se présentent soit sous l'aspect de tumeurs composées d'une couche périphérique fibreuse et d'une partie centrale caséeuse ou crétacée, soit sous celui de plaies recouvertes de volumineuses productions cornées.

Des expériences que nous avons poursuivies, il résulte que la tuberculose du perroquet est facilement inoculable aux Mammifères, notamment au cobaye, et que, réciproquement, on peut transmettre au perroquet la tuberculose de l'homme. Ces faits expérimentaux cadrent avec d'assez nombreuses observations établissant que l'homme peut être infecté au contact de perroquets malades. Les squames cutanées fourmillent de bacilles extrêmement virulents (5).

On avait d'abord considéré comme de simples curiosités les quelques observations où l'on avait trouvé des lésions bacillaires chez des animaux à température variable : la couleuvre à collier (Sibbey), le python et le boa (Gibbes et Schurluy), la grenouille (Despeignes). Mais on sait aujourd'hui qu'il existe des variétés de bacilles de Koch adaptés

(1) Cadiot, Gilbert et Roger, Contribution à l'étude de la tuberculose aviaire. *Congrès pour l'étude de la tuberculose*, 2e session, 1891. Paris, 1892, p. 69-115.

(2) Courmont et Dor, Tuberculose aviaire et tuberculose des mammifères. *Congrès pour l'étude de la tuberculose*, 2e session, 1891. Paris, 1892, p. 110.

(3) Arloing, *Leçons sur la tuberculose*, p. 174. Paris, 1892.

(4) Nocard, Les tuberculoses animales, p. 195. (1 vol. de l'*Encyclopédie Léauté*.)

(5) Cadiot, Gilbert et Roger, La tuberculose des perroquets, ses rapports avec la tuberculose humaine. *La Presse médicale*, 29 janvier 1896.

à ces conditions spéciales d'existence. Les poissons, notamment, sont atteints d'une tuberculose, bien étudiée par Dubard, Bataillon et Terre; elle semble due à un bacille intermédiaire entre les bacilles acido-résistants abondamment répandus dans la nature et les bacilles adaptés à l'organisme des vertébrés supérieurs.

Le diagnostic de la tuberculose chez les animaux, du moins chez les mammifères, est devenu très facile par l'emploi de la tuberculine. Entrée dans la pratique vétérinaire depuis bientôt vingt ans, cette préparation a rendu des services considérables dans la lutte contre la tuberculose bovine (Guttmann, Röckl et Schütz, Sticker, Nocard). Elle constitue un réactif rapide et sûr, décelant des lésions dont le diagnostic serait impossible par le seul examen clinique. — La réaction est obtenue dès le début de l'évolution tuberculeuse, dès que sont constituées les premières lésions provoquées par le bacille. Chez les organismes infectés expérimentalement, le temps minimum nécessaire à l'obtention de la réaction est compris entre 8 et 50 jours. — Jusqu'à ces dernières années, la tuberculine était employée exclusivement en injections sous-cutanées. On utilise aujourd'hui, avec plus ou moins de succès, l'ophtalmo-réaction et les différents procédés de la réaction cutanée, notamment l'intradermo-réaction.

Pseudo-tuberculoses. — Le bacille de Koch est le véritable agent de la tuberculose; mais d'autres parasites, bactéries ou champignons, peuvent susciter des lésions analogues; on les englobe sous le nom de *pseudo-tuberculoses*[1]. Quelques cas ont été recueillis chez l'homme. La plupart des observations se rapportent à différentes espèces animales. Le tableau suivant indique les principales pseudo-tuberculoses actuellement connues. Certaines d'entres elles, comme l'actinomycose et le farcin du bœuf, méritent une description spéciale. Enfin il est intéressant de signaler l'existence de pseudo-tuberculoses vermineuses dues à *Ollulanus tricuspis* (chat), *Pseudalius ovis pulmonalis* (mouton), *Strongylus rufescens* (veau), *Strongylus vasorum* (chien), et dont on a recueilli quelques cas chez l'homme (Miura).

- Pseudo-tuberculoses
  - d'origine bactérienne.
    - Tuberculose coccienne de la vache (Toussaint).
    - Tuberculose zoogléique (Malassez et Vignal).
    - Pseudo-tuberculose bacillaire (Charrin et Roger).
    - Pseudo-tuberculoses (zoogléiques ?)
      - du cobaye (Zagari).
      - du lapin (Dor).
      - du lièvre (Mégnin et Mosny).
      - de l'antilope (Cornil et Toupet).
    - Pseudo-tuberculose bacillaire fétide (Parietti).
    - Pseudo-tuberculose bacillaire du mouton (Preisz et Guinard).
    - Pseudo-tuberculose bacillaire du bœuf (Courmont).
    - Pseudo-tuberculose du porc (Galli-Valerio).
    - Pseudo-tuberculoses bacillaires humaines.
      - de Du Cazal et Vaillard.
      - de Hayem et Lesage.
      - de J. Courmont.
      - de P. Courmont.

(1) Roger, *Les maladies infectieuses*. Paris, 1902, p. 534-535.

- Pseudo-tuberculoses
  - mycosiques.
    - Actinomycose (*Oospora bovis*).
    - Farcin du bœuf (*O. farcinica*).
    - Oosporoses diverses (*O. asteroides*, *O. pulmonalis* *O. buccalis*).
    - Mucorinose.
    - Aspergillose (*Aspergillus fumigatus*, *A. glaucus*).
    - Endomycose (*Endomyces albicans*).
    - Saccharomycose et cryptococcose.
    - Sporothricose (*Sporothricum Beurmanni*).
    - Sterigmatocystose (*Sterigmatocystes*).
  - par parasites animaux.
    - Ollulanus tricuspis.
    - Pseudalius ovis pulmonalis.
    - Strongylus rufescens.
    - Strongylus vasorum.
    - Tænia echinococcus (Pseudo-tuberculose hydatique du péritoine).
    - Distome.

Mycoses. — Les Bactéries ne sont pas les seuls agents des maladies infectieuses; le rôle des végétaux plus élevés, *Oospora*, *Aspergillus*, *Mucor*, *Saccharomyces*, *Cryptococcus*, *Endomyces*, *Sporotrichum*, tend chaque jour à s'accroître.

C'est aux oospores qu'il faut rattacher le champignon qui produit le farcin du bœuf (*O. farcinica* et non *Cladothrix farcinica*), dénomination assez mauvaise, car cette mycose n'a aucune analogie avec le farcin du cheval.

Un parasite analogue, *Discomyces equi* (Rivolta) ou *Botryomyces*, se rencontre chez le cheval dans des tumeurs fistulisées de la peau et de l'hypoderme et dans les inflammations funiculaires consécutives à la castration.

Divers champignons peuvent produire chez les animaux des lésions plus ou moins comparables à celles de la tuberculose. Dès 1861, Bouchard a signalé la pseudo-tuberculose aspergillienne du perroquet. Dieulafoy, Chantemesse et Widal, Potain, Gaucher et Sergent, Renon ont étudié une pseudo-tuberculose sévissant sur les pigeons et sur les hommes employés à les gaver; elle est produite par l'*Aspergillus fumigatus* qui, fixé sur les graines, infecte simultanément l'homme et les animaux. On observe encore chez les oiseaux une pneumonie mycosique due à *Mucor racemosus*.

Le groupe des *Oosporoses* (1), groupe très important dans lequel on devrait, d'après certains auteurs, faire rentrer la tuberculose, comprend un grand nombre d'affections qui sévissent sur l'homme et sur les animaux; elles sont dues à des espèces appartenant au genre *Oospora* (Streptothrix, Discomyces, Nocardia).

Les invertébrés peuvent être atteints par ces mêmes parasites. Metchnikoff a montré que la maladie des insectes désignée sous le nom de muscardine verte, est due à un champignon qu'il dénomma *Isania destructor* et que l'on considère aujourd'hui comme une oospore (*O. des-*

(1) Roger, Les Oosporoses. *La Presse médicale*, 16 et 23 juin 1909.

tructor, Delacroix, 1893). Rencontré pour la première fois chez le hanneton du blé, *Oospora destructor* a été utilisé en Russie pour la destruction d'un Curculionide (*Clonus punctiventris*), qui nuit considérablement à la culture des betteraves.

Chez les lézards, l'oosporose se caractérise par le développement de nodules hépatiques. Terni y a trouvé un oospora spécial, *O. lacertæ*, pathogène pour le lézard et la couleuvre.

Parmi les mammifères, les carnassiers sont rarement atteints. Rabe rapporte trois cas de suppuration ganglionnaire chez le chien; chez un de ces animaux s'était développée une péritonite purulente. Dans l'observation de Trolldenier, il s'agit d'un chien atteint d'adénopathies trachéo-bronchiques suppurées et de néphrite embolique. Les lésions renfermaient un oospora qui s'est montré pathogène pour les animaux de laboratoire.

Parmi les observations concernant les herbivores, nous signalerons un cas d'endocardite chez le bœuf (Luginger), un cas de pseudo-tuberculose chez le chien (Silberschmidt), un abcès de la mâchoire chez le cheval (Dean).

Tous ces faits sont épars et leur nombre est peu considérable, mais l'étude des oosporoses n'a guère fixé l'attention que depuis quelques années et les cas recueillis chez les animaux tirent un intérêt particulier de leur analogie avec les observations faites chez l'homme.

C'est dans le groupe des oospora que se place l'agent de l'actinomycose (*Oospora bovis*, *Streptothrix bovis*, *Discomyces bovis*, *Actinomyces*). La maladie qu'il provoque est surtout fréquente chez les Bovidés; dans certaines régions de l'Allemagne, elle atteint 5 pour 100 de la population bovine, et dans les provinces du sud de la Russie 10 pour 100 (Ignatjew); elle est rare en France, où on ne la rencontre guère que dans les régions de l'est, dans les pays humides et les contrées à marais salants. L'actinomycose s'observe chez le cheval, l'éléphant, le porc, le mouton et le chien; elle peut être transmise expérimentalement au lapin et au cobaye. L'origine de la maladie doit être cherchée dans les plantes sur lesquelles végète le parasite; on conçoit ainsi sa fréquence chez les Herbivores. L'homme contracte l'actinomycose en se piquant avec des Graminées, plus rarement au contact des animaux malades.

On observe dans les espèces animales des *pseudo-actinomycoses*, parmi lesquelles l'*actinobacillose* est la plus fréquente et la mieux connue. Décrite par Lignières et Spitz, qui l'ont étudiée sur les Bovidés de la République Argentine, elle revêt exactement les mêmes types cliniques que l'actinomycose oosporique avec laquelle elle était confondue. Son agent spécifique diffère de l'*actinomyces bovis* en ce qu'il n'est ni ramifié, ni colorable par la méthode de Gram [1].

Nous devons faire une mention spéciale de la *sporotrichose* (*Sporothri-*

[1] Lignières et Spitz. Contribution à l'étude, à la classification et à la nomenclature des affections connues sous le nom d'actinomycose. *Centralb. fur Bakteriologie*, 1904, orig. XXXV, p. 452.

chum Beurmanni), qui a été signalée chez le rat (Lutz et Splendore), le mulet (Fontoynont et Carougeau) et le chien (Gougerot et Caraven) (1). Le parasite provoque des lésions nodulaires, tantôt dans le tissu conjonctif sous-cutané ou sous-muqueux, tantôt dans les viscères ou sur les séreuses, lésions dont les caractères sont ceux d'une phlegmasie subaiguë ou chronique. En général, les nodules sous-cutanés ou sous-muqueux grossissent assez rapidement et se ramollissent; le processus inflammatoire se propage au tégument, qui ne tarde pas à s'ulcérer. Ainsi se développent des plaies arrondies, à bords irréguliers, sécrétant une sérosité visqueuse dans laquelle on trouve le parasite. — Chez deux jeunes chiens d'une même portée, Gougerot et Caraven ont constaté, à la partie médiane et antérieure du cou, des nodules sous-cutanés bientôt transformés en ulcères, et sur un autre sujet de la même portée, qui mourut cachectique, des granulations mycotiques du péritoine, de l'intestin et du foie. — Le sporotrichum, qui vit à l'état saprophytique sur les végétaux, est introduit dans l'organisme par la voie buccale, soit avec les aliments, soit accidentellement. Sa pénétration peut avoir lieu par les muqueuses de la bouche, du pharynx ou de l'intestin.

Comme pour l'homme, diverses levures sont pathogènes pour les animaux. Le cheval peut être affecté exceptionnellement d'une *saccharomycose primitive des cavités nasales et des sinus* dont les symptômes peuvent donner, à première vue, l'impression de la morve. Plus fréquente est la saccharomycose conjonctivale.

La *lymphangite épizootique des équidés*, très répandue en Asie, en Afrique, fréquente en Italie et importée en Angleterre après la guerre du Transwaal, est provoquée par *Cryptococcus farciminosus* (Rivolta). Elle débute ordinairement sur une plaie, envahit les lymphatiques superficiels, provoquant des cordes noueuses, des ulcères, et progresse par reptation lente. Chez certains malades, elle s'accompagne de lésions ulcéreuses de la pituitaire, simulant les chancres de la morve aiguë, lésions parfois étendues à la muqueuse du larynx, de la trachée et des grosses bronches.

Parasites animaux. — A côté des parasites végétaux capables de provoquer des maladies infectieuses, il faut faire une place importante aux *Protozoaires*, qui représentent de véritables microbes animaux.

Ils se divisent en Rhizopodes, Sporozoaires, Flagellés et Infusoires.

Parmi les Rhizopodes se trouvent les *Amibes*, dont plusieurs espèces habitent le tube digestif et peuvent produire des *colites*. L'une d'elles, *Amœba histolytica*, est la cause de la dysenterie et, parmi les animaux domestiques, atteint surtout le chat. Il ne faut pas la confondre avec *Amœba coli*, parasite inoffensif qui se rencontre fréquemment dans les matières fécales de l'homme, du singe, du cobaye, du rat et de la souris.

(1) Gougerot et Caraven, Sporotrichose spontanée du chien. *Presse médicale*, 1908, p. 337.

Les SPOROZOAIRES se divisent en deux grands groupes : les *Télosporidies*, qui comprennent les *Grégarines*, les *Coccidies* et les *Hémosporidies*; les *Néosporidies*, comprenant les *Myxosporidies*, les *Sarcosporidies*, les *Microsporidies* et les *Haplosporidies*.

Les *Grégarines* envahissent surtout les Invertébrés. Pfeiffer (1) croit en avoir trouvé chez l'homme, dans la variole, la vaccine, la scarlatine, le zona; mais leur rôle pathogène n'est nullement établi.

Les *Coccidies* sont des parasites intra-cellulaires extrêmement fréquents chez les animaux : mollusques, crustacés, mammifères. La plus intéressante est la coccidie du lapin (*Coccidium cuniculi*), qui envahit l'épithélium intestinal et atteint secondairement le foie. Elle provoque dans les voies biliaires des proliférations épithéliales et conjonctives. Malassez a observé des formes semblables à celles qu'on a décrites dans les lésions cancéreuses de l'homme; ce sont des éléments qui rappellent les cellules dites colloïdes des épithéliomes, les grains particuliers du *molluscum contagiosum*, de la psorospermose folliculaire végétante. Autant la coccidiose est fréquente chez les animaux, autant elle est rare chez l'homme. Cependant on possède quelques observations de coccidiose intestinale (Eimer) ou hépatique (Gubler, Dressler, Perls et Sattler, etc.). Le parasite semble identique à celui du lapin. Une autre coccidie (*Coccidium bigeminum*) peut envahir l'intestin du chien, du chat et, quelquefois, celui de l'homme (Virchow).

La maladie des dindons décrite sous les noms de « tête noire », d' « entéro-hépatite » (Smith), de « pérityphlo-hépatite » (Lucet), est une coccidiose (*Coccidium tenellum*). Elle sévit également sur les poulets, provoquant des lésions intestinales, hépatiques et pulmonaires.

Les Hémosporidies constituent un groupe très important qu'on divise en deux genres : *Plasmodium* et *Hæmoproteus*. C'est dans le genre Plasmodium que se rangent les espèces provoquant chez l'homme les fièvres paludéennes (*P. malariæ*, *P. vivax*, *P. falciparum*). On sait que ces parasites habitent les globules rouges de l'homme pendant la phase schizogonique et vivent chez les invertébrés, chez les moustiques, pendant la phase sporogonique.

On avait pensé que des parasites identiques à ceux de la fièvre paludéenne pouvaient se développer dans les globules de divers vertébrés et provoquer chez eux des accidents analogues à ceux du paludisme, mais une telle assimilation semble inexacte. La typho-malaria qui sévit sur les chevaux dans l'Afrique occidentale n'a, malgré sa dénomination, aucune analogie avec la malaria humaine.

Il faut bien savoir cependant que de nombreuses hémosporidies ont été décelées dans le sang des animaux, mais ce sont des espèces différentes de celles qui produisent le paludisme chez l'homme. Voici la liste des mieux connues (2) :

(1) PFEIFFER, *Die Protozoen als Krankheitserreger*. Jena, 1891.
(2) BRUMPT *Précis de parasitologie*. Paris, 1910, p. 83.

Plasmodium Kochi (Laveran, 1899) chez les singes cercopithèques d'Afrique; *P. inui*, chez les macaques; *P. cynomolgi*, chez les macaques et les cercopithèques; *P. pitheci*, chez l'orang-outang; *P. brasilianum*, chez le singe; *P. melanipherum*, *P. murinum* et *P. monosoma*, chez les chauves-souris; *P. Vassali*, chez l'écureuil; *P. Danilewskyi*, chez le moineau; *P. Wasielewskii*, chez la chevèche; *P. Vaughani*, chez le merle américain; *P. Simondi*, chez le lézard; *P. testudinis* et *P. Metchnikovi*, chez la tortue.

Les *Hæmoproteus* s'observent surtout dans les globules rouges des oiseaux. Ils sont extrêmement communs chez les oiseaux exotiques. Les mieux connus sont *H. noctuæ*, *H. Danilewskyi* et *H. columbæ*.

Les *Néosporidies* comprennent, avons-nous dit, les *myxo*, *sarco*, *micro* et *haplosporidies*.

Les *Myxosporidies* sont fréquentes chez les poissons. Il n'est pas rare de trouver chez les barbeaux des tumeurs dont l'intérieur renferme ces parasites en quantité énorme. M. Jaboulay pense que ces protozoaires sont capables de produire des néoplasies chez l'homme.

Les *Sarcosporidies* (tubes de Miescher, de Rainey) envahissent les muscles et le tissu conjonctif d'un grand nombre de vertébrés. Fréquentes chez les animaux, elles sont rares chez l'homme.

Baraban et Saint-Rémy ont trouvé dans les cordes vocales d'un supplicié une sarcosporidie qu'on a identifiée soit à *Sarcocystis tenella*, qui vit dans les muscles striés du mouton, soit à *Miescheria muris*, qui est très fréquent chez la souris.

Kartulis a décelé dans le tissu conjonctif d'un nègre un parasite, voisin de *Balbiania mucosa*, découvert par Blanchard chez le kangourou. Enfin une espèce indéterminée a été vue par Rosenberger dans le myocarde d'une femme.

Les *microsporidies* habitent les vers et les insectes; elles produisent chez les vers à soie la maladie désignée sous le nom de pébrine.

Les *haplosporidies* sont des parasites des invertébrés : une espèce a été découverte chez l'homme.

La classe des Flagellés a acquis dans ces derniers temps une importance considérable. Elle renferme quatre familles : les Spirochætidés, les Trypanosomidés, les Cercomonadidés, les Lambliadés.

La famille des Spirochætidés comprend les genres *Spirochæta* et *Treponema*. Les tréponèmes intéressent vivement la pathologie humaine, puisque des deux espèces connues, l'une produit la syphilis et l'autre le pian. Ces deux maladies sont transmissibles à quelques espèces animales, notamment aux singes, mais elles n'ont pas été observées chez les animaux en dehors des conditions expérimentales.

Les spirochètes sont au contraire fort nombreux et fort répandus. Les uns vivent à la surface des muqueuses et des plaies; les autres sont des parasites sanguicoles. Le plus anciennement connu est le Spirochète d'Obermeier, qui produit chez l'homme la fièvre récurrente. La fièvre des tiques ou *Tick-fever* est due à *Spirochæta Duttoni*, qui est transmis par un acarien (*Ornithodorus moubata*), et peut infecter l'homme, ainsi que le rat et la souris.

Les Spirochétoses sont fréquentes chez les vertébrés, poissons, oiseaux, mammifères.

La spirochétose des bovidés produite par *Spirochæta Theileri* est assez répandue en Afrique Australe. Celle du cheval, provoquée par *S. equi* est signalée dans certaines régions de la même contrée. Les petits rongeurs sont souvent atteints par différentes espèces du même genre.

Les spirochétoses aviaires relèvent de plusieurs espèces (*S. anserina, S. gallinarum, S. Neveuxi, S. Nicollei*) et sont propagées par des argas [1] qui pullulent dans les poulaillers. L'oie, la poule, le canard, la pintade, sont également frappés et succombent au bout de 8 à 15 jours.

Le genre *Leishmania* renferme *L. furunculosa*, qui produit chez l'homme le bouton d'Orient. Dans les régions où la maladie est endémique, les chiens et les chameaux sont fréquemment infectés et atteints d'ulcères.

Le Kala-azar infantile est dû à *Leishmania infantum*, qui envahit aussi le chien et le chat. C'est au contact de ces animaux que les enfants semblent se contaminer, probablement par l'intermédiaire des puces.

Dans un groupe voisin des Leishmanioses se placent les *Piroplasmoses* ou *Babésioses*. Observées dans la plupart des pays chauds, très répandues en Afrique, communes aussi dans certaines régions de l'Europe méridionale, sévissant principalement sur le *bœuf*, le *mouton*, le *cheval* et le *chien*, elles sont provoquées par des sporozaires parasites des hématies, dont l'espèce-type est *Piroplasma bigeminum*, et les principales variétés sont *P. parvum*, *P. annulatum* et *P. mutans*. — Les piroplasmes pénètrent dans les globules rouges et les détruisent, déterminant ainsi l'anémie, l'hémoglobinurie et l'ictère. Leur inoculation est produite par les tiques (Ixodes) infectées, et non par des insectes armés, par les mouches piquantes, comme l'avaient prétendu divers auteurs. La tique parasite ne change pas d'hôte; elle n'implante son rostre que dans la peau d'un seul animal; après s'être gorgée de sang virulent sur un sujet malade, elle se détache, tombe sur le sol où elle effectue sa ponte au bout de quelques jours. La plupart des larves provenant de ces œufs sont infectées; elles peuvent vivre durant des mois dans le milieu ambiant; en se fixant sur des animaux réceptifs, elles leur inoculent le germe de la maladie. — La *piroplasmose bovine* est très répandue dans les deux mondes. La plupart des hémoglobinuries endémiques si fréquemment observées sur les bovidés doivent lui être rapportées. Babes a reconnu la nature piroplasmique de l'hémoglobinurie qui sévit sur ces animaux en Roumanie. Les maladies décrites sous les noms de malaria du bœuf, fièvre du Texas, fièvre de Rhodésie, et nombre de cas de « mal de brou » sont des piroplasmoses. En Algérie, en Tunisie, dans l'Est

[1] Marchoux et Salimbeni, Spirillose des poules. *Annales de l'Institut Pasteur*, 1903, p. 563.

africain et la Transcaucasie, on en rencontre une forme particulière dans laquelle les parasites sont polymorphes avec prédominance du type bacilliforme. — Signalée d'abord en Roumanie par Babes, la *piroplasmose ovine* sévit également dans de nombreux pays. — La *piroplasmose équine*, particulièrement fréquente dans l'Afrique australe (Theiler), est assez commune en Italie, où elle règne en permanence pendant l'été, souvent confondue avec la maladie typhoïde. — La *piroplasmose canine* a la même aire géographique que les précédentes; elle est assez répandue en Italie, en diverses régions de la France et dans les autres pays de l'Europe méridionale.

Les *trypanosomoses* sont provoquées par des infusoires flagellés (*Trypanosoma*) dont les formes larvaires se rencontrent chez certains animaux inférieurs, et les parasites adultes dans le sang des grands mammifères. Diverses espèces ont été trouvées chez le rat et quelques autres petits animaux, chez des oiseaux, des poissons, des batraciens, où elles pullulent sans susciter de troubles apparents.

On connaît actuellement 17 espèces de trypanosomes parasites non pathogènes et 15 espèces pathogènes. Les principales trypanosomoses observées sur les espèces animales sont au nombre de quatre : le *surra*, le *nagana*, la *dourine* et le *mal de Cadera*. Ces maladies offrent un certain nombre de traits communs, en particulier l'anémie qui évolue progressivement, d'ordinaire sans troubles graves des grandes fonctions, puis la *parésie de l'arrière-train* et plus tard la *paraplégie*. Toutes procèdent d'une insertion des parasites dans la peau ou dans une muqueuse, insertion produite — sauf pour la dourine — par des insectes armés, qui s'infectent en suçant le sang des malades et vont ensuite inoculer les sujets sains.

Le *surra* (*T. Evansi*), qui sévit dans l'Asie centrale, l'Inde, la Perse, a Cochinchine, l'Indo-Chine, aux Philippines et dans quelques autres régions, est observé principalement sur les Équidés, signalé aussi chez le chameau, l'éléphant, le bœuf et le chien. Il est transmis par diverses mouches piquantes, mais principalement par le taon des tropiques. — Le début est marqué par de la fièvre et des signes de faiblesse, puis surviennent une éruption cutanée, des ecchymoses conjonctivales, des œdèmes déclives. Plus tard, on constate de l'atrophie des masses musculaires et de la parésie de l'arrière-train. La mort survient tantôt presque subitement, tantôt par les progrès de l'épuisement. L'évolution est en général assez lente. La durée moyenne est de un à deux mois. — Le *mal de la zousfana* n'est qu'une variété de surra.

Le *nagana* (*T. Brucei*), répandu dans presque toute l'Afrique, règne principalement le long des grands fleuves et dans les régions marécageuses. Il atteint surtout les Équidés, plus rarement le dromadaire et le bœuf. Sa transmission est l'œuvre d'un insecte piquant : la mouche *tsé-tsé*. — Il s'accuse d'emblée par des symptômes graves, des œdèmes et un amaigrissement qui s'accentue vite. Malgré la conservation de l'appétit, l'anémie fait de rapides progrès, la marche est pénible, les membres sont raides, le train de derrière parésié. Les malades périssent asphyxiés ou cachectiques. La durée de l'évolution varie de deux semaines à six mois.

Spéciale aux Équidés, la *dourine* (*T. equiperdum*) est enzootique dans certaines parties de l'Afrique, notamment sur tout le littoral méditerranéen, en Syrie, dans l'Asie Mineure et en Perse. Au cours du siècle dernier, elle a été souvent importée en Europe par des étalons arabes. Jusqu'à l'époque actuelle, elle était généralement rapprochée de la syphilis humaine et décrite sous les noms de *syphilis équine*, de *maladie vénérienne* des solipèdes. — Presque toujours transmise par le coït, elle est caractérisée, à sa première période, par des lésions localisées aux organes génitaux : tuméfaction œdémateuse du fourreau et des bourses chez le mâle, des lèvres de la vulve chez la femelle; taches purpuriques, érosions du tégument pénien ou de la muqueuse vulvo-vaginale. La fièvre est légère ou nulle, l'appétit conservé; néanmoins la plupart des malades s'affaiblissent et s'amaigrissent notablement. Durant la deuxième période, la faiblesse s'accentue et il survient des troubles de l'innervation, des parésies locales, des plaques cutanées saillantes, arrondies, qui persistent de quelques jours à une semaine, se reproduisant par poussées, ainsi que des adénopathies facilement appréciables sur les ganglions lymphatiques superficiels. Les principaux troubles de la troisième période sont des paralysies circonscrites diverses et la paraplégie finale. La durée est comprise entre quelques mois et deux années. La guérison est rare.

Le mal de cadera (*T. equinum*), qui sévit surtout chez les Équidés au Brésil et dans la plupart des autres pays de l'Amérique du Sud, est transmis par plusieurs espèces d'insectes armés, surtout par les taons. — Il a pour principaux symptômes un amaigrissement progressif, des accès fébriles, la parésie des membres postérieurs et la paraplégie. La mort survient par asphyxie ou par épuisement au bout d'un laps de temps qui peut varier d'un mois à une année.

Signalons encore la *souma* (*T. Cazalboui*), qui sévit sur les Équidés et les Bovidés du Soudan et paraît transmise par les piqûres des glossines (*Glossina palpalis*), et le *baléri* (*T. Pecaudi*), qui atteint les chevaux du Sahara.

Les *Cercomonadidés* renferment plusieurs espèces qu'on observe également chez l'homme et chez les animaux : tels sont *Trichomonas vaginalis* (homme, singe, rat, souris, cobaye), *Lamblia intestinalis* (rat, souris et, plus rarement, homme).

Parmi les Infusoires, il convient de mentionner *Balantidium coli* qui envahit l'intestin de l'homme, du porc et de certains singes. Les kystes à balantidium sont répandus dans la nature par les porcs; ils se conservent facilement dans l'eau et sont transmis soit par la voie hydrique, soit par l'ingestion de kystes frais (saucisses insuffisamment cuites).

Nous laisserons de côté les parasites plus élevés, annelés et arthropodes. Tout ce qui intéresse la pathologie comparée sera exposé dans un autre article avec les développements nécessaires.

Intoxications. — Les intoxications sont presque aussi fréquentes chez les animaux que chez l'homme, et se traduisent également par des troubles nerveux, des dégénérescences cellulaires, des cirrhoses.

Il s'agit parfois d'intoxications industrielles. Dans les régions où se trouvent de nombreuses usines, les animaux ingèrent les poussières d'arsenic (*maladie des hauts fourneaux*), de plomb, de zinc, déposées sur les végétaux; ce sont donc les Herbivores et les Granivores (chevaux, bœufs, oiseaux) qui sont le plus souvent atteints. Mais tous les animaux ne sont pas également sensibles aux divers poisons : le bœuf résiste moins au mercure que le chien, celui-ci moins que le cheval; au contraire, le cheval et le chien sont plus facilement que le bœuf intoxiqués par le plomb. Comme chez l'homme, le saturnisme se traduit par le liséré gingival, la néphrite, par des troubles nerveux, notamment des paralysies qui, chez le cheval, atteignent le larynx et peuvent nécessiter la trachéotomie.

Les intoxications les plus intéressantes et les plus communes qui frappent les animaux sont les intoxications alimentaires : tantôt il s'agit de substances alimentaires de qualité médiocre ou mauvaise, utilisées dans un but économique (gluten de maïs, tourteaux de coton, pulpe de betteraves avariées); tantôt d'un empoisonnement par des plantes ou des graines nocives, principalement par le lupin, le trèfle, les prèles, la jarosse, les grains ergotés.

La *lupinose* sévit sur le mouton, la chèvre, le cheval, le bœuf, le porc, et s'accuse par des phénomènes nerveux ou des troubles hépatiques aboutissant souvent à l'ictère grave. L'autopsie révèle une dégénérescence graisseuse du foie dans les cas aigus, une cirrhose atrophique si la marche a été lente.

La *trifoliose* est caractérisée chez le cheval par des phénomènes analogues. Le foin riche en prèles provoque des accidents chez les bovins; il est à peu près inoffensif chez le cheval. Signalons chez celui-ci les empoisonnements par la *gesse chiche* ou *jarosse*, qui se traduisent par des paralysies, notamment par du cornage laryngien.

L'*ergotisme* est rare aujourd'hui dans toutes les espèces.

Chez les Bovidés, les fruits du chêne, qui contiennent une forte proportion d'acides tannique et gallique, consommés à la dose quotidienne de deux à cinq litres, provoquent, au bout de quelques semaines, de l'entérite, puis de la néphrite avec hématurie et albuminurie. L'alimentation mélassée suscite facilement des éruptions eczématiformes.

Au Texas, les chevaux et les bœufs sont parfois atteints de manifestations ataxiques qui semblent dues à l'usage d'une herbe, *Astragallus mollis*, pour laquelle ils ont une passion comparable à celle que certains hommes ressentent pour l'alcool.

Très rare dans les espèces animales, l'intoxication alcoolique s'observe chez les Herbivores nourris avec des drèches, parfois chez les chiens entretenus dans les distilleries (Spinola). — Il est des animaux qui manifestent un goût très marqué pour les poisons nervins; dans les fumeries d'opium, on a vu des singes fumer comme leurs maîtres, et des chats s'enivrer en humant les vapeurs qui se dégageaient autour d'eux.

Les intoxications médicamenteuses ne sont pas rares. Il existe quelques susceptibilités assez curieuses. Ainsi le chat supporte mal le phénol et le baume du Pérou en applications externes.

Diathèses. Hérédité. Maladies évolutives et involutives. — L'hérédité, qui joue un si grand rôle en pathologie humaine, n'est pas moins importante en pathologie animale. Ses lois semblent même avoir été plus complètement étudiées chez les animaux, où elles ont été mises à profit par les éleveurs pour l'amélioration des races. C'est justement pour ce motif qu'on y observe moins l'hérédité morbide. Si l'on tient compte aussi des conditions de vie si différentes de l'homme et des animaux, on concevra facilement pourquoi, sauf chez le chien, les troubles nutritifs sont rares et l'arthritisme exceptionnel.

On peut cependant rencontrer chez les animaux des affections par ralentissement de la nutrition, qui sont comparables à celles de l'homme.

Telle est l'*obésité*, qui frappe de préférence certaines races. Tous les éleveurs savent que les moutons anglais engraissent plus facilement que les mérinos; les bœufs de Durham, les porcs du Kentucky, les canards d'Elesbury ont une prédisposition très marquée à l'adipose. L'obésité est fréquente dans certaines races de chien et chez les étalons maintenus à l'écurie. Il est à remarquer qu'un embonpoint considérable diminue l'aptitude à la reproduction; ce résultat s'observe même chez les Poissons : les carpes, trop alimentées dans les étangs, finissent par n'avoir plus d'œufs ni de laitance.

Les autres manifestations de l'arthritisme sont encore plus rares. La *lithiase biliaire* n'existe guère que chez le bœuf et le chien; elle ne donne lieu en général à aucun trouble notable. Chez les chiens adultes ou âgés, on rencontre très souvent des *éruptions cutanées eczémateuses*; les animaux ainsi atteints seraient particulièrement sujets aux lésions cancéreuses. — Le *diabète sucré*, qui provoque souvent la cataracte, est assez commun chez les vieux chiens, exceptionnel chez le cheval, le bœuf et le singe. Quant au diabète insipide, observé surtout chez le cheval et confondu généralement avec les diverses variétés de polyurie symptomatique, il relève presque toujours d'intoxications alimentaires.

La *goutte* se développe chez les oiseaux (poule, pigeon, oie, dindon, autruche), parfois chez les reptiles des ménageries. Les lésions, qui occupent les articulations phalangiennes, métacarpiennes et métatarsiennes, carpiennes et tarsiennes, n'ont qu'une analogie lointaine avec la goutte humaine; elles sont en rapport avec la nutrition spéciale de ces animaux, qui produisent de l'acide urique comme terme ultime de la transformation des matières azotées. Il suffit de pratiquer la ligature des uretères chez les oiseaux (Zalesky, Ebstein) pour provoquer des dépôts uratiques.

Le *rhumatisme musculaire*, bien connu chez le cheval, le bœuf et le chien, s'accompagne de douleurs qui semblent très vives et s'amendent généralement sous l'influence des médications iodurée et alcaline. Chez le cheval, on observe assez souvent des boiteries dues aux localisations du rhumatisme sur les groupes musculaires des sections supérieures des membres.

Le *rhumatisme articulaire aigu*, qu'on pourrait plus justement placer parmi les maladies infectieuses, atteint quelquefois le chien, le cheval, le porc, surtout le bœuf. De même que chez l'homme, il se caractérise par une polyarthrite fébrile, aiguë, douloureuse, coexistant parfois avec du rhumatisme musculaire, et s'accompagnant de déterminations cardiaques, pleurales ou même oculaires. — Longtemps on a considéré comme une entité morbide propre au cheval la *fluxion périodique des yeux*, qui frappe d'ordinaire successivement ceux-ci, donne lieu à la formation de synéchies postérieures et entraîne la perte de la vue. Il s'agit d'iritis, d'irido-cyclite ou d'irido-choroïdite rhumatismale [1].

Les vétérinaires, comme les médecins, ont souvent confondu le rhumatisme vrai avec les *arthrites* et les *synovites infectieuses* qui surviennent d'ordinaire au cours ou à la suite des maladies aiguës, notamment de la pneumonie, de la maladie typhoïde, de la gourme, ainsi que dans les diverses formes de l'infection purulente, dans la pyémie des nouveau-nés, dans la fièvre puerpérale. Assez fréquentes chez la vache, elles sont habituellement localisées à l'articulation fémoro-tibiale.

Des arthrites rhumatismales chroniques ont été observées dans la plupart des espèces, principalement chez le chien. — Les chevaux de trait rapide sont sujets à une phlegmasie chronique de l'articulation fémoro-tibiale, unilatérale ou double, avec tuméfaction des épiphyses, qui est généralement considérée comme une variété d'arthrite sèche déformante, provoquée par le surmenage ou les simples efforts que comporte le service.

Il est une maladie de la période évolutive qui est assez fréquente et dont l'étude, si elle était mieux faite, pourrait grandement servir en pathologie humaine : c'est le *rachitisme*. Il frappe les jeunes sujets de presque toutes les espèces et montre une prédilection marquée pour certaines races cultivées, notamment pour les races anglaises ; l'expression de *mal anglais* peut donc s'appliquer aussi bien aux animaux qu'à l'homme. Le rachitisme est commun chez les jeunes porcs nourris exclusivement de pommes de terre, chez les chiens ou les lions des ménageries (Roll) qui consomment de la viande désossée, chez les poulains dont la nourriture est surtout composée de son (chevaux de meuniers) et chez les Gallinacés. Sa cause semble être véritablement

[1] ROLLAND, *La fluxion périodique du cheval*. Paris, 1891.

l'absence relative des sels de chaux, comme le démontre l'apparition de la maladie chez des veaux nourris par des mères ostéomalaciques, et sa fréquence dans les régions où le sol manque de sels calcaires.

L'évolution du rachitisme est lente dans toutes les espèces. Le début est habituellement marqué par des troubles digestifs qui donnent naissance à de l'acide lactique dont le rôle pathogène semble assez important. La période d'état est caractérisée par diverses déformations particulièrement fréquentes aux membres, au sternum et au bassin : comme chez l'homme, il existe des nouures, des déviations du rachis et des pattes, des chapelets costaux, un retard dans la fermeture des fontanelles, des lésions dentaires.

Du rachitisme, nous rapprocherons une affection d'involution, l'*ostéomalacie, ostéoclastie* ou *cachexie osseuse*. Observée chez les ruminants, le cheval et le porc, caractérisée par une fragilité anormale des os ou par leur ramollissement, elle est tout à fait comparable à l'ostéomalacie des femmes enceintes et des nourrices. Elle se complique de fractures multiples qui se produisent aux os des membres, à ceux du bassin et aux côtes. On a compté jusqu'à vingt fractures sur le bassin d'une vache.

Dans certains pays, elle sévit en permanence, à l'état enzootique, frappant un plus ou moins grand nombre d'animaux suivant les années, atteignant les vaches en état de gestation et les laitières, plus rarement les juments et les chèvres. La marche de la maladie est d'autant plus rapide que la sécrétion lactée est plus abondante. Dans les régions où elle est endémique, les vaches sont habituellement frappées six semaines à deux mois après la parturition. L'insuffisance des phosphates calciques dans les aliments et la déperdition par l'organisme d'une quantité considérable de sels (fœtus, sécrétion lactée) en sont les conditions déterminantes. Mais elle est surtout la conséquence d'une alimentation incomplète, car elle se rencontre à peu près exclusivement dans les régions où le sol et les végétaux sont trop pauvres en acide phosphorique. — Morpurgo a relaté des résultats expérimentaux tendant à établir que le rachitisme et l'ostéomalacie relèvent d'un même processus de nature infectieuse [1].

Tumeurs. — Les animaux sont fréquemment atteints de *tumeurs* semblables ou analogues à celles que l'on rencontre chez l'homme. La fréquence relative de ces lésions chez les sujets des diverses espèces est aujourd'hui établie par des documents recueillis dans les écoles vétérinaires et les abattoirs.

Sur 18100 chevaux examinés par l'un de nous durant un laps de quatre années, 218 étaient atteints de tumeurs, soit une proportion de 1,2 pour 100. Sur 22450 chiens observés dans les mêmes conditions,

(1) Morpurgo, Studio Sperimentale sull' osteomalacia et sulla rachitide. *Archivio por la scienze mediche*, 1907.

854 étaient porteurs de néoplasmes, soit 3,8 pour 100. — Les statistiques étrangères, notamment celles des Écoles vétérinaires de Berlin, de Munich, de Dresde, qui sont résumées dans le *Traité des Tumeurs* de Casper, accusent des taux variant, pour le cheval, de 0,9 (Berlin) à 2,5 pour 100 (Dresde), avec une moyenne de 1,6, et, pour le chien, de 4 à 4,7 pour 100, avec une moyenne de 4,5. — La proportion des tumeurs est à peu près la même chez tous les Herbivores.

Les *tumeurs malignes* ne se rencontrent pas avec la même fréquence dans les diverses espèces. Les statistiques cliniques — en particulier celles de Fröhner, pour le cheval et le chien, — montrent que sur 100 tumeurs externes, il y a, chez le cheval, 40 néoplasies malignes (15 épithéliomes et 25 sarcomes); chez le bœuf, 30 (10 épithéliomes et 20 sarcomes), et chez le chien 50 (40 épithéliomes et 10 sarcomes). Dans l'espèce chevaline, la proportion des cas de cancer serait de 4 pour 1000 malades, et chez le chien de 18 pour 1000.

Les chiffres des statistiques anatomo-pathologiques, qui enregistrent les cancers internes, dont beaucoup se dérobent à l'examen clinique, diffèrent notablement des précédents; toutefois, comme ceux-ci, ils établissent la prédominance des sarcomes chez le cheval et chez les ruminants, et celle des épithéliomes chez le chien, ainsi que le montre le tableau ci-dessous :

	CHEVAL		BOEUF		CHIEN	
	Epith.	Sarcome.	Epith.	Sarcome.	Epith.	Sarcome.
Stat. cliniques . . .	15 0/0	25 0/0	10 0/0	20 0/0	40 0/0	10 0/0
Stat. anat. pathol. .	20 0/0	45 0/0	8 0/0	35 0/0	50 0/0	23 0/0

Les épithéliomes seraient plus rares parmi les Bovidés que sur les Solipèdes, et environ dix fois plus communs chez le chien que chez les Herbivores. Mais ces différences ne doivent pas être rapportées à la seule influence de l'espèce zoologique; elles dépendent aussi d'autres causes, surtout de l'âge des sujets observés ou sacrifiés. La même remarque est applicable aux sarcomes. S'il est encore généralement admis que la fréquence de ceux-ci atteint son maximum chez les animaux adultes ou durant la période moyenne de la vie, en réalité elle augmente avec les progrès de l'âge, comme celle des épithéliomes. C'est chez les animaux domestiques entretenus ou exploités jusqu'à la vieillesse qu'on observe le plus grand nombre de cas de cancer, et c'est dans les espèces dont les sujets, destinés à l'alimentation de l'homme, sont pour la plupart sacrifiés à un âge peu avancé, que l'on en rencontre le moins.

Très certainement la part qui revient à l'influence de l'espèce a été exagérée. Si le cancer est moins fréquent chez les Bovidés que chez les Solipèdes, ce n'est point le fait d'un privilège d'espèce, c'est tout simplement parce que, parmi les premiers, on observe moins d'animaux arrivés à l'âge du cancer. En certains pays où les bovins sont exploités en grand nombre jusqu'à un âge avancé, — en Irlande, par exemple, — le cancer est beaucoup plus commun. Bashford rapporte qu'à Glasgow, sur 47 000 bêtes à cornes abattues en 1904, on en a constaté 130 cas (2,8 pour 1000), dont 115 sur des vieilles vaches de provenance irlandaise.

On peut prévoir que les recherches futures, plus exactes et plus complètes que celles du passé, établiront que la morbidité cancéreuse est à peu près la même dans les diverses espèces d'Herbivores ; que les différences signalées tiennent à la durée de la vie, à l'âge des animaux observés ou abattus ; enfin qu'il faut aussi rapporter davantage à l'influence de ce dernier facteur, et moins à celle de l'espèce, la fréquence du cancer chez le chien.

Chez les animaux, ainsi que chez l'homme, les tumeurs malignes peuvent se développer en tous les points des téguments ou dans tous les organes, mais elles n'ont pas les mêmes lieux de prédilection. Tandis que les cancers de la peau et des muqueuses exposées, de la mamelle, du testicule, des mâchoires, sont fréquents, ceux de l'estomac, de l'intestin, de la matrice, sont rares ou très rares, et celui de la langue est si exceptionnel qu'on ne l'a pas signalé jusqu'à présent dans la plupart des espèces. Les cancers viscéraux sont moins communs qu'on ne l'a cru jadis. Dans un grand nombre de cas, en effet, les tumeurs rencontrées dans les organes thoraciques ou abdominaux relevaient de la tuberculose. Le confusion a été longtemps commise chez le chien, car la tuberculose s'y traduit souvent par des productions volumineuses, qui envahissent les viscères, principalement le foie et les poumons, ou les séreuses, surtout le péritoine et la plèvre. L'erreur peut persister, même à l'examen histologique, qui révèle une structure rappelant plutôt le sarcome ou le lymphadénome que le tubercule : il n'y a que la recherche des bacilles et l'inoculation qui permettent de reconnaître la nature de ces productions. Les mêmes remarques s'appliquent au cheval : bien des cas de lymphadénie ou de tumeurs viscérales rentrent dans le groupe des lésions bacillaires.

L'évolution des tumeurs cancéreuses chez les animaux est extrêmement variable. Dans la plupart des cas, le sarcome marche plus rapidement que le carcinome et, s'il a moins de tendance que celui-ci à envahir la peau ou les ganglions, plus souvent peut-être il se propage aux organes viscéraux.

Malgré l'existence d'un cancer externe ou interne, mammaire, testiculaire ou rénal, les animaux peuvent conserver un aspect satisfaisant. Ce n'est souvent qu'au bout de plusieurs mois, d'une ou de deux années que l'amaigrissement s'accuse. Si les lésions se généralisent, les malades s'affaiblissent graduellement et présentent une série de troubles en rapport avec les organes atteints.

Le cancer des animaux semble moins grave que le cancer de l'homme. Il a plus de tendance à rester localisé au point où il a pris naissance ; il paraît récidiver moins vite et moins fréquemment. Mais ces différences sont loin d'être absolues, et, malgré les réserves que nous venons de formuler, on doit reconnaître que, chez tous les mammifères, le cancer affecte les mêmes caractères anatomiques et cliniques.

Dans le groupe des néoplasmes, nous devons faire une mention spéciale des tumeurs mélaniques, qui appartiennent pour la plupart au genre sarcome (Cornil et Trasbot). Signalées dans toutes les espèces, elles sont particulièrement communes sur les chevaux blancs, à peau dépourvue de pigment. Elles se développent surtout dans le tissu conjonctif ou dans la peau, et apparaissent d'abord au pourtour de l'anus, à la base de la queue, au fourreau ou dans la région parotidienne. Tandis qu'elles augmentent lentement de volume, d'autres naissent à leur voisinage; peu à peu la maladie se propage et se généralise, envahissant les muscles, les glandes, les os, l'intestin, le poumon, plus rarement le cœur, la moelle, le cerveau.

On doit mettre à part les cancers qui atteignent les petits rongeurs (rats et souris). Un intérêt considérable s'attache à leur étude. Depuis que Moreau a démontré leur transmissibilité par inoculation, de tous côtés les expérimentateurs se sont mis à l'œuvre, et les recherches publiées par Ehrlich, Jansen, Bashford, Borrel ont grandement contribué à faire avancer la question. Nous n'insisterons pas sur les résultats : ils seront longuement exposés dans le chapitre consacré aux tumeurs.

Affections des organes, appareils ou systèmes. — Après l'étude que nous avons faite des maladies infectieuses, parasitaires, toxiques, et des affections constitutionnelles, il nous faut envisager brièvement les localisations morbides qui peuvent se produire sur les divers organes, appareils ou systèmes.

Sang. — L'*anémie* dite *essentielle* est exceptionnelle; elle ne s'observe que dans des races délicates où elle semble se transmettre par hérédité. Des anémies passagères peuvent survenir après les fatigues imposées à des animaux trop jeunes ou après la parturition. On rencontre souvent des anémies symptomatiques, parfois d'origine parasitaire. Il existe chez le chien une anémie spéciale, l'*uncinariose*, provoquée par les ankylostomes; elle est fréquente dans les meutes, où elle cause une forte mortalité. — Les bœufs, les moutons sont sujets à des anémies relevant de strongles ou de distomes.

Sous le nom d'*anémie pernicieuse*, on a décrit, chez le cheval et chez le bœuf, des affections qui semblent de nature microbienne, et qui n'ont aucun rapport avec l'anémie pernicieuse de l'homme, ni avec l'uncinariose du chien.

L'*anémie infectieuse* du cheval ou *typho-anémie*, qui sévit, en France, dans la région Nord-Est, surtout dans la vallée de la Meuse, est provoquée par un virus filtrant (Carré et Vallée). Elle est transmissible au cheval par l'inoculation intraveineuse ou sous-cutanée du sang des malades. Elle revêt les types aigu, subaigu et chronique. Certains sujets, qui paraissent guéris, demeurent longtemps contagifères.

Les diverses formes de *leucémie* décrites chez l'homme se rencontrent dans les espèces animales, en particulier chez le cheval, le bœuf, le chien et le porc. Chez le cheval, on peut observer des cas d'adénie et de leucémie avec hypertrophie considérable de la rate; tantôt celle-ci est énorme, régulièrement agrandie dans toutes ses dimensions et de teinte lilas; tantôt l'organe hypertrophié est déformé par de nombreuses bosselures blanchâtres représentant autant de lymphadénomes. Chez le chien, la lymphadénie splénique est assez fréquente; mais, dans cette espèce, l'adénie nettement caractérisée par des hypertrophies ganglionnaires symétriques est la forme la plus commune.

L'étude hématologique des leucémies animales a été fort bien faite par P.-E. Weil et Clerc [1]. A côté de la forme lymphoïde, déjà décrite, les auteurs signalent une forme myéloïde, différant de celle de l'homme par une forte réaction normoblastique et par la présence dans le sang de nombreux polynucléaires. L'examen histologique des organes y révèle une abondante prolifération des cellules de Türk ou myélocytes basophiles non granuleux.

Les lymphadénomes viscéraux sont plus rares qu'on ne l'a dit, car on leur a rattaché des lésions tuberculeuses hypertrophiques qui sont assez fréquentes. — Chez la poule, on rencontre une variété de leucémie transmissible aux sujets de cette espèce par l'inoculation de fragments de foie, de rate ou de moelle [2].

L'*hémophilie* a été observée chez le cheval, le chien, les bovidés [3]. L'observation la plus intéressante est celle de Zschokke : une jument de neuf ans fut prise brusquement d'épistaxis, tandis que des hématomes multiples se développaient sur les différentes parties du corps. La coagulation du sang prélevé dans la jugulaire se fit en quatre heures, alors que normalement elle se produit en 10 ou 12 minutes. — Mentionnons encore le *purpura hémorragique* qui a été signalé chez le chien et le porc (Mathis), le *scorbut* qui peut frapper le porc, le chien, les reptiles des ménageries (Magitot).

Appareil circulatoire. — L'appareil circulatoire présente les mêmes lésions que chez l'homme. Le myocarde, l'endocarde et le péricarde sont fréquemment affectés. Les *abcès* du cœur ne sont pas très rares dans la pyémie et dans la gourme. Larcher a montré que les tubercules s'y développent assez souvent chez les oiseaux. Nous avons fait la même constatation chez le chien.

Le muscle cardiaque s'hypertrophie sous l'influence des fatigues ou du

(1) P.-E. Weil et A. Clerc, La leucémie chez les animaux. *La Presse médicale*, 9 sept. 1905.

(2) Ellermann et Bang, Experimentelle Leukämie bei Hühnern. *Centralblatt für Bakteriologie*, 1908.

(3) Darrou, L'hémophilie chez les animaux. *Revue de pathol. comp.*, mars 1909. — P.-E. Weil et Boyé, Hémophilies expérimentales et comparées. *Soc. méd. des hôpitaux*, 3 déc. 1909.

travail excessif, surtout chez les chevaux de course et les chiens de chasse.

Les *myocardites aiguës* peuvent laisser à leur suite des lésions durables, parfois silencieuses pendant un temps fort long; c'est probablement à une origine infectieuse qu'il faut rattacher les *ossifications* des oreillettes observées chez les vieux chevaux. Les mêmes conditions étiologiques expliquent la dégénérescence des fibres musculaires, qui peut entraîner la rupture du cœur. Dans quelques cas d'ailleurs assez rares, la paroi était anévrysmatique ou occupée par un échinocoque.

Les *inflammations des séreuses cardiaques* relèvent parfois du rhumatisme, bien plus souvent d'une maladie infectieuse aiguë (gourme, maladie typhoïde, pneumonie, fièvre aphteuse, rouget, maladie des chiens, pyémie ou septicémie). Elles revêtent la forme végétante ou, plus rarement, la forme ulcéreuse. Chroniques, elles représentent le reliquat d'une poussée aiguë, ou s'établissent insidieusement à la suite d'une affection microbienne ou rhumatismale.

Toutes les valvules peuvent être atteintes, mais les localisations varient suivant les espèces. Chez les vieux chevaux, on trouve des lésions mitrales et, plus fréquemment, des lésions aortiques habituellement liées à l'athérome de l'aorte. Chez le chien, les lésions mitrales et tricuspidiennes sont communes; chez le bœuf, c'est l'orifice tricuspide qui est le plus ordinairement atteint.

Les lésions aortiques du cheval sont souvent considérables; les valvules sont déformées, déchiquetées, perforées ou creusées d'anévrysmes; il se produit ainsi des insuffisances faciles à reconnaître pendant la vie au souffle diastolique intense ou musical que l'auscultation révèle.

Chez les animaux, il est très rare d'entendre des souffles anorganiques, mais on perçoit assez souvent, chez le cheval, des dédoublements de l'un des bruits, qui ne comportent pas de signification grave.

Parfois l'endocardite débute pendant la vie fœtale ou embryonnaire; elle a alors les mêmes conséquences dans toutes les espèces et provoque la persistance du trou de Botal ou du canal artériel, comme le montrent les observations recueillies par Franck sur le chien, par Johne sur la vache. Nous avons eu l'occasion d'observer un jeune chat atteint de rétrécissement de l'artère pulmonaire avec persistance du canal artériel; à l'auscultation, on entendait un souffle systolique intense; l'animal, qui était sujet à des accès de dyspnée spasmodique, succomba au cours de l'un d'eux.

On a publié quelques observations d'*artério-sclérose* plus ou moins généralisée. — En Argentine, chez les bœufs atteints de « pasteurellose ou *Enteke* » la plupart des artères peuvent être rigides, épaissies et dures, fibreuses ou calcifiées. — Mais ce que l'on constate surtout, en particulier chez le cheval, ce sont des lésions athéromateuses des troncs artériels survenant d'ordinaire à un âge avancé, ou des lésions d'aortite chronique circonscrites, d'origine parasitaire, provoquées par les *sclérostomes* agames. Ces petits vers peuvent se localiser sur les parois de différents vaisseaux (aorte, artère iliaque externe ou interne, tronc mésentérique, artères testiculaires, coronaires), suscitant souvent le développement d'anévrysmes ou de thromboses suivies d'embolies. — Chez le cheval, l'athérome de l'aorte postérieure et de ses branches terminales, bien que les lésions en soient le plus fréquemment discrètes et circonscrites, peut aboutir à la formation d'anévrysmes; plus souvent il donne lieu à des thromboses oblitérantes, entraînant le phénomène bien connu de la boiterie intermittente. C'est aussi dans les cas d'athérome qu'on observe la rupture du tronc aortique, se produisant d'ordinaire pendant l'assujettissement en position décubitale, sous l'influence des violentes réactions du patient.

La dégénérescence des artères n'est pas rare chez les vieux perroquets (Larcher). Elle peut être reproduite avec la plus grande facilité chez le lapin, notamment par les injections répétées d'adrénaline (Josué).

Appareil respiratoire. — Parmi les affections de l'appareil respiratoire, nous signalerons d'abord les *rhinites*, qui peuvent être primitives, ou dépendre d'une infection comme le horse-pox, la gourme, la morve, chez le cheval, ou encore être entretenues par des parasites comme les lingatules, chez le chien.

Les *laryngites* aiguës sont quelquefois très graves à cause de l'œdème dont elles s'accompagnent et qui peut nécessiter la trachéotomie. La laryngite chronique est rare, sauf chez le chien. — Un trouble curieux que nous avons déjà signalé, c'est la paralysie des cordes vocales, qui s'observe surtout chez le cheval. Elle est provoquée par des altérations du récurrent, consécutives à certaines intoxications ou aux maladies infectieuses à déterminations broncho-pulmonaires (gourme, maladie typhoïde), quelquefois à la compression de ce nerf par les ganglions bronchiques hypertrophiés. Il en résulte d'ordinaire une hémiplégie laryngienne se traduisant par le cornage.

Tous les animaux sont sujets à contracter des *bronchites* comparables à celles de l'homme, parfois enzootiques et contagieuses, sévissant surtout durant la saison froide et plus ou moins analogues à la grippe humaine. On observe chez le bœuf, le mouton et le porc, des bronchites pseudo-membraneuses rapidement mortelles. Spéciales aux animaux, les *bronchites vermineuses* sont déterminées par diverses espèces de strongles, vivant dans l'arbre respiratoire. Assez fréquentes chez le mouton, elles peuvent, dans certaines contrées, décimer les troupeaux. Chez quelques Oiseaux, le faisan surtout, il existe une affection parasitaire de la trachée et des bronches, produite par des syngames (*Syngamus trachealis*) qui, fixés sur la muqueuse, sucent le sang et tuent par asphyxie ou épuisement.

Dans toutes les espèces animales, on observe diverses formes de *pneumonies*. Malgré leur fréquence et leur importance, leurs caractères bactériologiques sont encore mal déterminés.

Chez le cheval, on a décrit une *pneumonie franche*, encore qualifiée de *croupale, sporadique*, comparable à celle de l'homme, et une *pneumonie contagieuse* attribuée à un microbe que Schütz a isolé. Ce microbe est un streptocoque (Hell), que Lignières a identifié avec le *Streptococcus equi*, généralement considéré comme l'agent spécifique de la gourme. L'infection gourmeuse serait la conséquence de la première invasion de l'organisme par le streptocoque. Celui-ci végéterait ensuite sur la muqueuse des voies respiratoires, et, sous l'influence de causes adjuvantes (infection pasteurellique, froid, surmenage), il provoquerait des phlegmasies de cette muqueuse et la pneumonie.

La pneumonie du cheval peut se terminer par la suppuration ou la gangrène. Dans ce dernier cas, le foyer pulmonaire renferme, avec le streptocoque, divers autres germes, surtout des anaérobies. Ce fait n'est pas dénué d'intérêt, car on tend à admettre aujourd'hui que, chez l'homme, la gangrène pulmonaire relève d'un processus semblable ; c'est le résultat d'une association microbienne : des anaérobies viennent se développer dans le poumon malade et exercent leur action nocive sur un tissu altéré par le pneumocoque.

La broncho-pneumonie lobulaire aiguë serait le plus souvent déterminée par le *Streptococcus equi*; et la pneumonie typhoïde, la pneumo-entérite, par l'association de ce streptocoque et de la pasteurella.

La coïncidence des épidémies de pneumonie chez le cheval et chez l'homme a été maintes fois signalée en France, comme à l'étranger, surtout dans les milieux militaires, et, ainsi que pour la grippe et la maladie typhoïde, l'hypothèse a été émise qu'elles devaient être unies par quelque lien étiologique. Des bactériologistes (Peterlein, Perroncito, Brazzola) ayant trouvé dans la pneumonie du cheval des microorganismes offrant les caractères du pneumocoque de Frænkel, on put croire un moment que les pneumonies de l'homme et du cheval étaient produites par le même agent. Mais l'on sait aujourd'hui que ces processus morbides sont radicalement différents dans leur essence.

Si la pneumonie catarrhale et la broncho-pneumonie lobulaire n'ont pas été étudiées bactériologiquement, leur évolution, leur anatomie pathologique et surtout leur étiologie permettent de les assimiler aux affections analogues de l'homme. Elles se rencontrent en effet chez les sujets débilités et aux deux extrêmes de la vie. Elles sont surtout fréquentes chez le chien, survenant au cours de la maladie du jeune âge et entraînant souvent la mort.

La pneumonie franche, sporadique, est rare chez le bœuf, le mouton, le porc, le chien, le chat. Les expérimentateurs, inoculant le pneumocoque de l'homme, ont pu reproduire chez le chien la pneumonie fibrineuse. Dans un cas spontané, Pernice et Alessi ont décelé une bactérie identique à celle de Talamon-Frænkel. Pendant l'hiver de 1891-1892, nous avons observé une petite épizootie de laboratoire qui sévit sur les lapins et détermina la production d'hépatisations, de fausses membranes fibrineuses péricardiques et pleurales; ce fut encore le pneumocoque que l'examen bactériologique révéla dans ces divers foyers.

En dehors de ces différents types morbides, il faut citer certaines infections à déterminations pulmonaires, qui sont spéciales à quelques espèces. Telles sont la *péripneumonie contagieuse des bêtes à cornes*, dont l'agent pathogène est un microbe filtrant, découvert par Nocard et Roux, et la *pneumonie infectieuse du porc*, due à un bacille que Lœffler et Schütz ont isolé.

Il existe encore des *pneumonies mycosiques*, qui sont produites par diverses espèces d'*Aspergillus* (*A. fumigatus* chez les Mammifères; *A. fumigatus*, *glaucus*, *nigrescens* chez les Oiseaux). L'actinomycose pulmonaire a été constatée chez les Bovidés, et la botryomycose chez le cheval (Bollinger).

De même que chez l'homme, les *pneumonies chroniques* et les *tumeurs* du poumon sont extrêmement rares, si l'on excepte les tumeurs secondaires à d'autres néoplasmes, notamment aux ostéosarcomes.

Les bronchites répétées, les broncho-pneumonies et les pneumonies peuvent aboutir à l'*emphysème*. Mais chez le cheval, qui en est le plus souvent atteint, cet état morbide est presque toujours provoqué par les efforts et les travaux pénibles. C'est une « maladie de service » apparaissant parfois chez des sujets relativement jeunes et dont le développement est dominé par une prédisposition héréditaire. Il se traduit par une dyspnée, parfois asthmatiforme, et s'accompagne, encore plus fréquemment que chez l'homme, de dilatation cardiaque. Dans l'espèce bovine, on observe l'emphysème sur les bœufs de travail, où il est causé par les efforts de traction, et chez les vaches longtemps maintenues en stabulation, où il est provoqué par la toux qu'entretiennent les affections chroniques de l'appareil respiratoire.

La pathologie comparée confirme ce que la pathologie humaine nous a appris en matière de *pleurésie*. Jusque vers la fin du siècle dernier, la pleurésie séro-fibrineuse a été généralement considérée, dans presque toutes les espèces animales, comme une affection primitive causée par le froid. Cette opinion n'est pas conforme à la réalité des faits. Chez le *cheval*, dans la presque totalité des cas, la pleurésie est para ou métapneumonique; elle se développe dans le cours des pneumonies par l'extension, à la plèvre, de l'infection pulmonaire. Les phlegmasies pleurales primitives y sont infiniment plus rares qu'on ne l'a prétendu et qu'on ne l'admet encore aujourd'hui, d'après la doctrine de la pleurésie rhumatismale. Les inflammations de la plèvre qui surviennent dans le cours de la gourme, de la maladie typhoïde ou d'autres infections, sont, elles aussi, habituellement consécutives à des lésions pulmonaires. — Dans *l'espèce bovine*, sauf de rares exceptions, la pleurésie est d'origine tuberculeuse ou secondaire aux lésions pulmonaires de la péripneumonie contagieuse. — Le *mouton* est sujet à une pleuro-pneumonie septique, mais la pleurésie séro-fibrineuse banale est exceptionnelle dans cette espèce. L'histoire des deux cents moutons de Duvieusart, atteints de pleurésie après avoir été tondus par un temps très froid, est restée unique([1]). Il s'agissait évidemment d'une maladie infectieuse générale à déterminations séreuses et particulièrement pleurale. — Chez la *chèvre*, si la pleurésie est moins connue que chez le mouton, elle revêt les mêmes modalités et reconnaît les mêmes facteurs étiologiques. — Dans *l'espèce porcine*, la pleurésie peut être une localisation de la pleuropneumonie septique, de la tuberculose, ou une complication de la pneumo-entérite. — Chez le *chien* et le *chat*, la pleurésie est d'origine tuberculeuse dans plus de 80 pour 100 des cas. La notion de la fréquence de la pleurésie séro-fibrineuse primitive du chien reposait sur des observations datant de l'époque où la nature des lésions de la tuberculose canine était méconnue.

Appareil digestif. — Les affections de l'appareil digestif sont encore plus variées chez les animaux que chez l'homme.

Il existe plusieurs formes de *stomatites* : les unes catarrhales, liées aux affections aiguës ou à l'anorexie prolongée; d'autres dues à l'évolution des dents; d'autres encore relevant d'intoxications alimentaires, telles qu'en provoquent la rouille, la nielle et la carie du blé. Le chien peut être atteint de stomatite ulcéro-membraneuse donnant lieu, comme chez l'homme, à des ulcérations et à une salivation extrêmement fétide. — Le champignon du *muguet* végète sur la muqueuse buccale des veaux, des poulains, des Gallinacés. Martin aurait observé une poule infectée par un enfant malade.

Exception faite pour les anomalies de nombre, de disposition et d'usure des dents, les altérations de ces organes sont plus rares que chez l'homme. La carie s'observe dans toutes les espèces, particulièrement chez les solipèdes. Chez le chien, le tartre dentaire entraîne fréquemment la gingivite, la pyorrhée alvéolaire et la chute des dents.

Les *pharyngites* ne présentent rien de spécial : elles peuvent être primitives ou secondaires. Chez le cheval, quand elles dépendent de la gourme, elles s'accompagnent d'adénites sous-glossiennes suppurées ou d'abcès péripharyngiens. — Une affection plus intéressante est celle qui atteint les parotides et sévit parfois, sous la forme enzootique, sur la chèvre, le chien et le chat, à la façon des oreillons. L'existence de ceux-ci, chez le chien, signalée par Schussele (1842) et Hertwig, a été nettement établie par Whittaker (1896), puis par Busquet et Boudeaud (1901). Ces derniers auteurs en ont relaté deux intéressantes observations : dans l'une, il s'agit d'un chien sortant d'un milieu où l'on venait de constater plusieurs cas d'oreillons humains; le sujet de la seconde est un fox-terrier contaminé en jouant avec des tampons d'ouate qui avaient servi à désinfecter la muqueuse buccale du précédent. Le sang de ces chiens donna des cultures d'un diplocoque, et leur salive des cultures d'un diplostreptocoque ([2]).

Les diverses cavités de la face peuvent être le siège de *tumeurs*. Nous

([1]) Duvieusart, Pleurésie exsudative dans l'espèce bovine, *Recueil de méd. vét.*, 1845, p. 721.

([2]) Busquet et Boudeaud, Les oreillons du chien. *La Presse médicale*, 28 septembre 1901, p. S. 104.

y avons trouvé, chez le chien et le cheval, des polypes, des myxomes, des sarcomes. L'épithéliome du maxillaire supérieur est assez commun chez le cheval.

Les *kystes* dus aux aberrations dentaires se rencontrent dans toutes les espèces, en particulier chez le cheval, où ils siègent surtout dans la région temporale, quelquefois dans les parois des sinus, des cavités nasales ou de l'orbite. Exposés aux influences irritantes, ils s'enflamment, suppurent et, si l'on ne procède pas à l'ablation de la dent erratique, donnent lieu à des fistules intarissables.

Les animaux ingèrent fréquemment, d'ordinaire avec leurs aliments, des *corps étrangers* de toute sorte : fruits, tubercules, racines, clous, os, bouchons.... Les corps étrangers volumineux s'arrêtent souvent dans l'œsophage, comme cela se voit surtout chez les bêtes bovines; ou bien ils provoquent de petites ulcérations qui entretiennent de l'œsophagisme; c'est un phénomène tout à fait semblable à celui qu'on observe chez l'homme. De même que chez lui, l'œsophagisme peut dépendre, dans quelques cas d'ailleurs fort rares, d'une affection gastrique.

Les *corps étrangers de l'estomac* sont fort communs chez les Ruminants, notamment chez les Bovidés. Les corps métalliques aigus peuvent perforer la panse, atteindre le foie, l'intestin ou le diaphragme, léser le poumon, le péricarde, le cœur, s'échapper en traversant les parois abdominales ou thoraciques; plus rarement ils se dirigent vers la colonne vertébrale et s'y fixent. Chez le *chien* et le *chat*, on a trouvé dans nombre d'organes, dans le foie surtout, des aiguilles enkystées; quand l'aiguille qui a traversé les parois du tube digestif, est munie d'un fil, celui-ci, imprégné de liquides septiques, détermine presque toujours une péritonite mortelle.

La tolérance de la muqueuse gastrique pour les corps étrangers est fort remarquable. Nous avons relaté l'histoire d'un chien qui, pendant onze mois, conserva deux toupies dans l'estomac, tout en présentant les apparences d'une parfaite santé. Un animal de même espèce a gardé pendant douze ans, dans la cavité stomacale, une pièce de cinq francs et une pièce de dix centimes, sans manifester le moindre malaise. Toutefois, les corps étrangers vulnérants peuvent susciter des crises épileptiformes, et lorsqu'ils sont enclavés dans l'intestin, des accidents rabiformes. Il n'est pas inutile de remarquer, en passant, que les chiens avalent fréquemment les objets les plus divers, notamment de la paille. Longtemps on a cru que si l'autopsie révélait des corps étrangers dans l'estomac d'un chien, on pouvait affirmer que l'animal était mort de la rage. Une telle opinion doit être définitivement abandonnée.

Les causes qui engendrent les *affections stomacales* chez l'homme peuvent agir également chez les animaux. Rien d'intéressant à ce propos comme le catarrhe gastrique des nouveau-nés. Quand la mère est malade ou mal nourrie, quand les repas sont donnés d'une façon irrégulière, que le sevrage est mal fait ou pratiqué trop tôt, on voit se développer une série de troubles tout à fait comparables à ceux de l'enfant.

Chez les animaux adultes, c'est encore la même étiologie alimentaire. Les viandes altérées peuvent déterminer la gastro-entérite; mais les animaux sont bien plus résistants que l'homme. Le chien et le chat consomment sans inconvénient des mets avariés; Spallanzani avait habitué des pigeons à manger de grandes quantités de viandes putréfiées; et nous avons pu en faire ingérer à des cobayes pendant plusieurs semaines. Cependant la tolérance n'est pas absolue; l'ingestion de viandes corrompues ou de vieilles saumures provoque parfois, chez le porc et le chien des gastro-entérites suraiguës ou des accidents typhoïdes.

Les Herbivores sont très sujets à des gastro-entérites d'ordre alimentaire. Les betteraves, les pommes de terre avariées, diverses plantes toxiques, les fourrages et les grains altérés, couverts de moisissures, causent des accidents plus ou moins graves. Parfois le catarrhe gastrique est simplement dû aux difficultés de la mastication, comme cela se voit souvent chez les vieux chevaux dont les arcades molaires sont irrégulières ou hérissées de pointes. Chez le chien, il est d'ordinaire la conséquence d'une alimentation irrationnelle ou de surcharges stomacales répétées.

Les symptômes des affections gastro-intestinales se rapprochent de ceux qu'on observe chez l'homme; on rencontre même des manifestations nerveuses, un véritable vertige stomacal. Chez les Solipèdes, où, en raison d'une disposition anatomique spéciale, le vomissement est impossible en cas de surcharge de l'estomac, à moins de paralysie de la musculeuse, les fermentations anormales déterminent une distension énorme de cet organe et souvent sa rupture.

Les ulcérations du tube digestif sont assez rares. On a relevé quelques cas d'ulcères simples gastriques ou duodénaux qui ont donné lieu à de violentes douleurs ou à des hématémèses. On observe des ulcérations gastro-intestinales dans les infections, les intoxications et diverses affections parasitaires : les œstres, fixés dans la muqueuse gastrique du cheval, peuvent provoquer des lésions entraînant la perforation de l'estomac; les ascarides, chez le cheval, perforent parfois l'intestin; les ankylostomes et les sclérostomes ulcèrent la muqueuse des régions qu'ils ont envahies. Les ulcérations tuberculeuses, très fréquentes chez les Oiseaux, sont rares chez les Mammifères, même chez le chien, bien que cet animal s'infecte le plus souvent par la voie digestive.

L'estomac est très rarement atteint de cancer. Chez le cheval, on en rencontre une variété particulière, toujours localisée au cul-de-sac gauche, qui revêt les caractères d'un épithéliome pavimenteux; cet aspect tient à ce que la muqueuse conserve, en ce point, la même structure que dans l'œsophage.

Nous devons nous arrêter un instant sur un groupe d'affections qu'on observe chez le cheval et qu'on a réunies sous le nom de *coliques*. Tantôt il s'agit de manifestations comparables à celles de l'homme; la colique est alors symptomatique d'une indigestion, de fermentations suscitant la production d'une grande quantité de gaz, ou d'une occlusion. Tantôt il s'agit d'accidents thrombo-emboliques consécutifs à des anévrysmes vermineux des artères mésentériques (sclérostomes agames), ou d'une maladie spéciale, probablement infectieuse : les animaux sont pris d'accidents désignés autrefois sous le nom de *tranchées rouges*; ils manifestent des signes de très vives douleurs et parfois succombent rapidement. A l'autopsie, on trouve sur toute la longueur des artères coliques, un infiltrat hémorragique diffus, quelquefois épais de plusieurs centimètres, une forte hyperémie de la muqueuse intestinale, de la congestion de la rate, parfois avec foyers hémorragiques, souvent de l'endocardite et de l'hypérémie rénale. Cette affection, très redoutable, qui n'a rien d'analogue en pathologie humaine, cause une forte mortalité. Son étiologie et sa pathogénie sont encore imparfaitement connues; mais les lésions et la marche portent à penser qu'il s'agit tantôt d'une thrombose, tantôt d'une infection suraiguë d'origine intestinale.

Pour revenir à des affections communes à l'homme et aux animaux, il faut signaler les *invaginations intestinales*, surtout fréquentes sur les bovidés et le chien, parfois rapidement mortelles. Chez les grands animaux, on peut observer, comme chez l'homme, des invaginations chroniques, dont la durée est de plusieurs mois : telles sont celles du cæcum dans le côlon et celles du gros intestin chez le cheval. Pilliet en a publié deux cas chez le lion.

Enfin, il n'est pas sans intérêt de rappeler qu'en vieillissant les animaux sont sujets aux mêmes infirmités que l'homme; la constipation opiniâtre est commune chez les vieux chiens qui manquent d'exercice.

Fréquents dans toutes les espèces, les parasites intestinaux, notamment les *sclérostomes* et les *ankylostomes*, sécrètent des substances toxiques qui, absorbées, provoquent une intoxication chronique et les troubles observés dans les helminthiases (1). Rappelons que le *Tænia echinococcus* du chien peut infester l'homme, que sa forme hydatique se rencontre chez celui-ci comme chez les animaux (echinococcose), et que le *Dipylidium caninum*, dont la larve vit dans la cavité viscérale du trichodecte et de la puce du chien, peut également se développer chez l'homme si celui-ci vient a été infesté par l'ingestion accidentelle d'un de ces derniers parasites.

L'étude des *affections du foie* offre pour la pathologie comparée un intérêt considérable. — L'*ictère* n'est pas rare. On a décrit un ictère des nouveau-nés chez les poulains et les veaux; un ictère catarrhal, atteignant surtout le chien, plus rarement le cheval; enfin un *ictère grave*, d'ordre infectieux ou toxique, qui entraîne la mort dans le collapsus. Assez fréquent chez le chien, le cheval et le mouton, l'ictère grave a été décrit sous les noms de *typhus hépatique* (Sander), d'*hépatite typhique* (Haubner). Chez les herbivores, il peut être dû à l'ingestion du lupin, plus rarement du trèfle hybride; chez les animaux qui ont consommé

(1) WEINBERG, Passage dans l'organisme de substances toxiques secrétées par les Helminthes. *Soc. de Biologie*, 11 janvier 1908, p. 25.

des drèches, il relève d'une dégénérescence suraiguë du foie, liée à l'intoxication alcoolique.

Des ictères d'origine hématique sont observés chez le cheval, le bœuf, le mouton et le chien, dans le cours des piroplasmoses.

Les *cirrhoses* sont exceptionnelles; pourtant on en rencontre chez le chien diverses variétés, surtout la cirrhose cardiaque. Le cheval est parfois atteint d'une cirrhose alimentaire qui, dans certaines contrées, sévit à l'état enzootique et semble due à l'ingestion de plantes irritantes.

Signalons encore la *lithiase biliaire*, qui est rare et ne donne lieu généralement à aucun symptôme, mais provoque parfois des abcès hépatiques; la *dégénérescence amyloïde* du foie, qui peut amener la rupture de l'organe; le *cancer*; la *tuberculose*, très fréquente chez le chien, où elle se traduit tantôt par de nombreux nodules grisâtres, de consistance ferme, tantôt par des masses volumineuses qu'on a longtemps considérées comme des tumeurs malignes.

Plus souvent que chez l'homme, le foie est le siège de *lésions parasitaires*. Chez le bœuf et le mouton, on trouve une cirrhose biliaire produite par les distomes. L'*échinococcose hépatique* est particulièrement fréquente chez le bœuf, encore assez commune chez le mouton, la chèvre et le porc, très rare chez les Solipèdes. La *coccidiose*, très répandue chez le lapin, s'observe aussi chez le chien, le veau, le porc, le mouton et les Oiseaux.

Les affections du *pancréas* et de la *rate* n'ont guère été étudiées et semblent d'ailleurs exceptionnelles. On sait que la rate est toujours envahie dans les cas de tuberculose généralisée; le chien seul fait exception à cette règle.

La *péritonite* revêt, chez les animaux, les mêmes aspects que chez l'homme. Chez le cheval, elle était très fréquente, à la suite des interventions opératoires, avant que se fût généralisée la pratique de l'antisepsie.

L'*ascite*, rare chez les grands animaux, fréquente chez le chien, est généralement sous la dépendance soit des affections du cœur, soit de la tuberculose.

Les *tumeurs pédiculées* du péritoine méritent une mention spéciale : nées sous cette membrane, en un point variable de la voûte sous-lombaire, elles refoulent la séreuse par leur propre poids, s'y invaginent, se pédiculisent et deviennent flottantes dans la cavité abdominale; la rupture du lien en fait des *corps libres* intrapéritonéaux. Celles de ces tumeurs qui sont pourvues d'un long pédicule peuvent déterminer des étranglements intestinaux.

Appareil urinaire. — Les affections de l'appareil urinaire sont à peu près semblables chez les animaux et chez l'homme. Les *néphrites aiguës* peuvent s'observer dans les diverses espèces animales, même chez les oiseaux (Larcher). Particulièrement fréquentes chez le cheval et le chien, elles surviennent généralement dans le cours ou à la suite de la gourme, de la maladie du jeune âge, des pneumonies, des broncho-pneumonies, des pyémies, des septicémies puerpérales et des diverses intoxications.

Les *néphrites chroniques* ne sont pas rares chez les chiens âgés. Comme chez l'homme, elles revêtent deux aspects : tantôt c'est le gros rein blanc amenant des œdèmes et de l'albuminurie; tantôt un petit rein scléreux, avec de la polyurie, des traces d'albumine, de l'amaigrissement et souvent des troubles cardiaques. — Rencontrée dans toutes les espèces, la *tuberculose rénale* est commune chez le chien. Elle se traduit soit par des granulations miliaires, que l'on trouve dans la moitié des cas de tuberculose généralisée; soit par des lésions considérables entraînant une destruction presque complète de l'organe. L'urine peut contenir de nombreux bacilles qui, facilement disséminés, servent à propager l'infection.

Une *pyélo-néphrite bacillaire* par infection ascendante existe chez les bovidés. Dans certaines régions, ces animaux sont atteints d'une *cystite hémorragique* dont la nature est encore indéterminée.

Les affections de la *prostate* sont très rares dans les espèces animales, sauf chez le chien, où l'on observe assez communément l'hypertrophie et quelquefois la tuberculisation de cette glande.

Les inflammations aiguës ou chroniques du rein aboutissent tôt ou tard à l'*urémie*, caractérisée par des attaques convulsives suivies de coma. Chez le cheval, le bœuf, le mouton, le chien, ces accidents sont parfois déterminés par des calculs urinaires.

Dans l'espèce canine, indépendamment de l'urémie, on peut voir des attaques d'*éclampsie* après le part ou pendant la lactation.

Hémoglobinurie du cheval. — Longtemps rangée dans les affections du rein, l'*hémoglobinurie a frigore* du cheval, dont l'évolution rappelle, par bien des points, l'hémoglobinurie paroxystique de l'homme, est en réalité d'*origine musculaire*. L'affection sévit surtout pendant la saison froide, sur des chevaux qui, laissés au repos un ou plusieurs jours dans des écuries insuffisamment aérées, à température élevée, ont reçu leur ration ordinaire ou une quantité d'avoine supérieure à celle de la ration dite d'entretien. Généralement elle éclate quand le cheval, préparé par ces conditions, subit l'impression du froid au moment où il est remis en service. A peine sorti de l'écurie ou peu après le début du travail, il manifeste des signes de malaise, des symptômes de légères coliques, et la peau se couvre de sueur en diverses régions; le faciès exprime l'inquiétude, la respiration est accélérée, la marche hésitante. Si on le fait rentrer à l'écurie ou si on l'arrête dès l'apparition de ces troubles, habituellement ceux-ci disparaissent vite, de l'urine noirâtre est expulsée et la guérison est bientôt complète. Au contraire, si on oblige le malade à marcher, les symptômes s'aggravent rapidement, certains groupes musculaires se tuméfient, une boiterie intense apparaît ou le train de derrière faiblit, puis la paraplégie survient : l'animal tombe, s'agite et fait de vains efforts pour se relever. Toute cette évolution peut se dérouler en une demi-heure, voire en un laps de temps encore moindre. Parfois les troubles s'atténuent peu à peu, le malade reprend l'attitude debout et se rétablit rapidement ou bien il reste boiteux, conservant une paralysie partielle d'un membre, antérieur ou postérieur. Parfois il est atteint d'une amyotrophie consécutive. Mais le plus souvent, lorsqu'il y a paraplégie, les symptômes s'accentuent, et la mort survient d'ordinaire du deuxième au huitième jour, quelquefois en moins de vingt-quatre heures.

La gravité de la maladie, très variable suivant les régions, paraît dépendre de l'abondance des grains habituellement consommés ou de l'état pléthorique des sujets. Inférieure à 10 pour 100 dans les milieux ruraux, la mortalité s'élève à 60 pour 100 des cas dans les exploitations où les chevaux consomment de fortes rations de grains. Certains chevaux y sont particulièrement sujets; les récidives sont assez communes.

A l'autopsie, on trouve des polymyosites, de la congestion des principaux viscères et de la moelle épinière, une tuméfaction de la rate et une néphrite double ordinairement très prononcée.

On a exagéré ou inexactement décrit les altérations du sang et celles du sérum. En général, celui-ci a sensiblement la teinte du sérum normal ou il est à peine plus coloré, que le sang ait été recueilli tout au début, au bout de quelques heures ou plus tard; il ne possède pas de propriétés toxiques spéciales et il n'est nullement hémolysant. Au cours de recherches qui datent de 1893, nous avons pu en injecter 50 centimètres cubes dans les veines d'un lapin sans produire de troubles, notamment sans amener d'hémoglobinurie, et nous avons reconnu que ni le sérum, ni les muscles, ni les reins ne possèdent de propriétés globulicides spéciales.

Il importe de remarquer que les polymyosites sont constantes, souvent considérables et primitives, fréquemment notées dès l'apparition des troubles généraux. Or, il résulte des recherches de Camus et Pagniez, que l'hémoglobine musculaire, injectée dans le sang, passe plus vite dans l'urine que l'hémoglobine globulaire, et que, dans l'hémoglobinurie d'origine musculaire, l'hémoglobinémie étant nulle ou très faible, le sérum n'est pas coloré ou ne l'est que très peu. Ce sont là des caractères qui appartiennent à l'hémoglobinurie du cheval. Ainsi que le soutient Fröhner depuis plus de vingt ans, les altérations musculaires en constitueraient la lésion primordiale et elles seraient la cause principale, sinon unique, des troubles locomoteurs. Les altérations du sang, des reins, de la moelle et des autres organes seraient secondaires.

Quant à la nature intime de la maladie, elle est encore inconnue. Il est peu probable qu'il s'agisse d'un processus infectieux; toutes les recherches faites dans cette voie n'ont donné que des résultats nuls ou aussitôt controuvés.

Affections du système nerveux. — Les profondes différences qui séparent le fonctionnement du système nerveux, chez l'homme et les animaux, entraînent de notables modifications dans les modes de réaction. On rencontre néanmoins, chez beaucoup d'espèces, des perversions ou des troubles qui doivent vivement intéresser le médecin et le psychologue.

Si nous envisageons d'une façon générale les causes des affections nerveuses, nous trouvons d'abord certaines conditions prédisposantes qui rappellent tout à fait celles qu'on note en pathologie humaine. Deux influences surtout doivent être mises en évidence : l'hérédité et la race. L'existence de troubles nerveux chez les ascendants représente un facteur étiologique de premier ordre. La question de race est plus spéciale : les accidents nerveux s'observent surtout dans les races cultivées; ils sont assez fréquents chez les chevaux de sang ou de demi-sang et les chiens d'appartement. Le vertige est commun chez les chevaux d'attelage; les poulains de pur sang sont sujets à une myélite spéciale qui aboutit à la diplégie; la race canine danoise est souvent atteinte de paraplégie; l'épilepsie s'observe surtout chez les bouledogues et les caniches. Certains troubles nerveux sont en rapport avec l'oisiveté : il suffit d'augmenter la somme de travail pour les faire disparaître.

Les causes déterminantes se divisent en deux groupes : les infectieuses et les toxiques. Les accidents apparaissent pendant l'évolution actuelle de la maladie ou à sa suite, comme séquelles des premières manifestations; plus rarement ils relèvent directement des agents externes : l'insolation, par exemple, détermine des congestions cérébrales. Le *coup de chaleur* est une affection plus complexe provoquée par les efforts musculaires pendant les temps chauds.

Les affections aiguës des centres nerveux et de leurs enveloppes sont plus fréquentes chez les animaux que chez l'homme; mais souvent il est difficile de déterminer si leur origine est d'ordre infectieux ou toxique.

La *méningite cérébro-spinale*, souvent enzootique, observée surtout dans les contrées chaudes, notamment en Égypte, frappe le cheval, le mouton, le bœuf et le chien. Elle éclate à certains moments dans des agglomérations de chevaux, dans des fermes, dans des écuries où jamais on ne l'avait constatée, sans qu'on puisse incriminer les ingesta. Elle paraît provoquée par l'exaltation d'un saprophyte qui pénètre dans les voies digestives avec les aliments ou l'eau de boisson. — On a confondu avec cette affection nombre d'accidents appartenant aux intoxications déterminées par des moisissures, des Urédinées et des Ustilaginées (*Penicillium glaucum*, *Ustilago carbo*, *U. longissima*, *Tilletia caries*, *Puccinia graminis*, *coronata*, *straminis*). Leur marche est souvent rapide; la mort peut survenir en quarante-huit et même vingt-quatre heures. Fröhner rapporte que sur huit chevaux d'une brasserie qui avaient consommé de l'avoine mouillée, altérée par le *Penicillium glaucum*, cinq succombèrent en moins de deux jours; la nourriture avariée fut supprimée : les trois autres animaux se rétablirent.

La plupart des faits publiés sous le titre de méningite cérébro-spinale des bêtes bovines se rapportent aussi à des empoisonnements par les moisissures, les tourteaux de coton ou la pulpe de betterave altérée. Tandis que chez les Solipèdes, les phénomènes paralytiques dominent dès le début et commencent généralement par le train de derrière, chez les Bovins on observe d'abord de l'excitation cérébro-médullaire, des troubles psychiques et des convulsions.

Ce que nous disons de la méningite cérébro-spinale peut être répété pour les méningo-encéphalites et les méningo-myélites. Qu'elles soient épizootiques, enzootiques ou sporadiques, elles relèvent tantôt d'une infection, tantôt d'une intoxication alimentaire, et leur développement est favorisé par la chaleur et la fatigue.

Un grand nombre de maladies infectieuses s'accompagnent de lésions nerveuses. La gourme du cheval compte, parmi ses complications, les phlegmasies purulentes des méninges, les abcès de l'encéphale ; la maladie typhoïde et les pneumonies du cheval entraînent parfois de semblables accidents. Au cours ou à la suite de la maladie du jeune âge, le chien est souvent atteint d'accidents méningo-encéphaliques ou méningo-myélitiques, de paraplégie, de chorée ou de tics. Chez la vache, la fièvre vitulaire s'accompagne vite de paralysie. La dourine du cheval et les autres trypanosomoses déterminent la parésie de l'arrière-train et la paraplégie.

Les manifestations peuvent passer à l'état chronique ou s'établir d'emblée sous cette forme, durant la convalescence de l'infection ou quelque temps après sa guérison apparente. Il restera ainsi des paralysies localisées à un groupe de muscles, de la paraplégie ou des troubles cérébraux. — Chez le chien, il existe une *méningo-encéphalite diffuse subaiguë*, souvent accompagnée de lésions bulbo-médullaires, dont les caractères cliniques et anatomo-pathologiques sont semblables à ceux de la paralysie générale de l'homme, et qui résulte généralement d'une localisation sur les centres nerveux du virus de la « maladie du jeune âge » (1).

Dans les mêmes conditions, le chien est encore atteint de troubles curieux, décrits sous le nom assez impropre de chorée ; ce sont de véritables *tics*(2), affectant un ou plusieurs membres, parfois la face, et caractérisés par des secousses brèves, spasmodiques, qui se reproduisent d'une façon très régulière, comme nous avons pu le constater sur les nombreux tracés que nous avons recueillis ; ces tics, qui relèvent d'un trouble bulbo-médullaire, s'accompagnent d'une atrophie lente et progressive des muscles affectés.

Les *myélites systématiques* sont rares. Dans diverses espèces, on rencontre des troubles analogues à ceux du tabes. Barrier et Weber ont publié l'histoire d'un cheval atteint de manifestations ataxiques, augmen-

(1) MARCHAND et PETIT, La paralysie générale du chien. *Bull. de la Soc. centrale de méd. vét.*, 1911, p. 520.

(2) VAN LAIR, Des myoclonies rythmiques. *Revue de médecine*, 1889, p. 1.

CADIOT, GILBERT et ROGER, Note sur l'origine bulbaire du tic de la face. *Ibid.*, 1890, p. 431.

tant par l'occlusion des yeux; Fröhner cite plusieurs cas analogues chez le chien. Hamburger([1]) a trouvé une dégénérescence des cordons postérieurs dans la moelle d'un chien qu'il n'avait pas observé pendant la vie. La *paralysie bulbaire progressive*, décrite chez le cheval (Degive, Gérard et Laridan), est toujours bilatérale, et son évolution, plus ou moins rapide, est fatale. Nous avons eu l'occasion d'étudier une moelle cavitaire, provenant d'un lapin atteint de paraplégie spasmodique; les lésions histologiques différaient d'ailleurs de celles qui caractérisent la syringomyélie ([2]).

Notons encore la possibilité d'hémorragies cérébrales. Les efforts, le coup de soleil et, dans quelques cas très rares, la dégénérescence des artères, en provoquent chez le cheval, le bœuf, le mouton, le chien. Larcher a insisté sur la fréquence des hémorragies cérébrales des Oiseaux survenant au moment du coït.

Sauf les cholestéatomes des plexus choroïdes, fort communs chez le cheval, les *tumeurs* du cerveau sont rares. Le plus souvent il s'agit de tumeurs secondaires, de sarcome mélanique chez le cheval, de divers cancers secondaires chez le chien et le bœuf. Dans quelques cas, des tumeurs développées dans les méninges, les os du crâne ou du rachis comprimaient les centres sous-jacents. C'est ainsi que chez les chevaux blancs, des tumeurs mélaniques, nées sur les méninges spinales, peuvent provoquer une paraplégie plus ou moins rapide.

Plusieurs espèces sont sujettes à des lésions parasitaires. Le mouton est fréquemment atteint d'une affection désignée sous le nom de *tournis* et due au développement du cœnure cérébral, provenant du *Tænia cœnurus* du chien. — Dans l'Inde et diverses autres contrées, le cheval est sujet à une hémorragie cérébrale déterminée par des parasites (amphistomes).

Les *lésions des nerfs périphériques*, en dehors de celles qui relèvent des actions traumatiques, sont assez rares. Nous signalerons cependant les névralgies (Friedberger, Strebel), les poussées d'herpès sur le trajet d'un nerf sensible (chien), les éruptions en ceinture analogues à celles du zona de l'homme ([3]). La paralysie du récurrent, qui aboutit à l'hémiplégie laryngienne et au cornage, est très fréquente chez le cheval, à la suite de diverses infections à localisations broncho-pulmonaires. La maladie typhoïde et les pneumonies peuvent encore entraîner la paralysie du pénis, ou celle de la vessie et du rectum.

En Cochinchine, chez les chiens des races européennes importés, qui reçoivent comme nourriture du riz dont la préparation laisse souvent à désirer, on observait une affection dont les lésions et les symptômes rappellent ceux du *béribéri* ([4]).

([1]) Hamburger, Tabes dorsalis by een hond. *Holländ. Zeitschr. für Thierheilkunde*, 1890, p. 193.

([2]) Roger, Contribution à l'étude des cavités pathologiques de la moelle. *Revue de méd.*, août 1892.

([3]) Hébrant, Zona chez le chien. *Annales de méd. vét.*, 1905, p. 12.

([4]) Bergeon, Affection béribériforme des chiens en Cochinchine. *Revue vétérinaire*, 1911, p. 653.

La classe des *névroses* comprend des affections analogues à celles de l'homme. La plus importante est l'*épilepsie* [1], observée dans toutes les espèces : chez la chèvre, où elle a été signalée par Hippocrate, chez le cheval, le bœuf, le porc, le chien, le chat, même chez les oiseaux.

Les manifestations épileptiformes des animaux doivent être divisées en plusieurs groupes.

Il existe une névrose, l'*épilepsie vraie* ou *idiopathique*, souvent héréditaire, assez commune chez le chien, signalée aussi chez le cheval, surtout chez les étalons reproducteurs (Strube). Elle consiste en convulsions semblables à celles de l'homme, parfois en petit mal et en vertiges (Fleming, Féré). Bassi a montré que l'asymétrie cranienne se rencontre avec une certaine fréquence chez les sujets qui en sont atteints.

En seconde ligne, nous plaçons l'*épilepsie symptomatique*, comparable à l'épilepsie jacksonienne, et liée habituellement à la présence de tumeurs ou de parasites cérébraux. Elle relève d'une excitation de la zone motrice ; nous avons pu la reproduire expérimentalement en exposant à l'air froid le gyrus sigmoïde d'un chien trépané. L'épilepsie traumatique survient à la suite de coups portés sur le crâne ; elle apparaît plusieurs semaines après le traumatisme et, une fois développée, peut se transmettre par hérédité (Luciani).

Mentionnons encore une *épilepsie réflexe*, consécutive aux contusions ou aux sections nerveuses. Brown-Séquard a montré que la section du sciatique ou l'amputation de la cuisse détermine chez le cobaye le développement de manifestations épileptiques ordinairement héréditaires.

Dans la grande majorité des cas, les épilepsies rencontrées dans les espèces animales sont d'ordre réflexe, et l'irritation a son point de départ sur une muqueuse ou sur la peau. Les gales de l'oreille, fréquentes chez le chien, le chat, le lapin, le furet, provoquent des crises épileptiformes qui peuvent entraîner la mort (Mégnin, Guzzoni). Des crises analogues sont quelquefois déterminées par des parasites intestinaux (tænias, ascarides), surtout chez les jeunes chiens, plus rarement par des corps étrangers du tube digestif. Il peut s'en produire chez les jeunes sujets de la plupart des espèces pendant l'éruption ou le remplacement des dents.

Une dernière classe comprend les accès épileptiformes que Magnan a étudiés avec soin chez les chiens auxquels il faisait ingérer de l'absinthe.

On voit que la division que nous avons admise est analogue à celle adoptée en pathologie humaine. Les différences ne portent que sur la fréquence des diverses formes. Contrairement à ce qui a lieu chez l'homme, l'épilepsie idiopathique est très rare chez la plupart des animaux. Dexler, qui s'est occupé spécialement de l'étude des maladies ner-

[1] Féré, Note sur l'épilepsie et le bromisme chez les animaux. *Soc. de Biol.*, 10 juin 1893.

veuses dans les espèces domestiques, en conteste l'existence chez le cheval.

L'*éclampsie* des animaux, analogue à l'éclampsie humaine, n'est bien connue que dans l'espèce canine, où elle frappe de préférence les chiennes des races cultivées.

On admet généralement que l'*hystérie* est l'apanage de l'espèce humaine. Elle est cependant signalée chez les animaux, principalement chez le chien et le chat. On croit avoir observé, chez celui-ci, des cas d'hystérie avec contractures, paralysies et anesthésies partielles, zones épileptogènes, prurit intense provoquant l'auto-mutilation (1).

Les animaux sont encore sujets à la *catalepsie*. Provoquée par les frayeurs, elle se développe chez le cheval, le bœuf, le chien. On peut du reste déterminer la catalepsie chez beaucoup d'animaux : chez les Gallinacés, en leur faisant regarder un objet brillant; chez le cobaye et la grenouille (Danilewsky), en les maintenant quelques instants dans une même position.

Nous avons dit que l'affection désignée sous le nom de *chorée* chez le chien n'a, sous sa forme habituelle, aucun rapport avec la chorée humaine. Cependant on voit des sujets qui, à la suite de la maladie du jeune âge, sont atteints d'une véritable danse de Saint-Guy. Des accidents ou manifestations choréiformes ont quelquefois été signalés aussi chez le cheval.

Le *goitre exophtalmique* se rencontre chez le cheval, le bœuf et le chien. Jewsejenko (2) a relaté l'histoire d'une jument de quatre ans qui, après une course, fut atteinte d'abord de palpitations et de tachycardie, puis, au bout de quelques jours, d'exophtalmie et de goitre; l'animal succomba en un mois. Le même auteur a rencontré un deuxième cas analogue chez une chienne de sept ans; la guérison fut obtenue par le traitement ioduré. Röder (3) a vu une vache qui offrait depuis quatre ans la triade classique. Nous avons observé un cheval atteint d'une forme fruste de la maladie de Basedow.

Il n'est peut-être pas de sujet plus intéressant que l'étude des *troubles psychiques* chez les animaux. Malheureusement l'observation est difficile, et les faits publiés jusqu'à présent sont peu nombreux ou fort incomplets. Les manifestations morbides n'étant que l'exagération ou la déviation des fonctions normales, il est certain qu'on ne saurait trouver chez les animaux des aberrations mentales semblables à celles de l'homme. Comparé au cerveau humain, le cerveau des animaux n'est pas seulement de dimensions inférieures; ses éléments affectent une autre coordination. C'est pourquoi la destruction ou la désorganisation de certains territoires cérébraux, qui détermine chez le premier des accidents psy-

(1) Grobon, De l'hystérie chez les chats. *Revue vét.*, 1907, p. 172.

(2) Jewsejenko, Deux cas de maladie de Basedow. *Archives vétérinaires de Saint-Pétersbourg*, 1888 (Anal. in *Jahresbericht von Ellenberger und Schütz*, 1888, p. 126).

(3) Röder, Basedow'sche Krankheit bei einer Kuh. *Sächs. Jahresb.*, 1890, p. 77.

chiques intenses, ne provoque, chez les autres, que des manifestations légères, à peine perceptibles. On peut néanmoins observer des troubles assez variés, portant sur les fonctions motrices, sensorielles, instinctives ou intellectuelles, affectives, génésiques.

Les aberrations motrices se rencontrent surtout chez le cheval. — La *rétivité* est un vice caractérisé par le refus obstiné d'exécuter un ordre habituel; elle est absolue ou relative, active ou passive. — L'*immobilité* est un syndrome plus intéressant, parfois héréditaire, fréquent en certaines régions, généralement lié à une hydropisie des ventricules, quelquefois à la méningo-encéphalite chronique ou à une tumeur encéphalique. Dans cet état morbide, que Féré rapproche de la confusion mentale, les animaux sont hébétés, indifférents, insensibles aux excitations douloureuses; ils conservent les attitudes anormales données aux membres, notamment l'entrecroisement des extrémités antérieures, se refusent à reculer ou n'effectuent ce mouvement qu'avec une grande difficulté et en traînant les pieds sur le sol. — C'est aussi chez le cheval qu'on observe une névrose comparable à l'affection décrite chez l'homme sous le nom de *tic*. L'animal tique en l'air ou à l'appui. Il fait exécuter à ses lèvres des mouvements anormaux ou prend un point d'appui par les arcades incisives sur un corps quelconque (auge, longe d'attache, batflancs), contracte les fléchisseurs de l'encolure et déglutit de l'air. Ce vice, qui est parfois héréditaire, peut se propager par imitation à la plus grande partie des chevaux d'une écurie. Il se développe surtout chez les animaux laissés souvent au repos et peut disparaître sous l'influence du travail.

Dans quelques cas, l'aberration motrice se traduit par une tendance irrésistible à la course. Certains chiens atteints de rage s'enfuient et parcourent jusqu'à soixante kilomètres en une journée. L'expression populaire de « chien fou », appliquée au chien enragé, traduit parfaitement cet automatisme ambulatoire.

Les aberrations sensorielles portent surtout sur le goût; fréquentes chez le bœuf et le mouton, elles existent aussi chez le cheval.

La *géophagie* est quelquefois constatée chez les poulains qui vivent dans les pâturages. La *pica* est un symptôme à peu près constant chez les Bovidés atteints d'ostéomalacie. Dans les troupeaux de moutons, la *mallophagie* n'est pas très rare. Mais l'affection la plus commune est celle qu'on a décrite sous le nom de « maladie du lécher ». Les animaux lèchent d'abord leurs voisins, puis ils en viennent à lécher les boiseries, à avaler les excréments, les vieux chiffons, la terre, et souvent finissent par succomber ainsi dans la cachexie. — Des observations analogues ont été recueillies chez l'homme. Une des plus curieuses est celle rapportée par Lasègue : il s'agit d'une jeune fille du monde qui dévora en partie la redingote de son professeur de dessin.

Plusieurs fois des animaux ont été atteints de troubles affectifs peu en rapport avec leur nature : tantôt c'est une excitabilité anormale qui les pousse à mordre sans motif, ou même des perversions instinctives qu'on a fait rentrer dans l'histoire de la criminalité (¹); tantôt il s'agit de femelles qui refusent d'allaiter leurs petits ou qui les mangent (chatte, lapine); d'autres fois encore, c'est un état de stupeur plus ou moins marqué. Nous avons observé un chien très irritable qui, à la suite d'un voyage de soixante-douze heures en chemin de fer, resta pendant plusieurs mois complètement apathique, couché dans un coin et semblant ne plus reconnaître ses maîtres.

On a peu étudié jusqu'ici les troubles subjectifs et intellectuels, qui sont fort difficiles à analyser. On sait cependant que les animaux sont sujets à des vertiges d'origine toxique, stomacale ou mécanique; le mal de mer, par exemple, a été constaté chez beaucoup de mammifères et d'oiseaux. Des hallucinations peuvent être produites par diverses substances vénéneuses. Parfois les troubles intellectuels atteignent un plus haut degré et se traduisent par de l'imbécillité ou du crétinisme, comme cela se voit chez quelques chiens goitreux. D'autres fois, les modifications sont plus légères, partant plus intéressantes. — Il existe des émotivités anormales; Rochet rapporte l'histoire d'une jument qui avait peur du papier, soit qu'elle le vît, soit qu'elle l'entendît froisser. Nombre d'animaux ont la crainte de la foudre, du feu, du sang. Certains chiens sont pris de frayeur, voire terrifiés par le bruit du tonnerre, la détonation des armes à feu ou de simples pétards. — Diverses *phobies* se communiquent d'un animal à l'autre et prennent, sous l'influence de l'imitation, le caractère de véritables paniques, comme on peut l'observer chez les grands animaux au cours de violents orages, dans certaines contrées lorsqu'ils se sentent menacés par les fauves, parfois sous l'influence de causes banales. C'est ainsi que, dans un régiment de hussards anglais en manœuvres, la lueur et la détonation d'un coup de revolver tiré pendant la nuit provoquèrent une panique qui gagna tout le camp. Plus de 700 chevaux s'enfuirent, affolés, dans toutes les directions, ayant perdu l'instinct de la conservation, se blessant contre toutes sortes d'obstacles, se précipitant dans des cours d'eau ou continuant leur course jusqu'à complet épuisement.

La folie peut même se communiquer de l'homme aux animaux. Féré (²) rapporte à ce sujet trois observations fort remarquables établissant que des chiens ont été atteints d'agoraphobie au contact de maîtres affectés de ce trouble mental : un de ces animaux suivait les murailles, n'osait traverser une rue et était arrivé à ne plus pouvoir descendre un escalier; essayait-on de l'y contraindre, il était pris de terreur, d'un tremblement généralisé, avec incontinence des excréments.

On a relaté quelques faits d'*automutilation* ou d'*autophagisme* chez des sujets de diverses espèces, surtout chez des chiens atteints d'affections encéphaliques entraînant des troubles de la sensibilité et l'affaissement

(¹) Lacassagne, De la criminalité chez les animaux. *Revue scientifique*, 1882, p. 35.

(²) Féré, La folie communiquée de l'homme aux animaux. *Bull. de la Soc. de biologie*, 25 février 1893.

de l'intelligence[1]. Mais l'automutilation vraie est rare chez les animaux, en dehors de la rage.

Bien plus variés sont les troubles génésiques. La *nymphomanie* et le *satyriasis* sont symptomatiques d'affections diverses. Les maladies à détermination médullaire, comme la rage ou la dourine, peuvent les provoquer. D'autres fois ils surviennent au cours des affections de l'utérus et de ses annexes, au début de la tuberculose, ou encore sans cause appréciable. Surtout communs dans certaines races de vaches, chez les juments, les brebis, les chiens mâles, ils sont plus rares chez l'étalon, le bouc, le taureau. Une alimentation intensive et un travail insuffisant constituent des causes prédisposantes dont l'importance est incontestable.

S'il s'agit, dans ces cas, de l'exagération d'un instinct, on note d'autres fois des perversions sexuelles. L'*onanisme*, si fréquent chez le singe, s'observe aussi chez le chien, la brebis, plus rarement chez l'étalon et le taureau. Parfois encore les étalons manifestent un dégoût pour les poulinières; ils ne veulent saillir que des vierges.

Affections cutanées. — Les affections de la peau sont très communes dans les espèces domestiques,

Chez les animaux dont la peau n'est pas pigmentée, on observe fréquemment des *érythèmes*, parfois étendus à de vastes surfaces. Le mouton est sujet à une dermite érythémateuse spéciale — le *fagopyrisme* — qui peut revêtir les formes vésiculeuse, érysipélateuse ou gangreneuse. Elle est causée par la consommation du sarrasin ou de quelque autre polygonée, quand, à l'action de cet aliment, s'ajoute celle de la chaleur solaire. On rencontre aussi cette affection chez le porc, le chien, le bœuf, ainsi que chez le cheval, aux régions où le tégument n'est pas pigmenté.

Observée principalement chez le cheval, les ruminants et le porc, l'*urticaire* est généralement d'origine interne et de nature toxique, produite par la consommation d'aliments avariés, de fourrages ou de grains nouveaux, de certaines plantes (vesces, sainfoin, sarrasin), ou par un brusque changement de régime. Elle reconnaît parfois d'autres causes : refroidissement de la peau par une averse, irritations mécaniques ou traumatiques.

L'*acné* est rare dans la plupart des espèces animales. On peut toutefois rencontrer des lésions acnéiques banales résultant soit de l'obstruction du canal excréteur des glandes sébacées, de la distension de celles-ci et de l'inflammation d'un îlot de tissu cutané, soit d'un processus phlegmasique localisé surtout aux follicules pileux et aux glandes sébacées de quelques régions.

[1] Marchand, Basset et Pécard, Automutilation chez un chien atteint d'encéphalite subaiguë. *Recueil de médecine vét.*, 1906, p. 813. — Marchand et Petit, Curieux cas d'autophagie chez une hyène atteinte de méningo-encéphalite. *Ibid.*, 1909, p. 537. — Blain, A propos de l'automutilation chez les animaux. *Journal de Méd. vét.*, 1911, p. 87.

Les chevaux récemment tondus sont sujets à une dermite pustuleuse en plaques (*acné du tondage*), qui se développe sous l'influence des pressions et des frottements produits par les harnais, surtout quand ces actions mécaniques s'exercent sur le tégument humide, mouillé par la pluie.

Sous ses formes aiguë et chronique, l'*eczéma* est particulièrement commun chez le chien. Dans toutes les espèces, il se montre plus fréquent et plus tenace chez les sujets âgés; sur les jeunes, on ne voit guère que des poussées vésiculeuses éphémères. — Les éruptions eczémateuses sont habituellement provoquées par des irritations de la peau (malpropreté ou abus des lavages, frottements, pressions des harnais); mais, en général, leur étiologie est dominée par une cause interne (dystrophie ou dyscrasie). Certains eczémas du chien relèvent de l'obésité ou du diabète. — L'*eczéma séborrhéique*, en plaques ou généralisé, est bien connu chez le cheval, les bovidés, le mouton et le chien. — Les *eczémas toxiques* d'origine alimentaire ne sont pas très rares, surtout chez les grands herbivores. Le mieux étudié et le plus grave est l'*eczéma des drèches*, constaté chez le bœuf, dans les étables des grandes distilleries, et généralement causé par la consommation de pulpe de pommes de terre. On a établi que la substance nocive existe dans les tubercules crus ou cuits ainsi que dans leurs tiges. Cet eczéma toxique s'observe aussi chez les porcs, dans les régions où les tubercules constituent l'aliment exclusif ou principal de ces animaux. — Chez le cheval, le gluten de maïs (glutine) détermine sur la peau des extrémités une éruption eczématiforme grave et tenace.

Le *pemphigus*, le *psoriasis* et l'*impétigo* sont à peine mentionnés; on les rattache généralement à l'eczéma. Quant au *pityriasis* on n'en connaît que la forme banale, fréquente surtout chez le chien.

Les *alopécies* sont d'ordinaire circonscrites, quelquefois étendues à la plus grande partie ou même à la totalité de la peau. — Signalée chez le cheval, le bœuf et le chien, normale chez les chiens de race chinoise, l'*alopécie congénitale* est tantôt le fait de l'hérédité, tantôt liée à l'épaisseur excessive de la couche cornée de l'épiderme, qui s'oppose à la sortie des poils. — Rapportées à des causes banales très diverses, les *alopécies essentielles* sont constatées principalement sur des animaux de robe claire. On a relaté le fait curieux d'un cheval de robe foncée dont les poils blanchirent avant de tomber. L'alopécie aréolée, parfois limitée au champ de distribution d'un nerf superficiel, semble être, comme le zona, une trophonévrose entraînant la chute des poils par des troubles nutritifs de la peau. On a publié quelques cas d'alopécie neurotique plus ou moins généralisée sur des chevaux très irritables qui, assujettis en position décubitale, s'étaient livrés à des réactions violentes et de longue durée; dans l'un, il est dit que la peau devint complètement glabre en quelques jours. — Les *alopécies symptomatiques* surviennent soit dans le cours ou à la suite d'affections graves, soit pendant la gestation, ou bien elles sont consécutives à la consommation de certaines plantes (trèfle, navets), de fourrages ou de grains avariés, quelquefois aussi à l'absorption de médicaments (sels de mercure) ou d'autres substances toxiques.

La *dermite pustuleuse contagieuse* du cheval — encore appelée *variole anglaise* ou *dermite canadienne*, parce qu'elle se répandit en Angleterre à la suite de l'importation de chevaux provenant du Canada — est produite par un petit bacille (Grawitz et Dieckerhoff) aujourd'hui identifié au bacille de la suppuration caséeuse. Accusée par de grosses pustules d'abord localisées aux régions supérieures du corps, elle est facilement transmise par les harnais, les couvertures, les objets de pansage, et peut se communiquer en quelques jours à un grand nombre de chevaux. La contagion à l'homme, mainte fois soupçonnée, n'est pas nettement établie.

On rencontre très fréquemment dans les espèces animales des *affections cutanées d'ordre parasitaire*. Les plus importantes et les mieux connues sont les teignes et les gales.

Les *teignes* des animaux sont déterminées par des champignons de la famille des Trichophytés, parmi lesquels on distingue aujourd'hui six genres : *Trichophyton*, *Eidamella*, *Microsporum*, *Achorion*, *Lophophyton*, et *Oospora*.

Les teignes des Équidés sont rapportées à cinq espèces de dermatophytes : quatre trichophytons et un microsporon ; — celles des Ruminants et du porc, à trois espèces : trois trichophytons ; — celles du chien, à quatre espèces : un trichophyton, un microsporon, un eidamella et un oospora ; — celles du chat, à trois espèces : un trichophyton, un microsporon et un achorion ; — celle du lapin, à une espèce qui paraît être un achorion ; — celle de la poule, à une espèce : le lophophyton ou épidermophyton des gallinacés.

Bien que ces dermatophytes représentent autant d'espèces pathogènes, certains d'entre eux, à l'instar des actinomycètes et des aspergilles, pullulent à l'état saprophytique sur des végétaux ou des matières inertes. Aussi les animaux sont-ils parfois contaminés dans les pâturages, sans avoir été en rapport avec un premier malade de même espèce ou d'espèce différente.

La plupart des *trichophyties* passent d'une espèce animale sur l'autre et sont transmissibles à l'homme.

Très contagieuses pour les jeunes animaux d'une même espèce, les *microsporoses* semblent se communiquer malaisément entre sujets d'espèces différentes. Le *microsporum caninum* est en tous points semblable à celui qui cause la teigne tondante rebelle de l'enfant. (Bodin et Almy.)

Le *favus*, qui n'a été constaté jusqu'à présent d'une façon certaine que chez le chien, le chat et le lapin, est transmissible des animaux à l'homme. — La lophophytie de la poule, qui se communique facilement aux sujets de cette espèce, peut se développer chez la souris, le lapin et l'homme.

Les diverses *gales* sont produites par des acares dont les variétés, particulières à certaines espèces, ne pullulent activement que chez les individus appartenant à celles-ci. Ces acares diffèrent de ceux de qui s'attaquent à l'homme; quelques-uns sont capables de pénétrer dans ses téguments, mais ils ne tardent pas à succomber, provoquant tout au plus une éruption éphémère.

Tandis que les gales psoroptiques et symbiotiques demeurent assez ordinairement circonscrites, les gales sarcoptiques, en raison des habitudes nomades des agents qui les provoquent, s'étendent plus vite et souvent se généralisent. Les psoroptes et les symbiotes peuvent, chez les sujets de quelques espèces (chien, chat, furet, lapin), se cantonner dans les oreilles et, en y pullulant, déterminer les troubles nerveux de l'*acariose auriculaire*. — Chez les sujets atteints de gale d'ancienne date, les acares fixés dans la peau, au voisinage de la matrice unguéale, exercent sur celle-ci une action irritante; les griffes peuvent acquérir des dimensions considérables (Mégnin). — Sur les chiens âgés de moins de deux ans, on observe une gale spéciale et très rebelle, la gale folliculaire, produite par un démodex (*Demodex folliculorum*) qui se multiplie plus ou moins activement dans les follicules pileux et les glandes sébacées, déterminant tantôt de simples dépilations au niveau desquelles la peau est à peine hyperémiée (gale sèche), tantôt des plaques de dermite pustuleuse (gale humide ou purulente).

Des acariens de la famille des Gamasidés — les *dermanysses* — qui vivent sur les oiseaux, attaquent certains mammifères et l'homme. Parasites noctambules, le jour ils se tiennent dans les fissures des parois des poulaillers ou des pigeonniers; la nuit ils se répandent sur les oiseaux, principalement sur les poules et les pigeons, les piquent de leur rostre et se repaissent de leur sang. Lorsque l'écurie ou l'étable est située à proximité du poulailler infesté, les parasites se portent sur les chevaux, les bœufs; leurs piqûres causent un vif prurit et une éruption vésiculeuse. — Les personnes préposées aux soins de la basse-cour, celles qui manient ou plument les volailles, sont exposées aux incursions des dermanysses : ils provoquent une affection prurigineuse éphémère rappelant l'éruption de la gale, ordinairement localisée aux mains, aux avant-bras, quelquefois étendue aux diverses parties exposées, voire à tout le tronc.

Les *Ixodes* ou tiques, qui vivent à l'état vagabond dans les lieux boisés, les broussailles, les hautes herbes, se fixent sur la peau des animaux domestiques quand l'occasion s'en présente. Les femelles fécondées implantent leur dard dans la peau et se gorgent de sang. Décuplées de volume, elles se détachent, tombent et donnent une grande quantité d'œufs, d'où sortent des larves dont beaucoup achèvent leur développement sur les animaux. Ce sont des larves ainsi infectées héréditairement qui inoculent les piroplasmes dans les différentes espèces animales.

Les *poux* n'épargnent aucune des espèces domestiques. Les *puces* ne vivent que sur le chien, le chat, le lapin, la poule et le pigeon. Poux et puces peuvent servir d'hôtes intermédiaires pour certains parasites.

La plupart des animaux sont sujets à des affections cutanées provoquées par des parasites du groupe des *Nématodes*. L'affection des chevaux des races orientales, autrefois appelée *hématidrose* ou « sueur de sang », est une dermatorragie parasitaire déterminée par la *Filaria hemorragica*. Celle-ci, qui a pour habitat dernier le tissu conjonctif sous-cutané, perfore la peau, par places, jusqu'à la couche épidermique et provoque ainsi les *boutons hémorragiques*. — Dans les végétations de la *dermite granuleuse* des équidés — affection estivale sous notre climat, — on trouve de petites concrétions caséeuses qui renferment des larves de Nématodes. Chez les mêmes animaux, il existe diverses autres dermatoses analogues.

On a relaté un certain nombre d'observations de dermatoses vermineuses du chien. Le plus souvent, il s'agit de microfilaires : soit des embryons de la filaire cruelle (*Filaria immitis*), qui, à l'état adulte, vit surtout dans le cœur droit et l'artère pulmonaire, mais se rencontre aussi en diverses parties du corps, dans les veines ou dans le tissu conjonctif sous-cutané; soit des embryons de la filaire cachée (*Filaria recondita*). Parfois les lésions cutanées renferment des petits vers de la famille des Anguillulidés (*Rhabditis*), qui vivent en saprophytes dans la terre humide, l'herbe ou les matières en putréfaction, et peuvent se fixer dans la peau.

Résumé. — L'étude sommaire que nous avons faite suffit à montrer les nombreuses analogies qui existent entre les maladies et les affections de l'homme et des animaux. L'histoire des infections pouvant sévir sur les êtres qui nous entourent explique, dans bien des cas, comment l'homme peut être contaminé et peut devenir à son tour une source de contagion. L'étiologie du charbon, de la morve, de la rage et, jusqu'à un certain point, de la tuberculose, ne peut se comprendre que si l'on envisage ces maladies dans toute la série des êtres. Mais à côté des infections transmissibles, il en est quelques-unes qui semblent frapper exclusivement une seule espèce; le nombre en diminue à mesure que la pathologie comparée fait des progrès. C'est qu'il n'est pas facile de trouver un fil conducteur capable de diriger le nosographe au milieu des phénomènes multiples ou disparates qui masquent les caractères communs à tous les êtres. La bactériologie elle-même ne suffit pas toujours à trancher les problèmes; en traversant un organisme vivant, un microbe peut acquérir des propriétés nouvelles ou subir des modifications qui le font considérer comme une race particulière. Rien d'instructif à cet égard comme l'histoire de la tuberculose. On a longtemps discuté, on discute encore sur l'unicité de cette infection, et bien des auteurs se refusent à identifier le bacille humain avec le bacille bovin ou le bacille aviaire. Et pourtant, dans ce cas, le problème est relativement simple; il est, au contraire, à peu près insoluble quand on envisage des affections moins nettement spécifiques. Pour l'étude de la pathologie comparée, on ne peut non plus s'appuyer en toute assurance sur la nature ou les caractères des lésions anatomiques; nous avons montré, par exemple, que le tubercule des Oiseaux ne ressemble en rien, par sa structure histologique, au tubercule des Mammifères ; les réactions cellulaires peuvent même varier chez deux espèces voisines, comme la poule et le faisan.

Si la race ou l'espèce imprime des caractères particuliers aux manifestations morbides, on retrouve, chez tous les êtres, un grand nombre de troubles identiques. Les dégénérescences cellulaires sont semblables dans toute la série. La stéatose représente une lésion banale qu'on peut facilement reproduire dans le laboratoire. La dégénérescence amyloïde s'observe assez fréquemment chez les animaux, comme l'avait déjà vu Leisering dès 1865 ; elle survient dans les cas de suppurations prolongées, dans la tuberculose, dans les empoisonnements, mais on n'a pas trouvé jusqu'ici le moyen de la faire apparaître à volonté, c'est-à-dire qu'on n'a pu en découvrir le déterminisme.

Les dégénérescences cellulaires finissent par entraîner un processus de réparation qui aboutit à la cirrhose ; les observations et les expériences poursuivies sur les animaux ont grandement servi à éclairer cette partie de l'anatomie pathologique et ont établi que, dans tous les cas, les scléroses relèvent d'une origine épithéliale.

Lorsque les localisations morbides se font sur les mêmes appareils que chez l'homme, les manifestations observées pendant la vie ne sont pas différentes ; on retrouve les œdèmes, l'anasarque, l'ascite, l'hydrothorax, l'hydropéricarde, la toux, la dyspnée, les hémorragies. Parfois cependant, une disposition anatomique ou physiologique spéciale peut modifier les réactions cliniques ; quand il s'agit d'une affection gastrique, par exemple, des troubles particuliers peuvent éclater chez les animaux incapables de vomir.

Mais c'est surtout dans les cas de manifestations nerveuses qu'on observe les plus grandes divergences : la prédominance du système cérébral chez l'homme, du système médullaire chez les animaux, explique suffisamment les différences qui se produisent.

Il existe donc quelques affections qui sont spéciales à l'homme et qui lui sont imposées par son genre de vie, sa civilisation, ses progrès, le développement de ses facultés intellectuelles ; il est des maladies qui sont particulières à une ou plusieurs espèces et relèvent d'agents pathogènes qui ne trouvent pas chez les autres un terrain favorable à leur développement. Mais ces différences sont relativement légères : la pathologie, comme la physiologie, peut et doit être envisagée dans toute la série des êtres, car tous obéissent aux mêmes lois primordiales.

NOTIONS DE PATHOLOGIE VÉGÉTALE

Par M. PAUL VUILLEMIN

Professeur à la Faculté de médecine de Nancy.

Maladies des végétaux. — Matière morbifique. — Causes des maladies. — Maladies infectieuses. — Maladies de la nutrition. — Maladies de l'irritabilité. — Suites des maladies. — Harmonie symbiotique succédant à l'antagonisme morbifique.

La maladie, chez la plante comme chez l'homme, est une simple modalité de la vie. Elle n'a aucune réalité en dehors du malade. C'est le sujet qui fait la maladie, qui crée la vraie cause morbifique ou plutôt qui devient malade à l'aide des facteurs, tant internes qu'externes, qu'il nous est loisible d'examiner.

Ces facteurs, qu'ils soient dans le malade ou autour de lui, font partie du milieu cosmique ou vivant qui enveloppe et pénètre l'organisme et auquel est subordonnée toute activité. Jamais un facteur étranger ne constitue à lui seul une cause efficiente amenant un effet pathologique constant. Il réalise, tantôt des causes occasionnelles provoquant le déclenchement d'impressions accumulées, tantôt des causes éloignées amorçant la série des phénomènes qui aboutissent à la maladie.

MATIÈRE MORBIFIQUE

L'étude des facteurs étrangers dont dépend la maladie constitue ce que nous appellerons la matière morbifique. On ne saurait faire de pathologie sans connaître la matière morbifique, pas plus qu'on ne fait de thérapeutique si l'on ignore la matière médicale ; mais, ni la matière médicale n'est la thérapeutique, ni la matière morbifique n'est la pathologie.

Cette distinction fondamentale est trop souvent méconnue. Nous en voyons la preuve dans la division usuelle des maladies des plantes en maladies parasitaires et maladies non parasitaires ; cette classification ne dépasse pas les bornes de la matière morbifique et n'atteint pas le but de la pathologie générale.

L'organisme ne connaît pas de vies étrangères à la sienne. Il ne ressent les actions extérieures que par les modifications physico-chimiques imprimées à sa propre substance. Qu'elles émanent d'agents animés ou inanimés, il les subit de même et réagit de même. Les modifications passives ou actives de l'organisme nous fournissent la seule base rationnelle de la pathologie.

S'il est nécessaire de circonscrire le domaine de la matière morbifique, gardons-nous d'en méconnaître l'importance. Avant d'approfondir l'étude du malade, nous devons connaître, non seulement l'anatomie et la physiologie du sujet sain, mais aussi les matériaux à l'aide desquels l'organisme élabore la maladie; nous devons déterminer leurs caractères et leurs propriétés, les démasquer dans l'ambiance du sujet qui nous est précieux, pour les écarter, pour leur barrer les voies de pénétration, ou du moins pour savoir d'où ils viennent et comment ils assaillent l'organisme.

A l'inverse des médecins, les agronomes ont étudié beaucoup plus la matière morbifique que la pathologie. Leurs efforts tendent surtout à tarir les sources de la maladie, dussent-ils, pour y parvenir, détruire les malades eux-mêmes.

Les nombreux travaux publiés sous la rubrique de pathologie végétale envisagent avant tout des questions économiques. Ils établissent la balance des pertes occasionnées par le dépérissement des cultures et des frais nécessités par l'emploi des mesures prophylactiques et hygiéniques, par la lutte contre les ravageurs et les parasites. On se préoccupe moins de sauver un malade que de perdre les organismes qui compromettent le rendement des plantes cultivées.

Nous possédons, en conséquence, peu de données précises sur les processus pathologiques chez les végétaux, en regard de la masse de documents concernant les ennemis des plantes ou plutôt les ennemis de l'agriculture.

L'importance prépondérante accordée à la matière morbifique a suscité de remarquables recherches sur la biologie des insectes, des vers, des champignons, des bactéries, etc., qui vivent aux dépens des végétaux. La parasitologie avait été élevée par les botanophiles à un haut degré de perfection longtemps avant que les médecins eussent songé à lui donner la consécration d'un nom distinct. Les phytopathologistes ont même eu sur les médecins l'avantage d'éviter une fâcheuse scission entre la parasitologie et la microbiologie.

Animaux, végétaux, bactéries agissent sur les plantes comme les corps étrangers inertes. Leur seule présence, leurs déplacements, leur croissance produisent, à la façon des traumatismes, des effets mécaniques : obstructions, perforations, diérèses, chocs, tout en ouvrant la porte à d'autres agents, inertes ou vivants.

Les uns et les autres sont parasites dans la mesure des emprunts qu'ils font à la plante hospitalière pour se nourrir. Nous sommes le plus souvent incapables de déterminer s'ils se contentent de réserves encore dépourvues d'organisation, de déchets, de produits accessoires de l'activité, ou s'ils s'attaquent à la matière vivante de leur hôte. Cela, d'ailleurs, ne change rien à leur mode de nutrition, car la matière organique, au moment où le parasite se l'assimile, a cessé ou cesse de participer à la vie de l'être qui l'a créée. Ce qui est habituel, c'est que le parasite se nourrit de matière organique, c'est qu'il est organosite.

L'alimentation organositique est rare ou restreinte chez les plantes vertes. Les botanistes l'ont distinguée depuis longtemps, en dehors du parasitisme, chez les plantes de tourbière, et ils ont créé le terme de saprophyte pour les végétaux qui se nourrissent d'humus et d'autres matières organiques sans avoir recours à la synthèse chlorophyllienne. Ils ont reconnu des degrés dans le saprophytisme, car il existe des plantes, appelées hémisaprophytes, qui ne sont que partiellement affranchies de ce mode de nutrition.

La notion si simple et si claire du saprophytisme a été faussée dans le langage médical, où l'on oppose le saprophyte au parasite. Cette opposition est un non-sens quand elle s'applique aux champignons, à la plupart des bactéries, aux animaux, qui n'ont rien de commun avec les plantes vertes et qui, parasites ou non, sont nécessairement organosites comme les saprophytes. Le mot saprophyte a été imaginé précisément pour distinguer les plantes vertes qui, tout en restant libres, abandonnent plus ou moins complètement leur mode normal d'alimentation pour adopter celui que l'on a connu d'abord chez les parasites. Ces derniers, d'ailleurs, ne sont pas nécessairement organosites. Certains hémiparasites pourvus de chlorophylle, tels que le Gui et les Rhinanthacées vertes, empruntent surtout les aliments minéraux à leur hôte. Heinricher les a nommés haloparasites.

L'alimentation d'un parasite aux dépens de son hôte n'est jamais qu'un facteur restreint, le plus souvent négligeable, dans les modifications du milieu interne dont dépend la maladie. En d'autres termes le parasite est un prédateur relativement bénin. Les êtres vivants qui se développent dans l'organisme ou simplement à son contact contribuent plus efficacement à la production des maladies en répandant des substances insolites dans les humeurs, soit par leurs excrétions, soit par la décomposition de leur corps, soit par le trouble qu'ils jettent dans la nutrition de l'organisme, dont les propres déchets deviennent incompatibles avec son développement régulier.

Les substances issues directement ou indirectement de l'activité des parasites agissent à la manière des poisons, soit en provoquant des réactions chimiques inaccoutumées, soit en modifiant la tension osmotique des liquides ou des plasmas.

Si la perturbation est assez profonde, il en résulte une véritable infection que l'organisme réalise par ses réactions en présence des parasites volumineux ou microbiens comme en présence des agents inertes.

CAUSES DES MALADIES

L'étude la plus approfondie, la plus analytique de la matière morbifique est impuissante à nous fournir les bases d'une classification étiologique des maladies. La cause prochaine d'une maladie est dans le malade. Les circonstances extérieures qui favorisent ou qui conditionnent l'explosion de la maladie sont de même ordre que celles qui assurent l'exercice régulier des fonctions. Nous ne dirons pas que nous vivons de traumatisme, d'intoxication, d'infection, puisque ces termes ont été créés précisément pour exprimer des conditions défavorables à la manifestation habituelle de l'activité; mais la vie est sous la dépendance de phénomènes ne différant du traumatisme, de l'intoxication, de l'infection que par leur intensité, leur opportunité de temps et de lieu.

Une classification vraiment étiologique ne saurait différer profondément d'une classification physiologique. Mais il suffit d'énoncer le problème pour montrer combien il se prête difficilement à une solution pratique, car il invoque la connaissance préalable des manifestations les plus intimes, partant les plus cachées de la vie. Voilà pourquoi on se rejette sans cesse sur les phénomènes les plus superficiels qui émanent de l'organisme ou de son entourage. Les uns s'arrêtent, soit aux symptômes qui expriment les mêmes plaintes du malade en présence de troubles variés, soit aux lésions localisées dans tel ou tel organe; les autres concentrent leur attention sur les influences extérieures auxquelles l'organisme s'est trouvé en butte au moment de devenir malade.

La classification pathologique fondée sur la matière morbifique est comparable à la classification thérapeutique basée sur la matière médicale. Elle fournit d'utiles indications, des points de comparaison suggestifs. Des champignons appartenant à la même espèce ou à des espèces affines amènent souvent des maladies semblables. Les mycoses offrent au moins un semblant d'unité tout comme les maladies à quinine; les rouilles provoquées par les Urédinées diffèrent des caries et des charbons mis en train par les Ustilaginées. Mais la carie ne fait pas songer au charbon; le mildew de la vigne rappelle à peine la maladie de la pomme de terre, dont un des facteurs essentiels est aussi une Péronosporée.

Sans contester les avantages des classifications intrinsèques, symptomatiques ou topographiques, des classifications extrinsèques calquées sur la classification de la matière morbifique, des classifications éclectiques, nous persistons à croire que la pathologie générale, éclairée par la connaissance préalable du sujet et de son milieu, doit concentrer son attention sur l'organisme malade, dont les réactions reflètent les impressions venues du dehors. Sans doute il les déforme, il les combine à sa manière, mais c'est par là justement qu'il devient malade et imprime à chaque maladie un caractère propre.

La maladie, comme la vie en général, dépend de propriétés de l'organisme qui se ramènent à trois principales : la nutrition, l'irritabilité, enfin l'organisation elle-même, qui oppose le corps vivant au milieu ambiant, qui le rend apte à recevoir les aliments et les excitants du dehors en les assimilant à sa propre constitution sans cesser d'être un tout harmonieux, sans toutefois parvenir à un équilibre parfait tant qu'il est vivant.

Le simple énoncé de ces facteurs internes montre la vie enchaînée aux propriétés mécaniques et physico-chimiques du milieu qui entoure et pénètre l'organisme, milieu qui lui fournit sans cesse des facteurs externes nécessaires à son maintien. Les maladies relèvent des mêmes facteurs. Nous aurons à distinguer, chez les plantes, les maladies de la nutrition, les maladies de l'irritabilité, les maladies de la constitution intime ou maladies infectieuses.

Ces catégories n'ont rien d'absolu. De même que, dans la vie normale, on ne peut que par abstraction séparer des fonctions qui toutes sont étroitement solidarisées entre elles, ainsi en pathologie nous ne pouvons classer les maladies que d'après un caractère prépondérant qui n'exclut pas les autres.

L'infection, longtemps négligée par les botanistes, ne fait jamais défaut dans une maladie des plantes. Nous pouvons dire qu'une maladie est d'autant mieux connue dans son essence qu'on en a mieux dévoilé le caractère infectieux. En conséquence nous commencerons par les maladies où l'on a reconnu la prépondérance de ce caractère et nous envisagerons successivement : 1° les maladies infectieuses; 2° les maladies de la nutrition; 3° les maladies de l'irritabilité.

MALADIES INFECTIEUSES

Les maladies dont la nature intime nous échappe le moins complètement sont celles dont les provocations extérieures sont les moins manifestes, les moins propres à endormir l'esprit de recherche par l'illusion d'une explication facile.

L'organisme joue toujours un rôle prépondérant dans la production de l'infection. C'est en lui qu'il faut chercher l'unité de la maladie infectieuse, qu'elle soit provoquée par une bactérie, un animal ou un champignon; c'est en lui que nous la trouverons avec le plus d'évidence dans les cas où la recherche du microbe ou du parasite est restée vaine. A cet égard, la phytopathologie nous fournit un exemple des plus instructifs dans une maladie du tabac.

La *mosaïque* du tabac a été confondue sous le nom de nielle avec une bactériose que Delacroix en distingue en l'appelant rouille blanche ou maladie des taches blanches. Elle se reconnaît à des taches, tantôt plus sombres, tantôt plus pâles que la couleur habituelle. Les taches sont disséminées sur des portions épaissies du limbe foliaire et passent finalement à une teinte brunâtre uniforme. L'altération débute dans les parties douées d'une croissance active : elle peut s'accompagner d'une déformation et d'une multiplication des feuilles.

Adolf Mayer (1), qui fit en 1886 la première étude approfondie de la mosaïque, reconnut que la maladie est transmise par injection de suc provenant des feuilles altérées. La maladie n'est pas contagieuse, elle est inoculable. Le virus augmente indéfiniment en quantité en attaquant de nouveaux sujets ; on a l'impression qu'il se multiplie comme un être vivant. Il semblait donc naturel de soupçonner l'intervention d'un microbe encore inaperçu. Toutefois ce microbe ne pouvait être que très petit, car Iwanovsky (2) avait montré que le suc infectieux garde ses propriétés après filtration sur bougie Chamberland. Les espèces banales d'organismes microscopiques sont capables de colporter le virus : tels sont le *Bacillus anglomerans* utilisé avec beaucoup de sagacité par Beijerinck (3), un *Rhizobium*, un *Beggiatoa*, un *Nocardia* cultivés par Koning (4) sur des milieux nutritifs additionnés de suc de tabac malade.

Beijerinck signala, en 1899, un fait tout nouveau : le virus est diffusible et par suite soluble dans l'eau. Déposé sur des plaques de gélose, le suc virulent a pénétré au bout de dix jours à une profondeur de 2 millimètres au moins. Pour le démontrer, l'auteur décape la surface de la gélose, et, après avoir enlevé une couche d'un demi-millimètre, il détache la masse sous-jacente en deux assises successives. L'une et l'autre, inoculées à des plantes saines, provoquent les phénomènes caractéristiques de l'infection.

Ainsi que Chauveau l'a démontré, les éléments solidiens les plus ténus, tels que le raisonnement nous porte à en admettre dans l'humeur vaccinale, sont, tout comme les microbes visibles, incapables de diffuser dans l'eau. La gélose, masse homogène comparable à un liquide diffuseur rigide, doit leur opposer un obstacle plus impénétrable encore. Beijerinck semblait donc fondé à considérer la mosaïque comme l'œuvre d'un *contagium vivum fluidum*.

Le mot contage a été critiqué par Hunger (5), parce que la maladie est inoculable et non contagieuse au sens propre du mot, ainsi que l'avaient déjà spécifié Ad. Mayer (1886), Sturgis (1899). Pour éviter toute équivoque, disons *virus vivant fluide*.

La théorie de Beijerinck a soulevé de vives polémiques. La fluidité du virus provoque les premières contestations. D'après Iwanovsky (6) l'état

(1) A. Mayer, *Landw. Versuchsstationen*, t. XXXII, 1886.
(2) Iwanovsky, *Centralblatt für Bakteriologie*, 2e *Abt.*, t. V. 1899. (L'auteur rappelle ses premiers travaux remontant à 1894).
(3) Beijerinck, *Botanische Zeitung*, 1888. — *Archives néerlandaises*, sér 2, t. III, 1899.
(4) Koning, *Zeitschrift für Pflanzenkrankheiten*, t. IX, 1899.
(5) Hunger, *Zeitschrift für Pflanzenkrankheiten*, t. XV, 1905.
(6) Iwanovsky, *l. c.*, 1899.

physique de la gélose change si la solidification remonte à quelques jours. Il s'y produit des fissures laissant passer les particules solides d'une solution d'encre de Chine. Sa nature vivante ou plutôt sa vitalité propre est remise en question. Pour Woods [1], le virus de la mosaïque se comporte à l'égard de la chaleur et des poisons comme les enzymes oxydants (oxydases, prooxydases) capables de provoquer la panachure des feuilles. Heintzel fournit des arguments de même ordre.

Hunger [2] renforce les arguments de Beijerinck en faveur de la fluidité du principe infectieux, car il le fait diffuser à travers des membranes en papier parchemin qui, on le sait, retiennent les micelles des solutions colloïdales aussi bien que les particules solides. A son avis, ce virus n'est pas une substance vivante ; c'est une *toxine* sécrétée constamment dans la cellule du tabac au cours de la nutrition, mais ne devenant nuisible que quand elle s'accumule par suite d'échanges nutritifs mal équilibrés. Le mot toxine n'est pas fait pour éclaircir la question. Sa signification, souvent imprécise, est détournée par Hunger de l'acception habituelle. Citons une phrase d'où se dégage assez nettement la pensée de l'auteur : « J'attribue au virus de la mosaïque une propriété sans précédent, propre à expliquer la marche de la maladie. J'admets que la toxine de la mosaïque, qui primitivement est produite par les irritants externes, est capable, quand elle pénètre dans les cellules normales, de produire une action de contact physiologique, dont la conséquence est que la même toxine s'y forme secondairement. En d'autres termes, la toxine de la mosaïque a la propriété d'exercer une action *autocatalytique physiologique* ».

Si l'on s'en tient aux faits, nous constatons la multiplication indéfinie du principe infectieux dans le protoplasma vivant. *C'est le protoplasma du tabac qui le multiplie* puisque rien n'indique qu'il se reproduise par lui-même. L'observation ne révèle aucune vie étrangère intervenant dans la production de la mosaïque, ni aucun agent distinct de ceux qui assurent la nutrition normale. C'est là, croyons-nous, un exemple d'*auto-infection* au sens le plus strict du mot.

Nous ne savons rien de l'origine première de la mosaïque, puisque nous n'en avons observé le principe que dans le tabac malade ou dans les extraits de tissus malades. L'action initiale des irritants externes est hypothétique. On imaginera, si l'on veut, que le virus a été d'abord introduit par un parasite qui aurait perdu peu à peu son individualité et tous les caractères qui lui permettaient de vivre en dehors du tabac. De même, on a vu dans les leucocytes des parasites nécessaires, dans les globulins des organismes susceptibles de s'affranchir d'une association habituelle. Cl. Roux, puis Merechkovski ont imaginé que les corps chlorophylliens sont des algues plus étroitement rivées aux cellules végétales que les Zoochlorelles ne le sont aux *Stentor* ou les *Pleuro-*

(1) Woods, *Centralblatt für Bakteriologie*, 2e Abth. 1899.
(2) Hunger, *l. c.*

coccus aux champignons des lichens. Mais ces vues ingénieuses touchent de trop près à la fantaisie pour être préférées au simple aveu de notre ignorance sur l'origine d'une infection qui actuellement provient, directement ou indirectement, d'un organisme végétal malade, sans l'entremise d'aucun agent extérieur, animé ou inanimé.

On soupçonne la nature infectieuse d'autres altérations qui, comme la mosaïque du tabac, se traduisent par des décolorations du limbe des feuilles. Erwin Baur [1] rapporte à une *chlorose infectieuse* la présence de panachures jaunes et vertes sur les feuilles de certaines Malvacées. Ce caractère est fixe dans l'*Abutilon Thompsoni*, variété horticole d'*Ab. striatum*, qu'on perpétue par bouturage. Hunger avait transmis la mosaïque au tabac par greffe; de même Baur obtint la panachure en greffant l'*Abutilon Thompsoni* sur l'*Abutilon Sellowianum*. Toutes les espèces du genre ne sont pas aptes à se panacher : tel est l'*Abutilon arboreum*. Il se laisse pourtant pénétrer par le virus, car si la greffe panachée est insérée sur cette plante, elle-même entée sur *Abutilon indicum*, ce dernier devient panaché, tandis que l'*Abutilon arboreum* qui lui a transmis le suc infectieux reste vert.

Delacroix a adressé une double critique à l'expression « chlorose infectieuse ». Le mot chlorose a été employé dans un autre sens en agronomie; mais on peut répondre que les deux acceptions s'éloignent également du sens traditionnel du mot chlorose en médecine. Il conteste également la justesse du qualificatif *infectieux*, parce qu'on n'a pu mettre de parasite en évidence. Comme on le fait trop souvent, Delacroix confondait infection et infestation. La critique ne porte pas sur l'idée défendue par Baur.

Erwin F. Smith [2] transmet également par la greffe deux maladies du pêcher : peach yellows et peach rosette, qui se caractérisent, ainsi que l'indique leur nom, la première par le jaunissement des feuilles, accompagné de formation de broussins et de maturation hâtive des fruits; la seconde par l'épanouissement des bourgeons en une multitude de petites feuilles encadrées de quelques feuilles plus amples.

MALADIES DE LA NUTRITION

La nutrition est troublée par les altérations du milieu extérieur, auquel les végétaux empruntent l'air respirable, les aliments gazeux, liquides ou solubles, l'énergie lumineuse ou calorifique. Elle est compromise plus directement encore, quand les parasites, fixés sur le végétal ou plongés dans les tissus, consomment les produits accessoires issus de l'activité du protoplasma, quand les liquides sécrétés par les parasites, les fluides toxi-

(1) E. BAUR, *Königl. preuss. Akad. der Wissenschaften*, 1906.
(2) ERWIN F. SMITH, *U. S. department of agriculture*, t. XVII, 1904.

ques venus du dehors, transforment chimiquement le milieu interne dans lequel vit le protoplasma. Elle est abolie dans un domaine plus ou moins vaste par un certain nombre d'actions chimiques ou traumatiques, d'origine cosmique ou biologique.

Altération des sources de substance et d'énergie. — A. Le besoin d'oxygène libre est aussi urgent pour les plantes aériennes que pour les animaux terrestres. Il suffit de placer une plante dans une atmosphère d'hydrogène, pour arrêter les courants protoplasmiques intracellulaires, la multiplication des cellules, l'assimilation des réserves amylacées, etc. Si j'écarte les conditions anormales de l'expérimentation, les tiges feuillées ne courent guère de risque d'asphyxie, car l'oxygène dégagé par l'action chlorophyllienne assure une longue résistance dans une atmosphère confinée. Les racines sont moins tolérantes. Les plantes à racines profondes ne peuvent vivre au voisinage des sources thermales qui dégagent beaucoup d'acide carbonique dans l'atmosphère souterraine. Les racines pourrissent dans les peuplements de Conifères où une couverture trop dense soustrait le sol aux changements de température et à la circulation de l'air qui en est la conséquence. Le même phénomène se produit quand on enterre un tronc jusqu'à une hauteur suffisante pour empêcher l'air d'arriver aux racines (1). Une remarquable observation de Van Tieghem (2) a démontré que, dans les sols trop compacts, où l'écoulement de l'eau se fait mal, où l'air ne se renouvelle pas, l'altération des racines est le résultat immédiat de l'asphyxie, en dehors de toute action parasitaire. Dans un tel milieu, les racines de pommiers dégagent une quantité d'alcool suffisante pour être reconnue à l'odeur. A défaut de la fixation d'oxygène libre sur ses composés organiques, la racine puise l'énergie nécessaire à son activité dans la décomposition de ses réserves sucrées, à la façon des levures soustraites au contact de l'air. Les cellules, qui, dans les racines normales de même âge, renferment du sucre et de l'amidon, sont profondément dégénérées et l'arbre entier dépérit.

B. L'eau n'est pas seulement un facteur des propriétés physiques et de l'aération du sol ; elle est un aliment et le véhicule des autres aliments absorbés par la racine. L'excès d'eau dans le sol détermine des troubles dans la nutrition générale, surtout si la chaleur en active l'absorption, si l'état hygrométrique de l'air empêche l'évaporation de suivre la même progression et si le défaut de lumière entrave le travail de l'assimilation. On voit alors les cellules des feuilles se gonfler au voisinage des terminaisons vasculaires et former des tumeurs transparentes, nommées par Sorauer intumescences ou nodosités selon leur consistance. Dans les tissus mous des fruits de l'oranger ou du poirier, la dilatation hydropique des éléments profonds fait éclater les tissus superficiels et cause la maladie appelée crevassement par Savastano. L'œdème, la gerçure des troncs,

(1) Hartig, *Traité des maladies des arbres*, trad. française, 1891.
(2) Van Tieghem, *Bulletin de la Société botanique de France*, t. XXVI, 1879.

d'après Sorauer, relèvent de la même cause [1]. Ce sont les manifestations locales d'une maladie générale résultant de l'absorption excessive de l'eau par les racines.

Les sels nécessaires à l'alimentation de la plante deviennent nuisibles, quand ils sont en solution trop concentrée. L'osmose est arrêtée, parfois même retournée, et les tissus se déshydratent. L'irruption brusque de l'eau de mer est fatale à la plupart des végétaux. Une substance utile agit comme un véritable poison, dès qu'elle se trouve en proportion exagérée par rapport aux autres principes alimentaires. Le carbonate de chaux est fatal à certaines vignes et les rend chlorotiques [2].

L'excès d'alimentation amène un crevassement de l'écorce. Nous en trouvons un exemple chez des arbres isolés par l'abatage des sujets qui leur disputaient jusqu'alors la nourriture. Les tissus profonds s'épaississent brusquement au voisinage du cambium et les tissus phériphériques éclatent sous la pression.

L'absence ou l'insuffisance d'un aliment essentiel dans le sol cause une inanition incompatible avec le maintien de la santé. Si la terre est trop sèche ou si elle cède difficilement l'eau aux racines, les plantes sèchent ou se couronnent. L'inanition par suite de la pénurie des gaz assimilables de l'atmosphère peut être écartée de la liste des causes naturelles des maladies.

Outre les aliments habituels, qui ne deviennent nuisibles que si leurs proportions s'écartent des limites normales, la plante reçoit du dehors, soit par le procédé régulier de l'absorption, soit par l'intermédiaire des organismes étrangers, notamment des parasites, des apports de substances qui ne lui conviennent pas. Ce sont des poisons qui, tantôt sont assimilés à la place des aliments utiles, tantôt en empêchent l'absorption en modifiant les propriétés osmotiques du milieu interne. Leur premier effet est d'affamer la plante. Souvent ils causent des désordres plus profonds sur lesquels nous reviendrons.

C. L'énergie transmise aux organes verts par la radiation solaire est aussi nécessaire à l'assimilation que les aliments liquides ou gazeux. L'étiolement est la maladie qui résulte du défaut de lumière. Les feuilles couvertes de poussière jaunissent comme les plantes placées à l'obscurité. Les corps étrangers forment à la surface un écran opaque. Mais ici le défaut d'éclairage de la chlorophylle se complique d'un obstacle apporté à la transpiration, aux échanges respiratoires et alimentaires. L'assimilation des composés inorganiques est supprimée, si la plante est exposée à une lumière privée des radiations susceptibles d'être absorbées par le pigment vert; les autres rayons, si éblouissants qu'ils puissent être pour notre œil, sont sans action sur elle. Il suffit de soustraire quelques-unes des radiations correspondant aux bandes d'absorption de la chlorophylle pour déterminer un trouble profond dans la nutrition. Les rayons ultra-

(1) Sorauer, *Botanische Zeitung*, 1889 et 1890. — Savastano, *Bollet. della Società di naturalisti in Napoli*, 1889.
(2) Viala, *Les maladies de la vigne*, 3e édit., Paris, Masson, 1893.

violets sont absorbés par la chlorophylle et contribuent, au même titre que des radiations moins réfrangibles, à fournir à la plante l'énergie nécessaire à son activité et à sa croissance. Bonnier et Mangin [1], puis Timirjazeff, ont établi qu'à eux seuls ces rayons, obscurs pour l'œil humain, suffiraient, à la rigueur, pour provoquer chez la plante verte des phénomènes d'assimilation. D'après les expériences plus récentes de Sachs et de Casimir de Candolle [2], les rayons ultra-violets ne sont pas seulement actifs; ils sont nécessaires aux plantes vertes; à leur défaut, le meilleur éclairage n'assurerait pas le développement normal de certaines espèces. La privation des rayons ultra-violets devient ainsi une cause de maladie, démontrée par l'expérimentation, mais qui n'est guère à craindre dans la nature.

On connaît l'influence défavorable exercée par les mêmes rayons sur la santé de l'homme, sur les fonctions des animaux, sur la vitalité même de quelques végétaux incolores, comme les bactéries. Il ne faut pas en conclure que les plantes vertes soient impressionnées par la lumière autrement que les autres êtres vivants. La chlorophylle, malgré son rôle capital dans la nutrition, n'est pas une matière vivante; c'est un puissant réactif au moyen duquel le protoplasma fabrique, au sein de l'organisme végétal, des produits que les autres êtres, à de rares exceptions près, trouvent élaborés dans leurs aliments. La chlorophylle, qui transforme en énergie chimique les rayons ultra-violets, aussi bien que d'autres rayons de diverses réfrangibilités, protège le protoplasma lui-même contre leur action nuisible. Il est inutile d'invoquer une immunité spéciale du protoplasma végétal à l'égard des rayons très réfrangibles; la substance vivante n'en reçoit qu'un petit nombre, elle peut ainsi accomplir la synthèse de la matière organique, à l'aide d'une lumière dont l'intensité serait préjudiciable aux autres êtres vivants. Les organes dont le protoplasma n'est pas protégé par l'écran chlorophyllien manifestent la même susceptibilité que les animaux et les bactéries à l'égard des radiations. D'après Fr. Darwin [3] l'allongement des racines de moutarde est diminué de plus d'un tiers par la lumière.

D. Nous n'insisterons pas sur les effets bien connus des froids excessifs, des grandes chaleurs, d'une moyenne thermique insuffisante sur le développement et la santé des plantes.

Altération des substances fluides (humeurs) ou solides associées au protoplasma. — Les maladies inoculables du type des panachures infectieuses nous ont démontré qu'il existe, chez les végétaux, des principes morbifiques solubles, nés dans l'organisme, issus de son activité, mais séparables du protoplasma et même de l'individu générateur, susceptibles d'être charriés pendant la vie dans des liquides

(1) Bonnier et Mangin, *Comptes rendus de l'Académie des sciences*, 11 janvier 1887.

(2) Sachs, *Arbeiten des Botan. Instituts in Würzburg*, 1887. — C. de Candolle, *Archives des sciences physiques et naturelles*, 3e période, t. XXVIII, 1892.

(3) Francis Darwin, *Arbeiten des Botan. Instituts in Würzburg*, 1880.

indépendants des éléments vivants. Ces liquides sont comparables aux humeurs.

Les humeurs des plantes présentent de notables différences à l'égard du milieu interne de l'homme. Les plus spéciales d'entre elles sont représentées par le suc cellulaire. Qu'il imbibe le protoplasma, qu'il remplisse des vacuoles ou de vastes lacunes, qu'il forme la plus grande partie du contenu des laticifères ou des tubes criblés du liber, le suc cellulaire est directement subordonné à la cellule qui l'emprisonne et ne le laisse passer aux éléments voisins que par un effet de l'activité protoplasmique, c'est-à-dire par une sorte de sécrétion. Il existe toutefois des fluides qui imprègnent diverses parties constitutives de la plante, et dont la circulation obéit principalement, sinon exclusivement, aux lois de la diffusion et de l'osmose. Le chloroforme, dont l'action sur la plante a été d'abord étudiée par Claude Bernard, entrave la fixation du carbone; de plus, l'excrétion d'eau se trouve exagérée. L'arrêt des mouvements de la sensitive par les anesthésiques, qui ne peut être attribué à une action nerveuse, est une conséquence indirecte d'une altération humorale et d'un trouble de la nutrition cellulaire.

Au point de vue physiologique, certains produits solides méritent d'être rapprochés des humeurs : telles sont les substances azotées ou ternaires accumulées dans les membranes, les grains d'amidon, d'aleurone, etc. Ces substances rentrent dans la circulation quand elles sont fluidifiées par diverses influences, normales ou pathologiques.

Les altérations du suc cellulaire exercent le plus souvent sur la santé du végétal une influence locale, restreinte à la sphère d'activité des éléments où elles se manifestent. Cependant elles deviennent parfois le point de départ d'une infection généralisée qui met en danger la vie de la plante. A. Lafont[1] a observé, à l'île Maurice, la chute des feuilles et une croissance défectueuse chez des *Euphorbia pilulifera*, dont les longs tubes laticifères étaient envahis par une prodigieuse quantité d'un Flagellé qu'il nomme *Leptomonas Davidi*.

Le liquide qui circule dans les vaisseaux ligneux n'a que de lointaines analogies avec le sang ou la lymphe. Nous y voyons surtout un prolongement du sol humide dans l'intimité des tissus de la plante depuis les racines jusqu'aux organes aériens les plus élevés, de même que les méats intercellulaires aboutissant aux stomates constituent un appareil ventilateur prolongeant, pour ainsi dire, le milieu atmosphérique dans la profondeur des tissus, tout en se laissant vicier, soit par les gaz méphitiques provenant du dehors, soit par les produits insolites des cellules qui exhalent leurs gaz dans les méats.

L'appareil irrigateur ne communique pas directement avec le sol humide comme les méats avec l'atmosphère. Un massif de cellules jeunes, peu différenciées, sépare les origines inférieures des vaisseaux des poils absorbants de la racine, absorbe transitoirement les solutions pour les

[1] A. Lafont, *Société de Biologie*, 19 juin 1909.

céder ensuite aux vaisseaux, règle par l'activité de son protoplasma la transmission des liquides. Le contenu des vaisseaux est donc, rigoureusement parlant, le produit d'une première sécrétion. Néanmoins, il diffère peu, dans la majorité des cas, des liquides du sol. Les modifications très réelles que lui imprime, dans son trajet, l'activité des cellules contiguës qui échangent avec lui les produits diffusibles les plus variés sont, d'habitude, assez restreintes pour laisser à la plupart des maladies l'apparence de maladies locales.

Les altérations du milieu commun qui baigne les cellules existent à des degrés divers chez toutes les plantes vasculaires malades. Pratiquement négligeables quand elles sont restreintes, elles sont parfois considérables, frappantes ou même prépondérantes. Le facteur humoral, qui a repris une nouvelle importance en pathologie humaine, commence à fixer l'attention des phytopathologistes.

La solidarité qui enchaîne les fonctions, les organes, les diverses parties du corps des animaux n'est pas l'œuvre exclusive du système nerveux. Le rôle coordinateur est également rempli par les agents chimiques transportés par le sang d'un organe à l'autre. Les hormones de Starling établissent une solidarité trophique entre l'hôte et le parasite, entre la mère et le fœtus, comme entre organes éloignés d'un même individu. Les hormones, dont les toxines sont une simple variété, sont également le lien humoral qui enchaîne les diverses parties d'une plante malade entre elles et avec les parasites logés dans quelqu'une de ces parties. Sur ce terrain nous trouvons une nouvelle convergence entre la pathologie humaine et celle des végétaux.

Deux maîtres trop tôt ravis à la science avaient concentré leur attention sur les traits communs de la pathologie cellulaire chez les animaux et chez les plantes; ils aboutissaient à des conclusions opposées. Charrin, dont l'esprit synthétique a jeté tant de semences fécondes, comparait la cellule animale à la cellule microbienne, les réactions cellulaires dans l'organisme supérieur et dans l'organisme végétal et pressentait le jour où il n'y aura qu'une pathologie comme il n'y a qu'une biologie. G. Delacroix, qui fut avant tout un praticien, un thérapeutiste des végétaux, qui sut analyser les faits en pénétrant du dehors jusque dans l'intimité des fonctions, reconnaissait des analogies évidentes dans les procédés utilisés pour soigner les malades des deux règnes. Au contraire, il ne trouvait qu'opposition entre les processus pathologiques; à peine aperçoit-il quelques ressemblances dans les maladies de la nutrition proprement dite. Delacroix s'étonne même que nous ayons songé à ranger sous le même vocable l'inflammation chez les animaux et l'inflammation qui, chez les végétaux, ne concorde avec la première, comme nous l'avons nous-même spécifié, que par une cause commune qui tient à l'irritabilité, propriété inhérente à tout protoplasma vivant. Le mot irritabilité n'avait pas été introduit sans hésitation en physiologie végétale. Lorsque de Candolle (1813) inscrivit l'irritabilité parmi les propriétés générales des végétaux, il convint que, des termes employés en physiologie animale, celui qui représentait le mieux l'idée qu'on doit attacher à l'irritabilité végétale serait celui d'excitabilité. Nous attachons peu d'importance aux mots et, si nous avions rencontré dans le vocabulaire usuel un terme dont le sens fût moins compréhensif, nous l'aurions substitué avec empressement au mot inflammation. Nous avons cherché simplement à faire ressortir les processus communs, sans dissimuler d'ailleurs les différences que le regretté phytopathologiste tenait à souligner.

Depuis la publication du *Traité de Pathologie générale*, nous avons été de beaucoup distancé dans cette voie par les auteurs qui, non contents de proclamer les analogies entre les processus humoraux des deux règnes, ont transporté en phytopathologie toute la terminologie des microbiologistes. Julien Ray (1) introduit en pathologie végétale les termes infection, virulence et même sérothérapie. Gallaud (2) ne recule pas devant le mot phagocytose. Noël Bernard (3) compare à l'agglutination des bactéries le pelotonnement des mycéliums dans les phagocytes des Orchidées. Ces métaphores hardies peuvent être discutées; elles couvrent certainement des vues ingénieuses dont il faudra tenir compte désormais. L'essentiel est de ne pas se payer de mots.

Nous en retiendrons tout au moins qu'il existe en pathologie végétale un facteur humoral ou en tout cas une série d'altérations directement comparables aux changements de composition des humeurs de l'homme.

A. Chez les plantes supérieures, la réaction du suc cellulaire change avec l'âge. L'acidité est plus grande dans les jeunes organes, mais s'élève de nouveau après la résorption de l'amidon. Ducomet (4) a résumé les variations de la prédisposition de la vigne et d'autres plantes à diverses maladies en fonction de ces changements de réaction du suc cellulaire. Cette réaction change sous des influences chimiques provenant du sol. Les engrais phosphatés, en augmentant l'acidité, favorisent, selon la remarque de Laurent (5), la pénétration de divers champignons, mais enrayent l'action dissolvante des bactéries sur les membranes. Les parasites modifient aussi la réaction du suc. Tantôt ils rendent par là le milieu interne impropre à leur développement ultérieur et vaccinent pour ainsi dire la plante contre leurs pareils; tantôt, au contraire, ils corrigent l'action défavorable de ce milieu.

D'après Charrin (6), le suc du *Pachyphyton bracteosum* perd son acidité en présence du *Bacillus pyocyaneus*, aussi bien quand il est extrait de la plante que quand les cultures bactériennes sont injectées dans les feuilles vivantes.

B. Dans l'intimité des tissus, les diverses substances assimilables aux humeurs : aliments absorbés et transformés, réserves nutritives, maté-

(1) J. Ray, *Revue générale de Botanique*, t. XIII, 1901.
(2) Gallaud, *Revue générale de Botanique*, t. XVII, 1905.
(3) N. Bernard, *Annales Sc. nat.*, *Bot.*, série 9, t. IX, 1909.
(4) Ducomet, *Pathologie végétale*, Paris, Amat. 1908.
(5) Laurent, *Annales de l'Institut Pasteur*, t. XIII, 1899.
(6) Charrin, *Archives de Physiologie*, avril 1893 et *Comptes rendus de l'Académie des Sciences*, 8 mai 1893.

riaux de la différenciation du corps, sont détruites par les parasites. Mangin[1] a démontré que le *Bacillus Amylobacter*, que le champignon de l'anthracnose de la vigne dissocient les tissus, en consommant les composés pectiques qui unissent les cellules. La substance capable de dissoudre le ciment intercellulaire est excrétée de même par un grand nombre d'organismes inférieurs. Dans cette catégorie, le *Bacillus Oleæ* mérite une mention spéciale. Cette bactérie cause, chez l'olivier, de grands ravages étudiés par Savastano[2]; elle est fréquente chez le frêne, où Noack[3] l'a décrite d'abord comme une espèce nouvelle. Incapable de pénétrer activement dans les tissus sains, le *Bacillus Oleæ* peut être introduit artificiellement par l'expérimentateur, compliquer les plaies ou les chancres causés par l'élagage, par la grêle ou par les champignons, envahir les excroissances charnues produites, dans les inflorescences, par le *Phytoptus Fraxini*. L'un de ses introducteurs attitrés est un champignon du genre *Chaetophoma* que j'ai observé aussi bien sur les oliviers recueillis à Toulon que sur les frênes des environs de Nancy et de Darmstadt. Quand les filaments du champignon atteignent les assises profondes de l'écorce et le liber, le *Bacillus Oleæ* se multiplie abondamment à l'abri de l'air extérieur, prend les devants sur son introducteur et se répand dans les espaces intercellulaires en détruisant les matières pectiques. Les cellules désagrégées, bloquées de toutes parts par les colonies bactériennes, succombent à la famine. Leur paroi, corrodée de dehors en dedans, est bientôt sillonnée d'un réseau de lignes entre-croisées en tous sens. Un peu plus tard, la perforation est complète et les bacilles remplissent la cellule morte dont ils consomment les débris. Plus rarement ils sont introduits d'emblée par le filament du champignon. Les tissus envahis sont ainsi transformés en cavernes plus ou moins vastes qui, au début, ne communiquent pas largement avec l'extérieur. Cette production de cavernes a fait donner à la maladie de l'olivier le nom de tuberculose.

Divers champignons produisent une zymase qui attaque la cellulose; ils perforent les parois à travers lesquelles ils introduisent leurs filaments ou leurs suçoirs. D'après Bourquelot[4], les champignons qui vivent sur les troncs d'arbres excrètent un ferment soluble capable de dédoubler les glucosides à la façon de l'émulsine des amandes amères. Grâce aux propriétés chimiques de cette solution, ils transforment en un principe propre à les nourrir, c'est-à-dire en glucose, des produits de l'activité cellulaire, tels que la populine des peupliers, la salicine des saules, la phlorhizine des pommiers, la coniférine des pins, qui se trouvaient accumulés sous la forme de glucosides dans l'écorce, le cambium et même le bois des arbres. La transformation opérée dans le corps vivant n'est nullement influencée par la vie des arbres, elle s'effectue sur le bois mort

(1) MANGIN, *Comptes rendus de l'Académie des sciences*, 28 mars 1892.
(2) SAVASTANO, *Annuario della r. Scuola sup. d'Agricoltura in Portici*, vol. V, 1887.
(3) NOACK, *Zeitschrift für Pflanzenkrankheiten*, t. III, 1893.
(4) BOURQUELOT, *Comptes rendus de l'Académie des sciences*, 11 septembre 1893.

comme sur les arbres vivants; la zymase extraite des champignons dédouble aussi bien les glucosides obtenus à l'état de pureté.

Sous des influences analogues, certaines plantes subissent des dégénérescences cellulaires, connues sous les noms de gommose, de mannose, de maladie pectique. La transformation des hydrates de carbone de la membrane ou de la cavité en gomme est, dans quelques cas au moins, sous la dépendance des produits sécrétés par les champignons.

D'autres actions chimiques, dont la nature n'a pas été précisée avec la même rigueur, accompagnent les précédentes. Les parasites qui empruntent des composés ternaires aux matières pectiques, à la cellulose, aux glucosides, puisent leurs aliments azotés dans d'autres parties du corps, par exemple dans le suc cellulaire, riche en produits amidés.

Les produits que nous venons d'énumérer nuisent doublement à la plante, puisqu'ils lui enlèvent des réserves, puisqu'ils amoindrissent ses défenses mécaniques ou chimiques.

C. La transformation des substances associées au protoplasma retentit sur les phénomènes intimes de la nutrition; car, chez la plante comme chez l'homme, chaque cellule est adaptée à un milieu chimique variant dans d'assez étroites limites. Les humeurs deviennent toxiques, dès que leur réaction se modifie, dès que la proportion de leurs principes normaux est changée par la soustraction ou par l'altération de l'un d'entre eux. Elles agissent dès lors comme des irritants, dont nous suivrons l'action au chapitre des maladies de l'irritabilité.

Altérations du protoplasma. — Nous voulons parler ici des agents qui se portent directement sur le protoplasma pour en détruire la structure moléculaire ou l'organisation. Ces agents à détermination locale répondent en partie à l'idée générale qu'on se fait des poisons. Toutefois des poisons qui tuent l'homme à faible dose sont indifférents aux végétaux qui les fabriquent.

Les alcaloïdes, les glucosides les plus redoutables pour l'homme sont en solution concentrée dans des vacuoles, à peine séparées du protoplasma par une pellicule imperceptible. Ils sont encore inoffensifs pour des espèces distinctes de celle qui les produit. En greffant le *Datura* sur la pomme de terre, Strasburger a constaté le passage de l'atropine du greffon au sujet sans que celui-ci présentât aucun phénomène d'intoxication [1]. Il n'en est pas de même des liquides corrosifs, des substances dissoutes qui diffusent dans la matière vivante et forment des combinaisons nouvelles incompatibles avec la constitution normale de la cellule. Nul protoplasma n'est indifférent à leur contact. Tandis que les alcaloïdes les plus vénéneux pour l'homme sont impunément mélangés à la matière vivante, les substances corrosives, comme l'essence de moutarde, qui sont excrétées par les végétaux ou qui naissent dans leurs tissus désorganisés, ne sont pas préformées dans les cellules vivantes. Ce sont des

[1] STRASBURGER, *Berichte der deutschen botan. Gesellschaft*, t. III, 1885.

glucosides inertes qui, décomposés par des zymases spéciales, seront transformés en principes toxiques.

Outre leur action spécifique sur les plantes prédisposées, certaines toxines exercent sur les tissus l'effet des corrosifs. Avec le *Bacillus pyocyaneus* et ses produits, venimeux pour les animaux, Charrin a déterminé la mortification immédiate des cellules d'une Crassulacée. Les désordres provoqués par l'injection du venin des serpents et des abeilles (1) se réduisent à la destruction de quelques cellules et à une nécrose locale en rapport avec la lésion mécanique et avec la diffusion d'un liquide étranger dans les cellules.

Beaucoup de champignons désorganisent d'emblée le protoplasma. La nécrose est produite par les excrétions, car les cellules meurent avant d'avoir subi le contact immédiat des parasites. A cette catégorie se rattachent les *Phyllosticta*, l'*Ascospora Beijerinckii* des feuilles de cerisier (2). Dès qu'une spore vient à germer à la surface des feuilles, les cellules avoisinantes prennent une coloration carminée, puis elles brunissent. La couleur de feuille morte s'étend en cercle et reste longtemps limitée par un liséré rouge. Les filaments du champignon pénètrent dans la zone préalablement nécrosée. Le bacille de la morve des oignons, bien étudié par Sorauer (3), se comporte de la même façon. Les cellules épidermiques, altérées par les sécrétions microbiennes, livrent passage à la bactérie, qui transforme bientôt les tuniques du bulbe en une masse translucide et comme gangréneuse. Au contact des oignons morveux, les pommes de terre subissent la même altération.

L'atmosphère est souvent le véhicule de gaz toxiques. Le chlore, les vapeurs de soude ont été incriminés. De tous les principes entraînés par l'atmosphère, celui dont l'action préjudiciable est la mieux établie est l'acide sulfureux, provenant de la combustion des houilles pyriteuses dans les usines. Condensé à la surface des feuilles, l'acide sulfureux se transforme en acide sulfurique, imprègne les membranes, les déshydrate, les rend imperméables. La couleur verte des feuilles. conservée quelque temps au voisinage des nervures, dans les tissus directement irrigués par les vaisseaux, disparaît et la plante se dessèche.

Un traumatisme violent, comme un choc, une morsure, un coup de grêle, écrase les cellules et désorganise le protoplasma. La nutrition est immédiatement abolie comme les autres manifestations de la vie. L'action mécanique est circonscrite, tandis que celle des poisons est diffuse, surtout quand les produits toxiques sont sécrétés par des parasites, dont l'œuvre se poursuit pendant un temps indéfini.

Les tissus mortifiés par les traumatismes, par les poisons, par les parasites ne sauraient suivre l'accroissement des tissus environnants. Des dépressions manifestent leur présence. Les parties rétractées se déchirent. Les champignons et les bactéries achèvent de décomposer les cellules

(1) POUCHET et BOVIER-LAPIERRE, *Bulletin de la Société de Biologie*, 1885.

(2) VUILLEMIN, *Journal de Botanique*, 1887 et 1888.

(3) SORAUER, *Handbuch der Pflanzenkrankheiten*, t. I, 1886.

mortes ou mourantes, les ramollissent, les réduisent en pourriture, en préparent l'élimination. De vastes pertes de substance creusent les organes malades et constituent des chancres. Dans ces divers exemples, la résistance de l'organisme est immédiatement paralysée; aucune réaction inflammatoire n'entrave l'action destructive; les éléments frappés sont mortifiés sans avoir été malades.

Tels sont les principaux effets des troubles de la nutrition. Comme nous l'avons fait entrevoir au début du chapitre, ils entraînent le plus souvent des réactions secondaires. Les cellules qui se nourrissent mal irritent les éléments sains du voisinage; les cellules nécrosées jouent dans l'organisme le rôle de corps étrangers. Nous allons retrouver les conséquences des maladies de la nutrition en étudiant les troubles de l'irritabilité.

MALADIES DE L'IRRITABILITÉ

Toute cellule végétale est irritable. Les divers stimulants provoquent un développement normal, tant qu'ils s'exercent dans certaines limites d'intensité, en temps opportun, sur chaque partie de la plante. Les mêmes agents deviennent pathogènes, quand il y a dans leur intervention une erreur de temps, de lieu, de degré.

La perturbation apportée par un excitant anormal n'est pas proportionnelle à la puissance de cet agent. Elle produit, selon les circonstances, des effets diamétralement opposés. La pression prolongée d'un corps solide amène l'épaississement des vrilles de la vigne-vierge. Au contraire, dans les plantes volubiles, l'accroissement se ralentit assez, au contact d'un tuteur, pour que la tige s'enroule autour du corps étranger. Les racines de moutarde se courbent de manière à fuir une source de lumière, tandis que les racines d'ail s'incurvent vers le foyer.

Prédisposition et immunité. — L'irritabilité ou capacité de répondre aux excitants autrement qu'un corps inerte est l'expression des phénomènes les plus cachés de la vie. Qu'il s'agisse des excitants habituels qui assurent le fonctionnement régulier de l'organisme ou des excitants intempestifs ou immodérés qui amènent la maladie, toute manifestation de l'irritabilité implique une aptitude constitutionnelle de l'être à réagir à une excitation donnée. Cette aptitude est la *prédisposition*, son absence est l'*immunité*. Dès qu'il s'agit d'agents morbifiques vivants, la prédisposition est l'expression d'une convenance réciproque qui varie en fonction des changements intéressant l'un ou l'autre des facteurs corrélatifs, l'hôte et le parasite. Nous devons donc envisager : d'une part, le renforcement et l'atténuation des agents morbifiques; d'autre part, l'augmentation ou la diminution de la réceptivité du sujet.

Renforcement et atténuation des agents morbifiques. — L'influence du milieu entrave ou favorise l'apparition des maladies en agissant sur les parasites. L'humidité active le développement d'un grand nombre de champignons qui puisent dans des débris organisés l'énergie nécessaire pour attaquer les plantes vivantes. Les spores germent dans des gouttes de pluie ou de rosée à la surface des feuilles; la pénétration et l'expansion des filaments dans les tissus sont facilitées par un état hygrométrique élevé de l'atmosphère. C'est ainsi qu'un grand nombre d'accidents parasitaires prennent l'allure de maladies saisonnières[1]. Le mildew, dont l'agent aime l'humidité et la chaleur, détruit la récolte d'une vigne entière à la suite d'une pluie d'orage. La maladie des cerisiers, la maladie des platanes, beaucoup de rouilles éclatent à la fin d'un printemps pluvieux. L'ergot des Graminées est endémique dans les contrées marécageuses. Les animaux parasites préfèrent souvent la chaleur à l'humidité; l'érinose de la vigne causée par un acarien, beaucoup de galles, apparaissent de préférence pendant les années sèches.

En soumettant les parasites à certaines conditions spéciales, on les modifie de telle sorte, qu'ils perdent l'affinité qui leur permettait d'attaquer une plante donnée. D'après Brefeld[2], les Ustilaginées, cultivées sur des milieux inertes, donnent des corps bourgeonnants semblables à des levures. Au début, les levures infectent les céréales; mais si la culture a été prolongée plus d'un an, elles deviennent incapables de vivre en parasites et de produire le charbon. C'est une véritable atténuation du champignon, qui a perdu, par la culture, ses propriétés morbifiques. Noël Bernard a observé que les champignons vivant en symbiose avec les Orchidées perdent, par la culture, la capacité de se développer dans les espèces dont ils proviennent, tandis qu'ils deviennent aptes à envahir des espèces différentes, normalement réfractaires à leur action.

Inversement l'aptitude au parasitisme progresse par l'exercice.

Le voisinage de certaines plantes est un danger permanent pour des individus d'espèce distincte, parce que les champignons hétéroïques émigrent d'une espèce à l'autre, à la façon des helminthes et des protozoaires qui habitent successivement le corps de deux animaux différents. Les plantes atteintes de maladies parasitaires constituent, même après leur mort, des foyers épiphytiques redoutables pour leurs congénères.

Variations de la réceptivité. — La réceptivité d'un sujet à l'égard d'un parasite ou de tout autre agent pathogène est augmentée ou diminuée par les influences extérieures. L'excès d'humidité ou de sécheresse nuit autant en amoindrissant la résistance vitale des arbres qu'en exaltant la puissance de leurs ennemis. La nature du sol modifie la constitu-

(1) VUILLEMIN, *Bulletin de la Société des sciences de Nancy*, fasc. 21, 1888.
(2) BREFELD, *Nachrichten aus dem Club der Landwirthe zu Berlin*, 1888.

tion des végétaux, de manière à supprimer leur immunité naturelle à l'égard des parasites. Les mélèzes, peu sensibles au *Trichoscypha Willkommii* dans les sols siliceux, se couvrent de chancres profonds et périssent à brève échéance, quand le champignon les attaque dans un terrain calcaire. Comme l'a remarqué E. Laurent[1], le gui n'a pas les mêmes préférences dans chaque région : les pommiers sont plus particulièrement frappés en Belgique, les pruniers en Bretagne. Les résineux, généralement réfractaires, sont fréquemment envahis dans les Vosges et sur les sommets porphyriques de la Forêt-Noire (Stahl). Ces différences de réceptivité d'une même espèce tiennent au mode d'alimentation du sujet; elles montrent que le parasite est lié par l'intermédiaire de son hôte à la nature du terrain qui le nourrit.

Les traumatismes, les pertes de substance, les altérations causées par les agents cosmiques, par les rongeurs et les herbivores, par les parasites, préparent le terrain aux champignons et aux bactéries. Ils se rangent au nombre des actions prédisposantes, en détruisant les barrières qui entravent mécaniquement la pénétration des parasites, en altérant la composition du suc cellulaire qui constitue une défense chimique.

Pour les mêmes motifs, l'âge modifie la réceptivité naturelle. Les *Ustilago* ne trouvent que dans les plantules récemment germées des membranes assez délicates pour leur permettre d'envahir tout l'organisme. Cette période se prolonge d'autant plus que la différenciation est plus lente. Ainsi le sorgho reste plus longtemps prédisposé que l'avoine. Si le parasite s'introduit plus tard dans les nouvelles feuilles, la maladie reste localisée. Le repiquage prédispose les plantes aux attaques de l'*Heterodera radicicola*, parce que la lésion des anciennes racines provoque l'apparition simultanée d'un grand nombre de radicelles délicates, dans lesquelles l'anguillule s'insinue facilement.

Les organes qui, comme les fruits, se ramollissent à la maturité, perdent leur immunité primitive. Les altérations mécaniques se compliquent alors de transformations chimiques, qui favorisent la multiplication des êtres étrangers. Chez les plantes grasses, les principes acides qui prémunissent les feuilles disparaissent du suc cellulaire quand le membre est sur son déclin. L'acidité subit aussi des variations diurnes, en sorte que la plante perd, à certaines heures, ses défenses chimiques.

Les moindres variations dans la constitution d'une plante supérieure suppriment sa réceptivité à l'égard des parasites. Les diverses variétés de la vigne sont très inégalement sujettes à l'oïdium. Dès la fin du dix-huitième siècle, Knight avait obtenu une variété de froment réfractaire à la nielle, par le métissage de deux races également prédisposées[2].

Mais le croisement est parfois favorable à la réceptivité. Biffen[3], en croisant une variété réfractaire avec une variété prédisposée, obtint, à la première génération, des sujets prédisposés et, aux générations suivantes,

[1] E. Laurent, *Bulletin de la Société royale de botanique de Belgique*, t. XXIX, 1890.
[2] Knight, *Philosophical Transactions*, 1799.
[3] Biffen, *Journal of agric. Science*, t. II, 1907.

un mélange de sujets réfractaires et de sujets prédisposés dont les nombres respectifs répondaient aux prévisions de la loi de Mendel.

Les parasites d'espèces rapprochées ont, entre eux, d'aussi étroites affinités que leurs victimes. On pourrait citer les *Ustilago* qui causent le charbon aux diverses céréales, les pézizes des conifères, les *Sclerotinia* des Vacciniées(1). Ces derniers champignons s'introduisent par la même voie que les tubes polliniques. La spécificité de leur action est liée aux influences, essentiellement chimiques, qui assurent la fécondation d'une espèce par le pollen de ses semblables, plutôt que par un pollen étranger. Cependant le développement exceptionnel d'un parasite sur une espèce qui ne lui est pas normalement sensible est possible, comme l'hybridation. Il est même probable que les parasites voisins dérivent d'une souche commune et n'ont acquis leur spécificité que par une adaptation plus étroite à des supports auxquels ils étaient d'abord indifférents. Le *Tylenchus devastatrix*, qui s'attaque aux tiges des plantes les plus diverses, devient plus volumineux quand il vit, durant plusieurs générations, sur l'oignon, que quand il se nourrit aux dépens du seigle. D'après Ritzema Bos(2), cette race géante de l'anguillule des tiges infeste plus difficilement le seigle que l'espèce à laquelle elle s'est accoutumée.

La spécialisation progressive du parasitisme a été démontrée dans ces dernières années chez un grand nombre d'Urédinées qui causent la maladie de la rouille.

Immunisation. — En phytotechnie comme en zootechnie, on se borne d'habitude à supprimer les races chétives qui prêtent le flanc aux maladies et à sélectionner les races résistantes. On a cherché aussi à vacciner individuellement les plantes comme les animaux. D'après Noël Bernard (l. c. 1909), certaines Orchidées à endophytes ne laissent franchir leur surface par les champignons que pendant une période courte et sur un espace restreint. Dès qu'un champignon a pénétré, ces régions privilégiées semblent exercer une action répulsive sur les filaments qu'elles attiraient jusqu'alors. N. Bernard voit là une immunité acquise. Le premier occupant, qu'il appartienne à l'espèce appropriée ou qu'il soit un parasite dangereux, vaccine, au moins temporairement, l'Orchidée, non seulement contre ses congénères, mais contre toute nouvelle invasion.

Quand une plante est exposée à de redoutables attaques cryptogamiques, ne pourrait-on pas la mettre sous la sauvegarde de champignons bénins qui fermeraient la porte aux espèces dangereuses? Cette idée paraît réalisée dans une expérience de Beauverie(3), qui mettait les boutures de *Begonia* à l'abri de la maladie de la toile, causée par une forme stérile de *Botrytis cinerea*, en les soumettant au préalable au contact de

(1) Woronin, *Mémoires de l'Académie imp. des sciences de Saint-Pétersbourg*, t. XXXVI, 1888.
(2) Ritzema Bos, *Archives du Musée Teyler*, 2e série, t. III.
(3) Beauverie, *Comptes rendus de l'Académie des sciences*, 1901.

la même espèce modifiée par la culture. Il y a loin de là aux vaccins pastoriens. L'expérience n'en est pas moins d'un grand intérêt.

J. Ray[1] a préservé de la putréfaction diverses plantules en leur injectant, avant de les mettre en présence du *Bacillus putrefaciens*, des produits de culture de la même espèce. Ces solutions ont été comparées abusivement à des sérums. La spécificité de leur action demanderait à être plus rigoureusement démontrée. Ces tentatives ont du moins le mérite de chercher des voies nouvelles qui seront peut-être fécondes.

Lésions relevant de l'irritabilité. — Le défaut d'excitants, que l'insuffisance porte sur l'énergie ou la durée, explique deux maladies en apparence opposées comme l'infantilisme et la sénilité précoce. C'est, d'une part le gonflement des tissus, sorte d'hydropisie qu'on ne confondra pas avec l'hypertrophie, d'autre part, la sclérose qui arrête prématurément la croissance ou l'épaississement des membres de la plante.

Plus souvent les irritants anormaux, quand ils ne sont pas assez énergiques pour tuer, exagèrent l'activité. L'irritation excessive, déplacée ou intempestive, détermine, comme l'excitation normale, un accroissement et une multiplication des cellules; mais l'accroissement exagéré devient hypertrophie; la multiplication pathologique devient hyperplasie. Telles sont les deux manifestations de l'inflammation chez les végétaux.

La réaction inflammatoire n'est pas également intense dans toutes les cellules d'une plante adulte. Comme chez l'homme, la différenciation histologique apporte une entrave à l'inflammation cellulaire. Chez les plantes supérieures, les cellules les moins compliquées sont encore encombrées de produits accessoires. Les matières pectiques ou ligneuses, les hydrates de carbone se fixent dans la membrane et s'opposent à toute expansion rapide du corps cellulaire. Si les membranes sont plus minces, moins rigides, comme dans la masse charnue des plantes grasses, des liquides abondants rendent la cellule hydropique, restreignent le domaine du protoplasma, amoindrissent les échanges nutritifs, tout en amortissant le choc des agents mécaniques, en diluant ou en neutralisant les poisons. Les matériaux liquides et solides accumulés ou organisés dans le domaine des cellules adultes ont donc pour effet d'atténuer les agents irritants et d'amoindrir dans le protoplasma la capacité de réagir contre eux. Moins compliqués que les autres, les tissus parenchymateux gardent longtemps la capacité de s'hypertrophier; mais l'hyperplasie y est exceptionnelle, comme la division normale.

La plante adulte, aussi bien que l'animal, garde des éléments embryonnaires, dont les membranes sont minces, dont le protoplasma non différencié reste prépondérant sur les produits accessoires. Ces éléments sont le siège de l'hyperplasie, comme de la division normale. Ils sont fixés dans les points végétatifs, c'est-à-dire à l'extrémité des tiges et des racines, toujours en voie de formation quand la base des membres est

[1] J. Ray, *Revue générale de Botanique*, t. XIII, 1901.

déjà organisée, dans les bourgeons, dans les nouvelles feuilles, dans les jeunes fleurs. Ils se retrouvent dans les couches génératrices qui continuent directement les points végétatifs à travers les tissus différenciés, et qui servent à épaissir les membres, dans les jeunes racines qui naissent de l'une de ces couches. Tous ces tissus jeunes qui continuent l'état embryonnaire, même chez les arbres séculaires, sont réunis sous le nom de méristèmes primitifs.

Les tissus dont la différenciation est faible, les parenchymes, par exemple, récupèrent fréquemment, par une sorte de rajeunissement, l'irritabilité des éléments qui n'ont pas encore subi de complications. On appelle méristèmes secondaires ces zones de recloisonnement quand elles sont produites par des stimulants physiologiques. Des excitants anormaux produiront aussi des assises génératrices insolites, que nous distinguerons sous le nom de méristèmes adventifs ou méristèmes néoplasiques. Sous l'influence de l'humidité ou sous l'action des parasites, des groupes de cellules provisoirement organisés donnent des bourgeons ou des membres nouveaux en des points qui n'étaient pas normalement prédisposés à se développer ainsi. Il se forme alors des points végétatifs adventifs.

Nous trouverons donc l'hypertrophie dans les tissus faiblement différenciés, l'hyperplasie dans l'embryon et dans les tissus embryonnaires des membres naissants, des points végétatifs et des méristèmes normaux ou adventifs.

Hypertrophie. — A. Les conditions de l'hypertrophie sont très claires dans la rouille du pin de montagne (1). Les filaments du *Peridermium Barteti*, agent de cette maladie, cheminent dans les aiguilles, à travers les méats de l'écorce, et introduisent dans les cellules des suçoirs à paroi mince, ayant eux-mêmes la valeur d'une cellule. Si l'on examine la coupe d'une feuille envahie d'un côté seulement, on constate la disparition de l'amidon dans la région occupée par le parasite. Ce phénomène révèle une vitalité plus énergique ; car les cellules consomment les produits qui, d'ordinaire, s'accumulent. Cet excès d'assimilation sert en partie à fournir à l'alimentation du parasite; mais les cellules en bénéficient aussi. Dans les cellules normales, le noyau mesure en moyenne 5 à 7,5 μ de diamètre; dans les cellules occupées par un suçoir et totalement privées d'amidon, le noyau atteint 11 à 12,5 sur 9,5 à 10,5 μ, sans que la proportion de la chromatine diminue au début dans la masse accrue. L'effet de l'irritation parasitaire sur le noyau est évident. Doit-on l'attribuer à une influence mécanique ? On serait tenté d'accorder une part à ce mode d'action. En effet, il est habituel de voir le suçoir s'appliquer au noyau et émettre des rameaux qui l'enlacent en tous sens. Cette explication n'est pas suffisante et il est nécessaire d'invoquer une action chimique. Dans quelques cellules, le suçoir se tient loin du noyau.

(1) VUILLEMIN, *Bulletin de la Société des Sciences de Nancy*, fasc. 28, 1894.

et celui-ci n'en n'est pas moins hypertrophié. D'autre part, vers la limite de la zone envahie, le noyau dépasse déjà 8 μ, alors que les filaments viennent seulement de prendre contact avec la cellule et n'ont pas encore introduit de suçoir dans la cavité. A cette période, l'amidon n'est que partiellement résorbé. L'action irritante diffuse même à une certaine distance. Des cellules séparées des filaments par une ou deux assises ont déjà consommé l'amidon et agrandi leur noyau. Il est donc certain que le *Peridermium* introduit dans les fonctions de la vie cellulaire du pin de nouveaux facteurs chimiques.

Le même type d'hypertrophie est très répandu dans les cellules envahies par les suçoirs d'Urédinées, comme il ressort des observations de Rosen (1), Sappin-Trouffy (2), Dangeard (3), etc. Ces auteurs ont vu que le noyau finit par s'appauvrir en chromatine, se déformer et se fragmenter.

L'hypertrophie provoquée par les champignons intracellulaires est souvent plus considérable que dans la rouille des pins. J'ai vu des coquelicots, dont les cellules centuplaient leur volume pour suivre l'accroissement d'une Chytridinée qui s'y était introduite à l'état amiboïde. Le noyau, le cytoplasme, la membrane, étaient également accrus. Le parasite lui-même atteignait jusqu'à 5000 fois son volume initial.

Dans les cellules épidermiques des feuilles de *Mercurialis*, *Anemone*, *Adoxa*, occupées par un *Synchytrium*, les courants d'échanges nutritifs qui s'établissent entre la cellule envahie et le parasite déterminent, selon Von Guttenberg (4) la formation de canalicules parcourant le noyau hospitalier hypertrophié et convergeant vers un canal plus large qui s'ouvre au contact du parasite.

Le facteur humoral apparaît avec une netteté particulière, quand le noyau devient volumineux, lobé ou fragmenté dans des cellules plus ou moins distantes du parasite, ainsi que nous venons de le voir dans le Pin de montagne, et surtout quand le parasite reste extérieur aux cellules. Nous en voyons un exemple dans l'hypertrophie des cellules au voisinage, soit des *Phytoptus* étudiés par Molliard (5), soit d'autres galligènes.

B. La nature spécifique de la cellule irritée influe sur son mode de réaction à l'excitation anormale. Tandis que les éléments parenchymateux ne diffèrent guère des cellules normales que par leurs dimensions absolues ou par la proportion des diverses parties constitutives, les cellules qui, par leur situation, étaient prédestinées à devenir des vaisseaux répondent, en s'hypertrophiant, à un type nouveau d'organisation. On s'en rendra compte en étudiant des racines envahies par une anguillule nommée *Heterodera radicicola* (6). Le parasite, encore à l'état d'embryon,

(1) Rosen, *Beiträge zur Biologie der Pflanzen*, 1892.
(2) Sappin-Trouffy, *Le Botaniste*, 2e-5e sér., 1896.
(3) Dangeard, *Le Botaniste*, 4e série, 1896.
(4) Von Guttenberg, *Jahrbücher wiss. Botanik*, t. XLVI, 1908.
(5) Molliard, *Revue générale de Botanique*, 1897.
(6) Vuillemin et Legrain, *Comptes rendus de l'Académie des Sciences*, 5 mars 1894.

s'insinue entre les cellules au voisinage du point végétatif. Son action irritante se fait sentir dans les cellules qu'il touche et s'irradie à quelque distance, grâce à la diffusion des produits excrétés. L'assise génératrice, nommée péricycle, s'hyperplasie ; les cellules de l'écorce se dilatent assez pour faire éclater les assises superficielles; leur diamètre est deux ou trois fois plus grand que dans les assises similaires soustraites à l'excitation insolite ; le noyau augmente dans la même mesure. Les vaisseaux les plus extérieurs sont en général organisés avant que l'influence irritante se soit fait sentir; ils ne peuvent réagir, puisque le protoplasma s'est épuisé en fournissant les éléments de la différenciation des parois. Si les cellules destinées à donner des vaisseaux sont enflammées à une période assez précoce, le protoplasma, loin de disparaître, acquiert un volume énorme. L'élément, au lieu de s'allonger en un tube d'irrigation, se renfle en une vaste vésicule. La membrane s'épaissit bien plus que dans les vaisseaux, sauf en certains points, où de délicates sculptures en creux ménagent un passage pour les échanges osmotiques; elle ne s'incruste pas de lignine, mais devient élastique. Le cytoplasme, condensé, emprisonne dans ses mailles une provision d'eau. Le noyau atteint un diamètre de six à dix fois plus considérable que dans les parenchymes voisins; puis il se lobe et se divise à plusieurs reprises. J'ai compté plus de soixante noyaux dans une seule vésicule des racines de céleri. L'hypertrophie transforme les cellules destinées à donner des vaisseaux inertes et à transporter passivement les liquides, en réservoirs dont l'activité surexcitée réglera d'elle-même les échanges dans la région avoisinante.

Une irritation portée sur l'épiderme des feuilles amène la transformation des cellules en poils. On en trouve un exemple dans l'érinose de la vigne.

Des agents physiques peuvent, en troublant la nutrition, amener les mêmes réactions que les sécrétions parasitaires. Prillieux [1] a observé dans des germinations de courges et de haricots en sol surchauffé, des cellules volumineuses renfermant des noyaux grands, déformés, fragmentés.

L'action excitante des parasites est parfois assez modérée pour compenser exactement leur action destructive et réaliser, au moins temporairement, un équilibre comparable à la santé. L'appareil végétatif des Ustilaginées limite son action à la membrane cellulaire. Les filaments des Ustilaginées dissolvent le ciment pectique qui unit les cellules, mais sont impuissants à perforer la couche interne de la membrane, imprégnée de cellulose. Sous l'influence irritante, cette couche s'étend, se laisse refouler dans la cavité et engaine le parasite pendant tout son trajet intracellulaire. Par suite de cette irritabilité spéciale de la couche imprégnée de cellulose, le protoplasma fondamental est préservé d'un contact immédiat avec le parasite. Bien qu'elle fournisse certainement des aliments au champignon qui la traverse, la cellule n'est point sensi-

[1] Prillieux, *Annales Sc. nat. Bot.*, t. X. 1880.

blement atteinte dans sa vitalité. Ainsi s'explique l'innocuité des Ustilaginées, tant que le champignon n'entre pas dans la période de reproduction.

Quand le médecin s'occupe des parasites, il n'y voit guère que des ennemis, des agresseurs qu'il a pour mission de repousser. Il note avec soin les lésions provoquées par les parasites, les moyens mis en œuvre par l'organisme pour détruire l'envahisseur et en corriger l'action néfaste. C'en est assez, semble-t-il, pour lui permettre de seconder de son mieux la nature médicatrice. Le parasite ne l'intéresse guère pour lui-même.

Si nous nous plaçons au point de vue plus élevé de la biologie générale, nous voyons que l'agresseur n'est pas toujours celui qu'on pense et que, le plus souvent, l'organisme supérieur agit sur le parasite comme le parasite agit sur lui, non pas pour le détruire, mais pour créer à eux deux une plus grande somme d'activité. C'est en connaissant mieux l'œuvre des parasites, des microbes en particulier, que la médecine moderne a découvert le moyen le plus efficace d'y remédier en utilisant les produits de la vie parasitaire sous forme de vaccins et de sérums thérapeutiques qui souvent, comme dans la diphtérie, sont plus salutaires en régularisant le parasitisme qu'en l'abolissant.

Qu'il nous suffise pour le moment de constater la réalisation d'un équilibre nouveau en signalant l'hypertrophie des parasites parallèle à l'hypertrophie des cellules qui les renferment.

Chez les deux êtres mis en présence par le parasitisme, l'irritation est réciproque, à tel point que, si l'on s'en tient aux premières réactions, on hésite à dire laquelle des deux cellules est parasite. L'action produite par la plante supérieure sur le champignon est complexe; l'analyse permet de la décomposer en deux facteurs, l'un mécanique, l'autre chimique. Au contact des membranes cellulaires, le filament en voie de croissance épaissit sa paroi, s'élargit, se moule sur son support, s'applique à la surface, constitue une pelote adhésive. Le même phénomène se remarque, d'après Büsgen [1], pour les jeunes filaments cultivés sur les milieux inertes. Ils adhèrent à une lamelle de verre, aussi étroitement qu'au pourtour d'une cellule. L'organe adhésif est donc le produit d'une irritation purement mécanique.

La soudure intime, due à la pression, est le prélude d'une irritation chimique, si la pelote s'est appliquée à une cellule vivante, dont les produits exercent une action chimiotactique sur son protoplasma. Ainsi se forment les suçoirs du *Peridermium*, les filaments infestants d'autres champignons, comme l'a démontré Büsgen. Produit immédiat de l'irritation chimique, le suçoir des *Peridermium* et des autres Urédinées reste sensible à ce mode d'action pendant tout son développement. On sait que la composition chimique du protoplasma est différente dans la zone périphérique et dans la région occupée par le noyau. Or, j'ai constaté [2]

[1] Büsgen, *Botanische Zeitung*, 1893.

[2] Vuillemin, *Bulletin de la Société mycologique de France*, 1894. — *Association française pour l'avancement des sciences*, 1889.

chez l'*Æcidium punctatum*, parasite de l'anémone jaune, chez le *Puccinia Desvauxii*, parasite des *Thesium*, que le suçoir, cylindrique quand il reste loin du noyau, se couvre de mamelons, dès qu'il entre dans la sphère d'action de cet organe.

Un suçoir de l'*Æcidium punctatum* rencontre parfois ceux du *Plasmopara pygmæa* (Péronosporée) dans une cellule corticale de la feuille de l'anémone jaune (1). Dès qu'il en est rapproché, sans qu'il y ait pourtant adhérence, ni contact immédiat, ni action mécanique quelconque, le suçoir s'élargit à son extrémité et prend un contour sinueux, en même temps que son noyau s'allonge et se rétrécit. L'irritation est d'ordre chimique, puisque le suçoir de l'*Æcidium* ne subit aucune pression; mais les produits du *Plasmopara*, distincts de ceux de l'anémone, provoquent une autre réaction que le noyau ou le simple cytoplasme de la feuille. Dans cette triple association, réalisée dans les étroites limites d'une cellule, l'*Æcidium* est modifié simultanément par ses deux commensaux; le *Plasmopara*, dont le suçoir n'est qu'une excroissance dépourvue de noyau, n'est pas altéré.

Divers champignons, au lieu d'envoyer de simples suçoirs dans les cellules hospitalières, deviennent entièrement intra-cellulaires. C'est ce que nous observons notamment dans les racines qui forment avec les champignons des mycorhizes endotrophiques. Tantôt le mycélium renfle ses extrémités en vésicules comparées par Janse (2) à des sporangioles, tantôt il forme des arbuscules touffus étudiés par Mangin (3), par Gallaud (4) ou des pelotons serrés décrits par Dangeard (5), W. Magnus (6), etc. Les champignons intracellulaires réagissent, selon leur réceptivité propre, à des influences chimiques, que l'on peut d'ailleurs faire intervenir, en dehors des réactions humorales, dans les milieux artificiels des cultures.

Hyperplasie. — A. Les excitants anormaux capables de déterminer l'hyperplasie n'agissent pas autrement que les stimulants nécessaires aux manifestations habituelles de la vie. Bien plus, les influences insolites peuvent réveiller des tendances héréditaires latentes. Alors les produits de l'irritation ne diffèrent des organes normaux que par leur abondance insolite. Ils répondent même parfois à un type plus régulier que les parties similaires, développées spontanément.

Ainsi les radicelles se multiplient sur les racines soumises à l'influence d'une humidité excessive ou de champignons parasites. Chez le paturin des bois, des racines apparaissent aux nœuds des tiges irritées par la larve d'une cécidomye. Des tiges, envahies par des champignons ou de petits animaux, émettent un faisceau serré de rameaux que l'on nomme balai

(1) VUILLEMIN, *Bulletin de la Société botanique de France*, t. XLI, 1894.
(2) JANSE, *Annales du jardin de Buitenzorg*, t. XIV, 1897.
(3) MANGIN, Volume jubilaire publié à l'occasion du cinquantenaire de la Société de Biologie, 1900.
(4) GALLAUD, *Revue gén. de Botanique*, t. XVII, 1904.
(5) DANGEARD, *Le Botaniste*, 5e sér., 1896.
(6) WERNER MAGNUS, *Jahrbücher wiss. Bot.*, t. XXXV, 1900.

de sorcière. Sous l'influence des *Ustilago*, les rudiments d'étamines des fleurs femelles de *Lychnis* prennent l'aspect et la taille des organes mâles fertiles; le pistil apparaît dans les fleurs mâles des *Carex* (1); les organes sexuels se complètent dans les fleurs stériles du *Muscari* (2). L'apparition du placenta des Orchidées est déterminée par des insectes parasites comme par les filaments polliniques (3). Des fruits d'apparence normale se forment autour des champignons ou des larves comme autour des graines. Chez le chêne-liège, le méristème secondaire, formateur du liège, donne des produits plus réguliers quand il est irrité par le démasclage que quand il suit son évolution naturelle. Dans tous ces exemples, les racines, les tiges feuillées, les organes de la fleur et du fruit, le liège sont des néoplasmes, dans ce sens qu'ils sont le produit d'une irritation anormale; mais, considérés en eux-mêmes, ils répondent de tout point au type d'organisation, aux tendances spécifiques de la région impressionnée.

B. Plus souvent les caractères nouveaux introduits par l'inflammation masquent la structure normale, et il faut quelque attention pour retrouver dans les produits hyperplasiés, les caractères des membres ordinaires.

Quand un *Rhizobium* a atteint, dans une racine de Légumineuse, l'assise génératrice des radicelles, celle-ci forme un noyau hyperplasique, dont les cellules se laissent envahir par le parasite. Les bourgeons délicats du *Rhizobium*, en contact immédiat avec le protoplasma, en modifient l'organisation et réalisent une association biologique si étroite, que le contenu hétérogène de la cellule a pu être qualifié du nom de mycoplasma. Le tissu hyperplasique ne tarde pas à suivre la loi propre du développement de la région et devient une radicelle simple ou agrégée. Mais le bois et le liber, au lieu de se concentrer vers l'axe du membre, comme dans les radicelles normales, sont dissociés par le parenchyme démesurément accru, et la radicelle devient un tubercule ovoïde ou digité dont l'intérieur est occupé par de nombreuses cellules bourrées de parasites. Attaqué par la larve de l'*Andricus pilosus*, introduite dans les tissus jeunes du point végétatif, le bourgeon du chêne s'allonge peu; les feuilles serrées sont réduites à des écailles plus grandes et plus étalées que celles du bourgeon. La tige feuillée est transformée en une galle, dont l'aspect rappelle un artichaut. Sous l'influence des larves du *Chermes Abietis*, les jeunes pousses d'épicéa deviennent épaisses et charnues; les aiguilles serrées, renflées à la base, simulent les écailles d'un cône de pin.

D'une façon générale, la formation des galles procède d'une irritation dont on trouve l'origine dans les altérations humorales provenant des produits de sécrétion des insectes ou d'autres galligènes.

Laboulbène (4) a tenté de produire artificiellement ces excroissances à

(1) Roze, *Bulletin de la Société botanique de France*, t. XXXV, 1888.
(2) Magnin, *Comptes rendus de l'Académie des sciences*, t. CX, 1890.
(3) Treub, *Annales du jardin de Buitenzorg*, t. III, 1883.
(4) Laboulbène, *Comptes rendus de l'Académie des sciences*, 28 mars 1892.

l'aide des liquides empruntés aux galligènes; mais, tout en entrevoyant le mode d'action de ces substances, il convient « qu'il n'a pu réussir d'une manière satisfaisante et certaine ». Cet insuccès tient à une double cause : d'une part, l'expérimentateur le plus habile ne saurait atteindre à la délicatesse des procédés d'inoculation employés par les agents naturels; d'autre part, l'organe atteint ne réagit que s'il appartient à une espèce déterminée, si en outre sa nature et son âge lui confèrent une prédisposition spéciale. Beijerinck (1) a tourné cette double difficulté en précisant les conditions du développement d'une galle produite par le *Nematus Capreæ* sur le saule Marceau. L'épaississement de la feuille du saule s'effectue dès qu'un œuf a été déposé dans ses tissus avec une goutte de venin sécrétée par des glandes spéciales de la mère. En détruisant l'œuf avec une fine aiguille, aussitôt après l'inoculation opérée par la pondeuse, Beijerinck a vu la galle continuer à croître, prendre la taille et la structure habituelles. Bien que le liquide ait été introduit par l'insecte, l'observation a toute la rigueur de l'expérience, puisqu'on a supprimé toute influence étrangère à celle du liquide excrété. Dans la plupart des galles, les conditions du développement sont moins simples, car l'accroissement insolite du végétal est parallèle à celui d'une larve, d'un champignon, d'une colonie bactérienne. Des influences mécaniques comme la mastication, la succion, la pression continue et progressive, s'ajoutent aux actions chimiques dont la complexité est elle-même accrue.

Chez le saule Marceau, la nutrition est tout d'abord exagérée par une altération chimique des sucs cellulaires. La gouttelette imperceptible introduite par l'insecte n'augmente pas sensiblement les réserves alimentaires. La disproportion entre la masse inoculée et l'effet produit fait songer aux phénomènes de fermentation, et Beijerinck, attribuant un liquide sécrété par le *Nematus* les propriétés des enzymes, l'a appelé un ferment de croissance. La prédisposition d'une plante à développer une galle tient à une composition comparable à celle des liquides fermentescibles.

La noix de galle des rameaux, les galles des feuilles sont des productions hyperplasiques, provoquées, soit par la diffusion des liquides excrétés par la mère qui a introduit son œuf et son venin, soit par le contact du corps et des excrétions, par l'action des organes vulnérants ou suceurs d'une ou plusieurs larves. Le néoplasme se développe en rayonnant autour de l'agent irritant; il subit secondairement une modification de forme et une différenciation, variant avec la nature du galligène et de son support. Au voisinage du parasite, l'hyperplasie est trop intense pour permettre une organisation stable des tissus. Les cellules restent embryonnaires, consomment les réserves qui s'accumulent plus loin sous forme d'amidon ou qui consolident les membranes des zones scléreuses. Confinées dans un espace étroit et refoulées vers le centre par les cellules issues de nouveaux cloisonnements, elles subissent une sorte de fonte et

(1) BEIJERINCK, *Botanische Zeitung*, t. XLVI, 1888.

leurs débris tombent comme une émulsion laiteuse dans la cavité occupée par la larve.

La structure d'une tige feuillée est bien plus complètement masquée dans les masses informes que les forestiers appellent des broussins. La nature et l'origine de ces excroissances ont donné lieu aux hypothèses les plus variées. Certains broussins, notamment ceux des *Eucalyptus*, sont des rameaux profondément modifiés par un champignon parasite [1]. Les nouveaux tissus se soulèvent tout autour de la fructification, en sorte que la branche est pour ainsi dire retournée. Son épiderme, au lieu d'être extérieur, tapisse un canal étroit. Les feuilles tournent leur sommet vers le fond de l'invagination; faute de place pour se développer, elles restent réduites à des rudiments. Des rameaux, nés de la branche invaginée, deviennent pour la plupart canaliformes; leur masse hyperplasiée, confondue avec celle des branches mères, augmente le volume de la tumeur. Dans cet exemple, les membres sont rendus presque méconnaissables par les effets irritants de l'*Ustilago Vriesiana*. Une analyse minutieuse permet pourtant de déterminer exactement leur nature morphologique.

Dans les étamines de maïs envahies par l'*Ustilago Maydis*, le support des anthères, au lieu d'être filiforme et pendant, se transforme en une massue dressée, atteignant 6 à 8 millimètres de diamètre. Envahis par un champignon nommé *Exoascus pruni*, les pruniers donnent des fruits allongés, ayant la forme d'un sac et une structure herbacée, également éloignée de la consistance charnue de la pulpe et de la consistance ligneuse du noyau.

C. Quand l'irritation se porte sur des membres déjà avancés dans leur évolution, les parties différenciées résistent à l'influence étrangère et conservent leur type spécifique à peine altéré. Seuls les méristèmes, normaux ou adventifs, prennent un développement désordonné et forment des néoplasies qui rompent la symétrie primitive et s'éloignent du plan d'organisation auquel on distingue les membres des plantes.

Des tumeurs embrassantes, appelées chaudrons, apparaissent, quand le cambium des tiges, excité par des parasites tels que le gui ou les champignons de l'ordre des Urédinées, multiple localement ses cloisons et épaissit chaque couche annuelle de bois. Quand le parasite est, comme le gui, muni de feuilles vertes, capables de fixer le carbone de l'air par la synthèse chlorophyllienne, on a pu lui attribuer la création d'une partie des matériaux employés à épaissir la tige. La nutrition des puccinies introduit aussi des facteurs chimiques dans le développement de la région envahie; mais il est bien certain que le champignon ne rend pas tout ce qu'il emprunte à l'arbre. Des chaudrons se produisent aussi sans pénétration d'aucun parasite; la tige elle-même, dont la nutrition est surexcitée par un agent purement mécanique, fait tous les frais de l'accroissement néoplasique. Sur un spécimen de *Tecoma radicans*, que m'a

(1) Vuillemin, *Comptes rendus de l'Académie des sciences*, 22 avril 1894.

fait remettre M. Naudin, une branche, mesurant 12 millimètres de diamètre, portait une tumeur longue de 11 centimètres, épaisse de 6 centimètres. Ce néoplasme résultait de l'irritation produite par une petite tige sèche, mesurant 1 millimètre et demi de diamètre. La branche s'était enroulée autour de cette tige. Sous le sommet avorté, une série de cercles générateurs supplémentaires, à contour sinueux, avait provoqué l'énorme épaississement local. Les lianes des forêts tropicales fournissent de nombreux exemples analogues.

D'autres tumeurs sont excentriques, parce que l'action irritante est limitée à une face du membre attaqué. Quand le bois éclate sous l'influence de la congélation, la fissure se prolonge à travers le cambium. L'assise génératrice multiplie ses cloisonnements au voisinage de la déchirure. Il se produit ainsi une petite tumeur ligneuse, divisée par la gelivure. Autour des chancres ou des solutions de continuité irrégulières, autour des tissus nécrosés comme la base des branches mortes, l'inflammation forme des bourrelets diversement contournés. Tantôt l'hyperplasie parvient à combler les lacunes, à recouvrir les tissus morts, et la tumeur cicatrise la blessure; tantôt les bourrelets dus à l'excès d'activité ne font qu'encadrer les parties détruites et donnent à la lésion une complication extrême, dans laquelle on parvient à retrouver les parties atrophiées primitivement et les parties hyperplasiées secondairement par suite de l'irritation due aux précédentes. L'hyperplasie et les tumeurs qui compliquent la tuberculose de l'olivier ont été fort bien distinguées par Savastano de l'action destructive du bacille et de ses introducteurs.

L'hyperplasie est primitive quand l'irritation portée sur le cambium est assez modérée et assez régulière pour modifier l'activité des cellules sans en compromettre l'existence. Cette condition est réalisée par une bactérie parasite des branches du pin d'Alep [1], et à laquelle Trévisan a donné le nom de *Bacillus Vuilleminii*. Le bacille est inoculé par un insecte, qui pique, pour y déposer un œuf, le rameau au-dessous d'un nœud, au point où le bois est interrompu par le départ des cordons destinés aux feuilles. L'œuf périt constamment dans les plaies inoculées. Ses débris sont isolés par un tissu cicatriciel qui a bien vite circonscrit la légère lésion produite par l'insecte. Cette lésion en elle-même est peu de chose. Pourtant le tissu enflammé est envahi par les bactéries, qui s'insinuent entre les cellules. L'irritation bactérienne se substitue à celle de l'insecte et se poursuit longtemps. Le cambium, au lieu de prendre des cloisons régulièrement tangentielles, se divise à l'excès en tous sens. Les cellules très petites, à parois minces, à noyau volumineux, constituent un nodule inflammatoire, qui se soulève dans la direction de l'écorce où la résistance est moindre. L'irritation est produite uniquement par des produits solubles et résulte des échanges nutritifs entre le bacille et le cambium, car les bactéries remplissent des lacunes canali-

(1) VUILLEMIN, *Comptes rendus de l'Académie des sciences*, 1888 et 1889.

formes ou arrondies, sans pénétrer dans aucune cellule. L'irritation se propage en s'atténuant tout autour du nodule et les cloisonnements se régularisent à mesure qu'on s'éloigne des colonies; le cambium reprend ses propriétés normales à quelque distance et donne du bois en dedans, du liber en dehors. Les couches ligneuses nouvelles, au lieu d'être concentriques aux anciennes, se soulèvent autour de la masse embryonnaire. Celle-ci se répand, pendant des années, en cordons irrégulièrement ramifiés, partout où l'organisation ligneuse n'arrête pas son expansion; le cambium capable de former du bois se contourne de plus en plus et constitue une loupe à bois madré, englobant les cordons mous qui logent les bactéries. Les contours sinueux de la masse ligneuse sont interrompus çà et là par des traînées bactériennes, qui fusent à travers l'écorce, enveloppées par un prolongement du cambium hyperplasié. L'organisation de ces digitations cambiales est très inégale : ici elle s'arrête de bonne heure sans produire de bois; là elle donne des assises ligneuses incomplètes ou circulaires. Sur une coupe pratiquée dans l'écorce, on distingue alors des îlots de bactéries, entourés plus ou moins complètement de vaisseaux qui proviennent, comme le bois normal, de l'activité du cambium et qui doivent leur situation insolite au trouble apporté par le parasite dans l'évolution de l'assise génératrice. Une observation superficielle avait fait croire à une métamorphose de l'écorce en bois. L'étude attentive du développement et l'examen de coupes successives permettent toujours de rattacher la formation du bois au développement des cellules cambiales, spécifiquement prédisposées à revêtir ce mode particulier d'organisation. La maladie modifie l'époque et le degré de la différenciation, sans atteindre la spécificité cellulaire. Les traînées de tissu inflammatoire finissent par être affamées et écrasées entre le parasite et les éléments plus résistants. Une gaine mortifiée, formée à leurs dépens, isole les colonies bactériennes des tissus normaux ou régularisés.

La nécrose qui, dans les exemples précédents, était le point de départ de l'hyperplasie, est ici consécutive à ce phénomène. C'est une sclérogénie salutaire, qui arrête l'infiltration des produits bactériens dans les éléments actifs.

D. Les tissus assez actifs pour se recloisonner, notamment le parenchyme cortical des tiges, forment, sous l'influence des stimulants insolites, des méristèmes adventifs, dont les produits sont doublement néoplasiques. Ces méristèmes cloisonnent leurs cellules parallèlement au point d'application de l'agent irritant et donnent des séries de cellules d'autant plus allongées que l'excitation est plus intense. Ces séries sont parallèles ou rayonnantes suivant la forme et l'étendue de la surface irritée.

Comme les méristèmes secondaires qui apparaissent normalement dans l'écorce, les méristèmes adventifs produisent des tissus parenchymateux du côté opposé à l'agent irritant, du liège du côté de cet agent. De cette façon les corps étrangers, les tissus nécrosés, les parasites, les irritants de toute nature sont à peu près séquestrés dans une enveloppe imperméable. Si les tissus hyperplasiés occupent une situation superficielle, ils forment une tumeur plus ou moins saillante au dehors et sont de plus en plus éloignés des parties où se distribuent les principes nourriciers; ils deviennent à leur tour une cause d'irritation pour les parties saines qui les avoisinent et un nouveau méristème, formé plus profondément, les isole en masse de la région inaltérée. Englobés dans le liège produit par ce méristème, ils finissent par être éliminés. Ainsi la plante neutralise les influences irritantes, soit par une sorte d'action sclérogène qui isole les parties altérées, soit par le rejet définitif du corps étranger ou de ceux de ses propres organes qui ont subi l'influence pernicieuse.

Les mêmes phénomènes inflammatoires, les mêmes effets de la réaction de l'organisme se manifestent dans les racines, dans les pétioles, dans le limbe foliaire qui, pourtant, ne forme pas de méristèmes secondaires dans le cours normal du développement.

L'organisme végétal a moins vite raison de ses assaillants quand l'action irritante est prolongée et diffuse. Autour des chancres creusés par les champignons ou les bactéries, autour des tubercules produits par le *Bacillus Oleae*, l'écorce s'hyperplasie comme le cambium et les produits des méristèmes adventifs ajoutent indéfiniment de nouvelles complications aux néoplasies déjà signalées.

Le *Bacillus Vuilleminii* complique souvent d'altérations de l'écorce les tumeurs qui résultent de son action sur le cambium. Parfois même il épargne l'assise génératrice du bois, pour se répandre exclusivement entre les cellules de l'écorce du pin d'Alep. Il produit alors des loupes molles, grosses comme un pois ou comme une noisette, dont l'évolution est fort instructive. Les tissus qui avoisinent les colonies se reconnaissent d'emblée à leurs noyaux volumineux et serrés, séparés par des membranes d'une excessive délicatesse. On distingue au début un certain parallélisme entre les cloisons et les zooglées; mais sous l'influence de la diffusion des principes irritants, la multiplication est si active, que bientôt toute la masse est formée d'un entassement de petites cellules polyédriques. Des méristèmes plus réguliers apparaissent à une certaine distance et finissent par circonscrire l'action du parasite, en élevant une barrière de liège, que les traînées bactériennes ne franchiront pas, si leur expansion rapide n'en a pas prévenu la consolidation. Parfois les tissus tendres qui entourent les nodules hyperplasiés et qui ne ressentent pas directement l'action excitante du parasite se laissent refouler par la masse croissante des bactéries et du tissu embryonnaire. Dès que la limite de leur compressibilité est atteinte, le tissu jeune est écrasé à son tour. Quelques cellules sont pincées entre les lobes des colonies bactériennes. Le contenu des cellules tuées diffuse au dehors et sert à nourrir les bacilles.

Des points végétatifs adventifs naissent sous l'influence d'excitants anormaux. Tantôt leurs produits sont réguliers, tantôt ils constituent de véritables tumeurs. A la première catégorie se rattachent les bourgeons qui naissent sur des feuilles bouturées. A la seconde appartiennent des excroissances buissonnantes, que les *Taphrina* font apparaître sur des feuilles de fougères et que Giesenhagen [1] compare aux balais de sorcière.

SUITES DES MALADIES

Durée des lésions. — A. Les lésions superficielles de la tige ou de la racine disparaissent par suite de l'exfoliation naturelle de l'écorce, accélérée par le processus inflammatoire. Les feuilles emportent dans leur chute les galles, les tissus altérés par les caustiques ou par les champignons. Les parasites sont éliminés, s'ils n'ont pas franchi les limites du membre pour s'étendre à la tige. La crise aiguë provoquée par une maladie des feuilles prend fin spontanément chaque année et laisse peu de trace, si elle ne récidive pas. Les arbres à feuilles annuelles souffrent moins de l'action des fumées sulfureuses que les Conifères, dont les aiguilles doivent nourrir l'arbre pendant trois ou quatre ans. Parfois les feuilles malades tombent avant l'automne; parfois leur mortification prématurée entrave la déhiscence naturelle. Ainsi les feuilles de cerisier, desséchées par le *Gnomonia erythrostoma*, persistent jusqu'au printemps suivant pour infester les jeunes pousses sortant du bourgeon [2].

Une rondelle de feuille, nécrosée par un acide ou par un champignon, une galle occupant le milieu du limbe, sont expulsées par le travail inflammatoire qui se déclare autour d'elles. Les limaces rongent, d'après Ludwig [3], les portions de feuilles d'alchemille attaquées par le blanc, les petites tumeurs produites chez la menthe par la rouille, parce que le champignon, en détruisant le tanin des premières, l'huile essentielle de la seconde, a privé l'organe lésé de ses défenses chimiques. Les expériences de Stahl ont établi que les spores ne perdent pas leur faculté germinative en traversant le canal alimentaire des mollusques. L'extirpation de la tumeur, tout en supprimant l'altération locale, est donc préjudiciable, car elle prépare de nouvelles infestations.

Les racines nécrosées sont détruites par les champignons et les bactéries de la putréfaction. Les rameaux desséchés sont brisés par le vent. L'élimination irrégulière des parties lésées est plus nuisible que leur maintien, parce qu'elle favorise la pénétration de nouveaux agents pathogènes. Telle est l'origine de la pourriture du bois des arbres.

B. Toute lésion qui, par sa nature ou par sa situation, échappe aux processus d'élimination normale ou accidentelle, ne saurait être effacée par un travail de réparation analogue à celui qui s'accomplit dans l'intimité des tissus de l'homme. A moins qu'il ne s'agisse d'une faible altéra-

(1) Giesenhagen, *Flora*, t. LXXVI, 1892.
(2) B. Frank, *Landwirthschaftliche Jahrbücher*, 1887.
(3) Ludwig, *Beihefte zum botan. Centralblatt*, t. I, 1891.

tion du protoplasma ou des réserves propres à être résorbées, la membrane rigide de la cellule garde l'empreinte indélébile du trouble introduit dans sa croissance. L'anatomie pathologique fournit d'emblée, sur les maladies des plantes, des données que le médecin ne rassemble, chez l'homme, qu'en suivant attentivement tous les stades de la maladie. L'histoire pathologique d'une plante est inscrite dans ses tissus. La structure d'un arbre séculaire nous dit quelles influences pernicieuses il a subies à diverses époques.

Les lésions accumulées dans le corps sont compatibles avec une grande longévité et avec une santé parfaite; car, à défaut de réparation, elles sont aisément compensées. La formation de méristèmes adventifs, autour des corps étrangers, des parasites, des tissus altérés ou déformés, amène l'enkystement des parties malades. Le processus sclérogène, réalisé par la production du liège dans les couches génératrices néoplasiques, circonscrit les tissus lésés et les transforme en une masse inerte. Les tissus sains s'accoutument promptement au contact des produits morbides. Cette tolérance est un effet naturel de la constitution de la plante. Dans les conditions les plus normales, des tissus inertes comme le cœur du bois ou le liège sont associés aux tissus actifs. A tout moment, les influences extérieures qui président au développement provoquent des modifications dans le nombre, les dimensions, la forme des éléments. En dehors de toute déviation assez intense pour être considérée comme morbide, les parties similaires varient de taille et de vigueur, et un parfait équilibre règne entre ces matériaux disparates. La maladie n'introduit guère, dans l'organisation de la plante, de facteurs dont on ne retrouve les équivalents ou du moins les analogues chez l'individu sain.

Influence nuisible des lésions locales sur l'état général. — Des lésions restreintes comme les galles, comme les nécroses locales, n'exercent aucune influence sur la santé générale; les tissus voisins font les frais de l'hyperplasie ou suppléent les éléments atrophiés. Une altération plus étendue retentit sur la région dont le développement est associé à celui de la partie malade. Au-dessus des grosses tumeurs bacillaires, les branches du pin d'Alep cessent de s'épaissir et meurent. Un bouquet serré de rameaux se dresse autour du sommet d'une branche de peuplier tuée par le *Didymosphæria*. Par ce développement, en apparence réparateur, les jeunes pousses vont au-devant des spores et deviennent à leur tour la proie du parasite. Une simple larve logée au collet, en coupant les communications entre les feuilles et les racines, suffit pour tuer une plante.

Des altérations naturellement bénignes deviennent fatales par leur multiplicité. L'*Ascospora Beijerinckii*, hôte habituel et inoffensif des cerisiers, tue l'arbre dans les circonstances exceptionnelles où il envahit simultanément toutes les feuilles. Son extension menace les pêchers de Californie d'une destruction totale. La vigne atteinte d'érinose, les chênes couverts de galles ne souffrent que quand l'acarien ou l'insecte prend une extension insolite. Un pin d'Alep dépérit en quelques années, si beaucoup de rameaux sont tuméfiés par les bactéries. Quand les branches basses du peuplier pyramidal hébergent de nombreux *Didymosphæria*, tous les aliments sont détournés au profit du parasite et des rameaux soumis à son influence, et la mort s'étend progressivement de la cime à la souche.

L'importance de l'organe atteint joue un rôle considérable. Le phylloxéra tue les vignes françaises en déformant les petites racines, tandis qu'il cause un faible préjudice aux cépages américains, parce qu'il vit principalement sur les feuilles et n'altère que des portions restreintes du limbe, sans en abolir les fonctions assimilatrices.

Certains parasites provoquent un trouble physiologique plus manifeste que les altérations morphologiques liées à leur présence. Des champignons du groupe des Urédinées, hivernant dans les souches, accélèrent l'émission des pousses annuelles de l'*Euphorbia Cyparissias*, de l'anémone jaune. La chute des feuilles du *Vaccinium uliginosum*, d'après Mer, est retardée par l'*Exobasidium Vaccinii*. Les feuilles du sapin deviennent annuelles sur les balais de sorcière produits par l'*Æcidium elatinum*. Hartig a remarqué, chez le *Vaccinium Vitis-idæa*, le développement immédiat des bourgeons de l'année suivante, quand ils sont excités par le *Melampsora Gœppertiana*.

Les fonctions reproductrices sont particulièrement sensibles aux perturbations apportées dans la nutrition des plantes par les agents inertes, par les blessures, par les parasites. Les organes reproducteurs ne peuvent se développer qu'au détriment de l'appareil végétatif. Ils ne viendront à bien que si la nutrition générale est assez intense pour faire face au surcroît de dépense qu'ils entraînent, et si d'autre part la vigueur de l'appareil végétatif n'est pas assez prépondérante pour triompher de l'antagonisme de l'appareil reproducteur. Cet équilibre, nécessaire à la reproduction, est rompu par les influences les plus opposées. Chez des arbres fruitiers récemment greffés ou mal accoutumés au milieu insolite créé autour d'eux, les fleurs apparaissent prématurément. L'horticulteur sait bien qu'il doit élaguer les bourgeons à fruit sous peine d'épuiser le sujet. Plus généralement, les arbres bien soignés deviennent trop vigoureux et ne portent que des rameaux feuillés. On cherche alors à dompter l'arbre par l'appauvrissement du sol, par la torsion des branches, par l'incision annulaire, par la taille. Braconnot(1) a fait remarquer que l'on contraignait les arbres à fructifier par des moyens morbides ; on dirait avec plus de précision : par des lésions susceptibles d'atténuer la prépondérance de l'appareil végétatif.

Les maladies spontanées agissent sur les organes reproducteurs comme les soins du jardinier. Dans un sol trop compact, l'anémone jaune, affamée, ne donne pas de graines ni même de pistil. Dans les bois ombragés à sol meuble, la plante devient très robuste; les fleurs sont quelquefois doubles, par suite de la stérilisation des étamines pétalisées. Les maladies

(1) Braconnot, *Mémoires de la Société royale de Nancy*, 1844.

parasitaires entraînent la stérilité par l'un ou l'autre de ces procédés. Je ne parle pas des parasites qui détruisent directement le pollen ou les ovules. J'ai uniquement en vue les altérations de l'appareil végétatif qui retentissent sur la reproduction. L'action épuisante du mildew empêche le raisin de mûrir. Quand l'*Ascospora* endommage un grand nombre de feuilles, les cerises tombent prématurément. La suppression des fruits est le salut de l'arbre; car l'économie réalisée sur leur formation l'emporte sur l'affaiblissement causé par le parasite dans l'appareil végétatif; le sujet se régénère plus vigoureux qu'auparavant. L'action excitante des Urédinées stérilise plus sûrement encore. Sur des roses des Alpes attaquées par le *Chrysomyxa Rhododendri*, les étamines et le pistil sont transformés en pétales. Les euphorbes, dont l'*Uromyces Pisi* hypertrophie les tiges et les feuilles, ne donnent pas de boutons. Il en est en général de même chez l'anémone blanche, attaquée par l'*Æcidium leucospermum*. Parfois pourtant l'excès de vigueur de l'appareil végétatif provoque l'apparition d'un bourgeon supplémentaire qui, moins robuste que la pousse normale, porte une fleur. Par analogie avec ce qui se passe chez les animaux, ces phénomènes ont reçu le nom de castration parasitaire.

Influence favorable des lésions locales sur l'état général. — L'organisation normale de la plante est en harmonie avec certaines conditions de milieu, auxquelles est adaptée l'espèce dont elle fait partie. Cette harmonie est rompue dès que la plante rencontre des influences insolites dans l'atmosphère, dans le sol, dans l'intimité de ses tissus. Il peut se faire alors qu'une lésion, en altérant les propriétés normales du corps, rétablisse l'équilibre et soit salutaire à l'individu. La gravité d'une lésion varie donc suivant des circonstances étrangères au corps vivant lui-même. Nous en avons vu des exemples dans les opérations horticoles; nous en trouverons de plus remarquables dans la nature.

Pendant les étés très secs, l'excrétion de la miellée, exagérée par l'action des pucerons, recouvre les feuilles d'arbre d'un enduit imperméable qui supprime les échanges gazeux. Cet accident, comme le fait observer Hy (1), est avantageux, car il restreint la transpiration, à une époque où toute perte d'eau compromettrait la vie des arbres. L'*Heterodera radicicola*, en transformant les vaisseaux en réservoirs d'eau, amène la pourriture des racines dans les serres ou dans les contrées humides. Dans les sables du Sahara, l'excès d'hydratation des tissus est juste suffisante pour sauver la plante de la dessiccation. A El-Oued, les aubergines et les tomates ne mûrissent leurs fruits que si les racines sont envahies par l'anguillule. Les arbres forestiers, les plantes des tourbières ne peuvent assimiler les substances contenues dans l'humus, que si leurs racines sont déformées par des champignons qui en transforment les principes. Les fleurs du *Thesium humifusum*, supprimées par le *Puccinia Desvauxii*, apparaissent quand le *Tuberculina persicina* ralentit l'activité du premier

(1) Hy, *Mémoires de la Société nationale d'agriculture, sciences et arts d'Angers*, 1894.

parasite et diminue l'hypertrophie du support. L'anémone jaune, qui porte à la fois l'*Æcidium punctatum* et le *Plasmopara pygmæa*, développe mieux ses fleurs que si elle est attaquée par l'un ou l'autre de ces champignons, l'excitation causée par le premier balançant la dépression provoquée par le second.

HARMONIE SYMBIOTIQUE SUCCÉDANT A L'ANTAGONISME MORBIFIQUE

L'invasion du phylloxéra, signalée pour la première fois en France, en 1865, par Planchon, a jeté la terreur en Europe. La crise ne put être enrayée que par la substitution de cépages américains, au moins comme porte-greffe, aux vignes indigènes. Les vignes américaines entretiennent pourtant le redoutable insecte aussi bien que les vignes européennes; mais, tandis que, sur les vignes d'Europe le *Phylloxéra* attaque de préférence les organes souterrains et n'envahit que par exception les pousses feuillées, sur les vignes d'Amérique les lésions des racines sont restreintes, et l'insecte produit sur les feuilles des galles qui ne compromettent pas la vigueur de la plante. Ce *modus vivendi*, avantageux aux deux associés, ne s'est pas réalisé d'emblée. Selon la remarque de T. Ferraris (1), les débris fossiles remontant à l'ère tertiaire ont révélé l'existence d'une période lointaine où les racines de la vigne étaient en butte, en Amérique, à la destruction phylloxérique comme elles le sont de nos jours en Europe. D'après Viala (2) les vignes sauvages que l'on rencontre en pleines forêts vierges d'Amérique, présentent le *Phylloxéra* sur leurs racines et sur leurs feuilles sans manifester aucun signe de dépérissement. La sélection naturelle a donc entraîné la destruction progressive des races prédisposées au profit des races que des mutations heureuses ont rendues aptes à vivre en bonne intelligence avec l'insecte qui se présentait tout d'abord comme un agent morbifique aussi redoutable que le microbe de la peste.

D'une façon générale, les complexes symbiotiques qui nous apparaissent comme des consortiums avantageux aux deux associés représentent la régularisation d'un conflit entre deux organismes dont la rencontre a été primitivement accidentelle. L'un d'eux a abordé l'autre comme un prédateur trouvant dans un corps vivant des aliments à sa convenance. Celui-ci a réagi. S'il a pu sans s'épuiser faire les frais de l'hospitalité qui lui était imposée, s'il a réussi, non seulement à circonscrire et à régler, conformément aux besoins de sa propre activité, la sphère d'action de son conjoint, mais même à en tirer parti, il s'est modifié de façon à changer ses propres conditions d'existence et à prospérer dans des milieux qui lui étaient primitivement fermés. Le champignon qui a transformé l'algue

(1) T. Ferraris, *I parassiti vegetali*, Alba, 1909.
(2) Viala, *Les maladies de la vigne*, Paris, Masson, 1893.

en lichen lui a permis de résister à la sécheresse. Les *Rhizobium* qui ont fait naître des tubercules sur les racines des légumineuses sont devenus leurs auxiliaires attitrés dans l'exploitation de l'azote de l'air. Les champignons des mycorhizes ont assuré la prospérité des arbres dans les sols pauvres en nitrates. Les *Rhizoctonia*, dont le nom rappelle leur puissance morbifique sur la luzerne, la pomme de terre et l'asperge, sont utiles, souvent indispensables aux Orchidées.

Noël Bernard tire, de ses importants travaux sur les Orchidées, cette conclusion que la symbiose est une forme exceptionnelle de la maladie infectieuse. Nous dirons plutôt que, dans les cas de symbiose, l'infection, survivant à la maladie, n'est plus qu'une manifestation normale de l'activité, car la maladie infectieuse elle-même n'est qu'une forme particulière, inaccoutumée, de la réaction de l'organisme aux excitants nécessaires à la vie.

ÉTIOLOGIE ET PATHOGÉNIE

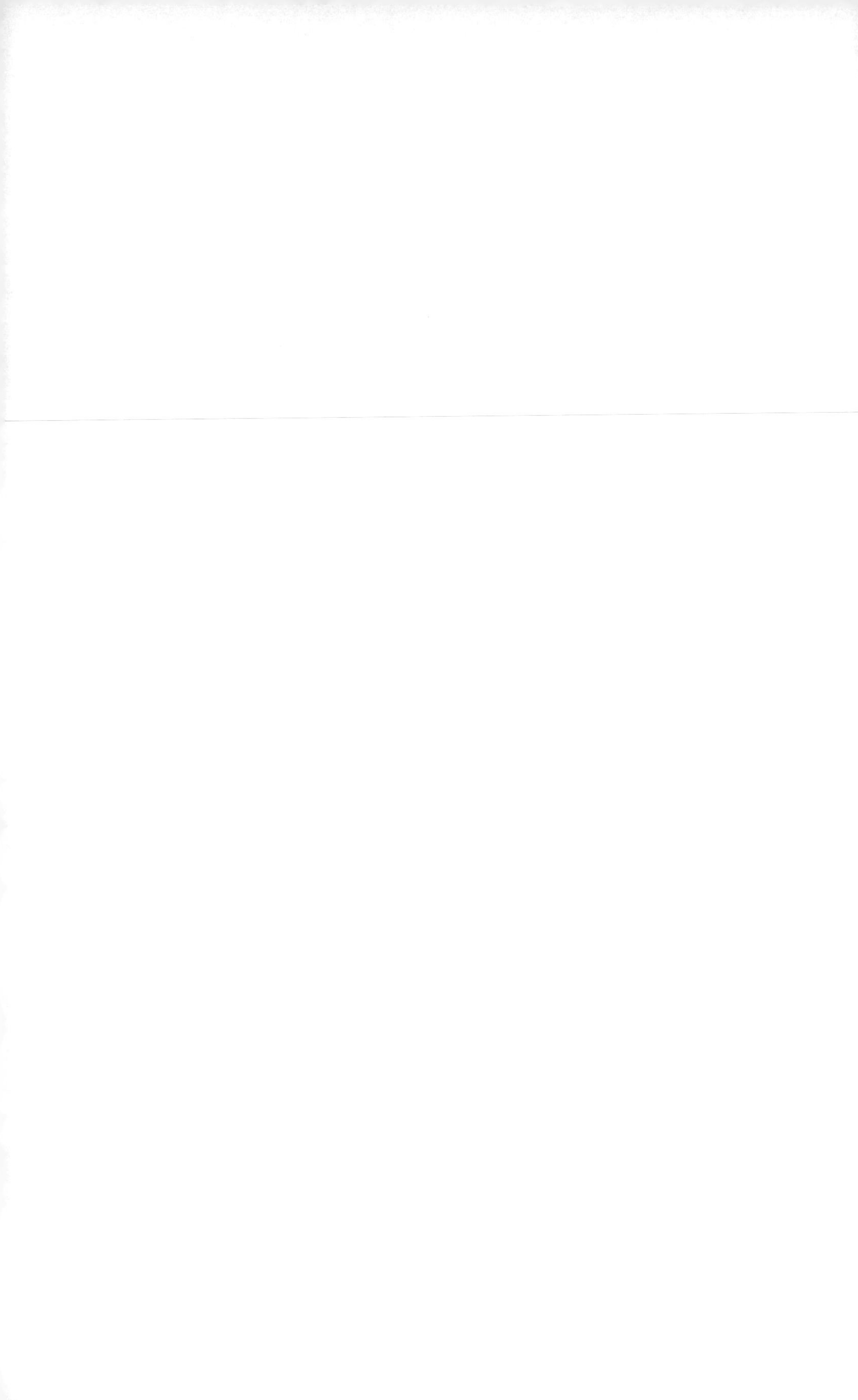

ÉTIOLOGIE ET PATHOGÉNIE

CONSIDÉRATIONS PRÉLIMINAIRES

Par H. ROGER

L'*étiologie* (αἰτία, cause, λόγος, discours) est la branche de la pathologie qui recherche et étudie les causes morbifiques; la *pathogénie* (πάθος, maladie, γένεσις, génération) essaye de déterminer le mode d'action des causes morbifiques que l'étiologie a fait connaître. Autrement dit, l'étiologie montre *pourquoi* l'on devient malade; la pathogénie établit *comment* on devient malade.

A une époque encore peu éloignée, on admettait que des maladies pouvaient se créer de toutes pièces dans l'organisme, qu'elles naissaient par une sorte de génération spontanée. Cette doctrine médicale n'était qu'un reflet des tendances philosophiques; on pensait que l'être vivant, dégagé des influences cosmiques, pouvait agir à sa guise; on le dotait d'une force spéciale, capable de le diriger, et servant à expliquer ses actes physiologiques et ses troubles morbides. Les travaux modernes, en renversant cet échafaudage d'hypothèses, ont établi que les phénomènes qui se passent chez les êtres animés ne diffèrent pas essentiellement de ceux qu'on observe dans les corps bruts. Les manifestations de l'activité sont semblables dans tous les cas; partout et toujours, elles doivent être considérées comme des réactions provoquées par les agents cosmiques et obéissant aux lois de la corrélation des forces et de la conservation de l'énergie. Seulement les réactions ne sont pas toujours immédiates; c'est ce qui nous permet de comprendre le libre arbitre et nous explique comment on a cru si longtemps à la spontanéité de ces manifestations tardives; la cellule vivante peut être comparée, jusqu'à un certain point, à un accumulateur qui, sous une influence intercurrente, dégage la force qu'il a emmagasinée.

La possibilité de ce retard dans les réactions vitales a de nombreuses conséquences en physiologie; on conçoit, en effet, que la réaction puisse paraître supérieure à l'action qui semble la provoquer : la dernière influence n'a fait, en réalité, que s'ajouter à toutes les forces qui ont agi antérieurement; l'action est, dans ce cas, la résultante d'une série de sommations.

Ces quelques notions trouvent de nombreuses applications en pathologie; l'acte morbide, comme l'acte physiologique, peut être provoqué par une cause unique et se manifester aussitôt après l'action de celle-ci; ou bien il résulte d'une série de causes agissant successivement ou simultanément. Dans le premier cas, l'effet est univoque; dans le second, les manifestations sont variables et complexes.

C'est ce qui a conduit les auteurs à proposer diverses classifications des causes morbifiques; autrefois on les divisait en deux catégories : les causes internes et les causes externes. Il nous semble préférable d'admettre trois groupes de causes : efficientes, adjuvantes, prédisposantes.

Les *causes efficientes* sont toujours nécessaires, parfois seulement elles sont suffisantes. Si l'on introduit quelques bactéridies charbonneuses sous la peau d'un cobaye, la mort survient en trois ou quatre jours; la même inoculation, pratiquée sur un rat blanc, ne provoque aucun trouble; mais qu'on soumette cet animal à une fatigue considérable, ou qu'on lui injecte en même temps une substance toxique, l'intervention de cette *cause adjuvante* permettra l'action de la cause efficiente; le charbon se développera. Plus on étudie la pathologie, et notamment plus on pénètre dans l'histoire des infections, plus on comprend l'importance des causes adjuvantes. Si quelques virus spécifiques sont capables de se développer dès qu'ils sont introduits dans l'organisme, il n'en est plus de même des microbes qui pullulent sur nos téguments ou dans nos cavités; ils végètent comme de simples saprophytes et ne deviennent pathogènes qu'à l'occasion d'une cause adjuvante ou, comme on dit encore, déterminante. Dans la lutte sourde et continuelle qui se passe entre notre organisme et les microbes que nous portons, la victoire nous est assurée, jusqu'au moment où un accident vient affaiblir notre résistance naturelle; alors apparaît la série des actes qui aboutit à l'indisposition et à la maladie. Les anciens, qui ne connaissaient pas le rôle des agents infectieux, n'ont vu que l'influence banale de la cause adjuvante; voilà pourquoi ils ont cru à la spontanéité morbide.

Ils y ont cru aussi, parce qu'ils n'ont pas compris la nature et le mécanisme des *causes prédisposantes*. Ils ont assigné une origine interne à la prédisposition morbide, au lieu d'y voir la résultante des impressions produites sur le sujet ou ses générateurs par les causes externes ayant agi antérieurement. Les causes prédisposantes sont donc des causes antécédentes, par rapport aux troubles morbides qu'on envisage; au contraire, les causes efficientes ou adjuvantes sont des causes actuelles.

C'est d'après ces idées générales qu'on a divisé, dans cet ouvrage, l'étude de l'étiologie; les deux premiers chapitres seront consacrés à la *tératologie* et à l'*hérédité*, c'est-à-dire à l'histoire des maladies qui peuvent survenir pendant la vie intra-utérine et des troubles qui sont attribuables à l'état pathologique des générateurs. Après avoir recherché les causes morbifiques qui agissent sur l'être avant son apparition dans le monde, on envisagera les diverses conditions qui peuvent influer sur sa résistance, entraver ou faciliter l'action des agents externes contre lesquels il lui faudra lutter; on devra donc passer en revue les diverses *conditions prédisposantes* et *adjuvantes*; puis on arrivera à l'étude des agents externes.

Il est classique de diviser les *agents externes* en mécaniques, physiques, chimiques (caustiques et toxiques), animés (infectieux et parasitaires). Chaque agent peut jouer le rôle de cause efficiente ou de cause adjuvante; la chaleur et le froid, par exemple, s'ils nécrosent un tissu, représentent des causes efficientes; ils tombent à l'état de causes adjuvantes quand ils favorisent le développement d'une infection; de même un poison ou un microbe peut provoquer une maladie ou aider un autre agent pathogène. On doit toujours envisager la possibilité de ces associations étiologiques ou plutôt de ces synergies pathogènes qui jouent un rôle extrêmement important.

L'étiologie ne peut guère être complètement séparée de la pathogénie; en faisant l'histoire de chaque cause, on est forcé de montrer par quel mécanisme elle agit. Mais si les causes sont nombreuses, les procédés mis en œuvre peuvent se ramener à quatre principaux (Bouchard) :

Les dystrophies élémentaires primitives;

Les infections;

Les troubles primitifs de la nutrition;

Les réactions nerveuses.

Sous le nom de dystrophies élémentaires primitives, on doit comprendre les réactions autonomes, survenant dans les cellules ou les tissus, à l'occasion des actions produites par les agents externes, sans participation du système nerveux ou des cellules migratrices. Ce processus joue un rôle fort important dans l'histoire des troubles et des lésions provoqués par les agents mécaniques, physiques et chimiques, et parfois par les agents microbiens; ces derniers, comme l'a montré M. Bouchard, peuvent léser directement les cellules, les dissocier et les désorganiser. L'histoire des dystrophies élémentaires sera donc faite dans les divers chapitres de l'étiologie, à propos des agents qui mettent en œuvre ce mode d'action.

Le groupe des infections, qui constitue une division étiologique aussi bien que pathogénique, sera étudié avec tous les détails nécessaires, à propos des agents animés. Enfin deux chapitres spéciaux seront consacrés, l'un aux troubles primitifs de la nutrition, l'autre aux réactions nerveuses; celles-ci interviennent, il est vrai, dans un grand nombre de circonstances, et leur histoire aura déjà été présentée à propos des divers agents pathogènes et notamment des agents mécaniques; mais l'importance du sujet nécessite qu'on en fasse une étude d'ensemble.

Il nous restera à envisager encore les *processus pathogéniques de deuxième ordre*. Sous ce nom, nous comprenons les phénomènes morbides ayant pour point de départ une altération organique quelconque;

la partie atteinte devient à son tour une *cause* de nouveaux troubles. Telle est la lésion mitrale qui engendre la congestion du poumon, du foie ou du rein; tels sont l'emphysème pulmonaire qui produit la dilatation du cœur, la phlébite qui amène l'apoplexie, la néphrite qui provoque le délire, etc. Ces quelques exemples prouvent déjà l'importance de cette étude qui nous fait remonter toute la *série morbide*.

La simple énumération que nous venons de faire suffit à montrer que les êtres vivants sont constamment en butte à de nombreuses causes morbifiques. Ils doivent se protéger contre les variations cosmiques, contre le froid et le chaud, contre les intempéries des saisons; il leur faut résister aux agents pathogènes, infectieux ou parasitaires, qu'ils portent en eux ou sur eux, et aux substances toxiques qui peuvent prendre naissance dans leur organisme ou y être introduits. Attaqués par d'autres êtres, ils livrent des combats corporels qui engendrent le traumatisme et ses conséquences ou échappent par une fuite qui aboutit au surmenage. Enfin, dans certains cas, ils ont à compter avec les causes sociales, avec les poisons que la civilisation invente, avec les infractions aux lois de l'hygiène, et surtout avec les influences morbides d'ordre intellectuel qui donnent une physionomie si particulière aux maladies des races civilisées. La pathologie confirme donc la grande idée qu'ont développée, à des points de vue différents, Lucrèce, Darwin et Cl. Bernard : la vie ne se maintient qu'au prix d'une lutte continuelle et inévitable; telle est la triste loi de notre destinée, qu'on considère cependant comme l'harmonie de la nature.

PATHOGÉNIE GÉNÉRALE DE L'EMBRYON

TÉRATOGÉNIE

PAR

MATHIAS DUVAL
Professeur à la Faculté de médecine de Paris.

P. MULON
Professeur agrégé à la Faculté de médecine de Paris.

Introduction et plan. — Depuis que la science s'est débarrassée de la vieille doctrine de la préexistence des germes, nous avons appris à distinguer dans la vie de l'individu, avant la naissance ou l'éclosion, deux grandes périodes : dans la première, le nouvel être, ayant pour point de départ une cellule (l'ovule fécondé), se forme et se constitue graduellement par la multiplication et la différenciation des éléments anatomiques provenant de cette première cellule : c'est la *période embryonnaire*; dans la seconde, les organes ainsi produits s'accroissent, se développent et commencent à remplir des fonctions qui, au point de vue de la physiologie générale, ne diffèrent que peu de ce qu'elles seront chez l'adulte; c'est la *période fœtale*. Pour l'espèce humaine, le passage de la première période à la seconde correspond à peu près à la fin du second mois de la gestation; très variable selon les animaux, cette limite assigne en général une durée très courte à la première période; ainsi, chez les oiseaux, la période embryonnaire proprement dite est bornée aux premiers jours de l'incubation.

Au point de vue de l'influence des causes pathogéniques, les résultats sont très différents pendant la période embryonnaire et pendant la période fœtale. Les organes, chez le fœtus, existent et fonctionnent : les maladies qui atteignent le fœtus amènent donc des troubles dans ce fonctionnement, et comme celui-ci est déjà analogue à ce qu'il sera après la naissance, les maladies du fœtus sont, dans leurs grandes lignes, analogues à celles de l'enfant. Au contraire, chez l'embryon, il n'y a pas encore d'organes en fonctions, il y a seulement *des organes en formation*; la formation des parties est, pour ainsi dire, la fonction générale de l'embryon. Aussi les causes pathogéniques ne peuvent-elle produire que des troubles de formation, de développement, c'est-à-dire aboutir à des malformations, à des arrêts de développement, à des monstruosités, en un mot. C'est pourquoi la *pathologie générale de l'embryon* n'est autre chose que l'étude des anomalies de l'organisation, que la *tératologie* et la *tératogénie*.

« Nous pouvons dire aujourd'hui que les monstruosités résultent toujours de l'action de causes accidentelles, causes qui ne modifient point l'organisation toute faite, mais qui la modifient pendant qu'elle se produit, en donnant une direction différente aux phénomènes de l'évolution. » C'est ainsi que s'exprime Dareste, tout au début de l'ouvrage auquel nous devons faire tant d'emprunts au cours de cette étude [1], et, après avoir passé en revue les divers modes tératogéniques, il revient, comme conclusion, sur ces caractères particuliers de la période embryonnaire : « Dans cette première période, dit-il, les phénomènes physiologiques diffèrent complètement de ce qu'ils seront ultérieurement. Il n'y a point alors de fonctions spéciales. Tout se réduit à la vie des cellules primitives, vie dont les manifestations consistent essentiellement dans la production de cellules nouvelles. Chacune de ces cellules vit de sa vie propre et peut, dans une certaine mesure, se passer de l'action de ses voisines; et, par conséquent, les différentes parties de l'organisme, presque entièrement indépendantes les unes des autres, ne possèdent point cette solidarité qui caractérise l'âge adulte. La vie de l'embryon animal reproduit alors très exactement celle des tissus cellulaires des plantes. » Cette conclusion, ce rapprochement, sont si exacts, que nous verrons, en effet, les organes de l'embryon, atteints de traumatisme, présenter la faculté de repullulation cellulaire et de restauration, qui caractérise les végétaux et les animaux inférieurs. Quant à l'action particulière, tératogénique, de toute influence pathologique venant agir sur l'embryon, déduite par Dareste de ses nombreuses recherches, elle a été mise encore plus en évidence par les expériences plus récentes de Ch. Féré (*Société de biologie*, avril 1894), expériences d'autant plus démonstratives que, au lieu de soumettre l'embryon à des influences mécaniques ou asphyxiques, elles mettent en jeu des causes morbigènes tout à fait spécifiques, c'est-à-dire d'origines microbiennes ou toxiques. En effet, Ch. Féré injecte dans des œufs de poule divers toxiques, et notamment de la pyocyanine; puis, soumettant ces œufs à l'incubation, il y constate l'apparition d'embryons monstrueux, ou même l'absence complète de développement; de même lorsqu'il soumet les œufs à l'influence des vapeurs de l'alcool, du chloroforme, etc., ainsi que nous le verrons plus loin avec quelques détails. Mais insistons pour le moment sur ce fait que, en expérimentant sur l'œuf de poule en incubation, on constate que les agents techniques ou mécaniques n'ont d'action tératogène que dans les deux ou trois premiers jours du développement; passé ce terme, ces agents n'ont plus qu'une action morbigène, qui se traduit

(1) Camille Dareste, *Recherches sur la production artificielle des monstruosités ou essais de tératogénie expérimentale*. 2e éd. Paris, 1891, p. 18.

purement et simplement par la mort du jeune organisme (1). Enfin nous devons indiquer, comme particulièrement significatif, au point de vue où nous nous plaçons, ce fait, signalé par le même auteur (2), à savoir que les toxines qui sont le moins tératogènes pour l'embryon de poulet, sont celles qui proviennent de microbes auxquels la poule est moins sensible. Actions *pathogéniques* sur le sujet formé, actions *tératogéniques* sur le sujet en voie de formation, sur l'embryon, sont donc des faits de même ordre et de signification équivalente.

Les termes de *tératologie* ou de *tératogénie*, et ceux de *pathologie de l'embryon* sont donc synonymes (3). Mais pour bien faire comprendre combien cette synonymie est étroite et nullement par à peu près, il nous faut entrer encore dans quelques considérations. Les médecins ont généralement attribué les monstruosités à des *maladies*, dont l'embryon ou le fœtus (car on ne distinguait pas le fœtus et l'embryon) auraient été atteints, et nous verrons plus loin que, par exemple, pour les monstruosités de l'extrémité céphalique, on a fait jouer un grand rôle à des hydropisies qui déformaient le cerveau et le rendaient monstrueux, selon les hypothèses émises d'abord par Morgagni, adoptées ensuite par Meckel, Béclard, Dugès. Toutes ces hypothèses ont cela de commun qu'elles supposent des organes déjà constitués normalement, et dont la maladie vient altérer les formes et la constitution histologique. La suite de cette étude montrera qu'il n'en est rien. La malformation, l'état monstrueux d'une partie n'est pas la conséquence d'une maladie subie par cette partie; cet état monstrueux, ce développement anormal constitue la maladie même; en d'autres termes, chez l'embryon, une cause pathogène ne détermine pas une maladie qui, à son tour, produit une monstruosité; la cause pathogène produit directement la monstruosité, le défaut ou l'arrêt de formation et elle ne peut produire autre chose, puisque l'embryon ne traduit sa vie et ses fonctions que par des actes de développement, et que les troubles de sa vie et de ses fonctions ne peuvent être que des troubles de développement. La monstruosité est le produit de la réaction des cellules embryonnaires, indifférentes encore, aux modifications survenues dans le milieu extérieur, que ces modifications soient d'ordre chimique, physique ou, à proprement parler, pathologique.

Ce n'est pas ainsi que l'entendait Jules Guérin, dans lequel s'est plus particulièrement personnifiée la théorie que nous combattons. Pour lui, généralisant quelques relations pathologiques qui sont exactes pour le fœtus, au même titre qu'elles le sont pour l'adulte, et ignorant des phénomènes primitifs du développement, les monstruosités, aussi bien

(1) Ch. Féré, Note sur les différences des effets des agents toxiques et des vibrations mécaniques sur l'évolution de l'embryon de poulet, suivant l'époque où elles agissent. *Comptes rendus de la Soc. de biol.*, 2 juin 1894, p. 462.

(2) Ch. Féré, Note sur la résistance de l'embryon de poulet à certaines toxines microbiennes introduites dans l'albumen de l'œuf. *Comptes rendus de la Soc. de biol.*, 16 juin 1894, p. 490.

(3) W. Ballantyne, *Diseases and déformaties of the fœtus, an attempt towards a system of ante-natal pathology.* Edimbourg, 1894.

que les simples déformations des membres, sont sous la dépendance d'un état morbide antérieur du système nerveux central. Si cet état morbide arrive lorsque le plan général de l'organisation est réalisé, chez le fœtus, il ne fait qu'influencer la forme des parties, d'où des difformités, le système nerveux provoquant des contractures musculaires avec rétraction consécutive. Si cet état morbide arrive plus tôt, chez l'embryon, il trouble l'harmonie préalable de l'ensemble, modifie le développement des organes, entraîne les vices de conformation les plus divers. Or, comme nons le prouverons plus loin par de nombreux exemples, l'observation montre que les *faits tératologiques proprement dits* ne se produisent que pendant la *première période de la vie embryonnaire*, alors que les organes ne sont encore constitués que par des cellules homogènes, alors que le système nerveux n'existe encore que comme centres rudimentaires, sans connexions avec des muscles qui, du reste, n'existent pas encore. Comment pouvoir parler de déviations produites par des contractures résultant d'affections convulsives, puisque nous verrons ces déviations du type normal se dessiner avant la formation des organes définitifs, os, muscles et nerfs? Les conceptions de Jules Guérin sont applicables à la pathologie du fœtus, comme à la pathologie infantile; elles ne le sont pas à la pathologie de l'embryon, à la tératologie. A la pathologie du fœtus appartiennent les pieds bots, les luxations congénitales; à la pathologie de l'embryon, c'est-à-dire à la tératologie, appartiennent l'ectromélie, la symélie, etc,, qui sont des monstruosités et non des maladies congénitales. De même on a rapproché à tort les hernies congénitales d'avec diverses monstruosités des parois abdominales, thoraciques. Nous verrons, en effet, que trop souvent on a considéré la cœlosomie comme le résultat d'une hernie, qui aurait distendu les parois de la base du cordon ombilical, fait pénétrer les viscères abdominaux dans le sac ainsi formé, et même, en certains cas, aurait complètement détruit ces parois. L'éventration ou cœlosomie serait alors le résultat de la modification pathologique d'une organisation primitivement complète. Or, l'observation plus exacte a montré qu'il n'en est rien, que la cœlosomie résulte d'une formation primitive incomplète des parois abdominales, par non pénétration des lames musculaires, et des couches mésodermiques qui les accompagnent, entre les deux feuillets (cutané et pleuro-péritonéal) qui constituent primitivement ces parois.

La théorie de Jules Guérin a cependant trouvé récemment un défenseur très autorisé en Delplanque, au sujet d'une étude sur une curieuse difformité congénitale observée dans l'espèce bovine, et connue sous le nom de *veaux à tête de chien, veaux à tête de bouledogue* (*bœufs nata* ou *niata* d'Amérique) (1). Pour Delplanque la déformation en question a pour origine une maladie intra-utérine du système nerveux, maladie paraissant s'identifier avec le tétanos. Nous ne contredisons pas cette

(1) P. DELPLANQUE, *Études tératologiques, difformités congénitales produites sur le fœtus par la contraction musculaire; les veaux niatas*. Paris, 1885.

conclusion; mais nous nous refusons à voir dans ces faits une production tératologique proprement dite; il s'agit, en effet, de déformation d'organes, dont les premiers rudiments avaient apparu d'une manière normale; les modifications de forme subies par les pièces du squelette, dans les cas en question, leur ont été imprimées, dit l'auteur lui-même (*op. cit.*, p. 65), à l'époque de leur ossification; et, en effet, c'est au cours du troisième mois, ou même dans le quatrième, que paraît remonter l'invasion de l'affection tétanique en question. Il ne s'agit donc plus de processus tératogénique de l'embryon, mais de maladie du fœtus, selon la distinction que nous avons tenu à préciser nettement dès le début. Il est vrai que les conditions spéciales de la vie fœtale donnent lieu ici à des considérations intéressantes : comme le fait remarquer Delplanque, les sujets adultes atteints de tétanos succombent le plus souvent à l'asphyxie causée par l'immobilisation des parois thoraciques, tandis que le fœtus, qui n'a pas à faire usage de son appareil respiratoire pulmonaire, se trouve à l'abri de cette cause de mort, et que, par suite, chez lui, l'affection peut durer et modifier profondément les organes. Mais, de même, nous voyons que, chez le fœtus atteint de variole, par le fait que la peau est incessamment baignée par le liquide amniotique, les pustules n'ont pas les mêmes caractères que si elles se développaient à l'air libre, et offrent sur la peau le même aspect que celles qui viennent sur les muqueuses. Cet exemple montre bien que la pathologie du fœtus a quelques caractères qui la distinguent de celle de l'adulte; mais il montre surtout, avec les faits étudiés par Delplanque, qu'il faut bien distinguer les maladies du fœtus d'avec les troubles d'évolution de l'embryon, ces derniers seuls méritant le titre de faits tératologiques proprement dits.

On pourrait nous objecter qu'on a constaté un état pathologique des centres nerveux, en concordance avec certaines malformations; ainsi, dans nombre de cas d'ectromélie, on a trouvé une atrophie de la substance grise de la partie de la moelle d'où partent les nerfs destinés au membre non développé. Mais les rapports de causalité ont été ici inverses de ce qu'on avait supposé *à priori*. C'est l'absence du membre qui a déterminé l'atrophie du centre médullaire correspondant. Une intéressante observation de Troisier en donnait déjà la preuve [1]; une observation plus récente de G. Sperino [2] en fournit la démonstration complète : dans ce cas, en effet, il s'agissait d'un monstre ectromèle trouvé, au troisième jour de l'incubation, chez un oiseau; or la moelle épinière, en voie de formation, ne présentait aucune anomalie : si donc, plus tard, chez l'adulte, l'ectromélie s'accompagne d'atrophie médullaire, c'est que cette atrophie est le résultat de l'absence du membre par non-développement ou par amputation congénitale, et l'état de la moelle est ici du même ordre que

[1] F. Troisier, Note sur l'état de la moelle épinière dans un cas d'hémimélie unithoracique. *Arch. de physiol.*, 1872, t. IV, p. 72.

[2] G. Sperino, Contributo allo studio dei rapporti fra lo sviluppo degli arti e quello dei centri nervosi. *Giornale della r. Acad. di medicina*, 1892, n° 2.

celui signalé par Vulpian[1], à la suite de la section des nerfs d'un membre.

C'est aussi la conclusion à laquelle arrivent Klippel et Bouchet, à la suite de l'étude approfondie d'un monstre hémimèle. (*Nouvelle Iconographie de la Salpêtrière*, année 20.)

Puisque nous parlons des théories qui ont attribué l'ectromélie à une affection nerveuse, citons aussi, pour la réfuter, la manière de voir de Serres, qui donnait pour cause à cet arrêt de développement, ainsi du reste qu'à la généralité des arrêts de développement, l'oblitération des vaisseaux de la partie en question; ce serait donc une affection non plus du système nerveux, mais du système vasculaire, qui entrerait en jeu. Panum a fait bonne justice de cette interprétation. « Sans doute, dit-il, on constate l'absence des vaisseaux destinés à une partie, quand elle n'est pas développée; car comment pourraient exister les vaisseaux d'un organe qui n'existe pas ! Le processus d'atrophie qui a frappé l'organe est le phénomène primitif, et l'absence des vaisseaux est le résultat et non la cause de cette atrophie de l'organe. En émettant sa théorie, Serres a oublié de tenir compte des différences qu'il y a entre l'embryon en voie de formation et l'individu complètement formé[2]. »

La tératologie est donc bien un chapitre, mais un chapitre tout particulier, de la pathologie. C'est un chapitre très général, car, d'une classe à l'autre des Vertébrés, les phénomènes tératologiques ne présentent presque pas de différences. La raison en est facile à comprendre. Les embryons de tous les Vertébrés ont à traverser d'abord une période d'organisation commune, et dans laquelle ils se ressemblent tellement que Baer déclarait ne pouvoir, dans sa collection de très jeunes embryons, distinguer, sans étiquette, s'il se trouvait en présence de lézards, de petits oiseaux, ou de Mammifères. On ne saurait donc être surpris de voir les causes tératogéniques, agissant sur des embryons qui se ressemblent, produire des dispositions tératologiques identiques. Ce fait étend singulièrement le champ des études de tératologie, surtout de tératologie expérimentale, en permettant de faire sur les Oiseaux, par exemple, des expériences qui ne seraient pas réalisables chez les Mammifères, et dont cependant les résultats sont valables pour ceux-ci, à moins qu'il ne s'agisse de formations ou de dispositions toutes spéciales.

Mais après avoir ainsi établi, au point de vue pathologique, la distinction entre le fœtus et l'embryon, hâtons-nous d'ajouter, que comme dans toutes les choses de la nature, il y a ici des transitions ménagées et que l'organisme en voie de formation peut être déjà arrivé à la période fœtale par certaines de ses parties, alors que d'autres sont encore dans la période embryonnaire. Ainsi l'étude du développement nous montre que les bour-

(1) Vulpian, Influence de l'abolition des fonctions des nerfs sur la région de la moelle épinière qui leur donne origine. *Arch. de physiol.*, 1868, p. 443. — Rochefontaine. Ectromélie unithoracique chez une chienne; atrophie de l'omoplate et de la moelle cervicale du côté correspondant. *Arch. de physiol.*, 1881, p. 280.

(2) P.-S. Panum, *Untersuchungen über die Entstehung der Missbildungen*. Berlin, 1860, p. 162.

geons des membres sont d'apparition relativement tardive, et que, lorsque déjà les autres organes sont constitués, différenciés en tissus ayant chacun leurs propriétés spéciales, les membres ne sont encore formés que de cellules indifférentes. Aussi verrons-nous les membres présenter longtemps encore des réactions qui sont propres à la période embryonnaire, comme elles sont propres aux tissus des végétaux et de certains animaux inférieurs: telle est, par exemple, la propriété qu'ont les membres du fœtus de produire de nouveaux bourgeonnements, pour tendre à réparer les pertes que leur a fait subir un traumatisme (amputations congénitales). De sorte que les formes monstrueuses qui reconnaissent pour origine un traumatisme des membres dans leur période de formation, en un mot le plus grand nombre des *amputations congénitales*, rentrent réellement dans le domaine de la tératologie, en raison même des réactions particulières que peuvent manifester les bourgeons des membres amputés, réactions qui sont caractéristiques de la période embryogène.

Il n'est donc pas toujours facile de distinguer ce qui est monstruosité de ce qui est lésion congénitale. De même, en présence de certaines hernies inguinales, le chirurgien est embarrassé pour déterminer si elle est congénitale ou acquise. Mais l'ensemble du domaine de la tératologie est aujourd'hui, surtout grâce aux recherches de tératogénie expérimentale, bien délimité, et si bien déterminé que l'étude en peut être faite, ainsi que nous allons le tenter, en procédant par l'étude des causes et classant les faits de par leur étiologie.

Dans ce domaine de la tératologie, ou étude des monstruosités, il n'est pas non plus toujours facile d'assigner une valeur absolue à certains termes classiques. Ainsi il n'est pas possible d'établir une limite bien nette à ce qu'on a voulu appeler *anomalies*, pour le distinguer des *monstruosités proprement dites*. Les déviations du type spécifique ont reçu le nom d'*anomalies*, lorsqu'elles sont peu considérables (anomalies dans le nombre des doigts, anomalies par inversion des viscères, etc.), et celui de *monstruosités* lorsqu'elles sont très graves, rendent impossible ou difficile l'accomplissement de diverses fonctions, aboutissent à la production d'êtres non viables (monstres acéphales, monstres doubles, etc.); mais comme toutes les transitions possibles existent entre les anomalies les plus légères et les monstruosités les plus graves, comme l'appréciation de la gravité n'est parfois qu'une affaire de sentiment, comme enfin une déviation du type normal peut avoir des conséquences plus ou moins graves, selon l'importance de l'organe atteint, selon qu'elle sera ou non compliquée de malformation dans d'autres organes, la distinction entre *anomalies* et *monstruosités* n'a pas de valeur scientifique rigoureuse, et c'est le nom de *monstres* qui doit être généralement employé pour désigner les résultats d'une évolution anormale quelconque.

Si nous acceptons que, par définition, la tératologie soit la pathologie générale de l'*embryon*, il nous faudra rejeter hors de la tératologie certains *hétérotères* de G. St-Hilaire, tels que les nains et les géants. Nous savons, en effet, aujourd'hui que le nanisme et le gigantisme sont dus soit à des troubles de nutrition dans l'enfance (nains rachitiques), soit à un mauvais fonctionnement de glandes à sécrétion interne comme l'hypophyse (gigantisme) ou le corps thyroïde (nanisme).

Dans la présente étude de tératologie, il ne saurait être question d'une description des monstres, mais bien seulement des conditions générales et des mécanismes qui sont reconnus présider à leur production. Grâce aux progrès de nos connaissances de l'embryologie normale, cette étude de tératogénie est aujourd'hui possible, c'est-à-dire nous présente non plus des théories purement imaginaires, mais des faits rigoureusement démontrés, et des hypothèses ayant toujours pour point de départ des faits d'observation. Après ces quelques considérations générales destinées à délimiter notre sujet et à donner la définition de l'objet de ces études, nous devrons cependant présenter, aussi brièvement que possible, une classification des monstres, afin de prendre pour ainsi dire possession de l'immense domaine de la tératologie, et de fixer les noms des formes qui serviront plus loin d'exemples particuliers dans les études générales.

Nous résumerons à cet effet la classification de Geoffroy Saint-Hilaire, qui a étudié les monstres en naturaliste, c'est-à-dire les a groupés en familles et espèces, en donnant à ces mots le sens et la valeur qu'ils ont dans les sciences naturelles. Or nous venons de voir que tout autre doit être le point de vue auquel il faut classer les monstruosités, qui sont des produits pathologiques. C'est ce que démontrent les recherches récentes de tératogénie.

Nous aurons donc alors à entrer dans quelques détails historiques sur la *tératogénie expérimentale*.

Puis, nous appuyant sur les résultats de cet ordre, nous passerons en revue les diverses conditions tératogéniques en les groupant d'après les époques auxquelles elles agissent; nous aurons à examiner ainsi successivement les causes qui agissent sur l'œuf avant la fécondation, puis pendant la fécondation, puis pendant la formation du blastoderme, etc. Ce chapitre nous présentera sous un jour tout nouveau bien des faits de tératologie. Nous verrons que les monstruosités sont d'autant plus considérables, que leurs causes agissent à une époque plus primitive et sur des phénomènes plus essentiels. Quoi de plus essentiel que la fécondation pour le développement de l'œuf en un nouvel être? Aussi verrons-nous les accidents de la fécondation donner naissance à des séries tératologiques de première importance. D'une part ce seront ces produits informes qui résultent du développement accidentel d'un œuf non fécondé (parthénogénèse). D'autre part ce seront les produits de l'œuf qui a subi un excès de fécondation (polyspermie), et nous verrons ainsi se produire les monstres doubles. On comprendra donc que nous insistions sur l'histoire de la diplogénèse, à propos de laquelle sont soulevées les questions les plus générales de tératologie, comme par exemple la loi de l'union des parties similaires, ou la signification morphogénique des monstres omphalosites et des parasitaires.

Après cette étude chronologique des causes tératogéniques, nous passerons en revue les divers processus tératogéniques déterminés par ces causes. Au cours de ces deux études, qui représentent la pathogénie générale et la physiologie pathologique de l'embryon, nous aurons à proposer diverses modifications à la classification de Geoffroy Saint-Hilaire; et nous verrons que, si différent qu'ait été le point de vue auquel s'est placé Geoffroy Saint-Hilaire, ces modifications sont relativement peu importantes, tant cette classification a été basée sur une étude exacte et minutieuse de la constitution des formes monstrueuses, c'est-à-dire sur l'anatomie pathologique de l'embryon. La constitution anatomique des êtres normaux ou anormaux est en rapport avec leurs origines: l'étude de ces deux ordres de faits doit donc conduire à des notions générales semblables. Mais nous éviterons cependant de donner trop d'importance aux détails de la classification, à la valeur des prétendues espèces tératologiques, moyennes résumant les innombrables variétés individuelles; de même qu'on a pu dire qu'il n'y a pas des maladies, mais seulement des malades, de même nous verrons qu'il n'y a pas des monstruosités, mais seulement des sujets monstreux.

I

MORPHOLOGIE GÉNÉRALE ET CLASSIFICATION

Monstres unitaires parasites (paracéphaliens, acéphaliens) et monstres unitaires autosites (tératomèles, tératosomes, tératencéphales, tératocéphales). — Monstres composés, monstres doubles : autositaires (tératopages, tératodelphes, tératodymes); parasitaires (hétérotypiens, polygnathiens, polyméliens, endocymiens).

Le jour n'est pas loin où il pourra être établi une classification parfaitement rationnelle des montres, c'est-a-dire une classification les ordonnant d'après leurs rapports génétiques rigoureux : l'étiologie et le mécanisme tératologiques sont bien établis pour quelques formes; mais cependant ces conditions nous échappent encore pour un certain nombre. L'étude que nous ferons plus loin des causes qui agissent avant, pendant et après la fécondation, les indications que nous donnerons sur les mécanismes qui agissent par soudures, par persistance de dispositions transitoires, etc., représentent évidemment l'ordre d'idées qui présidera un jour à une classification tératogénique; mais pour le moment il ne peut encore s'agir que de classifications artificielles, basées souvent sur des rapports plus apparents que réels, et destinées seulement à permettre une nomenclature des types. A cet égard nous n'avons rien de mieux à faire que d'adopter la classification d'Isidore Geoffroy Saint-Hilaire, surtout parce que sa nomenclature est devenue classique[1].

[1] Isidore Geoffroy Saint-Hilaire, *Histoire générale et particulière des anomalies de l'organisme*, 1832-1836.

Bien d'autres tentatives de classification ont été faites avant lui; d'abord naïves et reflétant les préjugés de l'époque, témoin celle de Liceti (1634), dont l'un des groupes comprenait les monstres dits composés de parties appartenant à divers animaux (enfant demi-chien); puis plus scientifiques, mais bien incomplètes, comme celle de Buffon qui comprenait trois classes : les monstres par excès, les monstres par défaut, les monstres par renversement. Sans entrer dans l'histoire des autres tentatives, nous passons immédiatement à celle de Geoffroy Saint-Hilaire[1],

Geoffroy Saint-Hilaire distingue, dans les formes anormales, quatre grands groupes, qu'il range d'après leur ordre de gravité apparente, savoir : I. Les *hémitéries*, ou demi-monstres (ημισυς, demi; τερας, monstre), c'est-à-dire ce qu'on désigne généralement sous le nom d'*anomalies*, et qu'il divise en anomalies de taille (nanisme, gigantisme), de forme, de couleur, de situation (diverses ectopies), de connexions (attaches anormales des muscles), d'embouchure (embouchures anormales du vagin, imperforations), de nombre (polydactylie); — II. Les *hétérotaxies* (ἑτερος. autre; ταξις, disposition), c'est-à-dire les inversions viscérales); — III. Les *hermaphrodismes*; — IV. Les *monstruostés* proprement dites, qu'il définit : « des déviations du type spécifique, complexes, très graves, vicieuses et apparentes à l'extérieur ». Ce dernier gronpe est le plus nombreux et est l'objet de multiples subdivisions, qui consistent tout d'abord à distinguer : A, les *monstres unitaires*, dans lesquels on ne trouve les éléments, soit complets, soit incomplets, que d'un seul individu; B, les *monstres composés*, dans lesquels on trouve réunis les éléments de plusieurs sujets, le plus souvent de deux monstres (doubles). Nous devons résumer rapidement les subdivisions successives de ces deux derniers groupes.

A) **Monstres unitaires**. — Selon leur organisation, au point de vue de la viabilité, c'est-à-dire selon qu'ils peuvent ou ne peuvent pas continuer à vivre lorsque se rompent leurs attaches à l'organisme maternel (cessation de la circulation utéro-placentaire par exemple), les montres unitaires comprennent trois subdivisions; en les énumérant à partir des formes les plus complètes, les plus rudimentaires, pour arriver aux formes relativement plus complétes, plus viables, celles-ci présentant surtout des types multiples que nous aurons à passer en revue au point de vue de la nomenclature, nous trouvons successivement les monstres unitaires *parasites*, *omphalosites* et *autosites*.

Les *monstres unitaires parasites* et *omphalosites* ne comportent relativement qu'une série peu nombreuse de types. Les *monstres unitaires parasites* ou *Zoomyles* (ζωον, animal; μυλη, môle) comprennent aussi bien les produits contenus dans les kystes dermoïdes de l'ovaire (nous aurons à discuter longuement l'origine de ces produits, attribuables à

[1] On trouvera la revue complète de ces classifications dans DAVAINE, art. MONSTRES. *Dict. Encycl. des sc. méd.*, 2e s., t. IX, p. 201. Paris, 1876.

un développement parthénogénétique) que les tumeurs très diverses (altérations du placenta, polypes) qui peuvent être expulsées de l'utérus. Les *monstres unitaires omphalosites* (ομφαλοσ, ombilic; σιτος, nourriture) manquent des organes les plus essentiels (cœur absent ou rudimentaire) et ne se nourrissent que grâce aux connexions de leur cordon ombilical avec le placenta d'un frère jumeau normalement conformé. En raison de cette association constante de l'omphalosite à un sujet normal, nous aurons, au point de vue de la tératogénie, à examiner s'il ne faut pas voir l'un des éléments d'un membre double dans ces sujets très incomplets, que Geoffroy Saint-Hilaire distingue, d'après leur constitution de plus en plus imparfaite, en : *Paracéphaliens* (παρα, presque; ακεφαλος, acéphale), qui présentent une tête très imparfaite, mais cependant reconnaissable, avec vestiges des organes des sens; *Acéphaliens*, qui n'ont à l'extrémité supérieure du tronc aucune saillie qui mérite le nom de tête. les rudiments de celle-ci n'étant représentés que par quelques vestiges osseux que révèle l'analyse anatomique; *Anidiens* (α privatif; ειδος, forme), dont le corps se réduit à une masse irrégulièrement globuleuse ou ovoïde.

Les *monstres unitaires autosites* (αυτοσιτος, qui se nourrit lui-même) diffèrent de tous les précédents non seulement en ce qu'ils se suffisent à eux-mêmes, au point de vue de la circulation placentaire pendant la vie intra-utérine, mais encore en ce que la cessation de la circulation placentaire n'entraîne pas immédiatement leur mort, comme pour les précédents. Ils sont de beaucoup les plus nombreux et les plus divers; leurs malformations principales, caractéristiques, portent sur l'une des quatre régions suivantes du corps : les membres, le tronc, le crâne, la face : d'où leur classification en quatre groupes (ou tribus, pour employer le terme même de Geoffroy Saint-Hilaire). Cette partie de sa classification est très remarquable, au moins par la simplicité et les avantages mnémoniques des dénominations. En effet, pour toutes les monstruosités des membres les noms choisis se terminent en *mèle* (μελος, membre); pour toutes celle du tronc les noms se terminent en *some* (σωμα, corps); pour celles du crâne, en *encéphale*: et pour celles de la face en *céphale*, ces terminaisons étant précédées d'un radical qui indique d'une manière précise la nature de la malformation. La nomenclature a donc ici ce caractère si précieux, à savoir que le nom même renferme la description de l'objet; il est essentiel que nous passions rapidement en revue ces quatre groupes des monstres unitaires autosites :

1° *Monstruosités des membres* (*Tératomèles*). — Les monstruosités des membres peuvent se traduire soit par l'absence de la totalité ou de portions d'un ou plusieurs membres, soit par la soudure et la fusion des deux membres d'une même paire; dans le premier cas, nous avons les monstres *Ectroméliens* (εκτροω,, avorter), dans le second les *Syméliens*.

Parmi les *Ectroméliens*, Geoffroy Saint-Hilaire distingue : les *Ectromèles*, chez lesquels un ou plusieurs membres sont *complètement* ou *presque complètement* absents; les *Hémimèles*, chez lesquels un ou plusieurs membres ne sont représentés que par leurs parties basales (bras ou cuisse), les parties terminales (avant-bras et main, jambe et pied) étant absentes; et enfin les *Phocomèles* (φωκη, phoque), chez lesquels, inversement aux précédents, ce sont les parties basales qui manquent, un ou plusieurs membres n'étant représentés que par la main ou le pied qui se détachent directement du tronc. Ces diverses formes nous présenteront des différences intéressantes au point de vue de leur étiologie, les unes constituant de véritables et typiques arrêts de développements, les autres résultant d'amputations congénitales.

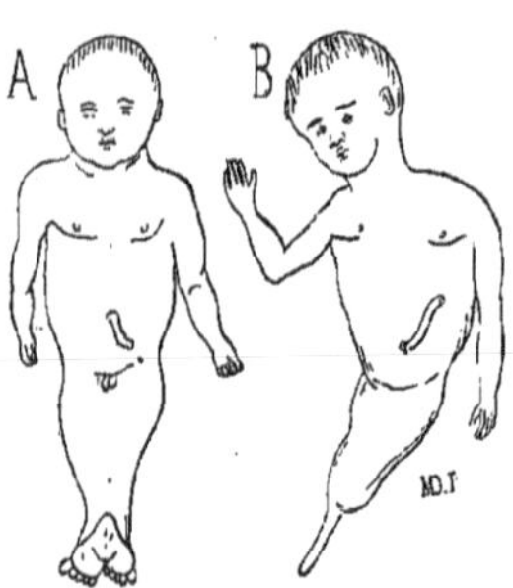

Fig. 1. — Monstres Syméliens. A, Symèle. — B, Sirénomèle.

Parmi les *Syméliens* on doit distinguer, selon que la soudure des membres postérieurs est accompagnée d'un degré plus grand de leur atrophie : les *Symèles*, chez lesquels les deux membres postérieurs soudés se terminent par un double pied (fig. 1, en A); les *Uromèles* (ουρα, queue), chez lesquels les deux membres, très intimement soudés, se terminent par un seul pied incomplet, souvent réduit à un seul orteil, ce qui donne à l'ensemble de ces parties une grossière ressemblance avec une queue; les *Sirénomèles*, chez lesquels il y a à la fois ectromélie et symélie, car les deux membres abdominaux, réunis, sont très incomplets, terminés en moignon ou en pointe, sans pied distinct (fig. 1, en B).

2° *Monstruosités du tronc* (*Tératosomes*). — Les malformations du tronc consistent essentiellement en un arrêt de formation de ses parois antérieures, d'où éventration et hernie des viscères. Ces montres portent donc le nom général de *Célosomiens* (κηλη, hernie). — Chez les uns, l'éventration ne s'étend pas jusqu'à la région thoracique. Ce sont : les *Aspalosomes* (ασπαλαξ, taupe), chez lesquels l'éventration est limitée à la région inférieure de l'abdomen, de sorte que l'appareil urinaire, l'appareil génital et l'intestin s'ouvrent au dehors par trois orifices distincts, disposition qui rappelle ce qu'on trouve normalement chez la taupe, d'où le nom singulier donné à ces monstres; l'*exstrophie de la vessie*, que Geoffroy Saint-Hilaire a classée parmi les anomalies, est évidemment le dégré le plus simple de cette monstruosité; les *Agénosomes*, dont le nom indique suffisamment l'atrophie à peu près complète de l'appareil génital; les *Cyllosomes* (κυλλος, boiteux), chez lesquels l'éventration est latérale et a entraîné l'atrophie presque complète du membre pelvien correspondant; les *Schistosomes* (σχιστος, fendu), qui ne présentent comme paroi abdominale antérieure qu'une membrane mince et transparente, souvent rompue pendant la parturition et dont les deux membres inférieurs manquent complètement ou sont représentés par des rudiments. — Chez les autres, la malformation s'étend également au thorax, toute la longueur du tronc présentant une longue éventration ou n'étant revêtue que de membranes minces continues avec la base du cordon ombilical. Ce sont : les *Pleurosomes*, chez lesquels il y a absence de développement de la paroi thoracique, généralement du côté gauche, avec ectromélie du membre thoracique correspondant, mais chez lesquels la hernie viscérale ne va pas jusqu'à entraîner le cœur au dehors; les *Célosomes*, qui ont une forme plus incomplète encore que les précédents, car il y a déplacement herniaire antérieur du cœur.

3° *Monstruosités du crâne et de l'encéphale* (*Tératencéphales*). — Ces monstruosités sont caractérisées par le développement incomplet ou même l'absence des parois de la cavité cranienne et de l'encéphale. On y distingue trois groupes : les *Exencéphaliens*, les *Pseudencéphaliens* et les *Anencéphaliens*.

Les *Exencéphaliens* présentent un développement incomplet de la voûte du crâne. — Chez les uns cette malformation ne s'étend pas à la paroi postérieure du canal vertébral, de sorte que l'encéphale seul est à nu et se trouve hernié en haut et en arrière, comme l'étaient en avant les viscères abdominaux thoraciques des monstres précédents. Tels sont : les *Notencéphales* (νωτος, dos), chez lesquels le crâne est ouvert dans sa portion occipitale en même temps que le cerveau, hernié et frappé d'hydrocéphalie, forme une tumeur plus ou moins volumineuse au niveau de la nuque; les *Proencéphales*, dont le crâne est ouvert dans la région frontale, avec déplacement herniaire antérieur du cerveau; les *Podencéphales* (πους, ποδος, pied, pédicule), dont le crâne présente, dans la région fronto-pariétale, un orifice par lequel sort le cerveau, qui, revêtu d'une enveloppe cutanée plus ou moins complète, forme une large masse sphérique rattachée à la tête par un pédicule relativement étroit; les *Hyperencéphales*, chez lesquels manque presque complètement toute la voûte cranienne, de sorte que le cerveau se montre à l'extérieur sous forme d'une tumeur non pédiculée, placée au-dessus et un peu en arrière de la tête. — Chez les autres, outre la malformation du crâne, le canal rachidien est ouvert dans la totalité ou la plus grande partie de son étendue. Tels sont : les *Iniencéphales* (ινίον, occiput), qui sont des Notencéphales (crâne ouvert dans la région occipitale) compliqués de fissure spinale, et par conséquent présentent sur le dos une tumeur formée par une partie plus ou moins considérable de la masse cérébrale; et les *Exencéphales*, terme le plus accentué de l'exencéphalie, car ce sont des hyperencéphales chez lesquels manque en outre la paroi postérieure du canal vertébral et dont le cerveau, vu l'aplatissement de la région cranienne, est rejeté derrière la tête, sur le dos.

Les *Pseudencéphaliens* (ψευδης, faux) présentent un développement incomplet non seulement de la voûte du crâne, mais encore de la masse encéphalique, qui n'est plus représentée que par quelques vestiges d'un tissu très vasculaire (pie-mère). Comme pour les précédents, la monstruosité encéphalique peut être ou non compliquée de fissure spinale. — Les Pseudencéphaliens sans fissure spinale sont : les *Nosencéphales* (νοσος, maladie) et les *Thlipsencéphales* (θλιψις, écrasement), qui présentent semblablement un encéphale remplacé par une tumeur vasculaire; mais chez les premiers le crâne n'est ouvert que dans la région fronto-pariétale, tandis que dans les seconds cette ouverture s'étend jusqu'à la région occipitale et que la tumeur vasculaire descend un peu au delà de la nuque, donnant à la tête l'aspect qui résulterait d'un écrasement des parties encéphaliques. — Les Pseudencéphaliens avec canal vertébral ouvert forment les *Pseudencéphales* proprement dits, chez lesquels la moelle épinière elle-même a disparu parfois d'une manière si complète qu'elle n'est même plus représentée par une tumeur vasculaire.

Les *Anencéphaliens* sont caractérisés par l'absence complète de la voûte cranienne et de l'encéphale, qui n'est même plus représenté par une tumeur vasculaire; ici encore, selon que la moelle épinière et le canal rachidien sont plus ou moins atteints, on a : les *Dérencéphales* (δερη, col), dont le canal rachidien est ouvert dans la région cervicale seulement et dont la partie correspondante de la moelle a disparu ou est représentée par une poche pleine de sérosité, tandis que la partie inférieure de la moelle épinière est à peu près normale; et les *Anencéphales*, qui n'ont ni encéphale, ni moelle épinière, et dont le crâne et le canal rachidien sont largement ouverts.

4° *Monstruosités de la face* (*Tératocéphales*). — Ces monstruosités sont dues à une atrophie ou non-formation des parties médianes de la face, de sorte que les parties latérales se rejoignent et se soudent plus ou moins sur la ligne médiane. Dans un premier groupe c'est surtout la partie supérieure de la face qui est atteinte et ce sont les deux yeux qui se rejoignent sur la ligne médiane, d'où le nom de *Cyclocéphaliens*; dans un second groupe l'atrophie s'étend et s'accentue à la partie inférieure de la face et du crâne, la mâchoire inférieure est plus ou moins absente et les deux oreilles arrivent au contact ou à la fusion sur la ligne médiane, d'où le nom d'*Otocéphaliens*.

Les *Cyclocéphaliens* sont classés d'après le degré de rapprochement ou de fusion des deux appareils oculaires. — S'il y a deux fosses orbitaires distinctes, mais très rapprochées, on a les *Ethmocéphales* (ηθμος, os ethmoïde), présentant deux yeux très rapprochés, mais distincts, et un appareil nasal atrophié, apparent à l'extérieur sous la forme d'une trompe au-dessus des orbites; et les *Cébocéphales* (κηβος, singe), présentant deux yeux plus rapprochés encore et cependant distincts, mais un appareil nasal plus atrophié ne dessinant aucune saillie, d'où une certaine ressemblance avec la physionomie des singes cébiens. — S'il n'y a qu'une seule fosse orbitaire, on a des monstres qui tous présentent deux yeux contigus ou un œil double, et qui sont dits *Rhinocéphales* lorsque l'appareil nasal forme une trompe, *Cyclocéphales* lorsque l'appareil nasal, plus atrophié encore, ne forme pas de saillie, et enfin *Stomocéphales* lorsque aux vices précédents de conformation s'ajoute un état rudimentaire des mâchoires et que les téguments correspondants, moins atrophiés que les parties osseuses, forment à la place de la bouche une tubérosité ou caroncule, parfois prolongée en trompe.

Les *Otocéphaliens* sont tous frappés d'une atrophie de la portion inférieure de la face, de telle sorte que les deux oreilles sont réunies ou rapprochées sous la tête; mais ces malformations s'étendent plus ou moins aux parties supérieures. — Dans un premier groupe les deux yeux sont bien séparés et on a les *Sphénocéphales* (remarquables par la configuration du *sphénoïde*), qui ont bouche et mâchoires distinctes, avec les deux oreilles réunies ou rapprochées sous la tête. — Dans un second groupe, les deux yeux sont accolés ou fusionnés dans une seule cavité orbitaire et l'on a : les *Otocéphales*, quand la bouche est distincte, sans production de trompe nasale au-dessus des yeux; les *Édocéphales* (αἰδοῖον, parties sexuelles), quand il n'y a pas de bouche distincte, et qu'il y a une trompe nasale dont l'aspect rappelle grossièrement un pénis, et les *Opocéphales* (ωπος, œil), quand il n'y a ni bouche, ni rudiment nasal, les parties oculaires étant seules visibles à la face. — Enfin, dans un troisième groupe, on ne trouve plus trace des yeux, et on a les *triocéphales*, chez lesquels trois des principaux appareils céphaliques (buccal, nasal, oculaire) se trouvent manquer à la fois, la tête étant réduite à un petit renflement sphéroïdal qui présente, à sa jonction avec le cou, une fente auriculaire, terminée à droite et à gauche par les conques.

B) **Monstres composés (monstres doubles)**. — Les monstres composés peuvent être formés par la fusion de deux, ou trois, ou même d'un plus grand nombre de sujets; mais les *monstres doubles* sont seuls assez nombreux et assez bien connus pour être l'objet d'une classification. C'est certainement cette partie de la nomenclature de Geoffroy Saint-Hilaire qui est la plus remarquable, et dont les subdivisions se trouvent aujourd'hui le mieux confirmées par les notions nouvelles de tératogénie. Il divise les monstres doubles en deux grands groupes, d'après les mêmes considérations et en partie avec les mêmes termes que pour les monstres simples, savoir : les monstres doubles *autositaires*, composés de deux individus sensiblement égaux en développement; les monstres doubles *parasitaires*, où les deux sujets sont très inégaux, de sorte que le plus petit, le plus incomplet, analogue à un omphalosite ou un parasite, se nourrit aux dépens du plus grand auquel il est soudé. Nous devons faire remarquer dès maintenant que, de par les progrès de la tératologie, ce que Geoffroy Saint-Hilaire considérait comme une analogie entre les monstres doubles parasitaires et les monstres simples parasites (Omphalosites) doit être aujourd'hui considéré comme une identité. En étudiant les conditions de la diplogénèse, nous verrons que deux embryons provenant d'un seul ovule peuvent ne pas se souder quant à leur corps, mais demeurer en connexion par leurs annexes, de sorte que si l'un des sujets se développe normalement tandis que l'autre ne se forme que d'une manière incomplète, ce dernier vivra en parasite aux dépens du premier;

or, telles sont précisément les conditions d'existence des Omphalosites décrits par Geoffroy Saint-Hilaire, lesquels sont toujours expulsés de l'utérus en même temps qu'un frère jumeau bien conformé. Nous reviendrons sur cette question très importante dans la théorie de la diplogénèse. Pour le moment, nous nous en tiendrons à la classification de Goeffroy Saint-Hilaire, mais en notant combien sa nomenclature même rend facile ce rapprochement entre les monstres unitaires parasites et les monstres doubles parasitaires.

a) *Monstres doubles autoritaires.* — Comme pour les monstres unitaires autosites, Geoffroy Saint-Hilaire établit ici de grandes divisions, dont chacune comporte d'ordinaire, pour la nomenclature, un même radical comme terminaison des noms. Dans la première division les deux sujets composants sont chacun complets et soudés l'un à l'autre par une seule région des corps, région dans laquelle même on peut retrouver les éléments complets ou presque complets de chaque sujet; ces monstres doubles portent un nom terminé en *page* (παγεις, uni); nous les désignerons sous le nom de *Tératopages*. Dans la seconde division, les deux sujets composant sont séparés et bien distincts dans leurs parties inférieures, mais soudés ou même confondus dans une étendue variable, en allant de la tête à l'ombilic; ils portent un nom qui, pour le plus grand nombre, se termine en *adelphe* (αδελφος, frère), et nous les nommerons *Tératadelphes*. Enfin, dans la troisième division, la soudure est précisément inverse, c'est-à-dire que les extrémités céphaliques des deux sujets sont distinctes et séparées, la soudure ou fusion portant sur l'extrémité inférieure du tronc, dans une étendue plus ou moins considérable en allant de bas en haut; leur nom se termine pour tous les types en *dyme* (δυμος, double), et nous les nommerons *Tératodymes*.

Les *monstres tératopages* comprennent deux groupes, selon les dispositions de l'ombilic. — 1° les *Eusomphaliens* (ευ, bien; ομφαλος, ombilic), où chacun des sujets a son ombilic propre et son cordon ombilical. Si l'union a lieu au-dessous de l'ombilic, on a les *Pygopages* (πυγη, fesses), qui sont réunis dans la région fessière. Si l'union a lieu au-dessus de l'ombilic, on a, selon les lieux de soudure : les *Métopages* (μετωπον, front), qui sont unis front à front, et les *Céphalopages* (κεφαλη, tête), qui sont unis par le sommet de leurs têtes, mais de façon que le front de l'un est soudé à l'occiput de l'autre, et réciproquement. — 2° les *Monomphaliens*, où il n'y a qu'un seul ombilic, et par suite qu'un seul cordon ombilical commun. Si l'union s'étend de l'ombilic vers les parties inférieures du tronc, on a les *Ischiopages*, qui représentent deux sujets à réunion pelvienne, placés bout à bout, dans une position similaire, c'est-à-dire la face tournée du même côté.

Fig. 2.
Monstre double sternopage.

Si l'union s'étend de l'ombilic vers les parties supérieures du tronc, on a successivement, selon l'étendue de cette soudure : les *Xiphopages* (ξιφος, appendice xiphoïde du sternum), où la réunion a lieu de l'extrémité inférieure du sternum à l'ombilic; les *Sternopages*, où la réunion a lieu face à face sur toute l'étendue des sternums fig. 2); les *Ectopages* (εκτος, dehors, de côté), où la réunion a lieu latéralement sur toute l'étendue du thorax (fig. 3, en A et B); et enfin les *Hémipages*, qui diffèrent des précèdents en ce que l'union s'étend du thorax jusqu'au cou et aux deux mâchoires, les deux bouches pouvant être confondues en une seule et même cavité (fig. 3, en C).

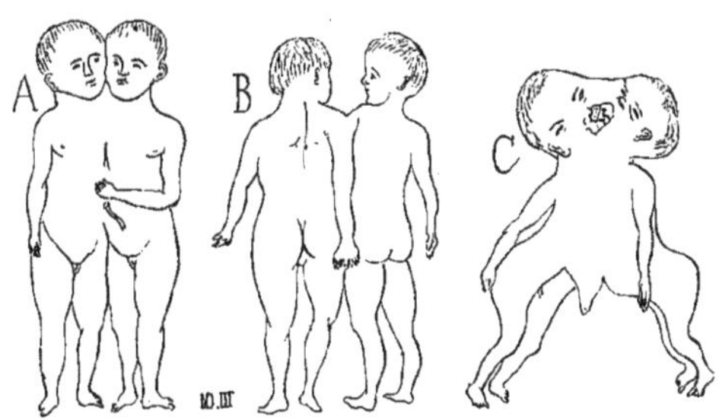

Fig. 3. — Tératopages.
En A et B, Ectopages vus de face et de dos.
En C, Hémipages.

Les *monstres tératadelphes* comprennent deux groupes, selon le degré de fusion des deux têtes, et selon que la soudure s'étend plus ou moins sur les deux troncs. — 1° Les *Sycéphaliens* sont formés de deux têtes très intimement fusionnées, et de deux corps unis seulement au-dessus de l'ombilic. Pour ces Sycéphaliens, Isid. Geoffroy Saint-Hilaire n'a pu conserver la désinence en *adelphe*, et les nomme *Janiceps* (*Janus*, type fabuleux à double visage), lorsque les deux têtes sont fusionnées par la région occipitale, de manière que la double tête présente deux faces ou visages directement opposés (fig. 4); *Iniope* (ινιον, occiput; ωψ, œil, visage), lorsque la fusion céphalique est telle que la tête résultante n'est qu'incomplètement double, ayant d'un côté une face complète, et du côté opposé une face incomplète représentée seulement par un œil, au-dessous duquel sont soit deux oreilles très rapprochées, soit une seule oreille médiane (fig. 5); enfin *Synote* (συν, indiquant soudure, et ωτος, oreille), lorsque la face incomplète n'est plus représentée que par une oreille médiane. — 2° Les *Monocéphaliens* ne présentent, d'après les apparences extérieures, qu'une seule tête, dans laquelle l'analyse anatomique peut seule révéler des traces de duplicité. Si les troncs sont séparés dans la région pelvienne, on a les *Déradelphes* (δερη, col), dont la duplicité ne commence que dans la région cervicale, et les *Thoradelphes*, dont les deux thorax paraissent confondus en un seul, de sorte qu'il n'y a que deux, et non quatre membres thoraciques. Si les troncs sont

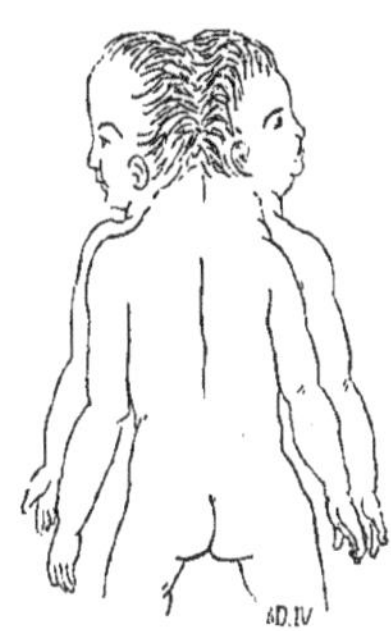

Fig. 4. — Janiceps.

réunis dans toute leur étendue, jusqu'au bassin, on a les *Synadelphes*.

En parcourant cette partie de la classification de Geoffroy Saint-Hilaire, on ne peut s'empêcher de faire un rapprochement entre les Céphalopages et Métopages d'une part, et les Sycéphaliens d'autre part. Dans l'un et l'autre cas il y a fusion par les têtes, et l'on est amené à se demander si les Céphalopages et Métopages, où l'union des deux têtes ne se fait que sur une étendue relativement faible, ne seraient pas un premier degré de la *sycéphalie*, c'est-à-dire le commencement d'une série qui se continuerait par des types où l'union devient plus étendue, plus intime (Janiceps, Iniope) pour aboutir finalement à une fusion complète des deux têtes en une seule (Monocéphaliens). Nous verrons qu'il en est en effet ainsi d'après nos connaissances actuelles sur les conditions de soudure dans les cas de diplogénèse. Mais si l'ordre d'enchaînement des types ne peut pas être conservé tel que l'a établi Geoffroy Saint-Hilaire, les dénominations qu'il a données à ces types peuvent et doivent persister. C'est pourquoi il nous était indispensable d'exposer sa nomenclature.

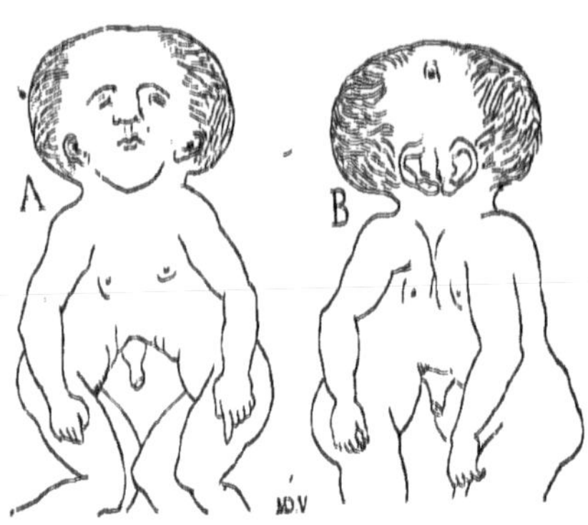

Fig. 5. — Iniope.
En A, vu du côté de la face complète. — En B, vu du côté de la face représentée par un œil médian.

Les monstres *tératodymes*, qui sont l'inverse des précédents, puisque ici les extrémités céphaliques restent indépendantes, tandis que la soudure ou la fusion porte essentiellement sur l'extrémité pelvienne du tronc, et que, par suite, il n'y a toujours que deux membres inférieurs, comprennent deux groupes, selon que la fusion s'étend plus ou moins de bas en haut, sur les troncs.

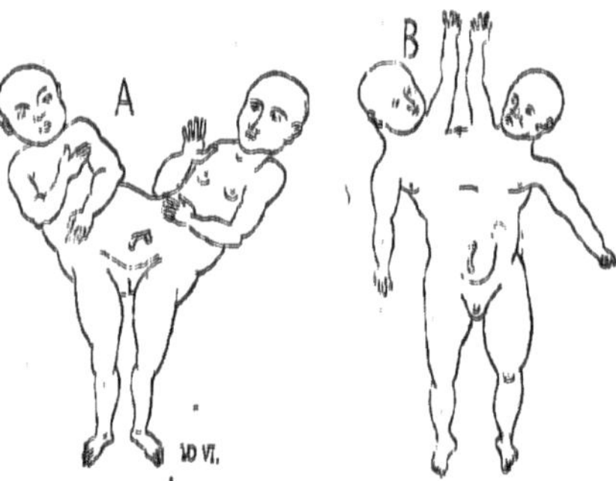

Fig. 6. — Psodyme (A), et Xiphodyme (B).

1° Les *Sysomiens*, qui laissent toujours reconnaître, au simple examen extérieur, la présence de deux troncs dans le tronc complexe que supportent deux membres inférieurs, et parmi lesquels on y distingue : les *Psodymes* (ψοα, région lombaire du corps), dont les deux corps sont distincts à partir de la région lombaire (fig. 6, en A); les *Xiphodymes*, dont les deux corps ne sont distincts qu'à partir de la région supérieure du thorax (fig. 6, en B); et enfin les *Dérodymes* (fig. 7, en A), chez lesquels la division ne devient apparente qu'au cou, de façon à ne présenter qu'une seule poitrine, avec seulement deux membres thoraciques. — 2° Les *Monosomiens*, qui ne présentent extérieurement qu'un corps unique, dans lequel l'analyse anatomique peut seule révéler des traces de duplicité. Selon le degré de fusion des deux têtes que porte un col unique, on a : les *Atlodymes*, chez lesquels deux têtes séparées, mais contiguës, sont portées par un col unique, la première vertèbre cervicale, l'atlas, étant seule double ou formée de deux vertèbres en partie fusionnées; les *Iniodymes*, chez lesquels les deux têtes sont unies par leurs parties postéro-latérales (dans la région occipitale, et plus ou moins dans la région temporale), avec deux visages bien distincts, presque contigus, sur la ligne de séparation desquels on voit deux oreilles plus ou moins confondues en une seule (fig. 7, en B); et enfin les *Opodymes*, chez lesquels la fusion est plus accentuée encore, de sorte que les deux visages sont soudés, les deux yeux médians étant contenus dans une cavité orbitaire commune.

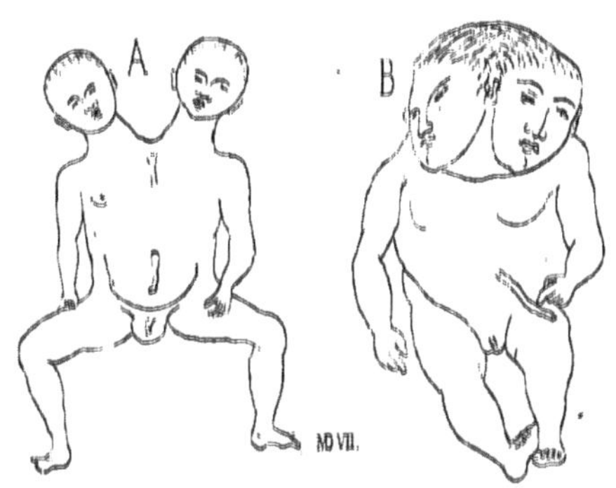

Fig. 7. — Dérodyme (A), et Iniodyme (B).

b) *Monstres doubles parasitaires*. — Ils sont classés en plusieurs groupes, selon le degré de réduction du sujet parasite, et selon la région du sujet complet sur laquelle il s'insère : 1° chez les *Hétérotypiens*, les deux sujets sont disposés selon les différents types que présentent les monstres doubles autositaires, mais l'un des deux, le parasite, est bien moins développé que l'autre, c'est-à-dire qu'on a ainsi : les *Hétéropages*, où le sujet accessoire, très petit, mais encore pourvu d'une tête et de membres distincts, est implanté sur la face antérieure du sujet principal; les *Hétéradelphes*, où le sujet accessoire est réduit à un tronc, sans tête, mais pourvu de membres, et implanté sur la face antérieure du corps du sujet principal; et enfin les *Hétérodymes*, où le sujet accessoire est réduit à une tête imparfaite, portée par l'intermédiaire d'un col et d'un thorax très rudimentaire sur la face antérieure du corps du sujet principal; 2° chez les *Hétéraliens* (ετερος, autre; ἁλοη, place) le parasite, très incomplet, réduit à une seule région, est remarquable par le lieu de son insertion, qui est très éloigné de la région ombilicale; tels sont les *Épicomes* (επι, sur; κομη, chevelure), où le parasite est représenté par une tête accessoire, plus ou moins bien conformée, insérée par son sommet sur le sommet de la tête principale; 3° chez les *Polygnathiens* (πολυς, plusieurs; γναθος, mâchoire), le sujet parasite est réduit à des mâchoires et à quelques autres parties céphaliques attachées aux mâchoires du sujet principal, qui a l'apparence d'un individu normal à développement surnuméraire de mâchoires, et l'on trouve ainsi : les *Épignathes*, où une tête accessoire, très incomplète, est attachée au palais de la tête principale; les *Hypognathes*, la tête accessoire, rudimentaire, étant attachée à la mâchoire inférieure de la tête principale; et enfin les *Augnathes* (αυ, qui indique la répétition), la tête accessoire étant réduite à une mâchoire inférieure attachée à celle de la tête principale; 4° chez les *Polyméliens*, le parasite est réduit à un ou plusieurs membres insérés directement sur le sujet principal, lequel semble ainsi pourvu de membres surnuméraires, et l'on trouve, selon le lieu d'insertion : les *Pygomèles*, dans les cas où un ou deux membres accessoires sont attachés derrière ou entre les membres postérieurs d'un sujet normal; les *Gastromèles*, si l'insertion a lieu sur l'abdomen; les *Notomèles*, si elle a lieu sur le dos; les *Céphalomèles*, si elle se fait sur la tête; et les *Mélomèles*, quand un ou deux membres accessoires sont insérés par leur base sur les membres principaux; 5° enfin un dernier groupe comprend des monstres chez lesquels la duplicité ne se révèle pas directement à l'extérieur, le sujet parasite étant inclus dans le sujet principal, d'où le nom d'*Endocymiens* (ενδον, dedans; κυμα, fœtus) ou monstres par inclusion, et l'on distingue les cas d'*inclusion sous-cutanée* et ceux d'*inclusion abdominale*; dans cette dernière catégorie rentrent les *kystes dermoïdes de l'ovaire*, sur lesquels les recherches récentes d'embryologie et de fécondation artificielle nous ont révélé de précieuses données tératologiques que nous exposerons plus loin.

II

THÉORIES TÉRATOGÉNIQUES — TÉRATOGÉNIE EXPÉRIMENTALE

Anciennes idées sur les monstres. — Période scientifique de la tératologie. — Tératogénie; arrêts de développement. — Tératogénie expérimentale; travaux de Dareste. — Du déterminisme en tératogénie. — Accidents de la fécondation (polyspermie et monstres doubles). — Développement parthénogénique (kystes dermoïdes embryonnés de l'ovaire).

Après avoir délimité le domaine de la tératologie, après en avoir pris possession par un rapide exposé de sa nomenclature, nous devons étudier l'étiologie, le mécanisme de la production des monstres, c'est-à-dire la *tératogénie*. C'est en abordant cette question par quelques considérations historiques que nous comprendrons bien les progrès considérables et tous relativement récents qu'a faits la tératogénie, et que nous saisirons l'importance des recherches actuelles de tératogénie expérimentale, recherches dont nous exposerons méthodiquement les résultats dans le chapitre suivant. Dans ce rapide coup d'œil sur l'histoire de la tératologie et des théories tératogéniques, nous ne saurions nous arrêter à indiquer, autrement que par un mot qui les rappelle, les divers préjugés populaires, qui cependant ont été adoptés, à certaines époques, même par les esprits les plus éminents. Que la naissance d'un monstre ait été considérée comme un fait hors nature, comme une manifestation de colère et de menace de la divinité, cela est tout au plus nécessaire à rappeler pour indiquer l'étymologie qu'on s'accorde à donner au mot *monstre*, *Monstra*, *Ostenta*, *Portenta*, *Prodigia appelantur*, *quoniam monstrant*, *ostendunt*, *portentunt*, *prœdicant*, disait Cicéron. Que d'autres aient attribué l'origine des monstres à l'accouplement entre espèces différentes, et que, même au XVIIe siècle, des femmes, qui avaient mis au jour des enfants monstrueux, aient été brûlées pour le crime supposé de bestialité, c'est un ordre de faits qui méritent d'être rappelés seulement pour montrer combien, en dehors des notions scientifiques, l'esprit humain devait s'égarer dans l'interprétation des malformations telles que la face des monstres cyclopes, la trompe des rhinocéphales, la tête des anencéphales, etc. De vagues ressemblances, par un examen superficiel, pouvaient faire penser à un assemblage de parties empruntées à des espèces différentes, alors que l'union de l'âne et de la jument prouvait la possibilité de la naissance d'hybrides. Et, en effet, nous aurons à examiner quelle part la tératogénie peut faire aujourd'hui à l'hybridité [1].

C'est également à l'interprétation de vagues ressemblances qu'il faut rattacher la théorie de l'influence de l'imagination maternelle vivement frappée par un objet. Descartes dit bien « qu'il ne serait pas difficile de démontrer de quelle manière la figure d'un objet donné est parfois transmise par les artères d'une femme jusqu'à un membre quelconque du fœtus, et y imprime les taches connues sous le nom d'envies, qui font l'étonnement des savants ». Mais Descartes a oublié de nous donner cette démonstration. I. Geoffroy Saint-Hilaire a cru devoir discuter les prétendus cas résultant de ce que la vue ou même la pensée d'une femme enceinte s'est arrêtée sur un objet, surtout si cet objet lui inspire du dégoût, et, bien plus encore, s'il est vivement désiré. Nous n'en parlerions même pas si cette question n'avait été l'objet, à une date toute récente, d'une intéressante discussion à la Société de chirurgie (29 octobre 1884), lors de la présentation d'un sujet dont les mains et les pieds étaient figurés en pince de homard (cas de syndactylie, compliqué d'ectrodactylie). Berger, qui présentait ce cas, pour lequel on invoquait l'influence de l'imagination de la mère vivement frappée par la vue d'une main gravement brûlée, penchait à croire qu'il ne faut pas

(1) Pour cette période fabuleuse et l'histoire anecdotique des monstres, voy. E. MARTIN, *Histoire des monstres depuis l'antiquité jusqu'à nos jours.* Paris, 1880.

traiter avec trop de dédain ces interprétations, et il rappelait le cas analogue, rapporté par Morel Lavallée, d'une femme que son mari avait vivement effrayée en lui présentant brusquement une écrevisse (elle n'en avait jamais vu jusque-là) et qui mit au monde un enfant affecté d'une syndactylie affectant la forme de pince d'écrevisse. Guéniot, Championnière, Trélat, combattirent ces interprétations, en faisant fort justement remarquer que, vu le développement précoce des parties embryonnaires, c'est avant la cinquième semaine qu'un trouble moral devrait agir pour produire une perturbation tératogénique, et que ces frayeurs, prétendues causes déterminantes des monstres, n'ont jamais été signalées que quand la grossesse est confirmée, c'est-à-dire après le deuxième mois, et le plus souvent à six et sept mois seulement. Pour en finir dès maintenant avec cette question, et n'avoir plus à y revenir en traitant de l'influence tératogénique des causes extérieures, disons qu'il faut à cet égard distinguer deux questions. La première est celle de savoir si une impression déterminée peut produire une monstruosité déterminée, c'est-à-dire un rapport défini de forme entre le monstre et l'impression; à cet égard tout autorise à répondre par la négative. Darwin (*Variations des animaux et des plantes*, t. I, p. 280) rapporte que, pendant une longue période d'années, dans une des grandes maternités de Londres, on interrogea chaque femme, avant ses couches, sur les impressions qui avaient pu la frapper vivement au cours de sa grossesse; la réponse ayant été inscrite, ne se trouva jamais avoir la moindre coïncidence avec le cas d'anomalie que put présenter le nouveau-né; mais alors, après avoir eu connaissance de cette anomalie, la femme prétendit souvent retrouver dans ses souvenirs une impression en rapport avec elle. Comme si en effet il n'était pas toujours possible de trouver, après coup, dans les souvenirs des impressions de tous les jours, une impression facilement accommodable aux besoins de la cause [1]. La seconde question est de savoir si des impressions morales vives ne peuvent pas amener des contractions spasmodiques de la musculature utérine, d'où compressions anormales et irrégulières de l'embryon, et par suite arrêt de développement de certaines parties du fœtus, et même fractures ou amputation des membres, exactement comme le produisent les brides amniotiques, comme dans les cas que nous aurons plus loin à analyser, et peut-être même par l'intervention de brides amniotiques, puisque la musculature utérine doit vraisemblablement agir d'abord par ses contractions sur l'enveloppe amniotique, et par celle-ci seulement sur le fœtus. Alors nous apparaissent comme très explicables les faits divers rapportés par Geoffroy Saint-Hilaire de femmes qui, frappées d'une frayeur intense, ont donné consécutivement naissance à des anencéphales (Dareste nous apprend que, lorsque les œufs de la poule ne sont pas retournés pendant l'incubation, il arrive que l'embryon se colle et se comprime contre la

(1) Voy. aussi : Pietrement, La reproduction des couleurs animales chez les anciens; les agneaux de Jacob et de Laban; le bœuf Apis. *Bull. de la Société d'anthrop. de Paris*, 20 janvier 1890. 4e série, t. I, p. 20.

coquille, et cette compression détermine particulièrement les anomalies de la tête qui constituent les exencéphalies); et de même les cas où une femme grosse, ayant assisté à l'exécution d'un criminel, par le supplice de la roue, et ayant été horriblement troublée par ce spectacle, a donné naissance à un enfant dont les membres étaient brisés; mais où l'invraisemblance est évidente, c'est quand les auteurs de ces récits ajoutent que ces fractures de l'enfant se trouvent produites aux mêmes points que chez le supplicié ; ce n'est pas l'imagination de la mère, mais celle du narrateur qui intervient ici.

Comme première tentative d'explication scientifique, nous ne saurions passer sous silence celle de Morgagni (1711), qui attribuait les monstruosités à des maladies du fœtus; Morgagni n'avait guère comme exemple à fournir que l'anencéphalie ou les divers modes de pseudencéphalie et d'exencéphalie; il les attribuait à une hydrocéphalie. C'est une semblable théorie qu'ont reprise plus récemment Jules Guérin et Delplanque, ainsi que nous l'avons vu précédemment. Pour ce qui est de l'exencéphalie et de la pseudencéphalie, il est certain que, dans tous ces cas, il y a accumulation du liquide dans les cavités cérébrales; mais cette hydropisie cérébrale est-elle cause ou conséquence du développement incomplet des parois des vésicules cérébrales? La question a été longtemps discutée, et elle est aujourd'hui résolue par Dareste, qui a vu l'arrêt de développement être le fait primitif, c'est-à-dire qui a été ainsi amené à interpréter la malformation précisément en sens opposé à Morgagni et à renverser ainsi la *théorie pathologique*, puisque celle-ci ne s'adressait qu'à ce seul cas.

Dans un domaine aussi vaste et aussi varié que la tératologie, toute tentative d'interprétation scientifique générale devait être précédée d'une classification permettant de saisir, en un coup d'œil d'ensemble, les rapports des formes. Nous avons dit précédemment comment ce travail de nomenclature, commencé avec Buffon, avait été poursuivi par Étienne Geoffroy Saint-Hilaire, et réellement terminé par son fils, Isidore Geoffroy Saint-Hilaire. La classification que nous avons résumée n'a pour objet que les Vertébrés, et, dans cet embranchement, elle ne comprend que les monstres achevés, c'est-à-dire arrivés aux derniers termes du développement; elle ne comprend pas les monstruosités qui, se produisant dès les premières phases de l'évolution embryonnaire, sont telles que cette évolution s'arrête et que le sujet périt dans l'œuf; ces formes ne devaient être accessibles qu'à la tératogénie expérimentale. Mais dans les limites qui lui étaient imposées par l'état de la science à son époque, I. Geoffroy Saint-Hilaire a dressé une liste si complète, et a si bien formé ses catégories en déterminant les rapports des formes anormales avec les formes normales, qu'on peut dire qu'il a prévu tous les événements tératologiques possibles, de sorte qu'il a pu lui-même annoncer que la découverte d'un type tératologique nouveau serait extrêmement rare; prédiction qui s'est réalisée en effet.

En même temps que la tératologie se constituait ainsi à l'état de science descriptive, l'évolution normale de l'embryon était étudiée. La vieille doctrine de la préexistence des germes avait longtemps rendu vaine toute idée de recherche embryologique. Chose singulière, c'est à propos de la tératologie même que cette doctrine arriva à des exagérations qui la condamnaient désormais. En 1724, Lémery, présentant à l'Académie des sciences une étude sur un monstre double dérodyme, arriva à cette conclusion que ce monstre résulterait de la soudure accidentelle de deux sujets primitivement bien conformés. Il fut combattu par Winslow, qui lui objectait la disposition insolite, quoique régulière, des organes, et notamment l'inversion des viscères, où l'ordonnance des parties est la même qu'à l'état normal, mais renversée; qui soutenait que jamais une soudure accidentelle ne pourrait amener de semblables dispositions, et qui en concluait à la monstruosité originelle, à la préexistence de germes monstrueux aussi bien que de germes normaux. Mais la doctrine de la préexistence des germes ne put tenir devant les faits relevés par G.-F. Wolff, le fondateur de l'embryologie (1759), qui montra que les organes de l'embryon ne préexistent pas, se dérobant à la vue par leur infinie petitesse et ne faisant que croître pendant le développement, mais qu'ils se forment réellement, se modelant aux dépens de feuillets blastodermiques qui se plissent, circonscrivent des cavités, émettent des prolongements. Si les organes nouveaux ne préexistent pas, il en doit être de même de leurs formes anormales, lesquelles doivent résulter d'un trouble accidentel.

Alors la tératologie put cesser d'être purement descriptive. Pour aborder l'étude de la *tératogénie*, on dut d'abord se borner à des hypothèses pures, mais réellement scientifiques (*théorie embryologique* des monstres) : étant donnée la connaissance anatomique de la forme monstrueuse et la connaissance du développement normal, on put supposer quelles déviations s'étaient produites dans celle-ci pour aboutir à la monstruosité. Meckel et les Geoffroy Saint-Hilaire furent les plus brillants représentants de cette tératogénie embryologique, et insistèrent plus spécialement sur les résultats des *arrêts de développement* (mécanisme tératogénique qui est encore aujourd'hui considéré comme celui qui intervient le plus fréquemment), mais auquel certains tératologistes, comme Rabaud, veulent enlever de l'importance. C'est ainsi que pour cet auteur, l'omphalocéphalie ne serait point due à des arrêts de développements, mais bien à un excès de croissance du système nerveux céphalique. Sur la cause de ces arrêts de développement ou de ces excès de croissance nous commençons à être éclairés par les expériences de parthénogénèse artificielle et par celles de tératogenèse expérimentale effectuées au moyen de l'action des solutions salines sur les œufs et les embryons. Nous savons maintenant en effet que les cellules, sans être mécaniquement lésées ou excitées, peuvent dégénérer ou s'accroître sous la seule influence d'une modification physico-chimique du milieu où elles vivent.

Dès lors, s'est établi entre la tératologie et l'embryologie normale ce rapport fréquent et suggestif qui existait entre la pathologie et la physiologie. De même que certains troubles pathologiques ont amené la découverte d'une fonction normale, de même certains arrêts du développement ont mis en lumière le processus probable du développement normal : le fait de tératologie observé a été comme une expérience naturelle d'embryologie, de même qu'une observation clinique peut avoir le caractère d'une expérience de physiologiste. C'est ainsi que l'étude du système nerveux des Otocéphales nous a permis de comprendre la direction dans laquelle se développent les nerfs sensitifs (1); chez les Otocéphales, chez lesquels manquent toutes les parties de l'encéphale situées en avant du bulbe, l'absence de la racine bulbaire du trijumeau nous amena à penser que, dans la formation des nerfs sensitifs, et en particulier du trijumeau, c'est le ganglion spinal (le ganglion de Gasser, qui en est l'homologue, dans les cas en question) qui apparaît le premier, et qu'ensuite les racines postérieures ou sensitives se développent en partant du ganglion et se dirigent vers la moelle (ou le bulbe). Ce mode d'origine des racines sensitives, indiqué par le fait tératologique, a ensuite été confirmé par les observations directes.

Mais, dans cet heureux échange entre la tératologie et l'embryologie normale, la tératologie était cependant réduite encore à des hypothèses; elle n'assistait pas à ces arrêts, dont elle supposait si vraisemblablement l'existence; elle ne pouvait rien dire de positif sur l'époque où ils intervenaient, sur les causes qui les déterminaient. Ces nouvelles données ne pouvaient être fournies que par l'expérimentation, qui, changeant les conditions de l'évolution normale, se mettrait en état de produire beaucoup de monstres, de les étudier non pas à l'état achevé, mais au cours même de leur formation, et surprendrait ainsi le processus tératogénique dès son début. Étienne Geoffroy Saint-Hilaire eut l'idée de ces études de tératogénie expérimentale; il commença même quelques recherches dans cette direction. Expérimentant sur des œufs de poule, il plaçait ces œufs dans la couveuse et les laissait se développer normalement pendant un certain temps, ordinairement pendant trois jours; puis il cherchait à agir sur l'embryon par divers procédés; en secouant l'œuf, en le maintenant vertical, en enduisant de vernis une partie de la coquille. Ces tentatives n'eurent pas de résultat, ce que nous concevons facilement aujourd'hui, puisque nous savons que les organes se forment précisément pendant ces trois premiers jours de l'incubation, et que c'est pendant cette toute première période que les causes tératogéniques, du genre de celles mises en jeu par Geoffroy Saint-Hilaire, doivent agir. C'est ce que Dareste a mis en évidence, et c'est réellement à lui qu'est dû le développement de la science tératogénique, science de date toute récente.

Depuis 1855, Dareste s'est consacré à la production artificielle des monstruosités avec une infatigable persévérance, et malgré l'insuffisance

(1) MATHIAS DUVAL, Sur un monstre otocéphale. *Bull. de la Soc. de biol.*, 26 mars 1881, p. 145. — Voy. aussi MATHIAS DUVAL, art. VASO-MOTEURS. *Nouveau Dict. de méd. et de chir. prat.*, p. 418, t. XXXVIII. Paris, 1885.

de ressources et d'installation de laboratoire, insuffisance qu'il déplore à chaque instant dans son traité. Comme E. Geoffroy Saint-Hilaire en avait eu l'idée, Dareste s'est adressé à l'œuf de poule, que l'on peut se procurer en nombre aussi considérable que l'on veut, et dont on peut amener le développement par l'incubation artificielle. La condition essentielle du développement normal de cet œuf étant un degré à peu près fixe de chaleur, il a produit des monstres en soumettant l'œuf à des températures un peu supérieures ou un peu inférieures à ce degré, ou en échauffant inégalement sa surface. La respiration de l'embryon étant une condition indispensable à son évolution, il a troublé cette évolution en modifiant les conditions de la respiration, c'est-à-dire en obturant les pores de la coquille sur une étendue et en des points variables (vernissage des œufs). Enfin il a fait incuber des œufs dans des conditions anormales soit de position (position verticale), soit de mouvement (agitation et vibrations transmises). Il n'a pas attendu que ces œufs éclosent, ou qu'ils aient atteint la date de l'éclosion, l'expérience lui ayant appris que beaucoup de monstres succombent de bonne heure dans l'œuf, et puisque, du reste, c'étaient les premières phases du développement anormal qu'il voulait saisir. Il a ainsi mis en incubation plus de 10000 œufs; il a produit plusieurs milliers de monstres, et, faisant disparaître ainsi, par la multiplicité des observations, l'une des difficultés les plus grandes des recherches tératologiques, la rareté des sujets d'observation, il a pu étudier la plupart des types tératologiques à divers moments de leur évolution. La tératogénie a été ainsi en possession de faits positifs, au lieu des notions entièrement conjecturales provenant de la combinaison des notions de la tératologie avec celles que fournit l'embryologie normale. Enfin, contrairement aux anciennes idées de Wolff et de Meckel, qui pensaient que le germe, avant tout développement, porte déjà en lui la modification tératogénique qui doit faire dévier le développement, Dareste, tout en faisant la part de ce qui revient à l'*hérédité* et à l'*individualité du germe*, a démontré que conformément aux idées de Geoffroy Saint-Hilaire, il était possible de modifier, par l'action de causes physiques extérieures, l'évolution d'un germe fécondé, et qu'en définitive la tératogénie n'est qu'une *embryogénie modifiée*.

Dareste n'a pas été le seul qui ait cherché à provoquer expérimentalement la production des monstres; mais aucun des auteurs qui se sont engagés dans la même voie ne l'a fait d'une manière aussi complète, aussi méthodique, et avec de si riches résultats. Panum (1860), qui s'était aussi adressé à l'œuf des oiseaux (1), avait consigné nombre de faits intéressants : mais quoiqu'il ait expérimentalement modifié les conditions de l'incubation, surtout par des oscillations de la température, il s'est généralement contenté de la méthode d'observation, en étudiant les monstres qu'il rencontrait dans les œufs non éclos. Lereboullet (1855-1864), qui avait

(1) P.-L. Panum, *Untersuchungen uber die Enstehung der Missbildungen in den Eiern der Vögel*. Berlin, 1860.

expérimenté sur les œufs de poisson [1], avait eu particulièrement en vue les monstruosités doubles, relativement communes chez les poissons. Il a examiné l'action que pourraient exercer le froid, la chaleur, l'air confiné, l'eau courante ou stagnante, les actions mécaniques telles que le brossage de l'œuf avec un pinceau; il insiste sur l'inconstance de ces moyens, hésite à attribuer les résultats observés aux manœuvres exercées sur l'œuf, et, dans son septicisme à l'égard de la tératogénie artificielle, il était arrivé à cette conclusion qu'il n'est pas probable que les monstruosités soient occasionnées par les influences que les agents extérieurs ont pu produire sur l'œuf, et que la cause tératogénique pourrait bien être inhérente à la constitution même de l'œuf. Nous verrons plus loin que cette interprétation a été confirmée pour les monstres doubles, mais pour les monstres doubles seulement, lesquels résultent d'accidents survenus à l'époque même de la fécondation. Cependant, comme l'a fait remarquer Chabry, il est extrêmement probable que Lereboullet, par les moyens qu'il a mis en œuvre, a dû certainement déterminer certains monstres aux dépens d'œufs normaux. Si le nombre de ceux qu'il attribue à son intervention est si faible, cela tient sans doute au défaut de ses statistiques dans lesquelles il fait figurer, à côté de cinq ou six monstres, des centaines d'*œufs gâtés*. Ces œufs gâtés devaient contenir des monstres qui n'étaient pas viables, mais qui n'en auraient été que plus intéressants à étudier, et qu'il a rejetés parce qu'il n'était pas en état, vu les moyens d'observation alors en usage, vu l'insuffisance des données sur le développement normal, de distinguer les monstres qui n'avaient pas un développement avancé. D'autre part, Lombardini a expérimenté sur l'œuf des oiseaux et sur celui des batraciens, en soumettant ces œufs, déjà en voie de développement, à l'action des courants de la pile de Bunsen, des courants d'induction et des décharges de la bouteille de Leyde [2]. Un coup d'œil sur le tableau qu'il donne de ses expériences montre qu'il n'a appliqué l'électricité sur des œufs au second jour de l'incubation que douze fois, et a obtenu dans ces conditions un seul embryon mal conformé, tandis que le plus grand nombre de ses expériences a porté sur des œufs au quatrième, cinquième, et même septième et neuvième jour, alors que l'embryon est formé, et, si dans ces dernières conditions il a obtenu des anomalies, on peut, puisque les faits tératologiques ne se produisent que dans les premiers temps de l'incubation, se demander si les monstres qu'il a observés n'auraient pas été produits par des causes tout autres que l'électricité.

Nous verrons plus loin (p. 259, solutions salines) d'autres exemples de production artificielle de monstres par l'emploi d'agents physico-chimiques extérieurs à l'œuf : action des solutions electrolytiques anisotoniques (Loeb, Lillié, Giard, Bataillon, Scott), action du radium (Bohn).

(1) LEREBOULLET, Recherches sur les monstruosités du brochet observées dans l'œuf, et sur leur mode de production. *Ann. des sciences naturelles*, 1863 et 1864.

(2) LUIGI LOMBARDINI, *Intorno alla genesi delle forme organiche irregolari negli uccelli e batrachidi*. Pisa, 1868.

Dans toutes ces tentatives, les expérimentateurs multiplient les occasions de production des monstres; c'est de l'expérimentation en tant qu'observations provoquées, mais cette expérimentation ne comporte aucun déterminisme précis, c'est-à-dire qu'il ne s'agit pas encore de provoquer à volonté tel type monstrueux en plaçant l'œuf dans telle condition précise : « Je suis sûr, dit Dareste, en agissant d'une certaine façon, de produire une monstruosité quelconque; mais je ne puis pas produire une monstruosité déterminée. Et en effet les anomalies peuvent être le résultat des conditions les plus différentes, et il n'y a aucune relation nécessaire entre la cause modificatrice et la nature des modifications produites. Ainsi les températures trop élevées produisent diverses formes monstrueuses, qui sont les mêmes que celles produites par les températures trop basses, quoique cependant l'excès de température ait pour effet général de hâter le développement, le défaut de chaleur au contraire ayant pour effet de le retarder. »

On peut se demander si jamais la tératogénie arrivera à ce degré parfait de science expérimentale caractérisé par un déterminisme exact, c'est-à-dire si jamais elle parviendra à produire, pour ainsi dire sur commande, tel monstre par l'action de telle cause perturbatrice. Comme le fait remarquer Dareste, ces expériences, portant sur l'œuf fécondé, se trouvent en présence de germes qui ont déjà des individualités très diverses, provenant de l'influence maternelle et de l'influence paternelle, et une même cause ne peut produire toujours les mêmes effets que si elle agit sur des organismes identiques. Aussi presque toutes les expériences récentes, entreprises à la suite de Dareste, n'ont-elles pu, en agissant sur l'œuf fécondé, que produire des malformations non déterminables d'avance. Il faut citer particulièrement les nombreuses recherches de Féré [1]. Il a constaté que l'éthérisation de l'œuf avant l'incubation amène un retard du développement et en même temps diverses anomalies, mais que celles-ci n'ont pas de caractère spécifique qui les rattache à la cause qui les a produites; de même pour l'influence de l'alcool, qui se manifeste à la fois par l'importance du retard du développement et par la fréquence des monstruosités; en tous cas, cet effet de l'exposition préalable des œufs aux vapeurs d'alcool est intéressant à rapprocher de la fréquence de la stérilité, des avortements précoces et des monstruosités par arrêt de développement qui se manifestent dans l'espèce humaine sous l'influence de l'alcoolisme. Féré a encore expérimenté, mais sans aboutir à des formes déterminées, en injectant dans l'œuf de poule diverses substances, telles que la morphine, la codéine, le nitrate de plomb, diverses toxines (en particulier la pyocyanine, *Biologie*, 28 avril 1894); en exposant les œufs aux vapeurs de chloroforme; cette chloroformisation préalable a produit divers arrêts de développement, et si l'action des vapeurs anesthésiques a été prolongée (vingt-quatre heures), il en est résulté l'absence com-

[1] CH. FÉRÉ, *Comptes rendus de la Soc. de biol.*, 1893, p. 744, 749, 775, 787, 849, 852, 945, 948; 1894, p. 346, 462, 490.

plète de tout développement; de même avec les vapeurs d'essence d'absinthe.

Peut-être faut-il considérer comme répondant déjà à un véritable déterminisme les expérienees de Louis Blanc sur l'influence de la lumière [1]. En condensant une forte lumière sur certaines régions de l'œuf, cet auteur a constaté que la lumière blanche a une action nuisible sur les cellules blastodermiques, dont elle ralentit, trouble ou empêche la multiplication. Or il a cherché à modifier, par ce procédé, l'évolution locale, dans certains points déterminés du blastoderme. On sait que nous avons contribué à confirmer (Mathias-Duval, *Atlas d'Embryologie*) que l'embryon de la poule est normalement orienté dans l'œuf perpendiculairement au grand axe de celui-ci, et de manière à avoir le gros bout sur son côté gauche, et le petit bout de l'œuf sur son côté droit. Or, en faisant agir localement la lumière, L. Blanc a constaté que celle-ci, appliquée dans certaines conditions, détermine presque sûrement un changement dans la direction de l'axe embryonnaire, et l'orientation nouvelle de l'embryon est telle que, dans la grande majorité des cas, l'extrémité céphalique est dirigée du côté de la source lumineuse. Dans des recherches de contrôle, Féré a également constaté que la lumière blanche est plus favorable au développement que la lumière orange, rouge ou violette, et il conclut d'autre part que la lumière paraît influer sur la direction de l'embryon qui présente des déviations plus fréquentes quand l'œuf est éclairé par le côté où ne doit pas se tourner la tête de l'embryon. Ces résultats, relatifs à l'orientation de l'embryon. sont très précieux, car nous verrons que, dans le mode d'association des deux sujets composant un monstre double, c'est l'orientation des axes, représentés par les lignes primitives, qui joue le rôle essentiel. Or, L. Blanc explique d'une manière très intéresante cette influence sur la direction de la ligne primitive. Cette ligne primitive est le lieu où se produit la plus active prolifération cellulaire; comme la lumière paraît ralentir cette multiplication, il en résulte que si un œuf est éclairé inégalement dans la région cicatriculaire, la zone la plus vivante correspondra aux points obscurs; par conséquent la ligne primitive se constituera dans la partie la plus éloignée de la source lumineuse; on conçoit donc que l'embryon se forme dans une orientation normale, que son extrémité coccygienne se trouve du côté de la région éclairée. Quoique ces résultats aient certainement besoin encore de recherches de contrôle, il n'en sont pas moins très précieux à noter comme exemples de déterminisme expérimental dans les actions des conditions physiques extérieures sur le développement de l'embryon.

Un déterminisme plus précis encore a été réalisé dans les expériences de H. Fol et Warynski; mais il est vrai de dire que ces expériences ont eu le plus souvent le caractère de véritables opérations chirurgicales

(1) Louis Blanc, Sur l'influence de la lumière sur l'orientation de l'embryon, etc. *Bull. de la Soc. de biol.*, 1893, p. 774 et 869. — Féré, *Ibid.*, 1893, p. 744.

embryologiques, et qu'il n'est pas étonnant de voir se produire par exemple un monstre acéphale alors qu'on a ouvert l'œuf et provoqué directement des lésions de l'extrémité céphalique de l'embryon à l'aide d'un scalpel ou d'un thermocautère [1]. En effet, ces auteurs opèrent en pratiquant, sur un point de l'équateur de la coquille, une petite fenêtre par laquelle ils produisent sur l'embryon des brûlures avec un thermocautère, ou des compressions localisées; en remettant l'œuf dans la couveuse, ils le tournent de façon que la fenêtre de la coquille soit de côté et que l'embryon corresponde à une partie intacte. Ils ont ainsi amené des monstruosités qu'ils pouvaient prédire à l'avance, telles que l'anencéphalie, l'hétérotaxie. Du reste ils ne se font pas illusion sur les profondes différences qui doivent exister entre les mécanismes tératogéniques naturels et ces procédés traumatiques; mais toujours est-il que ces derniers peuvent servir à éclairer les premiers. « Il reste à chercher, disent-ils, quels sont les phénomènes dont les effets sont identiques à ceux du thermocautère ou de la lame du scalpel, tels que l'inflammation, l'embolie des vaisseaux, l'arrêt de nutrition, la mort des tissus, etc. »

C'est par des procédés analogues que Chabry, dans des expériences d'une admirable finesse, est parvenu à troubler profondément le développement de l'embryon, en agissant à l'époque des toutes premières phases, à l'époque de la segmentation. Il s'est adressé aux œufs d'Ascidies [2], et est parvenu à détruire, par piqûre, une ou plusieurs des cellules de l'œuf en segmentation. Il a ainsi produit des monstres que la tératologie n'avait pas encore enregistrés, mais qu'elle devait considérer *à priori* comme possibles. En effet, en détruisant par exemple l'un des segments, à l'époque où l'ovule n'est encore divisé qu'en deux cellules, il a vu le segment resté seul intact continuer à subir les phases de la multiplication cellulaire, mais ne donner naissance qu'à une moitié d'individu, à la moitié qu'il doit former dans le développement normal. Il a ainsi produit des *monstres fractions d'individus*, sur les diverses formes desquels nous reviendrons plus loin.

Mais les connaissances de tératogénie ne peuvent avoir de bases plus solides que les notions d'embryologie, et, si ingénieuses que soient les expériences sur la production des monstres, elles seront toujours dépassées par toute découverte nouvelle sur les processus de développement normal. C'est ce qui apparaît avec une évidence éclatante par le fait de la découverte des actes intimes de la fécondation. La pénétration du spermatozoïde dans l'ovule, la fusion de son extrémité céphalique, ou pronucléus mâle, avec le pronucléus femelle, c'est-à-dire avec ce qui reste de la vésicule germinative ou noyau de l'œuf, après l'expulsion des

(1) H. Fol et Varynski, Recherches expérimentales sur la cause de quelques monstruosités simples et de divers processus embryogéniques. *Revue méd. de la Suisse romande*, 1883. — Sur l'inversion viscérale artificielle chez l'embryon de poulet. In *Arch. des Sc. phys. et nat.* Genève, 1884. — Sur la méthode en tératogénie. *Recueil zool. suisse*, 1885. — Varynski, Sur la production artificielle des monstres à cœur double chez les poulets. *Thèse de Genève*, 1886.

(2) L. Chabry, *Embryologie normale et tératologie des Ascidies*, 1887.

globules polaires, tous ces phénomènes essentiels de la fécondation ont été découverts simultanément et d'une manière indépendante par H. Fol, Hertwig et Selenka, et aussitôt la notion de ces processus normaux a été suivie de connaissances fondamentales sur le mode de production d'une catégorie de monstres restés jusque-là problématiques, les monstres formés de la confluence d'un ou plusieurs embryons, les monstres doubles en particulier. On peut dire que cette partie de la tératogénie, qui était la plus obscure hier, est aujourd'hui la plus complètement élucidée. « L'un des résultats les plus importants au point de vue théorique de mes observations sur l'entrée du zoosperme dans l'œuf, dit H. Fol [1], a été de montrer que, chez des œufs sains et normalement fécondés, il ne pénètre qu'un élément mâle dans chaque vitellus. Une autre série d'études non moins importantes m'a appris qu'il peut entrer plusieurs spermatozoïdes dans un seul vitellus, mais que ce phénomène est toujours d'ordre pathologique. » Et, en effet, dans ses observations, qui ont porté sur les Échinodermes, et en opérant par la fécondation artificielle, H. Fol a constaté que quand on féconde des œufs qui ne sont pas encore assez mûrs (avant l'excrétion des globules polaires) ou bien des œufs trop mûrs (plusieurs heures après la formation des globules polaires), ou bien encore quand on opère avec les œufs d'animaux ayant souffert d'un trop long état de captivité, on constate que les propriétés de l'œuf ne sont plus celles qu'il présente dans les conditions normales, notamment à ce point de vue que, après l'entrée d'un premier spermatozoïde, la surface du vitellus ne donne pas naissance, sur toute son étendue, à cette membrane limite qui normalement ferme l'accès à tout nouveau spermatozoïde. Dans les conditions que nous venons de rappeler, un second, parfois un troisième, et même un plus grand nombre de spermatozoïdes peuvent pénétrer dans l'œuf; la tête ou chromatine nucléaire de chacun de ces spermatozoïdes donne lieu à la formation d'un pronucléus mâle, puis d'un aster mâle; l'aster le plus rapproché du pronucléus femelle se conjugue avec ce dernier, comme dans la fécondation normale; puis le noyau combiné ainsi résultant s'unit encore avec l'aster mâle le plus voisin, et parfois encore à un troisième; mais jamais Fol n'a vu le processus de conjugaison aller plus loin, c'est-à-dire admettre jusque à un quatrième aster spermatique. Le cas le plus simple et le plus facile à observer est celui dans lequel l'ovule n'a reçu dans son sein que deux spermatozoïdes. La suite du développement de ces œufs donne des larves monstrueuses, et, en suivant graduellement les phases par lesquelles passe l'œuf, on le voit d'abord se segmenter selon le mode caryocinétique; seulement au lieu de l'*amphiaster* de la segmentation normale, on voit se produire un *tétraster* et le vitellus, au lieu de se diviser en deux, se scinde du coup en quatre sphères égales, et cette manifestation de l'état double du germe se poursuit dans les stades

(1) Fol, *Recherches sur la fécondation et le commencement de l'hénogénie.* Genève, 1879.

suivants : ces œufs anormaux par polyspermie, après s'être montrés divisés en quatre blastomères au stade où les autres n'en ont que deux, en présentent huit alors que les autres n'en ont que quatre, et ainsi de suite. Les planules qui résultent de ces œufs anormaux ont un nombre double de cellules que les œufs normaux, monospermiques : enfin à l'époque où les larves normales présentent l'invagination primitive qui donne naissance à la forme dite *gastrula*, les larves monstrueuses ont plusieurs enfoncements au lieu d'un seul ; ce sont des larves polygastrées. Le nombre des invaginations a paru à H. Fol répondre exactement au nombre des asters mâles précédemment constatés dans l'œuf. Or comme chaque invagination gastruléenne correspond à un individu, est la caractéristique d'une unité spécifique, on voit que la polyspermie aboutit à la formation de plusieurs sujets aux dépens d'un seul œuf : les monstres doubles résultent de l'entrée de deux spermatozoïdes dans un œuf. Chez les Ascidies, étudiées par Fol, ces larves monstrueuses périssent de bonne heure. « Mais, dit H. Fol, ces faits peuvent servir de base à une hypothèse que je ne crains pas de lancer, et qui tend à expliquer l'origine des monstres dédoublés par une surfécondation de l'œuf. » Nous verrons plus loin combien cette hypothèse concorde avec tous les faits relatifs à la diplogénie et avec quel succès elle a été accueillie de tous côtés.

L'observation directe nous fait donc assister à des actes tératogéniques qui ont leur première origine dans l'acte même de la fécondation, dans un rapport anormal entre l'ovule et les spermatozoïdes, et notamment par l'excès des éléments fécondateurs mâles. Nous verrons plus loin quelles variantes peuvent se grouper autour dans ce thème général des *accidents de la fécondation*. Mais on pouvait aussi se demander si, inversement, l'insuffisance, l'absence de la fécondation, ne serait pas capable de donner des formes autrement monstrueuses, des développements incomplets et très frustes. Chez nombre d'animaux, dans des conditions spéciales, l'œuf se développe sans fécondation, par parthénogénèse. Or, l'observation de plus en plus intime de l'évolution des vertébrés a montré que le même phénomène était relativement fréquent chez eux, et que si le plus souvent il ne donnait lieu qu'à un commencement de segmentation, il pouvait aussi, par exception, aboutir à des formations blastodermiques distinctes et même, quoique très rarement, à des organes embryonnaires plus ou moins irrégulièrement groupés. C'est ainsi que l'origine parthénogénique des kystes de l'ovaire, d'abord vaguement soupçonnée, a été mise en évidence par le rapprochement de faits nombreux formant série, depuis les tumeurs dermoïdes les plus rudimentaires, jusqu'aux formations fœtales pourvues de membres, dans des kystes ovariques de femmes vierges. La monographie de Répin, sur ce sujet [1], marque à cet égard un pas important dans les progrès des

[1] RÉPIN, Origine pathogénique des kystes dermoïdes de l'ovaire. *Thèse de Paris*, 1891.

études tératogéniques. Nous en exposerons plus loin les conséquences principales.

Nous voyons donc que la tératogénie, dans ses progrès, a marché en remontant pour ainsi dire le cours du fleuve; elle n'a d'abord étudié que les influences tératogéniques qui agissent sur l'embryon pendant son développement; puis elle nous a révélé comment le blastoderme lui-même peut être atteint pendant sa formation, pendant même le premier stade de segmentation qui lui donne naissance; puis est venue la notion des accidents de la fécondation, qui précède la segmentation; et enfin la connaissance de monstruosités résultant du développement d'un ovule parthénogénique, c'est-à-dire en l'absence de toute fécondation. Il est évident que dans l'exposé qui va suivre, nous devons suivre l'ordre inverse, c'est-à-dire étudier les influences tératogéniques qui agissent d'abord sur l'œuf, avant la fécondation, puis lors de la fécondation, et enfin successivement aux diverses phases de la segmentation, de la formation du blastoderme, et de la formation de l'embryon lui-même.

III

ÉTIOLOGIE TÉRATOGÉNIQUE CHRONOLOGIQUE

Influences tératogéniques agissant avant la fécondation : atavisme (anomalies rétrogrades et anomalies par anticipation), hérédité, influence immédiate des générateurs. — Anomalies des produits sexuels. — Développement sans fécondation ou parthénogenèse : examens de diverses théories (néoplasme, enclavement, grossesse extra-utérine, inclusion fœtale). — Accidents de la fécondation, diplogenèse : conditions étiologiques de la morphologie des monstres doubles (polyspermie, polygastrulation, double ligne primitive); sériation et nouveaux aperçus sur la classification des monstres doubles (monstres en Λ ou catadidymes, monstres en X ou anacatadymes, monstres en Y ou anadidymes); conditions de production des monstres doubles parasitaires; théories de la diplogenèse. — Modifications tératogéniques de la segmentation (monstres fractions d'individus). — Modifications tératogéniques agissant sur le blastoderme, sur l'embryon, sur les annexes.

Par étiologie chronologique des monstres, nous entendons la revue générale des causes tératogéniques qui peuvent agir sur le nouvel être en voie de formation et troubler son développement, depuis l'état d'œuf non fécondé, jusqu'à la formation de l'embryon et de ses annexes. En suivant l'ordre même de l'embryologie normale, nous avons donc à étudier les accidents qui peuvent se produire dans les périodes suivantes : avant la fécondation; à l'époque de la fécondation; pendant la segmentation; lors de la formation du blastoderme; et enfin à la période de formation de l'embryon et de ses annexes.

A. **Influences qui agissent avant la fécondation.** — Comme causes tératogéniques qui agissent sur les produits sexuels (ovule et spermatozoïde) avant leur conjugaison, c'est-à-dire qui impriment déjà à l'élément mâle et à l'élément femelle des modifications qui se révéleront plus tard par l'évolution anormale du produit de la fécondation, nous étudierons l'atavisme, l'hérédité, les influences de divers états des parents, et les anomalies des ovules ou des spermazotoïdes.

1° *Atavisme.* — Nulle part l'atavisme ne se manifeste d'une manière aussi évidente et aussi fréquente que dans les faits de tératologie. Cette réapparition de caractères anatomiques que n'offraient point les parents immédiats, mais qu'avaient offerts les ancêtres plus ou moins reculés, peut être théoriquement invoquée pour presque tous les arrêts de développement. L'embryologie nous montre qu'un être placé à un certain degré de l'échelle animale présente successivement, pendant son développement, des états semblables ou analogues à ceux qui caractérisent les êtres placés plus bas; qu'il passe ainsi successivement, lui individu, par les transformations qui ont constitué l'évolution de son type spécifique: c'est ce que les transformistes ont exprimé en disant que l'*ontogénie* (développement de l'individu) est une récapitulation abrégée de la *phylogénie* (φυλη, tribu, espèce, développement ou *évolution* de l'espèce). De sorte qu'un organe quelconque réalise, pendant sa formation, les états que cet organe présente chez les ancêtres zoologiques de l'être, en un mot des états, des formes ataviques. Si un arrêt de développement le maintient dans un de ces états, l'empêche de poursuivre son évolution définitive, caractéristique du degré de l'échelle qu'occupe l'être, il est évident que l'organe demeurera dans un état atavique, que la monstruosité ainsi produite sera une manifestation atavique. Ainsi les fentes branchiales sont des formations transitoires qui, chez l'embryon d'oiseau ou de mammifère, représentent des dispositions permanentes chez les poissons; la persistance d'une fente branchiale sera donc un fait tératologique relevant de l'atavisme. Il serait inutile de multiplier ici les exemples.

Dans tout cela, est-il nécessaire de le faire remarquer, l'atavisme ne nous représente pas la cause qui a déterminé l'arrêt de développement, mais bien la cause qui a donné telle forme définie à la monstruosité; il nous rend compte de la morphologie systématique des monstres; il ne nous explique pas la cause occasionnelle qui a déterminé l'accident monstrueux.

Mais, selon la formule qui résume les lois de l'évolution, l'ontogénie étant une phylogénie abrégée, il est des formes qui ont appartenu aux ancêtres, qui se sont effacées pendant le cours rapide de développement individuel, et qui peuvent cependant apparaître de nouveau tératologiquement. Dans ce cas, l'anomalie est encore considérée comme atavique, lorsque tous les faits d'anatomie comparée démontrent qu'elle représente bien un stade de l'évolution phylogénique, évolution hypothétique, il est vrai, mais extrêmement vraisemblable. Ainsi le pied du cheval est l'homologue du doigt médius (doigt III) des autres mammifères; chez lui, les autres doigts se sont atrophiés pendant l'évolution ancestrale, et il ne reste plus que des vestiges des doigts latéraux II et IV, situés sous les téguments. Or, une monstruosité constatée à diverses reprises chez le cheval consiste dans la polydactylie, c'est-à-dire la présence de doigts latéraux; l'embryologie ne nous montre pas que ces doigts existent à une certaine époque chez l'embryon de solipède, pour s'atrophier ensuite; la monstruosité polydactyle en question n'est donc pas atavique dans le sens de persistance d'un état embryonnaire atavique lui-même. Mais la paléontologie a montré avec évidence que le cheval a eu pour ancêtres des animaux aujourd'hui éteints chez lesquels le nombre des doigts s'est graduellement réduit; chez le *Palæotherium*, il y avait à chaque pied trois doigts reposant sur le sol; chez l'*Hipparion*, les deux doigts latéraux s'étaient déjà atrophiés et n'atteignaient plus le sol. On admet donc, comme hypothèse extrêmement vraisemblable, que la polydactylie du cheval est une réapparition de la forme ancestrale, une monstruosité par atavisme [1]. « La faculté de transmission héréditaire, dit Dareste (*op. cit.*, p. 94), n'est pas spéciale au procréateur immédiat : elle appartient aussi à ses ancêtres, pendant un grand nombre de générations, et peut-être même pendant toutes les générations qui se sont succédé depuis l'origine de l'espèce. La force quelconque que le germe contient à l'état latent, et qui détermine la production et l'évolution de l'embryon, lorsqu'elle entre en jeu par l'action d'une cause extérieure, est donc la résultante de toutes les tendances héréditaires du procréateur immédiat et de celles de ses ancêtres, tendances qui tantôt s'exercent dans le même sens, et tantôt dans des sens différents, et qui, par conséquent, tantôt s'accumulent et tantôt se neutralisent, en obéissant à des lois qui nous sont encore inconnues. »

Une anomalie, à citer comme un exemple encore plus évident d'atavisme, est la présence accidentelle des dents incisives sur le maxillaire supérieur des ruminants, car d'une part la paléontologie nous apprend que beaucoup de ruminants, aujourd'hui disparus, avaient ces incisives, et, sur les ruminants qui en sont actuellement dépourvus, l'embryologie nous montre cependant l'existence des germes de ces dents.

Seulement, lorsque l'embryologie normale ne donne pas à une monstruosité le caractère indéniable d'atavisme qui est propre à certaines monstruosités par arrêt de développement, par persistance d'un état embryonnaire, lorsque c'est seulement sur l'histoire phylogénétique de l'être qu'on s'appuie pour invoquer l'atavisme, comme cette phylogenèse est toujours hypothétique, il arrive que la signification atavique d'une monstruosité, très vraisemblable dans tel cas, peut être extrêmement discutable pour tel autre. Ainsi la polydactylie des solipèdes est un fait

[1] Pour les travaux les plus récents sur cette question, voy. notamment : CORNEVIN, Nouveaux cas de didactylie chez le cheval et interprétation de la polydactylie des Équidés en général. *Bull. de l'Assoc. pour l'avanc. des sc.*, 1881, p. 609. — JOYEUX-LAFFUIE, Sur un cas intéressant d'atavisme chez le cheval. *Bull. de la Soc. linnéenne de Normandie*, t. V, 1891.

dont personne ne conteste le caractère atavique; mais que penser de la polydactylie de l'homme, c'est-à-dire de la présence de plus de cinq doigts. Nombre de zoologistes supposent, pour des raisons très sérieuses et que nous ne saurions exposer ici, que la forme primitive de la main et du pied des vertébrés aurait été de sept doigts et même plus; c'est par réduction de cette forme ancestrale que proviennent les diverses formes d'extrémités que possèdent les Mammifères actuels; la polydactylie de l'homme serait donc encore un cas d'atavisme. Mais ces ancêtres polydactyles sont si loin, séparés de nous par de si innombrables intermédiaires, que l'esprit répugne à admettre la possibilité d'une transmission à telle distance. Une anomalie ne peut-elle prendre naissance sous des influences autres que celle de l'atavisme, et n'est-ce pas compromettre la valeur de l'hérédité ancestrale que de vouloir en étendre le champ au delà de toute vraisemblance. Ce que nous venons de dire à propos de la polydactylie est encore plus évident pour les cas de mamelles surnuméraires ou polymastie dans l'espèce humaine, anomalie dont on a publié tant de cas et sur laquelle on a tant discuté [1]. On distingue la *polymastie régulière*, c'est-à-dire dans laquelle les glandes supplémentaires occupent des positions analogues à ce que l'on voit dans des espèces animales assez rapprochées de l'homme, et la *polymastie erratique*, dans laquelle la mamelle surnuméraire occupe une place tout à fait inattendue, par exemple le dos ou la cuisse. Pour la polymastie régulière, on admet généralement que cette anomalie peut être expliquée par l'atavisme. En effet, chez l'embryon humain, comme chez les embryons de mammifères, il se produit une *crête mammaire*, épaississement ectodermique allant du creux de l'aisselle au pli inguinal. Chez certains mammifères, aux dépens de cette crête se forment plusieurs bourgeons mammaires en série linéaire; chez l'homme, un seul bourgeon en général apparaît et se développe : mais la crête mammaire, atavique, peut évoluer et donner lieu à plusieurs bourgeons.

Pour la polymastie erratique, au contraire, c'est en vain qu'on rappellerait que, par exemple, un rongeur, le Myopotamus, possède des mamelles dorsales, car on ne peut songer à voir spécialement un ancêtre de l'homme chez cet animal, qui réalise du reste une disposition particulière, eu égard à ses organes mammaires, sans analogues chez les rongeurs ses proches parents. La mamelle est une variété de glande sudoripare; toutes les régions de la peau, à part quelques très rares exceptions, possèdent des glandes sudoripares; donc toute région de la peau peut présenter des glandes sudoripares hypertrophiées, c'est-à-dire une mamelle rudimentaire. Il n'est donc pas besoin d'invoquer l'atavisme pour la production de la polymastie erratique. Mais alors ce n'est peut-être pas non plus l'atavisme qui est en cause dans la polymastie dite régulière, et là aussi peut intervenir une simple variation

(1) Voy. entre autres : R. BLANCHARD, Sur un cas de polymastie et sur la signification des mamelles surnuméraires. *Bull. de la Soc. d'anthropologie*, mars 1885. — L. LALOY, Un cas nouveau de polymastie. *L'Anthropologie*, 1892, fasc. 2.

individuelle consistant en une hypertrophie sudoripare. Une monstruosité apparue sur un individu d'espèce A, peut être fixée par l'hérédité et devenir caractère spécifique d'une espèce B de durée transitoire. La cause tératogène qui l'a engendrée peut se manifester beaucoup plus tard sur un autre individu de l'espèce A, et produire une monstruosité analogue. Il ne faudra pas, trompé par les apparences, dire qu'il y a là un phénomène atavique. Ces exemples suffiront pour montrer combien sont vagues encore les limites qui séparent les monstruosités d'ordre atavique d'avec celles qui se rapportent à d'autres causes tératogéniques, d'ailleurs très difficiles à préciser. Une anomalie n'est pas forcément réversive, atavique; puisque l'évolution phylogénique a eu pour origine, à chaque bifurcation des formes spécifiques, une variation que la sélection a fixée et développée, pourquoi certaines anomalies que nous voyons se produire ne seraient-elles pas des variations semblables qui, loin de nous ramener à une forme ancienne, pourraient être l'origine d'une forme nouvelle, s'il lui était donné d'être fixée et développée par la sélection [1]. C'est ce qu'on pourrait nommer des *anomalies de formes anticipées*, par opposition aux anomalies rétrogrades. Des observations intéressantes ont été publiées à cet égard pour la *polymastie*, par Pierre Marie [2]. Nous ne saurions nous étendre ici sur ces questions intéressantes, surtout au point de vue des théories transformistes, mais dont les rapports avec la tératologie ont été soigneusement indiqués par Dareste dans ses *Recherches sur la production artificielle des monstres*.

2° *Hérédité*. — Toutes ces monstruosités peuvent être héréditaires, à l'exception bien entendu, de celles qui, frappant l'appareil génital, mettent obstacle à la reproduction. L'explication de l'hérédité tératologique rentre dans la théorie générale de l'hérédité, et nous ne nous y arrêterons pas ici. Mais nous devons dire qu'il faut bien distinguer les faits de transmission d'une malformation congénitale, d'avec la reproduction de modifications acquises pendant la vie du générateur : à cet égard, les apparences peuvent être trompeuses, du moins à un examen superficiel. Tel est le cas cité par I. Geoffroy Saint-Hilaire, à propos d'un monstre symélien. « Ce sujet, dit-il, était né d'un père invalide, qui n'avait qu'un membre inférieur, sa cuisse gauche ayant été amputée. Or quelques médecins avaient établi un rapprochement entre la conformation du fœtus monstrueux et celle de son père, également pourvu d'un seul membre inférieur, et de cette prétendue similitude on avait cherché à déduire des conséquences inacceptables. On ne peut, en effet, établir aucune analogie réelle entre un homme privé, par une amputation, de l'un de ses membres inférieurs, et un fœtus symèle pourvu, non

(1) Sur cette question, notamment pour les anomalies musculaires, voy. MATHIAS DUVAL, dans la préface de : *Les anomalies musculaires chez l'homme*, par D. Testut, Paris, 1884.

(2) PIERRE MARIE, Mamelon surnuméraire transmis héréditairement dans une famille; coïncidence avec plusieurs grossesses gémellaires; réversion atavique ou création d'un type polymaste et polygène. *Société médicale des hôpitaux de Paris*, 15 juin 1895.

pas d'un seul membre inférieur, comme l'a fait croire peut-être le nom de *monopode* autrefois employé, mais bien de deux membres inférieurs à peu près complets mais soudés l'un à l'autre sur la ligne médiane. ».

Chose remarquable, l'hérédité des monstruosités très graves est extrêmement rare, tandis que celle des monstruosités légères, dites anomalies, est très fréquente. Ainsi nous verrons que les anomalies digitales se reproduisent et se fixent dans une famille, tandis que les monstres ectroméliens ne donnent que très exceptionnellement des produits atteints semblablement d'ectromélie. Nous pensons qu'en effet on a décrit sous le nom d'ectromélie, ainsi que nous le verrons plus loin, des cas divers d'amputation congénitale (par des brides amniotiques, ou par le cordon ombilical), et que ces accidents mécaniques de la vie intra-utérine ont sur l'ensemble de l'organisme, et par conséquent sur ses produits, une moins grande influence que les anomalies qui résultent de modifications plus intimes du germe, par exemple de particularités qu'on peut à la rigueur attribuer à la réapparition d'un caractère atavique. On conçoit que l'amputation congénitale, produite à une époque déjà avancée du développement, puisse n'avoir pas plus d'action héréditaire qu'une amputation pratiquée plus tard; et c'est pour cela que nous avons tenu à donner, quelques lignes plus haut, les si justes observations de Geoffroy-Saint-Hilaire à propos du prétendu cas d'hérédité présenté par un monstre symélien né d'un père qui avait subi l'amputation de la cuisse.

Nous ne saurions ici entrer dans une énumération des cas d'hérédité tératologique; mais quelques exemples sont cependant nécessaires. Divers cas en sont connus pour l'ectrodactylie, et récemment (*Bull. de la Soc. de Biol.*, 1892, p. 367), Bédart rapportait un cas d'*ectrodactylie* quadruple (des pieds et des mains) se transmettant pendant trois générations. Plus nombreux encore sont les cas d'hérédité de la polydactylie chez l'homme aussi bien que chez le chat, le poulet, le cheval, etc.; un exemple classique est celui donné par Réaumur, d'une famille maltaise, où la polydactylie se répéta dans plusieurs générations. Lorsque des unions ont lieu entre des sujets de ce genre, l'anomalie arrive à devenir presque fixe; c'est ainsi qu'on cite, en Arabie, dans la tribu des Hyabites, la famille des Foldi, où tous les sujets sont atteints de sexdigitisme, et où les mariages n'ayant lieu qu'entre membres de la même famille, on sacrifie les enfants qui ne reproduisent pas l'anomalie, car on les considère comme adultérins. Semblablement, en France, vers la fin du XVIIIe siècle, dans le village d'Eycaux, isolé dans une région montagneuse, par le fait d'unions consanguines entre sujets sexdigitaires, cette anomalie avait finit par devenir commune à la presque totalité des habitants; puis, les communications étant devenues faciles et, par suite, fréquentes, les unions avec les habitants d'autres localités, le sexdigitisme devint plus rare et finalement disparut. Blanchard a dressé une liste intéressante des cas de polymastie ou de polythélie héréditaire (*Bull. de la Soc. d'anthrop.*, 1885, p. 226, et 1886, p. 485). L'hypospadie a été suivie dans une famille pendant dix générations, et l'on cite une famille où le bec-de-lièvre s'est perpétué pendant un siècle.

Dareste a insisté avec raison sur l'importance de ces faits au point de vue de la production des races. « Il y a, dit-il (*Tératogénie expérimentale*, p. 98), dans l'espèce de la poule, un certain nombre de races caractérisées par la transmission de faits tératologiques, tels que la pentadactylie, la hernie des hémisphères cérébraux, l'absence de croupion. Le germe, dans ces races, est virtuellement anormal dès son origine ; il porte en lui-même le principe d'une modification anatomique subitement apparue à une certaine époque et qui n'existait pas dans le type de l'espèce. Je sais bien que certaines personnes m'objecteront que ces races dont l'origine nous est inconnue ont toujours existé avec leurs caractères tératologiques. Mais à cela je puis répondre que nous voyons de pareilles races se former sous nos yeux. Martinet en rapporte le cas suivant : un coq pentadactyle par la dualité du pouce naquit dans sa basse-cour qui ne contenait aucun sujet de la race pentadactyle de Houdan, race inconnue dans le Berry, où avait lieu l'observation. Or cet animal a reproduit des poulets pentadactyles, qui ont eux-mêmes donné naissance à d'autres animaux de ce genre. Il y a là un remarquable exemple de la création d'une race par la transmission de caractères tératologiques apparus subitement dans une race préexistante. »

La tendance héréditaire ne se manifeste pas toujours par des malformations identiques chez le générateur et chez le produit. On peut voir alterner dans une famille l'ectrodactylie et la polydactylie, faits qui indiqueraient un certain rapport entre les anomalies par excès et les anomalies par défaut. Bien plus, ces hérédités dissemblables se montrent entre les faits tératologiques proprement dits et diverses affections générales, ce qui montre bien que la modification tératogénique du germe peut avoir son origine dans les troubles morbides les plus variés. Féré[1], qui a insisté sur ces ordres de faits, remarque que les malformations sont fréquentes dans les familles de phtisiques, que ces malformations alternent souvent dans une famille avec les troubles mentaux, et enfin qu'on trouve associés sur un même sujet les troubles fonctionnels du système nerveux (aliénés et criminels), avec les diverses déformations somatiques congénitales ; c'est ce qu'on appelle les stigmates physiques. De même souvent sont associées des malformations portant sur des organes éloignés, sans rapports les uns avec les autres, de sorte que leur état tératologique ne peut se tenir à un même accident de la vie intra-utérine, mais ne peut être attribué qu'à une influence générale des producteurs sur la constitution du germe ; ainsi on observe l'association de l'ectrodactylie et du bec-de-lièvre, du bec-de-lièvre et du spina-bifida, de la polydactylie avec le coloboma de l'iris, des fissures faciales avec l'imperforation du rectum, de la polydactylie avec l'hypospadias, etc.

[1] CH. FÉRÉ, *La famille névropathique, théorie tératologique de l'hérédité, de la prédisposition morbide et de la dégénérescence*. Paris, 1894.

Mais il est toute une série de monstruosités dont on concevrait difficilement la reproduction par hérédité, en raison même de l'origine de ces monstruosités; nous voulons parler des monstres doubles, dont la production, avons-nous dit, doit être attribuée à un accident de la fécondation (polyspermie). Et en effet, Geoffroy Saint-Hilaire (*op. cit.*, III, p. 380) déclare que jamais la transmission de la diplogenèse n'a été observée. « L'hétéradelphe de Buxtorff, dit-il, a eu quatre enfants et tous étaient parfaitement normaux. Plusieurs agneaux issus d'une brebis gastromèle, plusieurs oiseaux nés des œufs de deux oies et de deux poules pygomèles, étaient bien conformés. Enfin, et c'est là un fait presque décisif, le croisement d'un taureau notomèle avec une vache affectée de la même monstruosité, a lui-même donné un produit exempt de toute anomalie. »

3° *Influences des divers états des générateurs.* — Dans les lignes précédentes, en parlant des cas d'*hérédité tératologique dissemblable*, nous avons déjà touché à l'ordre de faits que nous allons actuellement passer en revue. En effet, à côté de l'hérédité proprement dite (ou semblable), il faut encore citer l'influence que peuvent exercer sur le germe divers états dans lesquels se trouvent les procréateurs. En premier lieu, il faut citer non seulement l'alcoolisme, mais même simplement l'ivresse au moment de la conception: si les pathologistes ont noté la fréquence des convulsions chez les enfants nés d'une mère éclamptique, nous devons aussi admettre que cet état peut imprimer au germe des caractères pathologiques qui se révèleront au cours du développement par telle ou telle malformation. On a constaté que si les enfants conçus à certaines époques troublées [1] présentent en particulier des altérations du système nerveux, ils offrent aussi des troubles de nutrition et des malformations. Il en est de même de l'extrême jeunesse ou de l'âge trop avancé des procréateurs. Ici les observations faites sur les animaux sont plus rigoureuses et plus précises que celles empruntées à l'homme ; Chabry a constaté que chez les Ascidies, les pontes qui proviennent d'individus en pleine maturité sexuelle renferment beaucoup moins de monstres que les pontes des individus âgés. Chez les Sacculines, d'après Y. Delage, les pontes ne contiennent que des mâles lorsque les parents sont âgés. On cite divers cas de chiennes vieillies qui ont donné plusieurs portées de monstres ectromèles, alors que leurs gestations antérieures ne contenaient que des sujets normaux.

Nous verrons que les plis anormaux de l'amnios, le développement incomplet de cette membrane, les adhérences qu'elle contracte avec la surface embryonnaire, sont parmi les causes les plus nombreuses de malformation. Or, si l'origine de ces anomalies amniotiques est à peu près inconnue cependant, l'observation, ainsi que l'a fait remarquer Lannelongue [2], a établi que le trouble qui les détermine peut être transmis héréditairement, ou être communiqué à l'œuf par l'un des géné-

(1) Féré, Les enfants du siège. *Progrès médical*, 1884, p. 245.

(2) Lannelongue, Quelques exemples d'anomalies congénitales au point de vue de leur pathogénie. *Arch. génér. de méd.*, avril et mai 1893.

rateurs atteint d'une maladie virulente, en particulier de la syphilis. Lannelongue rapporte en effet quatre observations de malformations (spina-bifida, division de la voûte et du voile du palais, pieds bots) chez des enfants dont les parents étaient manifestement syphilitiques. Sur deux de ces petites malades, on trouvait en même temps les altérations tégumentaires de la syphilis héréditaire et des signes de rachitisme; les deux autres étaient indemnes de toute altération spécifique.

Enfin, certains parents, sans avoir révélé aucune tare attribuable à l'âge, à la dégénérescence, non plus qu'à l'alcoolisme ou la syphilis, présentent régulièrement ou d'une manière pour ainsi dire périodique, la propriété d'engendrer des monstres. C'est ce que Chabry désigne sous le nom de *parents monstripares*. L'histoire du nanisme, du gigantisme, de l'albinisme en présente chez l'homme de nombreux exemples. On cite une femme qui mit au monde quatorze enfants en seize ans : le quatrième, le douzième et le quatorzième étaient anencéphales. Dans une famille, trois sœurs sur cinq étaient privées d'utérus. Caradec a signalé une femme qui avait eu deux enfants cyclopes. Des faits analogues se retrouvent chez les animaux ; ainsi des chiennes, bien conformées en apparence, ont fait des portées d'ectromèles. Le truite ordinaire ne produit presque jamais de monstres doubles, dit Chabry ; il arriva cependant une année où il s'en produisit plusieurs dans les aquariums du Collège de France, et l'on reconnut que tous ces monstres provenaient de la même ponte. Lereboullet rapporte des faits analogues pour le brochet, et c'est ce qui l'a amené à penser que la cause primitive de la monstruosité est inhérente à la constitution primordiale de l'œuf. Parmi les pontes d'Ascidies, dit Chabry, il y en a qui ne renferment que des œufs à développement normal ; mais il en est d'autres où un processus tératologique, toujours le même, se présente avec une modalité spéciale. Les œufs d'une même ponte forment alors, au point de vue tératologique, une véritable famille, qui tire de la fréquence de telle ou telle anomalie une marque distincte.

4° *Anomalies des produits sexuels.* — Nous ne citerons ici que pour mémoire les anomalies morphologiques que peuvent présenter les produits sexuels, anomalies dont les observations sont rares et incomplètes, et dont les influences tératogéniques s'exercent au moment même de la fécondation, puisque ces anomalies consistent essentiellement pour l'œuf dans la présence de deux vésicules germinatives, et pour le spermatozoïde dans l'existence de deux masses chromatiques céphaliques, c'est-à-dire, pour les deux cas, dans la présence à l'état double de l'élément nucléaire qui joue le rôle principal dans l'acte de fécondation. C'est donc à propos des accidents de la fécondation, en traitant de la production des monstres doubles, que nous parlerons des ovules à deux noyaux, à propos desquels nous possédons des observations sérieuses. Quant aux spermatozoïdes, J.-H. Salisbury et Ephraïm Cutter [1] se sont attachés à décrire les

[1] EPRAIM CUTTER (New-York), Sur la cause possible de quelques monstruosités. *Journal de micrographie de J. Pelletan*, 1886, t. X, p. 220.

formes anormales que peuvent présenter les spermatozoïdes de l'homme, et ont particulièrement insisté sur les spermatozoïdes à deux têtes; ils n'hésitent par à attribuer l'origine de certains monstres doubles à la fécondation de l'œuf par un pareil spermatozoïde. Quoique leur mémoire soit accompagné de figures démonstratives, c'est là une question qui aurait besoin de nouvelles observations confirmatives, et nous ne pensons pas que cette confirmation ait été donnée par les nouvelles observations publiées sur la même question par Mazzarelli(1).

B. **Développement sans fécondation (parthénogenèse).** — Le développement de l'ovule en un embryon, sans interventions de l'élément mâle, sans fécondation, est un fait bien connu pour un grand nombre d'animaux inférieurs. Il a reçu le nom de *parthénogenèse*. Notons tout de suite que la parthénogenèse est généralement impuissante à produire de longues séries de générations et que si la reproduction sexuelle n'intervient pas à un moment donné, les produits parthénogénétiques arrivent à présenter des formes incomplètes et abortives. Ainsi, pour les pucerons, dont la parthénogenèse est bien connue depuis les découvertes de Bonnet, on a constaté qu'en plaçant ces insectes dans des conditions qui prolongent ce mode singulier de reproduction, on peut obtenir plus de dix générations de femelles aptes à se multiplier sans le concours du mâle; seulement les pucerons engendrés par voie parthénogénétique sont de plus en plus mal conformés et naissent souvent monstrueux. Balbiani en a vu qui manquaient d'intestin. Chez le ver à soie, la parthénogenèse est limitée à la seconde génération et par ce mécanisme même que les chenilles qui sortent des œufs sont alors chétives, monstrueuses et meurent rapidement(2).

La parthénogenèse pourrait-elle se manifester accidentellement chez les vertébrés supérieurs et donner lieu à des produits incomplets, monstrueux. C'est une idée qui a de bonne heure traversé pour ainsi dire l'esprit des tératologistes, mais sans y faire grande impression, à propos de l'explication des kystes dermoïdes de l'ovaire, dans lesquels on trouve de véritables fragments d'embryons ou de formations blastodermiques. I. Geoffroy Saint-Hilaire s'est trouvé très embarrassé pour donner, dans sa classification, une place à ces produits rudimentaires. En effet, il en parle ou les cite en deux places bien différentes de sa tératologie, d'abord à la fin de l'étude des monstres unitaires parasites, à propos des Zoomyles,

(1) GIUS MAZZARELLI (Naples), Sur l'influence du mâle dans la production de quelques monstruosités. *Journ. de micrographie de J. Pelletan*, 1888, t. XII, p. 380.

(2) MOQUIN-TAUDON, Sur le développement d'œufs de grenouille non fécondés. *Comptes rendus de l'Acad. des sc.*, 30 avril 1875. — BALBIANI, La cellule embryogène et la parthénogenèse. *Journal de micrographie de Pelletan*, 1878, t. II, p. 6. — A. SANSON, Sur la parthénogenèse chez les abeilles. *Comptes rendus de l'Acad. des sc.*, 28 octobre 1878. — VERSON, Zur Parthenogenesis. *Zool. Anzg.*, XIII, 1888, n° 236, p. 44. — AUG. LAMEERE, La maturation de l'œuf parthénogénique. *Thèse de Bruxelles*, 1890. — DEHNER (Hans), Ueber die sogenannte parthenogenetische Furchung des Frosch-Eies. *Verhandl. der physikö-medizinischen Gesellschaft in Würzburg*, 1892.

puis à la fin de celles des monstres doubles parasitaires, à propos des Endocymiens, et c'est dans ce dernier passage que, faisant allusion à la parthénogenèse, « il serait sans doute fort curieux, dit-il (*op. cit.*, t. III, p. 310), de voir une anomalie réaliser chez la femme ce mode si curieux de reproduction que Bonnet à démontré chez les pucerons par d'ingénieuses et célèbres expériences. » Encore ne fait-il ce rapprochement qu'à propos de certains cas « vagues et équivoques » de môles de l'utérus.

C'est seulement avec l'acquisition de connaissances précises sur l'ovule et sur son origine que l'hypothèse de l'origine parthénogénétique de certaines productions ovariques pouvait être scientifiquement formulée. Les travaux de Waldeyer marquaient un progrès important dans cette direction, puisque nous voyons cet auteur (*Arch. f. Gynæk.*, 1870) attribuer l'origine des kystes dermoïdes de l'ovaire au développement anormal de certaines cellules de l'épithélium germinatif, cellules qui, au lieu de se transformer en ovules, pendant la période embryonnaire, seraient restées inactives dans les tubes de Pfluger, c'est-à-dire, en définitive dans les ovisacs. Ainsi l'hypothèse de Waldeyer ne fait pas encore réellement allusion au développement d'un ovule non fécondé; elle est comme une introduction à l'idée de l'origine parthénogénétique de certains néoplasmes ovariens, mais elle ne spécifie ni l'origine précise, ni la nature de ces néoplasmes; en effet, Waldeyer invoque seulement une activité anormale des éléments du follicule de de Graaf et c'est dans les cellules de ce follicule que du reste il voit le point de départ commun de tous les kystes de l'ovaire.

De sorte qu'on peut dire que l'hypothèse récente de la parthénogenèse, appliquée uniquement aux kystes dermoïdes, n'a pas été suggérée par le besoin d'expliquer l'origine de ces productions, mais qu'elle a découlé comme conséquence naturelle des observations nouvelles faites par les embryologistes sur la possibilité de voir, chez les Vertébrés, certains ovules présenter un commencement de développement sans fécondation. Aussi l'historique de la question est-il extrêmement court. En 1872, Œllacher(1) constate la segmentation de l'œuf d'oiseau non fécondé. En 1884, ayant été amené à faire la même constatation, je publie une revue de tous les cas analogues observés jusque-là chez les vertébrés(2). La liste en était nombreuse et démonstrative. Bien plus, elle contenait un cas relatif à l'espèce humaine, publié dès 1864 par Morel, à Strasbourg, mais resté oublié et inconnu depuis. D'autre part, bientôt après, un de nos élèves ayant eu l'occasion d'étudier un kyste dermoïde y trouva, non pas quelques formations cutanées, poils et dents, mais l'ébauche non méconnaissable d'un embryon presque entier, quoique rudimentaire et monstrueux dans toutes ses parties; à ce produit embryonné il était impos-

(1) J. Œllacher, *Die Veränderungen des unbefruchteten Keimes der Hühnereier.* Leipzig, 1872.

(2) Mathias Duval, Sur la segmentation sans fécondation. *Soc. de biol.*, 25 oct. 1884, p. 585.

sible d'assigner une origine autre qu'un ovule et d'invoquer pour le développement abortif de cet ovule une hypothèse autre que celle de la parthénogenèse ; c'est ainsi que Répin fut amené à publier sa très remarquable monographie sur la question que nous allons rapidement résumer ici[1]. Depuis cette époque des cas analogues ont été observés; ainsi Reverdin[2] a donné l'étude d'un kyste dermoïde ovarien qui sort également de la série banale des kystes renfermant des poils ou des dents, car il renfermait des organes plus complexes et notamment des appendices digitiformes dont l'un présentait à son extrémité un petite production cornée et dont l'autre renfermait un squelette ostéo-cartilagineux, et l'auteur de cette étude déclare ne pouvoir expliquer ce cas qu'en invoquant un développement parthénogénétique intra-ovarien. D'autre part les notions sur la segmentation parthénogénétique des ovules, survenant d'une manière accidentelle, dans la série animale, se sont encore étendues[3].

A cet égard les recherches récentes de Henneguy ont pour nous une grande signification[4]. Il s'agit des Mammifères les plus divers et entre autres des Chéiroptères. L'auteur étudiant ce que deviennent les ovules des follicules qui ne sont pas ouverts, constate qu'il y a pour eux plusieurs modes de transformation, autres que la dégénérescence graisseuse, seule connue depuis longtemps. On voit des ovules dans lesquels le vitellus se divise en un certain nombre de masses qui rappellent les blastomères d'une véritable segmentation. Quelques-uns des détails observés par l'auteur doivent être résumés ici, car ils nous montrent par quelles conditions intimes ce développement est tératologique dès le début et ne peut, s'il se continue exceptionnellement jusqu'à une production embryonnaire, donner lieu qu'à un organisme monstrueux et incomplet. Parfois l'auteur a vu cette segmentation aller jusqu'à produire une vingtaine de petites sphères; le vitellus se fragmente d'abord à la périphérie de l'œuf en petites sphères dont un certain nombre renferment des éléments chromatiques provenant de la vésicule germinative. « On peut considérer, dit Henneguy, la fragmentation de l'ovule en voie de régression chromatolytique comme un commencement de développement parthénogénétique. L'ovule arrive à un état de maturité prématurée, qui se traduit par la transformation de la vésicule germinative en un fuseau de direction et généralement par la production d'un globule polaire;

(1) Répin, *Origine parthénogénétique des kystes dermoïdes de l'ovaire*, Paris, 1891.

(2) J.-L. Reverdin et F. Buscarlet, Kyste dermoïde de l'ovaire renfermant des poils, des dents implantées sur de l'os, et deux appendices digitiformes. *Revue médicale de la Suisse romande*, mars 1894.

(3) Voy. notamment: Oscar Hertwig, Experimentelle Studien am thierischen Ei, vor, während und nach der Befruchtung. Jena, 1890, chap. IV, *Parthenogenese bei Seesternen.*

(4) L.-T. Henneguy, Recherches sur l'atrésie des follicules de de Graaf chez les Mammifères et quelques autres Vertébrés. *Journal de l'anat. et de la physiol.*, janvier 1894. — Du même. Sur la fragmentation parthénogénétique des ovules des Mammifères pendant l'atrésie des follicules de de Graaf. *Comptes rendus de l'Acad. des sc.*, 15 mai 1893.

l'impulsion donnée au protoplasma par la division du noyau persiste pendant un certain temps et amène la division du protoplasma. Mais l'action régulatrice exercée par le noyau faisant défaut, cette division a lieu d'une manière très irrégulière et la segmentation normale est remplacée par une fragmentation désordonnée.... En effet, la chromatine de la vésicule germinative se résout en petites masses irrégulières qui se dispersent dans le vitellus; chaque masse chromatique se comporte alors comme un petit noyau et donne naissance à une figure caryocinétique rudimentaire, composée d'un petit nombre de chromosomes et d'un nombre correspondant de filaments achromatiques. Ces figures ne sont pas accompagnées de centrosomes. Le vitellus se fragmente en masses le plus souvent inégales, dont les unes renferment une ou plusieurs figures caryocinétiques, dont les autres en sont dépourvues. A l'inverse de ce qui a lieu dans la segmentation normale, il se produit, pendant la fragmentation parthénogénétique de l'ovule, une dissociation entre la division du noyau et celle du vitellus. »

Vu la fréquence et la régularité de ces phénomènes de division de l'œuf non fécondé, on peut donc dire que la segmentation parthénogénétique est un processus ordinaire presque normal. Ce qui est plus rare, c'est que cette segmentation aboutisse à la formation d'un blastoderme; ce qui est infiniment rare c'est qu'elle se continue jusqu'à la production de rudiments embryonnaires affectant la forme d'organes fœtaux plus ou moins reconnaissables. Le cas décrit par Répin, dans la monographie à laquelle nous allons faire de nombreux emprunts, est à cet égard des plus remarquables. Il s'agit d'un kyste dermoïde renfermant un rudiment de fœtus pourvu de quatre membres inégaux et terminé, en guise de tête, par un massif osseux cubique surmonté de trois dents; les quatre membres étaient parfaitement reconnaissables, bien que rudimentaires et bizarrement contournés; dans chaque membre les extrémités terminales sont mieux conformées que la partie moyenne et surtout que la racine. Ainsi dans les membres inférieurs, pour ne citer que cet exemple, on trouve des phalanges reproduisant d'une manière remarquablement exacte la conformation normale, puis des métatarsiens formés chacun d'une diaphyse et de ses deux épiphyses; dans le tarse on reconnaît facilement le calcanéum et l'astragale à côté d'autres osselets trop rudimentaires pour être déterminés. La jambe se compose de deux os à peu près informes, puis une bande osseuse représente le fémur et s'articule avec un os dont la configuration rappelle assez bien les principaux traits de celle d'un os iliaque. A l'examen microscopique, la peau qui recouvre ces formations présente un grand développement du corps papillaire et des glandes sébacées, ainsi qu'on le voit généralement dans les kystes dermoïdes. Chose remarquable, ce corps rudimentaire n'avait pas de tube digestif; mais à côté de lui, complètement indépendant, était un cordon cylindrique, contourné, à extrémités flottantes, dont la section donnait lieu à l'écoulement d'une substance semblable au méconium; l'étude microscopique de ce cordon y montre une tunique séreuse, une tunique musculaire épaisse et enfin une muqueuse pourvue de villosités bien développées, c'est-à-dire qu'on y trouve la structure de l'intestin aussi typique que possible. Disons enfin que le corps de l'embryon renfermait divers cordons nerveux lesquels, notamment le nerf sciatique droit, présentaient des caractères histologiques tout à fait normaux. Ainsi il est impossible, dans ce produit d'un ovaire atteint de dégénérescence kystique à la fois dermoïde et mucoïde et en présence de cette production tératoïde, il est impossible de ne pas reconnaître les linéaments d'un embryon. Un embryon aussi nettement individualisé ne peut être que d'origine ovulaire. Or, en passant en revue, comme l'a fait Répin, tous les cas connus de kystes dermoïdes, on voit qu'ils forment une série continue, reliée par toutes les formes de transition, depuis les kystes renfermant des embryons dans un état approximativement complet, en passant par ceux qui contionnent des pièces osseuses dont la configuration rappelle exactement les os normaux du squelette, c'est-à-dire des parties d'embryon, jusqu'à ceux où on ne rencontre que des fragments d'appareils, des organes de moins en moins importants, de plus en plus réduits. Il devient dès lors évident que tout kyste dermoïde de l'ovaire représente bien un être imparfait à peine ébauché, mais pourtant distinct; c'est-à-dire que tous les kystes dermoïdes de l'ovaire sont embryonnés, qu'ils sont tous d'origine ovulaire.

En rapprochant ces considérations des détails histologiques que nous avons précédemment donnés, d'après Henneguy, sur les faits de segmentation parthénogénétique, on arrive à comprendre l'état rudimentaire que doivent fatalement présenter les produits d'un développement aussi anormal. S'il fallait, dit Répin (*op. cit.*, p. 85), donner une caractéristique anatomique de ces monstres, il nous semble que cette caractéristique devrait être cherchée dans un vice d'organisation bien plus profond encore que tous ceux qu'on rencontre chez les monstres engendrés par génération sexuée. Ce vice, c'est l'*absence ou l'arrêt de développement d'un ou de deux feuillets du blastoderme*. Il est impossible, en effet, de ne pas être frappé de ce fait que le feuillet cutané est représenté dans tous les kystes dermoïdes sans exception, le feuillet moyen (cartilages, os, muscles) dans un nombre restreint de cas, et le feuillet interne (épithélium intestinal) dans quelques-uns seulement. On peut donc dire que la très grande majorité des dermoïdes ne renferment qu'un seul feuillet blastodermique développé, ou deux feuillets, si l'on prend en considération la présence du derme, mais que dans tous les cas le feuillet externe prédomine d'une façon très marquée. Pourquoi le feuillet externe occupe-t-il cette place prépondérante? Certainement parce qu'il est le premier en date dans le développement de l'embryon et que ce développement s'arrête ici peu après que ce feuillet est formé. Peut-être serait-il possible de reconnaître encore un autre caractère spécial dans l'organisation des monstres des dermoïdes ovariens. On sait que les parties embryonnaires qu'on rencontre dans ces kystes, au lieu d'être groupés ensemble dans l'ordre normal de manière à représenter un ou plusieurs segments somatiques, sont le plus souvent dispersées sans aucun ordre sur la paroi du kyste. Ainsi le monstre décrit par Répin possédait un corps parfaitement caractérisé par la présence d'un axe vertébral, d'une extrémité céphalique et de quatre membres assemblés de la manière normale; mais le tube digestif, représenté par une anse de 5 à 6 centimètres de longueur, s'était développé à part, à une certaine distance et sans être relié au reste du corps. De plus, un os relativement volumineux, ressemblant tout à fait au corps du sphénoïde, était également isolé du reste. Ne serait-on pas tenté de dire que, dans ces cas, au lieu d'être seul centre de formation embryonnaire, il y en a eu deux ou trois et qu'on se trouverait en présence d'une anomalie inédite qui pourrait être désignée sous le nom de *défaut d'individualisme* ou *d'apolarité* du blastoderme.

Il n'existe que quelques rares observations dans lesquelles on ait pu, dans l'espèce humaine, constater les premières phases de ces formations parthénogénétiques, dont les phases ultimes de développement sont représentées par les innombrables cas de kystes dermoïdes. L'observation de Morel, à laquelle nous avons fait précédemment allusion, est la suivante (Morel, *Traité d'histologie*, Strasbourg, 1864) : « En examinant, dit-il, des vésicules de de Graaf hypertrophiées, chez des femmes mortes de péritonite puerpérale, huit à dix jours après l'accouchement, nous avons rencontré plusieurs ovules, dans lesquels la segmentation était aussi nettement dessinée que dans les œufs fécondés (l'auteur donne une figure qui ne laisse aucun doute sur l'interprétation des faits); seulement les cellules du pseudo-blastoderme subissaient déjà la métamorphose graisseuse. Dans d'autres ovules, le contenu était complètement transformé en une masse graisseuse. Tous ces ovules étaient entourés d'une zone cellulaire provenant du disque proligère de la vésicule de de Graaf, et dont les éléments sphériques ne pouvaient être confondus avec les cellules polyédriques résultant de la segmentation du vitellus. La segmentation du jaune est donc possible sans fécondation préalable. Du reste le phénomène de la segmentation de l'œuf non fécondé n'a rien d'anormal en soi, car l'ovule n'est qu'une cellule, et chaque jour on observe que les cellules de l'organisme, sous l'influence d'une cause irritante, offrent aussi une segmentation ou prolifération nucléaire, à la suite de laquelle naissent les produits pathologiques les plus variés. » On voit que dans cette courte réflexion était contenu en principe tout ce que devait nous révéler plus tard une étude plus approfondie. Du phénomène de la segmentation parthénogénétique on passe à la production du kyste dermoïde classique par les observations de Steinlin, qui a vu le jeune kyste apparaître dans l'intérieur du follicule de de Graaf; il s'y montre tout d'abord sous la forme d'une petite masse charnue, qui, à la phase la plus jeune observée par Steinlin, avait le volume d'un grain de chènevis : cette masse semble adhérer aux parois du follicule dont elle ne se laisse que difficilement énucléer. Plus tard il devient plus facile de l'en distinguer, grâce à l'existence d'une mince fissure, apparente sur les coupes, qui la sépare de la paroi. On constate alors que le bourgeon en question n'adhère à la paroi du follicule que sur une face, par une sorte de large pédicule. Plus tard la fissure devient une cavité, dans laquelle s'épanche du liquide; le bourgeon se vascularise, des glandes sébacées s'y montrent, et le kyste dermoïde est constitué.

Or, il est actuellement possible d'entrevoir les causes de la division parthénogénétique de l'ovule grâce aux travaux entrepris dans ces vingt-cinq dernières années par toute une série de chercheurs.

Nous savons tout d'abord qu'un certain nombre d'excitations mécaniques ou physiques peuvent amener la division d'œufs tenus en dehors de l'action du spermatozoïde. C'est ainsi qu'en 1885, Tichomirow(1), par le *brassage* des œufs de vers à soie obtint des chenilles adultes; un *secouage* léger a permis à Mathews(2), de provoquer la division ovulaire chez Asterias; chez les mêmes Échinodermes, Mathews(3), Delage(4), Lillie(5) ont eu des résultats positifs en exposant les œufs à une chaleur brusque et passagère de 35°. Bohn(6) enfin a provoqué la division chez l'oursin au moyen des émanations du radium. Mais ce sont là des actions qui ne pourraient guère expliquer la parthénogenèse naturelle accidentelle chez les vertébrés supérieurs.

Il n'en est pas de même de l'action des solutions salines électrolytiques ou non. On fait agir sur un œuf pris dans l'ovaire, une certaine solution pendant un temps donné, puis on place l'œuf dans le milieu où il a coutume de se développer c'est-à-dire, selon les animaux, l'eau de mer ou l'eau douce. On observe alors qu'il se divise spontanément. Le processus continue plus ou moins longtemps et l'œuf peut arriver à produire un animal adulte.

Une telle *parthénogenèse artificielle* a été observée pour la première fois par Dewitz (1886), par R. Hertwig (1896), puis successivement par Herbst, Giard, Lœb, Morgan, Delage, Lyon, Bataillon, Kostanecki, M. Roudeau Luzeau, Lefèvre, etc.

Les substances que ces expérimentateurs ont employées en solution sont très nombreuses. Nous pouvons citer la strychnine, le sérum antidiphtérique, les sérums sanguins de lapin, de bœuf, de porc, le benzol, le saccharose; des phénols comme le tanin; un grand nombre de sels acides ou basiques KCl, NaCl, LiCl, $CaCl^2$, $MgCl^2$, $HgCl^2$, KI, NaI, KBr...; des acides minéraux CO^2, HCl, SO^4H^2, $P^2O^4H^5$; des acides gras butyrique, valérianique; des alcalis KoH, NaOH, AzH^5.

La parthénogenèse a pu être ainsi provoquée chez un assez grand nombre d'êtres vivants, depuis les plantes jusqu'aux vertébrés inférieurs

(1) Tichomirow, Die Küustliche Partenogenese bei Insekten. *Arch. f. Anat. in Phys. Phy. Abl. supp.*, 1886.

(2) Mathews, Artificial parthenogenesis produbed by mechanical agitation. *Amer. Journ. of Phisiology*, t. VI, 1901.

(3) Mathews, Some ways of causing mitotic division in unfertilized Arbacia-eggs. *Ann. Jour. of Phys.*, t. IV, 1900.

(4) Delage, Études expérimentales sur la maturation cytoplasmique et sur la parthénogenèse artificielle chez les Échinodermes. *Arch. Zool. Exper.*, 3e s. t. IX, 1901.

(5) Lillie, Momentary elevation of temperatur as. *Journ. of esper. Zool.*, t. V, 1908.

(6) Bohn, Influence des rayons du Radium. *C. R. Acad. Sc.*, t. CXXXVI.

inclusivement. Mais tandis que, chez les vertébrés, les embryons parthénogénétiques n'arrivent qu'au stade de quelques blastomères ou à la blastula (chez la grenouille, d'après Rondeau Luzeau(1), Bataillon(2), chez les Vers, Lœb(3) a obtenu des larves nageantes et même segmentées; chez les Échinodermes, au moyen de sa méthode par le tanin et l'ammoniaque, Y. Delage(4) est arrivé à obtenir des animaux adultes: entre autres, 6 oursins mâles dont l'un était monstrueux. Deux de ces oursins ont vécu 18 mois, sont arrivés à la période de maturité sexuelle et ne sont morts qu'accidentellement.

Le premier phénomène ovulaire observable, lorsque l'on place l'œuf dans son milieu naturel au sortir de la solution excitatrice, est la formation de la membrane vitelline; le second, est la disparition de la membrane nucléaire; puis suivent la formation d'asters multiples, qui disparaissent, et l'apparition d'un aster permanent autour d'un centrosome : la division s'ensuit alors selon le mode habituel de la karyokinèse.

Lœb et Delage(5), surtout ont fait une étude approfondie du déterminisme de ces phénomènes, et Delage en a presque donné l'explication(6). Sans entrer dans le détail des théories émises à ce sujet, ce qui nous ferait sortir du cadre de ce travail, nous devons dire en quelques mots de quel ordre de phénomènes physico-chimiques relève la parthénogenèse expérimentale.

A la suite des travaux de Foll, Lillie(7), Morgan, on peut considérer la cellule comme formée de granules colloïdaux en suspension dans une solution électrolytique. Les granules colloïdaux n'étant ni égaux, ni de même substance sont chargés de quantités d'électricité qui varient de grandeur et de signe selon les granules. Les ions des substances électrolytiques en solution dans la cellule sont eux aussi chargés d'électricité dont le potentiel et le signe varie selon les ions. En outre, entre les granules colloïdaux existe une tension superficielle, dont la grandeur

(1) RONDEAU-LUZEAU, Action des chlorures en dissolution sur le développement des œufs de batraciens. *Thèse Sc. natur.* Paris, 1902.

(2) BATAILLON, Nouveaux essais de parthénogenèse expérimentés chez les Amphibiens. *C. R. Acad. sc.*, t. CXXXIV, 1902.

(3) LOEB, Experiments on artificial parthenogenesis in Annelids. *Amer. Journ. of Physiol.*, t. IV, 1901.

(4) DELAGE, Développements parthénagonétiques en solutions isoteniques à l'eau de mer. Élevage des larves d'oursins jusqu'à l'imago. *C. R. Acad. des Sciences*, p. CXLV, 1907 et nombreuses notes dans les mêmes *C. R.* jusqu'en 1909.

(5) DELAGE, La parthénogenèse expérimentale et les propriétés des solutions électrolitiques. *Rivista di Scienza*, 1907. — La parthénogenèse électrique. *Arch. Zool. Exper.*, 4e sér., t. IX, 1908.

(6) Les indications bibliographiques des travaux de ces deux auteurs sont trop nombreuses pour être portées ici. Pour DELAGE, consulter les *Arch. de Zool. Expérim.*, 1890 à 1909 et les *C. R. Acad. des Sc.* du t. CXXXI au t. CXLVIII. Pour LOEB, voir la bibliographie complète et très considérable dans le *Bulletin scientifique de la France et de la Belgique*, 7e série, t. XLIII, in *Travaux et problèmes relatifs à la Parthénogenèse artificielle*, par H. DAUDIN.

(7) LILLIE, The physiologie of cell division Experiments on the conditions determining the distribution of chromatic matter in mitosis, *Amer. Jour. of. Physiol.*, t. XV, 1905.

varie en sens inverse de leur charge électrique. La tension superficielle tend à agglutiner les granules colloïdaux que d'autre part leurs charges électriques repoussent.

De telle sorte que l'état de repos d'une cellule comme l'ovule dans son ovisac, tiendrait à l'existence d'un équilibre entre ces deux ordres de forces : tension superficielle et charges électriques des granules colloïdaux et des ions.

Que l'on vienne à modifier la charge électrique des granules ou des ions, la tension superficielle est également modifiée, l'équilibre est rompu, une sorte de déclanchement se produit; la division commence et se poursuit plus ou moins loin.

Les solutions électrolytiques employées pour provoquer la parthénogenèse rompraient l'équilibre intra-ovulaire grâce à l'action de la charge électrique de certains de leur ions.

Par exemple : un ovule est plongé dans une solution étendue d'un acide. Les ions H très petits et très rapides de cet acide se précipitent au contact des granules colloïdaux ou des ions — du protoplasma et les déchargent. La tension superficielle peut, dès lors, agir librement et agglomérer ces granules : il y a coagulation intra-cellulaire. De telle sorte que, replacé dans son milieu naturel, l'ovule s'y trouve dans d'autres conditions d'échanges dialytiques que celles où il était avant l'action de l'acide. Ces nouvelles conditions ont comme résultat la division de l'ovule qui apparaît ainsi selon l'expression de Giard comme une riposte formatrice déterminée par une tono (ou osmo) excitation. Quant aux causes intimes de cette division ce serait sortir de notre sujet que de les analyser en détail, et je renvoie le lecteur au travail de Gallardo[1], sur ce point.

Quel que soit d'ailleurs le processus intime qui engendre la parthénogenèse artificielle et sur lequel on peut encore discuter, du moins les travaux précités nous ont apporté des données certaines.

Nous savons en effet maintenant que des acides gras, des sérums, des substances médicamenteuses comme la strychnine, le KI, le KBr, agissant temporairement sur un ovule, peuvent en provoquer la division. Or, chez la femme, il n'est pas difficile de concevoir que la strychnine, Ki, KBr, puissent arriver temporairement au contact d'un ovule. En second lieu, nous pensons que, au niveau des ovisacs atrésiés où l'on rencontre si souvent des ovules, en voie de division parthénogénétique, la désintégration des cellules de la granulosa a pu introduire dans le liquor folliculi qui baigne l'ovule, des électrolytes ou, en particulier, des acides gras.

On voit que grâce aux travaux sur la parthénogenèse artificielle, l'origine parthénogénétique des kystes dermoïdes de l'ovaire nous paraît une possibilité scientifiquement établie.

[1] GALLARDO, Interprétation tripolaire de la division Karyokinétique, *Ann. Museum Buenos-Aires*, t. XIII, 1906.

L'analyse des monstres par parthénogenèse présente un fait très remarquable, que déjà I.-G. Saint-Hilaire avait noté à propos des différentes catégories de môles (*Tératologie*, II, 544); c'est que souvent on trouve dans ces vestiges fœtaux non seulement des parties caractéristiques des très jeunes embryons, ou bien des parties qui existent chez l'embryon et seulement chez l'embryon déjà avancé dans son développement, mais encore des parties complètement étrangères à la vie intra-utérine et caractéristiques même de l'état adulte. Tel est le cas des dents de la seconde dentition, qu'on trouve tantôt contenues encore dans leurs alvéoles tantôt complètement développées, le plus souvent les dents des deux dentitions subsistant à la fois. Or, quoique I.-G.-Saint-Hilaire examine ces fait en dehors de la théorie parthénogénétique, il en donne une explication à laquelle nous ne trouvons aujourd'hui rien à modifier. Parmi les circonstances qui se rattachent à la production de ces monstres, fait-il remarquer (*loc. cit.*, p. 553), il en est une vraiment fondamentale : c'est la longue durée de la gestation, longue durée qui, si elle se présente pour divers cas de grossesses extra-utérines, est le cas ordinaire, nécessaire pour les produits ovariens que nous considérons comme parthénogénétiques. Pendant le long temps que l'embryon rudimentaire passe dans le kyste ovarien, il subit une sorte d'incubation, s'accroît, comme le montre l'accroissement graduel de la tumeur. Quoique borné à un petit nombre de systèmes organiques, cet accroissement dépasse les limites de celui qui a lieu dans les conditions normales de la vie fœtale, comme l'atteste l'allongement très considérable des cheveux, l'ossification successive des parties osseuses, et l'éruption des dents de seconde dentition; on voit en effet que celles-ci surviennent comme dans les conditions ordinaires de la vie extra-utérine, c'est-à-dire de l'enfance : elles succèdent à des dents de première dentition dont elles déterminent la chute comme dans l'état normal. Ainsi se trouvent associés divers états qui semblent au premier abord en opposition, mais dont chacun a ses conditions déterminantes, à savoir d'une part une formation embryonnaire rudimentaire, et d'autre part un développement et surtout un accroissement exagéré, plus que normal, des parties qui ont pris naissance.

Nous ne saurions quitter cette importante question des monstres par parthénogenèse, sans dire un mot des théories précédemment proposées pour la formation des kystes dermoïdes. De ces théories, les unes invoquent des interprétations tératologiques qui sont relatives à la genèse, d'autres formes monstrueuses auxquelles on voudrait rattacher ces productions kystiques (monstres doubles endocymiens); les autres invoquent divers processus embryologiques plus ou moins anormaux. Nous examinerons d'abord celles-ci, c'est-à-dire la théorie des *grossesses extra-utérines*, de l'*enclavement* et du *néoplasme*.

(1) TICHOMIROW, Die künstliche Parthenogenese bei Insecten. *Arch. f. Physiol.*, 1886, Suppl. Bd., p. 35.

Nous n'insisterons pas sur la théorie du *néoplasme*. Elle est due principalement à Lebert (*Soc. de biologie*, 1852) qui entreprit de démontrer que les dermoïdes ne sont que de simples tumeurs, remarquables seulement par leur nature entièrement différente de celle des tissus voisins. Mais Lebert se limite de propos délibéré aux cas les plus frustes. Il existait cependant alors déjà quelques observations de kystes renfermant des parties bien évidemment embryonnaires; mais Lebert les repousse purement et simplement comme autant de fables et d'erreurs. Après l'étude que nous venons de faire, il nous paraît inutile d'insister, et nous croyons pouvoir déclarer qu'il est impossible que des cellules autres qu'un ovule puissent, en se développant à une époque et dans une direction anormales, donner naissance à des productions figurées. L'individualisation, à quelque degré qu'elle se montre, et si imparfaite qu'elle soit dans les tératomes de parthénogenèse, est un caractère qui décèle sûrement une origine ovulaire. Mais de ce que nous rattachons à une origine ovulaire certains produits qui ont pu être autrefois compris dans la classe générale des tumeurs, il n'en fandrait pas conclure, comme on nous en a à tort prêté la pensée, que nous assignons à toutes les tumeurs, et même au cancer, une origine ovulaire parthénogénique. Il est à peine besoin de réfuter cette singulière interprétation [1].

Nous aurons, dans une autre partie de cette étude, à donner quelques détails sur le processus particulier et connu sous le nom d'*enclavement* (ne pas confondre avec l'*inclusion fœtale*), et par lequel s'explique la formation de kystes dermoïdes situés dans des diverses parties du corps; une petite région de la peau, restée pour ainsi dire en arrière pendant le développement, déprimée au milieu des parties voisines, est enclavée par celles-ci au sein des tissus sous-jacents, et peut, par son accroissement ultérieur, donner lieu à la formation d'un kyste. C'est cette théorie, exacte pour bien des cas, qu'on a voulu appliquer également aux productions dermoïdes de l'ovaire, en attribuant ceux-ci à une invagination ectodermique qui se serait produite au niveau de la région lombaire. His et Pouchet ont insisté sur des dispositions embryonnaires qui pouvaient donner une apparence de vraisemblance à cette manière de voir. G. Pouchet [2] a signalé le voisinage et la contiguïté du feuillet externe avec les premiers rudiments du corps de Wolff, c'est-à dire avec la masse embryonnaire mésodermique d'où naîtra l'appareil génito-urinaire, et il a invoqué cette disposition comme intervenant dans la formation des kystes dermoïdes aussi bien de l'ovaire que du testicule. His a été plus explicite encore, puisqu'il a considéré le canal de Wolff comme se formant aux dépens de l'ectoderme, manière de voir que les recherches embryologiques ultérieures n'ont pas confirmée. Du reste le canal de Wolff ne prend aucune part à la formation de la glande génitale. D'autre

(1) MATHIAS DUVAL, Le cancer et la parthénogenèse, note de rectification. *Soc. de biol.*, 20 octobre 1894, p. 646.

(2) G. POUCHET, Sur le développement des organes génito-urinaires. *Ann. de gynécologie*, 1886, p. 92.

part un enclavement ectodermique, s'il peut fournir des poils, des ongles, des glandes et même des dents, ne serait pas en état de fournir les tissus multiples qu'on rencontre dans les dermoïdes ovariens, et surtout n'expliquerait pas que ces productions tératoïdes prennent la forme d'organes déterminés (membre, tube digestif, etc.), et même d'embryons à peu près entiers.

Reste la théorie d'une *grossesse extra-utérine* : la fécondation, qui a lieu normalement dans le conduit tubaire, peut se faire accidentellement à la surface de l'ovaire, et, faute d'autre source d'explication, on pourrait à la rigueur, penser, pour les produits embryonnaires des kystes ovariques, qu'un spermatozoïde aurait pu pénétrer jusque dans une vésicule de de Graaf, et y provoquer le développement sur place de l'ovule. Mais il est toute une série de cas devant lesquels cette théorie tombe d'elle-même. Ce sont les kystes dermoïdes des filles non pubères et vierges, et ceux qui ont été trouvés chez des femmes affectées de malformations congénitales telles qu'elles excluent absolument toute possibilité de fécondation.

Une autre série de théories invoque, avons-nous dit, des faits tératologiques d'un ordre spécial, et aboutit à faire rentrer les cas de kystes ovariques embryonnés dans la classe des monstres doubles, dans la catégorie des monstres endocymiens ou par inclusion (inclusion fœtale, à distinguer de l'*enclavement* ci-dessus discuté), ainsi que nous l'avons indiqué déjà à diverses reprises en parlant des idées de Geoffroy Saint-Hilaire sur ce sujet. C'est donc à propos de la formation des monstres doubles endocymiens que nous parlerons de cette théorie qui explique un grand nombre de monstruosités, mais qui certainement n'est pas applicable aux produits tératoïdes des kystes de l'ovaire. Il nous suffira pour le montrer de signaler les quelques détails suivants : les parasites endocymiens, qui sont de fait frères du sujet porteur, manifestent leur présence à une époque rapprochée de la naissance de ce sujet, et leur accroissement est limité aux premières années de celui-ci ; c'est-à-dire que les symptômes de l'inclusion fœtale s'observent exclusivement pendant le bas âge et l'enfance ; au contraire, les kystes dermoïdes, dont le produit tératoïde est, selon la théorie de la parthénogenèse, non plus frère mais fils du sujet porteur, se manifestent dans l'immense majorité des cas de vingt à trente-cinq ans, et, chose très démonstrative, il existe des observations de kystes dermoïdes trouvés chez des femmes dont l'ovaire, examiné au cours d'une laparatomie antérieure, avait été trouvé sain (Répin, *op. cit.*). La parthénogenèse a donc lieu essentiellement pendant la période de la vie où l'ovaire présente des vésicules de de Graaf et des ovules arrivant à maturité ; et s'il existe quelques cas rares de kystes dermoïdes de l'ovaire chez des enfants, il ne faut pas oublier ce que nous savons aujourd'hui sur l'évolution, au moment de la naissance, d'un certain nombre d'ovisacs, qui arrivent à maturité, puis sont normalement frappés d'atrésie. Enfin rappelons que les kystes dermoïdes de l'ovaire sont fréquemment bilatéraux, et que, pour expliquer ce fait dans l'hypothèse de l'inclusion, il faudrait supposer une inclusion abdominale bilatérale, c'est-à-dire, comme nous le verrons à propos des monstres composés, une gémellité univitelline triple, avec situation toute spéciale des embryons, réunion de circonstances que la rareté de la gémellité triple doit faire considérer comme presque irréalisable. Si enfin nous remarquons encore que les kystes dermoïdes de l'ovaire sont rarement isolés, et qu'à côté du kyste principal on en trouve souvent d'autres plus jeunes, distincts et indépendants du premier, nous aurons signalé les principales considérations qui s'opposent à ce qu'on puisse invoquer ici l'inclusion fœtale.

L'origine parthénogénétique de certains tératomes nous paraît d'une importance théorique trop grande pour que nous négligions d'aller au-devant des objections qui pourraient lui être opposées par le fait des tératomes testiculaires. Nous dirons donc, d'abord, qu'il faut distinguer les tératomes scrotaux, d'une part, lesquels peuvent être ramenés à la monstruosité double parasitaire sans plus de difficulté qu'un tératome périnéal ou pubien, et d'autre part les tératomes testiculaires, qui sont situés sous l'albuginée, et en connexion évidente avec la glande génitale. Or, pour ces derniers, la parthénogenèse peut être invoquée aussi bien que pour les kystes de la glande femelle, puisque nous savons aujourd'hui que la glande génitale est primitivement hermaphrodite, c'est-à-dire qu'on trouve dans le testicule embryonnaire des ovules primordiaux, aussi bien que dans l'ovaire en voie de développement. La persistance de ces ovules primordiaux dans le testicule jusqu'à l'époque de la puberté (Balbiani), les cas d'hermaphrodisme de la glande, si fréquents chez certains vertébrés, et observés même dans l'espèce humaine, suffisent pour nous permettre d'assimiler, en leur assignant une même origine parthénogénétique, les kystes dermoïdes de l'ovaire et les kystes du testicule généralement considérés comme des cas d'inclusion testiculaire.

Accidents de la fécondation : diplogenèse. — Nous ne connaissons guère que deux accidents possibles dans la fécondation; c'est d'une part, l'*hybridité*, ou fécondation par un spermatozoïde appartenant à une autre espèce animale que celle d'où provient l'ovule; c'est d'autre part la *polyspermie*, ou fécondation par l'arrivée dans l'œuf de deux ou plusieurs spermatozoïdes, et non d'un seul, selon la règle normale.

Il ne saurait être question de faire ici l'étude de l'*hybridité*; mais nous tenions à inscrire ce mot au début de ce chapitre, parce que de très nombreuses recherches expérimentales récentes ont montré que, pour les animaux à fécondation externe, l'hybridation est un accident fréquent de la fécondation, accident qu'on peut provoquer artificiellement, et qui peut être la source de très intéressantes observations tératologiques. En effet, dans les expériences d'hybridation, par fécondation artificielle, chez les Batraciens notamment, on a observé que la segmentation se produisait ensuite d'une façon irrégulière, désordonnée, et que le développement tératologique s'arrêtait bientôt, en raison de ces désordres mêmes. Il est donc probable que chez les animaux supérieurs la stérilité de la copulation entre mâle et femelle d'espèces différentes n'est pas due toujours à l'absence de fécondation, mais souvent aussi à un développement anormal de l'œuf fécondé, développement qui s'arrête bientôt par le fait même de son incoordination. Il est probable que l'hybridité sera un jour un chapitre important de la tératologie, en ce sens que celle-ci aura à déterminer la nature des processus monstrueux qui entravent le développement de l'œuf hybridé, c'est-à-dire à expliquer non pas la stérilité des rapprochements entre espèces différentes, mais l'impuissance du produit de cette fécondation à continuer son développement [1].

Quant à la *polyspermie*, nous avons déjà exposé, avec quelques détails, dans le chapitre consacré à l'histoire de la tératogénie expérimentale, comment Fol avait découvert que l'entrée de deux spermatozoïdes dans un œuf y déterminait des processus intimes aboutissant à l'apparition de deux centres embryonnaires, et finalement à un monstre double. Nous avons rappelé dans quelles conditions il avait pu provoquer cette entrée de deux spermatozoïdes dans un ovule d'Échinoderme. Nous devons ajouter ici que, depuis son premier travail (1879), Fol a confirmé ces premiers résultats, et varié d'une manière bien instructive ses essais expérimentaux [2]. Il a notamment expérimenté selon une méthode fort élégante, qui consiste à opérer sur des œufs d'oursin parfaitement frais, mûrs à point, mais à les narcotiser momentanément, un peu avant la fécondation artificielle, par immersion dans l'eau saturée d'acide carbonique. Ces œufs, à moitié engourdis, laissent pénétrer trois à quatre spermatozoïdes dans leur intérieur. Les trois ou quatre noyaux mâles vont se réunir au noyau femelle, et il survient un temps de repos pendant lequel rien ne ferait deviner ce que la fécondation a eu d'anormal, si ce n'est la durée plus grande de cette période d'immobilité. Mais au moment où le premier fractionnement se prépare, on voit apparaître une figure caryocinétique complexe, à trois ou quatre pôles au lieu de deux, ou bien deux amphiasters parallèles; puis le nombre des cellules de fractionnement est au moins double de celui que présentent les embryons normaux de l'âge correspondant, et plus tard les larves ont des formes irrégulières et souvent deux ou trois cavités gastréales. De plus H. Fol a constaté que si les œufs ont été très profondément engourdis par l'action prolongée de l'acide carbonique, ils laissent entrer de cinq à dix spermatozoïdes; s'il en pénètre un plus grand

(1) Sur cette importante question et son étude expérimentale, voy. PFLUGER, Die Bastardzougung bei den Batrachiern. *Archiv. für die gezammte Physiologie*, 1882, t. XXIX. — PFLUGER et SMITH, Untersuchungen über Bastardirung. *Ibidem*, 1883, t. XXXII, p. 610. — BORN. Beiträge zur Bastardirung zwischen einpeimischen Anurarten. *Ibidem*, 1883, t. XXXII, p. 453. — BORN, Weitere Beiträge zur Bastardirung, etc. *Arch. für mikr. Anatomie*, 1886, t. XXVII, p. 192. — WALTER GEBHARD, Ueber die Bastardirung von Rana esculenta mit arvalis. *Thèse de Breslau*, 1894.

(2) FOL, Sur l'origine de l'individualité chez les animaux supérieurs. *Comptes rendus de l'Acad. des sc.*, 1883, t. XCVII.

nombre, l'œuf succombe et ne se développe pas. Dans les œufs qui se développent, un certain nombre de noyaux mâles traversent le vitellus et vont se réunir au noyau femelle; d'autres restent dans la partie superficielle du vitellus et ne diffèrent du noyau fécondé que par des dimensions moindres; lors du fractionnement, tandis que le noyau fécondé se change en un tétraster ou en un double amphiaster, chacun des noyaux mâles isolés devient un simple amphiaster, dont chacun paraît être un centre de développement, car celles des larves qui survivent prennent une forme de polygastrée.

Cette influence diplogénétique de l'entrée de deux spermatozoïdes a été confirmée de divers côtés. De l'exposé qui va suivre il résultera que non seulement cette polyspermine est l'une des causes possibles de la diplogenèse, mais qu'elle en est même la seule cause probable, en tous cas la seule qui ait pu être bien étudiée. C'est pourquoi ce chapitre, intitulé *des accidents de la fécondation*, sera entièrement consacré à l'étude de la formation des monstres doubles.

L'existence de deux sujets unis l'un à l'autre en général par des régions homologues des corps et d'une manière symétrique, a donné lieu à bien des théories : les uns ont voulu y voir le résultat de la *soudure* de deux sujets primitivement distincts; les autres ont cru à la *division*, au dédoublement (bifurcation) d'un sujet primitivement simple et unique. Nous ne nous arrêterons pas tout d'abord à ces théories. Nous préférons commencer par l'exposé des faits, c'est-à-dire des observations, aujourd'hui recueillies en assez grand nombre et selon des types assez variés pour amener à une solution du problème sans hypothèses. Nous exposerons donc d'abord les conditions qui président à la *disposition morphologique* des monstres doubles; nous verrons alors que ces dispositions, de par leur mécanisme étiologique, forment des séries correspondant, avec quelques légères modifications, à la classification établie par Geoffroy Saint-Hilaire; nous examinerons ces séries pour les monstres doubles *autositaires* et pour les *parasitaires*; c'est alors seulement que nous passerons rapidement en revue les théories classiques de la diplogenèse, pour conclure par la théorie de la *polyspermie*. Enfin nous montrerons l'importance de la *polyspermie* en tératogénie en parlant de ses rapports avec la *gémellité univitelline*, ce qui nous amènera à trancher la question des *omphalosites* que nous rattacherons aux monstres doubles.

a. *Conditions étiologiques de la morphologie des monstres doubles.* — Aujourd'hui l'étude de la formation des monstres doubles n'est plus une question de théories, d'hypothèses, c'est une question de faits d'observation. La production par diplogenèse a été suivie, dans presque toutes ses phases, selon ses divers types, à peu près comme a été suivi le développement de l'embryon normal. Ce sont ces faits que nous exposerons d'abord, rejetant à la suite de cet exposé l'examen des théories anciennes, dont il sera alors facile de saisir l'insuffisance en même temps que de juger la part de vérité que cependant chacune d'elles renfermait.

Le point de départ de cette étude doit être la connaissance que nous avons actuellement de l'effet produit, dans l'œuf des Invertébrés, par l'entrée de deux spermatozoïdes, par la polyspermie, par l'hyperfécondation. Dans ces cas, dès les premiers phénomènes qui suivent la fécondation, tous les processus embryologiques se produisent à l'état double, depuis la formation d'un tétraster au lieu d'un amphiaster de segmentation, jusqu'à la double invagination qui aboutit à une gastrulation double, selon les descriptions de Fol. Chez les Vertébrés, le phénomène de gastrulation se traduit normalement à la surface de l'œuf par l'apparition de la *ligne primitive*, qui représente un orifice rusconien, c'est-à-dire l'orifice de la gastrula, l'orifice de l'invagination gastruléenne[1]. Il s'agit donc de savoir si les observations faites sur les premiers états des monstres doubles nous montrent un état double de la ligne primitive. C'est ce qu'on constate en effet chez les oiseaux, et les résultats de l'observation sont ici assez nombreux pour nous montrer que les différents types de diplogenèse résultent, pour ainsi dire géométriquement, des diverses dispositions que peuvent présenter deux lignes primitives apparues sur un même disque blastodermique.

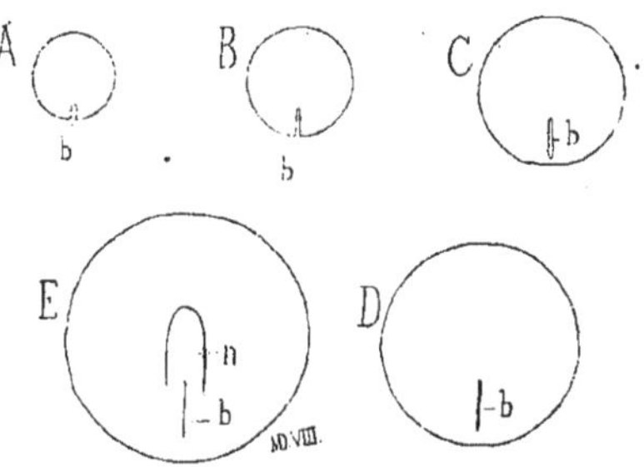

Fig. 8. — Schéma de la ligne primitive.
b, *b*, divers états graduels de la ligne primitive. *n* (en E), première indication de la gouttière nerveuse.

Rappelons d'abord que la ligne primitive apparaît sous la forme d'une encoche sur le bord du disque blastodermique du poulet (fig. 8, en A); ce disque blastodermique continuant à s'étendre, la petite encoche prend la forme d'une ligne (soit à l'état de fente perméable, soit à l'état de raphé produit par la soudure des bords de la fente) dirigée radiairement de la périphérie vers le centre du disque (fig. 8, en B); puis à un moment donné, cette ligne se sépare de la périphérie correspondante du disque blastodermique qui continue à s'étendre sur la sphère vitelline pour l'envelopper jusqu'à son hémisphère inférieur (fig. 8, en C, D). La ligne primitive est dès lors située en plein disque blastodermique, radiairement étendue vers le centre qu'elle n'atteint pas, et bientôt, coiffant son extrémité dirigée vers le centre, apparaît le dessin des lames, puis de la gouttière médullaire, c'est-à-dire les premiers linéaments du corps de l'embryon (fig. 8, en E). Malgré la concision extrême de ce résumé de la première apparition de la ligne primitive et du corps de l'embryon (voir pour de plus amples explications les planches III et IV de l'*Atlas d'embryologie*, de Duval), il suffira pour l'intelligence de ce qui va suivre, si nous ajoutons que la région de la ligne primitive correspond à la future

(1) Mathias Duval, De la formation du blastoderme dans l'œuf d'oiseau. *Ann. des sciences naturelles (zoologie)*, 1884, t. XVIII.

région anale (région caudale, bassin) de l'embryon, dont la tête au contraire se formera au niveau de l'extrémité antérieure de la gouttière médullaire, c'est-à-dire au niveau de l'extrémité dirigée vers le centre du disque blastodermique.

Or, s'il y a eu polyspermie, la diplogenèse, qui se manifeste par une double gastrulation, se traduira ici par l'apparition de deux lignes primitives. Ces deux lignes primitives, d'après les seules conceptions possibles *a priori*, et d'après ce qui est vérifié directement par l'observation apparaîtront toujours sur les bords du disque blastodermique et pourront, l'une par rapport à l'autre, affecter toutes les positions possibles, depuis celles où elles sont en opposition (fig. 9 en A), c'est-à-dire situées aux deux extrémités d'un même diamètre, en passant par celles où elles sont à angle obtus ou droit (B et C), à angle aigu (D), jusqu'à celles où elles sont très voisines, placées côte à côte, parallèlement l'une à l'autre (en E) ou même se confondent par leur extrémité périphérique ou postérieure (E). Étudions ce qui pourra advenir de deux embryons ayant pour point de départ des lignes primitives placées selon ces dispositions, dont il nous suffira d'examiner cinq types.

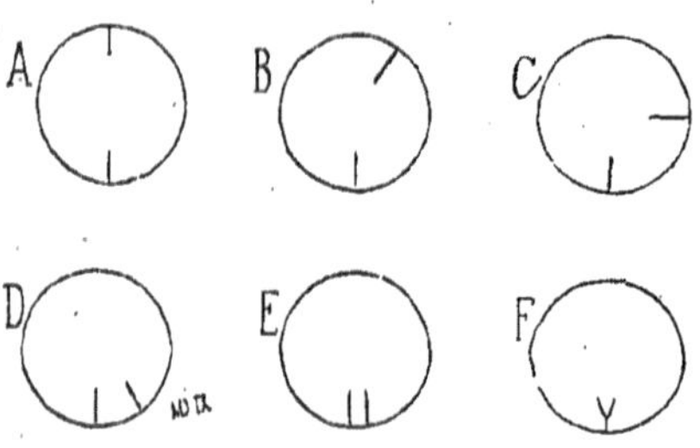

Fig. 9. — Schéma des diverses positions que peuvent occuper deux lignes primitives sur un seul disque blastodermique.

1° *Lignes primitives en opposition* (fig. 9 en A). — Dans cette disposition de deux lignes primitives, les deux embryons se développeront en marchant l'un vers l'autre par leurs extrémités céphaliques qui arriveront bientôt au contact et pourront se souder. Nous n'avons pas besoin de figure schématique pour représenter ce processus, car l'observation nous en présente une série de cas qui ont la valeur démonstrative d'un schéma. C'est d'abord un blastoderme observé par Reichert et dans lequel deux gouttières médullaires, provenant de deux lignes primitives en opposition, marchent à la rencontre l'une de l'autre par leurs extrémités céphaliques qui sont à peine arrivées au contact (fig. 10 en A). C'est ensuite un cas de de Baer (fig. 10 en B), présentant les mêmes dispositions, mais avec cette différence que les deux têtes sont bien arrivées au contact et même se soudent par leurs extrémités. Puis, parmi d'autres observations dont nous laissons de côté toutes celles qui feraient ici double emploi, il faut citer encore une observation de Dareste, que nous reproduisons dans la figure 10, C, et où nous voyons bien nettement les deux embryons réunis par le sommet de leurs têtes, les autres parties (cœur, tronc, membres antérieurs et postérieurs) étant disposées de manière à se développer à peu près normalement.

Ainsi la diplogenèse ayant pour origine deux lignes primitives en opposition donnera essentiellement un monstre double composé de deux sujets soudés par le vertex. Nous disons essentiellement, parce que, comme le montrent diverses observations que nous avons laissées de côté, les deux têtes, qui viennent au contact dans la disposition en question, peuvent arriver à se fusionner d'une manière plus intime, de façon à donner des monstres doubles sycéphaliens; mais ceux-ci sont surtout le résultat des lignes primitives disposées à angle obtus, que nous étudierons dans un instant. Cherchant à simplifier autant que possible dans ces

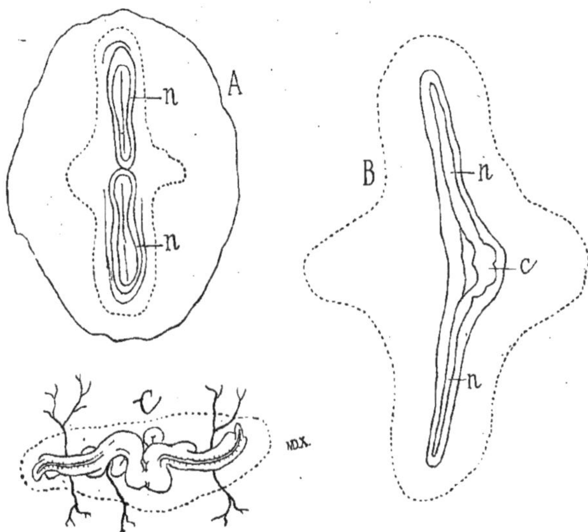

Fig. 10. — Trois stades de formation d'un monstre Céphalopage.
A, d'après Richert. — B, d'après de Baer. — C, d'après Dareste. — Les lignes pointillées indiquent les limites de l'aire transparente.

questions complexes, nous admettrons donc comme il vient d'être dit, que deux lignes primitives en opposition ont, en cas de soudure, pour résultat diplogénique, la production de deux sujets soudés par le vertex.

Mais nous savons que les monstres soudés par le vertex peuvent l'être dans deux situations bien différentes : chez les uns l'union se fait front à front et occiput à occiput : ce sont les *Métopages* ; chez les autres, l'union est telle que le front de l'un des sujets est soudé à l'occiput de l'autre, et l'occiput du premier au front du second; ce sont les *Céphalopages*. Or l'embryologie normale nous permet d'expliquer très facilement ces deux dispositions inverses. On sait que l'embryon, appliqué d'abord sur le disque blastodermique, à plat, par sa face ventrale, se tord bientôt sur lui-même de manière à se coucher sur le côté, normalement sur le côté gauche, avec saillie de l'anse cardiaque à droite, comme nous le verrons à propos de l'inversion des viscères; mais parfois aussi la torsion se fait en sens inverse, l'anse cardiaque fait saillie à gauche, l'embryon se couche sur le côté droit. Ce mouvement de torsion commence par la tête, c'est-à-dire que c'est très primitivement que la tête se couche à droite (exceptionnellement) ou à gauche (plus ordinairement). Or s'il arrive, dans le cas de deux lignes primitives en opposition, que les deux embryons se couchent normalement sur le côté gauche, il est facile de comprendre que la soudure des vertex se fera selon le type *Céphalopage* : elle sera selon le type *Métopage*, au contraire, si des deux embryons l'un se couche normalement sur le côté gauche, et l'autre, par exception à l'orientation ordinaire, sur le côté droit.

Déjà ici nous voyons quelle signification il faut attribuer à cette prétendue loi formulée par Geoffroy Saint-Hilaire, sous le titre d'*affinité de soi pour soi, d'union des parties similaires*. Les métopages obéiraient à cette loi, puisqu'ils sont unis front à front; les céphalopages y feraient exception puisque chez eux chaque front correspond à un occiput. En réalité la loi de l'union des parties similaires n'exprime autre chose que le fait de concordance des mêmes organes chez des sujets placés côte à côte ou bout à bout, Nous n'y insisterons pas pour le moment, puisque cette question recevra naturellement ses développements par l'exposé des autres formes de diplogenèse, puis par l'étude des soudures des membres chez les monstres simples syméliens. Nous devons seulement annoncer par avance que dans les cas de diplogenèse, et à part certains faits de monstres parasitaires où l'atrophie d'un des sujets fait disparaître la symétrie primitive, les dispositions des lignes primitives et par suite celles des embryons qui en partent sont telles que les deux corps ne peuvent faire autrement que de se correspondre par des parties similaires, et, s'il y a soudure, se fusionner par ces mêmes parties. Nous le voyons déjà pour les cas de soudure par les deux têtes, résultant de deux lignes primitives en opposition; il n'est pas possible qu'avec un semblable point de départ les deux sujets se rencontrent et se soudent autrement que par les têtes; mais à part l'homologie des deux têtes entre elles, la prétendue loi de l'affinité de soi pour soi serait observée dans la *métopagie*, tandis que la *céphalopagie* y ferait exception. Or nous venons de voir que la céphalopagie rentre plutôt dans la règle normale, puisqu'elle résulte de ce que les sujets se sont couchés tous deux, selon le cas normal, sur le côté gauche, tandis que la métopagie résulte d'une exception, l'un des sujets s'étant couché anormalement sur le côté droit.

2° *Lignes primitives à angle obtus ou à angle droit.* — D'après l'étude du cas précédent, il est facile de comprendre que si les deux lignes primitives sont disposées à angle obtus (fig. 9, en B) ou à angle droit (fig. 9, en C), les deux embryons en voie de formation arriveront à se rencontrer et à se souder également par les têtes, mais non plus directement par le vertex; la soudure sera latérale, et pourra s'étendre sur les parties situées plus bas, c'est-à-dire sur le cou et même le thorax. La figure 11, d'après Dareste, nous montre la production d'une diplogenèse de ce genre; les deux têtes apparaissent dans ce cas comme réunies en une masse unique; c'est, dit Dareste, un monstre *sycéphalien* en voie de production. La figure 12, en A, d'après le même auteur, représente une disposition où la fusion des deux corps doit s'étendre plus bas encore, sur le cou et le thorax (par exemple au futur *déradelphe*, ou un *sycéphalien synote*). Il faut bien remarquer, et nous insisterons plus loin, d'une manière générale, sur cette interprétation, que quand nous disons soudure ou fusion, il ne faut pas entendre par là simplement la formation de deux parties d'abord bien distinctes, qui arrivent à se toucher et à s'accoler, mais bien plutôt ce fait que deux organes homologues, deux moitiés de tête, la moitié gauche de la tête d'un sujet, et la moitié droite de celle de l'autre, ne trouvent à leur disposition, pour se former, qu'une seule et même partie du blastoderme, tant sont voisins et contigus des deux centres de formation des deux têtes ou des deux cous, de telle sorte que les parties naissent d'emblée soudées, leurs portions intermédiaires et communes ayant pris leur origine dans une seule et même masse de cellules blastodermiques. On comprend donc qu'en partant de deux lignes primitives disposées à angle droit, deux embryons puissent arriver à affecter les divers types des monstres doubles *Monocéphaliens* (*Déradelphes*, *Thoradelphes*, etc.) et *Sycéphaliens* (Janiceps, Iniopes, Synotes).

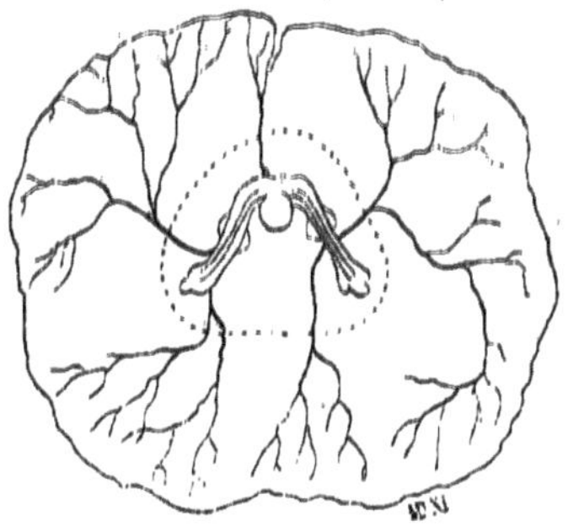

Fig. 11. — Monstre Sycéphalien en voie de formation (Dareste, pl. XV, fig. 2).

3° *Lignes primitives disposées à angle aigu.* — La figure 13, en A, nous donne une idée de ce qui pourra advenir de deux embryons naissant de deux lignes primitives disposées à angle aigu. La fusion des têtes n'aura lieu que dans leurs parties inférieures basales, leurs extrémités frontales pouvant se développer indépendamment. Rauber a observé un blastoderme sur lequel se réalisaient ces dispositions (fig. 14) et il est dit très expressément dans sa description que les extrémités céphaliques des deux gouttières nerveuses étaient séparées l'une de l'autre par un profond sillon, qui allait s'atténuant vers la région dorsale. Des dispositions semblables

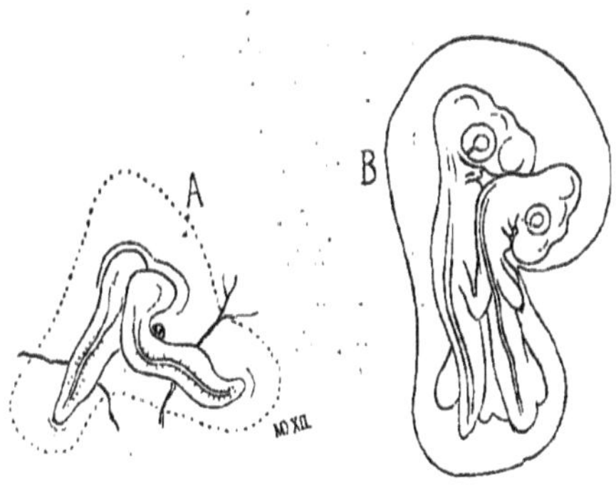

Fig. 12. — Monstres doubles en voie de formation (d'après Dareste).

A, Sycéphalien. — B, Ectopage.

doivent donner lieu à un *Hémipage* caractérisé par l'union des deux thorax et des cous, union qui s'étend jusqu'aux deux bouches confondues en une seule et même cavité; c'est-à-dire que les deux têtes

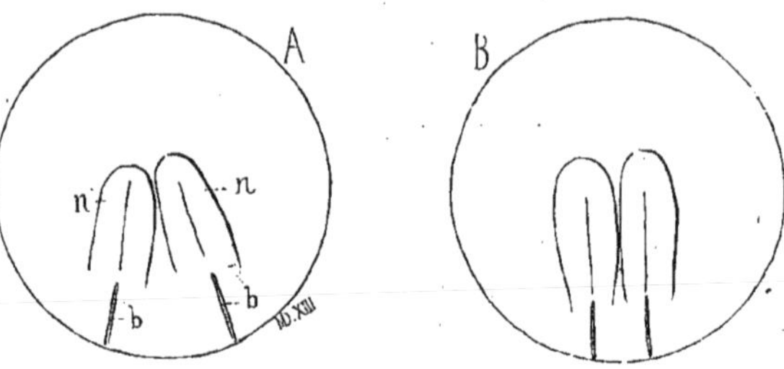

Fig. 13. — Dispositions de deux lignes primitives, à angle aigu (A) ou placées parallèlement côte à côte (B). — *b*, *b*, lignes primitives. — *n*, gouttière nerveuse.

sont fusionnées dans leur portion inférieure, tandis que chaque sujet conserve distincte et séparée la partie supérieure de sa face et son crâne (voir la figure ci-dessus, p. 175).

Il est évident qu'on ne saurait tracer de limites absolues entre ce qui peut résulter de deux lignes primitives à angle droit ou de deux lignes primitives à angle aigu. Ainsi le monstre embryonnaire représenté dans la figure 12, en A, et qui nous semble devoir produire un Sycéphalien, est considéré par Dareste comme représentant un futur hémipage. Il nous suffit de voir par là que la transition est graduelle des Sycéphaliens aux Hémipages, comme nous allons voir qu'elle l'est entre ceux-ci et les types de diplogenèse qui vont suivre.

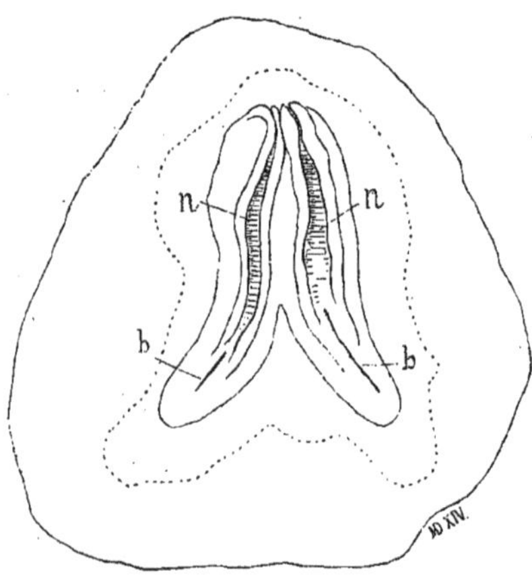

Fig. 14. — Monstre double (Hémipage) en voie de formation (observation de Rauber).

4° *Parallélisme des lignes primitives.* — Deux lignes primitives qui se forment dans le voisinage l'une de l'autre, mais chacune bien indépendante, dans une même région des bords du blastoderme, seront disposées à peu près parallèlement et donneront lieu à deux gouttières médullaires semblablement disposées (fig. 13 en B); on voit donc que les extrémités antérieures (têtes) et postérieures (origine des membres postérieurs) resteront indépendantes, mais que les troncs pourront se fusionner d'une manière plus ou moins intime, parfois très superficiellement, selon que les deux embryons se développeront étroitement pressés l'un contre l'autre, ou bien disposés à une certaine distance. La figure 12, en B, d'après une observation de Dareste, montre ce processus de diplogenèse en voie de réalisation; deux sujets sont unis latéralement, les têtes sont bien séparées. Ainsi seront produits des monstres dont les rapports peuvent être très divers, selon qu'ils se sont soudés, c'est-à-dire développés en partie par une masse blastodermique commune, soit au moment où les deux embryons étaient encore couchés sur leur face ventrale, soit au moment où ils se sont retournés pour reposer sur l'un de leurs côtés; dans le premier cas, les deux sujets seront soudés par le côté, et affecteront la disposition caractéristique des *Ectopages* (voir la figure 3, p. 175). Dans le second, si les deux sujets se font face, il y aura production d'un *Sternopage*, ou bien, avec réduction de la soudure au minimum, simplement d'un *Xiphopage*; et si les deux sujets se tournent le dos, il y aura production d'un monstre *Pygopage*.

5° *Lignes primitives fusionnées à leur extrémité périphérique.* — Cette disposition pourrait, au premier abord, faire croire à la bifurcation d'une

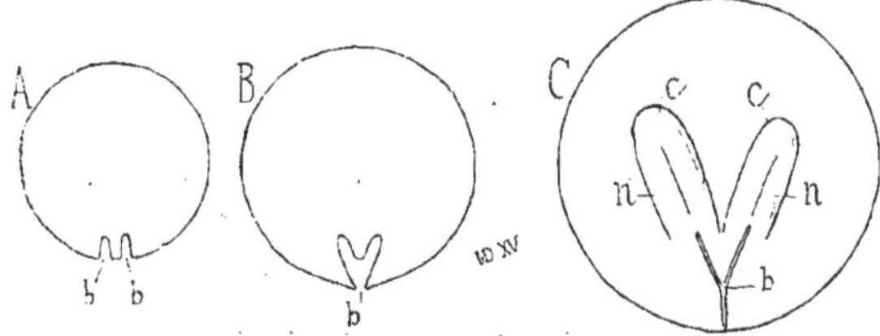

Fig. 15. — Développement de deux lignes primitives qui arrivent à se fusionner par leur extrémité périphérique ou postérieure.

b, *b*, lignes primitives. — *n*, *n*, gouttières nerveuses, dont les extrémités céphaliques ou antérieures sont en C, *c*.

ligne primitive unique, et nous amener à la théorie de la diplogenèse par bifurcation ou dédoublement (voy. ci-après). Mais nos connaissances sur la formation de la ligne primitive nous montrent qu'il n'en est pas ainsi. Rappelons en effet que cette ligne prend naissance par une encoche du bord du disque blastodermique, encoche qui s'allonge graduellement en incorporant les portions immédiatement voisines de ces bords du blastoderme. Or si deux lignes primitives apparaissent dans le voisinage immédiat l'une de l'autre, sous la forme de deux encoches bien indépendantes, mais presque immédiatement contiguës, comme le montre la figure 15, en A, il est bien évident que chacune de ces lignes primitives, en s'allongeant, ne trouvera pas, dans la portion de blastoderme interposée aux deux encoches, de quoi s'accroître indépendamment de sa voisine, de sorte que les deux encoches arriveront à se confondre en une seule (fig. 15, en B), c'est-à-dire à donner lieu à la formation d'une ligne primitive simple en arrière, bifurquée en avant, mais représentant en réalité deux lignes primitives qui se sont fusionnées à leur extrémité périphérique ou postérieure. Si maintenant nous tenons compte de ce fait que la ligne primitive répond à la future région anale, au bassin, nous comprendrons que les embryons qui se développent en partant de deux lignes ainsi disposées, se dirigeront en divergeant (fig. 15, en C), n'auront aucune tendance à se souder par leurs extrémités antérieures, mais resteront fusionnés par la partie postérieure de leur corps, et que, selon la plus ou moins grande divergence qu'ils affecteront, cette fusion s'étendra plus ou moins loin en avant sur le tronc. La figure 16, d'après les obser-

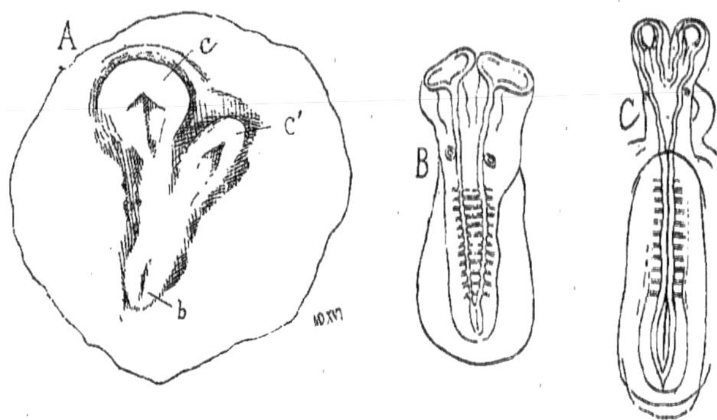

Fig. 16. — Trois types de Tératodymes en voie de formation (d'après Dareste).
En A, probablement un futur Hétérodyme, vu le moins grand développement de l'embryon placé à droite. — En B, futur Dérodyme. — En C, futur Iniodyme.

vations de Dareste, nous présente, en voie de développement, quelques formes de diplogenèse devant résulter de ce mode de disposition des lignes primitives. Il est facile de comprendre que si la soudure s'étend très loin en avant, nous aurons la série des monstres *monosomiens* (Atlodymes, Iniodymes, Opodymes); puis, avec une soudure de plus en plus réduite, la série des *Sysomiens* (Dérodymes, Xiphodymes, Psodymes): peut-être faut-il considérer les *Ischiopages* comme formant le terme ultime de cette série, c'est-à-dire représentant le minimum de soudure à l'extrémité postérieure, puisque ces montres possèdent toutes les parties d'un double bassin, avec quatre membres inférieurs, mais un rectum et un anus unique.

b. *Sériation et nouveaux aperçus sur la classification des monstres doubles.* — Ce résumé, dans lequel nous avons laissé de côté bien des points importants pour ne nous attacher qu'aux plus essentiels, nous montre que les modes de connexion des sujets composant un monstre double présentent des dispositions géométriques, selon les conditions dans lesquelles peuvent se rencontrer deux lignes, en supposant que ces deux lignes partent de la périphérie d'un même disque, et qu'elles aient la même longueur, le même développement. Une première série de monstres doubles, provenant de lignes primitives en opposition ou à angle très obtus, nous montre deux sujets disposés comme les deux branches d'un Λ renversé (fig. 17, en 1); puis, provenant de deux lignes primitives à angle droit, nous voyons les deux sujets disposés comme un Λ renversé dont les deux branches seraient soudées sur une certaine étendue au niveau de la pointe, c'est-à-dire comme un (⅄) Y grec renversé (fig. 17, 2); une deuxième série, provenant de deux lignes primitives à angle aigu, nous montre (hémipagie), la branche supérieure de cette figure se subdivisant en deux (fig. 17, 3), disposition qui, en passant aux monstres provenant de deux lignes primitives placées parallèlement côte à côte, arrive à former la lettre X (fig. 17, 4); enfin une troisième série provenant de lignes primitives soudées par leur extrémité postérieure, nous

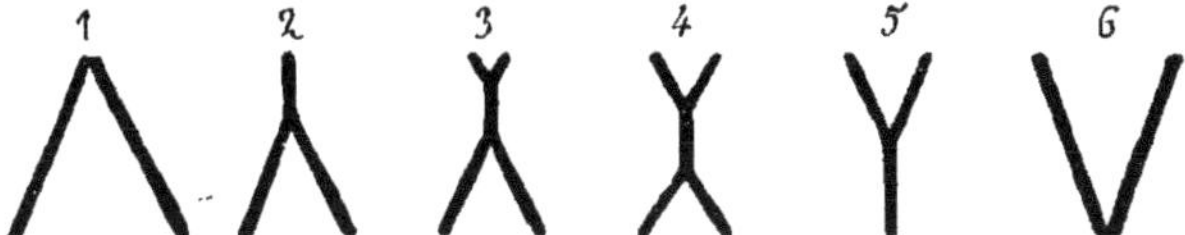

Fig. 17. — Schéma de la sériation diplogénitique.

montre deux sujets figurant successivement un (Y) Y grec droit (fig. 17, 5), monstres monosomiens, puis un V (fig. 17, 6) monstres psodymes (et peut-être des ischiopages). En faisant dans ces schémas figurés par des lettres, abstraction des formes de transition (⅄, Y), c'est-à-dire des y grecs droits et renversés, nous voyons que nous arrivons en définitive à concevoir trois types de monstres doubles, ceux en Λ, ceux en X et ceux en V. Or, ces trois types correspondent d'une manière générale aux trois grandes divisions établies par I. Geoffroy-Saint-Hilaire, les monstres en Λ sont les *Tératadelphes*, c'est-à-dire les Sycéphaliens et les Monocéphaliens, auxquels il faut ajouter les Céphalopages, les Métopages, et sans doute les Hémipages; les monstres en X sont représentés par un certain nombre de Tératopages, c'est-à-dire les Pygopages, les Ectopages, les Sternopages et les Xiphopages, mais non les Céphalopages et Métopages qui doivent rentrer dans le type précédent, ni probablement les Ischiopages qui doivent sans doute appartenir au type suivant; enfin les monstres en V comprennent tous les *Tératodymes*, auxquels nous paraissent devoir être rattachés les Ischiopages.

On voit combien a été géniale la classification de Geoffroy-Saint-Hilaire puisque, de par la seule analyse anatomique des monstres doubles, il est arrivé à les disposer en groupes qui correspondent au groupement basé sur la connaissance de leurs processus tératogéniques. Un seul de ces groupes se trouve démembré par la classification tératogénique, c'est celui des Tératopages; nous en avons détaché les Hémipages, fait peu important, parce que ceux-ci représentent une forme de transition, et qu'en somme ils sont intermédiaires entre les monstres en Λ et les monstres en X; nous en avons également séparé les Ischiopages, et nous n'insisterons pas sur cette distinction, les limites de cette étude ne nous permettant pas de discuter cette question. Mais, fait plus important, qui mérite quelques détails, nous avons dû en séparer aussi presque tous les Eusomphaliens (Métopages et Céphalopages), et nous devons nous expliquer ici, au point de vue de la tératogénie comparée, sur la valeur de la division établie par Geoffroy Saint-Hilaire, des Tératopages, Monomphaliens et Eusomphaliens. Geoffroy Saint-Hilaire attachait une grande importance à l'existence ou non-existence de deux ombilics distincts. Or, comme l'a fait remarquer Dareste, cette considération ne peut constituer un caractère dominateur. D'une part, on a constaté parfois, chez les Mammifères, l'existence de deux ombilics chez des monstres Héteradelphes et Synadelphes, qui, d'après Geoffroy Saint-Hilaire, devraient n'en avoir qu'un. D'autre part, quand on passe des Mammifères aux Oiseaux, aux Reptiles et aux Poissons osseux, c'est-à-dire aux Vertébrés chez lesquels la vésicule ombilicale ne se sépare pas du corps de l'embryon par un cordon, mais chez lesquels elle est de manières diverses, incorporée graduellement au corps même de l'embryon, on voit que, dans tout monstre double, les deux sujets composants arrivent fatalement à un moment donné à être unis par leurs ombilics, quel que soit du reste entre eux l'autre mode d'union caractéristique de la diplogenèse. Il nous suffira, pour le montrer, de reproduire ici (fig. 18) la figure donnée par Dareste d'un monstre métopage chez les Oiseaux; on voit que, outre l'union primitive par les têtes, les deux sujets, par la résorption graduelle de la vésicule ombilicale commune, sont arrivés à se trouver secondairement unis par l'ombilic : il y a omphalopagie.

Fig. 18. — Métopage observé chez un oiseau (Dareste).

VO, Union de deux sujets composants par une bande viteline, reste du jaune commun aux deux individus.

Le groupement des monstres doubles soit en Tératadelphes, Tératopages et Tératodymes, selon Geoffroy Saint-Hilaire, ou en groupes figurés par les lettres **Λ X, V**, comme nous venons de le faire, a été également suivi par Förster [1], qui donne les trois classes suivantes : les *Terata anadidyma*, ou monstres doubles par en haut, dans lesquels il comprend non seulement les divers Tératodymes de Geoffroy Saint-Hilaire, mais encore les Ischiopages, et de plus les Pygopages, dernier détail qui ne nous paraît pas bien en rapport avec les données tératogéniques; les *Terata catadidyma*, ou monstres doubles par en bas, dans lesquels il a soin de faire entrer les Céphalopages et les Métopages, réunis sous le nom commun de *Craniopages*; enfin les *Terata anacatadidyma*, ou monstres doubles par en haut et par en bas, c'est-à-dire ce que nous avons désignés comme monstres en **X**. Conformément à cette classifica-

(1) August Förster, *Die Missbildungen der Menschen*. Jena, 1861.

tion, Rauber ajoute aux trois groupes précédents celui des *Hemididyma*, ou monstres doubles dans la partie moyenne des corps, avec soudure et fusion aux deux extrémités. Ces dernières formes ont été rencontrées chez les Poissons (Lereboullet) et chez les batraciens; mais elles constituent des types trop spéciaux et trop mal connus pour que nous puissions nous y arrêter. Nous nous contenterons de dire que la production de ces Hemididyma est également due à certaines dispositions des lignes primitives, ou plutôt de leur équivalent, le blastopore, ainsi que Hertwig a cherché à le montrer dans une étude récente sur la tératogénie de l'œuf des batraciens (¹).

Mais il est un fait de tératogénie comparée que nous devons au moins indiquer sommairement. C'est que chez les Poissons osseux, les formes de diplogenèse observées se rapportent presque exclusivement au type en Λ, aux Tératodymes, ou *Terata anadidyma*. Ce fait est la conséquence du mode de développement de la ligne primitive. Tandis que chez les Oiseaux, ainsi que nous l'avons démontré (²), il se produit une division du travail dans l'évolution du blastopore, c'est-à-dire qu'après avoir formé la ligne primitive, les bords du blastoderme continuent, indépendamment de celle-ci, à envelopper l'énorme masse du jaune, chez les Poissons osseux cette division du travail n'a pas lieu, et la formation de la ligne primitive s'achève seulement en même temps que l'enveloppement du jaune, que la fermeture du blastopore. Il en résulte que, tandis que chez les Oiseaux et les Mammifères, deux lignes primitives nées sur un même blastoderme peuvent demeurer indépendantes par leurs extrémités postérieures, chez les Poissons osseux, ces deux lignes primitives arriveront fatalement à se confondre par ces extrémités lors de l'occlusion du blastopore dont elles dépendent, c'est-à-dire que toujours la formation d'un monstre double, chez les Poissons, doit aboutir au schéma que nous avons donné dans la figure 15; par suite sera toujours réalisée la soudure des deux embryons à leur région postérieure ou anale, vu la forme et le volume de l'œuf; le plus souvent, cette soudure se produira seule et donnera lieu à la *tératodymie* simple; mais, si, par exception, une autre forme de diplogenèse (céphalopagie, par exemple) s'est produite, elle arrivera toujours à se compliquer ultérieurement de *tératodymie*; dans la diplogenèse des Poissons osseux, la tératodymie est fatale, de même que nous avons vu l'omphalopagie compliquer toute diplogenèse des Oiseaux. Peut-être cette tératodymie, compliquant une autre forme de soudure antérieure, est-elle l'une des formes complexes décrites sous le nom de *Terata hemididyma*, comme il a été dit ci-dessus.

c. *Conditions déterminantes de la production et de la morphologie des monstres doubles parasitaires.* — Jusqu'à présent nous n'avons parlé que

(¹) O. Hertwig, Urmund und Spina bifida. *Archiv. für. mikr. Anatomie*, 1892, XXXIX, p. 353.

(²) Mathias Duval, La formation du blastoderme dans l'œuf d'oiseau. *Annales des sciences naturelles*, 1882. — Du même, La signification morphologique de la ligne primitive. L'homme. *Journal des sciences anthropologiques*, 1884.

des cas où les deux sujets formés sur un même blastoderme, en partant de deux lignes primitives, se développent également, de sorte que les deux embryons, étant placés de la même manière, par rapport au centre blastoderme, ne peuvent se trouver en contact que par les parties homologues de leur corps, c'est-à-dire obéissent à la prétendue loi de l'union des parties similaires, ce qui est caractéristique des monstres doubles *autositaires*. Mais il peut se faire que l'un des sujets ait un développement moindre que l'autre ; il est facile de comprendre qu'alors la soudure se fera par des parties non homologues, et qu'ainsi prendront naissance les diverses formes de monstres doubles hétérotypiens et hétéraliens. Nous ne saurions insister ici sur ces processus de diplogenèse hétérotypique(1). Pour en signaler quelques cas des plus frappants, faisons encore remarquer que le sujet dont le développement est moindre peut même être résorbé dans une certaine partie de son étendue et n'être plus représenté que par un fragment d'individu inséré sur l'autre; ainsi les *Epicomes* sont des monstres doubles craniopages, dont l'un des sujets n'est plus représenté que par une tête rudimentaire soudée à la tête du sujet principal; chez les *Hypognathes*, on trouve une tête rudimentaire soudée à la mâchoire inférieure du sujet principal, et les diverses formes, souvent si bizarres, de polygnathisme, ne répresentent plus de difficulté d'interprétation depuis qu'Ahlfeld a montré que la localisation singulière de cette monstruosité est liée à la flexion de l'extrémité céphalique de l'embryon et rendu compte de ses différentes variétés (tératomes de la voûte palatine, de la paroi postérieure du pharynx, de l'hypophyse(2) : enfin les monstres *polymèles* nous montrent de même une série de cas où nous passons des soudures entre parties homologues, comme chez les *Pygomèles*, aux soudures tout à fait hétérogènes, par le simple fait de non concordance de deux embryons, comme chez les *Notomèles* et les *Céphalomèles*.

La production des *Endocymiens*, c'est-à-dire de l'inclusion fœtale abdominale, reconnaît les mêmes causes, et mérite de nous arrêter un instant. Cette question a été également étudiée avec soin par Ahlfeld (*op. cit.*, p. 37). Sans entrer dans l'examen des cas divers, nous emprunterons à Repin (*op. cit.*, 64) l'exposé du cas suivant : Supposons, comme précédemment, deux embryons disposés sur un même blastoderme, mais de developpement inégal et assez éloignés l'un et l'autre pour que les deux amnios puissent se produire d'une manière indépendante. Supposons de plus que le développement A soit en retard sur celui de B (fig. 19). Lorsque l'allantoïde de A se forme et s'engage dans le cœlome extra-embryonaire, les surfaces externes des deux amnios pourront être déjà arrivées au contact, ainsi que cela est représenté dans la figure, et ainsi une barrière infranchissable s'opposera à ce que l'allantoïde de A puisse

(1) Paul Gervais, *Description anatomique d'un nouveau cas d'hétéradelphie*, suivie d'un résumé des caractères propres à ce genre de monstruosités. Paris, 1877.

(2) Fr. Ahlfeld, *Die Missbildungen des Menschen*, Abschnitt I. Leipzig, 1880 (voy. p. 49 les très intéressantes figures relatives à la production du polygnathisme).

atteindre la surface de l'œuf, le chorion. Cette allantoïde, ainsi emprisonnée entre les deux amnios d'une part, et le sac vitellin d'autre part, ne pourra que gagner la cavité pleuro-péritonéale de A, où elle rencontrera deux larges surfaces d'implantation sur l'intestin primitif et sur le mésentère. Il est donc facile de concevoir que cette allantoïde contracte avec ces parties des adhérences qui se transforment bientôt en anastomoses vasculaires. A partir de cè moment, le sort de l'embryon retardataire est définitivement arrêté ; il est facile de comprendre qu'il sera graduellement attiré dans la cavité abdominale du sujet plus développé, c'est-à-dire que l'inclusion abdominale se produira. Il est très remarquable que Wolff ait déjà prévu ce mécanisme à une époque où les connaissances embryologiques commençaient à peine à fournir quelques données à la tératogénie. Wolff, en effet, a expressément indiqué, à propos de certains cas de gémellité, que si les deux embryons étaient inégaux dans leur développement, le frère mal développé serait absorbé par son frère complètement développé. Il est vrai que Wolff faisait allusion à l'œuf de la poule, et que, chez les Oiseaux, l'embryon ne se séparant pas du jaune qui rentre peu à peu dans la cavité abdominale, où il se trouve complètement renfermé lors de l'éclosion, il est évident que si un second embryon, plus petit, atrophié, rudimentaire, est formé sur le même jaune, en même temps qu'un embryon normal, il sera peu à peu absorbé par celui-ci et dégluti, pour ainsi dire, dans son orifice ombilical. Puisque, dit Wolff, les intestins de ces deux fœtus s'insèrent sur un seul et même vitellus, chacun de ces fœtus s'efforcera d'attirer ce vitellus dans son abdomen, et je suis sûr que si l'un des fœtus est normal et l'autre tout petit, le premier absorbera le second tout entier avec le vitellus.

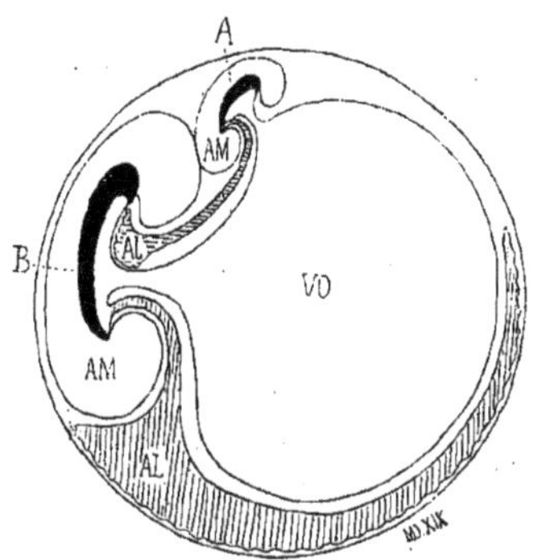

Fig. 19. — Schéma de la production des monstres Endocymiens.

Après inclusion, le sujet inclus peut être soumis à une résorption partielle, de sorte que chez les Endocymiens on retrouvera des formes incomplètes rappelant celles des Hétérotypiens ou des Hétéraliens (sujet parasite réduit à une tête, à une mâchoire, à un rudiment imparfait). Cette résorption des éléments de l'un des sujets d'un monstre double a pu être suivie dans toutes ses phases pour les Hétérotypiens, chez les Poissons, où l'absence d'enveloppes fœtales rend l'observation si facile. On possède notamment pour les Hétérodymes un cas singulièrement instructif, rapporté par A. d'Audeville (1). Il s'agit d'un Ombre-Chevalier

(1) A. d'Audevillle, Un cas singulier de tératologie sur une salmonide. *Bull. de la Société d'acclimatation*, 1888, 4e série, t. V, n° 20 p. 990.

qui était éclos avec deux têtes d'égales dimensions et munies de tous leurs organes complets; mais peu à peu cette monstruosité téradyme s'est effacée, la tête de droite prenant définitivement le dessus, tandis que celle de gauche s'atrophiait de manière à n'être plus représentée finalement que par un petit mamelon charnu, à la surface duquel on ne distingue plus aucune trace d'organes des sens. Comme aperçu de tératologie générale dans ses rapports avec la physiologie, il nous paraît intéressant de reproduire ici les réflexions dont l'auteur fait suivre cette observation. « Les Poissons, dit-il, sont donc doues non seulement, comme les animaux plus élevés, du pouvoir de guérir leurs infirmités et de cicatriser leurs plaies, mais aussi de la faculté de corriger, pour ainsi dire, les défauts de leur corps, en supprimant à la longue les monstruosités les mieux caractérisées comme celles dont il est ici question. A mesure qu'elle descend dans l'échelle des êtres vivants, la nature semble avoir rendu plus forte la vie végétative et n'avoir pas renfermé dans un cercle aussi restreint les lois rigoureuses du développement normal : le poisson supprime sa monstruosité, le Crustacé voit repousser non seulement sa carapace, mais la chair même et les muscles de ses membres amputés. »

d) *Théories de la diplogenèse.* — Nous avons exposé le processus tératogénique de la diplogenèse, aussi bien pour les monstres doubles autositaires que pour les parasitaires, d'après des faits révélés par l'observation et non d'après des hypothèses. Ces faits d'observation nous ont montré que les monstres doubles résultent, à la suite d'une hyperfécondation, de deux lignes primitives sur un même blastoderme, c'est-à-dire en un seul et même œuf. Mais est-ce là le seul processus tératogénique auquel les monstres doubles puissent devoir leur origine? Et d'autre part l'hyperfécondation, l'apparition de deux lignes primitives donne-t-elle nécessairement à la soudure ou fusion des deux sujets ainsi produits? Ce sont deux questions que nous allons examiner en même temps que nous jetterons un coup d'œil sur les plus célèbres théories de la diplogenèse, question qui a si particulièrement exercé la sagacité de tous les tératologistes. Ces théories peuvent se grouper sous deux titres : *théorie de la soudure* et *théorie de la division ou bifurcation.* Car nous laisserons de côté, comme de nature trop peu scientifique et se rattachant à la vieille doctrine de la préexistence des germes, la théorie qui considérait les monstres doubles, aussi bien que toutes les autres monstruosités, comme préformés dans l'œuf.

Par *théorie de la soudure* on a toujours compris la coalescence de deux embryons distincts, provenant *chacun d'un œuf particulier*; c'est seulement peu à peu et relativement tard, que, de par les résultats de l'observation, on a conçu la possibilité de la présence de deux embryons dans un même œuf, puis sur un même blastoderme. Donc, dans la théorie de la soudure par dualité primitive, la production des monstres doubles était liée nécessairement à la gémellité, dont elle serait un cas particulier. Remarquons donc aussi que la gémellité a été pendant longtemps considérée comme résultant de l'existence de deux embryons développés toujours dans deux œufs distincts, mais que les progrès de l'obstétrique ont montré que la gémellité peut se produire dans des conditions bien différentes, sur l'une desquelles nous nous expliquerons plus loin. C'est Lémery, en 1724, qui formula le premier d'une manière complète l'hypothèse de la soudure des deux embryons. On lui objecta ce fait curieux que la monstruosité double est souvent plus fréquente chez les espèces unipares que chez les multipares; que par exemple l'espèce bovine, qui est ordinairement unipare, présente autant de monstruosités doubles que le chat et beaucoup plus que le chien. Mais, sans nous arrêter ici aux objections ou aux confirmations théoriques de cette hypothèse, voyons ce que les recherches expérimentales ont donné à cet égard. Les œufs de la poule présentent parfois une disposition bien favorable à cet égard; ce sont les œufs à deux jaunes, c'est donc dire dans lesquels deux ovules parfaitement distincts sont inclus dans une même masse albumineuse, dans une même coquille; les deux embryons seront donc dans des conditions de rapprochement de compression étroite, singulièrement favorables à leur soudure, s'il est vrai que puisse se produire la soudure de deux sujets provenant de deux œufs distincts. Aristote avait déjà émis l'hypothèse que les œufs à deux jaunes devaient donner des monstres doubles. C'est pourquoi de nombreuses expériences d'incubation d'œufs à deux jaunes ont été faites déjà par Harvey, puis par Allen Thomson, Valenciennes, Panum et enfin par Broca et Dareste [1]. Or tous ces observateurs ont constaté que jamais, dans ces conditions, il ne s'est produit de monstre double. Les deux embryons se développent indépendamment l'un de l'autre; seulement, comme l'espace leur manque, il arrive d'ordinaire que l'un des deux périt avant l'éclosion. Ces faits nous suffisent pour condamner la théorie de Lémery, du moins pour ce qui est relatif aux Vertébrés, car nous devons ajouter que chez les Invertébrés les conditions sont bien différentes et que Lacaze-Duthiers a montré, de la manière la plus nette, la diplogenèse produite par la soudure de deux vitellus distincts chez un mollusque gastéropode [2].

D'autre part l'étude du développement des Poissons, les expériences de pisciculture, avaient montré des monstres doubles évidemment développés sur un seul et même œuf, dans des conditions où il était impossible de supposer l'accolement d'embryons provenant d'œufs différents. En présence de ces faits prit naissance la *théorie de la fissuration* d'un germe, ou d'un premier rudiment embryonnaire unique. Le nom de Valentin est surtout attaché à cette théorie. Comme les monstres doubles sont relativement fréquents dans l'élevage artificiel des Poissons, on pensa qu'ils pouvaient être produits artificiellement par diverses manœuvres de cet élevage, notamment par le brossage auquel on soumet

(1) Broca, Expériences sur les œufs à deux jaunes. *Ann. des sciences nat.* (*zoologie*), 4e série, t. XVII, p. 78.

(2) Lacaze-Duthiers, Sur la formation des monstres doubles chez les Gastéropodes. *Arch. de zool. expér.*, 1876, IV.

ces œufs pour les débarrasser de divers dépôts; pendant le brossage un germe pourrait être traumatiquement subdivisé en deux parties qui se développeraient ensuite d'une manière indépendante. Les très nombreuses recherches de Lereboullet ne confirmèrent pas cette manière de voir et l'amenèrent à cette conclusion que les influences extérieures sont étrangères à la production de la diplogenèse. Cependant, à une époque récente, la théorie de la fissuration a encore trouvé des défenseurs dans Knoch (1873), A. Rauber et Gerlach (1882)(1). Nous nous contenterons de renvoyer le lecteur aux justes critiques que Dareste a faites des observations de ces auteurs et de dire que toutes les tentatives expérimentales, si elles aboutissent à la formation de monstres simples, se sont toujours montrées impuissantes à produire des monstres doubles. « L'impossibilité, conclut Dareste (*op.. cit.*, p. 467), où se trouve actuellement la tératogénie de créer la diplogenèse, a pour moi une telle importance que, même en l'absence de tous les faits que j'ai recueillis, je n'hésiterais pas à rejeter complètement la *théorie du dédoublement.* »

Si la diplogenèse ne résulte pas de la soudure d'embryons provenant de deux œufs distincts, si le monstre double se forme sur un seul et même œuf et si cependant il ne résulte pas de dédoublement d'un embryon simple, c'est donc que la cause de la diplogenèse est à chercher dans l'œuf lui-même avant toute apparition de l'embryon. Ce raisonnement et certains faits d'observation qui vinrent l'appuyer ont produit une théorie mixte, qui devait peu à peu, avec la découverte du processus de la fécondation, conduire à la notion de la diplogenèse, telle que nous l'avons exposée. Déjà en 1840, Allen Thomson pensa que, si les monstres doubles naissent dans un seul œuf, d'un seul blastoderme, c'est qu'il y a primitivement sur ce blastoderme deux centres de développement. Or Coste constata que l'œuf de la lapine peut offrir cette anomalie de présenter deux vésicules germinatives; Laurent fit la même observation sur l'œuf de limaçon, Thomson sur celui de la chatte, Serre et Panum sur celui de la poule, Kœlliker sur celui de la femme(2). Dès lors une théorie rationnelle de la diplogenèse vit le jour. Un ovule à deux vésicules germinatives possède un double centre formateur; il doit donner naissance à deux cicatricules, qui, très voisines l'une de l'autre, pourront se fusionner et donner naissance à deux embryons si voisins l'un de l'autre, se développant aux dépens de parties tellement communes, que les soudures auront lieu dès le début, que la fusion sera primitive. Or l'existence de deux cicatricules sur un seul jaune, chez la poule, avait déjà été signalée par Fabrice d'Aquapendente; puis elle a été observée et figurée par Panum; enfin Dareste en a donné plusieurs cas. Dès 1840, Allen Thomson, partant de cette origine de la diplogenèse par deux cica-

(1) A. Rauber, Giebt es Stockbildung (*cormi*) bei der Vertebraten. *Morphol. Jahrbuch*, Bd. V, Heft I, p. 167, 1879.

(2) Plus récemment une observation semblable a été faite sur l'ovule du surmulot. Louis Blanc, Un cas d'ovule à deux noyaux chez un Mammifère. *Soc. de biol.*, 18 juin 1892, p. 563.

tricules sur un même œuf, cherche à expliquer, par le rapprochement ou l'éloignement supposé des axes embryonnaires, la fusion plus ou moins complète des deux embryons, et, par l'obliquité de ces axes, la fusion des extrémités antérieures ou postérieures des deux corps. Davaine reprend avec une admirable lucidité ces interprétations en 1861 (1). Il examine ce qui doit se passer lorsque deux blastodermes sont rapprochés, sur un seul jaune de l'œuf de poule, pour qu'ils s'unissent symétriquement, soit par l'extrémité de leur axe, soit latéralement. Dans l'œuf de poule, dit-il, l'axe du blastoderme a généralement une direction déterminée; l'embryon est transversalement placé au grand axe de l'œuf; si l'axe virtuel du germe possède ainsi une direction primordiale déterminée, deux germes distincts, sur un même vitellus, doivent avoir l'un et l'autre une direction semblable; par conséquent les deux ébauches embryonnaires qui se développeront, se rencontreront fatalement par des parties similaires. On voit que déjà il expliquait par de simples considérations géométriques ces faits qui avaient amené Geoffroy Saint-Hilaire à sa fameuse loi de l'attraction et union des parties semblables. Bien d'autres passages seraient à citer de ce remarquable travail de Davaine. Les considérations qu'il indique sur les rapports des axes des germes ont depuis été développées d'une manière plus complète par Rauber (2), qui cette fois précise davantage, grâce aux connaissances révélées par l'embryologie sur la ligne primitive et ses rapports avec le corps du futur embryon. Rauber fait remarquer que la ligne primitive est toujours placée d'une certaine façon sur le blastoderme; elle se développe sur cette membrane au point de séparation de l'aire transparente et de l'aire opaque, son extrémité céphalique se dirige vers le centre du blastoderme. Or s'il arrive que deux ou trois lignes primitives se produisent sur un même blastoderme, elles seront disposées comme les rayons d'un cercle; c'est de ces dispositions que Rauber fait le point de départ d'une théorie générale de la diplogenèse, qu'il désigne sous le nom de *théorie de la radiation*. C'est de ces conceptions, plus tard étendues et modifiées par Gerlach (3), que nous nous sommes inspiré pour établir avec une connaissance plus précise de la signification et du mode de formation de la ligne primitive, les schémas tératogéniques que nous venons de donner pour les divers types de diplogenèse.

Il résulte donc de cet historique que l'observation directe n'a permis de concevoir la production de monstres doubles que dans deux ordres de circonstances : d'une part lorsqu'un seul disque blastodermique donne lieu à la production de deux lignes primitives, disposition que Siegenbek (4)

(1) DAVAINE, *Mémoires sur les anomalies de l'œuf*. Paris, 1861.

(2) A. RAUBER, Formbildung und Formstörung in der Entwicklung von Wirbelthieren. *Morpholog. Jahrbuch von Gegenbaer*, 1879, p. 661; 1880, p. 1 et 129; voir particulièrement, dans cette dernière partie du mémoire, le chapitre intitulé : *Achsenvermehrung*.

(3) LEO GERLACH, *Die Entstehungsweise der Doppelmissbildungen*, Stuttgart, 1882.

(4) SIEGENBECK, Een Dubbelmonster. *Med. Tijdschr. voor Geneeskund*, 1887. — Voy. *Journ. de l'anat. et de la phys.*, 1887, p. 324.

a cherché à rattacher à une anomalie de la segmentation et que nous savons aujourd'hui attribuable à la polyspermie, c'est-à-dire à l'entrée dans l'œuf de deux noyaux mâles; d'autre part lorsqu'un œuf présente deux disques blastodermiques, ce qui est le résultat de la présence dans l'œuf de deux vésicules germinatives, c'est-à-dire de deux noyaux femelles. On voit que les deux ordres de faits sont entièrement homologues; mais les résultats de l'observation nous montrent que le second cas est rare, presque théorique, peut-être réalisable seulement chez les Vertébrés qui ont un gros vitellus, comme les Oiseaux, les Reptiles et les Poissons cartilagineux. Au contraire l'apparition de deux lignes primitives, la polyspermie sont des phénomènes relativement fréquents et dont on a pu suivre l'évolution vers les diverses formes de diplogenèse. Si nous ajoutons que dans le cas de deux vésicules germinatives, il a fallu sans doute deux spermatozoïdes pour les féconder, nous voyons que toujours, en définitive, la diplogenèse a pour facteur essentiel la polyspermie et on conçoit pourquoi nous avons rangé sous ce titre l'étude de la production des monstres doubles. Insistons encore sur ce fait que toutes les données expérimentales nous montrent que la production des monstres doubles doit être rapportée à des accidents de la fécondation : chez les Poissons la fécondation artificielle produit un plus grand nombre de diplogenèses que la fécondation naturelle ; et, parmi les procédés de fécondation artificielle, on a constaté que la fécondation par la méthode sèche donne une proportion plus considérable de diplogenèses que la fécondation par la méthode humide. C'est que sans doute la méthode sèche met ces œufs dans des conditions plus favorables à l'introduction de deux éléments mâles, de même que les anesthésiques et l'asphyxie favorisent la polyspermie dans les ovules d'Échinodermes. C'est ainsi, en effet, que les expériences de Fol et de Herwig nous montrent qu'on peut expérimentalement, par des influences extérieures, mettre l'œuf des Invertébrés et des Batraciens dans des conditions telles qu'il laisse pénétrer en lui plus d'un spermatozoïde. Chez les Mammifères, certains états de la femelle peuvent sans doute avoir le même résultat, et ainsi s'explique ce fait qu'une même femelle produise, à des reprises différentes, des monstres doubles semblables, ainsi que Guinard l'a récemment signalé([1]). Ainsi devrait sans doute être également expliquée l'hérédité, si elle était jamais bien constatée, de la tendance à produire des monstres doubles.

e) *Diplogenèse et gémellité; question des Omphalosites.* — Nous avons donc répondu à la question de savoir si l'hyperfécondation est le seul processus tératogénique auquel les monstres doubles doivent leur origine. Reste la seconde question, à savoir si l'hyperfécondation, l'apparition de deux lignes primitives donne toujours et nécessairement lieu à la soudure ou fusion des deux sujets ainsi produits. Les limites de cette

([1]) LESBRE et GUINARD, Étude d'un chat monocéphalien thoradelphe. *Journ. de l'anat. et de la physiol.*, janvier 1894, p. 131.

étude générale nous forcent à traiter aussi brièvement que possible cette question, à laquelle se rapportent cependant des faits de tératogénie trop importants pour que nous les passions sous silence. Disons d'abord que si les deux embryons nés sur un même blastoderme se trouvent séparés par une distance suffisante pour ne pas arriver au contact, ils pourront rester indépendants ; ce sera simplement un cas de gémellité univitelline. En effet, nous l'avons déjà indiqué, les progrès de l'obstétrique ont montré que la gémellité peut se produire dans des conditions très différentes. L'étude des enveloppes du fœtus dans les grossesses gémellaires ont appris que tantôt chaque jumeau a son chorion, son amnios et son placenta, et que tantôt les jumeaux ont un chorion commun et un placenta commun. Dans ce dernier cas, les jumeaux peuvent avoir chacun leur amnios ou bien n'avoir qu'un amnios commun. Or l'existence de deux chorions indique l'existence de deux œufs; celle d'un seul chorion l'existence d'un seul œuf possédant deux germes embryonnaires (gémellité univitelline). Ainsi deux jumeaux distincts peuvent provenir d'un œuf, lorsqu'ils sont assez favorisés par le sort pour échapper aux causes de soudure. N'est-il pas curieux de voir ainsi renversés les rapports primitivement conçus entre la diplogenèse et la gémellité : aux temps de Lémery c'était la gémellité, par deux œufs distincts, qui était considérée comme pouvant, par accident, donner lieu à un monstre double ; l'étude des faits nous révèle au contraire que le monstre double provient d'un seul et même œuf et que cet œuf essentiellement diplogénétique peut, accidentellement, c'est-à-dire par exception, donner lieu à deux sujets distincts et bien conformés (gémellité univitelline). L'espace nous manque pour traiter bien des points de ce sujet, comme par exemple ce fait que les jumeaux univitellins sont toujours unisexués, ce qui ne veut pas dire que les unisexués soient toujours univitellins ; cet autre fait que les diverses races humaines ne sont pas sujettes à produire avec une égale fréquence les jumeaux univitellins(1); et enfin ce fait que l'aptitude à produire des jumeaux est parfois héréditaire du côté des hommes, chose bien remarquable et qui indique évidemment une aptitude spéciale des spermatozoïdes favorisant la polyspermie. Ainsi de Quatrefages(2) a donné l'indication d'une famille dans laquelle les hommes passaient pour posséder cette étrange faculté d'amener la production de jumeaux, et qui, par cela même, ne trouvaient que difficilement à se marier. Une jeune fille ayant donné naissance à des jumeaux, tout le monde, dans le pays, en attribua la paternité à un membre de cette famille.

Mais ce qui doit nous intéresser, puisque nous traitons ce sujet au point de vue pathologique, ce n'est pas le cas où les deux sujets d'une gémellité univitelline sont normalement configurés, également développés tous deux, mais bien le cas où l'un d'eux est en retard sur l'autre,

(1) Voy. Bertillon, Des combinaisons de sexe dans les grossesses gémellaires, et de leurs combinaisons ethniques. *Bull. de la Soc. d'anthrop. de Paris*, 1874, t. IX, p. 270.

(2) Voy. Dareste, *Tératogénie*, éd. de 1891, p. 480.

plus ou moins atrophié, incomplet, non viable, incapable même de parcourir toutes les phases de son développement, s'il était réduit à ses propres organes. Or le fait de l'origine univitelline, de l'origine diplogénétique constitue pour l'embryon imparfait des conditions qui lui permettent le développement. Nous avons vu que, en cas de soudure, la diplogenèse, avec développement imparfait de l'un des sujets, donnait lieu aux monstres doubles parasitaires. Or, dans le cas de non-soudure, la diplogenèse, avec développement imparfait de l'un des sujets, donnera lieu à un monstre *Omphalosite* associé à un sujet normal : un Omphalosite est au jumeau bien conformé qui l'accompagne toujours, comme l'avait si bien observé Geoffroy Saint-Hilaire, ce que le sujet parasitaire est à l'autre élément d'un monstre double. Dareste a insisté avec grand soin sur ces faits. Les Omphalosites (Paracéphaliens et Acéphaliens) sont des sujets si imparfaits qu'ils présentent un défaut de formation de toute la partie antérieure du corps, et n'ont pas de cœur, ou un cœur incapable de remplir ses fonctions. De pareils sujets peuvent se former comme monstres simples, mais alors ils périssent de bonne heure, dès les premières phases du développement du cœur, sont plus ou moins résorbés et échappent à l'observation, du moins lorsque celle-ci se borne à étudier les produits d'une gestation avancée et plus ou moins à terme. Pour qu'un pareil monstre acéphalien et acardiaque puisse continuer à se développer, il faut qu'il se forme dans un même œuf, en même temps qu'un frère jumeau bien conformé. Il se produit alors, par le fait d'un placenta commun, par le fait de la greffe du placenta de l'Acardiaque sur l'autre placenta, des anastomoses entre les appareils vasculaires des deux embryons, anastomoses qui rendent possible le développement, la vie intra-utérine de l'Acardiaque. C'est donc à tort que Geoffroy Saint-Hilaire a classé les Acardiaques, parmi les monstres simples, en en faisant le groupe des Omphalosites, par opposition à celui des Autosites. Geoffroy Saint-Hilaire, qui avait si bien formulé cette loi que les Omphalosites existent toujours en même temps qu'un frère jumeau bien conformé, n'en avait pas reconnu la cause. Cette cause c'est que l'Omphalosite représente l'un des sujets d'une diplogenèse dans laquelle les deux composants sont restés indépendants. Il faut placer, de par la tératogénie, les Omphalosites à la suite des monstres doubles, qui comprennent ainsi, à côté des monstres doubles autositaires, le groupe des monstres doubles parasitaires subdivisé en Parasitaires proprement dits, et en Omphalosites. « L'histoire des monstres doubles parasitaires (dit Dareste, p. 236) se lie nécessairement et par des liens très intimes, à celle des monstres omphalosites. Il y a même des cas où la distinction entre les monstres doubles parasitaires et les monstres omphalosites devient à peu près impossible. »

On voit donc que, de par les notions nouvelles de tératogénie, la diplogenèse, la polyspermie, a une part beaucoup plus considérable qu'on n'avait cru dans la production des monstres; bien plus, au point de vue étiologique, il faut sans doute attribuer, dans la production des graves malformations qui caractérisent les omphalosites, un rôle important à ce fait que des anastomoses se sont établies entre les vaisseaux placentaires des deux embryons jumeaux univitellins. Supposons, en effet, que ces deux embryons soient complets, sans arrêt de développement, mais que seulement l'un d'eux soit en retard sur l'autre, soit plus faible. Dans ces conditions, ainsi que l'avait fait remarquer Claudius (mais sans avoir la notion du mode particulier de gémellité par diplogenèse, dont il s'agit ici), le cœur le plus vigoureux fera pénétrer dans le placenta une ondée sanguine assez puissante pour refouler le sang envoyé dans cet organe par l'embryon le plus petit. Peu à peu, le cœur de ce dernier, perdant toute puissance, subira de tels arrêts de développement qu'il ne sera plus représenté que par quelques vestiges incapables de remplir aucune fonction; le jumeau le plus faible deviendra donc ainsi acardiaque; et de telles modifications dans le cours normal du sang ne pourront exister sans amener de nombreux arrêts de développement dans les autres parties du corps. Toujours est-il que les monstres omphalosites ont une circulation incomplète et inverse de l'état normal. En effet, le cœur du fœtus bien conformé envoie le sang au placenta par les artères ombilicales; mais une partie de sang pénètre dans les artères ombilicales de l'omphalosite, arrive et se distribue au corps de celui-ci et en revient par sa veine ombilicale, la circulation de l'omphalosite constituant ainsi une sorte de diverticule de la circulation du fœtus bien conformé. On voit donc que la question de détacher les omphalosites des monstres unitaires, pour les rattacher aux monstres doubles, n'est pas une simple curiosité de classification, et qu'il s'agit ici de tenir compte non seulement des conditions les plus essentielles de la diplogenèse, mais encore des mécanismes pathologiques intimes de nombreuses et considérables malformations du sujet omphalosite. Les plus dégradés des monstres omphalosites, les Anides, ou *fœtus amorphes*, comme les a appelés Gurlt, ne continuent, pendant la gestation, à présenter les caractères d'une masse vivante, que grâce aux vaisseaux qu'ils reçoivent de leur frère bien conformé, d'où le nom de monstres *allantoïdo-angiopages* qui leur a été parfois donné (¹).

Dans tout ce qui précède, nous n'avons fait allusion qu'aux monstres doubles; mais toutes les considérations développées sur ce sujet s'appliquent également, avec de légères variantes, aux monstres triples. Quelques rares que soient ceux-ci, il a été cependant possible d'observer divers stades de leur formation, grâce aux cas décrits par Dareste, Morriggia, Rauber, et sur lesquels à la suite de l'observation d'un nouveau cas, Koch a publié une étude d'ensemble (²).

(¹) BALLANTYNE, The fœtus amorphus. *Teratologia; quarterly contributions to antenatal pathology*. Edinburg, 1894. — CESARE TARUFFI, *Storia delle teratologia*, Bologna, 1894.

(²) H. KOCH, Eine frühzeitige embryonale Drillingsmissbildung von Hühnchen. *Beitrag zur Morphol. und Morphog. von L. Gerlach*, I, 1883 p. 57.

D) **Modifications tératogéniques de la segmentation.** — L'œuf fécondé se segmente selon le processus typique de la caryocinèse des cellules et de cette division résulte une série de cellules filles qui se disposent graduellement en membranes cellulaires ou feuillets blastodermiques. Comme dans l'œuf de la poule, ces premiers phénomènes se passent avant la ponte, sont par suite difficilement accessibles à une action expérimentale, il en résulte que nous n'avons eu aucune donnée sur la possibilité de processus capables de modifier la segmentation, tant que la tératogénie expérimentale a borné ses recherches à l'œuf de l'oiseau. Mais avec les recherches récentes sur les œufs d'Invertébrés et de quelques Vertébrés inférieurs, à fécondation externe, à segmentation facilement accessible, la tératogénie s'est enrichie d'un chapitre nouveau et singulièrement instructif. Nous indiquerons d'abord quelques recherches sur l'influence exercée par les toxiques sur la segmentation, expériences dont les résultats sont encore bien incomplets, puis nous résumerons les études si nettes et si démonstratives faites en pratiquant des lésions traumatiques de l'œuf, en détruisant une ou plusieurs des premières sphères de segmentation, ce qui a amené à obtenir des *monstres fractions d'individu*, et donné des résultats aussi instructifs pour l'embryologie normale que pour la tératogénie proprement dite.

1° *Action de divers toxiques.* — Des expériences ont été faites sur des œufs de Batraciens et surtout d'Échinodermes (Oursins). Hertwig(1) a étudié l'influence de divers agents sur la segmentation. Des œufs d'Invertébrés marins (*Strongylocentrotus*), sur lesquels il venait de constater l'apparition du fuseau de segmentation, étaient placés dans une solution de sulfate de quinine (à 5 pour 10000) pendant vingt à trente minutes, puis reportés dans l'eau de mer pure. Il a vu que sous cette influence la figure cinétique disparaissait, et le noyau se reconstituait à l'état de repos; puis, au bout d'une heure environ, le noyau rentrait en division, mais, au lieu de se partager en deux moitiés, il se divisait en quatre parties. Mêmes résultats par l'action de l'hydrate de chloral, et par la réfrigération. Hertwig explique ces faits par une action paralysante sur le protoplasma, et, quant à la disposition tétrapolaire de la mitose consécutive, il suppose que les diverses substances qui entrent dans la composition des cellules sont influencées à des degrés différents par les agents toxiques, de sorte que la mise en jeu de leur activité n'est plus coordonnée. Plus récemment, Francotte a signalé la formation d'un *tétraster* sur des ovules de Leptoplana inoculés avec des Bactéries, et il a attribué cette anomalie de la segmentation aux toxines fabriquées par les microbes, lesquelles agiraient à la façon des sels de quinine dans les expériences d'Hertwig(2).

(1) O. Hertwig, Ueber pathologische Veränderung des Kerntheilungsprocesses in Folge experimenteller Eingriffe. *Virchow's Fetschrift*, 1891.

(2) Francotte, Essai d'embryologie pathologique expérimentale. *Bull. de l'Acad. des sc. de Belgique*, 1894, p. 382. — A. Giard, A propos des essais de Francotte, *Bull. de la Soc. de biol.*, 12 mai 1894, p. 385.

Ces faits permettent de concevoir comment, chez les Mammifères, l'évolution du nouvel être peut être troublée, dès son début, par la présence, dans l'organisme maternel, c'est-à-dire dans le milieu où vit l'œuf, de produits toxiques divers; il nous font saisir la possibilité d'une action perturbatrice non seulement de l'alcoolisme, mais d'un simple accident d'ivresse alcoolique ou autre; mais ces expériences ne nous instruisent ni sur le mode même, ni sur les résultats de ces actions. Bien autrement démonstratives sont les expériences par lésions traumatiques.

2° *Destructions partielles des sphères de segmentation; monstres fractions d'individu.* — Les recherches de Roux et de Chabry nous ont fait connaître une série de faits tératogéniques relatifs aux formes incomplètes et accidentelles de la segmentation. Ces faits sont d'autant plus nets qu'ils sont principalement représentés par des résultats expérimentaux, et d'autant plus intéressants que, à côté des monstres doubles, ou monstres par excès, ils nous révèlent une série de monstres formés par un demi-individu, ou une fraction variable d'individu, c'est-à-dire des monstres par défaut.

Étudiant l'embryologie des Ascidies, Chabry[1] obtint certaines pontes remarquables par la segmentation anormale de presque tous les œufs. Au stade de deux segments il voyait l'un de ceux-ci atteint de sphacèle, devenir granuleux et mourir; au stade de quatre segments une à trois des sphères de segmentation périssaient; et cependant parfois les cellules survivantes continuaient leur évolution, mais l'ensemble d'éléments anatomiques qu'elles produisaient ne représentait qu'une *fraction* de l'individu total né normalement d'un œuf ordinaire. Frappé de la haute portée de ces faits, au point de vue de l'embryologie normale aussi bien que de la tératogénie, il tenta de les reproduire expérimentalement, à l'aide d'un disposif ingénieux lui permettant d'aller détruire telle sphère de segmentation, en la piquant avec une très fine pointe de verre filé et étiré; et il obtint en effet des monstruosités artificielles qui évoluèrent comme celles qui étaient apparues spontanément.

Pour comprendre ces résultats, il faut rappeler en quelques mots ce que nous savons de plus général sur la morphologie de la segmentation, à savoir que, sur tous les œufs qui possèdent un globule polaire, le premier plan de segmentation passe par ce globule, que ce premier sillon de fractionnement passe par le plan médian du futur embryon, et enfin que, généralement, le second sillon de segmentation est perpendiculaire au premier; il en résulte que, dès l'apparition du premier sillon, l'œuf est divisé en ce qui sera la moitié droite et ce qui sera la moitié gauche de l'embryon; et que, par l'apparition du sillon suivant, se trouve déterminé, dans chacune des moitiés précédentes, ce qui sera leur moitié antérieure et ce qui sera leur moitié postérieure. On peut donc supposer que, en amenant la mort de tel segment de l'œuf, on empêchera la forma-

(1) L. Chabry, Embryologie normale et tératologique des Ascidies. *Jour. de l'anat. et de la physiol.*, 1887. — W. E. Castle, On the Cell lineage of the ascidian Egg. *Proceedings of the American Acad. of Sciences*, vol. 30; Boston, 1894.

tion de telle moitié, de tel quart, de telle fraction en un mot de l'embryon, et qu'on obtiendra des monstres connus à l'avance, d'après la localisation du traumatisme. Notons bien qu'il s'agit de traumatismes cellulaires, et nous comprendrons que de semblables expériences réalisent en tératogénie un déterminisme incomparablement précis, si en effet, la lésion d'un même blastomère détermine des résultats constants.

C'est ce qui a lieu en effet. Les éléments cellulaires non atteints vivent et se multiplient; par défaut de point d'appui du côté des cellules détruites, ils glissent les uns sur les autres et certaines facettes de segmentation sont alors déviées, suivant des règles qu'il est possible de préciser, mais dans le détail desquelles nous ne saurions entrer ici; et finalement il se forme des fractions d'individus, c'est-à-dire des monstres auxquels manquent certains organes que l'on peut désigner d'avance. Après destruction de l'une des deux premières sphères de segmentation il y a production d'un *demi-individu*; il ne se forme pas d'invagination neurale, et le système nerveux reste étalé sous forme de lame, ce qui se conçoit facilement, puisque normalement le système nerveux se développe par une gouttière qui se ferme en canal, c'est-à-dire par deux lames latérales qui se recourbent l'une vers l'autre et se soudent, et que, dans les conditions artificielles sus-indiquées, il n'y a que l'une de ces lames, il n'y a qu'une des moitiés de cette gouttière qui prenne naissance. Lorsque, au stade de quatre sphères de segmentation, l'une de ces quatre cellules est détruite, on obtient un *trois quarts d'individu*, dont les parties correspondent à ce qui devait normalement provenir des trois cellules conservées; si, sur ces quatre sphères de segmentation, les deux cellules antérieures sont seules demeurées intactes, on obtient par leur développement les deux quarts antérieurs d'un embryon; semblablement deux quarts postérieurs d'individu proviennent de la conservation des deux cellules postérieures seules. Enfin, disposition plus singulière encore, deux quarts diagonaux soudés résultent du développement de deux cellules prises sur une même diagonale, les cellules de l'autre diagonale ayant été tuées, s'écartant et laissant les deux vivantes s'accoler largement.

Quelque intérêt qu'il y eût à entrer dans plus de détails, nous ne saurions le faire ici. Disons seulement que, dans l'anatomie des monstres ainsi produits, vu le glissement et le déplacement des cellules conservées, la position et les rapports des organes sont assez variables, mais non leur nombre; celui-ci est soumis à cette règle constante que les organes, qui dans l'embryologie normale seraient provenus d'une cellule déterminée, manqueront au monstre dans lequel cette cellule a été détruite. La monstruosité est donc d'autant plus complexe et profonde qu'elle résulte d'une lésion plus précoce. En effet, si nous considérons l'œuf au moment où il se divise en deux blastomères, dont l'un représente la moitié droite et l'autre la moitié gauche du corps, et si nous supposons que l'un de ces blastomères soit détruit, il en résulte qu'aucun des organes qui devaient provenir de ce blastomère ne se formera. La mort d'une cellule a donc à ce stade précoce le même résultat qu'une cause quelconque qui, chez la larve, frapperait et détruirait la moitié du corps; elle constitue une atteinte plus grave encore, car si l'on coupait en deux longitudinalement une larve normale et que l'une des moitiés réussît à se cicatriser, les rapports des organes restants seraient relativement peu altérés, tandis que, par la destruction d'une moitié du corps au début de l'évolution, les organes que rien ne maintient en place durant leur formation apparaissent dans le plus grand désordre.

Après ce rapide résumé des expériences tératogéniques de Chabry sur les Ascidies, nous pouvons être plus bref encore sur les études semblables faites par W. Roux sur les Batraciens. Les travaux de cet auteur forment une longue série de recherches commencées en 1883, d'abord sur la direction et la signification des sillons de segmentation, puis sur les effets des lésions expérimentales, recherches qui sont résumées dans son dernier mémoire de 1888 (1). Roux pique avec une aiguille chaude l'une des deux premières sphères de segmentation de l'œuf, et obtient ainsi : 1° une demi-morula verticale; 2° une demi-blastula verticale; 3° une demi-gastrula latérale, et ce dernier stade est suivi de la formation d'une demi-plaque médullaire, d'un demi-mésoderme et d'une demi-notochorde. D'où il résulte qu'ici encore, des deux premiers blastomères, l'un est destiné à la formation de la moitié gauche, l'autre à celle de la moitié droite du corps. La destruction d'un des segments, au stade où il y en a quatre, ne laisse subsister que le développemeut d'un trois quarts d'individu. Cette formation de l'embryon aux dépens de matériaux se développant chacun isolément pour son propre compte, a été comparée par Roux à un *travail de mosaïque*.

E) **Modifications tératogéniques agissant sur le blastoderme, sur l'embryon, sur les annexes.** — Toutes les conditions tératogéniques que nous venons de passer en revue agissent sur l'œuf dans les stades qui précèdent la formation du blastoderme; relativement à l'œuf de poule, sur lequel ont porté le plus grand nombre de recherches expérimentales, elles agissent pendant les périodes qui se terminent à la ponte, puisque la segmentation de l'œuf s'accomplit dans l'oviducte, et que le blastoderme est en grande partie constitué, possède du moins ses deux feuillets primaires, sur l'œuf qui vient d'être pondu. Les résultats des conditions tératogéniques précédemment indiquées représentent donc ce que Dareste appelle l'*individualité* de l'œuf, expression à laquelle il serait plus exact de substituer celle d'*individualité du blasto-*

(1) WILHELM ROUX, Ueber die Zeit und Bestimmung der Hauptrichtungen des Froschembryon. Leipzig, 1883. — Zur Frage der Axenbestimmung des Embryo im Froschei. *Biol. Centralblatt*, 1888. — Ueber die künstliche Hervorbringung halber Embryonen durch die Zerstörung einer der beiden. ersten Furchungskugeln. *Virchow's Archive*, 1888, vol. CXIV. — Die Methode zur Erzeugung halber Froschembryonen und zum Nachweiss der Beziehung der ersten Furchungsebenen des Froscheies zur Medianebene des Embryo. *Anatom. Anzeiger*, 1894, nos 8 et 9.

derme. On comprend donc, nous l'avons déjà dit, que, dans toutes les expériences de tératogénie bornées à l'œuf d'oiseau, Dareste n'ait pu produire aucune des monstruosités qui sont déjà déterminées lorsque le blastoderme se constitue; c'est ainsi qu'il reconnaît n'avoir pu jamais déterminer expérimentalement la diplogénèse.

Par contre, Dareste a pu étudier à fond les causes tératogéniques qui agissent sur le blastoderme, qui modifient son achèvement, et influent sur l'apparition de l'embryon; de même il a pu, ainsi que divers expérimentateurs (Fol, Warynski, etc.), porter son observation sur le corps de l'embryon et sur ses annexes en voie de développement.

1° *Blastoderme.* — C'est par l'incubation, naturelle ou artificielle, que le blastoderme de l'oiseau continue sa formation, puis donne naissance au corps de l'embryon. Or, une première condition tératogénique importante est le temps qui s'écoule entre la ponte et le début de l'incubation. Si ce temps est très long, plus de trois ou quatre semaines, la vitalité du germe s'éteint; sans doute, parmi les cellules qui le composent, il en est qui meurent plus vite que les autres; aussi cette vitalité, c'est-à-dire l'aptitude au développement lors de l'incubation, ne disparaît pas brusquement, ni pour la totalité du blastoderme; elle s'éteint graduellement, partiellement, ce qui se manifeste alors par une évolution anormale. Déjà Broca avait signalé, dans ses expériences sur les œufs à deux jaunes, le développement en surface du blastoderme, mais sans apparition de l'embryon, dans les œufs soumis à l'incubation tardive. Dareste a observé des faits de même ordre et qui sont certainement à rapprocher de ceux constatés et provoqués par Chabry, c'est-à-dire des développements partiels par suite de la mort de certaines cellules du germe. Dareste a vu des blastodermes se développer ainsi, sans production d'embryon, jusqu'à envelopper complètement la sphère du jaune. Mais il a vu de plus que le développement du blastoderme sans embryon n'est que le dernier terme de l'épuisement de la vitalité du germe. Cet épuisement, dit-il, arrive progressivement et fait passer le germe par une série d'états successifs pendant lesquels il peut encore produire un embryon, mais seulement un embryon anormal, et d'autant plus anormal qu'on se rapproche davantage de la mort totale de ce germe. Devant nous borner ici à une indication générale des faits, nous renvoyons pour les détails à l'ouvrage si complet de Dareste.

Des effets tératogéniques semblables ont été observés chez les Mammifères, mais sans qu'il soit possible d'en préciser la cause; là aussi le blastoderme peut se développer sans embryon; alors, la couche externe de ce blastoderme peut donner naissance, comme il le fait normalement, à des villosités choriales; on voit même ces villosités prendre un développement de plus en plus considérable et se modifier dans leur constitution. C'est à ces productions qu'il faut rapporter sans doute certaines des pièces pathologiques que Geoffroy Saint-Hilaire a classées parmi les *monstres zoomyliens* (môles). Toujours est-il que Reichert a décrit, en 1873, un œuf humain très jeune, sans embryon, et à surface richement pourvue de villosités, œuf qu'il considérait comme normal, et que Kœlliker et Dareste ont démontré être un blastoderme qui s'était développé sans donner naissance à l'embryon. Dareste a décrit un autre cas semblable, également dans l'espèce humaine (*Tératologie expérim.*, 1891, p. 285).

L'accroissement même du blastoderme peut être modifié tératologiquement par des influences extérieures. Circulairement conformé dans le développement normal, sur l'œuf d'oiseau, il peut devenir normalement elliptique, et subir diverses déformations qui résultent d'une prolifération inégale des cellules dans ses diverses régions, quand on fait arriver, d'une façon inégale, sur ces régions, l'action de la chaleur incubatrice; c'est ce que Dareste a obtenu très facilement, c'est-à-dire toutes les fois qu'il disposait l'œuf de manière que, dans les couveuses à air libre, il n'y eût pas coïncidence entre le point culminant de l'œuf (centre du blastoderme) et son point de contact avec la source de chaleur. C'est, dit Dareste, le seul fait de tératogénie qu'il ait pu produire à volonté, d'une manière certaine, prévue à l'avance.

Les expériences sur l'incubation de l'œuf de poule montrent que non seulement les conditions anormales de l'échauffement de l'œuf modifient le développement, mais encore que d'autre part il est une température optimum (38 degrés), qui, étant la plus propice à la formation normale, est aussi la plus propre à mettre l'organisme en voie de développement dans un état de résistance aux effets des causes troublantes qu'on a pu faire agir expérimentalement avant l'incubation. C'est, dit Féré, auquel nous devons des recherches sur ce sujet, un fait intéressant au point de vue de la théorie de l'hygiène prophylactique de la dégénérescence [1].

Citons enfin, d'après Dareste, l'influence de la trépidation : lorsque des œufs de poule ont été soumis à la trépidation, dans un transport par chemin de fer ou en voiture, on obtient des produits monstrueux en soumettant ces œufs à l'incubation aussitôt après leur arrivée, mais le développement est normal quand on a eu soin de laisser ces œufs se reposer pendant près de huit jours. Pour mettre hors de doute cette influence de la trépidation, Dareste s'est attaché à la déterminer d'une manière plus rigoureusement expérimentale. Il a eu recours à la machine employée par les chocolatiers pour façonner leurs tablettes, machine dite *tapoteuse*, et qui tasse la pâte par une succession de petites secousses imprimées à un plateau. Plaçant une caisse d'œufs au bord de ce plateau, il fit battre à la machine 1620 coups par minute. Ces œufs donnèrent presque tous des monstres lorsqu'ils furent mis en incubation. Ainsi, à une époque où le blastoderme est inactif (entre la ponte et l'incubation) on peut, par de simples secousses, le rendre malade et le mettre dans l'impossibilité de se développer normalement. Notons en passant que

(1) Ch. Féré, Sur l'influence de la température sur l'incubation de l'œuf de poule. *Journal de l'anat. et de la physiol.*, 1894, p. 352.

diverses expériences ont montré que les secousses peuvent exercer une action bactéricide, c'est-à-dire agir sur des êtres monocellulaires, et que par suite leur influence sur les cellules du blastoderme n'est pas un fait isolé, sans analogues (1).

Giacomini, d'autre part, a obtenu de nombreuses formes monstrueuses, notamment par arrêt de formation de l'aire vasculaire du blastoderme, en opérant l'incubation dans un air raréfié (2). Lœb (3), en augmentant la pression osmotique de l'eau de mer par l'addition de NaCl, obtient la division immédiate de l'ovule en huit blastomères, donnant par la suite une morula monstrueuse.

Le même auteur obtient chez les vers, au moyen de solutions électrolytiques hypertoniques, des larves trocophores ciliées, nageantes, mais non segmentées. F. Lillie (4) montre qu'il y a dans ce cas différenciation directe de l'ovule, processus anormal d'un très haut intérêt. Scott (5), Bataillon (6), Giard (7) et d'autres chercheurs, au cours de leurs expériences de parthénogenèse obtiennent très souvent des larves, ou des blastulas monstrueuses sous l'action de pressions osmotiques exagérées ou diminuées. G. Bohn (8) au moyen du radium provoque la segmentation irrégulière d'œufs d'oursins (Strongylocentrotus lividus) de telle sorte qu'il obtient des demi morulas de 4 ou 8 cellules accolées à un gros blastomètre.

Dans un certain nombre de cas, si on laisse l'œuf dans la solution qui a déclanché la parthénogenèse, on obtient un développement rudimentaire et irrégulier; mais si on replace l'œuf dans une solution hypertonique, le développement se trouve régularisé. Ainsi nous apparaît la possibilité de monstruosités partielles du fait du changement momentané de la concentration des liquides amniotiques qui baignent un embryon. Les expériences citées plus loin de Bohn et Drzewina nous donneront encore mieux la preuve de cette action tératogène.

Tous ces faits nous révèlent, sur les cellules de segmentation, des actions mécaniques perturbatrices, dont la nature intime ne nous échappe plus depuis que les recherches sur la parthénogenèse expérimentale nous ont montré l'influence des agents physiques extérieurs sur la

(1) I. Meltzer, De l'importance fondamentale des secousses sur la matière vivante. *Annales de microgr.*, décembre 1894, p. 637.

(2) Carlo Giacomini, Influenza dell' aria rarefatta sull sviluppo dell' uovo di pollo. *Giorn. della R. Accad. di Med. di Torino*, n° 11, 1894.

(3) Loeb, Experiments on Cleavage. *Journ of Morphology*, t. VII, 1892. — Experiments on artificial Parthenogenesis in Annelids. *Am. J. of Phys.*, t. IV, 1901.

(4) Lillie, Differentiation without Cleavage in the Egg of the Annelid chætopterus pergamentaccus. *Arch. f. Entwickelung mechanik.*, t. XIV, 1902.

(5) Scott, Morphology of the Parthenogenetic Dev. of Amphitrite. *J. of Exper., Zool.*, t. III, 1906.

(6) Bataillon, Valeur comparée des sol, salines et sucrées en tératologie expérimentale. *C. R. Acad. sc.*, t. CXXXII.

(7) Giard, Développement des œufs d'Echinodermes. *C. R. Soc. Biol.*, t. LII, 1901.

(8) Bohn, Influence des rayons du Radium sur les œufs vierges. *C. R. Ac. Sc.* t. CXXXVI, 1903.

division cellulaire et sur sa nutrition. Il s'agit dans tous ces cas de modifications dans la constitution physico-chimique des cellules entraînant des troubles dans les échanges dialytiques nutritifs. Or, c'est un reproche, certainement le seul à faire à l'œuvre de Dareste, que de paraître avoir oublié la composition cellulaire des organes en voie de formation, pour se servir à chaque instant des vieilles expressions de *blastème*, de *plasma formateur*. Nous ne saurions mieux faire, pour en donner un exemple, que de reproduire le passage suivant dans lequel de Quatrefages a résumé et condensé les idées de Dareste ([1]). « Pendant les premiers jours de son existence, l'embryon ne possède pas encore de tissus caractérisés par des éléments histologiques spéciaux. Son corps est en entier formé de *plasma*, espèce de gangue vivante, d'une délicatesse infinie, partout homogène, mais ayant la propriété de s'étendre, de grandir et de constituer des parties morphologiquement distinctes, qu'on désigne sous le nom de *blastéme*. C'est dans ces blastèmes qu'apparaissent les organes qui se montrent d'emblée avec toutes leurs formes essentielles et la composition histologique à laquelle ils doivent leurs propriétés physiologiques. Si le blastème reste normal, nous dit Dareste, l'organe auquel il donne naissance l'est aussi; si le blastème a été déformé, l'organe l'est également; enfin si le blastème a disparu ou ne s'est pas formé, l'organe manque pareillement. En somme, dans les véritables monstruosités, les organes ne deviennent jamais monstrueux, ils le sont en naissant. » Mais nous avons vu par exemple que, dans la diplogenèse, le monstre était double dès sa première apparition; et nous avons pu faire remonter cette première apparition jusqu'au moment même de la fécondation : l'œuf diplogénétique, de par sa fécondation, est tel parce qu'il renferme deux noyaux mâles au lieu d'un seul, peut-être aussi parce qu'il possédait primitivement deux vésicules germinatives au lieu d'une. Ce sont là des modifications cellulaires intimes. De même les expériences de Chabry et de W. Roux nous montrent que tel organe n'apparaîtra pas par le fait de la destruction de la cellule initiale qui devrait donner naissance à toute la lignée de cellules destinées à constituer cet organe. Plus que toute autre pathologie, la pathologie de l'embryon doit être cellulaire; les causes tératogéniques agissent sur les individualités cellulaires; nous ne sommes pas encore en état de déterminer de façon très précise et ces modes d'action et chacune des individualités cellulaires auxquelles elles s'adressent spécialement; mais les faits relatifs à la polyspermie, les résultats des expériences de Chabry et les faits expérimentaux de parthénogénèse artificielle nous permettent de concevoir dans quel sens se feront à l'avenir les progrès de la tératogénie.

2° *Embryon proprement dit.* — L'embryon déjà formé peut encore être contrarié dans son développement normal par de simples différences de la pression osmotique du liquide où il baigne. En effet, des expé-

([1]) A. DE QUATREFAGES, Tératologie et tératogénie. *Journal des savants*, 1887.

riences de Bohn et Drzewina (1) montrent qu'en élevant des larves de Batraciens dans des solutions hypertoniques on obtient d'abord une stimulation de la croissance. Mais avec un certain degré de concentration de la solution hypertonique, les larves deviennent monstrueuses. Les électrolytes employés dans ces expériences ne semblent pas avoir eu d'action spécifique. Le rôle de la tension osmotique est dominant. L'action tératogène des solutions hypertoniques est plus ou moins marquée selon la phase de développement où est la larve au moment de l'expérience. C'est ainsi que l'on obtient plus de monstres lorsque l'on plonge les larves dans la solution hypertonique au moment de la gastrulation, de la fermeture de la gouttière médullaire ou de l'operculisation. Un séjour temporaire de vingt-quatre heures dans la solution hypertonique suffit pour l'obtention des monstruosités. Ces expériences ont un intérêt considérable en ce qu'elles nous font concevoir qu'un changement de concentration, même passager, du liquide amniotique peut être la cause des arrêts de développement ou des excès de croissance dont relèvent tant de monstruosités.

Les mêmes causes qui font que le blastoderme se développe sans apparition d'embryon, peuvent faire que, le premier linéament de l'embryon s'étant formé, celui-ci périsse de bonne heure, soit en totalité, soit en partie.

La *mort totale de l'embryon*, aux tout premiers stades, est d'ordinaire suivie de sa résorption, et alors nous nous trouvons en présence de cas analogues à ceux de développement d'un blastoderme sans embryon, mais cependant avec des résultats plus complexes, car le placenta a pu commencer à se développer. Nous savons aujourd'hui que le placenta est une production embryonnaire ectodermique, qui se greffe en véritable parasite sur le tissu utérin, et qui le pénètre graduellement (2). Or, ces végétations ectodermiques, parcourues par des villosités mésodermiques, peuvent continuer à vivre et se développer, alors que l'embryon a disparu. Robin attribuait avec raison à un développement excessif des villosités placentaires, après la mort de l'embryon, la formation de ces corps énigmatiques qui se produisent parfois dans la matrice des femmes et que l'on désigne sous le nom de *môles vésiculaires* ou *hydatiques*. Les vésicules kystiques, souvent extrêmement nombreuses, que l'on observe à la surface de ces corps, seraient le résultat de l'hypertrophie des villosités.

Giacomini a publié une série intéressante d'études sur ces développements, incomplets, caractérisés par l'absence de l'embryon dans un œuf complet, dans l'espèce humaine (3), et His a insisté sur ce fait que, dans les cas de mort précoce de l'embryon, les membranes peuvent

(1) Bohn et Drzewina, Influence du chlorure de lithium sur les larves de Batraciens. *Soc. Biol.*, t. LXII, p. 1150.

(2) Mathias Duval, *Le placenta des Rongeurs*. Paris, 1892. — Le placenta des Carnassiers. *Journ. de l'anat. et de la physiol.*, 1893-1895.

(3) C. Giacomini, Su alcune anomalies di sviluppo dell' embrione umano. *Atti della R. Academia de la scienze di Torino*, 1888 à 1892.

continuer à s'accroître, le liquide amniotique à augmenter de volume [1].

La *mort partielle de l'embryon*, à une époque où une étroite solidarité n'est pas encore établie entre ses diverses parties, permettra aux portions suivantes de continuer plus ou moins régulièrement leur développement. Ainsi l'extrémité antérieure de l'embryon peut périr, être résorbée, et le reste du corps se développera en un monstre acéphale. Lereboullet a suivi la formation de pareils acéphales chez les Poissons. Dans tous les cas, ces monstres acéphales périssent de bonne heure; ils sont, en même temps, le plus souvent acardiaques, et le développement s'arrête au moment où devient nécessaire l'intervention d'une circulation régulière. C'est ici le cas de revenir sur ce que nous avons dit des monstres omphalosites. Un Acéphale, un Acardiaque, ne peut continuer à se développer que s'il s'établit des rapports vasculaires entre lui et un frère jumeau bien conformé : c'est pourquoi, tant qu'on n'a étudié que les monstres expulsés après une gestation de durée à peu près normale, on n'a pas eu la notion de l'existence d'Acéphales isolés; aussi Geoffroy Saint-Hilaire a-t-il établi cette loi si curieuse de l'association nécessaire de l'Acéphale avec un frère jumeau bien conformé; et de cette loi nous avons tiré précédemment cette conclusion, que les Acéphales, les Acardiaques, en un mot les Omphalosites de Geoffroy Saint-Hilaire représentent l'un des éléments d'une diplogénèse. Mais si nous déplaçons ainsi les Omphalosites de Geoffroy Saint-Hilaire du rang qu'il leur a donné parmi les monstres simples ou unitaires, et si nous les plaçons parmi les monstres doubles, ce n'est pas qu'il n'y ait aussi des Acéphales ou Acardiaques unitaires, simples; seulement Geoffroy Saint-Hilaire n'a pas eu connaissance de ceux-ci, ne leur a pas donné de place dans sa classification. C'est que cette classification est entièrement basée sur l'état final des monstres, et ne fait pas intervenir les données tératogéniques, ne tient pas compte des monstruosités si graves qu'elles amènent de bonne heure la mort et la résorption du monstre. Rauber [2] a publié à ce sujet un intéressant mémoire, et Dareste a très nettement résumé la question, en montrant que, si la gémellité joue un grand rôle dans l'*existence* de certains monstres omphalosites à une certaine époque de leur vie, elle peut être entièrement étrangère à leur *origine*. « Les monstres omphalosites, dit-il, peuvent se constituer isolément, comme les monstres autosites; mais il ne peuvent continuer à vivre que dans le cas de gémellité. » Nous dirions sans doute plus exactement : des monstres *semblables aux omphalosites* (c'est-à-dire des Acéphales et des Acardiaques) peuvent se produire, mais ils périssent bientôt, précisément parce qu'ils ne sont pas Omphalosites, c'est-à-dire ne sont pas associés à un jumeau qui supplée à l'insuffisance de leur appareil circulatoire.

Nous insistons sur ce point, parce qu'en lui se concentrent toutes les

(1) W. His, Offene Frage der pathologischen Embryologie. *Internat. Beitrag zur wiss Med.*. et *Virchow's Festschrift*, 1891, p. 177.

(2) A. Rauber, Formbild und Formstärung in der Entwicklung von Wirbelthieren. *Morphol. Jahrbuch*, 1879, vol. V, p. 661.

critiques et modifications qu'on peut faire actuellement à la classification de Geoffroy Saint-Hilaire, à savoir que : d'une part, les Omphalosites, c'est-à-dire les Acardiaques et Acéphales, qu'il a classés dans les monstres simples, avec l'épithète de parasites, ne sont pas des monstres simples, mais représentent l'un des sujets d'un monstre double, sujet parasitaire du frère jumeau; d'autre part il peut se former (mais non continuer à se développer) des monstres acardiaques ou acéphales, devant prendre, dans la classification de Geoffroy Saint-Hilaire, la place de ses Omphalosites, mais sans porter ce nom, car ils ne sont pas parasites, et par suite pas Omphalosites, étant des monstres entièrement simples [1].

3° *Annexes de l'embryon.* — Si l'embryon des Vertébrés est protégé par des enveloppes annexes destinées à le soustraire à des compressions et chocs extérieurs, les anomalies de ces membranes, et principalement de l'amnios, deviennent pour lui une nouvelle source de causes tératogéniques.

Amnios. — La formation de l'amnios est très précoce, elle est même chez certains Mammifères (les Rongeurs à inversion blastodermique [2]) si précoce, qu'elle précède celle de l'embryon; on conçoit donc que les malformations de l'amnios, agissant sur l'embryon dès sa première apparition, peuvent en troubler gravement l'évolution. Or, Dareste a constaté que les anomalies de l'amnios sont très fréquentes dans les œufs soumis à des causes tératogéniques; en général c'est par compression, d'où déviation ou atrophie des parties comprimées, que s'exerce l'action de l'amnios mal développé.

Mais, pour comprendre toutes les conséquences que peuvent avoir ces compressions, il faut bien insister sur ce fait qu'elles peuvent se produire tout à fait aux premiers stades du développement, et que, par conséquent, il ne s'agit pas seulement ici de déformations des membres ou de déviations de la colonne vertébrale, mais d'arrêts de développement portant sur les premiers bourgeons des membres, sur l'apparition de l'extrémité céphalique, sur la formation des organes. Déjà Hippocrate avait dit que « les enfants deviennent estropiés quand dans la matrice il y a étroitesse dans une partie »; et Cruveilhier avait expliqué les déviations vertébrales et les pieds bots par l'action de pressions extérieures, pour lesquelles, étranger aux faits embryologiques, il avait invoqué des contractions insolites de la matrice durant la gestation. Puis l'observation montra qu'il pouvait exister anormalement des brides amniotiques, par lesquelles on expliqua facilement les amputations congénitales, puisqu'il fut possible de trouver ces brides enroulées autour d'un membre, d'un ou plusieurs doigts, et de les surprendre pour ainsi dire en train d'opérer la section des parties. Mais ce sont les recherches de tératologie expérimentale et surtout les travaux de Dareste qui ont montré l'importance des anomalies de formation de l'amnios au point de

(1) Princeteau, Progrès de Tératologie depuis I. G. Saint-Hilaire. *Thèse d'agrégation.* Paris, 1886.

(2) Mathias Duval, *Le placenta des Rongeurs.* Paris, 1892.

vue de la production des monstruosités les plus graves et les plus primitives.

D'abord l'amnios peut manquer complètement, ou n'être représenté, tout autour de l'embryon, que par la petite élévation de l'ectoderme qui forme les plis amniotiques. Dans ce cas, l'embryon est à nu sur le blastoderme, et se comprime contre la membrane vitelline et la coquille (il s'agit, dans ces observations, de l'œuf de la poule); il meurt alors dans le plus grand nombre des cas; si, chose plus rare, son développement continue, ce n'est qu'avec les anomalies les plus graves, et notamment ces anomalies de la tête qui constituent des exencéphalies.

Puis l'amnios peut évoluer d'une manière inégale dans ses diverses parties. Un des capuchons, un des replis peuvent manquer, tandis que les autres se produisent et se développent normalement (1); au niveau des replis qui manquent ou qui sont arrêtés dans leur développement se produisent alors des compressions locales de l'embryon. Dareste, ainsi que Perls et Kundrat (2), sont arrivés, ces derniers par l'examen des Anencéphales, des Cyclopes et de types tératologiques voisins, à reconnaître pour causes de ces malformations céphaliques le fait d'une compression produite par le capuchon céphalique de l'amnios. Il en est de même de l'exencéphalie, pour laquelle on a très fréquemment constaté la présence de brides amniotiques; et, quand on n'a pas retrouvé ces brides, il y avait lieu d'admettre qu'elles avaient existé temporairement et avaient été résorbées après avoir causé divers désordres, comme l'indiquait le fait de la coexistence de fissures obliques de la face, etc. Dans une récente étude sur l'encéphalocèle, Guibert (3) arrive aussi à cette conclusion que la lésion primitive doit être rapportée à la période embryonnaire, et que ce sont les anomalies de l'amnios (étroitesse, plissements et adhérences) qui fournissent l'explication la plus satisfaisante.

Enfin l'amnios, même fermé, c'est-à-dire complètement développé, peut cesser de s'accroître. Il est alors appliqué immédiatement contre le corps de l'embryon, et non séparé de lui par le liquide amniotique qui normalement s'accumule dans sa cavité et met l'embryon à l'abri des compressions locales.

Les effets produits par la compression amniotique peuvent être obtenus expérimentalement par des compressions directes exercées sur l'embryon; c'est ce que montrent les expériences de Fol et Warynski. Ce dernier auteur (4) est arrivé à produire des arrêts de développement en exerçant une compression au moyen d'un petit scalpel émoussé; l'extrémité cépha-

(1) CARLO GIACOMINI, Sulle anomalie dell' embrione umano; anomalia dell' amnios e sua interpretazione. *Atti d. R. Accad d. Sc. di Torino*, 1894, vol. 29.

(2) PERLS, *Lehrbuch der allgemeinen Pathologie*. Stuttgard, 1879. — KUNDRAT, *Archinencephalie als typische Art von Missbild*. Gratz, 1882.

(3) GUIBERT, *Contribution à l'étude anatomo-pathologique de l'encéphalocèle congénitale*. Lille, 1894.

(4) S. WARYNSKI, Sur la production artificielle des monstres à cœur double chez les poulets. *Thèse de Genève*, 1886.

lique étant une des parties les plus accessibles à l'expérience, c'est à cette partie qu'il s'est surtout adressé, et il a pu notamment obtenir la dualité du cœur par l'arrêt du développement des parties dans lesquelles a lieu la réunion des deux rudiments cardiaques primitifs.

Sans entrer ici dans plus de détails sur ce mécanisme de compression et ses résultats divers sur chaque partie, nous insisterons, au point de vue général, sur les rapports suivants, dont nous empruntons l'exposé à Dareste : « L'action, dit-il (*op. cit.*, éd. de 1891, p. 315), d'une pression extérieure exercée par l'amnios pour produire les monstruosités donne une explication très simple d'un fait déjà signalé par tous les tératologistes, mais dont ils n'avaient pu, jusqu'à présent, se rendre un compte exact : la réunion fréquente d'anomalies et même de monstruosités très différentes sur un même sujet. On a souvent invoqué, pour l'expliquer, le principe de la *corrélation des organes*. Assurément je ne nie pas l'importance que peut avoir la corrélation des organes ou la corrélation de croissance dans un certain nombre de faits tératologiques; mais je vois que ce rôle est beaucoup plus restreint qu'on ne le pense généralement. Cela tient à ce que l'on a ignoré pendant longtemps la distinction, si nécessaire pour l'interprétation des faits tératogéniques, des deux périodes de la vie embryonnaire (première période où s'ébauche la forme, seconde période où se produit la structure), ainsi que le défaut de solidarité qui existe, pendant la première période, entre les différentes régions de l'organisme. Or, c'est pendant cette première période que s'ébauchent la plupart des monstruosités. L'étude de la tératologie montre, en effet, que si la coexistence d'anomalies très différentes dans un même sujet est un fait fréquent, ce n'est pas cependant un fait nécessaire, puisqu'elles peuvent se produire isolément. L'arrêt de développement total ou partiel de l'amnios explique tous ces faits de la manière la plus satisfaisante. L'arrêt de développement total exerce son influence sur l'embryon tout entier, et peut, par conséquent, déterminer simultanément la production des anomalies les plus diverses (exencéphalies, célosomies, ectromélies, etc.), tandis que l'arrêt de développement partiel ne produit que des monstruosités locales, c'est-à-dire qui n'affectent que les régions du corps soumises à la pression extérieure. La coexistence de plusieurs anomalies ou monstruosités sur un même sujet est donc le résultat d'une cause unique agissant sur toute la surface de l'embryon. Les faits s'expliquent donc de la manière la plus simple et sans qu'il soit nécessaire de faire intervenir les relations encore inconnues qui existent entre les divers organes pendant leur développement. »

Une dernière condition à signaler, à propos de l'amnios, est l'accumulation exagérée du liquide dans sa cavité, ou *hydramnios*. Les accoucheurs ont constaté que l'hydramnios est accompagné très fréquemment des malformations fœtales les plus diverses, depuis le spina-bifida et l'exencéphalie, jusqu'aux becs-de-lièvre, pieds bots, etc. C'est sans doute par compression de l'embryon que l'hydramnios amène ces difformités; cependant on peut voir dans ces difformités et dans l'hydramnios le résultat d'une cause commune, d'une maladie générale de l'œuf; c'est ainsi qu'on trouve une relation, signalée par presque tous les auteurs, entre la syphilis et l'hydramnios.

Allantoïde et cordon ombilical. — Après l'amnios, nous ne donnerons qu'une courte mention à l'allantoïde, dont les arrêts de développement produisent l'asphyxie de l'embryon; si l'embryon ne succombe pas et se développe monstrueux, il est difficile de faire alors la part exacte de l'influence qui revient à l'allantoïde, puisque les anomalies de cette annexe sont presque toujours liées à une malformation de l'amnios même, et spécialement à la non occlusion de l'ombilic amniotique.

Enfin, le cordon ombilical, par ses circulaires, peut produire l'amputation d'un ou plusieurs membres. Nous insisterons plus loin sur les différences essentielles qu'il y a entre ces amputations congénitales et l'ectromélie proprement dite. Disons seulement ici qu'on a voulu à tort mettre en doute les effets, et surtout les effets multiples, des circulaires du cordon. Ainsi Dareste (*op. cit.*, p. 419) se demande si cette explication, valable pour certains cas d'hémimélie, peut s'appliquer aux cas où cette monstruosité atteint deux ou plusieurs membres. Il faudrait, dit-il, un concours bien étrange de faits accidentels pour que les quatre membres puissent être amputés simultanément. L'observation montre que ce concours de circonstances se réalise en effet, non chez les oiseaux, dont le cordon ombilical est très court, mais chez les Mammifères; on trouve dans tous les traités d'obstétrique des observations et des figures montrant combien peuvent être compliqués les liens formés par le cordon (circulaires du cordon) (1) et comment les quatre membres du fœtus humain, lorsqu'ils ont atteint déjà un certain développement, et non tout à fait à leur début, peuvent être enserrés dans un même enroulement circulaire du cordon, et comprimés, puis amputés plus ou moins près de leurs racines (2). Dans ces cas les circulaires du cordon agissent comme le font ces brides amniotiques dont Guéniot a présenté à l'Académie de médecine des exemples frappants (3).

Nous devons cependant faire remarquer que toutes les amputations congénitales n'ont pas pour origine la constriction produite par des brides amniotiques ou par le cordon; notamment pour les amputations congénitales des doigts, il est une forme particulière due à un processus pathologique qui se passe dans la peau; le derme subit une transformation fibreuse donnant lieu à la production d'un anneau circulaire inextensible, sur lequel se coupe le doigt à mesure qu'il s'accroît; il semble même que cet anneau, par sa rétraction, détermine d'une façon active

(1) Ribemont-Dessaignes et Lepage, *Précis d'obstétrique.* Paris, 1893.

(2) Voy. notamment : A. Charpentier, *Traité des accouchements*, 1883, t. I, p. 199, fig. 152 et 155.

(3) Guéniot, Fœtus anencéphale, brides amniotiques multiples. *Bull. de l'Acad. de méd.*, 19 nov. 1889 et 22 avril 1890. — Adhérences et brides amniotiques, comme causes d'anomalies. *Ibid.*, 10 oct. 1893, p. 371.

l'amputation. Lannelongue considère cette altération du derme comme identique à celle qu'on observe dans l'aïnhum [1].

Vésicule ombilicale; aire vasculaire. — Parmi les arrêts de développement qui atteignent les annexes fœtales et exercent une action tératogéniques sur l'embryon, Dareste a particulièrement étudié, sur la vésicule ombilicale, l'évolution anormale de l'aire vasculaire. Il a vu la formation des îlots de Wolff s'arrêter plus ou moins vite, en ce sens que ces îlots, lieux de formation des globules rouges, ne poussent pas les prolongements destinés à établir des communications normales entre eux et avec l'appareil central de la circulation, lequel se forme d'une manière indépendante. Non seulement les taches vasculaires, dites îlots de Wolff, ne s'anastomosent pas, mais encore elles s'hypertrophient, de sorte que l'aire vasculaire dessine une série de cavités indépendantes remplies de globules rouges, lesquels ne sont pas en mouvement, puisqu'ils ne reçoivent pas l'impulsion cardiaque. Le cœur, de son côté, bat sur une masse liquide incolore, et irrigue le corps de l'embryon par un réseau vasculaire, qui, n'étant pas mis en communication avec les îlots de Wolff, ne contient pas de globules rouges. L'embryon, ne recevant ainsi que du sang incolore, s'œdématie bientôt, tous ses tissus s'infiltrent peu à peu de sérosité, et il arrive à ne plus être constitué que par une masse d'apparence gélatineuse, dans laquelle on a peine à retrouver la trace des organes en voie de formation.

Dareste insiste sur ce processus, qui lui fournit un argument important contre l'ancienne théorie, d'après laquelle on attribuait à l'hydropisie des centres nerveux un rôle capital dans la formation de l'anencéphalie et même de l'acéphalie, et l'on considérait cette hydropisie comme primitive. C'était renverser les termes de la question, en attribuant à une maladie ce qui est dû à un arrêt de développement; or, même dans le cas d'hydropisie des centres nerveux, chez l'embryon, c'est-à-dire à l'époque où le système nerveux est en voie de formation, les faits tératologiques se trouvent être toujours le résultat d'une évolution modifiée et non d'une modification pathologique d'organes déjà existants. Nous retrouvons bien ces hydropisies dont on a tant parlé, mais nous voyons que leur signification est bien différente de celle qu'on leur avait attribuée. Au lieu d'être la cause première de la monstruosité, elles font seulement partie d'une série de phénomènes, dont le point de départ est dans l'air vasculaire de la vésicule ombilicale, et non dans l'embryon lui-même où on l'avait toujours cherché.

[1] Lannelongue, Anomalies de trois membres par défaut; amputations congénitales. *Bull. de l'Acad. de méd.*, 1882, V, n° 47. — A. Proust, Déformations congénitales rappelant l'aïnhum, *Bull. de l'Acad. de méd.*, 2 avril 1889, p. 451.

IV

PRINCIPAUX PROCESSUS TÉRATOGÉNIQUES

Arrêts de formation et de développement (ectromélie, spina-bifida, hermaphrodismes). — Excès de développement. — Arrêts et excès d'accroissement. — Arrêts et excès de développement combinés (hétérotaxie, inversions, ectopies). — Métamorphoses. — Soudures anormales (symélie et uromélie, cyclopie et otocéphalie). — Enclavement.

Nous venons de passer en revue, au point de vue étiologique, les influences perturbatrices qui peuvent agir sur l'être en voie de formation, depuis le moment où il est à l'état de cellule sexuelle, jusqu'à celui où il présente un embryon figuré, en passant par les stades d'œuf fécondé, d'œuf en segmentation et de blastoderme. Après cette étiologie classée dans l'ordre chronologique, car pour l'embryon normal ou monstrueux tout est dominé par la question de temps, de périodes successives, il nous faut examiner les conséquences de ces influences tératogènes, c'est-à-dire passer en revue les processus pathologiques caractéristiques des monstruosités. Nous les classerons sous les titres principaux de : arrêts de développement; excès de développement; arrêts ou excès d'accroissement; métamorphoses; soudures anormales; enclavement. Il est impossible actuellement d'assigner toujours à chacun de ces processus sa cause directe, parmi les causes précédemment passées en revue. C'est, nous l'avons dit, que la tératogénie expérimentale n'est pas enrore arrivée à un déterminisme assez exact; dans le chapitre précédent nous avons déjà énuméré les cas pour lesquels ce déterminisme a pu être obtenu.

A) **Arrêts de formation et de développement.** — Les organes apparaissent généralement sous la forme de bourgeons qui s'accroissent et se modèlent graduellement; on a pu distinguer la non-apparition de ces premiers rudiments d'avec l'absence de leur développement ultérieur; c'est pourquoi Is. Geoffroy Saint-Hilaire a cru devoir insister sur les cas où un organe ne se forme point (*arrêts de formation*) et sur ceux où il reste arrêté dans certaines conditions embryonnaires (*arrêts de développement*). A vrai dire, cette distinction est plus théorique que réelle; un organe arrêté dans les premières phases de son développement pourra être résorbé, et son absence totale pourra alors faire croire qu'il n'était même pas apparu; d'autre part, les organes embryonnaires peuvent présenter la propriété de régénération, après mutilations accidentelles, et, selon que cette régénération se fera ou ne se fera pas, il en résultera des formes tératologiques difficiles à interpréter au point de vue de la distinction entre un arrêt de formation et un arrêt de développement. Les monstruosités des membres nous fournissent un bon exemple à cet égard.

Chaque membre apparaît d'abord sous la forme d'un bourgeon configuré en palette, dans lequel se dessinent presque aussitôt des sillons interdigitaux; c'est donc la main (ou le pied) qui apparaît d'abord; puis ce membre s'allonge par sa base, sur laquelle apparaissent successivement les portions qui seront l'avant-bras (ou la jambe), puis le bras (ou la cuisse). Or, parmi les formes d'avortement des membres, Geoffroy Saint-Hilaire a distingué l'*ectromélie*, qui consisterait en une absence totale du membre (arrêt de formation), et la *phocomélie*, dans laquelle le membre est représenté par une main ou un pied à peu près normal, rattaché au tronc soit directement, soit par un avant-bras rudimentaire (arrêt de développement). Nous aurions donc là une distinction bien nette entre l'arrêt d'apparition des bourgeons des membres et l'arrêt de développement de ces membres. Or, quand on a examiné avec soin les cas classiques d'*ectromélie*, on constate, dans plusieurs de ces cas, non pas une absence complète de tout rudiment de membre, mais la présence d'une saillie informe, d'un court moignon à ce niveau. On est en présence du résultat d'une amputation congénitale, car ce moignon représente la base d'un membre dont les parties périphériques ont disparu (voy. dans Is. Geoffroy Saint-Hilaire, t. H. p. 223, la dissection d'un moignon ectromélien renfermant une omoplate et un humérus rudimentaires). Il ne s'agit donc pas ici d'ectromélie pure, c'est-à-dire d'avortement complet, de manque d'apparition du membre, puisque ce membre est représenté par ses portions basales; et pour cette même raison il ne s'agit pas de phocomélie, c'est-à-dire d'arrêt de développement, puisque le bourgeon premier du membre représente son extrémité distale (main ou pied), et qu'un membre réellement arrêté dans son développement devra présenter une extrémité distale plus ou moins normale avec une partie basale non développée.

Mais ce n'est pas tout, une troisième forme de monstruosité des membres, désignée sous le nom d'*hémimélie*, est caractérisée par la présence de bras ou de cuisses bien développés, terminés par des doigts imparfaits et rudimentaires. Cet état ne correspond à aucune phase embryologique, à aucun stade de développement. Ici encore il s'agit d'une amputation congénitale; mais comment se fait-il que ce moignon, représentant la base du membre, puisse porter des extrémités digitales rudimentaires? Ici intervient une propriété particulière des organes embryonnaires, la régénération, qui mérite bien de nous arrêter un instant, vu le jour tout spécial qu'elle jette sur l'interprétation des malformations. Simpson cite le cas d'un fœtus dont le bras fut amputé par un repli membraneux dans l'utérus même; et, au moment de la naissance, on voyait, sur le moignon résultant de cette section complète du bras, trois tronçons, ou mieux trois bourgeons, qui indiquaient la tendance des tissus du bras à repousser. On trouve à ce sujet une précieuse observation, présentée par Variot, et une intéressante discussion de la question dans les *Bulletins de la Société d'anthropologie* (1890, p. 284 et 489); il s'agit d'un cas dit d'hémimélie, dans lequel la présence de bourgeons digitaux portait à voir une malformation et non une amputation congénitale; or, sur la remarque présentée par nous de la possibilité de repullulation des tissus embryonnaires, une étude plus attentive du moignon et sa dissection minutieuse rendit évident et le fait d'amputation et celui de production de nouveaux bourgeons, car les tubercules digitaux ne renfermaient aucun nodule osseux ou cartilagineux.

Cette propriété de repousser, qui peut se manifester chez l'embryon humain, est normale dans le premier état des Batraciens anoures avant leur métamorphose; chez le têtard, la queue repousse en effet, tandis que, chez la grenouille adulte, la patte amputée ne repousse pas. Mais chez divers animaux à sang froid, cette propriété persiste même à l'âge adulte, témoin les expériences bien connues, et pour ne citer que les plus anciennes, de Spallanzani et de Bonnet sur la salamandre (1). Il s'agirait donc de savoir si l'embryon des animaux à sang chaud est assimilable à un animal à sang froid; c'est la conclusion à laquelle arrivent aujourd'hui tous les embryologistes, en présence de ce fait que ces embryons sont susceptibles de subir un fort abaissement de température sans que la mort s'ensuive (2). On sait que. expérimentalement, on peut arrêter par le froid les mouvements du cœur de l'embryon d'Oiseau, puis ranimer ce mouvement par le réchauffement (3). Enfin, dans le même ordre d'idées, il ne saura pas inutile de rappeler les nombreuses observations analogues recueillies par Preyer sur l'embryon humain, et notamment celle où un embryon de trois semaines, qui avait été conservé au froid dans son œuf même, pendant toute la nuit, entre deux verres de montre, permit au matin, porté à la chaleur, de voir se contracter la poche cardiaque en forme d'S, avec des pauses de vingt à trente secondes. Le cœur, dit Preyer, offrait donc encore, dans cette période de son développement, une grande analogie avec celui d'un Vertébré inférieur (4). Il n'y a donc rien de surprenant à ce que les embryons des Vertébrés les plus élevés présentent des phénomènes analogues à ce qu'on observe chez les animaux à sang froid, et que des bourgeons puissent repousser sur des membres amputés.

Ces faits nous montrent combien sont complexes les phénomènes qui peuvent intervenir dans l'évolution des formes monstrueuses, et combien

(1) R. Blanchard, Anomalies des nageoires chez le Protoptère. *Bull. de la Soc. zool. de France*, 1894, t. XIX. p. 54.

Piana. Recherches sur les doigts surnuméraires expérimentalement déterminés chez les Tritons, et sur les bourgeons caudaux surnuméraires des Lézards. *Arch. Ital. de Biologie*, 1894, t. XXI, p. x.

Dietricht Barfuth, Die experimentelle Regeneration überschüssiger Gliedmassentheile (Polydaktylie) bei den Amphibien. *Arch. f. Entwickelungsmechanik von W. Roux*, 1894, vol. 1, p. 91.

(2) Mathias Duval, *Bull. de la Soc. d'anthrop.*, 1890, p. 284. — Dareste, *Recherches sur la production artificielle des monstres*, 1891, p. 80, 134, 337.

(3) Laborde et Mathias Duval. Recherches sur quelques points de physiologie chez l'embryon et en particulier sur la physiologie du cœur embryonnaire au moment de sa formation. *Comptes rend. de la Soc. de biologie*, 1878; *Bullet. de l'Acad. de médec.*, 1878-1879.

(4) W. Preyer, *Physiologie spéciale de l'embryon*, trad. franç. Paris. 1887, p. 39.

il peut être difficile non seulement d'établir la distinction entre un arrêt de formation et un arrêt de développement, mais encore de faire la part, dans les cas classés sous ce dernier titre, de ce qui revient à un accident traumatique tel que l'amputation congénitale, et de ce qui est produit par un effort de restauration résultant des propriétés germinatives des tissus embryonnaires. Pour ce qui est des états monstrueux des membres, on voit qu'ils ne forment pas une série graduée d'arrêts de plus en plus complets de développement, en allant des Phocomèles aux Hémimèles et finalement aux Ectromèles, comme les range Is. Geoffroy Saint-Hilaire, mais que seuls les Phocomèles représentent toujours des arrêts de développement, tandis que la plupart des Ectromèles et sans doute tous les Hémimèles représentent des cas d'amputation congénitale, le plus souvent avec bourgeonnement digitiformes des moignons, car, même sur les sujets décrits comme Ectromèles types, on a signalé la présence de doigts rudimentaires.

L'arrêt de développement est le processus tératogénique le plus fréquent; c'est aussi celui qui a été entrevu le premier, dès que les embryologistes se sont occupés de tératologie. Harvey expliquait déjà, quoique vaguement, le bec-de-lièvre par la permanence d'un état embryonnaire; de même Haller et Wolff, pour l'éventration avec hernie des viscères; mais c'est à la fin du siècle dernier, avec Autenrieth, puis au début de ce siècle avec Etienne Geoffroy-Saint-Hilaire, que la notion précise des arrêts de développement commence à prendre l'importance qu'elle a aujourd'hui. Dareste (*op. cit.*, p. 190) déclare que c'est le seul procédé tératogénique qu'il lui ait été possible d'observer dans ses expériences.

Par arrêt de développement, il faut entendre toute persistance d'un état embryonnaire qui ne devrait être que transitoire, c'est-à-dire aussi bien l'arrêt d'un organe à un état rudimentaire, alors que cet organe devrait normalement grandir, que la persistance d'un organe qui normalement devrait disparaître avec les progrès du développement, et que la persistance à l'état séparé de deux parties qui auraient dû se joindre et se souder. Nous pouvons donc, pour donner une rapide énumération des résultats de ces processus, établir les trois catégories suivantes :

1° Les *arrêts de développement proprement dits*, qui sur les membres se traduisent par l'*ectromélie*, sur la paroi antérieure du tronc par la *célosomie*, c'est-à-dire les diverses formes d'éventration (célosomes, pleurosomes, schistosomes, agénosomes, aspalosomes, en y comprenant sans doute l'exstrophie de la vessie, les ectopies du cœur, etc.), sur la région postérieure du tronc par le spina-bifida, sur la région céphalique par l'*anencéphalie*, l'*exencéphalie*, la *proencéphalie*, etc.

2° Le *défaut de soudure* des parties qui devraient se réunir : ainsi, d'après Dareste, le cœur est primitivement formé de deux moitiés qui se fusionnent bientôt; si cette fusion n'a pas lieu, chacun des deux rudiments primitifs peut se développer en un cœur complet, d'où les cas, rares il est vrai, mais incontestables, au moins chez les Oiseaux, de monstruosités caractérisées par la présence de deux cœurs distincts. De par son origine, cet état rentre dans la classe générale des arrêts de développement, puisque ce double organe répond à un état primitif qui aurait dû disparaître par fusion et par soudure, et peu importe que chacune des moitiés primitives se soit développée ensuite en un organe complet, puisque la différence que présentera, avec les individus normaux, le sujet ainsi constitué, résulte de la persistance d'une disposition embryonnaire. Diverses formes de *spinabifida* rentrent également dans cette catégorie, quand elles résultent de la non-soudure des lames médullaires, qui restent étalées et en continuité avec l'ectoderme de la surface du corps.

3° Enfin, comme *persistance de dispositions ou de parties* qui devraient disparaître, nous trouvons, parmi les très nombreux exemples à signaler, les diverses formes d'*hermaphrodisme interne* et les malformations dues à la présence de restes des *fentes branchiales*.

Pour l'hermaphrodisme en particulier, il est bon de rappeler que tout embryon possède au début à la fois les organes internes mâles et les organes femelles, c'est-à-dire que, non seulement la glande sexuelle est hermaphrodite, mais qu'elle est flanquée d'un double appareil excréteur, le canal de Wolff, destiné à donner les voies séminales, et le canal de Muller, qui doit former l'oviducte (trompe et utérus); normalement un de ces appareils se développe seul, l'autre s'atrophiant pour ne donner lieu qu'à des organes rudimentaires aujourd'hui bien connus des anatomistes. Mais si cette atrophie n'a pas lieu, si sur un même individu persistent à la fois et le canal de Wolff et celui de Muller, il en résultera le développement plus ou moins complet d'un appareil mâle et d'un appareil femelle, la glande génitale se différenciant, de son côté, partie selon le type mâle, partie selon le type femelle. Et comme ces dispositions, résultant de la persistance de l'état embryonnaire primitif des organes, pourront se réaliser à la fois sur les organes du côté droit et du côté gauche, ou seulement sur ceux d'un côté, il pourra en résulter des formes très diverses d'hermaphrodisme interne. Dans une première catégorie sont les cas d'hermaphrodisme des glandes, et alors l'hermaphrodisme peut être *bilatéral*, le sujet possédant de chaque côté un ovaire et un testicule, avec canaux déférents et oviductes plus ou moins parfaits, ou bien *unilatéral*, le sujet possédant d'un côté les glandes des deux sexes, avec leurs conduits, et de l'autre la glande d'un seul sexe, avec son conduit, ou enfin simplement *latéral*, c'est-à-dire que l'un des côtés s'est développé selon le type mâle, l'autre selon le type femelle. Dans une seconde catégorie sont les cas où les glandes sexuelles ont évolué selon un type simple et unique, mais où l'hermaphrodisme se réalise dans les voies d'excrétion. Nous ne saurions entrer ici dans le détail des combinaisons diverses qui peuvent alors se réaliser et qui sont calquées sur les formes indiquées pour la catégorie précédente. Hâtons-nous d'ajouter que ces divers types d'hermaphrodisme sont bien réellement des arrêts de développement, non seulement de par l'origine embryonnaire, mais encore de par l'état définitif, car ces appareils doubles et bi-sexués sont généralement incomplètement développés, atrophiés, et ne sauraient réaliser une double fonction, de sorte que ces dispositions, qui paraissent anatomiquement riches et surabondantes, sont en réalité très pauvres physiologiquement et insuffisantes au point de vue fonctionnel (1).

A propos d'hermaphrodisme interne, faisons remarquer que rien de semblable ne se présente pour l'appareil génital externe. Nous donnerons à cet égard, dans un instant, quelques détails à propos des excès de développement du clitoris; mais nous devons dès maintenant rappeler que l'arrêt de développement de l'appareil génital mâle, en laissant subsister sur une plus ou moins grande étendue la gouttière urétrale primitive (hypospadias), arrive à donner des individus à formes sexuelles imparfaites, et qui, pourvus de tous les organes internes du sexe mâle, ont pu être considérés, parfois pendant toute leur existence, soit comme individus femelles, soit comme prétendus hermaphrodites (hypospadias scrotal) (2).

B) **Excès de développement.** — Si l'hermaphrodisme interne vient de nous fournir des types divers d'arrêt de développement, nous trouvons par contre un exemple d'excès de développement dans quelques-uns des cas qu'on désigne sous le nom d'*hermaphrodisme externe*. En effet, l'appareil génital externe ne possède pas primitivement le double rudiment des organes mâles et femelles, il se développe par formations dont l'évolution (tubercule génital, replis génitaux) graduelle constitue le type femelle si elle s'arrête à un certain degré, et le type mâle si elle va plus loin (la soudure des replis génitaux se poursuivant jusqu'au bout du gland). Or parmi les cas dits d'hermaphrodisme externe, les uns, cités ci-dessus, sont des arrêts de développement de l'appareil mâle, tandis que les autres se présentent chez des sujets femelles dont quelques parties présentent un excès de développement et simulent ainsi partiellement les attributs mâles. Ainsi le clitoris est un pénis rudimentaire, et s'il arrive que le clitoris dépasse le degré de développement qui constitue son état normal, il reproduit plus ou moins complètement l'aspect d'un pénis. Nous ne saurions entrer ici dans le détail des autres malformations de l'appareil génital externe, mais nous devions spécifier cet exemple afin de montrer le contraste entre l'hermaphrodisme interne et l'hermaphrodisme externe, à propos des arrêts de développement d'une part, et des excès de développement de l'autre.

Dans l'excès de développement rentre encore l'apparition d'organes qui normalement restent rudimentaires, mais qui peuvent parfois se

(1) P. MÉTROPHANOW, Un cas d'hermaphrodisme chez la grenouille. *Bibliographie anatomique*, janvier 1894. — WILHEM GARTH, *Zwei Fälle von Hermaphrodismus verus bei Schweinen Giessen*, 1894.

(2) FÉLIX GUYON, *Des vices de conformation de l'urètre chez l'homme*. Paris, 1863.

A. ISSAURAT, *Le sinus uro-génital, son développement, ses anomalies*. Paris, 1878. (On trouvera dans cette monographie une étude complète des anomalies de l'appareil génital, d'après les données actuelles de l'embryologie.)

développer, par un véritable retour atavique; tels sont les cas, aujourd'hui nombreux et bien observés, d'appendice caudal chez l'homme, par excès de développement des vertèbres coccygiennes, qui représentent une queue rudimentaire et sans saillie extérieure. Cet appendice caudal anormal est alors formé par la peau (quelquefois couvert de longs poils), par de la graisse et par quelques noyaux cartilagineux (1). C'est aussi à l'excès de développement qu'il faut attribuer les anomalies caractérisées par l'augmentation du nombre des organes placés en série, par exemple les vertèbres surnuméraires. On sait que les vertèbres résultent de la segmentation de la partie axiale du mésoderme, segmentation qui ne se fait pas simultanément dans toute l'étendue de cet axe, mais se propage d'avant en arrière, de sorte qu'elle peut, sous l'influence de causes indéterminées, ne pas se faire toujours de la même manière et produire exceptionnellement une ou plusieurs vertèbres surnuméraires. La production des monstres donbles est également un fait d'excès de développement, puisqu'elle consiste en ce qu'un ovule donne lieu à deux centres d'individualisation et non à un seul; mais ici nous connaissons la cause de ces productions par excès, c'est l'entrée de deux spermatozoïdes ; cette hyper-fécondation porte au double ce qu'on peut appeler la force productrice de l'ovule. Peut-être un jour sera-t-il possible d'expliquer semblablement, par des conditions qui exagèrent cette force productrice, les anomalies par excès de développement de tous les organes en série, c'est-à-dire les vertèbres surnuméraires aussi bien que les doigts surnuméraires. Mais si nous entrevoyons que la production d'un monstre double et l'apparition d'un organe surnuméraire puissent avoir pour origine des causes analogues, ce n'est pas à dire que les mécanismes tératogéniques soient les mêmes dans tous les cas, et Broca a très heureusement montré combien il serait absurde d'invoquer pour la polydactylie le phénomène de soudure d'éléments provenant de germes distincts (2).

C) **Arrêts ou excès d'accroissement.** — I. Geoffroy Saint-Hilaire a soigneusement distingué l'accroissement qui résulte de l'augmentation graduelle de volume de chacune des parties du corps, indépendamment de tout changement dans leur nombre, leur structure et même leur forme, d'avec le développement qui consiste essentiellement dans l'apparition de parties nouvelles et dans les changements de forme et de connexion des parties déjà formées. D'après les divisions établies dans la présente étude, nous avons vu en effet que les parties se forment,

(1) Parmi les très nombreuses observations de ce genre, voir particulièrement : L. Gerlach, Ein Fall von Swanzbildung bei einem menschlichen Embryo. *Morpholog. Jahrbuch*, 1880, VI, p. 106. — Braun, Ein Fall von Schwanzbildung, etc. *Zoolog. Anzg.* 1881, p. 114. — H. Fol, Sur la queue de l'embryon humain. *Compt. rend. de l'Acad. des sciences*, 8 juin 1885, p. 1469. — Fr. Keibel, Ueber den Schwanz des menschlichen Embryo. *Anatom. Anzeiger*, 1891, p. 670.

(2) Broca, Sur les monstres doubles. *Bull. de la Soc. d'anthropologie*, 4 décembre 1873, p. 886.

évoluent (se développent) et grandissent (s'accroissent). Le défaut d'accroissement d'organes complètement constitués est dû, pendant la vie intra-utérine, à des causes banales d'atrophie (défaut de circulation, compression), qui sortent du cadre de la tératogénie proprement dite. Celle-ci n'aurait guère à s'occuper que des causes du défaut ou de l'excès d'accroissement total de l'individu, c'est-à-dire du nanisme et du gigantisme, si ces causes étaient quelque peu déterminées, et si elles remontaient toujours à la vie fœtale. Mais il n'en est rien : ainsi la plupart des nains observés étaient de taille normale au moment de la naissance, et leur accroissement n'a commencé à se ralentir qu'à l'âge de quelques mois. Il en est de même, dans la plupart des cas, pour les géants (1). Les expériences faites chez les animaux dont la période de formation dans l'œuf est très courte et qui poursuivent leur développement après l'éclosion montrent que le nanisme et le gigantisme peuvent résulter de conditions particulières, mais dans lesquelles il est impossible de distinguer exactement les causes déterminantes, sans avoir recours à des hypothèses très basardées (2). Cependant, et c'est ce qui nous a décidé à donner ici une mention à la question du nanisme, les expériences de Dareste et de Gerlach nous ont révélé quelques données que nous ne saurions passer sous silence. En faisant incuber des œufs de poule à une température supérieure à celle de l'incubation normale, Dareste a vu les poulets éclore plus tôt, mais présenter alors une taille sensiblement plus petite. « L'évolution de l'organisme, dit-il, résulte donc de deux ordres de faits très différents : les faits de formation, c'est-à-dire de production même des organes, et les faits de simple accroissement. Or ces deux ordres de faits, bien que reliés entre eux par des relations intimes, ne s'accompagnent pas d'une manière nécessaire ; ils peuvent, dans certains cas, se trouver en antagonisme ; lorsque le développement est très rapide, il prédomine sur l'accroissement. Existerait-il des faits inverses ? Le retard qu'on observe dans certains embryons aurait-il pour effet de faire prédominer les phénomènes de simple accroissement sur ceux de développement, et aurions-nous alors quelque chose qui produise l'augmentation excessive de la taille? Je ne puis, pour le moment, dit Dareste, que poser la question. » D'autre part, Gerlach et Koch (3) ont obtenu, également sur le poulet, des embryons très petits, à peu près normaux, dans des œufs dont la coquille était totalement vernie, à l'exception d'une petite zone perméable à l'air ; mais ici le nanisme était accompagné d'un retard de développement.

(1) M. Giuliani, Contributo allo studio della macrosomia. *Ricerche fatte nel laboratorio di Anat. norm. della R. Univ. di Roma, publ. dal prof. F. Todaro*, vol. III, p. 13. Roma, 1893.

(2) Voy. à ce sujet les travaux récents de C. Semper et de H. de Varigny, in : De Varigny, Le nanisme expérimental. *Journ. de l'anat. et de la physiol.*, mars 1894.

(3) L. Gerlach et H. Koch, Ueber die Production von Zwergbildungen im Hühnerei auf experimentelle Wege. *Biol. Centralblatt*, n° 22, 1884. — H. Koch, Ueber dei künstliche Herstellung von Zwergbildung im Hühnerei. *Beitrag zur Morphol. und Morphog. von L. Gerlach*, t. I, 1883.

D) **Arrêts et excès de développement combinés; hétérotaxie.** — Tous les organes sont primitivement formés de deux moitiés symétriques, ou bien disposés symétriquement, un de chaque côté du plan médian. Cette symétrie persiste pour la plupart d'entre eux; mais elle disparaît de très bonne heure pour l'appareil central de la circulation (aorte à gauche), pour l'appareil digestif, et chez quelques espèces pour certaines parties de la face [1]. Cette transformation a lieu par l'atrophie des organes d'un côté (atrophie de la crosse aortique droite par exemple) avec développement exclusif de ceux du côté opposé, ou par accroissement inégal d'un côté et de l'autre, puis courbure et torsion de l'organe (tube digestif). Or il peut se faire que, sous l'influence de conditions qu'on a cherché à déterminer, la moitié, qui normalement devait s'atrophier, persiste au contraire, et que celle qui devait persister s'atrophie; il y a donc dans ces cas combinaison d'un arrêt et d'un excès de développement. Telle est l'origine de l'*inversion viscérale*. Cette inversion n'est donc pas une *transposition*, mais simplement un développement inégal se produisant en sens inverse de ce qui a lieu dans l'état normal (hétérotaxie). Telle est aussi l'origine de diverses inversions limitées à quelques organes, c'est-à-dire d'*ectopies* dites par transposition.

Quant à l'explication de l'inversion des viscères, l'étude de l'embryologie normale nous fait facilement entrevoir sinon sa cause, au moins son mécanisme. Chez tous les embryons de Vertébrés allantoïdiens il se produit, de bonne heure, une rotation du corps, lequel, appliqué sur le vitellus d'abord par sa surface ventrale, se couche bientôt sur le côté gauche (voir ci-dessus, p. 215). Or s'il arrive que la rotation se fasse en sens inverse, que l'embryon se couche sur le côté droit, on constate qu'ultérieurement les viscères prennent la disposition dite inversée. D'après Dareste, qui a fait de cette question une étude spéciale, le fait primitif, initial, serait une disposition particulière du cœur, la saillie de l'anse cardiaque à droite dans les cas normaux, saillie qui forcerait l'embryon à se coucher sur le côté gauche; les cas d'inversion auraient par suite pour première origine la saillie de l'anse cardiaque à gauche. D'autre part, Fol et Warynski ont pensé qu'il fallait attribuer ces dispositions à une croissance plus rapide des tissus dans une moitié du corps, croissance plus rapide à gauche dans les cas normaux; ils ont cherché à ralentir l'activité formatrice des tissus du côté gauche en soumettant ce côté à une température élevée, mais non capable de mortifier les tissus; et, en effet, ils ont obtenu une inversion complète du corps, du tube digestif et du cœur, en opérant sur des embryons de poulet de moins de trente-six heures, et en approchant un thermo-cautère du blastème gauche du cœur en voie de formation [2].

(1) Pouchet, Développement de l'évent du cachalot. *Société de biologie*, 23 février 1889, p. 149.

(2) Fol et Warynski, L'inversion viscérale artificielle chez l'embryon du poulet. *Arch. gén. des sc. phys. et nat.* Genève, 1884, t. XI, p. 105.

Nous avons vu précédemment, en étudiant la genèse des monstres doubles, que les rapports de proximité des deux sujets composants pouvaient forcer l'un d'eux à se coucher en sens inverse de l'autre. Ainsi se trouve expliqué ce fait, si singulier au premier abord, signalé pour la première fois par Serres (*Mém. de l'Acad. des sciences*, 1832) et exprimé par lui en disant que, chez les monstres doubles, la loi d'union des parties similaires entraîne l'inversion des viscères de l'un des sujets. En général, c'est l'individu de droite qui présente la transposition des organes, tandis que l'individu de gauche conserve la disposition normale.

Le développement des Poissons pleuronectes nous présente l'un des cas les plus remarquables de développement normalement asymétrique, accompagné, comme l'ont montré les études de Van Beneden et de Steenstrup, de déplacement de l'un des yeux. Or, chez ces Vertébrés, on a également constaté une inversion ou hétérotaxie, avec arrêt de migration de l'œil gauche (1). De même chez les Mollusques univalves, l'asymétrie dérive d'une forme primitive symétrique, et les anomalies dites sénestres chez les espèces qui sont normalement dextres, représentent des dispositions entièrement comparables à celles de l'inversion des viscères chez les Vertébrés. Ce sont là des phénomènes qui ont été très étudiés dans ces dernières années, et qu'il importait de signaler ici pour montrer la signification générale de ces transformations (2).

E) **Métamorphoses.** — Les processus tératologiques désignés sous ce titre sont aussi rares chez les animaux qu'ils sont communs chez les végétaux. Chez ceux-ci, tous les organes appendiculaires, étant des feuilles modifiées, sont équivalents, et l'on voit par suite souvent des pétales se produire à la place d'étamines, des bractées à la place de feuilles, etc. Un seul fait du même ordre a été observé chez les animaux, par Alph. Milne-Edwards, en 1864 (3) : il s'agit d'un Crustacé, chez lequel l'un des yeux était normal, tandis que l'autre était partiellement transformé en une antenne. Chez les Vertébrés il n'y a guère que les membres, paire antérieure et paire postérieure, qui présentent une équivalence analogue à celle des parties appendiculaires des plantes et des animaux articulés, et en effet, à leur origine, le membre thoracique et le membre abdominal sont semblablement conformés. Or, quoique la tératologie ne nous présente pas à cet égard des exemples de métamorphoses comparables à ce qu'on a vu chez des Invertébrés,

(1) Léon Vaillant, Monstruosité de la limande commune. *Bull. de la Soc. philomat.* Paris, 8e série, t. IV, n° 2, p. 49, 1891-1892. — A. Giard, Sur la persistance partielle de la symétrie bi-latérale chez un turbot et sur l'hérédité des caractères acquis chez les pleuronectes. *Soc. de biologie*, 16 janvier 1892, p. 31.

(2) P. Fischer et F. Bouvier. Recherches et considérations sur l'asymétrie des mollusques univalves. *Journal de conchyologie*, 1892. — P. Pelseneer, De l'asymétrie des mollusques univalves. *Ibid.*

(3) Alph. Milne-Edwards, Sur un cas de transformation du pédoncule oculaire en une antenne, observée chez une langouste. *Comptes rendus de l'Acad. des sciences*, LIX, p. 711. — Z. Richard, Sur quelques cas de monstruosités observés chez les Crustacés décapodes. *Ann. des sc. nat. (zool.)*, 7e série, t. XV, 1893, p. 99.

il y a cependant dans la science, comme le fait remarquer Dareste, des cas analogues relativement aux membres. Ainsi il apparaît parfois sur le dos de la main un muscle surnuméraire qui reproduit les dispositions du muscle pédieux; et, d'une manière générale, on voit que les anomalies des muscles du membre supérieur tendent souvent à reproduire des dispositions du membre inférieur et inversement.

F) **Soudures anormales.** — Pendant leur formation, les organes sont constitués par des cellules jeunes, en prolifération active, comparables à ce qu'on appelle en chirurgie des bourgeons charnus, et, puisque la soudure de deux parties est un processus normal du développement, il n'est pas étonnant que pareille soudure puisse se produire semblablement pour des organes qui devraient normalement rester indépendants, si des conditions anormales de pression (action des brides amniotiques viennent rapprocher ces organes dans un contact étroit. Et, en effet, dans une récente série d'études expérimentales, Born (1) a montré avec quelle facilité étonnante on obtenait la soudure des parties embryonnaires chez les larves des Batraciens.

En dehors des faits expérimentaux, l'observation montre que, de tous les processus de soudure, ceux fournis par la soudure des membres homologues sont les plus typiques, et font bien ressortir les lois générales de ces faits tératogéniques. En effet, les monstres syméliens, caractérisés par la soudure des deux membres postérieurs (symèles, uromèles, sirénomèles), présentent des dispositions au premier abord singulières, problématiques, et qui cependant apparaissent comme nécessaires et en rapport direct avec les processus normaux du développement, lorsqu'on examine de plus près ces processus, et surtout, comme a pu le faire Dareste, quand on arrive à surprendre la formation de la symélie dans ses phases les plus primitives. Ces dispositions sont essentiellement les suivantes : au lieu que les deux membres inférieurs se trouvent soudés par leur face ou bord interne, de sorte que le talon soit en arrière, et que les gros orteils des deux pieds se correspondent, comme on l'obtiendrait chez un adulte en rapprochant ces deux membres, les rapports, chez les syméliens, sont tels que les membres sont unis par leurs bords externes, les talons en avant, les orteils en arrière, et par conséquent les gros orteils en dehors, comme les tibias, et les petits orteils en dedans, comme les péronés (voir la fig. 1, p. 170). « Les causes et l'explication de cette inversion des membres, dit Geoffroy Saint-Hilaire (*Tératologie*, II, 261), échappent complètement à notre investigation; c'est ce qui a porté Meckel à faire revivre, pour les monstres syméliens, l'ancienne hypothèse de la monstruosité originelle; mais si l'impossibilité d'en puiser une explication satisfaisante dans la théorie de la formation accidentelle des monstruosités est très réelle,

(1) G. Born, Die künstliche Vereinigung lebender Theilstücke von Amphibien-Larven. *Jahresbericht der schlesischen Gesellschaft für vaterl. Cultur*, 8 juin 1894.

elle est seulement relative à l'état présent de la science ; rien ne prouve qu'elle ne puisse un jour cesser. »

Il était réservé à Dareste de répondre à cet appel fait par Geoffroy Saint-Hilaire à la science de l'avenir. Rappelons d'abord que les membres postérieurs apparaissent sous la forme de deux palettes placées de chaque côté de l'extrémité postérieure du corps, et orientées de telle manière que la future face plantaire regarde en avant, la région du gros orteil (tibia) étant en haut, celle du petit orteil (péroné) en bas. Dans le développement normal, ces parties se retournent dans un sens qu'il est facile de comprendre en partant, par la pensée, de cet état primitif, pour arriver à la disposition définitive. Ce sont des transformations que, pour le poulet, on suivra facilement sur la planche X de notre *Altas d'embryologie* (1). Or, pendant le développement de la symélie, les bourgeons des membres postérieurs sont accidentellement infléchis vers la ligne médiane, vers l'axe prolongé du corps de l'embryon, et arrivent à se souder par leur bord inférieur qui est devenu interne, et ce bord devenu interne, est précisément celui, comme il a été dit précédemment, qui correspond au péroné et au 5e orteil, c'est-à-dire celui qui normalement se serait tourné en dehors. Dareste, en effet (*op. cit.*, p. 420), a constaté que la symélie est produite par un arrêt de développement de la partie postérieure de l'amnios, c'est-à-dire du capuchon caudal. Lorsque ce capuchon s'est arrêté dans sa formation, qu'il ne s'est pas replié au-dessus de l'extrémité postérieure, mais qu'il reste appliqué sur elle au lieu de s'en écarter, les bourgeons des membres postérieurs sont comprimés, se rapprochent selon le mécanisme sus-indiqué, et viennent se souder par leurs bords inférieurs devenus internes. Aussi l'action compressive de l'amnios ne se borne-t-elle pas d'ordinaire à produire cette soudure avec ce changement de direction, ou, pour mieux dire, cette persistance de l'orientation primitive ; souvent elle a pour conséquence des amputations congénitales, ou au moins un développement incomplet des parties ; ainsi s'expliquent les diverses formes présentées par les monstres syméliens : chez les symèles, les parties soudées sont à peu près normales, c'est-à-dire deux membres abdominaux réunis, presque complets, terminés par un pied double à plante en avant ; chez les uromèles, le pied est imparfait, avec seulement cinq orteils ou même moins ; enfin chez les sirénomèles, il n'y a que deux cuisses soudées et dont le moignon terminal porte quelques rudiments d'orteil ; il est bien évident qu'ici se sont produites, après amputation, les tentatives de repullulation dont nous avons parlé à propos de l'hémimélie : la symélie s'est compliquée d'hémimélie.

Nous avons dû insister sur l'étude de la soudure des membres, parce qu'elle est un cas des plus nets de ces dispositions qui ont amené Geoffroy Saint-Hilaire à formuler sa célèbre *loi de l'affinité de soi pour soi*, ou d'*union des parties similaires*. On voit que les parties similaires s'unissent, parce que leurs rapports primitifs sont tels qu'elles doivent

(1) Mathias Duval, *Atlas d'embryologie*. Paris, 1889.

s'unir entre elles et non avec d'autres. Si l'on avive les bords correspondants de deux doigts, et qu'on applique et maintienne appliqués ces deux doigts l'un contre l'autre par des bandelettes, il est évident que leur soudure se fera de telle manière que le troisième segment (phalange unguéale) de l'un s'unisse avec le troisième segment de l'autre, et de même pour les autres segments. La loi de l'attraction de soi pour soi n'exprime pas autre chose qu'une série de faits analogues à cet exemple; c'est ce que nous avons déjà vu pour le mode de connexion des deux sujets composants d'un monstre double (p. 215); l'union se fait entre des parties similaires, parce que ce sont ces parties qui se correspondent au moment de la soudure. Mais encore fallait-il voir pourquoi, dans la symélie, ce sont les petits et non les gros orteils qui se correspondent. Dans l'union de deux membres, comme dans l'union de deux doigts, on ne conçoit guère et l'on n'observe pas de déviations qui amènent des parties non similaires au contact, c'est-à-dire qu'on ne voit pas de syndactylie où la première phalange d'un doigt soit soudée avec la troisième du doigt voisin; il aurait fallu que, lors du rapprochement, l'un des doigts fût énergiquement fléchi et l'autre étendu, et encore trouverait-on alors une réalisation partielle de la loi de l'attraction de soi pour soi. Mais dans les anomalies de soudure des autres parties du corps, sous l'influence de compressions et de déviations produites par l'amnios, il est des cas de soudures de parties absolument hétérologues qui montrent bien l'inanité de cette prétendue attraction des parties similaires. Dareste décrit un anencéphale conservé au musée Dupuytren, dont la tête renversée en arrière, était venue se souder avec le sacrum. Pouchet (Dareste, *Tératogénie*, édit. de 1891, p. 239) a décrit à cet égard un monstre bien instructif, remarquable par ses soudures multiples et pour ainsi dire incohérentes; les trois segments du membre antérieur droit, repliés l'un sur l'autre, étaient soudés entre eux et avec la région occipitale de la tête; tandis que le membre gauche, pareillement fléchi, était soudé avec la paroi thoracique; la queue (il s'agit d'un agneau) était soudée avec le membre postérieur gauche, etc.

Parfois les soudures tératologiques unissent des parties entre lesquelles sont normalement disposés d'autres organes; le non-développement de ces derniers a alors été une condition nécessaire au rapprochement et à la fusion des premières. Nous nous contenterons, sans entrer dans les détails, de citer l'exemple de la *cyclopie*, dont le processus tératogénique a été si bien étudié par Dareste et peut être résumé en disant que, normalement, la vésicule cérébrale antérieure primitive produit de chaque côté les vésicules optiques, et sur la ligne médiane le bourgeon des hémisphères, de sorte que, à ce moment, l'extrémité antérieure de l'ébauche rappelle les trois lobes d'un trèfle; que le lobe médian s'arrête dans son évolution, et les deux vésicules optiques, n'étant séparées par rien d'interposé, viendront à se rapprocher, à se rencontrer et se souder au-devant du lobe resté stationnaire qui aurait dû les tenir écartées; alors, sur le milieu de ce qui aurait dû être le front, on ne trouvera qu'un œil, ou les rudiments de deux yeux plus ou moins confondus. En effet, les diverses formes de la cyclopie s'expliquent par l'arrêt plus ou moins précoce du lobe primitivement interposé aux deux rétines en voie d'apparition : tout au début les deux rétines, à peine distinctes du reste de la vésicule cérébrale antérieure primitive, sont très rapprochées l'une de l'autre, et si leur soudure s'accomplit à ce moment, il se forme un œil unique, constitué par les éléments fusionnés des deux yeux. Plus tard, les ébauches des deux rétines sont reportées graduellement en dehors, de plus en plus loin de la ligne médiane, et leur soudure peut ne plus donner lieu qu'à deux yeux bien distincts, mais immédiatement contigus et renfermés dans une cavité orbitaire unique, ou bien à un œil en apparence unique, mais contenant les éléments des deux yeux distincts (deux cristallins par exemple, voy. p. 172) soudés en partie l'un à l'autre. Mais, comme tout se tient dans les processus embryologiques, l'œil unique occupant la ligne médiane formera une barrière à l'appareil olfactif qui se développe de haut en bas, en partant de la région éthmoïdale, et c'est ainsi que la cyclopie se trouvera compliquée de *cébocéphalie* (appareil nasal complètement atrophié, sans saillie) ou de *rhinocéphalie* (appareil nasal représenté par une sorte de trompe qui s'insère sur le front, au-dessus de l'œil unique).

De même Dareste a montré que l'*otocéphalie* résulte de l'arrêt de développement de la troisième vésicule de l'encéphale, c'est-à-dire qu'ici encore la soudure anormale a pour cause l'absence ou l'atrophie de parties interposées aux organes qui se fusionnent. En effet, les vésicules auditives primitives (future oreille interne) naissent sur les côtés de la troisième vésicule cérébrale, laquelle, à ce moment, s'évase et s'élargit transversalement, pour donner lieu à la cavité rhomboïdale du quatrième ventricule ; d'autre part chacune de ces vésicules auditives entre en connexion avec l'oreille moyenne, formée aux dépens de l'extrémité postérieure de la première fente brachiale. Or si la troisième vésicule cérébrale (futur quatrième ventricule) ne s'évase pas et conserve sa disposition tubulée primitive, semblable à celle de la moelle épinière, cet arrêt de développement a pour effet d'entraver la formation des parties correspondantes de la tête, laquelle est alors beaucoup moins large qu'à l'état normal, et présente par suite deux vésicules auditives, deux oreilles moyennes, deux oreilles externes très rapprochées, pouvant se souder. Alors un fait essentiel intervient, fait qui peut même être considéré comme primordial, à savoir l'arrêt de développement du premier arc branchial (maxillaire inférieur). Dans un travail récent(1) L. Blanc a bien mis en évidence les conséquences de cet arrêt, entraînant les modifications secondaires qui complètent les déformations otocéphaliques, à savoir que le deuxième arc, qui continue à s'accroître, déborde le premier et le recouvre, de sorte que plus tard on trouve le squelette de l'arc mandibulaire entre les branches de l'hyoïde ; que la base de la

(1) L. Blanc, Sur l'Otocéphalie et la Cyclotie. *Journal de l'anatomie et de la physiologie*, 1895.

langue, qui se forme sur le second arc branchial, reste isolée de la cavité orale (fait que nous avions signalé et expliqué dès 1883[1]), tandis que sa portion antérieure, qui se forme sur le premier arc, ne se développe pas par suite de l'atrophie de celui-ci; qu'enfin, du côté buccal, l'atrophie de ce premier arc détermine des malformations secondaires qui portent principalement sur l'appareil maxillaire supérieur, puisque les bourgeons maxillaires supérieurs sont primitivement une émanation de la base du premier arc. Sans insister sur ces questions, il nous semble qu'elles nous offrent des exemples assez typiques des changements de rapports qui peuvent résulter d'un simple arrêt de développement, et qu'à cet égard nous leur devions une mention. Nous ajouterons encore que l'otocéphalie, c'est-à-dire la soudure des deux oreilles, est souvent accompagnée soit d'un développement incomplet de la première vésicule cérébrale, ce qui produit un monstre *otocéphale cyclope*, soit d'une atrophie presque complète de cette vésicule, d'où absence des yeux et de l'appareil olfactif, ce qui produit la *triocéphalie* (ci-dessus. p. 172). Des très précieuses études de L. Blanc sur ce sujet, il résulte que la cyclopie, chez les otocéphales, présente des caractères bien différents de ce qu'elle est chez les cyclocéphaliens proprement dits. Chez ceux-ci, en effet, les yeux se rapprochent et se soudent en glissant dans l'interstice qui sépare du maxillaire supérieur les frontaux, les nasaux et l'intermaxillaire, de sorte que ces yeux fusionnés restent à la partie supérieure de la face, au-dessus des maxillaires supérieurs soudés. Au contraire chez les otocéphales cyclopes, en raison de l'atrophie sus-indiquée des maxillaires supérieurs, les yeux se réunissent en passant au-dessous du crâne et la nouvelle orbite se trouve sous le sphénoïde antérieur. Cette monstruosité est donc intermédiaire entre la cyclocéphalie et l'otocéphalie dont elle réunit les caractères essentiels, et, pour la distinguer de deux ces formes, L. Blanc a proposé de lui donner le nom de *cyclotie*, qui exprime l'état mixte de cette conformation.

G) **Enclavement**. — L'enclavement est aux anomalies simples ce que l'inclusion est aux monstruosités par diplogenèse. Formulée pour la première fois par Verneuil, en 1852 (*Bullet. de la Soc. anat.*, p. 300), la théorie de l'enclavement explique comment une plicature du tégument externe arrive à amener dans la profondeur des tissus une portion de ce tégument, derme, épiderme et ses dérivés. Lannelongue a étudié avec soin les divers mécanismes de cette incarcération partielle de l'ectoderme. A l'origine, dit-il[2], la petite masse qui a subi ce pincement est simplement une involution de l'ectoderme; puis, peu à peu, elle s'éloigne de la surface par le fait du développement des parties voisines, et pendant ce temps le pédicule épithélial qui la rattache à l'ectoderme doit s'allonger progressivement. Mais cet allongement peut être insuffi-

(1) Mathias Duval et G. Hervé, Sur un monstre otocéphalien *Soc. de biologie*, 1883, t. V, p. 76-78).
(2) Lannelongue et Achard. *Traité des kystes congénitaux*. Paris, 1886.

sant si les parties voisines se développent plus rapidement, de telle sorte que la continuité se trouve rompue entre l'ectoderme et la petite colonie profonde qui en dérive, et qui devient ainsi indépendante. Des processus semblables d'enclavement ont été observés chez l'adulte, à la suite de traumatismes(¹), ou provoqués expérimentalement(²).

La portion de peau ainsi isolée dans la profondeur peut ensuite donner naissance aux variétés si nombreuses de kystes dermoïdes, exception faite, bien entendu, des kystes dermoïdes de l'ovaire, dont il a été question précédemment à propos de la parthénogenèse. C'est, en effet, une erreur que de vouloir expliqner toutes les formes de kystes dermoïdes par un seul et même processus tératogénique; dans l'état actuel de la science nous devons distinguer au moins trois processus bien différents : la parthénogenèse pour les productions ovariques; l'inclusion fœtale, par exemple, pour les tumeurs dermoïdes profondes de l'abdomen et les tumeurs dermoïdes scrotales avec rudiments fœtaux; enfin l'enclavement. Celui-ci a pour caractère de donner naissance à des tumeurs kystiques qui ne renferment jamais que des productions semblables à celles du territoire cutané duquel elles dérivent; les poils que l'on rencontre dans les kystes dermoïdes de la région sourcilière sont entièrement semblables à ceux des sourcils. Dans les kystes dermoïdes congénitaux des doigts on n'a rencontré ni poils, ni glandes sébacées; les rares kystes dermoïdes, autres que ceux de l'ovaire, qui renferment des dents, sont toujours des kystes développés au voisinage des maxillaires, et l'on peut toujours, en pareil cas, reconnaître qu'un germe dentaire s'est trouvé inclus dans la paroi kystique.

Il est, pour ainsi dire, naturel que des enclavements accidentels puissent se produire partout où, à une certaine époque du développement, deux replis ectodermiques viennent se rencontrer et se souder l'un à l'autre. Ainsi se forment les kystes dermoïdes du cou (fentes branchiales), de la face (fente fronto-maxillaire), et ceux du raphé périnéal. Dans cette dernière région le processus de malformation a pu être étudié très nettement par Retterer(³), qui a montré comment, dans un cas donné, les replis urétraux de le région périnéale, au lieu de se souder sur toute leur hauteur, ne s'étaient réunis qu'à leur partie profonde et à leur bord libre, laissant dans leur partie moyenne un canal tapissé par des assises ectodermiques.

Mais des enclavements se produisent aussi ailleurs que dans des lignes de coalescence de replis cutanés, si le développement des parties est tel que le pincement de la peau puisse avoir lieu lorsque les formations squelettiques se rejoignent au-dessous d'elle, comme sur les lignes

(¹) Jonnesco, Des kystes épidermiques traumatiques de la paume de la main et des doigts. *Bull. de la Soc. anat.*, 5ᵉ série, t. II, 940.

(²) E. Masse, *Kystes tumeurs perlées*, etc., rôle du traumatisme et de la greffe dans la formation de ces kystes. Paris. 1885.

(³) Retterer et Reclus, Structure et pathologie d'un kyste dermoïde du raphé périnéal et du scrotum. *Soc. de biol.*, 15 juillet 1893.

médianes du dos et du thorax (kystes du médiastin et de la plèvre), sur les diverses régions du crâne. Ainsi, au niveau du crâne, pour ne développer ici que ce dernier exemple, la formation du squelette est précédée d'une période pendant laquelle la peau est en contact immédiat avec les enveloppes cérébrales. Supposons qu'alors une adhérence se fasse entre la peau et ces enveloppes. Le crâne osseux, se développant ensuite, formera une sorte de collier autour de la dépression cutanée, la transformera en un infundibulum, et enfin pourra isoler ainsi une portion cutanée qui restera sous le crâne. C'est pourquoi on trouve presque toujours les kystes dermoïdes des méninges reliés par un pédicule soit à la peau, soit seulement à la voûte crânienne. Chose remarquable, mais que l'embryologie explique facilement, ces kystes dermoïdes intra-crâniens siègent presque exclusivement dans la région des fosses cérébelleuses. C'est que, sans doute, comme le fait remarquer Lannelongue(1), il se fait un pli tégumentaire dans la dépression qui existe chez l'embryon entre la première et la seconde vésicule cérébrale ou entre celle-ci et la troisième. Qu'un pincement de l'ectoderme se fasse dans ce pli, l'îlot enclavé, le futur kyste, se trouvera nécessairement interposé entre le cerveau antérieur et le moyen, ou entre le moyen et le postérieur; mais comme le cerveau moyen ne se développe que peu dans la suite, tandis que le cerveau postérieur grandit au contraire beaucoup et vient le recouvrir, il en résulte qu'en réalité ce sera dans la région de celui-ci que se trouvera le kyste. La flexion prononcée qui existe sur le cerveau de l'embryon en ce point peut encore contribuer à la formation d'un pli tégumentaire, et il n'est pas jusqu'au développement de la tente du cervelet qui ne puisse entraîner la partie enclavée vers les régions profondes. A l'appui de ces explications, Lannelongue (*op. cit.*, 1889, p. 547) cite l'observation d'un monstre exencéphalien qui présentait, entre les deux lobes principaux de la masse cérébrale, une gouttière profonde, dans laquelle s'insinuait une languette cutanée recouverte de quelques cheveux.

Nous devions entrer dans ces quelques détails précisément à cause du rapprochement, signalé dès le début, entre l'enclavement simple et l'inclusion par diplogenèse. Comme il est souvent difficile de distinguer si un cas donné appartient à l'une ou à l'autre de ces formes, les auteurs ont souvent été tentés d'expliquer tous les cas par une seule et même théorie, celle de l'inclusion. « Du kyste pilifère congénital au cas des frères Siamois, disait Broca (*Traité des tumeurs*, t. II, p. 134), la série est si complète, si naturelle, si bien ménagée dans ses transitions, qu'il est impossible de songer à la scinder, et que la théorie applicable à l'un quelconque de ces termes doit être applicable à tous les autres. » Une analyse plus exacte des faits, une notion plus approfondie des processus embryogéniques normaux, ont amené aujourd'hui des interprétations

(1) Lannelongue, Sur les kystes dermoïdes intra-crâniens, au double point de vue de l'anatomie et de la physiologie pathologiques. *Arch. de physiol.*, 1889, p. 518.

bien différentes, et le progrès qui en est résulté se trouve bien marqué dans le *Traité des kystes congénitaux* de Lannelongue, et dans la monographie de Répin, *Sur l'origine parthénogénétique des kystes dermoïdes de l'ovaire*, travail auquel nous avons fait de nombreux emprunts dans ce qui précède. « Les faits, dit Lannelongue (*op. cit.*, p. 133), dans lesquels l'existence d'un foyer surnuméraire de formation embryonnaire apparaît d'une façon indiscutable, sont reliés aux kystes congénitaux en général par des intermédiaires nombreux. Ce sont ces intermédiaires qui ont fait parfois considérer tous les kystes congénitaux comme des embryons distincts, par abus de généralisation. N'est-il pas plus rationnel de dire que dans ces productions, qui participent à la fois des kystes et des monstres doubles, la cause productrice des monstres doubles se trouve associée à celle qui détermine la formation des kystes? La part de chacune varie selon les cas; à mesure qu'on s'élève dans la série, la duplicité monstrueuse tend à devenir le facteur prédominant et l'élément kystique diminue d'importance pour disparaître entièrement. »

C'est en insistant sur cette notion de transitions graduelles entre les types tératologiques que nous terminerons la présente étude. Nous avons dû, pour débrouiller le chaos des formes, reproduire une classification des monstres, et nous avons adopté celle de Geoffroy Saint-Hilaire; mais puisque les monstres résultent d'accidents de développement, et que ces accidents peuvent se produire à tous les instants qui marquent les phases successives de la production et de l'individu et de chacun de ses organes, il est évident que les monstruosités sont innombrables dans leurs variétés, reliées entre elles par toutes les formes de transition. C'est ce que nous pensons avoir mis en relief en étudiant précisément la production des monstres sous le titre d'*étiologie tératogénique chronologique*, et nous avons vu, par exemple, comment les jumeaux univitellins se relient aux monstres doubles autositaires, ceux-ci aux monstres doubles parasitaires, et ces derniers enfin aux omphalosites. Nous ne saurions donc mieux conclure que par ces paroles de Paul Bert (*Société d'anthropologie*, 1873) : « En fait de monstres, il n'y a point de genres ni d'espèces, il n'y a que des individus. »

L'HÉRÉDITÉ ET LA PATHOLOGIE GÉNÉRALE

Par M. PAUL LE GENDRE
Médecin de l'hôpital Lariboisière.

INTRODUCTION

Les pères ont mangé des raisins verts,
Et les dents des enfants en ont été agacées.
Jérémie, XXXI, 29-30.

Voilà une parole biblique qui a frappé par son symbolisme imagé les savants, convaincus de l'influence néfaste des méfaits ancestraux sur les générations futures; Renan l'affectionnait; j'ai entendu souvent mon maître Bouchard la citer et je l'ai retrouvée sous la plume de Berthelot[1]. Son antiquité prouve que toujours les hommes ont eu conscience du lien redoutable noué entre eux par l'hérédité à travers les âges. Aucune épigraphe ne peut mieux convenir à cette étude sur le rôle de l'hérédité en pathologie générale.

Question obscure entre toutes, et qui a préoccupé les moralistes autant que les médecins. Montaigne[2] ne la rangeait-il pas déjà parmi les « estrangetés si incompréhensibles qu'elles surpassent toute la difficulté des miracles? » — « Quel monstre est-ce », ajoutait-il, « que cette goutte de semence, de quoi nous sommes produits, porte en soi les impressions, non de la forme corporelle seulement, mais des pensements et des inclinations de nos pères? Cette goutte d'eau, où loge elle ce nombre infini de formes? Et comme porte elle ses ressemblances, d'un progrez si téméraire et si déréglé, que l'arrière-fils respondra à son bisayeul, le nepveu à l'oncle? »

Certes les connaissances humaines en matière de physiologie se sont étendues depuis le jour où « un individu extraordinairement intelligent de la fin du XVIe siècle »[3] exprimait ainsi son étonnement; mais, si

(1) « Nos pères ont mangé du verjus, nous en avons encore les dents agacées. » (La science et la morale. *Revue de Paris*, 1895).
(2) De la ressemblance des enfants aux pères. (*Essais*, chap. XXXVII.)
(3) PAUL STAPFER, *Montaigne*, 1895, p. 7.

Montaigne avait su ce que nous savons aujourd'hui, son étonnement n'eût pas été moindre sans doute. Lui qui trouvait plus que miraculeux qu'en une goutte d' « eau » il y eût tant de choses, par quelle formule encore plus hyperbolique aurait-il exprimé sa stupeur d'apprendre que le véhicule de tant de « formes, pensements et inclinations » est encore des milliers de fois moins pesant que cette goutte d'eau!

Il avait d'ailleurs bien nettement vu les difficultés du problème, lui qui se citait en exemple d'hérédité à la fois pathologique et morale. Ayant ressenti, à quarante-cinq ans, les premiers accidents de la lithiase rénale, c'est-à-dire ayant commencé à « practiquer la cholique », puisqu'il en avait déjà « essuyé cinq ou six bien longs accès et pénibles », il sait qu'il « doit à son père cette qualité pierreuse ». Mais ce qui le surprend, c'est que ce bon père, qui mourut à soixante-quatorze ans, « merveilleusement affligé d'une grosse pierre qu'il avait en la vessie, ne s'était apperçeu de son mal que le soixante-septiesme an de son aage »; or lui, Michel, était né vingt-cinq ans et plus avant la maladie de son père, et durant le cours de son meilleur estat, le troisième de ses enfants, en rang de naissance. « Où se couvait tant de temps », s'exclame-t-il, « la propension à ce défaut? et, lorsqu'il estoit si loing du mal, cette legiere piece de sa substance de quoy il me bastit, comment emportoit elle pour sa part une si grande impression? Et comment encore si couverte que, quarante-cinq ans après, j'aye commencé à m'en ressentir, seul jusques à cette heure entre tant de frères et sœurs, et touts d'une mère? »

Hélas! il nous faut faire cet aveu que tant de progrès de la médecine ne nous ont pas encore mis en état de répondre à toutes les questions du curieux Gascon.... Et lui, nous voyant quasiment quinauds sur ce point, n'eût pas manqué d'étaler, comme en ce malicieux chapitre des *Essais*, la « dyspathie naturelle à la médecine » qu'il avait reçue de ses ascendants. Car, s'il était un échantillon de l'hérédité morbide par sa gravelle, il prouve encore l'hérédité des passions, lorsqu'il s'excuse de déclarer aux médecins que « par cette mesme infusion et insinuation fatale (la procréation) il a reçu la haine et le mespris de leur doctrine, que cette antipathie qu'il a à leur art lui est héréditaire ». — Les médecins d'ailleurs n'ont guère tenu rigueur à leur détracteur « de bonne foy », car il a toujours été pour beaucoup d'entre eux un livre de chevet, et c'est un médecin, Armaingaud, qui vient d'accroître la gloire de Montaigne en lui restituant la part principale dans la paternité du « *Contr'un* », attribué jusqu'ici au seul La Boëtie, et en montrant qu'il voulut par cette publication opportune faire acte de courage civique.

Le lecteur des pages qui suivent déplorera sans doute que les voiles qui nous dérobent le mystère de l'hérédité soient encore trop peu écartés. C'est en vain que les microscopes de plus en plus perfectionnés ont successivement fait apparaître aux chercheurs de deux siècles le spermatozoïde et l'ovule, le protoplasma de ces cellules et leurs noyaux; dans ces noyaux, les filaments de chromatine et les granulations qu'ils contiennent. Les progrès n'ont consisté qu'à reculer la difficulté, le problème reste entier. Nous savons de mieux en mieux comment s'opère la fusion des substances mâle et femelle; mais comment cette fusion de si infinitésimales parcelles d'une matière, qui se subdivise de plus en plus sans s'anéantir, permet-elle à tant d'aptitudes physiques, morales et morbides, de persister intactes à travers tant de générations humaines ou de se réveiller après de longues périodes de sommeil, — aucune des théories les plus ingénieuses qu'ait enfantées l'imagination des naturalistes et des médecins n'a pu pleinement éclaircir cette « estrangeté incompréhensible ». La plupart d'entre eux nous ont jusqu'ici donné « en payement une doctrine beaucoup plus difficile et fantastique que n'est la chose même ».

Délimitation du sujet. — Tout être vivant se reproduit, c'est-à-dire qu'il donne naissance à un ou plusieurs autres êtres généralement semblables à lui ou à un autre de ses ascendants. Cependant il y a des espèces à générations alternantes, dans lesquelles le fils ressemble non à son père, mais à son grand-père. La loi d'hérédité n'est alors apparente qu'après l'évolution du cycle complet des transformations (le tænia et l'échinocoque, etc.).

L'hérédité est une loi de biologie générale qui régit les êtres les plus simples, les végétaux unicellulaires aussi bien que les animaux plus perfectionnés; d'ailleurs, au point de vue philosophique, les êtres végétaux et animaux d'une organisation complexe n'étant que des associations de cellules, l'hérédité doit être étudiée dans l'histoire même de la cellule.

L'hérédité transmet la forme et la structure, la composition chimique et les propriétés vitales qui sont indissolublement liées avec elle, les organes et leurs modalités fonctionnelles. Telle est l'hérédité physiologique. Mais les êtres vivants ne se transmettent pas seulement leurs propriétés anatomiques et physiologiques, leur manière de vivre; il est d'observation aussi ancienne que la médecine qu'ils se transmettent également leurs manières d'être malades.

Ma tâche est d'envisager la transmission héréditaire des maladies et, d'une manière plus générale, des anomalies structurales ou fonctionnelles.

L'anomalie structurale, c'est tantôt une altération de la forme d'organes (vices de conformation héréditaires), tantôt une mauvaise composition chimique de certaines cellules; l'anomalie fonctionnelle est tantôt une modalité vicieuse du fonctionnement des cellules ou des organes, tantôt une réaction particulière des cellules de tel ou tel organe, de l'organisme entier contre les causes morbifiques. Ainsi nous concevons l'hérédité non seulement de la forme extérieure, de la constitution, du tempérament, mais de la diathèse et des maladies diathésiques, des maladies de la nutrition. Tout fonctionnement vicieux de la nutrition a pour effet d'encombrer l'organisme de substances chimiques anomales; leur présence, chez les enfants comme chez les parents, provoque des altérations des tissus ou des modalités réactionnelles vicieuses, qui à la longue engendrent des maladies. Ce qui se transmet par l'hérédité, c'est surtout la prédisposition morbide; mais cette prédisposition peut affecter plus spécialement tel ou tel tissu, tel ou tel système, tel ou tel organe (dystrophies héréditaires).

Un groupe de maladies de plus en plus vaste comprend celles qui sont causées par des parasites végétaux ou animaux. Ces maladies parasitaires ou infectieuses sont-elles héréditaires? Il est certain qu'elles peuvent être congénitales; mais nous aurons à montrer qu'il y a lieu de distinguer entre l'hérédité de fécondation ovulaire (infection *ab ovo*) et l'hérédo-contagion fœtale [1] (infection *in utero*). S'il est prouvé qu'il y a des infections héréditaires *ab ovo*, le parasite est-il transmis en nature de l'ascendant au descendant? Nous verrons que la chose est exceptionnelle (hérédité de la graine, du germe infectieux). Elle n'a été vue d'une façon incontestable que pour la pébrine du ver à soie.

Mais on peut concevoir qu'une infection soit héréditaire *ab ovo*, sans que le parasite lui-même ait pénétré le spermatozoïde ou l'ovule. La maladie n'est pas seulement le microbe. Celui-ci, en traversant l'organisme, le lèse de diverses façons : il l'inonde de poisons qui y causent des altérations de structure; il provoque par sa présence des modifications dans la vie des cellules. Cette modalité vitale peut être transmise héréditairement (hérédité du terrain) et constituer aux rejetons des organismes infectés une aptitude à se laisser plus facilement infecter eux-mêmes, s'ils viennent à rencontrer les agents infectieux.

On peut rapprocher les infections des intoxications. L'alcool, le plomb, comme d'autres poisons, peuvent passer peut-être exceptionnellement en nature du corps des parents, de la mère du moins, dans celui de l'enfant; mais, plus habituellement, ces poisons, qui ont causé dans l'organisme des parents certaines altérations matérielles, y ont aussi provoqué une perturbation dynamique, modification de la nutrition qui peut être reproduite chez les descendants. Cette modification de la nutrition de toutes les cellules et de leurs réactions peut avoir pour effet de rendre les descendants aptes à s'intoxiquer plus facilement encore que leurs parents par les poisons qui avaient intoxiqué ceux-ci. Elle a pour conséquence aussi d'amoindrir leur résistance vitale à toutes les causes morbifiques.

Il est des maladies infectieuses qui vaccinent, c'est-à-dire confèrent à ceux qui en ont été atteints l'immunité contre des atteintes ultérieures; cette immunité peut, dans certains cas, être transmise héréditairement.

Une conception très nette des grandes lignes de ce vaste et difficile sujet a été émise, à propos de l'hérédité des maladies de la peau, par Ernest Besnier et A. Doyon [2] : Il faut dissocier l'hérédité physiolo-

(1) V. Drouin, L'hérédité pathologique. *Revue générale de médecine vétérinaire*, 15 février 1905.

(2) Kaposi, *Pathologie et traitement des maladies de la peau*. Traduction avec notes et additions par MM. Ernest Besnier et Adrien Doyon, 2e édition française, 1891, t. I, p. 89.

gique et l'hérédité morbide. L'hérédité physiologique ne comporte qu'un procédé unique et représente simplement la transmission conceptionnelle de variétés ou de degrés dans les qualités normales des éléments du tissu, qu'il s'agisse de la trame ou des éléments différenciés.

L'hérédité pathologique implique tantôt :

« *a*) Des altérations originellement morbides dans la *constitution* initiale de ces mêmes éléments, c'est-à-dire, une constitution pathologique des tissus ou organes, une *maladie constitutionnelle* au sens exact du mot;

« *b*) L'addition à la cellule primitive de germes spécifiques;

« *c*) L'infection, par la voie utéro-placentaire, du produit fœtal constitué.

« Dans le premier de ces modes de transmission pathologique, on a l'hérédité morbide pure, essentielle, *mais matérielle*, de laquelle dériveront les aberrations formatives, telles que l'ichthyose, les nævi, etc., et les qualités ultérieures, ou, si l'on veut, les défectuosités des éléments du tissu qui sont le substratum même de ce que l'on appelle *la prédisposition* et de ce que l'on conçoit généralement trop au figuré. Ce n'est pas, en effet, d'une abstraction que l'enfant hérite de ses parents, c'est de conditions entièrement matérielles, desquelles résultera pour lui, du fait de sa constitution même, son aptitude à certains états morbides, c'est-à-dire la prédisposition.

« Dans le second mode de transmission pathologique, il ne s'agit plus simplement d'une modification anatomique élémentaire de la cellule initiale, mais bien de la transmission à cette cellule d'un germe morbide spécifique, dont l'éclosion, plus ou moins reculée, déterminera une reproduction de la maladie originelle. Il est vraisemblable que ce mode de transmission est fort rare, car on conçoit difficilement que cette cellule initiale, chargée du germe virulent, puisse subir l'incarnation conceptionnelle et se développer normalement.

« Mais il n'en est plus de même du troisième mode de transmission morbide, par la voie utéro-placentaire : c'est, en fait, certainement le plus ordinaire pour toutes les maladies virulentes dont la syphilis est le type. On conçoit que le produit constitué et individualisé ait la force de résistance nécessaire pour recevoir le germe morbide par une véritable contagion. C'est pour cela que nous appelons cette forme particulière d'hérédité morbide l'*hérédo-contagion*, dont la mère est l'agent essentiel. »

APERÇU GÉNÉRAL SUR L'HÉRÉDITÉ — DÉFINITIONS

La définition de Th. Ribot est la suivante : « L'hérédité est la loi biologique en vertu de laquelle tous les êtres doués de vie tendent à se répéter dans leurs descendants ; elle est pour l'espèce ce que l'identité personnelle est pour l'individu. Par elle, au milieu des variations incessantes, il y a un fond qui demeure; par elle, la nature se copie et s'imite incessamment. Considérée sous sa forme idéale, l'hérédité serait la reproduction pure et simple du semblable par le semblable. Mais cette conception est purement théorique, car les phénomènes de la vie ne se plient pas à cette régularité mathématique, leurs conditions d'existence se compliquant de plus en plus, à mesure qu'on s'élève du végétal aux animaux supérieurs et de ceux-ci à l'homme (1). »

Cette définition métaphysique est incomplète au point de vue médical; elle explique la perpétuation des caractères spécifiques, elle ne comprend pas plus les phénomènes héréditaires d'ordre pathologique que ceux de l'ordre physiologique concernant les propriétés acquises par l'individu sous l'influence des milieux.

On peut dire plus brièvement et plus simplement que *l'hérédité est la transmission à l'être procréé de la plupart des caractères, attributs et propriétés de l'être ou des êtres procréateurs, et même de quelques-uns des ascendants plus ou moins lointains de ceux-ci.*

Ces caractères étant d'autant moins nombreux que les êtres sont d'une organisation plus simple, l'hérédité chez les êtres unicellulaires *paraît* être absolue, ou du moins les descendants nous semblent tellement semblables aux ascendants que nous ne pouvons distinguer les uns des autres, et cependant les variations des propriétés physiques et chimiques de ces êtres dans des générations successives donnent à penser qu'ils peuvent aussi subir des modifications héréditaires physiologiques en rapport avec les milieux où ont vécu leurs procréateurs. Au fur et à mesure qu'on s'élève dans l'échelle des êtres, les dissemblances s'accusent entre les générateurs et leurs produits; nous constatons la transmission du plus grand nombre des caractères, surtout de ceux qui sont constitutifs de l'espèce, mais l'individualité s'accuse de plus en plus. Alors on peut dire que le descendant est à l'image des parents, mais jamais leur portrait; car, chez les êtres qui se reproduisent par l'union de sexes différents, le produit subit une double influence héréditaire; chacun des procréateurs cède au produit commun une partie de ses caractères, en même temps qu'une partie de ses molécules matérielles.

Mais, si le microscope montre que l'ovule fécondé contient un nombre égal de particules transmises des segments chromatiques de chacun des deux générateurs, quand l'embryon s'est développé, nous constatons que l'être nouveau n'est pas un composé à parts égales des caractères physiques et des aptitudes fonctionnelles de ses parents. Il a pris le sexe d'un des générateurs et les attributs généraux de ce sexe, mais il peut y avoir une quantité variable à l'infini des autres caractères et qualités de ses deux parents. L'hérédité obéit sans doute comme tous les phénomènes biologiques à des lois fixes, mais dont le déterminisme nous échappe encore en grande partie. Cependant quelques-unes de ses lois

(1) Ribot, *L'hérédité psychologique*. Paris, 1882, 2e édit.

nous ont été révélées par les observations des naturalistes, des éleveurs et des médecins.

Certains auteurs restreignent l'étude des phénomènes de l'hérédité aux seuls êtres sexués. L'hérédité biologique, dit le professeur de zootechnie, André Sanson [1], est la transmission des ascendants aux descendants, par voie de génération sexuelle, des propriétés ou qualités naturelles ou acquises. L'hérédité, suivant lui, ne s'applique pas aux êtres monocellulaires, asexués, qui se multiplient par scission, aux microbes, parce que, chez eux, c'est l'individu qui se continue dans chacun de ses fragments comme la plante obtenue par bourgeon ou bouture. L'être nouveau est complet dès sa formation; il ne lui reste qu'à grandir. Sanson n'admet donc l'hérédité que pour l'individu qui provient d'un ovule fécondé, animal ou végétal.

Cette restriction ne nous paraît pas fondée; car l'être nouveau, même unicellulaire, n'est qu'en apparence semblable à celui qui lui a donné naissance par scissiparité, par gemmation ou sporulation; si nos microscopes sont encore trop faibles, nos moyens d'investigation insuffisants pour nous permettre de saisir les dissemblances entre eux, celles-ci n'en doivent pas moins exister, puisque les effets produits par les générations successives de ces êtres en apparence semblables ne sont pas identiques, puisqu'elles ne se comportent pas de même vis-à-vis des milieux où elles vivent, puisque, par exemple, les microbes pathogènes peuvent en engendrer d'autres qui, même vivant dans des milieux semblables, ont une virulence de plus en plus ou de moins en moins accentuée. L'étude de ces êtres très simples ne saurait être négligée au point de vue de la connaissance des lois de l'hérédité; car ils nous permettent d'en saisir déjà quelques-unes, par exemple, la transmission des caractères acquis.

En regard de l'hérédité chez les êtres unicellulaires indépendants, il y a lieu d'envisager l'hérédité dans les cellules dont l'agrégation constitue les êtres vivants les plus élevés en organisation; car la transmission héréditaire des qualités cellulaires nous aide à comprendre certains phénomènes d'hérédité pathologique (formation des tumeurs, etc.).

Nous allons donc préluder à l'étude de l'hérédité pathologique par une esquisse rapide du mécanisme de l'hérédité cellulaire.

FÉCONDATION ET HÉRÉDITÉ — MÉCANISME CELLULAIRE DE L'HÉRÉDITÉ

Le mécanisme de la reproduction d'une seule des cellules qui composent par leur agrégation le corps de tout être vivant nous donne dans une certaine mesure la clef du mécanisme de l'hérédité dans tous les êtres.

(1) Sanson, *L'hérédité normale et pathologique*. Paris, 1893.

Quand une cellule quelconque va se multiplier par division indirecte (caryocinèse, caryomitose), le filament chromatique (spirème), qui existe dans son noyau et se compose de grains alignés, se segmente en un nombre, constant pour chaque espèce, de bâtonnets dits *chromosomes*. Ceux-ci, recourbés en V ou en U, se groupent vers le milieu du noyau pour former la plaque équatoriale. En se fendant longitudinalement, ils donnent naissance à un nombre double d'hémichromosomes, qui constituent deux anneaux d'anses jumelles opposées par leur convexité de part et d'autre du plan équatorial. Cependant un globule incolore apparu au voisinage du noyau, le centrosome, se divise en deux globules qui vont se placer aux deux pôles du noyau; ces deux centrosomes sont reliés l'un à l'autre par un fuseau de filaments incolores. Vers chacun d'eux chemine l'anneau équatorial correspondant pour donner naissance à une sorte d'étoile (amphiaster). En ce point, les chromosomes, se soudant bout à bout, reconstituent le filament d'un nouveau noyau, qu'entoure bientôt une membrane nucléaire. Ainsi se trouvent formés deux nouveaux noyaux, entre lesquels le protoplasma de la cellule se scinde pour donner naissance à deux nouvelles cellules filles. Or, pendant ce processus, chaque bâtonnet du noyau primitif s'étant divisé longitudinalement en deux autres bâtonnets qui se sont portés chacun vers un des centrosomes opposés, chacun des deux noyaux des cellules filles contient mathématiquement le même nombre de chromosomes que le noyau primitif, c'est-à-dire la moitié de la substance de celui-ci.

Les choses se passent de façon identique au moment de la reproduction des cellules sexuelles. Mais ici il faut envisager deux éléments : la cellule femelle et la cellule mâle, l'ovule et le spermatozoïde; chacun d'eux est incomplet et ne peut arriver à son entier développement que s'il se fusionne avec l'autre. Cette fusion, nécessaire à la reproduction des cellules sexuelles, c'est la fécondation.

En effet, l'ovule, quand il est mûr pour la fécondation, n'est plus une cellule complète; au cours du processus caryocinétique deux globules polaires se sont successivement détachés de son noyau, qui a subi ainsi une réduction de moitié dans le nombre de ses chromosomes. Ce qui reste du noyau porte, dans l'ovule devenu œuf, le nom de pronucléus femelle, et près de lui est apparu un centrosome (ovocentre). D'autre part, dans le spermatozoïde qui vient féconder l'œuf, la tête a la valeur d'un noyau, le col représente le centrosome. Quand le spermatozoïde a pénétré l'œuf, le col se détache et prend l'aspect d'un centromose ordinaire (spermocentre); la tête grossit pour devenir le pronucléus mâle, dont le filament chromatique se segmente en un nombre de bâtonnets ou chromosomes exactement égal à celui des chromosomes de l'œuf.

Le pronucléus mâle et le pronucléus femelle, unis comme par une attraction réciproque, se conjuguent, sans se confondre, en un noyau unique, noyau de l'œuf, noyau embryonnaire, dans lequel les chromosomes mâles sont mêlés, mais non confondus, avec les chromosomes femelles. Chacun des deux centrosomes (ovocentre et spermocentre), qui sont placés aux pôles du noyau, se divise en deux moitiés (demi-ovocentre, demi-spermocentre), dont chacune, décrivant en sens inverse un quart de tour, va à la rencontre du demi-centre de l'autre sexe et s'unit avec lui; par suite, les deux centrosomes nouveaux (astrocentres) qui résultent de ce chassé-croisé ou quadrille des centres (Fol) [1] se composent chacun d'une moitié mâle et d'une moitié femelle. Ainsi, comme dit Ch. Debierre, dont la description nous a servi de guide pour résumer ces phénomènes si difficiles à faire comprendre [2], « le phénomène fondamental de la fécondation consiste en l'union de deux noyaux et deux demi-centrosomes, les uns mâles, les autres femelles, deux à deux, en un noyau et deux centrosomes hermaphrodites. L'œuf, en expulsant son deuxième globule polaire, rejette la moitié de ses chromosomes, il n'est plus un noyau parfait et se met dans l'impossibilité de continuer son évolution; la fécondation vient rétablir l'harmonie.

S'il n'avait pas expulsé ce deuxième globule, il aurait pu continuer son évolution sans avoir besoin du spermatozoïde; c'est ce qui se passe dans le cas de la parthénogenèse.

Le spermatozoïde est, lui aussi, une cellule incomplète; car la cellule mère ou spermatogonie, dont il est issu, a donné naissance à quatre spermatocytes dont chacun deviendra un spermatozoïde; mais les deux bipartitions successives se sont produites comme dans l'ovule, sans que le noyau ait pu revenir au repos, de telle sorte que les spermatozoïdes contiennent constamment un nombre de chromosomes moitié moindre que les spermatogonies.

En somme, l'élément mâle et l'élément femelle ayant perdu au moment de leurs premières divisions chacun la moitié de leurs chromosomes et n'étant plus dès lors que des demi-cellules, incapables de continuer à se développer, la fécondation a pour but de réunir ces deux corps en une seule cellule complète et apte au développement.

A partir du moment où les pronucléi mâle et femelle se sont conjugués, le noyau de la cellule fécondée se comporte comme une cellule ordinaire en voie de division : formation de la plaque équatoriale, dédoublement des chromosomes en deux groupes qui se rendent en sens inverse vers les pôles du fuseau achromatique, et dont chacun comprend un nombre égal de demi-anses mâles et de demi-anses femelles, futurs chromosomes des noyaux des deux premières cellules embryonnaires. « Il en résulte que ces deux cellules ou blastomères, mères de toutes les autres, renferment dans leurs noyaux une quantité rigoureusement égale de chromatine paternelle et maternelle. La transmission à la première cellule de l'embryon, et par parties rigoureusement égales, des chromosomes et des centrosomes

(1) H. Fol, *Recherches sur la fécondation*. Genève, 1879.
(2) Debierre, Pourquoi dans la nature y a-t-il des mâles et des femelles? *Semaine médicale*, 1894, p. 454.

de l'ovule et du spermatozoïde et le partage non moins rigoureux des parties transmises à chaque division nouvelle transmettent, à travers la série des divisions cellulaires d'où dérive l'organisme tout entier, les substances du père et de la mère et nous rendent absolument compte du phénomène matériel de l'hérédité. »

Suivant certains embryologistes (Sedgwick, Minot, Balfour, Sabatier), toutes les cellules des êtres vivants sont hermaphrodites; les cellules reproductrices n'acquerraient la polarité mâle ou femelle qu'en éliminant une partie de leur substance : dans l'œuf, la polarité femelle est saturée par la quantité précisément nécessaire de substance mâle; il ne peut être fécondé qu'après s'être débarrassé de cette substance mâle; c'est à cette expulsion que correspond l'émission des globules polaires (Van Beneden). Debierre réfute cette théorie en faisant remarquer que « l'œuf ne rejette point ses *biophores* mâles, puisque la mère peut transmettre à ses enfants les caractères de son père à elle et de ses ascendants mâles en général. »

Les modes de reproduction sont équivalents au point de vue de l'hérédité. Au début de la vie des espèces, c'est-à-dire dans les espèces les plus simples, le mode de reproduction est *asexuel* ou agame : par coupure de l'individu (*scissiparité*); par bourgeonnement (*gemmiparité*); par fragmentation du reproducteur en un certain nombre de spores (*sporulation*); par formation à l'intérieur du corps du générateur d'amas cellulaires (gemmules) qui, rejetés au dehors, constitueront de nouveaux êtres (*gemmulation*).

Dans les espèces plus élevées, le mode de reproduction est sexuel et résulte de la conjugaison d'une cellule mâle et d'une cellule femelle; exceptionnellement l'ovule peut se convertir en embryon sans l'intervention du spermatozoïde (*parthénogenèse*) et l'œuf parthénogénétique peut se passer d'être fécondé, parce que, n'expulsant qu'un globule polaire, son noyau reste un élément complet et qui renferme le même nombre de chromosomes qu'avant cette expulsion; la non-expulsion du deuxième globule polaire équivaut à une auto-fécondation.

Les recherches si curieuses de Delage sur les œufs des oursins ont établi le fait de la parthénogenèse chimique. L'influence chimique ou osmotique de certains sels métalliques, même très dilués, sur la maturation de l'œuf est maintenant démontrée.

La reproduction des protozoaires peut se faire par *autogenèse*, un individu donnant à lui seul naissance à un certain nombre de descendants. Mais, les produits devenant de plus en plus chétifs, la génération ne peut continuer que si de temps en temps deux individus s'accolent temporairement pour se rajeunir en échangeant une partie de leurs noyaux. Cette conjugaison des protozoaires amène un double effet : elle détermine le rajeunissement du corps conjugué et lui fournit l'aptitude à se multiplier, que n'avait point chacun des éléments primitifs; par l'union des protoplasmes, elle lui fournit une quantité suffisante de matière organisée pour permettre cette multiplication. La fécondation est un processus identique comme signification; mais ici l'ovule seul contient la matière organisée qui va servir à édifier le germe, le spermatozoïde ne jouant que le rôle de corps rajeunissant.

Chez les protozoaires, les générations agames ou parthénogénétiques alternent avec les générations sexuées; l'union de deux cellules provenant d'individus différents est destinée à rajeunir les éléments affaiblis et usés de l'organisme, à fournir l'impulsion nouvelle qui conserve la jeunesse et la vie à l'espèce.

Le dimorphisme sexuel avec réduction caryogamique représente le mode de reproduction des espèces les plus élevées; mais il ne diffère pas essentiellement des modes de reproduction les plus élémentaires. « Les premières formes vivantes qui ont apparu sur le globe ne connaissaient ni la vieillesse ni la caducité; elles avaient le pouvoir de se régénérer à l'infini par division de leur corps », comme le font encore les formes les plus simples qui vivent de nos jours. « Le perfectionnement de l'organisation, engendré par la division du travail physiologique, qui pousse sans cesse à la différenciation anatomique, amena la nécessité du rajeunissement. Ce rajeunissement ne s'effectuait d'abord qu'à de longs intervalles, la vitalité de l'individu ne s'affaiblissant qu'après une longue succession de générations agames. Au fur et à mesure que l'organisation se complète, il intervient plus fréquemment et les générations agames alternent avec les générations sexuelles. Enfin celles-ci deviennent indispensables. Mais on peut admettre, avec O. Hertwig [1], comme opinion démontrée, que les cellules-œufs et les cellules spermatiques se sont formées par différenciation, suivant des directions opposées, de cellules reproductrices primitivement équivalentes et impossibles à distinguer les unes des autres. »

Quand la cellule-œuf a été fécondée par la cellule spermatique, elle transmet, en se segmentant, à tous les éléments qui proviennent d'elle le « capital héréditaire », composé de « l'adaptation ancestrale accrue de l'adaptation individuelle récente ». La complexité de la masse héréditaire, des aptitudes héréditaires, vient non seulement des additions successives que reçoivent à chaque génération les plasmas germinatifs, mais aussi des soustractions qu'ils subissent lors de la réduction caryogamique, quand chacune des cellules génératrices expulse une partie de ses chromosomes. C'est pour cela que chaque individu « commence son évolution biologique avec un capital vital différent » (Herbert Spencer).

Les caractères de l'espèce (spécifiques) sont transmis sans altération par l'intermédiaire des plasmas ancestraux à travers des générations indéfinies. Ces êtres sortent les uns des autres comme s'ils avaient été formés dans le même moule et emboîtés les uns dans les autres : c'est le côté conservateur de l'hérédité.

Mais chaque individu lègue ou peut léguer à ses descendants des aptitudes qualités secondaires qu'il a acquises pendant sa vie. Tantôt ces qualités particulières disparaissent après quelques générations, proba-

(1) O. HERTWIG, *La cellule et les tissus*. Traduit de l'allemand par Ch. Julin. Paris, 1894.

blement parce que les particules matérielles qui en sont le substratum sont éliminées lors de la production caryogamique. Tantôt elles persistent et sont fixées par la sélection au même titre que les caractères spécifiques. C'est ainsi que s'accomplit la variation des espèces, dont la fécondation est l'agent le plus actif, puisqu'elle accroît les différences individuelles, en imposant au rejeton les qualités nouvelles et distinctes de ses deux parents.

La transmission héréditaire des propriétés individuelles, des caractères acquis, a été niée par plusieurs auteurs, qui n'ont voulu voir dans ces caractères prétendus nouveaux que la réapparition de caractères ancestraux, demeurés à l'état virtuel ou latent pendant quelques générations. On ne peut nier cependant la transmission de caractères anatomiques acquis (sexdigitisme, bec-de-lièvre).

On s'est demandé par quel procédé la force d'hérédité est transmise intacte du générateur à l'engendré.

A. Weismann [1] considère le corps comme composé de deux parties indépendantes, l'une somatique, chargée des fonctions de nutrition et de relation, l'autre génératrice, qui assure la reproduction par le moyen des éléments sexuels. Ceux-ci transmettent directement, par continuité du plasma germinatif, leurs propriétés personnelles aux éléments sexuels de l'organisme engendré. « L'oospore fécondée au moment de la segmentation donnerait directement naissance à quelques blastomères, mis à part dès ce moment et séparés des blastomères qui donneront la partie somatique du corps, le protoplasme germinatif; ces blastomères sont choisis pour produire les ébauches de la glande sexuelle et contiennent le plasma germinatif qui se transmet directement de la partie génératrice du générateur à celle de ses descendants » (Debierre).

Debierre trouve inutile l'hypothèse de Weismann pour l'explication des caractères acquis. Il admet que « chaque adaptation individuelle, chaque différenciation organique comporte avec soi une capacité héréditaire, qui va se localiser dans les cellules génératrices par l'effet de la division du travail physiologique, et qui lui permet d'être reportée aux descendants de l'être qui présente cette adaptation et cette différenciation anatomique » (L. Roule) [2].

« Le principe général de la dépendance des parties dans l'organisme, en vertu duquel une partie ne peut varier sans entraîner des modifications corrélatives dans les autres parties, permet de comprendre que les éléments sexuels eux-mêmes puissent être impressionnés et modifiés dans une certaine direction par une cause quelconque agissant sur l'organisme.

« Il faut admettre que le moment et le sens de la segmentation sont déterminés dans chaque cellule par des conditions intérieures qui sont héritées de la cellule mère au stade précédent. En remontant de proche en proche jusqu'à la première cellule, on arrive à la conclusion que l'œuf, de par sa structure et sa composition chimique, contient toutes les causes

(1) Weismann, *Essais sur l'hérédité et la sélection naturelle*. Traduit par H. de Varigny. Paris, 1892.

(2) Roule, *Embryogénie générale*. Paris, 1893.

déterminantes qui donneront à chaque cellule son caractère propre et à chaque organe sa structure et ses relations. »

La capacité héréditaire des nouvelles aptitudes acquises s'ajoute dans les cellules sexuelles à la capacité héréditaire de l'adaptation ancestrale, reçue directement du générateur avec la parcelle de matière que celui-ci cède à l'engendré, et qui représente elle-même l'accumulation de toutes les adaptations individuelles dans le cours des âges. — Tout en ressemblant à nos parents, nous conservons quelque chose des formes ancestrales plus humbles et moins parfaites dont nous sommes sortis; l'embryogénie ou morphogenèse individuelle est un résumé de la généalogie ou morphogenèse ancestrale, modifiée par l'adaptation.

« L'évolution des cellules d'un organisme donné s'accomplit sous des lois en quelque sorte fatales et le groupement des cellules s'effectue suivant des règles immuables pour reproduire l'architecture ancestrale, en vertu de l'hérédité *conservatrice*. Mais pendant le cours de son existence l'organisme pourra acquérir des caractères secondaires, qui, ou bien auront disparu au bout de quelques générations, ou bien seront maintenus par sélection et fixés par la même force héréditaire, qui sera dès lors *évolutive*. »

La cellule femelle et la cellule mâle renferment des quantités équivalentes de substance nucléaire; les deux substances nucléaires, qui s'unissent au moment de la fécondation, ne diffèrent l'une de l'autre que parce qu'elles proviennent de deux individus différents.

Les observations de Léon Guignard sur les végétaux [1] ont montré la fixité du nombre des segments chromatiques qu'on aperçoit pendant la division dans les noyaux des cellules sexuelles. Le savant botaniste a établi que ce nombre est toujours le même dans le noyau mâle et dans le noyau femelle et, en outre, que les deux noyaux qu'on appelle mâle et femelle possèdent *chacun* des éléments et, par suite, des *propriétés héréditaires mâles et femelles*. Ainsi s'explique que l'enfant hérite de propriétés mâles transmises par sa mère et de propriétés femelles léguées par son père.

La fécondation n'est pas seulement le résultat de la fusion des noyaux. Guignard a fait voir aussi que le protoplasma des cellules sexuelles joue un rôle par l'accouplement des sphères directrices, qui sont de nature protoplasmique. Ainsi les éléments chromatiques dans le noyau, les sphères directrices dans le protoplasma, représentent le substratum des propriétés héréditaires. En raison du rôle qu'elles jouent dans la dynamique de la cellule, les sphères directrices peuvent être considérées comme les éléments chargés de transmettre la forme des générateurs.

Constitué par un apport égal de segments chromatiques mâles et femelles, le noyau de l'œuf fécondé lègue à chacun de ses descendants une égale quantité de substance dérivée de ses générateurs; car, dans

[1] GUIGNARD, *Comptes rendus de l'Académie des sciences*, 17 et 31 mars 1890; 11 mai et 8 juin 1891. — *Annales des sciences naturelles* (botanique), 1891.

chaque segment, grâce au dédoublement longitudinal dont il est le siège à chaque division nucléaire, les particules transmises du père et de la mère se partagent d'une façon égale et avec une rigueur mathématique.

« La fécondation a essentiellement pour but de rompre un équilibre de forces moléculaires, de façon à créer quelque chose de nouveau qui tient le milieu entre les deux états anciens. Voilà pourquoi, tout en étant issus d'une parcelle de notre mère et d'une parcelle de notre père, nous sommes une personne nouvelle. Toute cellule de l'organisme reçoit de l'œuf fécondé toutes les tendances héréditaires qu'elle contient, puisqu'elle renferme une parcelle de nucléine du noyau embryonnaire, mais elle doit sa nature spéciale à ce que, selon les circonstances, telles ou telles tendances entrent en activité, tandis que telles ou telles autres tendances restent à l'état latent. Les microsomes sont l'expression objective des plasmas ancestraux de Weismann, de ce que les éleveurs appellent le « sang ». Ils peuvent être considérés comme des biophores qui portent en eux les tendances héréditaires ou ordinations mécaniques des éléments du noyau. Ces biophores entrent en lutte les uns avec les autres; les plus forts triomphent. De telle sorte qu'un animal pourra avoir en puissance des caractères qui ne seront nullement exprimés en lui et que cependant il pourra transmettre à ses descendants. La mitose réductrice permet de comprendre que le fils, par exemple, ressemble à son grand-père et pas à son père. Les déterminants latents du sexe sont inclus dans les microsomes. Du triomphe des uns sur les autres résultera ultérieurement le sexe » (Debierre).

L'obscurité des questions que soulève le problème de l'hérédité en biologie a stimulé de tout temps l'imagination des naturalistes, des philosophes et des médecins, qui ont lutté d'ingéniosité pour relier les faits observés par une théorie générale. J'avais résumé quelques-unes d'entre elles dans la précédente édition. Mais, au point de vue de la pathologie générale, ces théories n'éclairent pas les questions qui vont nous occuper; je les passerai donc sous silence.

Je me contenterai de citer comme très suggestives et en harmonie avec les travaux contemporains certaines réflexions développées par M. Bouchard dans un de ses cours sur la nutrition dans les maladies.

« Le secret de l'hérédité, disait-il, est dans la généalogie ininterrompue des différentes parties de la cellule : sphères directrices, filament nucléaire, protoplasma, depuis le spermatozoïde et l'ovule du premier être mâle et de la première femelle de l'espèce jusqu'à l'être actuel. Chacune de ces parties a son rôle déterminé. Ce sont les sphères directrices qui ont l'initiative de la multiplication, puisqu'elles précèdent les noyaux dans leur marche convergente et vont l'une au-devant de l'autre.

« Le filament nucléaire chromatique représente la matière du mâle et de la femelle. Après son dédoublement par fissuration suivant toute sa longueur en deux moitiés dont chacune comprend le même nombre de granulations chromatiques disposées de la même façon, il se reconstitue dans l'ovule fécondé, de manière que chacune des granulations s'y retrouve, chacune d'elles étant la moitié d'une unité, et non la moitié d'une chose complexe. Les granulations de la moitié du filament mâle et de la moitié du filament femelle se ressoudent en vertu de la loi de Geoffroy Saint-Hilaire qu'on appelle l'affinité des parties similaires ou de soi pour soi.

« En réalité, malgré la division du filament qui s'opère à chaque fécondation, il n'y a pas formation d'êtres successifs, il n'y a jamais qu'un seul filament mâle et femelle, complet avec toutes ses activités, condensant tout ce qui est dans l'espèce, dans la race et dans l'individu générateur. La série des individus qui constitue toute une espèce doit être envisagée comme une arborescence. On est amené à considérer que le filament nucléaire a pour rôle de faire la forme et de régler l'activité des parties; l'activité, c'est ce qui fait la différenciation des cellules et des organes; la fonction, c'est ce qui prime tout dans les choses biologiques, c'est elle qui fait l'organe, c'est l'âme des choses, la Psyché d'Aristote.

« Forme et fonction semblent appartenir aux granulations du filament nucléaire chromatique. Aux sphères directrices appartient la multiplication, la génération.

« Les sphères directrices, le filament chromatique sont noyés dans le protoplasma, auquel appartient la nutrition, qui a la propriété d'attirer la matière, de l'élaborer pour faire vivre le filament nucléaire et les sphères directrices, plus haut placés que lui dans la hiérarchie physiologique. Le protoplasma a pour origine une portion du protoplasma qui entourait le noyau de la cellule génératrice. Il se renouvelle sans cesse comme le couteau légendaire dont on change tour à tour le manche et la lame; on a pu calculer qu'il suffit peut-être de trois cents jours pour le renouvellement complet du protoplasma d'une cellule. Mais, si la matière du protoplasma se renouvelle, ce qui est stable, c'est sa formule chimique, qui est définitive et héréditaire. Ce qui se transmet, c'est le type nutritif. Ainsi la vie est alimentée par le protoplasma, la multiplication est commandée par les sphères directrices, la différenciation de la cellule et des diverses parties de l'individu est dévolue aux granulations chromatiques du filament nucléaire.

« Si l'être engendré n'est pas quelconque, mais semblable à son générateur, c'est grâce à ces granulations. Puisque chaque granulation représente une partie future du corps, on doit conclure que si, par la pensée, on ajoute ou l'on retranche une granulation ou une moitié de granulation du filament au moment où il se reconstitue, on peut faire des monstres, des variétés, des espèces nouvelles. Là est probablement le secret de l'hérédité normale et peut-être de certaines hérédités morbides.

L'être engendré ne reçoit, en réalité, rien de matériel que de l'espèce; son capital, c'est l'éternel filament chromatique nucléaire, tel qu'il existait dans le premier être, et que chaque nouvel être restituera dans l'état où il l'a reçu.

Inque brevi spatio mutantur sæcla animantum,
Et, quasi cursores, vitaï lampada tradunt(1).

C'est la vie de l'espèce qui se constitue par le filament nucléaire. Chaque granulation prise à part se divise par fissuration et se reconstitue par intussusception, en conservant dans le filament sa position par rapport aux autres et son énergie potentielle. L'individu nouveau ne reçoit de son générateur que ce qu'il avait en dépôt.

Mais comment concilier ce fait avec la transmission des caractères acquis? Aussi cette transmission, sans laquelle pourtant l'hérédité pathologique est inexplicable, a-t-elle soulevé des contestations. Weismann notamment nie avec opiniâtreté l'idée de Lamarck et de Darwin à laquelle se sont attachés tous les pathologistes. A vrai dire, si l'on admet avec Darwin que chaque partie du corps envoie une particule, une gemmule, dans l'ovule et le spermatozoïde, l'explication de la transmission des caractères acquis n'entraîne pas de difficultés. Mais il est possible aussi, sans faire entrer en jeu cette pure hypothèse et en s'en tenant à la constatation objective du filament chromatique toujours transmis matériellement identique, d'expliquer la reproduction chez l'enfant des caractères particuliers acquis par ses parents. La nutrition ne varie ni en qualité, ni en siège, ni en essence, ni en direction, ni dans ses matières originelles; mais son intensité, sa rapidité peuvent varier. C'est à ce point de vue que sont différentes les unes des autres les cellules jeunes et les vieilles, les cellules des individus ayant vécu dans des conditions diverses, notamment celles qui ont subi l'intoxication, l'imprégnation par les sécrétions de tout l'organisme. Le trouble de la nutrition existe en tous les points de la cellule, mais plus particulièrement dans le filament nucléaire et le protoplasma. On comprend qu'à travers les rénovations successives des cellules, le type nutritif de celles qui ont été contemporaines de l'empoisonnement se continue dans celles qui n'ont pas connu le poison. La continuité de la déviation nutritive est vraie, aussi bien pour les cellules génératrices, pour les granulations du filament nucléaire, que pour toutes les autres cellules du corps. A côté des caractères immanents de l'espèce, inhérents au filament indestructible, l'individu générateur transmet, sous forme de déviation nutritive imprimée aux granulations de ce filament, les qualités acquises par ses propres cellules, y compris leur caractère morbide.

Rien n'est mieux démontré que la formation de races humaines modifiées dans leur taille, leur résistance vitale, leur longévité, leur activité, parce qu'elles habitent sur un sol d'une certaine constitution géologique, c'est-à-dire, leur fournissant des aliments d'une composition spéciale. Cette modification de la race, c'est bien la conséquence de la transmission héréditaire de caractères acquis par la nutrition, d'abord insensibles,

(1) En un court intervalle changent les générations des êtres vivants, et, comme les coureurs, ils se passent de l'un à l'autre le flambeau de la vie. (*Lucrèce*, livre II, vers 77-78.)

puis de plus en plus manifestes sous l'action lente, mais continue du milieu.

Si l'on accepte que chaque granulation chromatique du filament nucléaire, qui doit présider plus tard, à l'heure voulue, à la formation d'un groupe cellulaire à fonction préétablie, représente dans la première cellule embryonnaire la partie similaire du générateur, si d'autre part on admet qu'au moment de la fusion du filament de l'ovule et du filament du spermatozoïde, une granulation chromatique se trouve déplacée ou pervertie, on doit comprendre que l'organe qui doit être issu de cette granulation pourra être absent, incomplet ou vicié. Si le filament tout entier est gâté, vicié, intoxiqué, l'être futur risque d'être vicié et intoxiqué dans toute sa substance.

Nous disons que ce risque est possible, mais non pas qu'il est nécessaire, parce que dans la fécondation il y a deux acteurs. Le générateur vicié n'intervient pas seul ; la moitié du filament mâle se colle à la moitié du filament femelle, et l'influence du générateur de l'autre sexe, s'il est sain, peut corriger la tare du filament de son conjoint. Nous ne sommes plus en présence de la transmission héréditaire de caractères acquis. De la lutte entre les deux influences paternelle et maternelle contraires découlent pour l'être futur des caractères, qui sont non pas acquis, mais innés.

Nous avons dit que la transmission des caractères acquis, facile à expliquer par l'hypothèse darwinienne des gemmules, peut être aussi expliquée par l'action de substances solubles qui, introduites dans l'organisme ou fabriquées en lui, vont modifier les cellules sexuelles. Si une matière anormale est fabriquée par une partie du corps malade, elle peut aller agir sur d'autres cellules du corps, en particulier sur quelques-unes des granulations du filament nucléaire, pour en modifier la nutrition. La physiologie et la pathologie expérimentale nous ont appris qu'il existe dans le corps des sécrétions nombreuses, capables d'agir à distance sur d'autres parties de l'organisme. L'extrait de foie normal, injecté dans les veines d'un animal, produit la salivation, l'exagération de la sécrétion lacrymale. L'injection d'urine ne produit ni l'une ni l'autre de ces modifications sécrétoires, mais elle excite la diurèse.

Du testicule part quelque chose de chimique qui impressionne tout l'organisme, puisque la suppression des deux testicules rend l'individu émasculé tout différent d'un autre individu qui n'a été privé que d'une seule glande séminale ; il y a bien dans cette sécrétion interne du testicule quelque chose qui impressionne spécialement certaines parties de l'organisme, puisque chez les individus privés des deux testicules le larynx cesse de se développer et que les poils cessent de croître, tandis que le bassin au contraire acquiert un plus grand développement.

Ne savons-nous pas aussi que le corps thyroïde contient quelque chose qui modifie la nutrition du tissu conjonctif ?

En réfléchissant à toutes ces notions incontestées, on se prend à trouver soutenable l'hypothèse d'une influence exercée par l'organisme malade sur telle ou telle granulation du filament nucléaire. S'il n'arrive pas habituellement dans l'espèce humaine qu'une suppression d'organe chez le père ait pour conséquence une monstruosité correspondant chez l'enfant, pour des êtres moins élevés on peut citer des faits de ce genre. Brown-Séquard a montré que chez le cobaye l'excitation partie de certaines parties du système nerveux par section du sciatique entraîne non seulement l'épilepsie chez l'opéré, mais engendre assez souvent l'épilepsie chez ses descendants, et que, parmi les petits cobayes issus de pères traumatisés dans leur système nerveux, il en naît de temps en temps auxquels manque un orteil.

« Supposez maintenant, dit encore M. Bouchard, — et c'est là surtout que l'hypothèse devient plus aventureuse, — supposez que les produits solubles d'un organe aient plus grande affinité pour celle des granulations qui, dans la cellule génératrice, est destinée à régler la formation de l'organe similaire chez le produit, et vous comprendrez que l'exagération de fonction ou que la maladie ou que la suppression d'un organe puisse avoir pour conséquence des anomalies physiques ou fonctionnelles dans l'organe similaire de l'individu engendré.... J'ai repris, si l'on veut, la théorie de Démocrite, mais avec cette différence qu'un peu de matière venue de chaque partie, au lieu de former la partie correspondante du nouvel être, imprime une activité spéciale à la granulation ancestrale qui a dans sa destinée de présider éternellement à la formation de cette partie. »

DES DIVERS MODES DE L'HÉRÉDITÉ

On a souvent confondu les phénomènes héréditaires avec des phénomènes seulement congénitaux.

L'hérédité est la transmission des propriétés des ascendants aux descendants. Elle est régie par des lois naturelles, celles de la génération. Elle ne peut donc fonctionner qu'en ligne directe des ascendants aux descendants. En biologie, les neveux et nièces ne peuvent hériter des oncles et des tantes. Si l'on rencontre chez le neveu des caractères qui existent chez un oncle sans exister chez le père, c'est que le neveu et l'oncle doivent ces caractères à un ancêtre commun. C'est par abus de langage que Darwin a admis une hérédité collatérale.

L'hérédité des caractères acquis est niée par des auteurs; elle seule, au contraire, est admise par d'autres. Ces deux opinions opposées paraissent excessives. L'hérédité des caractères spécifiques ne peut être niée, puisque ces caractères sont réputés spécifiques parce qu'ils sont héréditaires. Les caractères acquis par l'individu pendant sa vie, modifications de sa forme ou modification de ses aptitudes, ne se reproduisent pas aussi nécessairement que les caractères de l'espèce. Quelques-uns des effets produits par l'action du milieu sur l'individu peuvent se répéter dans sa descendance et cesser alors d'être individuels.

Weismann prétend qu'aucun caractère acquis ne jouit de la puissance héréditaire. Si cela était vrai, que faudrait-il entendre par hérédité pathologique?

Ici, il ne s'agit que de la reproduction, chez les descendants, d'altérations ou de désordres acquis à un moment donné par l'ascendant. Seulement la reproduction du fait morbide ne s'accomplit pas toujours exactement sous la même apparence. De même que chez l'individu une cause morbifique peut se manifester par des effets très différents, de même cette cause transmise à son descendant peut se révéler chez celui-ci par des effets autres que ceux qu'elle avait produits chez le générateur. En pathologie, l'hérédité n'est donc pas toujours, elle est même rarement la reproduction du semblable par le semblable, comme l'ont dit Linné, Ribot et d'autres à propos de l'hérédité en général.

D'ailleurs, même au point de vue de l'hérédité naturelle, l'individu différant toujours par quelques caractères des autres individus de son espèce, ascendant et descendant, la notion de ressemblance, comme dit Sanson, n'est en réalité applicable que dans un sens beaucoup plus restreint. Il faut la limiter aux propriétés des éléments anatomiques, soit, dans l'ordre de l'hérédité normale ou naturelle, pour ce qui concerne leur aptitude à se grouper d'après un certain type, qui est celui de l'espèce ou type naturel, ou à fonctionner avec un degré quelconque d'activité, soit, dans l'hérédité pathologique, pour ce qui regarde les altérations diverses qu'ils peuvent subir.

André Sanson ([1]) veut avec raison qu'on distingue les phénomènes héréditaires de ceux qui sont le résultat d'une contamination du fœtus par la mère après la fécondation. « Les propriétés des éléments anatomiques transmis dérivent de celles des éléments primordiaux de l'embryon, où elles étaient en puissance, comme on dit. » Ainsi la syphilis prise par la mère après la conception, et infectant son fœtus, devrait être distinguée de la syphilis vraiment héréditaire, qui résulte de la fusion d'un ovule ou d'un spermatozoïde déjà syphilitiques ou de la fécondation d'un ovule sain par un spermatozoïde syphilitique. On ne doit donc pas parler de variole, de charbon, d'érysipèle héréditaires à propos d'enfants ou de petits animaux naissant atteints de ces maladies, parce que les germes pathogènes ou leurs toxines ont été transportés de la mère à son fœtus à travers le placenta. Ce sont là des maladies congénitales et non héréditaires.

Il ne faut pas davantage attribuer à l'hérédité les particularités du nouveau-né qui relèvent de la nutrition embryonnaire et ranger dans la catégorie des dégénérés héréditaires certains individus malformés par suite de telle ou telle circonstance qui a entravé leur développement *in utero* postérieurement à la conception.

([1]) SANSON, *L'hérédité normale et pathologique*, 1893.

L'hérédité ne crée rien, elle est limitée à la transmission aux descendants de ce qui existe chez les ascendants. Et cependant il faut expliquer l'apparition chez les descendants des propriétés ou des caractères qui n'existaient pas chez les ascendants. C'était pour l'expliquer que Lucas avait admis l'*innéité*, comme un facteur opposé à la loi d'hérédité (1). L'innéité se résume peut-être en ceci que le développement du nouvel être est toujours plus ou moins influencé dans un sens quelconque par les conditions de sa nutrition embryonnaire. Tandis que les deux générateurs impriment ou peuvent, au moment de la fécondation, imprimer une impulsion dans un sens déterminé au développement de l'être futur, la mère seule peut modifier, par les éléments qu'elle fournit au fœtus pendant la période embryonnaire, l'impulsion imprimée par l'hérédité.

Ayant éliminé l'idée d'hérédité pour les êtres asexués, comme nous l'avons dit plus haut, Sanson ramène les lois de l'hérédité aux combinaisons variées que peuvent affecter les propriétés semblables ou différentes des deux éléments primitifs générateurs.

L'hérédité *directe et immédiate* (1re loi de Darwin) est *unilatérale* quand l'être procréé hérite exclusivement soit de son père, soit de sa mère; *bilatérale*, quand il hérite de tous deux; mais alors les deux héritages sont presque toujours inégaux. La notion commune d'un partage égal des puissances héréditaires (demi-sang) lui paraît une pure chimère.

Quand l'hérédité paraît n'être ni unilatérale, ni bilatérale, c'est que l'héritage provient non des parents immédiats, mais d'un aïeul ou des aïeux dans les lignées paternelle ou maternelle.

Il y a lieu, en effet, d'admettre des puissances héréditaires diverses, qui sont l'*hérédité individuelle*, l'*hérédité de famille* ou *consanguinité*, l'*hérédité de race*, *ancestrale* ou *atavisme* (hérédité en retour ou médiate, 3e loi de Darwin). Dans tout cas de reproduction entrent en jeu ou plutôt en lutte au moins deux de ces modes d'hérédité, la puissance individuelle et l'atavisme. C'est habituellement celui-ci qui l'emporte.

Contrairement à J. Orchansky, sur les opinions duquel nous reviendrons plus loin, Sanson rejette une prétendue *loi de prépondérance* (la 2e des lois de Darwin) s'exerçant directement suivant le sexe, ou indirectement d'un sexe sur l'autre, — et aussi une loi suivant laquelle l'hérédité ferait apparaître chez les descendants, aux périodes correspondantes de la vie, certaines dispositions physiques et morales des ascendants (hérédité par *homochronie*, 4e loi de Darwin). Sanson ne voit là qu'un effet du développement régulier de tout organisme, certains phénomènes ne pouvant se manifester qu'à certaines époques de la vie, comme la puberté et l'apparition des poils sur la face, en vertu d'aptitudes qui ont été imposées aux éléments primitifs de l'embryon dès la fécondation par la transmission des propriétés des parents immédiats ou ancestraux.

(1) P. Lucas, *Traité philosophique et physiologique de l'hérédité naturelle*, etc. Paris, 1847.

HÉRÉDITÉ INDIVIDUELLE

Elle consiste dans la transmission des qualités ou caractères propres à l'individu. Ces caractères normaux ou pathologiques sont des caractères acquis, puisqu'ils n'existaient pas chez les ascendants et que c'est précisément leur existence qui assure à l'individu son identité propre. Nous avons vu que la transmissibilité des caractères acquis a été niée absolument (Weismann), tandis que d'autres observateurs, en Allemagne, l'ont considérée, sous le nom de *Individual potenz*, comme la seule puissance héréditaire réelle. L'éminence des qualités d'un individu n'est pas d'ailleurs la garantie de leur transmission à ses descendants. Mais, si les naturalistes ont pu nier la transmissibilité des caractères individuels, les médecins ne le pourraient; car l'hérédité morbide ne peut relever que d'elle.

Quant à l'hérédité individuelle des qualités physiques et psychiques, elle est contenue dans des limites qu'il est utile de préciser. Pour les animaux, on a cité certaines exostoses du tarse des chevaux (jarde ou éparvin) comme un exemple d'hérédité par homochronie, parce qu'elles apparaissent successivement chez les chevaux d'une même souche au même âge. Or, il paraît (Sanson) qu'elles sont, en réalité, provoquées par une irritation traumatique ou mécanique du périoste, résultant d'un défaut de proportion entre l'intensité des efforts musculaires et la résistance des insertions ligamenteuses. « Ce n'est point la périostose elle-même qui s'hérite, mais bien l'aptitude à la contracter sous l'influence d'efforts musculaires peu intenses, en raison d'une faiblesse articulaire qui, elle, a été transmise. »

Certaines mutilations superficielles, qui sont pratiquées couramment chez les animaux (racourcissement des oreilles chez les chiens bouledogues et ratiers, de la queue des chevaux et moutons, amputation des cornes des bovidés), ne se transmettent point par hérédité; Weismann coupait l'appendice caudal dans cinq générations de souris blanches, qui s'obstinaient à donner des rejetons à queues longues. Il faut recommencer à pratiquer à chaque génération l'excision du prépuce chez les enfants juifs et musulmans comme au temps de Moïse et de Mahomet. On voit bien « quelques petits Juifs et quelques petits Musulmans naître avec un prépuce court et même sans prépuce; mais, comme ces cas se présentent en proportion égale chez les enfants chrétiens dont les parents ne sont point circoncis, cela leur enlève toute valeur probante en faveur de l'hérédité » (Sanson).

En réalité, comme l'a dit J. de Nittis, la question est autre. « Ce n'es pas parce qu'on aura fait subir à un animal la mutilation d'un organe sans utilité qu'on modifiera les conditions somatiques; si l'on voulait obtenir une modification en réséquant l'appendice caudal, il eût fallu s'adresser à une espèce dans laquelle cet organe joue un rôle, au castor, par exemple, ou au singe à queue prenante.

Si les mutilations opérées artificiellement après la naissance ne se reproduisent pas chez les descendants, il n'en est pas de même de celles qui sont spontanées, d'ordre tératologique, c'est-à-dire survenues pendant la vie intra-utérine par suite d'une perturbation dans le développement de l'embryon : ainsi l'atrophie congénitale de la conque auriculaire, qui caractérise certains moutons (dits *akrout*, sourds, en Tunisie et *yungti* en Chine) et certains lapins, ou l'atrophie des muscles redresseurs de la conque produisant les oreilles tombantes des lapins dits *lope*, la courte queue de la variété des chiens de chasse dits du Bourbonnais, l'absence de queue des chats de l'île de Man, sont des exemples de la transmission héréditaire de modifications acquises, mais tératologiques; et toutes ces variétés sont issues de sujets nés accidentellement avec ces malformations.

La plus incontestablement héréditaire des MALFORMATIONS TÉRATOLOGIQUES est le *sexdigitisme*, dont on a tant de fois observé la persistance dans certaines familles, surtout dans celles où les unions avaient lieu entre consanguins (Sanson). On a vu les doigts surnuméraires transmis pendant cinq générations successives, ils ont dans quelques cas disparu pendant une, deux ou même trois générations, pour reparaître ensuite par retour. Parfois à chaque génération l'affection s'est accentuée, quoique dans chacune la personne affectée se fût toujours mariée avec une autre qui n'avait pas cette malformation, et quoique ces doigts additionnels, ayant été amputés peu après la naissance, n'eussent pas pu se fortifier par l'usage (Darwin).

Dans un exemple donné par le docteur Struthers, qui d'ailleurs assure que les cas de non-transmission des doigts surnuméraires ou d'apparition de cette difformité dans les familles où il n'y en avait pas auparavant, sont plus fréquents encore que les cas héréditaires, « un doigt supplémentaire parut sur une main à la première génération; dans la seconde, sur les deux mains; dans la troisième, trois frères l'eurent sur les deux mains et l'un deux sur un pied; à la quatrième génération, les quatre membres présentèrent l'anomalie. »

Bédart a cité une famille où l'*ectrodactylie* quadruple des mains et des pieds (pieds fourchus et doigts absents aux deux mains) s'est transmise pendant trois générations.

On cite encore comme hérédité de malformations tératologiques celle de l'*albinisme* : une famille de chevaux, dont la peau est absolument dépourvue de pigment et qui est originaire du Hanovre, est issue d'un individu né accidentellement avec cette anomalie (weissgeboren); la variété des *mérinos à laine soyeuse* dits de Mauchamp a eu pour point de départ un unique agneau né avec ce caractère spécial, qui s'était déjà et qui s'est encore montré accidentellement dans d'autres troupeaux. Il en a été de même pour les lapins *russes*.

On observe chez certaines poules la production héréditaire d'*œufs à deux jaunes*.

Un fait qui présente une bien plus grande importance, à notre point de vue de l'hérédité pathologique, est la *transmission héréditaire de l'épilepsie expérimentale* par hémisection de la moelle épinière ou section du sympathique au cou chez le cobaye. Elle a été observée souvent par Brown-Séquard. Au bout d'un certain temps se sont ainsi constituées dans son laboratoire des familles de cobayes épileptiques, dont l'ancêtre seul, en remontant à plusieurs générations, avait été opéré. *L'altération trophique de l'œil du côté correspondant au sympathique sectionné* a été transmise aussi héréditairement.

Les *déformations crâniennes ethniques*, produites chez les enfants soit intentionnellement, comme dans les anciennes populations américaines, soit par les actions mécaniques de certaines coiffures nationales (déformations toulousaine et poitevine), ne paraissent pas être reproduites par hérédité ; mais l'asymétrie crânienne congénitale, qui est la conséquence d'une asymétrie primitive des hémisphères cérébraux, semble bien être héréditaire.

Nous n'avons parlé que de l'hérédité individuelle des caractères morphologiques, mais elle existe aussi pour les aptitudes fonctionnelles, pour les divers ordres d'*activité cérébrale et nerveuse.* L'étude des races d'animaux domestiques, comme le cheval de course, le chien d'arrêt, le chien de berger, prouve que les propriétés du système nerveux acquises par l'entraînement sont transmissibles.

La zootechnie montre encore la transmission héréditaire d'autres aptitudes fonctionnelles, exaltées à dessein chez l'individu dans un but commercial : l'accroissement de la capacité digestive entraînant comme conséquences l'achèvement hâtif du squelette, l'évolution plus prompte de la dentition permanente, l'aptitude à la formation de la graisse et à son accumulation dans le tissu conjonctif, l'aptitude à la lactation.

Toutes les formes ou qualités acquises ne sont pas également transmissibles. « Il semble qu'elles ne le deviennent qu'à la condition d'intéresser d'une manière durable ou tout au moins intense une fonction ou un appareil organique de grande importance. » Ce sont « les modifications subies durant la vie embryonnaire ou fœtale qui paraissent douées au plus haut degré de la puissance héréditaire ».

Y a-t-il lieu d'attribuer à chacun des SEXES en particulier une puissance héréditaire spéciale?

On a dit que le père transmettait toujours les formes extérieures, la couleur de la peau et des productions pileuses, tandis que de la mère proviendraient exclusivement les viscères, et par suite le tempérament. Un auteur allemand en a conclu que dans la constitution du blastoderme les éléments de l'ectoderme sont fournis par la cellule mâle, ceux du mésoderme et de l'endoderme par la cellule femelle. En conformité avec la théorie ci-dessus, les hippologues anglais semblent ne tenir compte que de l'hérédité paternelle dans la généalogie de leurs chevaux de course, étant préoccupés seulement des formes extérieures et de l'excitabilité nerveuse, qu'ils nomment « le sang ». C'est une doctrine qui paraît remonter à Buffon; celui-ci l'a édifiée à propos des produits résultant de l'accouplement de l'âne avec la jument (mulet) et du cheval avec l'ânesse (bardot). Buffon croyait que le mulet ressemble plus à son père l'âne qu'à sa mère la jument, et qu'au contraire le bardot ressemble plus au cheval qu'à l'ânesse. Mais, si l'impression d'ensemble paraît au premier abord justifier cette opinion, l'examen attentif des principaux caractères de ces animaux a permis aux zootechniciens de la réfuter; en réalité, chez eux, l'hérédité paternelle est variable et l'hérédité maternelle se manifeste au contraire toujours dans le sens opposé à ce qu'avait cru Buffon : la constitution physiologique des mulets se rapproche toujours plus de celle des ânes que de celle des chevaux (Sanson).

Crocq fils([1]) cite comme exemple d'une hérédité croisée, — par suite de laquelle c'est tantôt l'influence maternelle, tantôt l'influence paternelle qui prévaut dans la reproduction, alors que quelquefois le produit participe des caractères des deux parents, — le cas du croisement de poulets de races différentes. Le croisement d'un coq langshan noir et d'une poule dite coucou de Malines a fourni des poussins dont les uns sont exclusivement du type langshan, d'autres du type coucou pur, quelques-uns offrant des caractères bâtards.

On a dit encore que dans les familles humaines les filles ressemblent ordinairement à leur père et les garçons à leur mère. Ce préjugé populaire est chaque jour contredit par l'observation. Il est impossible de reconnaître à tel ou tel sexe une puissance héréditaire spéciale quelconque. La puissance héréditaire individuelle prime tout; chaque individu a sa puissance héréditaire faible ou forte par rapport à son conjoint, indépendamment de toute influence sexuelle.

La présence des *nævi materni* (regards ou envies) sur le corps d'un enfant est, comme chacun sait, regardée par le vulgaire comme la conséquence d'une impression vive reçue ou d'un désir violent non satisfait pendant la grossesse. Ces taches ou tumeurs érectiles, diversement colorées, pileuses ou glabres, sont la conséquence de troubles trophiques de la peau survenus pendant la vie fœtale. Leur déterminisme n'est pas démontré (ils peuvent s'expliquer par la notion des cytolysines ou poisons cellulaires maternels agissant sur les cellules fœtales homologues); mais, une fois produits, les nævi se transmettent souvent par hérédité.

Le Dr P. Baroux a publié sur l'hérédité des nævi et leur interprétation pathogénique un curieux travail ([2]). Ayant rencontré des nævi à localisations spéciales chez des sujets appartenant à une origine aristocratique, il eut l'idée de rechercher si une famille flamande, où se trouvaient avec une fréquence particulière des nævi à localisations semblables, mais dont le nom et le genre de vie actuel n'avaient rien que de très bourgeois, ne remontait pas à une noble souche, et c'est en se basant sur cette étude généalogique que M. Baroux est arrivé à formuler une théorie sur les

([1]) *Congrès des aliénistes*, Nancy, 1896.
([2]) Dr P. Baroux. Les stigmates héréditaires de la chevalerie. *Revue scientifique*, 14 octobre 1911.

stigmates héréditaires de la chevalerie, dont l'ingéniosité mérite une mention avec quelques détails. Il s'agissait d'une famille Drieux dont la généalogie a pu être suivie jusqu'à un Jacques Drieux, Chevalier de Jérusalem et à un Michel Drieux, Chevalier de la Toison d'Or, qui fonda au XVe siècle un collège de boursiers à l'Université de Louvain : *Drieuxiorum domus*. Or, sur 41 personnes de cette famille dans l'axe féminin, *ex utero in uterum*, forme de l'hérédité toujours la plus probante, s'échelonnant sur quatre générations, notre confrère rencontra chez 12 sujets des nævi à des endroits précis et toujours les mêmes, tels qu'il les avait rencontrés chez d'autres individus de souche aristocratique : face plantaire du pied gauche, face postérieure du cou, en arrière de l'aisselle droite, au pli de la cuisse du même côté, sur le maxillaire inférieur et la pommette gauche. Admettant avec Hébra et Gaucher que les nævi télangiectasiques non congénitaux peuvent être acquis à la suite des frottements de vêtements trop serrés en certains points, excoriant chroniquement le derme, M. Baroux rappelle que les chevaliers du Moyen Age portaient sous leur cotte de mailles et sous leur chape métallique une tunique rembourrée, mais qu'en certains points, par suite des mouvements violents et réitérés nécessités par les exercices militaires équestres, se produisaient cependant d'inévitables meurtrissures de la peau.

Dans les attaques, la plante du pied gauche, mal protégée par la légère semelle d'un brodequin primitif, s'appliquait vigoureusement sur l'étrier correspondant, lourd et bordé par deux arêtes saillantes, où la peau devait souvent s'écorcher en son milieu. La cuisse droite se pliait fatalement dans les mouvements de la parade, et le bras droit se livrait à des exercices violents. Sous ces influences, la tunique de laine, imprégnée de sueur, devait souvent se déchirer à l'aine droite et sous l'aisselle du même côté et exposer ainsi à un contact irritant la peau voisine. Dans les oscillations antéro-postérieures de la tête, la chape formait un pli au milieu du cou et le blessait d'autant plus facilement qu'il n'était pas protégé. Pour le même motif, il devait se produire des érosions au-dessous des pommettes que n'atteignait pas le bandeau de préservation. Comme nécessairement les yeux suivaient la direction des armes, il se faisait souvent une rotation de la tête, de gauche à droite, marquant plus nettement encore les meurtrissures en question, au-dessous de la pommette gauche principalement, et en en faisant d'autres vers le menton à un endroit pauvre en barbe, situé en dehors de la place du bandeau, entre les favoris et la barbiche, à gauche aussi, le plus souvent, pour la même raison.

M. Baroux rapproche de ces nævi, causés par le port de l'armure chez les chevaliers, ceux qu'il a rencontrés au-dessous du menton et sur les épaules dans des familles de bateliers des Flandres, où pendant plusieurs générations les individus des deux sexes avaient jadis tiré les péniches au moyen d'une bricole, le menton fléchi sur la poitrine, faisant ainsi le métier de « cheval chrétien », et chez les descendants desquels ces nævi persistent dans les mêmes endroits, bien que, depuis bien longtemps, la traction ne soit plus faite par l'homme, — et les nævi que dans des familles de maçons en Belgique on rencontre chez les hommes comme chez les femmes, près de la tempe au niveau de l'arcade zygomatique ou à l'angle de la mâchoire, causés autrefois par la pression du visage contre le bac professionnel porté sur l'épaule gauche pendant l'ascension des briques et du mortier, tandis qu'aujourd'hui le travail est fait par un treuil. Ainsi les nævi congénitaux pourraient être dans beaucoup de cas le résultat de la transmission héréditaire et même par voie maternelle de télangiectasies cutanées acquises par les ascendants mâles dans l'exercice militaire ou professionnel.

L'hérédité du sexe ne nous arrêtera pas longtemps, puisqu'elle a peu d'applications à la pathologie. Les théories qui en ont été fournies font dépendre le sexe, les unes du moment où se produit la fécondation, les autres de la nutrition embryonnaire.

Dès 1860, Thury (de Genève) a émis cette opinion que tout ovule fécondé avant d'avoir atteint sa maturité complète devait donner naissance à une femelle ; une fois mûr, il donnerait un mâle. Supposant que la maturité de l'ovule s'achevait pendant la période du rut, Thury pensait que l'on peut obtenir à volonté l'un ou l'autre sexe, en faisant opérer la fécondation soit au début, soit à la fin du rut. Mais un ovule non parvenu à maturité pourrait-il être fécondé? D'ailleurs les expérimentations de Coste [1], au Collège de France, sur des lapins, ont ruiné l'opinion de Thury.

En 1867, H. Landois, se servant des œufs d'abeille, crut avoir démontré que le sexe n'est point préformé dans l'œuf, mais est déterminé par les conditions extrinsèques agissant sur le développement de l'embryon [2]. Mais Sanson et Bastian ont prouvé qu'aucune circonstance de la vie de l'embryon, ni les dimensions de la cellule où se développe la larve-abeille, ni la qualité de nourriture qu'elle reçoit ne peuvent changer son sexe [3].

Tout le monde à peu près admet aujourd'hui que la transmission du sexe est affaire d'hérédité. Déjà Girou de Buzareingues [4] avait formulé cette proposition que celui des deux reproducteurs accouplés qui, au moment de l'accouplement, est, par son âge relatif ou par tout autre motif, dans l'état constitutionnel le meilleur ou le plus vigoureux, transmet son sexe à l'autre. Cette proposition a été vérifiée exacte chez les animaux par les observations de Martegoute [5] et par celles de Sanson, qui cite un baudet des plus chétifs dont les saillies sur les juments don-

(1) Coste, Production des sexes. *Comptes rendus de l'Acad. des sciences*, 1865.

(2) Landois, Note sur le développement des insectes. *Comptes rendus de l'Acad. des sciences*, 1867.

(3) Sanson et Bastian, Expériences sur la transposition des œufs d'abeille au point de vue des conditions déterminantes du sexe. *Comptes rendus de l'Acad. des sciences*, 1868.

(4) Girou de Buzareingues, *De la génération*, 1828.

(5) Martegoute, *Journal d'agriculture et d'économie rurale pour le Midi de la France*, Toulouse, 1858.

naient invariablement des mules. Dans les familles humaines, on observe beaucoup de faits qui justifient l'opinion de Girou. On a expliqué par un conflit de puissances héréditaires mâle et femelle égales les cas d'hermaphrodisme ou plutôt de pseudo-hermaphrodisme.

La puissance héréditaire individuelle peut se manifester inégalement au point de vue de la transmission des caractères sexuels et de la similitude de tel ou tel autre organe. La puissance héréditaire d'un des parents peut ne prédominer qu'en ce qui touche les organes sexuels, tandis que tous les autres caractères morphologiques et physiologiques sont transmis par l'autre conjoint.

Orchansky [1] considère que l'hérédité, étant une fonction de l'organisme des producteurs, suit une évolution parallèle à celle de leur état général, et que l'intensité de ses manifestations correspond à l'énergie des autres fonctions des parents. Il admet que deux principes dominent les manifestations héréditaires : 1° le principe de la maturité individuelle, d'après lequel chacun des parents a le plus de tendances à transmettre son sexe à l'époque de sa maturité ; 2° le principe d'interférence, par suite duquel les producteurs agissent en sens contraire sur le sexe de l'enfant, l'un prévalant naturellement sur l'autre. Lorsque l'influence du père prédomine, le nombre des garçons est plus grand; si c'est l'influence de la mère, il y a majorité de filles.

De deux jeunes parents, c'est celui qui est parvenu le plus tôt à la maturité sexuelle, quoique son développement physique ne soit pas achevé, qui donnera son type sexuel à la famille. Le sexe de l'enfant est déterminé en première ligne par l'influence réciproque des parents, résultat de la prédominance de l'énergie spécifique de l'un ou de l'autre. La courbe de l'évolution physiologique a pour les hommes, comme pour les femmes, trois phases : une phase ascendante, une phase d'apogée et une phase descendante. Ces phases correspondent pour chaque individu à un âge différent. Au moment du rapprochement conjugal, les parents se trouvent presque toujours à différentes distances du point culminant de leur maturité sexuelle. Cela provient d'abord de ce que la femme atteint sa maturité sexuelle deux ou trois ans plus tôt que l'homme; ensuite, de ce que le rapport de l'âge conjugal des parents varie d'une façon très considérable. C'est pourquoi la différence du degré de maturité sexuelle est la plus grande dans la première période de la vie conjugale.

L'hérédité dans la transmission de la constitution. — L'action des principes mentionnés ci-dessus s'étend aussi à la transmission de la constitution. La taille moyenne des enfants nés de mères d'âges différents et de même taille s'élève avec l'âge de la mère et atteint son maximum chez les mères qui ont atteint leur maturité sexuelle. Le principe de maturité individuelle se manifeste ici évidemment; le principe de l'interférence se trouve sous une forme plus latente. Les mensurations du corps, prises par Orchansky sur les nouveau-nés, démontrent que les dimensions de

(1) ORCHANSKY. *Études sur l'hérédité normale et morbide.* St-Pétersbourg, 1894.

toutes les parties du squelette, chez les garçons comme chez les filles, se trouvent entre elles et avec la taille dans un rapport constant. Par suite, il est possible, la taille étant connue, de déterminer les dimensions de toutes les parties du squelette. Cela prouve que l'énergie de la croissance du squelette est la même dans toutes ses parties.

Comme les petites filles se distinguent des petits garçons par les dimensions de leur squelette entier et de leurs os pris séparément, il en résulte que la formation du squelette de l'embryon, sous l'influence de la lutte des deux énergies de croissance, celle du père et celle de la mère, donne la moyenne de ces énergies, moyenne qui est la même pour tout l'organisme de l'enfant. Cette moyenne exprime l'interférence.

La courbe de l'hérédité de la structure et celle qui représente la transmission de la coloration sont presque parallèles, quoiqu'elles ne coïncident pas.

Les observations faites sur les nouveau-nés démontrent l'existence d'un rapport intime entre leur structure et leur ressemblance à l'un ou à l'autre des parents. Les enfants qui ressemblent au père par la coloration, se distinguent en même temps par leur constitution de ceux qui ressemblent à la mère. Les premiers, soit garçons, soit filles, ont une plus grande taille, les épaules plus larges, etc., c'est-à-dire qu'ils se rapprochent par leur constitution du type masculin.

En comparant entre elles les courbes qui représentent la marche de l'hérédité du sexe, de la ressemblance générale et enfin de la structure du squelette, on trouve que ces trois courbes sont parallèles et qu'en même temps elles sont en harmonie et marchent de pair avec la courbe du développement individuel de l'organisme des parents.

En analysant la transmission de la constitution nous arrivons à une nouvelle variété de l'hérédité, c'est la ressemblance de chaque partie du squelette. La proportion du crâne, du bassin, des extrémités, etc., se transmet de la mère à l'enfant. Cette forme de l'hérédité spéciale ou partielle semble aussi être soumise aux principes déjà indiqués. Par exemple, la ressemblance du crâne apparaît déjà complètement chez les jeunes mères, tandis que la ressemblance des autres parties du squelette, comme le thorax, n'atteint son maximum que chez les enfants d'une mère plus âgée. Or, on sait que le crâne atteint l'apogée de son développement quelques années plus tôt que le thorax ; on suppose aussi que les différentes portions du squelette atteignent le maximum de leur développement à différentes époques de la vie de l'individu. Il est donc probable que la période où l'hérédité partielle, pour chaque organe, est à son maximum, correspond à celle où chez les parents cet organe a atteint le point culminant de son développement. Or le principe de maturité se manifeste dans l'hérédité partielle sous la forme nouvelle de l'hérédité à époques correspondantes.

L'hérédité du squelette a pour chaque partie de ce dernier des limites, en dehors desquelles se trouvent les éléments individuels ou non héréditaires. Ces limites sont déterminées à la fois par le degré de stabilité et par la variabilité du squelette. Chaque partie du squelette possède, chez les mères comme chez les nouveau-nés, un certain degré de stabilité et de variabilité qui se manifeste par une série de variations du type moyen.

Il existe un rapport entre l'hérédité d'un côté, la variabilité et la stabilité de l'autre : plus la variabilité est considérable, plus l'échelle des variations d'une partie quelconque du squelette est étendue et moins fixe est la stabilité du type moyen; plus l'hérédité domine dans cette région, plus la partie de la série sur laquelle elle s'étend est considérable, et moins le domaine des variations individuelles est vaste pour cette partie du squelette. Le bassin et la jambe sont des parties du squelette de cette catégorie, de grande variabilité, de faible stabilité, et où l'hérédité est très prononcée. Par contre, il y a des parties du squelette d'autres catégories, comme le bras et les épaules, où la variabilité est peu prononcée, où le type moyen est très stable : l'hérédité est ici faible, et la plus grande part de variations chez les mères ne présente aucun rapport avec le squelette des enfants. La plupart des variations extrêmes chez les nouveau-nés sont de nature tout à fait individuelle et ne manifestent aucune relation avec les mères. La variabilité est ainsi connexe avec l'hérédité, la stabilité avec la non-hérédité ou l'individualité.

Enfin, la stabilité et la variabilité étant pour chaque partie du squelette les mêmes chez les mères et chez les enfants, il est évident que ces deux facteurs fondamentaux sont eux-mêmes de nature héréditaire.

L'influence héréditaire du père sur la structure des enfants est plus prononcée par rapport aux garçons, tandis que l'influence de la mère prévaut sur les filles.

Il existe en général une différence essentielle entre le caractère de la constitution des deux parents. Les pères, c'est-à-dire les hommes, possèdent, pour la taille, par exemple, une variabilité beaucoup plus considérable que les mères ou les femmes, dont le squelette présente beaucoup plus de stabilité (Orchansky, *passim*).

HÉRÉDITÉ DE FAMILLE OU CONSANGUINITÉ

La consanguinité est l'état de proche parenté des conjoints ; au point de vue physiologique de la reproduction de l'espèce dans la classe des Mammifères, on considère comme consanguines les unions entre père et petite-fille ou arrière-petite-fille, entre fils et mère, petits-fils et grand'mère, frère et sœur, cousin et cousine, oncle et nièce ou neveu et tante.

Les lois humaines prohibent et flétrissent du nom d'incestueuses les unions qui pourraient avoir lieu entre les parents et leurs enfants, entre les enfants issus des mêmes parents ; elles n'autorisent que les mariages entre collatéraux. L'Église catholique prohibe les mariages jusqu'au quatrième degré inclusivement, tout en accordant des dispenses. On ne peut donc connaître par l'observation de l'espèce humaine les effets de la véritable consanguinité. C'est la zootechnie qui peut seule nous renseigner sur cette question.

Les opinions du public, des médecins et des éleveurs ont souvent varié sur les résultats des unions consanguines. Autrefois on s'accordait pour considérer la consanguinité comme une cause de reproduction viciée. On lui a attribué la scrofule, le rachitisme, l'albinisme, le crétinisme, l'imbécillité et toutes les formes de la folie, la surdi-mutité, le sexdigitisme, la stérilité, l'impuissance, et encore bien d'autres états qualifiés de dégénérescences.

Dans une fort érudite revue sur la consanguinité au point de vue médical, M. Félix Regnault [1] fait remonter à saint Augustin la première mention de l'influence néfaste exercée par les mariages consanguins sur la descendance. Il cite ensuite les Capitulaires des rois Francs, où il est écrit que ces unions engendrent d'ordinaire des aveugles et des boiteux, des bossus et lépreux ou des enfants diversement tarés. Puis nous apprenons que dans les temps modernes l'interdiction des mariages consanguins, décrétée par l'Église, a reçu l'approbation de R. Burton (1621), Dugard (1671), Fodéré (1873). Mais la période vraiment scientifique de cette étude n'a commencé qu'avec Ménière (1856). C'est à propos de la surdi-mutité que cet éminent auriste fut amené à soulever la question, et bientôt on la poursuivit dans toute la pathologie.

Les auteurs qui incriminèrent la consanguinité furent Rilliet, Devay, Chazarain, Chipault, Brochi, Sicard, Boudin, Hocquard, Liebreich, Mitchell, Bemiss, Howe, Allen, Mantegazza.

Ils rencontrèrent des contradicteurs en Bourgeois, Périer, Séguin, Voisin, Thiébault, Dally, Huth, George Darwin.

L'accord ne se fit pas mieux entre les zootechnistes, quand ils intervinrent dans le débat : en face des adversaires de la consanguinité, Aubé, Huzard père, Low, Sinclair, Knight, Sebright, Hartmann, Rhode, Settegast, se dressèrent ses défenseurs, Huzard fils, Gayot, Sanson, Beaudouin, Gourdon, Flourens, de Charnacé, Bakewell, Baumeister. De 1856 à 1866, la lutte se poursuivit avec plus d'ardeur que de fruit. Les progrès des idées darwiniennes relatives à la sélection et à l'hérédité ont ramené la question sur ce dernier terrain. A ce point de vue elle nous incombe ; elle doit encore nous préoccuper au point de vue de la pathologie.

Quelles sont les MALADIES QUE LA CONSANGUINITÉ A ÉTÉ ACCUSÉE DE PRODUIRE ?

Rilliet lui impute l'absence de conception, son retard, des fausses couches, la procréation de produits monstrueux ou tarés, prédisposés aux maladies du système nerveux, au lymphatisme et à la scrofulo-tuberculose, mourant en bas âge le plus souvent, ou, s'ils survivent, très vulnérables ultérieurement à toute influence morbide.

(1) REGNAULT, *Gazette des hôpitaux,* 2 septembre 1873. — On y trouvera toutes les indications bibliographiques.

Sans parler de tous les états pathologiques trop nombreux visés par cette classification, nous passerons en revue avec Regnault la stérilité, la surdimutité congénitale, la rétinite pigmentaire congénitale, l'idiotie, les malformations.

Parmi les auteurs qui ont fourni des chiffres à l'appui de la *stérilité* absolue ou relative des mariages consanguins, nous trouvons Devay, qui a rencontré la stérilité 8 fois sur 13 cas, dans une première recherche, et 14 fois sur 82 dans une seconde statistique; — Cadiot a relevé 14 cas de stérilité sur 54 unions entre parents au troisième ou au quatrième degré; — Lancry, étudiant la commune de Fort-Mardyck (Nord), indique sur 100 mariages consanguins 16 cas de stérilité et 7,95 de naissance unique; — sur 100 non-consanguins, 2,3 cas de stérilité et 3,5 d'enfant unique.

Par contre, on peut citer deux villages d'Écosse où dans l'un, sur 82 mariages consanguins, au quatrième et sixième degré, il naquit plus de 4 enfants par ménage, tandis que dans l'autre, sur 27 alliances consanguines, 3 seulement étaient stériles, les autres ayant 4,4 enfants par famille (Mitchell). A Saint-Kilda, 5 mariages consanguins ont fourni 10,8 rejetons par famille, et les non-consanguins seulement 9. M. Poncet a cité une famille de la Noria (Mexique) qui s'est composée de 12 enfants, 102 petits-enfants et 276 arrière-petits-enfants. Parmi les mariages contractés, 28 furent consanguins, 6 seulement furent stériles et les autres donnèrent 5,5 enfants par couple.

Séguin aîné a relevé dans sa famille 10 mariages entre cousins au troisième et quatrième degré, qui eurent 61 enfants. Bemiss a produit le chiffre imposant de 833 familles consanguines ayant eu 3.942 enfants (soit 4,7 par mariage). Enfin la famille de A. Bourgeois, dans laquelle avait eu lieu 16 mariages entre proches, fournissait 3,5 enfants par mariage. Il est donc prouvé que la consanguinité n'entraîne pas nécessairement la stérilité des conjoints.

Il est utile, d'ailleurs, de dire que sur 8 mariages pris au hasard il y en a 1 stérile (Spencer Wells, Simpson).

Si nous consultons la zootechnie, nous apprenons de M. Cornevin que l'union des porcs consanguins donne des produits qui, dès leur naissance, sont de véritables boules de graisse et restent stériles. Cette stérilité s'explique par la dégénérescence graisseuse des ovaires constatée à l'autopsie. Un directeur des volières du Jardin d'Acclimatation a dit à M. Regnault que, si la consanguinité est continuée jusqu'à la troisième ou quatrième génération, les oiseaux deviennent stériles, parce que les parents deviennent de plus en plus chétifs; mais la stérilité n'apparaît pas d'emblée par le fait seul de la consanguinité.

Sanson cite toute une série d'étalons célèbres par leurs victoires dans les courses et par leur carrière de reproducteurs, — signes certains d'une constitution vigoureuse, — qui étaient issus de parents consanguins aux degrés les plus rapprochés, et dans l'ascendance desquels la consanguinité s'était en quelque sorte accumulée. Les éleveurs de chevaux de course et tous les éleveurs anglais en général, bien loin de redouter les effets de la consanguinité, ont toujours usé, pour créer des variétés améliorées, du procédé qu'ils appellent *breeding in and in*. Dans un troupeau anglais où la fécondité menaçait de s'éteindre, un taureau Favourite la releva en fécondant six générations successives de ses propres filles et petites-filles, ayant fait, chose rare, la monte durant seize ans, et c'est avec sa propre mère qu'il engendra l'un des plus beaux taureaux de la variété. En Bretagne et en Auvergne, les Bovidés se reproduisent en consanguinité depuis les temps les plus reculés : le mâle, toujours pris dans le troupeau, féconde par conséquent sa mère, sa tante et ses sœurs. Cette consanguinité, accumulée depuis des siècles, n'a pas empêché les populations bovines de la Bretagne et de l'Auvergne de rester parmi les plus vigoureuses et les mieux constituées. Enfin, les pigeons font invariablement deux petits de sexe différent qui le plus souvent s'accouplent entre eux ; chez les perdrix et les cailles les accouplements se font dans la compagnie, par conséquent entre frères et sœurs. Cependant ces espèces ne s'éteignent pas et ne paraissent pas péricliter.

La *surdi-mutité congénitale* a été, disions-nous, le point de départ des discussions les plus vives sur les méfaits de la consanguinité. Sa présence avait été signalée chez les consanguins par Ménière en 1856. Boudin, en 1862, disait avoir trouvé à l'Institution des sourds-muets de Paris 19 sourds-muets issus de consanguins sur 67 (28,35 pour 100). Puis vinrent les statistiques de Balley à Rome, 3 consanguins sur 13 sourds-muets de naissance (23 pour 100) ; de Charazain à Bordeaux, 27 sur 80 ; de Lande à Bordeaux, 24 sur 55 ; de Piroux à Nancy, 21 à 25 pour 100 ; de Perrin à Lyon, 25 pour 100 ; de Brochard à Nogent-sur-Marne, 16 sur 55.

Boudin a relevé à Berlin 6 sourds-muets sur 10 000 protestants et 27 sur 10 000 juifs. Liebreich, à Berlin aussi, a trouvé 42 juifs sur 341 sourds-muets (1/8) ; on sait que les mariages consanguins sont plus fréquents chez les juifs. La fréquence de la surdi-mutité augmente, dit encore Boudin, dans les pays où existent des obstacles naturels aux croisements : elle est de 2 sur 10 000 habitants dans le département de la Seine, et de 6 pour 10 000 pour l'ensemble de la France, tandis qu'elle s'élève à 14 en Corse, à 23 dans les Hautes-Alpes, à 28 dans le canton de Berne.

Dans le territoire de l'Iowa (États-Unis) il y avait en 1840, 2,3 sourds-muets sur 10 000 blancs, et 212 sur 10 000 esclaves, parmi lesquels les unions consanguines étaient naturellement nombreuses (Bemiss).

Et Dévay a avancé que la surdi-mutité est inconnue en Chine, où le mariage est interdit non seulement entre individus parents à un degré quelconque, mais entre ceux qui, sans être parents, portent le même nom....

Les statistiques d'autres pays donnent en Écosse 1 sourd-muet sur 16 consanguins, c'est-à-dire 5 fois plus que chez les non-consanguins (Mitchell) ; — en Islande (en 1861) sur 5000 cas, 8 pour 100 issus de consanguins ; — en Italie, 12 pour 306 (3,9 pour 100) ; d'après le relevé de Mantegazza; — en Hollande, à Hildesheim, 2 cas seulement sur 257 (0,77 pour 100).

Lacassagne donne le chiffre de 3 sur 107, d'après une statistique faite par Ladreit de La Charrière à l'Institution des sourds-muets de Paris ; en réalité, ce dernier avait trouvé sur 106 cas de surdité de naissance 17 issus de consanguins ; sur ces 17, il en avait éliminé 14 comme suspects de n'être pas congénitaux, mais seulement survenus dans les premiers mois de la vie; mais il aurait fallu, dit avec raison Regnault, faire la même élimination sur les 107 pour justifier la proportion admise par Lacassagne.

George Darwin, ayant soumis à une revision critique les statistiques des anti-consanguinistes de Paris, Bordeaux et Nogent, accepte seulement 67 cas de consanguinité incontestable sur 290 cas de surdi-mutité. Sur 2 instituts d'Angleterre interrogés par voie de questionnaire, il ne trouve que 8 cas sur 362 (2,20 pour 100), proportion analogue à celle qu'il admet pour le nombre des mariages entre cousins germains en Angleterre.

Enfin les recherches de Van La Perre de Roo, effectuées par questionnaire et moins sûres que les enquêtes directes, selon Regnault, donnent à Anvers, sur 20 sourds-muets, pas de consanguins; à Liége, 5 sur 49; à Berlin, 1 sur 92; à Munich, 0 sur 80; à Lyon, 4 sur 86; à Bordeaux, 6 sur 173; à Paris, aucun, suivant Chervin.

De toutes ces statistiques on peut conclure avec Regnault « que la consanguinité peut jouer un rôle dans la production de la surdi-mutité, mais que ce rôle n'est pas constant, et qu'il est des pays où elle paraît n'avoir pas d'action ».

On ne peut admettre avec Ménière que la surdi-mutité peut être créée de toutes pièces par la consanguinité. Les lois actuellement connues de l'hérédité prouvent qu'on ne peut transmettre ce qu'on ne possède pas. S'il y a quelques cas de surdi-mutité héréditaire (Ribot), souvent les sourds-muets engendrent des enfants qui entendent. Les parents consanguins qui engendrent des sourds-muets peuvent avoir été déjà durs d'oreille, par otite scléreuse, maladie des plus fréquentes et des plus héréditaires.

La *rétinite pigmentaire congénitale* est une maladie essentiellement héréditaire. Le rôle de la consanguinité dans sa production a été recherché et diversement apprécié. Liebreich, qui l'a mis en avant le premier, en trouvait 3 cas chez des consanguins sur 7 à l'Institution des sourds-muets de Paris; à Berlin, sur 35 cas, 14 consanguins; Hertwig, 1 fois sur 6, Hocquard, 3 fois sur 5; Fieuzal, aux Quinze-Vingts, 8 fois sur 21 ; Gillet de Grandmont, 8 fois sur 10; en Hollande, Maes, 1 fois sur 7 ; en Angleterre, Nettleship, 1 fois sur 3. Les auteurs qui ont dénié toute influence à la consanguinité sont Monoyer, Galezowski, Maurice Perrin, Abadie.

L'*Idiotie* peut-elle être causée par les mariages consanguins? — Moreau et Trousseau en ont cité des exemples. Mon maître Legrand du Saulle racontait que sur 4 enfants issus d'un inceste, il avait trouvé 2 idiots, 1 épileptique et 1 hydrocéphale. Mais il est permis de supposer que, dans l'état actuel de la civilisation, des procréateurs incestueux sont déjà atteints de tares cérébrales au plus haut degré, et le fait ne prouve qu'en faveur de l'hérédité névropathique. D'ailleurs, comme le dit Regnault, il faut bien penser que, quand les rejetons incestueux sont bons, on ne les présente pas aux aliénistes.

Les statistiques des asiles d'idiots ont fourni pour la proportion des consanguins à Bemiss, 7 et 15 pour 100; Mitchell, 18,8 et 23,2 pour 100. Dans le Connecticut, en 1856, 12,5. Down, sur 852 idiots, 7 pour 100; Howe, sur 359, 4,7 pour 100. M. Voisin, à Bicêtre et à la Salpêtrière, sur 1557 malades, n'a jamais trouvé d'issus de consanguins. Darwin fils a trouvé 170 consanguins sur 4822 aliénés (3,5 pour 100), un peu plus que la proportion de mariages entre cousins germains.

Malformations. — La statistique Mitchell donne 2 pour 100 de malformés sur 146 issus de consanguins et celle de Bemiss, 2,4 sur 3942 enfants issus de 833 mariages consanguins.

La polydactylie est une malformation fréquemment héréditaire. Or, A. Polton a fait connaître que dans le village d'Izeaux (Isère), — où les habitants, n'ayant que des rapports éloignés avec les communes voisines, par suite de la difficulté des communications, se mariaient constamment entre eux, — à la fin du XVIIIe siècle, la plupart des hommes et des femmes étaient porteurs d'un sixième doigt aux pieds et aux mains. Cette monstruosité y était encore générale il y a cinquante ans; mais, depuis que les communications sont devenues plus faciles, les mariages croisés tendent à la faire disparaître.

L'albinisme résulterait de la consanguinité (Aubé). Chez les animaux domestiques, le fait est établi. Chez le lapin, s'il y a la moindre petite tache chez les ascendants consanguins, celle-ci s'agrandit chez les rejetons, qui arrivent rapidement à l'albinisme complet (Cornevin).

Dans une famille issue de consanguins, tous ne sont pas frappés et ceux qui sont frappés ne le sont pas tous de la même manière. « Ainsi ils ne sont pas tous épileptiques, tous sourds-muets, tous paralysés, mais ils sont diversement influencés, soit pour la forme, soit pour le fond, soit pour le degré. »

Dans une même famille B., observée par le docteur A. Mathieu [1], et qui a donné 45 rejetons, parmi lesquels 10 sont bizarres, 3 fous et idiots. 3 sourds-muets et 1 suicidé, il y a eu deux mariages entre cousins qui ont abouti à des résultats bien différents. Dans l'un, la femme avait une mère dont deux frères étaient fous et dont le père appartenait à la famille B...; le mari sain appartenait à la même famille B.... Or, ils ont eu 7 enfants considérés comme fort intelligents et ayant les plus belles aptitudes.

Dans l'autre mariage entre une fille d'un caractère sombre qui s'est

[1] MATHIEU, *Gazette des Hôpitaux*, 1890, p. 1260.

mariée avec le cousin germain de sa mère, dont le frère est idiot, sur 5 enfants, 3 sont sourds-muets spontanément sans cause connue, 1 autre enfant est bizarre.

Il en est de la consanguinité comme de l'hérédité; on peut observer des faits de transformation. Les auteurs ont voulu établir, par des statistiques en bloc, si les issus de consanguins étaient plus fréquemment tarés que les autres.

Howe donne une statistique prise dans la province du Massachusetts (États-Unis) : 17 mariages consanguins donnèrent 95 enfants; 44 étaient idiots, 15 scrofuleux, 1 sourd et 1 nain.

Mitchell cite 37 mariages consanguins qui donnèrent 146 enfants, dont 8 idiots, 5 niais, 2 épileptiques, 2 paralysés, 2 sourds, 3 monstres, 1 rachitique et 22 scrofuleux.

M. Cadiot a noté que 54 mariages ont fourni 33,4 pour 100 de scrofuleux, rachitiques, idiots et sourds. Dans une autre statistique d'Ancelon, la proportion des mêmes maladies s'élevait à 47,33 pour 100.

Bemiss a observé 34 mariages consanguins ayant procréé 192 enfants; 58 sont morts en bas âge, 134 sont parvenus à l'âge adulte, dont 46 en bonne santé, 47 infirmes, 23 scrofuleux, 4 épileptiques, 2 aliénés, 2 muets, 4 idiots, 2 difformes, 5 albinos, 6 ayant la vision défectueuse, 1 chorée et 32 dont la santé est altérée sans indication plus précise.

Morris a examiné 883 unions consanguines ayant donné 4013 enfants, 61 pour 100 étaient mal constitués. M. Rodet, sur 56 observations d'issus de consanguins, a trouvé 18 enfants sains, 9 cas pathologiques explicables par hérédité et 7 cas non explicables par cette cause. M. Poncet, à la Noria, au Mexique, sur 27 unions consanguines a vu 17 résultats défavorables aux enfants. Mantegazza a relevé une statistique de 500 mariages consanguins, 398 ont eu un mauvais résultat, 102 bons.

En réalité, *la consanguinité exalte les tares héréditaires, mais ne les crée pas.* La preuve que la consanguinité ne suffit pas à donner de mauvais produits a été faite par beaucoup d'auteurs qui ont apporté des observations de consanguins parfaitement constitués, sains de corps et d'esprit. Devay a réuni 612 observations d'issus de consanguins sans résultat fâcheux et dans 15 ménages consanguins il n'a trouvé que 35 enfants malades.

M. Bourgeois cite l'exemple de sa famille où il y a eu 8 mariages consanguins, sans autre mauvais résultat qu'un scrofuleux. Sur 25 familles, dans une statistique plus étendue, il n'a rencontré que de bons résultats. M. Séguin a, de même, présenté dans sa famille 10 observations d'alliances consanguines avec 6 et 8 enfants par mariage, tous bien portants. M. Perier, sur 26 observations d'alliances consanguines, n'a également trouvé que de bons résultats. F. Regnault ajoute à ces exemples le sien propre, issu qu'il est lui-même de cousins germains, en même temps que 5 frères et sœurs vigoureusement constitués.

Si la consanguinité est évitée dans la nature, ce n'est pas à cause des mauvais résultats qu'elle peut donner. Si la nature recherche toujours le croisement pour perpétuer les races, c'est pour que l'aire géographique des espèces reste suffisamment étendue, toute espèce qui n'occupe qu'une aire restreinte luttant avec les autres dans des conditions désavantageuses, et étant exposée à périr. Le médecin, lui, n'a pas à se préoccuper des lois générales de la nature, il ne doit déconseiller le mariage entre parents que s'il est défavorable à son client.

Le milieu où les parents ont vécu exerce une influence certaine sur les résultats des mariages consanguins. L'hérédité peut être atténuée par le changement de milieu : une femme goitreuse qui, si elle demeure dans son pays, engendre des crétins, peut avoir des enfants sains, si elle change de contrée et habite un endroit sain, bien qu'ayant toujours son goitre.

Dans l'exemple suivant, fourni par M. Reclus, on voit nettement l'influence nocive de la consanguinité atténuée par le changement de milieu. A Orthez (Basses-Pyrénées), les protestants se mariaient entre eux. Or, les bourgeois protestants étaient généralement malingres, chétifs. Ils avaient surtout un grand nombre d'épileptiques, à tel point que, dans les maisons de protestants, existait une chambre spéciale à eux réservée. Il n'en est plus ainsi depuis que la facilité des déplacements a permis aux protestants d'Orthez d'aller prendre femmes hors de leur ville.

Toutefois, dans certains milieux sains, les habitants, jouissant tous d'une bonne santé, peuvent se marier entre eux pendant longtemps sans dégénérer.

A ce point de vue, le cas du bourg de Batz, étudié par A. Voisin, est bien instructif. Les gens s'y marient toujours entre eux et sont descendants d'une dizaine de familles dont les noms, cantonnés à Batz, ne se retrouvent même plus dans les communes voisines. Dally trouvait sur 2733 personnes 870 ayant le même nom. Les mariages consanguins y seraient nombreux, dit Voisin. Or, les habitants sont beaux et forts, et il y a une plus faible proportion d'exemptions pour le service militaire que dans le reste du département.

Dans le même sens dépose le travail de Lancry sur la commune de Fort-Mardyck, près Dunkerque. Elle est habitée par des Picards provenant de quatre familles établies en plein pays flamand sous Louis XIV. Ils étaient il y a quelques années au nombre de 1800, robustes, sans tare, ayant une natalité plus élevée et une mortalité moindre que dans les communes voisines.

En résumé, la *consanguinité exalte seulement l'hérédité et l'influence du milieu, dans le bon comme dans le mauvais sens*. C'est de *l'hérédité convergente accumulée* (1).

Les conseils suivants de F. Regnault sont sages et guideront la pratique médicale :

1° Le médecin appelé à donner son avis sur une union consanguine

(1) A la même conclusion ont abouti MM. Lagneau et Guéniot (*Académie de médecine*, 25 sept. 1894) et M. Sakorrhaphos (*Progrès médical*, 5 janvier 1895).

doit procéder à un examen minutieux des deux futurs, et s'enquérir de la santé de leurs familles.

2° Il devra rechercher si les futurs ont été élevés dans le même milieu. Car un milieu identique peut créer chez le père et la mère les mêmes prédispositions morbides et il y a beaucoup plus de chances pour qu'elles se manifestent chez les enfants.

3° On ne donnera d'avis favorable à un mariage consanguin que si les familles sont sans tares, et si les conjoints n'ont pas été élevés sous le même toit; sinon, on préviendra les parents de la possibilité d'un mauvais résultat.

Mais combien y a-t-il de familles sans tares? Il reste à discuter l'importance, la gravité des tares comme dans tout projet de mariage et il est bien rare que l'avis du médecin soit prépondérant en pareille matière.

ATAVISME OU HÉRÉDITÉ ANCESTRALE

Le terme *atavisme* a été employé dans deux acceptions.

Ainsi l'atavisme a été considéré par Baudement [1] comme l'*ensemble des puissances héréditaires de la race* : en raison de l'atavisme, chaque individu, dit-il, n'est dans la race qu'une épreuve tirée une fois de plus d'une page une fois pour toute stéréotypée. La race étant envisagée comme l'ensemble de toutes les familles issues d'un couple primitif d'individus du même type naturel, de la même espèce, l'atavisme maintient dans la descendance de ce couple, de génération en génération, les caractères fondamentaux du type, principalement les caractères de forme, ceux du squelette, du crâne, du rachis. Les types de chiens du temps de Sésostris, représentés dans les inscriptions hiéroglyphiques, sont déjà le lévrier, le chien de chasse et le basset qui vivent en Égypte aujourd'hui. Lorsqu'une circonstance, comme un croisement, vient à troubler ces caractères, l'atavisme les ramène bientôt intacts infailliblement. Ce phénomène a été appelé encore *réversion* ou *retour*; en allemand, *Rückschlag*, coup en arrière, et *Rückschritt*, pas en arrière; en anglais, *retrogradation*.

Mais on appelle aussi atavisme le phénomène de *la réapparition chez un descendant d'un caractère quelconque des ascendants,* caractère *demeuré latent pendant une ou plusieurs générations intermédiaires.* Il peut s'agir de caractères physiques : coloration des téguments et des productions pileuses (ainsi l'apparition d'une chevelure rousse dans les races humaines à chevelure noire). Il peut s'agir de caractères psychiques et d'habitudes de vie. Il peut s'agir de l'aptitude à contracter certaines maladies. Il y a un atavisme de famille qui assure la transmission des

[1] MOLL et GAYOT, *Encyclopédie pratique de l'agriculture*, art. ATAVISME, 1859.

caractères physiques, mentaux ou morbides successivement acquis par les individus de la même famille, ou en vertu duquel certains de ces caractères, après avoir disparu pendant une ou plusieurs générations, reparaissent tout à coup (la mèche blanche des Rohan, le chevauchement des orteils, certains désordres nerveux).

On a essayé d'expliquer par un retour atavique à la férocité des premiers hommes l'état mental des criminels (Lacassagne, *L'homme criminel comparé à l'homme primitif*. Lyon, 1882. — Lombroso, *Bull. de la Soc. d'Anthropologie*, 1883). « Cette théorie, dit Féré, serait applicable tout au plus aux crimes qui ont pour objet la satisfaction des besoins naturels ; le plus souvent les criminels ne constituent pas un retour à un état normal antérieur, ce sont des anormaux par malformation ou par maladie. La complexité et l'irrégularité de la morphologie des circonvolutions cérébrales, l'existence quelquefois constatée de lésions cérébrales, l'association fréquente du vice et du crime avec les névroses, en particulier avec la folie et l'épilepsie, et avec les malformations physiques, constituent de fortes présomptions en faveur de la théorie pathologique ou tératologique contre la théorie atavique du crime. Dégénérescence et atavisme sont deux faits absolument distincts.

On a voulu attribuer aussi à l'atavisme l'idiotie des microcéphales.

Laborde, comparant trois frères microcéphales et un jeune chimpanzé femelle très perfectionné, voyait dans les premiers « des types chez lesquels le caractère humain ou *hominal* a subi la régression atavique, l'anomalie réversive vers le type ancestral, qui est évidemment le type simiesque ». (*Tribune médicale*, 30 janvier 1895.)

Mais « ces sujets présentent le plus souvent, en même temps que des anomalies réversives que l'on peut rapprocher des types voisins, des malformations non seulement dans le cerveau, mais aussi dans le reste du corps, bec-de-lièvre, hernies diaphragmatiques, sexdigitisme, qui ne s'expliquent guère par l'atavisme, mais dont rendent fort bien compte les troubles du développement dus à des états morbides de l'embryon et que l'on peut provoquer artificiellement. Si l'on admet que les microcéphales et les idiots représentent un état cérébral de quelqu'un de nos ancêtres, dira-t-on aussi que l'infécondité commune chez ces sujets est la réapparition d'un état ancestral? Il ne faut pas confondre l'atavisme avec la persistance d'un état fœtal » (Féré).

Il nous reste encore à parler du phénomène qu'on a nommé l'*hérédité par influence* ou l'*imprégnation*, ou, comme disent les Allemands, *par infection de la mère*. On le nomme encore *télégonie* (de τῆλε, loin). Dans cette opinion, le premier mâle qui féconde une femelle l'imprégnerait ou l'*infecterait* de telle sorte que, fécondée ultérieurement par d'autres mâles, elle ne donnerait plus que des produits héritant des caractères du premier mâle.

Sanson traite de chimérique cette forme de l'hérédité et la déclare physiologiquement impossible.

F. Regnault, dans une Revue fort claire [1], reproduit pourtant quelques arguments sérieux en sa faveur. Il a rappelé que c'est à propos des chiens que la question s'est posée. « De quelque chien qu'une lyce sera couverte, a écrit le vieux Jacques de Fouilloux, la première fois qu'elle sera en chaleur et de sa première portée, soit de mastin lévrier ou chien courant, en toutes les autres portées qu'elle aura après, il s'en trouvera toujours quelqu'un qui ressemblera le premier chien qui l'aura couverte. » Les éleveurs de chevaux pur sang disent que, si une jument de course a été saillie une fois par un étalon ordinaire, jamais, dans la suite, elle ne donnera de vrais chevaux de course, bien que couverte alors par des étalons de pur sang. Des faits analogues existent à propos des races ovine et bovine. Nous ne les passerons pas en revue. « Le nombre des exemples, dit Regnault, l'autorité des auteurs, l'abondance des renseignements pour chaque cas, l'exactitude des observations qui ne laissent pas prise au doute; tout prouve que l'imprégnation est fréquente chez nos animaux domestiques. A part quelques rares zootechnistes, qui n'ont pas fait école, la question d'imprégnation chez les animaux semble résolue pour tous par l'affirmative. »

En zootechnie P. Cozette [2] admet avec le Dr C. Cousin [3] : 1° Que les nombreux faits apportés comme preuve d'une telle influence, tout en étant d'une authenticité incontestable, sont cependant accompagnés de trop peu de renseignements sur les facteurs de l'observation pour qu'on puisse les regarder comme démonstratifs. — 2° Que, des nombreuses expériences effectuées dans le but de contrôler la doctrine, il n'a jamais été donné d'observer un seul fait où l'influence du premier mâle sur les produits ultérieurs se soit manifestée d'une façon indiscutable. — 3° Que la théorie de l'imprégnation peut s'expliquer par atavisme, superfétation ou une autre cause naturelle.

Quant à l'imprégnation dans l'espèce humaine, on cite peu de faits précis qui en puissent prouver la réalité. En voici un qui a été reproduit par Dechambre et Lereboullet (*Dictionnaire usuel des sciences médicales*). « On a vu, disent-ils, une femme de race blanche ayant eu un enfant d'un époux nègre, puis devenue veuve et remariée à un blanc, avoir de celui-ci des enfants qui présentaient sur certaines parties de la peau la pigmentation caractéristique de la race nègre. »

Regnault ne mentionne que pour mémoire cette phrase de Michelet dans son *Histoire de France* : « Mme de Montespan avait déjà eu un fils de M. de Montespan. Or, le premier enfant du roi, le duc du Maine, ne rappela que le mari. Il en eut l'esprit gascon, la bouffonnerie. On l'aurait cru, de ce côté, le petit-fils du bouffon Zamet. » Une ressemblance purement psychologique lui paraît insuffisante pour entraîner la conviction.

(1) REGNAULT, *Gazette des Hôpitaux*, 22 septembre 1894.

(2) Contribution à l'étude de l'hérédité pathologique, *Soc. de Pathol. comparée*, 10 octobre 1911.

(3) Dr C. COUSIN, ingénieur agrononome, *De l'imprégnation de la mère (Télégonie) d'après les données actuelles de la zootechnie*, Paris, 1906.

Il rappelle, au contraire, avec détail les trois observations suivantes, qui semblent plus concluantes.

1° Alfred Lingard rapporte ce cas curieux (1) : Un hypospade, dont le père et le grand-père avaient eu cette infirmité, se maria avec une femme qui n'était pas sa parente. Il en eut trois fils hypospades, dont deux qui se marièrent donnèrent deux hypospades, et l'un de ces derniers rejetons fut encore père d'un hypospade.

« Dans cette troisième génération, l'autre hypospade marié était mort peu d'années après la naissance de trois fils hypospades. Sa veuve, dix-huit mois après sa mort, contracta un second mariage, avec un époux qui non seulement n'était pas hypospade, mais encore n'offrait aucun hypospade chez ses parents. Elle en eut trois fils tous hypospades. Le premier de ces fils eut trois enfants, non hypospades. Le second, quatre enfants, dont un hypospade. Le troisième, trois enfants non hypospades et dont un marié donna deux rejetons non hypospades. Le quatrième, un enfant non hypospade. »

2° Marbaix, professeur à l'Université de Louvain (2), rapporte avoir eu parmi ses élèves un jeune homme épileptique. C'était l'enfant d'un second lit. Son père était parfaitement sain, mais le premier mari de sa mère était également épileptique.

3° Ladreit de La Charrière (3) cite le cas de deux sourds-muets, frères de mère seulement. La mère avait eu l'un d'eux de son premier mariage. Devenue veuve, elle ne tarda pas à se remarier et le premier enfant qui naquit de ce second mariage fut également sourd-muet de naissance. Elle eut ensuite d'autres enfants bien conformés et jouissant de tous leurs sens. » Cette observation manque d'un renseignement capital, l'état de santé du premier mari. Car on peut se demander si ce n'est pas de leur mère que les deux enfants tiennent leur surdi-mutité. Pour que l'observation fût probante, il aurait fallu que le premier mari fût sourd-muet, et qu'on ne trouvât pas de surdi-mutité ni chez la mère, ni chez le second mari, ni chez leurs ascendants.

La question de l'imprégnation soulève celle de la possibilité qu'une femme de couleur, fécondée par un blanc, ait ensuite, par commerce avec un homme de sa couleur, un enfant ayant des traces de sang blanc ou inversement. Un questionnaire rédigé par MM. F. Regnault, Azoulay et Layard, et envoyé à un grand nombre de médecins, n'a pu la trancher, les réponses reçues n'ayant été ni assez nombreuses ni assez explicites.

Mon collègue A. Boissard, accoucheur de l'hôpital Lariboisière, accepte la réalité de la télégonie dans l'espèce humaine, en ajoutant que son mécanisme nous échappe (4).

Les théories de l'imprégnation sont : celle qui fait intervenir l'imagi-

(1) Lingard, *The Lancet*, 1884, t. I, p. 703.

(2) Marbaix, *Bull. de l'Acad. Roy. de méd.*, 1890.

(3) Voir p. 9 du livre de M. Goguillot : *Comment on fait parler les sourds-muets*. Paris, 1889.

(4) De la télégonie ou imprégnation maternelle. *Journal de médecine de Paris*, 1910.

nation de la mère, — celle de l'imprégnation imparfaite par le sperme d'ovules voisins de l'ovule fécondé (admise par Cl. Bernard et en harmonie avec l'opinion de Darwin sur l'influence que l'élément mâle exerce par les gemmules non seulement sur l'ovule, mais sur tout l'organisme de la femelle), — celle d'une imprégnation si parfaite dès la première fécondation qu'il suffit du stimulus d'un rapprochement ultérieur pour donner naissance à un sujet antérieurement procréé, — celle de l'imprégnation maternelle par l'intermédiaire du fœtus qui, ayant dans son sang des propriétés spéciales, léguées à lui par son père, les communiquerait à sa mère, dont le sang agirait plus tard sur ses ovules destinés à être fécondés par un autre mâle (Cornevin).

M. Bard [1] invoque, pour expliquer l'imprégnation, qu'il appelle aussi « mésalliance initiale », une induction vitale exercée par les cellules somatiques de l'embryon en voie de développement sur les cellules germinatives qui sommeillent près de lui dans les ovaires maternels (hérédité fraternelle). »

Beaucoup plus satisfaisante est l'explication proposée par M. Bouchard et défendue aussi par Charrin [2] « L'imprégnation, dit-il, — et le mot vaut qu'on le garde, — ce n'est pas une imprégnation par le liquide spermatique; mais toutes les cellules du père avaient un taux nutritif déterminé, qui était le même dans la cellule génératrice, dans le spermatozoïde et dans chacune des granulations du filament nucléaire de ce spermatozoïde. Ces granulations, en se dédoublant toutes pour se retrouver toutes dans toutes les cellules de l'embryon et dans toutes les cellules qui se forment ultérieurement dans l'embryon et dans le fœtus ont donné à toutes les cellules du nouvel être la même activité nutritive qui les animait dans les cellules du générateur. La même activité nutritive donne les mêmes produits solubles qui imprègnent, grâce aux échanges liquides de la circulation utéro-placentaire, toutes les cellules maternelles. Ces produits solubles du fœtus imposent aux cellules maternelles une modification nutritive qui sera durable, qui se perpétuera dans toutes les cellules, dans tous les noyaux, dans toutes les granulations nucléaires, y compris celles de l'ovule, qui se trouve ainsi recevoir indirectement une part de l'activité nutritive du premier père. Ces granulations de l'ovule, en se fusionnant avec les granulations similaires du spermatozoïde d'un nouveau père, garderont leur activité nutritive et la transmettront aux cellules du nouveau produit, lequel recevra, pour une part et par ces procédés indirects, l'activité nutritive du premier père et reproduira dans son ensemble ou dans quelques parties les caractères du père dont il n'est pas issu [3]. »

[1] Bard, La spécificité cellulaire et ses principales conséquences. *Sem. médicale*, 1894, p. 115.
[2] *Semaine Médicale*, 29 décembre 1902.
[3] Bouchard, Leçon d'ouverture du cours de pathologie et thérapeutique générales, 1895. *Semaine médicale*, 13 mars 1895.

L'HÉRÉDITÉ EN PATHOGÉNIE

L'hérédité, comme facteur de maladies, peut être envisagée au point de vue de chacun des grands processus pathogéniques, tels que les a si clairement distingués M. Bouchard ; ce sont, d'après lui, les dystrophies élémentaires primitives, les réactions nerveuses, les troubles préalables de la nutrition, l'infection et l'intoxication, qui tantôt résulte de ce que les agents infectieux inondent l'organisme de leurs poisons et tantôt de ce que l'économie est saturée par les poisons de la désassimilation cellulaire.

La démonstration de l'HÉRÉDITÉ DES DYSTROPHIES ÉLÉMENTAIRES PRIMITIVES est comprise dans la notion même de l'hérédité en général. Les générateurs transmettent à l'engendré les qualités de leurs propres cellules, c'est-à-dire les manières de réagir de celles-ci en face des agents physique, mécaniques et chimiques. Ces modes réactionnels cellulaires propres à chaque individu expliquent la transmission des anomalies de structure et de capacité fonctionnelle de tel ou tel tissu, de tel ou tel organe ou appareil, suivant que la déviation du type réactionnel normal se limite à tel ou tel tissu, organe ou appareil (*hérédité des malformations*).

Certains faits donnent à réfléchir sur l'*hérédité des lésions traumatiques produites pendant la gravidité*, sur la transmission de modifications de certaines parties du corps du fœtus correspondant à des régions maternelles traumatisées pendant la grossesse. Le cas suivant, s'il avait été observé dans l'espèce humaine, aurait pu être attribué à une influence de l'imagination de la mère et être considéré comme un exemple de l'action du moral sur le physique. Trois semaines après avoir été saillie, une jument, en pâturage dans un pré, se blessa gravement à la tête en se frappant contre une branche d'arbre. La gestation se poursuivit et. à la mise bas, on s'aperçut que le jeune poulain portait à la tête près de l'œil une lésion correspondante à celle que s'était accidentellement faite sa mère (1). Ce fait rappelle des résultats analogues obtenus expérimentalement chez le lapin par Claude Bernard.

Il trouve une explication dans les recherches de Charrin et ses élèves sur les cytolysines ou poisons engendrés par les lésions cellulaires de la mère, et qui sont capables de léser les cellules homologues du fœtus.

Les réactions cellulaires individuelles transmises héréditairement engendrent une catégorie de *prédispositions morbides*, celle des hypotrophies, des méiopragies, qui ouvrent la porte aux maladies proprement dites, soit parce qu'elles troublent la nutrition générale, soit parce qu'elles facilitent éventuellement l'invasion des agents infectieux dans l'orga-

(1) LE HILLO, *Académie des Sciences*, 1900.

nisme, soit parce qu'elles favorisent la localisation des poisons, infectieux ou autres, sur telle ou telle partie de l'organisme.

A l'hérédité des dystrophies élémentaires primitives, il y a peut-être lieu de rattacher l'*hérédité des néoplasmes*, cancéreux ou autres, si l'on envisage ceux-ci comme résultant d'une déviation de l'évolution cellulaire normale. Nous aborderons plus loin cette question.

La transmission héréditaire des anomalies de structure et des aptitudes fonctionnelles du système nerveux (HÉRÉDITÉ DES RÉACTIONS NERVEUSES), mérite d'être envisagée à part, à cause de l'importance primordiale du système nerveux dans la genèse ou l'acceptation des maladies. Le système nerveux, par son rôle de régulateur de la vie cellulaire, des échanges nutritifs et de l'activité circulatoire, est capable de modifier assez profondément la nutrition pour créer des troubles permanents de celle-ci ou diathèses.

L'HÉRÉDITÉ DES TROUBLES DE LA NUTRITION nous occupera ensuite dans ses deux grandes formes diathésiques, la *scrofule* et l'*arthritisme*.

La nutrition n'est pas immuable, elle a ses degrés. L'intensité du mouvement nutritif de chaque granulation chromatique du filament nucléaire est la même chez l'engendré que chez son générateur. Beaucoup de circonstances la font varier. L'alimentation, d'abord : les inanitiés, les individus affaiblis par une maladie du tube digestif, engendrent des enfants qui forment une sorte de tache dans une famille. Quand un grand nombre d'individus se trouvent dans ces conditions, ils peuvent engendrer toute une population atteinte d'une dégénérescence particulière, c'est ce qu'a montré Féré pour les « enfants du Siège », procréés à Paris pendant les derniers mois de 1870 et les premiers de 1871 par des générateurs qui avaient subi les influences combinées de la faim, de l'alcool, de la terreur dans la capitale investie successivement par les Allemands et par les Français.

Il suffit même que le générateur ait subi, pendant quelques semaines de fièvre, une moins bonne élaboration de la matière alimentaire, pour qu'il engendre, pendant sa convalescence, un enfant atteint de phocomélie, avec des oreilles collées aux apophyses mastoïdes ; au moment de la reconstitution du filament nucléaire des granulations chromatiques ont manqué, des activités nerveuses ont été déviées.

L'homme ne reçoit pas un héritage immuable, c'est un capital qu'il peut modifier, gaspiller ou accroître. Parmi les circonstances qui modifient l'activité de la nutrition, il y a l'âge; les « enfants de vieux » ont des formes grêles, une force vitale diminuée; mais la sélection peut réparer le dommage qui résulterait pour le produit de l'affaiblissement d'un générateur trop âgé, en l'accouplant avec un conjoint jeune.

Parmi les circonstances d'ordre pathologique qui, en viciant la nutrition des générateurs, peuvent donner naissance à des produits défectueux, il y a les intoxications par les poisons minéraux, organiques, microbiens. Il a suffi à Charrin d'une seule injection des produits solubles du bacille pyocyanique à des femelles pour qu'elles aient donné une race nouvelle d'animaux nains.

« De même que l'alcool, pris d'une façon prolongée à petite dose et sans jamais produire l'ébriété, provoque cependant des troubles permanents et héréditaires de la nutrition dans plusieurs systèmes anatomiques, de même les matières utiles ou nuisibles élaborées par telle ou telle partie peuvent, en les pénétrant, associer les autres parties à l'état d'énergie vitale ou de nutrition viciée de l'organe qui les a produites. Cette modification nutritive, avantageuse ou défavorable, peut s'accomplir dans les cellules qui préparent et façonnent l'ovule ou le spermatozoïde. Ce qu'elles font dans l'ovule ou le spermatozoïde, elles le font dans chacune des parties de ces cellules, dans le protoplasma et dans les granulations chromatiques du noyau et, par conséquent, dans toutes les cellules du nouvel être, qui reproduira pour cette raison le type nutritif du père ou de la mère. »

L'hypothèse qu'a proposée M. Bouchard est l'application à l'hérédité du rôle pathogénique des « produits solubles », pour employer l'expression par laquelle M. Pasteur a désigné en bloc les matières chimiques fabriquées par les microbes.

« Les bactéries et les cellules humaines malades agissent de la même façon; elles distribuent dans l'économie leurs produits solubles qui éveillent une nutrition anormale, orientée suivant une direction nouvelle. Quand ces produits solubles seront éliminés, le type nutritif nouveau persistera. Il en pourra résulter l'impossibilité de la conception; ou la formation d'un embryon incomplet, monstrueux, non viable; ou bien un enfant naîtra avec les stigmates de la dégénérescence. »

Les travaux ultérieurs de mon ami Charrin et de ses collaborateurs ont apporté en faveur de cette hypothèse de solides arguments. En effet, l'éminent professeur au Collège de France, dont nous avons déploré la disparition prématurée, a poursuivi avec persévérance, pendant plusieurs années, des recherches expérimentales, dont il a pu contrôler les résultats par les observations et les autopsies recueillies dans son service de la Maternité. Il a montré avec Gley que l'injection de toxines microbiennes aux mères a pour effet la mortinatalité de la première génération ou des animaux difformes sans pieds, sans oreilles, qui, accouplés, ont donné, à la deuxième génération, des petits bien conformés en apparence, mais dont aucun n'est venu vivant; ce qui prouve que l'activité cellulaire des parents avait été profondément modifiée par l'intoxication toxinique (1).

Les résultats expérimentaux sont variables. A une première génération d'animaux ayant reçu de la tuberculine, des toxines de la diphtérie ou du bacille pyocyanique on peut obtenir le nanisme, le rachitisme, des difformités génitales (vagin cloisonné), des pieds bots, l'absence des métatarsiens et des phalanges qui sont remplacés par des filaments fibreux, des tibias, fémurs, calcanéums atrophiés, comme dans la para-

(1) CHARRIN et GLEY, *Soc. de biol.*, 11 janvier 1896.

lysie infantile, l'ectromélie. Parfois toute une portée est épargnée, mais à une troisième génération une partie de la portée peut offrir des lapins à poils ternes, irrégulièrement implantés, de l'entérite, un poids beaucoup moindre que celui de leurs frères.

Toutefois beaucoup d'essais sont nécessaires pour obtenir ces résultats, surtout si un seul générateur et le mâle seul a été intoxiqué; on ne réussit qu'une fois sur 40 (1).

En parallèle avec ces curieux résultats expérimentaux Charrin a montré que dans l'espèce humaine les enfants de femmes infectées pendant les derniers mois de leur grossesse par la tuberculose pleurale, les oreillons, l'influenza, les phlegmons, la diphtérie, l'érysipèle, présentaient un moindre poids, une croissance plus lente, un moindre rayonnement calorifique, avaient des humeurs d'une composition chimique différente, une désassimilation et une toxicité urinaires autres que les enfants de femmes saines servant de témoins. A l'autopsie on pouvait ne pas constater de lésions, ou bien on trouvait des altérations des reins, du foie (congestion, élargissement des travées cellulaires, dégénérescences des cellules). Comment peut-on expliquer, disait Charrin, cette influence de l'hérédité maternelle sur les tissus fœtaux? Par le passage de toxines à travers le placenta, par l'action des cellules débilitées de la mère qui engendrent des cellules débiles, par les toxines cellulaires (matières extractives, urates, acide urique, lactique) encombrant les plasmas.

Le mécanisme de ce qu'on a pu appeler l'*hérédité cellulaire* peut être compris plus aisément d'après les observations suivantes fournies par Charrin et Delamare (2). On sait que l'éclampsie détermine dans le foie de la mère des lésions spéciales, disparition du protoplasma, dégénérescence, hémorragies, etc. On sait aussi depuis Brœmer que, sous l'influence du diabète, les globules rouges perdent leur propriété de fixer les couleurs acides et deviennent capables de retenir les colorants basiques. Or, chez un enfant né d'une mère éclamptique et diabétique, Charrin et Delamare ont constaté des altérations du parenchyme hépatique, dégénérescence des cellules privées d'une partie du protoplasma, hémorragies; parmi les hématies un nombre assez grand s'est montré colorable plus ou moins par le rouge Magenta. Il semble au premier abord qu'on soit en présence de phénomènes indiscutables d'hérédité directe. Il convient cependant de faire des réserves. Au moment de la conception les éléments ovulaires, d'où devaient procéder les cellules du foie du fœtus, n'avaient pas subi l'action des processus éclamptiques. Par contre, on comprend comment les poisons éclamptiques, franchissant le placenta, ont pu détériorer la glande biliaire du nouveau-né.

D'autre part, pour les lésions des globules du sang on peut invoquer une véritable hérédité ovulaire, puisque le diabète maternel existait au moment de la conception. Mais on peut également soutenir, étant donné

(1) Charrin et Gley, *Soc. de biol.*, 27 juin et 28 novembre.

(2) Charrin et Delamare, Hérédité cellulaire. *Académie des sciences*, 1901.

que les cellules sont en partie ce que les font les milieux environnants, que des principes anormaux, nés sous l'influence du diabète, ont pu, après avoir impressionné les globules de la mère, traverser à leur tour le placenta et modifier les globules chez l'enfant. On pourra même faire valoir en faveur de cette hypothèse que, parmi les hématies, il en est qui sont demeurées acidophiles et que celles qui sont basophiles le sont à des degrés divers; or, lorsqu'un poison agit sur un groupe déterminé de cellules, le plus souvent à côté d'éléments encore relativement sains on en trouve qui présentent des altérations d'inégale intensité.

D'ailleurs, l'action de poisons engendrés par les cellules maternelles altérées (cytolysines) sur les cellules homologues du fœtus paraît démontrée par des expériences que G. Delamare, élève de Charrin, a réunies (²).

Les altérations hépatiques et rénales, réalisées mécaniquement par broyage chez des lapines et des cobayes pleines, ont plusieurs fois entraîné chez les fœtus la localisation au niveau des viscères homologues de lésions dégénératives, hémorragiques etc. L'auteur l'attribue à la production chez la femelle lésée de cytolysines, poisons créés par résorption des éléments cellulaires, cytolysines qui iraient à travers le placenta léser électivement les organes homologues du fœtus.

Le bien fondé de l'hypothèse serait appuyé par les expériences d'injections d'extrait hépatique à une chèvre pleine, qui met bas un chevreau présentant des lésions hépatiques très intenses, les autres viscères étant intacts.

Le Play et Corpechot (³) ont produit par injections de tissu rénal à des cobayes des reins hypertrophiés (32 gr. au lieu de 7 à 8 gr.), dans lesquels on constatait un développement excessif du tissu conjonctif autour des tubuli. Cette variété de néphrite est expliquée par l'action de *néphrolysines* ou poisons des cellules du rein injectées.

Charrin a cité parallèlement les lésions observées dans les reins de nouveau-nés issus de mères brightiques. On a noté depuis longtemps la fréquence des albuminuries dans la descendance des néphrétiques. Les expériences de Charrin et Delamare par injections aux femelles pleines d'émulsions de reins, ou par attrition du tissu rénal, prouvent la production dans l'organisme maternel de néphrolysines qui, à travers le placenta, vont détériorer les tissus fragiles du fœtus. Ainsi les cellules agissent à distance sur les cellules par l'intermédiaire de poisons cellulaires, substances solubles physiologiquement définies.

Une note un peu différente a été donnée par L. Nattan-Larrier (⁴), quand il a étudié les modifications histologiques qui se produisent dans les organes du fœtus sous l'influence des maladies de la mère, alors même

(¹) CHARRIN, *Soc. de biol.*, juillet 1897.

(²) G. DELAMARE, Recherches expérimentales sur l'hérédité morbide. Rôle des cytolysines maternelles dans la transmission des caractères acquis. *Thèse de Paris*, 1903.

(³) LE PLAY, CORPECHOT et CHARRIN, *Soc. de biol.*, 6 février 1904.

(⁴) L. NATTAN-LARRIER, Les premiers stades de l'hérédité maternelle pathologique. *Thèse de Paris*, 1901.

qu'on ne constate pas le passage d'éléments figurés à travers le placenta, et par l'action seule des poisons solubles qui circulent dans l'organisme fœtal comme dans le sang maternel.

L'auteur a surtout fait porter ses recherches sur le foie et la rate, parce que le foie est le premier organe fœtal atteint par les poisons maternels et parce que la rate, constituée par un tissu myéloïde et un tissu lymphoïde, montre une double réaction hématopoiétique. Or, lorsque la cellule hépatique est adultérée pendant la vie fœtale, elle devient incapable de fournir le glycogène normal par transformation de la graisse et le nouveau-né, privé d'une source alimentaire et thermogénétique, devient un débile parce qu'il est convalescent de la maladie maternelle. Ces lésions fœtales sont tantôt transitoire, tantôt permanentes. Permanentes, elles frappent les cellules hépatiques et rénales et constituent le substratum des hépatites et néphrites congénitales que l'on rencontre chez les descendants des éclamptiques, des brightiques, des alcooliques.

Les organes hématopoiétiques se comportent autrement : s'ils sont en régression à la naissance, leur réaction fonctionnelle est transitoire ; s'ils sont en évolution, leur modification peut demeurer permanente.

Aussi les maladies congénitales du nouveau-né, bien qu'ayant pour origine la maladie du générateur, ne reproduisent pas constamment les lésions caractéristiques de celle-ci : en présence des poisons maternels, les organes du fœtus réagissent ou s'altèrent suivant leurs aptitudes cellulaires.

Nous aurons encore à envisager le rôle que peut jouer l'HÉRÉDITÉ DANS LES INTOXICATIONS, L'INFECTION ET L'IMMUNITÉ.

A propos des infections qui apparaissent chez les descendants d'infectés, certains auteurs sont hostiles à l'emploi du mot hérédité. Ortte (*Soc. de méd. Berlinoise*, 20 janv. 1894) pense que les maladies infectieuses dites héréditaires ne sont à proprement parler que *congénitales*, acquises par l'embryon à une époque plus ou moins rapprochée de la conception. Il rappelle les recherches de Friedmance qui, ayant introduit dans l'utérus d'une lapine saine du sperme de lapin sain, mélangé à des bacilles tuberculeux, put constater ultérieurement, dans les organes des embryons nés de cette fécondation artificielle, la présence de bacilles tuberculeux. A coup sûr, dit-il, il n'est personne qui, en face d'une pareille constatation et ignorant les conditions de l'expérience, ne prononcerait immédiatement le mot de tuberculose héréditaire, et pourtant en réalité il s'agit là d'une tuberculose *acquise* qui a affecté l'embryon au moment de sa formation, mais dont l'agent n'a été que *véhiculé* par le spermatozoïde et non *légué* par lui.

On n'invoquera pas l'hérédité pour expliquer l'existence d'une pyodermite à staphylocoques chez le nouveau-né d'une mère qui présentait elle-même une staphylococcie cutanée (Lop. *Soc. d'obstétrique de Paris*, 1902). Il s'agit là de faits de contagion.

Pour terminer notre tâche, il nous faudra montrer l'importance de la notion d'hérédité au point de vue du diagnostic, du pronostic et du traitement des maladies, au point de vue enfin de la prophylaxie individuelle et sociale.

Mais ici doivent d'abord trouver place quelques notions générales sur les modes de l'hérédité morbide pour faire suite aux divers modes d'hérédité biologique que nous avons énumérés.

Comme l'hérédité normale, l'hérédité morbide peut être *directe* ou *indirecte*, *convergente* ou *divergente*, *similaire* ou *transformée*.

L'hérédité morbide, a dit mon maître V. Hanot, dans une remarquable leçon [1], peut se manifester sous la même forme pathologique et avec une même localisation organique. Un goutteux typique, avec arthropathies uratiques, peut engendrer un goutteux ayant comme son père des arthrites avec tophus d'urates, la même « estampille articulaire ». C'est l'hérédité *homœomorphe*. Mais un goutteux peut engendrer un migraineux ou un asthmatique; un alcoolique, un saturnin peuvent procréer un épileptique; un syphilitique procréera un ataxique, un paralytique général. C'est là de l'hérédité *hétéromorphe*. De pareils exemples peuvent être fournis pour toutes les classes de maladies. Ainsi, « pour l'intoxication comme pour l'infection, pour l'infection comme pour la diathèse, l'hérédité peut être *polymorphe* ».

Mais la tare spécifique héréditaire peut s'accompagner de troubles dans l'évolution de l'organisme procréé, d'hypotrophies pures et simples, d'arrêts de développement proprement dits. L'hérédité est alors à la fois homœomorphe et hétéromorphe, lorsqu'un goutteux seulement arthropathe engendre un goutteux arthropathe et migraineux.

L'altération héréditaire directe et spécifique paraît dans certains cas s'être atténuée et résolue pendant la vie embryonnaire, tandis que les altérations de contre-coup persistent indéfiniment et se localisent en certains points; ainsi un goutteux arthropathe peut procréer un goutteux simplement asthmatique.

L'hérédité hétéromorphe peut encore transmettre, pour ainsi dire, en ligne oblique, l'impulsion morbide héréditaire. Le goutteux arthropathe, qui a procréé un goutteux arthropathe par hérédité homœomorphe ou un migraineux ou un asthmatique par hérédité hétéromorphe, peut procréer un enfant qui ne présentera plus aucune empreinte spécifique, mais seulement une hypotrophie, une moindre résistance des tissus conjonctifs, fibreux, osseux, etc., en un mot de tous les tissus émanés du feuillet moyen du blastoderme. L'enfant ne comptera plus parmi les goutteux, mais parmi les arthritiques. L'hérédité simplement hétéromorphe peut être encore spécifique à un certain degré ou ne plus l'être du tout. L'asthme et la migraine sont des produits d'hérédité hétéromorphe, mais encore spécifique, parce que, malgré l'absence de substances spécifiques, leur mode d'évolution, leur alternance possible avec les accidents goutteux proprement dits attestent suffisamment leur origine.

(1) Hanot, *Arch. gén. de méd.*, 1895.

Chez l'arthritique issu de goutteux, la substance spécifique n'intervient plus, même quand la tare héréditaire se fixe sur les articulations. L'arthritique présente alors des arthrites chroniques, où les tissus fibreux, cartilagineux et osseux de l'articulation sont lésés, mais où on ne retrouve plus l'urate de soude. L'arthritique, issu de goutteux, n'a gardé de l'influence héréditaire qu'une vulnérabilité plus grande du tissu conjonctif et de ses homologues, qui seule a persisté du trouble nutritif embryonnaire.

Ainsi un tuberculeux pulmonaire engendre soit un tuberculeux pulmonaire, soit un enfant atteint de mal de Pott, soit un malformé ou un dégénéré proprement dit. — Hanot cite l'exemple de deux consanguins mariés l'un à l'autre, non tuberculeux, mais issus de parents tuberculeux, qui ont procréé deux enfants morts de méningite, un troisième atteint de mal de Pott, un dernier phocomélique.

L'hérédité pathologique va en s'atténuant lorsque, après avoir été directe et homœomorphe, puis oblique et hétéromorphe, elle n'aboutit plus qu'à des troubles de la nutrition constituant seulement une vague prédisposition morbide ; mais, à certains moments, semblable au microbe qui, de pathogène devenu peu à peu par atténuation un simple saprophyte, peut, dans des conditions nouvelles, récupérer graduellement sa virulence pathogénique, l'influence héréditaire peut redevenir plus active et se manifester de nouveau dans les générations ultérieures par des troubles morbides nettement spécifiques. Il aura suffi que tel ou tel des descendants, dont l'héritage s'était trouvé réduit à un trouble nutritif, ait trouvé des circonstances extérieures, ou se soit créé un genre de vie de nature à rendre au germe morbide héréditaire son intégrité première ; il aura fallu quelquefois que l'action des influences hygiéniques ait pu modifier en série plusieurs individus d'une même souche. « L'organisme peut aller de la modification individuelle acquise par processus physiologico-pathologiques en quelque sorte accidentels jusqu'à la modification héréditaire inéluctable. La vie physiologique est un mouvement moléculaire et la vie pathologique un trouble de ce mouvement, dont les modifications en direction et en intensité constituent en dernière analyse tous les états morbides » (Hanot).

Les sexes jouent-ils un rôle dans la transmission des maladies ou aptitudes morbides ?

Orchansky [1] a déduit de sa statistique établie par l'observation de familles de Juifs russes que, si les parents ont des maladies nerveuses, ce sont surtout les pères, et surtout ceux qui sont malades, qui transmettent leur sexe et leur type à leurs enfants. Dans les familles où les parents sont phtisiques, le contraire s'observe : c'est le parent sain dont l'influence prévaut dans la transmission du sexe et du type.

La tendance des parents malades à transmettre leurs maladies aux descendants est plus considérable du côté du père. Le danger de l'héré-

[1] *Loc. cit.*

dité morbide est plus grave pour les garçons que pour les filles. L'état morbide des pères a une tendance à se renforcer chez les enfants, surtout chez les fils (hérédité progressive); l'état morbide des mères, au contraire, s'affaiblit chez les enfants, surtout chez les filles (hérédité régressive).

Le danger de la dégénérescence est plus grand pour les garçons des pères malades que pour les filles des mères malades.

La mère tend à faire prévaloir son état normal contre la constitution pathologique du père.

L'hérédité morbide est plus intensive chez les jeunes parents qu'à l'époque de la maturité individuelle complète.

C'est parmi les prémiers enfants des parents malades qu'on trouve la plus forte proportion des malades et les maladies les plus graves.

L'hérédité morbide du côté du père est plus de nature organique; celle de la mère a plus le caractère fonctionnel.

Ordinairement on considère l'hérédité comme une fonction des parents seuls. En réalité, les enfants jouent aussi un rôle bien considérable dans la manifestation de l'hérédité. Si les parents transmettent leurs caractères par l'hérédité, ce sont les enfants qui acceptent activement l'influence des parents et ils ne sont pas, comme on le suppose ordinairement, des facteurs passifs. L'hérédité ne se réalise pas à un moment donné une fois pour toute la vie. Le moment de la fécondation et même la période intra-utérine ne déterminent pas pour toujours l'influence de l'hérédité. Celle-ci demeure à l'état latent et se manifeste peu à peu par petits à-coups successifs pendant toute la période du développement. A chaque moment, les diverses conditions intérieures et extérieures contribuent à sa réalisation.

Dans la transmission des qualités des parents, l'interférence ou lutte entre les influences paternelle et maternelle est antagoniste de la prédominance de l'une d'elles : les fonctions biologiques des deux cellules embryo-plastiques sont à peu près égales, l'interférence tend à établir toujours un état d'équilibre. La prédominance d'influence de l'un des parents, comme résultat de la lutte entre leurs deux forces, ne dure que pendant la première période de la vie conjugale; puis vient une période plus longue de stabilité. La manifestation de l'hérédité dans une partie de l'organisme suit le développement de cette partie et est au maximum quand cet organe se trouve à l'apogée de son développement. Chacun des deux parents joue un rôle spécial dans l'hérédité : l'influence du père favorise la variabilité sur l'individualité, la mère tend à conserver le type moyen. Cet antagonisme existe déjà dans l'origine du sexe, puisque c'est l'influence de la mère qui, sous la forme de périodicité, tend à égaliser la distribution des sexes. La mère manifeste la même tendance à maintenir la stabilité dans l'hérédité de la constitution et dans la transmission des maladies. Elle transmet très faiblement sa propre hérédité morbide; elle combat, en outre, énergiquement l'influence morbide paternelle; elle transforme une hérédité grave en une moins grave (Orchansky).

Si ces conclusions, toujours revisables puisqu'elles peuvent être combattues par d'autres statistiques plus étendues ou faites dans d'autres milieux, sont acceptées, combien fragiles seront les pronostics relatifs à l'influence pathogénique de l'hérédité sexuelle !

L'HÉRÉDITÉ TÉRATOLOGIQUE

Elle peut être similaire ou dissemblable.

Hérédité similaire.

Il y a des familles où l'on rencontre de nombreux cas de malformations congénitales identiques. Des femmes ont mis au monde plusieurs anencéphales, plusieurs cyclopes([1]). On a vu plusieurs nains dans une même famille (I. G. Saint-Hilaire)([2]) ou plusieurs géants. Le bec-de-lièvre a été noté par Hutchinson sur 10 membres d'une famille de 20 personnes ([3]). Féré cite l'hérédité de l'apophyse lémurienne, coïncidant ordinairement avec un arrêt de développement plus ou moins marqué du maxillaire inférieur, l'implantation vicieuse et la caducité des dents ([4]). Sont encore héréditaires fréquemment : les anomalies dentaires et maxillaires ([5]), celles de la voûte ogivale. Galippe (*Ac. de Méd.*, 1905), étudiant l'hérédité des stigmates de dégénérescence dans les familles souveraines, d'un intérêt particulier parce qu'elles ont des archives complètes remontant à plusieurs siècles, a fait remarquer la constance du *prognathisme inférieur* et des anomalies secondaires qu'il entraîne dans la famille des Habsbourg et dans celles qui se sont alliées avec elle depuis le XVe siècle jusqu'à nos jours; le rôle des femmes a été prépondérant dans cette transmission : la lèvre inférieure saillante de l'Autrichienne Marie-Antoinette est bien souvent rappelée par les historiens de la Révolution, et le Roi de Rome, fils de Marie-Louise, semble avoir été plutôt un Habsbourg qu'un Bonaparte au point de vue moral comme au physique, malgré que le poète Rostand dans son drame « l'Aiglon » ait illustré la thèse contraire.

Énumérons certaines affections congénitales de l'œil, rétinite pigmentaire, cataracte congénitale dans six générations (Fromaget), aniridie

([1]) L. BLANC, *Les anomalies chez l'homme et les mammifères*, 1893.
([2]) GEOFFROY SAINT-HILAIRE, *Histoire générale et particulière des anomalies de l'organisation*, 1833.
([3]) J. HUTCHINSON, A course of lectures of the laws of inherance in relation to disease. *Med. press. and circular*, 1881.
([4]) Ch. FÉRÉ, *Les épilepsies et les épileptiques*, 1890. — *La famille névropathique*, 1894. — Dans ce dernier ouvrage, que je suis pas à pas dans ce chapitre, se trouvent réunis tous les renseignements désirables sur l'hérédité tératologique.
([5]) MAGITOT, art. DENT. *Dict. encycl. des sciences médicales*, 1882.

bilatérale (Pflüger), coloboma de l'iris ([1]), asymétrie chromatique de l'iris, coïncidant souvent avec l'asymétrie de la pupille et la déviation de celle-ci en haut et en dedans (corectopie) ([2]), microphtalmie ([3]). — On rencontre dans plusieurs générations des anomalies du frein de la langue, le filet([4]). J'ai vu un fils présenter comme sa mère et une fille comme son père la *langue fendillée* et craquelée, sans qu'il existât de syphilis héréditaire.

On a noté encore l'hérédité des kystes de la fente inter-maxillaire ([5]), des fistules congénitales du pavillon de l'oreille, des fistules branchiales du cou ([6]), des appendices congénitaux de la région auriculaire et du cou ([7]), d'une fissure congénitale de la face ([8]), — des hernies inguinales ou ombilicales par laxité congénitale des orifices (Marc). Schreiber (*Soc. d'obst. de Paris*, 1908) a observé l'hérédité herniaire, y compris dans un cas une hernie diaphragmatique chez le père, six frères et quatre sœurs; — du *spina bifida* apparent ([9]) ou plus souvent masqué par l'hypertrichose de la région rachidienne ([10]), des déviations de la colonne vertébrale, surtout la scoliose et la cyphose ([11]), — de l'ectrodactylie ([12]), de la brachydactylie ([13]) et de la déformation du petit doigt en crochet, de l'absence d'une ou plusieurs phalanges, des doigts palmés, de la polydactylie (24 membres sur 80 en étaient atteints dans une famille citée par Cl. Lucas), de la forme en marteau des orteils par suite de leur longueur excessive, du pied bot et de la main bote, d'une laxité articulaire qui explique l'aptitude à contracter des entorses, si remarquable dans certaines familles, et des luxations congénitales de la hanche ([14]).

Le gigantisme, qui coïncide avec l'acromégalie (Dana, Brissaud), — les mamelles surnuméraires ([15]), certaines anomalies des organes génitaux : hypospadias ([16]), ectopie testiculaire ([17]), pseudo-hermaphrodisme, absence de l'utérus et des ovaires chez trois sœurs (Squarey), — l'obésité et parti-

([1]) Sedgwick, On sexual limitation in hereditary diseases. *British and foreign med. chir. Review*, 1861.
([2]) Ch. Féré, Stigmate iridien. *Progrès médical*, 1886, p. 802.
([3]) Nunneley, Congenital malformation of the eye in three children in one family. *The Lancet*, 1861.
([4]) Mignot, Note sur un cas de filet par hérédité. *Gazette hebdom. de méd. et de chir.*, 1868.
([5]) Lannelongue et Ménard, *Affections congénitales*, 1891.
([6]) Gorron, Des fistules branchiales. *Thèse de Bordeaux*, 1888.
([7]) Reverdin et A. Mayor, Appendices congénitaux de la région auriculaire et du cou. *Rev. méd. de la Suisse romande*, 1887.
([8]) Staveley, Case of rare malformation of face, etc. *The Lancet*, 1891.
([9]) Butler Smythe, Three cases of spina bifida occurring in the same family. *The Lancet*, 1889.
([10]) Ch. Féré, La queue des faunes et la queue des satyres. *Nouv. Iconographie de la Salpêtrière*, 1890.
([11]) Bouvier et Pierre Bouland, art. Déviation du rachis. *Dict. encycl. des sc. méd.*
([12]) Billot, *Rec. de mém. de méd. milit.*, 1882. — Druillet, *Thèse*, 1886. — Parker et Robertson, *Trans. of the clinical Society of London*, 1887. — Rouxeau, *Gazette méd. de Nantes*, 1889-1890. — Bédart, *Comptes rendus de la Société de biol.*, 1892.
([13]) Derode, De la brachydactylie. *Thèse de Lille*, 1888.
([14]) Nicati, *Bull. de la Soc. méd. de la Suisse romande*, 1872, t. VI, p. 128.
([15]) Blanchard, *Bull. de la Soc. anthrop.*, 1885, p. 226, et 1886, p. 485.
([16]) Lugard, *The Lancet*, 1884, t. I, p. 703.
([17]) Berchon, *Comptes rendus de la Soc. de biol.*, 1861, 3e série, t. III, p. 256.

culièrement l'obésité juvénile, les lipomes multiples et symétriques (1), — les anomalies du système vasculaire : malformation du cœur (maladie de Henri Roger), fragilité des capillaires (hémophilie), maladies des artères, varices et varicocèles, — les exostoses épiphysaires (2), — les anomalies de la peau : productions cornées (3), taches pigmentaires et érectiles, albinisme, alopécie congénitale (4), canitie précoce (5), absence de poils chez l'homme et hypertrichose chez la femme, développement insuffisant et minceur quasi-fœtale des ongles (6), l'ichtyose (dans quatre et même six générations successives), sont encore des anomalies de l'embryogenèse qui peuvent être héréditaires.

Il convient de citer aussi l'hérédité des anomalies de la fécondation, des grossesses gémellaires.

La *gémelliparité* se voit avec une fréquence si particulière dans certaines familles qu'on peut la considérer comme héréditaire ; c'est souvent dans les familles névropathiques (elle peut être transmise aussi bien par les hommes que par les femmes) (7). Féré a noté que les troubles névropathiques sont très prédominants dans la pathologie des jumeaux. On a observé chez eux les mêmes troubles survenant au même âge, et aussi des anomalies morphologiques très analogues. Les troubles fonctionnels peuvent ne pas être proportionnels à l'importance des malformations physiques ; pourtant Féré cite deux jumeaux épileptiques, dont l'un, qui n'avait que des malformations insignifiantes, a été atteint d'épilepsie cinq ans plus tard que l'autre, qui avait des anomalies beaucoup plus marquées (*Soc. de biologie*, 1894). Féré a aussi observé une famille où en trois générations il y a eu quatre cas de gémelliparité, où tous les jumeaux et les jumeaux seuls sont atteints d'affections névropathiques et où plusieurs des membres non jumeaux ont succombé à une affection prétendue cancéreuse.

Outre les anomalies de la fécondation, on observe l'hérédité d'*anomalies de la gestation* : l'*accouchement prématuré spontané* dans quatre générations successives (8).

L'hérédité peut même jouer un rôle dans le *mécanisme de l'accouchement*. R. Larger (9) a cité des femmes qui accouchent en présentations normales avec un mari normal et en présentation anormale si leur mari est un dégénéré. Une femme, ayant eu trois accouchements normaux, devient enceinte une quatrième fois pendant les émotions de l'investis-

(1) Steph. Mackenzie, *Trans. of the clin. Soc. of London*, 1885, t. XVIII, p. 331. — Dudon, *Bordeaux médical*, 1874, t. III, p. 218.

(2) Gibney, *Amer. Jour. of méd. sc.*, 1876, n. série LXXII, p. 73.

(3) L. Guinard, *Précis de tératologie*, 1893, p. 148.

(4) Sedgwick, On the influence of the sex in hereditary diseases. *British and for. med. chir. Review*, 1861.

(5) Godlee, Hereditary white path of hair. *Med. Times and Gaz.*, 1884.

(6) Thurnam, *Med. chir. Trans.*, 1848, t. XXI, p. 71.

(7) A. Masson, Hérédité des grossesses gémellaires. *Gaz. obst. et gyn. de Paris*, 1876.

(8) Bertheraud, *Gazette méd. de l'Algérie*, 1872.

(9) Action de l'hérédité et de la dégénérescence en obstétrique, *Acad. de méd.*

sement de Paris en 1870-71; elle accouche d'un garçon né par la face avec procidence d'un bras. Ce garçon est un dégénéré; il engendre à son tour un enfant qui naît, lui aussi, par la face avec procidence d'un bras. — Une femme hystéro-épileptique a successivement de deux maris plusieurs enfants nés alternativement l'un par la face avec procidence d'un bras, l'autre par le siège. L'un de ses fils épileptique, né lui-même par le siège, a successivement de trois femmes différentes des enfants nés comme lui par le siège. De sa deuxième femme il a deux enfants nés l'un par la face avec procidence d'un bras, l'autre par le siège. C'est la même alternance que dans les couches de sa mère.

On sait combien il est fréquent d'observer plusieurs malformations chez un même sujet. Certaines *combinaisons d'anomalies* peuvent se transmettre par hérédité : ectrodactylie avec bec-de-lièvre et ectropion (Picard), division du voile du palais et anomalies dentaires (Allan Jamieson).

La plupart des malformations énumérées ci-dessus se rencontrent dans des familles où existent des maladies du système nerveux et chez des individus porteurs de tares névropathiques ou psychopathiques. Nous y reviendrons à propos de l'hérédité nerveuse.

Hérédité tératologique dissemblable.

Ollivier avait observé une fille hémimèle dont le père était paralytique ([1]).

Féré ([2]) cite un père ataxique syphilitique, avec voûte palatine ogivale, luette bifide, apophyses lémuriennes volumineuses, implantation vicieuse des dents, tumeur fibro-cartilagineuse congénitale en avant du tragus et double hernie inguinale, — dont le frère avait un bec-de-lièvre. — Cet homme a eu deux fils : l'un avec asymétrie cranio-faciale, asymétrie chromatique de l'iris, déviation des pupilles en haut et en dedans, absence d'hélix aux deux oreilles, voûte palatine ogivale, implantation vicieuse des dents de la mâchoire supérieure qui est dépassée en avant par l'inférieure; large tache pigmentaire brune et velue sur la partie antérieure de la poitrine; — le second fils a eu des convulsions pendant la première dentition et est cryptorchide à gauche.

Voici une femme hystérique qui porte diverses taches pigmentaires velues, a la voûte palatine ogivale et un sillon médian profond sur la langue, deux orteils palmés aux deux pieds, avorte une première fois d'un enfant difforme, en a un second atteint de cyanose congénitale et de hernie ombilicale qui succombe à dix-huit mois, et en outre deux filles dont l'aînée a un bec-de-lièvre, l'hélix déplissé aux deux oreilles, aux pieds les mêmes orteils palmés que sa mère; la cadette a une asymétrie

([1]) Ollivier, Sur la pathogénie des vices de conformation. *Bull. de la Soc. d'anthrop.*, 1878.

([2]) Féré, *Hérédité névropathique*, p. 215 et sq.

chromatique de l'iris, un léger degré d'épicanthus et plusieurs taches pigmentaires dans la région dorsale.

On pourrait trouver, si l'on y regardait de près, un grand nombre de familles névropathiques, dans lesquelles l'hérédité des malformations est attestée par de nombreuses tares dissemblables. D'ailleurs, la syphilis héréditaire peut également être une cause de malformations combinées: et aussi la fécondation pendant l'ivresse, la disproportion d'âge entre les conjoints. etc.

HÉRÉDITÉ DES DYSTROPHIES ÉLÉMENTAIRES ET PRÉDISPOSITIONS MORBIDES ORGANIQUES

Les prédispositions morbides héréditaires peuvent être léguées aux enfants soit par leurs aïeux, soit par leurs ascendants immédiats.

Les surnoms, qui dans l'antiquité étaient devenus des noms de famille, étaient tirés souvent d'infirmités héréditaires, généralement des *nævi materni*; — les Pisons, les Cicérons, les Lentulus avaient héréditairement qui un pois, qui une lentille. Dans les temps modernes, la famille Pappenheim, dont était issu le général de la guerre de Trente ans, était connue par la persistance, sur le front, d'une marque comparée à des épées en croix (?).

Mais ce qui nous intéresse plus, c'est l'hérédité d'états pathologiques vrais, comme l'hémophilie, la folie, la goutte. Nous verrons plus tard, à propos des diathèses, que leurs manifestations se transforment en passant d'une génération à l'autre : tel descendant d'un goutteux devient asthmatique, tel autre souffre de la migraine, d'hémorroïdes ou de dyspepsie, tel autre a de l'eczéma chronique; tous ont hérité d'une prédisposition commune, qui, en raison de circonstances indéterminées, a provoqué chez chacun d'eux des manifestations de nature différente » (Hallopeau).

Certaines *races* paraissent particulièrement aptes à contracter certaines maladies. Suivant A. Bordier [1], les nègres sont prédisposés au tétanos, au trismus des nouveau-nés, à l'aïnhum, à la maladie du sommeil, à l'éléphantiasis, à la lèpre, à la tuberculose; les Malais, au béribéri. Les Polynésiens sont décimés par la phtisie. En Europe, la race anglo-saxonne paraît avoir une réceptivité spéciale pour la scarlatine, la suette, le typhus. « On dit que les Israélites étaient indemnes de la peste. La race juive a réellement une pathologie à elle au point de vue du système nerveux. La maladie « du Juif errant », décrite par Henry Meige (*Thèse de Paris*, 1893) sous l'inspiration de Charcot, est une maladie propre à une grande famille ou plus exactement une maladie de race [2]. »

(1) Bordier, *Géographie médicale*, 1884.

(2) P. Londe, Maladies familiales du système nerveux. *Thèse de Paris*, 1895.

Theilhaber dit qu'à Munich, le cancer, en général, est beaucoup plus fréquent chez les Juifs que dans le reste de la population, mais que le cancer de l'utérus est beaucoup moins fréquent chez les Juives que chez les Allemandes d'autres races([1]).

Les manifestations d'une maladie générale ou infectieuse semblent se localiser particulièrement sur certains organes en vertu d'une prédisposition héréditaire ou sur une moitié du corps antérieurement atteinte d'une malformation ou d'une lésion nerveuse.

On a noté que la prédisposition aux maladies générales qui s'associent le plus souvent aux névropathies (phtisie, goutte, rhumatisme chronique, diabète), est commandée par un état héréditaire ou congénital de dégénérescence, et l'on trouve souvent des stigmates morphologiques de dégénérescence ou des malformations, la gémellité, chez les tuberculeux ou dans leurs familles (Ricochon, Al. James), dans les familles où sévissent le diabète, l'obésité, le rhumatisme chronique, la goutte.

L'aptitude héréditaire à telle ou telle localisation morbide peut dépendre de la malformation héréditaire de tel ou tel organe.

L'atrésie de l'aorte, par exemple, expliquerait l'hérédité de la chlorose (Virchow), du développement précoce de l'athérome, et prédispose à la tuberculose pulmonaire comme le rétrécissement de l'artère pulmonaire; elle aggrave le pronostic de certaines maladies infectieuses, comme la fièvre typhoïde. L'angéio-kératome, qui accompagne souvent l'asphyxie locale des extrémités et se manifeste chez les individus sujets aux engelures, est une affection familiale, paraissant due à une faiblesse congénitale des capillaires.

L'aplasie congénitale des artères du rein conditionne la néphrite héréditaire et les néphropathies infantiles (Lancereaux); elle accompagne souvent l'infantilisme. L'aplasie artérielle accompagne l'aplasie génitale (Virchow, Fränkel), l'aplasie du système pileux (Beneke).

Les vices de conformation du thorax, qui diminuent la capacité respiratoire et qui peuvent être hérités, prédisposent à la tuberculose, aux broncho-pneumonies. La pneumonie héréditaire (Alison, Riesell), qui a été considérée comme le résultat d'une contagion à long terme, peut être attribuée plus logiquement à une disposition structurale familiale, jouant le rôle de cause prédisposante.

M. Bichaton (de Reims), (*Soc. franç. d'oto-laryng. et rhinol.*), relève dans certaines familles une prédisposition aux altérations inflammatoires de la cavité nasale et de ses annexes, *hérédité naso-sinusienne*, qui apporte une certaine entrave à la guérison des sinusites opérées. Il paraît bien y avoir une prédisposition aux végétations adénoïdes.

La méiopragie ou aptitude fonctionnelle restreinte (Potain), par suite de laquelle l'activité d'un organe ne peut suffire qu'à un travail modéré, peut être héritée, comme le taux abaissé de la nutrition en général, et

([1]) Deuxième Conférence internationale pour l'étude du cancer, 1910.

explique aussi les localisations morbides sur les organes fonctionnellement insuffisants.

Un fait observé par Féré prouve que l'influence de l'imagination de la mère peut avoir pour effet un trouble évolutif de l'embryon, mais que le résultat n'est pas exactement la malformation imaginée pendant la grossesse. Une dame voyageant pendant sa grossesse se trouva assise près d'une femme qui portait sur ses genoux un enfant atteint de bec-de-lièvre; elle conçut la crainte de mettre au monde un enfant ainsi mal conformé et sa famille partageait ses craintes. L'enfant dont elle accoucha n'eut pas de bec-de-lièvre, mais une large tache vineuse couvrant la région claviculaire et une partie du cou du même côté: plus tard on constata que le thorax se développa mal du côté gauche; il y eut à partir de la menstruation de l'ovaire gauche, des troubles vaso-moteurs (bouffées de chaleur) localisés principalement à gauche et enfin une tuberculisation qui débuta par le sommet gauche. Ainsi, d'une part, les influences maternelles n'agissent qu'en troublant l'évolution et il n'y a aucun rapport entre la cause troublante, la forme et le siège de la déformation: d'autre part, une malformation congénitale est un facteur personnel important de la localisation morbide (*Soc. de Biologie*, 1894).

Les anomalies morphologiques peuvent, dans une même famille, porter sur des parties différentes du corps; les anomalies de structure d'un même système peuvent aussi présenter des variétés de formes et de sièges.

L'hérédité des prédispositions morbides peut se limiter à un appareil, à un organe, à un tissu.

PRÉDISPOSITIONS HÉRÉDITAIRES AUX MALADIES DE L'APPAREIL CIRCULATOIRE

Dans certaines familles, on constate une hérédité remarquable de l'*hémophilie*; ce serait la plus héréditaire des maladies. Grandidier, qui en avait réuni 657 cas fournis par 200 familles, en trouvait 12 cas dans la même famille. Lossen (*Deut. Zeits. f. Chir.*, 1905) a publié le tableau généalogique de quatre générations d'hémophiles de la famille Mampel, suivie depuis plus d'un siècle dans le bourg de Kircheim, près d'Heidelberg, représentant 212 membres dont 111 masculins, 96 féminins et 5 mort-nés. Il met en lumière que la transmission héréditaire s'y est faite dans une proportion de 45 pour 100, variable d'une génération à l'autre suivant le nombre des garçons, des filles ou des mariages sans tendance à l'atténuation. *Cette transmission se fait par la ligne maternelle.* Lorsqu'un homme hémophile épouse une femme non entachée d'hémophilie, leurs descendants (garçons et filles) sont épargnés. Mais quand une femme de lignée hémophile, sans avoir eu elle-même d'accidents, épouse un homme d'une famille saine, l'hémophilie apparaît chez les descendants masculins. Ainsi les mères venant de familles hémophiles transmettent la tare sanguine ou vasculaire qu'elles gardent toute leur vie à l'état latent. On est frappé aussi de la fécondité exceptionnelle des hémophiles et de ce fait que la mortalité infantile avant l'âge de six mois est plus forte dans les familles hémophiles que dans les autres. Elle peut dépendre d'une fragilité native, générale ou partielle, des parois des vaisseaux ou d'une disproportion entre la résistance des parois et la pression exercée par la masse sanguine.

Le *purpura*, du moins dans certaines formes cliniques, « semble résulter d'une prédisposition originelle, puisqu'il arrive que plusieurs individus d'une même famille en soient atteints. D'après Dubois, il se trouve en Allemagne des familles dans lesquelles cette maladie règne depuis plusieurs générations et où il est rare qu'un garçon arrive à l'âge de la puberté. Il est curieux de voir aussi la maladie se transmettre par les femmes, qui jouissent elles-mêmes du privilège d'y échapper. » (Barthez et Sanné, t. III, 1891, p. 797). On peut aussi bien faire rentrer le purpura dans les affections auxquelles prédispose l'hérédité nerveuse; car souvent l'instabilité du système vaso-moteur en est la cause fondamentale.

La tendance aux anévrismes a paru manifeste chez plusieurs individus d'une même famille, et, s'il en est ainsi pour les anévrismes miliaires des artères cérébrales, on comprend l'hérédité de l'hémorragie cérébrale.

C'est l'étroitesse congénitale des artères qui expliquerait encore l'hérédité de la chlorose, si l'on accepte la pathogénie de Virchow pour cette maladie, et l'hérédité de certaines maladies du rein (néphrite par aplasie artérielle de Lancereaux).

L'artério-sclérose et l'athérome s'observent avec une extrême fréquence chez les arthritiques (herpétiques de Lancereaux); sa coïncidence avec le rhumatisme chronique, la goutte, le diabète, est avérée; or, ces maladies athéromigènes ou sclérogènes sont des manifestations de l'arthritisme. L'hérédité de l'arthritisme explique que les lésions artérielles puissent quelquefois présenter les apparences d'une maladie héréditaire. En réalité ce n'est pas de l'athérome qu'hérite le fils d'un athéromateux, mais bien de l'arthritisme de son père[1].

L'hérédité artérielle est affirmée par M. Huchard (Soc. méd. des hôp., 2 mai 1890); ayant constaté qu'on voit de bonne heure, chez les enfants d'artério-scléreux, apparaître des lésions aortiques, il propose de désigner cette variété de lésions vasculaires sous le nom d'*aortisme héréditaire*.

Par suite, on peut admettre l'*hérédité des cardiopathies artérielles* dues à l'artério-sclérose du cœur.

Existe-t-il aussi une *hérédité cardiaque directe*? Potain et Rendu (Art. Cœur Dict. Dechambre) avaient écrit : « Il n'y a pas d'hérédité d'une maladie du cœur, mais disposition diathésique dont les effets créeront la maladie » Le rhumatisme, dit Huchard, peut être héréditaire. Mais les maladies cardiaques qui en dépendent (cardiopathies valvulaires) ne le

[1] A. Petit, *Traité de médecine*, t. V, p. 406.

sont pas. Cependant, pour Edg. Hirtz, il existe une *hérédité mitrale*. Il a recueilli des observations publiées dans la thèse de son élève Servin (Essai sur le rôle de l'hérédité dans le rétrécissement mitral pur, Paris, 1896), qui militent en faveur d'une malformation mitrale héréditaire et même *familiale*; Weil (de Lyon) admet aussi une forme familiale du rétrécissement mitral. Cochez (d'Alger) a fait remarquer que le rétrécissement mitral peut s'accompagner d'autres malformations du cœur, et A. Gilbert a insisté sur la fréquence d'autres anomalies du développement portant sur la masse de l'individu (*nanisme mitral*).

L'hérédité d'une malformation du système veineux doit être comprise comme celle du système artériel; ce sont encore les arthritiques qui ont avec une fréquence très grande de la phlébectasie; — suivant les régions, cette dilatation des veines donne les varices, les hémorroïdes, le varicocèle. Cette phlébectasie généralisée est la conséquence d'un défaut de résistance des parois veineuses, mais elle peut être rapportée d'une façon plus générale à la *faiblesse congénitale et héréditaire du tissu musculaire lisse* dans les familles arthritiques; la gastrectasie et l'atonie intestinale, la flaccidité du scrotum, la facilité avec laquelle apparaissent les vergetures, sont des traits communs aux membres de certaines familles[1].

PRÉDISPOSITIONS AUX MALADIES DE L'APPAREIL LOCOMOTEUR

L'*achondroplasie* héréditaire (père et fille) a été signalée, notamment par Launois et Apert (*Soc. méd. des hôp.*, 1905); on l'observe d'ailleurs souvent en médecine vétérinaire; dans la République Argentine se sont formées des races bovines achondroplasiques. Il en serait peut-être de même dans l'espèce humaine si les difformités du bassin des femmes achondroplasiques ne gênaient beaucoup l'accouchement.

Le *rachitisme* est considéré par beaucoup d'auteurs comme une maladie héréditaire; il y aurait des familles de rachitiques (Gibert, du Havre). Mais tant d'autres causes d'ordre hygiénique ont été invoquées, — particulièrement les vices d'alimentation et l'auto-intoxication intestinale (Comby), la syphilis (Parrot, Dufour), qui peuvent agir dans certains milieux sur tous les enfants et dans plusieurs générations successives, — qu'on est aussi bien en droit de repousser la prétendue hérédité du rachitisme (Comby).

Parmi les maladies des muscles, les *amyotrophies* de cause périphérique et la paralysie pseudo-hypertrophique sont très souvent des maladies familiales ou résultant d'une hérédité névropathique par transformation.

[1] P. Le Gendre, Dilatation de l'estomac et fièvre typhoïde. *Th. de Paris*, 1886.

Prédisposition aux maladies de l'appareil respiratoire, du tube digestif, de l'estomac ou de l'intestin, du foie, du rein, de l'appareil visuel, etc.

L'emphysème, l'asthme, les bronchites chroniques sont des manifestations de l'arthritisme ou de la scrofule, qui tendent à se montrer plus particulièrement dans certaines familles d'arthritiques ou de scrofuleux. Une vicieuse conformation du thorax transmise par hérédité peut créer une prédisposition familiale aux *broncho-pneumopathies*.

La prédisposition aux *maladies du tube digestif* paraît assez souvent héréditaire. Elle peut résider soit dans la transmission d'une débilité de tissu, soit dans l'hérédité de cette asthénie générale du système nerveux qui facilite la production des ptoses (habitus enteroptoticus, neuroticus), avec hérédité de la dixième côte flottante considérée comme stigmate de l'atonie ou asthénie générale de Stilles.

Czernicki (de Lemberg) a publié le cas d'une famille de cinq personnes, la mère et quatre enfants, qui présentaient toutes des troubles de l'estomac. Chez trois d'entre elles existait un ulcère de l'estomac se traduisant par des hémorragies durant vingt à quarante jours, chez les autres des troubles purement sécrétoires avec entéroptose [1].

L'hérédité de la constipation, si souvent congénitale chez les enfants d'une même famille, peut s'expliquer par des malformations héréditaires de l'S iliaque, soit par l'hérédité du nervosisme engendrant le colospasme et les ptoses abdominales.

La fréquence de l'*appendicite* dans certaines familles frappant successivement plusieurs générations ou plusieurs frères ou sœurs s'explique en partie par l'hérédité d'une conformation défectueuse de l'appendice.

Parmi les prédispositions morbides portant sur l'appareil hépatosplénique, la *cholémie* présente souvent un caractère familial, mis hors de conteste par les travaux du professeur A. Gilbert et de son élève P. Lereboullet.

L'enfant d'un goutteux qui était sujet aux congestions du foie peut avoir une lithiase biliaire plutôt qu'une lithiase rénale.

L'artério-sclérose, souvent héréditaire dans les familles arthritiques, peut se localiser plutôt dans certaines familles sur le rein, et à ce titre on peut parler du *mal de Bright héréditaire*, dont Dieulafoy me disait avoir vu plusieurs exemples.

Mais le mécanisme de cette hérédité rénale peut être conçu encore autrement.

L'*hérédité rénale* a été, en effet, étudiée avec soin par Perrigaut (*Th. de Paris*, 1905). Les faits d'albuminurie constatés chez le nouveau-né et chez l'enfant du deuxième âge prouvent que les ascendants peuvent

[1] Vincent Czernicki, Influence de l'hérédité sur le développement des ulcères de l'estomac. *Congrès international de médecine de Buda-Pesth*, 1909.

léguer une tare rénale, que Castaigne appelle « débilité rénale ». La néphrite de la mère peut produire : chez le fœtus, des lésions profondes du rein ; — chez l'enfant, de l'albuminurie apparaissant à l'occasion des moindres poussées toxiques ou infectieuses, du moindre trouble mécanique de la circulation rénale.

D'ailleurs, l'expérimentation consistant soit à injecter des substances néphrotoxiques à des femelles pleines, soit à faire couvrir des femelles auxquelles on a provoqué antérieurement des lésions rénales, a permis de constater, à l'autopsie des produits, tantôt une néphrite diffuse tout à fait comparable à celle des fœtus issus de mères éclamptiques et morts quelques heures après leur naissance, tantôt des lésions beaucoup plus superficielles, exclusivement épithéliales, compatibles avec la vie, mais déterminant l'albuminurie. On peut donc admettre qu'il existe des lésions analogues dues à l'hérédité d'une débilité rénale chez les enfants qui présentent ces diverses albuminuries désignées sous les noms d'orthostatique, fonctionnelle, digestive, cyclique, etc.

Aussi, quand une femme atteinte de néphrite devient enceinte, le fœtus est exposé pendant la gestation à l'influence de substances néphrotoxiques qui pourront déterminer, suivant leur intensité, soit des lésions diffuses incompatibles avec l'existence, soit des altérations légères, mais suffisantes pour faire du rein un point faible prêt à présenter des réactions lésionnelles à l'occasion des plus légères agressions toxiques ou infectieuses.

L'hérédité d'*affections oculaires* a été constatée. La *myopie* est souvent héréditaire, en laissant de côté les cas où des conditions identiques d'existence chez les parents et les enfants peuvent la provoquer chez les uns et les autres, ainsi que Darwin l'a fait remarquer à propos de la myopie prétendue héréditaire des familles d'horlogers.

Il existe des familles où la *cataracte* se montre dans plusieurs générations.

Une observation d'Alessi, publiée dans la thèse de Ruch (1867), rapporte qu'un jeune homme porteur de cataractes congénitales avait une mère aveugle de naissance par cataractes; le bisaïeul de celle-ci avait la même infirmité et tous ses enfants vinrent au monde avec des cataractes. Une jeune fille de cette famille, cataractée également, épousa le grand-père de cette femme et eut dix-sept enfants; ceux qui lui ressemblaient seuls furent atteints. Seule des quinze enfants qu'eut son père, la mère du jeune homme, qui lui ressemblait, eut des cataractes congénitales : elle eut neuf enfants, tous cataractés.

Fromaget, nous l'avons déjà dit, a rapporté un cas de transmission de la cataracte congénitale pendant six générations.

Dans la famille royale d'Angleterre, on a vu atteints de cataractes le duc de Cumberland, George III, George IV, le duc de Glocester, le duc de Sussex, la princesse Sophie, le roi de Hanovre.

Cariera Arago rapporte le cas de six personnes atteintes de cataractes; dans l'une des deux branches la mère et les trois filles, dans l'autre la mère, les grand'mères et une petite-fille, atteintes à des âges différents.

Le docteur Fouchard (du Mans), qui rappelle ces faits dans la Clinique ophthalmologique de R. Jocqs, a observé personnellement une famille où trois générations ont été atteintes de la cataracte, le grand'père à trente-deux ans, le fils à vingt-six ans et deux enfants de celui-ci dès leur naissance (1).

Le *strabisme* a été vu à un degré variable si souvent dans une famille illustre, que Portal cite l'expression « la vue à la Montmorency » pour désigner un certain degré de strabisme.

Je rappellerai encore les *paralysies oculaires familiales* précoces ou congénitales de Mœbius, le *ptosis familial* de Dutil, la *cécité congénitale* et l'*atrophie héréditaire du nerf optique* se manifestant de vingt à trente ans, l'*héméralopie*, le *daltonisme*.

HÉRÉDITÉ DES NÉOPLASMES ET DU CANCER

On connaît des exemples assez nombreux de *kystes* de *l'ovaire* survenant chez les femmes d'une même famille.

Spannochi a rétabli l'arbre généalogique d'une famille dans laquelle les *tumeurs fibreuses de l'utérus* étaient fréquentes et coïncidaient avec des troubles cardio-vasculaires. Au point de vue embryologique il y a un rapport entre les fibres musculaires lisses de l'utérus et les vaisseaux sanguins; ils ont la même origine. Les fibromyomes se développent chez la femme adulte aux dépens des fibres musculaires des vaisseaux sanguins. La fibromatose utérine résulterait donc d'une altération cardio-vasculaire héréditaire elle-même (2).

Mais les myomes ne se généralisent pas et la question qui demeure en litige est celle de l'*hérédité des tumeurs malignes*, du *cancer*.

Arguments tirés de l'embryogénie et de l'histologie.

Hallopeau rapproche des prédispositions héréditaires limitées à un organe celles qui sont limitées à l'évolution d'un tissu et favorisent le développement des tumeurs. « On est forcé, dit-il, d'en admettre la réalité quand on voit dans certaines familles des néoplasies de même nature se développer dans les mêmes organes, et cela pendant plusieurs générations.

« Il en est quelquefois ainsi pour le cancer; en vertu d'une prédisposition, certaines glandes ou certaines portions de tissu conjonctif deviennent le siège d'un travail de prolifération qui aboutit à la formation d'une tumeur. Cette prédisposition paraît être toute locale; il n'est pas établi qu'elle se rattache, comme on l'a dit, à la diathèse herpétique et, pour ce qui est de la diathèse cancéreuse, qu'on invoquait naguère pour expliquer

(1) A. Cahuzac, L'hérédité dans l'étiologie de la cataracte. *Thèse de Toulouse*, 1908-1909.

(2) *Annali di obstetrica et ginecologia*, 1899.

la multiplicité des tumeurs et la cachexie, on peut dire qu'elle n'existe pas; si les tumeurs sont multiples, c'est que les éléments de la tumeur primitive provoquent le développement de néoplasies secondaires dans les différents points de l'organisme où ils sont transportés par les lymphatiques et les veines; si le sang s'appauvrit en globules et en matériaux solides, c'est que la tumeur apporte par elle-même un trouble profond dans la nutrition générale. L'hérédité du cancer paraît d'ailleurs être moins fréquente qu'on ne le dit généralement. Il ne faut pas oublier, en effet, que cette maladie est une de celles qu'on observe le plus fréquemment, et que sa coïncidence chez plusieurs membres d'une même famille ne prouve pas absolument qu'elle soit transmise par l'hérédité. Il est des cas cependant où le doute n'est pas possible : tel est l'exemple, cité par Broca, d'une famille dont seize membres sur vingt-sept ont été atteints de cancer. Si la nature parasitaire de cette maladie vient à être démontrée, on devra rapporter cette prédisposition à la transmission de conditions favorisant la réceptivité de son microbe pathogène([1]). »

Le temps n'est plus où l'on enseignait que les cellules différenciées des tissus adultes provenaient d'éléments embryonnaires *indifférents*. Hallopeau, dès la première édition de sa Pathologie générale, Bard, Hillemand([2]) ont défendu la fixité des espèces cellulaires et leur spécificité fondamentale : toute cellule naît d'une cellule de même nature.

Peut-on objecter à cette opinion que pendant la vie embryonnaire toutes les cellules différenciées naissent d'une seule cellule primitive, l'ovule fécondé? Bard propose, pour écarter cette objection, sa théorie de l'arbre histogénique. « La prolifération cellulaire n'est pas toujours un processus de multiplication; elle est aussi, dans certains cas, un processus de dédoublement : une cellule mère complexe donne alors naissance à deux ou plusieurs cellules filles qui en diffèrent et diffèrent entre elles. L'ovule fécondé contient les éléments originels de tous les tissus.

La fécondation est un doublement cellulaire, bientôt suivi des dédoublements successifs qui caractérisent l'histogenèse de l'embryon. On peut se représenter schématiquement les tissus de l'embryon par une figure arborescente dont le tronc unique donne naissance à des rameaux et à des ramuscules variés, de telle façon qu'on puisse penser qu'à chaque séparation d'une branche il existe une sorte de point nodal, constitué par une cellule transitoire qui va se dédoubler. A l'extrémité terminale des ramuscules de l'arbre sont des variétés cellulaires définitivement séparées; les branches et les rameaux communs, desquels émanent plusieurs espèces et plusieurs variétés cellulaires, sont la représentation schématique des familles, des genres et des espèces.

Dès la première segmentation du noyau vitellin les deux premiers globes formés diffèrent l'un de l'autre et évoluent diversement. La première prolifération de l'embryon unicellulaire est donc un dédoublement.

([1]) Hallopeau, *Traité élémentaire de pathologie générale*, 1890.
([2]) Constant Hillemand, Introduction à l'étude de la spécificité cellulaire chez l'homme. *Thèse de Paris*, 1889.

Il en résulte que la permanence des espèces, vraie en pathologie pour les tumeurs comme en histoire naturelle, est la conséquence de l'hérédité cellulaire ; les tumeurs épithéliales naissent des épithéliums et les tumeurs conjonctives des tissus conjonctifs; s'il se produit des transformations, c'est entre tissus d'un même groupe, d'une même famille. Telle est la loi de Muller (1838).

Parmi les tumeurs, s'il en est d'origine parasitaire, il en est qui se développent sous l'influence d'une perturbation de l'activité nutritive d'un groupe d'éléments. Cette perturbation est pour M. Bard une monstruosité du développement cellulaire, qui peut commencer avec la formation même de l'embryon et qui, par conséquent, implique l'influence héréditaire. Cohnheim explique ainsi la pathogénie de toutes les tumeurs. Pour lui, l'existence de tumeurs développées chez plusieurs membres d'une même famille, soit dans la ligne paternelle, soit dans la ligne maternelle, témoigne, au même titre que les cas héréditaires d'organes supplémentaires, d'un trouble dans la disposition immanente qui détermine l'évolution (*idée directrice* de Bernard).

Dans la genèse des tumeurs, Bazin[1] faisait jouer le rôle principal à la diathèse arthritique, envisagée comme une maladie humorale évolutive, qu'il divisait en quatre périodes : il pensait que le cancer du foie, celui de l'estomac, de l'utérus, des ovaires surviennent souvent comme affections ultimes à la quatrième période de l'arthritisme. Verneuil a inspiré des thèses où est défendue l'opinion que l'arthritisme prédispose au moins à la plupart des productions néoplasiques[2]. A n'envisager que la statistique clinique, il est certain que les néoplasmes se rencontrent bien fréquemment dans les familles arthritiques, mais la modification nutritive qui caractérise l'arthritisme est si répandue de notre temps et les cancers sont si nombreux que la coïncidence n'implique pas une relation causale entre la diathèse et les tumeurs.

Bard considère les tumeurs comme le produit d'un processus tout spécial, qui constitue une sorte de monstruosité du développement cellulaire, pouvant porter son action sur tous les tissus ou plus exactement sur toutes les cellules naissantes, à tous les âges de la vie. Tandis qu'à l'état normal les proliférations cellulaires, incessamment renouvelées dans tous les tissus, sont contenues dans des limites déterminées par un lien automatique, mystérieux, mais incontestable, qui les unit, leur impose une solidarité étroite et maintient leurs proportions harmoniques, quand une tumeur se produit, les choses se passent comme si ce lien faisait tout à coup défaut entre l'organisme et une des cellules nouvelles, destinée d'abord à devenir une partie constituante de cet agrégat cellulaire bien discipliné. Qu'une cellule quelconque, sans perdre d'ailleurs *aucune de ses propriétés ataviques spécifiques*, échappe à l'influence modératrice de ses congénères et des tissus voisins, qu'elle se mul-

(1) Bazin, *Affections cutanées et dartreuses*, 1860.
(2) J. Namin, Relation des néoplasmes avec l'arthritisme. *Thèse de Paris*, 1878.

tiplie dès lors pour son propre compte, sans souci de ses sœurs, à l'état rebelle et parasitaire, *qu'elle transmette à sa descendance les mêmes propriétés*, et la tumeur est constituée.

La tendance à la production des tumeurs est transmissible par hérédité, sans doute par un mécanisme de *filiation cellulaire* comparable à celui qui commande l'hérédité des conformations normales ou pathologiques. Il y a comme une hérédité des mauvais instincts cellulaires, des familles où certains éléments anatomiques tournent mal. La fréquence relative des tumeurs d'espèces diverses sur un même sujet dans des régions éloignées est un fait du même ordre que l'association également fréquente des monstruosités ordinaires du développement des organes pendant la vie fœtale [1].

Les histologistes contemporains, éliminant de la classe des productions cancéreuses les néoplasies dont l'élément constitutif primordial est tiré du mésoderme (tumeurs du type conjonctif), ont définitivement restreint la signification de cancer aux seules tumeurs développées aux dépens d'un épithélium préexistant. Ainsi l'élément fondamental du cancer est la cellule épithéliale; mais il en est aussi la cause, dit Critzmann (*Bulletin médical*, 7 novembre 1894); la cellule cancéreuse est une cellule épithéliale tératologique, dont la prolifération donnera naissance à un tissu épithélial monstrueux pouvant se greffer par apposition et par généralisation.

L'origine de cette cellule épithéliale, dont le développement tardif donne naissance au cancer, est dans l'embryon même, conformément à la théorie de Cohnheim sur l'origine congénitale des tumeurs. A un stade initial du développement embryonnaire il se produit dans une des parties de l'ébauche fœtale plus de cellules qu'il n'en est nécessaire pour la construction de la partie en question. Ces cellules en excès sommeillent jusqu'à un moment donné pour se développer avec toute l'intensité de leur nature embryonnaire sous l'influence d'une cause banale en apparence, mais qui se manifeste, quelles que soient sa nature et sa forme, comme un phénomène circulatoire (hyperémie ou anémie). Les expériences de Léopold semblent venir à l'appui de cette conception. Des fragments de tissus d'un fœtus pris pendant sa vie intra-utérine, introduits dans l'organisme d'un animal adulte similaire, ne continuent pas seulement à y vivre, mais s'y multiplient d'un façon vraiment surprenante. La nature congénitale du cancer expliquerait suffisamment l'hérédité de cette tumeur. Mais en outre Critzman pense que les statistiques contraires à la théorie de l'hérédité ne supportent pas un examen approfondi. Parmi les causes d'erreur qui les faussent, il signale le cas où le fils succombe à un cancer, alors que le père, mort d'une maladie inflammatoire ou infectieuse, n'a pu arriver à l'âge du cancer. « Ce qu'il importe de connaître, c'est l'histoire d'une famille à cancer et non pas un recueil de cas disséminés dans la littérature médicale, au

(1) L. Bard, *Précis d'anatomie pathologique*, 1890.

hasard des détails intéressant le médecin qui les a observés. Butlin, qui a essayé de reconstituer l'histoire familiale du cancer du sein, est arrivé à la conclusion que l'hérédité s'y rencontre dans la proportion d'un tiers. L'hérédité s'observe surtout dans les organes qui présentent une affinité spéciale pour le cancer. » L'hérédité du cancer peut sauter dans une famille une ou deux générations pour se manifester dans une troisième. Aussi bien pour le cancer que pour la polydactylie, l'hérédité peut être atavique et procéder par saut. Critzman pense que le cancer ne peut être considéré comme une lésion acquise; car il estime que les lésions acquises ne sont pas transmissibles par hérédité. Le raisonnement qu'il produit à l'appui de cette opinion vaut d'être cité : « Toutes les lésions acquises modifient la physiologie générale de la nutrition. Cette modification peut et doit avoir un retentissement sur la nutrition des cellules germinatives. Le développement et la nutrition de la cellule est fonction du protoplasma; si donc la lésion acquise n'influe pas sur le noyau (absence d'hérédité), elle exerce certainement sur le protoplasma de la cellule génitale une sorte de viciation. Le noyau est mal nourri, les cellules qui en naissent par division souffrent de cet état morbide du protoplasma, et l'individu qui en résulte pourra ne pas se développer, comme dans la syphilis (avortements répétés), ou viendra au monde chétif et très peu doué pour la lutte contre les agents infectieux qui nous assaillent. L'hérédité de la prédisposition se trouve ainsi réalisée. Voilà pourquoi les enfants issus de tuberculeux présentent une si grande aptitude à contracter la tuberculose qu'ils rencontrent dans leur entourage immédiat; les lésions acquises en effet ne sauraient modifier que le protoplasma de la cellule génitale, mâle ou femelle, protoplasma dont le rôle est de véhiculer, de protéger et de nourrir le noyau. Il peut le faire plus ou moins bien, et la lésion acquise, tout en modifiant la nutrition du noyau, peut l'affaiblir ou le fortifier, mais ne peut ni ajouter ni retrancher un des filaments nucléaires dirigeant l'hérédité. »

En vertu de ces considérations, « le cancéreux peut engendrer des enfants qui portent déjà leur cancer, alors que les enfants des tuberculeux, par exemple, naissent avec la prédisposition à contracter la tuberculose ».

L'hérédité essentielle du cancer concorde avec la coïncidence, ou mieux, l'*alternance entre les grossesses gémellaires et le cancer*. L'histoire familiale suivante montre l'alternance du cancer avec la mise au monde d'enfants jumeaux.

« Une mère succombe à un cancer du sein, après avoir mis au monde deux jumeaux A et une fille B qui meurt d'une tuberculose pulmonaire. Les jumeaux succombent tous deux à une affection non cancéreuse; l'une met au monde une fille A′ qui est frappée d'un cancer du sein et dont l'enfant A″ est à son tour atteinte de cancer à l'estomac. Cette dernière engendre une fille E qui meurt de cancer de l'estomac et deux jumelles C, D actuellement âgées et bien portantes; une de ces jumelles a mis au monde trois enfants, dont une fille C′ morte d'un cancer de l'ovaire ; la seconde jumelle D. n'a pas eu d'enfant. Quant à la troisième fille, elle est morte d'un cancer de l'estomac, après avoir donné le jour à un fils qui a succombé à un cancer du testicule et à une fille F. qui vit actuellement et qui a mis au monde deux paires de jumeaux très bien portants. »

Letulle a observé aussi (communication orale à Critzman) l'histoire cancéreuse d'une famille tout à fait analogue pour une génération et que nous reproduisons plus loin. En résumé, une mère cancéreuse peut engendrer soit deux jumeaux qui ne meurent pas cancéreux, soit des enfants non jumeaux, qui sont très exposés à être frappés, un jour ou l'autre, d'un néoplasme cancéreux.

La connaissance de ces faits, l'hérédité de la gémelliparité et l'alternance entre la gémellité et la carcinose, a suggéré à M. Critzmann une ingénieuse théorie de la production du cancer, que nous énoncerons brièvement, puisqu'elle ne rentre pas directement dans la question hérédité. « Des deux ovules qui tombent de l'ovaire, un seul est fécondé. L'autre, non imprégné de la cellule mâle, entre pourtant en segmentation, et se perd dans l'ovule fécondé qui s'est transformé en embryon. » Il est prouvé par des faits de Morel, Hensen, Mathias Duval, qu'un ovule non fécondé peut entrer en segmentation ; les cellules blastodermiques non fécondées sont des éléments embryonnaires extrêmement vivaces qui, englobés dans l'ovule fécondé, y rencontrent le milieu nécessaire non pas à leur multiplication actuelle (étant donné que l'incitation mâle leur manque), mais à leur viabilité, et elles y reçoivent des matériaux nutritifs de l'organisme maternel par l'intermédiaire du fœtus en formation. Ces éléments ne sont pas individualisés, l'individualisation étant une conséquence directe de la fusion du noyau mâle avec le noyau femelle (Fol) ; l'état épithélioïde, non différencié et propre aux cellules des feuillets périphériques du blastoderme au début, persiste indéfiniment jusqu'au jour où ces germes inclus se mettent à proliférer dans un sens univoque, qui aboutit régulièrement à la formation de cellules épithéliales. Dans cette acception, le cancer est donc le frère de l'individu qui le porte ; en un mot, il rentre dans la classe des monstruosités incomplètes ; c'est un fœtus *in fœtu*.

Quant à la cause occasionnelle de cette reprise de l'évolution des cellules blastodermiques en cellules épithéliales après une longue période de latence embryonnaire, ce serait l'involution sénile, si favorable à l'éclosion des tumeurs cancéreuses ; à ce moment, en effet, l'équilibre de nutrition entre les éléments cellulaires des différents tissus constitutifs d'un organe, qui est maintenu physiologiquement par l'action trophique du système nerveux, est rompu au profit des germes cancéreux inclus, parce que le système nerveux mal irrigué (athérome) n'accomplit plus son rôle régulateur. « Les proliférations épithéliales cancéreuses semblent rentrer dans la classe des hyperplasies désordonnées d'origine trophique. Elles naissent surtout à l'occasion d'une insulte inflammatoire ou involutive des organes qui les subissent » ; ainsi s'explique l'apparition des carcinomes au niveau d'organes soumis à des traumatismes ou irritations répétées (lèvres, langue, scrotum).

Arguments tirés de la statistique.

C'est presque toujours par la statistique qu'on a tenté de vérifier la notion d'hérédité et, comme le dit avec humour Ledoux-Lebard : « C'est de là que viennent, hélas ! tous nos maux ». Les premiers statisticiens procédèrent d'une façon par trop simpliste, prenant deux lots de cancéreux et de non-cancéreux et recherchant dans les ascendants des uns et des autres le nombre des cas de cancer. Que de causes d'erreur dans cette recherche ! Combien sont sujets à caution les renseignements fournis par les malades même de bonne foi. « Lorsqu'une malade nous raconte que sa grand'mère est morte d'une tumeur au ventre », qui nous garantit qu'il s'agit d'un cancer? Il aurait fallu que ces statistiques tinssent compte, dans les séries comparées, de l'âge, du sexe, du pays d'origine et de la longévité des ascendants et de la nature histologique des tumeurs : or il n'existe pas encore de travail approchant de cette perfection.

Les auteurs du *Compendium* citent le cas de Mme Deshoulières et de sa fille, de Mlle de la Vallière et de la duchesse de Châtillon, sa fille, comme exemples de cancer héréditaire du sein. On a partout rappelé que Napoléon Ier et son père avaient succombé au cancer de l'estomac. Boerhaave, Morgagni ont relaté des cas de cancer héréditaire. Portal a vu trois sœurs succomber à une affection cancéreuse. Alibert et Boyer ont accepté l'hérédité du cancer. Bayle et Cayol sont restés dans le doute, malgré un matériel clinique important. Récamier croyait à l'hérédité ; mais, sur les 97 cas de cancer qu'il avait réunis, 4 cas seulement, d'après l'analyse critique qui en a été faite par Piorry, pouvaient être admis comme vraiment héréditaires.

Voici des chiffres qui peuvent donner une idée des grandes divergences qui existent entre les diverses statistiques, au point de vue de la fréquence de l'hérédité cancéreuse (*Library of Surgeon-General*). S. W. Gross trouve l'influence héréditaire dans 10,3 pour 100 des cas ; Lebert 10 fois sur 102. Paget a trouvé la maladie chez d'autres membres de la famille dans 78 cas sur 322, et, dans une autre série, des tendances héréditaires 26 fois sur 160 ; Sibley a relevé 34 cas d'hérédité sur 305 ; West, 8 sur 49 cas de carcinome utérin, Winiwarter, 5,8 pour 100 dans sa statistique de carcinomes mammaires. Velpeau signale la prédisposition héréditaire dans un tiers des cas ; Parker, seulement 56 fois sur 397 cas.

W. Hutchinson, ayant obtenu le rapport de *Brompton Cancer hospital de Londres*, y a lu que les parents affectés de cancer avaient été signalés dans 10,3 pour 100 sur 28 638 cancéreux en 37 ans.

Brannan, dans une analyse de 2000 décès qui représentent l'expérience de la *Washington Life Assurance Company*, note que sur les 56 cas ayant le carcinome dans l'histoire de leur famille (dont 44 avaient perdu un parent de cette maladie), seulement 1 (soit 1,79 pour 100) est mort de carcinome, tandis que des 1944 restants, n'ayant pas une telle histoire, 67 (3,45 pour 100) ont succombé à cette maladie.

Tous ces chiffres sont trop vagues ou contradictoires.

Paul Broca avait déjà bien vu que la difficulté de ce genre de statistique est telle qu'elle équivaut presque à une impossibilité. « Il ne suffirait pas, en effet, de compter combien de cancéreux sur cent ont eu des cancéreux dans leur famille. Il faudrait démontrer que ce chiffre est supérieur à celui qu'on pourrait attendre d'une coïncidence pure et simple. Pour cela il faudrait pendant de longues années faire sur toute une population et sur chacune des familles de cette population des relevés et des calculs semblables à ceux que des conditions particulières m'ont permis de faire dans une famille qui compte trois générations de médecins éclairés. » Et Broca croyait pouvoir démontrer la réalité de l'influence héréditaire par l'histoire de cette « famille à cancer » dont nous reproduisons le tableau ci-contre :

OBSERVATION DE PAUL BROCA

Madame Z meurt vers 60 ans, en 1788, d'un
Cancer du sein.
Elle avait perdu plusieurs enfants en bas âge et laissait quatre filles, qui ont été mariées toutes les quatre et que j'appellerai mesdames A. B. C. et D.

- **Fille A.** Née en 1758, morte à 62 ans, en 1820, d'un **Cancer du foie,** a eu 3 filles encore vivantes et non mariées.
  - Fille I âgée de 68 ans.
  - Fille II âgée de 72 ans.
  - Fille III âgée de 78 ans.
- **Fille B.** Née en 1762, morte à 43 ans, en 1805, d'un **Cancer du foie,** a eu 2 fils et 5 filles.
  - 1 fils mort non cancéreux et sans enfants à 28 ans.
  - 1 fils mort de **Cancer de l'estomac** à 64 ans sans enfants.
  - 1 fille morte de **Cancer du sein** op. op. et récid. à 35 ans sans enfants.
  - 1 fille morte de **Cancer du sein** sans op. vers 40 ans sans enfants.
  - 1 fille morte de **Cancer du sein** sans op. vers 40 ans sans enfants.
  - 1 fille morte de **Cancer du foie** vers 40 ans sans enfants.
  - 1 fille morte vers 60 ans mariée sans enfants.
- **Fille C.** Née en 1763, morte à 51 ans, en 1805, d'un **Cancer du sein,** a eu 2 fils et 5 filles.
  - 1 fils mort à l'armée sans enfants.
  - 1 fils âgé de 72 ans bien portant qui a eu 2 enfants.
    - 1 fils mort à 18 ans paraplégique.
    - 1 fille non mariée qui a 2? ans.
  - 1 fille morte d'un **Cancer du sein** en 1817, à 37 ans, laissant 2 fils et 3 filles.
    - 1 fils ayant 58 ans bien portant et qui a 3 fils bien portants dont l'aîné à 30 ans.
      - 1 fils. | 1 fils. | 1 fils.
    - 1 fils mort jeune aux colonies sans enfants.
    - 1 fille morte en couches de 27 à 30 ans.
    - 1 fille morte en 1864 de **Cancer du sein** à 49 ans, qui a eu 2 filles.
      - 2 filles vivantes dont l'aînée a 22 ans.
    - 1 fille morte phtisique à 41 ans.
  - 1 fille morte en 1822 à 47 ans d'un **Cancer du sein** a eu :
    - 1 fils bien portant aujourd'hui.
  - 1 fille morte en 1837 d'un **Cancer utérin** non mariée.
  - 1 fille morte en 1848 d'un **Cancer du sein** à 55 ans laissant 2 fils bien portants.
    - 1 fils vivant. | 1 fils vivant.
  - 1 fille morte en 1856 d'un **Cancer du foie** (ou de l'abd.) à 61 ans n. mariée
- **Fille D.** Née en 1773, morte en 1827, à 54 ans, d'un **Cancer du sein,** a eu un fils encore vivant.
  - 1 fils âgé de près de 70 ans bien portant.

Voici les commentaires dont P. Broca accompagnait ce tableau : « Seize cas de mort par cancer dans une seule famille, de 1788 à 1856, en moins de soixante-dix ans, constituent certainement une preuve suffisante de l'hérédité de cette terrible maladie. Contrairement à l'opinion acceptée par quelques auteurs, ces cancers héréditaires n'ont point sévi sur les jeunes sujets. Le plus précoce s'est montré après l'âge de trente ans. En laissant donc de côté tous les individus qui sont morts avant trente ans et ceux qui sont encore au-dessous de cet âge [1], nous trouvons que parmi les descendants de Mme Z..., 26 ont dépassé l'âge de trente ans et atteint, par conséquent, la période de la vie où le cancer a l'habitude de se manifester, et que sur ce nombre de 26 il y a eu quinze cancéreux.

« Or, quoiqu'il soit difficile d'apprécier rigoureusement le degré de fréquence du cancer, quoique cette fréquence ne soit pas la même dans les populations rurales et dans les populations urbaines, on sait que la mortalité générale par le cancer ne s'élève pas, en France, au delà de 10 à 12 pour 1000 de la mortalité générale [2]; mais, si l'on ne tient compte que des décès survenus après l'âge de trente ans, le nombre des décès par le cancer atteint un chiffre d'environ 30 pour 1000 ou 3 pour 100. Par conséquent, en portant cette proportion à 4 pour 100 nous serons certain de dépasser largement les limites de la réalité. D'après cela, sur 26 individus âgés de plus de trente ans et pris au hasard, il ne devrait pas y avoir, en moyenne, plus d'un cancéreux; et s'il y en a eu 15 sur les 26 descendants de Mme Z..., c'est la preuve que l'influence de l'hérédité a multiplié par 15 les chances naturelles du cancer. Mais ce qui rend le résultat plus frappant encore, c'est que tous ces cancers à l'exception d'un seul, ont eu lieu sur des femmes. Le nombre total des femmes est, il est vrai, beaucoup plus grand que celui des hommes, puisque sur les 26 personnes en question, nous ne trouvons que 7 individus du sexe masculin. Il y a donc eu 1 homme cancéreux sur 7 et ce chiffre n'a rien d'extraordinaire. Mais il y a eu 14 cas de cancer chez les 19 filles ou petites-filles de Mme Z..., qui ont dépassé l'âge adulte, proportion effrayante qui dépasse tout ce qu'on connaissait jusqu'ici. »

De l'observation de Broca on peut rapprocher celle de M. Letulle, qui nous montre dans une famille de 15 personnes en 3 générations 5 cas de cancer génito-pelviens.

M. Ledoux-Lebard, tout en reconnaissant que le nombre de 5 cancers sur 15 cas de mort peut sembler à bon droit énorme, fait remarquer qu'il restait 14 personnes vivantes dans cette famille, sans compter la branche du fils mort de cancer du testicule et qui a été perdue de vue, alors qu'elle présentait 9 enfants et que l'avenir pourrait modifier singulièrement le pourcentage et qu'on pourrait presque aussi bien appeler cette famille une « famille à pneumonie » puisqu'elle offre le chiffre, considérable lui aussi, de 3 cas de mort par pneumonie sur 15 décès.

[1] Faisons remarquer que cette dernière élimination, beaucoup moins légitime que la première, est de nature à fausser les résultats du calcul statistique.

[2] Ce chiffre paraît inférieur à la réalité actuelle.

OBSERVATION DE M. MAURICE LETULLE

Aïeule, morte de CANCER UTÉRIN, a eu 7 enfants :

A. *fils*.	B. *fils*.	C. *fils*.	D. *fils*.	E. *fille*.	F. *fille*.	G. *fille*.
CANCER DU TESTICULE.	Apoplexie cérébrale.	Mort de pneumonie.	Mort de pneumonie.	CANCER DE L'ANUS.	Morte à 82 ans (de vieillesse).	CANCER DE L'OVAIRE.
					4 enfants.	2 fils.
9 enfants (perdus de vue).	Mort sans enfants.	Un fils vivant.	Un fils vivant.	Morte sans enfants.	2 fils. — Dont un mort en bas âge. L'autre mort de néphrite syphilitique. — 1 fils vivant. 2 filles. — E' morte puerpérale. — 2 enfants vivants. E'' morte de CANCER UTÉRIN. — 2 fils vivants. — Dont un a deux enfants vivants.	L'un mort de CANCER DE LA PROSTATE. L'autre mort de pneumonie.
		4 enfants : dont 2 vivants et 2 *jumeaux* morts tuberculeux.	4 enfants vivants.			

Quoi qu'il en soit, ces exemples sont rarissimes; dans ses recherches si étendues Ledoux-Lebard n'en a rencontré que 5 ou 6 qui mériteraient d'être prises en considération : car on ne peut pas retenir des cas comme celui de la famille napoléonienne, partout citée comme famille à cancer, et où on ne relève que deux cas dans une même lignée.

En admettant même que ces groupements de cas de cancer dans une même famille ne soient pas purement fortuits, rapprochant en un laps de temps restreint une série de cas qui ailleurs se fussent espacés en un long intervalle et n'eussent aucunement attiré l'attention, la cause de l'hérédité serait-elle gagnée? Ces groupements familiaux seraient encore susceptibles d'explications aussi plausibles que l'hérédité : influence étiologique de l'alimentation, du *modus vivendi*, du facteur climatérique ou régional, voire enfin de la contagion. L'hérédité, fût-elle démontrée, ne prouverait pas nécessairement que le cancer n'est pas une maladie parasitaire. La non-hérédité ne prouve pas davantage qu'il soit une affection à parasite.

Hérédité et parasitisme.

S'il était démontré qu'un parasite est l'agent indispensable de la modification histologique des tissus envahis par un cancer, l'hypothèse d'une hérédité ultérieure ne serait pas écartée et on pourrait admettre que l'infection une fois réalisée pût déterminer chez les descendants une évolution cancéreuse spontanée sans nouvelle intervention de parasites. C'est ce qu'a fait remarquer Jacques de Nittis [1] en s'appuyant sur des exemples empruntés aux tumeurs pathologiques observées en botanique. Si Mathias Duval a pu écrire que, malgré l'antiquité vraisemblable des galles du chêne et d'autres arbres, personne ne s'attend à voir ceux-ci produire des excroissances héréditaires sans l'intervention des insectes dont la piqûre est l'origine des galles, les travaux plus récents de A. N. Lundstrœm sur les trichomes, de Treub et de Giard ont montré que ces tumeurs se transmettent par hérédité, alors même que l'on élève les végétaux à l'abri des parasites qui ont causé ces déformations chez l'ancêtre.

On sait aujourd'hui que la pomme de terre n'est pas un tubercule normal de la plante, mais une tumeur parasitaire. Les graines non infectées que Parmentier expédiait ne donnaient dans le sol que des plantes à fleurs, sans tubercules aux racines. Au contraire les tubercules eux-mêmes plantés donnaient une récolte abondante, parce qu'ils apportaient avec eux l'agent infectieux, et il en est ainsi actuellement à peu près partout, parce que à peu près partout se trouve dans le sol l'agent étiologique que des cultures généralisées y ont répandu. Mais Noël Bernard, ayant tenté de réaliser expérimentalement la production de pommes de terre

[1] *Presse médicale*, 1er février 1905. Les maladies infectieuses et l'hérédité.

sans tubercules, a semé des graines appliquées dans de la terre stérilisée et obtenu une récolte, amoindrie sans doute, mais qui n'a pas été nulle. Ces faits prouvent qu'une modification de nutrition ou d'évolution, déterminée dans un tissu par un parasite, peut se transmettre par descendance sans qu'une infection nouvelle soit nécessaire.

Dans le règne animal l'Asterias Richardi Perr..., une étoile de mer des profondeurs, offre l'exemple d'une autonomie d'origine parasitaire (par un Myzostome) qui, mettant fréquemment en jeu les facultés régénératrices de l'hôte infecté, détermine chez celui-ci des phénomènes de gemmiparité. Ceux-ci, tératologiques ou tout au moins exceptionnels au début, peuvent devenir normaux et se produire en l'absence du parasite (1). D'où la possibilité d'admettre que certaines maladies créent en quelque sorte une race dans laquelle cette maladie devient normale et où les lésions caractéristiques font partie du développement de l'individu à un certain stade de son évolution.

Discussion des statistiques.

Mais revenons aux statistiques.

Si nous envisageons les plus récentes, Weinberg et Gastpar (2) ont recherché, d'après l'état civil de Stuttgart, à quelles maladies avaient succombé d'une part les frères et sœurs, d'autre part les beaux-frères et belles-sœurs d'individus morts de cancer. 1709 frères et sœurs avaient fourni 3,9 pour 100 de décès par cancer, pendant que 1819 beaux-frères et belles-sœurs dans des conditions presque pareilles d'âge n'en avaient donné que 3,1 pour 100, différence à vrai dire minime. Si l'on se bornait à comparer les décès, on trouvait dans la famille directe 11,7 pour 100 de décès par cancer et dans la belle-famille 9,5 pour 100. Cette statistique semblerait donc en faveur de l'hérédité.

Bashford (3) a procédé autrement. Dans les hôpitaux de Londres il a fait recueillir près de 3000 observations de cancer. Parmi celles-ci il y en avait 669 dans lesquelles un interrogatoire concernant l'hérédité avait été fait. Sur ce chiffre 58 malades accusaient un père cancéreux et 114 une mère cancéreuse. Autrement dit, sur 669 décès adultes d'hommes (pères) il y avait eu 58 décès par cancer ou 1 sur 11,5 et sur 669 décès d'adultes femmes (mères) il y avait eu 114 décès par cancer ou 1 sur 5,8, proportions assez voisines de celles de l'état civil anglais pour 1906 (1/11 et 1/8 pour la population des deux sexes, âgée de plus de 35 ans). Bashford conclut que l'influence de l'hérédité n'est pas apparente. Mais M. R. de Bovis (4) fait cette critique, qui montre une fois de plus qu'on peut faire dire aux statistiques le blanc et le noir : « Les pères ou mères des cancéreux de M. Bashford n'appartiennent pas à la génération de 1908 qui est celle

(1) Giard, *Controverses transformistes*, note B.
(2) Weinberg et Gastpar, *Zeitch. f. Krebsforschung*, 1904, t. II, 3.
(3) Bashford, *Proceed of the Royal Soc. of med.*, 1909.
(4) L'hérédité en tant que facteur étiologique du cancer, *Semaine médicale*, 1910.

de ses malades, mais à la précédente, et durent succomber en moyenne dans les trente ans qui précédèrent 1908, année de l'enquête Bashford. Or en 1908 la fréquence apparente du cancer en Grande-Bretagne ou tout au moins à Londres était près de moitié moindre. Par conséquent les malades de M. Bashford auraient dû avoir deux fois moins d'antécédents cancéreux pour qu'on fût en droit de soutenir l'indifférence de l'hérédité. Bref la statistique du Directeur de l'Institut de Londres prouve justement ce qu'il s'efforce de nier. » M. de Bovis ne croit pas non plus qu'on puisse encore déduire de la statistique Bashford l'influence de l'hérédité, parce que celle-ci a supposé que seuls avaient une hérédité négative ou positive les malades pour lesquels la feuille d'observation spécifiait un interrogatoire sur ce point, tandis que parmi les observations muettes sur l'hérédité il en fut certainement dont le mutisme provint de ce que l'enquêteur n'avait rien découvert de suspect.

M. de Bovis a pourtant essayé d'appliquer la méthode de calcul de Bashford aux trois grandes enquêtes menées il y a quelques années en Allemagne, en Hollande (1900) et en Hongrie (1904).

L'enquête allemande sur 9147 fiches avec enquête anamnestique positive fournit une hérédité cancéreuse de 9,8 pour 100. L'enquête hollandaise sur 878 malades donne 8,7 pour 100, la Hongroise sur 1633 malades 3,6 pour 100. M. de Bovis, reprenant ces chiffres et comparant le pourcentage d'hérédité obtenu par les enquêtes avec le pourcentage de décès par cancer dans la mortalité générale, telle qu'elle existait dans la génération des pères et mères, c'est-à-dire une trentaine d'années plus tôt, aboutit à la conclusion que la réponse en faveur de l'hérédité est positive en Hollande et en Allemagne et négative en Hongrie.

Cette contradiction n'arrête pourtant pas M. de Bovis, qui fait valoir la faible culture de ce pays où les incurables recourent plus qu'ailleurs (?) aux charlatans et où les malades ne peuvent être qu'assez mal renseignés relativement à leurs ascendants. Il ne s'étonne donc pas que l'hérédité figure dans une proportion si faible, et, s'attachant surtout aux chiffres fournis par la Hollande et l'Allemagne, il accepte définitivement l'influence de l'hérédité, mais dans une mesure bien faible. « A l'heure actuelle évidemment il n'est pas un individu au monde qui n'ait un ancêtre cancéreux et même plusieurs. Après cinquante ans devrait donc mourir de cancer presque tout individu ne succombant pas au traumatisme ou à une maladie aiguë. Il n'en est pourtant rien et l'étude approfondie des statistiques (*Semaine médicale*, 1902, p. 297-302) rend fort problématique un accroissement réel de la fréquence du cancer. Semblable paradoxe ne peut s'expliquer que de deux manières : par la faible influence de l'hérédité qui n'augmente peut-être que d'*un quart* (proportion indiquée par les chiffres de Weinberg et Gastpar au sujet de la fréquence comparée dans la famille directe et dans la belle-famille) les risques de cancérisation de l'individu issu de souche cancéreuse et par l'action immunisante, également héréditaire, qui empêche la tare néoplasique de dépasser une ou deux générations. Ainsi s'explique peut-être que les souris de Bashford, dont il sera question plus loin, malgré leurs 3/4 ou 15/16 de « sang cancéreux », n'aient pas fourni de sujets cancéreux en proportion notablement supérieure à la normale. »

Parmi les publications récentes faites dans un esprit scientifique et portant sur une série de cas d'une certaine importance est celle de Hillier et Pearson (in *Arch. of Middlesex hosp. II. Cancer report*), en 1904. Or, en ne se basant, afin d'obtenir des résultats plus aisément comparables, que sur la statistique fournie par ces auteurs pour le sexe féminin, on trouve 2368 cancéreuses dont 359 avaient des antécédents cancéreux et 2009 n'en avaient pas. D'autre part, sur une série de 753 malades non cancéreuses, 102 avaient et 651 n'avaient pas d'antécédents cancéreux. Si on fait les calculs nécessaires pour rapporter ces chiffres de part et d'autre à 1000 malades, le chiffre exprimant la corrélation entre la présence du cancer et le facteur héréditaire est de 0,0335. En ne tenant compte que du coefficient de probabilité d'erreur dans la numération, coefficient que l'auteur estime lui-même à 0,04, on aboutit à un résultat purement négatif. C'est à la même conclusion qu'aboutit le Dr Haucouët (Examen critique des arguments de l'hérédité du cancer. *Th. de Bordeaux*, 1909) exposant les idées du Dr Maurice Guillot, chirurgien des hôpitaux du Havre.

L'examen critique de tant de statistiques aboutit donc — soit à la conclusion de M. de Bovis : l'hérédité du cancer se réduit à une faible prédisposition, — soit à celle de Ledoux-Lebard : il n'est pas à l'heure actuelle une seule donnée qui nous autorise à affirmer scientifiquement ni à nier absolument l'hérédité.

Ce dernier m'écrivait même en juin 1910 : « Je suis plus convaincu que jamais de la non-existence de l'hérédité cancéreuse contre laquelle plaident de nombreux arguments que je n'ai pas eu le loisir de développer dans mon rapport et parmi lesquels il convient de retenir particulièrement, à mon sens, la fréquence des cancers apparaissant sur des lésions cicatricielles, *sur du tissu de nouvelle formation*, puis ce fait que les tumeurs malignes apparaissent avec une fréquence croissante avec l'âge (recherches de Bashford, etc.) qui, s'il n'est pas absolument contraire à un certain nombre de nos notions sur l'hérédité, est cependant, en bonne logique, plutôt défavorable à une semblable hypothèse. Ces deux arguments nous amènent presque fatalement, si nous voulons défendre la cause de l'hérédité, à faire du cancer une maladie *humorale*, diathésique, alors que toutes les données anatomo-pathologiques modernes ne me semblent guère pouvoir se concilier qu'avec l'idée d'une affection *exclusivement locale* à ses origines. D'autre part, les quelques travaux de recherche expérimentale poursuivis et publiés depuis deux ans continuent à être contraires à la théorie de l'hérédité ou à ne lui apporter aucun soutien. Enfin en ce qui concerne les observations de familles cancéreuses rien de bien saillant n'est venu à ma connaissance, et d'une étude plus complète des faits antérieurs se dégage seulement pour moi, plus fortement encore qu'auparavant, la nécessité qu'il y a de soumettre à une critique extrêmement rigoureuse les travaux publiés sur ce point avant de se baser sur eux, et c'est ainsi, par exemple, qu'une étude consciencieuse et véritablement scientifique des causes de mort dans la famille napoléonienne ne permet guère d'y voir, comme on le fait généralement, un exemple d'hérédité cancéreuse. »

Arguments tirés de la clinique et de l'expérimentation.

Enfin que nous montrent l'observation clinique et l'expérimentation? D'abord avec Delbet il convient de distinguer entre le cancer et toute une série de néoplasmes qui n'ont avec lui aucune connexion immédiate et aussi entre les différentes formes histologiques des tumeurs malignes, ce qui n'a guère été fait jusqu'à présent et paraît bien difficile à réaliser. Il semble que la plupart des observations publiées se rapportent à des cancers épithéliaux et on ne cite pas un seul fait de sarcome indiscutable (une ou deux observations de mélano-sarcomes de l'œil ne paraissent pas entièrement à l'abri de la critique).

Peut-on prouver la transmission directe d'une tumeur maligne de la mère au fœtus?

Les observations de grossesse chez des femmes cancéreuses ne sont pas d'une grande rareté. Or les quelques cas dans lesquels on a trouvé une tumeur maligne chez le fœtus sont passibles des critiques adressées par Ménétrier à l'observation célèbre de Friedreich. Celui-ci trouva un noyau cancéreux dans le genou gauche d'un fœtus, dont la mère succomba à un cancer primitif du foie, diagnostiqué pendant la grossesse et rapidement généralisé. Mais on pourrait admettre une métastase par embolie à travers le placenta consécutivement à quelque lésion de celui-ci et Cohnheim ne trouvait d'autre argument en faveur d'une hérédité vraie que la différence de volume entre les cellules du noyau fœtal et celles des tumeurs de la mère.

Ledoux-Lebard n'a pas trouvé un seul cas net d'hérédité dans les nombreuses observations de cancer juvénile [1].

Chez l'animal, les recherches de Morau, Borrel, Lœb, etc., tendent à faire admettre l'existence, en particulier chez la souris, d'épidémies cancéreuses apparaissant dans un même élevage. « L'expérience directe, dit en substance Borrel, est tout à fait contraire à la notion de l'hérédité cancéreuse chez la souris. »

Bashford, directeur de l'Institut de Londres, ayant croisé des souris atteintes de cancer spontané avec d'autres et leurs rejetons avec de nouvelles générations entachées de la même hérédité, obtient des individus ayant 1/2, 3/4, 15/16 de « sang cancéreux » et, ne voyant pas apparaître des cancers spontanés avec une fréquence proportionnelle à la tare héréditaire, estime que l'hérédité ne mérite guère de créance [2].

[1] *Rapport à l'Association française pour l'Étude du cancer*, 1908.
[2] E. F. Bashford, *Proceed of the Royal Soc. of med.*, 1909, t. II, 3, p. 63-75.

Tyzzer [1], ayant obtenu par croisements trois classes d'unions entre souris, constate que sur 98 individus la classe où les deux parents étaient cancéreux n'était représentée que par une seule union, n'ayant donné qu'un seul rejeton qui vivait encore et semblait bien portant. Les deux parents indemnes avaient fourni 68 rejetons, parmi lesquels 9 eurent des tumeurs (15 pour 100). Quand l'un des deux parents était cancéreux, il y eut 29 rejetons dont 11 se cancérisèrent (38 pour 100). Il semblerait donc que les souris issues de souche cancéreuse fournissent trois fois plus de cancers. Mais, quand on n'envisage que les souris âgées de plus de six mois, âge qui est la pleine maturité des souris, la prédisposition se réduit, pour les animaux les plus vieux, à une fois et demie.

On objecte encore à cette statistique que la race et les conditions de milieu ont une grande influence : des souris allemandes empruntées au laboratoire d'Ehrlich à Francfort et transportées à Christiania se montrèrent, au bout de quelque temps, aussi réfractaires à des inoculations avec le sarcome d'Ehrlich que les souris norvégiennes (Haaland) [2].

Et en résumé, si laissant de côté toutes les théories, nous envisageons les éléments d'appréciation fournis par la statistique, l'expérimentation et la clinique, nous dirons avec M. Ledoux-Lebard que toutes les opinions émises peuvent se ramener à trois groupes.

Le plus nombreux admet sans conteste l'hérédité des tumeurs malignes; — un second tempère cette croyance de restrictions plus ou moins nettes — et amène par une transition insensible jusqu'à l'opinion qui réduit l'influence héréditaire à une certaine « prédisposition » tissulaire, organique ou individuelle, telle qu'on en peut relever dans toutes les maladies les plus nettement infectieuses et dans les aptitudes intellectuelles [3].

HÉRÉDITÉ NERVEUSE

Hérédité des réactions nerveuses et des maladies du système nerveux. La famille névropathique. — Les dégénérés.

Bien que l'hérédité de beaucoup de maladies nerveuses considérées isolément ait été acceptée par les médecins de presque tous les temps, c'est seulement vers le milieu du siècle dernier qu'est née la conception d'une prédisposition générale à toutes les maladies nerveuses transmise

(1) E. E. TYZZER, *Fifth Report of the Cancer Commission of Harvard University*, 1909, p. 153.

(2) M. HAALAND, *Norsk. Mag. for Lægevidenskaben*, fév. 1907.

(3) Cf. encore COLLOMB (A.-H.). L'hérédité cancéreuse. *Thèse de Lyon*, 1909-1910.

héréditairement et d'un désordre général du système nerveux existant dans certaines familles pour s'y manifester sous des formes diverses à travers les générations successives. Le *Traité philosophique et psychologique de l'hérédité naturelle* de P. Lucas (1850), le *Traité des dégénérescences*, de Morel (1857) et la *Psychologie morbide dans ses rapports avec la philosophie de l'histoire*, de Moreau (de Tours) (1859), sont dans notre pays les premières œuvres dans lesquelles ait été posée nettement cette question.

La parenté de l'aliénation mentale avec les diverses névroses fut dès cette époque nettement prouvée. Charcot, Mœbius, Féré, et bien d'autres ont fait la même preuve pour les autres maladies du système nerveux; l'opinion « que la plupart des maladies nerveuses, avec ou sans lésions accessibles à nos moyens actuels d'investigation, ont un fonds commun d'origine, font partie d'une même famille et sont unies entre elles par un facteur commun, qui est l'hérédité », ne rencontre guère plus de contradicteurs.

On n'a pas encore fourni une explication sur la manière dont s'effectue la transmission de cette névropathie héréditaire. On a supposé qu'elle résulte d'arrêts du développement, frappant certains éléments anatomiques dans telle ou telle région du système nerveux. Arndt pense que l'arrêt du développement des cellules nerveuses ganglionnaires et des fibres nerveuses les rapproche de l'état embryonnaire. Ainsi s'expliquerait l'analogie dans la manière défectueuse dont fonctionne le système nerveux chez les enfants et chez les névropathes (excitabilité exagérée avec tendance à l'épuisement rapide). Chez les aliénés et les paralytiques généraux, Arndt a constaté dans le cerveau, la moelle et les ganglions spinaux des arrêts de développement qu'il regarde comme la cause de l'aliénation. Schulze, Pick font remonter aussi beaucoup de lésions de la moelle à des arrêts de développement. L'anatomie pathologique tend à confirmer ce qu'a tout d'abord montré la clinique, que les maladies nerveuses sont la conséquence d'une déchéance de l'organisme, de la dégénérescence de l'individu.

La transmission héréditaire des maladies nerveuses peut s'opérer suivant deux modes : hérédité *similaire* (homologue), l'enfant héritant de la maladie même de ses ascendants, — ou *dissemblable* (hétérologue), si l'hérédité nerveuse se manifeste chez lui par une autre maladie que celle de ses générateurs.

Mairet (1) estime que l'hérédité dite dissemblable n'existe pas en aliénation, mais que la diathèse transmise par hérédité peut agir plus spécialement sur le système nerveux prédisposé, les manifestations mentales pouvant relever des troubles physico-chimiques qui caractérisent la diathèse, de sorte que le traitement doit viser celle-ci.

Comme l'hérédité normale, elle peut s'effectuer : 1° directement (hérédité immédiate); 2° avec prépondérance des caractères de tel ou tel des

(1) Mairet, 5e *Congrès de méd. int.*, Nancy, 1896.

générateurs; 3° en retour ou par atavisme; 4° aux périodes correspondantes de la vie (hérédité homochrone).

Pour suivre M. J. Dejerine [1], nous étudierons d'abord l'hérédité dans les maladies du système nerveux sans lésions anatomiques constantes (psychoses et névroses). La délimitation est souvent malaisée entre l'hérédité psychologique normale et l'hérédité psychologique morbide. Il y a peu d'individus, même parmi ceux qui sont réputés sains d'esprit, qui ne présentent quelques irrégularités psychiques. Les auteurs comme Griesinger, Esquirol, Jacobi, ont mis en lumière le rôle que joue dans les psychoses la réaction de la personnalité psychique contre les excitations qui l'assaillent sans cesse et la dissociation plus ou moins accentuée des idées et des sentiments constitutifs du *moi*. Les citations suivantes peuvent montrer le rôle que joue l'affaiblissement du moi par la désagrégation de ses éléments dans la transmission de l'hérédité nerveuse.

« Le conflit de l'impulsion et du moi, qui a lieu dans l'homme à l'état normal, est tranché en dernière analyse par le moi et constitue la liberté de l'homme. Originairement l'homme n'est pas libre, il ne l'est qu'autant qu'il lui vient une masse d'idées bien coordonnées qui constituent un noyau solide, le moi. L'enfant n'est pas libre, parce que son moi n'est pas encore assez énergique pour mettre en lutte des complexus d'idées fortement enchaînées (Griesinger). »

« L'homme le plus raisonnable, s'il veut s'observer soigneusement, aperçoit quelquefois dans son esprit les images, les idées les plus extravagantes ou associées de la manière la plus bizarre. Les occupations ordinaires de la vie, les travaux de l'esprit, la raison, distraient de ces idées, de ces images, de ces fantômes (Esquirol). » L'éducation a pour but de fortifier le *moi* chez les enfants et elle y réussit d'autant mieux que l'hérédité transmet à ceux-ci de bons éléments nerveux. Mais « les psychopathies affaiblissent et finissent par anéantir le *moi* des malades. Une grande prédisposition héréditaire et le trouble psychique que l'on trouve généralement à l'état latent, chez les membres des familles entachées du vice phrénopathique, trouble qui se traduit par des singularités d'esprit et de caractère, empêchent la formation d'un *moi* solide et énergique, constitué par des complexus d'idées fortement enchaînées. Ainsi la faiblesse et l'inconsistance de la personnalité morale, et par conséquent une sorte de faiblesse irritable et le peu de résistance que le *moi* oppose à toute suggestion, à toute idée, à tout désir, à toute impulsion, constituent le fait primordial, essentiel, le phénomène psychologique fondamental dans les psychopathies, et aussi leur résultat immédiat, inévitable, fatal ».

Si nous constatons l'*insuffisance héréditaire du « moi »*, c'est-à-dire de la résistance aux sollicitations extérieures, l'*hérédité des passions*,

(1) DEJERINE, L'hérédité dans les maladies du système nerveux. *Th. d'agrég. de Paris*, 1886.

c'est-à-dire de certaines attractions de notre être moral, n'est pas niable. Or, l'hérédité des passions mauvaises, celles du *jeu*, du *libertinage*, de l'*avarice*, confinent à l'état pathologique ou y conduisent. Maudsley dit avoir observé fréquemment que les descendants d'hommes ayant acquis de grandes fortunes, après beaucoup de peines et de privations, présentent les signes de la dégénérescence physique et mentale. Tout au moins observe-t-on chez beaucoup d'entre eux une fourberie et une duplicité instinctives, un extrême égoïsme, une absence de vraies idées morales.... L'extrême passion pour la richesse, absorbant toutes les forces de la vie, prédispose à une décadence morale, ou intellectuelle et morale tout à la fois.

L'*hérédité de la tendance au vol* est admise généralement par les aliénistes et les recherches statistiques mettent en évidence la fréquence des cas d'aliénation mentale et des névroses diverses dans la parenté des criminels et chez les criminels eux-mêmes.

L'hérédité joue le rôle prépondérant dans le développement de la *folie*; les causes banales, chagrins, fatigues, excès de tout genre, ne sont que des occasions qui mettent à nu la prédisposition héréditaire latente. La folie ne se développe pas chez le premier venu, il lui faut un terrain préparé, et ce terrain, c'est l'hérédité qui le prépare. M. Trélat l'appelait la cause des causes (¹).

Toutefois les opinions des aliénistes laissent un assez grand écart entre leurs extrêmes opposés. Woods Hutchinson a colligé ces opinions diverses (²). Il a établi la statistique suivante, relativement à la fréquence des prédispositions héréditaires, d'aprés les rapports d'une cinquantaine d'asiles des États-Unis, représentant 54000 cas de folie, parmi lesquels 5093 cas (9,4 pour 100) ont pu être considérés comme héréditaires, l'aliéné ayant eu un ou plusieurs parents aliénés. Mais beaucoup de statistiques d'asiles ne font pas mention de l'hérédité, et d'autres n'ont pas de classement suivant les causes. Woods Hutchinson estime qu'on peut admettre la proportion de 22,6 pour 100 d'influence héréditaire, en se basant sur l'ensemble des cas observés dans les asiles anglais et allemands.

Les statistiques antérieures ont varié de 0,6 à 55 pour 100. Les voici avec les noms de leurs auteurs : Maudsley trouvait 16 cas héréditaires sur 50; Trélat, 45 sur 75; un rapport du gouvernement français en 1861, 550 sur 2000; Burrows, 6/7; Moreau de Tours, 9/10; Martini, 1/5; Esquirol, 1/4; Jacobi, 24 sur 220; Hagen, 26 sur 187; Mitchell, 20 sur 64 chez les pauvres, 5/5 chez les riches; Bergmann, 1/3; Emmert, 75 pour 100; Marcé, 9/10; Leidesdorf, 25 pour 100; Hill, 1/4

Plus il y a de cas de névroses et surtout de cas de folie parmi les ascendants, plus l'individu est apte à délirer sous des influences insignifiantes. L'hérédité bilatérale ou convergente offre donc le maximum du

(¹) M. Trélat, Des causes de la folie. *Ann. méd.-psych.*, 1856.

(²) Hutchinson, The influence of heredity in the prevention of diseases. *Med. News*, 13 fév. 1892.

danger pour la descendance. Baillarger avait constaté que l'influence maternelle était surtout redoutable[1]. Suivant Esquirol, les enfants nés avant que la folie ait éclaté chez leurs parents seraient moins exposés à devenir aliénés que ceux qui sont conçus après. La transmission peut sauter une génération, épargner dans une même famille tous les enfants du même sexe, ou un enfant entre deux autres (Marcé) [2].

La *folie gémellaire*, c'est-à-dire existant chez deux frères jumeaux, a été vue par Esquirol, Moreau, Morel, Mickle, Ball; elle a pu se manifester sous la forme du suicide (Baume). D'ailleurs deux frères ou sœurs non jumeaux qui deviennent aliénés ont le plus souvent un délire semblable ou analogue [3].

La consanguinité, comme nous l'avons vu, paraît ne favoriser la folie que s'il existe des tares familiales, en portant au carré l'hérédité (Paul Bert). Toutefois Falret conseille d'éviter les unions consanguines, personne n'étant assuré de l'excellence de sa race.

Le rôle de l'hérédité n'est pas également prépondérant dans toutes les formes de vésanie.

Ainsi, dans la genèse de la manie et de la mélancolie, l'influence la plus grande appartient aux causes extrinsèques, la prédisposition héréditaire joue un rôle moins actif. Mais, de même que l'existence d'un accès de manie ou de mélancolie, même après la guérison en apparence complète, constitue une tare personnelle pour l'individu et crée dans l'avenir une aptitude aux récidives, de même il devient une menace pour ses descendants.

La prédisposition héréditaire peut demeurer latente pendant un nombre d'années plus ou moins grand. Elle peut ne manifester son influence qu'en faisant éclater la folie aux mêmes âges, aux mêmes périodes physiologiques, puberté, ménopause ou sénilité, sous l'influence des mêmes conditions, puerpéralité (Ed. Toulouse) [4].

On peut voir à diverses époques de sa vie l'individu présenter des troubles psychiques en apparence très différents, tels que le délire des grandeurs, le délire de persécution, et ces délires ont été, jusqu'à Magnan, considérés comme des états morbides indépendants. Cet auteur, au contraire, y a vu les diverses étapes d'un seul état morbide qu'il a décrit sous le nom de *délire chronique*. Le délire chronique est, dans cette conception, une affection à marche lente, à durée très longue, comprenant quatre périodes : période d'inquiétude (troubles psychiques et somatiques assez vagues, insomnie, troubles digestifs, tendance à l'isolement), période de manie de persécution, ayant pour base essentielle des hallucinations sensorielles, période de manie des grandeurs, et enfin démence.

Or l'hérédité est la cause principale de ce délire chronique : dans les

(1) Baillarger, *Recherches statistiques sur l'hérédité de la folie*, 1844.
(2) Marcé, *Traité des maladies mentales*, 1862.
(3) Brunet et Vigouroux, *Congrès de Clermont-Ferrand*, 1894.
(4) Toulouse, De l'hérédité dans les maladies mentales. (*Rev. gén.*) *Gaz. des hôp.*, 1895.

antécédents de famille des malades on retrouve des accès maniaques ou mélancoliques, des intoxications avec délires, diverses anomalies psychiques ayant abouti au suicide, à l'homicide, à divers crimes ou délits. Mais cette hérédité peut ne se démasquer qu'à un âge assez avancé, et avant les premières manifestations de la maladie rien dans les mœurs, les habitudes, l'état intellectuel du futur délirant ne pouvait dénoncer sa tare secrète.

L'hérédité similaire est plus rare dans les maladies mentales que l'hérédité dite dissemblable, ou pour parler plus justement, par transformation. L'*impulsion au suicide* paraît être une des plus directement héréditaires. Pendant deux, trois générations dans la même famille, le suicide a pu faire cinq, six victimes et plus (Gall, Esquirol, Falret, Moreau, Cazauvieilh, Marc, Lucas), dix en cinquante ans (Le Roy). Dans le cas de Maccabruni, sur sept enfants d'un suicidé, trois se sont suicidés, et un autre, qui était mort assassiné, avait laissé un enfant qui se suicida (Dejerine). Les suicides familiaux s'accomplissent souvent au même âge, de la même manière (dans un bain), avec la même arme, pistolet ou rasoir, au même lieu. Il y a dans cette remarquable particularité une raison de penser que la prédisposition héréditaire est doublée de la suggestion incessante due au souvenir des suicides antérieurs. Les choses se passent comme dans le cas où plusieurs soldats se suicident successivement dans la même guérite ou se pendent au même clou. Il est peut-être excessif de dire avec Marc que la disposition héréditaire ne dégénère en suicide que par l'exemple; mais on peut admettre que la contagion délirante actionne et fortifie la prédisposition héréditaire (Toulouse).

On a signalé l'*impulsion à l'infanticide* chez une mère et sa fille (Olhaven, *in* Ribot). La plupart des impulsions, phobies (hématophobie, hydrophobie), l'hyperhydrose émotionnelle, des obsessions, la recherche angoissante du mot, la manie du discours nocturne, la manie des achats, le besoin involontaire de rire (Magnan) peuvent se rencontrer chez plusieurs individus de la même famille et dans des générations successives.

Dans les folies intermittentes l'hérédité joue un rôle encore très marqué; de même dans les folies dites diathésiques ou sympathiques, c'est-à-dire dans toutes celles qui surviennent au cours d'un état physiologique ou pathologique, qui ne fait que révéler, par leur incorrecte ou excessive réaction contre les excitations morbides, la vicieuse constitution des cellules nerveuses, telles que l'individu les tient de ses ascendants.

L'hérédité pathologique se manifeste d'une manière particulièrement complexe dans les cas où coexistent chez le même aliéné plusieurs délires d'origine différente, ainsi que Magnan l'a montré le premier. Ainsi on peut voir un délirant chronique à forme mélancolique être atteint en même temps d'épilepsie et de délire alcoolique. Ces divers délires peuvent évoluer ensemble et sans se mélanger. Or, la tare héréditaire chez ces malades est complexe elle-même; assez souvent l'hérédité est similaire soit pour la vésanie, soit pour la névrose épileptique. Les influences paternelle et maternelle convergent pour donner non plus un produit hybride de dégénérescence, mais un descendant qui les réunit sans les confondre.

Si l'hérédité joue un rôle plus ou moins exclusif dans toutes les psychopathies, il y a des états morbides qui sont si spécialement sous la dépendance de l'hérédité et qui, de ce fait même, ont une évolution si caractéristique, qu'on les a isolés sous le nom de *folies héréditaires*.

Les individus qui en sont atteints ou doivent en être atteints se font reconnaître dès leur naissance par des *stigmates* physiques et psychiques.

Les *stigmates physiques* se trouvent, pour ainsi dire, tous accumulés sur l'idiot des asiles, dernière expression de la dégénérescence héréditaire; mais ils existent aussi, en plus ou moins grand nombre, et plus ou moins accusés, chez les simples déséquilibrés. Du côté du squelette on a relevé les déformations du crâne (microcéphalie, hydrocépalie, acrocéphalie, plagiocéphalie, scaphocéphalie, dolichocéphalie, etc.), des anomalies dans l'état interne des os, leur mode de développement, leur ossification et leurs sutures; asymétrie faciale, incurvation du rachis, apparence rachitique des os des membres, doigts palmés ou surnuméraires, pieds bots, pieds plats); voûte palatine étroite et ogivale, dents irrégulièrement implantées, se cariant facilement, prognathisme, développement exagéré et proéminence du maxillaire inférieur, becs-de-lièvre. Le système musculaire est en état de flaccidité ou d'atrophie. Les fonctions digestives sont perverties : appétit glouton, perversion du goût, mérycisme. On constate chez les héréditaires des arrêts de développement multiples : persistance du trou de Botal, phimosis, hypospadias, descente tardive des testicules, imperforation et cloisonnement du vagin, des troubles fonctionnels de l'appareil génito-urinaire (incontinence d'urine, perversions sexuelles, troubles menstruels). Du côté des téguments, des troubles vaso-moteurs se traduisant par la coloration violacée, la sensation permanente de froid au contact, une odeur spéciale qui trahit des anomalies dans la nutrition et l'excrétion d'acides gras par les glandes, l'adiposité, le myxœdème, la pauvreté et l'exubérance du système pileux (barbe et moustaches chez les femmes), le double tourbillon des cheveux, trace d'une anomalie de développement de l'extrémité céphalique du canal vertébral (Féré).

Les organes des sens se font remarquer chez les héréditaires par la multiplicité de leurs anomalies. Pour l'œil : strabisme, cécité congénitale, amblyopie, épicanthus, daltonisme, coloboma irien, pigmentations irrégulières de la choroïde, albinisme, rétine pigmentaire, déformations de la pupille, émergence irrégulière de l'artère centrale de la rétine.

Pour l'oreille : surdi-mutité, adhérence du lobule, absence d'ourlet marginal, tendance au nivellement du pavillon, anomalies de l'hélix, notamment un prolongement de la racine de l'hélix qui, rejoignant l'anthélix, sépare ainsi la conque en deux parties.

Pour la parole : vices de prononciation, bégaiement, blésité.

Gutzmann(¹) a publié une statistique intéressante sur l'hérédité de la surdi-mutité et de certaines altérations fonctionnelles du langage. Sur 548 sourds-muets, 45 pour 100 l'étaient de naissance; chez 17 pour 100 l'affection était héréditaire et dans 12 de ces cas les parents étaient sourds-muets tous deux. Quatre fois seulement on a pu mettre en cause la consanguinité. Une enquête faite dans l'Amérique du Nord sur plus de 5000 sourds-muets des asiles de l'Illinois, de l'Indiana et du Kentucky, l'hérédité a été trouvée dans 50 pour 100 des cas. La transmission des anomalies du palais n'a été constatée que dans 5 pour 100 des cas. Le sigmatisme latéral se transmet fréquemment par l'hérédité : il y a des familles dont tous les membres présentent ce défaut de prononciation.

Sur 152 cas de bégaiement, 59 c'est-à-dire 38 pour 100 étaient héréditaires.

Le système nerveux surtout est le siège de désordres fonctionnels d'une extrême importance : migraines, vertiges, convulsions, tics, chorées, perversions de la sensibilité cutanée ou viscérale, hallucinations, troubles du sommeil (insommies, cauchemars, somnambulisme, narcolepsie).

Et les *stigmates d'ordre psychique* ne sont pas moins saisissants. Depuis l'*idiot complet*, réduit à la vie organique, à la vie des réflexes, qui n'existe que par sa moelle, s'élève une série de dégénérés : l'idiot chez lequel persistent certaines facultés ne nécessitant pas le contrôle du jugement (*idiot musicien*, *idiot calculateur*, *idiot avec adresse manuelle*); l'*imbécile*, moins déshérité, parfois éducable et utilisable; le *débile* ou faible d'esprit, chez lequel existent les facultés intellectuelles, très inégalement développées, mais dépourvu de pondération, pouvant avoir une mémoire excellente avec un jugement faible, des appétits violents, des sentiments affectifs exagérés, mais ne possédant jamais le jugement, seul critérium de la véritable intelligence.

Enfin la série des héréditaires est couronnée par le *dégénéré supérieur* (Magnan), capable d'acquérir une instruction étendue, doué souvent de facultés brillantes (génies partiels, de F. Voisin), mais dont tous les dons sont frappés de stérilité par leur manque d'équilibre, leur désharmonie, et qui surtout se fait remarquer par l'affaiblissement de la volonté.

Sur ce terrain intellectuel et moral des héréditaires, l'évolution des psychopathies s'accomplit d'une façon si particulière qu'on a pu de nos jours réunir sous le nom global de *folie des dégénérés* (Magnan) une foule de désordres mentaux désignés par les anciens auteurs sous les noms variés de monomanie raisonnante ou affective, monomanie instinctive ou impulsive, *moral insanity*, délire des actes, manie de caractère, folie lucide, pseudo-monomanie, esthésiomanie, folie raisonnante ou morale, folie avec conscience, folie affective, et tant de monomanies comme la folie du doute, l'agoraphobie, la dipsomanie, la kleptomanie, l'hypochondrie morale avec idées suicides ou homicides, etc. Sous toutes ces appa-

(¹) *Soc. de méd. int. de Berlin*, 1898.

rences se dissimule la *folie héréditaire avec ses syndromes épisodiques* (Magnan), perversions morbides des sentiments ou des actes, stigmates psychiques des héréditaires dégénérés, qu'on peut mettre en parallèle avec les stigmates physiques indéniables de la dégénérescence somatique.

M. E. Charpentier[1] a entrepris de réagir contre la sévérité du pronostic que les aliénistes ont pris l'habitude de porter à propos des malades sur lesquels pèse une lourde hérédité névropathique. Sans doute il reconnaît la réalité de l'hérédité pathologique en pathologie mentale; mais il estime que son importance a été exagérée par Morel et ses successeurs. « Morel a été trop loin en admettant un mode de dégénérescence par voie héréditaire, commençant aux troubles du caractère et à la névropathie chez les ascendants, passant par la folie ou les névroses graves chez les descendants, pour aboutir à l'idiotie ou à la stérilité dans la descendance ultime. Ce mode de dégénérescence existe, mais il n'est pas constant, il n'est pas fatal et il peut même rétrograder. » A côté de l'hérédité progressive, Charpentier a appelé l'attention sur l'*hérédité régressive*, en vertu de laquelle dans la descendance les traits pathologiques sont de moins en moins accentués, dessinés, esquissés, au point de se terminer plus tard par le retour à l'équilibre nerveux, physiologique, normal. D'abord parmi les enfants d'un fou, il n'est pas rare d'en voir un ou plusieurs qui ne présentent aucune tare héréditaire même névropathique, non seulement quand la mère était saine au point de vue nerveux, mais même lorsque l'hérédité névropathique est convergente. Ces cas échappent à l'attention parce qu'ils ne sont pas publiés, les statistiques sur la descendance des aliénés ayant été jusqu'ici limitées à l'étude de la descendance pathologique. M. Charpentier a cité deux familles observées par lui et qui légitiment son optimisme; le cas le plus frappant est celui d'une femme de cinquante-cinq ans, dont le père était épileptique et dont la mère s'est suicidée; mariée jeune à un alcoolique qui s'est suicidé également, elle a eu trois enfants qui se sont établis, bien sains et sans aucune tare héréditaire; elle-même n'a d'autres symptômes que des troubles dyspeptiques, quelques migraines et douleurs erratiques, sans aucun trouble intellectuel, ni excentricité.

Quand on est appelé à porter un pronostic sur un malade, si l'examen de ses antécédents héréditaires décèle une névrose ou une vésanie très grave dans la première génération, moins accentuée dans la seconde, et moindre dans la troisième, on peut espérer voir dans celle-ci une marche vers l'hérédité régressive; au contraire on portera un pronostic plus grave et on craindra l'hérédité progressive si on voit la névrose ou la vésanie s'accentuer à chaque génération.

Neurasthénie. — Le plus souvent cet état névropathique, qui est « à cheval sur les névroses et les psychoses » (F. Raymond), est héréditaire.

(1) Charpentier, De l'hérédité pathologique régressive en aliénation mentale. *Rev. génér. de clinique et thérapeutique*, 4 février 1891.

Épilepsie. — L'hérédité est considérée par la plupart des auteurs comme la cause prédisposante la plus importante de l'épilepsie. A vrai dire on ne constate pas l'épilepsie chez les ascendants directs ni collatéraux de la majorité des épileptiques. Mais la plupart des épileptiques comptent parmi leurs ascendants ou leurs proches des affections nerveuses diverses, une tare nerveuse.

L'hérédité similaire est donc beaucoup moins fréquente pour l'épilepsie que l'hérédité de transformation. Il semble que toutes les causes qui sont capables d'altérer d'une manière lente et continue la nutrition générale et par suite celle du système nerveux, puissent favoriser l'apparition de l'épilepsie : les infections à lente évolution comme la syphilis, les dyscrasies permanentes comme l'arthritisme, la goutte, les intoxications chroniques comme le plomb et l'alcool.

Ce dernier poison doit être pris en grande considération; Morel et Lucas ont affirmé l'influence de l'ivresse au moment de la conception.

Trousseau accordait une influence considérable à la consanguinité; mais les auteurs plus récents tendent à ne la reconnaître que comme une cause prédisposante pour toutes les névropathies, et encore si les conjoints sont entachés de tares morbides.

Les influences héréditaires peuvent agir en créant seulement une impressionnabilité particulière des éléments du système nerveux central, qui les faits aptes à produire les actions paroxystiques de l'épilepsie à l'occasion d'excitations légères ou graves, internes ou extérieures (intoxication, helminthiase, dermatoses, etc.). Elles peuvent aussi dans certains cas, comme la syphilis ou l'alcoolisme, produire tantôt la prédisposition générale à la tare des éléments nerveux, tantôt même des lésions encéphaliques qui directement détermineront les accès.

L'épilepsie acquise peut-elle être transmise par hérédité chez l'homme, comme Brown-Séquard nous a appris qu'il en pouvait être chez le cobaye?

Les auteurs sont divisés sur le quantum de l'épilepsie héréditaire : Morel, Lasègue [1], Delasiauve [2] l'ont niée ou considérée comme exceptionnelle. Au contraire, A. Voisin [3], Echeverria [4], Féré [5] ont observé de nombreux cas démonstratifs de l'hérédité similaire.

Hystérie. — Georget, Briquet, Hammond, Charcot ont reconnu l'hystérie comme une maladie des plus héréditaires. L'hérédité neuro-arthritique, attestant la parenté de l'arthritisme et des névroses, joue ici son rôle comme dans toutes les névropathies. On n'observe l'hérédité similaire que dans un tiers des cas; le plus souvent, il s'agit de l'hérédité de transformation. La transmission de l'hystérie se fait surtout par la mère.

(1) Lasègue, L'épilepsie par malformation du crâne. *Études médicales*, 1884.
(2) Delasiauve, *Traité de l'épilepsie.* Paris, 1854.
(3) Voisin, Art. Épilepsie. *Dic. Jaccoud*, t XIII, p. 581. Paris, 1870.
(4) Echeverria, Marriage and hereditariness of epileptics. *Journ. of med. sc.*, 1880.
(5) Féré, *Les épilepsies et les épileptiques*, 1890.

L'hystérie masculine relève aussi manifestement de l'hérédité que celle des femmes (Batault) (¹).

M. Grasset a dit que des hystériques étaient souvent engendrés par des parents scrofuleux et tuberculeux. Il est possible aussi que dans certains cas l'hystérie puisse se constituer de toutes pièces à l'occasion d'une intoxication ou d'un trauma chez un individu exempt de prédisposition héréditaire. Il est plus probable que la prédisposition névropathique héréditaire reste latente chez bon nombre d'hystériques jusqu'au jour où une cause occasionnelle vient l'éveiller et la faire apparaître.

Il n'est pas rare d'observer, dit Dutil, chez de jeunes sujets destinés à devenir plus tard des hystériques, certains troubles névropathiques sans gravité immédiate, mais dont la portée et la signification ne sauraient être contestées. Ce sont des serrements de gorge, des étouffements, des crises de vomissements, survenant sans causes appréciables ou bien à l'occasion d'émotions morales, des terreurs nocturnes, des crises de hoquet, certaines hémorragies nasales..., avant-coureurs plus ou moins lointains des grandes manifestations de la névrose et fournissant des indications pour le traitement prophylactique de l'hystérie.

Hérédité névropathique dissemblable. — Outre la prédisposition névropathique générale, il existe une transmission héréditaire d'une faiblesse congénitale, d'une vulnérabilité spéciale de tel ou tel système sensitif ou moteur, qui sera ultérieurement lésé par des causes banales et variables; c'est ainsi qu'il faut comprendre l'*hérédité des lésions cérébro-spinales systématiques*.

Le même défaut de résistance héréditaire rend compte des mêmes localisations morbides de lésions diffuses chez les membres d'une même famille.

Mais il faut distinguer des affections héréditaires du système nerveux celles qui sont la conséquence indirecte d'altérations vasculaires, méningées ou osseuses, de tumeurs du voisinage, etc. L'hémiplégie cérébrale des adultes par hémorragie ou ramollissement, si elle est la conséquence de maladies infectieuses ayant engendré des altérations vasculaires ou des embolies des artères cérébrales, ne dépend d'aucune influence héréditaire; mais elle dépend le plus souvent des anévrismes miliaires et de l'athérome artériel (c'est alors un effet secondaire de l'arthritisme, et l'hérédité de cette diathèse rend compte du rôle de l'hérédité dans la production de l'hémorragie cérébrale). Certaines paralysies de l'enfance, l'hémiplégie spasmodique infantile, dans l'étiologie de laquelle on a quelquefois signalé l'hérédité nerveuse, sont sous la dépendance d'encéphalites, de méningites pouvant aboutir à la porencéphalie, à l'atrophie cérébrale; elles reconnaissent souvent pour cause primitive une maladie infectieuse survenue dans les premiers temps de la vie ou même pendant la vie intra-utérine. Ce sont là des affections congénitales, mais non

(¹) BATAULT, Contribution à l'étude de l'hystérie chez l'homme. *Thèse de Genève*, 1885. — GILLES DE LA TOURETTE, *Traité clinique et thérapeutique de l'hystérie*, 1891.

héréditaires; ainsi est le syndrome de Little ou rigidité spastique congénitale des membres qui résulte d'un arrêt de développement du faisceau pyramidal par suite de naissance avant terme ou d'accouchement difficile.

La *paralysie générale*, dont la lésion fondamentale est une dégénérescence primitive des éléments nobles de l'écorce, a des liens indéniables de parenté avec les différentes névropathies et par conséquent subit l'influence de l'hérédité nerveuse, mais elle est très rarement héréditaire sous la forme similaire.

La paralysie générale se montre d'autant plus précoce que le nombre des ascendants atteints de troubles névropathiques ou psychopathiques est plus grand ou que leurs altérations ont été plus graves.

Elle frappe surtout la lignée masculine, dans laquelle l'hérédité directe est de 48 pour 100; l'hérédité indirecte d'oncle à neveu (qui n'est que la traduction d'une hérédité commune à tous deux) est de 12 pour 100, celle de grand-père à petit-fils de 7 pour 100. Dans la lignée féminine l'hérédité directe est de 25 pour 100, l'hérédité indirecte, seulement de 2,5 pour 100. Les frères et sœurs sont atteints dans 20,5 pour 100 des cas.

L'*ataxie locomotrice* n'est que très exceptionnellement commandée [1] par une hérédité directe et similaire, mais elle a des liens nombreux avec la famille névropathique. Trousseau, qui croyait le tabes une névrose, avait déjà signalé chez les ascendants l'idiotie, l'épilepsie, l'aliénation, le suicide, les accidents nerveux bizarres. Charcot pensa que les causes invoquées par les autres observateurs, syphilis, excès, traumatismes, n'agissent qu'à la faveur d'une prédisposition nerveuse héréditaire. Les statistiques de Landouzy et Ballet ont prouvé le rôle de l'hérédité nerveuse dans la genèse de l'ataxie, la syphilis portant son action sur les cordons d'une moelle prédisposée. L'hérédité arthritique intervient également; ainsi l'on voit fréquemment le diabète constitutionnel coexister avec le tabes chez le même individu ou dans la même famille.

La maladie familiale par excellence est la *maladie de Friedreich*, puisqu'elle a mérité le nom d'*ataxie héréditaire* : Vizioli a rapporté le cas d'une famille dans laquelle huit enfants en furent atteints et l'un d'eux engendra deux enfants également ataxiques. L'hérédité est bien similaire. mais plus souvent collatérale que directe.

A côté du type décrit par Friedreich, il y a lieu de citer l'*hérédo-ataxie cérébelleuse*, type décrit par Pierre Marie, dont P. Londe a écrit l'histoire complète (*Thèse de Paris*, 1895), en l'accompagnant de réflexions judicieuses sur les *maladies familiales* du système nerveux. « Une maladie familiale n'a pas seulement pour caractère distinctif de se rencontrer parmi plusieurs membres d'une même famille; c'est une maladie qui tend à créer, à côté du type normal de l'espèce, un type anormal et presque une variété dégénérée de l'espèce. Ainsi on peut suivre, à

(1) G. Fornaca, Influence de l'hérédité morbide sur la paralysie générale progressive. *Riv. specimenti di freniatica e di med. leg.*, 1907.

travers des générations quelquefois très nombreuses, la reproduction de la maladie familiale : l'hérédo-ataxie cérébelleuse (cinq générations), la myopathie primitive (six générations au moins), la maladie de Thomsen (cinq générations), une polyurie familiale (trois générations, Weil, cité par Souques).... On peut soutenir que chaque famille comme chaque race a une pathologie un peu spéciale. De même que la race possède dans l'espèce une individualité distincte, de même la maladie familiale constitue dans la pathologie humaine commune une chose distincte. Ainsi l'ataxie héréditaire et familiale de Friedreich est tout à fait différente de l'ataxie locomotrice commune; l'atrophie musculaire familiale forme aussi une individualité morbide; la paralysie bulbaire progressive familiale n'est pas la paralysie bulbaire progressive connue jusque-là. » Londe énumère comme maladies du système nerveux ayant été rencontrées avec le caractère familial, souvent ou rarement, l'hémorragie cérébrale (Dieulafoy), le ramollissement cérébral (Freud), la démence progressive infantile et familiale (Bouchaud), la maladie de Little, la diplégie cérébrale, la paralysie agitante, le ptosis familial (Dutil) et les paralysies oculaires familiales (Mœbius) par lésion nucléaire (Siemerling), la paralysie bulbaire progressive infantile et familiale (Brissaud et Marie, Charcot), l'ataxie de Friedreich, les atrophies musculaires familiales d'origine spinale, la paraplégie spasmodique familiale, dans quelques cas la syringomyélie, l'acromégalie, l'ataxie locomotrice par exception, la sclérose latérale amyotrophique, la paralysie infantile, la sclérose en plaques, peut-être la maladie de Thomsen, la myopathie primitive généralisée (Londe et Meige), la maladie de Dupuytren (Brissaud), le paramyoclonus multiplex, le goitre exophthalmique (Œsterreicher et Cantinela, Mackensie, Rosenberg, Jaccoud, Frænckel), coïncidant ou alternant dans la même famille avec le goitre simple (Joffroy), et tant de névroses, l'épilepsie, l'hystérie, la neurasthénie, la migraine vulgaire et l'ophthalmique, le bégaiement, les tics, les chorées, le génio-spasme familial (Massaro), le tremblement héréditaire, une paralysie périodique familiale des quatre membres et du cou, causée vraisemblablement par une intoxication (Goldflam), l'appétit de l'alcool et la facilité à délirer sous son influence, les troubles sensoriels comme la cécité, l'héméralopie, le daltonisme, la surdi-mutité, l'anosmie, l'hypogueusie héréditaire (Abundo), les maladies mentales familiales, etc.

« Pour mériter vraiment le nom de familiale une maladie doit : 1° être conforme à la loi de l'hérédité homochrone de Darwin, basée sur l'apparition des caractères héréditaires aux mêmes époques de la vie chez les ascendants et les descendants. Les maladies de famille sont celles qui frappent sans changer de forme un ou plusieurs enfants d'une même génération (Adams, *Hereditary properties of diseases. London*, 1814), cité par Charcot, *Lecons du mardi*, 1887-88); — 2° se manifester comme un trouble de développement, c'est-à-dire être indépendante d'une infection acquise ou d'un accident de la vie intra-utérine; c'est une maladie du germe ou résultant de l'union des germes.

« Les malformations congénitales méritent le nom de maladies familiales quand elles résultent du développement même de l'œuf, en dehors de tout accident intra-utérin.

« Le caractère familial est une preuve de plus, et une preuve certaine, du rôle que joue l'hérédité en pathologie, et particulièrement en pathologie du système nerveux. » (Londe.)

Dans le groupe des *atrophies musculaires*, il en est qui sont myélopathiques, c'est-à-dire dépendent d'une lésion des cellules motrices des cornes antérieures ; d'autres sont des myopathies primitives.

La paralysie infantile est une myélopathie qui a des liens de parenté avec d'autres affections du système nerveux : ataxie locomotrice, maladies mentales, paralysie générale, névroses, ont été rencontrées parmi les ascendants ou collatéraux. Elle a été vue chez des jumeaux, chez plusieurs enfants d'une même famille. Mais, comme les travaux contemporains tendent à ranger la paralysie infantile parmi les infections, et notamment parmi celles qui sévissent épidémiquement, le rôle de l'hérédité nerveuse se trouve réduit à préparer le terrain au germe infectieux.

La paralysie spinale de l'adulte peut être associée quelquefois à des troubles mentaux.

L'*atrophie musculaire progresive* peut être directement héréditaire ; 13 membres d'une même famille, 6 du sexe féminin, 7 du masculin en ont été atteints (Osler) ; en tout cas, elle est souvent liée à l'hérédité nerveuse.

L'hérédité directe ou collatérale joue un rôle encore plus manifeste dans l'étiologie des *myopathies primitives* dans leurs diverses variétés (types Erb, Landouzy et Dejerine).

La *paralysie pseudo-hypertrophique* est souvent familiale.

Il existe une forme infantile et familiale de la *paralysie bulbaire progressive* [1], qui peut être héréditaire.

On est moins fixé sur ce point à propos de la sclérose latérale amyotrophique.

Il existe des cas où le *tabes dorsal spasmodique*, qui est en général un syndrome lié aux myélites chroniques, à la sclérose en plaques, à la maladie de Little, s'est comporté à la façon des maladies familiales (Newmark, Féré).

Les diplégies cérébrales peuvent être héréditaires, ainsi que la sclérose en plaques. Celle-ci peut aussi être familiale et elle offre une parenté évidente avec toutes les névropathies et psychopathies.

Le goitre exophtalmique, syndrome pouvant résulter de causes diverses, est une manière d'être de l'état de dégénérescence (F. Raymond et P. Sérieux).

Le *tremblement essentiel héréditaire* a été signalé par Eulenbourg, Liegey, Fernet, Charcot, Debove et J. Renault, F. Raymond. Je connais une famille dont tous les membres en sont atteints dans deux générations.

[1] Fazio (de Naples), *Semaine médicale*, 26 octobre 1892.

La *chorée* est fréquente dans les familles de névropathes. La modalité spéciale (chorée chronique progressive) d'Huntington est soumise à l'hérédité similaire ([1]). Et même la chorée vulgaire de Sydenham peut faire souche de chorées semblables (Chauffard, Société méd. des hôpitaux, avril 1895).

M. Simon a communiqué à la *John Hopkin's Society* deux observations qui démontrent l'hérédité de la *maladie de Ménière*.

La *névrite optique* héréditaire a été étudiée par de Græfe, Prouff, Hutchinson, Griesinger, Leber, Despagnet, Kœnig. Elle est transmise surtout par la mère aux enfants du sexe masculin; elle apparaît généralement de vingt à trente ans.

On connaît des cas de *polyurie essentielle héréditaire et familiale*, publiés par Lacombe, Anderson, Orsi, Gabriel Pain, Weil, Ilraith. Marinesco a vu deux frères de dix-sept et quinze ans qui en étaient atteints; la mère a prétendu que pendant sa grossesse elle avait grand' soif et urinait beaucoup ([2]),

M. Cullerre ([3]) a signalé que la *mort subite* est surtout fréquente dans les familles où l'on note soit l'hérédité vésanique, soit la paralysie générale, soit des accidents de nature épileptique. Suivant cet auteur, la mort subite est alors d'origine cérébrale; c'est une manifestation de la tare névropathique, de la dégénérescence. Sur vingt et un cas de mort subite qu'il relate, la moitié concerne des sujets très jeunes. Pour tous les cas le mécanisme serait l'apoplexie nerveuse, la congestion cérébrale apoplectiforme.

Pour A. Gilbert et A. Baudoin (La mort subite héréditaire, *Presse médicale* 1908) le mécanisme de la mort subite dans certaines familles serait la syncope. Par l'étude de six familles dans lesquelles 14 personnes sont mortes subitement avec prédilection pour le sexe masculin (11 hommes et 3 femmes) ces observateurs aboutissent à la conclusion qu'il existe une « *diathèse de mort subite* » constituée par une prédisposition héréditaire à la syncope sans lésion cardiaque; d'ailleurs les médecins d'assurances considèrent la mort subite d'un ascendant comme constituant une réserve à l'établissement d'un contrat. Chez plusieurs des personnes atteintes de cette « diathèse », — réserve faite sur la justesse de ce mot employé ici dans le sens de simple prédisposition, — on relève une succession de syncopes graves avant la syncope finale. S'agit-il d'une débilité héréditaire du muscle cardiaque ou d'une méiopragie transmise du système nerveux intra-cardiaque, du pneumogastrique ou du bulbe? On ne peut méconnaître l'importance de ces faits au point de vue médico-légal comme au point de vue de l'interprétation de certaines morts subites au début de la chloroformisation, au cours de fièvres typhoïdes d'ailleurs bénignes.

(1) SAINTON, *Bulletin de la Société de l'Internat*, 1909, p. 310.
(2) MARINESCO, *Soc. de biol.*, 9 janvier 1895.
(3) CULLERRE, De la mort subite dans ses rapports avec l'hérédité névropathique. *Annales médic.-psychol*, janvier-février 1892.

L'hérédité névropathique prédispose-t-elle à contracter certaines affections, ou localise-t-elle seulement celles-ci sur le système nerveux?

Pour les infections, il est probable que dans certains cas la débilité nerveuse prédispose à les contracter. La tuberculose frappe souvent les idiots et les aliénés, les épileptiques et les hystériques (Esquirol, Portal, Grasset). Mais la plupart des faits de ce genre sont observés dans des asiles ou des hospices, où la contagion est facile; on peut s'expliquer aisément d'ailleurs que les névroses et les psychopathies dépressives rendent l'organisme plus vulnérable aux agents infectieux.

Par contre, on peut observer chez certains névropathes une résistance plus énergique aux maladies infectieuses, une fois contractées; les hystériques par exemple, ont des réactions nerveuses qui m'ont paru souvent favoriser chez elles la guérison, dans des cas de maladies infectieuses aiguës dont la gravité semblait devoir les emporter; j'ai noté le fait surtout à propos des fièvres éruptives et de la fièvre typhoïde.

En tout cas l'hérédité névropathique modifie évidemment la symptomatologie de l'infection. Chez les idiots et les aliénés, les phénomènes d'invasion sont si peu accusés, qu'on fixe difficilement le début de la maladie; les manifestations nerveuses sont plutôt de l'ordre asthénique. Les hystériques ont des phénomènes vaso-moteurs si accusés et si mobiles que le tableau clinique en est quelquefois étrangement modifié. De là ces pseudo-méningites, ces pseudo-péritonites des névropathes au cours des infections aiguës; ces congestions brusques et ces hémoptysies au cours de la tuberculose, à l'apparente gravité desquelles le clinicien sagace, instruit de l'hérédité du malade, ne doit pas se laisser prendre.

On a signalé depuis longtemps des rapports cliniques entre les névropathies et l'arthritisme, et de nos jours ces rapports ont paru si étroits que l'École de la Salpêtrière a créé le mot de *neuro-arthritisme*. Baillarger connaissait déjà la parenté du rhumatisme avec les névroses en général. La combinaison du rhumatisme et de l'hystérie est fréquente, ainsi que l'association du rhumatisme et de l'épilepsie. Depuis Bouteille, Henri Roger et G. Sée, on a admis des liens étroits entre la chorée et le rhumatisme. On sait que les encéphalopathies rhumatismales, le rhumatisme cérébral, se manifestent à peu près exclusivement chez les névropathes et le plus souvent chez les prédisposés par l'hérédité; il se traduit tantôt par des accidents comateux ou délirants, tantôt par des manifestations convulsives.

L'existence des manifestations psychiques dans les maladies du cœur s'explique chez certains sujets par l'hérédité névropathique (J.-B. Laurent [1]).

Certains auteurs ont admis une théorie névrotrophique pour expliquer la pathogénie du rhumatisme articulaire aigu; l'apparition, surtout de

[1] LAURENT, Contribution à l'étude du délire dans les maladies du cœur. *Thèse de Lyon*, 1884.

dix à vingt-cinq ans dans certaines familles, a semblé un argument en faveur d'une influence héréditaire entravant la croissance. La preuve aujourd'hui paraît faite de la théorie infectieuse de la poly-arthrite aiguë fébrile, mais il n'en est pas moins vrai que cette infection survient avec prédilection chez des sujets à hérédité névropathique.

Le rhumatisme chronique sous ses différentes formes affecte des rapports intimes avec la famille névropathique. Beaucoup de raisons militent pour l'hypothèse de l'origine centrale, médullaire, névrotrophique de cette affection, qui se montre souvent chez des individus ayant la tare nerveuse héréditaire, ou alterne dans certaines familles avec d'autres névroses vaso-motrices et trophiques ou des psychoses.

Lancereaux (*Traité de l'herpétisme*. Paris, 1883), se basant sur la fréquence des affections névropathiques (névralgies, viscéralgies, troubles trophiques et vaso-moteurs) chez les individus qu'il appelle herpétiques (et que nous appelons arthritiques), invoquant aussi la prédominance des accidents nerveux chez eux, quand ils contractent des maladies fébriles, et la symétrie des lésions, et l'hérédité, conclut que l'herpétisme est le fait de troubles de l'innervation sensitive, motrice, mentale, vaso-motrice et qu'il constitue une névrose complexe (névrose vaso-motrice et trophique).

La goutte et le diabète se montrent plus fréquemment dans les familles où domine l'hérédité névropathique que dans les autres. Ces maladies alternent avec les névroses dans ces mêmes familles ; elles sont précédées, accompagnées, suivies de troubles nerveux multiples, et nous aurons à signaler de nouveau cette parenté de la goutte et du diabète avec la névropathie à propos de l'hérédité arthritique. En ce moment disons seulement que les nerveux héréditaires sont plus sujets aux accidents nerveux, au cours de la goutte (Gairdner) et du diabète, que les autres goutteux ou diabétiques n'ayant pas cette hérédité nerveuse. La fréquente combinaison des troubles nerveux avec la goutte et le diabète, soit chez le même sujet, soit dans une même famille, a conduit Dyce Duckworth à admettre que la goutte est une affection du système nerveux, et aussi le diabète [1]. Si cette affirmation est prématurée et trop absolue, on peut du moins déduire de tous les faits précédents qu'il y a des rapports assez étroits entre la famille névropathique et la famille arthritique.

Nous ne pouvons mieux résumer la question de l'hérédité nerveuse envisagée comme facteur pathogénique qu'en citant ce passage du beau livre de Féré :

« Si nous supposons un peloton de soldats du même âge, vêtus et alimentés de la même manière, laissés l'arme au pied au milieu d'une plaine et soumis à la même action d'un vent glacial, tel sera atteint d'une pneumonie, tel autre d'une pleurésie, tel autre d'un rhumatisme articulaire, tel autre d'une paralysie faciale, tel autre d'une sciatique, etc. ; la

(1) DUCKWORTH, A plea for the neurotic theory of gout. *The Brain*, 1880.

même action banale du froid aura mis en jeu leurs différentes opportunités morbides. Les affections aiguës ou chroniques n'agissent pas autrement lorsqu'elles déterminent des troubles nerveux psychiques, sensoriels ou moteurs; elles ne font que mettre en relief une prédisposition individuelle, héréditaire ou congénitale. »

La prédisposition, c'est la maladie qui sommeille; mais tous les sujets prédisposés ne voient pas leur névropathie éveillée par le même excitant, chacun a un organe plus faible et plus excitable, dont l'irritation détermine l'explosion de la névropathie qui existait à l'état de tension. C'est ainsi qu'il faut comprendre la genèse des folies dites sympathiques et symptomatiques. Les fièvres éruptives, la fièvre typhoïde, etc., sont susceptibles d'éveiller la prédisposition névropathique et elles s'accompagnent alors de troubles nerveux, qui défigurent la maladie ou l'aggravent singulièrement; ces troubles nerveux, en général passagers comme l'affection aiguë qui les détermine, peuvent au contraire être plus ou moins permanents; l'épilepsie, par exemple, peut se développer à la suite de toutes les fièvres éruptives et s'établir à l'état définitif. Dans certains cas, l'affection comitiale se manifeste tout d'abord à l'état aigu, sous forme d'éclampsie susceptible de passer à l'état chronique. On peut dire que la plupart des maladies sont susceptibles de s'accompagner de quelques troubles nerveux chez les névropathes.

L'arthritisme n'a-t-il qu'une puissance excitatrice particulièrement active? Ou bien l'arthritisme et la diathèse névropathique sont-ils deux états congénères résultant d'un trouble de la nutrition différemment spécialisé? C'est cette dernière interprétation que j'accepte : c'est à titre d'*états de dégénérescence* que la névropathie, la scrofule, la tuberculose, l'arthritisme, etc., se trouvent diversement combinés dans les familles; et dans certaines conditions leurs manifestations se transforment ou s'excitent réciproquement.

Dans les infections et les intoxications, les accidents nerveux peuvent aussi être attribués à la mise en jeu par la prédisposition.

Dans les maladies infectieuses ou toxiques qui peuvent s'accompagner de lésions du système nerveux, l'hérédité nerveuse joue encore un rôle important, en favorisant la localisation du poison ou des toxines sur les cellules nerveuses plutôt que sur d'autres. Les paralysies alcooliques, qui sont de beaucoup plus fréquentes chez la femme, sont quelquefois en relation avec une constitution névropathique des plus nettes. L'hystérie causée par l'alcoolisme, l'hydrargyrisme, le saturnisme, l'éclampsie puerpérale, scarlatineuse, albuminurique, la sclérose en plaques ou la paralysie infantile succédant à la rougeole, à la scarlatine, à la fièvre typhoïde, ne se produisent peut-être que chez des sujets prédisposés par une tare nerveuse héréditaire. On en a pu dire autant, non sans vraisemblance, de la localisation de la tuberculose sur les méninges dans certaines familles.

En résumé, « on peut dire que dans leur généralité les accidents nerveux diathésiques, infectieux ou toxiques, comme les troubles dits réflexes ou sympathiques, doivent être considérés comme ayant leur cause primordiale dans la prédisposition ». Et cette prédisposition est presque toujours un legs familial, un fait d'hérédité [1].

HÉRÉDITÉ DES TROUBLES DE LA NUTRITION, DES DIATHÈSES

Hérédité de l'arthritisme.

L'hérédité des maladies arthritiques, proclamée par Bazin, défendue par N. G. de Mussy, a été mise en pleine lumière par la statistique clinique dans les leçons de M. Bouchard sur le ralentissement de la nutrition. Le trouble nutritif qui tient sous sa dépendance les maladies du groupe arthritique, et que M. Landouzy a proposé d'appeler la diathèse bradytrophique, et M. Fernet, dystrophique, peut être et est souvent héréditaire.

Ces maladies dites arthritiques sont les lithiases rénale et biliaire, l'obésité, le diabète, l'asthme, la goutte, certaines formes de rhumatisme articulaire chronique, les hémorroïdes, certains eczémas, certaines névralgies. Quand on interroge les malades atteints de l'une de ces maladies, on constate presque toujours que leurs ascendants souffraient soit de la même maladie, soit d'une ou plusieurs autres du même groupe; ce sont encore ces mêmes maladies qu'on trouve chez les collatéraux et chez les descendants. Il s'agit donc bien là de maladies familiales. « Ce qui est héréditaire, ce n'est pas la maladie, c'est la disposition morbide, c'est la diathèse, c'est, en d'autres termes, le trouble général de la nutrition qui est le même chez les ascendants et chez les descendants, et qui, chez les uns et chez les autres, peut aboutir au rhumatisme, au diabète, à l'obésité, à la goutte, à la lithiase biliaire, à l'une ou à plusieurs de ces maladies que relie la même altération nutritive, qui dérivent d'un tronc commun et qui constituent une même famille morbide. »

En prenant isolément chacune des maladies de ce groupe, on vérifie cette loi aisément. Ainsi pour la *lithiase biliaire*, 31 observations que citait M. Bouchard en 1879-1880 en faisaient foi; elles décelaient qu'à la vérité la lithiase biliaire est une des maladies qui s'observent le plus rarement (5 pour 100), chez les ascendants des individus qui souffrent de coliques hépatiques. Mais chez les parents des lithiasiques hépatiques

[1] Le regretté professeur RAYMOND a donné la définition suivante : « L'hérédité nerveuse est l'*aptitude à faire éclore des affections nerveuses*, conférée à un organisme vicié dans ses caractères anatomiques apparents ou dans son fonctionnement psychique ou dans les deux à la fois, par *des générateurs placés dans les mêmes conditions d'hérédité ou soumis à certaines influences pouvant agir sur le système nerveux*, telles que l'alcoolisme, le saturnisme, la syphilis, la tuberculose, etc. » (*Bulletin médical*, 3 avril 1895.)

on relève le rhumatisme articulaire 45 fois sur 100, le diabète 40, l'obésité 35, la goutte 30, le rhumatisme articulaire chronique 20, l'asthme 20, la gravelle 15, les névralgies 10, la migraine 5, l'eczéma 5. En puisant dans la littérature médicale, M. Bouchard rappelait d'ailleurs que la notion des relations de la lithiase biliaire avec les maladies dites arthritiques a été proclamée par un grand nombre de cliniciens. Dans les siècles précédents, frère Côme, Bianchi, Morgagni, Baglivi, Selle, Vater, Ferrand avaient constaté la coexistence fréquente des deux lithiases rénale et hépatique, si bien qu'on en était arrivé à admettre une diathèse calculeuse.

Les travaux plus récents ont montré que dans la pathogénie de la lithiase biliaire entre en jeu l'infection par le bacille d'Eberth ou le colibacille (Gilbert, L. Fournier), mais il reste acquis que ces infections agissent d'une façon beaucoup plus fréquente et plus rapide chez les arthritiques.

L'*obésité* est héréditaire : les tables dressées par Chambers, par M. Bouchard, et qu'on trouve dans la thèse de Worthington, le prouvent : d'après la statistique de M. Bouchard, chez 46 obèses sur 100, on pourrait retrouver l'obésité chez les ascendants. Mais en outre on trouve, chez les ascendants de 85 obèses, le rhumatisme 33 fois, la goutte 28, l'asthme 24, la gravelle 14, le diabète 14, une affection cardiaque 12, la migraine 10 fois, etc.

On sait depuis longtemps que le *diabète* est héréditaire (Rondelet, Morton, Isenflamm, Seegen, Bouchard). Ce dernier a trouvé le chiffre de 25 pour 100, Griesinger ne le trouvait que 3 fois sur 125 cas. Mais, pour apprécier exactement le rôle de l'hérédité, il ne faut pas limiter ses investigations à la recherche du diabète chez les ascendants; il faut tenir également compte des maladies qui relèvent du même type anomal de la nutrition. Or dans les 75 observations personnelles de Bouchard, ramenées au pourcentage, on trouve que chez les ascendants des diabétiques existaient : le rhumatisme 54 fois sur 100, l'obésité 36 pour 100, le diabète 25 pour 100, la gravelle 21 pour 100, la goutte 18 pour 100, l'asthme 11 pour 100, l'eczéma 11 pour 100, la migraine et la lithiase biliaire 7 pour 100.

Le diabète est d'une singulière fréquence chez les Israélites; chez eux aussi sont fréquentes les autres maladies qui dépendent du ralentissement de la nutrition. Les conditions qui produisent cette viciation des actes nutritifs, vie sédentaire du négoce et de la banque, insuffisance d'air, de lumière et d'exercice, souvent goût de la bonne chère et faculté de le satisfaire, accumulent leurs effets par suite de l'hérédité : « Citadins, ils sont fils et petits-fils de citadins. Enfin ces influences héréditaires défavorables ne sont pas corrigées chez eux comme pour le reste de la population par la fréquence des croisements entre gens de la ville et gens de la campagne. Ils se marient exclusivement entre eux et, du côté paternel comme du côté maternel, le jeune Israélite reçoit en naissant des influences héréditaires accumulées, qu'il développera à son tour et qui aboutiront aux maladies qu'engendre la nutrition ralentie et en particulier au diabète (1). »

Parmi les maladies qu'on rencontre souvent chez les ascendants des diabétiques, il faut signaler les maladies nerveuses. Les rapports héréditaires du diabète avec l'aliénation mentale ont été mis en lumière par Seegen, Zimmer, Schmidtz, Westphall. L'existence de l'épilepsie dans la famille des diabétiques a été également notée par Langiewicz, Griesinger, Lockart Clarke. Ces connexions héréditaires s'expliquent par l'influence qu'exerce sur les actes nutritifs le système nerveux dont les désordres héréditaires ou acquis peuvent perturber le métabolisme.

« L'hérédité de la *gravelle* est admise par tout le monde; ici encore il faut entendre non pas l'hérédité de la maladie, mais l'hérédité de la disposition morbide », et « il me semble, ajoute M. Bouchard, faisant allusion au passage des *Essais* de Montaigne que nous avons cité au début de cette étude, découvrir déjà cette distinction dans les réflexions naïves et profondes d'un homme qui peut compter parmi les plus illustres graveleux. »

On dit que la *goutte* est une maladie héréditaire. Assurément on trouve souvent la goutte chez les ascendants d'un goutteux; mais souvent aussi on rencontre chez eux bien d'autres maladies et il s'agit de déterminer la fréquence relative de chacune de ces maladies, la goutte comprise. — Certains auteurs ont dit qu'elle était toujours héréditaire; que toujours on peut découvrir la goutte chez quelque ascendant du goutteux. Braun (de Wiesbaden) l'a trouvée héréditaire dans tous les cas; mais probablement il accepte comme goutte des manifestations réputées goutteuses (goutte larvée), comme l'asthme et la gravelle. Monneret est presque aussi affirmatif. Gairdner admet l'hérédité de la goutte 90 fois sur 100. Les chiffres suivants, beaucoup moins élevés, paraissent par leur concordance plus près de la réalité. Scudamore, 44 pour 100; Patissier, lors d'une enquête faite par l'Académie, 43 pour 100; Bouchard, 44 pour 100.

Garrod avait dit aussi que, dans la moitié des cas, la goutte existe chez les ascendants ou les collatéraux des goutteux. « La goutte se transmet surtout par le père, puisqu'elle est plus fréquente chez l'homme; elle ne se transmet pas également chez tous les enfants; dans quelques familles anglaises c'est le plus souvent l'aîné qui est atteint; Hutchinson prétend que ce sont au contraire les derniers enfants. On a dit que les premiers enfants avaient été épargnés, parce que la goutte n'avait pas encore paru chez les parents lors de leur conception. C'est au moins douteux. Ce qui se rapprocherait plus de la vérité, c'est que, la vieillesse étant caractérisée par la lenteur des mutations nutritives, les enfants des vieillards peuvent hériter de ce vice de la nutrition porté à son summum chez les parents, par le fait de la goutte et par le fait de l'âge. »

Quant aux maladies qu'on rencontre le plus souvent chez les ascendants

(1) BOUCHARD, *Leçons sur les maladies par ralentissement de la nutrition*. Paris, 1882.

et collatéraux des goutteux, c'est, d'après le pourcentage sur les 33 cas de la statistique Bouchard, la goutte 44 pour 100, l'obésité 44 pour 100, le rhumatisme 25 pour 100, l'asthme 19 pour 100, le diabète, la gravelle, l'eczéma, 12,5 pour 100, la lithiase biliaire (chez la mère seule), hémorroïdes et névralgies 6 pour 100. Dans 12 pour 100 seulement des cas on n'a pas relevé de cause héréditaire.

L'hérédité goutteuse est bien souvent larvée. « Ainsi, dit Noël G. de Mussy([1]), quand on examine avec attention les faits dans lesquels on prétend que la goutte saute une génération, on reconnaît le plus souvent que cette interruption dans la transmission n'est qu'apparente ; la goutte, au lieu de se transmettre sous sa forme articulaire, peut revêtir une de ces nombreuses transformations qui naissent de la même racine diathésique et qui la font méconnaître. La fille d'un goutteux peut n'avoir pas d'arthrite, mais elle a des coliques hépatiques, de la gravelle, de l'asthme, des migraines, des névropathies opiniâtres; son fils est arthritique. On reconnaît sous sa forme typique la maladie de l'aïeul et on la lui attribue; on oublie cet anneau intermédiaire, dans la chaîne de l'hérédité, qui en établit la continuité. »

On trouve avec une très remarquable fréquence dans les antécédents héréditaires des maladies par ralentissement de la nutrition un certain nombre d'affections qui, dans le langage médical habituel, sont qualifiées *rhumatismales* : rhumatisme musculaire, rhumatisme articulaire aigu et rhumatisme articulaire chronique, qu'il faut distinguer du rhumatisme noueux, sorte de tropho-névrose. Or, sur 100 malades atteints de lithiase biliaire, on trouve 39 fois le rhumatisme dans la famille ; sur 100 obèses, 32 fois; sur 100 diabétiques, 54 fois ; sur 100 goutteux, 25 fois.

La *polyarthrite aiguë fébrile* semble bien se comporter comme une maladie infectieuse, mais pourtant, dans l'étiologie du rhumatisme articulaire aigu, l'hérédité paraît en cause 32 fois sur 100 cas, d'après Pye-Smith, et 34 fois sur 100 d'après Beneke. Il ne répugne pas d'admettre que cette infection n'a prise que sur certains terrains, le terrain bradytrophique étant le terrain de choix.

D'autre part, le *rhumatisme chronique partiel*, oligo ou monoarticulaire, des grandes jointures et les *nodosités d'Heberden* ont des relations nécessaires avec d'autres maladies qui sont de la famille des maladies rhumatismales, les migraines, la névralgie faciale, la sciatique, le lumbago et des relations fréquentes avec la goutte, le diabète, l'obésité, la lithiase biliaire, l'asthme, l'eczéma. Pour ces diverses raisons. M. Bouchard a rattaché les rhumatismes au groupe des maladies qui résultent d'un retard de la nutrition, tout en établissant que les maladies rhumatismales forment comme une famille morbide dans la tribu des maladies par nutrition retardante.

J'ai proposé une explication du lien héréditaire entre les arthropathies et les troubles de la nutrition; l'influence qu'une mauvaise hygiène de

([1]) G. DE MUSSY, De la Diathèse arthritique. *Clinique médicale*, t. I, 1874.

l'appareil locomoteur, par défaut ou par excès, exerce sur la nutrition générale, contribue pour une part, avec les erreurs dans l'hygiène alimentaire et le fonctionnement excessif du système nerveux, à créer la diathèse bradytrophique ou dystrophique, dite arthritique, qui se transmet héréditairement ([1]).

Enfin la *migraine* est héréditaire. Les migraineuses engendrent des migraineux. Mais le père d'un enfant migraineux peut voir se développer tardivement chez lui la migraine. Il y a donc une disposition générale qui existe à un tel degré qu'elle est transmissible héréditairement, et cela de longues années avant l'apparition de la maladie à laquelle doit aboutir cette prédisposition. Cette prédisposition se traduit d'ailleurs par d'autres maladies, et ces maladies, que l'on observe chez les parents des migraineux, ce sont encore l'asthme, la goutte, la gravelle, la lithiase, l'obésité, le diabète, le rhumatisme aigu, les rhumatismes chroniques, les névralgies, les hémorroïdes, les dermatoses.

Ce ne peut être une coïncidence fortuite qui ramène perpétuellement les mêmes maladies dans les mêmes familles. C'est une loi de pathologie générale, qui permet d'édifier au-dessus des maladies les diathèses qui engendrent ces maladies. Bazin, Charcot, G. de Mussy ont défendu éloquemment cette notion. Mais nul n'a mis en aussi claire lumière que M. Bouchard le lien héréditaire qui unit les maladies de la nutrition à travers plusieurs générations. Ce lien n'est pas la transmission en nature d'une même altération humorale, d'une « matière peccante » unique. La matière peccante en effet varie suivant chaque maladie arthritique : acides organiques, cholestérine, graisse, sucre, acide urique; c'est tantôt l'une, tantôt l'autre de ces substances chimiques qui s'accumule dans l'organisme.

Mais, si les unes ou les autres s'accumulent, c'est qu'elles sont toujours incomplètement ou trop lentement détruites. *Ce qui se transmet de père en fils dans les familles arthritiques, c'est l'habitude vicieuse du mouvement nutritif* qui peut rendre possible la formation ou l'accumulation anormales de ces substances; c'est un certain trouble vital caractérisé par la destruction trop lente ou incomplète des déchets de la vie cellulaire.

Hérédité de la scrofule.

Depuis qu'on a arraché successivement à l'antique scrofule ce qui appartient au parasitisme, à la syphilis, au tubercule, on a pu croire qu'il ne lui restait plus rien et que la scrofule ne serait plus qu'un mot, un souvenir historique. C'était une exagération, semble-t-il; le mot convient encore parfaitement pour désigner l'aptitude spéciale de certains individus à contracter des maladies vulgaires, les unes protopa-

([1]) P. Le Gendre, Académie de médecine, 9 mai. In *Bulletin médical*, 10 mai 1911.

thiques, aiguës, les autres deutéropathiques, chroniques. Aucune de ces maladies n'est spécifique par sa cause ; l'enfant scrofuleux est seulement plus susceptible aux causes banales de ces maladies, engendrées presque toutes par les microbes vulgaires, pyogènes ou saprophytes, qui vivent normalement sur les surfaces cutanées et muqueuses : ce sont les troubles digestifs qui provoquent chez lui l'eczéma et l'impétigo, le froid qui amène le coryza et l'angine; toutefois, il faut le reconnaître, plus souvent chez les enfants dits scrofuleux que chez les autres,

Ces diverses maladies n'ont d'abord chez les scrofuleux rien de spécial dans leurs symptômes et leur évolution; mais, au bout de quelque temps, on constate que le processus inflammatoire marche moins franchement dans ses phases régressives; dans les parties jadis enflammées, il reste de l'empâtement, de la tuméfaction, une hypertrophie ; la réaction n'est pas complète, la maladie s'achemine vers un état chronique dans lequel la moindre occasion ramène l'état subaigu. Il y a donc au début, chez certains enfants, une disposition durable, qui rend plus facile et plus fréquent le développement de maladies fluxionnaires, hyperémiques, catarrhales, inflammatoires de la peau, des muqueuses nasale et oculaire, pharyngée et bronchique, de l'amygdale, — maladies qui, par leur répétition et leur tendance de plus en plus marquée à la chronocité, engendrent l'habitus dit scrofuleux, l'épaississement des traits du visage, des ailes du nez et de la lèvre supérieure, etc. Cette turgescence de la face résulte de la gêne de la circulation lymphatique.

Peut-être y a-t-il, chez les individus sujets à ces fréquentes inflammations si lentes à se résoudre, une constitution chimique spéciale des tissus et des humeurs; nous savons bien peu de chose sur ce point. Beneke a trouvé que dans le tissu osseux non malade d'un sujet scrofuleux il y avait 64,4, pour 100 d'eau au lieu de 13,6 pour 100 que contient le tissu osseux d'autres individus du même âge ; il y a donc diminution proportionnelle de la partie calcaire, de la matière azotée et de la graisse.

Mais ce n'est pas seulement dans la composition chimique, statique des tissus qu'il faut chercher la caractéristique de la scrofule, c'est plutôt dans le mode de la nutrition. Il faudrait savoir combien un kilogramme de scrofuleux élabore de matière en vingt-quatre heures, consomme d'oxygène, exhale d'acide carbonique, excrète d'urée, d'acide urique, d'acide phosphorique et de chlorures, comparativement à un même poids d'homme sain, il faudrait connaître les variations journalières de la température, etc.

Nous ne savons pas exactement pourquoi certains enfants ont une prédisposition singulière à contracter tant d'affections catarrhales ou inflammatoires banales, quoique infectieuses; mais nous savons que cela est, et nous appelons cette prédisposition une diathèse, c'est-à-dire un trouble de la nutrition qui prépare, provoque et entretient des maladies simples ou spécifiques à sièges divers, de processus différents, à évolution et à symptômes variés. Cette disposition morbide s'accuse d'abord par des modifications dans le volume et le développement de certains tissus mal drainés, au sein desquels s'attarde une lymphe stagnante dans des vaisseaux lymphatiques paresseux, ultérieurement par une modification vitale de toutes les cellules et chimique de toutes les humeurs.

Les scrofuleux payent un lourd tribut à la tuberculose; beaucoup des enfants ayant les attributs que je viens de dire sont un jour atteints de lésions tuberculeuses, osseuses, articulaires, ganglionnaires ou viscérales. Cela ne prouve pas du tout qu'il soient nés avec le germe de la tuberculose; des médecins ont admis que la scrofule infantile était une tuberculose atténuée, trait d'union entre la phtisie des ascendants et les maladies nettement tuberculeuses qui peuvent s'observer dans l'adolescence ou l'âge adulte chez les individus simplement scrofuleux pendant l'enfance : cette hypothèse a contre elle l'absence de bacilles dans les sécrétions des inflammations banales des scrofuleux, l'absence de cette réaction folliculaire des tissus qui caractérise les lésions bacillaires. Il existe bien des tuberculoses non folliculaires, mais les séro-réactions de tuberculine les décèlent. Les scrofuleux dont nous parlons ne réagissent pas davantage à ces méthodes de diagnostic de la bacillose. Si les scrofuleux deviennent tuberculeux, c'est parce que la phtisie guette toutes les débilités, que le bacille foisonne autour de nous, prêt à s'insinuer dans l'organisme affaibli si quelque porte d'entrée lui est ouverte : or, ces inflammations catarrhales, en desquamant les muqueuses, ces inflammations cutanées ulcéreuses, en dénudant le derme, ouvrent à chaque instant des brèches dans le système défensif de l'organisme, et comme avec cela les humeurs et les tissus des scrofuleux paraissent favorables par leur composition chimique à la culture des bacilles tuberculeux, il est bien facile d'expliquer que la tuberculose envahisse si souvent les scrofuleux, sans qu'on soit obligé d'accepter que la scrofule est une tuberculose latente.

Or, parmi les causes de ce trouble de nutrition que nous appelons diathèse scrofuleuse, au premier rang il y a d'abord l'*hérédité* directe ou détournée. Un scrofuleux engendre un scrofuleux, parce que des cellules ayant une activité vitale d'un taux déterminé chez les générateurs donnent naissance chez l'engendré à des cellules d'un taux vital semblable. Mais les tuberculeux engendrent aussi des scrofuleux; on voit une mère atteinte d'écrouelles avoir une fille phtisique et d'autres enfants qui n'ont que la série des affections banales dites scrofuleuses. Un père arthritique peut engendrer des enfants scrofuleux.

Il y a ensuite l'*atavisme* : des parents phtisiques ont engendré des scrofuleux, qui engendrent des phtisiques. C'était le triomphe de ceux qui ne voient dans la scrofule que la tuberculose et acceptent l'hérédité du bacille.

Il y a l'ensemble des conditions qui président à la procréation de l'enfant et influent sur la constitution de ses tissus, comme sur leur future activité nutritive. Un père trop vieux, malade, syphilitique, une mère malade, ayant pendant sa grossesse des hémorragies, des vomissements, incoercibles, engendrent souvent des scrofuleux. Rabl [1], sur 1000 cas de scrofule, relève les facteurs étiologiques suivants : scrofulose des parents (79), tuberculose des parents (446), logements humides (356), mauvaises conditions hygiéniques plus complexes (26), maladies infectieuses aiguës (69), vaccination (14), décrépitude du père (7), proches parentés (1).

L'HÉRÉDITÉ ET L'INTOXICATION

Intolérance médicamenteuse héréditaire.

La prédisposition d'un organisme à être influencé plus ou moins par l'action d'une substance chimique peut être héréditaire. J'ai relevé plusieurs fois dans ma pratique chez des enfants une sensibilité excessive à des influences médicamenteuses, opium, belladone, aconit, antipyrine que les parents m'ont dit avoir eux-mêmes; il s'agit là, soit d'une impressionnabilité anormale de la cellule nerveuse, soit d'une insuffisance des organes d'élimination, soit de réactions anormales du système vasomoteur. Tout praticien fera bien de s'enquérir de l'existence possible de l'intolérance médicamenteuse des parents avant d'administrer à de jeunes enfants certains médicaments à action énergique.

La descendance des alcooliques.

L'observation clinique a révélé qu'il peut exister chez les enfants des alcooliques, soit un besoin inné de boire de l'alcool, soit des troubles purement fonctionnels du système nerveux, soit des altérations organiques des centres nerveux. Le goût des boissons alcooliques sommeille, comme tant d'aptitudes héréditaires, jusqu'au jour où une occasion le rend manifeste. C'est quelquefois de très bonne heure, pendant l'enfance, si l'individu grandit dans un milieu où règne l'abus de l'alcool; c'est habituellement plus tard, entre 15 et 25 ans chez les garçons. Dans certaines circonstances, les filles sentent aussi s'éveiller impérieusement en elles d'abord le plaisir, puis le besoin de boire.

L'interrogatoire des malades alcooliques permet fréquemment d'apprendre que leurs parents étaient déjà des buveurs. Lancereaux admettait [2] une tendance instinctive chez certaines races à faire abus de l'alcool, cette tendance est bien naturellement l'effet de l'hérédité. Il s'appuyait sur une statistique composée de 813 observations recueillies

(1) Rabl, Étiologie de la scrofulose. *Bullet. de la Soc. des méd. de Vienne*, 1887.
(2) Lancereaux, *Cliniques de l'Hôtel-Dieu.*

par lui-même au hasard dans les hôpitaux, de 1868 à 1875. Le fait principal qui découle de cette statistique, c'est que Paris et l'Ile-de-France forment le contingent le plus fort. On pouvait lui objecter qu'il est assez naturel que dans les hôpitaux de Paris, où sont soignés en majorité des habitants de la capitale et des départements les plus voisins, les alcooliques soient en majorité comme toutes les autres espèces de malades. Mais, après Paris et l'Ile-de-France, les provinces qui fournissent le plus fort contingent de buveurs sont la Normandie, la Picardie et la Bretagne, puis la Lorraine et la Champagne. Au contraire le centre de la France et en particulier le Limousin n'ont pas donné un seul cas à la statistique, « bien que ces contrées aient fourni à cette époque de construction et de transformation le plus grand nombre des ouvriers de la capitale ».

Alors que la transmission héréditaire d'autres passions, comme le libertinage ou le goût du jeu, est admise sans difficulté, il est encore plus facile d'accepter que la passion de l'alcool puisse être héréditaire, puisque nous savons que l'alcool altère matériellement les éléments du système nerveux des parents.

Les troubles dynamiques du système nerveux qui ont été relevés chez les descendants d'alcooliques peuvent porter sur toutes les fonctions.

La sensibilité morale est affectée; sur leur visage se lit souvent un air de tristesse; ils sont sujets à rire ou à pleurer sans motifs, ou pour des motifs insignifiants.

La sensibilité à la douleur est au niveau des extrémités des membres symétriquement modifiée, tantôt par exagération, tantôt par diminution.

L'excitabilité réflexe est particulièrement exagérée, et elle explique l'incontinence urinaire, par suite de laquelle des descendants de buveurs peuvent à peine tolérer quelques gouttes d'urine dans leur vessie. Elle rend compte aussi de l'apparition de désordres moteurs convulsifs, hystériformes ou épileptiques, à l'occasion de causes d'excitation très légères. Ce sont souvent des descendants de buveurs qui seront atteints de convulsions réflexes pendant leur enfance, parce qu'ils auront quelques vers intestinaux, une simple indigestion ou un prurit cutané de nature eczémateuse.

Les diverses modalités de l'hystérie, crises convulsives, accès de toux spasmodiques, vomissements incoercibles, se rencontrent plus fréquemment chez les jeunes filles et même chez les jeunes garçons au moment de la puberté, quand les parents leur ont transmis l'excitabilité réflexe exagérée développée chez eux par le poison (alcool ou absinthe) dont ils abusaient. Les terreurs nocturnes, résultant de cauchemars ou d'hallucination à l'occasion d'un réveil accidentel, ont été observées souvent chez des enfants d'alcooliques ou d'absinthiques.

Ces troubles et les autres stigmates sensitifs, sensoriels et psychiques de l'hystérie, qui se développent chez les buveurs et que l'on a englobés sous la rubrique d'hystérie toxique, — mieux vaudrait dire hystérie par intoxication, peuvent être transmis aux enfants de ces buveurs et se manifester chez eux avant même qu'ils se soient encore intoxiqués personnellement.

Comme troubles dynamiques des facultés mentales, on a noté un arrêt dans le développement normal de l'intelligence; après avoir donné pendant leurs premières années, par leur précocité, l'illusion d'un esprit vif, ils trompent peu après les espérances; tel qui tenait la tête de sa classe descend graduellement au dernier rang. Ils manquent surtout d'équilibre dans leurs facultés, de volonté, de persistance et d'attention; on les voit légers, changeants, distraits, hargneux et souvent emportés. On en voit enfin qui n'ont évidemment aucun sens moral et qui aboutissent au crime à un âge encore si peu avancé que la justice hésite à leur appliquer les pénalités ordinaires. Le nombre croissant des assassins à peine sortis de l'adolescence et même de l'enfance, qui éclate avec évidence à la simple lecture des journaux, paraît bien lié, d'après les statistiques, au nombre croissant des alcooliques, non pas seulement parce que l'alcool pousse l'alcoolique au crime, mais parce que l'alcoolique engendre des dépravés.

On trouve chez les enfants des alcooliques des altérations anatomiques des centres nerveux. Elles existent parfois déjà chez le fœtus. En rendant impossible le développement de tout ou partie du cerveau, elles aboutissent à diverses malformations de l'encéphale, qui peut se trouver réduit à une petite masse de substance nerveuse, rappelant si peu l'encéphale normal qu'on a appelé *anencéphalie* ce genre de malformation.

Lancereaux rattache aux excès alcooliques des générateurs l'*hydrocéphalie*; dans quelques cas du moins, et la *porencéphalie*; cette malformation, qui consiste en une destruction de la substance cérébrale, aboutissant à faire communiquer la surface de l'hémisphère avec le ventricule, est probablement la conséquence d'un ramollissement par lésion artérielle. On sait combien l'alcool altère les parois vasculaires. Il est assez naturel que l'alcoolique transmette à sa descendance de mauvais vaisseaux.

Quand les désordres anatomiques ne se manifestent chez les enfants des alcooliques qu'à la fin de la vie intra-utérine ou dans les premières années, les organes ne sont pas détruits, mais ils n'atteignent pas leur complet développement. Ainsi sont engendrées des atrophies partielles, le plus souvent unilatérales, des hémisphères cérébraux (agénésies de Braschet). Ces atrophies par arrêt de développement se traduisent par les symptômes de la sclérose (épilepsie et hémiplégie avec atrophie du squelette des membres paralysés); elles s'accompagnent d'ordinaire d'une déformation plus ou moins marquée de la tête.

Si l'atrophie porte sur les deux hémisphères, le crâne est petit (*microcéphalie*), le développement de tout le corps est incomplet; l'enfant marche difficilement, ou bien il est paraplégique, souvent imbécile ou idiot. Certaines formes de paralysie infantile sont donc des manifestations de l'hérédité alcoolique.

L'*épilepsie* résulterait souvent de l'alcoolisme des parents; du moins la statistique suivante, recueillie il y a plus de trente ans par Hipp. Martin, dans le service des épileptiques à la Salpêtrière, dirigé alors par Delasiauve, semble démonstrative à ce point de vue.

Sur 83 enfants ou adolescents examinés, 60 fois les parents étaient alcooliques, 23 fois seulement l'ivrognerie ne fut pas constatée.

Dans les 60 familles auxquelles appartenaient les individus de la première série, le nombre des enfants était de 301, dont 132 étaient morts au moment de l'observation; sur les 169 survivants, il y avait 60 épileptiques, 48 enfants avaient eu des convulsions dès leur jeune âge, et 64 seulement pouvaient être considérés comme bien portants. Les 23 individus de la seconde série appartenaient à 23 familles, dont le nombre total des descendants était de 106 parmi lesquels 27 étaient morts. Or, sur les 86 survivants, 23 étaient épileptiques, 10 avaient eu des convulsions en bas âge, 46 paraissaient se bien porter. Un grand nombre de ces enfants étaient paralytiques et mal conformés.

Les épileptiques, qui ont dans leur famille des antécédents alcooliques, auraient, suivant Lancereaux, une conformation spéciale. Petits d'ordinaire, incomplètement développés, ils ont le crâne et la partie supérieure de la face asymétrique; quelquefois toute une moitié du corps est atrophiée. La tête est petite, le visage triste. Leur première enfance a été accidentée par des convulsions. A l'époque de la puberté, surtout quand la soudure des os du crâne se fait prématurément, surviennent des attaques d'épilepsie dont une frayeur est, la première fois, la cause occasionnelle. Généralement précédées d'auras, ces attaques ne diffèrent de l'épilepsie dite essentielle par aucun caractère, et peuvent être incurables comme celle-ci. L'attaque convulsive peut être remplacée par des vertiges, des étourdissements, des hallucinations nocturnes terrifiantes.

L'hérédité alcoolique peut ne se traduire que par une *faiblesse congénitale*. Magnus Huss avait déjà signalé la diminution de la force physique, l'abaissement de la taille, la stérilité relative et l'accroissement de la mortalité, comme des effets de l'abus de l'eau-de-vie de Suède.

Dans les pays de vignobles où, par suite des maladies de la vigne, les eaux-de-vie se sont peu à peu substituées au vin, les conseils de révision depuis un demi-siècle ont constaté d'année en année la *diminution de la taille*. Rotureau notait que dans l'arrondissement de Domfront, celui du département de l'Orne où se commettaient alors le plus d'excès d'alcool, sous forme d'eau-de-vie de poiré particulièrement, la taille s'était plus abaissée que dans les autres arrondissements; il est arrivé que des cantons n'aient pu fournir aucun conscrit ayant la taille réglementaire.

Morel avait déjà montré que les individus qui se livrent à l'alcoolisme dès leur jeunesse restent de petite taille et n'acquièrent jamais un développement musculaire normal. Les descendants de buveurs sont dans le même cas. Frêles, avec une poitrine étroite et aplatie, n'ayant qu'un système pileux peu accusé, ils portent le sceau de l'*infantilisme*.

Comme on trouve ces caractères dans la descendance des tuberculeux, Lancereaux, qui a insisté sur la fréquence de la tuberculose chez les buveurs, se demande si ce ne sont pas surtout les descendants des tuberculeux alcooliques qui offrent le cachet de l'infantilisme.

Une conséquence de l'affaiblissement progressif de la lignée des alcooliques, c'est qu'elle est vouée à l'impuissance et à la stérilité et ne tarde pas à disparaître [1].

LA DESCENDANCE DES SATURNINS, DES MORPHINOMANES ET AUTRES INTOXIQUÉS

L'intoxication saturnine est aussi un facteur d'hérédité pathologique [2]. Quand tout le plomb qui s'était fixé dans l'organisme s'en est éliminé et l'a quitté par les émonctoires divers en imprimant sur ces derniers une trace profonde de ses passages répétés, on voit l'organisme tout entier comme frappé d'inertie. La modalité générale de sa nutrition est intimement et définitivement changée. On comprend que, par suite, l'intoxication saturnine ne soit pas sans influence sur la vie de l'espèce elle-même.

D'abord les avortements sont fréquents chez les femmes soumises à l'intoxication saturnine; le métal agit sur les fibres musculaires lisses de l'utérus pour provoquer l'expulsion prématurée du fœtus. C. Paul [3] a étudié, voilà déjà longtemps, la part qui revient au père saturnin ou à la mère saturnine dans les accidents qui entravent l'évolution de la grossesse, frappant aussi bien l'enfant que le fœtus dans leur vitalité.

Une femme bien constituée a eu plusieurs enfants bien portants, elle se met à manier le plomb; elle avorte une première fois, puis une seconde, ou bien ses enfants sont chétifs et meurent dans le premier âge. Les fausses couches ont lieu de trois à six mois à partir de la conception, ou les accouchements sont prématurés et donnent des avortons. Si une femme ainsi éprouvée quitte son état et se rétablit, elle peut concevoir, mener à bien sa grossesse et avoir des enfants bien portants. La série des avortements recommencera, si elle retourne à son travail insalubre.

L'influence du père, plus difficile à suivre, est moins grande que celle de la mère, mais également démontrée.

Toutefois la fréquence des avortements chez les femmes saturnines, si elle peut être interprétée comme une conséquence de l'inaptitude de l'embryon à se développer, peut être aussi expliquée par une excitation anormale de l'utérus, et ce dernier point de vue ne ressortit pas à l'hérédité. Plus significatifs sont donc les chiffres attestant que les pères saturnins engendrent des produits inaptes à un développement régulier. Or, sur 141 grossesses par pères saturnins, C. Paul a relevé 82 avortements, 4 nés

(1) A consulter : F. Combemale, *La descendance des alcooliques*, 1888. — P. Sollier, *Du rôle de l'hérédité dans l'alcoolisme*, 1889. — Legrain, *Hérédité et alcoolisme*, 1894.

(2) J. Renaut, De l'intoxication saturnine chronique, *Thèse d'agr.*, 1875.

(3) C. Paul, *Archives génér. de méd.*, 1860 et *Société de biologie*.

avant terme, 5 mort-nés; sur les 50 vivants 20 morts d'un jour à un an, 15 morts d'un an à trois ans; 14 vivaient, mais 4 seulement avaient passé trois ans, époque à laquelle les enfants peuvent être regardés comme ayant échappé à cette cause de mort. Ces faits ont été confirmés par ceux d'Archambault.

Enfin la descendance même des saturnins est frappée, suivant Roque, d'une infériorité marquée du côté des fonctions du système nerveux; résultat bien remarquable, si on le rapproche de ce fait presque universellement accepté de la présence du plomb dans l'encéphale des saturnins. Les auteurs anglais avaient signalé déjà (*Ann. d'hygiène*, 1865. *De l'état sanitaire des potiers du Strafordshire*) que la mortalité est grande chez les enfants des ouvriers qui manient le plomb; beaucoup succombent à des affections cérébrales et aux convulsions dans la première enfance, et cela dans une proportion deux fois plus considérable que pour le reste de l'Angleterre. Roque, dans une série d'observations prises à la Salpêtrière et à Bicêtre, a constaté des cas nombreux d'idiotie, d'imbécillité et d'épilepsie chez des enfants nés de parents saturnins non alcooliques. La statistique de Roque porte sur 16 familles de saturnins, dans lesquelles un ou plusieurs individus étaient atteints des affections précitées. Quand la mère et le père étaient tous deux saturnins, l'influence héréditaire était encore plus marquée. Enfin l'homme et la femme, parents d'enfants idiots ou épileptiques, ayant changé d'état, et s'étant guéris de leur intoxication plombique, ont eu depuis des enfants sains et bien portants. Ainsi le plomb, qui a intoxiqué les parents, s'il ne rend pas l'homme impuissant et la femme stérile (Paul), frappe leur débile postérité dans l'utérus maternel même ou dans l'enfance, ou enfin imprime aux produits qui résistent ce cachet d'infériorité physique que présentent au plus haut degré les êtres imbéciles, épileptiques ou idiots. Il découle même des recherches de Legrand que le plomb peut passer en nature chez les enfants des saturnins, puisque cet observateur l'a retrouvé dans certains de leurs viscères, le foie [1].

Le *sulfure de carbone* est capable de produire des effets fâcheux sur la descendance des ouvriers qui sont soumis longtemps à ses vapeurs toxiques.

On a dit la même chose du *mercure*.

D'autres poisons absorbés à l'état habituel peuvent influencer l'hérédité en viciant la nutrition des parents au moment de la fécondation. On doit citer la *morphine* parmi les plus répandus malheureusement, après l'alcool et le tabac. Un père, une mère surtout, chroniquement morphinisés, peuvent engendrer des enfants diversement tarés et chez lesquels on peut redouter une prédisposition au morphinisme, si l'occasion se présente d'user de la morphine.

(1) LEGRAND, *Société de biologie*, 1890.

L'HÉRÉDITÉ ET L'INFECTION

L'hérédité syphilitique.

Depuis Paracelse qui semble avoir été le premier à affirmer que le *mal français* est héréditaire et passe du père au fils, c'est-à-dire depuis plus de trois siècles, d'innombrables travaux ont présenté la question sous ses faces multiples. Il s'en est dégagé un certain nombre de vérités; il demeurait encore bon nombre de points controversés. Mais nous avons eu il y a vingt ans dans le livre du professeur A. Fournier (¹) un admirable exposé de l'état de la science auquel il n'y a pas eu de modification importante. L'éminent syphiligraphe n'a pas seulement classé et clairement exposé les opinions de ses prédécesseurs, il a apporté à la science l'énorme tribut de ses observations personnelles recueillies « sans esprit préconçu, sans attache à aucune doctrine, à aucun système » et qu'on doit considérer avec lui « comme l'expression de la vérité prise sur nature. » Cette œuvre magistrale a été complétée depuis par le livre de son fils sur l'hérédité tardive de la syphilis (²).

A. Fournier est de ceux qui pensent que, dans la langue médicale, le mot hérédité doit comporter une signification plus restreinte que dans le langage courant. A ses yeux, l'hérédité n'est pas tout ce qui passe des ascendants aux descendants, mais seulement ce qui est transmis lors de la fécondation. C'est l'apport fait au germe, au futur embryon, des qualités propres aux deux cellules génératrices, spermatozoaire et ovule, au moment où de la conjonction de ces deux éléments résulte l'acte mystérieux de la fécondation. Il n'est donc pour le germe, pour l'ovule fécondé, pour l'être créé d'autres dispositions héréditaires que celles qui préexistent chez ses ascendants à l'acte de la fécondation. Inversement une maladie transmise à l'enfant au delà du moment de la fécondation ne sera pas considérée comme héréditaire. Par exemple, lorsqu'un homme goutteux de vieille date engendre aujourd'hui un enfant qui sera goutteux, nous disons que la goutte transmise à cet enfant sera d'ordre héréditaire; mais, si une femme enceinte de trois mois contracte la variole et la transmet à son enfant, ce ne sera pas une variole héréditaire, ce sera simplement un cas d'infection ou de contagion intra-utérine. Appliquant cette distinction à la syphilis, on doit définir la syphilis héréditaire celle qui dérive pour le fœtus d'une syphilis des ascendants, antérieure à la procréation; inversement, la syphilis qui peut être transmise au fœtus postérieurement à la procréation, par contamination intra-utérine, ne

(¹) Alfred FOURNIER, *L'hérédité syphilitique* (Leçons recueillies par le docteur Portalier), 1891.
(²) Edmond FOURNIER, *L'hérédo-syphilis tardive*. Masson et Cⁱᵉ, 1907

saurait être considérée comme d'ordre héréditaire. Cette distinction n'est pas seulement affaire de mots.

A priori, en effet, le bon sens préjuge que très différentes à divers titres doivent être deux maladies, dont l'une naît avec le germe, fait pour ainsi dire partie du germe qu'elle infecte dès le premier instant de sa formation, et dont l'autre se borne à sévir sur un fœtus déjà plus ou moins formé, déjà plus ou moins avancé dans son développement.

A posteriori, l'observation confirme cette induction, en montrant que la véritable syphilis héréditaire est infiniment plus grave pour le fœtus, infiniment plus meurtrière pour lui (sans parler des différences relatives à la nature et à la marche des lésions) que la syphilis dont il vient à être infecté à diverses périodes de sa vie intra-utérine.

Il n'y a plus lieu de démontrer la réalité de l'hérédité syphilitique; elle « est actuellement au nombre des vérités acquises, agréées de tous, supérieures à toute contestation, à toute controverse ».

Mais comment se traduit l'influence héréditaire, quelles sont les limites de son domaine? Faut-il la restreindre à la production d'accidents nettement, mais exclusivement syphilitiques, ou lui reconnaître « des manifestations essentiellement multiples et variées, infiniment plus multiples et plus variées qu'on ne le croit généralement et que ne l'admet surtout l'école anatomo-pathologique »? Parrot, autrefois professeur de clinique infantile à la Faculté de Paris, peut être cité comme le plus hardi dans l'affirmation de la nature syphilitique de bon nombre d'accidents et de lésions mal classées en nosologie et observées chez les enfants issus de parents syphilitiques ou dont les parents inconnus pouvaient être soupçonnés d'avoir été syphilitiques. Plusieurs opinions de cet auteur ont été depuis reconnues erronées; son erreur était probablement favorisée par le terrain clinique sur lequel il opérait, l'hospice des Enfants assistés, et le plus souvent, hélas! abandonnés.

Le professeur de syphiligraphie, Alfred Fournier, ne pouvait accepter la confusion commise par son collègue Parrot; il a fait cependant très large, comme le montrait la citation ci-dessus, la part de l'hérédité syphilitique dans l'étiologie des maladies des enfants. Seulement il croit que la syphilis des parents, outre les lésions spécifiques directes qu'elle engendre, manifeste son influence indirectement en créant des lésions banales et des prédispositions morbides. D'après lui, les manifestations de l'hérédité syphilitique peuvent être réparties en cinq catégories :

1° Accidents de syphilis proprement dits; 2° Cachexie fœtale, aboutissant d'une façon ou d'une autre à une inaptitude à la vie; 3° Troubles dystrophiques, généraux ou partiels; 4° Malformations congénitales; 5° Prédispositions morbides.

Passons rapidement en revue ces groupes morbides :

1° L'infection syphilitique héréditaire peut se manifester déjà pendant la vie intra-utérine, puisque des fœtus porteurs de lésions syphilitiques sont expulsés avant le terme de la grossesse, et que des enfants viennent au monde en pleine évolution syphilitique (syphilis fœtale).

Le plus habituellement les premières manifestations syphilitiques apparaissent quelques semaines ou quelques mois après la naissance.

Depuis la découverte de l'agent pathogène de la syphilis par Schaudinn on a trouvé le tréponème dans la plupart des viscères du nouveau-né syphilitique (foie, rate, surrénales, poumons, moelle osseuse, pie-mère, arachnoïde et liquide céphalo-rachidien, parotides et pancréas [1]), aorte [2]), rhagades des lèvres et érythème papulo-érosif [3]).

Plus rarement, la syphilis latente au moment de la naissance et pendant les premières années de la vie, n'entre en évolution apparente qu'à un âge plus ou moins avancé, 3, 5, 10, 15, 20 ans après la naissance, et peut-être même plus tard (syphilis héréditaires tardives).

2° Mais la syphilis « ne fait pas que de la syphilis ». Outre l'action spécifique qu'elle exerce par sa toxine propre, elle apporte dans l'organisme qu'elle affecte une perturbation profonde, des modifications anomales, des déchéances organiques et des prédispositions morbides, accidents d'origine, mais non plus de nature syphilitique, « parasyphilitiques », comme les appelle Alfred Fournier. C'est d'abord la cachexie fœtale, ou inaptitude du produit de la conception à vivre, qui a pour résultat, soit sa mort *in utero*, — d'où les avortements, les accouchements avant terme, qui constituent un des modes d'expression les plus habituels de la syphilis héréditaire, — soit la naissance d'enfants chétifs, avortons, qui ne tardent pas à succomber à des maladies banales, ou même sans cause apparente.

3° Les troubles dystrophiques, généraux ou partiels, se révèlent par une lenteur insolite du développement ou des arrêts de développement : lenteur de la croissance générale, — kératite interstitielle, surdité congénitale et malformations dentaires spéciales des incisives médianes supérieures (constituant la triade hérédo-syphilitique d'Hutchinson), — nanisme et amorphisme dentaires (Fournier), érosions, stigmates dystrophiques maxillo-dentaires (Galippe, *Ac. de Méd.*, 1901), du squelette (crâne natiforme, Fournier), tibias en lame de sabre (Lannelongue), perforation du voile du palais, exostose palatine, atrophie testiculaire (Thibierge), époque tardive de la marche, de la puberté, de la menstruation, du développement de certaines parties du système pileux (barbe, poils des régions génitales). Beaucoup d'hérédo-syphilitiques demeurent toute leur vie grêles et comme atrophiés, paraissant beaucoup plus jeunes que leur âge (infantilisme).

Comme exemples de dystrophies partielles, on peut citer les testicules rudimentaires, les seins non développés, les ovaires dépourvus de vésicules de Graaf, les os pauvres en sels de chaux et en osséine et surchargés de substances indifférentes, le cerveau enrayé dans son

(1) G. FAROY, Le pancréas et la parotide dans l'hérédo-syphilis du fœtus et du nouveau-né. *Thèse de Paris*, 1909.

(2) A. LÉVY-FRANCKEL, Lésions de l'aorte chez les hérédo-syphilitiques nouveau-nés. *Société de biologie*, 1909.

(3) J. SABRAZÈS et DUPÉRIÉ, *Société de biologie*, 1909.

développement matériel, d'où il suit que les hérédo-syphilitiques peuvent être arriérés, imbéciles ou idiots.

4° Les malformations congénitales qui peuvent être des conséquences de l'hérédité syphilitique, suivant Lannelongue et Fournier, ce sont les pieds bots, les malformations des doigts, le spina-bifida, la division de la voûte palatine, le bec-de-lièvre, l'asymétrie crânienne, la microcéphalie, l'hydrocéphalie.

5° Les prédispositions morbides, dérivant de l'appauvrissement relatif que l'hérédité syphilitique impose à l'organisme, peuvent affecter :

a. le système nerveux : fréquence des convulsions, de la méningite, hystérie (Fournier, *Soc. de dermatologie*, 1898). La syphilis peut bien créer des maladies familiales du système nerveux. Ainsi la paraplégie spasmodique familiale a été rencontrée par Charcot et Artigalas chez trois enfants hérédo-syphilitiques [1], le tabes spasmodique congénital par Cadet de Gassicourt et Moncorvo (*Acad. de Méd.*, 1898). M. Fournier insiste sur la syphilis héréditaire comme une des causes pouvant provoquer le syndrome de Little (Londe).

b. le squelette : Parrot faisait du rachitisme une conséquence directe de l'hérédo-syphilis (Dufour, *Soc. méd. des hôp.*, 1910), Fournier n'y voit qu'un effet indirect.

La fréquence des affections scrofulo-tuberculeuses chez les hérédo-syphilitiques a fait admettre, avant la découverte du bacille de Koch, la transformation de la syphilis en scrofule. On dit aujourd'hui que le terrain syphilitique est éminemment propice à la culture du bacille. On peut dire aussi que la scrofule, envisagée comme une diathèse où on relève l'insuffisance ou le ralentissement de la nutrition, peut reconnaître l'hérédo-syphilis parmi ses nombreux facteurs, et la diathèse scrofuleuse ouvre la porte à l'infection tuberculeuse. Le lymphatisme ou tempérament lymphatique, premier degré de la diathèse scrofuleuse, est habituel chez la majorité des hérédo-syphilitiques.

L'hérédité syphilitique provient-elle de l'influence combinée des deux géniteurs, ou d'un seul, et duquel? Ces diverses questions semblent aujourd'hui définitivement résolues.

Un père et une mère en état de syphilis peuvent engendrer des enfants syphilitiques. S'ils ont la syphilis en activité, il est à peu près inévitable qu'ils engendrent un enfant syphilitique; mais l'imprégnation syphilitique du germe peut se manifester de façons très diverses : avortement, accouchement prématuré, naissance d'un enfant porteur d'accidents syphilitiques, ou chez lequel les accidents apparaîtront plus ou moins longtemps après la naissance. L'influence de la syphilis des deux parents atteint son maximum d'évidence dans les cas où ceux-ci contractent la syphilis après avoir déjà eu des enfants; ces enfants, nés avant la contamination des parents, sont sains et les grossesses ont suivi régulièrement

(1) Gardié, Non-développement hérédo-syphilitique des cordons antéro-latéraux de la moelle. *Thèse de Paris*, 1889.

leur cours; après l'infection, les avortements, les naissances de mort-nés, puis les naissances d'enfants syphilitiques se succèdent, et cette lugubre série contraste de façon saisissante avec celle des belles grossesses et des naissances normales.

L'influence hérédo-syphilitique peut-elle s'exercer alors qu'un seul des deux géniteurs est en état de syphilis?

L'*hérédité maternelle* n'est contestée par personne. Si ce fait est admis, ce n'est pas seulement parce qu'on observe chaque jour qu'une mère syphilitique met au monde un enfant syphilitique. Car il peut arriver que la mère, contractant la syphilis au cours de sa grossesse, infecte son enfant *in utero*, ou que ce soit l'enfant, procréé syphilitique par son père, qui infecte pendant sa vie intra-utérine sa mère, encore saine au moment de la conception. Pour que la naissance d'un enfant syphilitique issu d'une mère syphilitique et d'un père sain soit vraiment une conséquence inéluctable de l'hérédité maternelle, il faut encore que la mère n'ait pas été fécondée une première fois antérieurement par un autre homme syphilitique. Autrement, on pourrait objecter que cette naissance d'un syphilitique est le résultat de l'imprégnation, c'est-à-dire de cette influence mystérieuse, admise comme authentique par certains observateurs, d'après lesquels une première fécondation peut retentir sur les produits de fécondations ultérieures dérivant d'autres géniteurs; car les partisans de la réalité de cette imprégnation, appelée encore hérédité par influence ou hérédité ovarienne, sont conduits logiquement à admettre qu'une femme, fécondée par un premier mari syphilitique, pourrait transmettre la syphilis aux enfants d'un second lit. J'ai déjà exposé l'état de cette question controversée, mais toutes ces difficultés se trouvent écartées par l'existence d'observations prises dans les deux groupes suivants de femmes : femmes mariées contaminées par un premier mari sans avoir été fécondées par lui; femmes mariées ou nourrices accidentellement contaminées par un nourrisson syphilitique.

Or, sur 13 femmes observées dans ces conditions par Fournier, et ayant fourni 28 grossesses, on ne relève que 3 enfants vivants et sains; les 25 autres n'ont abouti qu'à des accouchements prématurés ou naissances d'enfants syphilitiques.

L'hérédité maternelle est donc non seulement rationnelle, mais démontrée par les faits. C'est même l'hérédité syphilitique par excellence, sa modalité la plus active, la plus inéluctable, et la plus nocive pour l'enfant.

Hérédité paternelle. — Acceptée sans contestation pendant longtemps, elle a été attaquée à l'époque contemporaine par quelques auteurs qui l'ont dite rare, presque exceptionnelle. On est allé jusqu'à écrire que l'enfant d'un homme syphilitique naît sain, exempt de syphilis, et bien portant. Fournier a vigoureusement réfuté cette doctrine erronée et dangereuse, puisqu'elle autorise le mariage de beaucoup de syphilitiques, que retient seule l'appréhension d'être nuisible à leur postérité. Les raisons invoquées par les partisans de cette doctrine sont les suivantes :

1° Il y a une disproportion manifeste entre le nombre des maris syphilitiques et celui des enfants syphilitiques. Cela prouve tout simplement que l'hérédité paternelle ne s'exerce pas dans tous les cas où elle pourrait s'exercer, qu'elle n'est pas fatale. — 2° On a vu un homme syphilitique marié à une femme saine engendrer des enfants sains; on a même vu des enfants naître indemnes de syphilis, bien qu'issus de père syphilitique en pleine période secondaire peu ou point traitée. Ces faits existent, mais ils ne possèdent que la valeur des faits négatifs, qui ne sauraient prévaloir contre un seul fait positif bien observé. — 3° Le sperme des sujets syphilitiques inoculé aux sujets sains ne leur transmet pas la syphilis. Cela est vrai, on ne connaît pas de cas de contagion directe de syphilis par le sperme ni pendant les rapports sexuels, ni par inoculation expérimentale. Mais il n'y a aucune assimilation à établir entre l'inoculation et la fécondation. Dans ce dernier phénomène, le sperme transmet à l'ovule avec les aptitudes physiologiques et pathologiques les caractères d'espèce, de race et d'individu, les ressemblances physiques, morales et morbides.

Ces objections réfutées, disons que les preuves positives abondent en faveur de l'hérédité syphilitique paternelle; ce sont : 1° les preuves directes démontrant la syphilis chez l'enfant issu d'un père syphilitique et d'une mère saine; 2° la fréquence excessive des avortements dans les ménages où le père seul est entaché de syphilis; 3° le critérium thérapeutique, c'est-à-dire que, dans ces mêmes ménages, la tendance aux avortements est immédiatement enrayée par le traitement spécifique du père; 4° enfin, la syphilis par conception, c'est-à-dire la syphilis importée dans le sein de la mère par un enfant héréditairement infecté par un père syphilitique.

Si l'on a pu méconnaître et même récuser l'hérédité paternelle, c'est d'abord, nous l'avons dit, parce que l'hérédité paternelle est bien loin de s'exercer dans tous les cas où elle pourrait et devrait même théoriquement s'exercer. Ces faits paradoxaux sont incontestables, la clinique doit se borner à les enregistrer, en attendant qu'elle les ait expliqués; la loi de l'hérédité souffre donc des exceptions, en apparence du moins, c'est-à-dire dans le mode similaire. Mais l'influence hérédo-paternelle se traduit bien moins souvent par la transmission de la syphilis en l'espèce que par des accidents d'un autre ordre : inaptitude à la vie et mort du fœtus, débilité native et mort de l'enfant (avortements, accouchements prématurés, enfants morts très peu de temps après la naissance de consomption ou d'accidents cérébraux). Sur 103 grossesses issues d'un père syphilitique et d'une mère saine, 19 enfants seulement ont hérité de la syphilis paternelle en l'espèce, tandis que 41 sont morts avant de naître, et 43 nés vivants sont morts à courte échéance. Ainsi l'influence hérédo-syphilitique du père se traduit bien plus souvent par la mort de l'enfant que par la transmission de la syphilis à l'enfant.

Si l'on compare, au point de vue de la gravité qu'elles comportent, les trois hérédités syphilitiques paternelle, maternelle et mixte, on voit que l'hérédité maternelle est infiniment plus nocive que l'hérédité paternelle; que l'hérédité mixte est plus nocive que chacune des deux autres s'exerçant séparément.

Modificateurs de l'influence hérédo-syphilitique. — L'hérédité syphilitique n'est rigoureusement fatale dans aucune des conditions génératrices que nous avons énumérées.

Le temps à lui seul use, atténue, et finit même par annihiler l'influence hérédo-syphilitique, que sa provenance soit maternelle, paternelle ou mixte. Le maximum d'action de l'hérédité syphilitique correspond environ aux trois premières années de l'infection et plus particulièrement à la première année. A partir de la troisième année, l'influence héréditaire continue à décroître, mais d'une façon infiniment moins marquée. Il n'existe pas d'âge limite où elle cesse de s'exercer. Il est d'observation courante qu'elle s'épuise et s'éteint au delà d'un certain temps; toutefois on ne peut nier l'existence d'une hérédité syphilitique à long terme, s'exerçant bien au delà de la période secondaire, en pleine étape tertiaire même avancée, vers la quinzième année, peut-être même plus tard encore, jusqu'à la vingtième année, limite extrême qui, jusqu'à ce jour, ne paraît pas avoir été dépassée.

Influence exercée par le traitement. — Si une telle persistance de l'influence exercée par l'hérédité syphilitique sur la progéniture est vraiment effrayante, elle a pour heureuse contre-partie l'influence merveilleusement préventive du traitement spécifique, du mercure notamment. Il est d'expérience journalière que l'influence d'un traitement iodo-mercurique énergique et prolongé suffit à neutraliser l'influence hérédo-syphilitique, mais même un traitement simplement provisoire peut conjurer provisoirement les effets de cette hérédité.

L'efficacité à longue portée du traitement d'Ehrlich par l'arséno-benzol, qui entrave si rapidement la vitalité des tréponèmes, sera-t-elle supérieure à celle du mercure et de l'iode? Il faudra le contrôler du temps pour en juger.

L'*action combinée du temps et du traitement* est encore plus efficace que l'une de ces deux influences isolées et permet de faire d'un sujet syphilitique, sauf exception rare, un mari et un père non dangereux.

On s'est demandé s'il existait un rapport entre la gravité d'une syphilis et l'intensité de son pouvoir de transmission aux enfants. Il n'en est malheureusement rien, et la clinique démontre que la bénignité d'une syphilis n'est nullement une garantie de bénignité quant à ses conséquences héréditaires; il y a des syphilis bénignes à hérédité pernicieuse.

Il est encore important de savoir que l'hérédité syphilitique peut s'exercer non seulement quand les géniteurs sont en périodes de syphilis active au moment de la fécondation, mais encore lorsque leur syphilis n'est qu'en puissance, latente, ne se traduisant par aucun accident perceptible. Toutefois les dangers sont très inégaux pour l'enfant dans ces deux cas; ils sont au maximum quand la procréation a lieu au cours des crises d'effervescence aiguë de la maladie; ils sont bien moins redoutables quand la syphilis est dans une étape latente, et surtout dans une étape prolongée de l'état latent.

Enfin une dernière question se pose : l'hérédo-syphilis est-elle transmissible, comme l'ont affirmé certains auteurs, à la seconde génération? Autrement dit, *un sujet né syphilitique, de parents syphylitiques, peut-il à son tour procréer des enfants syphilitiques*?

Quelques faits rapportés par des observateurs de premier ordre semblent montrer que cette hypothèse n'a rien de fantaisiste. Lannelongue, Ernest Besnier, A. Fournier, se déclarent persuadés de l'authenticité de cette hérédo-syphilis de seconde génération, par un certain nombre de faits qu'ils ont eu l'occasion d'observer, mais dont aucun n'était assez typique pour être à l'abri de toute critique.

A. Bouttiau, ayant observé une fillette atteint d'hydrocéphalie congénitale et de spina bifida fluent, guéri spontanément, relève que la mère avait fait deux fausses couches à 1 et à 5 mois, eu un enfant mort à 1 mois, le père paraissant exempt de syphilis, mais la grand'mère maternelle ayant eu 15 grossesses terminées par accouchements prématurés et un enfant mort à 3 semaines de convulsions, il voit dans ce cas un exemple de syphilis de seconde génération [1].

D'ailleurs, L. Jacquet en a publié un exemple incontestable. Un père et une mère jeunes, exempts de toute contamination personnelle et porteurs tous deux d'indéniables stigmates d'hérédo-syphilis, ont donné naissance successivement d'abord à un fœtus mort à six mois et demi, puis à un enfant né à terme, qui fut atteint à un mois de coryza sanieux et de syphilides confluentes de la face. Le traitement mercuriel fit disparaître ces accidents; mais l'enfant mourut cachectique à quatre mois et demi. Le traitement mixte a paru, en outre, améliorer le signe d'Argyll-Robertson qui existait à droite chez le père [2].

Hérédité et tuberculose.

L'hérédité de la tuberculose, qu'Hippocrate affirmait déjà, est admise par tous les médecins comme par le public. Elle était même considérée comme le seul facteur avant qu'on eût acquis la notion de contagion. Après les découvertes de Villemin et de Koch, un changement s'opéra dans la manière de voir des médecins, qui révoquèrent en doute l'hérédité. Actuellement on est bien obligé d'accepter la réalité des deux facteurs. La discussion porte sur leur importance respective.

Ainsi Rilliet et Barthez n'avaient rencontré l'hérédité que dans 1/7e des cas. Leudet (de Rouen) a relevé des antécédents tuberculeux dans 108 familles phtisiques sur 214 que lui et son père avaient pu suiver, presque 1 fois sur 2. P. Simon (de Nancy), sur 29 cas de tuberculoses

[1] *Journal des maladies cutanées et syphilitiques*, 1909.
[2] *Soc. méd. des hôpitaux*, 16 juillet 1909.

diverses, a trouvé que 12 fois les parents étaient morts de phtisie ou présentaient des accidents tuberculeux actuels (5 fois le père seul, 5 fois la mère seule, 2 fois le père et la mère en même temps). Herman Brehmer sur 13 000 cas à l'Institut de Görbersdorf relève 36 pour 100 d'influence héréditaire, et Detweiler sur plus de 6000 cas à Falkenstein, 35 pour 100.

Les statistiques les plus récentes mettent encore hors de doute que la tuberculose est beaucoup plus fréquente chez les descendants de tuberculeux. A. Pissavy a publié les chiffres suivants[1] : 469 ménages, dans lesquels ni le père, ni la mère n'étaient tuberculeux, ont engendré 1428 enfants, dont 123 ont contracté la tuberculose (8 pour 100). 100 ménages, où l'un des conjoints au moins était tuberculeux, ont donné le jour à 292 enfants dont 93 sont devenus tuberculeux (31 pour 100). Ainsi la tuberculose des parents quadruple à peu près les chances de tuberculose de leurs descendants.

Toutefois on doit se demander, si dans une partie de ces cas, la tuberculose des enfants n'a pas eu pour mécanisme la contagion par cohabitation avec leurs parents tuberculeux. G. Küss[2] n'admet que comme une cause très secondaire l'influence de l'hérédité dans les cas de tuberculose infantile et les croit acquises dans l'immense majorité des cas. En tout cas il faut d'abord préciser ce qu'on entend par transmission héréditaire. Ce mot peut être entendu comme synonyme de contagion héréditaire, c'est-à-dire transmission du bacille de la mère au fœtus à travers le placenta, ou comme transmission d'une simple aptitude à se tuberculiser, d'une prédisposition à contracter la tuberculose par contagion, lorsque l'occasion se présentera.

Baumgarten, par exemple, croit que la contagion héréditaire est la règle, et que le fœtus d'une mère tuberculeuse contient dans l'intimité de ses tissus des germes qui peuvent y demeurer à l'état latent, jusqu'au jour où un affaiblissement de son organisme leur permettra de se développer.

Landouzy, qui a contribué à prouver la possibilité de la tuberculose congénitale, estime pourtant que l'hérédité consiste plus souvent en une transmission d'un état diathésique, en vertu duquel les enfants de tuberculeux sont seulement candidats à la tuberculose (*Revue de Médecine*, 1891.

Ainsi l'enfant de tuberculeux peut recevoir de ses parents la graine avec le terrain : « Le germe tuberculeux, dès la période conceptionnelle, ayant : soit maternellement contagionné l'ovule de sa déhiscence ovarienne à son enclavement utérin, c'est-à-dire avant l'enclavement placentaire; soit paternellement infecté l'ovule dès sa rencontre avec le spermatozoïde ; soit plutôt, plus souvent paternellement passé du sang de la mère au fœtus par filtration ou effraction placentaire ».

(1) A. Pissavy, *Bull. de la Soc. méd. des hôpitaux de Paris*, 1909.
(2) S. Küss, Hérédité parasitaire de la tuberculose humaine. *Thèse de Paris*, 1898.

Landouzy avec Baumgarten, Liebermester, Lannelongue, rapproche ainsi pour certains cas la pathogénie de la tuberculose infantile de celle de la syphilis héréditaire et a proposé de placer l'hérédo-tuberculose en regard de l'hérédo-syphilis de Fournier. Il vise ces faits de tuberculose familiale dans lesquels on voit « la tuberculose faire, tout à coup, apparition au milieu d'une nombreuse famille, frappant successivement et parfois après de longs intermèdes, l'un après l'autre, au même âge, le troisième avant-dernier, l'avant-dernier, puis le plus jeune des enfants, ou inversement, respectant absolument les aînés, quoique tout, depuis l'élevage jusqu'aux ingesta, aux circumfusa, à l'habitat, aux maladies et aux indispositions, ait été commun à chacun des membres de la famille ». L'analyse de ces faits montre que, en dépit des apparences, une chose, à un moment donné, a cessé d'être commune à tous les enfants. C'est que la tuberculose, inopinément, est apparue chez un des générateurs. Ainsi, parmi les enfants nés d'un seul père et d'une même mère, il y a ceux d'*avant* et ceux d'*après* la tuberculose paternelle ou maternelle.

La fréquence relative de l'hérédo-tuberculose chez l'homme, comparée à sa rareté chez les animaux, fournit à la fois la raison autant qu'une nouvelle preuve de l'hérédité de contagion. Les éleveurs ont toujours pris soin d'écarter de l'accouplement les générateurs suspects, tandis que les préoccupations de sélection ne contre-balancent guère « les appétits ou les intérêts qui mènent les amours humaines ».

La démonstration de la transmission directe *in utero* du germe pathogène de la mère au fœtus à travers le placenta, fournie à propos, de la bactéridie du charbon symptomatique et du microbe du choléra des poules par les expériences d'Arloing, Cornevin et Thomas, Straus et Chamberland, Chambrelent, a incité dès 1883 Landouzy et H. Martin à instituer des expériences pour savoir si des fœtus nés de mère phtisique, non tuberculeux macroscopiquement, peuvent par inoculation donner la tuberculose à des cobayes. Dans trois cas ils obtinrent des résultats positifs, c'est-à-dire que l'inoculation intra-péritonéale de fragments de viscères de fœtus de mères tuberculeuses, macroscopiquement sains, à des cobayes rendit ceux-ci tuberculeux au bout de quarante à cinquante jours. Charrin et Kalt obtinrent depuis des résultats pareils.

Sciolla et Palmieri [1], par injections d'organes de fœtus de cobayes tuberculeuses à des animaux sains, ont prouvé la possibilité de la transmissibilité de l'infection par la mère au fœtus. Ils ont également prouvé que les fœtus issus de femelles tuberculeuses, même quand celles-ci ne présentent point de localisations infectieuses appréciables, se montrent beaucoup plus sensibles que les animaux normaux à l'action de la tuberculine.

En 1891, Birch-Hirschfeld et Schmorl ont publié une observation confirmative encore plus nette : bien que tous les viscères du fœtus parussent macroscopiquement et microscopiquement indemnes de tubercules, on

[1] 7e *Congrès de la Soc. ital. de méd. interne.* Rome, 1896.

trouva à l'examen bactériologique quelques rares bacilles dans le foie fœtal et dans le placenta; l'inoculation intra-péritonéale rendit tuberculeux deux cobayes et un lapin.

Dans les faits de Johne et de Malvoz, des fœtus de vaches tuberculeuses contenaient des bacilles, mais pas de tubercules.

Bolognesi[1] pense que la mère lègue surtout un terrain tuberculisable, mais que, par exception, l'enfant peut naître tuberculisé dans des cas où la mère était atteinte d'une bacillose généralisée qui amenait l'infection du placenta et du fœtus comme de tous les organes; encore faut-il que les lésions tuberculeuses du placenta soient assez avancées. On s'est demandé si le liquide amniotique ne pourrait pas aussi servir de vecteur pour les bacilles.

Les observations de A. Riche[2] prouvent aussi la rareté de l'hérédité directe par passage du bacille, mais bien la transmission d'un terrain, c'est-à-dire de modifications physico-chimiques qui affaiblissent la résistance des enfants de femmes tuberculeuses : ceux-ci présentent un poids moindre, de l'hypothermie, une hypertoxicité urinaire, et leur urine peut contenir des poisons spéciaux (acide glycuronique), une croissance lente.

Cette rareté des bacilles, chez le fœtus humain comme chez le fœtus animal, explique que l'hérédo-tuberculose n'apparaisse pas dès la naissance; il faut un assez long temps pour que l'infection bacillaire puisse aboutir à la lésion tuberculeuse.

L'évolution ultérieure de l'infection héréditaire peut se faire plus ou moins vite, suivant une foule de circonstances.

Tantôt le nouveau-né peut succomber dès le premier âge par infection bacillaire pré-tuberculeuse, avec des troubles fonctionnels (fièvre, amaigrissement, affaiblissement, anorexie, etc.), avec l'aspect athrepsique.

Ou bien il deviendra franchement tuberculeux et succombera vers la fin de la première année par méningite ou broncho-pneumonie.

Ou bien enfin l'hérédo-bacillose, comme la syphilis héréditaire tardive, peut subir un plus long retard dans son évolution; quelque tuberculose locale peut se constituer et demeurer stationnaire à l'état de foyer caséeux, d'où sortira un beau jour, avec ou sans cause apparente, une poussée de bacillo-tuberculose miliaire.

C'est une histoire clinique fréquente que celle des enfants issus de tuberculeux qui, « nés débiles, ont vu leur première, puis leur seconde enfance troublée par toute une série d'accidents et de maladies, qui ont fait d'eux des enfants toujours délicats qu'on craignait bien de ne pouvoir élever. L'adolescence venue, la santé est restée précaire, constamment traversée par des fièvres muqueuses (fièvres bacillaires pré-tuberculeuses à forme typhoïde ou typho-bacillose), par des rhumes faciles et interminables, par des arthropathies ou des pleurésies *a frigore*, jusqu'au jour voisin de la puberté, où une affection aiguë, d'allures franchement tuberculeuses,

(1) Recherches cliniques, bactériologiques, histologiques expérimentales pour servir à l'histoire de l'hérédité de la tuberculose humaine. *Thèse de Paris*, 1895.

(2) A. Riche, *Société de biologie*, 10 avril 1897.

venait mettre un terme à ce drame, en plusieurs actes et en vingt tableaux, dont le prologue s'était joué pendant la vie conceptionnelle! »

La question de l'hérédité tuberculeuse par le père sans infection maternelle, c'est-à-dire de l'infection de l'ovule sain par le père tuberculeux, doit être maintenant posée.

Les faits de cet ordre tirés de la clinique humaine, sans être aussi fréquents ni aussi évidents que ceux d'hérédité tuberculeuse maternelle, sont cependant assez facile à relever. En voici de bien saisissants, empruntés à Landouzy :

« Un officier supérieur mourut en 1888, après deux hivers passés à Alger, où il fut assisté par mon distingué confrère Cochez, d'une hépatite tuberculeuse avec ascite, accident ultime d'une tuberculose ayant débuté en 1878 au milieu d'une bonne santé apparente, par une pleuro-pneumonie *a frigore*, suivie quelques mois après de l'éclosion de craquements humides au sommet gauche. En 1879, hémoptysies ; les années suivantes, accidents laryngés, bronchites, congestions de sommets à répétition, hémoptysies, etc.; en 1887 et 1888, hecticité, douleurs abdominales, augmentation de volume du foie, ascite et mort.

« Marié en 1876 à une superbe jeune fille de vingt et un ans, cet homme a eu cinq enfants : — Premier enfant : garçon venu à terme en décembre 1876; élevé à Nantes, il se développait normalement, quand, à huit mois, au milieu d'une épidémie de choléra infantile, il est pris d'entérite, à laquelle il succombe, en trois jours, avec des accidents convulsifs. — Deuxième enfant : fille, née avant terme, en sept et huit mois, en août 1878; meurt en vingt-quatre heures avec des convulsions. — Troisième enfant : garçon, né à terme en mars 1881; est élevé comme le premier, dans les mêmes conditions; est pris à cinq mois de tous les symptômes d'une méningite tuberculeuse classique, à laquelle il succombe en quelques semaines. — Quatrième enfant : fille, née en février 1882, est prise à trois mois des symptômes d'une méningite tuberculeuse, à laquelle elle succombe en trois semaines. — Cinquième enfant : garçon, né à terme en 1883; est élevé au sein loin du père, en pleine campagne, en d'excellentes conditions. Cinq mois après sa naissance, l'enfant dépérit; survient un écoulement purulent par l'oreille gauche. Lorsque l'oncle, médecin, vint voir l'enfant à la campagne, il le trouva étisique, suppurant de l'oreille gauche et porteur d'une hémiplégie faciale gauche totale; il diagnostiqua une otite tuberculeuse. L'enfant mourait étique quelques jours après.

« Si l'on veut bien ne rien oublier de l'histoire pathologique du père, si l'on veut bien se souvenir de la date de ses premières manifestations tuberculeuses, si l'on observe que la mère n'a jamais, depuis quinze ans, cessé de rester bien portante, en dépit de cinq grossesses subintrantes (cinq grossesses en sept ans), en dépit des mauvaises conditions morales et physiques dans lesquelles la mettaient et les inquiétudes qu'elle prenait de la santé de son mari et le chagrin de perdre successivement, de même manière et au même âge, ses enfants, en dépit de son veuvage, — on nous accordera que la tuberculose pourrait bien être ici de pure hérédité paternelle et que, si les enfants, à leur première année, mouraient tuberculeux, c'est qu'ils étaient nés tuberculisés par un père tuberculeux dont le sperme avait pu, par imprégnation directe, tuberculiser l'ovule maternel. »

La justification expérimentale de la transmission tuberculeuse par le père seul a été tentée.

Curt. Jani a constaté dès 1886 la présence des bacilles de la tuberculose dans l'appareil génital sain des tuberculeux pulmonaires. Il en concluait que dans la majorité des cas des germes tuberculeux peuvent être transmis à l'ovule par le sperme d'un phtisique. Mais l'ovule est-il véritablement infecté, et l'ovule infecté est-il capable de développement?... L'expérimentation seule pourrait le décider : si l'on réussissait a engendrer des petits tuberculeux après injection de sperme tuberculeux très frais d'un lapin dans le vagin d'une lapine, alors l'hérédité tuberculeuse de l'homme serait plus que probable.

Du moins Landouzy et H. Martin, en 1886, ont inoculé du sperme de cobayes tuberculeux à 16 cobayes et 6 de leurs inoculations ont été positives.

La clinique vétérinaire a fourni à Sanson un fait comparable à celui de Landouzy et rendant peu contestable l'hérédité tuberculeuse paternelle. A un troupeau de vaches auvergnates vivant sur les monts d'Auvergne à Saint-Angeau, dans des conditions d'hygiène irréprochables, on adjoignit des vaches et des taureaux de la variété anglaise de Devon. Peu d'années après, les vaches anglaises moururent toutes successivement phtisiques et les taureaux aussi. Mais, en outre, des accouplements de ces derniers avec les vaches auvergnates étaient nées des métisses qui, toutes, sauf une. moururent phtisiques, à des âges plus ou moins avancés. Or, les mères auvergnates étant restées toutes sans exception indemnes, ce n'est pas d'elles que pouvait venir la tuberculose, à laquelle ont succombé leurs produits. Après la mort de ceux-ci et de toutes les vaches anglaises, il n'y a plus eu aucun tuberculeux dans la vacherie.

Outre les manifestations typiques *post partum* de la tuberculose héréditaire d'origine paternelle, Landouzy explique ainsi les manifestations tuberculeuses atypiques. Il admet que, si les bacilles n'ont pas infecté eux-mêmes l'ovule, les toxines bacillaires, en faisant un milieu nocif aux spermatozoïdes, ont pu empêcher ceux-ci d'imprimer à l'ovule un développement normal. L'enfant, issu de cet ovule fécondé par un spermatozoïde imprégné de tuberculine, naît rabougri, chétif, de faible poids, pour succomber en bas âge, sans grand appareil anatomo-pathologique, ni syndrome éclatant, si bien que son décès est classé sous la rubrique : débilité congénitale.

Ayant fait une enquête auprès de 2000 mères qu'il a soignées à la crèche de l'hôpital Tenon, Landouzy a été frappé de la multi-léthalité qui sévit sur les produits de conception des femmes de tuberculeux. Il rapproche avec raison ce fait de la faiblesse congénitale des enfants de syphilitiques, même exempts de syphilis, et de celle des enfants des intoxiqués par le plomb et l'alcool. Ces dégénérés, qui ont hérité d'une dystrophie native, d'une diathèse héréditaire, les anciens phtisiologues ont de tout temps insisté sur leur habitus spécial : le squelette étroit et mince, les attaches grêles, la peau fine et molle, les extrémités graciles, doigts allongés, facies pâle, veinosités transparentes.

L'hérédité hétéromorphe dans la tuberculose avait été étudiée avec ampleur par V. Hanot, dans une leçon à laquelle nous avons déjà fait un emprunt et qu'il n'est que juste de citer encore ici.

« Les anciens observateurs avaient noté chez les individus prédisposés à la phtisie des doigts dits hippocratiques, se terminant en massue ou en palette. Ces doigts, qui, souvent régulièrement conformés jusqu'à la dernière phalange, se terminent brusquement par un bout arrondi rappelant la baguette de tambour, se voient communément chez les tuberculeux héréditaires. Cette déformation paraît commencer d'ordinaire par le pouce et s'étendre successivement aux autres doigts. D'après Trousseau, la déformation en palette serait plus fréquente chez les femmes. Nos pères connaissaient déjà les ongles recourbés (*ungues adunci*) et de nos jours Pigeaux (*Arch. gén. de méd.*, t. XXIX) insistait sur l'amincissement et la plus grande friabilité de l'ongle. Les doigts des prédisposés à la tuberculose sont habituellement longs, mal irrigués et devenant facilement pâles, jaunâtres sous l'influence du froid.

« Arétée (*De signis et causis morborum*, Ed. Boerhaave) avait signalé la forme particulière du thorax des phtisiques, le rétrécissement de la cavité, l'effacement des espaces intercostaux, la saillie des côtes et des épaules (*scapulæ alatæ*). Galien appelle φθινώδεις les individus qui présentent cette particularité et les regarde comme prédisposés à la phtisie. Van Swieten considère comme suspect l'aplatissement de la poitrine et le défaut de convexité des côtes. Dans son immortel Traité, Laënnec insiste sur le resserrement de la poitrine des prédisposés.... La forme du thorax varie chez les individus qui commencent une phtisie, suivant qu'ils sont héréditaires ou non. Dans ce dernier cas il n'y a rien de changé dans l'apparence extérieure du thorax, qui est large et bien conformé. Chez les descendants de tuberculeux la poitrine paraît cylindrique, le sternum bombé est projeté en avant. Des auteurs, Andral entre autres, ont admis que l'exiguïté de la poitrine prédispose à la tuberculose; la vérité c'est qu'elle est d'ordinaire une conséquence de l'hérédité tuberculeuse, qu'elle n'est pas cause, mais effet de tuberculose. Tout individu qui présente une poitrine resserrée ne devient pas forcément tuberculeux et Fournel dit que le tiers des phtisiques ont la poitrine bien conformée; les deux tiers, des poitrines étroites et aplaties. Mais Fournel ne fait pas le départ des héréditaires et des non-héréditaires. D'après mon observation personnelle, on pourrait compléter la proposition de Fournel en disant que les deux tiers des phtisiques qui ont la poitrine étroite et aplatie sont des tuberculeux héréditaires. Cette distinction est déjà indiquée daus la thèse de Hirtz (Th. de Strasbourg, 1836). « Chez les phtisiques, dit-il, le sommet de la poitrine subit un rétrécissement se montrant dès le début de la maladie, et quelquefois même avant qu'elle se déclare, dans la phtisie héréditaire ».

« La croissance est aussi troublée chez les individus prédisposés à la tuberculose. Souvent, rapide pendant l'enfance, elle s'arrête au milieu de l'adolescence. Ces prédisposés à la tuberculose conservent dès lors jusqu'à la fin un aspect chétif. Les muscles sont grêles, mous, les os plus longs, fluets, s'ossifiant de bonne heure; les dents apparaissent irrégulièrement; les articulations très grosses semblent disproportionnées avec le volume des membres. Andral fait remarquer que ce sont des dégénérés qui se rapprochent toujours de la constitution de l'enfant et même semblent, suivant son expression, « descendre l'échelle zoologique ». Lorain désignait cet état sous le nom d'infantilisme, de féminisme.

« Les poumons sont moins développés, et Schneevogt le premier reconnut que la spirométrie peut permettre de prévoir la tuberculose, avant toute autre indication objective, par la diminution de l'air inspiré. — Le pénis reste petit, les testicules paraissent atrophiés. — La peau est ordinairement fine, transparente, semblant avoir perdu son élasticité, devenue chez les bruns plus terne, bistrée, sale. Ordinairement les cheveux sont fins, soyeux, les cils longs, les sourcils très fournis. Assez souvent la barbe pousse par places, laissant des intervalles dénudés, comme dans l'alopécie syphilitique en clairières du professeur Fournier. Le professeur Landouzy a signalé la teinte rouge vénitien des cheveux. — Louis et Briquet ont soutenu que ces « candidats » à la phtisie, comme dit Landouzy, sont généralement de haute stature. Hanot croit, avec beaucoup d'autres auteurs, que leur taille est plus souvent au-dessous de la moyenne. « Il n'est pas rare que les individus de taille exagérée deviennent phtisiques, les médecins militaires le savent bien. Mais les recherches de Léon Collin ont établi que les soldats de superbe apparence, comme les gardes de Paris, sont surtout enlevés par la tuberculose aiguë. Il est permis de supposer que ce sont des organismes vierges de toute tare héréditaire, plus aptes à l'infection tuberculeuse, qu'ils réalisent sous la forme la moins atténuée, la plus virulente. »

Les malformations par hérédité tuberculeuse hétéromorphe ne sont pas seulement extérieures, elles peuvent être internes, intéresser les divers parenchymes. Souvent l'emphysème coïncide avec les malformations thoraciques chez les prédisposés à la phtisie; il n'est pas consécutif à celles-ci. il est contemporain et de même signification; il n'y a pas non plus parallélisme entre ces deux faits comme intensité et ils peuvent exister isolément. L'emphysème est ici une lésion d'hérédité hétéromorphe non spécifique : c'est le résultat des troubles de la nutrition de la vie embryonnaire par suite de la tare spécifique héréditaire. La nature de celle-ci peut varier, c'est ainsi que l'emphysème congénital par hérédité hétéromorphe peut être tantôt d'origine tuberculeuse, tantôt d'origine goutteuse ou arthritique. Hanot, ayant trouvé sur 10 cas d'emphysème, 7 cas d'emphysème congénital ou apparu dans les premiers âges de la vie, et sur ces 7 cas, 5 fois chez des enfants issus de tuberculeux, se demande si la rareté de la coexistence entre l'emphysème proprement dit et la phtisie pulmonaire ne tient pas à ce que l'emphysème est déjà souvent une manifestation d'hérédité tuberculeuse, vaccinant dans une certaine mesure le poumon et y rendant plus difficile la germination des tubercules.

Après Brœhmer, Beneke a noté, chez 1/3 des tuberculeux héréditaires, le développement imparfait du cœur, non par amoindrissement cachectique, mais par une hypotrophie congénitale que l'on constate avant l'apparition de toute lésion spécifique. Cette atrophie avec intégrité absolue de la fibre musculaire est plus considérable que celle des cancéreux et autres cachectiques. Elle ferait défaut dans la phtisie fibreuse, dans la phtisie acquise.

D'après Beneke, tout le système artériel est hypotrophié, en état d'angustie, chez les descendants de phtisiques. On connaît le rétrécissement de l'artère pulmonaire chez les phtisiques; cependant, d'après Beneke, elle est encore plus large que l'aorte. Hanot a publié, dans les *Archives générales de médecine*, un cas d'aplasie de l'artère rénale avec uretère imperforé et néphrite dégénérative dans un cas de tuberculose héréditaire. Il a observé une malade qui est morte d'urémie et d'asystolie combinées par suite d'une malformation des valvules mitrale et aortiques, d'une athéromasie généralisée et notamment des artères stomacales et rénales, avec néphrite interstitielle : fille de tuberculeux, elle avait présenté dès son jeune âge des accidents qui relevaient évidemment d'athérome généralisé, et que lui a paru pouvoir seule expliquer l'hérédité tuberculeuse hétéromorphe.

De grands cliniciens, Trousseau entre autres, ont enseigné que la tuberculose est la source habituelle de la chlorose, et Hanot partageait cette opinion (*Presse médicale*, 6 janvier 1894). Toutes les modifications organiques qu'on peut trouver chez les chlorotiques se résument en trois mots : infantilisme, hypoplasie et aplasie. La chlorose est donc encore une des réalisations de l'hérédité hétéromorphe. Ici encore, l'hérédité morbide n'a pas transmis la graine ou l'aptitude à la faire germer, mais s'est manifestée par des malformations, des arrêts de développement, des dégénérescences, des amoindrissements organiques les plus divers.

Le foie lobulé, qui se rencontre rarement chez l'homme, « est parfois, exceptionnellement il est vrai, comme le rein lobulé, congénital », dit Frerichs. Hanot, l'ayant rencontré 7 fois seulement chez des tuberculeux, incline à penser que le foie lobulé représente une malformation congénitale, liée à la diathèse tuberculeuse en dehors des lésions spécifiques (Voy. Hanot, Foie lobulé des tuberculeux, Cirrhose capitonnée. *Congrès de la tuberculose*, 1893).

Sur 4 de ces foies on notait une sclérose des grands espaces qui, ajoutée à la lobulation, formait ce que M. Hanot a appelé cirrhose mamelonnée, capitonnée. Cette sclérose semble due à l'action du sang adultéré par les toxines microbiennes sur les éléments des grands espaces qui, comme tout le reste de l'organe, présentent une diminution originelle de résistance. Lorsque, d'autre part, la sclérose tuberculeuse proprement dite se développe sur des foies ainsi dégénérés, lorsque l'organe est transformé en même temps par hérédité homœomorphe et par hérédité hétéromorphe, la lésion est au maximum et revêt l'aspect de la lésion que Hanot a décrite au Congrès de la tuberculose de 1889 sous le nom de foie ficelé tuberculeux.

Parmi les malformations congénitales rencontrées chez les tuberculeux, Hanot cite encore la dilatation congénitale de l'œsophage, d'après Faure (De la mort subite dans les dilatations congénitales de l'œsophage. *Th. de Paris*, 1894). Dans 3 cas observés par cet auteur, les malades étaient morts subitement et l'on trouva à l'autopsie des lésions tuberculeuses du poumon plus ou moins avancées. Dans une de ces observations, on notait en même temps une dilatation congénitale des ventricules latéraux. Il se peut, comme le dit M. Faure, que la tuberculose, en affaiblissant l'organisme, prédispose à la mort subite et facilite la production de la syncope par action réflexe. Il est probable, d'autre part, ainsi qu'en témoigne la dilatation congénitale des ventricules latéraux dans le cas en question, que l'encéphale tout entier, le bulbe par conséquent, était dans un état de moindre résistance et plus facile à ébranler par les actions réflexes. L'examen microscopique a permis à M. Letulle de constater en outre, sur cet œsophage congénitalement malformé, l'absence des glandes en grappes logées à l'état normal dans la profondeur de la muqueuse; la neurasthénie dont le malade souffrait de son vivant pouvait être encore considérée comme un témoignage de sa dégénérescence originelle.

M. Landouzy a repris depuis trois ans avec L. Lœderich l'étude expérimentale de l'hérédité tuberculeuse. Les premiers résultats ont été publiés à la IXe conférence internationale contre la tuberculose à Bruxelles et à l'Académie des Sciences en 1910, et complétés par une communication à cette même Académie en octobre 1911. L'importance de la question me fait un devoir de reproduire presque intégralement ce dernier travail (1).

(1) Notre étude expérimentale, disent MM. Landouzy et Laederich, s'est dès l'abord, heurtée à une grosse difficulté : un très grand nombre d'animaux (chiens, lapins et cobayes), mâles ou femelles, sont frappés de stérilité dès que la tuberculose inoculée s'est généralisée.

Sur 80 femelles inoculées, puis laissées en permanence avec des mâles sains, 28 seulement ont été fécondées, et il est à noter que ce furent, d'une façon générale, celles qui résistaient le mieux à l'inoculation; 52 sont restées stériles (soit, 65 pour 100). L'examen histologique des ovaires de ces femelles ne montrait aucune lésion expliquant la stérilité.

Sur 30 mâles inoculés (10 lapins et 20 cobayes) un seul cobaye a fécondé une femelle. Mais ici l'examen des testicules a révélé des faits intéressants : d'abord la grande fréquence des lésions tuberculeuses folliculaires dans les testicules d'animaux succombant à une tuberculose rapide, et la présence constante, en pareil cas, de bacilles dans le sperme (ce qui permet de concevoir la possibilité d'hérédobacillose d'origine paternelle, dont la réalité, toutefois, n'a pu encore être expérimentalement démontrée) ; en second lieu, l'existence presque constante dans les

I. — Recherches sur la transmission héréditaire du bacille de Koch. — Hérédité de graine.

Ces expériences ont porté sur des chiennes, des lapines et des cobayes. Une série de femelles ont été inoculées avant la fécondation; d'autres enfin, avant et pendant la gestation. Les inoculations de cultures pures de bacilles de Koch (races humaine et bovine) ont été faites, soit par voie digestive, soit par injections intra-pleurales, ou intraveineuses.

Ces recherches concernent 46 portées de cobayes (ayant donné 151 petits), 4 portées de lapines (25 petits), et deux portées de chiennes (10 petits). Elles ont été faites, tantôt sur les fœtus recueillis *in utero* ou dès la naissance, tantôt sur des petits ayant vécu plus ou moins longtemps. Il importe de distinguer les résultats obtenus dans l'un et l'autre cas.

A) *Recherche du bacille tuberculeux chez les fœtus et nouveau-nés.* — Pour ces recherches, ont été recueillis soit *in utero*, soit dès la mise-bas, 74 petits cobayes, provenant de 28 portées différentes; 16 petits lapins, provenant de 2 portées; 5 petits chiens, provenant de 2 portées.

Sur ce total de 106 petits, 86 seulement ont pu être examinés dans de bonnes conditions. Chez aucun de ces 86 fœtus ou nouveau-nés, n'ont été trouvées de lésions tuberculeuses, ni macroscopiques, ni microscopiques. La recherche des bacilles de Koch sur les coupes des différents viscères a été constamment négative. Par contre, grâce à la méthode des inoculations, en injectant sous la peau de cobayes des fragments broyés de viscères d'un grand nombre de ces fœtus, dans un cas la présence de bacilles tuberculeux a été décelée.

C'est donc là un cas indiscutable du passage de bacilles tuberculeux de la mère au fœtus; il vient s'ajouter à ceux déjà connus de Landouzy et Hip. Martin, Cavagnès, Calabrèse, Clusset, Galtier, Sciolla et Palmieri, Gœrtner, pour démontrer la possibilité de l'infection bacillaire congénitale.

B) *Recherche de la bacillo-tuberculose chez les petits ayant vécu plus ou moins longtemps.* — Ces recherches ont porté sur 18 petits chiens et lapins, et sur 78 petits cobayes, issus de mères tuberculeuses. On a laissé

testicules de mâles tuberculeux de modifications plus ou moins étendues des canaux séminipares, consistant en la perte du pouvoir prolifératif de l'épithélium. qui ne forme plus de spermatozoïdes, ce qui explique la stérilité de ces animaux. Pareils faits s'observent-ils chez l'homme tuberculeux? L'un de nous a, depuis longtemps, remarqué que souvent les maris poitrinaires ont peu ou pas de progéniture, alors même qu'ils se rangent parmi les « embrasés »; il serait intéressant de faire systématiquement l'étude cytologique des glandes génitales et du sperme chez ces malades.

Quoi qu'il en soit, en raison de la difficulté expérimentale que nous n'avons encore pu surmonter en ce qui concerne l'hérédité paternelle, la présente étude ne porte que sur l'hérédité maternelle.

vivre ces petits pendant un ou plusieurs mois; quelques-uns sont morts spontanément, les autres ont été sacrifiés.

Sur les 18 petits chiens et lapins, examinés dans ces conditions, aucun n'a montré de lésions tuberculeuses. Au contraire, chez les cobayes, il y a eu un nombre remarquable de résultats positifs.

Dans une première série d'expériences, portant sur 68 petits cobayes issus de mères tuberculeuses, et morts ou sacrifiés au bout d'un à trois mois, on a trouvé 16 fois des lésions tuberculeuses indiscutables à l'autopsie : soit, dans la proportion énorme de 23,5 pour 100. Ces lésions étaient toujours localisées dans les poumons. Une seule fois, il existait un tubercule caséeux; dans les autres cas, les lésions consistaient exclusivement en fines granulations grises, à peine visibles à l'œil nu, et souvent même reconnues seulement sur les coupes microscopiques. Ces granulations montraient tous les caractères structuraux habituels des follicules tuberculeux, la plupart avec cellules géantes et couronne lymphocytaire. D'ailleurs, la recherche des bacilles de Koch sur les coupes a été positive dans la plupart des cas. En somme, les lésions tuberculeuses constatées chez ces 16 petits cobayes étaient très discrètes, échappant même souvent à l'œil nu; elles étaient évidemment au début de leur éclosion.

La fréquence des lésions constatées chez les petits cobayes, issus de mères tuberculeuses et âgés de 1 ou plusieurs mois, est surprenante, surtout si on l'oppose à la rareté de semblables résultats chez les petits recueillis *in utero*, ou dès la naissance. Il y a là une analogie frappante avec les faits recueillis en pathologie humaine. Comment faut-il les interpréter?

Faut-il, suivant l'opinion généralement adoptée, admettre la très grande rareté de l'hérédo-tuberculose, et attribuer à une contamination effectuée après la naissance la fréquence de la tuberculose chez les petits issus de mères tuberculeuses et ayant vécu?

Cette interprétation, quoique classique, nous semble cependant discutable dans l'espèce.

Tout d'abord, le fait qu'on ne constate que très rarement le passage des bacilles de la mère aux fœtus n'a pas une valeur sérieuse contre l'origine héréditaire de la tuberculose si souvent observée chez les petits âgés de quelques mois. Les bacilles ne pourraient-ils passer de la mère au fœtus beaucoup plus souvent qu'on ne le constate, mais en quantité trop petite pour que ni l'examen direct, ni même les inoculations ne parviennent à démontrer leur présence, ce qui ne les empêcherait pas d'évoluer ultérieurement?

D'autre part, la théorie de la contamination après la naissance ne paraît pas s'appliquer sans difficulté aux résultats de nos expériences, étant données les conditions dans lesquelles celles-ci ont été conduites. Nous avons, en effet, pris soin d'isoler toujours, dès leur naissance, les petits avec leur mère, dans des cages stérilisées à chaque changement d'animal. Si nous n'avons pas, dans cette première série d'expériences, séparé les petits d'avec leur mère pendant la période d'allaitement, c'est que nous voulions étudier la façon dont ils se développeraient, et attendre chez eux l'apparition de dystrophies possibles. D'ailleurs, il est capital de faire remarquer qu'aucune des mères, dont les petits sont devenus tuberculeux, ne présentait de lésions ouvertes susceptibles d'être une source de contagion. Resterait la possibilité de contamination par le lait de la mère tuberculeuse, mais on sait combien semble rare le passage de bacilles dans le lait, en dehors des cas de mammite.

Pour trancher cette question et éviter toute objection, les auteurs ont entrepris une nouvelle série d'expériences, analogues aux précédentes, mais en prenant la précaution de recueillir les petits *dès la naissance*. « Nous les séparions immédiatement de leur mère, avant qu'ils aient pu téter une seule fois, et nous les emportions, le jour même, à la campagne, pour les élever dans un endroit où nulle contamination tuberculeuse n'était à craindre, les nourrissant avec du lait bouilli. Grâce à ces précautions minutieuses, aucune cause d'infection tuberculeuse acquise ne semble possible.

Sur 10 petits cobayes ainsi élevés, trois sont morts dès les premiers jours, sans lésions appréciables, et ne peuvent, par conséquent, entrer en ligne de compte. Sur les 7 restants, 6 se sont développés d'une façon normale, et, sacrifiés à l'âge de 4 à 5 mois, n'ont présenté aucune lésion tuberculeuse. Mais il n'en était pas de même du septième, dont la mère avait été inoculée, par voie digestive, avant la fécondation, puis réinoculée par voie intra-pleurale, 10 jours avant la mise-bas. Ce petit, bien constitué et pesant 80 grammes à la naissance, se développa assez mal, beaucoup plus lentement que le second petit de la même portée ; à l'âge de 3 mois, il ne pesait que 250 grammes, avait un aspect chétif, le poil sec et cassant : sacrifié à ce moment, *il présentait, dans le poumon gauche, plusieurs granulations tuberculeuses, à siège sous-pleural, de couleur gris jaunâtre, et de structure folliculaire typique.*

Étant données les conditions de l'expérience, l'origine héréditaire de la tuberculose paraît ici indiscutable. Pour être unique, ce cas n'en est pas moins démonstratif : et dans la mesure où l'on peut conclure du cobaye à la femme, il vient singulièrement à l'appui de la théorie de Baumgarten, déja citée, d'après laquelle les enfants de tuberculeuses naîtraient souvent infectés de bacillose latente, la tuberculose ne se développant que plus tard, souvent pendant l'adolescence, ou même à l'âge adulte.

II. — **Recherches sur l'hérédité dystrophiante.**

Les résultats expérimentaux sont exactement superposables aux faits observés en pathologie humaine.

A) Un premier fait est des plus frappants : c'est la *multiléthalité des petits issus de mères tuberculeuses*. Sur 143 petits que nous ont donnés

40 portées de cobayes, 5 portées de lapines et 3 portées de chiennes, il y avait 39 mort-nés ; en outre, 21 petits sont morts dans les premières heures ou les premiers jours. Au total, 60 petits sur 143 n'ont pas vécu, soit l'énorme proportion de 41,9 pour 100 (¹).

B) *L'état de développement des petits à la naissance est très souvent inférieur à la normale.* — Sans doute quelques-uns sont, au contraire, remarquablement vigoureux (même fait s'observe par exception en clinique humaine) ; mais un bien plus grand nombre sont chétifs, de poids inférieur à la normale. Ainsi chez les cobayes, sur 13 portées de 3 petits, le poids moyen des nouveau-nés était de 72 grammes, au lieu du chiffre normal de 80 : et sur les 39 petits en question, 6 pesaient moins de 60 grammes.

C) *Le développement ultérieur de ces rejetons de tuberculeuses est lui-même très souvent retardé.* Ainsi, sur 42 petits cobayes issus de mères tuberculeuses, et qui ont vécu plusieurs mois sans devenir tuberculeux eux-mêmes, 30 ont évolué comme des cobayes normaux issus de parents sains : mais 12 (soit 28 pour 100) *ont grossi lentement, restant constamment au-dessous de la moyenne des poids normaux*; 3 *d'entre eux étaient même très chétifs* ; ainsi l'un *pesait* 170 *grammes seulement, à l'âge de* 2 *mois*, alors qu'un cobaye normal pèse, à cet âge, 300 grammes environ.

A l'autopsie de ces 12 petits dystrophiques, les viscères ne montraient pas de lésion appréciable, même au microscope, et l'inoculation, à d'autres cobayes, de fragments broyés de ces viscères fut négative. Il semble donc s'agir d'un *état dystrophique d'origine héréditaire, sans lésions bacillo-tuberculeuses appréciables*, entièrement comparable à celui qu'on observe souvent en clinique humaine.

D) A côté de ces états d'hypotrophie générale, il faut faire une place également importante à toute une série de *dystrophies partielles*, aboutissant aux *malformations congénitales* les plus variées, parmi lesquelles en clinique humaine, le rétrécissement mitral et le rétrécissement de l'artère pulmonaire sont peut-être les plus fréquentes, ou du moins les mieux connues.

L'expérimentation avait déjà pu reproduire certaines de ces malformations, mais n'avait pas encore réussi à obtenir de malformations cardio-vasculaires. Plus heureux que leurs devanciers, MM. Landouzy et Lœderich ont observé celles-ci trois fois, ainsi que d'autres malformations non moins intéressantes. En voici les observations résumées :

(¹) La mort s'expliquait, chez quelques nouveau-nés, par des malformations congénitales, (que nous décrirons plus loin) et surtout *par des déchirures du foie, avec hémorragie intra-péritonéale.* Chez beaucoup autres petits, le microscope montrait, dans le foie, des altérations cellulaires plus ou moins étendues qui traduisaient sans doute la réaction de la glande contre des bacilles ou des toxines dont nous n'avons pu démontrer la présence. Chez un certain nombre des animaux mort-nés, aucune lésion viscérale ; plusieurs d'entre eux paraissaient bien développés, et leur mort reste, avec nos moyens actuels d'investigation, inexpliquée.. tout comme, du reste, chez certains mort-nés de mères phtisiques.

a) Une chienne de race basset, inoculée dans la plèvre avec 1 centimètre cube d'émulsion de culture de bacilles d'origine bovine, quatre mois avant d'être fécondée ; réinoculée dans la plèvre, un mois après la fécondation : met bas, à terme, une portée de 5 petits, dont 3 normaux. Des deux autres, l'un est mort-né, l'autre succombe presque aussitôt après la naissance. Chez ces deux animaux, on constate les mêmes lésions, un peu plus accentuées seulement chez le premier. Le cœur est gros, l'hypertrophie portant sur le ventricule droit, qui est plus volumineux et à parois plus épaisses que le ventricule gauche : *l'orifice de l'artère pulmonaire présente un rétrécissement très accentué*, les valvules sigmoïdes qui le bordent sont plus épaisses que normalement ; au-dessus de ce point, et jusqu'à sa bifurcation, l'artère pulmonaire est notablement dilatée ; le cœur gauche, l'aorte et le canal artériel sont normaux (fig. 1).

Fig. 1.

b) Une autre chienne, inoculée par ingestion, cinq fois répétée, de fortes doses de cultures de bacilles tuberculeux bovins, couverte quatre mois plus tard par son frère, réinoculée, 22 et 26 jours après la fécondation, par ingestion de culture de bacilles tuberculeux humains, met bas à terme une portée de 5 petits, dont 4 normaux. Le cinquième mort-né, présente *une anasarque très marquée*, à l'autopsie, on trouve le péritoine rempli de sérosité fortement hémorragique ; le foie congestionné, parsemé de petites déchirures. *Le rein gauche et les vaisseaux rénaux correspondants n'existent pas ; le rein droit est gros, blanc et dur, et montre au microscope des lésions de néphrite subaiguë.* Les deux surrénales sont à leur place normale, de même que les ovaires (fig. 2).

Par cet ensemble lésionnel : néphrite, anasarque, hémorragies, ce chien nouveau-né offre le tableau d'un véritable « mal de Bright congénital ». Bien que nous n'ayons pu y déceler de bacilles, ni de formations folliculaires, l'origine bacillo-tuberculeuse de cette lésion semble infiniment probable, la mère n'ayant subi, au cours de sa gestation, aucune autre atteinte morbide que l'inoculation bacillaire.

c) Une cobaye, inoculée par voie digestive (ingestion d'une culture de bacilles tuberculeux bovins) trois mois avant sa fécondation, met bas, à terme, une portée de 2 petits, dont l'un évolue normalement ; le second, bien constitué à sa naissance (il pesait 80 grammes), se développe un peu moins bien. Sacrifié au bout de 40 jours, il présente à l'autopsie *un follicule lymphocytaire dans un poumon* (sans bacilles de Koch visibles sur les coupes) ; *des lésions minimes de néphrite* ; enfin, *une anomalie de l'orifice aortique, qui possède quatre valvules sigmoïdes*, d'aspect d'ailleurs normal.

d) Une cobaye, inoculée à trois reprises par ingestion de culture de bacilles tuberculeux, trois mois avant la fécondation, met bas à terme une portée d'un seul petit, pesant 95 grammes, et d'aspect vigoureux.

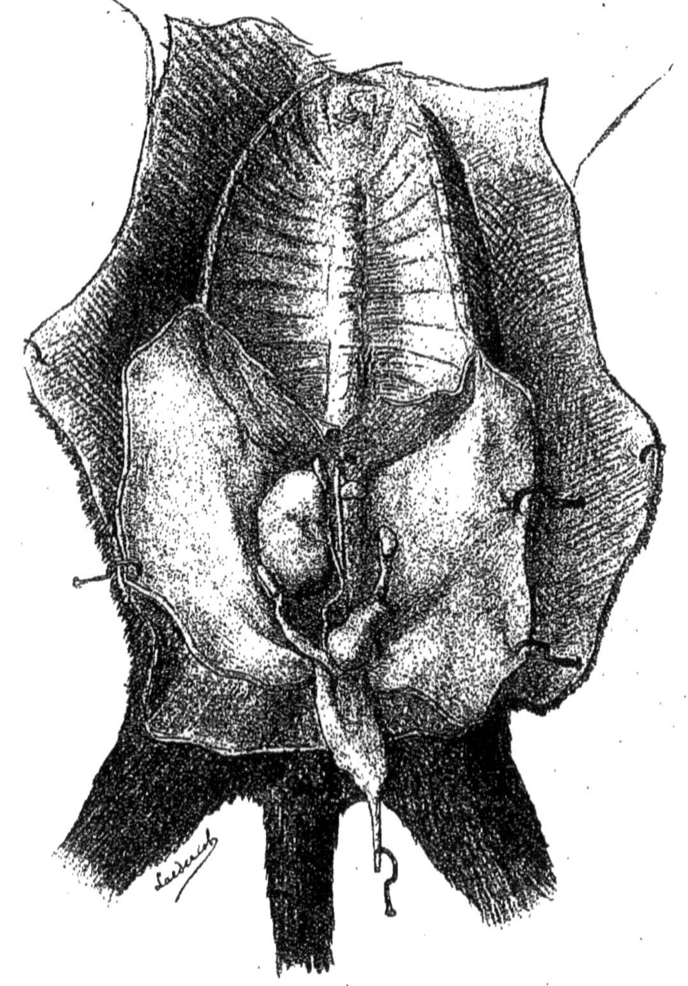

Fig. 2.

Ce petit *a les deux membres antérieurs difformes : les avant-bras sont beaucoup plus incurvés qu'à l'état normal, et les poignets sont en flexion permanente, l'attitude rappelant exactement celle de la « main bote »*; toutefois, cette flexion du poignet pouvait être passivement redressée.

Ce petit cobaye mourut au bout de sept jours. A l'autopsie, on ne trouva aucune lésion viscérale, ni macroscopique, ni microscopique. Les os des membres antérieurs étaient modifiés, comme le montrait la radiographie et comme en témoignent les dessins de la figure 4 : l'omoplate présente une série de convexités et de concavités beaucoup plus marquées qu'à l'état normal ; l'humérus n'a pas sa torsion normale sur son axe ; le radius et le cubitus présentent une incurvation normale par sa direction, mais beaucoup plus accentuée que chez des cobayes normaux de même âge. Mais aucun de ces os ne montre de tuméfaction des

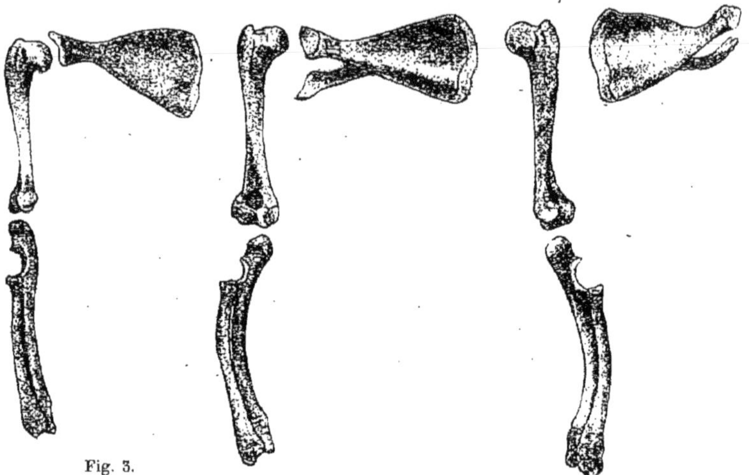

Fig. 3.

Squelette d'un membre antérieur de cobaye normal de même âge.

Fig. 4. — Squelette des membres antérieurs du cobaye issu de mère tuberculisée.

épiphyses, et sur les coupes microscopiques le processus d'ossification apparaît normal. Il y a donc simple déformation, sans lésions appréciables permettant de parler d'achondroplasie ou de rachitisme congénital.

e) Un autre petit cobaye nous a montré *une malformation identique au précédent.* Sa mère avait été inoculée par ingestion de bacilles sept mois avant la fécondation, et avait mis bas à terme une portée de 4 petits, dont 2 mort-nés et 2 autres morts dès les premières heures, sans présenter de lésions. Le cinquième petit, assez chétif à sa naissance, ne pesant que 54 grammes, montrait, comme le cobaye de l'observation précédente, *une incurvation exagérée des avant-bras.* Mais ce petit s'est bien développé, il a été sacrifié à l'âge de 3 mois, pesant 300 grammes. A l'autopsie, tous les viscères étaient normaux ; le radius et le cubitus avaient repris une courbure sensiblement normale.

De ces diverses malformations congénitales, on peut rapprocher le cas suivant, dans lequel ont été observés des *troubles fonctionnels congénitaux*, indépendants de toute malformation ou lésion constatable.

Il s'agit d'un petit cobaye qui présentait à la naissance une attitude vicieuse de la tête et des troubles de la marche. Sa mère, inoculée par voie intra-pleurale au mois de septembre, avait eu, en octobre, une première portée de 2 petits, dont l'un est devenu tuberculeux, bien qu'ayant été isolé dès sa naissance (voir plus haut); cette femelle eut, en janvier, une seconde portée composée d'un seul petit; celui-ci naquit le 2 jan-

Fig. 5. — Cobaye atteint d'attitude vicieuse congénitale de la tête.

vier, 3 jours après que la mère eut été réinoculée par voie digestive; ce petit était bien constitué et pesait 90 grammes; mais, dès sa naissance, il tenait d'une façon permanente la tête en extension forcée, les yeux regardant constamment en haut et en arrière (fig. 5); il était facile, cependant, de fléchir passivement la tête, mais dès qu'on l'abandonnait, elle reprenait son attitude en extension. D'autre part, ce petit cobaye était incapable de faire un seul pas en avant, il restait immobile, ou, lorsqu'on l'excitait, il tournait sur place, tantôt vers la droite, tantôt vers la gauche. Au bout de quelques jours, ces troubles s'atténuèrent; peu à peu, l'extension de la tête devint moins permanente, et le cobaye se mit à marcher normalement; mais, pendant deux mois, l'attitude vicieuse reparut souvent. Néanmoins l'animal se développa très bien; il fut sacrifié à l'âge de 5 mois et demi; les viscères et les centres nerveux ne montrèrent aucune lésion, de même que la colonne vertébrale et les muscles de la nuque.

Si ces faits expérimentaux, superposables à nombre d'observations de la clinique humaine, éclairent singulièrement l'étiologie des dystrophies d'hérédité bacillo-tuberculeuse, il n'en est pas de même de leur pathogénie. Celle-ci reste incertaine, aussi bien pour les dystrophies se traduisant par débilité générale, que pour les dystrophies se dénonçant par des malformations partielles.

Il ne semble pas que le bacille de Koch soit en cause directement, puisque sa présence dans les organes dystrophiques n'a pu être constatée; il paraît plus vraisemblable d'invoquer une intoxication du fœtus, soit par les toxines du bacille, soit par des cytotoxines diverses élaborées dans l'organisme maternel bacillisé.

Nous avons essayé de vérifier expérimentalement la première hypothèse en soumettant une série de femelles à des injections répétées de tuberculine pendant toute la durée de la gestation. Les résultats ont été négatifs, mais cet échec ne saurait plaider contre l'origine toxinique des hérédo-dystrophies; on ne peut guère, en effet, assimiler ces injections brusques de tuberculine à l'élaboration incessante de poisons plus complexes qui se passe dans l'organisme bacillisé, de sorte que le problème pathogénique n'est pas résolu.

Et voici la conclusion de ces belles recherches. « La preuve expérimentale est donnée de la transmissibilité conceptionnelle de la bacillose.

« Nos anciens ne croyaient qu'à l'hérédité; assurément leurs petits-fils, n'ayant d'yeux que pour la contagion acquise, tombent-ils en excès opposé quand ils ne savent pas, dans la débilité congénitale de l'enfant, reconnaître l'hérédité de constitution et de tempérament; quand, dans la lignée disqualifiée de certains phtisiques, ils n'aperçoivent pas l'abâtardissement de l'individu, l'amoindrissement de la famille et la dégénérescence de la race.

« La bacillo-tuberculose n'est-elle pas, avec la syphilis et l'alcoolisme — dont les tares héréditaires, polymorphes elles aussi, ne seront jamais trop rapprochées de l'hérédo-tuberculose — une des trois forces destructives de l'individu, autant que de l'espèce? »

INFLUENCE DES DIATHÈSES SUR L'HÉRÉDITÉ TUBERCULEUSE

Les médecins de la première moitié du siècle qui ont le mieux étudié la scrofule croyaient, comme Lugol, qu'elle est essentiellement héréditaire; celui-ci n'allait-il pas jusqu'à suspecter un mari de n'être pas le vrai père de son fils, quand il trouvait la scrofule chez un enfant et qu'il ne la pouvait rencontrer à une quelconque des étapes de la vie du père! C'est un terrain qui prépare et rend beaucoup plus facile l'évolution de la tuberculose, tandis que la diathèse arthritique constitue un terrain relativement réfractaire, sur lequel la graine tuberculeuse se développe moins aisément.

Chez les individus scrofuleux, issus de scrofuleux ou de tuberculeux, la tendance de la néoplasie tuberculeuse est d'évoluer vers la fonte caséeuse; chez les arthritiques, elle tend à évoluer dans le sens fibreux.

On est frappé de cette différence d'évolution commandée par la diathèse héréditaire quand on peut comparer dans une même famille des individus, issus les uns d'une souche scrofulo-tuberculeuse, les autres d'une souche arthritique. Je puis citer une remarquable observation à ce point de vue.

Mme X..., de souche neuro-arthritique, et dans la famille de laquelle aucun tuberculeux n'existait, avait épousé un homme dont plusieurs frères ont succombé à la tuberculose; veuve de cet homme tué jeune à la guerre, et qui peut-être, s'il eût vécu, eût démasqué quelque jour la tare tuberculeuse de ses frères, elle recueillit chez elle la veuve d'un de ses beaux-frères mort de phtisie laryngée et devenue elle-même phtisique par contagion.

Après quelques mois de cette cohabitation, Mme X..., qui jamais n'avait toussé, commence à tousser et à maigrir; une tuberculisation du sommet droit, déjà à la période de craquements humides, était constatée par plusieurs médecins, notamment par mon regretté maître F. Siredey. Énergiquement soignée, après une saison aux Eaux-Bonnes et trois ou quatre saisons au Mont-Dore, Mme X... guérissait si bien qu'il serait impossible aujourd'hui de reconnaître à l'auscultation le sommet jadis malade, sans les traces des pointes de feu. La belle-sœur, qui avait été cause de la contamination, avait pendant ce temps succombé.

Mme X... avait une fille, âgée de cinq ou six ans, quand sa mère avait contracté la tuberculose, et qui n'a jamais toussé jusqu'à l'âge de vingt ans. Mlle X... a eu seulement une longue et récidivante chlorose. Elle se préparait à se marier quand une bronchite se déclara et dura plusieurs semaines avec une localisation au sommet droit. Grancher déclara ce sommet suspect et conseilla de différer le mariage. Celui-ci se fit cependant et la jeune femme fut deux fois mère en trois ans; elle contracta même une double phlegmatia après son premier accouchement. Elle est demeurée pâle et d'une maigreur inquiétante.

Reprenons la branche paternelle. Un des beaux-frères de Mme X..., qui n'était pas tuberculeux, avait épousé une femme, morte cardiaque, mais dont une sœur était morte de tuberculose, ainsi que son mari et une fille; il a eu une fille qui avait cohabité longtemps avec cette cousine pendant sa tuberculose. A l'âge de vingt-cinq ans, ayant contracté successivement une scarlatine et une fièvre typhoïde, cette jeune fille se mit à tousser pendant sa convalescence et fit une phtisie de si mauvaise nature que, malgré les soins les plus éclairés donnés aussitôt, malgré les changements de climat les plus ingénieux, elle fut enlevée en moins de deux ans.

Cette histoire complexe met en lumière à la fois la contagion et la prédisposition du terrain. Dans un des cas la contagion s'exerce sur un sujet arthritique, n'aboutit qu'à une tuberculose rapidement guérie; dans l'autre elle touche un sujet à hérédité tuberculeuse indirecte, mais peut être convergente, et ne peut être même enrayée passagèrement[1].

LÈPRE ET HÉRÉDITÉ

La LÈPRE peut-elle être héréditaire?

L'hérédité a été surtout admise par Danielssen. Un tiers des lépreux sont descendants de lépreux, mais il est exceptionnel qu'on puisse démontrer qu'il n'y a pas eu contamination au contact des parents. Pourtant Balvey Bas, observant en Catalogne, a fait des recherches très minutieuses sur les antécédents héréditaires et personnels de 17 lépreux qu'il a rencontrés et conclut que la lèpre peut se présenter comme une maladie héréditaire typique; il l'a relevée dans trois générations successives : les premiers lépreux de chaque série offraient tous des lésions lépreuses externes; les héréditaires présentaient surtout des angio et trophonévroses. (XVe Congrès international de Médecine, Lisbonne, 1906.)

PRÉDISPOSITION FAMILIALE A TELLE OU TELLE INFECTION

Il existe dans certaines familles une prédisposition spéciale à certaines maladies infectieuses, et par contre la résistance à l'infection varie suivant la réaction individuelle ou familiale.

M. L. Revilliod (de Genève) a rapporté en 1876 l'histoire de quatorze familles démontrant que la *diphtérie* frappe avec prédilection certaines familles. Francotte, Eigenbrodt (de Darmstadt) ont confirmé ce fait. Récemment, M. Revilliod a montré de nouveau par l'histoire de la diphtérie dans vingt et une familles que c'est une maladie familiale, non seulement par contagion, mais même en dehors de toute contagion[2]. « Lorsque frères et sœurs sont atteints à de grands intervalles de temps, dans des localités et des locaux différents et sans qu'il y ait contact entre eux, on ne peut pas invoquer la contagion. »

Le médecin de Genève a insisté aussi sur ce fait que le même terrain est favorable à la tuberculose et à la diphtérie (Londe, *loc. cit.*).

On peut soutenir une opinion analogue, pensons-nous, à propos de bien d'autres infections : la *fievre typhoïde*, la *scarlatine* surtout.

[1] A consulter sur l'hérédo-tuberculose : D'HÔTEL, *Hérédité et contagion dans les villages*, 1894. — SÉJOURNET, Études sur la tuberculose. *Union méd. du Nord-Est*, sept. 1894. — DESPLANS, Rôle de l'hérédité dans la contagion de la phtisie. *Th. de Lyon*, 1888. — THIROLOIX, *Concours médical*, 1895. — LONDE et THIERCELIN, La tuberculose congénitale. *Gaz. des hôpit.*, 1893.

[2] Les rapports entre la tuberculose et la diphtérie. *Rev. de la tuberculose*, 1894, p. 205.

HÉRÉDITÉ DE L'IMMUNITÉ

Si certaines familles sont plus prédisposées à contracter certaines infections, il en est d'autres, par contre, où les maladies infectieuses en général, et plus spécialement certaines infections sont si rarement observées, bien que leurs membres vivent dans des conditions où ils se trouvent sans cesse en contact avec les germes infectieux, qu'il faut bien admettre chez elles une immunité héréditaire.

Comment pouvons-nous comprendre le mécanisme de cette immunité?

Au point de vue de l'hérédité des infections, on peut appeler, avec Charrin, hérédité directe celle qui consiste dans le passage effectif de l'agent pathogène, du bacille de la tuberculose par exemple, de la mère à l'enfant. Le mécanisme en est des plus simples. La barrière que le placenta normal offre aux agents infectieux circulant dans le sang maternel peut être interrompue en quelques points, si les tissus de la mère sont altérés par la maladie même dont elle souffre. Le placenta en pareil cas peut être comparé à un filtre défectueux qui se laisse traverser par de fines molécules.

Plus on avance dans l'étude histologique du placenta, plus on découvre combien sont intimes les connexions qui existent entre la mère et l'enfant. Le placenta peut être considéré schématiquement à son origine, non plus comme un simple adossement de deux circulations indépendantes, mais, ainsi que l'a écrit Mathias Duval, comme une « hémorragie maternelle circonscrite ou enkystée par des éléments fœtaux ». Le sang placentaire, disent les histologistes, circule dans des lacunes circonscrites directement par des cellules fœtales. Si le sang de la mère baigne les éléments du fœtus, comment l'élément infectieux qui circule dans le sang maternel ne pénétrerait-il pas dans la substance du fœtus?

D'ailleurs le placenta n'est plus, comme on l'a supposé il y a quelques années, un « filtre parfait », une barrière infranchissable aux contages figurés. Straus et Chamberland ont établi, contradictoirement avec ce qu'on admettait sur la loi de Brauell et de Davaine, que la bactéridie charbonneuse peut passer de la mère au fœtus par la voie placentaire.

Le pneumocoque franchit la filière du placenta. Netter a trouvé des pneumocoques encapsulés dans le poumon, dans le sang du cœur gauche et dans divers exsudats d'un enfant né d'une femme affectée de pneumonie et mort à cinq jours de pneumonie.

Reher, Neuhauss, Chantemesse et Widal, Eberth, ont prouvé que le bacille de la fièvre typhoïde passe de la mère au fœtus.

Les enfants de mères varioleuses peuvent naître avec la variole. S'ils naissent sains, ils peuvent être inaptes à contracter la vaccine. La vaccination de la mère peut aussi conférer à l'enfant l'immunité vaccinale (P.-A. Lop, *Thèse de Paris*, 1893). Cette immunité n'est pas de longue durée; elle ne dépasserait guère six mois; exceptionnellement elle a persisté dix-huit mois.

A propos d'une épidémie de clavelée, Duclert (*Soc. de Biol.*, 1896) établit la possibilité d'une hérédité de l'immunité, d'une transmission de l'état réfractaire des générateurs vaccinés par une première atteinte de la maladie aux rejetons, mais cet état réfractaire transmis serait de peu de durée et de peu d'intensité.

Infiniment plus complexe et malaisée à expliquer est « la transmission de propriétés générales, de qualités humorales, dont l'ensemble forme le terrain qui va porter la maladie infectieuse, toxique, nerveuse ». Cette question si délicate de l'hérédité du terrain dans ses rapports avec l'évolution des maladies infectieuses chez l'enfant dont les parents ont eux-mêmes lutté contre l'infection, a été si magistralement exposée par Charrin[1], que je crois devoir le suivre pas à pas en le citant plus d'une fois textuellement.

« Si, d'un côté, il est établi, écrivait-il, que le pouvoir de résister à un microbe donné provient soit de ce que les corps cellulaires détruisent ce microbe, soit de ce qu'ils versent dans les plasmas des principes nuisibles à l'évolution du parasite ou capables de neutraliser ses sécrétions, sécrétions dont il a besoin, dont il use pour faire le mal; si, d'autre part, on prouve que ces propriétés passent des éléments anatomiques des générateurs à ceux des rejetons, il en résultera que l'essence même de cette transmission résidera dans les propriétés de ces éléments anatomiques. Autrement dit, on aura mis en évidence l'exactitude de propositions qui peuvent se formuler ainsi : « Une variété d'immunité « dépend, en partie, des fonctions des organites; or l'enfant parfois tient « de ses parents ce genre d'immunité; donc, dans ce cas, l'hérédité est « intimement liée à quelques-unes de ces fonctions de ces organites, à la « physiologie de ces cellules ».

La démonstration expérimentale du rôle des cellules dans la production de l'immunité est donnée par les faits suivants.

A deux séries de lapins, les uns vaccinés par injections sous-cutanées de toxines pyocyaniques, les autres sains, Charrin inocule dans le tissu cellulaire une même quantité d'une même culture du bacille pyocyanogène. Puis, de quinze en quinze minutes, il recueille un peu de sérosité dans les points d'inoculation, au même instant, sur un lapin immunisé et sur un lapin normal. Avec cette sérosité, convenablement diluée dans une égale quantité de bouillon, sont faits des ensemencements parallèles sur agar; et en même temps des préparations colorées au violet de méthyle permettent de constater que « dès la deuxième, dès la première heure même, quelquefois plus tôt, les tubes qui ont reçu l'œdème des vaccinés apparaissent moins riches, soit en colonies, soit en matières colorantes ». Or, fréquemment on constate ces différences à un moment où l'examen

(1) L'hérédité et l'immunité, propriétés cellulaires. *Revue générale des sciences*, février 1894.

histologique ne révèle aucune phagocytose. Plus tard, les leucocytes affluent chez les lapins rendus impropres à la maladie; on en compte 1000, quand il en existe 100 chez les êtres non préparés; quelques-uns, parmi ces leucocytes, englobent des bacilles dont on saisit aisément les phases de destruction.

Cet afflux rapide et intense de leucocytes au point d'inoculation chez les immunisés suppose une diapédèse préalable plus active chez eux que chez les animaux témoins. La dilatation des vaisseaux en est le premier stade; le ralentissement du courant sanguin dans les capillaires élargis permet aux leucocytes de s'accoler aux parois, puis de s'insinuer d'autant plus aisément dans les stomates que les cellules de l'endothélium se trouvent plus écartées.

Cette vaso-dilatation préparatoire de la diapédèse se produit, en règle générale, par voie réflexe partout où l'introduction d'un microbe, d'un corps étranger quelconque impressionne les terminaisons nerveuses; il en est ainsi chez les animaux vaccinés. Au contraire, ce réflexe ne se produit pas chez les animaux non vaccinés. Pourquoi? Parce que le bacille pyocyanogène, évoluant sans contrainte, sécrète des substances qui rétrécissent les capillaires. C'est un exemple de cette loi mise en évidence par les expériences de Bouchard, Gley et Charrin, et par suite de laquelle les agents pathogènes sécrètent des toxines dont les unes sont vaso-constrictives et les autres vaso-dilatatrices, toxines dont les propriétés vaso-motrices expliquent bien des phénomènes pathologiques, par l'anémie ou la congestion qu'elles engendrent.

Dans l'expérience de Charrin, décrite plus haut, l'examen des tubes ensemencés avec les sérosités sous-cutanées montre que le bacille, pyocyanogène dans les humeurs des animaux immunisés, est troublé dans ses fonctions, puisqu'il y fabrique point ou peu de sécrétion pigmentaire: on peut admettre que sa sécrétion vaso-constrictive est aussi entravée. Au contraire, la sécrétion pigmentaire est abondante dans les tubes ensemencés avec l'humeur des animaux non immunisés; on peut donc admettre que la toxine vaso-constrictive [ne manque pas non plus et que, grâce à elle, le bacille pyocyanogène, paralysant les centres vaso-dilatateurs, empêche la vaso-dilatation indispensable à la diapédèse défensive de l'organisme.

On peut encore attribuer dans la production ou l'absence des phénomènes défensifs, suivant que les animaux sont ou non immunisés, un rôle à la *chimiotaxie*, c'est-à-dire aux attractions ou aux répulsions qui s'exercent entre les parasites ou leurs produits et les leucocytes, la vaccination par accoutumance ou par tout autre processus pouvant permettre aux bactéries d'attirer les leucocytes, qui se trouvent au contraire repoussés quand cette vaccination fait défaut. Mais ces forces ne peuvent entrer en jeu que vis-à-vis de leucocytes déjà sortis des vaisseaux, et il reste toujours à expliquer la diapédèse préalable. Un rôle peut être aussi dévolu aux pressions osmotiques. Quoi qu'il en soit, étant admise l'absence de sécrétion d'une toxine vaso-constrictive par les bacilles pyocyanogènes chez les animaux immunisés, on doit se demander pourquoi, dans le corps de ces animaux, les bacilles n'ont pas sécrété cette toxine. L'expérimentation répond que les bacilles, ensemencés parallèlement dans le sérum de lapins sains et de lapins immunisés, se multiplient moins promptement chez ces derniers, engendrent moins de pigment et se trouvent souvent même modifiés dans leur forme. Ainsi dans le sang des animaux immunisés, comme dans la sérosité de l'œdème sous-cutané des régions où on les inocule, se trouvent des substances qui rendent les agents pathogènes incapables de fabriquer leur matière vaso-constrictive, et d'ailleurs les empêchent de se développer, de proliférer, préparant la phagocytose qui achèvera leur destruction.

Mais d'où proviennent ces substances, dont la présence dans les humeurs des animaux immunisés empêche les microbes pathogènes de s'y multiplier et d'y verser leurs poisons?

« Elles ne peuvent avoir que deux origines, » répond Charrin, exposant la doctrine de M. Bouchard; « ou bien l'expérimentateur les a introduites en créant l'état réfractaire; ou bien l'économie les a fabriquées ». — Or on ne saurait soutenir qu'elles ont pénétré, véhiculées par le liquide vaccinal; cela pour plusieurs motifs.

En premier lieu, la résistance de l'animal ne s'établit qu'après quatre, cinq, six jours à partir de l'instant où le liquide vaccinal a été injecté. Si ce liquide contenait les principes protecteurs en nature, cette résistance au virus devrait être manifeste immédiatement à l'heure où les tissus les renferment au maximum, non à une période où leur élimination a déjà commencé.

En second lieu, ces principes n'échappent pas au mouvement de transformation, de sortie, qui frappe toute substance venue du dehors; pourtant l'immunisation est durable, persiste pendant des périodes qui dépassent de beaucoup en durée le temps nécessaire à ces transformations, à ces sorties.

En troisième lieu, si l'on porte le sérum bactéricide à 70 degrés, il perd ses propriétés; on ne décèle aucune différence entre les cultures faites dans ce sérum et dans celui des témoins; la chaleur anéantit donc ces éléments, tandis que les toxines ne cessent pas de faire naître la vaccination, alors qu'elles ont été stérilisées à 100 degrés, même 120 degrés.

La conclusion obligatoire est que ces produits dérivent de la vie des cellules.

Les sécrétions microbiennes, en passant dans l'économie, changent la modalité de la nutrition : quand les cellules ont été impressionnées par elles, elles ne puisent plus et ne rejettent plus dans les plasmas les mêmes corps, elles ne métamorphosent plus les substances qui entrent en conflit avec elles suivant les mêmes processus qu'antérieurement; parmi les déchets de leur désassimilation, des additions, des soustractions s'observent.

Il n'est pas plus surprenant de voir la nutrition être modifiée par les sécrétions microbiennes que par les poisons minéraux. On sait que le plomb transforme les humeurs d'un peintre en bâtiments intoxiqué, en empêchant ses acides de se détruire, au point de le rendre goutteux comme un riche. D'autres toxines microbiennes, celle de la fièvre typhoïde, après leur séjour plus ou moins prolongé dans l'économie, peuvent y modifier les échanges au point de transformer un maigre en obèse ou inversement.

Kitasato, Behring nous ont montré que dans le tétanos, la diphtérie, la vaccination fait naître des matières nuisibles pour les ferments figurés pathogènes et antidotes des poisons issus de leur évolution. Ces antitoxines, comme il les ont appelées, sont fabriquées certainement par l'organisme. Ainsi la protection contre les virus, qui constitue l'essence de l'état réfractaire, est, en définitive, l'œuvre des cellules intervenant statiquement par leurs produits, par les substances bactéricides ou les antitoxines, ou dynamiquement par l'englobement, la digestion des germes.

L'hérédité de l'immunité sera établie s'il est démontré que les propriétés de ces cellules peuvent passer des générateurs aux rejetons.

Or les observations faites à propos de la syphilis, de la variole, de la tuberculose, etc., chez l'homme, les expériences relatives au charbon, à la clavelée, au tétanos, à la rage, à l'infection pyocyanique, à l'intoxication par l'abrine, etc., expériences dues à Chauveau, à Ackermann et Roloff, à Tizzoni, à Cantani, à Charrin et Gley, à Ehrlich, fournissent à cet égard des preuves irrécusables.

Je citerai notamment les expériences suggestives d'Erhlich [1], relativement à la transmission héréditaire de l'immunité au moyen des toxalbumines végétales, la ricine, l'abrine (principe actif du *jequirity-abrus precatorius*) et la robine (principe actif de l'écorce d'acacia), substances qui offrent beaucoup d'analogies avec les toxines bactériennes et contre lesquelles les recherches antérieures du même expérimentateur ont montré qu'on peut créer l'immunité [2].

On peut concevoir que l'immunité des descendants résulte d'un des trois procédés suivants : 1° de la transmission par le plasma germinatif lui-même de l'état réfractaire : c'est l'hérédité dans le sens rigoureux du mot, *ontogénique*; — 2° de la transmission au fœtus de l'antitoxine maternelle qui lui arrive toute préparée : c'est une immunité « passive »; — 3° de l'action directe, intra-utérine, exercée par l'agent immunisant sur les tissus et les humeurs du fœtus, qui élaborent eux-mêmes le sérum antitoxique : c'est l'immunité « active » d'Ehrlich.

Hérédité paternelle. — Pour savoir si le sperme peut transmettre l'immunité, Ehrlich fit féconder par des souris mâles, fortement immunisées contre la ricine et l'abrine, des femelles normales non immunisées; les petits ainsi engendrés ne présentèrent aucune résistance renforcée contre

(1) Ehrlich, *Zeitschrift f. Hyg. und Infectionskrankheiten*, Bd. XII, p. 183-203. (Anal. par Straus.) *Arch. de méd. expérim.*, p. 421. 1892.
(2) Ehrlich, *Deutsche med. Wochensch.*, 1891, nos 12 et 32.

la ricine et l'abrine. Le plasma du spermatozoïde n'est donc pas capable de transmettre l'immunité.

Hérédité maternelle. — On fait féconder par des mâles non immunisés des femelles ayant déjà acquis l'immunité avant la conception. Les petits, éprouvés vers la troisième semaine après la naissance, montrèrent constamment une résistance infiniment plus grande que celle des témoins. Cette immunité, encore solide six semaines après la naissance, avait disparu presque totalement vers le troisième mois. C'est une immunité « passive », transitoire, due au passage de l'antitoxine maternelle au fœtus et qui cesse quand la matière toxique est détruite ou éliminée. Cette immunité se prolonge d'ailleurs autant que l'allaitement, qui apporte à chaque instant de nouvelles antitoxines. L'immunité héréditaire dans ces cas procède donc de deux facteurs : immunisation par transmission intra-utérine d'antitoxine et immunisation par l'allaitement, celle-ci huit ou dix fois plus active que celle-là. Mais, en tout cas, ce genre d'immunité ne dépasse pas la première génération, et ce n'est point là une hérédité de l'immunité dans l'acception rigoureuse du mot.

Ces faits s'appliquent non seulement à l'immunisation contre les toxalbumines végétales, mais à certaines maladies infectieuses, le tétanos, par exemple, la diphtérie, la maladie pyocyanique, aux cours desquelles ont été mis en évidence les principes antitoxiques, bactéricides et les forces phagocytaires. Or, dans ces maladies, on a vu le passage de l'état réfractaire des ascendants aux descendants ; autrement dit, avec Charrin : « par suite de l'hérédité, une mère, des générateurs qui se défendent à l'aide des qualités de leurs organites, parce que ces organites sécrètent des corps nuisibles pour les parasites, parce que ces organites font pénétrer ces parasites dans leur propre protoplasma, donneront naissance à des rejetons placés dans des conditions analogues, qui se protégeront à l'aide de propriétés identiques, dont les tissus jouiront de semblables prérogatives, des rejetons dont les phagocytes dévoreront les infiniment petits, dont les plasmas constitueront des milieux médiocrement favorables à ces infiniments petits ».

L'hérédité de l'immunité s'observe surtout lorsque le mâle et la femelle la possèdent déjà quelques semaines avant la fécondation. On l'observe aussi quand la mère seule a été immunisée. « Il est rare, il est inouï », dit Charrin, qu'on l'observe quand le père seul a été rendu réfractaire. Cependant, à la suite de longues et patientes expériences, Charrin et Gley ont pu mettre en évidence le pouvoir de l'influence paternelle isolée.

Dans leurs expériences ils ont en outre constaté que l'influence paternelle se manifestait par l'apparition chez les petits d'anomalies osseuses, par la mort de ceux-ci dans l'utérus, par des avortements, — « accidents fréquents aussi dans l'hypothèse de l'intervention bilatérale des deux ascendants, non plus dans celle d'une action unilatérale ». Si ces derniers accidents ne sont pas des exemples d'hérédité réelle, puisqu'il s'agit de perturbations, de désordres qui n'existaient pas chez les parents, ils n'en prouvent pas moins le rôle distinct de chacun de ces parents, attendu que ces accidents éclatent parce que l'un de ces parents ou les deux, par suite de la vaccination, avaient vu leurs humeurs, leurs tissus se modifier.

La vaccination n'est au fond qu'une maladie ébauchée, atténuée, une sorte d'intoxication, quand on la pratique à l'aide de toxines pour éviter les causes d'erreur qui pourraient découler de la persistance des bacilles, de la possibilité pour ceux-ci de franchir le placenta.

Dans les expériences de Charrin et Gley, l'état réfractaire des rejetons ne peut s'expliquer que par les qualités de leurs cellules, aptes à fabriquer les principes bactéricides ou à détruire les microbes, parce que les cellules ancestrales, celles des générateurs, les cellules dont sont nées celles des enfants, les cellules dont quelques atomes ont servi à former les êtres procréés, usaient de ces qualités, exerçaient ces fonctions.

Il résulte, nous l'avons déjà dit, des travaux de Strassburger et Guignard que, par suite du mécanisme même de la fécondation, la similitude matérielle des cellules génératrices et des cellules engendrées est assurée. Ces observateurs, qui ont précisé les parts respectives du noyau et du protoplasma des deux cellules génératrices dans la reproduction de la première cellule engendrée, ont appris que l'on rencontrait le même nombre de chromosomes dans ces divers organites issus les uns des autres. Si les éléments végétatifs renferment 6, 12, 24 de ces chromosomes, l'ovule ou le spermatozoïde n'en comptent que la moitié. La fécondation, qui n'est autre chose à l'origine que la fusion de cet ovule et de ce spermatozoïde, réunit, additionne ces deux moitiés pour reconstituer le type primitif, la quantité initiale. Il en résulte que dans les cas où les cellules des lapins vaccinés contenaient ces 6, 12, 24 chromosomes, les deux corps germinatifs ayant apporté chacun 3, 6, 12 de ces bâtonnets chromatiques, la cellule primaire de l'embryon en aura 6, 12, 24; celles qui naîtront de cette cellule primaire en posséderont aussi 6, 12 24.

Puisque les cellules engendrées sont ainsi exactement calquées, au point de vue de la structure matérielle, sur les cellules génératrices, il n'est pas surprenant que l'analogie se poursuive au point de vue physiologique. « Pourquoi l'atome albuminoïde qui, dans l'organite des générateurs, sécrétait des matières microbicides, digérait les germes inclus, ne persisterait-il pas à remplir ces mêmes rôles au sein de l'élément fœtal qu'il a contribué à former en se détachant des tissus de l'ascendant? Les phénomènes ne se passent-ils pas de cette façon pour la formation de la bile, de la salive? » (Charrin.)

En résumé, si l'immunité des parents, qui est la conséquence de leurs propriétés cellulaires, est transmise aux enfants, c'est que ceux-ci héritent de cellules semblables à celles de leurs parents au point de vue physiologique comme au point de vue anatomique. « L'immunité est un attribut cellulaire, ainsi que l'ont formulé le professeur Bouchard et plus tard Grawitz. Cet attribut passe du père au fils. Donc l'hérédité à certains égards est également un attribut de la cellule. »

CONCLUSIONS

Nous voici parvenus au terme de cette enquête sur l'hérédité, au cours de laquelle nous avons recueilli tous les témoignages capables de nous éclairer, ceux des physiologistes comme ceux des psychologues, des botanistes et des zootechniciens, des médecins et des vétérinaires. Pouvons-nous dégager de cet énorme dossier de dépositions quelques conclusions générales?

Pendant longtemps les auteurs qui ont écrit sur l'hérédité ont pris parti pour ou contre son influence, en obéissant à deux tendances radicalement opposées : pour les uns, l'hérédité primait tous les autres facteurs étiologiques; pour les autres, son influence était nulle. Une plus juste et moins radicale appréciation des faits paraît s'être répandue actuellement.

L'hérédité normale détermine non seulement la conformation et les aptitudes du produit, mais elle influe sur les multiples circonstances de sa vie physiologique, croissance, menstruation, grossesse, lactation, ménopause; sur l'accomplissement de ses fonctions (digestion, etc.), sur sa sensibilité aux poisons, y compris ceux que fabriquent les agents infectieux et les médicaments.

L'hérédité physiologique, c'est le triomphe de l'hérédité similaire. Encore n'est-elle, bien entendu, que contingente et non nécessaire; ou du moins ses effets sont-ils variables, suivant que prédomine au moment de la fécondation l'influence de l'un ou de l'autre des générateurs, suivant que les échanges transplacentaires entre la mère et le fœtus accentuent ou dévient la direction initiale imprimée au développement de l'être, suivant enfin que l'action ultérieure des milieux (alimentation, éducation) contrecarre ou favorise les aptitudes originelles.

L'hérédité morbide diffère principalement de l'hérédité normale en ce qu'elle est rarement directe et similaire ou homœomorphe. Elle se manifeste le plus souvent par l'apparition périodique de certaines maladies dans certaines familles et leur coexistence chez des collatéraux. *Tandis que la ressemblance entre les parents et les enfants est le caractère fondamental de l'hérédité normale, c'est la dissemblance qui est le trait le plus ordinaire de l'hérédité morbide; c'est l'hérédité par transformation, ou hétéromorphe.*

C'est surtout la *prédisposition morbide*, découlant d'une similitude dans la structure anatomique des organes et dans leur activité fonctionnelle, d'une conformité dans les modalités de la nutrition. On n'hérite le plus souvent que d'une anomalie de la nutrition; mais la déviation de la vie normale chez les ascendants peut, à un moment donné, avoir pour conséquence la création d'une véritable maladie familiale transmissible en nature par hérédité.

Une maladie de famille pourrait-elle devenir une maladie de race, puis une maladie d'espèce? -- Sans doute, si la reproduction était possible; mais les maladies organiques éteignent la reproduction et la maladie reste une maladie de famille. Le type dégénéré s'éteint en vertu de la sélection naturelle (Londe). En outre, les maladies infectieuses qui frappent avec prédilection les dégénérés, mettent bon ordre à l'extension indéfinie des nouveaux types pathologiques. La tuberculose, par exemple, est considérée par Bennett comme une sorte de nécessité destinée à faire disparaître les familles impropres à la reproduction, et M. Bouchard a dit dans le même sens que la phtisie était une manière de mourir.

Ainsi, en définitive, *la loi d'hérédité morbide est défensive de l'espèce*; car d'un côté elle assure dans certains cas l'immunité contre certaines infections aux descendants dont les procréateurs ont su résister aux assauts de ces mêmes infections; de l'autre, en rendant plus vulnérables aux agressions banales, ou inféconds, les descendants des individus trop tarés, elle empêche la dégénérescence indéfinie.

Comme l'a dit Woods Hutchinson, les maladies qui tueraient l'espèce sont corrigées par elles-mêmes, puisqu'elles empêchent la reproduction ou tuent les enfants en bas âge. D'après cet auteur, qui s'est livré à d'importantes recherches statistiques, la tare héréditaire n'a pu être relevée que dans 10,1 pour 100 des cas sur 57 000 cas de folie, dans 10,5 pour 100 sur 20 000 cas de carcinome, dans 37,5 pour 100 sur 22 000 cas de tuberculose; il refuse donc de considérer les lois de l'hérédité comme le facteur prédominant dans la production des maladies et, comparant aux faibles et incertains dommages qu'elle cause, les avantages sans prix qu'elle assure à l'homme par l'accumulation sur chaque individu des forces de résistance aux maladies acquises par la race, il conclut: « Ses effets bienfaisants sont innombrables et indiscutables; ses effets nuisibles, peu nombreux et douteux ».

Le sociologiste peut s'associer à cet optimisme au point de vue philosophique des intérêts généraux de l'espèce; mais le médecin, qui a surtout à s'inquiéter des intérêts particuliers de chaque famille et de chaque individu, redoute nécessairement l'hérédité pathologique pour ses clients. C'est une raison d'ailleurs pour lui de ne s'en point désintéresser.

En effet la connaissance des lois de l'hérédité n'est pas seulement une curiosité scientifique, mais elle présente une importance pratique considérable pour le médecin.

Au point de vue du *diagnostic*, du *pronostic*, du *traitement* et de la *prophylaxie*, nous pouvons tirer un parti considérable des notions d'hérédité.

Quelques exemples le prouveront.

Au cours de maladies aigües, comme la fièvre typhoïde ou toute autre infection fébrile, la notion d'hérédité névropathique nous guidera dans la saine appréciation de l'intensité des réactions nerveuses et de la vraie thérapeutique à y opposer; c'est à elle que nous devons souvent de pouvoir diagnostiquer les pseudo-méningites et les pseudo-péritonites, différencier les hyperthermies qui dépendent d'une réaction nerveuse excessive et celles qui sont liées à la gravité même de l'infection; c'est elle qui nous indiquera l'utilité des moyens les plus convenables à opposer à ces affolements imprévus de systèmes nerveux déréglés par l'hérédité névropathique.

La même chose peut être dite au sujet de l'hérédité alcoolique. Les enfants des intoxiqués ne réagissent pas comme d'autres à la pierre de touche des infections.

Au cours de bon nombre de maladies chroniques, la notion d'hérédité n'est pas moins importante; sans parler de la syphilis, à propos de laquelle le fait est de toute évidence, c'est elle qui permet de soupçonner la goutte larvée derrière certains accidents obscurs et formidables en apparence et de leur opposer, quand on aura démasqué l'étiologie héréditaire, la seule thérapeutique logique.

La notion d'hérédité n'est pas moins importante au point de vue du pronostic. Est-il indifférent de savoir que la tuberculose évolue autrement chez les fils d'arthritiques et chez les descendants de scrofuleux? La prédisposition héréditaire peut devenir une cause d'atténuation de la gravité de l'infection tuberculeuse, puisque les individus vierges de tare tuberculeuse héréditaire paraissent réaliser l'infection sous la forme la plus virulente, celle de la tuberculose aiguë généralisée. C'est du moins ce qu'a pensé Léon Collin à propos de la fréquence de la tuberculose aiguë chez les soldats d'élite, les gardes de Paris. N'est-il pas précieux pour l'accoucheur de savoir que, dans certaines familles de névropathes, il existe une prédisposition héréditaire à l'éclampsie? Quel parti ne tire pas l'aliéniste, au point de vue du pronostic, de la notion d'hérédité? N'est-ce pas elle qui lui permet de prévoir la rapidité de l'évolution ou l'éventualité probable des rémissions?

Et maintenant, que pouvons-nous faire au point de vue prophylactique?

A envisager les choses au point de vue le plus général, le médecin doit faire tous ses efforts pour vulgariser autour de lui les notion relatives à l'hérédité pathologique et en faire saisir l'importance aux familles dont il a la confiance. « Un bon choix dans les mariages ne concourt pas peu, a dit Portal, à diminuer et à atténuer les vices de famille, et sans doute que naturellement ces heureux effets s'opèrent très souvent dans les grandes villes, surtout par des hommes et des femmes de campagne qui, en quelque manière, renouvellent la race. Il est certain qu'on voit ainsi disparaître de vrais maux d'origine. »

Si le médecin, imbu de cette idée, réussit par une prédication incessante à convaincre ses clients de la gravité des unions conclues à la légère sur les seules considérations d'intérêt, il sera sans nul doute souvent consulté sur l'opportunité de tel ou tel choix. Il s'inspirera alors des circonstances et des renseignements réunis dans les pages précédentes pour donner le conseil qu'il jugera le meilleur, et il aura — quelquefois — la satisfaction de constater qu'on en aura tenu compte. Plus souvent sans doute il apprendra qu'on a passé outre à ses avis, et plus tard, quand un mariage conclu malgré lui aura mal tourné, on viendra lui en faire la triste confidence et lui demander de réparer le mal dans la mesure possible. Il le pourra souvent encore, soit par la thérapeutique, soit en conseillant une hygiène appropriée à l'éducation des enfants malades.

Mais, avant même que des naissances d'enfants malformés ou débiles soient survenues, ou que des maladies héréditaires se soient déclarées chez les enfants issus des unions mauvaises contractées malgré ses conseils, le médecin aura pu quelquefois intervenir utilement en donnant certains conseils aux parents récemment mariés, pour qu'ils se mettent dans les conditions physiologiques les plus favorables à la procréation d'enfants sains.

Et cette vue n'est pas purement spéculative. Nous savons par les éleveurs qu'un même reproducteur donne des produits de valeur inégale suivant son état de santé au moment précis de la saillie fécondante. Il n'est pas douteux qu'il en soit ainsi dans l'espèce humaine. Il est certain que le taux de la nutrition est variable, que c'est une fonction élastique, que l'activité des échanges est plus ou moins ralentie, et que l'être engendré doit être conforme à son générateur dans les modalités de la nutrition. Un individu qui est soumis à une intoxication habituelle, soit par auto-intoxication d'origine digestive, s'il est dyspeptique, ou d'origine interstitielle, s'il est soumis au surmenage, n'est pas toujours intoxiqué au même degré à tous les moments de sa vie. Une hygiène bien comprise peut modifier avec avantage des états semblables, ne fût-ce que temporairement. Un père momentanément alcoolisé, ou morphinisé, ou surmené, peut, après quelques mois de repos ou d'abstention des poisons, devenir un reproducteur meilleur, comme un syphilitique ancien et traité est meilleur générateur qu'un homme encore sous le coup d'accidents secondaires. Un tuberculeux, dans une période d'enkystement de sa lésion, ayant engraissé, vivant à la campagne, sera moins dangereux pour sa progéniture. Ces exemples pourraient être multipliés à volonté et prouvent qu'*une prophylaxie bien comprise peut écarter quelques-uns des dangers de l'hérédité pathologique pour les enfants à naître.*

Et, quand les influences héréditaires sont défavorables du côté des deux générateurs, il ne faut pas encore désespérer absolument de l'avenir du produit; car l'influence des milieux, de l'éducation et des soins préventifs peut modifier beaucoup les qualités héréditaires. Dejerine dit qu' « au moment de la naissance l'hérédité psychologique n'est qu'une probabilité, jamais une certitude » ; la même réflexion s'applique à toutes les formes de l'hérédité pathologique. Le médecin, mis en défiance contre les maladies auxquelles est plus spécialement exposé l'enfant par les tares de ses parents, conseillera les mesures préservatrices les plus convenables.

Certaines périodes de la vie seront l'objet d'une sollicitude plus vive.

Si les tares sont d'origine maternelle, l'allaitement sera confié à une nourrice mercenaire bien choisie. Si c'est la souche paternelle qui est défectueuse et si la mère, au contraire, est exempte de tares héréditaires, on insistera pour que ce soit elle qui nourrisse son enfant; en tout cas l'enfant sera élevé de préférence à la campagne, et ne sera jamais confiné dans un établissement scolaire de grande ville.

Aux étapes principales de la croissance on redoublera de surveillance. L'influence réciproque de l'hérédité morbide et de la croissance a été bien mise en lumière par M. Springer [1].

« L'hérédité, dit-il, est considérée, à juste titre, comme le facteur le plus important de la prédisposition morbide. Ce fait est bien démontré pour un grand nombre d'affections, parmi lesquelles on doit citer les troubles nerveux, les affections syphilitiques et para-syphilitiques, la tuberculose, les gastropathies, etc. L'apparition des symptômes spécifiques est fréquemment actionnée par les poussées de croissance qui accompagnent et suivent la puberté; mais, d'autre part, ces maladies, par leurs conséquences dystrophiques, ralentissent la croissance et entravent le développement, d'où résulte un amoindrissement physique des individus, des familles et des races. Toutefois, cet effet est évitable, et le clinicien pénétré de la valeur de la notion de l'hérédité peut, dans une certaine mesure, neutraliser son action. C'est là un fait qui ressort de l'examen des enfants que l'Assistance publique réunit à Montévrain près de Lagny-Thorigny, et qui sont catalogués sous l'étiquette administrative « d'enfants moralement abandonnés ». Les garçons de treize à dix-neuf ans sont, pour la plupart, des Parisiens; ils sont puisés parmi les Enfants Assistés ou dans le même milieu social. Par leur origine, ces enfants réunissent toutes les tares héréditaires et acquises, satellites de la misère. Aussi est-on quelque peu surpris de constater chez eux, après quelques années de séjour à Montévrain, tous les caractères objectifs de la santé la plus florissante. Un grand nombre d'entre eux présentent bien les empreintes indélébiles de leurs maladies du premier âge, mais on ne rencontre aucun trouble fonctionnel et ils sont surtout intéressants par leur parfait développement général.

« Comment ces résultats sont-ils obtenus? A l'aide d'un traitement méthodique et judicieusement appliqué. L'alimentation est l'objet d'une surveillance attentive, et les substances considérées comme aliments de croissance y occupent une large place. La ventilation des logements est bien assurée. Sans négliger l'instruction générale, la plus grande partie du temps est employée à l'enseignement professionnel. Les exercices physiques en plein air jouent un rôle important. Grâce à l'entraînement progressif et modéré, on ne constate jamais les effets de l'intoxication et de l'auto-infection résultant du surmenage. Il faut tenir compte, en outre, de l'action de l'hydrothérapie sous forme de bains de rivière pendant l'été.

« Cet exemple peut servir de guide pour la thérapeutique des mani-

(1) SPRINGER, *Congrès de médecine interne*. Lyon, 1894.

festations héréditaires de la croissance anormale. Il montre comment des enfants, destinés aux accidents pathologiques des plus graves peuvent, jusqu'à un certain point, éluder cet avenir et présenter les attributs de la force, de la vigueur et de la résistance. Cette modification du terrain par le milieu, résultant de l'ensemble des moyens mis en œuvre et concourant au même but, s'obtient surtout grâce à l'utilisation de la dynamique de la nutrition mise en œuvre par la puberté, et en effet, la croissance bien dirigée est une force dont on doit profiter pour la thérapeutique. »

La puberté dans les deux sexes, le mariage, les grossesses, la ménopause chez la femme, sont encore des circonstances physiologiques qui favorisent chez les prédisposés l'apparition de tels ou tels accidents morbides suivant la tare pathologique héréditaire, névropathique, infectieuse ou néoplasique. Le médecin, instruit des éventualités fâcheuses que peuvent amener ces circonstances, pourra souvent les prévenir en conseillant à ces prédisposés telles ou telles réformes dans leur hygiène.

En terminant, nous émettons encore le vœu que les médecins, bien convaincus de la réalité des influences héréditaires, s'appliquent à vulgariser autour d'eux cette notion, car elle est de la plus haute conséquence morale.

L'hérédité, c'est la solidarité entre les générations successives; elle pourrait devenir le plus puissant facteur du progrès humain, si chaque homme était convaincu que chacun des actes de sa vie doit retentir sur sa descendance.

> Pour que vos actions ne soient vaines ni folles,
> Craignez déjà les yeux futurs de vos enfants.
>
> JEAN LAHOR
> *(Bénédiction du mariage persan.)*

IMMUNITÉS ET PRÉDISPOSITIONS MORBIDES

Par Ch. ACHARD

DÉFINITIONS. — DIVISIONS

On désigne en médecine sous les noms de *prédisposition* et *d'immunité* deux états opposés de l'organisme. La prédisposition consiste, en effet, en une aptitude particulière à prendre la maladie, tandis que l'immunité est un état réfractaire.

Peu de mots sont d'un usage plus courant dans la langue médicale d'aujourd'hui. Pourtant leur signification n'est pas encore très exactement définie. Ce sont de vieux termes, dont le sens tend à se modifier, et surtout à se restreindre, à mesure que les faits qu'ils désignent sont mieux précisés. Grâce à l'expérimentation, la connaissance des phénomènes de l'immunité a fait des progrès considérables. Quant à ceux de la prédisposition, ils sont loin d'être aussi bien élucidés et leur domaine est destiné sans doute à subir certaines rectifications de frontières.

La prédisposition n'est pas la simple *aptitude morbide*. Elle implique une aptitude *spéciale*. Car on peut prendre la maladie sans y être prédisposé : le sujet à qui l'on inocule avec succès la vaccine est assurément disposé à la contracter, mais on ne peut dire qu'il y soit prédisposé. D'autre part, on peut être prédisposé à la maladie sans la prendre, si l'occasion fait défaut de la contracter : par exemple la prédisposition si curieuse que crée l'état d'anaphylaxie, à la suite d'une première injection préparante de sérum étranger, reste inopérante si l'injection dite déchaînante n'est pas ensuite répétée dans les conditions voulues. L'aptitude morbide est donc quelque chose de plus compréhensif et de plus vague que la prédisposition, puisqu'elle s'applique à des cas plus nombreux et plus divers, et la prédisposition n'implique nullement un état morbide puisqu'elle peut rester lettre morte.

Avoir l'immunité n'est pas non plus synonyme d'être indemne de maladie, ni même d'échapper au mal alors qu'on s'expose à le prendre. Beaucoup d'hommes de nos pays ne se sont jamais exposés à certaines maladies exotiques auxquelles ils sont loin d'être réfractaires, et parmi ceux qui s'y exposent, lorsqu'ils se rendent dans les contrées où règnent ces endémies, un grand nombre n'en sont pas atteints. Les épizooties de charbon, fréquentes chez les bovidés, sont inconnues chez les petits rongeurs utilisés pour les recherches de laboratoire (souris, cobayes, lapins); pourtant, quand on inocule à ces derniers le charbon, ils s'y montrent fort sensibles; on ne saurait donc parler d'immunité pour ces espèces animales.

Chez l'homme, il est des professions dans lesquelles se voient avec une particulière fréquence certaines maladies toxiques ou infectieuses : le saturnisme chez les peintres, le charbon chez les mégissiers. De toute évidence, les sujets qui exercent de telles professions sont plus exposés que d'autres à contracter ces maladies; mais on ne saurait dire qu'ils y soient vraiment prédisposés, parce que d'autres à leur place les prendraient tout aussi bien et que la facilité avec laquelle ces maladies se développent chez eux ne vient pas d'eux-mêmes, mais de circonstances extérieures à leur organisme. Or, c'est l'organisme qui fait la prédisposition ou l'immunité; c'est de ses qualités propres que dépendent ces deux états. Aussi conviendrait-il d'en distinguer absolument toutes les conditions extrinsèques qui interviennent pour exposer cet organisme à l'action des causes pathogènes ou l'en préserver. Mais cette distinction n'est pas toujours faite, ni même toujours possible à faire et le langage médical laisse subsister souvent de semblables confusions. Ainsi les mots de notre terminologie scientifique ne répondent plus toujours aux faits devenus plus précis; d'autre part, il est parfois nécessaire d'en créer de nouveaux : Ch. Richet a récemment introduit celui d'anaphylaxie pour désigner la prédisposition spéciale qu'il a découverte, et certains auteurs ont proposé le néologisme « immun » pour qualifier le sujet qui possède l'immunité.

Nous avons dit plus haut que la prédisposition ne devait pas être confondue avec l'aptitude morbide. Réciproquement l'immunité ne doit pas l'être avec la *résistance* à la maladie, ni comme le font parfois les traités didactiques, suivant la remarque très juste du professeur Grasset [1], avec la *défense* de l'organisme. L'immunité n'est qu'un des aspects de cette défense. C'est un état qui peut précéder l'attaque pathogène et la rendre impuissante, ou qui s'acquiert pendant l'attaque et la fait repousser, enfin qui survit parfois à l'attaque, dont elle empêche le retour. Ainsi l'immunité peut avoir précédé la défense, et la défense, d'autre part, peut encore avoir eu lieu en l'absence de toute immunité, car elle a, dans certains cas, pour effet un amoindrissement de la résistance et même l'anaphylaxie qui est l'opposé de l'immunité. De plus, l'immunité peut se constituer alors que la maladie n'est pas éteinte et que le malade en peut même mourir. Au début de la variole, il est possible en réinoculant le virus, de produire au point d'inoculation la pustule variolique; mais au bout d'une dizaine de jours, le malade est complètement immunisé contre cette réinoculation. Il n'en reste pas moins

[1] J. Grasset, *Traité élémentaire de physiopathologie clinique*, 1910-1912.

malade, il n'en porte pas moins des lésions virulentes, capables de contaminer les sujets sains, et sa défense est à ce point imparfaite qu'il peut succomber à l'infection. Aucune proportion ne saurait donc être établie entre la défense et l'immunité.

Mais s'il faut se garder de cette confusion, il n'en est pas moins vrai que l'immunité se manifeste par des réactions défensives et que, par suite, ces deux chapitres de la pathologie générale ont entre eux de nombreux points de contact.

Il n'est pas de prédisposition ni d'immunité universelle, c'est-à-dire à l'égard des maladies de toutes sortes. Ces états sont spéciaux à une seule ou, du moins, à un nombre relativement restreint. Ce sont même, grâce aux découvertes de la microbiologie, les immunités spécifiques qui nous sont le mieux connues, et l'on peut dire que la notion de spécificité domine à l'heure actuelle la question de l'immunité. Quant aux prédispositions, nos connaissances sur leur caractère spécifique ne sont pas aussi avancées. L'anaphylaxie est à peu près la seule de ces prédispositions spécifiques sur laquelle nous possédions des notions précises, encore que la spécificité n'en soit peut-être pas très rigoureuse. La spécificité apparaît encore dans les prédispositions héréditaires qui dépendent de certaines malformations et dans celles qui concernent certaines maladies familiales de nature nerveuse ou dyscrasique; mais il s'agit déjà plutôt de maladies congénitales plus ou moins latentes que de prédispositions proprement dites.

Il y a donc des immunités et des prédispositions qui sont *banales* et d'autres *spécifiques*. L'immunité spécifique est l'immunité vraie : c'est à elle que ce mot tend à se restreindre. Théoriquement il en devrait être de même pour la prédisposition; mais en fait, ce dernier terme s'applique à beaucoup de cas auxquels la spécificité reste tout à fait étrangère, parce que l'imperfection de nos connaissances ne permet pas d'exprimer dans les mots l'opposition réelle, mais encore imprécise dans les faits étudiés, de ces deux états inverses de prédisposition et d'immunité.

On a distingué des prédispositions et des immunités *locales* et *générales*. Certaines parties de l'organisme peuvent être plus fragiles ou plus résistantes à l'égard des causes pathogènes, par suite de certaines dispositions anatomiques ou fonctionnelles, normales ou pathologiques, naturelles ou acquises. Les revêtements muqueux ou cutanés dont l'épithélium est mince ou altéré résistent moins aux traumatismes infectants. La souplesse et la laxité des articulations chez les jeunes enfants les préservent des luxations. Inversement une disposition physiologique normale, l'habileté plus grande de la main droite, explique la prédilection pour ce côté de la paralysie saturnine chez les peintres. C'est encore une particularité anatomique et physiologique des os longs qui rend compte de la prédisposition des sujets en voie de croissance à l'ostéomyélite : dans les cartilages de conjugaison les bourgeons vasculaires de l'ossification sont un lieu propice à l'arrêt et à la pullulation des microbes.

De même une condition pathologique, la fragilité locale du tissu osseux chez les syphilitiques l'expose à se fracturer sous l'action de chocs légers.

Suivant les conditions dans lesquelles elles se développent on reconnaît plusieurs sortes d'immunités et de prédispositions. Elles sont *naturelles*, c'est-à-dire congénitales, ou *acquises*. L'immunité acquise est tantôt *spontanée*, obtenue à la suite d'une maladie développée spontanément, tantôt *provoquée* par une action thérapeutique. Cette immunité provoquée peut elle-même être *active*, c'est-à-dire causée par une réaction de l'organisme qui suscite contre le virus inoculé des actes de défense, cellulaires ou humoraux, ou bien elle est *passive*, c'est-à-dire obtenue par l'introduction dans l'organisme de substances immunisantes élaborées en dehors de lui par un autre, encore que cette pénétration de substances toutes faites ne soit pas sans engendrer quelques réactions plus ou moins actives.

Enfin, comme il y a des différences parfois grandes entre les effets pathogènes des microbes eux-mêmes et ceux des produits qu'ils sécrètent, on distingue encore une immunité *antimicrobienne* et une immunité *antitoxique*. La première protège contre les poisons renfermés dans la substance même des parasites (endotoxines), la seconde contre ceux qu'ils versent dans les milieux vitaux de l'organisme infecté.

I

FAITS PATHOLOGIQUES D'IMMUNITÉS ET DE PRÉDISPOSITIONS

Les cas d'immunités et de prédispositions morbides sont extrêmement nombreux : il en est question dans la plupart des chapitres d'étiologie. Mais une critique de ces faits est indispensable. Il convient de faire le départ entre les vraies et les fausses immunités et prédispositions, et de distinguer à laquelle de leurs variétés doit être rapporté tel cas particulier.

Pour faire cette longue revue critique, nous suivrons l'être vivant dans toutes les circonstances de sa vie. Nous examinerons les aptitudes qu'il peut tenir de son milieu extérieur, de son espèce et de sa race, de ses ascendants, de sa constitution propre, de son sexe et de son âge, de sa manière de vivre et de ses antécédents morbides.

A. — **Immunités et prédispositions géographiques.**

On parle quelquefois d'immunités et de prédispositions inhérentes aux climats, aux localités, certaines régions étant indemnes de maladies dont certaines autres, au contraire, sont le domaine d'élection. Il est facile de voir qu'il ne s'agit pas là d'immunités ou de prédispositions des habitants, et que des circonstances tout à fait indépendantes de ceux-ci interviennent.

A ne considérer que les maladies infectieuses, sous le rapport de la distribution géographique, il en est d'UBIQUITAIRES. Ce sont d'abord les *infections banales*, dont les germes habitent normalement l'organisme et peuvent devenir pathogènes en tous climats et en tous pays. Ce sont aussi les infections *spécifiques* dont les germes sont exogènes et se transmettent par contact direct ou indirect : telles sont la syphilis, la blennorragie, la tuberculose et la série des maladies contagieuses qui peuvent sévir sous forme épidémique (fièvres éruptives, diphtérie, oreillons, coqueluche). La fièvre typhoïde figure aussi dans ce groupe, mais occupe une place à part, car si les contacts infectants peuvent la propager, elle se répand aussi sous la forme épidémique par le moyen des eaux de boisson : ce qui fait alors l'immunité de certaines localités, c'est qu'elles sont alimentées d'eau pure, circonstance tout à fait indépendante de leur climat et des aptitudes de leurs habitants.

D'autres infections, dites ENDÉMO-ÉPIDÉMIQUES, existent à l'état permanent en certaines contrées et, de ces foyers d'origine, s'étendent à certains intervalles sous forme d'épidémies plus ou moins lointaines. Ainsi le *choléra*, parti de l'Inde, s'est répandu plusieurs fois en Europe et dans la plupart des régions du globe. L'eau est encore et surtout ici le véhicule le plus important du germe pathogène. Mais l'immunité singulière de certaines localités au milieu d'une vaste épidémie, tiendrait, suivant l'ingénieuse conception de Metchnikoff [1], à une circonstance toute spéciale, à la flore intestinale des habitants, certaines bactéries saprophytes de l'intestin gênant le développement du vibrion cholérique. On sait, d'autre part, que ce germe peut se rencontrer en temps d'épidémie chez des sujets qui restent sains et, comme pour la fièvre typhoïde, ces porteurs de germes, ces bacillifères sont un danger de propagation d'autant plus grand que leur bonne apparence n'éveille aucun soupçon.

La *peste* est un autre exemple de maladie endémo-épidémique. De son foyer de l'Asie centrale, elle se répand parfois en Europe où le souvenir de ses redoutables épidémies ne s'est pas perdu. Mais tandis que sa forme pneumonique, la plus terrible, sévit surtout dans la zone tempérée, en hiver, sa forme bubonique se développe de préférence dans la zone tropicale ou pendant l'été dans la zone tempérée. C'est que la transmission de ces deux formes paraît se faire différemment. Le rat, soit dans les navires, soit dans les maisons, est le principal propagateur de la forme bubonique, dont les germes, transportés par les puces, sont inoculés à l'homme par la piqûre de ces insectes. Quant à la forme pneumonique, outre la contagion directe par l'homme, elle paraît se transmettre par la marmotte et notamment par celle des prairies, dite tarbagan

(1) METCHNIKOFF, *Ann. de l'Inst. Pasteur*, 1894, p. 520.

(*Arctomys bombac*), dont les steppes intermédiaires à la Chine et à la Sibérie sont le principal habitat; or, cet animal présente lui-même la forme pulmonaire de la peste et la transmet telle quelle à l'homme. Il n'y aurait donc pas là de prédisposition régionale à l'une ou l'autre des deux formes de la maladie, mais seulement deux modes différents de transmission.

Enfin d'autres infections sont exclusivement ENDÉMIQUES, parce qu'elles ne se développent que dans des régions géographiques assez nettement délimitées. Le *paludisme* en est le type. Aujourd'hui que l'on connaît bien le rôle des moustiques du genre *Anopheles* dans la transmission des germes palustres, on s'explique aisément les circonstances diverses qui facilitent ou empêchent l'invasion du mal. Les œufs de l'insecte ne sont pondus et ne se développent que dans l'eau stagnante, et l'étymologie du mot paludisme indique assez que de tout temps les marais ont été considérés comme les vrais foyers de la maladie. La chaleur est indispensable à l'éclosion des œufs : aussi la maladie règne-t-elle en toute saison dans les régions tropicales et seulement pendant la saison chaude dans les zones tempérées. C'est aussi la température qui règle l'influence de l'altitude. Mais dans les forêts de l'Annam, le paludisme sévit plus que sur les côtes, parce que ces forêts abritent des eaux stagnantes. L'immunité des habitations élevées résulte de ce que les moustiques ne volent guère en hauteur. Si le vent s'oppose à la propagation de la maladie, c'est qu'il empêche l'insecte de sortir. Enfin, si le paludisme ne se contracte pas dans le jour, c'est que la femelle de l'anophèle, seule dangereuse, ne sort que le soir. Ce sont donc, en définitive, les mœurs et les conditions de la vie des anophèles qui déterminent pour le paludisme les immunités et les prédispositions géographiques.

Il en est de même pour la *fièvre jaune*. Elle sévit sur les bords du golfe du Mexique et dans l'Afrique occidentale, dans les villes côtières et le long des cours d'eau parce que l'insecte propagateur du fléau, la *Stegomyia fasciata*, dont la femelle, surtout après la fécondation, est avide de sang, pond ses œufs sous l'eau. La maladie est quelquefois parvenue jusqu'en Europe, importée par des navires, mais sans jamais s'y propager par épidémies; c'est que l'insecte vecteur du germe encore inconnu de la fièvre jaune peut bien, dans certaines conditions très spéciales, arriver dans nos ports vivant et infectant, mais il n'y trouve plus les conditions nécessaires à sa vie et à sa reproduction. En effet, les œufs de *Stegomyia* ont besoin d'un régime thermique spécial : l'optimum est de 28 degrés; l'éclosion est empêchée à 20 degrés. Aussi, tandis que la maladie règne à Rio-de-Janeiro, elle épargne complètement Pétropolis à quelques kilomètres de distance, mais à l'altitude de 800 mètres, où la température nocturne n'est en moyenne que de 20 degrés; de sorte qu'il suffit, pour échapper au mal, de quitter la capitale le soir et de passer la nuit à Pétropolis; car la piqûre n'est à craindre que la nuit. La femelle de *Stegomyia*, en effet, lorsqu'elle est repue de sang, se repose le jour; seules les femelles jeunes, qui viennent de sortir de la nymphe et ont été fécondées aussitôt, piquent le jour, mais elles ne sont pas dangereuses à ce moment, puisqu'elles n'ont pas encore absorbé de germes provenant de malades.

Comme dernier exemple de maladie endémique, nous dirons un mot de la *maladie du sommeil*, produite par le *Trypanosoma gambiense*. Elle se limite à l'Afrique tropicale, parce que la mouche tsé-tsé (*Glossina palpalis*) qui en propage le germe a besoin d'une température de 25 à 30 degrés, ainsi que d'humidité. Elle se gagne le jour, parce que la piqûre de l'insecte est diurne. Peut-être d'autres insectes, notamment les *Stegomyia*, d'après Fülleborn et Mayer, peuvent-ils aussi la propager, mais il est alors nécessaire que la piqûre absorbante et la piqûre inoculante se succèdent à court intervalle. Toujours est-il que la maladie du sommeil ne se prend que dans les régions à glossines et que, si les sujets qui en sont atteints quittent ces régions, ils ne l'importent pas dans les autres contrées. Mais l'aire de distribution géographique de la maladie est plus restreinte que celle des glossines, aussi peut-on craindre une extension de l'endémie. C'est déjà ce qui s'est produit : du bassin du Congo elle envahit depuis quelques années ceux du Niger, du Sénégal, du Nil supérieur, l'Ouganda et les rives du Victoria-Nyanza. Mais il ne s'agit pas pour ces territoires d'immunité perdue par suite de modifications cosmiques ou telluriques : c'est l'infection des glossines qui s'étend, accroissant du même coup le domaine de la maladie humaine.

Comme le montrent suffisamment les exemples que nous venons de citer, les immunités régionales à l'égard des infections sont bien plutôt en rapport avec la distribution géographique de certaines espèces animales, propagatrices de germes morbides — en d'autres termes avec la géographie zoologique — qu'avec des aptitudes spéciales que leurs habitants tiendraient du sol ou du climat. La preuve en est, d'ailleurs, que les habitants de ces régions indemnes sont parfaitement aptes à contracter ces maladies auxquelles ils n'ont pas, dans leurs pays, l'occasion de s'exposer. Souvent même, ils y paraissent plus aptes que les indigènes des foyers endémiques. Ainsi le blanc nouvellement immigré dans un foyer palustre contracte très facilement la malaria, alors que le nègre indigène y échappe. On discute sur les raisons de ce fait. Peut-être les anophèles ont-ils une prédilection pour la peau du blanc, ou l'indigène a-t-il acquis l'immunité à la suite de piqûres infectantes maintes fois renouvelées [1]. D'ailleurs le blanc acclimaté dans le pays palustre a des accès moins violents que le nouveau venu, de sorte qu'il acquiert peut-être, lui aussi, de la même manière une certaine immunité. Peut-être encore s'agit-il d'une simple immunité acquise aux piqûres d'insecte, ou enfin, comme le pensait Manson, l'atténuation de la maladie résulte-

[1] Koch (*Deutsche med. Wochenschr.*, 1900, p. 781 et 801), en effet, en examinant systématiquement le sang des petits négrillons dans les régions palustres, a trouvé chez beaucoup d'entre eux des hématozoaires ; cette fréquence diminue avec l'âge et la tuméfaction de la rate reste souvent chez l'adulte l'unique symptôme qui permette de supposer une atteinte antérieure de la maladie.

t-elle d'une meilleure éducation hygiénique plutôt que d'un acclimatement véritable. Mais quelle que soit l'interprétation, le fait subsiste. Il se répète, d'ailleurs, et plus nettement encore, pour la fièvre jaune. Le nègre habitant les foyers endémiques reste indemne, mais le nègre né dans un pays indemne contracte la maladie avec la même facilité que le blanc. Il est vraisemblable que cette immunité de l'indigène est le fait d'une vaccination consécutive à une atteinte atténuée du jeune âge, la fièvre jaune ayant dans la première enfance une bénignité particulière.

Quant à la maladie du sommeil, c'est sur le nègre qu'elle a d'abord été exclusivement observée, mais on sait aujourd'hui qu'elle n'épargne pas toujours le blanc.

Toutes ces immunités de régions et de climats ne confèrent donc à l'homme qu'une apparence d'immunité, ou bien elles rentrent dans le cadre de l'immunité acquise par des atteintes antérieures.

B. — Immunités et prédispositions naturelles.

Rôle de l'espèce. — Certaines prédispositions et immunités naturelles s'attachent à chaque espèce zoologique. Les exemples en abondent, tant pour les poisons que pour les virus.

L'arsenic est relativement bien toléré par le cheval, l'antimoine par le porc, la belladone par les rongeurs, la jusquiame par le cheval et le mouton, le tabac par la chèvre.

Le hérisson présente une remarquable résistance envers une série de poisons : opium, acide cyanhydrique, arsenic, sublimé, cyanure de potassium, cantharide (1).

Les venins présentent sous ce rapport des particularités fort intéressantes (2). Fontana (1781) avait observé déjà que la vipère est réfractaire à l'inoculation de son propre venin, et que certains animaux résistent aussi à son action (3). Tandis, en effet, que le pigeon, la fauvette, le serin, les batraciens, les lézards, les poissons sont sensibles à ce venin, d'autres oiseaux et reptiles sont réfractaires, notamment le corbeau (Fontana), la buse et la chouette (Maublant), la couleuvre (Lenz). Il en est de même de certains mammifères : le chat (Billard), le lérot (Billard), le blaireau (Lenz, Billard). Mais l'immunité n'est pas toujours complète : le canard n'a qu'une immunité imparfaite; le chat, qui résiste à la morsure de la vipère, éprouve quelques accidents passagers lorsqu'on inocule le venin dans son péritoine (Billard). Le hérisson passe pour être réfractaire aux morsures ; c'est surtout, il est vrai, par ses piquants qu'il se défend contre la vipère et l'inoculation sous-cutanée du venin peut tuer le hérisson, mais avec la dose de 4 gouttes, relativement forte et 40 fois plus élevée

(1) LEWIN, *Deutsche med. Wochenschr.*, 1898, p. 373.

(2) ED. MAUBLANT, Immunité naturelle de certains animaux contre les morsures d'animaux venimeux. *Thèse de Paris*, 1911.

(3) FONTANA, *Traité sur le venin de la vipère*. Florence, 1781.

que celle qui tue le cobaye (Phisalix et Bertrand). D'autres venins plus actifs trouvent aussi certaines espèces réfractaires. Le porc résiste au venin de cobra. La mangouste, l'ancien ichneumon des Égyptiens (*Herpestes ichneumon*), qui échappe par son agilité surtout à la morsure du *Naja bungarus*, présente une résistance relative à l'inoculation de son venin [1]. Un serpent mangeur de serpents, le *Rachidelus Brasili* résiste à la morsure d'un de ses plus dangereux congénères, le *Lachesis lanceolatus* [2].

Nombre d'infections humaines épargnent les autres espèces zoologiques : le paludisme, la lèpre, la fièvre jaune, la rougeole, la scarlatine, les oreillons, la syphilis, le typhus exanthématique. La difficulté de les inoculer aux animaux est même un obstacle à leur étude scientifique et retarde sans nul doute pour quelques-unes la découverte de leur agent pathogène. C'est avec certaines difficultés qu'on est parvenu dans ces dernières années à inoculer la syphilis, la rougeole et le typhus exanthématique aux animaux les plus proches de l'homme dans la série zoologique, aux singes. Encore la syphilis des singes, même des singes supérieurs, est-elle relativement atténuée, et quant aux inoculations réussies chez le lapin, elles restent à l'état de lésions locales.

Réciproquement, il est des maladies infectieuses qui frappent certaines espèces animales mais laissent l'homme réfractaire. Telles sont la clavelée, la peste bovine, la péripneumonie des bovidés, la pneumo-entérite du porc, le rouget du porc, le choléra des poules.

Pour une même maladie, les diverses espèces se comportent très différemment, sans que ces différences soient en rapport avec les affinités zoologiques. En ce qui concerne le charbon, parmi les animaux très sensibles se rangent le cheval, le porc, le bœuf, le mouton, le cerf, le chevreuil, le lapin, le cobaye; l'homme est déjà plus résistant; parmi les réfractaires se trouvent les carnassiers, le rat blanc, les gallinacés, les batraciens et les reptiles. La morve frappe les équidés, le chien, le chat; elle épargne le bœuf, le porc, les oiseaux.

La résistance aux toxines microbiennes est aussi très inégale suivant les espèces. Le caïman supporte des doses massives de toxine diphtérique, le rat est aussi relativement résistant. La toxine tétanique est sans effet sur la poule, la tortue, le scorpion, les araignées.

Rôle de la race. — Si des espèces fort voisines peuvent se comporter très différemment quant à leur résistance à une infection déterminée, il est plus surprenant encore de voir des différences tout aussi prononcées entre races d'une même espèce. Un exemple bien connu de cette immunité de race est, dans le règne végétal, celui des vignes américaines à l'égard du phylloxéra qui ravage nos vignes indigènes. Dans le règne animal on voit le charbon, auquel les ovidés sont particuliè-

(1) CALMETTE, *Le venin des serpents*, 1896, p. 43.
(2) S. POZZI, *Rev. scientifique*, 22 avril 1911.

rement sensibles, épargner les moutons de race barbarine[1]. De même, parmi les moutons, ceux de race bretonne et de couleur noire résistent à la clavelée.

Dans l'espèce humaine, la race nègre est particulièrement frappée par les parasites, tant externes qu'internes. Elle contracte très facilement le tétanos, la tuberculose, la maladie du sommeil. L'aïnhum lui est spécial.

La race jaune paraît plus sensible à la variole.

Nous avons signalé la réceptivité spéciale de la race blanche pour le paludisme et la fièvre jaune, et nous avons vu que l'on tend à rapporter la résistance des nègres à une immunité antérieurement acquise par des atteintes bénignes.

Peut-être ne faudrait-il pas cependant refuser toute influence à certaines conditions qui exposent moins les nègres aux piqûres de l'insecte propagateur du virus, et parmi lesquelles on cite l'épaisseur de leur tégument, les matières grasses dont ils ont coutume de l'oindre, l'odeur particulière de leurs sécrétions cutanées.

Dans la race blanche elle-même, on a remarqué la fréquence de la scarlatine et de la goutte chez les Anglo-Saxons : mais peut-être, pour cette dernière maladie, les habitudes de vie et le régime alimentaire en sont-ils les raisons. Dans la race juive on note la fréquence des affections dyscrasiques, telles que goutte, diabète, obésité, ainsi que celle des maladies nerveuses et mentales ; peut-être le soin que prennent les Israélites de perpétuer leurs caractères ethniques explique-t-il, par hérédité, la transmission de certaines aptitudes pathologiques.

Ajoutons enfin qu'en frappant les diverses races, une même maladie peut différer dans sa forme et ses localisations. Par exemple, dans la race jaune, chez les Arabes et en Afrique, la syphilis est fréquente et se manifeste par de nombreux accidents cutanés[2]; mais les localisations nerveuses sont à peu près inconnues chez ces peuples, notamment le tabes et la paralysie générale. Le genre de vie, la moindre fatigue des centres nerveux en paraissent être la raison, car on a cité quelques cas de paralysie générale et de tabes observés chez des Arabes qui vivaient à l'européenne et la paralysie générale paraît devenir plus commune chez les Japonais.

Influence individuelle. — Dans la même espèce et la même race, on observe chez certains individus des prédispositions et des immunités inexpliquées. On sait avec quelle fréquence la tuberculose frappe les sujets qui présentent ce que le professeur Landouzy appelle le « type vénitien ». Parmi les animaux, d'après Blaringhem, les cobayes à pelage blanc seraient plus sensibles aux infections.

(1) CHAUVEAU, *C. R. de l'Acad. des sciences*, 1879, t. 89, p. 498; 1880, t. 91, p. 33.

(2) Quant à la rareté de la syphilis en certaines îles, en Islande, à Miquelon (Rey), aux Féroé (Panum), elle ne paraît pas due à une sorte d'immunité, mais aux mœurs de leurs habitants.

Le virus variolique, auquel l'homme non vacciné est si sensible lorsqu'on l'introduit sous la peau par inoculation, trouve pourtant quelques sujets réfractaires. La pratique de la variolisation avait fourni des statistiques d'après lesquelles la fréquence de ces réfractaires était estimée à 1 sur 20 adultes et 1 sur 60 enfants (Woodville), ou seulement à 1 sur 1000 (Desoteux et Valentin). De même quelques sujets, par exception rare, sont réfractaires à l'inoculation de la vaccine : leur proportion est évaluée à moins de 1 sur 100 par d'Espine, et même à 1 sur 9000 par Seaton. Peut-être s'agirait-il d'immunité acquise d'une manière ignorée, plutôt que d'immunité naturelle.

La syphilis, quelque sensible que paraisse l'espèce humaine à son virus, offre néanmoins quelques exemples de singulières immunités individuelles. Non seulement on a cité des cas de sujets qui s'exposaient par bravade à la contracter et demeuraient indemnes, mais on connaît des faits plus démonstratifs et plus rigoureusement observés d'inoculation négative chez des sujets préalablement indemnes. L'anonyme du Palatinat [1], entre autres, en a rapporté quatre cas, suivis pendant trois ans, et dans lesquels l'inoculation avait été faite à la lancette. On s'est demandé, mais sans preuve directe, si cette immunité ne résultait pas d'hérédité par suite d'une syphilis des ascendants. Il n'est pas douteux, d'ailleurs, que la syphilis ne frappe avec une intensité très différente les divers individus, et récemment Audry (de Toulouse) [2] insistait avec raison sur la fréquence des syphilis abortives qui, même en l'absence de tout traitement, se réduisent au seul chancre, à la façon de celles qui sont inoculées à la plupart des singes.

Rôle de l'hérédité. Maladies familiales. — Un chapitre spécial de cet ouvrage étant consacré à l'hérédité, nous n'avons pas à traiter en détail des immunités et prédispositions qu'elle peut transmettre. Nous ne ferons donc que mentionner la distinction fondamentale, établie depuis les célèbres recherches de Pasteur [3] sur la pébrine et la flacherie des vers à soie, entre l'hérédité du germe et l'hérédité du terrain, la première transmettant directement la maladie maternelle et la seconde ne communiquant autre chose au descendant que la prédisposition à cette maladie. De nombreuses applications en ont été faites à la pathologie de l'homme. C'est surtout pour la tuberculose qu'on a débattu le rôle respectif de ces deux sortes d'hérédité. L'accord s'est fait sur la rareté de l'hérédité du germe. Mais récemment le rôle de l'hérédité du terrain a lui-même été discuté : on tend à le restreindre à mesure que l'on voit avec plus de fréquence l'enfant né de parents tuberculeux échapper à la maladie et devenir vigoureux s'il est soustrait aux dangers de la contagion familiale. En dehors des malformations proprement dites, l'hérédité de terrain paraît consister surtout en cette prédisposition banale

(1) ANONYMUS, *Aertzliches Intelligenzblatt*, 1856.
(2) AUDRY, *Province médic.*, 7 janvier 1911.
(3) PASTEUR, *Études sur les maladies des vers à soie*, Paris, 1870.

aux maladies qui résulte des diverses tares héréditaires engendrées par les intoxications (alcool, morphine, plomb) et les infections (syphilis, tuberculose) des parents.

Quant à l'immunité héréditaire, elle peut résulter soit de la transmission de la maladie maternelle au fœtus pendant la gestation : c'est alors une immunité acquise *in utero*; soit de la transmission de l'immunité acquise par la mère avant la conception, ce qui, d'ailleurs, est plus rare. L'influence du père semble à peu près négligeable dans cette immunité transmise, qui n'a généralement qu'une assez courte durée.

Rôle du sexe. — Le sexe paraît être une cause d'immunité et de prédisposition relative, en dehors, bien entendu, des maladies sexuelles. Du moins, certaines localisations de processus morbides s'observent avec une bien plus grande fréquence dans un sexe que dans l'autre. Au nombre des maladies qui frappent particulièrement le sexe masculin, on peut citer le cancer de la langue, la maladie d'Addison, le délirium tremens, et parmi celles qui sont particulièrement féminines : le rétrécissement mitral pur, la chlorose, la maladie de Basedow. L'hémophilie, maladie familiale, offre cette particularité des plus curieuses de se transmettre par les femmes mais de frapper surtout les mâles de la famille.

Il nous faut encore mentionner une série de prédispositions qui résultent chez la femme des divers incidents de la vie sexuelle, On sait l'influence que la menstruation exerce parfois sur le développement des érysipèles, des angines, des herpès à répétition. La grossesse et la lactation, la ménopause entraînent aussi tout un cortège de prédispositions morbides.

Rôle de l'âge. — Certaines prédispositions et immunités paraissent être en rapport avec l'âge. Les maladies contagieuses sont rares chez le nouveau-né, ce qui peut, il est vrai, s'expliquer par l'isolement relatif dans lequel il vit et le peu de contacts étrangers auxquels il est soumis, c'est-à-dire par des conditions extrinsèques. Le nouveau-né, d'ailleurs, est parfaitement réceptif pour les infections maternelles : l'érysipèle de l'ombilic, la conjonctivite ont souvent chez lui cette origine. Si la scarlatine de la nourrice épargne habituellement le nourrisson, c'est peut-être à cause d'une immunisation par le lait.

C'est par une immunisation passive, transmise par le sang maternel au cours de la grossesse, qu'on a tenté d'expliquer la rareté très réelle de la rougeole d'origine exogène chez le nourrisson pendant les premiers mois.

Toutefois l'expérience a montré chez l'animal nouveau-né certaines immunités à l'égard de quelques infections. Pasteur a signalé la résistance du poussin au choléra des poules; d'après Arloing, Cornevin et Thomas, le charbon symptomatique épargne le veau de lait; par contre, le jeune chien est sensible au charbon auquel l'adulte est réfractaire (Straus) [1].

[1] Straus, *Arch. de méd. expériment.*, 1889, p. 325.

On sait que la dentition, à laquelle certains auteurs, d'accord avec l'opinion répandue dans le public, ont attribué toute une série de maux, en est complètement innocentée par d'autres. Il se peut néanmoins que les malaises qu'elle engendre facilitent l'évolution de certaines maladies. Mais son influence est alors indépendante de l'âge et rentre dans le cadre des troubles morbides préalables que nous étudierons plus loin.

Le rôle du sevrage dans la genèse d'un certain nombre de désordres n'est pas douteux et les troubles gastro-intestinaux qu'il cause trop souvent sont bien connus. Toutefois, ce n'est pas non plus une prédisposition imputable à l'âge; c'est l'alimentation seule qui est en jeu.

Chez le nourrisson, d'ailleurs, les troubles digestifs sont parmi les plus fréquents. Avec eux il convient de signaler aussi les infections cutanées, explicables par la fragilité des téguments à cet âge, et les affections respiratoires dont la fréquence est due sans doute à ce que l'étroitesse des fosses nasales chez le jeune enfant l'oblige à la respiration buccale, à ce qu'il n'expectore pas les mucosités formées dans ses voies aériennes et qu'il garde habituellement le décubitus dorsal.

Pendant l'enfance, la réceptivité aux maladies contagieuses, maintes fois remarquée, s'explique par le défaut d'immunité acquise, ainsi que par la fréquence des contacts infectants et l'absence de toutes précautions prises par le sujet pour s'en défendre.

La croissance prédispose l'enfant aux maladies du squelette : rachitisme, ostéomyélite, tuberculose osseuse. On a noté la grande prédominance des teignes dans le jeune âge et c'est même exclusivement chez l'enfant et l'adolescent que la trichophytie se localise au cuir chevelu, l'adulte ne contractant cette affection parasitaire que sous les formes de sycosis de la barbe et d'herpès circiné.

C'est pendant la seconde enfance et l'adolescence que s'observent avec le plus de fréquence le rhumatisme aigu, la méningite cérébro-spinale, la fièvre typhoïde. Mais cette fréquence vient surtout de ce que les sujets de cet âge y sont plus exposés, et ne résulte pas d'une prédisposition véritable.

Dans la vieillesse, une série de maladies frappent avec prédilection divers appareils : ce sont pour l'appareil respiratoire, l'emphysème et la pneumonie; pour l'appareil locomoteur, le rhumatisme chronique et l'ostéoporose; pour le système nerveux, la paralysie agitante; pour l'appareil urinaire, la sclérose rénale et l'hypertrophie prostatique ; pour l'appareil circulatoire, l'athérome et la sclérose.

Le cancer, enfin, est presque l'apanage des sujets âgés, ou qui, du moins, ont dépassé la première moitié d'une existence normale.

C. — Immunités et prédispositions acquises.

Genre de vie. — La manière de vivre, si différente suivant les individus, ne peut manquer d'entraîner des différences dans leurs aptitudes morbides. Parmi les conditions prédisposantes de cet ordre figurent ce que les anciens hygiénistes appelaient les *ingesta* et les *circumfusa*. L'observation clinique enseigne que l'alimentation insuffisante accroît la réceptivité à la tuberculose et la pathologie expérimentale montre que l'immunité naturelle du pigeon pour le charbon fléchit sous l'action du jeûne (Canalis et Morpurgo). Mais un chapitre spécial de cet ouvrage étant réservé à l'*inanition*, nous ne ferons qu'indiquer son rôle prédisposant. Ce n'est d'ailleurs pas seulement par son insuffisance que l'alimentation exerce une influence prédisposante : les vices de régime, l'excès d'aliments engendrent aussi des maladies et tiennent une place importante dans la pathogénie de la goutte; la privation de vivres frais est la grande cause du scorbut. Mais il faut reconnaître qu'il s'agit plutôt là de causes pathogènes que de véritables prédispositions.

De même l'air confiné, l'air chargé de poussières dont le rôle est manifeste dans l'étiologie des maladies respiratoires, expose plutôt qu'il ne prédispose vraiment à ces affections. Les variations de température affaiblissent la résistance de l'organisme, et bien qu'on ait tour à tour exagéré et nié l'influence étiologique du refroidissement, les faits cliniques et les expériences ne permettent pas de la mettre en doute.

La manière d'agir, l'activité de l'individu peut, dans une certaine mesure, prédisposer aux maladies. On dit que les gens sédentaires sont prédisposés à la goutte, à l'obésité, aux hémorroïdes; que les efforts prédisposent aux hernies, à l'emphysème : il serait plus juste de dire que ces conditions étiologiques exposent à ces maladies. Ainsi l'effort expose à la hernie, mais ce qui prédispose à cet accident, c'est le relâchement des parois abdominales.

La *fatigue* agit diversement. La répétition exagérée de certains mouvements des membres peut engendrer des ténosites. La fatigue générale diminue la résistance de l'organisme et prédispose vraiment au développement de certaines maladies : c'est ainsi que le rat blanc fatigué perd l'immunité au charbon. La clinique a montré, d'ailleurs, depuis longtemps le rôle du surmenage physique dans le développement de la tuberculose et de la fièvre typhoïde. Enfin cet état qui représente en quelque sorte une synthèse des conditions déprimantes et qu'on appelle la misère physiologique crée une prédisposition manifeste aux atteintes des grandes maladies épidémiques telles que le choléra, la peste, le typhus.

Nous étudierons plus loin l'action du surmenage.

Professions. — L'influence des professions se fait sentir bien plutôt en exposant aux maladies qu'en y prédisposant. Les traumatismes professionnels, plaies, fractures et luxations, accidents des caissons, électrocution, hernies, emphysème, pneumokonioses, ne résultent pas d'une prédisposition de l'individu, mais de circonstances purement extrinsèques. Si la tuberculose s'observe avec une relative fréquence chez les infirmiers, le charbon chez les mégissiers et bouchers, la morve chez les palefreniers, l'ankylostome chez les mineurs, ce n'est pas davantage à cause d'une prédisposition de ceux qui en sont frappés. Nous avons fait déjà cette remarque au sujet des intoxications professionnelles. Elle s'applique aussi bien aux dyscrasies, à la goutte des cuisiniers, au rhumatisme chronique des blanchisseuses, au scorbut des marins à l'époque des longues traversées de la marine à voiles.

Antécédents morbides. — Le chapitre des antécédents morbides de l'individu se montre beaucoup plus riche de faits relatifs aux immunités et prédispositions.

Maladies immunisantes. — Nombre de maladies infectieuses confèrent l'immunité. Mais cette immunité acquise est plus ou moins solide.

Celle de la *variole* est généralement durable. Les récidives n'en ont guère lieu qu'à de longs intervalles, témoin le cas célèbre de Louis XV, qui en fut atteint à 20 ans et en mourut à 64 ans. On cite, il est vrai, le minéralogiste Naumann qui l'eut quatre fois. Mais les récidives à courte échéance sont fort rares; on les a même contestées en les rapportant à la succession de la varicelle et de la variole.

L'immunité conférée par la vaccine est moins durable que l'immunité post-variolique. On revaccine souvent avec succès les enfants de 6 ans (Glogowski). Roger (1) a même vu la disparition de l'immunité après 16 mois. Les revaccinations pratiquées pendant la période scolaire, de 8 à 13 ans, donnent 15 à 25 pour 100 de succès; celles de la période du service militaire, de 50 à 60 pour 100. Il semble aussi que la durée de l'immunité soit moindre dans les pays chauds et l'on a préconisé la revaccination tous les 3 à 5 ans en Algérie.

La *varicelle* ne récidive que très rarement.

Il en est de même de la *scarlatine*. Toutefois, indépendamment des rechutes qui s'observent parfois, on a signalé de véritables récidives après 3 et 4 mois.

On discute sur les récidives de la *rougeole*, tenues pour très exceptionnelles par certains auteurs qui invoquent la confusion facile avec la rubéole, la roséole. Pour d'autres, elles sont non seulement possibles, mais encore loin d'être exceptionnelles. Panum a signalé, dans une épidémie aux îles Féroé, en 1846, l'immunité des vieillards qui en avaient été atteints en 1781, soit 65 ans auparavant.

La *rubéole* confère l'immunité.

Les récidives des *oreillons* sont rares, bien que Catrin les ait évaluées à 6 pour 100 des cas.

La *coqueluche* récidive exceptionnellement. On a cependant noté que les grands parents pouvaient la prendre de leurs petits enfants, parce qu'ils avaient perdu l'immunité acquise dans leur jeune âge.

L'immunité qui suit la *fièvre typhoïde* est le plus souvent durable,

(1) ROGER, *C. R. de la Soc. de biol.*, 2 juill. 1897.

quoique le bacille d'Eberth puisse persister dans des lésions locales pendant fort longtemps. La question des récidives serait d'ailleurs à reprendre aujourd'hui que l'on connaît des infections du même type clinique provoquées par des bacilles voisins (fièvres paratyphoïdes).

La *fièvre jaune* donne, en général, l'immunité. Les récidives, dont Ferrari évalue à 4 pour 100 la fréquence, en sont bénignes.

Les récidives du *choléra*, de la *peste* sont également exceptionnelles.

Une maladie qui mérite de nous arrêter plus longtemps est la *syphilis*. Il ne semble pas qu'on puisse parler pour elle d'immunité acquise par une première atteinte, puisqu'on ne s'étonne pas de voir, chez les sujets qui en sont frappés, apparaître une longue suite d'accidents pendant la plus grande partie de leur vie, sinon jusqu'à la fin de leurs jours. On connaît pourtant des cas de réinfection syphilitique, sous une forme plus ou moins atténuée : au lieu de chancre vrai, l'accident primitif se réduit alors au simple chancroïde, parfois sans adénopathie ni accident secondaire; mais il peut s'agir de chancre véritable avec tréponème (Oplalek et Bongsdorp).

Outre ces récidives, indiquant une immunité en grande partie perdue, on peut établir qu'il existe au cours de la syphilis, et tandis qu'elle poursuit son évolution, une immunisation graduelle, comme on en voit d'ailleurs pour la variole et pour la vaccine.

Pendant la période d'incubation de la variole et de la vaccine, la maladie reste inoculable, et même pendant quelque temps encore après le début des symptômes. L'inoculation variolique, jusqu'au 3e jour de la maladie, provoque le développement du « maître bouton », suivi d'une éruption nouvelle plus ou moins étendue; jusqu'au 7e jour, elle provoque des phénomènes généraux, enfin jusqu'au 10e jour, une éruption plus ou moins discrète; au delà elle reste sans aucun effet. La vaccine réinoculée de jour en jour, d'après les expériences de Bryce (1805) et de Trousseau, donne des pustules de plus en plus petites, et ne produit plus rien à partir du 10e jour.

Or, l'histoire de la syphilis offre des faits du même genre [1]. D'audacieux expérimentateurs, inoculant chez l'homme le virus, d'une manière successive, pendant l'incubation de la maladie, c'est-à-dire avant l'apparition du premier chancre, avaient vu survenir des chancres successifs. Plus récemment les expériences faites sur les singes, malgré des résultats négatifs enregistrés par Metchnikoff et Roux, et par Salmon, ont donné, par contre, des résultats positifs à Finger et Landsteiner, Neisser, etc.; d'autre part, des faits cliniques, relatés par Queyrat, Bonnet et Courjon, établissent aussi cette apparition de chancres successifs consécutivement à des contagions successives. Ces chancres successifs ont pour caractère d'être de plus en plus effacés, de même que les pustules successives d'inoculation variolique et vaccinale. Pas

[1] Marcel PINARD, L'immunité dans la syphilis. Superinfection et réinfection syphilitiques. *Thèse de Paris*, 1910.

plus pour la syphilis que pour la variole et la vaccine il n'y a donc d'immunité pendant la période d'incubation, ou, du moins, il n'existe qu'un début d'immunité.

Après l'apparition du chancre, les anciens observateurs n'avaient noté que très exceptionnellement l'inoculabilité de la syphilis. Mais les recherches récentes de Queyrat, qui consistent à inoculer à des syphilitiques leur propre chancre ou celui d'un autre, ont montré que la maladie reste inoculable pendant les 10 premiers jours du chancre, et même davantage si l'on inocule une dose plus forte de virus par le procédé plus sûr de la poche sous-épidermique. Marcel Pinard a même réussi l'inoculation d'un chancre au 31e jour. Ce chancre de réinoculation est, d'ailleurs, modifié, comme le chancre réinoculé pendant l'incubation. Son délai d'apparition est généralement abrégé (5 à 28 jours au plus); il est plus ou moins avorté, semblable au début du chancre, tel que l'avaient observé les anciens inoculateurs; il reste papuleux plutôt qu'ulcéreux. Néanmoins il peut s'accompagner d'adénopathie et ne diffère du chancre légitime ni par sa structure histologique ni par son contenu en tréponèmes. Enfin, l'expérimentation chez le singe a donné des résultats tout à fait conformes.

A la période secondaire, il n'est plus possible de réinoculer au porteur le virus des syphilides, d'où l'erreur déplorable de Hunter et de Ricord qui nièrent la contagiosité de ces accidents, démontrée seulement en 1854 par Langlebert. C'est tout au plus si Finger et Landsteiner, en réinoculant à des syphilitiques secondaires des produits primaires, ont pu obtenir de petites papules, de dimensions miliaires. On peut dire qu'à cette période l'immunité syphilitique atteint son apogée.

A la période tertiaire, en effet, on la voit s'affaiblir. La virulence de la maladie est certainement moindre; niée même par certains inoculateurs, elle a pourtant été observée par Landouzy, et les expériences chez le singe l'ont établie, de même que la constatation du tréponème dans les lésions tertiaires (Spitzer, Dudgeon, Doutrelepont et Grouven, etc.); mais les tréponèmes sont très peu nombreux dans ces lésions, y prennent des formes atypiques et ne se trouvent guère que dans la paroi des gommes. Enfin chez des syphilitiques tertiaires on a pu réussir l'inoculation de produits primaires et obtenir soit une simple infiltration brun rouge (Finger et Landsteiner), soit une syphilide ulcéreuse (Queyrat et Marcel Pinard).

Nous voyons donc dans la syphilis, comme dans la variole et la vaccine, l'immunité s'établir peu à peu dans le cours de la maladie, tandis que les accidents continuent à se développer. Puis elle atteint son apogée. Enfin elle fléchit et peut disparaître. Dans ces maladies, pourtant si différentes, les phases du cycle sont les mêmes, mais le temps qu'elles mettent à s'accomplir est très différent. L'immunité reste généralement complète pour la variole et la vaccine après la disparition des accidents morbides et pour de longues années, tandis que pour la syphilis, les accidents persistent fort longtemps malgré l'acquisition de l'immunité, qui reste, d'ailleurs, imparfaite et qui, avec le temps, s'affaiblit plutôt qu'elle ne disparaît vraiment.

Dans la fièvre typhoïde, l'immunité est généralement durable après la disparition de tout accident infectieux, mais on peut néanmoins voir, en dépit de cette immunité, des lésions locales, des foyers éberthiens survivre fort longtemps dans l'organisme.

Ces faits ont un intérêt général. Ils montrent que l'immunité n'est pas une réaction brusque, mais qu'elle s'établit graduellement et disparaît de même. De plus, elle n'implique pas forcément la cessation de la maladie, puisque, malgré les progrès de son développement, les accidents morbides peuvent, eux aussi, poursuivre leur évolution.

Antagonismes morbides. — L'immunité acquise, qu'une maladie peut laisser après elle contre son propre retour, paraît pouvoir encore être conférée par une maladie d'une autre sorte. En d'autres termes, outre l'*immunité homologue*, la plus fréquente, il existe certaines *immunités hétérologues*.

L'exemple le plus connu est celui de la variole et de la vaccine ; ces deux maladies immunisent l'une contre l'autre, c'est une immunité croisée. Mais s'agit-il bien de deux maladies? Dès la découverte de la vaccine, une théorie uniciste était formulée : Jenner pensait que la vaccine est une variole plus douce. Après lui plusieurs médecins entreprirent de vacciner avec de la lymphe de vache variolisée. Les dualistes opposèrent à cette opinion les expériences de la Commission lyonnaise présidée par Chauveau : la variole inoculée aux bovidés et aux équidés ne se transforme pas en vaccine vraie, car après quelques passages par ces animaux, elle engendre de nouveau la vraie variole. Pourtant, après sa découverte des virus atténués, Pasteur émit l'opinion que la variole pourrait bien être le virus fort et la vaccine le virus faible d'une seule et même maladie. Quoique de nouvelles expériences aient été faites sur la transformation de la variole en vaccine chez les animaux variolisés par Fischer (de Carlsruhe), Voigt (de Hambourg), Éternod et Haccius (de Genève), E. Chaumier (de Tours), le débat n'est pas encore clos. Les travaux récents, faits sous la direction de Kelsch, ont montré que, dans les Instituts vaccinogènes, où ces expériences ont été généralement poursuivies, les plaies d'inoculation, même nullement spécifique, se contaminent avec une grande facilité par le virus vaccinal (1).

Existe-t-il d'autres exemples mieux établis d'immunités hétérologues? Les cliniciens d'autrefois admettaient volontiers certains antagonismes morbides. Une série d'états pathologiques conféraient, suivant eux, une immunité tout au moins relative à la phtisie : tels étaient l'arthritisme, les cardiopathies, le cancer, la chlorose, la fièvre typhoïde, le paludisme. On sait aujourd'hui qu'il n'en est rien.

Les sujets qui présentent ce qu'on appelle le tempérament arthritique ne sont nullement réfractaires à la tuberculose, il semble seulement que

(1) Duvoir, Étude sur la variolo-vaccine. *Thèse de Paris*, 1910.

la maladie prenne chez eux une marche plus lente. Les cardiopathies n'excluent pas la phtisie, et même le rétrécissement mitral pur, le rétrécissement pulmonaire y paraissent plutôt prédisposer. La coexistence de cancer et de tuberculose, l'association ou la succession de la tuberculose à la fièvre typhoïde ne peuvent être mises en doute.

Ce qui, d'autre part, est certain, c'est la modification qu'une maladie intercurrente fait parfois subir à la maladie primitive. Il suffit de rappeler la disparition des quintes de coqueluche sous l'influence d'une complication de broncho-pneumonie. Une maladie aiguë peut suspendre les attaques d'épilepsie. Mais il s'agit plutôt en pareil cas d'une modification de certains symptômes que d'une action sur le principe véritable de la maladie, qui n'en subsiste pas moins. Dans le cours de la syphilis on a vu des maladies aiguës telles que la fièvre typhoïde amener la disparition du chancre (Jullien), des syphilides (Devergie) et retarder l'apparition des accidents secondaires (Bassereau).

On cite encore l'action favorable que la variole exercerait sur certaines dermatoses, l'érysipèle, sur le lupus de la face, sur les néoplasmes malins, notamment le sarcome. Mais cette action favorable est des plus inconstantes.

Quoi qu'il en soit, l'expérimentation montre des faits du même ordre. Emmerich [1] a vu des cobayes qui avaient résisté à l'infection streptococcique devenir réfractaires au charbon. Pawlowsky [2], par l'inoculation des streptocoque, staphylocoque et pneumobacille, a pu arrêter l'évolution du charbon inoculé sous la peau ou dans les veines. Bouchard a constaté que le virus pyocyanique, injecté quelques heures avant, préserve quelquefois du charbon; mais il ne s'agit pas d'immunité vraie, car les animaux ainsi traités restent sensibles à l'inoculation ultérieure du virus charbonneux. Récemment des succès ont été obtenus même chez l'homme atteint du charbon, au moyen de l'inoculation de cultures stérilisées de bacille pyocyanique (Fortineau) [3].

L'explication de ces faits ne peut encore être qu'hypothétique. On a comparé cet état réfractaire à celui du milieu de culture qui, après avoir servi au développement d'un premier microbe, ne se prête plus à celui d'un autre : c'est ainsi que Pasteur (1887) avait vu que la bactéridie charbonneuse ne pousse pas dans les milieux où s'était déjà cultivé le virus du choléra des poules. Garré a fait une série de recherches sur les faits de ce genre. Certains auteurs ont invoqué la concurrence que se font entre eux certains microbes et par laquelle s'opère une sélection naturelle entre plusieurs espèces de bactéries simultanément semées dans un même milieu. La stimulation des phagocytes par l'inoculation de certains virus est peut-être encore un élément de succès dans la lutte contre certains autres [4].

(1) EMMERICH, *Arch. f. Hygiene*, 1887, Bd VI, p. 442.
(2) PAWLOWSKY, *Virchow's Archiv*, 1887, Bd CVIII, p. 494.
(3) *C. R. de l'Acad. des Sciences*, 30 mai 1910, *Gaz. médic. de Nantes*, 1911.
(4) ISSAEFF, *Zeitschr. f. Hygiene*, 1894, Bd XVI, p. 287.

Ce n'est pas seulement à propos des infections que l'on parle d'antagonisme morbide, c'est bien plus encore à propos des intoxications. On a distingué sous ce rapport des antagonismes vrais et des antagonismes faux. L'*antagonisme vrai* consiste en ce que deux poisons agissent d'une façon contraire sur un même organe : ainsi la strychnine excite, et les hypno-anesthésiques, comme le chloral, paralysent les cellules spinales; la pilocarpine et l'atropine exercent des effets inverses sur la corde du tympan. Mais il ne s'ensuit pourtant pas qu'on puisse toujours neutraliser exactement les effets de l'un des poisons par son antagoniste, car il faut tenir compte non seulement de la dose toxique, mais de la durée d'action, de la facilité d'élimination, qui diffèrent pour l'un et pour l'autre. Quant à l'*antagonisme faux*, il consiste en ce que les manifestations toxiques de deux poisons sont de sens différent, sans que ces poisons portent leur action sur le même organe : ainsi la strychnine produit la contracture et le curare la paralysie, mais la première agit sur les cellules spinales et le second sur les terminaisons nerveuses motrices.

L'*antidotisme* est une des formes de l'antagonisme toxique. Toutefois le mot antidote est généralement appliqué à tous les moyens qui permettent d'atténuer ou d'effacer les effets nuisibles d'un poison. Ces moyens sont divers et d'ordre physique, chimique ou physiologique. L'antidotisme physique consiste à mettre un obstacle à l'absorption du toxique en le diluant, en l'isolant dans des précipités, ou encore à faciliter son rejet par des lavages d'estomac, des vomitifs ou des purgatifs. L'antidotisme chimique consiste à donner ce qu'on appelle des contre-poisons, c'est-à-dire à transformer le toxique en une combinaison relativement inoffensive, par exemple en neutralisant un acide par une base (acides forts par la magnésie), en entraînant un poison soluble dans une combinaison insoluble (action de la chaux sur l'acide oxalique, du peroxyde de fer et de la magnésie sur les arsénicaux solubles, de l'albumine sur les sels mercuriels, du tanin sur les alcaloïdes). Quant à l'antidotisme physiologique, il consiste à combattre l'action d'un poison sur un organe en faisant agir sur ce même organe son antagoniste vrai. Mais l'utilité thérapeutique en est très restreinte, car si l'antidote neutralise bien certains effets toxiques, il en ajoute d'autres qui lui sont propres.

Il y a lieu, d'ailleurs, de distinguer, dans le mode d'action des antidotes en général, des effets superficiels qui s'exercent en dehors des tissus, comme lorsqu'on neutralise un poison par la formation d'un précipité, et des effets profonds ou interstitiels qui s'exercent sur les éléments anatomiques, comme l'action contraire de la strychnine et du chloral. Cette action *in vivo*, alors même qu'il s'agit d'une réaction chimique, peut être très différente dans son mécanisme de ce qui se produit *in vitro*. Ainsi l'intoxication par l'acide cyanhydrique est empêchée par l'absorption d'hyposulfite de soude, parce que le sulfite, en se substituant à l'hydrogène de l'acide cyanhydrique, produit de l'acide sulfocyanique dépourvu de toxicité, mais cette réaction chimique accomplie dans l'organisme vivant ne se réalise pas *in vitro* (1).

L'immunité peut s'établir aussi par une sorte d'accoutumance insensible à la maladie. Les individus qui vivent dans un milieu contaminé semblent parfois se vacciner contre certaines infections sans avoir été malades. On a remarqué que les sujets ayant toujours habité les villes où règne en permanence la fièvre typhoïde échappent plus facilement à cette maladie que les nouveau-venus. C'est aussi cette vaccination insensible qu'on invoque, ainsi que nous l'avons indiqué précédemment, pour rendre compte de la résistance au paludisme des indigènes des pays malariques.

Les intoxications offrent des faits qui peuvent être rapprochés des précédents. Sans parler des venins, pour lesquels on peut réaliser une vaccination tout à fait semblable à la vaccination contre les toxines microbiennes, il est d'autres poisons auxquels on s'accoutume au moyen de doses graduellement croissantes. On connaît la légende de Mithridate qui était arrivé de cette manière à supporter les plus violents poisons, d'où le nom de *mithridatisme* donné à cette forme d'accoutumance toxique. Des effets de cet ordre s'observent pour l'arsenic, la morphine. La thérapeutique récente de la syphilis par l'arsénobenzol a montré que certains échecs du médicament résultaient d'une « arséno-résistance » des malades traités préalablement par une autre préparation arsénicale (hectine) qui avait développé chez eux l'accoutumance. Comme l'organisme humain, celui des parasites peut aussi acquérir cette résistance et l'on connaît des races de trypanosomes « atoxyl-résistantes ».

Il faut remarquer, d'ailleurs, que chez l'homme cette accoutumance n'est que relative et n'a pas les caractères d'une véritable immunité : il s'agit surtout d'une résistance à certains effets toxiques immédiats, et notamment aux troubles nerveux qui sont d'habitude les plus frappants parmi les symptômes de l'intoxication; mais les autres effets plus lents ne s'en produisent pas moins et d'une façon progressive : c'est ce qui a lieu dans le morphinisme; en outre, cette accoutumance entraîne le besoin du toxique (alcool, éther, morphine, héroïne, cocaïne, tabac), qui incite les sujets toxicomanes à toujours accroître les doses.

Dans le même ordre d'idées il nous faut encore signaler des faits moins bien connus et tout récemment étudiés d'accoutumance toxique expérimentale. L'injection lente d'un extrait d'organe ou l'injection préalable d'une petite quantité de cet extrait permet à l'organisme de tolérer une dose beaucoup plus élevée que celle qui eût déterminé la mort si elle eût été injectée d'un seul coup. Ce phénomène, auquel on a donné les noms de *skeptophylaxie* (Ancel, Bouin et Lambert), *tachyphylaxie* (Gley et Champy), *tachysynéthie* (Roger), n'est pas spécifique et diffère par conséquent de l'immunité vraie (2).

(1) LANG, HEYMANS et MASOIN, *Arch. internat. de Pharmacodynamie et de Thérapie*, 1896, t. III, p. 77.

(2) Cf. *C. R. de la Soc. de biol.*, 1911, t. LXXI.

Maladies prédisposantes. — Aux maladies qui procurent soit l'immunité, soit l'accoutumance, on doit opposer celles qui ne confèrent aucune immunité, voire même qui laissent à leur suite une prédisposition morbide.

Il est des infections qui, pratiquement, ne sont pas immunisantes, parce que l'immunité n'a qu'une durée fugace : par exemple le charbon, la fièvre récurrente, la suette, la dengue.

Il en est d'autres qui récidivent avec une facilité particulière : l'érysipèle, la pneumonie, le rhumatisme, la diphtérie, les amygdalites, l'appendicite. Peut-être, chez les sujets affectés de cette fâcheuse tendance aux récidives, existe-t-il certaines conditions générales de terrain particulièrement propices. Mais il est probable aussi que la porte d'entrée de l'infection s'ouvre avec une facilité spéciale par suite de la faiblesse des défenses locales. Il n'est guère douteux non plus que des conditions particulières, dans certaines de ces maladies, ne favorisent la culture et ne développent la virulence des microbes infectants, dont plusieurs vivent précisément à l'état de saprophytes à la surface des muqueuses.

Le répétition n'est pas le privilège de l'infection : d'autres maladies qui, jusqu'à nouvel ordre, ne relèvent pas de cette classe étiologique, sont également remarquables par leurs retours fréquents et parfois périodiques : goutte, asthme, migraine, épilepsie, chorée.

A côté de ces maladies récidivantes qui semblent manifester une sorte de prédisposition homologue, il est des prédispositions hétérologues : en d'autres termes, une maladie peut laisser après elle une prédisposition à des maladies d'une autre nature. C'est ainsi qu'une série d'états morbides très divers peut engendrer la prédisposition à la tuberculose. Les infections respiratoires, qu'elles aient pour cause la grippe, la rougeole, la coqueluche, ont sous ce rapport une action bien connue. Il en est de même des lésions mécaniques dues à l'inhalation de poussières irritantes (pneumokonioses) et c'est d'une manière analogue que paraît agir la trachéotomie. Les troubles de la circulation des poumons au cours du rétrécissement de l'artère pulmonaire créent aussi dans ces organes la prédisposition locale à la maladie. Enfin dans certains cas, cette prédisposition à la tuberculose paraît imputable à des modifications générales dont la nature et le mode d'action restent encore peu précis. C'est du moins l'interprétation qui semble convenir pour expliquer la facilité bien connue avec laquelle se tuberculisent les anciens varioleux, les diabétiques, les alcooliques, les inanitiés.

Parmi les états morbides considérés comme prédisposants, il faut tout d'abord citer le *traumatisme*. Non seulement il ouvre à l'infection des portes d'entrée, mais encore il affaiblit le défense locale au point où il porte son action : ainsi le vibrion septique, débarrassé de sa toxine par lavage, produit l'infection lorsque le lieu de l'inoculation a été contus (Besson). Enfin le traumatisme peut encore localiser sur le point où il s'exerce l'infection qui s'est développée en d'autres régions de l'organisme. C'est ce qu'on appelle la « loi de Max Schüller ».

En pareil cas, le virus est charrié par la circulation et pénètre dans le foyer traumatique parce que la défense locale s'y trouve diminuée, le traumatisme lui ouvrant pour ainsi dire une porte intérieure pour y pénétrer. C'est donc surtout dans les infections qui s'accompagnent de la présence habituelle ou fréquente des microbes dans le sang que se vérifie cette loi de Max Schüller, bien plutôt que pour la tuberculose, avec laquelle l'auteur allemand avait pensé en donner la démonstration expérimentale.

En fait, la loi de Max Schüller se vérifie souvent, en clinique, dans les maladies septicémiques. Dans nombre de cas, on a vu des abcès contenant le microbe spécifique se développer en des régions contuses ou bien à la suite d'injections sous-cutanées de médicaments plus ou moins irritants, au cours d'infections générales streptococciques ou staphylococciques, de pneumonie, de fièvre typhoïde. C'est même sur cette circonstance qu'est fondé le procédé thérapeutique des abcès de fixation. Par contre, on ne voit pour ainsi dire jamais chez les tuberculeux des injections profondes de liquides irritants, ni des traumatismes fermés plus graves, telles que fractures et luxations, devenir l'occasion du développement d'un foyer bacillaire.

Si, dans ses expériences, Max Schüller (1) avait obtenu des arthrites dans les articulations contusionnées chez les animaux inoculés avec des produits tuberculeux, c'est que ces produits étaient impurs, ainsi que nous l'avons fait remarquer avec Lannelongue (2).

En opérant avec des cultures pures, nous avons montré que, dans la tuberculose, la loi de Max Schüller ne trouve que des applications restreintes (3). Ces conclusions ont été confirmées et adoptées depuis par nombre d'auteurs (4).

L'*infection* peut jouer le rôle de cause prédisposante pour une infection d'une autre nature.

En général, lorsque deux infections se développent d'une façon simultanée, elles suivent chacune leur marche à peu près régulière : c'est ce qui s'observe assez fréquemment pour les fièvres éruptives; de même dans la syphilis vaccinale, à la suite de la double inoculation virulente, l'éruption de vaccine est normale et le chancre syphilitique apparaît après son incubation habituelle d'environ 25 jours. Mais lorsque les deux infections sont successives, la seconde est généralement aggravée, sa

(1) Max Schüller, *Die Tuberkulose der Knochen und Gelenke*. Leipzig, 1880.

(2) Il expérimentait, en effet, à une époque où l'on ne connaissait pas encore le bacille de Koch ni les moyens de le cultiver. Les cultures dont il se servait étaient impures et, d'ailleurs, il mentionnait dans les lésions articulaires qu'il provoquait ainsi la présence de microcoques.

(3) Lannelongue et Achard, *C. R. de l'Acad. des sciences*, 1er mai 1890, t. 128, p. 1075. *Bull. de l'Acad. de méd.*, 14 févr. 1905, p. 132. Il résulte aussi de ces expériences que le traumatisme aggrave la tuberculose préexistante.

(4) Friedrich. *Münchener medic. Wochenschr.*, 1899, t. 1313. — B. Honsell. *Beitr. zur klin. Chir.* von Bruns, 1900, Bd. XXVIII. — N. Petrov. *Centralbl f. Chir.*, nov. 1904, p. 1345. — Villemin, Fr. von Friedländer, *Congr. intern. de la tuberculose*. Paris, 1905.

marche est souvent plus rapide : c'est ce qui se voit, par exemple, pour la diphtérie secondaire à la scarlatine et à la rougeole. D'autre part, les infections de cause banale, dont nous portons en nous les germes, même à l'état de santé, viennent compliquer avec une fréquence toute particulière les grandes infections générales, surtout à leur déclin : telles sont les parotidites, les otites, les broncho-pneumonies.

L'expérimentation montre bien ce rôle prédisposant d'une infection première à l'égard d'une seconde. L'association d'un microbe inoffensif, le *Bacillus prodigiosus*, au virus du charbon symptomatique rend ce dernier pathogène pour le lapin, dont il fait ainsi disparaître l'immunité naturelle (Roger)(1). Il rend actif le vibrion septique privé de sa toxine par lavage (Besson)(2). Le *Proteus* et les microbes de la putréfaction restituent leur virulence aux staphylocoques, streptocoques et pneumocoques atténués (Monti). Le bacille tétanique ne devient dangereux en sécrétant sa toxine que si d'autres microbes lui sont associés (3).

Les *intoxications* fournissent d'autres exemples de prédispositions morbides. L'alcoolisme, a-t-on dit, « fait le lit » de la tuberculose; il facilite l'éclosion des accidents du saturnisme; il aggrave la pneumonie, l'érysipèle. L'anesthésie par les vapeurs d'éther, l'inhalation de gaz méphitiques paraissent favoriser le développement des broncho-pneumonies.

De nombreuses recherches expérimentales ont établi cette prédisposition que créent les substances toxiques à l'égard des infections. Le chloral chez la poule (Wagner), l'alcool chez le chien (Platania) suppriment l'immunité naturelle de ces animaux pour le charbon. L'opium chez le cobaye abolit aussi l'immunité acquise par la vaccination contre le choléra(4). Certaines intoxications expérimentales déterminent chez l'animal l'invasion du foie par les microbes intestinaux (Wurtz). L'inhalation de gaz délétères facilite l'infection : l'oxyde de carbone rend sa virulence au charbon atténué du premier vaccin (Charrin et Roger); les gaz d'égout, l'oxyde de carbone, l'acide carbonique, le sulfure d'hydrogène, l'acide sulfureux facilitent les infections colibacillaire et éberthienne (Alessi, di Mattéi). Il en est de même des poisons microbiens et les cultures stérilisées du *Bacillus prodigiosus* annulent, comme le virus vivant, l'immunité du lapin pour le charbon symptomatique (Roger). Même l'action locale de certaines substances toxiques favorise l'infection : c'est ainsi qu'agit l'acide lactique injecté en même temps que le virus du charbon symptomatique, et il se peut que certains antiseptiques, par leurs effets locaux, agissent de même.

(1) ROGER, Inoculation du charbon symptomatique au lapin, *Soc. de biologie*, 2 févr. et 30 mars 1889. — Des produits microbiens qui favorisent le développement des infections. *C. R. de l'Acad. des sciences*, 20 juill. 1889. — Contrib. à l'étude expériment. du charbon symptomatique. *Rev. de médecine*, mars et juin 1891.

(2) BESSON, Contrib. à l'étude du vibrion septique. *Ann. de l'Inst. Pasteur*, mars 1895.

(3) VAILLARD et VINCENT, Contrib. à l'étude du tétanos. *Ann. de l'Inst. Pasteur*, janv. 1891. — VAILLARD et ROUGET, Contrib. à l'étude du tétanos. *Ibid.*, juin 1892.

(4) CANTACUZÈNE, *Ann. de l'Inst. Pasteur*, 1898, p. 288.

Le mécanisme de cette action prédisposante des substances toxiques n'est pas toujours facile à préciser. Il n'est guère douteux qu'elle entrave dans certains cas la diapédèse et la phagocytose. Il est possible qu'elle affaiblisse les propriétés immunisantes des humeurs, car on a vu le pouvoir bactéricide du sérum diminuer après l'injection intra-veineuse de grandes quantités de microbes vivants (Nissen) ou morts (Bastin).

Il convient toutefois d'ajouter que cette action prédisposante des poisons n'est pas un fait absolument général et qu'elle peut varier non seulement suivant les poisons, mais encore suivant les espèces animales sur lesquelles on expérimente. Ainsi, tandis que le *Bacillus prodigiosus* abolit chez le lapin l'immunité naturelle pour le charbon symptomatique, c'est au contraire chez le cobaye la réceptivité naturelle à cette infection qu'il affaiblit (Dünschmann) (1).

Certaines *dyscrasies*, maladies dont les troubles humoraux justifient le rapprochement avec les intoxications, prédisposent aux infections. Le diabète en est l'exemple le plus frappant. Il prédispose à la tuberculose, aux suppurations depuis le simple furoncle jusqu'au phlegmon diffus, à la gangrène cutanée ou viscérale. On connaît mal, d'ailleurs, le mécanisme de cette prédisposition qui n'est due ni à la présence d'un excès de glycose dans les humeurs, ni à l'exaltation de la virulence des microbes dans ces humeurs, ni même à la diminution du pouvoir bactéricide du sérum (Handmann) (2).

Les troubles fonctionnels qui résultent de l'altération de toute une série d'organes prédisposent enfin à diverses infections et intoxications. C'est un fait bien connu que les maladies du foie et des reins rendent les infections et intoxications particulièrement faciles et redoutables. De nombreuses expériences ont montré que l'ablation de la rate joue le même rôle à l'égard des processus infectieux. La destruction des capsules surrénales qui, dans les expériences, entraîne l'intoxication par les poisons curarisants d'origine musculaire que cet organe neutralise, explique chez l'homme la mort subite dans certaines maladies en apparence bénignes. On sait aussi que la privation du grand épiploon favorise le développement de la péritonite.

Les troubles organiques ou fonctionnels du système nerveux entraînent certaines prédispositions locales. Chez l'homme atteint de lésions nerveuses on observe souvent des troubles trophiques dans lesquels l'infection joue un rôle (eschares, éruptions cutanées, suppurations). Expérimentalement Vaillard a montré que le sphacèle consécutif à la section du sciatique peut être évité si l'on protège le membre contre les souillures infectantes, et les expériences de Roger sur l'infection streptococcique ont fait voir que la section des nerfs sensitifs de l'oreille chez le lapin aggrave les accidents infectieux et provoque la gangrène.

(1) H. Dünschmann, Étude expériment. sur le charbon symptomatique. *Ann. de l'Inst. Pasteur*, 1894, p. 403.

(2) Handmann, *Deutsches Arch. f. klin. Med.*, 1911, Bd CII.

On ne saurait non plus refuser une action prédisposante aux troubles nerveux purement dynamiques. La dépression morale, qu'elle ait pour cause le surmenage intellectuel, les préoccupations, ou les chagrins, aggrave sans nul doute nombre de maladies et prédispose aux complications. On a pu dire qu'à la guerre la victoire est le meilleur remède pour diminuer la mortalité des blessés. Faut-il rappeler, d'autre part, les effets néfastes de la dépression psychique dans les cardiopathies, les maladies infectieuses et toxiques? Un bon moral n'est-il pas, d'ailleurs, une bonne condition pour bien manger, bien digérer, bien dormir et par conséquent accroître la résistance générale de l'organisme? C'est aussi par des troubles nerveux dynamiques que le choc moral provoqué par les traumatismes, tels que les accidents de chemins de fer, engendre les états morbides qualifiés d'hystéro-traumatisme et de névrose traumatique.

Le surmenage nerveux n'est pas seul à causer des prédispositions morbides. Il en est de même du surmenage physique qui entraîne, outre l'épuisement nerveux, l'auto-intoxication musculaire par formation de poisons et diminution des réserves glycogénées. On ne conteste pas qu'il prédispose à la tuberculose, à la fièvre typhoïde. Les expériences de Charrin et Roger ont montré qu'il favorise l'infection non seulement par les microbes exogènes, mais encore par les microbes endogènes. Celles que nous avons faites avec Lannelongue et Gaillard[1] ont mis en relief l'aggravation considérable qu'il produit dans la marche de la tuberculose. On sait aussi que le surmenage physique diminue la résistance à l'intoxication par l'alcool, au coup de chaleur, au mal des montagnes. Il aggrave les troubles cardio-vasculaires et ceux qui résultent des altérations des reins. Il joue son rôle aussi dans les manifestations de la goutte et du diabète.

II

MÉCANISME DE L'IMMUNITÉ

Historique.

Découvertes relatives à l'immunisation. — L'immunité est connue depuis fort longtemps avec son caractère spécifique, notamment l'immunité acquise. L'intérêt pratique de la question n'avait, d'ailleurs, pas échappé aux anciens observateurs, puisque le procédé de la variolisation était en usage en Chine depuis le XIe siècle. On raconte même qu'au Mexique certains Indiens s'inoculent à plusieurs reprises avec des dents de crotale pour se préserver des accidents d'envenima-

(1) LANNELONGUE, ACHARD et GAILLARD, *C. R. de l'Acad. des sciences*, 6 mai 1901, t. CXXXII, p. 1081.

tion, et qu'au Maroc, certains individus de la secte des Eisowys savent acquérir l'immunité (1). De temps immémorial, paraît-il, les Vatuas de la côte orientale d'Afrique vaccinaient préventivement contre les morsures de serpent en introduisant dans des incisions cutanées une sorte de pâte brune préparée avec du venin et des matières végétales (2). Les indigènes de la Sénégambie savaient même immuniser les bœufs contre la péri-pneumonie au moyen d'inoculations sous-nasales qu'ils pratiquaient avec la pointe d'un couteau plongé dans le poumon d'un bœuf mort de la maladie (3).

Un grand pas fut fait après la découverte de la *vaccination antivariolique* par Jenner (1798). Mais s'il est juste de reconnaître que des tentatives avaient été faites pour atténuer les virus afin d'en obtenir des vaccins, c'est aux découvertes bactériologiques de la fin du XIXe siècle que la question de l'immunisation thérapeutique doit vraiment d'être entrée dans le domaine à la fois scientifique et pratique.

C'est en 1879-80 que Pasteur, avec ses collaborateurs Chamberland, Roux et Thuillier, reconnut les propriétés vaccinantes des vieux bouillons de culture et mit en évidence le principe de l'*atténuation des virus*. Rentrant de vacances en 1879 et reprenant ses expériences sur le choléra des poules, il s'aperçut que les bouillons datant de plusieurs mois avaient perdu leur virulence et il eut l'idée de s'en servir comme de vaccins (4). On objecta que les vieilles cultures de charbon restaient virulentes et que des rats blancs qui avaient résisté une première fois au charbon n'avaient pas acquis pour cela l'immunité et succombaient plus tard à une nouvelle inoculation. Mais poursuivant ses recherches, Pasteur obtint bientôt de nouveaux vaccins au moyen de virus atténués.

Avec Chamberland et Roux (5), il s'appliqua à la recherche d'un vaccin contre le charbon. Une grave difficulté résultait de la grande résistance des spores dans les cultures : elle fut vaincue par le chauffage de ces cultures à 42°,5, qui empêche les spores de se développer. Il fallut encore trouver le moyen de graduer la vaccination, en employant deux virus successifs d'inégale activité. L'expérience célèbre de Pouilly-le-Fort (1881) vint montrer avec éclat la valeur pratique des vaccinations anticharbonneuses des animaux.

Avec Thuillier, Pasteur (6) obtint ensuite (1883) un vaccin contre le rouget des porcs qui sévissait en Vaucluse. A la même époque Arloing, Cornevin et Thomas (7) préparaient un vaccin contre le charbon symp-

(1) LANDOUZY, *Les sérothérapies*. Paris, 1898.
(2) DE SERPA PINTO, *C. R. de l'Acad. des sciences*, 1896, t. CXXII, p. 441.
(3) DE ROCHEBRUNE, *Ibid.*, 1885, t. C, p. 659.
(4) PASTEUR, *C. R. de l'Acad. des sciences*, 1880, t. XCVII, p. 1163.
(5) PASTEUR, CHAMBERLAND et ROUX, *Ibid.*, 1881, t. XCII, p. 429, 666.
(6) PASTEUR et THUILLIER, *C. R. de l'Acad. des sciences*, 1883, t. XC, p. 239, 952, 1030; XCI, p. 531, 673.
(7) ARLOING, CORNEVIN et THOMAS, *Le charbon bactérien*, Paris, 1883. — On sait aujourd'hui que le chauffage agit en détruisant la toxine, ce qui permet la phagocytose des spores. (LECLAINCHE et VALLÉE, *Ann. de l'Inst. Pasteur*, 1900, p. 202 et 513.)

tomatique des bovidés, non avec des cultures, mais avec du tissu de muscle infecté par le *Bacterium Chauvœi* et chauffé à 100°-104° et à 90°-94°, de manière à obtenir deux vaccins successifs.

En 1885, une découverte plus impressionnante parce qu'elle s'appliquait à l'homme et concernait une maladie terrible et parce que, de plus, elle permettait non pas seulement de prévenir le mal, mais de le guérir alors qu'il pouvait être déjà considéré comme inévitablement mortel, celle de la vaccination contre la rage après morsure, répandit dans le grand public la renommée des doctrines microbiennes. Elle acheva de prouver les services que pouvait rendre à la pratique la vaccination par virus atténués et l'intérêt très général de la solution trouvée, puisqu'il n'était même pas nécessaire, pour préparer de tels vaccins, de connaître le microbe de l'infection.

Mais déjà un autre procédé d'immunisation avait vu le jour. Peu après la découverte des propriétés vaccinantes des virus atténués, Chauveau avait observé que les agneaux nés de mères inoculées du charbon pendant la gestation étaient réfractaires : or, comme le placenta retient les microbes mais laisse passer les produits solubles (loi de Brauell-Davaine), c'étaient bien les produits solubles qui, dans ce cas, procuraient l'immunité. Toutefois cette interprétation souleva des discussions, car certains expérimentateurs constatèrent que les bactéries traversent parfois le placenta. Mais de l'ensemble des travaux que suscita cette discussion, il résulte que le placenta n'est généralement perméable aux microbes que s'il est le siège de lésions.

D'autres arguments vinrent, d'ailleurs, étayer la notion de l'*immunité par les substances solubles*. Salmon et Smith vaccinèrent contre le choléra des porcs au moyen de cultures filtrées. Wolridge constata que les cultures filtrées de charbon confèrent l'immunité. Puis Charrin (1887) obtint aussi l'immunité contre l'infection pyocyanique avec les cultures stérilisées par filtration ou par chauffage à 115 degrés. Roux et Chamberland vaccinèrent au moyen de produits solubles contre le vibrion septique et le charbon symptomatique.

Lorsque les progrès de la bactériologie eurent fait connaître le rôle prédominant que jouent dans la pathogénie des infections certains poisons microbiens, une découverte mémorable, celle des antitoxines diphtérique et tétanique, faite en 1890 par Behring et Kitasato [2], dans le sérum des animaux artificiellement immunisés, donna naissance à un nouveau procédé de vaccination : la *sérothérapie antitoxique*.

La sérothérapie avait été entrevue déjà par Ch. Richet et Héricourt [3] qui avaient reconnu, dans le sérum d'animaux réfractaires, la présence de propriétés immunisantes contre le *Staphylococcus pyosepticus*. Mais ce sont les recherches entreprises sur la sérothérapie antidiphtérique qui ont précisé la valeur et le mode d'action de la méthode et qui l'ont

(1) CHAUVEAU, *C. R. de l'Acad. des sciences*, 1880, t. XCI, p. 148.
(2) BEHRING et KITASATO, *Deutsche med. Wochenschrift*, 1890, p. 1113.
(3) Ch. RICHET et HÉRICOURT, *C. R. de l'Acad. des sciences*, 1888, t. CVII, p. 750.

introduite dans la pratique médicale, grâce surtout aux perfectionnements réalisés par Roux et ses collaborateurs L. Martin et Chaillou.

De plus, comme les microbes ne sécrètent pas tous des poisons diffusibles et solubles dans les milieux de culture et comme certaines substances offensives pour l'organisme restent adhérentes au corps même des bactéries, on fut amené à rechercher le moyen de vacciner soit contre les toxines solubles, soit contre les toxines adhérentes aux microbes (endotoxines). Le vibrion cholérique servit notamment à ces recherches. Tandis que Ransom[1] préparait une toxine cholérique soluble, R. Pfeiffer[2] soutenait que la vraie toxine résidait dans le corps des vibrions. Or, Metchnikoff, Roux et T. Salimbeni (1896)[3] établirent qu'il fallait distinguer ces deux ordres de poisons et qu'il était possible de vacciner contre les uns et les autres au moyen de sérums distincts, préparés l'un avec la toxine soluble, l'autre avec le microbe lui-même : d'où les deux procédés des *vaccinations antitoxique et antimicrobienne.*

Théories de l'immunité. — Les théories de l'immunité ont donné lieu à des discussions passionnées qui ne sont pas encore éteintes.

Elles ont pour base l'étude de la disparition des virus dans l'organisme naturellement réfractaire, ou devenu tel à la suite d'une atteinte de la maladie ou d'une vaccination.

A l'origine, en découvrant la vaccination par virus atténué contre le choléra des poules, Pasteur[4] supposa que, chez l'organisme devenu réfractaire après une atteinte de l'infection, le virus ne parvenait pas à vivre et se développer parce que le milieu était épuisé, des substances indispensables à la vie du microbe ayant disparu. Il raisonnait par analogie avec ce qu'il observait dans les bouillons de culture privés de germes par filtration et que le développement préalable d'un microbe rendait impropres à une seconde culture du même microorganisme, mais qui laissent néanmoins pousser certaines autres espèces et qui, additionnés de nouvelles substances nutritives, se prêtent encore au développement du premier microbe.

A cette théorie on objecta que l'organisme se renouvelle assez rapidement pour que les substances détruites par le développement d'un virus puissent se reconstituer dans un temps beaucoup plus court que la durée souvent fort longue de l'immunité acquise. Grawitz fit observer que, dans la pratique de la variolisation, l'immunité s'obtient à la suite de l'apparition d'un simple bouton dans lequel le développement fort limité du virus ne doit guère épuiser les milieux vitaux.

Aussi cette *théorie de la soustraction* fut-elle bientôt remplacée par celle de l'*addition*, énoncée par Chauveau et acceptée ensuite par Pas-

(1) RANSOM, *Deutsche med. Wochenschr.*, 1895, p. 29.
(2) R. PFEIFFER, *Zeitschr. f. Hygiene*, 1894, Bd XVI, p. 268.
(3) METCHNIKOFF, ROUX et T. SALIMBENI, Toxine et antitoxine cholériques. *Ann. de l'Inst. Pasteur*, 1896, p. 257.
(4) PASTEUR, *C. R. de l'Acad. des sciences*, 1880, t. XC, p. 247.

teur, en 1885. D'après celle-ci, l'immunité est due à la formation dans l'organisme de principes nouveaux, qui résultent de la maladie ou de la vaccination.

Chauveau (¹) avait observé, en effet, que les moutons algériens, réfractaires au charbon, devenaient réceptifs si l'on forçait la dose de virus inoculé : or, un milieu vital qui serait devenu impropre à la culture d'une petite quantité de microbes par suite d'épuisement, de soustraction de substances nécessaires, ne pourrait évidemment être en même temps favorable à la pullulation d'une forte quantité de ces mêmes microbes.

De plus Chauveau s'efforça de montrer que l'immunité n'est pas seulement procurée par le développement dans l'organisme de microbes vivants, mais qu'elle peut aussi s'acquérir par la simple addition aux milieux organiques de substances sécrétées par les microbes. Toutes les recherches entreprises sur les vaccinations par les produits solubles, dont nous avons rappelé plus haut les principales, établirent en peu d'années que l'organisme acquiert l'immunité non par la perte de substances nécessaires au développement des virus, mais par la formation de substances nouvelles qui s'opposent à leur culture.

En quoi consistent ces substances nouvelles et comment sont-elles formées? Tel est l'objet des deux grandes théories générales de l'immunité entre lesquelles se partagent depuis une vingtaine d'années les discussions des bactériologistes. L'une a pour base l'action des cellules, l'autre celle des humeurs, et l'on voit ainsi renaître dans cette dualité la rivalité doctrinale qui pendant si longtemps opposa l'un à l'autre le solidisme et l'humorisme, l'un attribuant aux tissus, l'autre aux humeurs le rôle prépondérant dans la genèse des maladies.

On sait la fortune de la théorie de la *phagocytose*, imaginée par Metchnikoff en 1883-84. Observant la lutte des êtres unicellulaires contre les parasites, cet expérimentateur fut conduit à étendre aux cellules des animaux supérieurs, et particulièrement aux globules blancs, les propriétés digestives qui permettent aux organismes unicellulaires de triompher de leurs agresseurs. Il considère donc la défense de l'organisme contre les virus comme consistant essentiellement en une lutte des phagocytes contre les microbes.

Ce n'est pas à dire que la phagocytose fût chose absolument nouvelle. Panum, se fondant sur des observations de Birch-Hirschfeld, avait émis l'opinion que les microcoques introduits dans la circulation sont transportés pour la plupart par les globules blancs et déposés dans les ganglions lymphatiques et la rate. Buchner (1877 et 1883), d'autre part, avait considéré l'inflammation comme une réaction salutaire qui renforce la résistance des cellules contre l'infection. Mais il n'en est pas moins certain que, lorsque Metchnikoff (²) publia ses recherches, le rôle des globules blancs dans l'infection était généralement considéré comme le contraire

(¹) Chauveau, *C. R. de l'Acad. des sciences*, 1880.

(²) E. Metchnikoff, *Leçons sur la pathologie comparée de l'inflammation*. Paris, 1892. — *L'immunité dans les maladies infectieuses*. Paris, 1901.

de celui qu'il leur attribuait. Comme on avait observé surtout que les globules blancs étaient remplis de microbes, on admettait que ces cellules contribuaient à disséminer les germes et à généraliser l'infection. Le mérite de Metchnikoff est d'avoir démontré leur rôle utile, et l'originalité de sa théorie est d'en faire la source des réactions qui aboutissent à établir l'état d'immunité.

Dans l'organisme réfractaire, Metchnikoff a montré que les microbes ne s'éliminent pas mieux à travers les émonctoires que dans l'organisme réceptif; mais ils sont digérés dans les tissus par les phagocytes. Ceux-ci, au cours de la lutte, acquièrent une aptitude particulière et même spécifique à détruire les bactéries. C'est donc en des propriétés nouvelles des phagocytes que consiste l'immunité.

Aussitôt fondée, cette théorie cellulaire de l'immunité trouva des adversaires. En 1884, dans sa thèse inspirée par Schmidt, Grohmann (1) avait étudié l'atténuation que la bactéridie charbonneuse subit dans le sang. Fodor (2), en 1886, constata que le sang défibriné de lapin normal détruit *in vitro* une grande quantité de bactéridies; c'est ce qu'on appela dès lors le *pouvoir bactéricide des humeurs*; car cette propriété n'existe pas seulement dans le sérum, mais appartient encore à diverses sérosités et sécrétions. Nüttal (1888) (3) observa au microscope, au moyen de la platine chauffante, l'action du sang défibriné sur les bacilles, à la température du corps, et il vit ces bacilles subir une dégénérescence en dehors des leucocytes et par conséquent sans phagocytose. Il reconnut en outre que cette propriété bactéricide est détruite par le chauffage à 55 degrés. Aussi Flügge (4) et Bitter (5) ont-ils conclu que les phagocytes ne font qu'absorber les cadavres des bactéries altérées préalablement par les humeurs. Poussant plus loin l'étude de ce pouvoir bactéricide, Büchner (6) reconnut qu'il était lié à la présence d'une substance albuminoïde, qui ne résiste pas à la température de 55 degrés et qu'il désigna sous le nom d'*alexine*.

Puis une série de recherches furent entreprises sur les modifications que l'action des humeurs fait subir non seulement à la vitalité, mais aux diverses propriétés des microbes. Metchnikoff avait attribué aux phagocytes l'atténuation du virus charbonneux dans le sang complet des moutons vaccinés. Mais les expériences de Charrin et Roger (7) sur le bacille pyocyanique, faites au laboratoire de Bouchard, montrèrent que

(1) GROHMANN, Ueber den Einfluss des zellenfreien Blutplasmas auf einige pflanzliche Mikroorganismen. *Inaug. Diss.*, Dorpat, 1884.

(2) FODOR, Die Fähigkeit des Blutes Bakterien zu vernichten. *Deutsche med. Wochenschr.*, 1886, p. 617; 1887, p. 745.

(3) NÜTTAL, Exp. über die bacterienfeindlicher Einflüsse des thierischen Körpers. *Zeitschr. f. Hygiene*, 1888, p. 353.

(4) FLÜGGE, *Ibid.*, 1888, p. 223.

(5) BITTER, *Ibid.*, p. 318.

(6) BÜCHNER. Ueber die bacterientödtende Wirkung des zellenfreien Blutserums. *Centralbl. f. Bakteriol.*, 1889, Bd V, p. 817; Bd VI, p. 1 et 561; 1890, Bd VIII, p. 65.

(7) CHARRIN et ROGER, Note sur le développement des microbes pathogènes dans le sérum des animaux vaccinés. *Soc. de biol.*, 1889.

ce microbe, cultivé dans le sérum de l'animal vacciné, était modifié dans sa morphologie, dans ses cultures, dans ses propriétés sécrétoires. Roger montra que la virulence du streptocoque est diminuée lorsqu'on le cultive dans le sérum de l'animal immunisé. Se fondant sur ces recherches, le professeur Bouchard (1) se fit le défenseur de la théorie humorale de l'immunité.

De nouveaux arguments furent bientôt fournis à ses partisans par deux importantes découvertes. Behring et Kitasato (2) parvinrent à neutraliser les toxines de la diphtérie et du tétanos par le sérum des animaux immunisés et fondèrent la méthode de la sérothérapie antitoxique. Puis R. Pfeiffer (3) découvrit la bactériolyse, c'est-à-dire la dissolution que subissent certains microbes dans la sérosité péritonéale d'un animal immunisé.

Mais, à mesure que se multipliaient les expériences sur l'action des humeurs des animaux réfractaires à l'égard des microbes, les partisans de la théorie phagocytaire poursuivaient aussi leurs recherches et ne cessaient d'objecter que ces humeurs renferment toujours des produits leucocytaires, la plupart des expériences entreprises avec ces humeurs altérant plus ou moins les leucocytes et déterminant l'exsudation partielle de leur contenu (phagolyse).

D'ailleurs, il n'est pas douteux que les leucocytes, comme toutes cellules vivantes, ne modifient le milieu dans lequel ils vivent et ne sécrètent des substances qui précisément sont douées de propriétés bactéricides. Denys (de Louvain) en a fait la démonstration. Buchner (1894) (4) admit également que l'alexine est un produit des leucocytes, et ainsi se constitua une sorte de terrain de conciliation entre les deux théories cellulaire et humorale de l'immunité. Aussi, dès ce moment, les partisans de la théorie humorale ont-ils réservé toujours un rôle aux cellules.

Si la phagocytose, phénomène objectif, est facile à constater et à suivre dans ses diverses phases, par contre, le mode d'action des humeurs dans la destruction des microbes est resté pendant assez longtemps quelque peu mystérieux. Le « phénomène de Pfeiffer », la bactériolyse, en effet, bien que visible également sous le microscope, ne peut être observée que pour un nombre restreint de microbes. Une importante découverte précisa ce mode d'action des humeurs. Bordet et Gengou, en 1896, établirent que la bactériolyse se fait par l'action conjointe de deux substances distinctes : non seulement l'alexine de Büchner, mais encore une autre substance intervient, résistante au chauffage à 55 degrés et à laquelle ils donnèrent le nom de sensibilisatrice. Ce qui le prouve, c'est qu'après avoir inactivé le sérum de l'animal immunisé par la destruction de l'alexine à 55 degrés, il suffit, pour le réactiver, de lui ajouter une

(1) Ch. Bouchard, *Les microbes pathogènes*. Paris, 1892.
(2) Behring et Kitasato, *Deutsche med. Wochenschr.*, déc. 1890.
(3) R. Pfeiffer. *Zeitschr. f. Hygiene*, 1894, p. 355. — *Deutsche med. Wochenschr.*, 1896, p. 97 et 119.
(4) Buchner, *Münchener medic. Wochenschr.*, 1894, p. 717 ; 1900, p. 1193.

petite quantité de sérum frais d'animal neuf : d'où le nom de complément, qui fut aussi donné à l'alexine.

Ce mode d'action, qui rappelle celui de certains ferments digestifs, paraît être un phénomène très général. Il n'appartient pas seulement à l'immunité antibactérienne. Après la pénétration de divers produits étrangers dans l'organisme, c'est de la même façon qu'agissent les substances protectrices qui se développent par suite d'une réaction antagoniste et auxquelles on a, pour ce motif, donné le nom générique d'anticorps.

La formation de ces anticorps, considérée comme le fait essentiel de l'immunité par Ehrlich et son école, est expliquée par une ingénieuse théorie qui rattache cette production à des phénomènes de nutrition cellulaire et à des affinités chimiques. Cette théorie, qui jouit d'une grande faveur, a le mérite incontestable de relier les actes de l'immunité à l'ensemble des phénomènes de la vie cellulaire et de rendre compte d'une série de faits complexes et obscurs. On a pu néanmoins lui faire quelques objections que nous aurons à signaler par la suite.

A l'heure actuelle, en somme, la plupart des bactériologistes accordent à la phagocytose un rôle capital dans la destruction des bactéries, mais réservent aux anticorps l'action spécifique qui s'exerce sur ces bactéries en vertu de l'immunité, étant toutefois bien entendu que ces propriétés spécifiques des humeurs sont la conséquence de la vie des cellules.

Telles sont les principales étapes historiques qui ont marqué les progrès de nos connaissances dans l'étude de l'immunité. Nous devons maintenant analyser avec plus de détails les divers éléments qui interviennent dans ce processus.

Rôle des cellules. — Théorie de la phagocytose.

Les cellules protègent l'organisme de diverses façons. Celles d'origine ecto et endodermique exercent surtout une protection passive. L'épiderme, avec sa couche cornée imprégnée de matières grasses, oppose un obstacle mécanique aux causes pathogènes et empêche l'absorption de substances nuisibles. Les épithéliums des muqueuses, recouverts de mucus et pourvus parfois d'un plateau ou de cils vibratiles, opposent de même une résistance physico-chimique aux agressions microbiennes et toxiques. Les revêtements externes et internes assurent donc à l'organisme une protection locale, qui se limite à ses frontières.

Tout autre est l'action des cellules mésodermiques ; c'est une protection générale qu'elles exercent sur l'organisme, lorsque ses frontières ont été forcées et que l'invasion pathogène est accomplie. Sous ce rapport, les cellules mésodermiques sont de deux sortes : les unes sont fixes et les autres mobiles.

Parmi les cellules fixes, on en connaît un certain nombre qui sont aptes à la destruction des substances nuisibles d'origine étrangère ou des déchets normaux. Par exemple, les cellules musculaires chez le têtard opèrent une véritable résorption phagocytaire (Metchnikoff); les ostéoclastes, dans l'ossification, résorbent les lamelles osseuses (Kölliker). Ce sont principalement les endothéliums qui possèdent la propriété phagocytaire. Ceux des séreuses ingèrent les particules inertes comme le carmin (Cornil et Vermorel) et, dans une faible mesure, il est vrai, le bacille de Koch. Ceux des capillaires sanguins absorbent les microbes, ainsi qu'on a pu le constater chez la souris et les pigeons infectés par le rouget du porc. Dans le foie, l'endothélium absorbe le pigment et la graisse (Gilbert et Carnot), les hématies (Kupffer) et les microbes tels que la bactéridie du charbon (Werigo), le bacille de Koch (Gilbert et Lion), le colibacille (Lemaire). Dans la rate, Metchnikoff et Soudakewitch ont vu l'endothélium absorber, entre les accès de fièvre récurrente, les spirilles d'Obermeier.

Mais c'est surtout aux cellules mobiles, c'est-à-dire aux leucocytes qu'est dévolue la phagocytose. Cette question devant être traitée dans une autre partie de cet ouvrage, nous ne ferons qu'indiquer ici les faits essentiels. Pour que cette fonction protectrice s'exerce avec son maximum d'effet, il importe que les cellules mobiles arrivent en grand nombre au lieu de l'agression. C'est ce que réalisent certaines réactions préparatoires. Tout d'abord, il se produit dans le foyer morbide des modifications vasculaires consistant en *vaso-dilatation* et *stase*, qui sont attribuées à l'action des toxines sur les centres vaso-moteurs; on a pu constater d'ailleurs l'action vaso-dilatatrice des produits du staphylocoque et du bacille tuberculeux (Arloing, Rodet et J. Courmont), du *bacillus heminecrobiophilus* (Arloing), de la malléine (Guinard et Artaud); il est, par contre, des toxines vaso-contrictives telle que celle du bacille pyocyanique, d'après Gley et Charrin. Cette vaso-dilatation avec stase facilite le *diapédèse* qui permet aux globules blancs de s'extravaser dans le foyer morbide. La *chimiotaxie*, qui dirige les cellules vers les sécrétions microbiennes de ce foyer, met en contact les phagocytes et les microbes. De plus, la *leucocytose*, dont l'existence dans les infections a été établie par Malassez dès 1873, et qui résulte de la suractivité des organes leucopoiétiques, augmente dans le torrent circulatoire le nombre des leucocytes capables de s'extravaser pour concourir à la lutte.

Sous le rapport de la phagocytose, les leucocytes se divisent en deux groupes : *microphages* et *macrophages*. Les premiers sont les polynucléaires qui absorbent les fines particules et par conséquent la plupart des microbes. Les seconds sont surtout représentés par les grands mononucléaires : ils ingèrent les particules plus volumineuses, telles que les levures, les spirilles (Sakharoff, Cantacuzène), les globules rouges, les cellules lépreuses, les débris de globules blancs, et c'est ainsi que dans le tubercule, les cellules dites épithélioïdes absorbent à la fois les bacilles tuberculeux et les polynucléaires altérés par les parasites.

La digestion intra-cellulaire des microbes et des particules étrangères ou de déchet est attestée par les modifications de leurs aptitudes histochimiques au sein du protoplasma (réactions métachromatiques) (1), ainsi que par la présence des vacuoles teintées par la coloration vitale au rouge neutre dans les phagocytes qui les ont absorbés (2). La mort des parasites englobés dans les cellules serait due, d'après Kossel (3), à l'acide nucléique sécrété par le noyau et à une substance alcaline albuminoïde produite par la cellule. La digestion, selon Metchnikoff, serait due à l'action de cytases ou ferments solubles de la catégorie des trypsines et thermolabiles. D'après Bordet, il n'y aurait dans chaque espèce animale qu'une seule cytase, tandis que Metchnikoff distingue deux sortes de cytases, suivant qu'elles sont produites par les macrophages ou les microphages : la macrocytase contenue dans les organes lymphoïdes digère bien les hématies, mais difficilement les microbes, tandis que la microcytase extraite des polynucléaires et de la moelle osseuse digère mal les hématies et facilement les microbes.

Rôle des humeurs. — Théorie humorale.

Le rôle des humeurs, dans la protection de l'organisme, n'est pas moins complexe que celui des cellules. On peut tout d'abord distinguer des réactions accessoires, qui ne mettent en jeu aucune propriété spécifique, puis des réactions principales, dans lesquelles interviennent ces propriétés spécifiques.

L'hypersécrétion glandulaire, qu'on voit habituellement se produire sous l'influence de l'infection d'une cavité muqueuse (diarrhée, flux bilieux, polyurie, sialorrhée, larmoiement), entraîne mécaniquement les agents nocifs, particules ou substances dissoutes. Le mucus que renferment plusieurs de ces sécrétions, agit encore en engluant les microbes qu'il isole ainsi des cellules ; il exerce, de plus, une légère action bactéricide, mise en lumière par Wurtz et Lermoyez (4).

Dans l'intimité de l'organisme, l'inflammation provoque aussi une fluxion liquide, sous forme de sérosité, qui se collecte en un épanchement dans les cavités séreuses et peut, dans le tissu conjonctif, aller jusqu'à l'œdème plus ou moins albumineux et fibrineux. La précipitation de la fibrine, qui se produit assez fréquemment, soit à la surface des muqueuses, soit dans les séreuses, soit même au sein des tissus enflammés, paraît encore avoir un effet utile en englobant comme par un coup de filet les microbes qui s'y trouvent. Mais, outre cette transsudation locale dans le foyer inflammatoire, on voit souvent se produire dans l'infection une rétention générale hydro-saline dont le rôle est discuté.

(1) METCHNIKOFF, *Ann. de l'Inst. Pasteur*, 1887, p. 325.
(2) PLATO, *Arch. f. mikroscop. Anat.*, 1900, p. 868. — HIMMEL, *Ann. de l'Inst. Pasteur*, 1901.
(3) A. KOSSEL. *Arch. f. Physiol.*, 1893, p. 164.
(4) WURTZ et LERMOYEZ, *C. R. de la Soc. de biologie*, 1893, p. 756.

Si l'hyperchloruration des milieux de culture (à 12 pour 100) retarde le développement du pneumocoque, d'après Gilbert et Carnot, tandis que, d'après Vincent, elle favorise les infections éberthienne et tétanique, il ne semble pas qu'on puisse attribuer à l'hyperchloruration les effets de la rétention hydro-saline, car le taux du chlorure de sodium dans les humeurs d'un organisme en état de rétention ne dépasse guère la normale, par suite des phénomènes régulateurs qui se produisent le plus souvent. D'après les expériences que nous avons faites avec L. Gaillard, la rétention chlorurée nous paraît agir en rétablissant dans les milieux vitaux altérés par la maladie une composition chimique plus voisine de la normale et plus favorable aux cellules.

Propriétés bactéricides. — Les réactions humorales que l'on peut qualifier de principales, doivent le rôle important qu'elles jouent dans l'immunité à des propriétés particulières qui s'opposent à celles des principes pathogènes.

Celle qu'on a décrite sous le nom de pouvoir bactéricide est la plus anciennement connue. Mais il est possible qu'elle soit la résultante de propriétés plus simples, notamment des propriétés lytiques, que nous étudierons plus loin.

Nous avons mentionné plus haut les premières recherches faites sur cette question. Ce n'est pas seulement dans le sérum sanguin et les sérosités qu'existe ce pouvoir bactéricide : il se trouve aussi, à des degrés divers, dans certaines sécrétions : bile, salive, mucus.

Outre l'action bactéricide en quelque sorte banale, que possède tout sérum, on a mis en évidence un pouvoir spécial chez les organismes réfractaires. Il y a lieu de distinguer à ce sujet l'immunité naturelle et l'immunité acquise.

Chez les sujets doués de l'immunité naturelle, le sérum peut, dans certains cas, modifier la vitalité, la virulence, la morphologie des microbes. Toutefois, les expériences fournissent maints résultats contradictoires. C'est ainsi que Nocard et Roux ont cultivé pour la première fois le microbe de la péripneumonie bovine dans les humeurs du lapin, qui jouit d'une immunité complète pour cette maladie [1].

De même, les humeurs d'animaux naturellement réfractaires au charbon permettent fort bien la culture de la bactéridie sur le vivant : dans le corps de la grenouille et de la poule, le virus charbonneux se développe, pourvu qu'on protège les spores contre la phagocytose au moyen de papier buvard ou de moelle de roseau [2]. Le sérum d'un animal très sensible au charbon, le lapin, est plus bactéricide pour ce virus que celui d'un animal réfractaire, comme le chien. De même, le sérum du cobaye, sensible au charbon symptomatique, est plus bactéricide pour le bacille de cette infection que le sérum du lapin qui est réfractaire.

(1) NOCARD et ROUX, *Ann. de l'Inst. Pasteur*, 1898, p. 240.

(2) METCHNIKOFF. *Virchow's Archiv*, 1888, Bd CXIV, p. 466. — TRAPESNIKOFF, *Ann. de l'Inst. Pasteur*, 1891, p. 362.

Si les humeurs des animaux réfractaires n'ont souvent aucune action sur la vitalité des microbes, elles peuvent du moins en avoir une sur leur virulence. D'après Karlinski [1], le virus charbonneux, après un séjour de 20 minutes sur la peau de la limace, n'est plus virulent pour le cobaye et la souris. Sanarelli l'a vu s'atténuer dans la lymphe de la grenouille et, d'après Ogata et Jasuhara, la bactéridie cultivée dans le sérum de chien, de rat blanc, de grenouille, tous animaux naturellement réfractaires, perd sa virulence. Mais, par contre, d'autres expérimentateurs, Euderlen, Petermann, Roudenko, n'ont pas obtenu d'atténuation du charbon dans le sang de chien et de grenouille.

De même les modifications morphologiques des microbes, observées parfois dans le sérum d'animaux naturellement réfractaires, peuvent s'obtenir, comme l'ont vu Charrin et Roger, même dans celui d'animaux sensibles à l'infection.

Les recherches faites sur les propriétés bactéricides des humeurs dans l'immunité acquise chez les animaux vaccinés, ont donné des résultats plus démonstratifs.

L'accroissement du pouvoir bactéricide du sérum chez les vaccinés a pu, dans de nombreuses recherches, être constaté. C'est ce qui ressort des expériences de Charrin et Roger [2] sur l'infection pyocyanique, de Roger [3] sur le charbon symptomatique, de Behring et Nissen [4] sur le vibrion avicide, de Zasslein [5] sur le vibrion cholérique, d'Emmerich et di Mattéi [6] sur le rouget du porc. Il est vrai que des résultats opposés ont été obtenus pour le streptocoque et le pneumocoque; mais si le sérum des vaccinés n'a pas amoindri la vitalité de ces microbes, il s'est, du moins, montré capable d'en modifier les fonctions biologiques et la virulence. Ainsi en inoculant à deux lapins la même dose de streptocoque, provenant de deux cultures différentes, l'une développée dans un sérum normal, l'autre dans un sérum de vacciné, Roger a provoqué avec la première une maladie générale, la septicémie, et avec la seconde une lésion localisée, l'érysipèle. Le même résultat s'obtient avec le pneumocoque (Roger, Arkharoff) [7]. L'atténuation de la virulence par la culture en sérum de vacciné a été vue par Jules Courmont pour le staphylocoque et par J. Nicolas (de Lyon) pour le bacille diphtérique [8]. Le contact avec le sérum de vacciné a produit aussi l'atténuation du virus rabique dans

(1) KARLINSKI. *Centralbl. f. Bakteriol.*, 1889, p. 5.

(2) CHARRIN et ROGER, *Soc. de biologie*, 1889.

(3) ROGER, *Soc. de biologie*, 1890; *Rev. de médecine*, 1891.

(4) BEHRING et NISSEN, Ueber bacterienfeindliche Eigenschaften verschiedener Blutserumarten. *Zeitschr. f. Hygiene*, 1890.

(5) ZASSLEIN. Sulla vaccinazione del cholera. Rev. clin., *Arch. ital. di clinica medica*, 1890.

(6) EMMERICH et DI MATTEI, *Fortschr. der Medicin*, 1888, p. 729. — EMMERICH. *Arch. f. Hygiene*, 1891, p. 275.

(7) ROGER, Rôle du sérum dans l'atténuation des virus. *Rev. génér. des sciences*, 30 juin 1891. — ARKHAROFF, Guérison de l'infection pneumonique chez les lapins. *Arch. de méd. expériment.*, juill. 1892.

(8) J. COURMONT, *Arch. de physiol.*, janv. 1895. — NICOLAS, Pouvoir bactéricide du sérum antidiphtérique. *Thèse de Lyon*, 1895.

les expériences de Babes et Sternberg, et celle du virus vaccinal dans les recherches de Béclère, Chambon et Saint-Yves Ménard.

Le sérum de vacciné peut aussi modifier d'autres propriétés biologiques des microbes que la virulence : par exemple la fonction chromogène du bacille pyocyanique (Charrin et Roger), la production de gaz par le bacille du charbon symptomatique (Roger). Même dans les tissus, dans les membres séparés d'un lapin fraîchement tué, le virus du charbon symptomatique développe moins de gaz chez le vacciné que chez le témoin (Roger).

La morphologie des microbes est également modifiée par le sérum du vacciné : nous aurons à revenir bientôt sur ce sujet à propos des propriétés agglutinante et bactériolytique.

Si maintenant nous envisageons les propriétés bactéricides dans le sérum d'organismes prédisposés, nous relevons aussi certaines constatations intéressantes.

En prédisposant des animaux à l'infection streptococcique au moyen de l'injection de produits solubles non chauffés, Roger a trouvé leur sérum moins bactéricide que celui des témoins ; mais les cultures faites dans ce sérum sont aussi moins virulentes. Chez l'animal prédisposé à l'infection staphylococcique, le sérum, d'après J. Courmont, devient vraiment « microbiophile ».

Le jeûne qui, dans les expériences de Canalis et Morpurgo[1], abolit au bout de 6 jours l'immunité du pigeon pour le charbon, supprime presque le pouvoir bactéricide du sérum. La mauvaise nourriture et la saignée, qui affaiblissent la résistance au streptocoque, diminuent aussi, d'après Gärtner, ce pouvoir bactéricide. Mais une saignée unique, même abondante, qui n'amoindrit pas la résistance à l'infection, n'altère pas non plus, selon Bakunin et Boccardi[2], le pouvoir bactéricide.

L'extirpation d'un organe auquel un grand rôle a été attribué dans l'immunisation, la rate, a laissé, dans les expériences faites par Montuori[3], le pouvoir bactéricide intact pendant quinze jours, puis l'a diminué et détruit presque complètement ; mais cet effet n'a pas été persistant et, quatre mois plus tard, le sérum était redevenu bactéricide.

Anticorps. — On donne le nom d'*anticorps* à des substances produites par la réaction de l'organisme contre les substances étrangères qui pénètrent dans son intimité. Ces substances étrangères, génératrices d'anticorps, sont dites, pour ce motif, *antigènes*. Pour qu'une substance joue le rôle d'antigène, une double condition paraît nécessaire : c'est qu'elle s'introduise dans les milieux vitaux à l'état de colloïde, par conséquent d'élimination difficile, et qu'elle ne soit pas directement assimi-

(1) Canalis et Morpurgo. *Intorno all' influenza del digiuno sulla disposizione alle malattie infettive*, Roma, 1890.

(2) Bakunin et Boccardi, Ricerche sulla proprieta battericida del sangue in diversi stati dell' organismo. *Riforma medica*, 1891, t. III, p. 445.

(3) Montuori, Influenza dell' ablazione della milza sul potere microbicida del sangue. *Riforma medica*, 1893, t. I, p. 472 et 485.

lable, c'est-à-dire ne puisse immédiatement s'incorporer aux éléments normaux de l'organisme.

L'existence matérielle des anticorps n'est pas démontrée, car on n'a pu les isoler sous une forme tangible. Peut-être s'agit-il de simples propriétés de colloïdes. Mais, comme ces propriétés sont susceptibles d'être analysées et séparées les unes des autres, il est permis de les matérialiser pour la commodité du raisonnement et du langage. Ne sait-on pas, d'ailleurs, que des doses extraordinairement faibles de matière peuvent produire des effets physiologiques qui semblent tout à fait disproportionnés à leur cause? (1).

Si les antigènes introduits dans l'organisme sont peu nocifs, par suite de leur faible dose ou de leur faible solubilité, ils provoquent peu de réactions, peu d'anticorps, et s'éliminent graduellement. S'ils sont nocifs, introduits à forte dose et rapidement solubles, ils déterminent une réaction plus ou moins vive et la formation d'anticorps en abondance. S'ils sont enfin très nocifs, la mort survient avant que les anticorps aient eu le temps de se former.

Ce n'est pas seulement à l'égard des microbes que se produisent les anticorps, mais à l'égard d'éléments anatomiques tels que les globules rouges, d'albumines étrangères, de venins, de colloïdes variés.

L'introduction d'anticorps peut provoquer deux sortes de réactions opposées et peut-être successives : l'hypersensibilité ou anaphylaxie, et l'insensibilité ou immunité.

L'anticorps de l'anaphylaxie est la *sensibilisine* ou *toxogénine*. On en trouvera l'étude dans la partie de cet ouvrage réservée à l'anaphylaxie.

Les anticorps de l'immunité sont multiples : il en est qui exercent leur action sur les microbes et, d'une façon générale, sur les éléments figurés : ce sont les *agglutinines*, les *lysines*, les *opsonines*; d'autres agissent sur les produits microbiens et les substances en solution ou pseudo-solutions colloïdales : ce sont les *précipitines* et les *antitoxines*.

Agglutinines. — Le phénomène de l'agglutination des microbes consiste en ce que, lorsqu'on met en contact avec un sérum agglutinant une émulsion de microbes ou une culture en milieu liquide, les microbes s'agglomèrent en amas plus ou moins volumineux. Au microscope on les

(1) C'est ce que Ch. Richet appelle le *rôle des impondérables* en physiologie. Tout imparfaits qu'ils soient, nos sens perçoivent les effets de traces de matière. Des millions de litres d'air peuvent passer sur l'iodoforme sans que le poids de ce corps se modifie beaucoup et pourtant ils n'en révèlent pas moins à notre olfaction l'odeur caractéristique. Le cuivre frotté légèrement dégage une odeur spéciale. La saveur amère du tartrate de strychnine, d'après Bucheim et Engel, est encore sensible à la dilution de $\frac{1}{48000}$. Notre rétine perçoit à la distance d'un kilomètre la flamme de combustion d'un seul gramme de carbone contenu dans l'acétylène. Dans l'ordre des phénomènes microbiens, des traces de matière dont on peut à peine concevoir la petitesse influencent la fermentation lactique : par exemple les sels de vanadium à la dilution de 1 dix-millionième de milligramme par litre, et l'émanation du radium mélangée à 1000 volumes d'eau. L'anaphylaxie peut être engendrée par une substance cristalloïde que Vaughan a tirée de l'ovalbumine et qui agirait à la dose d'un milliardième de gramme.

voit s'immobiliser d'abord s'il s'agit de bacilles mobiles, et se grouper en îlots. A l'œil nu, le phénomène n'est pas toujours aussi net : il se traduit par la clarification du liquide qui était trouble avant l'action du sérum et par le dépôt de grumeaux microbiens plus ou moins épais au fond du tube (1).

Les propriétés agglutinantes du sérum des organismes vaccinés ont été pour la première fois constatées, en 1889, par Charrin et Roger (2) qui virent le bacille pyocyanique se développer en grumeaux dans le bouillon additionné de sérum de vacciné. Metchnikoff (3), en 1891, observa le même fait pour le vibrion avicide et le pneumocoque. Issaef (1893) et Washbourn (1895) en donnèrent la confirmation pour ce dernier microbe, ainsi que Ivanoff (1894) pour un type spécial de vibrion cholérique. Bordet (1895) (4) constata que le phénomène de l'agglutination pouvait se produire instantanément par l'addition du sérum spécifique aux cultures en bouillon. Il l'obtint aussi avec des microbes tués.

En 1896, Max Grüber et Durham (5) utilisèrent cette réaction agglutinante pour distinguer, à l'aide du sérum spécifique, le vibrion cholérique légitime et le bacille d'Eberth des types microbiens plus ou moins voisins qui leur ressemblent. Puis Max Grüber (6), ayant reconnu dans le sérum des convalescents de fièvre typhoïde la propriété agglutinante, signalait aux cliniciens, au congrès de Wiesbaden (9 avril 1896), l'intérêt qu'il y aurait à diriger leurs recherches sur ce sujet. Peu après (26 juin), F. Widal (7) constatait cette réaction dans le sérum des typhiques en pleine période d'état et proposait de l'appliquer à reconnaître la maladie, créant ainsi le séro-diagnostic.

Depuis cette époque, la séro-agglutination est appliquée d'une façon courante non seulement au diagnostic de la fièvre typhoïde, mais aussi de toutes sortes d'infections variées. Elle est encore utilisée pour le diagnostic de certaines espèces microbiennes très voisines, telles que celles qui composent la famille dite coli-Eberth et notamment des bacilles para-typhiques. Mais c'est une question que nous ne pouvons que signaler ici, car elle sera traitée ailleurs dans cet ouvrage.

Les dilutions du sérum agglutinant à différents titres permettent de doser l'agglutinine. Il arrive parfois qu'un même sérum n'agglutine pas au même taux des échantillons différents d'une même espèce microbienne : le fait est relativement rare et montre que tous les échantillons ne sont pas également agglutinables. Il arrive aussi qu'un sérum assez fortement agglutinant pour le microbe spécifique, le bacille d'Eberth

(1) Voir à ce sujet les thèses de R. BENSAUDE. *Le phénomène de l'agglutination des microbes et ses applications à la pathologie*. Paris, juillet 1897, et de G. SANTOS, *Les récentes recherches sur l'agglutination des microbes*. Paris, mai 1900.

(2) CHARRIN et ROGER, *C. R. de la Soc. de biologie*, 1889, p. 667.

(3) METCHNIKOFF. *Ann. de l'Inst. Pasteur*, 1891, p. 473.

(4) BORDET, *Ann. de l'Inst. Pasteur*, 1895, p. 462.

(5) MAX GRÜBER et DURHAM, *Münchener med. Wochenschr.*, 1896, p. 285.

(6) MAX GRÜBER, *Verhandl. des XIV Congresses f. innere Medicin*, 1896, p. 213.

(7) F. WIDAL, *Bull. et Mém. de la Soc. médic. des hôpit.*, 26 juin 1896.

par exemple, agglutine aussi, mais plus faiblement, les espèces voisines, telles que les paratyphiques : c'est ce qu'on appelle les agglutinations par groupe ou coagglutinations. Aussi est-il nécessaire, pour faire des distinctions valables, de mesurer avec assez de précision le degré d'agglutination. Dans le cas où deux infections coexistent, et où la propriété agglutinante du sérum existe à la fois pour les deux microbes, on peut, suivant le procédé de Castellani, faire absorber l'une des agglutinines en mettant en contact avec ce sérum bivalent l'un des deux microbes; après une centrifugation qui sépare ce microbe, il ne reste plus alors dans le sérum que l'autre agglutinine, la première ayant été fixée par son microbe spécifique.

Il faut savoir enfin qu'un sérum normal peut agglutiner parfois certains microbes. Seulement cette agglutination n'est que faible et se distingue par là des agglutinations spécifiques révélées par les dilutions titrées de sérum, comme l'a bien montré Bordet.

Les agglutinines résistent peu à l'action de la chaleur dans le sérum, car la coagulation se produit. Pourtant elles y subsistent encore en partie à la température de 63 degrés (Hayem), alors que le pouvoir bactéricide est détruit à 55 degrés. Dans le lait qu'on peut chauffer sans produire de coagulation, elles ne disparaissent que vers 70 degrés.

Elles se conservent dans le sérum desséché, à l'abri de la lumière, et c'est ainsi que le sang sec peut servir pour les séro-réactions. Mais elles se détruisent dans le sérum dilué. Elles résistent assez bien à la putréfaction. Les acides les détruisent. Elles ne dialysent pas et sont en partie retenues par le filtre Chamberland.

Dans le sang, ce n'est pas seulement le sérum qui les renferme, c'est aussi le plasma. On les trouve dans certaines sérosités, mais d'ordinaire en moindre proportion que dans le sang : ce sont surtout les épanchements des grandes séreuses, assez riches en albumines, qui en contiennent. L'humeur aqueuse, le liquide d'œdème n'en renferment que très peu; elles font défaut dans le liquide céphalo-rachidien. On en trouve dans le pus. Elles passent dans certaines sécrétions : le lait, les larmes. Elles sont inconstantes dans les urines et font défaut dans la sueur, la salive, le suc gastrique, la bile, le mucus.

C'est presque toujours dans le sang qu'on les trouve au maximum [1]. Toutefois, par exception, une sérosité peut en présenter un taux plus élevé que le sérum : ainsi j'ai vu un liquide pleurétique dix fois plus agglutinant que le sang et ce liquide renfermait le bacille spécifique [2], de sorte qu'il ne semble pas que la présence de ce bacille dans un exsudat suffise, comme l'avait pensé P. Courmont, à le dépouiller de son pouvoir agglutinant.

(1) Ch. Achard et R. Bensaude, *Arch. de méd. expériment.*, 1896, p. 759. — Arloing, *C. R. de la Soc. de biologie*, 1897, p. 104. — Widal et Sicard, *Ann. de l'Inst. Pasteur*, 1897, p. 376. — Gengou, *Arch. internat. de Pharmacodynamie et de Thérapie*, 1899, p. 299.

(2) Ch. Achard, Pleurésies typhoïdiques. *Sem. médic.*, 19 oct. 1898, p. 417.

Les agglutinines traversent le placenta d'une manière inconstante. On connaît dans l'espèce humaine un certain nombre de cas dans lesquels le fœtus d'une mère atteinte de fièvre typhoïde avait un sérum agglutinant pour le bacille d'Eberth.

L'origine des agglutinines reste assez obscure. Elles ne se forment pas au point d'inoculation des microbes, ainsi qu'il résulte des expériences que j'ai faites avec Bensaude. D'après Deutsch (1), van Emden (2), certains organes, le foie, les reins, les surrénales sont très pauvres en agglutinines, tandis que la rate, les ganglions, la moelle osseuse en contiennent davantage, sans que leur proportion s'élève toutefois jusqu'à celle du sérum.

Le mécanisme de l'agglutination a suscité diverses interprétations. Dineur (3) avait pensé que les cils des microbes jouaient un rôle dans le phénomène, mais on a reconnu que l'agglutination se produit même pour des microbes immobiles et dépourvus de cils. Il semble qu'il se forme une combinaison de l'agglutinine du sérum avec une substance agglutinable des bactéries, et cette combinaison se ferait suivant une proportion numérique précise. Toujours est-il qu'une dilution de sérum qui a servi pour l'agglutination est devenue inactive lorsqu'on l'éprouve de nouveau après l'avoir débarrassée des agglutinats par centrifugation.

Grüber (4) expliquait l'agglutination par une modification de la membrane des bactéries qui se gonflerait et deviendrait visqueuse sous l'action du sérum. C'est une opinion analogue qui fut proposée par Roger (5) pour le muguet, par Kumpp pour le vibrion cholérique, par Zabolotny pour le bacille pesteux. Mais Bordet (6) a montré que le sérum chauffé à 55 degrés agglutine les microbes sans les gonfler et ce serait, d'après lui, l'alexine destructible à 55 degrés qui produirait le gonflement des enveloppes microbiennes.

Selon Kraus, l'agglutination résulterait de ce que les bactéries sont entraînées dans le précipité sous l'action des précipitines renfermées dans le sérum spécifique. Mais les précipitines paraissent différer des agglutinines par leurs propriétés. Bordet compare l'agglutination à la précipitation de corps chimiques en solution; il faut, d'ailleurs, pour qu'elle se produise, un certain équilibre physico-chimique du milieu : ainsi l'agglutination ne se produit plus sur les émulsions de bacilles privées de sels par lavage à l'eau distillée, mais elle a de nouveau lieu après addition de chlorure de sodium.

Certaines substances chimiques ont le pouvoir de provoquer dans les cultures l'agglutination des microbes : tels sont le sublimé, le formol, l'acide phénique, le chloroforme, l'eau oxygénée, l'hydrate de fer colloï-

(1) Deutsch, *Ann. de l'Inst. Pasteur*, 1899, p. 689.
(2) Van Emden, *Zeitschr. f. Hygiene*, 1899, Bd XXX, p. 19.
(3) Dineur, *Bull. de l'Acad. roy. de méd. de Belgique*, 1898, p. 652.
(4) Max Grüber, *Wiener klin. Wochenschr.*, 1896, p. 183, 204.
(5) Roger, *Rev. génér. des sciences*, 1896, p. 770.
(6) Bordet, *Ann. de l'Inst. Pasteur*, 1899, p. 225.

dal. Une matière colorante, la chrysoïdine, a la propriété curieuse d'agglutiner les divers types de vibrions cholériques vrais et d'être sans action sur les autres. Mais dans toutes ces agglutinations chimiques il s'agit de la formation de flocons comme dans certaines réactions produites avec les albumines : il n'y a pas d'agglutination vraie.

Il convient enfin d'ajouter que le phénomène de l'agglutination n'existe pas seulement pour les microbes. Certains éléments anatomiques peuvent être agglutinés de même par un sérum spécifique. Ainsi le sérum d'un animal préparé par des injections répétées de globules rouges d'une autre espèce devient agglutinant pour les globules rouges de cette espèce. Là encore, à côté de cette propriété agglutinante acquise et spécifique, il existe un certain pouvoir agglutinant naturel de certains sérums pour les hématies d'autres espèces. Ainsi le sérum de la chèvre agglutine naturellement les globules humains, celui de la poule les globules du rat et du lapin.

Lysines. — En 1894, Pfeiffer (1) découvrit que le vibrion cholérique, injecté dans le péritoine d'un cobaye immunisé, perd sa mobilité, puis se transforme en granules, comme s'il subissait une sorte de dissolution. Max Gruber observa des altérations analogues pour le bacille d'Eberth. C'est à cette transformation granuleuse des microbes par les humeurs des organismes immunisés qu'on a donné dès lors le nom de *phénomène de Pfeiffer*. Metchnikoff (2) a montré qu'on peut l'obtenir *in vitro*.

Puis Bordet (3), dans une série de recherches (1898-1900), établit que ces propriétés dissolvantes ou *propriétés lytiques* des humeurs provenant d'organismes immunisés ne s'observent pas seulement à l'égard des bactéries, mais encore à l'égard des globules rouges. En injectant à un animal des hématies d'une autre espèce, on développe dans son sérum le pouvoir de dissoudre les hématies de cette seule autre espèce : ce *pouvoir hémolytique* est donc spécifique. Il s'exerce *in vitro*, comme le *pouvoir bactériolytique*.

De nombreux travaux, notamment ceux de Metchnikoff et de Métalnikoff, ont ensuite étendu l'existence de ces propriétés lytiques à diverses cellules de l'organisme : on peut obtenir des sérums cytolytiques pour les spermatozoïdes, les cellules épithéliales, glandulaires, nerveuses, etc.

Les lysines sont moins instables que certains autres anticorps tels que les agglutinines et les antitoxines. Elles ne sont pas altérées à 60°, mais sont affaiblies à 70°.

D'après les recherches de Cantacuzène (1908), les bactériolysines se forment surtout dans la rate, les ganglions, la moelle osseuse, et les hémolysines dans les organes à macrophages : ganglions, rate, grand épiploon. Elles apparaissent dans la rate au bout de vingt-quatre heures

(1) R. Pfeiffer, *Zeitschr. f. Hygiene*, 1894, p. 1.
(2) Metchnikoff, *Ann. de l'Inst. Pasteur*, 1895, p. 433.
(3) Bordet, *Ibid.*, 1895, p. 462; 1898, p. 688; 1899, p. 273. — J. Bordet et O. Gengou, *Ibid.*, mai 1901, p. 289.

déjà, tandis qu'il faut de cinq à quatorze jours pour qu'on les trouve dans le sang.

De même que d'autres propriétés attribuées à des anticorps, les propriétés lytiques existent, à un certain degré, dans des sérums normaux. Comme exemple d'hémolysine dite naturelle, on cite le pouvoir hémolytique du sérum humain pour les globules de lapin, celui des sérums de chien, de cheval, de mouton pour les globules humains, celui du sérum d'anguille pour les globules d'un grand nombre d'autres espèces. Il existe aussi dans certaines sécrétions d'animaux normaux des bactériolysines naturelles, par exemple dans les venins.

Mais les lysines artificielles, développées dans les humeurs d'organismes immunisés, sont non seulement plus actives, mais encore spécifiques. Leur spécificité toutefois n'est pas absolue. Outre que l'action lytique d'un sérum peut s'exercer à divers degrés sur des types microbiens très rapprochés ou sur des hématies d'espèces très voisines, on a reconnu que les cytolysines, préparées au moyen d'extraits de divers organes, sont toutes plus ou moins actives à l'égard des globules rouges, c'est-à-dire hémotoxiques.

Le mécanisme des actions lytiques a fait l'objet de recherches d'un très grand intérêt, notamment de la part de Bordet. Elles se produisent par l'effet de deux substances distinctes, que leur inégale résistance au chauffage permet de dissocier. Un sérum lytique devient inactif lorsqu'on le chauffe à 55°; mais on peut lui rendre son activité par l'addition d'un peu de sérum frais normal, provenant d'un animal neuf. C'est que le chauffage a détruit une substance thermolabile, nullement spécifique, puisqu'elle se trouve dans tout sérum normal, mais dont le concours est indispensable pour que l'effet lytique se produise. Cette substance n'est autre que l'*alexine* de Buchner, encore désignée par Ehrlich sous le nom de *complément*, et par Metchnikoff sous celui de *cytase*. Mais le chauffage a laissé subsister dans le sérum spécifique une substance thermostabile qui lui donne précisément sa spécificité : elle a reçu de Bordet le nom de *sensibilisatrice*; Ehrlich l'appelle *ambocepteur* et Metchnikoff *fixateur*.

On peut, comme l'ont fait voir Ehrlich et Morgenroth[1], isoler et séparer ces deux substances. La fixation de la sensibilisatrice, c'est-à-dire de l'anticorps spécifique, se fait de la manière suivante : un sérum hémolytique, celui du lapin préparé contre les hématies du mouton (sérum anti-mouton), étant inactivé à 55° pour détruire le complément, on lui ajoute des hématies de mouton qu'on laisse en contact avec lui pendant une heure, à 37°, et qu'il ne peut hémolyser faute de complément, puis on centrifuge, on recueille le culot d'hématies, on le lave et on lui ajoute un sérum neuf, dépourvu d'anticorps, par conséquent, mais pourvu de complément. Or l'hémolyse se produit : c'est donc que, malgré le lavage, les hématies avaient retenu l'anticorps lytique, dont la présence est indis-

[1] Ehrlich et Morgenroth, *Berliner klin. Wochenschr.*, 1899, p. 6.

pensable à l'hémolyse; en d'autres termes, c'est qu'ils avaient fixé la sensibilisatrice. D'ailleurs, si l'on recueille après la centrifugation le sérum spécifique mis en contact avec les hématies, et si on lui ajoute un peu de sérum frais pour lui restituer le complément que le chauffage lui avait fait perdre, on constate que, malgré cette restitution, il est devenu tout à fait inactif. Il a donc bien perdu l'anticorps lytique, dont l'ont dépouillé les hématies.

Cette fixation de la sensibilisatrice peut encore s'opérer à la température de 0° : après un contact de vingt-quatre heures à cette température avec un sérum de lapin anti-mouton, les hématies du mouton fixent la sensibilisatrice. Le complément est alors conservé dans le sérum, mais l'hémolyse n'a pas lieu, parce que ce complément est incapable d'agir à 0°, son activité ne se manifestant, comme celle de certains ferments, qu'entre 15° et 37°.

La fixation du complément peut se faire de la façon suivante. Des hématies de mouton sensibilisées, c'est-à-dire sur lesquelles on a fixé la sensibilisatrice d'un sérum anti-mouton inactivé à 55°, sont mises en contact avec un sérum frais provenant d'un animal neuf et par conséquent pourvu de complément : l'hémolyse se produit. Or, après cette hémolyse, le sérum de l'animal neuf n'a plus le pouvoir de réactiver un sérum anti-mouton chauffé à 55°, c'est-à-dire un sérum qui contient la sensibilisatrice mais a perdu son complément. C'est donc que l'hémolyse a dépouillé le sérum neuf de son complément, qui s'est fixé sur les globules. D'ailleurs, le sérum neuf, mis en contact avec des hématies non sensibilisées, ne perd nullement son complément et réactive fort bien un sérum hémolytique chauffé : nouvelle preuve que la sensibilisatrice est nécessaire pour fixer le complément.

Le mécanisme de l'hémolyse est de tout point applicable à la bactériolyse, comme l'a montré Bordet. Un sérum immunisant et bactériolytique est inactivé à 55°; il est réactivé par l'addition d'un peu de sérum frais d'un animal normal. La fixation de la sensibilisatrice anticholérique peut être opérée sur le vibrion cholérique, et les vibrions sensibilisés par elle subissent la bactériolyse lorsqu'on leur ajoute un peu de sérum frais. De même on peut faire fixer le complément par les vibrions sensibilisés.

S'il existe autant de sensibilisatrices que d'antigènes, le complément paraît être le même pour toutes les actions lytiques. Bordet (1900) a montré, en effet, qu'un sérum dépouillé de son complément par des vibrions sensibilisés est devenu incapable d'hémolyser des hématies sensibilisées. Quelques auteurs cependant, avec Ehrlich et Morgenroth, admettent la multiplicité du complément et, d'après Metchnikoff, le complément ne serait pas le même pour les cytolysines et les bactériolysines.

On peut résumer dans le tableau suivant les propriétés différentes des deux substances qui interviennent dans les actions lytiques :

Sensibilisatrice. *Ambocepteur, Fixateur.*	*Complément.* *Alexine, Cytase.*
Thermostabile à 55° : résiste jusqu'à 70°.	Thermolabile à 55°.
Développée graduellement jusqu'à un maximum chez les animaux préparés.	Non modifié par l'immunisation.
Spécifique, agit électivement pour chaque antigène.	Banal, agit de même pour tous les antigènes.

La nature des actions lytiques est diversement interprétée. Certains auteurs en font un phénomène biologique comparable à l'action des diastases (Metchnikoff, Delezenne) et rapprochent l'effet conjoint du complément et de la sensibilisatrice de ce qui se passe dans la digestion tryptique, où la trypsine inactive du suc pancréatique pur solubilise les albumines lorsqu'elles ont été sensibilisées par l'entérokinase du suc intestinal. On peut d'ailleurs réaliser l'expérience de la digestion des hématies : les hématies sensibilisées par le suc intestinal pur, puis lavées, sont digérées par la trypsine qui agit comme le fait le complément dans l'hémolyse. Mais si les hématies sont d'abord mises en contact avec le suc pancréatique pur, c'est-à-dire avec la trypsine, puis lavées et mises ensuite en contact avec le suc intestinal renfermant l'entérokinase, elles ne subissent pas de digestion : ce qui montre que la trypsine n'agit pas comme une sensibilisatrice.

Ehrlich, rattachant l'action des lysines à celle qu'il attribue aux anticorps dans la théorie que nous examinerons plus loin, considère les sensibilisatrices, ou ambocepteurs, comme des substances pourvues d'une double affinité qui s'exerce à l'égard d'un antigène spécifique et à l'égard du complément.

Bordet assimile l'action lytique à un phénomène physique, à une action moléculaire par laquelle la sensibilisatrice ferait l'office d'un mordant en facilitant la fixation ultérieure du complément.

Outre son grand intérêt théorique pour la conception de l'immunité, l'étude des lysines offre encore un intérêt pratique en raison des applications qu'on en peut faire à la clinique, au moyen de la *réaction* dite *de fixation*, appelée encore *déviation du complément.*

Cette réaction permet de rechercher dans un sérum suspect la présence de la sensibilisatrice spécifique et par conséquent de reconnaître si l'organisme dont provient ce sérum est infecté par le microbe spécifique.

Il serait fort difficile et même le plus souvent impossible de rechercher directement par l'examen microscopique si un microbe a subi la bactériolyse en présence d'un sérum sensibilisant et inactivé, auquel on aurait ensuite ajouté du complément, car le phénomène de Pfeiffer ne se peut constater que pour un tout petit nombre de microbes. Mais on peut user d'un moyen détourné pour s'assurer, par une réaction visible à l'œil nu et facilement appréciable, si le microbe est bien sensibilisé, s'il est, par conséquent, capable de fixer le complément qu'on ajoute ensuite. Il suffit, après avoir composé un système bactériolytique, en mélangeant le sérum, qu'on suppose doué de sensibilisatrice et que le chauffage a rendu inactif, avec le microbe spécifique et avec du complément, de le mettre ensuite en contact avec un système hémolytique auquel manque le complément. Si le complément du système bactériolytique a bien été fixé sur le microbe et par conséquent si le sérum de ce système renfermait bien la sensibilisatrice spécifique, le système hémolytique demeurant incomplet, aucune hémolyse n'aura lieu, tandis que, si le complément n'a pas été fixé sur le microbe faute de sensibilisatrice, il complètera le système hémolytique et l'hémolyse se produira.

Telle est l'élégante expérience réalisée par Bordet et Gengou avec le vibrion cholérique pour le système bactériolytique, et des hématies de mouton pour le système hémolytique. Cette expérience a servi de base à toutes les applications qu'on a faites de la réaction de fixation, ou réaction de Bordet-Gengou. Elle peut se résumer dans la formule suivante qui indique le sens de la fixation du complément, dont dépend le résultat final :

$$\left(\begin{matrix}\text{Sérum spécifique}\\ \text{inactivé à 55°}\end{matrix} + \begin{matrix}\text{antigène}\\ \text{microbien}\end{matrix}\right) + \underset{\longleftarrow}{\textit{complément}} + \left(\begin{matrix}\text{sérum}\\ \text{hémolytique}\end{matrix} + \text{hématies}\right) = 0.$$

$$\left(\begin{matrix}\text{Sérum non spéci-}\\ \text{fique inactivé à 55°}\end{matrix} + \begin{matrix}\text{antigène}\\ \text{microbien}\end{matrix}\right) + \textit{complément} \underset{\longrightarrow}{+} \left(\begin{matrix}\text{sérum}\\ \text{hémolytique}\end{matrix} + \text{hématies}\right) = \text{hémolyse}.$$

L'épreuve de Bordet-Gengou, dans laquelle le système hémolytique joue le rôle d'indicateur de réaction, a fait l'objet de nombreuses applications au diagnostic des maladies comme au diagnostic des microbes. Mais c'est surtout à propos du diagnostic de la syphilis qu'elle s'est vulgarisée, sous le nom de réaction de Wassermann, encore bien que, dans ce cas particulier, il ne s'agisse pas d'une sensibilisatrice vraiment spécifique à l'égard d'un microbe, mais plutôt d'une réaction de lipoïdes.

Nous ne pouvons qu'indiquer ces applications cliniques qui seront étudiées ailleurs dans cet ouvrage.

Opsonines. — Sous le nom d'opsonines, sir Almroth E. Wright et Douglas (1902) (1) ont désigné des substances contenues dans les sérums et qui auraient pour effet de préparer la phagocytose en rendant les microbes plus aptes à la subir. Le principe de la recherche de ces substances consiste à comparer la phagocytose d'un microbe dans le sérum spécifique et dans un sérum normal : le rapport de l'une à l'autre donne ce que Wright appelle l'*indice opsonique*.

Auparavant on savait, par les expériences de Denys et Leclef (de Louvain) (2), que la phagocytose du streptocoque était favorisée par le sérum spécifique. Metchnikoff attribuait cet effet, non à des substances agissant sur le microbe, mais à des substances excitantes pour les glo-

(1) WRIGHT, *Lancet*, 1902, vol. I. — *Studies on immunisation*, Londres, 1909. — WRIGHT et DOUGLAS, *Proc. of the Royal Soc.*, 1904, p. 128.
(2) DENYS et LECLEF, *La Cellule*, 1895, p. 177.

bules blancs, auxquelles il proposait de donner le nom de stimulines. On n'ignorait pas, d'ailleurs, que la phagocytose ne se fait bien que dans un milieu humoral et toute une série de recherches de Metchnikoff[1], Löhlein, Levaditi et Inmann avait appris qu'en l'absence de sérum ou de sérosité, dans l'eau salée physiologique, la « phagocytose spontanée », comme on l'appelait, n'avait guère lieu, si ce n'est pour quelques saprophytes, pour le bacille tuberculeux, pour les levures.

Comme les sensibilisatrices, les opsonines se fixent sur les microbes. Neufeld et Rimpau[2] ont, en effet, montré que le streptocoque, mis en contact avec le sérum spécifique, puis débarrassé de ce sérum par lavage, devient plus apte à subir la phagocytose par les leucocytes normaux. Au contraire, les leucocytes normaux, mis en contact avec le sérum spécifique, puis lavés, ne deviennent pas plus aptes à la phagocytose du streptocoque. C'est donc sur les microbes et non sur les phagocytes que porte l'action du sérum spécifique dans le phénomène de l'opsonisation. Nous avons répété avec Ch. Foix[3] cette expérience en nous servant, au lieu de streptocoque, de levures de muguet, et le résultat s'est montré tout à fait conforme à celui de Neufeld et Rimpau. Les microbes sont donc sensibilisés à l'action des phagocytes par les opsonines, comme ils le sont à l'action du complément par les sensibilisatrices.

On a contesté la spécificité des opsonines. Ch.-E. Simon, Petit et Breton, Beyer la nient. Mac Farland ne leur accorde qu'une spécificité atténuée. D'autres auteurs distinguent sous ce rapport des opsonines banales et des opsonines spécifiques, les premières thermolabiles et les secondes thermostabiles à 55°, et certains, surtout en Allemagne, réservent aux premières le terme d'opsonines et donnent aux secondes, avec Neufeld, le nom de *bactériotropines*. Or, il n'y a pas de raison pour détourner le mot opsonines du sens que lui attribuait son auteur et qui comportait un caractère spécifique; d'autant plus que les propriétés des autres anticorps, dont la spécificité n'est pas contestée, se manifestent aussi, à quelque degré, dans le sérum normal : c'est ainsi qu'on admet l'existence d'agglutinines et de lysines banales. Nous verrons, en outre, que, d'après nos recherches personnelles sur ce point, les propriétés attribuées aux opsonines normales dépendent pour la plus grande part d'une action qui s'exerce non sur les microbes, mais sur les leucocytes et qui, par conséquent, ne rentre nullement dans le cadre des propriétés opsoniques.

La spécificité de l'opsonisation n'est, d'ailleurs, pas douteuse dans une expérience de Mesnil et Brimont[4]. Inoculant à des cobayes, d'une part

(1) METCHNIKOFF. *L'immunité dans les maladies infectieuses*. Paris, 1901.
(2) NEUFELD et RIMPAU. *Deut. med. Wochenschr.*, 1904, p. 1458.
(3) ACHARD et FOIX, *Soc. de biologie*, 18 déc. 1909. — ACHARD, Les opsonines. *Journ. méd. français*, oct. 1910. — Ch. FOIX, Activité leucocytaire et pouvoir leucoactivant des humeurs. *Thèse de Paris*, 1911.
(4) MESNIL et BRIMONT, *Ann. de l'Inst. Pasteur*, 1909, p. 129.

des trypanosomes mélangés de sérum spécifique de chèvre guérie de trypanosomiase, et d'autre part ces mêmes trypanosomes mélangés de sérum normal, ces observateurs ont vu que la phagocytose se faisait mieux dans le cas de sérum spécifique. Nos propres expériences, que nous rapporterons plus loin, mettent également en relief cette spécificité.

La nature et l'origine des opsonines sont très discutées.

Tandis que Wright et Douglas les considéraient comme des substances distinctes, Löhlein [1] les rapproche des agglutinines; Metchnikoff les assimile aux sensibilisatrices; Muir et Martin au complément. Levaditi [2] distingue les opsonines spécifiques auxquelles il attribue les caractères des sensibilisatrices, et les opsonines banales qu'il identifie au complément.

Metchnikoff les fait dériver des globules blancs, W. Barrett des globules rouges et Milhit admet hypothétiquement qu'elles puissent être formées par l'endothélium des vaisseaux.

Dans les humeurs, leur proportion n'offre aucun rapport avec celle des leucocytes, mais plutôt avec celle des albumines. On ne les trouve ni dans le liquide céphalo-rachidien ni dans l'urine. Le liquide pleurétique en renferme, et Milhit [3] a constaté qu'elles traversent le placenta. Comme, en général, les autres anticorps, elles se fixent sur les globulines. La dessiccation du sérum ne les altère pas. La dialyse du sérum en sacs de collodion lui fait perdre son pouvoir opsonique, mais la restitution du chlorure de sodium le lui fait reprendre.

La technique généralement suivie, à l'exemple de Wright, pour rechercher les opsonines et mesurer l'indice opsonique consiste à faire deux opérations parallèles, qui déterminent, l'une le pouvoir phagocytaire en sérum pathologique, l'autre le pouvoir phagocytaire en sérum normal. Chacune d'elles emploie la même émulsion de microbes et les mêmes leucocytes recueillis chez un organisme normal : le sérum seul diffère. Après un séjour à l'étuve, suffisant pour que les microbes soient opsonisés et phagocytés dans le mélange, les leucocytes, isolés par centrifugation, sont examinés sur lames et l'on compte les polynucléaires et le nombre de microbes inclus dans ces éléments, de manière à calculer la proportion de ces microbes inclus par leucocyte. Le rapport des deux valeurs trouvées avec le sérum spécifique et avec le sérum normal donne l'indice opsonique :

$$\frac{\text{Pouvoir phagocytaire en sérum pathologique}}{\text{Pouvoir phagocytaire en sérum normal}} = \text{Indice opsonique.}$$

Or, cette technique expose à des causes d'erreur que nous nous sommes efforcés, avec Ch. Foix, de reconnaître et d'éviter.

Dans l'épreuve, telle qu'elle se fait avec la technique de Wright, les deux sérums comparés n'agissent pas seulement sur les microbes par

(1) Löhlein, *Ann. de l'Inst. Pasteur*, 1908, p. 939.
(2) Levaditi, Les opsonines. *Presse médic.*, 31 août et 7 sept. 1907.
(3) Milhit, Les opsonines. *Thèse de Paris*, 1909.

leur pouvoir opsonique, mais aussi sur les leucocytes dont ils stimulent les propriétés phagocytaires. Or nous avons reconnu que cette action du sérum sur les leucocytes, d'ordre banal, dépourvue de toute spécificité, assez constante pour le sérum des sujets normaux, est susceptible de grandes variations à l'état pathologique et notamment suivant les phases diverses d'un même état morbide. C'est à cette action variable du sérum sur les globules blancs que nous avons donné le nom de *pouvoir leuco-activant*. Il importe donc, pour bien apprécier l'opsonisation des microbes, de ne faire agir les sérums à comparer que sur ces microbes et non sur les leucocytes, et, par conséquent, il convient de scinder l'épreuve en deux temps : 1° l'opsonisation par le contact de l'émulsion microbienne avec chaque sérum ; 2° la phagocytose de l'émulsion microbienne, qu'un lavage a débarrassé du sérum, par des leucocytes normaux dans un milieu nouveau, mais identique pour les deux recherches parallèles.

En opérant ainsi, la démonstration de la spécificité des opsonines peut être donnée avec une grande netteté, surtout si l'on emploie, comme nous l'avons fait, au lieu de bactéries, des levures de muguet dont la phagocytose s'apprécie beaucoup plus facilement. En choisissant deux chiens dont le sérum avait le même pouvoir leuco-activant, nous avons pu, après opsonisation et lavage des levures, obtenir leur phagocytose par des leucocytes normaux dans la simple eau salée : or la phagocytose s'est faite avec plus d'activité pour les levures qui avaient subi le contact du sérum spécifique d'un animal préparé par des injections répétées de muguet, que pour celles mises en contact avec un sérum normal.

Nous avons pu, d'ailleurs, faire les mêmes constatations avec des bactéries. Seulement, comme la phagocytose spontanée dans l'eau salée ne se ferait pas avec elles, nous avons substitué à l'eau salée, pour la phagocytose, un mélange de sérum humain normal et de sérum de cheval, qui permet une phagocytose modérée, de manière à bien accentuer les différences dues à l'opsonisation préalable et pour éviter que celle-ci fût masquée par un pouvoir leuco-activant trop intense.

Nous avons pu nous assurer, dans ces conditions, que le pouvoir opsonique est spécifique, et déceler des différences très nettes sous ce rapport entre les infections éberthienne et paratyphique. Nous avons aussi noté un certain degré de co-opsonisation, comparable aux co-agglutinations et co-fixations dont nous avons précédemment parlé. Nous avons encore vu que, chez les animaux préparés par des inoculations répétées, les opsonines se développent graduellement, c'est-à-dire à la façon des autres anticorps, contrairement à l'opinion de certains observateurs qui, s'étant servi de la technique de Wright, avaient soutenu le contraire. Nous nous sommes assurés que l'opsonisation n'était point parallèle à l'agglutination. Nous avons montré qu'on pouvait l'appliquer au diagnostic, comme Milhit avait tenté de le faire sans grand succès pour la fièvre typhoïde et les mycoses. Avec notre technique, nous avons trouvé, dans la fièvre typhoïde, des indices élevés, sauf dans les premiers jours.

En outre, nous avons encore pu réaliser dans la pneumonie ce *diagnostic opsonique*.

Enfin nos recherches sur la distinction nécessaire du pouvoir opsonique, propriété spécifique, et du pouvoir leuco-activant, propriété banale, nous ont permis d'expliquer une série de contradictions et d'incertitudes qui se manifestent dans les nombreux travaux consacrés aux opsonines.

Avec la technique de Wright, les effets de chacun des deux sérums sur les leucocytes s'ajoutant à leurs effets sur les microbes, on conçoit que, s'il n'y a pas de parallélisme entre ces deux sortes d'actions, le résultat présente de grandes incertitudes quant à son interprétation. Or il arrive précisément, au cours des maladies et notamment des infections aiguës, que le pouvoir leuco-activant subit des variations cycliques et toutes différentes de celles du pouvoir opsonique. Pendant la période d'infection, le pouvoir leuco-activant diminue; puis, au déclin de la maladie et à la convalescence, il augmente et dépasse la normale pour y revenir ensuite. En cas d'aggravation, il baisse et, si la mort survient, il descend souvent à des degrés très bas. C'est sur ces variations que nous avons fondé le *leuco-pronostic*. Quant au pouvoir opsonique, nous avons déjà dit que, de même que les anticorps, en général, il s'élève graduellement pendant la période d'infection.

Or, cette divergence des deux actions qui interviennent dans l'épreuve de Wright rend bien compte de ce que les auteurs ont observé, par exemple, dans la fièvre typhoïde, maladie sur laquelle ont porté de nombreuses recherches d'opsonisation (¹). Au début, le pouvoir leuco-activant s'abaisse et le pouvoir opsonique n'est pas encore développé : c'est donc un indice inférieur à la normale que donne la technique de Wright. Plus tard, le pouvoir leuco-activant restant diminué, le pouvoir opsonique se développe plus ou moins : les deux influences tendant à s'annuler, l'indice de Wright se trouve tantôt au-dessous, tantôt au-dessus de la normale. Si la maladie guérit, les deux valeurs montant, leurs effets s'additionnent et l'indice dépasse franchement la normale. Vienne enfin quelque aggravation, quelque complication, quel que soit le taux du pouvoir opsonique, la chute du pouvoir leuco-activant entraîne celle de l'indice.

Dans la tuberculose chronique, si les auteurs ont noté les plus grandes variations dans l'indice opsonique, sans en pouvoir donner une explication valable, c'est que les propriétés immunisantes et les anticorps ne paraissent pas se développer en abondance : dans nos recherches, nous n'avons pu mettre en évidence un pouvoir opsonique spécifique dans cette maladie ; c'est alors le seul pouvoir leuco-activant qui est en jeu, et dont la technique de Wright enregistre les fluctuations, soumises à l'influence des poussées d'évolution du processus morbide et des multiples incidents dont est traversée la marche de cette maladie.

Une autre conséquence de nos recherches est de rattacher au pouvoir

(¹) Voir notamment la thèse de Milhit.

leuco-activant, c'est-à-dire à une action du sérum sur les phagocytes, la majeure partie de ce que les auteurs considéraient comme des opsonines naturelles, c'est-à-dire des corps agissant sur les microbes. Ainsi tombe, selon nous, l'assimilation établie par certains auteurs entre les opsonines naturelles et le complément. Le complément agit sur les microbes; la soi-disant opsonine naturelle, c'est-à-dire pour nous le pouvoir leuco-activant, agit sur les leucocytes. Le complément est détruit par le chauffage à 55° et par le vieillissement du sérum : or le pouvoir leuco-activant subsiste, quoique affaibli, après chauffage à 55°, et le vieillissement l'épargne (1).

D'autre part, le pouvoir leuco-activant se distingue de ce que Metchnikoff appelait stimulines, car celles-ci seraient des substances spécifiques produites par les phagocytes en présence du microbe infectant, au lieu que le pouvoir leuco-activant n'est qu'une propriété banale.

Ajoutons enfin que le phénomène de l'opsonisation, comme ceux qui sont attribués aux anticorps, ne se manifeste pas seulement pour les microbes : il existe aussi pour d'autres éléments, et nous avons pu le mettre en évidence pour les hématies, en prenant soin, pour éviter l'hémolyse des globules rouges sensibilisés, de les faire phagocyter dans un sérum privé de complément par le chauffage à 56° (2).

Toutes ces raisons nous font donc conclure que les propriétés opsoniques ont une existence réelle, et qu'elles se comportent comme les autres propriétés qu'on attribue aux anticorps. Leur étude devrait être reprise à l'aide d'une meilleure technique; elle ne mérite point la défaveur que lui ont value les déceptions causées par la technique de Wright.

Ce qui, d'ailleurs, explique en partie cette défaveur, c'est l'échec des applications thérapeutiques sur lesquelles les travaux de Wright et de ses élèves avaient fait naître les plus belles espérances. Wright pensait que la recherche de l'indice opsonique devait servir de guide aux vaccinations par les microbes atténués au moyen du chauffage à 60°. Génératrices d'anticorps immunisants, ces vaccinations développaient les opsonines, mais après une chute passagère de l'indice, que Wright appelait la phase négative. Or, si l'injection vaccinale était faite pendant cette phase négative, il en résultait un nouvel abaissement, condition défavorable pour la lutte contre l'infection. C'est pour éviter les injec-

(1) Une autre confusion doit être signalée. Beaucoup de recherches ont été faites avec un microbe donné, servant d'indicateur de réaction, sur le pouvoir phagocytaire des leucocytes en présence d'un sérum mélangé de substances médicamenteuses, d'extraits d'organes, etc., et le résultat de ces recherches, parce qu'il était obtenu par la technique de Wright, était qualifié de pouvoir opsonique et exprimé en indice opsonique. Or, il ne s'agissait en pareil cas nullement d'une action produite par les substances expérimentées sur les microbes comme dans l'opsonisation, mais d'une action sur les leucocytes, comme celle qu'exerce le pouvoir leuco-activant. Il est regrettable, à notre avis, que certains auteurs persistent à détourner le mot opsonines du sens que lui donnait son auteur et qui implique une action sur les microbes et une action spécifique.

(2) Ch. Achard et Ch. Foix, *Soc. de biologie*, 6 janvier 1912, p. 18.

tions à contre-temps et pour ne les faire qu'en pleine phase positive, pendant le relèvement des opsonines, que Wright conseillait la recherche de l'indice. Mais l'expérience n'a pas confirmé cette opinion : tous les auteurs qui se sont livrés, après lui, à ces vaccinations par microbes chauffés, avec des succès divers, ont conclu à l'inutilité de la détermination de l'indice opsonique pour le traitement.

Précipitines. — Les propriétés précipitantes du sérum ont été découvertes par Kraus (1), en 1897. En ajoutant du sérum spécifique au bouillon de culture filtré du vibrion cholérique, du bacille d'Éberth ou du bacille pesteux, cet observateur vit se former un précipité. Nicolle fit la même constatation pour le colibacille. Puis Bordet et Tschistowitch (2) étendirent ce phénomène de la séro-précipitation non seulement aux bouillons de culture des microbes, mais aux humeurs de l'organisme : le sérum spécifique d'un lapin préparé par des injections de sang d'une autre espèce animale, précipite le sérum de cette autre espèce, d'une manière exclusive.

Il existe, d'ailleurs, dans les sérums normaux d'animaux neufs, un certain pouvoir précipitant : le sérum d'anguille notamment précipite naturellement le sérum de lapin (Tschistowitch). Mais la propriété acquise qui existe dans le sérum spécifique est beaucoup plus active et se manifeste à de fortes dilutions.

Les précipitines se forment graduellement après l'injection de l'antigène. D'après von Dungern (1903), dans une première phase, le sérum étranger introduit dans l'organisme persiste sans qu'il se forme encore de précipitine; dans une seconde, la précipitine apparaît et le sérum étranger disparaît; dans une troisième, enfin, la précipitine persiste seule, puis à son tour elle disparaît.

D'après Cantacuzène (1908), les lieux de formation des précipitines seraient surtout la rate, les ganglions, la moelle osseuse et les leucocytes, surtout les mononucléaires. Si le sérum étranger est injecté sous la peau, c'est dans le sang qu'on trouve surtout les précipitines. Mais si l'injection est faite dans le péritoine, on trouve plus de précipitines dans la séreuse que dans le sang, de sorte qu'il y a lieu d'admettre une formation locale de ces anticorps. Enfin le sang ne renferme de précipitine que lorsque les organes n'en renferment plus.

Les précipitines se détruisent à 65°. L'optimum de leur action répond à la température de 35°. Elles disparaissent promptement lorsqu'on laisse vieillir le sérum, mais on peut les conserver en ajoutant du chloroforme ou de l'acide phénique. Elles résident principalement dans les globulines et se dissolvent dans les acides dilués.

Le mécanisme de la précipitation paraît consister en une combinaison de deux substances. Il est à remarquer que le sérum dit précipitant, qui renferme les précipitines et qui est dit encore antisérum parce qu'il

(1) R. Kraus, *Wiener klin. Wochenschr.*, 30 avril 1897, n° 18.
(2) J. Bordet, *Ann. de l'Inst. Pasteur*, 1899, p. 225 et 273. — Th. Tschistovitch, *Ibid.*, 1899, p. 406.

renferme un anticorps, est en réalité précipité dans la réaction. En effet, si, après formation d'un précipité par le mélange d'antisérum où sérum antigène, on ajoute au mélange restant de ce sérum antigène, aucun précipité ne se forme plus, tandis que l'addition d'antisérum produit encore un précipité.

La spécificité de la réaction précipitante n'est pas absolue, de même que celle des réactions agglutinante et lytique : on observe des précipitations par groupe, ou co-précipitations. Ainsi, la précipitine obtenue pour le sang de poule est active aussi pour le sang de pigeon, celle pour le sang de chèvre l'est pour le mouton, celle pour le cheval l'est pour l'âne, et celle pour l'homme l'est pour les singes anthropoïdes.

En cas de mélange de deux précipitines dans un même sérum, on peut les séparer, comme l'a fait Weichardt, en fixant l'une, ainsi que nous l'avons vu pour les agglutinines. On sature le mélange par additions successives de sérum et l'on centrifuge pour éliminer le précipité, de manière à dépouiller le mélange de l'une de ses précipitines : il n'y reste plus alors que la seconde.

La réaction précipitante a fait l'objet de nombreuses applications pratiques. On l'a préconisée pour le diagnostic des kystes hydatiques en employant un liquide hydatique et le sérum du malade, pour le diagnostic de la méningite cérébro-spinale en se servant du liquide céphalo-rachidien du malade et de sérum antiméningococcique. D'autres applications semblables ont été faites pour les méningites pneumococciques, tuberculeuses. C'est encore une réaction précipitante, mais non spécifique, à la vérité, qu'on utilise pour le diagnostic de la syphilis sous le nom de réaction de Porgès, et qui consiste à rechercher si le sérum d'un sujet soupçonné de cette affection précipite avec une solution de glycocholate de soude.

En médecine légale, on emploie depuis Uhlenhuth [1] le réaction précipitante, au moyen de sérums d'animaux préparés par des injections successives de sang humain, pour déceler la provenance humaine des taches de sang. On s'est encore servi de cette réaction pour reconnaître l'origine des albumines trouvées dans l'urine, et étudier les albuminuries digestives, résultant du passage à travers le rein d'albumines alimentaires mal digérées, de provenance animale (viande, œufs, lait) [2].

Antitoxines. — La propriété de neutraliser certains poisons existe dans diverses humeurs de l'organisme à l'état normal.

Le sérum de quelques espèces animales douées de l'immunité naturelle contre les venins protège, dans une certaine mesure, les espèces sensibles contre les effets toxiques de ces venins. Ainsi, le sérum du hérisson, chauffé à 55° pour le débarrasser de sa toxicité propre, protège le cobaye contre le venin de vipère; le sérum de mangouste protège, faiblement il est vrai, le lapin contre le venin de naja. Mais ce fait est loin d'être

(1) UHLENHUTH, *Deutsche med. Wochenschr.*, 1901, p. 82 et 260.
(2) G. LINOSSIER et G. H. LEMOINE, *Bull. de l'Acad. de Médecine*, 25 mars 1902. *C. R. de la Soc. de biologie*, 12 avril 1902, p. 415.

constant : ni le sérum de porc, d'après Calmette, ni celui de chat, d'après Billard, n'immunisent contre le venin de vipère.

Le pouvoir antitoxique du sérum d'animaux naturellement réfractaires se constate aussi pour quelques toxines microbiennes : par exemple, celui du sérum de chèvre contre la toxine cholérique (Pfeiffer)[1], du sérum de cobaye contre la toxine de la pneumonie contagieuse du porc (Vosges), du sérum de cheval et d'homme contre la leucocidine staphylococcique (Van de Velde). La bile, ainsi que la cholestérine qui en est un des constituants, sont antitoxiques contre la toxine botulique et le venin de vipère (Fraser)[2]. D'autres substances chimiques extraites des tissus jouissent aussi de propriétés antitoxiques : le protagon contre la tétanospasmine, la nucléo-histone contre les toxines tétanique et diphtérique (Freund, Grosz et Jelinek)[3]. Le tissu cérébral, qui neutralise *in vitro* la toxine tétanique, comme l'ont montré Wassermann et Takaki, doit cette propriété, d'après Guy Laroche et Grigaut, à la fixation de la toxine par les substances albuminoïdes qu'il renferme.

Mais c'est surtout en tant que propriété acquise que le pouvoir antitoxique des humeurs manifeste ses effets.

Il peut s'acquérir soit au cours d'une infection spontanément développée, comme il arrive chez l'homme atteint de tétanos ou de diphtérie, soit dans une infection expérimentale, comme Ch. Richet et Héricourt l'avaient déjà vu pour le *staphylococcus pyosepticus*. L'injection de la seule toxine suffit, d'ailleurs, à développer les propriétés antitoxiques et c'est avec les toxines injectées à petites doses répétées que sont immunisés les chevaux destinés à fournir les sérums antitoxiques.

Les antitoxines résistent à la chaleur jusqu'à 60°-65°. Cette résistance est tantôt plus grande et tantôt moindre que celle des toxines correspondantes, suivant que celles-ci sont altérables (tétanos, diphtérie) ou résistantes (choléra, bacille pyocyanique, venins). Elles supportent des températures plus élevées lorsqu'elles sont desséchées et résistent alors jusqu'à 120°. Le vieillissement les altère moins que les toxines. Elles sont capables de dialyser, ce qui les fait considérer comme de nature non albumineuse (Behring et Knorr)[4]. Ces propriétés permettent de les séparer des toxines en cas de mélange. Elles sont précipitées dans le sérum avec les globulines. La digestion tryptique les détruit, ce qui les rend inutilisables par voie digestive. Elles sont relativement résistantes aux acides et aux alcalis, à l'alcool et à l'éther.

Parmi les humeurs, c'est surtout le sérum qui les contient. Mais elles passent aussi dans les transsudats et exsudats, ainsi que dans certaines sécrétions. Roux et Vaillard[5] ont trouvé le liquide d'œdème aussi antitoxique que le sérum. Le pus en renferme ; l'humeur aqueuse, la salive,

(1) Pfeiffer, *Zeitschr. f. Hygiene*, 1895, Bd XX, p. 210.
(2) Fraser, *Brit. med. Journ.*, 1897, p. 595.
(3) Freund, Grosz et Jelineck, *Centralbl. f. innere Med.*, 1895, p. 913, 937.
(4) Behring et Knorr, *Die praktischen Ziele der Blutserumtherapie*, Leipzig, 1892, p. 52.
(5) Roux et Vaillard, *Ann. de l'Inst. Pasteur*, 1893, p. 81.

l'urine n'en contiennent que fort peu. Mais on en trouve dans le lait des quantités appréciables, bien que 15 à 20 fois moindres que dans le sérum. Ehrlich et Wassermann (1) ont même réussi à vacciner de jeunes souris contre la toxine diphtérique par l'ingestion du lait, ce qui n'est pas possible, comme l'a constaté Vaillard, pour le cobaye et le lapin. Enfin F. Klemperer (2) a trouvé l'antitoxine cholérique dans le jaune d'œuf et Sclavo (3) l'antitoxine diphtérique dans le blanc d'œuf provenant de poules vaccinées.

L'origine et le mode de formation des antitoxines sont un objet de discussion. Buchner et Metchnikoff (4) avaient d'abord supposé qu'elles résultent d'une transformation des toxines correspondantes. Mais cette opinion a dû être abandonnée, tant est grande la disproportion que l'on constate entre la toxine introduite et l'antitoxine formée : chez le cheval, par exemple, pour une unité de toxine injectée, se développent 100 000 unités antitoxiques (Knorr) (5). En outre l'antitoxine se renouvelle alors même qu'on a cessé d'introduire la toxine, comme l'ont vu Roux et Vaillard (6) chez le lapin immunisé contre le tétanos.

D'après Ehrlich, l'antitoxine est un produit d'élaboration cellulaire : lorsque la toxine tétanique s'est fixée sur les cellules nerveuses, celles-ci élaborent l'antitoxine et la déversent dans le sang. Mais des objections ont été faites par Metchnikoff à cette manière de voir : lorsqu'on injecte la toxine tétanique à la poule, naturellement réfractaire, le pouvoir antitoxique apparaît dans le sang, alors que les centres nerveux en sont encore dépourvus, et plus tard d'autres organes, comme le foie et les reins, en sont plus riches que le cerveau; enfin l'ablation du cerveau non seulement ne supprime pas, mais accroît plutôt le pouvoir antitoxique du sang. Roux et Borrel (7) ont encore montré que le cerveau d'animaux très sensibles à la toxine diphtérique (rat, cobaye) ne neutralise pas cette toxine, et Calmette a fait la même constatation pour les venins.

Metchnikoff place dans les phagocytes la source des antitoxines. Les organes hématopoiétiques en produiraient. D'après Römer (8), il s'en formerait même localement dans la conjonctive irritée par l'abrine.

La neutralisation des toxines par les antitoxines n'est pas instantanée; elle est plus rapide quand on opère avec une solution plus concentrée d'antitoxine et à température plus élevée. Tant qu'elle n'est pas

(1) Wassermann, Ueber Konzentrierung der Diphterie-Antitoxine aus der Milch immunisierte Tiere. *Zeitschr. f. Hygiene*, Bd XVII, 235. — Ehrlich et Wassermann. Ueber die Gewinnung der Diphterie-Antitoxine aus Blutserum und Milch immunisierte Tiere. *Ibid.*, p. 239.

(2) F. Klemperer, *Arch. f. experiment. Pathol.*, 1893, Bd XXI, p. 371.

(3) Sclavo, Della immunizzazione dei polli contro il bacillo difterico di Klebs-Löffler e di passagio delle sostanze immunizanti nell'ovo. *Giorn. della R. Accad. di medicina di Torino*, t. XLII.

(4) H. Buchner, *Münchener med. Wochenschr.*, 1893, p. 380. — Metchnikoff, *Handb. der Hygiene* de Weyl, Art. *Immunität*, 1897. Bd. IX, p. 48.

(5) Knorr, *Münchener medic. Wochenschr.*, 1898, p. 321.

(6) Roux et Vaillard, *Ann. de l'Inst. Pasteur*, 1893, p. 82.

(7) Roux et Borrel, *Ann. de l'Inst. Pasteur*, 1898, p. 225.

(8) Römer, *Arch. f. Ophtalmol.*, 1901, Bd LII, p. 72.

complète, elle peut se défaire. Il semble que cette neutralisation ait lieu par la formation d'un nouveau corps, car la toxine diphtérique, qui traverse un filtre de gélatine, ne le traverse plus après action de l'antitoxine.

D'après Ehrlich, il se ferait une combinaison suivant la loi des proportions définies, 1 unité toxique étant neutralisée par 1 unité antitoxique, 2 unités toxiques par 2 unités antitoxiques, etc. Mais on ne trouve pas toujours cette proportion : en vieillissant, la toxine devient moins active, mais exige pourtant pour sa neutralisation la même dose d'antitoxine. Ehrlich a reconnu que, si 100 équivalents toxiques ajoutés à 100 équivalents antitoxiques forment un mélange neutre, quand on ajoute encore 1 dose toxique, le mélange reste toujours neutre et ne récupère sa toxicité que si l'on ajoute beaucoup plus de toxine, de 2 à 100 doses. Lorsqu'on augmente les doses de mélange, il arrive un moment où la toxine manifeste ses effets : un mélange inoffensif à la dose de 1 centimètre cube peut ainsi devenir mortel à celle de 2 ou 3 centimètres cubes. Danysz [1] a fait aussi remarquer que le mélange en proportions définies de ricine et d'antiricine est toxique si la ricine a été introduite dans le mélange par petites portions successives.

Pour interpréter ces discordances, Ehrlich a supposé qu'il se formait avec la toxine une série de composés chimiques doués d'affinités différentes pour l'antitoxine : il distingue, par ordre d'aptitude à la saturation par l'antitoxine, des toxoïdes, des toxines et des toxones ; les premières et les secondes seraient relativement peu toxiques, mais les dernières provoqueraient de l'œdème pulmonaire.

Il faut avouer que les caractères de ces corps hypothétiques restent un peu vagues. Peut-être, d'ailleurs, les effets toxiques provoqués par les mélanges de toxine et d'antitoxine seraient-ils explicables par la persistance, à l'état libre, dans ces mélanges, de toxine et d'antitoxine non combinées. Cette toxicité n'est que relative : le mélange saturé de toxine et antitoxine diphtérique, inoffensif pour le cobaye, est toxique pour l'oiseau (Grüber) et pour le cobaye refroidi (Roux et Danysz) ; le mélange saturé de toxine et d'antitoxine tétanique, inoffensif pour la grenouille normale, devient toxique pour la grenouille chauffée. En outre, il est possible de restituer au mélange neutralisé sa toxicité par le chauffage à 80°, d'après les expériences de Roux et Calmette [2] sur les venins et le sérum antivenimeux, et celles de Wassermann [3] sur la toxine et l'antitoxine pyocyaniques, ce qui semble indiquer la présence dans le mélange de toxine libre, plus résistante à la chaleur que l'antitoxine.

D'autres manipulations restituent encore aux mélanges saturés leur toxicité : c'est ce que montrent les expériences de Morgenroth [4] sur le venin de cobra, après action d'acide chlorhydrique et chauffage ; celles de Danysz sur la ricine après action du ferment protéolytique, celles de Madsen sur

(1) DANYSZ, *Ann. de l'Inst. Pasteur*, 1902, p. 331.
(2) CALMETTE, *Le venin des serpents*, p. 58.
(3) WASSERMANN, *Zeitschr. f. Hygiene*, 1896, Bd XXII, p. 263.
(4) MORGENROTH, *Berliner klin. Wochenschr.*, 1905, p. 1550.

le mélange de staphylotoxine et d'antitoxine dont le chauffage à 100° lui restitue son pouvoir hémolytique.

Toutes ces recherches concordent pour établir que, dans le mélange, la neutralisation de la toxine a lieu sans destruction.

S. Arrhénius[1] assimile la neutralisation des toxines aux combinaisons instables dont les systèmes ammoniaque et acide borique, alcool et acide sulfurique offrent des exemples, et dans lesquelles subsistent toujours en proportions différentes le composant et le composé. Cette interprétation, qui rend compte de la toxicité du mélange pour les organismes plus sensibles et de l'action de la température sur le mélange, n'explique pas que la combinaison devienne plus stable avec le temps.

A la théorie chimique s'oppose une théorie physique, émise par Bordet, d'après laquelle la toxine et l'antitoxine sont simplement fixées par adhérence moléculaire à la façon d'une teinture sur un mordant. On sait, d'ailleurs, que les toxines peuvent être fixées sur diverses particules par adsorption, soit *in vitro*, soit *in vivo*. Or une substance adsorbée par une autre peut être ensuite adsorbée par une troisième : on conçoit ainsi qu'une toxine fixée sur les éléments du cerveau, par exemple, puisse être ensuite adsorbée par l'antitoxine. Le sulfate de baryum et l'amidon forment un complexe par adsorption ; or, on peut empêcher la formation de ce complexe en offrant à la poudre un autre colloïde qu'elle adsorbe mieux, par exemple la gomme. On s'explique ainsi la neutralisation secondaire de la toxine par l'antitoxine et sa neutralisation préventive.

L'adsorption paraît, d'ailleurs, rendre compte de l'action de divers poisons sur les centres nerveux[2]. C'est ainsi que s'expliquent les effets de la strychnine, des essences, des anesthésiques volatils. Les toxines de la diphtérie, du tétanos, de la morve, de la tuberculose se fixent aussi par adsorption sur le cerveau. La toxine tétanique a surtout de l'affinité pour les substances protéiques et les toxines diphtérique, morveuse et tuberculeuse pour les lipoïdes de cet organe. Tandis que la toxine tétanique est partiellement neutralisée par sa fixation sur le tissu nerveux, au contraire celles de la diphtérie, de la morve et de la tuberculose paraissent ainsi gagner en activité.

Les antitoxines se fixent également sur les centres nerveux : le tissu nerveux imprégné d'antitoxine, puis lavé, protège contre une dose mortelle de toxine diphtérique ou tétanique (Guy Laroche). Chez l'animal vivant on peut aussi réaliser la fixation de l'antitoxine par le cerveau en l'injectant dans le crâne ou à dose massive dans la carotide. Quant à la neutralisation de la toxine par l'antitoxine, elle peut s'opérer *in vitro* : la toxine fixée dans le tissu cérébral peut être déplacée et remplacée par l'antitoxine. Mais *in vivo* ce déplacement paraît beaucoup plus difficile. Néanmoins Roux et Borrel[3] ont pu combattre les effets de la toxine

(1) Arrhénius, *Immunochemie*, 1907. — Madsen, *Centralbl. f. Bakteriol.*, 1905.

(2) Guy Laroche et A. Grigaut, *Ann. de l'Inst. Pasteur*, déc. 1911, p. 892. — Guy Laroche, Fixation des poisons sur le système nerveux. *Thèse de Paris*, 1911.

(3) Roux et Borrel, *Ann. de l'Inst. Pasteur*, 1898, p. 225.

tétanique en injectant dans le cerveau l'antitoxine. D'autre part, l'injection préalable d'antitoxine, qui se fixe sur le cerveau, rend moins grave l'injection consécutive de toxine dans le crâne, cette toxine se trouvant alors neutralisée sur place par l'antitoxine déjà fixée (A. Fonseca) (1).

Ces données expérimentales ont conduit au traitement des paralysies diphtériques par les injections répétées de fortes doses de sérum antitoxique et cette pratique a donné de bons résultats. On a tenté de même la thérapeutique du tétanos humain par l'injection intra-cérébrale d'antitoxine, mais elle n'a donné que des résultats inconstants, comme les injections massives sous la peau, dans le liquide céphalo-rachidien et dans les veines.

Enfin, certains auteurs ont expliqué les effets des antitoxines non plus par une neutralisation chimique ou une fixation physique, mais par des actions physiologiques en sens contraire, comparables aux effets antagonistes de la pilocarpine et de l'atropine. En étudiant sur le cœur isolé l'action de la toxine typhique et de l'antitoxine, Chantemesse et Lamy ont vu que la première abaisse la pression et accélère les battements, alors que la seconde augmente la pression et ralentit les battements. Metchnikoff pense que l'antitoxine stimule les leucocytes et c'est ainsi que s'expliquerait le fait qu'un sérum antitoxique est parfois efficace contre d'autres toxines que sa toxine spécifique, du moins s'il est injecté à forte dose : ainsi le sérum antitétanique et le sérum du lapin vacciné contre la rage préservent contre le venin des serpents (2).

Caractères généraux des anticorps. — Les divers anticorps que nous venons d'étudier présentent un certain nombre de caractères communs.

Ils ne se produisent pas instantanément dès la pénétration de l'antigène, mais ne manifestent leur présence qu'après un temps d'incubation : ainsi le pouvoir agglutinant du sérum ne se reconnaît que trois ou quatre jours après l'injection expérimentale du microbe.

En général, c'est d'emblée dans le sang qu'apparaissent les anticorps. Leur taux s'élève graduellement, atteint un maximum, puis décroît; cependant on observe parfois des variations irrégulières et inexpliquées, par exemple en ce qui concerne les agglutinines.

On ne trouve pas d'habitude les anticorps au point d'introduction des antigènes, avant de les trouver dans le sang; toutefois, la formation locale d'anticorps a été signalée par quelques observateurs. On admet qu'ils se forment particulièrement dans les organes leucopoïétiques.

Du sang, les anticorps diffusent dans les humeurs. Parmi les transsudats et exsudats, ce sont les plus riches en albumines qui généralement en contiennent le plus : sérosité de vésicatoire, liquide pleurétique,

(1) A. Fonseca, *C. R. de la Soc. de biologie*, 16 juillet 1898, p. 779.
(2) Calmette, *Ann. de l'Inst. Pasteur*, 1895, p. 225.

sérosité d'ascite, d'hydrocèle, pus, liquide amniotique. On n'en trouve guère dans l'œdème, le liquide céphalo-rachidien, l'humeur aqueuse, sauf en cas de processus inflammatoire qui accroît dans ces derniers liquides le taux des albumines.

Dans les produits de sécrétion la présence des anticorps est inconstante. La bile en général n'en contient pas. Ils ne passent guère dans les urines, contrairement aux toxines microbiennes (Bouchard). On en peut trouver dans le lait.

La résistance des divers anticorps à la chaleur est variable et peut servir même à les séparer. Ils sont tous thermostabiles par rapport au complément qui se détruit à 55°.

Leur nature chimique est inconnue. Ils sont peut-être de nature albumineuse, ou du moins ils sont entraînés avec les albumines, et particulièrement les globulines. Pourtant les antitoxines ne sont pas albumineuses.

Théories de la formation des anticorps. — La manière dont se forment les anticorps a fait l'objet de deux théories principales dues à Ehrlich et Metchnikoff.

Théorie d'Ehrlich. — Ehrlich considère les phénomènes de réaction de l'organisme contre les substances étrangères comme des phénomènes de nutrition. L'assimilation des matières nutritives dépend des affinités cellulaires. Or, certains produits microbiens ont des affinités très définies, comme celle de la toxine tétanique pour les cellules nerveuses. Cette assimilation, suivant Ehrlich, s'opère en des parties déterminées du protoplasma cellulaire; elle dépend, par conséquent, de la structure des molécules protoplasmiques, comme l'affinité des molécules chimiques dépend de leur structure.

Le protoplasma cellulaire, suivant Ehrlich, serait formé par un ensemble de molécules dont chacune comprendrait un noyau et des chaînes latérales, de même que les molécules chimiques.

Par exemple, dans les corps de la série aromatique, suivant la conception de Kekule, sur le noyau benzique se greffent des chaînes latérales dont les variétés de nature et de groupement caractérisent chacun de ces corps :

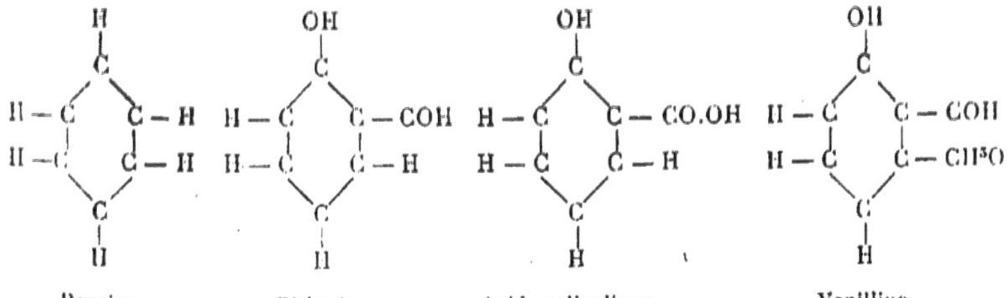

```
         H                  OH                    OH                     OH
         |                  |                     |                      |
         C                  C                     C                      C
       /   \              /   \                 /   \                  /   \
H — C       C — H   H — C       C — COH   H — C       C — CO.OH   H — C       C — COH
    |       |           |       |             |       |               |       |
H — C       C — H   H — C       C — H     H — C       C — H       H — C       C — CH³O
       \   /              \   /                 \   /                  \   /
         C                  C                     C                      C
         |                  |                     |                      |
         H                  H                     H                      H

     Benzine.            Phénol.          Acide salicylique.          Vanilline.
```

C'est également par leurs chaînes latérales que les molécules protoplasmiques diffèrent par leurs affinités, d'après Ehrlich, et c'est à ces chaînes latérales, encore appelées récepteurs, qu'elles doivent de fixer et d'assimiler les matières nutritives ou les substances étrangères plus ou moins nuisibles, tels que les antigènes. Ceux-ci, d'ailleurs, sont eux-mêmes constitués de plusieurs parties, dont l'une se fixe à la partie correspondante de la molécule protoplasmique d'une manière élective, spécifique, comme la clef à la serrure, ainsi que le disait Fischer à propos des diastases.

Ainsi la molécule de toxine est formée de deux parties : un groupement toxophore qui contient la substance toxique, et un groupement

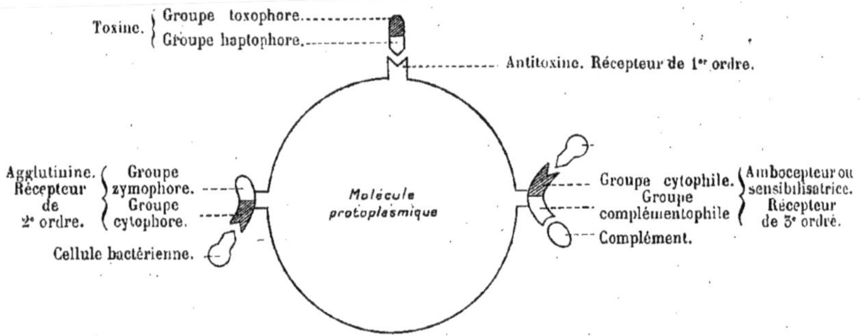

Schéma de la formation des anticorps, d'après Ehrlich.

haptophore qui se fixe sur le récepteur correspondant de la molécule protoplasmique, doué pour elle d'une affinité particulière et spécifique.

Si la fixation de la toxine par les molécules cellulaires va jusqu'à la saturation, la cellule intoxiquée est mise hors d'activité. Sinon elle réagit, elle régénère de nouveaux récepteurs et cette régénération se fait avec excès, suivant la loi de Weigert, en vertu de laquelle on voit des anneaux en surnombre se développer chez les reptiles amputés, les plaies bourgonner surabondamment et les nerfs proliférer outre mesure dans les moignons. Les récepteurs ainsi néoformés en excès se déversent dans le sang, et les récepteurs libres peuvent aussi fixer la toxine dans le sang et les humeurs, de manière à préserver de ses effets les cellules.

Ehrlich applique ces hypothèses aux autres anticorps, à chacun desquels correspondraient des récepteurs différents. Il distingue :

1° Des *récepteurs de 1er ordre* comprenant un seul *groupe haptophore* qui fixe le groupe haptophore de l'antigène (toxine) : c'est le cas des antitoxines ;

2° Des *récepteurs de 2e ordre*, formés non seulement d'un *groupe haptophore* qui fixe le groupe analogue de l'antigène (microbe, etc.) mais aussi d'un *groupe zymophore* qui exerce sur cet antigène son action spéciale : c'est le cas des agglutinines et des précipitines ;

5° Des *récepteurs de 3e ordre*, dans lesquels se trouvent, outre un *groupe haptophore* (dit aussi complémentophile) qui fixe le complément nécessaire à l'action de l'anticorps, un *groupe cytophile* qui fixe l'antigène : c'est le cas des lysines (sensibilisatrices).

On a fait à ces hypothèses diverses objections. Nous avons déjà dit que la neutralisation des toxines ne s'expliquait pas suffisamment par leurs affinités pour les récepteurs. D'autre part, certains faits d'immunité naturelle se conçoivent mal de cette manière : si, par exemple, la poule est naturellement réfractaire au tétanos, ce n'est pas que la toxine tétanique ne puisse trouver de récepteurs appropriés dans la cellule nerveuse de cet animal, car si l'on injecte la toxine directement dans le crâne, l'intoxication tétanique a lieu (von Behring). Le lapin, bien qu'insensible à l'atropine injectée dans le sang, peut être intoxiqué par l'injection intra-cérébrale : c'est donc que ses cellules nerveuses sont aptes à sentir les effets du poison, mais celui-ci est arrêté en route par les leucocytes, car après l'injection dans le sang, la présence de l'atropine peut être reconnue dans les leucocytes (Calmette).

Théorie de Metchnikoff. — La théorie de Metchnikoff admet que dans l'immunité, comme dans toute défense active de l'organisme, c'est aux phagocytes que revient le rôle capital, et ce rôle est essentiellement un phénomène de digestion.

Les phagocytes produisent deux sortes de ferments qui concourent à l'immunité :

1° Les *cytases*, qui diffèrent pour les microphages et les macrophages et qui, comparables à la zymase de la levure de bière, au ferment protéolytique des levures, à la plasmase des leucocytes, sont peu diffusibles hors des cellules tant qu'elles sont intactes et ne passent dans les humeurs que lorsque les cellules subissent la phagolyse ;

2° Les *fixateurs*, sécrétés par les macrophages, seuls spécifiques, variables suivant les antigènes et qui, comparables à la sucrase produite par les levures et aux ferments des glandes intestinales, sont facilement excrétés hors des cellules et passent dans les humeurs alors même que les phagocytes sécréteurs restent inaltérés.

Les cytases correspondent au complément ou alexine et les fixateurs aux divers anticorps.

La digestion extra-cellulaire des microbes peut se faire, d'après Metchnikoff, quand ceux-ci ayant été sensibilisés par les fixateurs spécifiques, la phagolyse a permis aux cytases de sortir des cellules ; mais s'il n'y a pas eu de phagolyse, la destruction des microbes sensibilisés ne se fait qu'à l'intérieur des phagocytes. De même si des vibrions cholériques sont inoculés en des régions où les leucocytes font peu à peu complètement défaut (humeur aqueuse, sérosité d'œdème), ils restent vivants jusqu'à ce que les leucocytes affluent et les englobent ; mais si des leucocytes ont été préalablement introduits au point d'inoculation, la transformation granuleuse des vibrions a lieu, grâce à la phagolyse.

Certaines contradictions entre les propriétés bactéricides des humeurs et les phénomènes d'immunité sont expliquées par Metchnikoff à l'aide de la théorie de la phagocytose.

Ainsi, le plasma d'animaux réfractaires, comme la grenouille, permet le développement de la bactéridie charbonneuse, pourvu qu'on la protège contre l'action des phagocytes par du papier buvard ou de la moelle de roseau.

Le vibrion de Metchnikoff injecté sous la peau d'un cobaye immunisé ne subit la phagocytose que lorsque les leucocytes affluent, au bout de quelques jours, restant jusque-là vivant. Or, le sérum de l'animal est très bactéricide, parce qu'il contient de la microcytase; au contraire, le tissu sous-cutané n'en renferme pas, tant qu'il est dépourvu de polynucléaires.

L'immunité naturelle du chien pour le virus charbonneux peut être supprimée, si l'on injecte dans ses veines des poudres inertes : sans modifier les qualités des humeurs, elles détournent l'activité des phagocytes qui englobent la poudre au lieu du microbe.

Dans l'immunité naturelle, c'est l'action des cytases qui, d'après Metchnikoff, intervient surtout; mais peut-être est-elle aidée par celle d'autres ferments leucocytaires.

Dans l'immunité acquise, l'action des cytases se combine à celle des fixateurs spécifiques. L'adaptation des phagocytes à produire ces fixateurs est une condition de l'immunité. Lorsque ces fixateurs sont élaborés en abondance, ils sont excrétés en partie dans les humeurs. Mais il se peut que, l'immunité persistant, les humeurs soient dépourvues de fixateurs : c'est que ces fixateurs restent dans les phagocytes et le sérum est alors généralement privé de propriétés préventives.

Les deux théories font, en somme, une part assez large aux hypothèses. Elles ont un point commun : c'est que l'infection, ou d'une façon plus générale, la pénétration d'antigènes dans l'organisme, développe certaines propriétés cellulaires et provoque l'élaboration d'anticorps. Seulement, tandis que cette élaboration resterait localisée aux phagocytes, d'après Metchnikoff, elle serait, pour Ehrlich, beaucoup plus étendue.

Certaines expériences sont invoquées plus particulièrement en faveur de l'une ou de l'autre théorie.

Le plasma aussi peu altéré que possible, obtenu par Gengou [1] en recueillant et en centrifugeant le sang dans des tubes paraffinés, n'a pour ainsi dire aucune propriété bactéricide, tandis que le sérum en possède. Il ne renferme pas non plus de plasmase, alors qu'il en existe dans le sérum. C'est que les substances bactéricides, de même que la plasmase, ne peuvent exister et agir dans le plasma que lorsque la

[1] GENGOU, *Ann. de l'Inst. Pasteur*, 1901, p. 232.

phagolyse leur a permis de sortir des globules blancs. De même la bactériolyse des vibrions cholériques dans le péritoine du cobaye ne s'observe que pendant la période de phagolyse provoquée par les substances étrangères injectées dans la séreuse, mais elle n'a pas lieu si les leucocytes sont protégés contre la phagolyse par des injections préalables d'eau salée physiologique ou de bouillon.

Les partisans de la théorie humorale objectent à leur tour certains faits contre le rôle exclusif des phagocytes.

Dans un segment d'artère lié aux deux bouts, et dans lequel le sang se maintient liquide, de Gioxa et Guarnieri ont vu les microbes subir les mêmes modifications qu'au contact des humeurs en dehors de l'organisme. Roger et Charrin (1), après avoir injecté du virus pyocyanique dans les veines de deux lapins, l'un sensible, l'autre vacciné, recueillent au bout de quelques minutes leur sang et l'injectent aussitôt à deux autres animaux neufs : or, celui qui reçoit le sang du lapin sensible meurt rapidement, tandis que celui qui reçoit le sang de l'animal vacciné résiste : c'est donc que le virus s'est en quelques minutes atténué dans le sang de l'animal vacciné.

Il faut reconnaître que les diverses expériences invoquées à l'appui de l'une ou l'autre des deux théories n'ont pas une rigueur inattaquable. Il est bien difficile d'affirmer qu'elles respectent absolument l'intégrité soit des cellules, soit des humeurs. On peut encore se demander si, dans l'organisme vivant, certaines substances ne se montrent pas beaucoup plus actives à petite dose, ou n'agissent pas d'une manière lente et continue qui n'est pas réalisée dans les expériences.

Le rôle de la phagocytose n'est pas contesté ; mais il n'est pas suffisamment démontré que les phagocytes acquièrent des propriétés spécifiques à l'égard des microbes infectants. Ces propriétés spécifiques sont plus généralement attribuées aux humeurs et aux anticorps qu'elles renferment. Toutefois le rôle de ces divers anticorps paraît être variable. L'intervention des phénomènes d'agglutination et de précipitation reste problématique, car ils ne se produisent pas dans l'organisme vivant. L'injection de vibrions cholériques à des animaux immunisés, ou l'injection successive de vibrions et de sérum agglutinant à des animaux neufs n'entraîne pas d'agglutination comparable à celle qu'on obtient *in vitro* (2). De plus les microbes agglutinés peuvent rester vivants et virulents (3).

C'est donc aux phénomènes de bactériolyse et d'opsonisation que semble devoir revenir le principal rôle ; les premiers étant mieux connus, c'est aux phénomènes lytiques qu'on accorde généralement la prépondérance, au point d'en faire la mesure de l'immunité antimicro-

(1) Charrin et Roger. Atténuation des virus dans le sang des animaux vaccinés. *Soc. de biologie*, 2 juill. 1892. — Le rôle du sérum dans le mécanisme de l'immunité. *Ibid.*, 3 déc. 1892.

(2) Salimbeni, *Ann. de l'Inst. Pasteur*, 1897, p. 277. — Cependant, en sacs de collodion dans le péritoine d'animaux immunisés, le bacille du rouget des porcs pousse en filaments agglutinés. Vallée, *C. R. de la Soc. de biologie*, 1899, p. 432.

(3) Issaeff, *Ann. de l'Inst. Pasteur*, 1893, p. 260. — Mesnil, *Ibid.*, 1898, p. 481.

bienne. Quant à l'immunité antitoxique, elle est attribuée anx antitoxines.

Il se peut, d'ailleurs, que certaines de ces propriétés attribuées à des anticorps distincts ne soient que des manifestations multiples d'une même substance agissant dans des conditions de dose et de temps différentes. Ainsi les agglutinines et les précipitines semblent fort voisines, au point d'avoir été identifiées par certains auteurs; la sensibilisatrice qui prépare l'action du complément dans la bactériolyse ne paraît pas différer de celle qui prépare la phagocytose dans l'opsonisation. Nous ne percevons, en somme, que des phénomènes d'agglutination, de précipitation, de bactériolyse, d'opsonisation, de neutralisation antitoxique; nous les distinguons par l'analyse, mais nous en ignorons la véritable essence.

III

MÉCANISME DES PRÉDISPOSITIONS

Le mécanisme des prédispositions est plus mal connu et bien plus varié que celui des immunités.

Nous avons déjà fait ressortir combien sont fréquentes les apparences de prédisposition, et comment de nombreuses circonstances exposent l'organisme aux maladies sans les y prédisposer vraiment.

Parmi les prédispositions véritables, la plupart sont d'ordre banal. Un groupe important est du ressort des conditions locales qui diminuent les défenses, et ces conditions locales sont assez souvent précisées par l'anatomie pathologique. Ce sont notamment toutes les effractions des revêtements cutanés et muqueux, toutes les lésions, mêmes légères, dont ils peuvent être atteints d'une façon passagère ou durable. Mais les conditions générales ne sauraient être négligées, encore que l'influence en reste fort mal connue.

L'état de la phagocytose joue certainement un rôle dans ces prédispositions banales. Sa diminution, observée dans des intoxications, des altérations et suppressions d'organes, diverses modifications humorales ou fonctionnelles, peut être légitimement invoquée. Ainsi dans l'expérience de la poule refroidie qui devient sensible au charbon, Wagner (1) a reconnu cette imperfection de la phagocytose, et de même encore chez la poule intoxiquée par le chloral, l'antipyrine. Même observation a été faite par Metchnikoff pour la grenouille chauffée. De même, la splénectomie (Bardach) (2), la rage (Martel) (3), qui suppriment chez le chien

(1) Wagner, *Ann. de l'Inst. Pasteur*, 1890, p. 570.
(2) Bardach, *Ann. de l'Inst. Pasteur*, 1899, p. 577.
(3) Martel, *Ibid.*, 1900, p. 13.

l'immunité contre le charbon, diminuent la phagocytose, et l'injection de poudres inertes dans le sang, qui rend aussi le chien sensible au charbon, agit sans doute en détournant de son rôle utile la phagocytose, qui s'exerce seulement alors contre les corps étrangers inoffensifs et néglige la bactéridie pathogène.

Nos recherches, faites avec Foix, sur l'activité leucocytaire et le pouvoir leuco-activant des humeurs nous ont conduits à penser que certaines modifications pathologiques de ces milieux, en diminuant l'activité leucocytaire, pourraient faciliter les infections secondaires. Ainsi certaines substances toxiques et médicamenteuses diminuent cette activité des leucocytes, qui subit encore, en même temps que le pouvoir leuco-activant du sérum, pendant la période d'état des maladies aiguës, un amoindrissement plus ou moins notable.

Les modifications humorales jouent aussi leur rôle dans les prédispositions morbides. Rappelons que la diminution des propriétés bactéricides du sérum a été trouvée chez des animaux artificiellement prédisposés à des infections par le jeûne, la mauvaise alimentation, les saignées, la splénectomie.

On s'est même demandé si, dans ces prédispositions expérimentales aux infections, la diminution de l'alcalinité du sang ne jouerait pas un rôle. Le rat blanc qui résiste au charbon possède un sang très alcalin; les animaux surmenés, qui s'infectent aisément, ont un sang peu alcalin (Drouin). L'intoxication par le chloral, l'alcool, l'acide tartrique diminue l'alcalinité sanguine; de même le chauffage chez la grenouille (Zagari et Innocenti).

En fait de prédispositions spécifiques, il y a lieu de distinguer celles qui sont naturelles et celles qui sont acquises.

Les prédispositions naturelles sont souvent héréditaires et familiales. Elles paraissent pouvoir être imputées ordinairement à des vices de conformation transmis aux descendants, ou du moins à des vices de fonctionnement des cellules.

Quant aux prédispositions spécifiques acquises, si l'on met à part les maladies récidivantes qui résultent surtout de la persistance dans l'organisme d'un germe plus ou moins latent, elles paraissent devoir être rattachées à l'anaphylaxie.

C'est, en effet, de l'anaphylaxie que l'on rapproche les faits expérimentaux dans lesquels on a vu certains produits solubles non chauffés du streptocoque rendre les animaux plus sensibles au virus, et de même ceux du staphylocoque exercer aussi à l'égard de l'infection une véritable prédisposition.

Dans l'anaphylaxie proprement dite, on fait intervenir une substance engendrée par l'antigène, qui se formerait à la façon d'un anticorps (toxogénine, sensibilisine) et agirait d'une manière analogue mais avec un résultat contraire pour l'organisme.

Le mécanisme de l'anaphylaxie sera exposé et discuté dans un autre chapitre de cet ouvrage.

IV

CONSIDÉRATIONS GÉNÉRALES SUR LES PHÉNOMÈNES D'IMMUNITÉ ET DE PRÉDISPOSITION

Complexité de ces phénomènes. — Souvent, au cours de cet article, nous avons dû tenir compte de la complexité des conditions qui interviennent pour produire soit la prédisposition, soit l'immunité. La célèbre expérience de Pasteur [1] qui supprimait, en refroidissant la poule, son immunité naturelle contre le charbon, semblait poser un problème très simple : si le virus ne se développait point chez la poule normale, n'était-ce point que la température naturellement élevée de cet animal dépassait l'optimum de culture de la bactéridie? La contre-expérience de la grenouille chauffée à 37 degrés, qui perd aussi de cette manière son immunité, semblait confirmer cette interprétation, puisque la température naturelle de cet animal est inférieure à l'optimum de culture du charbon. Or, il n'en est rien, en réalité, car la grenouille chauffée deux jours, puis refroidie à sa température normale, n'en perd pas moins son immunité, comme l'a fait voir Roger. Ce sont donc des conditions plus complexes qui sont en jeu qu'une simple question de température.

D'autre part, aux réactions spécifiques s'ajoutent une série de défenses nullement spécifiques, mais quand même efficaces, dont l'appoint peut faciliter l'établissement de l'immunité.

L'exemple du hérisson et de son immunité naturelle contre le venin de vipère est particulièrement instructif. Lenz [2] a constaté scientifiquement cette immunité en 1832. Le hérisson attaque, en effet, la vipère, qui se défend et le mord aux lèvres, sans qu'il en paraisse incommodé. Pourtant Phisalix et Bertrand [3] ont reconnu qu'il n'est pas insensible au venin, car il succombe à l'injection sous-cutanée d'une dose de quatre gouttes, relativement forte, il est vrai, puisqu'elle suffirait à tuer 40 cobayes. Mais, comme l'a montré Kauffmann [4], il arrive que, dans la lutte, le hérisson se défend d'abord par ses piquants qui le protègent contre les premières tentatives de morsure, pendant lesquelles la vipère épuise inutilement son venin, et lorsqu'il est enfin mordu aux lèvres, la blessure n'est plus assez venimeuse pour lui nuire. C'est donc à la simple protection tout extérieure de son appareil tégumentaire, doublée d'un

(1) Pasteur et Joubert, *Bull. de l'Acad. de médecine*, 1878, p. 440.
(2) Lenz, *Schlangenkunde*. Gotha, 1832.
(3) Phisalix et Bertrand, *C. R. de la Soc. de biologie*, 1899, p. 77 ; *Bull. du Muséum d'hist. natur.*, 1895, t. I. p. 294.
(4) Kauffmann, *Les vipères de France*. Paris, 1893.

certain degré d'immunité naturelle, que le hérisson doit d'échapper à l'intoxication venimeuse.

Caractère relatif de ces phénomènes. — Un point très important dans la question des prédispositions et immunités est leur caractère relatif. Ces deux états dépendent, en effet, d'un certain rapport entre l'activité de la cause pathogène et la valeur de la réaction défensive de l'organisme. Or, alors même que le second terme de ce rapport demeure fixe, les variations du premier suffisent à modifier le résultat. Trop faible, l'attaque pathogène ne provoque aucune réaction d'immunité; trop forte, elle tue sans laisser à ces réactions le temps de se produire. On voit ainsi fléchir certaines immunités contre un virus lorsque ce virus est plus fort ou qu'on l'inocule à dose plus élevée. Par exemple, les moutons algériens, naturellement réfractaires au charbon, le prennent, comme l'a montré Chauveau (1), si l'on force la dose. De même, si la défense de l'organisme subit quelque amoindrissement, une dose de virus inoffensive pour le sujet normal peut devenir pathogène. C'est le cas du charbon que prennent la poule refroidie et la grenouille chauffée; c'est encore la perte de l'immunité du rat blanc contre cette infection sous l'influence du surmenage; c'est encore celle de l'immunité du lapin contre le charbon symptomatique lorsqu'on inocule simultanément à l'animal un microbe inoffensif par lui-même, le *Bacillus prodigiosus*.

Ce caractère relatif de la prédisposition et de l'immunité ressort bien aussi des différences que l'on constate entre l'action des virus et des poisons selon le lieu de leur pénétration dans l'organisme. Le chien résiste à la morve inoculée sous la peau, mais succombe à l'injection dans les veines. Chez le cobaye sain, la tuberculine peut être bien tolérée à la dose d'un gramme injectée sous la peau, tandis que 3 milligrammes introduits dans le crâne provoquent des accidents. Le poison qui se forme et se fixe dans le cerveau pendant le choc anaphylactique (apotoxine de Richet) est capable de provoquer le choc chez l'animal neuf par injection dans le crâne, mais reste inoffensif par injection sous la peau. On sait, depuis les expériences de Fontana (1781), que la vipère est réfractaire à son propre venin. Pourtant cette immunité n'est que relative, car on intoxique cet animal en lui injectant dans le crâne la dose de 3 milligrammes, mortelle pour 20 ou 30 cobayes; mais par injection sous la peau, la dose doit en être élevée jusqu'à 200 milligrammes (Phisalix). La poule passe pour avoir l'immunité naturelle contre le tétanos : elle peut sans dommage recevoir sous la peau soit le bacille, soit la toxine; mais si l'on porte la toxine au contact même du cerveau, à la dose d'un milligramme seulement, cet organe s'y montre parfaitement sensible et les accidents tétaniques se manifestent (2).

(1) CHAUVEAU, *C. R. de l'Acad. des sciences*, 1880, t. XCI, p. 680.
(2) Von BEHRING, *Allgemeine Therapie der Infectionskrankheiten*, 1899, p. 992.

Beaucoup de ces immunités naturelles ne sont donc que des apparences d'immunité ou des immunités relatives [1].

C'est que nous avons pris l'habitude de juger l'immunité seulement par le résultat, en voyant l'organisme échapper à la maladie. Mais l'organisme se défend de multiples façons. Ses défenses sont échelonnées en plusieurs zones : d'abord à sa périphérie dans son revêtement externe ainsi que dans ses revêtements internes ou muqueux, puis dans son intimité, c'est-à-dire dans l'intérieur même de ses tissus et dans ses milieux vitaux. Or c'est aux qualités de ces tissus et de ces milieux vitaux, c'est-à-dire aux protections interstitielles bien plutôt qu'aux protections superficielles, que l'organisme doit la véritable immunité.

Rapports de ces phénomènes avec d'autres phénomènes biologiques. — Les deux grandes théories qui placent dans les qualités particulières des cellules et des humeurs la cause essentielle des immunités et des prédispositions générales présentent un intérêt spécial, qui est de faire ressortir les rapports de ces états de l'organisme avec toute une série de phénomènes biologiques. Ces théories, en effet, assimilent les processus d'immunité, ainsi que d'anaphylaxie, à ceux de *nutrition*, dont ils ne représenteraient que des cas particuliers. L'organisme réagit contre toute substance étrangère qui le pénètre : c'est ce que le professeur Grasset désigne sous le nom d'*antixénisme*. On peut même dire que l'organisme est à la fois xénophile et xénophobe. Il ne peut se passer pour vivre de ce qu'il trouve d'étranger dans le milieu extérieur, mais beaucoup de ces substances étrangères lui seraient inutiles ou funestes, s'il ne parvenait à les transformer, de manière à les réduire en corps assimilables et non toxiques.

Cette transformation s'opère par le moyen de *ferments*. Or la prédisposition spécifique, de même que l'immunité spécifique, peut être comparée à des actions fermentatives. Le phénomène de l'anaphylaxie est expliqué par Ch. Richet d'une manière analogue à la formation bien connue d'acide cyanhydrique par l'action d'un ferment, l'émulsine, sur un glycoside, l'amygdaline : d'après sa théorie, la toxogénine développée dans l'organisme à la suite de la pénétration d'une première dose inoffensive de toxine, engendre, en agissant comme un ferment sur la faible quantité de toxine introduite une seconde fois, une substance toxique, l'apotoxine, productrice du choc anaphylactique. C'est aux fermentations digestives que l'on compare la réaction d'immunité à laquelle on attribue la destruction des virus (bactériolyse) : de même que, dans la digestion tryptique, la trypsine pancréatique ne solubilise que la fibrine préalable-

(1) La grenouille verte (*Rana esculenta*) au-dessous d'une température de 18° est très résistante à la toxine tétanique qui se fixe sur ses centres nerveux : mais chauffée à 32°, elle prend le tétanos après une incubation de 2 ou 3 jours; or, conservée à froid pendant plusieurs mois, non seulement elle échappe au tétanos, mais elle se débarrasse de la toxine d'une façon définitive, sans qu'il y ait pendant ce temps aucune production d'antitoxine. MORGENROTH, *Arch. internat. de Pharmacodynamie et de Thérapie*, 1900, t. VII, p. 265.

ment influencée par l'entérokinase, de même l'alexine du sérum ne dissout que les bactéries influencées par la sensibilisatrice spécifique élaborée par l'organisme malade, et la même comparaison se répète à propos de l'action exercée sur les cellules par les sérums spécifiques (hémolyse, cytolyse).

Il faut remarquer, d'ailleurs, que les ferments actifs, qui sont des produits d'élaboration cellulaire, ne se rencontrent pas tout formés dans les cellules. Ils ne s'y trouvent qu'à l'état de proferments inoffensifs et inactifs, souvent très instables et prêts à se transformer en ferments véritables dès leur sortie des éléments. Peut-être en est-il de même des principes immunisants et prédisposants.

L'action de ces principes, de même que celle des ferments, suppose leur fixation sur les cellules ou sur les parasites. Cette fixation se peut expliquer par les *affinités physico-chimiques*. La toxine tétanique a pour les cellules nerveuses une affinité spéciale et c'est pourquoi, dans le tétanos déclaré, l'antitoxine injectée n'arrive guère à déplacer la toxine implantée déjà sur ces éléments, bien qu'elle ait elle-même une certaine affinité pour eux. Cette fixation se fait tantôt par le phénomène physique de l'adsorption, tantôt peut-être par le moyen d'une combinaison chimique plus ou moins stable.

C'est sans doute l'affinité cellulaire qui rend compte de la spécificité dans les phénomènes de prédisposition et d'immunité. La spécificité, d'ailleurs, se rencontre dans d'autres actes biologiques. La fécondation, par exemple, qui résulte de la coalescence de deux portions de cellules différentes, l'une mâle, l'autre femelle, n'est possible qu'entre cellules-germes de même espèce ou d'espèces extrêmement voisines. On peut dire que l'élément femelle possède une prédisposition spécifique à subir l'action de l'élément mâle de même espèce, tandis qu'il est doué d'immunité contre l'élément mâle de toute autre espèce.

Il est vraisemblable que ces différences sont dues à des affinités physico-chimiques différentes. On sait que dans les molécules chimiques les affinités dépendent de la structure, c'est-à-dire de la disposition des chaînes latérales par rapport au noyau central, suivant les schémas de la stéréo-chimie. Or, la théorie de l'immunité formulée par Ehrlich compare précisément les molécules protoplasmiques aux molécules chimiques et suppose que les anticorps, développés à la façon de chaînes latérales, fixent, par leur affinité spéciale, les antigènes correspondants.

Une série de faits empruntés à la biologie végétale, qui offre un champ plus étendu aux recherches de génétique expérimentale, montre comment une spécificité relative peut être liée à la constitution chimique des cellules et des humeurs. Ainsi que l'a récemment exposé le professeur A. Gautier [1], entre genres d'une même famille, entre espèces d'un même genre, entre races d'une même espèce botanique, la chimie a pu déceler des

[1] A. Gautier, *C. R. de l'Acad. des sciences*, 11 sept. 1911.

caractères différentiels. Dans la famille des Rubiacées, on trouve des tanins différents pour le caféier, la garance, les quinquinas. Dans le genre Acacia, chaque espèce a sa catéchine spéciale. Les races de la vigne ont même leur pigment spécifique.

Non moins intéressantes sous ce rapport sont les observations faites à l'occasion des greffes. On sait que la greffe produit des modifications de structure protoplasmique et engendre des variations que ne peut réaliser la fécondation sexuelle : alors que la pollinisation de la tomate par le piment échoue, la greffe est suivie de résultat. Or cette greffe, qui suppose la coalescence de deux plasmas végétatifs, c'est-à-dire une réaction entre deux plasmas différents, n'est, dans certains cas, possible que lorsque ces deux plasmas ont une certaine ressemblance de composition chimique. Par exemple dans les Chicoracées, on ne peut greffer entre elles que celles qui renferment soit de l'amidon dextrogyre, soit de l'amidon lévogyre, de même qu'on ne peut visser un écrou dans un pas de vis de même calibre que s'il est aussi de même sens.

Il y a plus : le parasitisme peut engendrer chez une plante, en même temps que des changements morphologiques, une modification chimique des plasmas. La piqûre d'un insecte sur un pied de menthe poivrée peut provoquer le développement de rameaux dont l'inflorescence ressemble à celle d'un genre voisin, le basilic : or ces rameaux produisent une essence dextrogyre, alors que le reste de la plante produit une essence lévogyre.

Dans le domaine de l'immunité, de semblables rapports peuvent apparaître entre les aptitudes morbides et la constitution chimique de l'organisme. Les lapins albinos ont l'immunité contre le poison hémo-coagulant des extraits d'organes et même le lièvre polaire, qui est sujet à l'albinisme saisonnier, ne jouit de cette immunité singulière que pendant cette période, alors qu'il en est privé quand son pelage devient gris.

Les réactions que provoque dans l'organisme la pénétration de substances étrangères peuvent y laisser des traces persistantes, soit sous forme de lésions matérielles, soit sous forme de modifications de l'aptitude à réagir ultérieurement contre la même substance étrangère. Cette empreinte fonctionnelle laissée sur l'organisme, en vertu de laquelle la seconde réaction diffère de la première, est l'état désigné par von Pirquet sous le nom d'*allergie*. L'immunité ni la prédisposition acquises ne constituent toute l'allergie, mais elles en sont des modalités.

D'une façon générale, on peut dire que les réactions allergiques se caractérisent par des modifications qui portent sur le temps et sur l'intensité. Ainsi le temps de réaction est habituellement abrégé, la réaction étant plus courte que celle de la première atteinte, et quelquefois immédiate. En outre la réaction prend souvent une intensité moindre, elle peut être seulement locale alors que la première était à la fois locale et générale.

Enfin dans certains cas, la réaction est à peu près nulle : c'est alors l'immunité; ou bien elle est au contraire plus violente et plus grave, quoique différente quant à la nature de ses manifestations : c'est alors l'anaphylaxie.

On s'est demandé si l'immunité n'a pas avec l'anaphylaxie des rapports étroits, parce qu'on a vu la première succéder à la seconde, et s'il ne s'agit pas là de deux stades différents d'une même réaction de l'organisme contre les antigènes. Or, il convient de remarquer tout d'abord que le choc anaphylactique diffère de l'état morbide créé par l'antigène : les accidents immédiats de l'injection de sérum, par exemple, sont d'un ordre tout autre que ceux du choc anaphylactique. D'autre part, il ne paraît pas certain non plus qu'un premier choc anaphylactique suivi de guérison procure l'immunité contre un second. Mais ces distinctions faites, il se peut que la sensibilisation de l'organisme qui caractérise l'anaphylaxie ait des relations assez étroites avec l'action des anticorps de l'immunité, notamment avec celle des précipitines.

Comment se perpétuent dans les cellules et les humeurs de l'organisme ces propriétés nouvelles qui caractérisent les prédispositions et les immunités générales? Ce point est d'importance capitale, car cette persistance est précisément ce qui distingue la prédisposition de la simple aptitude morbide et l'immunité de la simple défense de l'organisme. Or, il est certain que les anticorps disparaissent tandis que l'immunité persiste. On admet que chez l'organisme doué d'immunité, en présence de l'antigène, les anticorps spécifiques, quelle que soit leur source, phagocytes ou autres cellules, se produisent avec une facilité plus grande que chez l'organisme neuf. Mais on ne peut guère émettre à ce sujet que des hypothèses et rapprocher cette aptitude nouvelle d'autres faits biologiques bien mal expliqués encore quoique bien connus, comme le phénomène du souvenir, la télégonie.

L'étude des prédispositions et des immunités morbides n'a pas seulement un intérêt théorique. Les merveilleuses découvertes de la vaccination par les virus atténués et de la sérothérapie ont montré combien de bénéfices pratiques en pouvaient retirer le traitement des maladies et leur prophylaxie.

Toutefois, s'il est logique d'imiter pour l'application thérapeutique les procédés de l'immunité spontanément acquise, s'il est vrai qu'en se guidant sur eux on ait obtenu d'éclatants succès, il s'en faut néanmoins que le problème pratique se confonde entièrement avec le problème théorique. Ne savons-nous pas, en effet, que l'immunité est chose relative? Or, la clinique a des nécessités particulières auxquelles la thérapeutique est astreinte à s'adapter. Alors même que le problème expérimental se trouve résolu, sa solution n'entraîne pas toujours celle du problème pratique. D'autre part la thérapeutique est tenue de profiter de toutes les défenses qu'elle peut édifier contre la maladie, en dehors même des armes spécifiques et de l'immunité vraie, tous les moyens étant bons s'ils guérissent ou préservent.

Il importe donc d'examiner avec soin chaque cas particulier d'immunisation pour déterminer les conditions du succès chez les malades. Mais il ne faut pas perdre de vue qu'on ne saurait faire de la guérison, but de la thérapeutique, le simple synonyme de l'immunité, puisqu'il est des guérisons sans immunité et des immunités sans guérison. Ne nous hâtons donc pas trop d'appliquer tels quels à la clinique les procédés expérimentaux d'immunisation, mais sachons aussi ne pas nous désintéresser des ressources éventuelles qu'ils nous pourraient fournir, alors même qu'ils seraient encore imparfaits.

DE L'ANAPHYLAXIE

Par Paul COURMONT

Professeur de médecine expérimentale à la Faculté de médecine de Lyon,
Médecin des hôpitaux.

L'étude de l'anaphylaxie constitue un chapitre tout nouveau, mais très touffu, de pathologie générale. Le mot ne date que de 1902 (Richet), mais beaucoup de faits expérimentaux d'anaphylaxie sont assez anciens, et depuis ces dix ans les travaux sur cette question se sont multipliés de telle façon qu'il est déjà difficile d'être sûr de n'en point méconnaître quelques-uns même importants. D'autre part, la multiplicité des faits accumulés, les conditions parfois très différentes où se sont placés les expérimentateurs et les médecins, les résultats souvent variables et parfois contradictoires en apparence, la différence des effets obtenus selon les animaux inoculés, la substance employée (albumines diverses, sérums, toxines, microbes, etc.), la voie d'inoculation, la dose, etc., toutes ces conditions rendent encore très difficile un travail d'ensemble vraiment synthétique sur l'anaphylaxie.

Nous avons mis tous nos efforts à exposer clairement les faits, à discuter les résultats, à expliquer les divergences des auteurs, et à arriver à une vue d'ensemble qui tienne compte du plus grand nombre des résultats fort importants déjà obtenus.

Cette étude approfondie est nécessaire à l'heure actuelle, pour l'expérimentateur qui veut expliquer certains problèmes, pour le médecin qui doit éviter ou atténuer les accidents dus à l'anaphylaxie, pour le pathologiste qui ne peut plus se passer de cette notion pour arriver à la pathogénie des intoxications et des infections.

Nous diviserons ce travail en cinq chapitres :

Chapitre I. — Généralités; définitions, historique, étiologie générale; spécificité. Anaphylaxie passive et hérédité.

— II. — Symptomatologie et physiologie pathologique des accidents anaphylactiques.

— III. — Substances anaphylactisantes; anaphylaxie aux microbes et dans les maladies infectieuses. Antianaphylaxie.

— IV. — Pathogénie générale de l'anaphylaxie. Rapports avec l'immunité.

CHAPITRE PREMIER

GÉNÉRALITÉS — DÉFINITIONS — HISTORIQUE — ÉTIOLOGIE GÉNÉRALE SPÉCIFICITÉ — ANAPHYLAXIE PASSIVE — HÉRÉDITÉ

Pour bien comprendre l'anaphylaxie, le mieux est d'analyser quelques-unes des expériences cruciales faites avec les toxines ou les sérums et de prendre quelques exemples en pathologie humaine.

Très saisissantes sont les expériences de Richet avec les toxines extraites des actinies ou anémones de mer, des moules marines, etc. L'inoculation intraveineuse à des chiens d'une dose mortelle (0 gr. 75 par kilogramme) ne provoque d'abord que de l'abattement, quelques coliques avec diarrhée passagère; puis, après vingt-quatre heures, diarrhée incoercible, sanglante, hypothermie extrême, mort en 3 jours. Lorsque, au contraire, on n'inocule qu'une très faible dose non mortelle, l'animal n'est presque pas malade et au bout d'un certain nombre de jours paraît absolument semblable à un animal sain. Si alors, au bout d'un mois, on injecte à ces mêmes chiens une dose minime du poison (le vingtième de la dose primitive), on observe une intoxication foudroyante et non plus au bout de vingt-quatre heures; l'animal a immédiatement des vomissements, de la diarrhée sanglante, de l'abaissement de la pression artérielle, des paralysies, de l'hypothermie, et il meurt en quelques heures dans cet état misérable. C'est là une intoxication foudroyante rapidement mortelle, alors que les chiens témoins inoculés une seule fois avec cette dose minime, ou même avec le total des deux doses, ne présentent aucun accident sérieux. Le chien inoculé deux fois avait donc été hypersensibilisé, anaphylactisé par le fait de la première injection tout inoffensive qu'elle ait paru être.

Un autre exemple aussi typique est celui des cobayes inoculés avec des doses tout à fait inoffensives mais répétées de sérum de cheval (Th. Smith, Rosenau et Anderson, Otto). Ce sérum peut être inoculé à doses massives à des cobayes sans produire aucun accident; si au contraire on injecte une petite dose, une fraction de centimètre cube, puis dix à douze jours après une autre dose minime, 1 cc. par exemple, les animaux meurent rapidement, parfois d'une façon foudroyante, avec paralysie, hypothermie, asphyxie : ici encore, le total des deux doses si elle avait été inoculée en une seule fois n'eut produit aucun accident chez le cobaye.

Un troisième exemple peut être fourni par la pathologie humaine et les accidents sérothérapiques. Un malade injecté en une fois avec 50 cc. et plus d'un sérum thérapeutique (de cheval) ne présente d'ordinaire aucun accident; mais si le même sujet a déjà reçu (quinze jours ou même plusieurs mois et parfois plusieurs années avant) une première injection de quelques cc. de sérum de cheval, une seconde injection à dose thérapeutique faible (5 à 10 cc.) peut produire des accidents sériques variables : fièvre, céphalée, douleurs articulaires, éruptions généralisées, etc.; parfois même, quoique exceptionnellement, on a vu des cas de mort rapide comme chez le cobaye. Ces derniers cas sont heureusement très rares; nous ne les signalons qu'au point de vue de leur rapprochement avec les accidents anaphylactiques chez l'animal.

Si l'on remarque l'action extraordinairement toxique de doses toutes petites mais injectées à certain intervalle, si l'on remarque aussi que l'homme ou l'animal imprégné, anaphylactisé, par une première dose peut rester hypersensibilisé pendant très longtemps, des mois et des années, si l'on considère que cette imprégnation curieuse peut se transmettre comme l'immunité, soit passivement (par le sérum du sujet anaphylactisé), soit par l'hérédité, et qu'enfin un très grand nombre de substances non seulement toxiques comme celles de Richet, mais encore inoffensives telles que les sérums, ou des aliments comme le lait ou les œufs, peuvent produire de tels accidents, nous concevons quel est le vaste champ et l'importance très générale, théorique et pratique de ces notions nouvelles sur l'anaphylaxie.

Dès maintenant, d'après les exemples cités, quelques caractères essentiels de l'anaphylaxie peuvent être distingués :

1° Le *fait lui-même de l'hypersensibilisation* par des doses minimes, non toxiques même en additionnant le total des doses injectées; c'est là le caractère essentiel de l'anaphylaxie, différente par conséquent du phénomène de l'accumulation des doses; 2° la nécessité d'une *période d'incubation* entre la première et la seconde injection; 3° le *caractère immédiat des accidents* déterminés par la seconde injection; 4° la *nature congestive et nerveuse* des accidents anaphylactiques; ceux-ci présentent d'ailleurs un tableau assez uniforme (chez l'animal) et le plus souvent différent de celui des accidents toxiques qui auraient été causés par une seule injection massive de la substance inoculée.

§ 1. — Définition et classification des états de l'organisme.

Les exemples précédents vont nous permettre de donner une définition exacte de l'anaphylaxie; mais nous devons comparer tout d'abord les divers états que peut causer dans l'organisme une substance étrangère toxique ou non toxique. Ces états peuvent être différents ou contraires de l'anaphylaxie.

1° Définitions. — Si l'on injecte à un animal, une ou plusieurs fois, des substances étrangères, on peut produire, suivant les circonstances, quatre états très différents, deux favorables à la conservation de l'individu : l'*immunité* et l'*accoutumance*; deux autres défavorables à cette conservation : l'*anaphylaxie* et l'*accumulation*.

L'*immunité* est l'état de protection d'un organisme vis-à-vis des agents infectieux ou toxiques; on attache généralement en plus au terme d'immunité acquise la notion de transformations humorales aboutissant à la protection de l'organisme; l'immunité réelle et comprise dans ce sens ne s'établit que vis-à-vis des substances albuminoïdes, toxiques ou non.

L'*accoutumance* est le second état favorable par lequel un organisme résiste à des doses successives d'un toxique parce qu'il s'habitue à ses effets; l'accoutumance est différente de l'immunité en ce qu'elle ne s'accompagne pas de modifications humorales défensives, qu'elle ne peut donc être transmise passivement par le sérum, et enfin qu'elle s'exerce surtout vis-à-vis des poisons alcaloïdes ou inorganiques.

L'*accumulation* est le phénomène par lequel les effets toxiques d'une substance augmentent au fur et à mesure des inoculations successives de celle ci, par une sorte d'addition des effets obtenus ou des doses inoculées.

L'*anaphylaxie* est, comme nous l'avons vu, l'état de prédisposition d'un organisme vis-à-vis des effets toxiques d'une substance donnée, état causé par une première absorption, souvent minime insignifiante et non toxique, de cette même substance.

La différence entre accumulation et anaphylaxie est à peu près la même que entre immunité et accoutumance : dans l'immunité et l'anaphylaxie l'état nouveau de l'organisme est dû à des modifications humorales, ou tout au moins décelables dans les humeurs, et transmissibles par elles et par hérédité; ces états ne se produisent que vis-à-vis des substances albuminoïdes. L'accoutumance et les effets d'accumulation se produisent surtout vis-à-vis des substances inorganiques non albuminoïdiques, ne s'accompagnent pas des mêmes modifications humorales, ne sont pas transmissibles passivement.

Le terme *anaphylaxie* créé par Richet (ανα contre, φυλαξις protection) signifie donc exactement « *contre-protection* », la signification générale de *protection* devant être rendue par le mot *phylaxie*.

Le terme d'*accoutumance* de son côté répond au mot grec συνήθεια, *synéthie*. Le mot *tachysynéthie* a été employé par Roger pour désigner l'accoutumance rapide d'un animal à une injection de certains extraits d'organes : ces extraits d'organes semblent extrêmement toxiques si on les injecte brusquement; mais si on commence par une dose très minime, on peut, quelques minutes après, injecter plusieurs doses mortelles sans inconvénient; l'animal a été protégé *rapidement* par la première injection minime, il y a eu tachysynéthie.

Nous proposons aussi le mot *anasynéthie* (contraire de accoutumance) pour désigner les phénomènes d'accumulation dont nous avons parlé plus haut; ce serait le parallèle, dans les mots comme en fait, de l'anaphylaxie. On peut encore employer le terme *asynéthie* (de α privatif) désignant l'état de *non accoutumance*; c'est l'état neutre, c'est-à-dire celui où se trouve d'ordinaire un organisme soit neuf, soit après une intoxication qui n'a laissé aucune trace, aucune prédisposition ni accumulation, ce qui est le cas le plus fréquent après la guérison des intoxications par poison organique.

De même on peut compléter les termes comprenant l'idée de phylaxie (protection).. Le terme *aphylaxie* (*non protection*) désigne pour nous l'état naturel de réceptivité d'un organisme vis-à-vis d'un poison ou d'un microbe. On a créé les termes de *tachyphylaxie* (Gley) et de *skeptophylaxie* (Lambert, Ancel et Boin) pour désigner l'état de protection rapide (ταχυς, rapide) ou foudroyante (σκεπτος, foudre) d'un organisme vis-à-vis de certains extraits d'organes; ce sont les mêmes phénomènes désignés par Roger sous le nom de tachysynéthie. Nous préférons ce dernier terme car il semble bien que cette protection brusque soit un état d'accoutumance sans modification humorale protectrice.

2° **Classification**. — Nous proposons donc de classer et de nommer de la façon suivante les états variables d'un organisme vis-à-vis d'une intoxication ou d'une infection :

ÉTATS DE PHYLAXIE	*Phylaxie* (Richet). . . .	=	*Protection* (terme général).	Protection de l'organisme par les moyens de résistance naturels ou artificiels. Synonyme d'*immunité* pris dans son sens général.
	Tachyphylaxie (Gley). .	=	Protection rapide . . .	Artificielle, acquise.
	Skeptophylaxie (Lambert, Ancel, et Bouin).	=	Protection foudroyante.	
	Bradyphylaxie.	=	Protection lente. . . .	Naturelle ou artificielle et acquise. Immunité acquise ordinaire.
	Aphylaxie	=	Non protection.	État de *réceptivité*.
	Anaphylaxie (Richet). .	=	Contraire de protection.	État *acquis* de réceptivité *augmentée*, de prédisposition acquise.
ÉTATS DE SYNÉTHIE	*Synéthie*	=	*Accoutumance*	État *acquis*.
	Tachysynéthie (Roger) .	=	Accoutumance rapide . .	
	Bradysynéthie	=	Accoutumance lente . .	Faits ordinaires d'*accoutumance*.
	Asynéthie.	=	Non accoutumance. . .	Pas de changement d'état.
	Anasynéthie	=	Contraire de accoutumance	*Accumulation* soit des doses, soit des effets.
	Allergie (Pirquet). . . .	=	Changement d'état. . .	Comprend à la fois les faits d'immunité et d'anaphylaxie acquises (pour Pirquet). On pourrait y ranger les états de tachysynéthie et d'anasynéthie.

Ces considérations sont plus importantes qu'elles ne paraissent; comme on l'a dit une langue est une science bien faite, et réciproquement toute science doit avoir des expressions très adéquates aux faits observés et à leurs explications probables. Il est très important pour l'avenir des sciences en évolution comme les sciences biologiques de n'employer les termes que très prudemment, en y attachant une signification aussi précise que possible, et en rapport de symétrie ou d'opposition avec les termes déjà employés.

Cette classification elle-même ne nous satisfait pas pleinement, en ce sens que les termes de tachyphylaxie et skeptophylaxie semblant désigner jusqu'ici des faits d'*accoutumance rapide*, sans formation de substances protectrices humorales, devraient être remplacés par les termes de tachysynéthie (Roger) et peut-être de skeptosynéthie, pour rapprocher ces faits des autres faits de synéthie. Il vaudrait mieux, pour l'avenir du langage scientifique, afin d'éviter les confusions, et si les faits de Gley, Roger, Lambert, Ancel et Bouin se confirment dans le sens que nous indiquons, il vaudrait mieux remplacer ces termes par les termes en *synéthie* et attacher aux termes en *phylaxie* l'idée de protection avec formation de substances humorales (défensives, immunisantes ou anaphylactisantes).

Ajoutons pour être complet que le terme de *allergie* créé par Pirquet signifie simplement « *changement d'état d'un organisme* » après une intoxication ou une infection donnée, et comprend aussi bien les faits d'immunité que ceux d'anaphylaxie; ce terme ne présente d'utilité que lorsqu'on est en présence d'un état de l'organisme où il est difficile d'affirmer qu'il s'agit d'immunité, d'anaphylaxie ou des deux à la fois, car nous verrons que l'antagonisme entre ces deux états est plus apparent que réel et qu'ils peuvent en tous cas exister simultanément.

Les termes de *sensibilisation*, *hypersensibilité*, sont aussi employés comme synonyme d'anaphylaxie, mais par eux-mêmes ils ont une signification beaucoup plus large.

La notion d'anaphylaxie a été transportée du domaine expérimental dans le domaine médical, et l'on dit qu'une maladie est anaphylactisante lorsqu'une première atteinte, au lieu d'immuniser, prédispose à une récidive ou à la continuation de la même maladie, telle par exemple la tuberculose.

L'anaphylaxie comme l'immunité peut être *active* (déterminée par les réactions mêmes de l'organisme sous l'influence d'une inoculation), ou *passive* (déterminée par l'inoculation à un animal neuf des humeurs d'un animal anaphylactisé). On peut aussi, comme l'immunité, la concevoir non seulement acquise (à la suite d'une première absorption de substances étrangères) mais *naturelle*; ce dernier état répondrait souvent à ce que l'on appelle en médecine idiosyncrasie.

Anaphylaxie. . . .	Naturelle? (Idiosyncrasie.)	
	Acquise. . . .	Active.
		Passive.
		Héréditaire.

3° **Terminologie.** — Les très nombreux expérimentateurs qui se sont occupés de cette question ont créé une terminologie nouvelle pour désigner soit des faits nouveaux, soit des vues de l'esprit, des théories, des hypothèses personnelles. Les théories n'étant pas toujours d'accord, il arrive souvent que les mêmes termes désignent des états différents de la matière, des substances (hypothétiques) diverses.

Pour les mêmes raisons de divergences de théories, des auteurs voulant créer de nouveaux termes pour des faits antérieurement observés, de nombreux mots nouveaux ont été employés pour désigner les mêmes phénomènes ou les mêmes substances.

On conçoit la confusion qui en résulte. Par exemple, le mot « *anaphylactine* » ne désigne pas du tout la même substance dans la nomenclature de Gay et Southard, et celle de Rosenau; d'autre part, les termes : *toxine*, *anaphylactine*, *sensibilisinogène*, *précipitogène* et *antigène* désignent tous la substance qui produit l'anaphylaxie par première inoculation; et les termes : *toxogénine*, *anaphylactine*, *allergine*, *sensibilisine*, *précipitine*, *anaphylactogène*, *anticorps anaphylactisant*, désignent tous la substance (hypothétique, non isolée) qui prédispose l'organisme de l'animal anaphylactisé aux effets toxiques de la seconde inoculation.

Aussi la lecture des différents mémoires sur cette question demande une véritable éducation grammaticale nouvelle, d'autant plus pénible pour le lecteur que la multiplicité des termes correspond précisément jusqu'ici à la confusion et l'incertitude des théories et des explications.

Nous donnons page 635, à propos du mécanisme de l'anaphylaxie le tableau synthétique de ces théories et de ces termes nouveaux. Dans le cours de cet article nous ne nous servirons que de quelques termes clairs répondant le plus exactement possible aux faits ou aux théories les plus vraisemblables. En présence de plusieurs synonymes nous prendrons le plus clair ou celui qui a la priorité par ordre historique.

Nous appellerons : 1° *toxine* (Richet) ou *antigène anaphylactique*, la substance dont la première injection (*injection préparante*) détermine l'état d'anaphylaxie; 2° *toxogénine* (Richet) ou *anticorps anaphylactique* ou *sensibilisine* (Besredka), la substance (hypothétique) qui se forme dans l'organisme, le sensibilise, et constitue par sa présence l'état d'anaphylaxie; 3° *apotoxine* (Richet) ou *poison anaphylactique* (Doerr) ou encore *anaphylotoxine* (Friedberger), la substance (non isolée) qui se forme dans l'organisme anaphylactisé au moment de la deuxième injection (*injection seconde* ou *déchaînante*).

Dans les substances (complexes) qui produisent l'anaphylaxie, telles que le sérum ou les toxines animales, il faut encore distinguer (au moins théoriquement) : la partie qui anaphylactise l'animal, la « *substance préparante* de Richet » par l'injection « *première* » ou « *préparante* », et celle qui contribue à l'intoxiquer lors de la seconde injection, qui déchaîne les accidents (Richet) et que nous appellerons « *substance toxique seconde* » ou « *substance déchaînante* » (Richet), en rapport avec les termes « *injection seconde* », « *injection déchaînante* ».

Nous emploierons aussi le terme « *allergie* » de Pirquet, en rappelant qu'il signifie « changement d'état » que ce changement soit favorable (immunité) ou défavorable (anaphylaxie), et n'est donc synonyme ni de l'un ni de l'autre de ces deux termes.

Enfin, les mots *sensibiliser*, *toxines prédisposantes* (J. Courmont) ou *sérum favorisant* (Paul Courmont) sont des termes synonymes de *anaphylactiser*, *produits anaphylactisants* et se comprennent d'eux-mêmes.

§ 2. — Historique.

Le mot anaphylaxie a été créé en 1902 par Richet(1) à la suite de ses expériences sur le poison retiré des anémones de mer (actino-congestine). Ce physiologiste montra très nettement dès 1902 que le phénomène essentiel de l'anaphylaxie réside dans la sensibilisation d'un animal (chien) à une dose non mortelle, et relativement minime, de toxique, par une première injection antérieure également non mortelle du même poison : il établit la différence des effets obtenus avec ceux produits par l'accumulation (puisque le total des deux doses successives n'eût pas été mortel en une seule fois); la nécessité d'une période d'incubation entre la première et la seconde inoculation; la durée de cet état, sa coexistence possible avec l'immunité, sa spécificité relative; et enfin le tableau clinique du choc anaphylactique.

Mais avant cette date, des faits souvent très précis et longuement détaillés d'anaphylaxie avaient été publiés, soit sans commentaire, soit sous le nom de pouvoir prédisposant ou pouvoir favorisant de certains sérums ou de certaines toxines, sous le nom de réaction paradoxale, etc., tous ces faits doivent être appelés du nom d'anaphylaxie bien que le mot n'ait été créé qu'en 1902.

1° **Avant 1902**. — Nous insisterons quelque peu sur les faits très importants publiés à cette période, car ils sont le plus souvent passés sous silence ou à peine mentionnés par la plupart des auteurs.

Magendie, le premier, en 1839, remarqua que des lapins inoculés avec une première dose d'albumine mouraient lorsqu'on leur en injectait une seconde dose quelques jours plus tard.

Mais c'est de 1889 à 1902 que se placent des travaux méthodiques et importants; ils ont trait soit aux toxines et aux maladies infectieuses, soit aux sérums inoculés en injections répétées.

A) ***Maladies infectieuses. — Toxines microbiennes et sérums.*** — On se rendit compte successivement : que certaines toxines sont spécialement *prédisposantes* à l'action de leur microbe, puis que les

(1) Portier et Richet, De l'action anaphylactique de certains venins. *Soc. de Biol.*, 15 février 1902. — Richet, Travaux sur l'anaphylaxie depuis 1902, in *Bull. Soc. de Biol.*, *Acad. des Sciences*, *Bull. de l'Inst. Pasteur*, etc....

toxines tétanique ou diphtérique produisent l'hypersensibilité en même temps que l'immunité, enfin que le sérum de certaines maladies favorise l'action du microbe spécifique chez l'animal injecté avec ce sérum.

a) *Toxines microbiennes prédisposantes de J. Courmont.* — C'est de 1889 à 1891 que J. Courmont(¹) découvrit et étudia longuement dans sa thèse de doctorat et dans des mémoires à l'Académie des Sciences et à la Société de Biologie les premières toxines solubles qui, au lieu d'être vaccinantes contre le microbe spécifique, étaient *prédisposantes* vis-à-vis de lui. Arloing avait, dès 1888, développé l'idée théorique de l'existence de ces substances. Les toxines étudiées par J. Courmont provenaient d'un *bacille spécial de la tuberculose du bœuf* (et non du bacille de Koch); les injections systématiques de ces toxines à de nombreux animaux amenèrent constamment des effets prédisposants qui surprirent l'auteur et l'amenèrent à créer un *groupe de toxines prédisposantes* (nous disons aujourd'hui anaphylactisantes).

Ces toxines prédisposantes ont été retrouvées peu après dans les cultures d'autres microbes : bacille pyocyanique (Bouchard), staphylocoque (J. Courmont et Rodet), streptocoque et bacillus Chauvœi (Roger).

Dès 1890, les remarquables travaux de Koch sur la tuberculine donnèrent un autre exemple retentissant d'une toxine que l'on tend actuellement, malgré de nombreuses discussions, à ranger parmi les toxines anaphylactisantes.

b) *Réaction paradoxale dans l'immunisation avec les toxines.* — En 1895, Brieger observa le cas d'une chèvre succombant au tétanos bien que son sang renfermât de grandes quantités d'antitoxine. Knorr étudia de plus près ces faits inattendus et y trouva une difficulté pratique pour immuniser contre le tétanos. C'est en 1901 que Behring et Kitashima firent les mêmes observations sur le cheval immunisé avec la toxine diphtérique. Ils étudièrent alors en détail l'hypersensibilité des cobayes à la toxine diphtérique, et virent que ces animaux, après des injections successives de toxine, peuvent mourir avec un total qui n'atteint pas le 400ᵉ de la dose mortelle; ce n'était donc pas un phénomène d'accumulation; ils appelèrent ce fait « *réaction paradoxale* » mais n'en poursuivirent pas ultérieurement l'étude.

c) *Anaphylaxie passive avec le sérum des typhiques. Pouvoir favorisant du sérum de Paul Courmont.* — En 1897, dans notre thèse de doctorat et plusieurs publications, nous avons étudié en détail le pouvoir favorisant du sérum des typhiques au début de leur maladie(²). L'inoculation à des cobayes de faibles doses de ce sérum (un 10ᵉ de cc.) sous la peau,

(¹) JULES COURMONT, Substances solubles prédisposant à l'action pathogène de leurs microbes producteurs. *Acad. des Sciences*, 22 juillet 1889. — *Soc. de Biol.*, 21 décembre 1889. — *Revue de Médecine*, octobre 1891.

(²) PAUL COURMONT, Signification de la réaction agglutinante chez les typhiques. *Thèse de Lyon*, 1897. (Baillière, édit., Paris.) Des rapports du pouvoir agglutinant du sérum des typhiques avec les autres propriétés acquises par ce sérum au cours de la maladie. *Arch. de pharmacodynamie*, 1897, vol. V, fasc. 1 et 2. — Propriétés acquises par le sérum des typhiques. *Soc. de biologie*, 24 juillet 1897.

en même temps que l'injection d'une dose virulente de culture de b. d'Eberth (1 cc.) dans le péritoine, favorise l'action des microbes d'une façon parfois très intense : beaucoup d'animaux meurent en quelques heures, douze fois plus vite que des témoins inoculés soit avec la même dose de culture pure, soit avec celle-ci et un sérum indifférent (expériences faites avec 9 sérums de typhiques et 74 cobayes).

Si, au contraire, on se sert dans des expériences similaires de sérum de typhiques convalescents ou en voie de guérison, on observe l'action vaccinante bien connue établie par Chantemesse et Widal. Nous avons montré que cette propriété du sérum de favoriser l'infection chez des animaux neufs précède chez le typhique la propriété vaccinante qui doit la remplacer, et schématisé dans une courbe cette évolution successive des propriétés humorales du sérum dans la fièvre typhoïde. Nous avons rappelé l'attention sur ces faits, en 1907 et 1911 [1], montrant leur importance dans les processus d'aggravation ou de guérison de la maladie.

Ces phénomènes ne sont autre chose que ceux d'anaphylaxie passive bien étudiée depuis, notamment par Friedberger, avec le bacille d'Eberth. Le pouvoir favorisant n'est autre chose que le pouvoir sensibilisant immédiat dans l'anaphylaxie passive.

B) ***Anaphylaxie par les sérums.*** — En 1896, Arloing et J. Courmont [2] injectent à des cancéreux du sérum d'âne, normal ou préparé avec des extraits de sucs cancéreux. Avec ces derniers sérums, ils observent des effets d'anaphylaxie locale au niveau des régions injectées et en dehors du point des tumeurs elles-mêmes : œdème considérable se développant au niveau de l'injection et s'étendant parfois très loin d'elle, éruptions diverses, purpura, pétéchies, urticaire. L'œdème débutait quelques heures après l'injection et durait quelques heures ou quelques jours suivant les cas ; il se produisait même parfois à quelque distance du point injecté et immédiatement après la piqûre, quelquefois simultanément au niveau de plusieurs des piqûres précédentes. Ces phénomènes apparaissaient, en général, après la cinquième injection, ce qui correspondait en moyenne au dixième ou douzième jour après la première injection. Les réactions locales étaient de plus en plus intenses et de plus en plus précoces à mesure que s'élevait le nombre des piqûres, si bien que les malades refusaient énergiquement la continuation du traitement (8 malades) ; des phénomènes généraux les accompagnaient souvent (élévation de température, anorexie, insomnie). Les auteurs attribuent tout cela à des *phénomènes soit d'accumulation, soit de prédisposition.* Les injections de sérum d'âne *normal* faites à des malades du même ordre n'ont amené que des réactions locales beaucoup moins intenses.

(1) Paul Courmont, *Précis de pathologie générale*, 1re édit., 1907, 2e édit., 1911 (p. 955 et 1014). Doin, édit., Paris.

Paul Courmont et André Dufourt, Anaphylaxie dans l'évolution des maladies infectieuses. *Presse médicale*, 21 octobre 1911.

(2) S. Arloing et J. Courmont, Sur le traitement des tumeurs malignes de l'homme par les injections de sérum d'âne normal ou préalablement inoculé avec du suc d'épithéliome. *Acad. de médecine*, 12 mai 1896.

En 1898, Portier et Richet, essayant de vacciner des chiens contre le sérum d'anguille (très toxique) obtiennent la mort de ces animaux par de petites doses répétées.

En 1900 [1], nous avons publié des expériences sur la toxicité du sérum des épanchements tuberculeux de l'homme, injecté à petites doses répétées à des cobayes. Ces expériences dataient de 1896 et avaient été faites dans le but d'immuniser les cobayes contre la tuberculose avec ces sérums de pleurésie tuberculeuse; ce fut l'inverse qui arriva : alors que le cobaye supporte facilement 20, 30 centimètres cubes et plus en une seule injection, il peut mourir en quelques jours par des injections rapprochées de doses très faibles (1 cc. tous les deux jours) dont le total n'atteint pas le quart de la dose toxique. Nous avons spécifié la différence de toxicité de ces sérosités en injection massive unique ou en injections minimes répétées, ce qui est la caractéristique des expériences d'anaphylaxie. Les lésions présentées par les cobayes consistaient en congestions viscérales, hémorragies stomacales, faits retrouvés plus tard dans les expériences sur le cobaye avec le sérum de cheval.

C'est le premier exemple d'anaphylaxie mortelle chez le cobaye par injections répétées de sérum.

2° **Depuis 1902.** — A partir de cette époque (expériences de Richet), les travaux se multiplient, dirigés dans un sens méthodique.

En 1903, Arthus [2] montre les effets toxiques, locaux et généraux des injections répétées de petites doses de sérum de cheval à des lapins (phénomènes d'Arthus, voir plus loin le détail des résultats).

En 1903, Pirquet et Schick [3] étudient les effets toxiques, locaux et généraux d'une seconde injection de sérum antidiphtérique faite après une période d'incubation (maladie du sérum); dans ces beaux travaux qu'ils continueront dans le même sens, les auteurs étudient en détail les manifestations de la maladie sérique; ils invoquent comme cause la production de « *substances du genre des anticorps qui digèrent les substances étrangères et donnent des produits de cette digestion se comportant comme des poisons* »; ils rapprochent ce fait des faits analogues constatés dans la vaccine, la variole, la rougeole, les injections de tuberculine et de malléine.

En 1903, Arloing [4] étudie les « troubles déterminés chez des sujets tuberculisés par des inoculations de bacilles de Koch en émulsion et par des injections de tuberculine ». Dans ce travail, méconnu de beau-

(1) PAUL COURMONT, Toxicité des exsudats pathologiques des séreuses. *Arch. de pharmacodynamie*, 1900, vol. VII, fasc. 1 et 2.

(2) ARTHUS, Injections répétées de sérum de cheval chez le lapin. *Soc. de biologie*, 1903, p. 817-819.

(3) PIRQUET, *Zur theorie der Vorkzination.* Verhandlung. d. Gesellsch. j. Kniderh., Kassel, 1903.

PIRQUET et SCHICK, *Zur theorie der incubationzeit.* Wien. klin. Wochenschrifft, 1903, p XVI.

(4) S. ARLOING, *Journal de physiol. et de pathol. générale*, 1903.

coup de ceux qui parlent d'anaphylaxie à la tuberculose, Arloing relate de nombreuses expériences montrant les troubles graves, souvent mortels en 24 heures, que cause chez les animaux tuberculeux l'injection du bacille ou de ses toxines à partir de 20 jours après la tuberculisation première; les autres accidents observés sont des troubles respiratoires, de l'hyperthermie, etc..., la tuberculine détermine moins d'accidents que les émulsions de bacilles. Il signale que Behring, puis Thomassen, en 1903, avaient publié des faits analogues : troubles graves et mortels après réinoculation de bacilles (Behring), hyperthermie plus précoce, en 24 heures, à la deuxième ou troisième inoculation de bacilles (Thomassen).

F. Arloing reprend, la même année, par la méthode graphique, l'étude des accidents observés par son père : la toxicité des émulsions de bacilles retentit violemment sur le cœur, les vaisseaux et l'appareil respiratoire et détermine la mort par un affaiblissement profond du muscle cardiaque et une forte hypotension; chez les chiens l'autopsie montre des lésions intestinales.

L'année suivante, Detre-Deutsch étudie également le phénomène de superinfection des cobayes vis-à-vis de la tuberculose (effets graves d'une seconde inoculation); il donne l'explication que Koch avait donné pour les injections de tuberculine (théorie de l'addition).

Wolff-Eisner publie, en 1904, des travaux généraux sur les bases de l'immunité [2]; il montre les effets toxiques mortels d'injections répétées de certaines cellules (globules rouges, spermatozoïdes) dans le péritoine de cobayes et attribue ces effets à la destruction des cellules par les lysines produites par les premières injections; pour lui, l'hypersensibilité doit se comprendre dans le sens de la théorie des antitoxines de Pfeiffer, c'est-à-dire de la mise en liberté des endotoxines cellulaires après leur destruction par les lysines.

De 1903 à 1905, Richet poursuit ses expériences et explications de l'anaphylaxie avec les poisons des actinies (congestine et thalassine) chez le chien et le lapin.

En 1906 et 1907 paraissent deux travaux extrêmement importants sur la toxicité anaphylactique pour le cobaye du sérum de cheval, ce sont ceux de Otto en Allemagne, Rosenau et Anderson aux États-Unis. Ces auteurs étudièrent avec le plus grand détail un phénomène analogue à celui que nous avions observé sur le cobaye (sérosité de pleurésie humaine) et Arthus sur le lapin (sérum de cheval), que Théobald Smith

(1) F. Arloing, Étude graphique de la toxicité des émulsions de bacilles de Koch chez les tuberculeux. *Soc. de biol.*, décembre 1903.

(2) Wolff-Eisner, Ueber Grundgesetze der immunität. *Zeitschr. für bakteriol.*, 1904.

(3) Otto, Le phénomène de Th. Smith et l'anaphylaxie. *Reuthold Gedenkschrift* 1905. — Sur la question de l'anaphylaxie. *Münch. med. woch.*, 1907.

(4) Rosenau et Anderson, Study of the cause of sudden death following the injection of horse-serum. *Bull.* 29, *Hygien. lab. U. S. P. H.* and *M. H. S.*, 1906. — Studies ou hypersusceptibility and immunity. *Bull.* 36, *Hygien. lab. U. S. P. H.* and *M. H. S.*, avril 1907.

avait signalé sur le cobaye avec le sérum antidipthérique : les cobayes inoculés avec deux doses successives espacées de ce sérum peuvent mourir à la seconde injection (phénomène de Th. Smith).

A partir de ce moment les travaux sur l'anaphylaxie sont innombrables ; depuis six ans ils atteignent des centaines. Les plus importants, outre de nouvelles publications des auteurs précédents, sont ceux de Gay et Southard, Besredka et Steinhardt (études fort importantes sur la toxicité des divers sérums, leur mesure, l'action de la chaleur sur les substances anaphylactisantes, moyens d'obtenir l'*antianaphylaxie*, etc.), Waughan et Wheeler (étude chimique des différentes albumines anaphylactisantes), Nicolle (théorie des anticorps), Weill-Hallé et Lemaire (anaphylaxie passive), Lewis (état des poumons), Wells (anaphylaxie avec une albumine cristallisée), Friedeman (anaphylaxie par les globules rouges et théorie des lysines), Delanoe, Doerr et Russ (anaphylaxie aux microbes), Biedl et Kraus (action de la peptone), Friedberger (rôle des précipitines, anaphylotoxine), etc...

Les plus importants de ces travaux seront analysés au cours de cet article à propos de chacune des questions secondaires de l'anaphylaxie.

§ 3. — Étiologie générale.

Nature des substances anaphylactisantes. — Animaux sensibles; voies d'inoculation, doses.

A l'heure actuelle on a cherché l'anaphylaxie avec les substances les plus diverses : sérums, sérosités, extraits d'organes, cellules, globules rouges, lait, sécrétions, albumines végétales, peptones, toxines d'origine animale ou végétale (Richet) ; microbes et toxines bactériennes ; lipoïdes, substances cristalloïdes, médicaments, etc....

Nous verrons au chapitre II les variétés de l'anaphylaxie pour les principales de ces substances ; mais une question générale préalable se pose.

1° Question préalable. — Nature des substances anaphylactisantes. — On sait qu'on ne peut produire l'immunité qu'avec des substances abuminoïdes ; en est-il de même pour l'anaphylaxie? Jusqu'ici toutes les substances produisant l'anaphylaxie d'une façon évidente sont des albuminoïdes.

Les hydrocarburés et les corps gras ne donnent pas l'anaphylaxie.

Les expériences faites avec les cristalloïdes ont été à peu près complètement négatives.

Il faut cependant signaler quelques faits de toxicité de certaines substances cristalloïdes semblant se rapprocher des faits de toxicité anaphylactique. Les expériences d'Aducco en 1894 avec la cocaïne, celles de Richet avec la même substance et avec l'apomorphine, celles de Doerr avec la strychnine, sont négatives ou de résultats très douteux.

Mais quelques faits intéressants ont été observés avec l'émétine et quelques médicaments. Richet, avec l'émétine (alcaloïde cristallisable) n'a observé que dans certains cas quelques symptômes légers (prurit intense) lors de la seconde injection faite 30 à 50 jours après la première.

La quinine, l'antipyrine et l'iodoforme donnent souvent chez les sujets prédisposés des éruptions et des accidents ressemblant aux accidents du sérum; on a cherché s'il s'agirait d'anaphylaxie. Bruck a injecté à des cobayes du sang d'homme présentant une sensibilité spéciale à l'iodoforme ou l'antipyrine; ces animaux se sont montrés ensuite nettement sensibles à des injections d'iodoforme ou d'antipyrine inoffensives pour des cobayes normaux. Klausner a répété cette expérience. Cruveilher a retrouvé les mêmes phénomènes de sensibilité chez le cobaye soit par inoculations répétées d'antipyrine, soit par injection de sérum de lapin préparé lui-même avec cette substance. Sicard et Bloch ont prononcé le mot d'anaphylaxie à propos de la sensibilité croissante de certains sujets à des injections successives de petites doses d'arséno-benzol.

Tous ces faits ont besoin d'une étude plus approfondie pour savoir s'il s'agit réellement d'anaphylaxie.

Les corps dérivés des albumines proprement dites ne semblent pas produire l'anaphylaxie. Abderhalden et Weichardt n'ont eu que des résultats négatifs avec les acides amidés; Arthus a pu sensibiliser le lapin par le glycocolle vis-à-vis des albumines vraies, mais non vis-à-vis du glycocolle; c'est-à-dire que ce corps est anaphylactisant mais non déchaînant, la 2e injection ne déterminant pas d'accidents toxiques anaphylactiques.

De même certaines albumines (globuline de Gay et Southard entre autres) sont anaphylactisantes et non toxiques secondaires (en seconde injection). Waughan et Wheeler ont isolé du blanc d'œuf deux albumines, l'une toxique, l'autre anaphylactisante mais atoxique. Le sérum chauffé à 100° est anaphylactisant, mais n'est plus toxique secondaire.

Certaines albumines cristallisées ne sont pas anaphylactisantes (édestine, Rosenau et Anderson); d'autre part Wels a fait, avec une albumine cristallisable extraite du blanc d'œuf, des expériences positives fort intéressantes (Voy. page 596).

Avec la gélatine, Arthus a obtenu des résultats positifs, Wels des résultats négatifs.

La question de la peptone est fort controversée. Arthus a obtenu la pepto-anaphylaxie chez le chien et le lapin. D'autre part il faut distinguer l'action anaphylactisante de la peptone analogue à celle des substances albuminoïdes ordinaires de son action comme substance toxique primaire (en 1re injection). Arthus, Biedl et Kraus assimilent les accidents de l'anaphylaxie au sérum (2e injection) à ceux de la peptone en 1re injection : les accidents anaphylactiques seraient ceux de l'intoxication peptonée, de l'intoxication protéique en général.

Il faut distinguer dans toute cette question le pouvoir anaphylactisant des albumines, des peptones, etc... et la cause des accidents toxiques lors de la seconde injection, ce qui pose un double problème.

1° Les substances albuminoïdes sont-elles toutes anaphylactisantes; et dans la désintégration des albuminoïdes dans l'organisme, à quel stade de décomposition chimique s'arrête le pouvoir de déterminer l'anaphylaxie? Nous pouvons dire déjà que certaines substances albuminoïdes ne peuvent pas jouer le rôle de substances anaphylactisantes, d'autres ne peuvent pas être toxiques déchaînantes (2ᵉ injection). Quant au stade de désintégration des albumines complexes le problème est encore plus difficile et non encore complètement résolu (Voy. page 596).

2° Quelles sont les substances qui, finalement, lors de la seconde injection, se forment pour déterminer les accidents; ces substances ou cette substance sont-elles analogues aux albumines toxiques de certains sérums, à la peptone, aux produits de la digestion tryptique?

Nous examinerons en détail tous ces points avec la question des albumines anaphylactisantes (p. 596), de la spécificité de l'anaphylaxie (p. 571) du mécanisme pathogénique général (p. 634).

Enfin un facteur étiologique tout spécial intervient pour les albumines complexes les plus anaphylactisantes, c'est l'origine spécifique animale de ces albumines (sérums, blanc d'œuf, globules rouges...) : dans de certaines limites un sérum, un corps cellulaire, etc... n'est anaphylactisant que pour les espèces animales étrangères à celle d'où il provient.

Quoi qu'il en soit et jusqu'ici les deux conditions essentielles pour bien observer les phénomènes d'anaphylaxie sont les suivantes : 1° la *nature albuminoïde* de la substance, que celle-ci soit très toxique (toxine microbienne, poisons de Richet, venin, etc.) ou pratiquement inoffensive par les voies naturelles (sérum, lait, blanc d'œuf); 2° le *caractère étranger à l'organisme* de cette substance; ainsi un sérum homologue (animaux de même espèce) ou isologue (du sujet lui-même) n'est pas anaphylactisant; il faut qu'il soit d'espèce étrangère (hétérologue).

2° **Spécificité de l'anaphylaxie.** — Pour comprendre cette importante question, il faut dissocier par la pensée les quatre facteurs qui entrent en jeu dans l'anaphylaxie et les accidents anaphylactiques : 1° la substance de la première inoculation (substance anaphylactisante ou préparante) ; 2° la substance (toxogénine ou anticorps) qui se forme dans l'organisme du sujet; 3° la substance injectée lors de la seconde inoculation; 4° le poison définitif causé par la réaction de la toxogénine et de la substance déchaînante ; nous l'appellerons avec Richet apotoxine.

Écartons pour le moment la question de la spécificité de la toxogénine, c'est celle de la spécificité de l'anaphylaxie passive (voir plus loin); écartons aussi la question de l'apotoxine qui est celle de la spécificité des accidents. Ces deux points sont fort importants, mais seront discutés avec la pathogénie (p. 643).

Il nous reste à étudier la notion courante de spécificité de l'anaphylaxie : un animal inoculé avec la substance de la première injection ne réagira-t-il qu'à une seconde injection de cette même substance?

En pratique en effet, l'anaphylaxie n'est obtenue que par une seconde injection de la même substance.

Mais nous verrons que la chaleur et certains autres moyens permettent de distinguer dans cette même substance deux autres substances ou du moins deux propriétés : la substance ou propriété anaphylactisante, préparante (thermostabile), et la substance ou propriété toxique déchaînante (thermolabile). Nous verrons s'il faut séparer complètement ces deux substances ou propriétés (p. 634). Sans doute, certains corps sont anaphylactisants, et non toxiques en seconde injection (sérum chauffé à 100 degrés, certaines globulines); d'autres sont toxiques déchaînants sans être anaphylactisants (tuberculine). A ce point de vue, comme le dit Richet, l'anaphylaxie n'est pas spécifique, puisque ce n'est pas la même substance qui, dans ces cas anaphylactise et intoxique. Mais en pratique, l'anaphylaxie est recherchée ou s'observe en clinique par des substances naturelles, sérum, lait, œufs, toxines diverses, qui renferment à la fois les deux substances ou propriétés préparante et déchaînante. Si bien que pour elles la question se pose tout entière au point de vue pratique : l'anaphylaxie aux diverses albumines telles qu'on les trouve dans les produits naturels est-elle spécifique? Il faut distinguer plusieurs cas.

A) ***Spécificité selon l'espèce animale d'où provient l'albumine.*** — Une substance albuminoïde étant donnée, y a-t-il anaphylaxie uniquement pour cette substance provenant d'animal de la même espèce? Rosenau et Anderson sont partisans de la spécificité à peu près absolue; le sérum de cheval anaphylactisera seulement contre le sérum de cheval, etc.... Pour de nombreux auteurs, cette spécificité est moins étroite (Richet). Lesné et Dreyfus notamment ont vu que si on multiplie les injections d'une même substance anaphylactisante, on détermine l'anaphylaxie pour un grand nombre de substances voisines.

B) ***Spécificité selon l'origine différente chez un même animal.*** — C'est la question de la spécificité d'organes : un extrait d'organe d'un animal anaphylaxie-t-il seulement contre cet organe ou contre tous les autres organes du même animal. Nous discuterons cette question plus loin, page 600. Il semble qu'il y ait souvent spécificité d'organe et d'animal. Seul jusqu'ici le cristallin semble donner l'anaphylaxie exclusive au cristallin de quelque animal qu'il provienne.

C) ***Spécificité de l'anaphylaxie vis-à-vis d'albumines diverses.*** — Si l'on emploie non plus des liquides organiques ou des extraits d'organes, mais des albumines diverses isolées des végétaux, des animaux, des microbes (toxines diverses), observe-t-on l'anaphylaxie spécifique vis-à-vis de chacune d'elles ou une anaphylaxie croisée et indifférente? La vérité est entre ces deux extrêmes. Il y a sans doute une spécificité assez grande, mais dans certaines limites. Richet remarque que la crépitine et l'actino-congestine quoique absolument différentes par leur origine, leur dose toxique et leurs effets, produisent cependant quelque anaphylaxie l'une vis-à-vis de l'autre ; mais cette anaphylaxie est moins étroite, moins nette que lorsqu'on s'adresse à la même substance. Pour le cas particulier mais très important, des toxines microbiennes ou des microbes eux-mêmes, la question est controversée. Kraus et Doerr sont partisans de la spécificité : l'injection d'un microbe anaphylactise seulement contre ce microbe. D'autres, Delanoé ne trouvent au contraire aucune spécificité : le bacille d'Eberth anaphylactise contre le b. coli, le b. homogène de la tuberculose, le b. de la dysenterie, etc. Pour l'anaphylaxie aux toxines, surtout pour l'anaphylaxie locale qu'elle détermine, il ne semble pas qu'il y ait de spécificité. F. Arloing a démontré que l'oculo-réaction peut s'obtenir avec diverses toxines sur des animaux intoxiqués avec diverses autres. Les recherches sur l'anaphylotoxine montrent aussi que ce produit n'est pas spécifique, et agit de même quel que soit le microbe d'où il provient. Pour Neufeld et Dold, on l'obtient même avec des microbes non pathogènes et elle serait différente des endotoxines spécifiques de chaque microbe. Mais la question de l'anaphylotoxine et celle de l'apotoxine nous éloignent du problème tel que nous l'avons délimité dans ce paragraphe.

Il semble bien que l'anaphylaxie aux toxines ne soit pas absolument spécifique, surtout si l'on multiplie les injections préparantes comme l'ont fait Lesné et Dreyfus pour les albumines ordinaires. Il se passe dans ce dernier cas quelque chose d'analogue à ce qu'on observe pour la production de certains anticorps tels que les agglutinines : si l'on injecte un animal avec un microbe tel que le bacille d'Eberth, on lui donne un pouvoir agglutinant assez nettement spécifique pour ce microbe; si on multiplie les doses d'inoculation au point d'élever très haut ce pouvoir agglutinant, on s'aperçoit que l'agglutination s'exerce alors vis-à-vis d'autres microbes voisins, tels que le b. coli, le b. tuberculeux homogène, etc. Mais le pouvoir agglutinant, si on le mesure, est ordinairement beaucoup plus élevé pour le bacille inoculé que pour les autres, de sorte qu'on a dit justement que l'agglutination était spécifique au point de vue quantitatif.

On peut appliquer cette notion à l'anaphylaxie par les albumines et notamment par les microbes ou leurs toxines : il faudrait dans les expériences noter le minimum de la substance nécessaire pour déterminer les accidents anaphylactiques. Dans ces conditions, comme dans les expériences de Richet avec ses toxines végétales, on peut voir que l'anaphylaxie est maxima pour la substance même qui a été injectée et moins marquée pour les autres substances et cela d'autant plus que ces substances sont plus éloignées de nature, jusqu'au point où l'anaphylaxie croisée ne s'exerce plus du tout.

Il est probable que dans les substances complexes albuminoïdes telles que nous les étudions en général, il y a plusieurs substances ou mieux plusieurs groupements moléculaires capables chacun de donner l'anaphylaxie; plusieurs substances diverses peuvent contenir le même groupement et, par conséquent donner les unes vis-à-vis des autres une certaine anaphylaxie croisée due à l'existence de ces corps similaires.

D) ***Anaphylaxie générale.*** — Richet pousse plus loin la question et se demande si les antigènes divers, les toxines, albumines variées, etc., ne possèdent pas la propriété de déterminer non seulement l'anaphylaxie relativement spécifique dont nous avons parlé, mais une sensibilité générale à la plupart des poisons même non albuminoïdiques, sensibilité anormale qui se rapprocherait d'une sorte d'anaphylaxie générale. Dans ce but, il observe les effets de l'apomorphine sur un grand nombre de chiens soit normaux, soit plus ou moins anciennement préparés par des toxines diverses; ces toxines étant d'ailleurs émétisantes comme l'apomorphine (crépitine et actinocongestine). La fréquence et la modalité du vomissement n'a pas été là même chez ces différents chiens : chez les chiens normaux, le vomissement s'est produit dans 21 pour 100 des cas et chez les animaux préparés dans 65 pour 100. De plus, chez les chiens normaux, le vomissement a eu lieu de 4 à 8 minutes après l'injection d'apomorphine et seulement de 23 à 54 minutes chez les chiens antérieurement intoxiqués. Il semble donc qu'il y ait une sensibilité spéciale des animaux intoxiqués, sensibilité indifférente à plusieurs poisons.

D'autre part, certains auteurs ont obtenu également une anaphylaxie banale par des injections de substances diverses telles que du bouillon, des solutions salées, etc.

Il est certain que l'on pourrait étendre ainsi considérablement la notion d'anaphylaxie ou de sensibilité. En dehors de toute action spécifique, on peut noter que l'action répétée d'agents physiques tels que les chocs, la lumière, la chaleur, etc., sont capables de rendre le système nerveux soit central, soit périphérique, de plus en plus sensible par des applications successives pour une même dose.

Mais, ce qui est important, c'est l'ensemble des faits, et les limites dans lesquelles s'observe la spécificité de l'anaphylaxie plutôt que les cas dans lesquelles elle ne s'observe pas. Il suffit de connaître ces limites et les règles générales de cette spécificité et de voir son intérêt théorique et pratique dans les faits les plus typiques.

3° Animaux sensibles; voies d'introduction et doses. —

Il y a d'assez grandes variations entre les espèces animales au point de vue de leur facilité à se laisser sensibiliser, ou de la modalité de l'anaphylaxie.

L'homme, et presque tous les mammifères domestiques ou de laboratoire, peuvent être anaphylactisés par des albumines étrangères. Homme, cheval, bœuf, chèvre, chien, lapin, cobaye, sont sensibles aux inoculations répétées de sérums d'espèce étrangère; il en est de même des oiseaux (Friedberger et Hartoch, pigeons; Arthus, canards; Jachimoglu) et même des animaux à sang froid (Friedberger et Mita).

Mais il y a des particularités curieuses.

Alors que le cobaye est un des animaux les plus sensibles à l'anaphylaxie, d'autres rongeurs, la souris, le rat (mus rattus et decumanus) ne sont pas anaphylactisables (Frey, Doerr, Frommsdorf, Uhlenluth); cependant Arthus aurait anaphylactisé des rats, Ritz des souris blanches par voie veineuse, Braun par des injections répétées. Les singes inférieurs (macaques) ne seraient pas anaphylactisés par le sérum de cheval, alors que l'homme et le chimpanzé sont sensibles à cette substance.

Bien plus, la race et peut-être simplement le climat et le genre de vie, peuvent avoir une importance extrême. Les cobayes américains ou plutôt ceux des États-Unis sont extrêmement sensibles au sérum de cheval : un cent-millième de cc. en injection préparante, et un dixième de cc. en injection déchaînante peuvent suffire à amener la mort; exp. de Rosenau et Anderson. A Paris au contraire, dans les conditions moyennes des auteurs américains, Besredka n'obtient que 50 pour 100 de résultats et seulement 25 pour 100 de mort.

A Rio de Janeiro, Vasconcellos observant de même une résistance spéciale des cobayes argentins avec le sérum de cheval, soit recueilli sur place, soit provenant de l'Institut Pasteur de Paris, fit venir des cobayes de Washington et obtint sur eux avec les mêmes sérums les mêmes résultats que Rosenau et Anderson.

Ces faits ont une double importance : pratique pour montrer la difficulté et l'extrême variabilité des conditions des expériences; théorique pour suggérer combien le climat et le genre de vie peuvent avoir d'importance sur la sensibilité ou la résistance aux toxiques.

L'espèce animale importe aussi au point de vue de la *modalité* de l'anaphylaxie. Le cobaye présente surtout de l'anaphylaxie nerveuse et respiratoire; le lapin est spécialement sensible aux accidents locaux, (gangrène) d'anaphylaxie, et plus résistant à l'anaphylaxie générale. L'anaphylaxie *passive* s'observe mieux du lapin au cobaye que du cobaye au cobaye. L'anaphylaxie *in vitro* avec la substance cérébrale d'un animal anaphylactisé s'obtient avec le cerveau du chien et non du cobaye.

La *voie d'inoculation* a naturellement aussi une importance extrême. La voie sous-cutanée excellente pour la préparation (1re injection) ne donne que peu de résultats pour l'injection seconde; c'est souvent l'inverse pour la voie péritonéale; la voie veineuse est très sensible; plus sensibles encore sont les voies rachidienne et sub-durale cérébrale. La voie digestive est la moins anaphylactisante et demande des conditions d'exception : sujet très jeune, alimentation anormale, expériences spéciales, etc... (voir Anaphylaxie alimentaire, p. 605).

Quant à la *dose* de substance capable d'anaphylactiser, elle varie naturellement dans des proportions considérables avec la substance même. La dose varie de plus avec chaque substance, selon qu'il s'agit de la dose préparante et déchaînante. Le sérum de cheval peut anaphylactiser le cobaye aux doses de 0 gr. 000001 en injection première et 0,1 en injection seconde. Cette notion des doses infinitésimales dans l'anaphylaxie a été spécialement mise en relief par Richet (*chimie des impondérables*).

§ 4. — Anaphylaxie passive et « in vitro ». Hérédité de l'anaphylaxie.

L'*anaphylaxie active* est celle qui est produite chez un animal par inoculation directe d'une substance; elle survient par les réactions actives de l'animal inoculé.

L'*anaphylaxie passive* est celle qui est communiquée à un animal neuf par l'injection du sérum (ou d'un extrait organique quelconque) d'un animal *en état d'anaphylaxie.*

L'anaphylaxie dite *in vitro* est celle que l'on produit dans les mêmes conditions en injectant à l'animal neuf à la fois le sérum (ou l'organe) du sujet anaphylactisé et la substance anaphylactisante, mélangés préalablement *in vitro.*

Ce sont exactement les conditions des expériences d'immunité passive par le sérum des immunisés ou par le mélange *in vitro* des toxines avec leur sérum antitoxique.

1° **Historique.** — Le premier exemple d'anaphylaxie passive a été observé et publié sous un autre nom par nous en 1897.

Nous avons étudié longuement à cette époque ce que nous avons appelé le *pouvoir favorisant du sérum des typhiques* au début de leur maladie. Ce sérum inoculé à des cobayes, en même temps qu'une dose virulente de culture de bacille d'Eberth, favorise l'action de ces bacilles au point que les animaux meurent souvent dans les 24 heures, 12 fois plus vite que les témoins inoculés seulement avec la même dose de culture et d'un sérum indifférent (expériences avec 9 sérums de typhiques et 74 cobayes). Nous avons appelé *pouvoir favorisant* ce que les auteurs dans des expériences analogues ont appelé depuis 1902 *pouvoir anaphylactisant*, pouvoir de transmettre l'anaphylaxie passive.

Nicolle a fait en 1907 des expériences positives d'anaphylaxie transmise par le sérum; Richet fait remarquer que les lapins de Nicolle étant préparés par un grand nombre d'injections successives (jusqu'à 51 pour certains lapins) on peut se demander s'il s'agissait d'anaphylaxie passive ou d'accumulation dans le sang de l'animal de la substance inoculée.

La même année, en avril et en juillet, Richet publie des expériences positives d'anaphylaxie passive chez le chien en se servant du sérum de chien anaphylactisé avec l'actino-congestine. A la même époque Gay et Southard en Amérique, Otto en Allemagne, publient aussi des expériences très précises sur l'anaphylaxie passive du cobaye au sérum. Weill-Hallé et Lemaire, Lewis, Biell et Kraus, Doerr et Russ, Briot, Anderson et Frost, etc... ont étudié cette question dans tous ses détails, avec le sérum de cheval. Enfin les expériences innombrables avec les microbes et toxines microbiennes, ont ramené la question sur le terrain où l'avaient posée nos premières expériences et ont appliqué les notions acquises aux maladies humaines par l'expérimentation.

2° **Conditions de l'anaphylaxie passive.** — L'expérience typique consiste à prendre le sérum d'un animal en pleine période d'anaphylaxie et à l'injecter à un animal de même espèce, puis d'inoculer ensuite celui-ci avec une dose toxique de la substance qui a préparé le premier animal. Mais il y a de nombreuses conditions, favorables ou non, à l'observation des accidents anaphylactiques chez ce second animal.

A) ***Question d'animal.*** — On emploie surtout le chien, le lapin, le cobaye. Chez le chien préparé avec les congestines de Richet il faut préparer le premier animal avec une dose relativement forte et injecter également au second chien une dose de sérum assez élevée (plusieurs cc. par kilogramme).

Le cobaye est 400 fois plus sensible que le lapin (Friedberger, Friedmann, Doerr). On a pu rendre des cobayes sensibles à un toxique en leur injectant 0 cc. 02 à 0 cc. 05 d'un sérum de lapin anaphylactisé contre ce même antigène.

Le lapin semble moins sensible à l'anaphylaxie passive comme animal récepteur du sérum d'animal anaphylactisé, mais s'emploie couramment comme animal producteur de ce sérum qui confère l'anaphylaxie passive.

On peut en effet anaphylactiser un animal passivement (cobaye) en injectant le sérum d'un animal anaphylactisé d'une autre espèce; l'anaphylaxie passive est dite alors *hétérologue*. Elle s'observe très bien en préparant des cobayes avec du sérum de lapin anaphylactisé. Pour Weill-Hallé et Lemaire les meilleures doses de sérum de lapin anaphylactisé au sérum de cheval, nécessaires pour obtenir l'anaphylaxie passive par injection sous-cutanée, sont les suivantes : 10 cc. de sérum du premier animal chez le lapin et 4 cc. chez le cobaye; en réinjectant les lapins avec 1/2 cc. de sérum de cheval, les cobayes avec 1/20 cc. on obtient les accidents très nets de l'anaphylaxie passive au sérum de cheval.

B) ***Durée de l'anaphylaxie passive.*** — Cette durée est assez longue au moins dans certaines expériences : 20 jours (Richet), 11 jours (Gay et Southard), 13 jours (Otto). Quant à la période pendant laquelle le sérum d'un animal anaphylactisé peut transmettre l'anaphylaxie passive elle varie également beaucoup avec les animaux et le mode d'injection. Pour Weill-Hallé et Lemaire, si le lapin a reçu une seule injection de sérum de cheval, son sérum peut anaphylactiser le cobaye du 10ᵉ au 25ᵉ jour, puis moins nettement jusqu'au 60ᵉ; si le lapin a été préparé avec plusieurs injections de sérum de cheval, son anaphylaxie peut se transmettre au cobaye à partir du 4ᵉ jour mais aussi cesse plus tôt, dès le 25ᵉ jour.

Un point intéressant est de savoir si le sérum d'un animal en période d'incubation d'anaphylaxie (c'est-à-dire pendant les premiers jours qui suivent l'injection préparante) peut transmettre l'anaphylaxie passive. Pour Otto, il y aurait à ce point de vue chez le cobaye inoculé avec du sérum de cheval 3 périodes : première période, l'animal n'est pas anaphylactisé et son sérum ne transmet pas l'anaphylaxie passive ; deuxième période, il n'y a pas encore d'anaphylaxie pour le porteur, mais son sérum peut transmettre l'anaphylaxie passive ; troisième période, l'animal est anaphylactisé et son sang peut naturellement transmettre l'anaphylaxie passive. Les périodes 1 et 3 s'expliquent facilement ; il n'en est pas de même pour la période 2. Il est vrai que l'existence de cette dernière période est contestée. Friedberger et Burckhardt cherchant à obtenir l'anaphylaxie passive chez des cobayes inoculés avec le sang d'autres cobayes préparés avec du sérum de mouton, affirment que seul le sérum des cobayes déjà en état d'anaphylaxie peut la transmettre passivement à d'autres cobayes neufs, ce qui est d'ailleurs logique.

On a pu transmettre l'anaphylaxie passive par le cerveau ; une expérience positive de Richet avec le cerveau d'un chien qui était anaphylactisé à la crépitine. De même l'extrait du cerveau d'un lapin qui a reçu de l'urohypotensine (Abelous et Bardier) sensibilise passivement un lapin neuf vis-à-vis de cette substance. Cette expérience ne réussit pas avec le cerveau des cobayes anaphylactisés au sérum (Besredka).

La spécificité de l'anaphylaxie passive est certaine mais elle est moins étroite qu'on a pu le croire : les animaux anaphylactisés passivement le sont cependant surtout pour la substance qui a servi à l'anaphylaxie active du premier animal.

3° **Succession des injections ; anaphylaxie « in vitro ».** — On admit tout d'abord qu'il fallait un certain intervalle entre l'injection du sérum d'anaphylactisé, et celle de l'antigène, pour produire l'anaphylaxie passive. Pour Rosenau et Frost il faudrait 24 heures : mais d'autres auteurs (Doerr et Russ) l'ont observée avec 2 heures et 1 heure d'intervalle, Weil-Hallé et Lemaire en injectant simultanément le sérum sensibilisé et l'antigène.

Nous avions constaté en 1907, la même action positive du sérum des typhiques en injectant au cobaye séparément, mais presque en même temps, le sérum et la culture de bacille d'Eberth (sérum sous la peau, culture dans le péritoine).

De fait, on ne voit pas pourquoi une période d'incubation serait nécessaire entre les deux injections, si l'on admet que l'anaphylaxie passive est due à la transmission par le sérum d'une substance anaphylactisante par elle-même et immédiatement (toxogénine de Richet, sensibilisine de Besredka, anaphylactine ou allergine de Rosenau et Anderson). Cette substance hypothétique doit, en théorie, se combiner avec l'antigène toxique pour produire des accidents instantanés. Si l'injection de cet antigène est faite à l'animal activement anaphylactisé, les accidents sont immédiats; il n'y a pas de raison pour qu'il n'en soit pas de même chez l'animal passivement anaphylactisé, dès que le sérum qui doit l'anaphylactiser passivement s'est résorbé et est entré dans la circulation.

Bien plus, si, comme le veut Richet, les accidents anaphylactiques sont dus à un poison nouveau (apotoxine) formé par l'union de la toxogénine et de l'antigène, ce poison nouveau doit pouvoir se produire par le mélange *in vitro*. C'est ce que l'expérience a démontré, appuyant ainsi l'hypothèse primitive de Richet : ce dernier attribue une importance capitale à ces faits d'anaphylaxie causée par le mélange *in vitro*. Il en a donné la démonstration complète en 1907 et en 1908 en mélangeant du sang de chien anaphylactisé avec les substances anaphylactisantes (mytilo-congestine ou crépitine) : le mélange provoquait chez des chiens neufs des accidents immédiats absolument analogues à ceux produits dans l'anaphylaxie active. L'expérience ne réussit pas avec l'actino-congectine; mais dans les autres cas, il est certain : 1° que le sang des anaphylactisés seul est inoffensif; 2° que ce sang devient immédiatement toxique par son mélange avec des doses inoffensives d'antigène; 3° que ce résultat décèle un poison du système nerveux agissant sur des animaux neufs et différant à la fois de l'antigène et de la toxogénine,

Avec le sérum employé comme antigène, Friedmann, Biedl et Kraus, Briot, ont reproduit les mêmes faits d'anaphylaxie par mélange *in vitro*; par conséquent, il n'est pas nécessaire d'injecter séparément et avec un intervalle de 24 heures les deux substances. Il est probable que les auteurs (Rosenau et Frost), qui ne sont pas de cette opinion, se sont placés dans d'autres conditions d'expérience; il s'agit probablement de différences de dose entre les diverses injections. Anderson et Frost ont, en effet, des expériences où ils ne peuvent pas reproduire l'anaphylaxie passive par un mélange de sérum de cheval avec celui de cobayes anaphylactisés à ce sérum; ils ne l'ont observé qu'avec 24 heures d'intervalle entre les deux injections.

Avec les microbes comme antigène toxique et le sérum antimicrobien correspondant, on a des résultats variables (voir page 614). Si on les mélange, on obtient, dans certaines conditions, l'*anaphylotoxine* de Friedberger, substance directement toxique; celle-ci se forme dans les mêmes conditions si l'antigène considéré est lui-même un sérum au lieu d'être un microbe. (Pour la discussion de cette importante question, voir page 644.)

4° **Hérédité de l'anaphylaxie.** — Une conséquence de la réalité de l'anaphylaxie passive est la transmission de l'anaphylaxie de la mère au fœtus.

Dès 1891, Jules Courmont écrivait, à propos des toxines prédisposantes qu'il avait découvertes : « les enfants d'une mère tuberculeuse naissent dans le même état que les lapins ou les cobayes que l'on imprègne de produits solubles (favorisants); saturés pendant toute la gestation de produits prédisposants versés dans le torrent circulatoire par les bacilles de la lésion maternelle, ils constituent un terrain sain en apparence et cependant bien préparé à se laisser infecter à la première occasion où ils recevront le premier contage tuberculeux ».

Rosenau et Anderson ont observé la transmission maternelle de l'anaphylaxie sérique, aussi bien lorsque les injections de sérum à la mère étaient faites avant qu'après la conception; l'hérédité conceptionnelle est donc certaine en dehors de l'hérédité utérine. Ils n'ont pas pu obtenir l'hérédité par le mâle, tandis que Schenk, confirmant d'ailleurs Rosenau sur les autres points, a constaté cette hérédité paternelle.

Gay et Southard, Lewis, Belin ont étudié très complètement cette question de l'hérédité de l'anaphylaxie.

Cette hérédité ne se prolonge pas très longtemps; pendant quelques semaines ou quelques mois seulement.

La sensibilisation des petits cobayes nés d'une mère anaphylactisée par du sérum (âne ou bœuf) est prouvée par une élégante expérience de Belin : il mélange l'encéphale de ces petits cobayes avec du sérum de bœuf ou d'âne et le mélange est immédiatement toxique pour des cobayes neufs. Étant donné que ni le foie, ni les thyroïdes, ni les surrénales mélangés au sérum ne donnent, comme le cerveau, un produit toxique, Belin conclut que le fœtus sensibilisé passivement par sa mère fixe la toxogénine dans les cellules encéphaliques.

Des expériences analogues d'anaphylaxie héréditaire ont été faites avec des toxines microbiennes. On voit l'importance de ces faits déjà prévus par J. Courmont, puis Rosenau et Anderson pour l'hérédité de la prédisposition aux maladies infectieuses. Landouzy a attiré l'attention récemment encore (Congrès de la tuberculose, Bruxelles, 1910) sur la transmission héréditaire de la prédisposition à la tuberculose; peut-être y a-t-il là une sorte d'anaphylaxie héréditaire.

L'anaphylaxie ne semble pas se transmettre par l'allaitement (Rosenau et Anderson).

Quant à l'antianaphylaxie, il n'est pas étonnant qu'elle ne se transmette pas héréditairement (Rosenau et Anderson), puisqu'on ne peut pas la transmettre passivement par le sérum.

CHAPITRE II

SYMPTOMATOLOGIE, LÉSIONS ET PHYSIOLOGIE PATHOLOGIQUE DES ACCIDENTS DE L'ANAPHYLAXIE

Cette étude de l'anaphylaxie expérimentale est indispensable et doit être séparée de l'étude de l'anaphylaxie chez l'homme.

C'est en effet l'expérimentation qui a découvert les faits essentiels et leur physiologie pathologique; d'autre part, il faut distinguer les faits expérimentaux de ceux que révèle la clinique humaine; on ne peut, en effet, toujours conclure de l'animal à l'homme, et il faut laisser leur autonomie aux faits proprement médicaux.

§ 1. — Symptomatologie chez l'animal.

Dans les faits typiques d'anaphylaxie, l'état de sensibilité ne survient qu'après une première injection du toxique et au bout d'une période d'incubation après laquelle une seconde injection détermine des accidents et souvent la mort.

La caractéristique des accidents en question, dans l'anaphylaxie aiguë, sont les suivants : soudaineté d'apparition; tableau général grave constitué surtout par des symptômes d'ordre nerveux, respiratoire et circulatoire. L'animal est saisi brusquement par des troubles dyspnéiques et cardiaques (hypotension, tachycardie, infructueux efforts respiratoires), puis par les symptômes nerveux moteurs (affaissement, paralysies, contractures parfois); le sujet présente souvent des vomissements et de la diarrhée sanglante, et il meurt dans une sorte de collapsus, avec hypothermie et hypotension considérables. Ce tableau de l'anaphylaxie générale est le plus fréquent; mais on peut avoir d'autres accidents, dont les modalités sont différentes suivant les animaux.

L'anaphylaxie peut également être *générale* ou *locale*, *aiguë* ou *chronique*.

L'anaphylaxie chronique consiste en troubles généraux avec affaiblissement et cachexie progressive; nous en verrons des exemples chez certains animaux.

1° Anaphylaxie chez les différents animaux. — A) ***Anaphylaxie chez le chien.*** — Elle a été la première étudiée en détail par Richet, en 1902, avec divers poisons d'origine animale ou végétale (actino-congestine, mytilo-congestine, crépitine), puis par Arthus avec les sérums.

a) *Anaphylaxie aux toxines de Richet.* — Dès qu'il est inoculé, l'animal s'agite, se gratte la tête et les flancs (prurit), puis est pris bientôt de dyspnée, tachycardie et phénomènes gastro-intestinaux. L'accélération de la respiration est constante, de même que celle des mouvements du cœur. L'animal vomit souvent au bout de quelques secondes à peine, et ces vomissements sont caractéristiques pour Richet; ils sont spumeux, bilieux, quelquefois fécaloïdes et parfois sanglants. Peu après apparaît une diarrhée liquide, sanglante (souvent du sang presque pur) avec coliques et ténesme rectal. En même temps surviennent les symptômes nerveux : l'animal chancelle, laisse traîner le train de derrière avec paraplégie évidente; la pupille se dilate, les yeux sont hagards, et, après quelques cris, le chien tombe à terre, perdant urines et matières sanglantes, épuisé, ne réagissant plus aux excitations même douloureuses, avec cécité psychique absolue. Souvent l'animal meurt en quelques heures (rarement en moins de deux) avec les symptômes énumérés, des battements cardiaques très affaiblis et une respiration asphyxique.

Si l'animal ne meurt pas, il se remet, et plus rapidement qu'on ne l'aurait cru. Dans ce cas, au bout d'une demi-heure environ, il se redresse, titubant, mais reprenant conscience et sensibilité, et se rétablit peu à peu, malgré la persistance de la diarrhée.

On voit que l'ensemble de ces symptômes est constitué surtout par des phénomènes d'ordre nerveux et surtout vaso-dilatateurs abdominaux (diarrhée sanglante, hypotension, tachycardie). Nous verrons, en effet, les seules lésions constantes être des lésions hémorragiques des viscères.

Le retour rapide à l'état normal, observé également par Arthus sur le lapin et beaucoup d'expérimentateurs chez le cobaye, est surprenant après des manifestations aussi graves. Richet fait remarquer que l'issue et l'évolution des accidents n'est pas modifiée en injectant 3 et même 10 fois la dose, dès que l'état anaphylactique est déclaré : on peut voir de violents accidents causés par une dose moyenne disparaître, alors qu'on vient de donner une autre dose plus forte. Il s'agit donc d'un syndrome aigu violent qui se déroule comme de lui-même une fois commencé, sans être influencé par une nouvelle dose; c'est là quelque chose de tout à fait caractéristique de l'intoxication anaphylactique.

Les animaux peuvent présenter aussi une anaphylaxie chronique : le chien reste affaibli avec diarrhée, inappétence absolument complète et meurt au bout de quelques jours. Il semble pour Richet qu'il y ait là une conséquence surtout des lésions intestinales, de l'inanition qui s'en suit, et de la résorption toxique du sang intestinal.

Ces accidents sont toujours calqués sur le même modèle, qu'il s'agisse d'actino-congectine, de mytilo-congectine ou de crépitine, comme si le poison finalement formé dans l'organisme était toujours le même, quelle que soit la substance inoculée dans les conditions de l'anaphylaxie (2 injections séparées par une période d'incubation d'ailleurs variable).

Il faut bien remarquer aussi que la plupart de ces accidents ne sont pas exactement ceux qu'aurait déterminés une dose unique mortelle de la substance injectée. Ils en diffèrent d'abord par leur soudaineté : alors que les accidents déterminés par la substance toxique injectée en une seule fois ne sont pas immédiats, les accidents anaphylactiques suivent immédiatement la seconde inoculation.

Ils en diffèrent ensuite par leur modalité, car les mêmes animaux injectés en une seule fois avec une dose toxique n'auraient eu tout d'abord qu'un peu d'abattement, des coliques et de la diarrhée passagère, ce n'est que 24 heures après que seraient survenus des phénomènes gastro-intestinaux hémorragiques, de l'hypothermie et la mort au bout de trois jours.

b) *Anaphylaxie avec le sérum*. — Elle a été étudiée par Arthus.

Chez un chien, sensibilisé par des injections sous-cutanées répétées de sérum de cheval, une injection intra-veineuse de ce sérum détermine seulement une chute brusque et considérable de la pression artérielle avec atténuation des oscillations cardiaques et de l'incoagubilité du sang, mais avec conservation du rythme cardiaque et du rythme respiratoire normaux.

Arthus a de même obtenu chez le chien l'anaphylaxie au blanc d'œuf et à la peptone de Witte (ovo-anaphylaxie, pepto-anaphylaxie); il n'a jamais obtenu de réaction locale comme il l'a observé chez le lapin.

Toutes ces réactions anaphylactiques chez le chien sont spécifiques; un animal sensibilisé par une première injection d'une de ces substances ne réagit qu'à la seconde injection de la même substance.

B) ***Anaphylaxie chez le lapin***. — Elle a été étudiée dès 1903 par Arthus principalement avec le sérum de cheval. Ce sérum n'est toxique pour le lapin à faible dose (1 cc. environ par injection) que si on a préalablement inoculé l'animal par des injections répétées également minimes (1 cc.) du même sérum. On peut avoir une anaphylaxie générale ou locale.

Dans les cas graves l'animal devient rapidement agité, se couche, présente de la polypnée (200 à 250 respirations diaphragmatiques, petites, régulières sans mouvements thoraciques); il évacue d'abondantes matières solides; puis surviennent des symptômes nerveux, des mouvements convulsifs des pattes; enfin l'animal devient immobile, cesse de respirer et meurt rapidement en quelques minutes. Le phénomène capital est l'abaissement considérable de la pression artérielle entraînant la suppression de l'urine.

Dans d'autres cas le lapin semble se rétablir, mais devient cachectique et meurt d'anaphylaxie chronique.

Si les injections sont faites sous la peau on observe des accidents d'anaphylaxie *locale* qu'Arthus a été le premier à observer (c'est ce qu'on appelle phénomènes d'Arthus). Ils sont constitués par des troubles de nutrition de la peau, des œdèmes et finalement de la gangrène.

Comme chez le chien, Arthus a provoqué de l'ovo-anaphylaxie, de la pepto-anaphylaxie et même de la gélatino-anaphylaxie avec des accidents à peu près superposables aux accidents locaux ou généraux précédents. L'auteur en concluait qu'il s'agissait dans tous ces cas d'une intoxication par des substances protéiques et que cette intoxication n'est pas spécifique comme chez le chien.

Arthus a obtenu l'anaphylaxie à ces substances protéiques par des substances non toxiques ni par elles-mêmes en première injection, ni en seconde injection chez des animaux sensibilisés par elles; il a utilisé pour cela le glycocolle et le sérum chauffé à 100 degrés après dilution. Ces substances semblent donc être anaphylactisantes mais non toxiques. Toute cette étude sur le lapin est du plus haut intérêt.

C) ***Anaphylaxie chez le cobaye.*** — Cet animal a servi à la plupart des expériences d'anaphylaxie faites par milliers depuis quelques années. Nous étudierons surtout les symptômes anaphylactiques dus aux sérums.

a) *Anaphylaxie du cobaye aux sérums.* — Nous sommes le premier expérimentateur qui ait observé l'anaphylaxie soit chez le cobaye, soit avec une sérosité albumineuse. Nous avons montré en 1900 que des cobayes injectés avec de petites doses (1 cc.) de sérosité d'épanchement de pleurésie tuberculeuse mouraient au bout de quelques jours après avoir reçu seulement quelques centimètres cubes de ce sérum, alors qu'ils auraient pu être inoculés sans accident par une seule dose massive 4 à 5 fois plus forte (20, 30 cc.). Les lésions observées étaient uniquement de la congestion gastro-intestinale, souvent avec petits points hémorragiques (voir page 599).

En 1904, Otto en Allemagne, Rosenau et Anderson en Amérique font chacun de leur côté une étude magistrale de l'anaphylaxie du cobaye au sérum de cheval. L'anaphylaxie peut être déterminée par des injections cutanées, péritonéales, intra-veineuses; mais, pour observer un tableau d'anaphylaxie aiguë mortelle, c'est la voie intra-veineuse ou mieux encore cérébrale sub-durale (Besredka) qu'il faut utiliser pour la seconde injection.

La forme suraiguë, déterminée surtout par voie cérébrale, est caractérisée par la mort de l'animal survenant en quelques minutes avec des phénomènes nerveux, des attaques convulsives, des troubles cardio-respiratoires (choc anaphylactique). D'autres fois, dans la forme aiguë simple, la mort ne survient qu'en une demi-heure ou une heure et on a le temps d'observer les symptômes suivants : agitation, prurit du museau que l'animal gratte avec énergie; agitation puis affaissement, paralysie du train postérieur, parfois convulsions tétaniques; émission d'urine et de matières, enfin, épuisement et paralysie terminale avec persistance de la polypnée et la tachycardie. D'autres fois encore le cobaye ne montre qu'un peu d'affaissement, du hérissement des poils, de l'accélération respiratoire et cardiaque, une ou deux émissions d'urine et il se remet peu à peu (injection seconde sous-cutanée ou péritonéale). Enfin, la forme chronique s'observe aussi : symptômes atténués précédents, amaigrissement mort au bout de quelques jours.

On peut déterminer aussi des phénomènes d'anaphylaxie locale : rougeur, œdème, et enfin nécrose gangréneuse, au point de l'injection (Lewis).

Un phénomène très étudié chez le cobaye est l'hypothermie. H. Pfeiffer et Mita ont fait une analyse minutieuse de la température du cobaye après la seconde injection anaphylactique : il y aurait une concordance absolue entre les accidents anaphylactiques et l'hypothermie, en cas de survie. Les accidents apparaissent quand l'abaissement thermique atteint 3°,5 et sont d'autant plus marqués que cet abaissement est plus grand. Ces auteurs ont même proposé de mesurer, de doser l'anaphylaxie par l'intensité et la durée de l'hypothermie. Mais leurs formules précises ne sont probablement exactes que dans des conditions expérimentales rigoureuses qui sont difficiles à employer, car la température du cobaye est sujette à de grandes variations accidentelles.

Un autre phénomène très discuté est celui d'Auer et Lewis, constaté pour la première fois par ces auteurs et généralement confirmé : les poumons des cobayes morts d'anaphylaxie restent gonflés, immobilisés par spasme des petits muscles bronchiques.

Nous en discuterons plus loin l'importance physiologique; Richet ne l'a pas observé chez le chien.

Le cobaye est un animal de choix pour l'étude non seulement de l'anaphylaxie active, mais encore de l'anaphylaxie passive.

b) *Anaphylaxie du cobaye aux diverses substances.* — Presque toutes les substances qui ont été éprouvées au point de vue de l'anaphylaxie l'ont été chez le cobaye. Il a servi à presque toutes les expériences de ce genre avec les microbes, les toxines microbiennes, ou les produits pathologiques venant des malades. Les symptômes observés sont toujours ceux de l'anaphylaxie aiguë ou chronique que nous avons décrits; mais leur tableau est plus ou moins complet.

Des discussions fréquentes se sont élevées pour savoir si tel ou tel syndrome plus ou moins complexe d'accidents et suivi de mort, survenu chez le cobaye, devait être attribué ou non à l'anaphylaxie et en était le critérium. C'est ainsi que certains auteurs n'admettent l'anaphylaxie que lorsqu'il y a phénomènes graves et tableau complet, refusant le nom d'anaphylactique aux accidents toxiques qui ne s'accompagnent pas du phénomène de Auer et Lewis (discussion à propos de l'Anaphylotoxine, voir p. 644); d'autres au contraire admettent comme critérium d'anaphylaxie des symptômes légers tels que l'hypothermie (Pfeiffer).

Il est certain que l'anaphylaxie provoque des accidents très variés; mais il est parfois imprudent de lui attribuer ceux que l'on observe si l'on n'a pas fait la preuve rigoureuse de leur absence chez des témoins.

D) ***Anaphylaxie chez le bœuf.*** — Alexandrescu et Ciuca (1910) ont observé soixante et dix mille animaux deux fois vaccinés avec du sérum anti-charbonneux. Les accidents ont eu lieu dans 10 pour 100 des cas avec un seul fait de mort. On peut observer plusieurs formes : la forme foudroyante avec dyspnée, œdème énorme des mamelles, cyanose des muqueuses, jetage et salivation, contraction des membres et chute de l'animal : forme moyenne, avec dyspnée, œdème pulmonaire, vertiges, ou bien simplement avec prurit, urticaire et course impulsive; enfin forme légère, simplement avec œdème des muqueuses et rumination.

2° **Incubation. Durée de l'anaphylaxie.** — Une condition essentielle de l'anaphylaxie typique est la nécessité d'une période d'incubation. Celle-ci est très variable et dépend de la substance inoculée, de la porte d'entrée, de la dose injectée et de l'animal.

Richet donne les moyennes suivantes pour les chiens injectés dans les veines avec les toxines végétales ou animales :

	Mytilo-congestine.	Actino-congestine.	Crépitine.
	—	—	—
Début de l'anaphylaxie.	10e jour.	12e jour.	28e jour.
Maximum	15e —	28e —	36e —

L'auteur fait remarquer que la durée d'incubation pour ces trois poisons répond assez bien à la différence de durée de leur action toxique : la mort survient en effet au quatrième jour par la mytiline ; au septième jour pour l'actinine ; au quinzième jour pour la crépitine (chien, lapin, cobaye).

Chez le cobaye et avec le sérum de cheval, l'anaphylaxie ne débute pas avant le septième jour, elle augmente du septième au dixième, est maxima à partir du quatorzième (Rosenau et Anderson) ; Lewis a obtenu l'anaphylaxie au sixième jour par injection dans le cœur.

Chez le lapin, avec le sérum de cheval, Arthus ne constate pas l'anaphylaxie avant le neuvième jour.

La question des doses est assez importante. Avec le sérum, les petites doses sont celles qui sensibilisent le mieux ; de fortes doses en effet retardent l'apparition de l'état anaphylactique au lieu de l'accélérer (Otto, Besredka).

Mais avec des doses par trop faibles, on augmente également la durée de l'incubation jusqu'à 11 jours (Otto), 12 jours (Besredka), 14 jours (Gay et Southard).

Nous verrons qu'on peut retarder l'anaphylaxie ou même la supprimer par des injections répétées avant l'époque de son apparition (voir les détails plus loin : Anti anaphylaxie, page 630).

Un point fort intéressant est de savoir si la période d'incubation est tout à fait silencieuse et sans aucun symptôme anormal. En réalité, il se passe certains phénomènes jusqu'ici peu étudiés. On a constaté par exemple l'amaigrissement des lapins injectés avec du sérum ou des chiens injectés avec les toxines de Richet. Ces derniers animaux notamment sont très éprouvés par la première injection du toxique bien qu'elle soit très faible ; au bout de plusieurs mois, ils n'ont pas repris leur poids normal et, même au bout de six mois, ceux empoisonnés avec la crépitine ont de l'hyperleucocytose. Ces phénomènes toxiques sont peut-être indépendants de ceux qui produisent lentement et sourdement l'anaphylaxie : mais il est presque impossible de séparer les uns des autres, surtout lorsque la première injection est toxique.

Il est certain en tout cas qu'il se passe toute une série de modifications intimes ayant pour résultat la transformation humorale et peut-être organique du sujet inoculé.

Nous verrons que ces transformations se révèlent par l'apparition des anticorps facteurs probables de l'anaphylaxie comme ils le sont de l'immunité : il y a formation d'une substance nouvelle, qu'on l'appelle anticorps, ou toxogénine, ou autrement.

Il est possible que l'anaphylaxie puisse être décelée par des symptômes minimes lorsqu'on fait la 2e injection avant la fin de l'incubation.

La *durée* de l'anaphylaxie est très variable, mais on peut dire qu'elle est relativement très étendue.

Avec l'actino congestine Richet a observé une anaphylaxie très forte chez le chien au 135e jour (mort en 15 minutes après injection seconde d'un dixième de dose mortelle). Avec le sérum de cheval, Rosenau et Anderson ont vu un cobaye garder sa sensibilité 1096 jours, c'est-à-dire un peu plus de 3 ans; ces auteurs estiment qu'un cobaye peut donc garder *toute sa vie* l'hypersensibilité communiquée par une seule et minime injection de sérum. Chez l'homme, Curie indique un fait d'accident anaphylactique par une injection de sérum 1817 jours après la première.

Cette empreinte durable de l'organisme après une injection unique non toxique par elle-même est une des particularités les plus frappantes de l'anaphylaxie.

3° **Anaphylaxie locale.** — Elle a été constatée surtout sur la peau et les muqueuses. Les lésions varient depuis la rougeur, l'érythème, jusqu'à la plaque de nécrose et de gangrène. Voir Anaphylaxie chez le lapin (p. 583), Anaphylaxie à la tuberculine (p. 615).

§ 2. — Lésions et physiologie pathologique des accidents anaphylactiques.

On a tenté de faire une synthèse de l'ensemble des accidents anaphylactiques et d'en donner une explication univoque. Il serait fort important d'être fixé sur ce point, soit pour élucider le mécanisme intime de l'anaphylaxie, soit pour en prévenir pratiquement les accidents.

1° **Anatomie pathologique des animaux morts d'accidents anaphylactiques.** — Les lésions des animaux morts en état de choc ont été étudiées tout d'abord par Richet dès 1902. Il ne constata que des lésions hémorragiques des divers organes et notamment de tout le tractus gastro-intestinal avec infiltration hémorragique surtout de la muqueuse de l'intestin. En 1907, Gay et Southard, à la suite des travaux de Rosenau et Anderson, de Otto, étudient minutieusement les lésions des cobayes réinjectés avec du sérum de cheval ; ce sont les mêmes lésions hémorragiques disséminées, surtout stomacales. Ils trouvent des lésions microscopiques correspondantes, des altérations graisseuses des fibres musculaires, du cœur, etc..., et pensent avoir trouvé le substratum cellulaire des phénomènes. Mais Rosenau et Anderson font remarquer que ce sont des lésions hémorragiques par vaso-dilatation, non caractéristiques, et pouvant être reproduites par différentes intoxications, et même par l'asphyxie mortelle du cobaye par CO^2; pour eux, l'une des lésions les plus remarquables de la maladie du sérum est un œdème angioneurotique, et on pourrait concevoir de pareilles lésions au niveau des centres respiratoires pour expliquer les phénomènes dyspnéiques.

En 1909, Tscharnotzky étudie en détail ces lésions et les trouve banales et peu satisfaisantes au point de vue pathogénique. Il remarque comme Rosenau et Anderson que les lésions hémorragiques macroscopiques et une partie des altérations décrites par Gay et Southard peuvent manquer lorsqu'on emploie la voie intra-cérébrale pour la réinoculation du cobaye; dans ce cas, en effet, la mort est très rapide, tandis que Gay et Southard employant la voie péritonéale avaient des survies plus grandes et des altérations plus prononcées.

Faure-Beaulieu et Villaret, chez quatre chiens morts d'anaphylaxie par les toxines de Richet, ne trouvent pas de lésions intéressantes, si ce n'est une réplétion sanguine du système porte et de la circulation abdominale; rien au système nerveux, ni aux organes hématopoiétiques.

Nous ferons remarquer aussi que les lésions hémorragiques intenses avec suffusion et infiltration de la muqueuse intestinale sont observées dans un grand nombre d'intoxications aiguës par des toxines variées, toxines diphtérique ou tétanique (J. Courmont, Doyon et Paviot), par la sueur (Arloing), par le sérum toxique d'anguille, etc.... Les mêmes ont été signalées par Arloing dans la réinfection par le bacille de Koch. La muqueuse intestinale réagit dans tous ces cas soit comme voie d'élimination des toxiques, soit simplement par vaso-dilatation intense sous l'influence d'excitations nerveuses combinées peut-être à des infections locales.

Auer et Lewis ont insisté sur l'état des poumons (cobaye) : ceux-ci, lorsque la mort a été rapide, sont distendus en inspiration, si bien que le diaphragme est repoussé; ils ne s'affaissent pas lorsqu'on ouvre le thorax et lorsqu'on les enlève en bloc; leur couleur est rose pâle, leur surface polie; il n'y a pas d'écume dans la trachée et les grosses bronches; les morceaux flottent sur l'eau et donnent de l'air et peu de suc à l'expression; le sang du cœur et des poumons est noir lorsque l'autopsie est faite tout de suite après l'arrêt de la respiration.

2° **Physiologie pathologique des accidents.** — Les symptômes prédominants dans les principales expériences sont des symptômes d'ordre nerveux : troubles moteurs (pas de troubles sensitifs objectifs), troubles psychiques (chien, cécité psychique) et surtout troubles vasomoteurs caractérisés par une hypotension considérable. A ceux-ci s'ajoutent les troubles respiratoires, l'asphyxie, les troubles cardiaques, l'abaissement de la température que nous avons signalés, et aussi des modifications du sang (incoagubilité, troubles de la leucocytose).

L'explication de ces symptômes est facile pour certains d'entre eux, qui sont secondaires, par exemple l'hypothermie qui se manifeste ici comme dans les intoxications brutales par les différentes toxines, et qui se retrouve dans les syndromes réduits de l'anaphylaxie non mortelle.

Les hémorragies et l'hypotension sont les phénomènes sur lesquels depuis Richet ont insisté beaucoup de physiologistes (Arthus, Biedl et Kraus, etc.). La synthèse des explications proposées ne peut encore se faire complètement; nous ne pouvons que donner les opinions et les arguments des différents auteurs :

A) ***Rôle du système nerveux central.*** — Pour Richet, comme l'indiquent ses premières publications, l'intoxication frappe surtout les centres nerveux et le cerveau : l'apotoxine porterait son action principalement au niveau des centres ou s'y formerait.

Pour d'autres auteurs, les phénomènes du choc anaphylactique seraient dus surtout à la combinaison brusque dans le cerveau des deux substances produisant l'anaphylaxie (toxogénine et toxine de Richet), et les accidents peuvent être en effet évités chez le cobaye par l'anesthésie à l'éther (Besredka). Cette expérience semble décisive quant au rôle essentiel des centres nerveux. Mais Rosenau et Anderson ont vu que les cobayes peuvent mourir sous anesthésie si on augmente la dose de sérum; Biedl et Kraus montrent que l'hypotension caractéristique existe aussi marquée malgré l'anesthésie. Cette dernière ne ferait donc que masquer un certain nombre de phénomènes extérieurs et n'empêcherait pas les accidents essentiels ou du moins certains d'entre eux tels que l'hypotension. De même, lorsque les autres symptômes du choc anaphylactique sont absents, dans les conditions ordinaires, sans anesthésie, l'hypotension se produit toujours (Arthus).

B) ***Hypotension et modifications du sang.*** — Tout le monde est d'accord (Richet) sur la précocité, l'intensité et la constance de l'abaissement considérable de la pression dans l'anaphylaxie. Mais tandis que pour Richet elle est d'origine centrale, pour certains physiologistes (Biedl et Kraus surtout) elle est d'origine périphérique et constitue le symptôme essentiel des accidents anaphylactiques : et ces accidents seraient ainsi les mêmes que ceux causés par l'injection intra-veineuse de peptone, l'incoagulabilité du sang dans les deux cas venant compléter l'analogie.

Les arguments de Biedl et Kraus sont les suivants : 1° l'anesthésie ne supprime pas l'hypotension, il ne s'agit donc pas d'un phénomène d'ordre cérébral; 2° il y a paralysie des vaso-moteurs périphériques, car l'excitation du centre vaso-moteur ou des terminaisons du splanchnique est inefficace; 3° une injection de chlorure de baryum, substance qui agit sur les fibres lisses, élève la pression sanguine et fait cesser les accidents d'intoxication; le chlorure de baryum agirait même injecté préventivement avant la seconde injection; 4° les injections d'adrénaline qui ont une action sur les terminaisons nerveuses ne relèvent pas la pression sanguine. L'abaissement de la pression sanguine serait donc dû à une paralysie des fibres lisses des vaisseaux.

Pour les mêmes auteurs et pour Arthus, si l'on compare l'intoxication par les injections intra-veineuses de peptone aux accidents anaphylactiques, on est frappé d'une similitude presque complète entre les deux syndromes : abaissement de la pression artérielle avec les mêmes modalités physiologiques (expériences et arguments précédents), incoagulalité du sang. Aussi Arthus écrit : « La réaction anaphylactique est une intoxication protéique ou plus exactement est l'*intoxication protéique*. L'état anaphylactique est l'état de sensibilité à l'intoxication protéique; la préparation anaphylactique est l'ensemble des opérations rendant l'animal sensible à l'intoxication par une protéine inoffensive pour l'animal neuf »; Arthus plaide donc contre la spécificité de l'anaphylaxie. Ayant constaté, chez le lapin, des phénomènes identiques avec les diverses protéines injectées après incubation anaphylactique ou même directement (peptone); ayant constaté la sensibilisation réciproque de ces animaux par la peptone au sérum et par le sérum à la peptone, il conclut : les lapins anaphylactisés par une liqueur albumineuse quelconque se comportant de façon identique à la suite de l'injection intraveineuse de sérum, à l'intensité près; « *il n'y a pas des anaphylaxies, il y a une anaphylaxie, un état anaphylactique* ». Et l'auteur insiste sur les analogies entre les accidents anaphylactiques et ceux qui sont produits chez le chien par des injections intra-veineuses de sérum d'anguille, de protéoses, de macérations d'organes (foie, rein, intestins, muscles, etc.); dans tous ces cas comme dans les accidents anaphylactiques : chute de pression, incoagubilité du sang, prostration profonde. Arthus ne fait d'ailleurs pas dépendre tous ces symptômes d'un seul et unique phénomène primitif; car il arrive à dissocier les symptômes de l'intoxication anaphylactique, et à obtenir séparément les uns ou les autres plus ou moins atténués.

Richet conteste un grand nombre des arguments précédents, il pense que les accidents de l'anaphylaxie sont quelque chose de plus qu'un abaissement de la pression artérielle, qu'ils sont liés à un état spécial du système nerveux central et que la vaso-dilatation n'est pas un phénomène périphérique primitif mais bien secondaire et d'origine centrale. Il admet d'ailleurs qu'il peut y avoir en même temps paralysie périphérique des vaso-moteurs. Quant au rôle des peptones et à l'assimilation des accidents anaphylactiques à l'intoxication peptonée, il critique plusieurs points de la théorie d'Arthus et fait remarquer à juste titre que les expériences faites sur le lapin ne donnent pas les mêmes résultats que sur le chien ou d'autres animaux, et que dans un très grand nombre de cas l'anaphylaxie est spécifique vis-à-vis des diverses substances albuminoïdes, au moins dans une certaine mesure.

Il est certain que la grande variabilité des phénomènes anaphylactiques, suivant les animaux et suivant les substances employées et les doses inoculées, rend difficile des conclusions générales absolues. Mais il est certain aussi que, si le mécanisme général des accidents causés par les protéoses dans le choc anaphylactique et dans l'intoxication directe présentent de grandes analogies, la *spécificité tout au moins relative* des réactions anaphylactiques indique un processus spécial dans leur préparation et dans le déterminisme de leur déchaînement ou de leur absence : c'est la grande différence avec la modalité uniforme de l'intoxication peptonée.

A côté de l'incoagubilité, d'autres modifications du sang peuvent avoir un certain rôle dans la production de l'anaphylaxie. Une *hyperleucocytose* durable a été constatée par Richet, pendant plusieurs mois, chez ses chiens préparés par une première injection de toxine. D'autre part, il semble y avoir un rapport assez curieux entre la leucocytose et l'anaphylaxie par le tube digestif. Pour Lasablière et Richet, l'anaphylaxie alimentaire ne se produit que si le passage des albumines étrangères a déterminé de la leucocytose, au moment soit de l'injection primaire, soit de l'injection secondaire. Argaud et Billard ont vu que l'inanition complète du lapin pendant quatre jours amène de l'hypoleucocytose; or, précisément, cette inanition empêche l'anaphylaxie chez le lapin (Lesné et Dreyfus). Mais il ne faut pas exagérer l'importance directe des phénomènes leucocytaires dans l'anaphylaxie, car d'autres auteurs (Weiss et Tsuru) ont noté chez le cobaye de la leucopénie pendant le choc anaphylactique. On sait, d'autre part, que la leucocytose invoquée comme un des facteurs essentiels de l'immunisation, n'est plus considérée comme un phénomène essentiel et indispensable : nous l'avons démontré avec Nicolas dans l'immunisation du cheval contre la toxine diphtérique.

Les phénomènes de leucocytose et d'incoagulabilité du sang sont probablement des phénomènes accessoires. Lesné et Dreyfus ont vu que l'incoagulabilité provoquée chez le lapin avec l'hirudine n'empêche pas les accidents anaphylactiques,

C) **Pathogénie de l'asphyxie et des troubles respiratoires.** — Les troubles respiratoires et l'asphyxie terminale sont constants dans l'anaphylaxie au moins chez le cobaye. Rosenau et Anderson l'attribuaient à une intoxication des centres respiratoires par la substance protéique qui a sensibilisé l'animal; ils avaient observé, en effet, que le cœur des cobayes continue à battre jusqu'à une heure après l'arrêt de la respiration.

Auer et Lewis invoquent un autre mécanisme : ils observent que l'asphyxie chez le cobaye est due à l'immobilisation des poumons par une constriction tétanique des petits muscles des bronchioles; le sang est noir, et le poumon ne s'affaisse pas, même à l'ouverture du thorax; cet état du poumon entraînerait l'asphyxie par un mécanisme analogue à celui de l'asthme chez l'homme; l'animal ne pourrait pas mettre son poumon en état d'expiration et mourrait comme étranglé. Cet état de constriction des bronches serait d'origine périphérique, car ni la section de la moelle, ni la section des nerfs vagues, ni la curarisation n'empêchent le phénomène. Les travaux de ces auteurs sont fort intéressants et accompagnés de tracés très suggestifs.

Certains auteurs, avec Kraus, attribuent une valeur spécifique au phénomène d'Auer et Lewis, au point de refuser le nom d'accidents anaphylactiques à ceux qui ne s'accompagnent pas de cet état de poumon chez le cobaye. D'autres contestent son importance. Richet incline à penser que l'asphyxie est d'origine hématique et que le sang intoxiqué ne peut maintenir la vie des cellules nerveuses. En tout cas, il fait des réserves sur la valeur de l'opinion d'Auer et Lewis : il ne constate pas le même phénomène chez le chien et ne comprend pas comment l'asphyxie persiste malgré la respiration artificielle; il faudrait faire l'analyse du sang au point de vue de l'oxygène pour prouver l'asphyxie malgré la respiration artificielle. Il discute une expérience d'Auer et Lewis avec le sulfate d'atropine : les cobayes ayant reçu une forte dose d'atropine ne meurent pas d'anaphylaxie immédiate. Ce fait confirmé par Biedl et Kraus ne prouverait pas que l'atropine agisse uniquement en empêchant la contraction des fibres musculaires des bronches et qu'elle n'agisse pas sur le système nerveux. Doerr et Moldovan n'attachent pas non plus une importance essentielle à cette expérience d'Auer et Lewis (action de l'atropine) au point de vue spécificité de l'anaphylaxie, car ils l'ont observée dans l'intoxication par la peptone, par la saponine.

D) **Rôle des autres organes.** — On a cherché le rôle de certains organes dans l'anaphylaxie. Des expériences fort curieuses ont été faites par Césaris-Demel sur le *cœur* des animaux anaphylaxiés. Il isole le cœur de lapins ou de cobayes déjà sensibilisés avec certaines substances albuminoïdes (sérum, etc.) et expérimente sur un tel organe l'action seconde de ces mêmes substances lorsqu'on les mélange au milieu nutritif de Ringer-Locke. L'auteur conclut des faits observés : 1° qu'il existe un rapport entre la toxicité que les substances anaphylactisantes exercent sur le cœur isolé et la facilité d'anaphylactiser l'animal à ces substances; 2° que la sensibilisation de l'animal entraîne avec elle, dans quelques cas, une véritable et propre sensibilisation du cœur qui est augmentée vis-à-vis des substances sensibilisatrices. Il semble donc probable que l'état d'anaphylaxie modifie la sensibilité du cœur et probablement de son système nerveux autonome; ceci n'empêche pas d'ailleurs toutes les autres modifications nerveuses que nous avons étudiées.

Rosenau et Anderson ont cherché si l'ablation de la *rate* ou du *corps thyroïde* empêchait la production de l'anaphylaxie; ils n'ont eu que des résultats négatifs.

Signalons enfin les recherches de Manwaring pour lequel l'anaphylaxie est une auto-intoxication explosive ayant pour point de départ l'intestin et le foie.

E) **Pathogénie générale.** — Il est probable que chacun des auteurs précités est trop exclusif. Il nous paraît hors de doute que le déterminisme des symptômes essentiels des accidents anaphylactiques réside dans le système nerveux et qu'il faut faire probablement une part à la fois au système nerveux central et au système vaso-moteur périphérique. L'intoxication du système nerveux central et périphérique paraît évidemment être de même ordre dans l'intoxication directe par les protéoses, et dans l'intoxication ou le choc anaphylactique, réalisant ainsi un grand nombre de syndromes communs, déterminant dans les deux cas l'hypotension, la vaso-dilatation abdominale, l'hypothermie.

Ces réactions physiologiques et même le tableau d'ensemble qu'elles constituent ne sont pas spéciales aux accidents anaphylactiques, c'est-à-dire à ceux causés par des substances qui ne sont réellement offensives (à certaines doses) qu'après la sensibilisation du sujet pour une première inoculation.

Nous croyons qu'il est illusoire de chercher dans la forme des lésions organiques (comme Gay et Southard) ou dans la réaction spéciale d'un organe (comme Auer et Lewis pour le poumon), ou même dans un syndrome physiologique (syndrome d'hypotension brusque avec incoagulabilité du sang), la caractéristique des accidents anaphylactiques. Ce qui caractérise les accidents anaphylactiques, ce n'est pas leur modalité symptomatique ni leur physiologie immédiate, modalité et physiologie qu'ils partagent avec des accidents d'autre origine; c'est l'*ensemble des conditions pathogéniques* dans lesquelles ils se présentent, c'est le fait de n'apparaître que chez les sujets artificiellement sensibilisés, c'est leur spécificité relative, en un mot c'est leur *pathogénie générale*.

Si on adoptait un des critériums anatomique, symptomatique ou même physiologique immédiat que nous avons vu proposer, on serait obligé d'appeler accidents anaphylactiques les accidents absolument analogues de l'intoxication primitive directe par beaucoup de substances albuminoïdes toxiques telles que certains venins, certaines toxines, animales ou végétales, la peptone, toutes les protéoses; il n'y aurait dès lors aucune différence dans ces cas entre les termes « accidents toxiques » et « accidents anaphylactiques », ce qui est illogique, et contraire précisément à l'idée spéciale qu'on doit se faire de l'anaphylaxie à la suite de Richet, contraire à une conception qui a entraîné et dirigé tant de remarquables travaux.

Quant au mécanisme physiologique intime et spécial par lequel se produisent les modifications organiques qui, d'un sujet neuf, non sensible, font un sujet « sensibilisé », « anaphylactisé », à des substances qui seront désormais pour lui des toxines; quant à la *pathogénie spécifique*, pour ainsi dire de l'anaphylaxie, nous l'étudierons au chapitre IV.

CHAPITRE III

ANAPHYLAXIE AUX DIVERSES SUBSTANCES — ANAPHYLAXIE MICROBIENNE MALADIES ANAPHYLACTISANTES — ANTIANAPHYLAXIE

L'anaphylaxie présente une modalité et un déterminisme quelque peu différent, suivant les substances en cause; son importance en pathologie varie également suivant qu'elle s'exerce dans des cas relativement peu fréquents d'intoxication (alimentaire ou autres), d'injections d'albumines étrangères (sérums, extraits organiques), ou bien dans la pratique journalière des inoculations bactériologiques et dans les maladies infectieuses courantes (maladies aiguës cycliques, tuberculose, etc...).

Il nous faut donc étudier en détail et spécialement : 1° l'*anaphylaxie par les diverses albumines* alimentaires ou non (expérimentation et pathologie humaine); 2° l'*anaphylaxie par les microbes et toxines*, et l'application des données expérimentales à la pathogénie des *maladies infectieuses*, aiguës ou chroniques, de l'homme ; 3° l'*antianaphylaxie* ou état contraire à l'anaphylaxie.

§ 1. — Anaphylaxie aux diverses substances albuminoïdes, aux sérums, anaphylaxie alimentaire.

Nous séparerons ici les données expérimentales de l'anaphylaxie aux diverses substances, de leurs applications à la pathologie humaine qui seront plus facilement exposées ensuite.

1° Anaphylaxie expérimentale aux albumines et toxines diverses. — On a étudié expérimentalement les substances les plus diverses, naturelles ou artificiellement préparées : sérums, sérosités pathologiques, sécrétions diverses, lait, blanc d'œuf, cellules animales (globules rouges), extraits d'organes, albumines végétales, toxines d'origine animale ou végétale, venins, etc.

A) ***Sérums.*** — Depuis Arthus, Otto, Rosenau et Anderson, le plus grand nombre des expériences d'anaphylaxie ont été faites avec le sérum du sang des divers animaux et surtout le sérum de cheval. C'est avec ce dernier qu'ont été faites en partie les démonstrations de l'anaphylaxie locale, passive, héréditaire, de l'antianaphylaxie, de l'anaphylatoxine, etc.

Pour être anaphylactisant un sérum doit être d'espèce étrangère à celle de l'animal inoculé (sérum *hétérologue*). Richet a cherché chez le chien l'anaphylaxie avec des injections de sang d'animal de la même espèce (sérum *homologue*); il n'a rien obtenu, même avec de très fortes doses.

Au contraire, avec des sérums hétérologues, on peut anaphylactiser certains animaux avec des doses et pour des doses infinitésimales. Rosenau et Anderson ont montré ce fait extraordinaire que des cobayes peuvent être sensibilisés au sérum de cheval avec des doses qui sont des fractions minimes de centimètres cubes : la dose ordinaire dans leurs conditions d'expériences est de 0 gr. 01 de sérum de cheval; dans un cas, ils ont sensibilisé avec la quantité extraordinairement petite de 0 gr. 000 001. Ces doses sont encore plus petites qu'elles ne paraissent, car, comme le dit Richet, la substance active contenue dans le sérum n'en présente peut-être que le 100e ou le 1000e. La dose d'injection seconde peut être également très faible : un centimètre cube dans le péritoine, 1/4 de centimètre cube par voie cérébrale.

Pour d'autres sérums et d'autres animaux, les quantités à injecter sont ordinairement plus fortes et d'ailleurs très variables suivant l'animal et la voie d'inoculation.

Cette anaphylaxie est à peu près *spécifique* (surtout d'après Rosenau et Anderson) : un cobaye inoculé avec du sérum de cheval ne réagira qu'à une injection de sérum de cheval et non au sérum de bœuf, de lapin ou de chien, et inversement. La médecine légale et la physiologie générale peuvent faire usage de cette notion pour identifier sang ou sérum, ou pour différencier les espèces animales. Cette spécificité prouve, comme le dit Richet, que les espèces animales sont différentes non seulement par leur structure, leur morphologie, mais encore et peut-être surtout par leur chimisme intime, par leurs propriétés humorales. On peut par l'anaphylaxie trouver des caractères de distinction ou de rapprochement entre les espèces. Ainsi Yamanouchi a vu que le cobaye anaphylactisé avec du sérum d'homme ou de chimpanzé ne réagit pas au sérum de singe inférieur (macaque); le macaque n'est pas anaphylactisé par le sérum de cheval comme l'homme, le chimpanzé ou le cobaye.

La spécificité n'est pas absolue; elle est d'autant moins nette qu'on s'adresse à des animaux de plus en plus rapprochés de celui qui a fourni le sérum. Bruynoghe a vu, par exemple, que des cobayes préparés au sérum de vache réagissent au sérum de cheval ou de mouton.

Un animal peut aussi être anaphylactisé vis-à-vis de plusieurs sérums, et en général de plusieurs albumines, par des injections multiples de ces diverses substances, et réagir dès lors indifféremment à toutes et à chacune d'elles réinoculée séparément (Rosenau et Anderson).

Nous distinguons plusieurs cas dans l'anaphylaxie par les sérums :

a) Anaphylaxie par un sérum pour un sérum. — C'est le cas que nous venons de développer.

b) Anaphylaxie par un sérum pour une autre albumine. — C'est la question de l'anaphylaxie par les extraits d'organes (voir page 600), et celle de la spécificité (page 571).

c) *Anaphylaxie par un sérum pour une infection ou une intoxication.* — C'est le fait que nous avons le premier observé en 1897, avec le sérum des typhiques à la période d'état : un tel sérum favorise l'infection par le bacille d'Eberth, sensibilise le cobaye vis-à-vis du bacille spécifique. C'est l'anaphylaxie passive étudiée longtemps après nous par Richet, Otto, etc., avec les toxines, les sérums ou les microbes (voir Anaphylaxie passive, page 612).

d) *Anaphylaxie par une infection pour un sérum.* — Ici le sérum est inoculé seulement en injection seconde; c'est l'inverse du cas précédent. Le sujet est anaphylactisé par une infection (tuberculose) à l'action d'un sérum soit spécifique (sérum tuberculeux), soit banal (voir Anaphylaxie à la tuberculose, page 614).

Ces deux derniers modes d'anaphylaxie sont appliqués au diagnostic des maladies infectieuses.

Un point secondaire est de savoir si dans l'expérience de Théobald Smith, l'anaphylaxie est produite plus facilement parce qu'on emploie du sérum antidiphtérique mélangé à de la toxine diphtérique. Il semble bien que l'action de la toxine favorise l'action ultérieure du sérum spécifique; c'est l'opinion de Otto, et Braun a vu que l'addition de toxines diphtérique ou tétanique à du sérum de cheval favorise la sensibilisation des cobayes.

Nous renvoyons, pour les détails de la symptomatologie, des lésions, de l'anatomie pathologique, des modalités étiologiques (anaphylaxie passive, héréditaire, antianaphylaxie), pour la question de l'anaphylotoxine et du rôle des anticorps ou du complément des sérums, à chacun des chapitres correspondants de cet article; car la plus grande partie des expériences ont été faites avec des sérums.

B) ***Ovo-albumine***. — L'albumine de l'œuf est à rapprocher des sérums, car des expériences fort semblables et très importantes ont été faites avec elle (ovo-anaphylaxie). Magendie l'avait observée en 1839. Rosenau et Anderson l'ont étudiée longuement; pour eux elle est spécifique d'animal à animal.

Lesné et Dreyfus ont vu que les lapins anaphylactisés avec du blanc d'œuf de poule ne sont pas sensibles à une injection de lait de vache, de sérum de cheval ou de blanc d'œuf de cane; mais, si on multiplie les injections préparantes, les lapins sont sensibilisés pour la plupart des albumines diverses, et la spécificité des réactions disparaît.

C'est avec l'albumine de l'œuf purifiée et cristallisée qu'ont été faites les expériences si intéressantes de Vaughan et Wheeler, de Wells, etc., sur l'isolement de certaines substances plus ou moins définies, pouvant anaphylactiser ou simplement sensibiliser sans être toxique en injection seconde (voir Pathogénie, page 636).

Fait paradoxal, Bogomolez a extrait du *jaune d'œuf* des *lipoïdes* avec lesquels il a obtenu une anaphylaxie légère chez le cobaye par injection péritonéale; tandis que la substance albuminoïde de ce jaune d'œuf ne lui a semblé ni sensibilisante, ni toxique en seconde injection.

C) ***Lait.*** — L'anaphylaxie par le lait est démontrée expérimentalement par les expériences de Rosenau et Anderson, d'Arthus, de Besredka, de Laroche, Richet fils et Saint Giron, sur les cobayes. Les réactions anaphylactiques sont spécifiques (Rosenau et Anderson) : des cobayes sensibilisés avec du lait de femme ne réagissent qu'au lait de femme et non au lait de vache ou de chèvre, et inversement. Mais cette spécificité diminue lorsqu'il s'agit d'espèces animales voisines : le lait de vache anaphylactise un peu contre le lait de chèvre, le lait de brebis contre le lait de vache, mais le lait de chienne n'anaphylactise pas contre le lait de vache. Besredka a publié des faits très importants : la caséine et le petit lait et la substance du petit lait précipitée par la soude, sont anaphylactisants; les accidents sont très nets en faisant la seconde injection intracérébrale : le lait bouilli et même chauffé à 120 degrés peut encore sensibiliser, mais moins rapidement; chauffé à 130 degrés le lait ne sensibilise plus. Laroche, Richet fils et Saint-Giron ont observé l'anaphylaxie lactée chez le cobaye (lait de vache) dans 70 pour 100 des cas; elle est précoce, non mortelle; elle est plus inconstante et plus tardive si le lait a été bouilli. Besredka est arrivé à produire l'antianaphylaxie avec le petit lait, même par injection buccale ou par absorption rectale.

D) ***Albumines artificiellement isolées ou modifiées. — Produits issus des albumines. — Peptones.*** — De nombreuses expériences ont été faites pour détruire dans les sérums la substance anaphylactisante ou toxique. La plupart des substances chimiques paraissent sans action, la chaleur seule est nettement efficace (voir Antianaphylaxie, page 630, et Pathogénie de l'anaphylaxie, page 636).

On a surtout essayé d'*isoler les substances* du sérum ou du blanc d'œuf actives au point de vue de l'anaphylaxie.

En 1908, Wells a purifié l'albumine d'œuf par cristallisations successives; cette substance produit l'anaphylaxie du cobaye par des doses infiniment petites (un vingt millionième de gramme!). Le chauffage à 100 degrés de cette albumine pure ne supprime pas sa propriété anaphylactisante mais seulement sa propriété toxique seconde. La coagulation par l'alcool ne réduit ou ne supprime la toxicité que des protéines qu'elle rend ainsi insolubles dans l'eau (albumine d'œuf) mais non de celles qu'elle ne rend pas insolubles (sérum). L'iodisation de l'albumine donne des résultats très variables. Enfin, la digestion tryptique d'un sérum diminue son pouvoir anaphylactisant et toxique secondaire au fur et à mesure que ses albumines coagulables disparaissent; mais, au bout de cinquante-neuf jours de digestion, l'albumine cristallisable était encore sensibilisante à la dose de 0 gr. 1. Ces belles recherches de Wells sont fort importantes.

Vaughan et Wheeler ont extrait de l'albumine d'œuf deux substances l'une toxique, l'autre atoxique, celle-ci anaphylactisante pour le cobaye.

Gay et Southard attribuent le pouvoir anaphylactisant des sérums aux globulines; ils ont isolé une substance qu'ils appellent *englobuline* et qui serait pour eux la substance anaphylactisante typique du sérum répondant, dans leurs théories, à leur anaphylactine (voir page 635). Turro et Gonzalez attribuent également le principal rôle aux globulines

Bruynoghue a fait des expériences fort intéressantes un peu contraires à celles de Gay. Il a vu que : 1° les substances dialysables du sérum n'anaphylactisent pas ; 2° le filtrat obtenu après précipitation totale des substances albumineuses du sérum est sans action anaphylactisante; 3° les diverses substances albuminoïdes du sérum isolées par le procédé de Hofmeister hypersensibilisent, et toutes avec la même intensité, pour une injection massive de sérum (déjà vu par de Waele); 4° les euglobulines ne produisent pas une hypersensibilité plus marquée que les pseudo-globulines ou les sérines.

Pick et Yamanouchi ont expérimenté aussi la transformation du pouvoir anaphylactisant des albuminoïdes par digestion artificielle. La digestion du sérum par la pepsine chlorhydrique n'empêche pas l'anaphylaxie; la digestion tryptique elle-même, en milieu alcalin, diminue sans doute le pouvoir anaphylactique, mais celui-ci persiste encore en partie. Les substances chimiques les plus diverses ont été essayées pour modifier le pouvoir anaphylactisant des albumines, par Rosenau et Anderson, Besredka, etc... Ils n'ont presque jamais obtenu la disparition du pouvoir anaphylactisant. Le précipité nitrique de l'albumine du sérum, les albumines iodurées, etc..., possèdent encore le pouvoir anaphylactisant, quoique parfois diminué.

Seule la chaleur agit sur ces substances albuminoïdes et permet de dissocier la propriété anaphylactisante de la propriété toxique secondaire (pour cette discussion fort importante, voir page 637).

Parmi les albumines modifiées on a expérimenté avec les peptones et la gélatine.

Wells a trouvé que la *gélatine* ne joue aucun rôle anaphylactique à cause de sa pauvreté en radicaux aromatiques. Arthus au contraire pense avoir obtenu une certaine anaphylaxie chez le lapin.

Les *peptones* sont toxiques en injection première, un peu à la façon des injections secondes de substances anaphylactisantes : incoagulabilité du sang, hypotension, hypothermie, vaso-dilatation abdominale et congestions viscérales, mort de l'animal.

Biedl et Kraus et surtout Arthus identifient plus ou moins l'intoxication anaphylactique (deuxième injection) et l'intoxication peptonée.

Arthus a reproduit la pepto-anaphylaxie chez le lapin et le chien.

Pour certains auteurs, les animaux qui ont résisté à l'intoxication anaphylactique seraient réfractaires à l'intoxication peptonée et réciproquement, de sorte qu'il n'y aurait aucune spécificité de l'anaphylaxie. Pour d'autres au contraire, seule la peptone préserverait contre l'intoxication peptonée, l'antianaphylaxie au sérum contre l'inoculation de sérum, et l'anaphylaxie passive (avec le sérum des animaux préparés) ne serait pas croisée vis-à-vis de ces deux substances; il y aurait spécificité d'intoxication. Richet soutient cette dernière opinion.

Si l'on va plus loin dans la désintégration des albumines et qu'on arrive jusqu'aux *acides amidés* on n'obtient plus l'anaphylaxie (Abderhalden et Weichardt).

Des résultats fort curieux ont été vus par Hartoch et Sirenskij : les produits obtenus par la digestion du sérum avec la trypsine pancréatique sont toxiques pour l'animal non seulement par injections successives, anaphylactisantes, mais encore en première injection, et les symptômes seraient à peu près analogues à ceux de l'anaphylaxie.

Toutes ces recherches un peu complexes amènent à cette conclusion que dans les accidents anaphylactiques la substance toxique est due à certains produits de dédoublement de l'albumine, probablement plus ou moins analogues aux peptones. Ces produits de désintégration se formeraient soit dans la digestion, soit dans les modifications de l'albumine inoculée en injection seconde à un animal anaphylactisé. Nous verrons que des produits analogues s'obtiennent *in vitro* par des combinaisons d'albumine, ou de toxine végétale avec du sérum de cobaye et du sérum d'animal anaphylactisé (*anaphylaxie in vitro* de Richet, *anaphylotoxine* de Friedberger) ; toutes ces analogies contribuent à éclairer un peu la pathogénie de l'anaphylaxie qui ne serait ainsi qu'un chapitre de la toxicité des albumines modifiées dans l'organisme (Voir plus loin).

E) **Sérosités pathologiques.** — A côté du sérum sanguin, les *sérosités pathologiques*, les *épanchements des séreuses*, surtout les épanchements inflammatoires, les exsudats, peuvent donner les phénomènes d'anaphylaxie.

Nous avons publié le fait dès 1900 et y sommes revenu en 1907 et 1911. Des cobayes injectés par voie sous cutanée, avec de petites doses (1 cc.) de sérosité de pleurésie tuberculeuse humaine, meurent souvent d'anaphylaxie au bout de quelques jours n'ayant reçu que quelques centimètres cubes de liquide, alors qu'une dose unique, totale, de 20 à 30 cc. est bien supportée par l'animal neuf. Les lésions sont des hémorragies ou de la congestion de l'intestin grêle et de l'estomac. Les symptômes sont souvent réduits au minimum lorsqu'il y a survie de l'animal (le plus souvent par injection sous-cutanée ou péritonéale) : tremblement, prurit, hérissement des poils, faiblesse et paralysie du train postérieur, quelquefois secousses convulsives, puis l'animal se remet lentement, mais souvent avec amaigrissement très marqué.

Les liquides de pleurésie tuberculeuse bénigne, ceux d'hydrothorax ou d'ascite peuvent donner ces phénomènes atténués ou même ne déterminer ancun accident, pas même l'amaigrissement par injection sous-cutanée, lorsque l'injection seconde est faite dans le péritoine ou sous la peau. Les phénomènes sont beaucoup plus graves par injection intraveineuse et surtout cérébrale.

Il y a donc une différence très curieuse entre les liquides de pleurésie tuberculeuse grave et ceux d'ascite ou d'hydrothorax ; il est certain que la nature tuberculeuse des épanchements est un facteur important ; ce ne seraient pas seulement les albumines toxiques normales du sérum qui agiraient, mais bien les toxalbumines pathologiques.

Le Play a vu que des injections régulières de liquide d'acite à des lapins sont supportées pendant longtemps sans phénomènes toxiques et même mieux que des injections de simple solution d'eau salée physiologique, lesquelles entraînent les phénomènes de cachexie. Mais nous avons déterminé des accidents très nets d'anaphylaxie chez des cobayes préparés avec du liquide d'ascite de cirrhose et réinoculés avec 1/4 cc. par la voie subdurale.

La très faible quantité d'albumine contenue dans 1/4 cc. d'un liquide aussi pauvre que le liquide d'ascite est donc capable d'intoxiquer ainsi le cobaye sensibilisé.

F) ***Extraits d'organes et sécrétions diverses.*** — a) *Extraits d'organes.* — Les études sur ce point sont assez complexes. Ranzi obtient avec les extraits des différents organes une anaphylaxie qui n'est pas spécifique au point de vue des organes et du sérum, c'est-à-dire que les animaux réagissent également et indistinctement aux extraits des différents organes *du même animal* et à son sérum ; mais ils ne réagissent pas aux mêmes produits provenant d'une autre espèce animale. Pour Okhubo, cette anaphylaxie serait due au sérum du sang des organes; en employant des extraits dépourvus de sang, il n'aurait eu aucun résultat positif. Au contraire, Minet et Bruyant, H. Pfeiffer sont en faveur de l'anaphylaxie spéciale aux organes, différente de l'anaphylaxie sérique et spécifique pour chaque organe. Pour Minet et Bruyant, il y a bien anaphylaxie pour le sérum chez les cobayes sensibilisés par des extraits d'organes ; mais si on élimine ce facteur en vaccinant les mêmes cobayes contre l'anaphylaxie au sérum (procédés d'anti-anaphylaxie) et si on les éprouve ensuite avec des extraits de l'organe correspondant, on a des accidents anaphylactiques constants ; il y aurait donc bien une anaphylaxie d'organes, différente de celle vis-à-vis du sérum, et peut-être une certaine spécificité relative pour les résultats obtenus avec les différents organes d'un même animal. Pour Pfeiffer également, il y a spécificité vis-à-vis de l'organe et même vis-à-vis des organes d'animaux d'espèces différentes et sans spécificité d'animal à animal. Il est un organe qui semble anaphylactiser d'une façon spécifique pour les extraits du même organe de quelque espèce animale qu'il provienne, c'est le cristallin (expériences très nettes de Kraus, Doerr et Sohma et de Andréjew ; dans ce cas, ce serait la spécificité de l'organe et non la spécificité de l'espèce animale qui est en jeu.

Des expériences curieuses ont été faites par Dungern et Hirschfeld sur « les réactions allergétiques vis-à-vis du *tissu testiculaire*, d'espèce étrangère, de même espèce et de même individu, chez des animaux préalablement préparés, et chez des femelles pleines » ; il y aurait réaction locale, surtout chez les femelles pleines et aussi chez le même sujet (réaction isologue). Minet et Leclerq ont fait des recherches démontrant qu'il existe une anaphylaxie du cobaye vis-à-vis du *sperme humain*, laquelle est spécifique et n'existe ni pour le sérum humain, ni pour le sperme des animaux (applications à la médecine légale).

L'anaphylaxie aux injections sous-cutanées ou intraveineuses de *substance cérébrale* a été cherchée avec des résultats contradictoires; négatifs pour Remlinger (injection d'épreuve cérébrale), positifs pour Armand Delille (injection seconde intraveineuse chez le lapin).

Cependant, chez l'homme, au cours du traitement antirabique pastorien, on peut observer, chez certains sujets, à chaque injection d'émulsion médullaire, des phénomènes locaux (infiltration, rougeur, empâtement, douleur et hyperthermie locale) de trois ou quatre jours de durée, et qui sont exacerbés par chaque injection nouvelle (Frugoni et Gargiano). Cornwahl a observé des réactions cutanées analogues.

L'organisme peut être anaphylactisé aux *globules rouges*, comme l'a vu Wolff-Eissner dès 1904. Ce phénomène se rapporte à l'action complexe des sérums hémolytiques et sera discuté plus loin.

b) *Anaphylaxie par diverses sécrétions.* — A part le lait, on a pu anaphylactiser des animaux vis-à-vis de divers produits de sécrétion glandulaire : suc gastrique (Livierato), pepsine (J. Cantacuzène et C. Jonescu-Mihaïesti), suc pancréatique (Nicolle et Pozerki); papaïne (Pozerski). Abelous et Bardier ont pu anaphylactiser des cobayes à une substance hypotensive extraite de l'urine (urohypotensine).

Bonnamour et Thévenot ont observé la mort rapide de lapins après plusieurs injections d'adrénaline.

G) ***Anaphylaxie par les substances végétales.*** — Les albumines extraites des végétaux, même les albumines nutritives, peuvent produire l'anaphylaxie chez l'animal, surtout par injection. On l'a obtenue avec des substances extraites du riz (Karasava), des pois, lentilles, etc., et on a proposé cette réaction pour distinguer entre elles ces substances et déceler les falsifications (Schern). Parmi les substances végétales, certaines toxines (crépitine) sont à la fois très toxiques (voie sous-cutanée ou veineuse) et très anaphylactisantes, même par la voie digestive par laquelle elles sont plus toxiques (Richet).

H) ***Toxines de Richet. Venins et toxines parasitaires.*** — Les expériences principales de Richet ont été faites avec des toxines très actives extraites soit d'animaux inférieurs (*actino-congestine* des actinies ou anémones de mer, *mytilo-congestine* extraite des moules marines), soit de végétaux (*crépitine*, extraite du Hura crépitans). Nous avons exposé plus haut (voir « Généralités », page 559, et « Symptomatologie et Physiologie pathologique » pages 582 et 590) les principales expériences de cet auteur.

Rappelons seulement qu'il s'agit de produits toxiques par eux-mêmes et qui peuvent être tour à tour anaphylactisants ou immunisants, suivant le mode d'inoculation. Les symptômes des accidents anaphylactiques causés par ces substances diffèrent des symptômes toxiques qu'elles déterminent à forte dose primitive, surtout par le caractère brutal et immédiat des accidents.

C'est avec ces substances que Richet a fait les belles démonstrations de l'anaphylaxie passive et *in vitro*.

On peut en rapprocher les *venins* ou certains *sérums extrêmement toxiques* par eux-mêmes, tels que le sérum d'anguille, et qui sont à la fois toxiques directs, ou anaphylactisants, ou immunisants, suivant les circonstances.

L'anaphylaxie du cobaye vis-à-vis du venin de vipère a été étudiée par Billart : les cobayes peuvent, par certains procédés, être anaphylactisés vis-à-vis de la partie de ce venin dite hémorragine, et immunisés contre les accidents dus à la neurotoxine du même venin.

Dans la même catégorie se place l'anaphylaxie produite par les substances toxiques de certains parasites inférieurs : poison échinococcique des kystes hydatiques. Les accidents causés chez l'homme par la résorption de liquides hydatiques sont dus à l'imprégnation anaphylactique de l'organisme. Chauffard, Boidin et Laroche, dans des expériences fort élégantes, ont reproduit chez le cobaye l'anaphylaxie expérimentale par les liquides de kystes hydatiques.

2° **Anaphylaxie aux mêmes substances chez l'homme. Anaphylaxie au sérum, anaphylaxie alimentaire.** — A) ***Anaphylaxie au sérum chez l'homme.*** — Depuis la sérothérapie, on avait observé des accidents cutanés et généraux dus au sérum. Parmi les premiers travaux où ils soient systématiquement étudiés, on doit citer ceux d'Arloing et J. Courmont, en 1896, avec le sérum d'âne anticancéreux injecté à des malades cancéreux : accidents graves, locaux (œdèmes étendus et éruptions) et généraux (fièvre), tous d'autant plus accusés que les injections se multipliaient, et survenant après la période classique des 10 à 12 jours après la première injection. Mais ce sont surtout Pirquet et Schick, depuis 1903, qui ont étudié avec méthode, dans de nombreux et beaux travaux, ces accidents auxquels ils ont donné le nom de *maladie du sérum* (*Serum Krankheit*).

Il faut, avec ces auteurs, distinguer trois sortes d'accidents ou de réactions, au point de vue de leur période d'apparition : les *réactions tardives*, *immédiates*, et, entre deux, les *réactions accélérées*.

Les *accidents immédiats* peuvent être locaux ou généraux. Les accidents généraux immédiats chez l'homme sont semblables au choc anaphylactique du cobaye, avec troubles nerveux immédiats et mort parfois. Ils ont été vus surtout après l'injection de sérum chez des asthmatiques (Gillette), ou de sérum antituberculeux chez certains tuberculeux (Dumarest et F. Arloing, Guinard, Rénon); ils sont rares heureusement. Les accidents immédiats locaux consistent en rougeur et urticaire autour du point de la piqûre, parfois accompagnés d'ailleurs de phénomènes généraux légers (nausées, température).

Les *accidents tardifs* surviennent, en moyenne, à partir du dixième jour; ce sont les accidents classiques de la sérothérapie. Ils sont très polymorphes, à la fois locaux et généraux : éruptions cutanées les plus diverses, douleurs articulaires, fièvre et troubles généraux qui en sont le cortège habituel.

Les *réactions accélérées* s'observent au bout de quelques jours, du sixième au dixième, et seulement dans les cas de réinjections successives de sérum. On peut avoir chez le même sujet les deux formes, immédiate et accélérée, après une seconde injection de sérum Une observation de Pirquet est fort importante; son malade eut : 1° des accidents tardifs après la première injection de sérum (fièvre, adénite locale, œdème, rash); 2° après la seconde injection, une réaction immédiate au point d'inoculation, un rash généralisé le lendemain avec fièvre rapide et courte, et enfin un rash généralisé au sixième jour (accident accéléré). Cette succession des accidents immédiats et accélérés se voit surtout lorsqu'il y a un assez grand intervalle (un à six mois) entre les deux injections.

Après une seule injection, les réactions morbides sont plus rares, et, lorsqu'elles surviennent, ne sont généralement pas locales (ni immédiates ni tardives), mais surtout tardives et générales (du huitième au vingtième jour, avec fièvre, éruptions diverses, etc.).

	Jours d'apparition des accidents.															
	1er et 2e	3e	4e	5e	6e	7e	8e	9e	10e	11e	12e	13e	14e	15e	16e	17e et 20e
Nombre des accidents. 1re injection.	3	1	5	2	12	21	35	32	23	17	18	10	12	9	8	7
Nombre des accidents. 2e injection.	89	6	9	14	20	24	7	2	1	»	»	»	»	»	»	»

Époque d'apparition des accidents sériques selon qu'il s'agit d'une première ou seconde injection (Pirquet).

L'*intervalle entre les injections répétées* influe sur la forme et l'apparition des réactions. Celles-ci sont immédiates, surtout lorsque l'intervalle est de dix jours à six mois, tardives lorsque l'intervalle est de plus de six mois (analogues à une première injection seule); les réactions successives comme plus haut se voient surtout lorsque l'intervalle est de un à six mois.

Un tableau de Pirquet résume à ce point de vue une très grosse statistique.

La question de la *répétition des injections* et son influence sur les accidents anaphylactiques est importante. Nous venons de voir la modalité (précoce ou tardive ou accélérée) suivant qu'il s'agit d'une 1re ou 2e injection. Les injections répétées augmentent les chances d'anaphylaxie, l'intensité des accidents, mais souvent aussi leur brièveté. En théorie cela n'est exact que si on laisse le temps normal d'incubation (8 à 12 jours) entre les deux injections; et au contraire la répétition des injections avant la période des 8 jours, non seulement n'augmenterait pas les chances d'accidents mais les diminuerait par le mécanisme de l'anti-anaphylaxie. Les faits ne sont pas toujours absolument conformes à cette théorie.

L'importance de la *dose totale de sérum* finalement injectée est très grande pour Pirquet. En règle générale les accidents sont d'autant plus fréquents que la quantité totale de sérum injectée a été plus grande. Sur 108 accidents il y en aurait 11, causés par des injections de 1 à 9 cc.: 39 par des injections de 30 à 40 cc.; 61 par les injections de 80 à 280 cc.

La question de dose n'est pas cependant prépondérante. Vaillard et Dopter ont pu injecter jusqu'à 1 litre de sérum anti-dysentérique sans accident; les injections ont été faites il est vrai en quelques jours.

Jules Courmont a injecté par *voie veineuse* à des varioleux de très grandes quantités (100, 200 cc.) de sérum de veau vacciné, sans observer aucun accident.

La *voie d'injection* du sérum est très importante. Les voies sous-cutanée et intrarachidienne semblent les plus fécondes en accidents anaphylactiques chez l'homme.

Netter, Ménétrier et Mallet, Salebert et surtout Hutinel, Sicard, ont insisté sur la fréquence et parfois la gravité des injections de sérum antiméningococciques ou autres par la voie rachidienne. Besredka a montré expérimentalement que cette voie d'introduction est très sensible soit pour l'anaphylaxie, soit pour l'antianaphylaxie. Jaboulay et Martin ont constaté il y a longtemps un cas de mort par inoculation intrarachidienne de sérum antitétanique.

Aussi beaucoup d'auteurs préconisent actuellement surtout les injections intraveineuses ou intramusculaires. J. Courmont constate l'absence d'accidents sérothérapiques par la voie veineuse, et la préconise formellement; Morgenroth a abandonné la voie sous-cutanée, en partie pour d'autres raisons, et préconise avec Eckert la voie intramusculaire ou veineuse conseillée également par Meyer.

Les *accidents graves, mortels parfois*, observés chez l'homme sont un des points les plus troublants de la question. Disons tout de suite que ces cas sont très rares : Doerr n'a pu en réunir que 20 cas et Gillette (de N. York) que 28 cas causés par les sérums antistreptococcique et surtout antidiphtérique. Ces accidents se rapprochent de ceux que présentent les cobayes après une seconde injection de sérum : début presque immédiat, dyspnée intense, angoisse, collapsus, œdème et urticaire; le cœur continue à battre longtemps après la cessation de la respiration. La plupart des 28 cas de Gillette sont mortels, soit chez des adultes, soit chez des enfants; il s'agissait presque toujours d'une première injection. Dumarest et F. Arloing, Guinard, Rénon ont signalé des cas analogues causés par des sérums antituberculeux (de cheval ou de chèvre) ; dans un cas la mort survint quelques temps après par aggravation de l'état général; dans un autre (léger) l'injection de sérum avait été rectale.

Ces cas sont dus sans doute à l'anaphylaxie ; mais lorsqu'il s'agissait d'une première injection les sujets avaient presque toujours une prédisposition spéciale ; c'étaient soit des asthmatiques (Gillette), soit des tuberculeux.

Les tuberculeux ont une prédisposition toute spéciale aux accidents sériques soit ordinaires, soit graves immédiats. On doit même se demander si cette sensibilité au sérum ne peut pas être cause d'aggravation de la tuberculose elle-même dans certains cas d'administration intempestive de sérums, et si toutes ces considérations ne doivent pas rendre souvent très prudents dans l'emploi des sérums antituberculeux. Ceux-ci peuvent produire des accidents anaphylactiques dûs aux albumines du sérum et peut-être à des substances toxiques spécifiques.

A part cette question de prédisposion du sujet on peut invoquer une toxicité spéciale du sérum de certains animaux producteurs du sérum ; Besredka conseille d'éprouver cette toxicité sur le cobaye, de rejeter les sérums très toxiques, et de n'employer que des sérums chauffés à 56° pour diminuer leur toxicité.

Un dernier point est celui de l'importance de la quantité et de la répétition des injections de sérum : on a plus d'accidents avec des doses faibles répétées qu'avec de grosses doses massives.

Les accidents observés en Amérique sont peut-être dus à ce que le sérum y est livré sous le mode de hautes unités concentrées sous un petit volume de sérum.

Pour éviter les accidents du sérum il faut se baser sur tous ces faits et sur les données de l'étude de l'antianaphylaxie : faire plutôt de grosses doses rapprochées, éviter de faire une 2e injection à la fin de la période d'incubation de l'anaphylaxie (8e à 10e jour), et rompre plutôt cette incubation par une nouvelle grosse dose ; faire des injections rectales soit systématiques (ce qui n'évite pas toujours les accidents), soit de temps en temps ; si l'on est obligé de risquer une injection chez un sujet probablement anaphylactisé ; user du procédé de Besredka en injectant une ou plusieurs petites doses (1 à 4 cc. sous la peau) quelques heures avant l'injection forte (voir page 630).

B) ***Anaphylaxie alimentaire***. — Les accidents toxiques par l'ingestion de certaines substances alimentaires ont été observés de tout temps (moules, poissons avariés). On a insisté ces dernières années sur ceux que l'on observe, surtout chez l'enfant, avec des aliments tout à fait normaux (lait, œufs). On rattache actuellement tous ces faits à l'anaphylaxie et l'expérimentation permet de les expliquer.

a) *Faits expérimentaux.* — Rosenau et Anderson les premiers ont obtenu l'anaphylaxie alimentaire chez le cobaye en nourrissant ces animaux avec de la viande de cheval ou de bœuf et en les injectant ensuite avec du sérum correspondant. Cette expérience n'a pas pu être reproduite par tous les auteurs, mais d'autres fois les résultats ont été très démonstratifs dans le même sens.

Nobécourt introduit du blanc d'œuf de poule dans l'estomac ou le rectum de lapins; les ingestions quotidiennes faites pendant un mois à la dose de 4 à 9 cc. par kg. et par séance, et jusqu'au total de 300 cc. en tout, n'amènent qu'un amaigrissement temporaire et pas la mort; mais si les injections sont espacées tous les 3 jours, et surtout tous les 7 jours, on obtient fréquemment la mort, surtout chez les jeunes sujets; il semble que dans le premier cas il y avait accoutumance ou immunité et dans le second il y a certainement anaphylaxie.

Laroche, Richet fils et Saint-Girons ont obtenu l'anaphylaxie alimentaire chez des cobayes nourris au lait, même avec du lait bouilli, et en faisant l'injection déchaînante par voie veineuse; mais les accidents obtenus ne sont jamais mortels.

Richet a essayé des expériences analogues chez des chiens nourris exclusivement pendant 40 jours soit avec de la viande crue de cheval, soit avec du lait, soit avec des œufs, et en les injectant ensuite avec les substances correspondantes : il n'a eu de résultat net que chez un chien avec la viande de cheval.

Il en conclut avec raison que l'anaphylaxie alimentaire expérimentale ne s'obtient que rarement et dans des conditions spéciales et anormales d'alimentation.

b) *Faits cliniques.* — On connaît les accidents souvent graves causés chez certains sujets par des aliments inoffensifs pour d'autres : intoxications accidentelles par les moules, les crustacés, les fraises, etc. Il s'agit de sujets spécialement sensibles et qui le sont souvent de plus en plus à partir du jour où ces aliments les ont intoxiqués.

L'anaphylaxie des enfants au lait de vache a été très étudiée depuis les observations très précises de Finkeltein et Sclossmann en 1905, puis de Freund, Ibrahim Kritz, Salge, Traube, Zibell, etc. Hutinel en 1908 y a longuement insisté. Dès que le lait en question est ingéré, même à petites doses, l'enfant présente des accidents brusques : vomissements, diarrhée, sueurs, éruptions cutanées et bientôt collapsus avec état général grave, albuminurie, diarrhée, symptômes nerveux, leucocytose passagère. Ces accidents se voient surtout lorsque l'allaitement au lait de vache a été interrompu puis repris au bout de quelque temps (incubation).

Des faits analogues sont constatés avec les œufs chez les enfants et même chez les adultes : observations personnelles de susceptibilité au jaune d'œuf de Richet et de Doerr; observations identiques rapportées par Shofield, Lesné, Castaigne et Gouraud.

c) *Explications de ces accidents.* — On pouvait incriminer une défaillance de l'action normale du tube digestif ou du foie, vis-à-vis des substances alimentaires : celles-ci sont en effet presque toutes anaphylactisantes et toxiques si elles passent directement dans la circulation (expérience classique de l'anaphylaxie aux albuminoïdes).

Le rôle du foie a été recherché : Lesné et Dreyfus ont obtenu l'anaphylaxie notamment avec l'actino-congestine en l'injectant par la veine porte; le foie ne semble donc pas normalement être une barrière antitoxique aux substances anaphylactisantes (du moins dans les conditions de l'expérience).

Les expériences des mêmes auteurs sur l'introduction des substances anaphylactisantes dans les différents segments du suc digestif, montrent le rôle essentiel des sucs digestifs et de la transformation intestinale des substances anaphylactiques alimentaires ou non : l'introduction de ces substances n'amène pas d'anaphylaxie lorsqu'elle est faite dans l'estomac ou l'intestin grêle; les résultats sont positifs au contraire par la voie du gros intestin (la seconde injection déchaînante étant faite dans les veines). *In vitro* ils ont vu que l'acide chlorhydrique, que le suc gastrique même, ne détruisent pas la substance anaphylactique, tandis que la pepsine ou la pancréatine arrivent à détruire le pouvoir anaphylactisant du blanc d'œuf (pas de l'actino-congestine). On avait déjà vu que, parmi tous les agents chimiques, seule la digestion tryptique est capable d'atténuer ou de supprimer le pouvoir anaphylactisant des albumines.

Si nous ajoutons à ces notions ce que l'on sait du rôle des protéoses dans l'anaphylaxie on commence à comprendre ces faits d'intoxication alimentaire. La peptone (Arthus, Biedl et Kraus), certains produits tryptiques de la digestion expérimentale (Hartoch et Sjirenskij), sont des substances très toxiques produisant directement chez l'animal neuf par injection (non par le tube digestif) des phénomènes très graves absolument analogues aux accidents d'anaphylaxie. D'autre part, on peut rapprocher les processus de la digestion et de la formation de l'anaphylotoxine sous l'influence des anticorps (voir page 644). Il se produit donc aussi bien dans la digestion que dans l'anaphylaxie *in vitro* et dans la formation de l'anaphylotoxine, des substances analogues aux protéoses artificielles, et toutes ces substances sont capables d'intoxiquer immédiatement l'organisme.

L'intoxication alimentaire s'explique donc très bien par le passage anormal de ces substances à travers la paroi du tube digestif dans des circonstances exceptionnelles. Les accidents qui éclatent sont souvent immédiats (lait, jaune d'œuf) comme dans les expériences d'inoculation de ces protéoses.

Il suffit donc d'admettre, soit une élaboration imparfaite des aliments par les sucs digestifs s'arrêtant aux stades des produits toxiques; soit le passage anormal, à travers la paroi intestinale, de ces substances non modifiées et par conséquent directement toxiques.

En réalité la perméabilité anormale de la paroi de l'intestin aux albumines plus ou moins mal digérées, ou plutôt le mauvais fonctionnement de la muqueuse intestinale doit être le principal facteur. On sait, en effet, que c'est dans l'intérieur même de cette muqueuse que semble s'effectuer la transformation des peptones; on trouve en effet celles-ci dans les derniers produits de digestion intestinale, et on n'en retrouve plus de l'autre côté de la muqueuse.

Cette *perméabilité intestinale* aux albumines non modifiées a été établie chez les animaux nouveau-nés par les expériences de Römer, de Ganghofner et J. Lauger. Des substances albuminoïdes introduites dans le tube digestif de ces animaux nouveaux-nés traversent la paroi intestinale sans avoir subi les transformations de la digestion chez l'adulte. De même, les sérums antitoxiques, antidiphtérique ou antitétanique, sont à peu près sans effet chez l'adulte par transformation intestinale, tandis que chez les nouveau-nés le sérum et les antitoxines passent sans transformation dans la circulation. Ganghofner et Lauger, à l'aide des réactions de précipitation ont vu que le sérum ou l'albumine d'œuf passent ainsi à travers l'intestin pendant les 6 premiers jours de la vie chez les petits chiens, et plus longtemps encore si on annule le rôle de l'estomac en injectant les albumines directement dans l'intestin grêle, ou si on neutralise le suc gastrique. Chez les nourrissons trois expériences positives analogues ont été faites avec succès (albumine d'œuf par voie buccale donnant le pouvoir précipitant du sang). Bauer et Moro avaient déjà observé que les enfants nourris au lait de vache ont un sérum précipitant pour ce lait de vache.

On peut penser que chez l'adulte des modifications anormales légères du tube digestif amènent une perméabilité plus grande aux albumines digestives, peut être surtout aux peptones.

Les accidents d'intoxication alimentaire se produisent probablement une première fois par défaillance de la digestion et insuffisance de la muqueuse intestinale, soit congénitale (faits d'intoxication chez le nourrisson par la première ingestion de lait de vache), soit pathologique, accidentelle ou permanente. Ensuite, en raison de cette première intoxication, le sujet sera encore plus sensible, anaphylactisé à toute nouvelle absorption de la même substance même en quantité moindre et peut-être pour des traces infinitésimales que peut laisser passer le tube digestif.

Une expérience élégante de Richet montre combien le tube digestif dissocie dans une substance les parties soit toxiques, soit anaphylactisantes : la crépitine n'est pas toxique par la voie digestive chez le chien (mille fois moins en tout cas que par voie veineuse) ; cependant l'ingestion de crépitine, inoffensive en apparence, anaphylactise aux injections veineuses ultérieures de crépitine ; le tube digestif avait donc éliminé ou transformé la substance toxique et laissé passer la substance anaphylactisante.

La diète hydrique est le meilleur traitement des accidents causés chez le nourrisson par le lait hétérogène. Une expérience curieuse de Lesné et Dreyfus montre que la diète est par elle-même un moyen d'empêcher l'anaphylaxie même pour d'autres voies que la voie digestive. Des lapins anaphylactisés au blanc d'œuf par voie veineuse ne succombent pas comme les témoins à la seconde injection si on les a fait jeûner pendant quatre jours avant cette dernière. Cette expérience ouvre le champ à de nouvelles hypothèses sur le rôle de l'alimentation dans les phénomènes pathologiques.

3° **Applications diverses de l'anaphylaxie en pathologie.** — Les expériences d'anaphylaxie aux albumines diverses, aux extraits d'organes, aux toxines ont été transportées dans le domaine médical.

On a cherché le *diagnostic du cancer* par divers procédés d'anaphylaxie. Yamanouchi, a vu que l'émulsion de tumeur cancéreuse de la souris est très toxique pour des souris cancéreuses, et inoffensive pour des souris normales. Apolant n'a pu confirmer ces faits. Pfeiffer et Finsterer préparent des cobayes avec du sérum de cancéreux ou des extraits de tumeurs, et constatent l'anaphylaxie de ces animaux par une seconde injection de produits cancéreux analogues; mais ni Kelling, ni Donati n'ont obtenu de résultats précis par la répétition de ces expériences. Dungern a constaté la sensibilité d'un cancéreux à l'inoculation d'un extrait de sa tumeur, inoculation sans effet sur un sujet sain. Ranzi a vu des faits analogues. Richet et Lesné n'ont rien obtenu avec un extrait de tumeur cancéreuse chez des cancéreux. Livierato a fait des expériences curieuses avec le suc gastrique dans le cancer de l'estomac; ce suc anaphylactiserait des cobayes d'une façon spécifique pour une seconde injection du même suc, alors que le même produit provenant d'autres malades serait sans effet.

Rappelons aussi les expériences de Arloing et J. Courmont : le sérum d'âne préparé avec des extraits de tumeur est très anaphylactisant chez les cancéreux.

On a cherché dans l'anaphylaxie la pathogénie de l'*éclampsie puerpérale.* Les expériences de Rosenau et Anderson avec le sérum de fœtus de cobayes injecté à des femelles pleines ; celles de Guggisberg avec le sérum fœtal employé comme antigène et le sérum d'éclamptique employé comme substance déchaînante, ou avec l'extrait placentaire de sérum éclamptique, celles de Murroy et d'autres encore, sont restées négatives.

Le *rhume des foins* a été expliqué par une intoxication répétée par le pollen des graminées chez des sujets prédisposés.

Billard a étendu cette idée à la pathogénie de l'asthme en général : les asthmatiques seraient des sujets anaphylactisés pour des substances toxiques variables, alimentaires surtout, dont l'ingestion ou plutôt l'indigestion provoquerait la crise d'asthme. Il est certain, en tout cas, que les asthmatiques sont très sensibles au sérum de cheval (voir plus haut, accidents graves).

L'*anaphylaxie au liquide hydatique*, d'ailleurs très toxique par lui-même, explique les accidents subits à la suite des ponctions ou opérations (voir plus haut les expériences de Chauffard, Boidin et Laroche).

La *médecine légale* a tiré parti de la spécificité de l'anaphylaxie par le sang, le sperme, les extraits d'organes (Besredka, Uhlenluth, Thomsen, Sleewig, Pfeiffer, Minet et Leclerq); mais nous avons vu que, malgré la spécificité assez nette de l'anaphylaxie aux albumines, et la résistance très grande des propriétés anaphylactisantes des antigènes albumineux (viande bouillie ou fragments de momie), il faut être extrêmement prudent dans les applications. Suivant l'avis très sage de Mario Caporali (1910) les indications fournies ne doivent pas être prises pour absolues et seulement comme des indications ayant une valeur d'orientation.

§ 2. — Anaphylaxie aux microbes et à leurs toxines. Maladies anaphylactisantes.

L'importance spéciale de ce point de vue en pathologie justifie le nombre considérable des travaux parus depuis quelques années.

Les premiers faits d'anaphylaxie scientifiquement étudiés pour une toxine sont ceux de J. Courmont en 1889-1891 : il étudie le pouvoir prédisposant des toxines d'un bacille spécial d'une tuberculose du bœuf et crée ainsi une nouvelle classe de toxines étudiées après lui dans les cultures d'autres microbes : bacille pyocyanique (Bouchard), staphylocoque (J. Courmont et Rodet) streptocoque et bacillus Chauvei (Roger). La découverte de la tuberculine de Koch en 1891 fut un nouvel exemple, d'importance capitale, d'une toxine déterminant des réactions anaphylactiques chez le tuberculeux. (Voir plus loin.)

En 1897, Paul Courmont publie les premiers faits d'anaphylaxie passive au bacille d'Eberth par le sérum des typhiques. En 1903, Arloing, à la suite des remarques de Behring et Thomassen, étudie en détail les accidents graves et mortels produits chez les animaux tuberculeux par une réinfection avec le bacille de Koch, et F. Arloing en fait la même année une étude graphique. L'année suivante, Detre-Deutsch étudie ce même phénomène appelé « superinfection » que Bail reprendra pour sa théorie des agressines. Wolff-Eisner, Rosenau et Anderson en 1906 font des recherches systématiques sur l'anaphylaxie par les endotoxines microbiennes. Les travaux de Kraus et Doerr en 1908 et Delanoé en 1909 sont le début d'une série d'études dans la même direction sur l'effet des injections successives de microbes, de toxines et sur l'anaphylaxie microbienne passive. Les recherches curieuses et importantes de Friedberger et de Neufeld et Dold, et de bien d'autres à leur suite, sur l'*anaphylotoxine* bactérienne posent le problème sous une forme nouvelle et étroitement liée à la théorie des anticorps.

Nous étudierons : 1° l'anaphylaxie expérimentale aux microbes et aux toxines; 2° l'anaphylaxie à la tuberculose chez l'homme et l'animal; 3° l'anaphylaxie microbienne chez l'homme, les maladies anaphylactisantes.

1° Anaphylaxie expérimentale aux microbes et toxines microbiennes. — Nous étudierons en détail les divers modes d'anaphylaxie : *active*, *passive*, *in vitro*, *locale* et la question des *rapports avec l'immunité bactérienne*.

A) ***Anaphylaxie active.*** — On peut inoculer, pour chercher l'anaphylaxie, soit les cultures complètes (bacilles et toxines), soit simplement les bacilles vivants ou morts, soit seulement les toxines, avec combinaisons diverses dans la succession des injections, toxine d'abord ou microbe d'abord. Les microbes eux-mêmes peuvent être ou vivants ou stérilisés par différents procédés. Il n'y a lieu de distinguer les résultats de ces diverses méthodes que lorsqu'on s'adresse à certains microbes tels que le bacille de la tuberculose. Pour lui spécialement, il faut distinguer les toxines solubles, celles du bouillon filtré, et les toxines adhérentes au corps microbien (endotoxines); les résultats ne sont pas du tout les mêmes avec ces divers produits. D'une façon générale, l'anaphylaxie est facilement obtenue par des injections successives de corps microbiens, avec période d'incubation. Pour les toxines, l'anaphylaxie s'obtient en général vis-à-vis des toxines elles-mêmes, et vis-à-vis parfois des corps microbiens. L'inoculation de cultures totales anaphylactise le plus souvent à la fois contre les corps microbiens et contre les toxines.

Kraus et Doerr ont donné un exemple élégant de la dissociation de l'anaphylaxie par les corps microbiens et par les toxines; ils inoculent des cobayes avec le bacille de la dysenterie, puis injectent, au 20e jour, tantôt la toxine soluble, en bouillon, tantôt les corps microbiens d'une culture solide; les accidents anaphylactiques ne sont produits que par les corps microbiens et non par la toxine soluble. Cette expérience prouve encore que dans une culture microbienne, ce n'est pas la même substance qui produit les antitoxines chez l'animal et qui déchaîne les accidents anaphylactiques, puisque la toxine soluble jouit de la première propriété et non de la seconde qui s'observe facilement avec les corps microbiens.

Des expériences fort importantes de Nicolle et Loiseau montrent aussi le rôle très différent des toxines ou des corps microbiens au point de vue de l'anaphylaxie. Les bacilles diphtériques ont une action soit générale, soit locale (nécrose); or le sérum antidiphtérique, qui est antitoxique vis-à-vis des effets de la toxine, est au contraire hypersensibilisant vis-à-vis des accidents locaux produits par les corps microbiens; il y a là une action d'anaphylaxie vis-à-vis seulement de certains accidents des microbes.

Kraus et Doerr ont étudié l'anaphylaxie bactérienne avec de grands détails; pour eux elle est rigoureusement spécifique, et Doerr proposait même de distinguer par ce moyen la nature des affections microbiennes.

Les nombreuses expériences de Delanoé sont en désaccord sur quelques points avec celles de ces derniers. L'auteur étudie l'action des bacilles d'Eberth, coli, du bacille homogène de la tuberculose, et constate une anaphylaxie très nette, mais très peu spécifique et souvent croisée entre ces différents microbes, bien qu'il y ait prédominance vis-à-vis du bacille inoculé. Il obtient la sensibilisation mieux encore par des doses répétées que par une seule dose comme Kraus. Il l'obtient par voie péritonéale et encore mieux par voie veineuse; par voie sous-cutanée, il vaut mieux faire des injections répétées et croissantes; l'anaphylaxie persiste alors deux mois encore après la cessation des inoculations.

Holobuth emploie également les injections répétées dix jours de suite de microbes (b. d'Eberth, b. coli) chauffés à 70 degrés, et fait l'injection d'épreuve dans la jugulaire, comme Delanoé. Pour lui, l'anaphylaxie ainsi obtenue est spécifique; un animal préparé par le bacille d'Eberth ne réagit pas du tout au vibrion du choléra et irrégulièrement au bacille coli. Kraus et Amiradzibi expérimentent les mêmes microbes et le bacille de Flexner et confirment la spécificité de l'anaphylaxie proclamée par Kraus, Doerr et Holobuth. Bail et Weil contestent la nécessité des petites doses répétées pour obtenir l'anaphylaxie microbienne. Holobuth confirme ensuite au contraire la nécessité de la répétition des doses. Livierato, Studzinsky confirment les recherches précédentes, mais ne sont pas partisans d'une spécificité rigoureuse. Rosenow en 1911 étudie l'anaphylaxie expérimentale au pneumocoque; il constate une leucopénie considérable lors de la seconde injection.

On voit combien ces recherches sont encore un peu contradictoires sur certains points; il faut faire la part des différences de technique ou de microbes étudiés. Des recherches d'ensemble nouvelles sont encore nécessaires, mais l'anaphylaxie microbienne active est un fait bien établi.

B) ***Anaphylaxie passive.*** — C'est celle que l'on obtient vis-à-vis d'un microbe ou d'une toxine, chez un animal neuf en lui inoculant d'abord le sang ou le sérum d'un animal déjà anaphylactisé ou d'un malade atteint de l'infection par ce microbe. Le premier exemple de ce dernier cas a été donné par nous en 1897 : le sérum des typhiques au début de leur maladie est favorisant pour l'infection eberthienne chez le cobaye. Nous avions expérimenté sur 74 animaux avec 9 sérums de typhiques; le sérum à dose très faible (1/10 de cc.) était injecté sous la peau tandis que la dose mortelle faible, ou même une dose inoffensive pour un cobaye sain, était injectée dans le péritoine quelques minutes après; les cobayes ayant reçu le sérum des typhiques tantôt mouraient en quelques heures, parfois 12 fois plus vite que les témoins, tantôt résistaient au contraire beaucoup plus longtemps que les témoins et parfois complètement. Il y avait donc dans le premier cas anaphylaxie passive par le sérum de typhique, et immunisation dans le second; les premiers cas répondaient à des sérums de typhiques au début de leur maladie et les seconds à des sérums de convalescents dont le pouvoir immunisant est bien connu depuis Chantemesse et Widal.

Nos expériences ont été reproduites sous une autre forme par Kraus et Amiradzibi en 1910 : des cobayes sont inoculés avec 3 cc. du sérum de lapin anaphylactisé au bacille d'Eberth; ces cobayes réinoculés avec le bacille meurent par anaphylaxie passive; il en est de même si on leur inocule un mélange *in vitro* de bacilles d'Eberth et de sérum de lapin anaphylactisé. Nous n'avions pas constaté ce dernier point dans nos expériences, car le mélange de bacille d'Eberth et de sérum de typhique, aux mêmes doses qui, séparées, amenaient la mort rapide de l'animal, ne s'est pas montré spécialement virulent et même moins que la même dose de bacille sans sérum. Nous attribuons ce fait aux différentes conditions d'expériences et à la durée assez longue pendant laquelle nous laissions en contact le mélange bacilles et sérum.

Ascoli a essayé sans succès l'action anaphylactique du sérum de sujets typhiques ou convalescents sur des cobayes et des lapins en leur réinjectant de la toxine typhique (injection intra-veineuse chez le lapin); il n'a pas noté de différence entre les témoins et ceux qui avaient reçu le sérum de typhique; mais il n'injecte ces animaux que 2 ou 3 jours après le sérum, et le fait de s'être servi de toxine empêche toute comparaison avec nos expériences personnelles et celles de Kraus.

Delanoé a constaté dans certains cas la transmission passive de l'anaphylaxie au bacille d'Éberth de cobaye à cobaye. Il signale la présence constante des propriétés préventives et favorisantes du sérum du cobaye anaphylactisé, toujours coexistantes et diversement associées; il a vu là en somme les deux propriétés que nous avions mises en évidence dans le sérum des typhiques, mais que nous avions pu dissocier plus facilement chez les malades qu'on ne peut le faire chez les cobayes. Delanoé veut distinguer la propriété favorisante de la propriété anaphylactisante; en réalité il n'y a là que des questions de degré.

Livierato a confirmé l'anaphylaxie passive pour les bacilles typhique et paratyphique.

Studzinski, avec deux variétés de bacille coli, constate une anaphylaxie microbienne passive plus constante que l'anaphylaxie active mais peu spécifique (ce qui n'est pas étonnant avec le bacille coli).

Th. Muller n'a pas réussi à transmettre aux animaux l'anaphylaxie passive en se servant de divers sérums antistreptococciques; il n'a pu obtenir non plus l'anaphylaxie active au streptocoque (un seul résultat positif avec 13 échantillons de streptocoque réinoculé).

Baroni et Ceaparu ont obtenu l'anaphylaxie passive du lapin au cobaye avec des cultures d'Oidium albicans.

Un point fort curieux de l'anaphylaxie passive pour les microbes est la différence des résultats suivant l'espace de temps qui s'écoule entre l'injection du sérum anaphylactisant et celle des microbes ou de la toxine. En général, on conseille d'attendre 24 heures après l'injection du sérum pour obtenir les accidents par l'injection microbienne.

Briot et Dopter, étudiant les accidents observés au cours de l'immunisation des chevaux contre le méningocoque, reproduisent les mêmes accidents chez le cobaye par anaphylaxie passive.

Ils injectent à des cobayes d'abord du sérum antiméningocoque, puis, 24 heures après, les microbes spécifiques, et observent la mort rapide des cobayes alors que les microbes seuls n'amènent pas de phénomènes immédiats; si on provoque *in vitro* la lyse des méningocoques dans de l'eau, on obtient une substance toxique immédiate analogue à celle produite dans l'organisme du cobaye préparé par le sérum. Le mélange immédiat du méningocoque et du sérum spécifique détermine également chez le cobaye neuf les mêmes accidents mortels immédiats. Tous ces phénomènes sont dus à la mise en liberté des toxines du microbe sous l'influence du sérum bactériolytique; si ce sérum a été chauffé à 56° il ne possède plus la même propriété; il s'agissait donc d'un anticorps thermolabile. Si l'on change les conditions de l'expérience, et qu'au lieu du mélange culture et sérum en première injection l'on injecte au cobaye le microbe d'abord, puis le sérum, quelques minutes seulement après, les phénomènes toxiques ne se produisent plus.

Briot et Dujardin-Beaumetz avec le bacille pesteux et le sérum antipesteux reproduisent une partie de ces phénomènes : pas d'accidents immédiats chez le cobaye neuf par l'inoculation intraveineuse de bacilles pesteux seuls; au contraire, accidents graves et mortels rapides par l'injection préalable de sérum antipesteux ou par le mélange sérum et microbes; identité de ces accidents avec ceux donnés par une émulsion de vieille culture de bacilles pesteux; même interprétation d'une mise en liberté des endotoxines dans tous ces cas. Mais, fait curieux, le chauffage du sérum à 56° n'empêche pas l'expérience comme pour le sérum antiméningococcique ; il ne s'agit donc plus d'un anticorps thermolabile.

On voit combien sont délicates ces expériences qui peuvent échouer pour une condition secondaire et variable avec les microbes.

C) ***Anaphylaxie « in vitro »***. — On peut produire l'anaphylaxie en mélangeant aux microbes un sérum anaphylactisant comme dans les expériences ci-dessus.

On donne le nom d'*anaphylotoxine* aux produits directement toxiques pour un animal neuf ainsi obtenus (Friedberger). Les expériences de Friedberger, Neufeld et Dold montrent qu'on peut l'obtenir avec tous les microbes même non pathogènes, qu'elle semble être la même dans tous les cas et que les accidents qu'elle cause ne présentent aucune spécificité. Mais cette question encore confuse sera traitée plus loin ainsi que le rôle des anticorps et du complément (page 646).

Delanoé n'a rien obtenu par le mélange bacille et sérum typhique. Nous-même avons obtenu l'anaphylaxie passive par l'inoculation simultanée de sérum et de bacilles typhiques, et rien au contraire par l'inoculation des deux éléments mélangés pendant quelques heures.

D) ***Anaphylaxie locale***. — Les réactions locales d'anaphylaxie microbienne peuvent être produites, soit par des inoculations locales répétées, soit par une inoculation locale après infection générale. Les accidents cutanés, des muqueuses, etc., qui se manifestent sont souvent les mêmes que ceux obtenus par Arthus chez le lapin avec le sérum de cheval (voir p. 583). Ils seront étudiés surtout à propos de la tuberculose et de la tuberculine (voir p. 616, Stichréaction, cuti, oculo-réaction, etc.).

Ces accidents locaux peuvent varier depuis la simple rougeur et l'érythème jusqu'aux plaques de nécrose. La nécrose, les gangrènes locales peuvent être causées par les toxines : nous les avons obtenues par les injections répétées de toxine diphtérique chez le lapin et signalé incidemment ce fait avec J. Nicolas en 1906. (Leucocytose produite par la toxine diphtérique, *Archiv. de méd. expérimentale*, juillet 1896.)

2° **Anaphylaxie dans la tuberculose chez l'homme et l'animal**. — La tuberculose doit être étudiée à part, car c'est la maladie dans laquelle les phénomènes d'anaphylaxie ont été le plus anciennement connus sans avoir été appelés de ce nom. La question est cependant encore fort confuse à cause de la multiplicité des documents et de la nature spéciale de l'hypersensibilité causée par la tuberculine. Son importance est grande pour la théorie, pour le diagnostic, et peut-être surtout pour l'avenir de la thérapeutique de la tuberculose.

A) ***Historique***. — La notion précise que la tuberculose est une maladie prédisposante est due d'abord à l'école lyonnaise d'Arloing.

Dès 1888, Arloing signalait ce fait, en montrait l'importance et émettait l'hypothèse de toxines prédisposantes pour l'expliquer.

De 1889 à 1891, Jules Courmont étudia longuement les effets prédisposants de la toxine d'un bacille spécial de la tuberculose du bœuf (créant ainsi une nouvelle classe de toxines retrouvée dans d'autres infections ; voir plus haut), et parlait déjà du rôle des toxines prédisposantes maternelles dans l'hérédité de la tuberculose (voir p. 579).

En 1891, la découverte de la tuberculine de Koch et des phénomènes d'intoxication qu'elle provoque chez le tuberculeux ouvre la voie à des centaines de travaux parus depuis sur ce point.

Un des premiers et des plus importants est celui de Arloing, J. Courmont et Rodet en 1891, sur les effets de la tuberculine de Koch : chez les animaux tuberculeux ils constatent l'accélération et l'aggravation des lésions et souvent la mort rapide (vaches, lapins, cobayes) ; par de nombreux essais de vaccination d'animaux sains par la tuberculine à doses répétées, ils n'observent de même qu'une action *prédisposante* très nette de la tuberculine employée préventivement avant l'inoculation de la tuberculose.

A la même époque, Koch signale le phénomène local de nécrose rapide lors des réinoculations sous-cutanées chez le cobaye tuberculeux (*phénomène de Koch*), et Epstein et Escherich étudient celui qu'ils appellent la *stichréaction* (rougeur de la peau lors des inoculations de tuberculine).

En 1899 Straus crée la prédisposition par inoculations de bacilles morts à la tuberculisation ultérieure par des bacilles vivants.

Avec les bacilles vivants réinoculés à des animaux tuberculeux dans les veines on obtient le phénomène dit de « *superinfection* » avec mort fréquente et en tout cas phénomènes graves. On attribue à tort sa première observation à Detre-Deutsch ou Bail ; en réalité la première étude systématique en a été publiée par Arloing en 1903. Ce dernier analyse « les *troubles déterminés sur les sujets tuberculisés par les inoculations de bacille de Koch en émulsion et par des injections de tuberculine* ». Il constate des troubles graves des grands appareils et souvent la mort dans les 24 heures à partir du 20e jour de la tuberculisation ; il signale des observations antérieures et analogues de Behring et Thomassen. Ses recherches portent sur un grand nombre d'animaux de plusieurs espèces (génisses, chèvres, moutons) avec réinjection soit de bacilles vivants, soit de tuberculine. F. Arloing publia la même année l'étude graphique de ces troubles dus à la réinfection.

C'est en 1903 également que Pirquet et Schick rapprochent les réactions dues à la tuberculine des *réactions accélérées* de la maladie du sérum et de la vaccine et émettent l'hypothèse d'anticorps circulant dans le sérum.

A partir de l'année 1904 les travaux se multiplient : Detre-Deustch (phénomène de *superinfection*); Bail (mêmes phénomènes expliqués par la théorie des *agressines*); Wolf-Eissner (théorie des *lysines* dissolvant les produits tuberculeux et mettant en liberté une endotoxine); Marmoreck (production de substances thermogènes sécrétées par les bacilles sous l'influence de la tuberculine injectée).

En 1907, Pirquet publie les détails et les résultats de sa méthode de *cuti-réaction*, Wolf-Eissner et Calmette ceux de l'*oculo-réaction*, et en 1908, Mantoux ceux de l'*intra-dermo-réaction* ; toutes méthodes bien connues en ce moment en clinique. Pendant ce temps, et depuis, des travaux innombrables sont publiés sur les diverses réactions à la tuberculine, ses propriétés anaphylactisantes et l'interprétation de ces phénomènes.

Nous étudierons : 1° *anaphylaxie active* (*locale*, en *foyers*, *générale*) et *antianaphylaxie ;* 2° *anaphylaxie passive* et *anaphylotoxine*.

B) ***Anaphylaxie active.*** — On peut l'étudier chez les hommes tuberculeux ou les animaux inoculés, et chez les sujets sains : nous commencerons par son étude chez les tuberculeux ou après tuberculisation par des bacilles vivants. Nous distinguerons : l'anaphylaxie locale, en foyers, et générale.

a) L'*anaphylaxie locale* s'obtient avec les bacilles réinoculés sous la peau ou avec la tuberculine également appliquée sur la peau ou en injection sous-cutanée.

La réinoculation de *bacilles vivants* sous la peau peut donner le *phénomène de Koch* : production rapide d'un ulcère qui se cicatrise en quelques jours sans tuberculisation même des ganglions voisins. Ce fait, inconstant pour Arloing, posait la question capitale de savoir si un sujet peut être réinfecté avec production de nouvelles lésions tuberculeuses. Ce phénomène local de l'ulcère nécrotique rapide est rapproché par Pirquet de la réaction accélérée due aux injections répétées de sérum ou aux réactions vaccinales précoces et fugaces chez les vaccinés par le cow-pox; on peut le rapprocher aussi des gangrènes locales produites par les injections répétées de sérum sous la peau du lapin (Arthus).

Avec la *tuberculine*, on peut obtenir chez l'homme ou l'animal tuberculeux plusieurs sortes de réactions locales : la *stich-réaction* (rougeur autour de la piqûre) par inoculation sous-cutanée (Epstein, Escherich, 1891); la *cuti-réaction* (Pirquet, 1907) par application de tuberculine sur de légères scarifications cutanées; l'*oculo-réaction* (Wolff-Eissner, Calmette, 1907) par instillation de tuberculine sur la conjonctive; enfin, des réactions analogues à cette dernière par applications de tuberculine sur les autres muqueuses, du nez, de l'urètre, du rectum et du vagin, et même de la muqueuse respiratoire par inhalation (Von Schroetter). Toutes ces réactions ont été longuement étudiées par les expérimentateurs et les cliniciens.

L'effet de la répétition des applications de tuberculine est des plus intéressantes au point de vue anaphylaxie; en général, la répétition des applications augmente l'intensité de ces réactions et les rend plus précoces (réactions accélérées de Pirquet); ceci est facile à observer pour l'oculo-réaction.

La valeur diagnostique de ces réactions chez l'homme, où la tuberculose latente est si fréquente, est assez discutée pour l'adulte; chez l'enfant très jeune, elles indiquent une tuberculose qui est certainement encore en activité, et prennent une très grande importance.

Leur spécificité, notamment celle de l'oculo-réaction, est fort douteuse. Il est certain, d'une part, que d'autres maladies que la tuberculose (fièvre typhoïde) et d'autres intoxications expérimentales (F. Arloing, statistiques cliniques et expériences avec les toxines diphtérique et autres) donnent fréquemment cette hypersensibilité à la tuberculine; d'autre part, d'autres substances que la tuberculine peuvent provoquer des réactions analogues chez les tuberculeux. Nous verrons aussi que certaines maladies, rougeole, coqueluche (Pirquet, Lemaire) suppriment ou diminuent chez les tuberculeux la faculté de leur peau de réagir à la cuti-réaction : ceci ne semble pas dû à la disparition générale des anticorps dans l'organisme, car le sérum des rougeoleux peut rester ou devenir très agglutinant pour le bacille de Koch (Paul Courmont et Dufourt), et les agglutinines ne disparaissent donc pas.

b) L'*anaphylaxie en foyers* est un des phénomènes les plus importants de l'intoxication tuberculinique chez le tuberculeux : sous l'influence des injections sous-cutanées de tuberculine à dose forte, les foyers tuberculeux sont le siège d'une congestion intense, rapide et durable, bientôt suivie d'une extension rapide des lésions, surtout si les doses ont été suffisamment élevées (voir, pour l'action des doses fortes, le long travail d'Arloing, J. Courmont et Rodet en 1891). Ce fut là l'origine des catastrophes causées par les premières applications de la tuberculine de Koch dans les années qui suivirent sa découverte et où l'on employa les fortes doses conseillées d'abord par Koch lui-même.

c) L'*anaphylaxie générale* (symptômes généraux de l'anaphylaxie) se manifeste surtout lors des injections intra-veineuses de bacilles chez l'animal et des inoculations intra-veineuses ou autres de tuberculine.

Le tableau de la réinfection ou superinfection par l'injection intra-veineuse ou intra-péritonéale de bacilles de Koch vivants, tel que l'ont observé Arloing, Detre-Deutsch, Bail, etc., est saisissant. Les animaux sont pris rapidement de malaises généraux, de frissons, et succombent souvent très rapidement comme foudroyés par une sorte d'intoxication. Delanoé a observé une anaphylaxie active très nette par des réinfections par le bacille homogène tuberculeux d'Arloing. Avec la tuberculine, même à dose forte, les accidents sont ordinairement moins intenses ou moins rapides.

Avec les tuberculines, on a étudié principalement, au point de vue anaphylactique général, les *réactions fébriles* et l'*intoxication grave* avec mort de l'animal. La dose toxique varie beaucoup avec l'animal, la voie employée, et le stade de la tuberculose.

L'ancienne tuberculine de Koch tue facilement le cobaye tuberculeux à la dose de quelques milligrammes, alors que cette dose est sans effet chez l'animal sain. Mais cette dose mortelle est très variable avec le stade de tuberculisation. Il faudrait de 6 jours (Koch) à 14 jours (Trudeau, Baldwin et Kinghorn) pour que l'état d'hypersensibilité à la tuberculine se manifeste, puis celle-ci augmente avec les progrès de l'infection. On peut avoir trois jours après l'inoculation du bacille une réaction fébrile par une dose de 50 milligrammes de tuberculine sous la peau; on peut obtenir la mort au 20e jour avec 50 milligrammes; au 25e jour, avec 10 milligrammes; au 50e jour, avec 5 milligrammes; au 60e jour, avec 1 milligramme. L'homme est beaucoup plus sensible que le cobaye, de là provient sans doute l'erreur initiale de Koch, qui conseilla pour l'homme des doses beaucoup trop fortes; à l'heure actuelle, on commence le traitement à la tuberculine par des millièmes de milligramme; en tout cas, une dose de 1 milligramme provoque presque toujours la réaction fébrile chez l'homme tuberculeux, et n'est pas sans danger si elle est injectée d'emblée.

La voie d'introduction de la tuberculine est importante. Par voie intra-cérébrale, le cobaye est d'une sensibilité telle que 1 millième de milligramme peut le tuer à 6 semaines de tuberculisation, alors qu'il faudrait plusieurs milligrammes de cette substance pour tuer le cobaye sain par la même voie. Par la voie rectale, il est très peu sensible (Panisset). L'ingestion est restée sans effet pour un grand nombre d'expérimentateurs; mais on peut obtenir (Freymuth) une réaction thermique par ingestion de tuberculine (1 milligramme) chez des cobayes préalablement tuberculisés par la même voie (Calmette et Breton).

On peut provoquer des troubles généraux et de la fièvre chez les sujets tuberculeux (cobayes surtout) en les inoculant avec des produits tuberculeux, avec du sérum tuberculeux, des sérosités de pleurésie tuberculeuse, etc., qui jouent le rôle de la tuberculine, soit parce qu'ils en renferment, soit qu'ils agissent par eux-mêmes. Nous verrons d'ailleurs que ces réactions fébriles sont loin d'être spécifiques et sont souvent causées par des substances non tuberculeuses.

Tout ce que nous venons de dire concerne les réactions aux bacilles ou à la tuberculine *chez les sujets tuberculeux.* Mais les mêmes phénomènes d'hypersensibilité *se produisent-ils chez les sujets sains* par des injections répétées? Cela est évident avec les bacilles vivants, pourvu que l'on attende le temps nécessaire, soit pour la tuberculisation (c'est le cas que nous avons envisagé chez les animaux expérimentalement tuberculisés) soit simplement pour l'incubation anaphylactique.

Pour la tuberculine, la question est très controversée. Une injection unique de tuberculine n'est pas toxique pour un sujet absolument sain, à moins d'injecter de très grosses doses (Koch) ou d'employer chez le cobaye la voie intra-cérébrale (3 ou 4 milligrammes, Lingelsheim, Borrel).

Mais y a-t-il hypersensibilité, anaphylaxie, par les *injections répétées de tuberculine*? C'est un point encore très obscur.

Mettons d'abord à part les sujets non tuberculeux, mais atteints d'autres maladies : dans beaucoup de ces cas, dans la fièvre typhoïde chez l'homme, dans l'intoxication expérimentale par les toxines diphtérique, eberthienne ou autres, etc. (F. Arloing), on peut observer les réactions soit locales, soit générales, non seulement par des injections et des applications répétées de tuberculine, mais même par une seule.

Chez l'homme non tuberculeux, et non malade en apparence, les résultats sont toujours sujets à caution, puisqu'il est impossible de savoir si le sujet n'a pas une tuberculose latente, ce qui est un cas très fréquent : on peut obtenir, en effet, jusqu'à 54 pour 100 et 61 pour 100 de réactions à l'injection de tuberculine (Franz, chez de jeunes recrues d'un régiment autrichien).

Reste l'animal neuf; même dans ce cas, les résultats sont contradictoires car le critérium de l'anaphylaxie est inconstant et non spécifique (réactions fébriles), et certains auteurs critiquent les résultats obtenus et ne leur reconnaissent pas la nature de phénomènes d'anaphylaxie. Marie et Tiffeneau, Slatineanu et Danielopolu, Orsini, dans certains cas, affirment cette anaphylaxie chez les cobayes après une certaine incubation après la première injection. Calmette et Breton obtiennent la mort des cobayes jeunes par des doses progressives ingérées, par des doses plus fortes chez les adultes. Calmette, Breton et Petit obtiennent l'oculo-réaction 16 heures après l'injection intra-veineuse de tuberculine, à certaines doses, aux lapins. Par contre, Simon, Bruyant n'ont pu obtenir l'anaphylaxie à la tuberculine, même en réinjectant le cobaye sain par voie cérébrale.

C) ***Anaphylaxie passive et anaphylotoxine***. — Les divergences ne sont pas moins grandes. Les premières expériences sont celles de Preisich et Heim, en 1902; ils obtiennent, dans certains cas, de la fièvre par l'injection simultanée à un animal sain de tuberculine et de sérum d'un animal tuberculeux. Pirquet, en 1907, ne constate pas de changement dans les réactions cutanées à la tuberculine en la mélangeant au sérum d'un sujet sensibilisé. Yamanouchi, en 1908, puis en 1909, apporte les premières expériences très positives : anaphylaxie passive, soit avec le sang de cobayes tuberculeux (seulement si le cobaye fournissant le sang est tuberculeux depuis 6 à 8 semaines), soit avec le sang des cadavres ou avec le sérum ou les sérosités des tuberculeux; la preuve de l'anaphylaxie était faite dans les 48 heures par une seconde injection de tuberculines diverses ; les phénomènes d'anaphylaxie étaient fréquents et souvent mortels. La même année, Lesné et Dreyfus obtiennent des résultats irréguliers en reproduisant ces expérience; Bauer (sang d'homme ou de cobaye tuberculeux et recherche de la réaction thermique à la tuberculine) publie des résultats positifs; de même que Delanoé (avec le sang de cobayes tuberculeux et réinjection de bacilles).

En 1910, Bail constate une anaphylaxie nette chez des cobayes préparés par des organes de tuberculeux et une sensibilité d'autant plus forte à la tuberculine que les lésions des organes étaient plus avancées (phénomènes graves et mort fréquente par réinjection de tuberculine après 20 heures).

Bay injecte le sérum de tuberculeux dans le péritoine de cobayes neufs (45 malades), obtient constamment les phénomènes d'hypersensibilité passive à la tuberculine, et conclut même à la valeur diagnostique de la réaction; Onaka observe des résultats négatifs en injectant à des cobayes du sérum de tuberculeux et en cherchant ensuite l'intradermo-réaction à la tuberculine; par contre, il a des résultats positifs en employant comme Bail les organes de tuberculeux; Helmoltz constate la transmission passive dans une expérience de parabiose (l'un des deux cobayes était tuberculeux, et l'autre, sain, montra la cuti-réaction après le quatrième jour); Bruck observe deux cas exceptionnels d'anaphylaxie passive du cobaye par le sérum de deux malades atteints de lupus et qui avaient présenté des éruptions causées par la tuberculine; du sérum d'autres lupiques ne donna pas les mêmes réactions.

D'autres auteurs contestent ces résultats ou leur importance. Kraus, Löwenstein et Volk (1911) n'ont pu reproduire les expériences de Bail; il n'y a pas d'anaphylaxie passive par les organes tuberculeux, ni d'anaphylaxie active par les injections répétées de tuberculine; le tableau des accidents causés par la tuberculine chez le cobaye tuberculeux ne serait pas celui du choc anaphylactique; on ne pourrait donc sensibiliser le cobaye autrement que par la tuberculisation par les bacilles vivants; la tuberculine ne serait pas anaphylactisante, est seulement toxique, et ne produirait pas d'anticorps chez les sujets neufs. Onaka, Joseph (1910) n'ont pu reproduire l'anaphylaxie passive par les injections de sérum tuberculeux. Vallardi (1911) conteste avec Kraus la valeur des phénomènes observés chez le cobaye inoculé plusieurs fois, soit avec la tuberculine, soit d'abord avec des extraits d'organes tuberculeux. E. Fraenkel refuse une importance diagnostique à l'élévation thermique causée par la tuberculine chez les cobayes préparés avec du sérum de tuberculeux.

Anaphylotoxine tuberculeuse. — Plusieurs des expériences précédentes étaient faites avec un mélange de sérum ou de produits tuberculeux avec de la tuberculine ou des bacilles. Friedberger a obtenu son *anaphylotoxine* en mélangeant des bacilles tuberculeux avec du sérum de tuberculeux et du complément de cobaye (voir Discussion, p. 646).

D) **Antianaphylaxie tuberculeuse.** — Observe-t-on la disparition de l'anaphylaxie à la tuberculine, par de fortes doses ou après les injections répétées subrintantes (comme dans les expériences de Besredka avec le sérum). Le fait est important puisqu'il pourrait conduire à la suppression thérapeutique des accidents de l'anaphylaxie tuberculeuse.

Voyons ce qui se passe lorsqu'on injecte des doses répétées de tuberculine chez les sujets tuberculeux. Depuis Koch on admettait que l'injection répétée de tuberculine (notamment, aux bovidés) amenait l'accoutumance et la diminution ou la disparition des réactions fébriles. Nocard vit en effet que la réaction thermique est rare (un tiers des cas) dans les 48 heures suivant une première injection, et qu'il faut attendre un mois pour que tous les animaux réagissent de nouveau. En réalité, la réaction thermique lors de la seconde injection existe parfaitement, mais elle est précoce et rapide (Vallée confirmé par Lignières, Reeser, etc.); ce fait est au contraire une confirmation de l'anaphylaxie, car il s'agit alors d'une réaction accélérée dans le sens de Pirquet. Dans les applications locales répétées de tuberculine on observe, comme pour la réaction thermique, des réactions qui sont d'abord accélérées puis diminuées. Pirquet et Lemaire observent en effet, par des cuti-réactions en séries chez des enfants tuberculeux, que les premières réactions sont d'abord plus précoces, plus intenses, mais plus rapides; au bout d'un certain nombre de jours les cuti-réactions deviennent moins intenses, puis il y a retour à l'état antérieur de sensibilité normale. Dans les oculo-réactions répétées à quelques jours ou même quelques semaines d'intervalle la rougeur et les phénomènes locaux sont souvent de plus en plus intenses. Il est probable qu'il y a augmentation de la sensibilité dans certaines conditions, et diminution dans d'autres. Bay montre qu'après les accidents anaphylactiques chez le cobaye il existe une période de 18 à 30 heures pendant laquelle l'animal est désensibilisé. La question des doses et du rapprochement des injections joue un rôle essentiel. De fortes doses progressivement et rapidement croissantes rendraient le tuberculeux insensible aux réactions locales ou générales à la tuberculine (méthode de Koch, employée par Grasset et Vedel, Löwenstein, Hamburger). Escherich ne constate pas la cuti-réaction après l'injection de grosses doses de tuberculine chez un tuberculeux. Les doses moyennes (dixièmes de milligramme) favoriseraient au contraire les réactions aux injections successives. Pour Lövenstein la moitié des cas traités (81 cas sur 177) donneraient la réaction fébrile aux doses minimes thérapeutiques de tuberculine : il montre par exemple qu'un malade traité par des doses successives de dixièmes de milligramme pour aboutir progressivement à un milligramme donne une réaction fébrile presque à chaque injection; tandis qu'un autre malade traité dans le même temps par des doses très fortes de plusieurs milligrammes pour aboutir à des doses massives ne présenta jamais de réaction. Il est vrai que les variations individuelles sont très grandes. Enfin les doses infinitésimales, lentement progressives, seraient seules capables de donner l'accoutumance sans aucune réaction fébrile, même en arrivant à des doses élevées qui en eussent donné sans cela.

Chez le cobaye tuberculeux les expériences fort concordantes ont été faites par Burnet et Manaud. Ce dernier augmente rapidement la résistance de cobayes tuberculeux à la tuberculine par des doses progressives jusqu'à 200 milligrammes; l'accoutumance cesse rapidement avant la fin des injections; le résultat n'est d'ailleurs pas favorable car les cobayes qui ont supporté en apparence ces fortes doses de tuberculine meurent cependant plus vite que les témoins simplement tuberculeux. Burnet provoque également une résistance très grande du cobaye tuberculeux à des doses de 200 milligrammes, en leur faisant des injections consécutives de 1 milligramme sous la peau *répétées jusqu'à 10 fois le même jour*;

la résistance croît avec la progression et la grandeur des doses; les cobayes sont d'autant plus résistants qu'ils ont reçu davantage.

Il semble bien que la courte phase d'insensibilité observée chez le cobaye après les accidents anaphylactiques à la tuberculine, et l'absence d'accidents ou de réactions par les doses subrintantes progressives et très élevées de tuberculine, soient des phénomènes d'antianaphylaxie. Il ne semble pas qu'il s'agisse d'immunité; en effet, l'hypersensibilité revient rapidement sitôt après la cessation des dernières doses répétées, ou même quelques heures après les accidents causés par une seule dose; de plus, le sérum des cobayes (accoutumés à de fortes doses dans les expériences de Burnet) ne transmet pas l'anaphylaxie passive à la tuberculine (comme dans l'antianaphylaxie au sérum) et n'est pas neutralisant *in vitro* pour la tuberculine, ce qui est tout à fait conforme aux expériences sur l'antianaphylaxie (voir p. 630).

Il ne paraît pas non plus que les injections de tuberculine déterminent les réactions ordinaires de l'immunité. Kraus, Lövenstein et Volk insistent sur le fait qu'elles ne s'accompagnent pas de formation d'anticorps et ne se comportent pas comme un antigène. Cependant Arloing a montré que la tuberculine détermine chez l'animal sain la production d'agglutinines, et Lövenstein a vu que le mélange de certains sérums tuberculeux et de tuberculine ne produit plus la cuti-réaction (hypothèse d'un anticorps appelé anticutine).

En tout cas, l'absence d'immunité réellement durable après cessation des injections, la non-transmission par le sérum de l'état de résistance des animaux rendus réfractaires à de fortes doses de tuberculine, l'analogie des faits avec ce qui se passe dans l'antianaphylaxie au sérum, sont des arguments importants, pour dire : la tolérance artificielle aux injections répétées de tuberculine n'est pas un phénomène d'immunité, mais seulement un fait d'accoutumance analogue à la mithridatisation avec les poisons inorganiques ou à l'état obtenu dans les expériences d'antianaphylaxie.

E) ***Résumé***. — Il ressort de ces faits très complexes quelques points certains :

1° Le tuberculeux présente une hypersensibilité très grande non seulement spécifique (réinfection par les bacilles ou injections de tuberculine) mais encore non spécifique à toute une série d'agents thermogènes et même aux sérums normaux. Besredka et Bronfenbrenner ont démontré que le cobaye tuberculeux, s'il est peu sensible au sérum normal en première injection, est au contraire très sensible, et plus que normalement, aux accidents anaphylactiques de la seconde injection de sérum surtout lorsque la tuberculose est avancée sans qu'elle soit généralisée. En clinique on sait quelle est la sensibilité des tuberculeux aux réinjections de sérums anti-tuberculeux; les accidents sériques cutanés et généraux sont extrêmement fréquents chez eux et peuvent gêner le traitement par les sérums antituberculeux. C'est chez les tuberculeux aussi que l'on a constaté les accidents graves et immédiats causés par une première injection de sérum. Le tuberculeux présente donc une anaphylaxie spécifique et aussi une hypersensibilité générale.

2° La tuberculine se comporte comme une toxine tout à fait spéciale. Pour la majorité des auteurs elle ne peut produire l'anaphylaxie chez un sujet normal (opinion contraire de quelques auteurs) elle ne serait donc pas *anaphylactisante*. Mais elle est à un haut degré une *substance déchaînante*, produisant des accidents anaphylactiques tout à fait semblables à ceux qu'on observe localement avec le sérum, la vaccine (Pirquet), et des accidents généraux peut-être un peu différents de ceux de l'anaphylaxie ordinaire. Une des différences principales est que la réaction fébrile due à la tuberculine (de même d'ailleurs que les réactions locales) demande une période d'incubation; mais précisément cette incubation diminue avec la répétition des injections (réaction accélérée dans le sens de Pirquet). Chez le cobaye, l'anaphylaxie par la tuberculine ne produit pas le même tableau anaphylactique que l'intoxication sérique, mais cela ne nous paraît pas un argument très important.

3° Anaphylaxie dans les autres maladies infectieuses de l'homme; rapports avec la guérison et l'immunité. — La moisson de faits déjà accumulés à propos de l'anaphylaxie microbienne, et notamment dans la tuberculose, peut déjà trouver une application dans la pathogénie générale des maladies infectieuses de l'homme.

A) ***Anaphylaxie dans les infections aiguës cycliques.*** — On conçoit actuellement la guérison des infections cycliques comme obtenue en partie par les réactions cellulaires, en partie par la production des anticorps, réactions amenant l'état d'immunité.

Réciproquement, la question se pose de savoir pourquoi, avant le stade de terminaison et d'immunité, les infections sont au contraire, pendant un certain temps, en état de progression (période d'ascension et période d'état des maladies cycliques). On pensait généralement que cette période de progression était due simplement au fait de la multiplication des bacilles et de leurs toxines et aux réactions cellulaires morbides consécutives; tous phénomènes qui ne s'atténuaient qu'à partir du moment où l'ensemble des défenses organiques (cellulaires et humorales) s'était suffisamment développé.

La notion d'anaphylaxie permet d'affirmer que non seulement les défenses naturelles sont plus ou moins défaillantes au début de l'infection, mais que le sérum de ces infectés possède, pendant quelque temps, une propriété spéciale contraire à la protection de l'organisme, *favorisant* le développement de cette infection.

C'est en 1897 que, pour la première fois, ce fait a été observé par nous avec le sérum des typhiques, dont nous avons établi le pouvoir favorisant vis-à-vis de l'infection éberthienne expérimentale chez le cobaye.

A ce moment, on ne connaissait que les propriétés favorables des sérums (pouvoir bactéricide, agglutinant, antitoxique, vaccinant), notamment pour la fièvre typhoïde (pouvoir vaccinant du sérum des convalescents de Chantemesse et Widal, pouvoir agglutinant, etc.). Nos expériences sur cette *nouvelle propriété du sérum des infectés* furent longuement publiées, en 1897, dans notre thèse inaugurale, dans un article des Archives de Pharmacodynamie et résumées dans une note à la Société de biologie. Nos vues sur la succession du pouvoir anaphylactisant ou favorisant et du pouvoir vaccinant étaient schématisées dans une courbe et ont été développées depuis dans notre *Précis de Pathologie générale* (1907 et 1910), et dans un rapport au Congrès pour l'avancement des sciences (Dijon, 1911). Ces expériences sont les premières qui

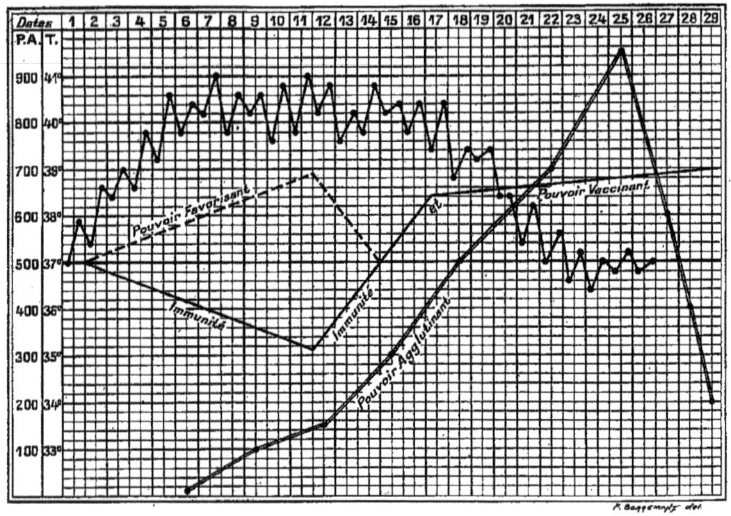

Schéma des courbes des propriétés humorales du sérum au cours d'une fièvre typhoïde (Paul Courmont).

(Courbes de la température ●——●; du pouvoir agglutinant ●══●; du pouvoir favorisant ----; du pouvoir vaccinant et de l'immunité ——).

démontrent à la fois : 1° l'*état anaphylactique du sérum des infectés* précédant l'état d'immunité; 2° la transmission possible aux cobayes de cet état d'anaphylaxie par le sérum des infectés, c'est-à-dire l'*anaphylaxie passive*. (Les premières expériences ultérieures sur l'anaphylaxie passive sont celles de Kraus et Doerr, en 1908.)

Voici le résumé de nos expériences, avec 9 sérums de typhiques et 74 cobayes. Trois lots de cobayes (A, B, D) étaient inoculés dans le péritoine avec la même dose mortelle (1 cc.) de culture en bouillon de bacilles d'Eberth; ceux du lot D (témoins) étaient inoculés avec cette seule dose mortelle; ceux du lot B recevaient en plus sous la peau de la cuisse une faible quantité de sérum de typhique (le 10e de la dose de culture), ceux du lot A recevaient les mêmes quantités de sérum et de culture, mais mélangés au préalable pendant une heure *in vitro*. Les résultats furent les suivants : 1° les cobayes A (culture et sérum mélangés) résistèrent beaucoup plus longtemps que les témoins D (culture seule). Nous n'observâmes donc pas ce qu'on appelle aujourd'hui l'anaphylaxie *in vitro*, car le long contact des bacilles avec le sérum agglutinant et bactéricide les avait atténués ou avait détruit la substance anaphylactisante; 2° quant aux cobayes D (culture dans le péritoine et sérum sous la peau) ils se comportèrent très différemment.

Avec 4 sérums de typhique, les cobayes B moururent en quelques heures (sérums favorisants), alors que les témoins D survivaient beaucoup plus longtemps (7 et 12 jours). Avec 4 sérums, au contraire, les cobayes B résistèrent beaucoup plus que les témoins (sérums vaccinants).

Le tableau ci-contre précise ces chiffres, et montre que les sérums favorisants provenaient presque tous de fièvres typhoïdes au début ou à une date éloignée de la guérison définitive, tandis que les sérums vaccinants provenaient d'une période de la maladie proche de la guérison ou même de la convalescence.

Ces faits montraient donc que le *sérum du typhique est favorisant* (anaphylactisant) *pendant une première partie de la maladie et devient vaccinant à la convalescence* ou un peu avant. Ils démontrent aussi la coexistence de l'anaphylaxie et du pouvoir agglutinant et bactéricide du sérum; l'inoculation séparée des microbes et du sérum, ou de leur mélange, permettant de faire la dissociation expérimentale de ces propriétés antagonistes.

ÉPOQUE DE LA FIÈVRE TYPHOÏDE OÙ EST PRIS LE SÉRUM.	DURÉE DE SURVIE DES COBAYES		
	Lot A. (Sérum et culture mélangés.)	*Lot B.* (Sérum et culture séparés.)	*Lot D.* (Culture seule.) (*Témoins.*)
I. *Sérums favorisants* :			
Sérum 1, 4ᵉ jour.	46 jours.	1 jour.	12 jours.
— 2, 5ᵉ —	43 —	1 —	12 —
— 3, 17ᵉ — (d'une dothiénentérie suivie de rechute).	10 —	1/2 —	7 —
Sérum 4, 26ᵉ jour.	14 —	1/2 —	7 —
II. *Sérums vaccinants* :			
Sérum 5, 8 jours avant la défervescence.	39 —	22 jours.	12 —
— 6, 24ᵉ jour.	10 —	9 —	7 —
— 7, Rechute après 23 jours d'apyrexie	18 —	16 —	1 jour.
Sérum 8, 10ᵉ jour de la convalescence.	6 —	9 —	1 —

Il est probable que si Ascoli n'a pas retrouvé constamment l'anaphylaxie passive avec le sérum des typhiques, c'est qu'il a employé de la toxine eberthienne au lieu de culture totale pour inoculer ses animaux.

Les faits d'anaphylaxie passive purement expérimentale, avec le sang des animaux infectés par les microbes et notamment par le bacille d'Eberth (Kraus et Doerr, Delanoé, etc.), confirment l'existence du pouvoir favorisant anaphylactisant que nous avons découvert en 1897. Si dans les expériences des auteurs il y a quelques irrégularités de résultats, cela tient aux différences d'expérimentation. Si, très souvent, dans ces expériences, et dans celles faites pour la préparation des sérums antimicrobiens, on note, moins nettement que dans les nôtres, la succession des états d'anaphylaxie et d'immunité, c'est qu'on ne s'adresse pas à une maladie naturelle cyclique ayant tendance naturelle à la guérison comme la fièvre typhoïde. Rien ne vaut, surtout pour les conclusions à la pathologie humaine, l'analyse précise d'une maladie spontanée humaine cyclique.

On peut en somme concevoir, dans les affections cycliques, telles que la typhoïde, deux périodes successives : 1° une *période d'anaphylaxie* pendant laquelle le sérum du malade est favorisant pour cette infection elle-même, même s'il est doué de propriétés défensives partielles telles que pouvoir agglutinant ou bactéricide ; 2° une *période d'immunité* à peu près complète avec disparition du pouvoir favorisant (voir la courbe ci-contre empruntée à nos premiers travaux).

Le point délicat est de savoir à quel moment le stade d'immunité succède au stade d'anaphylaxie ; il est certain que, pendant une période mixte, il y a coexistence paradoxale de ces propriétés antagonistes du sérum.

Le but de la pathologie et de la thérapeutique générales doit être d'approfondir le déterminisme du passage de l'anaphylaxie à l'immunité ; on arrivera ainsi à des résultats importants pour le pronostic et le traitement de ces maladies. Nous écrivions, en 1897 : « ... des modifications du sérum dans son action favorisante, vaccinante ou atténuante, on tirera des conséquences cliniques pour la durée et l'évolution probable d'une maladie, pour la possibilité de la rechute.... »

La notion d'anaphylaxie a été appliquée en outre par certains auteurs, notamment par Pirquet, à l'explication de plusieurs particularités des maladies infectieuses.

L'*incubation* de certaines maladies éruptives est rapprochée par lui de l'incubation des accidents sériques et il pense que dans les deux cas, cette période correspond à l'élaboration des substances du sérum qui se combineront avec d'autres substances antagonistes pour donner l'éruption et les phénomènes généraux.

Pour la *vaccine*, Pirquet apporte une explication très élégante de ce que l'on appelle la fausse vaccine (éruption locale avortée et très précoce déterminée chez des sujets déjà vaccinés par une seconde ou une troisième inoculation). Pour lui, il s'agit bien d'une éruption de nature vaccinale, mais chez un sujet possédant à la fois un haut degré d'immunité et un certain degré d'anaphylaxie : cette dernière se révèle par l'apparition précoce et fugitive d'une éruption larvée : c'est l'analogue des réactions accélérées également locales et rapides déterminées par des injections répétées de sérums.

La *crise* de guérison des maladies infectieuses cycliques correspond certainement aussi à une sorte de crise d'accidents anaphylactiques auxquels succède l'état d'immunité définitive, comme chez les chiens de Richet après le choc anaphylactique causé par les toxines végétales.

La *phase négative*, observée après les vaccinations par les produits microbiens (vaccins de Wright, par exemple), trouve certainement son explication dans l'anaphylaxie. Il y a là une période plus ou moins courte d'état de réceptivité du sujet précédant l'immunité absolument analogue à celle que nous avons décrite pour la fièvre typhoïde et les maladies cycliques en général; cette thérapeutique préventive devra tenir compte de cette notion pour éviter une infection accidentelle ou une nouvelle vaccination pendant cette période négative : c'est d'ailleurs ce qu'indique Wright lui-même à la suite de ses observations sur les opsonines. Mais dans la théorie des opsonines, et pour la plupart des auteurs qui se sont occupés de cette phase négative, il y a seulement, pendant cette période, défaillance des moyens de protection par les opsonines, substances bactéricides et agglutinantes, etc.; nous pensons qu'il y a quelque chose de plus, c'est-à-dire l'état anaphylactique favorisant l'infection.

B) ***Anaphylaxie dans les maladies infectieuses chroniques. — Anaphylaxie prolongée ou par périodes alternantes.*** — D'après ce que nous avons vu pour les infections cycliques, il semble que le pouvoir favorisant du sérum ne doive pas évoluer de même dans les infections chroniques; *a priori* le sérum des infectés chroniques doit rester favorisant beaucoup plus longtemps et, peut-être indéfiniment lorsque la guérison et l'immunité ne s'établissent pas. Les maladies infectieuses chroniques seraient ainsi celles qui demeurent indéfiniment au stade d'anaphylaxie, celles pour lesquelles ne se fait pas le passage définitif de l'anaphylaxie à l'immunité complète.

Ce que nous avons résumé plus haut des faits d'anaphylaxie dans la tuberculose nous permet de prendre cette maladie comme type de ce qui se passe dans les infections chroniques analogues (autres infections nodulaires, lèpre, morve chronique, etc...).

Dans la tuberculose chronique, il y a effort continuel vers l'immunité comme le prouvent la présence d'anticorps, sensibilisatrices, opsonines, agglutinines dans le sang. Mais il y a coexistence presque constante d'un état anaphylactique prouvé par les réactions à la tuberculine et par l'anaphylaxie passive que confère le sang des tuberculeux ou leurs organes inoculés au cobaye. L'équilibre n'est pas constant entre ces deux états inverses; tantôt l'un, tantôt l'autre l'emporte, soit définitivement lorsque la maladie touche à sa fin, soit le plus souvent avec des alternances lorsque la maladie reste chronique progressive.

Ces alternances d'anaphylaxie ou d'immunité plus ou moins grande répondent aux faits cliniques.

Les cliniciens ont toujours observé que les rechutes continuelles sont l'apanage de la tuberculose en général et notamment de la tuberculose pulmonaire classique. MM. Bezançon et de Serbonnes ont insisté ces dernières années sur ces *poussées évolutives* de la tuberculose mises en lumière par l'étude clinique des courbes de poids, de température, etc... et par la recherche des variations des anticorps (sensibilisatrice, opsonines, etc.). Ces poussées évolutives sont d'une constatation clinique de très grand intérêt; notre hypothèse pathogénique sur le rôle de l'anaphylaxie alternante cadre très bien avec elle.

Si nous observons ce qui se passe dans une première infection tuberculeuse aiguë (typho-bacillose, par exemple), nous voyons une période franchement anaphylactique comme au début d'une fièvre typhoïde; puis, comme dans une infection cyclique, l'ensemble des réactions d'immunité peut l'emporter, et la période de guérison (parfois complète) succéder à la période d'anaphylaxie. Mais le plus souvent à la septicémie aiguë succède la tuberculose locale; chassé de l'ensemble de la circulation par les processus ordinaires de défense auxquels il est plus exposé dans le torrent sanguin, le bacille arrive à se cantonner dans une lésion locale comme dans une place forte; grâce à ses moyens de protection spéciale (enveloppe cireuse, tubercule), il est en partie à l'abri des processus défensifs généraux de l'organisme (produits bactéricides, opsonines...), il résiste, prolifère et crée des lésions locales extensives.

Lorsque ces lésions locales se sont suffisamment développées, éclate une nouvelle explosion d'anaphylaxie, par passage dans la circulation, soit de bacilles, soit de substances toxiques solubles, soit de matière tuberculeuse elle-même. A ce moment se manifeste la poussée évolutive par le syndrome clinique, la diminution des anticorps, des opsonines, etc. Il est probable que ces symptômes cliniques ou humoraux suivent en réalité la poussée évolutive anatomique, éclatent lorsque celle-ci est déjà constituée, et qu'on devrait distinguer la *poussée évolutive anatomique* des manifestations qu'elle cause et précède.

A cette crise anaphylactique succède comme toujours une réaction anti-anaphylactique pendant laquelle les processus d'immunité remontent à leur tour, pour diminuer lorsque se seront constitués de nouveaux foyers tuberculeux donnant naissance à une nouvelle poussée anaphylactique. Et ce jeu de bascule se continue indéfiniment, avec progression constante des lésions locales, lésions spéciales où se fortifie le bacille causant à la fois ces lésions progressives et les débâcles toxiques, causes immédiates des crises plus ou moins larvées d'anaphylaxie.

Ce qu'il y a de spécial dans la tuberculose, et qui en fait une infection chronique à rechutes perpétuelles d'anaphylaxie, ce sont les lésions locales, le tubercule où le bacille est à la fois assiégé et assiégeant. Dans les maladies cycliques qui sont surtout des septicémies, la lutte cyto-microbienne se passe sur un large champ, dans toute la circulation et dans les organes hémato-poiétiques, et l'issue est rapide et le plus souvent définitive car le microbe n'a pas la protection de l'enveloppe cireuse et le refuge du tubercule. Dans la tuberculose classique, au contraire, ce sont les *foyers locaux* des tubercules qui entretiennent la source des poussées d'anaphylaxie. C'est en eux que se forment les produits toxiques et d'eux que partent ces produits ou les substances anaphylactisantes. L'ensemble des réactions d'immunité, manifestées chez le tuberculeux surtout après les périodes d'anaphylaxie, réussissent le plus souvent à arrêter ou empêcher l'*infection générale*; mais ces réactions sont impuissantes à l'intérieur du tubercule même.

Il y a donc souvent chez le tuberculenx ce paradoxe de l'existence de réactions générales d'immunité assez intenses (pouvoir agglutinant, opsonines, précipitines, sensibilisatrices..., etc), contrastant avec une persistance, une augmentation et une progression indéfinies des lésions locales. On est souvent étonné de voir certains phtisiques présenter une résistance surprenante de l'état général, des propriétés humorales défensives très nettes persistant jusqu'à peu de temps avant la mort, et cet état de résistance coïncider avec des lésions indéfiniment envahissantes de proche en proche jusqu'à la destruction complète des deux poumons, jusqu'à la mort par lésions locales plus que par une infection qui ne se généralise pas.

Il semble qu'il y ait prédisposition locale et immunité relative générale. En fait il y a souvent, en effet, anaphylaxie locale et immunité ou tendance à l'immunité sérique; c'est pour cela probablement que Yamanouchi, Bail obtiennent l'anaphylaxie passive surtout avec les organes tuberculeux, plus qu'avec le sérum.

Ce balancement entre l'immunité et l'anaphylaxie est une des caractéristiques de la tuberculose : l'alternance entre les phases de ces deux états est due probablement en partie à une sorte d'état anti-anaphylactique s'établissant après chaque secousse anaphylactique.

La tuberculine employée à dose voulue et à certains moments peut probablement contribuer à déterminer cet état anti-anaphylactique et être ainsi facteur d'amélioration et d'immunité par un mécanisme indirect.

Les sérums antituberculeux, antitoxiques pour la plupart, sont impuissants contre les lésions locales et contre l'origine des poussées d'anaphylaxie due à ces lésions locales; peut-être même la sensibilité extrême des tuberculeux aux sérums en général, non seulement rend plus fréquents les accidents sériques, mais expose parfois les tuberculeux à des aggravations par anaphylaxie non spécifique, les substances albuminoïdes du sérum jouant le rôle d'une dose trop forte de tuberculine vis-à-vis des lésions locales.

On voit combien les données fournies par l'étude de l'anaphylaxie peuvent trouver d'applications et ouvrir de voies à une thérapeutique plus rationnelle.

Les études sur l'anti-anaphylaxie éclaireront peut-être cette thérapeutique.

§ 3. — Anti-anaphylaxie.

L'anti-anaphylaxie est l'état d'un sujet préalablement anaphylactisé chez qui disparaît cet état pour être remplacé par un état de résistance aux poisons anaphylactiques.

C'est encore l'état analogue d'un sujet neuf chez lequel cette résistance est obtenue sans passer par l'état d'anaphylaxie.

Les procédés pour obtenir l'anti-anaphylaxie sont donc destinés à supprimer la sensibilité particulière des sujets anaphylactisés. Les résultats de l'anti-anaphylaxie peuvent être très importants au point de vue pratique, entre autres pour supprimer les accidents du sérum chez l'homme et ceux qui entravent la préparation des animaux destinés à la production des sérums antitoxiques ou antimicrobiens.

1° **Historique.** — Rosenau et Anderson avaient cherché dès 1907 à protéger les cobayes contre les accidents anaphylactiques en leur injectant des doses répétées de sérum, chacune étant séparée de la suivante par un intervalle de 6 jours et étant de 5 cc. Ils pensaient avoir obtenu la vaccination de ces animaux, car les cobayes ainsi préparés par ces doses massives résistaient à la dernière inoculation. Otto obtint des résultats analogues.

Besredka essaya le même procédé d'immunisation contre l'anaphylaxie sérique; il mélangeait ensuite à du sérum de cheval le sérum des cobayes ainsi rendus réfractaires à ce sérum mais n'obtenait pas la neutralisation de celui-ci : les injections du mélange étaient toxiques. Ceci n'a rien d'étonnant puisqu'un tel mélange peut au contraire constituer un produit immédiatement toxique pour des animaux neufs (anaphylaxie passive par mélange *in vitro*). En tout cas cela prouvait, comme le remarque Besredka, qu'il ne s'agissait pas d'un état véritable d'immunité, chez les cobayes de Rosenau et d'Anderson et chez les siens, puisque le sérum ne contenait pas de corps immunisants contre les accidents anaphylactiques; sans cela le sérum eut été préventif et neutralisant vis-à-vis du sérum de cheval.

Otto avait observé que le cobaye qui résiste au choc anaphylactique causé par la seconde injection est insensible ensuite à des inoculations ultérieures du même sérum; mais pour lui, de même que pour Gay et Southard, il ne s'agit pas d'immunité durable, car au bout de quelque temps ces cobayes redeviennent sensibles au sérum. Otto avait aussi remarqué qu'on peut supprimer l'anaphylaxie des cobayes au sérum de cheval en leur injectant des doses massives ou répétées de ce produit pendant la période pré-anaphylactique (période d'incubation).

Besredka et Steinhard, puis Besredka seul dans de nombreux travaux depuis 1907, ont établi sur cette question des notions très étendues et d'un grand intérêt scientifique et pratique; nous allons les exposer.

2° **Moyens d'obtenir l'anti-anaphylaxie.** — D'après les recherches précédentes, celles de Nicolle et d'autres auteurs, on peut empêcher ou atténuer l'action toxique anaphylactique du sérum de cheval ou d'autres substances telles que les microbes ou les toxines microbiennes par différents procédés portant les uns sur la substance anaphylactisante, les autres sur l'animal anaphylactisé, d'autres enfin par la façon d'inoculer ce dernier.

A). ***Action sur les substances anaphylactisantes.*** — Rosenau et Anderson, Besredka et d'autres ont tenté de diminuer ou de supprimer la toxicité du sérum de cheval par toute une série d'agents chimiques et physiques, tout cela sans résultat. P. Carnot et Slavu pensent que cinq minutes de contact avec HCl enlève au sérum sa propriété toxique.

Seule la chaleur peut rendre un sérum atoxique pour l'animal anaphylactisé. Un sérum chauffé à 100° n'est plus toxique, et les cobayes anaphylactisés et injectés avec ce sérum chauffé ne présentent aucun accident et semblent vaccinés au bout de 5 ou 6 jours. Au-dessous de 100° et jusqu'à 60° et 56° il y a atténuation progressive de cette toxicité. Nous verrons plus loin l'importance théorique de la dissociation par la chaleur des propriétés anaphylactisantes et toxiques d'un sérum (page 636); car ce même sérum chauffé qui n'est plus toxique pour un cobaye anaphylactisé est encore capable d'anaphylactiser un cobaye neuf. La substance toxique est donc seule *thermostabile*. Mais en pratique des sérums thérapeutiques chauffés à ces hautes températures n'ont pas gardé non plus leurs propriétés curatives ou vaccinantes. On ne peut donc employer ce procédé; seul le chauffage à 56° atténue la toxicité des sérums sans leur faire perdre les propriétés curatives. Aussi les sérums antidiphtériques ou autres préparés à l'Institut Pasteur de Paris sont-ils chauffés quatre fois de suite pendant 1 heure à 56°, et cette préparation atténuerait leur pouvoir toxique et diminuerait les éruptions sériques qui ne se verraient que dans 13 pour 100 des cas environ (Besredka).

B) ***Action sur l'animal*** (anti-anaphylaxie indirecte). — Les symptômes nerveux qui constituent le choc anaphylactique semblant provenir d'une sorte d'intoxication ou de choc cérébral, Besredka, sur le conseil de Roux, essaya d'anesthésier les cobayes avant de leur injecter la seconde dose toxique de sérum de cheval. En effet, les cobayes ainsi anesthésiés à l'éther, ou au chloréthyle, résistent à l'inoculation seconde, ne présentent pas les manifestations extérieures des accidents anaphylactiques, et lorsqu'ils se réveillent du sommeil artificiel ils sont semblables à des cobayes normaux mais ne sont plus sensibles à une seconde injection de sérum. Banzof a obtenu confirmation de cette expérience avec l'hydrate de chloral injecté dans les muscles du cobaye. D'autres anesthésiques ou médicaments somnifères ont échoué entre les mains de Rosenau et Anderson et de Besredka.

Pour Besredka, dans l'expérience avec l'éther, on supprime les effets de la combinaison dans le cerveau du sérum de cheval toxique avec la substance anaphylactisante préformée ou accumulée dans cet organe;

puis, la combinaison faite, à l'abri de l'anesthésie, sans danger, sans neurt de la sensibilité cérébrale, l'animal redevient normal, mais désanaphylactisé et à l'abri des accidents d'une nouvelle injection. L'expérience est fort intéressante, son interprétation est discutée. Pour Rosenau et Anderson on masque seulement les symptômes extérieurs du choc, on supprime les symptômes moteurs, mais on ne supprime pas les phénomènes intimes de ce choc et une forte dose de sérum peut produire la mort même sous anesthésie. Kraus et Biedl constatent aussi que l'hypotension caractéristique n'est pas empêchée par la narcose. Delanoé n'a pu empêcher par le procédé de Besredka la mort des cobayes anaphylactisés et ensuite inoculés avec des microbes.

C) ***Antianaphylaxie par les procédés d'inoculation.*** — Nous avons signalé plus haut (Rosenau et Anderson, Otto, Nicolle) que des injections répétées massives, ou une seule injection faite pendant la période d'incubation, ou la résistance du cobaye au choc, peuvent supprimer l'anaphylaxie. Besredka inoculant les cobayes par voie cérébrale (deuxième inoculation) a observé que ceux qui avaient résisté au choc ainsi produit étaient anti-anaphylactisés très rapidement; de même lorsqu'il faisait l'injection dans la période d'incubation. L'auteur arriva enfin à vacciner les cobayes contre l'anaphylaxie par un procédé simple et inoffensif, c'est celui des *vaccinations par petites doses et doses subintrantes.*

Par une seule petite dose de sérum incapable d'amener la mort d'un cobaye anaphylactisé on le vaccine contre une ou deux doses sûrement mortelles, et cela très rapidement en quelques heures. Une dose de 1/20 de cc. inoculée à un cobaye anaphylactisé sous la peau, ou 1/50 de cc. dans le péritoine, préserve cet animal contre une ou deux doses mortelles, ou même plusieurs doses mortelles, par voie veineuse ou cérébrale. Cet effet est obtenu quatre heures environ après l'injection sous-cutanée, une ou deux heures après l'injection péritonéale.

Si l'on veut préserver l'animal contre plusieurs doses mortelles on emploie 2 ou 3 ou même 4 injections rapprochées et progressives (doses subintrantes); chaque nouvelle injection suit la précédente de 3 à 5 minutes et chaque fois on augmente la dose de sérum. Après quelques injections, en moins de 10 minutes, on arrive à vacciner contre 20 doses mortelles des cobayes activement anaphylactisés, et à 200 doses mortelles des cobayes passivement anaphylactisés; ces animaux résistent même ensuite à des doses 100 et 1000 fois mortelles injectées par une voie quelconque. On pourrait aussi, dit l'auteur, vacciner de la même façon par différentes voies successives (sous-cutanée, intraveineuse, rachidienne) et l'animal résisterait à des doses élevées en quelques points de l'économie qu'on les inocule.

Besredka a notamment établi la possibilité d'obtenir l'anti-anaphylaxie *par voie rachidienne.* Pour cela le même procédé des petites doses assure une immunité progressive; pour cette vaccination la voie sous-cutanée est la moins bonne, la plus longue; les voies les plus rapides sont la voie rachidienne elle-même et surtout la voie intraveineuse.

Besredka a également obtenu l'anti-anaphylaxie par *voie digestive* (blanc d'œuf) mais il faut 48 heures pour qu'elle s'établisse. Avec le sérum les résultats sont inconstants.

Le procédé général des petites doses est applicable à tous les antigènes et notamment aux microbes (Besredka). Alexandrescu et Ciuca, Briot et Dopter (méningocoque), Briot et Dujardin-Baumetz (b. pesteux) l'ont employé pour la préparation des sérums thérapeutiques.

Une autre application du procédé est d'éviter par ce moyen la mort des animaux inoculés pour obtenir des sérums hémolytiques.

D) ***Autres procédés***. — Rosenau et Anderson ont essayé en vain d'arriver au même résultat par des injections préalables de pancréatine, pepsine, peptone, sels de calcium.

Kraus et Biedl ont obtenu de meilleurs résultats chez le chien par une injection préalable de peptone.

Gay et Southard ont diminué l'effet du choc anaphylactique en injectant dans le péritoine 10 cc. de solution physiologique, dix minutes avant l'injection au cobaye du sérum de cheval.

3° **Explication**. — Il est intéressant de savoir si les animaux désanaphylactisés par les procédés indiqués sont revenus à l'état neutre. C'est l'opinion de Besredka. Mais Otto, Gay objectent que les cobayes en question redeviennent spontanément anaphylactisés au bout d'un certain temps et que leur sérum est capable de transmettre l'anaphylaxie passive à d'autres animaux. Besredka pense que ces deux phénomènes sont simplement dus à ce que dans l'expérience d'inoculation seconde à laquelle résiste l'animal on injecte toujours trop de sérum, et que la partie de celui-ci non neutralisée au moment du choc persiste dans le corps de l'animal, et engendre de nouveau un état d'anaphylaxie secondaire après incubation, et que le sérum de ce cobaye transmet l'anaphylaxie passive pour les mêmes raisons; si l'on pouvait injecter juste la dose suffisante, les cobayes resteraient dans leur état d'anaphylaxie. En tout cas les cobayes désanaphylactisés peuvent être de nouveaux sensibilisés par des injections de sérum comme des cobayes neufs.

Quant au sérum des animaux anti-anaphylactisés, il ne renferme aucune substance immunisante contre l'anaphylaxie pour des cobayes neufs; il en est de même du cerveau, du foie et de la rate (Besredka). Ceci nous permet de rapprocher l'anti-anaphylaxie non de l'immunité mais du phénomène de tachysynéthie.

Un nouveau procédé curieux d'anti-anaphylaxie a été signalé en 1911 par *Minet* et *Leclerc*. Le poison anaphylactique (toxogénine) est très fragile; dans le mélange du sang de cobaye anaphylactisé et du sérum de cheval il disparaît au bout de six heures et l'injection de ce mélange ne peut plus donner à un cobaye neuf l'anaphylaxie passive même vis-à-vis d'une injection intra-cardiaque de sérum de cheval. Les auteurs pensent donc que pour injecter sans danger l'albumine-antigène à un animal anaphylactisé à celle-ci, il suffit de saigner l'animal et de mélanger son sang à l'antigène; au bout de six heures le mélange pourrait être injecté sans danger.

Blaizot avait, en 1910, signalé que le sérum d'un lapin anaphylactisé au sérum de cheval est très peu toxique pour un autre lapin anaphylactisé, et ce dernier est désanaphylactisé par ce moyen, alors que, fait paradoxal, le même sérum est beaucoup plus toxique pour un lapin neuf.

CHAPITRE IV

MÉCANISME PATHOGÉNIQUE ET CONCEPTION GÉNÉRALE DE L'ANAPHYLAXIE

Théories diverses. — Rapports avec l'immunité.

Pour bien comprendre les idées actuelles sur le mécanisme général pathogénique de l'anaphylaxie il nous faut résumer brièvement quelques-unes des données acquises éparses dans les chapitres précédents.

Les *faits acquis*, indépendamment de toute théorie, sont les suivants :

1° Un animal peu ou pas sensible à certaines doses de substances albuminoïdes devient anaphylactisé à une nouvelle injection de cette substance faite au bout d'un certain temps (incubation) après une première inoculation;

2° Le syndrome des accidents anaphylactiques est toujours assez uniforme, caractérisé principalement par des accidents nerveux et vaso-dilatateurs dont l'ensemble se rapproche beaucoup du tableau de l'intoxication causée par une seule injection de certains toxiques (peptones, sérums directement toxiques, certaines toxines microbiennes);

3° Cette intoxication anaphylactique lors de la seconde inoculation est certainement fonction de la formation et de la présence d'une substance nouvelle dans le sang de l'anaphylactisé, puisque ce sang peut transmettre l'anaphylaxie passive à un autre animal (toxogénine de Richet);

4° Il y a entre l'anaphylaxie et l'immunité des rapports étroits : puisque ce sont les mêmes substances albuminoïdes qui produisent ces deux états, que ceux-ci peuvent être ou simultanés ou consécutifs, et semblent pouvoir être produits par des processus identiques (théorie des anticorps).

Si nous envisageons ces faits bien établis nous pouvons tâcher d'en expliquer le mécanisme pathogénique intime en synthétisant l'ensemble des travaux et des théories publiés à ce sujet. La division naturelle et logique de cet exposé sera de suivre les quatre ordres de faits que nous venons d'envisager en allant toujours, conformément à la méthode scientifique, des faits certains et indiscutables aux hypothèses et aux théories explicatives.

Nous prendrons d'ailleurs comme point de départ de cet exposé la conception générale de Richet qui est à la fois la première en date et celle qui répond dans son ensemble, et abstraction faite des détails, à la généralité des faits observés. Pour Richet la première inoculation (de toxine, d'antigène) détermine dans l'organisme, pendant l'incubation, la formation d'une substance nouvelle qu'il appelle *toxogénine*, car elle sera la source des accidents toxiques lorsqu'on injectera une seconde dose après l'incubation. A ce moment, se formera brusquement dans l'organisme, par combinaison de la toxogénine et de la toxine de nouveau injectée, le poison définitif intoxiquant le système nerveux, l'*apotoxine*. On a donc les deux formules suivantes :

La 1re injection. . . . . . crée. . . . . la toxogénine.

Lors de la seconde injection :

Toxogénine + toxine = apotoxine.

Actuellement la réalité de la toxogénine est prouvée par l'anaphylaxie passive et *in vitro*; la réalité de l'apotoxine est prouvée par la toxicité directe pour un animal neuf du mélange *in vitro* du sérum d'anaphylactisé et de la substance anaphylactisante, c'est-à-dire : toxogénine + toxine. Sans doute la nature de ces substances hypothétiques (toxogénine et apotoxine) et le nom dont on peut encore les appeler sont sujets à discussion; il en est de même du rôle actif ou passif du système nerveux central, ou de ses parties périphériques, ou encore des autres organes de l'économie. Sur tous ces points nous allons apporter un peu de clarté en tâchant de faire la part de tous les travaux et de toutes les théories développées ces dernières années par de nombreux auteurs.

Pour faciliter cette étude très délicate donnons d'abord un tableau schématique des principales théories émises jusqu'à ce jour et que nous aurons à développer et discuter çà et là dans ce chapitre.

Tableau résumant les principales dénominations touchant le mécanisme de l'anaphylaxie.

NOMS DES AUTEURS.	SUBSTANCE ANAPHYLACTISANTE.	PRODUIT FORMÉ DANS L'ORGANISME après la 1re injection.	PRODUIT TOXIQUE FORMÉ lors de la 2e injection.
Richet	Toxine.	Toxogénine.	Apotoxine.
Rosenau et Anderson	Antigène.	Anaphylactine.	»
Rosenau et Frost.	»	Allergine.	»
Gay et Southard .	Anaphylactine.	»	»
Besredka.	Sensibilisinogène. Antisensibilisine.	Sensibilisine.	»
Friedberger. . . .	Précipitogène.	Précipitine.	Anaphylotoxine.
Doerr.	Antigène.	Anaphylactogène.	Anaphylaktisches gift.

Quoi qu'il en soit de ces théories, reportons-nous au résumé des faits bien établis et au schéma de Richet auquel peuvent se rapporter presque toutes les autres théories en faisant abstraction des dénominations complexes des auteurs et en n'attachant pas à chacun de ces mots une signification absolument étroite, mais un sens général.

Nous aurons donc à étudier :

1° *Substances anaphylactisantes*, considérées comme créant l'anaphylaxie (1re injection, préparante) ou comme déterminant les accidents toxiques lors de la seconde injection (pouvoir toxique secondaire ou déchaînant), c'est-à-dire la question de la *dissociation dans ces substances des propriétés anaphylactisante et toxique secondaire*;

2° *Cause immédiate des accidents anaphylactiques*, c'est-à-dire question de l'*apotoxine*; *rôle du système nerveux*;

3° *Question de la toxogénine et théorie des anticorps.*

4° *Rapports de l'anaphylaxie avec l'immunité et la toxicité des albuminoïdes.*

§ 1. — Dissociation dans une substance des propriétés anaphylactisante et toxique secondaire.

Il semble au premier abord que ce soit évidemment, d'après les expériences essentielles, la même substance qui anaphylactise et qui détermine ensuite les accidents toxiques lors de la seconde injection (toxines de Richet, ou sérum, ou albumine d'œuf, etc.). Mais on s'est aperçu qu'on pouvait isoler certaines substances déterminant l'anaphylaxie au sérum ou à une autre albumine, mais incapables de produire des accidents toxiques par elles-mêmes lors d'une seconde injection. D'autre part, l'action de certains agents physiques a permis de dissocier les propriétés anaphylactiques des propriétés toxiques secondaires dans les substances complexes telles que le sérum ou l'albumine d'œuf.

1° **Isolement de substances anaphylactisantes et non toxiques secondaires (non déchaînantes).** — Vaughan et Wheeler ont extrait du blanc d'œuf, par l'alcool absolu et l'ébullition, deux substances : un produit soluble dans l'eau et toxique, et un autre produit insoluble dans l'eau, inoffensif au point de vue toxicité, mais anaphylactisant pour le blanc d'œuf sans être anaphylactisant pour lui-même. Nicolle et Abt ont obtenu des résultats assez semblables en traitant par le même procédé le sérum de cheval, l'albumine d'œuf et des microbes tels que le coli-bacille et le bacille de la tuberculose.

Gay et Adler ont isolé du sérum une substance qu'ils appellent *euglobuline*, très anaphylactisante pour une seconde injection de sérum, mais pas pour une seconde injection d'euglobuline elle-même; elle n'est en effet pas toxique secondaire, et son injection seconde ne détermine pas l'anti-anaphylaxie au sérum chez un cobaye anaphylactisé par une injection préalable de cette même globuline. Fait nouveau, les auteurs obtiennent une sensibilisation plus rapide (en 4 ou 5 jours) avec de fortes doses de cette substance. Ils lui donnent le nom d'*anaphylactine* et leur théorie générale est assez complexe : ils pensent que cette anaphylactine, renfermée dans toutes les substances anaphylactisantes, demeure sous forme de « *rest* », dans l'organisme où elle a été injectée et que c'est à sa présence que sont dus les accidents lors de la seconde injection. On a fait observer très justement que cela n'est conforme ni à l'explication de l'incubation, ni à la grande quantité de substance nouvelle (toxogénine) formée dans le sang, et hors de rapport avec la dose souvent extrêmement minime de substance injectée.

Arthus a observé que le glycocolle est anaphylactisant, mais non toxique secondaire.

Doerr et Raubitschek ont obtenu, en traitant le sérum de cheval par CO^2, un précipité de globuline, anaphylactisant pour le cobaye, mais n'ont pas cherché si cette globuline était toxique.

Richet a fait une constatation fort intéressante; il isole de l'actino-congestine brute deux substances, la *congestine noire* (insoluble dans 33 pour 100 d'alcool) et la *congestine jaune* (soluble dans 50 pour 100 d'alcool). Ces deux substances sont également très toxiques à dose suffisante et en une seule injection (0 gr. 045 pour la congestine noire et 0 gr. 055 pour la congestine jaune). Mais, au point de vue anaphylactique, la congestine noire est très anaphylactisante (plus que la jaune) et n'est pas du tout déchaînante en injection secondaire, bien qu'elle ait une toxicité primaire plus forte que la jaune. Il en conclut que la substance préparante et la substance déchaînante ne sont pas les mêmes.

2° **Dissociation par la chaleur**. — Rosenau et Anderson les premiers, puis d'autres auteurs, Besredka tout spécialement, ont étudié très complètement l'action de la chaleur et autres agents physiques sur les albumines anaphylactisantes et surtout le sérum de cheval.

Nous avons vu que les substances anaphylactisantes sont très résistantes à presque tous les agents chimiques.

La chaleur seule a une action dissociante fort intéressante. Les auteurs précités ont vu que les températures de 100° à 105° ne détruisent pas l'effet anaphylactisant des albuminoïdes.

Mais il faut évidemment distinguer la substance ou propriété anaphylactisante préparante et la substance ou propriété toxique déchaînante; on peut encore envisager dans un sérum la propriété toxique qui s'exerce par une seule injection à dose convenable (toxicité ordinaire, ou toxicité primaire, *primary toxicity* de Pirquet) à distinguer de la toxicité seconde ou déchaînante.

Cette toxicité primaire des sérums est très diminuée par le chauffage. A 60° les sérums d'anguille, de cheval, de vache, les toxines de Richet, congestine, crépitine, sont beaucoup moins toxiques (Rosenau et Anderson, Besredka, Doerr, Richet, etc.). Mais cette action de la chaleur est fort complexe : si, au lieu de chauffer à 60 degrés, on les chauffe en solution diluée et alcaline à 45° pendant quelques heures, on augmente leur toxicité de 3 ou 4 fois ; Richet l'a constaté du moins pour certaines toxines (crépitine et actinine). Dans aucun de ces cas, c'est à-dire au-dessous de 60°, l'ensemble du pouvoir anaphylactisant n'est modifié.

Voyons ce qui se passe pour la propriété anaphylactisante et pour la propriété toxique secondaire ou déchaînante.

A) ***Propriété anaphylactisante ou préparante.*** — Cette propriété subsiste après chauffage rapide à 100 degrés. Richet a vu seulement une diminution pour l'actino-congestine chauffée à 103 degrés pendant 3 minutes, tandis qu'il n'y a aucune modification pour la crépitine dans les mêmes conditions.

Rosenau et Anderson ont observé la disparition presque complète du pouvoir anaphylactogène du sérum de cheval par chauffage à 100 degrés pendant une heure ; ces auteurs pensent que cette action de la chaleur serait due en grande partie à ce qu'il y a coagulation : en effet, ils ont pu chauffer le sérum, l'ovo-albumine et le lait à 170 degrés, sans leur faire perdre leur pouvoir anaphylactisant, mais ces substances étant préalablement desséchées. On sait très bien en effet qu'à l'état sec les propriétés des albumines et des anticorps sont très résistantes.

En opérant avec des sérums extrêmement dilués, Besredka a montré que la propriété anaphylactisante résiste très bien à 100 degrés ; elle serait donc *thermostabile*.

Rosenau et Anderson avec le sérum de cheval, Wells avec l'albumine d'œuf, ont observé cette persistance de la propriété anaphylactisante à 100 degrés.

Uhlenluth et Haendel ont même observé qu'on peut anaphylactiser des cobayes avec de la viande bouillie. Ces auteurs ont aussi expérimenté avec des albumines musculaires extrêmement anciennes puisqu'il s'agissait de fragments de momies ; ils ont fait cette constatation fort curieuse que la substance anaphylactisante avait résisté à la dessiccation et au vieillissement pendant des milliers d'années.

La substance anaphylactisante est donc très résistante aux agents physiques. De même Segale a vu qu'elle résiste à l'oxydation, et Baroni et Jonesco-Mihaisti à l'action des rayons ultra-violets. Nous allons voir au contraire que la substance déchaînante est détruite par tous ces agents.

B) ***Propriété toxique seconde ou déchaînante.*** — Rosenau et Anderson, Wells, Besredka, ont observé la disparition du pouvoir déchaînant du sérum à 100 degrés. Des températures inférieures, 95, 89, 76 degrés pendant 20 minutes diminuent cette propriété d'autant plus que la chaleur est plus élevée (Besredka).

Besredka qui a fait de très longues études sur cette action de la chaleur au point de vue de l'antianaphylaxie conclut nettement que la substance anaphylactisante est thermostabile et que la substance déchaînante est *thermolabile*. Il base sur ces faits et sur sa conception du choc anaphylactique une théorie que nous devons exposer ici. Le sérum de cheval contiendrait deux substances ou mieux deux propriétés, l'une qui est de sensibiliser, d'anaphylactiser l'animal, substance thermostabile, et qu'il appelle *sensibilisinogène* ; l'autre thermolabile qui détermine les accidents lors de l'injection seconde ; à cette seconde substance, il donne le nom d'*antisensibilisine*. En effet, il se formerait, dans l'organisme de l'animal inoculé une première fois avec le sérum (sensibilisinogène) un anticorps qu'il appelle *sensibilisine*. Ce serait le conflit de la sensibilisine (anticorps) avec l'antisensibilisine qui déterminerait au niveau du cerveau le choc anaphylactique. Cette théorie est en somme celle des anticorps, que nous exposons plus loin, précisée par la notion d'une double propriété du sérum de cheval total.

Certains auteurs confirment complètement les expériences et les vues de Besredka au sujet des substances thermostabiles et thermolabiles (Kraus et Volk). Mais d'autres expériences ne seraient pas favorables à ces vues. Richet a observé dans certains cas que le chauffage de l'actino-congestine à 105 degrés pendant 3 minutes lui laisse tout son pouvoir déchaînant. Doerr et Russ, observant que les sérums chauffés à 80 degrés ont perdu à la fois leur pouvoir préparant et leur pouvoir déchaînant, concluent que ces deux propriétés sont identiques et dues probablement à la même substance. Il faut donc, comme dit Richet, être très prudent dans les conclusions à ce sujet, d'autant plus que les expériences ne sont pas toujours faites dans les mêmes conditions. Le degré de dilution est très important comme l'a montré Besredka : le lait par exemple peut être chauffé à 130 degrés sans rien perdre de son pouvoir soit préparant, soit déchaînant.

En tout cas, à part ces expériences de dissociation par la chaleur, il reste toutes celles qui prouvent l'existence de substances définies anaphylactisantes préparantes mais non déchaînantes.

3° **Spécificité de l'anaphylaxie.** — Richet fait observer judicieusement que cette dissociation, indiscutable dans certains cas, semble ébranler la notion de spécificité de l'anaphylaxie. Ainsi l'état anaphylactique déterminé par la congestine noire ne se manifeste pas vis-à-vis de la même congestine noire ultérieurement injectée, tandis qu'elle se manifestera vis-à-vis de la congestine jaune. De même l'albumine isolée du blanc d'œuf par Wells, ou l'euglobuline du sérum isolée par Gay, sont anaphylactisantes respectivement pour une seconde injection de blanc d'œuf total ou de sérum total, mais non vis-à-vis de l'albumine spéciale qui a été injectée la première fois.

Cependant on admet à la suite de Rosenau et Anderson qu'il y a une spécificité, relative mais assez grande, de l'anaphylaxie, en ce sens qu'une substance albuminoïde, telle qu'on la rencontre dans la nature, anaphylactise surtout et parfois exclusivement vis-à-vis de la même substance, ou du moins vis-à-vis de substances très rapprochées. Ainsi le sérum de cheval anaphylactise presque uniquement contre le sérum de cheval et non contre le sérum de bœuf ou de mouton. On pourrait donc dire que l'anaphylaxie est spécifique vis-à-vis des albuminoïdes telles qu'on les trouve à l'état naturel (sérum de tel ou tel animal, blanc d'œuf de telle ou telle espèce, etc.), mais qu'elle n'est pas spécifique par rapport à certaines substances artificiellement isolées.

En pratique, comme le montrent les expériences de Besredka, sur les sérums traités par la chaleur, les albuminoïdes naturelles semblent renfermer côte à côte et toujours associées les deux substances, l'une préparante et l'autre déchaînante dont l'ensemble assure les réactions anaphylactiques et leur spécificité, telles que nous les avons définies.

§ 2. — Cause immédiate des accidents anaphylactiques. Apotoxine et intoxication ou choc nerveux.

En dehors des données de physiologie pathologique exposées plus haut (p. 588), il reste la question de savoir quelle est la cause immédiate, intime des accidents anaphylactiques, si foudroyants et si typiques dans les formes aiguës. L'uniformité du tableau de ces accidents permet de penser qu'il s'agit ordinairement d'un même phénomène ayant une cause ultime du même ordre. Deux théories principales, lesquelles ne sont point d'ailleurs inconciliables ni opposées, tentent cette explication : la théorie du poison définitivement formé au moment du choc anaphylactique (*apotoxine*), et celle du *choc*, du conflit, de la combinaison brusque au niveau des centres nerveux d'un anticorps avec son antigène.

1° **Théorie du poison définitif, de l'apotoxine.** — Des preuves qui paraissent très convaincantes de l'existence de ce poison sont les expériences d'anaphylaxie *in vitro* de Richet et celles de la formation d'anaphylotoxine de Friedberger.

Richet a obtenu une substance immédiatement toxique en mélangeant soit le sérum, soit la substance nerveuse d'un animal anaphylactisé, avec la toxine anaphylactisante : ce mélange injecté à un animal neuf agit comme un toxique immédiat ordinaire et semble résulter de l'union de l'antigène et de la toxogénine.

Le nom d'anaphylotoxine a été donné par Friedberger au produit toxique formé par le mélange du sérum de l'animal primitivement inoculé, de l'antigène inoculé, et du complément de cobaye; ce mélange est immédiatement et directement toxique pour l'animal neuf, absolument comme e mélange de Richet. La réalité de l'anaphylotoxine de Friedberger obtenue soit en partant du sérum de cheval, soit en partant des microbes, inoculés comme antigène, et le résultat de ces expériences, ne sont pas contestables; on discute seulement sur l'identité des accidents toxiques causés par l'anaphylotoxine et des accidents anaphylactiques ordinaires. Nous verrons plus loin cette discussion fort complexe (page 644).

Quoi qu'il en soit, si l'on admet, ce qui semble vraisemblable, la réalité d'un poison formé par la réunion d'un antigène inoffensif et du sérum de l'animal anaphylactisé à cet antigène, on doit se demander quelle est la nature de ce poison ou tout au moins de quelles substances connues il se rapproche.

A) ***Rapport de l'apotoxine avec les toxiques tels que la peptone.*** — Nous avons vu plus haut les arguments de certains auteurs pour identifier ou tout au moins rapprocher les accidents dus à l'anaphylaxie et ceux causés par une première injection de peptone (page 589).

B) ***Rapport des accidents anaphylactiques avec ceux causés par certains sérums inoculés une seule fois.*** — Cette question est des plus difficiles. Si elle était résolue, elle permettrait d'assimiler les accidents dus à l'anaphylaxie par un sérum inoffensif à ceux causés en première injection par un sérum naturellement toxique, tel que, par exemple, le sérum d'anguille ou certains sérums hétérogènes (sérum de vache) vis-à-vis du cobaye. Pirquet distingue nettement ces deux sortes de toxicité. Les opinions des auteurs sont fort complexes. Doerr et Moldovan identifient complètement « l'action des sérums toxiques normaux et des sérums hémolytiques au point de vue anaphylactique ». Pour eux, le mode de toxicité est le même qu'il s'agisse de sérum normal de bœuf ou d'anguille, ou de sérum hémolytique de lapin inoculé avec du sang de cobaye. Les deux peuvent tuer le cobaye en quelques minutes et cela par un mécanisme identique à celui de l'anaphylaxie. Les arguments des auteurs sont assez complexes et peuvent se résumer ainsi : 1° les accidents par le sérum hémolytique sont dus à l'action des trois éléments de l'anaphylaxie : antigène, anticorps et complément (voir plus loin la théorie des anticorps) ; 2° il y a absorption de la partie toxique de ces sérums hémolytiques par les globules rouges correspondants ; 3° il y a disparition du complément chez les cobayes inoculés comme chez ceux qui ont subi le choc anaphylactique ; 4° les animaux qui résistent acquièrent l'antianaphylaxie ; 5° l'atropine arrête les accidents, comme dans l'expérience de Auer et Lewis dans l'anaphylaxie vraie.

Friedberger et Castelli font dans le même sens des travaux sur ce qu'ils appellent l'*antisérumanaphylaxie* : les sérums normaux hétérogènes sont souvent toxiques, mais les antisérums (produits par l'inoculation de ces sérums) le sont bien plus, et ce serait une toxicité anaphylactique. Blaizot constate de même la toxicité pour des lapins neufs du sang défibriné et filtré de lapin anaphylactisé au sérum de cheval, cette toxicité serait fugitive et disparaîtrait en trois quarts d'heure ; il s'agirait bien là d'une sorte de toxicité anaphylactique directe, car si l'on prend le sang d'un lapin désanaphylactisé, son sang n'est plus toxique pour un lapin neuf. Les observations de Zinsser ont porté sur l'analyse de l'action toxique du sérum de chèvre sur le lapin. Ce sérum normal est hémolytique et agglutinant pour les globules de lapin ; il est très toxique pour cet animal puisque 5 centimètres cubes de sérum de chèvre tuent un lapin de 800 grammes en deux minutes ; le chauffage à 56 degrés fait disparaître cette action toxique ; le mélange *in vitro* du sérum de chèvre et des globules de lapin donne naissance à une substance toxique immédiate pour un animal neuf.

Friedemann étudie l'anaphylaxie du lapin aux globules rouges de bœuf : l'action toxique des globules est en relation directe avec le pouvoir hémolytique du sérum de l'animal injecté et on peut obtenir *in vitro* des substances directement toxiques par action du sérum hémolytique de lapin préparé sur les globules rouges du bœuf. Les recherches de Uhlenluth et Haendel, de Doerr et Moldovan, de Zinsser, confirment ces expériences et la nature anaphylactique de ces accidents.

Au contraire Bield et Kraus, Kraus et Muller contestent que la toxicité des sérums normaux hétérologues, et celle des antisérums, soit due à l'anaphylaxie, car l'animal inoculé avec ces sérums meurt sans présenter l'hypotension et l'état des poumons qui pour eux serait caractéristique de l'anaphylaxie.

Briot, Jouan et Staub ont observé des phénomènes très curieux. Blaizot avait démontré que le sang défibriné de lapin anaphylactisé est toxique pendant quelques instants pour des lapins neufs; les auteurs obtiennent le même phénomène avec du sang de lapin normal, vis-à-vis du lapin ou du cobaye neuf. Il est probable qu'il s'agit dans ces expériences du phénomène de toxicité immédiate qu'on a observé avec des extraits d'organes divers (Gley, Roger, Lambert, Ancel et Bouin); nous en parlerons plus loin à propos de la tachyphylaxie ou tachysynéthie.

On voit combien ces questions sont complexes, combien les expériences des auteurs sont souvent contradictoires; il semble cependant qu'il faille rapprocher des accidents anaphylactiques ceux produits par certains sérums soit normaux naturellement toxiques, soit provenant d'animaux anaphylactisés.

C) ***Production par la digestion de certaines substances albuminoïdes directement toxiques semblant répondre au poison anaphylactique***. — Ce sont les expériences de Hartoch et Sirenskij qui ont montré que certains produits de la digestion tryptique des albuminoïdes peuvent déterminer des accidents immédiats absolument analogues aux accidents anaphylactiques.

D) ***Résumé***. — En résumé, nous croyons qu'on parle un peu trop facilement d'accidents anaphylactiques toutes les fois qu'on observe une intoxication d'origine albuminoïde. Cependant, il semble bien résulter de toute cette discussion : 1° qu'il y a un poison, une apotoxine, qui cause les accidents anaphylactiques; 2° que ce poison a de grands rapports avec certains poisons normaux des sérums, avec les peptones et les substances issues de la digestion des albuminoïdes. Comme nous allons voir que des poisons analogues (anaphylotoxine) sont formés *in vitro* par l'action des anticorps sur des sérums, on arrive à cette vue d'ensemble que les processus d'immunité (anticorps), d'anaphylaxie et de digestion des albuminoïdes, ont entre eux de grands rapports.

2° **Théorie du choc nerveux par union de l'anticorps et de l'antigène.** — Dans cette théorie, développée surtout par Besredka, les accidents anaphylactiques, au moins ceux d'ordre nerveux, seraient dus à la combinaison brusque au niveau des centres nerveux de l'antigène inoculé lors de la seconde injection et de l'anticorps formé à la suite de la première : combinaison de l'antisensibilisine et de la sensibilisine de Besredka (V. page 648). Une preuve serait l'action protectrice de l'anesthésie préventive à l'éther, laquelle empêcherait le choc nerveux de se produire (expérience de Roux et Besredka). L'animal ayant ainsi échappé aux accidents serait cependant désanaphylactisé par suite de l'union de l'antigène et de l'anticorps (voir Antianaphylaxie, page 631). Ceci nous amène tout droit à l'exposé de la théorie des anticorps.

§ 3. — Question de la toxogénine et théorie des anticorps.

Une substance nouvelle (*toxogénine* de Richet), ou tout au moins une propriété nouvelle, existe certainement dans le sang des anaphylactisés ; la preuve en est donnée par tous les phénomènes d'anaphylaxie passive et par les expériences d'anaphylaxie *in vitro*.

Richet lui a donné le nom général, qui peut être conservé, de toxogénine, indiquant simplement qu'il s'agit d'une substance qui engendre un corps toxique par son union avec un autre. S'agit-il d'un anticorps? Dans ce cas, s'agit-il d'un anticorps spécial, lysine ou précipitine, par exemple. Quel est le rôle de la déviation du complément dans les phénomènes d'anaphylaxie? Quelle est l'importance de l'anaphylotoxine de Friedberger, obtenue *in vitro* avec les sérums chargés d'anticorps en présence du complément? Voilà toute une série de questions fort complexes qui nous restent à envisager.

La théorie des anticorps dans l'anaphylaxie a été ébauchée par Rosenau et Anderson, par Pirquet, dans leurs premiers mémoires. Wolff-Eissner, en 1904, expliquait déjà l'anaphylaxie par l'action des lysines sur les globules rouges anaphylactisants. Nicolle a exposé très complètement cette théorie générale. Il remarque que les anticorps, c'est-à-dire les substances antagonistes formées dans l'organisme lors de l'injection d'une substance étrangère albuminoïde ou antigène, peuvent se diviser en deux groupes, les coagulines et les lysines. Les coagulines ont pour effet de réunir, de coaguler pour ainsi dire, les molécules de la substance étrangère qui deviendraient ainsi moins dangereuses, moins toxiques; les lysines au contraire auraient comme effet de fragmenter, de dissocier les molécules albuminoïdes en particules plus toxiques que la molécule primitive. L'action des lysines serait donc toxigène par le mécanisme indiqué. Nous avons vu qu'un mécanisme analogue amène dans la digestion tryptique la formation de produits de dédoublement de l'albumine qui sont directement toxiques. Il y aurait donc lieu d'envisager la similitude des deux phénomènes et leurs rapports avec l'anaphylaxie.

En fait, on a rattaché le processus anaphylactique soit aux *lysines*, soit aux *précipitines*, avec collaboration plus ou moins étroite du *complément*.

1° **Théorie des lysines.** — Wolf-Eissner leur attribuait dès 1904 le rôle principal ; la lyse des cellules ou des microbes mettait en liberté les endotoxines cellulaires ou microbiennes (anaphylaxie aux globules rouges, aux spermatozoïdes, etc.) dans le sens des théories de Pfeiffer.

Friedemann en 1909 exposa en détail sa théorie de l'action de l'hémolyse dans l'intoxication anaphylactique du lapin par les globules rouges de bœuf. Pour lui il y a parallélisme entre le pouvoir hémolytique et anaphylactique ; l'anticorps anaphylactique n'est autre que l'hémolysine; la présence du complément est nécessaire. En somme, le poison anaphylactique est dû à l'action combinée du complément et de l'hémolysine sur les globules rouges inoculés. Il obtient également l'anaphylaxie passive aux globules de bœuf, du lapin inoculé avec un sérum hémolytique lapin-bœuf; mais, chose curieuse, il n'y a de résultat positif que si le sérum est injecté simultanément avec les globules (ce qui est l'inverse des expériences ordinaires d'anaphylaxie passive où il faut que l'antigène ne soit inoculé qu'après le sérum).

On sait que Friedemann établit l'analogie entre la toxicité anaphylactique d'un sérum hémolytique préparé et la toxicité naturelle de certains sérums (anguille) naturellement hémolytiques.

Beaucoup d'auteurs, dont Zinsser, Doerr et Moldovan, ont confirmé les vues et expériences de Friedemann.

2° **Théorie des précipitines et de l'anaphylotoxine.** — Friedberger (1910) soutient le rôle des précipitines, la nécessité du rôle du complément, la formation d'une anaphylotoxine directe par action de ces deux éléments sur le sérum précipitogène. Il met en contact du sérum de mouton et du sérum lapin-mouton; il se produit un précipité : ce précipité est lavé, mis en contact pendant 12 heures avec du sérum de cobaye neuf (complément); au bout de 12 heures il centrifuge le mélange, et le sérum surnageant est directement toxique pour le cobaye (mais, chose curieuse, pas par injection cérébrale); c'est l'*anaphylotoxine*. Comme Doerr et Russ avaient déjà montré la toxicité du seul précipité; comme Friedberger peut remplacer dans l'expérience précédente le complément de cobaye par de l'eau salée, il semble que le complément soit inutile pour cette réaction *in vitro*, que le précipité seul constitue l'anaphylotoxine et qu'on puisse résumer.

$$\textit{Précipitine}\left(\begin{matrix}\text{du sérum de}\\ \text{l'anaphylactisé}\end{matrix}\right) + \textit{Précipitogène}\left(\begin{matrix}\text{sérum}\\ \text{inoculé}\end{matrix}\right) = \text{Précipité} = \textit{Anaphylotoxine}.$$

De même, Friedberger a obtenu son anaphylotoxine avec du blanc d'œuf en présence de l'antisérum correspondant et du complément de cobaye : il y aurait dédoublement de l'albumine par une sorte de digestion *in vitro* avec mise en liberté des produits toxiques. Il l'a obtenue en remplaçant l'albumine d'œuf par des bactéries mélangées à leur antisérum et du sérum de cobaye : il ne s'agit pas pour lui de la mise en liberté d'une endotoxine spéciale aux bactéries pathogènes mais bien d'une albumine toxique commune à toutes les bactéries puisque les espèces non pathogènes la fournissent aussi.

Pour l'auteur, les accidents produits par l'anaphylotoxine sont bien ceux de l'anaphylaxie : hypothermie, hypotension, incoagulabilité du sang, leucopénie, et même état spécial des poumons (d'Auer et Lewis).

L'anaphylotoxine est précipitable pour l'alcool, et serait probablement une globuline; elle supporte très bien la dessiccation et est relativement thermostabile (résiste à 56°).

Les travaux de Doerr et Russ, Doerr et Moldovan, Scott confirment ceux de Friedberger et ses élèves.

Par contre Biedl et Kraus séparent complètement les accidents constatés par Friedberger de ceux de l'anaphylaxie. L'anaphylotoxine ne produirait pas chez le cobaye l'état caractéristique de spasme bronchique définitif, ni l'hypotension et l'incoagulabilité du sang chez le chien. De plus, pour Kraus, Burckardt, il n'y aurait pas parallélisme chez les animaux entre la production des précipitines, leur présence dans le sang et l'anaphylaxie concomittante. L'anaphylaxie ne serait donc pas pour eux due aux précipitines.

3° **Rôle du complément**. — Dans la théorie de Friedemann (lysine) et celle de Friedberger (précipitine), le complément est nécessaire pour assurer l'action de l'anticorps (lysine ou précipitine) sur l'antigène. Aussi a-t-on cherché des preuves positives de son action.

Friedberger et Hartoch observent l'appauvrissement du sérum en alexine chez les animaux après le choc anaphylactique (c'est-à-dire après la combinaison corps-anti-corps). D'autre part, les mêmes auteurs empêchent les accidents anaphylactiques chez le cobaye en lui injectant dans les veines des solutions concentrées de sel, et ils constatent en même temps que le complément ne disparaît pas; ils y trouvent un argument favorable au rôle du complément dans l'anaphylaxie. Richet fait justement remarquer que la présence de fortes doses de sel peut très bien modifier toutes les réactions de l'organisme, conservation du complément et réaction anaphylactique, sans que l'une soit liée à l'autre. Friedberger et Hartoch eux-mêmes constatant que dans certains cas (anaphylaxie passive) il n'y a pas de proportion entre une très forte déviation du complément et une faible anaphylaxie ne concluent pas que le complément soit le facteur primordial. Doerr et Russ, partisans d'ailleurs de la théorie des précipitines, pensent que la présence du sel agit non en empêchant la déviation du complément mais en empêchant la combinaison précipitine-précipitogène. Pour Friedberger et Hartoch le sel n'empêche pas cette combinaison mais seulement le phénomène visible de la précipitation.

Sleeswig, Lœfler sont partisans de l'importance du complément dans l'anaphylaxie; le premier avait noté depuis longtemps la disparition du complément dans le choc anaphylactique; le second en détournant le complément (expériences d'injections intra-péritonéales chez le cobaye) empêche l'anaphylaxie.

Pour Tsuru, au contraire, la disparition du complément est sans importance et n'a pas de rapport avec l'anaphylaxie : elle n'est pas constante, n'existe souvent pas dans l'anaphylaxie passive avec un sérum homologue, et si elle se constate dans l'anaphylaxie passive par un sérum hétérologue, cela est dû à la nature hétérologue du sérum, car tout sérum de ce genre même normal (non anaphylactisé) provoque la déviation du complément.

4° Derniers travaux sur l'anaphylotoxine et le rôle du complément. — On voit déjà combien la question est controversée. En 1911 de nombreux travaux sur l'anaphylotoxine n'ont pas toujours contribué à en éclaircir la nature et la pathogénie.

Neufeld et Dold confirment les travaux de Friedberger sur l'anaphylotoxine bactérienne. L'anaphylaxie aux microbes ne serait pas due à la bactériolyse et à la mise en liberté des endotoxines spécifiques; elle serait due à un poison *spécial* mais *non spécifique*, foudroyant, extrait du corps des microbes par l'action de l'anticorps et de l'alexine sur les microbes *in vitro* (b. d'Eberth, du choléra, pneumocoque); l'anaphylotoxine ainsi obtenue est analogue à celle obtenue avec d'autres albumines et la plupart des phénomènes infectieux chez l'homme seraient causés par elle; l'anaphylaxie aux microbes ne serait qu'un cas particulier de l'anaphylaxie albuminoïde.

Friedberger et Goldschmidt publient peu après des expériences analogues faites sur le vibrio Metchnikow, le b. d'Eberth, le b. prodigiosus, le b. tuberculeux, soit vivants soit morts. Le schéma primitif de ces expériences, est :

Microbe + Anti-sérum spécifique (sensibilisatrice) + Sérum de cobaye (complément) = Anaphylotoxine.

Mais, chose curieuse, le complément est le seul élément essentiel; car si on chauffe le sérum de cobaye (destruction du complément) la réaction ne se produit plus, alors qu'elle se produit sans sérum spécifique (cad. sans anticorps spécifique) et on a :

Microbe + Complément seul = Anaphylotoxine.

Friedberger et Szymanowsky montrent l'importance technique de la proportion des microbes et de l'alexine et de la durée du contact; un excès de l'un des éléments ou un contact trop prolongé peut faire échouer l'expérience; la vitalité du microbe n'est pas nécessaire, les microbes tués à 100° donnant au contraire la meilleure anaphylotoxine.

La production analogue d'anaphylotoxine *in vivo* est obtenue également par Friedberger et Nathan (dans le péritoine du cobaye).

Rosenow avec des extraits de pneumocoques mélangés à 15° pendant 24 heures à du sérum antipneumococcique et du complément de cobaye obtient une anaphylotoxine (thermolabile) ; il l'obtient aussi, comme les précédents auteurs, avec l'extrait de microbe et le seul complément.

Dans les expériences de Keysser et Wassermann nous arrivons à des conditions d'expériences encore plus simplifiées mais quelque peu déconcertantes.

Friedberger, Rosenow avaient supprimé l'anticorps, ne conservant que l'antigène et le complément ; les auteurs suppriment même l'antigène ! Ils le remplacent par une poudre inerte stérilisée qu'ils mélangent à l'immunsérum pendant 20 heures à l'étuve avant d'ajouter le complément de cobaye : ils obtiennent ainsi une substance toxique analogue à l'anaphylotoxine mais assez fragile et qu'ils appellent *toxopeptide*.

Bien mieux, ils arrivent à supprimer même l'anticorps (immunsérum) et ne mettent en contact que la poudre inerte (sulfate de baryum ou kaolin) avec le sérum de cobaye, soit neuf soit anaphylactisé, et obtiennent encore un produit toxique, par décomposition probable du complément sous l'influence de ces causes physiques.

Neufeld et Dold ont reproduit la première des expériences de Keysser et Wassermann et en produisent une nouvelle en ajoutant l'action de la lécithine ; ils mélangent les microbes à de la lécithine, puis le tout à de l'immunsérum, ils centrifugent et ajoutent ensuite le complément. L'anaphylotoxine ainsi obtenue serait très active, et les lipoïdes du sérum frais tels que la cholestérine joueraient un rôle actif dans l'extraction des produits microbiens et la formation de l'anaphylotoxine.

On voit combien, malgré ou plutôt à cause de ces nombreuses expériences, encore trop récentes pour être appréciées à leur valeur exacte, combien la question se simplifie et s'embrouille en même temps. L'anaphylotoxine semble être le poison de l'anaphylaxie, elle semble être produite *in vitro* et *in vivo* par l'action de l'anticorps et du complément sur l'antigène (microbe ou albumine quelconque), et il semble bien que ce dernier soit l'élément essentiel ; on discute d'abord l'importance du complément mais non de l'anticorps spécifique, encore moins de l'antigène. Puis, dans ces réactions, on supprime l'anticorps (Friedberger) et enfin même l'antigène (Keysser et Wassermann) pour le remplacer par une poudre inerte ! Sans doute il faut attendre la mise au point de tous ces faits ; l'anaphylotoxine n'est peut-être pas la seule cause des accidents anaphylactiques ; la toxopeptide de Keysser et Wassermann n'est probablement pas l'anaphylotoxine et son rôle dans l'anaphylaxie n'est pas démontré.

Il n'en reste pas moins fort important de voir qu'en définitive c'est toujours par une transformation des substances albuminoïdes qu'on arrive à un produit toxique direct identique ou analogue à celui des accidents anaphylactiques : l'avenir dira quelle est, dans la formation de ce dernier poison (en somme l'apotoxine de Richet), le rôle de l'anticorps spécifique et du complément.

Faisons seulement remarquer que le mécanisme de l'anaphylaxie et sa spécifité relative ne doit vraisemblablement pas être cherché dans le poison ultime cause des accidents. Ce poison est peut-être banal, probablement formé dans bien d'autres états ou d'autres circonstances que l'anaphylaxie; ce sont les conditions de sa formation dans l'anaphylaxie qui donnent à celle-ci sa physionomie et sa spécificité; ce sont les conditions dans lesquelles sont modifiées chez l'animal les albumines étrangères pour arriver à un produit toxique qui constituent précisément l'anaphylaxie. Les accidents anaphylactiques ne sont qu'un chapitre de la toxicité des albumines; et l'anaphylaxie n'est qu'un chapitre des réactions spécifiques de l'organisme sous l'influence d'un antigène, d'une substance albuminoïde étrangère.

§ 4. — Rôle du système nerveux. Rapports de l'anaphylaxie avec la tachysynéthie et l'immunité.

Il nous reste à envisager de nouveau le rôle possible du système nerveux dans les diverses théories précédentes, et les rapports de l'anaphylaxie avec la tachysynéthie et surtout l'immunité.

1° **Rôle du système nerveux.** — On peut concevoir ce rôle de deux façons. Dans l'hypothèse d'un poison formé, *in vivo* ou *in vitro*, par union de la toxogénine et de l'antigène, ce poison porte son action toxique sur le système nerveux dont le rôle est purement passif; ce serait une intoxication analogue par son mécanisme et ses résultats à celle qui est déterminée par les peptones, par certains sérums toxiques, certaines toxines, etc.

Si l'on admet la théorie des anticorps on peut concevoir avec Besredka que le conflit antigène-anticorps se passe dans le système nerveux qui subit d'abord et principalement les effets de cette combinaison; la cellule nerveuse se comporterait ici encore d'une façon passive. Cette hypothèse a contre elle les objections de Rosenau et Anderson (hypotension constante et souvent mort des cobayes malgré l'anesthésie) et ce fait que même lorsque cette combinaison, ce conflit, est réalisé *in vitro*, le mélange agit ensuite sur le système nerveux de la même façon (V. p. 643).

Il est bien certain pourtant que le système nerveux présente une affinité particulière soit pour la toxogénine, soit pour la combinaison toxique. Les expériences de Achard et Flandin (toxicité du cerveau exclusive des animaux morts de chocs anaphylactiques) sont en faveur de cette seconde hypothèse et de la persistance après la mort du poison formé ou fixé au niveau du système nerveux. Il en est de même des expériences d'anaphylaxie passive *in vitro* avec le mélange du cerveau des anaphylactisés et de l'antigène (Richet, Belin).

Théorie des anticorps produits par le système nerveux et fixés sur lui. — Nous avons développé, en 1907 [1], cette idée que la pathogénie intime de l'anaphylaxie s'explique très bien par une théorie voisine de l'hypothèse des chaînes latérales d'Erlich. On sait que, d'après cet auteur, les anticorps sont formés par des sortes de bras récepteurs des différentes cellules de l'organisme se multipliant sous l'influence de l'arrivée des substances étrangères; ces bras récepteurs seraient ainsi produits à l'état libre en très grande quantité par l'action répétée de ces substances adverses et diffusés dans la circulation sanguine, protégeant ainsi les organes contre les substances spécifiques arrivant dans le sang. Si l'on suppose que dans l'état d'anaphylaxie ces récepteurs restent fixés sur les organes et notamment sur le système nerveux au lieu de s'en séparer, ou bien ne tombent dans la circulation qu'en quantité insuffisante, on conçoit qu'une introduction nouvelle d'antigène ait pour résultat de porter l'action toxique de ce dernier sur les cellules nerveuses mises en état de réceptivité plus grande par le grand nombre des récepteurs encore fixés sur elles. Dans la coexistence de l'état d'immunité (antitoxines libres dans les humeurs) et d'anaphylaxie (réceptivité augmentée du système nerveux), il y aurait, à la fois, présence (en quantité insuffisante) des récepteurs dans la circulation (antitoxines) et présence anormale des récepteurs sur les cellules nerveuses. Les bras récepteurs joueraient en somme le rôle de paratonnerres qui attirent la foudre au lieu de l'éloigner.

Cette théorie a été reprise par Friedberger qui, probablement sans connaître la nôtre, a émis l'hypothèse d'*anticorps sessiles* fixés sur les cellules nerveuses et attirant et localisant les corps toxiques.

2° **Rapports entre l'anaphylaxie et la tachysynéthie.** — Nous avons vu que de nombreux produits albuminoïdes sont directement toxiques pour l'animal, soit par exemple les sérums toxiques (anguille), soit les peptones et les produits de la digestion tryptique, soit les produits artificiels tels que l'anaphylotoxine.

D'après les expériences récentes de de Gley, de Roger, de Bouin, Ancel et Lambert, certains extraits organiques (de corps jaune, de poumons, de muqueuse intestinale) ont une toxicité *immédiate* très grande; mais si, au lieu d'inoculer ces produits à dose massive et d'emblée mortelle, on les inocule par fractions, en commençant par une dose très

[1] Paul Courmont, De l'anaphylaxie avec les liquides de pleurésies tuberculeuses. Essai d'explication de l'anaphylaxie. *Bulletin de la Soc médic. des hôpit. de Lyon*, 26 mai 1907, et *Province médicale*, 22 juin 1907.

minime inoffensive, on peut, après quelques minutes, injecter la dose mortelle et plusieurs doses mortelles sans aucun effet toxique, sans amener l'hypotension et les troubles nerveux mortels. Il y a là une analogie frappante avec l'antianaphylaxie obtenue par Besredka par le procédé des petites doses subintrantes chez un sujet anaphylaxié; dans les deux cas il semble que l'on *prévienne* l'organisme qui ne réagit plus dès lors aussi brusquement et peut ensuite tolérer des doses élevées sans accidents.

Vis-à-vis des extraits organiques, l'animal neuf se comporte comme un animal anaphylactisé et présente des accidents analogues aux accidents du choc anaphylactique; par rapport aux doses subintrantes de ces extraits, il se comporte également comme l'animal anaphylactisé dans les expériences d'antianaphylaxie.

Cet état de résistance immédiate à des doses mortelles d'extrait, déterminé par l'inoculation d'une petite dose préalable, a été appelé : tachyphylaxie (Gley), tachysynéthie (Roger), skeptophylaxie (Lambert, Ancel et Bouin); nous allons voir pourquoi nous préférons le terme synéthie, et le mot tachysynéthie.

Roger a cherché si le sang d'un animal tachysynéthié pouvait transmettre cet état de protection à un animal neuf vis-à-vis de la substance inoculée; or il n'en est rien, *il n'y a pas de tachysynéthie passive* par transfusion à un animal neuf. Il y a là encore une analogie frappante avec ce qui se passe pour l'antianaphylaxie qui, également, ne peut se transmettre passivement par le sang. Dans ces deux états, il n'existe pas de propriétés humorales nouvelles capables de transmettre cet état de protection. Roger fait remarquer qu'il s'agit donc, dans les expériences avec les extraits d'organes, non d'une sorte d'immunité (avec le sens de modifications humorales par les anticorps), mais bien d'une accoutumance (non transmissible par le sérum), et nous préférons, avec lui, le terme de tachysynéthie (voir page 561). Il semble en être de même dans l'antianaphylaxie, qui serait donc aussi un phénomène de synéthie, d'accoutumance. Dans le premier cas, l'accoutumance s'exerce vis-à-vis d'albumines naturellement toxiques; dans le second (anaphylaxie), elle s'exerce vis-à-vis d'albumines qui ne sont toxiques que parce que l'animal est anaphylactisé pour elles; ou, ce qui revient au même, dans le premier cas, l'animal était naturellement sensible aux albumines inoculées; dans le second, il a été artificiellement sensibilisé (anaphylactisé), et, dans les deux cas, l'accoutumance à ces poisons peut s'obtenir rapidement par les mêmes moyens.

On peut résumer ceci de la façon suivante :

1° Un animal peut être sensible à l'inoculation de certaines albumines, soit naturellement et sans préparation (extraits d'organes de Gley, Roger, etc.), soit par préparation anaphylactique (sérums, toxines, etc., extraits d'organes);

2° Les accidents observés dans les deux cas présentent certaines analogies (hypotension, mort rapide);

3° Si l'on compare ces deux ordres de faits, on voit que les accidents peuvent être évités par des procédés ou dans des circonstances très semblables, et qui sont les suivants : survie de l'animal aux accidents causés par la dose toxique, inoculation par une voie non dangereuse, inoculation à doses diluées ou à doses subintrantes, la première étant très minime et non toxique. L'antianaphylaxie paraît donc produite par des moyens analogues à ceux de la tachysynéthie. La seule différence qui apparaisse, dans l'état actuel de la question, c'est que la protection s'établit très vite dans un cas, moins vite dans l'autre (antianaphylaxie); encore cette différence n'existe-t-elle plus pour l'antianaphylaxie presque subite obtenue par un choc anaphylactique non mortel.

4° Pas plus pour la tachysynéthie que pour l'antianaphylaxie, le sérum de l'animal ne peut transmettre à un animal neuf cet état de protection; il n'y a *pas de transmission passive*;

5° Dans les deux cas, il semble qu'il y ait *accoutumance rapide*, et l'*antianaphylaxie pourrait n'être qu'une modalité de tachysynéthie* chez des animaux artificiellement sensibles à certaines albumines.

3° **Rapports de l'anaphylaxie avec l'immunité.** — L'immunité et l'anaphylaxie sont-ils deux processus antagonistes ? Par définition, oui; au point de vue des résultats immédiats, oui également. Mais il n'en n'est plus de même si l'on approfondit leurs rapports et leur genèse.

Remarquons d'abord qu'ils peuvent coexister; le sang peut contenir des antitoxines immunisantes et l'animal être cependant anaphylactisé à la toxine correspondante (réaction paradoxale de Behring).

De plus, l'immunité succède ordinairement à l'état d'anaphylaxie, soit naturellement, soit après des accidents anaphylactiques non mortels causés par une seconde injection. Cela est mis en évidence par des expériences fort élégantes de Richet avec la congestine, et de Raubitscheck avec le sérum d'anguille. L'intoxication causée par une dose mortelle de ces deux poisons n'est pas immédiate et survient seulement après une période latente. Si donc l'on injecte en même temps avec l'un ou l'autre de ces poisons deux animaux (chiens), l'un neutre, l'autre déjà inoculé antérieurement avec une faible dose (anaphylactisé), on assiste aux phénomènes suivants, paradoxaux en apparence : le chien anaphylactisé devient immédiatement très malade, vomit, a de la diarrhée, s'affaisse avec les phénomènes nerveux du choc anaphylactique, tandis que le chien neutre reste gai et bien portant, indemne en apparence pendant un certain temps. Mais le lendemain et les jours suivants le tableau change; le chien anaphylactisé, s'il a résisté au choc, se remet assez rapidement et redevient bien portant, tandis que le chien inoculé une seule fois et d'abord indemne, devient malade et meurt en quelques jours, intoxiqué et misérable. Ce dernier a été intoxiqué, tandis que son congénère, tout d'abord très malade, a été immunisé à la suite des accidents anaphylactiques.

L'immunité peut donc être produite, en quelque sorte, par l'anaphylaxie, ou plutôt cette dernière semble souvent une étape dangereuse de l'immunité. Souvent la seconde succède à la première sans accident, sans seconde inoculation. Chez les chiens inoculés par Richet avec une dose anaphylactisante de toxine (congestines diverses), l'immunité succède spontanément à l'anaphylaxie à la fin de la période anaphylactique. D'autres fois, il est vrai, l'immunité semble ne jamais devoir s'établir spontanément après une seule injection : c'est le cas d'une seule injection de sérum hétérologue qui anaphylactise le cobaye ou l'homme pour une période indéterminée, sans qu'on voie jamais apparaître l'immunité spontanée. Bien mieux, une seconde injection, en période anaphylactique, loin de procurer l'immunité, ne fait qu'augmenter l'intensité des accidents anaphylactiques (chez l'homme); il est vrai que, pour Pirquet, ces réactions, augmentées ou accélérées, sont dues à une sorte d'immunisation qui augmente précisément la vivacité des réactions organiques à l'antigène (sérum, vaccine). Chez l'homme, une éruption sérique anaphylactique (lors de la 2e injection) ne semble pas vacciner contre les effets d'une 3e injection; chez le cobaye, le choc anaphylactique par la 2e injection, s'il n'est pas mortel, confère au contraire l'antianaphylaxie (voir page 630) et le met à l'abri des effets d'une 3e injection. Il est vrai que cette période antianaphylactique n'est ordinairement pas très longue, qu'un nouvel état d'anaphylaxie peut lui succéder, et qu'en tout cas on peut anaphylactiser de nouveau un cobaye désanaphylactisé.

Il est certain qu'il reste bien des points obscurs sur les rapports de succession entre l'anaphylaxie et l'immunité. Entre l'anaphylaxie de courte durée, et remplacée par l'immunité, des chiens de Richet, et l'anaphylaxie indéfinie des cobayes ou de l'homme injectés avec du sérum, il y a une différence digne de retenir l'attention. Nous pensons, pour notre part, que la succession naturelle entre l'anaphylaxie et l'immunité est surtout le fait des infections ou des intoxications vraies : il y a dans ces cas réaction morbide apparente de l'organisme (maladie, empoisonnement), et après la réaction anaphylactique survient l'immunité. Au contraire, avec les substances non toxiques primaires, qui ne semblent donner aucune réaction primitive apparente, l'anaphylaxie persisterait sans être remplacée par l'immunité. L'inoculation d'une première dose de sérum chez le cobaye ou le lapin est absolument sans manifestation d'intoxication, mais l'état latent d'anaphylaxie subsiste; au contraire, les chiens de Richet sont malades, maigrissent, mais finissent par s'immuniser; de même, un sujet vacciné par des endotoxines, des microbes morts, passe d'abord par une phase d'anaphylaxie et de maladie ébauchée, mais s'immunise ensuite.

Ces rapports, ces successions doivent dépendre surtout de la nature de l'antigène et de la réaction de l'organisme.

Un autre point curieux est de savoir pourquoi (si les deux processus sont de même nature) ce sont tantôt les phénomènes d'anaphylaxie et d'intoxication, tantôt ceux d'immunité qui l'emportent. On peut concevoir que cela tient aux modifications de l'antigène sous l'influence des anticorps, et, par conséquent, à la nature de l'antigène.

Tantôt l'antigène est déjà toxique par lui-même, tantôt il ne l'est pas (en première injection). Dans le premier cas toute modification de cet antigène toxique par les anticorps a des chances d'être favorable, antitoxique, d'arriver à un équilibre de réactions défensives, à l'immunité.

Dans le second, les modifications causées par les anticorps à l'albumine étrangère non directement toxique ne peuvent guère avoir comme résultat d'atténuer une toxicité qui n'existe pas; mais ils peuvent au contraire — et c'est ce qui s'observe en réalité — dissocier et modifier cette albumine dont les produits deviendront toxiques. Et, comme l'organisme produit sans doute plus facilement, ou en plus grande quantité, ses anticorps contre cette albumine d'abord inoffensive, cette production exagérée et la persistance de ces anticorps (non utilisés puisqu'ils sont dirigés contre une albumine étrangère et anormale) aboutit à un état d'anaphylaxie exagéré et persistant.

Quoi qu'il en soit, les rapports entre l'immunité et l'anaphylaxie sont intéressants, surtout par l'identité (très probable) de leur processus dans la théorie des anticorps.

La première inoculation met en état de défense l'organisme qui crée les anticorps pendant la période d'incubation; la deuxième inoculation met en présence antigène et anticorps qui entrent en conflit. C'est la brusquerie, la trop grande intensité de ce conflit qui crée les accidents anaphylactiques (théorie du choc); ou bien c'est la substance formée par cette combinaison, qui entre en jeu; soit qu'elle se forme surtout dans le système nerveux, soit que formée ailleurs, elle y porte spécialement son action.

Quelle que soit l'hypothèse la plus vraisemblable, le résultat immédiat est bien le *contraire de la protection* (anaphylaxie) de l'organisme; mais le résultat éloigné est souvent au contraire la protection définitive, l'immunité, et le processus intime est celui de l'immunité. L'anaphylaxie n'est qu'une étape, ou un épisode, de l'immunité; on pourrait la définir : une *immunisation trop brusque*.

Un dernier point de contact entre l'anaphylaxie et l'immunité, c'est leur rapprochement commun avec les *phénomènes de digestion* pris dans leur processus général. On sait qu'on a assimilé les processus de digestion et d'immunité, la sécrétine de la digestion jouant le rôle des anticorps sensibilisants dans les réactions d'immunité. D'autre part, les accidents anaphylactiques se rapprochent beaucoup de ceux causés directement par les peptones, par certains produits de la digestion peptique de l'albumine, et l'anaphylotoxine de Friedberger ne serait que le produit toxique définitif de l'anaphylaxie, déterminé par les réactions de l'anticorps et de l'antigène en présence du complément.

Les arguments d'analogie ne manquent donc pas pour rapprocher ces trois phénomènes : digestion, immunité, anaphylaxie. Les processus de digestion et d'immunité seraient tous deux capables de produire le même toxique ou du moins des toxiques analogues par désintégration de la molécule albuminoïde.

L'anaphylaxie peut être ainsi considérée comme un état de préparation à la dissociation brusque des albumines étrangères, à la formation de produits toxiques; et l'histoire des accidents anaphylactiques ne serait qu'un chapitre de la toxicité des produits de désintégration des albuminoïdes.

LES AGENTS MÉCANIQUES

Par le Dr FÉLIX LEJARS

Professeur agrégé à la Faculté de Médecine de Paris,
Chirurgien de l'hôpital St-Antoine.

Appliqués au corps humain, les agents mécaniques obéissent aux mêmes lois générales que partout, mais le milieu organique est trop complexe pour qu'une sèche formule puisse suffire. Les effets produits ne se prêtent guère à une appréciation précise, *a priori*, et, même si l'un des termes du problème, si la puissance, pour parler le langage mécanique, était bien connue, l'autre terme, la résistance, celle des tissus et des organes, est trop variée, pour qu'une solution toute faite ne soit pas entachée d'erreur. On ne ramène pas plus à une équation les lésions traumatiques que les lésions morbides, et voici pourquoi : 1° il n'est rien de moins homogène que le corps humain; le squelette lui-même ne l'est pas et aucun de ses segments ne présente, dans toute sa longueur, même densité et même résistance; les liquides, incompressibles, qui imprègnent tous les tissus et qui sont collectés çà et là en nappes ou en courants, apportent de nouveaux facteurs au problème; ils diffusent la force vulnérante et provoquent des lésions lointaines, de mécanisme spécial; 2° dans le milieu vivant, les effets de l'acte mécanique ne restent pas dans leur teneur primitive, ils se modifient par le fait même du fonctionnement vital, de la contraction musculaire, de la circulation, du processus réparateur, ils sont susceptibles d'une cure spontanée, en deçà de certaines limites, ou bien ils créent, *in situ*, des lieux de moindre résistance.

Aussi est-il nécessaire de ramener à un certain nombre de types les agents mécaniques, et d'établir, pour chacun d'eux, leur mode d'action, les lésions immédiates et secondaires qu'ils font naître, le mode de réparation de ces lésions, autrement dit le processus physiologique de la guérison.

La *pression* est évidemment l'élément commun de toute action traumatique, et le problème général se pose toujours comme il suit : une puissance, un corps vulnérant, de poids et de vitesse variables, entre en conflit, au niveau d'un point ou d'une zone de rencontre, avec une résistance, celle des tissus. Pour nous, la formule est incomplète ; nous devons tenir compte aussi et de la forme du corps vulnérant et de la direction suivant laquelle il agit sur les tissus. Un corps mousse traverse ou sectionne les parties molles ou le squelette, mais, pour cela, il faut que la force dont il est animé, que sa masse, en terme mécanique, soit bien autrement considérable que s'il était piquant ou tranchant; il s'ensuit que les lésions produites sont d'extension et de caractères différents. D'autre part, les tissus résistent différemment à la pression directe et à l'effort excentrique, si je puis dire, à l'arrachement, à la divulsion.

C'est dans cet esprit et d'après ces données, que nous classerons les agents mécaniques en cinq catégories que voici :

1° Le *choc* qui comprendra la *commotion*, la *contusion* et les *plaies contuses*, les *plaies par armes à feu* ;

2° La *compression* ;

3° La *distension* ;

4° La *piqûre* ;

5° La *section*.

CHAPITRE PREMIER

LE CHOC

On peut définir le choc : la *pression brusque et momentanée d'un corps mousse*. De l'intensité du choc, de la nature et de la forme du corps vulnérant, résultent les différentes variétés de lésions qui figurent sous les dénominations classiques de *commotion*, *contusion*, *plaies contuses*, *plaies par armes à feu*, et que relient de nombreux traits communs.

I

COMMOTION

Voilà un terme dont on pourrait dire, suivant une expression de Paul Bert, « qu'il fait image plutôt que démonstration ». Il a été trop peu ou trop défini ; le vague même dont il est resté entouré a permis de l'appliquer à une série d'accidents traumatiques disparates. N'a-t-on pas décrit la commotion du rein, du foie, du poumon, de tous les viscères? N'y a-t-il pas la commotion nerveuse, la commotion psychique? Et la commotion générale, ou son synonyme, « le fameux shock », comme disait Verncuil, ne servent-ils pas aussi de rubrique commune à une foule d'états morbides, sans lien réciproque et souvent mal définis?

D'autre part, en cherchant à donner de la commotion une définition scientifique, on n'a réussi qu'à en obscurcir encore le sens.

Le terme s'est appliqué, en général, à des traumatismes qui se traduisaient par des lésions mal reconnaissables, ou par des lésions à distance, disséminées. La théorie du choc aqueux, que Duret exposait en 1878, est longtemps restée classique. Elle était fort séduisante : à la suite d'un choc sur le crâne, il se produit un cône de dépression qui réduit brusquement la capacité de la boîte cranienne, en refoulant le liquide céphalo-rachidien dans les divers canaux qui lui sont affectés à la surface du cerveau, en créant un excès de tension dans les derniers d'entre eux, et la rupture des artérioles et des capillaires, enveloppés par les gaines lymphatiques. De plus, il refoule aussi le liquide intra-ventriculaire, et, de force, le fait passer dans le canal central de la moelle. L'hyperpression transmise se fait donc sentir aussi dans le 4e ventricule, et surtout au niveau de ses deux orifices; et, du reste, les « lésions » observées et figurées par Duret, *piqueté hémorragique*, *petits foyers sanguins*, correspondent bien aux diverses régions indiquées par la théorie pathogénique, surface des hémisphères, plancher, angle inférieur du 4e ventricule, pourtour du canal central de la moelle (fig. 1); mais, en réalité, le mécanisme local, direct, est celui de la distension (Voy. plus loin).

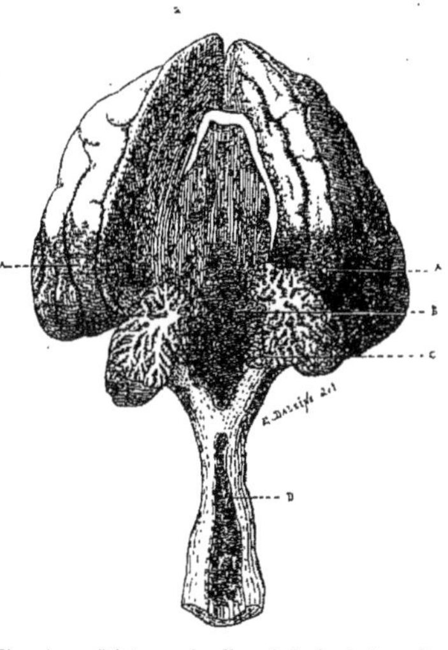

Fig. 1. — Lésions de l'encéphale à la suite d'un choc sur l'occiput. — Plaques ecchymotiques et sillons sanglants de la surface des hémisphères, du plancher du quatrième ventricule et du canal central de la moelle. (Duret, *Thèse de Paris*, 1878, pl. XIV.)

Ainsi en est-il pour les autres « commotions » viscérales, médullaire, thoracique, etc., qu'on a décrites, en les attribuant à des *lésions à distance, résultant d'un choc transmis par les milieux de l'organisme, autres que le milieu osseux*, par l'air, le sang, les divers liquides. Il s'agit, à proprement parler, de ruptures, ruptures parenchymateuses ou ruptures vasculaires, plus ou moins étendues, plus ou moins éloignées du point traumatisé, mais qui relèvent, mécaniquement, de la distension.

Ce n'est donc plus que « sous bénéfice d'inventaire » qu'il y a lieu d'admettre encore la commotion, entendue au sens d'autrefois. Elle peut servir à désigner certains accidents dont la pathogénie exacte reste imprécise : il suffit de rappeler les désordres respiratoires graves qui succèdent à un simple coup sur la nuque; la mort subite par pression épigastrique, par « violence » brusque de la poitrine, sans fracture, sans lésion vasculaire ni pleuro-pulmonaire. Il conviendrait, du reste, de rappeler aussi les formes légères, transitoires, curables, de « commotions thoraciques » dont Riedinger (1) avait fourni des exemples, et qu'il avait étudiées expérimentalement : le choc est-il intense, il est suivi d'un brusque abaissement de la pression sanguine, puis le tracé se relève, pour retomber encore, et plus bas, sous un choc nouveau, et ainsi de suite. Limite-t-on alors le traumatisme expérimental, la pression n'en reste pas moins déprimée pendant quelque temps. Quant à la respiration, elle est irrégulière, courte et fréquente. Ces résultats s'expliqueraient peut-être par l'ébranlement direct du cœur, mais surtout par l'action exercée sur le pneumogastrique intra-thoracique.

Enfin, la commotion cérébrale et spinale vaut de garder une place, en clinique, tout au moins, sous la réserve que les accidents rangés sous ce nom suivent immédiatement le traumatisme, qu'ils soient légers et diffus, qu'ils soient transitoires. On ne saurait plus parler de commotions graves et mortelles : un autre mécanisme est à invoquer en pareil cas, et les faits de ce genre qui ont été rapportés sont tous d'une interprétation douteuse.

C'est dans le même sens qu'il convient d'entendre aujourd'hui la commotion générale, le **choc traumatique**. La pathogénie en est, certes, fort complexe : une large part est à faire à la gravité même des lésions initiales, à l'hémorragie, à la douleur, et aussi au choc nerveux. Le choc nerveux ne relève pas, du reste, du mode d'action et de l'intensité du traumatisme ; dès 1892, M. Roger (2) avait démontré qu'il se caractérise par un ensemble d'actes inhibitoires, dont un seul paraît constant : l'arrêt des échanges entre le sang et les tissus; le sang veineux devient rouge, la respiration se ralentit, la température s'abaisse de 1 à 2 degrés, quelquefois plus. Or, ces phénomènes se produisent à la suite des traumatismes expérimentaux les plus divers : arrachement du sciatique, application du chloroforme sur la peau, immersion dans l'eau glacée ou l'eau bouillante, irritation du péritoine, électrisation du pneumogastrique et du bulbe, traumatisme de l'encéphale, etc. Le processus est sans doute analogue dans ces divers états auxquels les dénominations plus ou moins vagues de léthargie des blessés, de commotion des blessés, de stupeur traumatique, ont été successivement appliquées; et l'on s'explique, de la sorte, les bizarreries qui ont été maintes fois signalées, les accidents du choc survenant de préférence chez certains sujets, dans certaines conditions où la réceptivité nerveuse se trouve considérablement modifiée, dans les plaies de guerre, les accidents de chemins de fer, les explosions (dynamite, etc.).

Quant au *choc opératoire*, à part certains faits (réduction laborieuse

(1) Riedinger, Commotio thoracica, *Deutsche chirurgie*, t. XLII, p. 12.

(2) Roger, Phénomènes inhibitoires du choc nerveux, *C. R. de l'Académie des Sciences*, 10 octobre 1892.

de luxations, etc.), l'acte mécanique n'y est que pour peu de chose, et les accidents observés se ramènent aisément aux différents éléments pathogéniques que voici : à l'*hémorragie*, à la *douleur*, à la *durée de l'anesthésie générale*, à l'*infection générale préexistante*, à l'*action même des antiseptiques*. L'état pathologique antérieur du sujet, l'état de ses viscères, ses aptitudes morbides, *sa quotité de résistance*, entrent, pour une large part, en ligne de compte, et donnent la raison des anomalies apparentes. Le choc n'est donc qu'un terme compréhensif, qui demande à être analysé.

II

CONTUSION

La contusion doit s'entendre des *effets du choc direct ou transmis*. Si les téguments sont intacts et le foyer traumatique fermé, il y a contusion proprement dite; si les téguments sont déchirés, il y a plaie contuse. On voit que, si la différence clinique est d'importance capitale, il n'y a pourtant là qu'un mode pathogénique commun; aussi étudierons-nous dans un seul chapitre les contusions avec ou sans plaie.

Agents et mécanisme de la contusion. — Nous n'avons pas à énumérer ici les innombrables variétés des corps contondants; il y a lieu de rappeler toutefois, que certaines lésions de cet ordre se produisent de dedans en dehors et sont dues à un fragment osseux déplacé, lors de luxations, lors de fractures à grand chevauchement.

On devra distinguer, quant au mécanisme, le *choc direct* et le *choc indirect* ou *par contre-coup*.

Dans le *choc direct*, le point d'appui peut être extérieur : c'est le sol, c'est un plan résistant quelconque, auquel est appliquée brusquement la zone traumatisée; ailleurs, et souvent, il est représenté par le squelette; les fortes aponévroses, un muscle durci par la contraction. L'action du choc est plus ou moins perpendiculaire à la surface atteinte, et se traduit par l'écrasement ou bien le mécanisme des lésions relève de l'arrachement ou de l'éclatement.

Lors de contusion oblique ou tangentielle, l'arrachement intervient fréquemment. Pour l'éclatement, il est propre aux organes creux : il s'explique par l'hyperpression du contenu, liquide ou gazeux, refoulé en tel ou tel point, et créant, à ce niveau, une « force excentrique » considérable, qui provoque la rupture pariétale. On n'en saurait donner de meilleur exemple que les ruptures intestinales par coup de pied de cheval, telles que M. Moty les a décrites, il y a longtemps déjà; on trouve d'ordinaire trois perforations rapprochées sur l'anse contuse : deux excentriques, plus petites; la troisième, centrale, plus large, ourlée de muqueuse éversée; les deux premières résultent de l'attrition directe de la paroi intestinale, la dernière de l'éclatement. Des ruptures de pareil mécanisme peuvent s'observer, du reste, à distance du point contus, à longue distance parfois, mais elles appartiennent plutôt à l'histoire du choc indirect.

Ce *choc indirect* s'exerce d'abord par la transmission osseuse, d'où les contusions indirectes, les fractures indirectes, toutes les lésions qui figuraient autrefois sous la dénomination générale de *contre-coups*. On sait quel a été le rôle de la théorie du contre-coup dans l'histoire des fractures du crâne; s'il est, et depuis longtemps, bien établi, que le mécanisme de l'irradiation explique le plus grand nombre des fractures de la base, consécutives à des chocs de la voûte, les fractures indépendantes de la base n'en ont pas moins une authenticité aujourd'hui bien démontrée. Or, elles ne s'expliquent guère, en réalité, que par la transmission vibratoire, et la rupture, à distance, des points faibles(1)? N'est-ce pas le même mécanisme, qui intervient dans les fractures indirectes? A la suite d'une chute d'un lieu élevé, sur les deux pieds, on peut observer l'un ou l'autre terme de la série suivante : fracture par écrasement du calcanéum, fracture de jambe, fracture du corps du fémur, fracture du col, fracture du bassin, fracture de la colonne vertébrale, fracture de la base du crâne. Tous ces traumatismes lointains ne sont que les résultats du *choc transmis*, et les lésions ainsi produites siègent toujours aux points de moindre résistance, aux lieux d'élection ( ).

Sur les autres organes, et en particulier dans les cavités viscérales, les lésions par contre-coup s'observent encore dans deux conditions : 1° à la suite de chutes verticales ou latérales; 2° à la suite de chocs intenses et brusques, ayant porté sur un point plus ou moins distant de la zone lésée.

Au moment de la chute ou de l'arrêt soudain qui la termine, certains viscères, entraînés par la vitesse acquise, sont violemment refoulés dans un sens donné au contact d'un plan rigide : ainsi en est-il du rein qui vient heurter les dernières côtes (Güterbock) ou l'apophyse transverse des deux premières vertèbres lombaires (Tuffier), du bord postérieur du foie, etc.

De plus, les viscères, brusquement arrêtés « en chute », tiraillent de tout leur poids — multiplié — sur leurs moyens de suspension et d'attache, sur leurs ligaments et leurs mésos : ceux-là résistent-ils, le parenchyme peut s'arracher au niveau de leurs insertions, et telle est

(1) Voy. Berger et Klumpke, Considérations à propos d'une fracture insolite du crâne. Fracture par contre-coup. *Revue de chir.*, 1887, p. 85.

(2) Les fractures du rachis cervical, chez les plongeurs, en sont un curieux exemple : elles siègent presque toujours sur la 5e ou la 6e vertèbre, au « point faible » de la colonne cervicale; le choc se transmet à travers le crâne, sans y créer de lésions locales, et ce n'est qu'à la hauteur des vertèbres cervicales les plus mobiles, qu'il se traduit par des lésions osseuses. (Voir notre rapport sur un travail de M. Déjouany : Des fractures cervicales chez les plongeurs. *Bull. et Mém. de la Soc. de chir.*, 1911, p. 1385.)

l'origine des fissures hépatiques observées au pourtour du ligament suspenseur.

Enfin, dans l'arrêt brutal de la chute, le viscère peut encore se redresser, se déformer, s'infléchir en tel ou tel point, sur l'une ou l'autre de ses faces, et de la sorte se déchirer; certaines ruptures de la face concave du foie sont attribuables à un pareil redressement; le rein, de son côté, pourrait s'infléchir en arrière, en prenant appui sur les dernières côtes et les apophyses transverses et, par suite, éclater sur sa face antérieure.

Lors de lésions viscérales consécutives à un choc lointain, il convient d'invoquer l'éclatement à distance [1] ou encore la transmission de l'action vulnérante par la masse des viscères ambiants refoulés en bloc, sans lésion propre. Un fait de MM. Albert Mercier et Pierre Moulonguet [2] met en pleine lumière ce dernier mécanisme : leur blessé avait reçu à la face externe gauche du bassin un éclat d'un tambour de bois, tournant à la vitesse de 4000 tours; une plaie nette qui eût logé le poing occupait la région sus-trochantérienne; la crête iliaque était détachée et rétractée en haut par les muscles de l'abdomen, mais le péritoine était intact. La mort survint au bout de quelques heures, et, à l'autopsie, on trouva des placards ecchymotiques de l'intestin grêle, du gros intestin et du mésentère, une infiltration sanguine diffuse du mésocôlon transverse, un éclatement de la rate, deux perforations sur l'origine du jéjunum. Et ces lésions à longue distance ne pouvaient s'expliquer que par la « surpression abdominale formidable » qui s'était produite sous le choc du bloc de bois, et qui s'était transmise de bas en haut.

Il y a donc une large place à réserver au choc indirect, au contre-coup, dans tous les traumatismes et, en pratique, il est utile d'en être prévenu, pour rechercher toujours les lésions éloignées.

Effets immédiats de la contusion. — Quel qu'en soit le siège, les lésions du choc présentent toujours un certain nombre de traits communs, et les deux principaux sont les suivants :

1° *Les ruptures vasculaires*;

2° *L'attrition locale*, plus ou moins profonde, de l'organe contus.

Or, les caractères exacts de ces lésions, comme leur mécanisme, doivent varier, suivant l'état des organes, que nous classons à ce point de vue, de la façon suivante :

I. ***Organes mous***;

II. ***Organes durs***;

III. ***Organes creux***.

(1) F. Kempf, Uber den Mechanismus der Darmberstung unter der Wirkung der Bauchpresse. *Deutsche Zeitschrift f. Chir.*, 1908, XCIII, 6, p. 524.

(2) A. Mercier et P. Moulonguet, Contusion abdominale; mécanisme des lésions viscérales, *Gaz. des Hôp.*, 7 mars 1911, p. 397.

I. ***Organes mous***. — Ce terme suppose naturellement toute une série de degrés.

La contusion des membres, autrement dit de la peau, du tissu cellulaire sous-cutané, des muscles et des tendons, est celle qui, d'observation journalière, se prête le mieux aussi à une étude analytique.

Ce qu'il était intéressant de connaître et de fixer, c'étaient les premiers termes, les lésions élémentaires de la contusion. Güssenbauer [1] avait institué, pour élucider la question, une série d'expériences très intéressantes, et qui, cadrant bien avec ce qu'on constate chez l'homme, ne perdent, avec le temps, rien de leur valeur. Si la contusion est légère, les lésions se bornent à des déchirures du tissu cellulaire lâche qui enveloppe les petits vaisseaux, et à quelques ruptures vasculaires disséminées. Sous un choc plus intense, les solutions de continuité s'étendent jusque dans l'épaisseur des tissus; les faisceaux musculaires, par exemple, sont coudés, rompus, fragmentés; mais, d'ordinaire, les lésions n'intéressent pas les éléments cellulaires eux-mêmes, qui restent intacts, et conservent leur forme et leurs propriétés. Après avoir soumis, pendant cinq minutes, aux chocs répétés d'un instrument de bois, un segment de parties molles appliquées sur un plan rigide, de bois ou de pierre, on y trouvait le tissu musculaire réduit en bouillie; mais les fibres conservaient encore leur double striation, leur forme élémentaire et leurs réactions normales.

Autre fait : si l'on prélève un fragment de muscle écrasé, et qu'on le transplante, avec les précautions nécessaires, sous la peau d'un animal, il se conduit comme une greffe ordinaire, empruntée à un organe entièrement sain. Ces notions sont importantes au point de vue du mécanisme de réparation des tissus.

Si la contusion est légère, les lésions restent disséminées; à un degré plus grave, il se forme un *foyer de contusion*, de forme et de contour variables, entouré d'une zone plus ou moins écrasée, et contenant du sang ou, plus rarement, un exsudat d'autre nature. Certains tissus, par leur texture, se prêtent, mieux que d'autres, à la production de larges foyers de vastes épanchements : ce sont les tissus en nappe qui glissent les uns sur les autres et se « décollent » aisément; ailleurs il n'y aura pas de sang collecté, mais des attritions graves des parenchymes.

Il y a lieu de distinguer, sous ce rapport : *a*) Les *tissus friables ou très mous*; *b*) Les *tissus compacts*.

a) Les centres nerveux, et surtout l'encéphale, représentent le premier groupe. Sous le choc d'un fragment enfoncé, ou le heurt d'un contrecoup, le cerveau ne se rompt pas, ne se fissure pas; il s'écrase, il s'affaisse, il se réduit en bouillie sur place : au moins est-ce là le fait ordinaire. Les lésions varient suivant l'intensité de la contusion : piqueté

[1] Gussenbauer, Die traumatische Verletzungen. *Deutsche Chirurgie*, Lief. XV p. 92.

sanguin, foyer de contusion. Von Bergmann a signalé des fentes ou fissures du cerveau, partant du point contus. Ces fissures sont plus fréquentes au bulbe.

b) *Si les tissus* très *mous s'écrasent, les tissus compacts se fissurent,* au moins par le fait des traumatismes d'intensité moyenne. Des recherches nombreuses en témoignent.

Au foie, les effets de la contusion avaient été déterminés par les expériences de Terrillon [1]; l'examen des faits opératoires, aujourd'hui fort nombreux, a permis d'en établir les principaux types.

Si la capsule de Glisson est restée intacte, on la trouve soulevée par de petits épanchements sanguins de coupe hémisphérique, qui d'ordinaire siègent surtout à la face inférieure; d'autres foyers sanguins, du volume d'une tête d'épingle à celui d'une noisette, sont semés dans l'épaisseur du parenchyme : c'est là le premier degré des lésions; et il s'agit surtout de lésions expérimentales.

D'ordinaire, la capsule est rompue, et l'on constate : des *craquelures* multiples et peu profondes; des *fissures*, le plus souvent antéro-postérieures, ou irradiées autour d'un point central, longues parfois de 10 à 15 centimètres; des *fentes* de 4 à 5 centimètres de profondeur, à bords évasés et déchiquetés. Il peut arriver qu'une veine dénudée traverse le fossé et passe d'une berge à l'autre.

Ces ruptures, de forme, d'extension et de profondeur variables, siègent de préférence à la face convexe et au lobe droit; mais il n'y a là aucune règle : elles peuvent occuper le lobe gauche, la face concave, le bord postérieur; elles peuvent être multiples. On fera donc bien, en pratique, de ne point se borner à une exploration localisée du foie.

Pour la *rate*, les contusions profondes se traduisent par des lésions du même genre, et l'histoire anatomo-pathologique des ruptures sous-cutanées est écrite aujourd'hui dans tous ses détails. Là encore, on peut observer des *ruptures sous-capsulaires*, caractérisées par l'attrition du parenchyme seul, la capsule restant intacte; il en résulte des épanchements sanguins, *des hématomes intra-spléniques* [2], uniques ou multiples, plus ou moins volumineux, et qui peuvent se rompre secondairement [3].

On a décrit des ruptures isolées de la capsule; mais, le plus souvent, la solution de continuité porte sur la capsule et son contenu, à une pro-

[1] TERRILLON, Étude expérimentale sur la contusion du foie, *Archives de physiologie*, 1875, t. VII. p. 22.

[2] M. CAMUS, Les hématomes intra-spléniques et péri-spléniques, consécutifs aux contusions et ruptures traumatiques de la rate. *Thèse de Paris*, 1905.

[3] C'est là un des modes originels des hémorrhagies retardées, après les ruptures traumatiques de la rate. (Voir A. NAST-KOLB, Zur Kenntniss der Spätblutungen bei traumatischen Zerreissung der normalen Milz. *Beiträge z. Klin. Chir.* 1912, LXXVII, 2, p. 503); et certains kystes hématiques de la rate peuvent relever aussi d'un semblable mécanisme (voir la discussion récente, à la *Société de Chirurgie*, sur les *hématomes sous-phréniques*, février 1912).

fondeur variable : la rupture est « ouverte » et l'hémorragie se fait librement dans le ventre.

Ces ruptures du type courant occupent de préférence la face interne de la rate et sa moitié déclive ; elles sont aussi plus souvent transversales ; mais il n'y a là rien de constant. On les a rencontrées sur tous les points de l'organe, on les voit en forme de V, étoilées, parfois multiples, divisant la rate, ou l'un de ses segments, en une série de blocs irréguliers (1). Il arrive que l'un des pôles ou l'une des moitiés soient entièrement détachés. Enfin, même en dehors de ces écrasements et de ces fragmentations multiples, le trait de rupture passe très souvent par le hile, et c'est là un fait à noter, dont la gravité se conçoit.

On cite deux exemples de rupture complète du pédicule, isolant l'organe : l'un est un fait d'autopsie, relevé chez un sergent, qui, dans un accès de délire alcoolique, était tombé de la hauteur d'un étage, par-dessus la rampe d'un escalier, et avait succombé une heure après (2) ; l'autre a été constaté au cours de la laparotomie, chez un soldat qui avait reçu un coup pied de cheval dans la région des fausses côtes gauches : M. Schönwerth (3) trouva un volumineux hématome intra-péritonéal, provenant d'un écrasement du rein gauche ; le péritoine ne contenait qu'une cuillerée à bouche de sang, la rate était complètement détachée de son pédicule, et, de plus, rompue en maints endroits.

M. Pohl (4) a rapporté dernièrement un cas fort curieux de rupture *pédiculaire incomplète* : elle avait eu lieu chez un garçon de trois ans et demi, renversé par une voiture ; la roue avait passé en travers, de droite à gauche, sur le ventre. A la laparotomie, on trouva un épanchement sanguin considérable, la rate déplacée, face convexe en bas ; le pédicule n'en était plus représenté que par l'artère splénique, étirée ; la veine était rompue tout près du hile. Le mécanisme avait dû être celui-ci : sous la pression de la roue qui « traversait » le ventre de droite à gauche, l'intestin, refoulé, avait d'abord « calé » la rate ; puis la roue avait heurté l'organe ainsi fixé en le rejetant en arrière et à gauche : d'où la distension du pédicule, et la rupture de la veine seule, d'élasticité moindre que l'artère.

Enfin l'on ne saurait oublier que l'hypertrophie et la consistance friable de la rate, dans certaines affections, prédisposent aux ruptures ; la splénomégalie physiologique, si l'on peut dire, qui accompagne la digestion, suffit déjà à rendre l'organe plus vulnérable ; dans 28 pour 100 des faits qu'il a recueillis, Edler relève l'état pathologique antérieur de la rate. Aux Indes, Playfair a constaté 20 fois, dans le courant de deux ans et demi, des ruptures spléniques, à l'autopsie. Le système vasculaire peut

(1) Voy. E. Berger, Die Verletzungen der Milz und ihre chirurgische Behandlung, *Archiv. f. Klin. Chir.*, 1902, t. LXVIII, 3, p. 768, et 4, p. 865.

(2) A. Berkopky, Sanitäts-Bericht der deutschen Armee, 1884-88, p. 168.

(3) Schönwerth, Uber subkutane Milzrupturen. *Deutsche medic. Woch*, 1902, n° 25.

(4) W. Pohl, Ein seltener Fall von Zerreissung der Milzstieles. *Deutsche Zeitschrift f. Chir.*, 1910, CIV, 1-2, p. 196.

prendre un tel développement, que, sous le choc, les lacs sanguins intra-spléniques *éclatent* par le mécanisme que nous étudierons plus tard pour les organes creux.

Nous ne pouvons que signaler les ruptures du *pancréas*, dont l'histoire est déjà étayée sur un certain nombre de faits (¹); le siège profond de la glande explique leur rareté relative. Elles sont d'ordinaire verticales, ou diversement obliques de haut en bas; elles peuvent n'intéresser le pancréas que sur une portion de son épaisseur, ou le diviser en totalité, à tel ou tel niveau, assez souvent dans le segment caudal. On sait à quel danger spécial elles exposent.

Dans l'abdomen encore, il convient d'insister, à la suite de chocs directs ou indirects, sur les lésions de l'épiploon, du mésentère, des méso-côlons, des divers ligaments péritonéaux; elles se présentent sous toutes les formes, depuis l'infiltration sanguine localisée, en traînées, en foyer, en nappe diffuse, jusqu'à la fissure, la fente plus ou moins longue et irrégulière, la désinsertion (²), l'écrasement.

Au *rein*, les lésions dues à la contusion ont été décrites par Maass, Grawitz, Tuffier (³), Güterbock, etc.; M. Lardennois (⁴) en a repris l'exposé. Ici encore la capsule est intacte ou déchirée : dans la première alternative, l'épanchement sanguin revêt la forme d'ecchymoses ou de bosses sanguines *sous-capsulaires*, ou encore de foyers intra-parenchymateux, qui siègent surtout *à la base des pyramides* (Tuffier), — à un degré plus avancé, la capsule est déchirée et le parenchyme rompu à une profondeur variable.

Ces ruptures sont le plus souvent transversales et occupent de préférence la face postérieure (⁵); elles peuvent être uniques ou multiples, disséminées, quelquefois étoilées; en général, elles divergent à partir du hile, et cette direction s'expliquerait, d'après Grawitz, par ce fait que les espaces interlobulaires, restes de la segmentation originelle de l'organe, figurent des lieux de moindre résistance. Quelquefois la division peut s'étendre à toute l'épaisseur de l'organe, dont un segment

(¹) Voy. H. Heineke, Uber Pankreasrupturen, *Archiv. f. Klin. Chir.*, 1907, LXXXIV 4, p. 1112.

(²) La choc indirect et l'arrachement interviennent alors suivant les divers modes mécaniques plus haut exposés, au moins lorsqu'il s'agit de lésions intra-abdominales. Quant à la désinsertion du mésentère dans les hernies étranglées, la compression, la contusion même, exercées par le taxis, en agissant sur un mésentère infiltré et friable, doivent être, comme l'a montré M. Guibé, le plus souvent incriminées. (Guibé, De la déchirure du mésentère dans les hernies étranglées. *Revue de chirurgie*, 1910, n° 9, p. 465.)

(³) Tuffier, Traumatismes du rein. *Arch. gén. de médecine*, 1888, t. XXII, p. 591 et 697 et 1889, t. XXIII, p. 335. — *Études expérimentales sur la chirurgie du rein*, 1889, p. 65.

(⁴) H. Lardennois, Étude sur les contusions, déchirures et ruptures du rein. *Thèse de Paris*, 1908.

(⁵) Celle qui porte sur le point d'appui rigide et vulnérant : apophyses transverses, côtes, colonne lombaire.

est entièrement détaché; il arrive encore que le rein soit « broyé » sur une hauteur variable.

Avec le *testicule*, nous arrivons à une autre variété de parenchymes : la capsule est ici d'une résistance particulière et bien supérieure à celle du tissu glandulaire lui-même. Aussi ne cède-t-elle que très rarement, et sous l'action d'un traumatisme considérable : il faut, d'après Monod et Terrillon ([1]), une force de 50 kilos pour la rompre; elle se brise alors comme un organe creux, par éclatement.

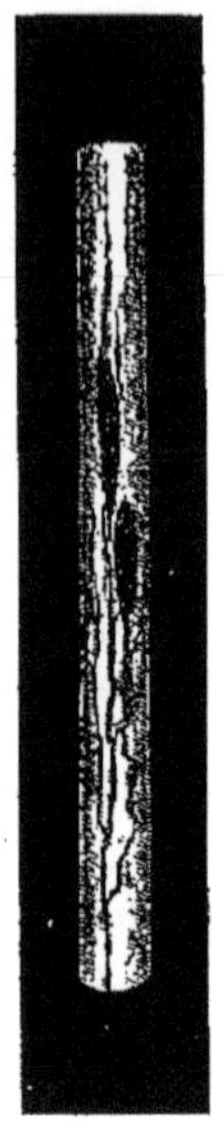

Fig. 2. Fig. 3.

Fig. 2. — Contusion du médian dans un foyer de fracture compliquée. Petits hématomes sous-névrilemmatiques (*Traité de chirurgie*, t. II, fig. 1 et 2).

Fig. 3. — Suffusions sanguines sous-névrilemmatiques.

Les lésions de la contusion affecteront ici presque exclusivement le parenchyme, qui s'écrase sur les parois de sa coque rigide. Aussi observe-t-on le plus souvent, soit des suffusions sanguines interstitielles, soit des foyers disséminés d'attrition parenchymateuse, caractérisés surtout par l'épanchement sanguin et la rupture des tubes testiculaires. Pourtant le sang ne se collecterait jamais en nappe considérable, et l'hématome intra-testiculaire n'a jamais été retrouvé par Monod et Terrillon. Le terme maximum du traumatisme est représenté par la rupture de l'albuginée et la hernie de la substance glandulaire. Nous étudierons plus loin l'évolution des phénomènes consécutifs.

Ce que nous venons de dire pour certains viscères s'applique à tous les organes compacts et revêtus d'une membrane d'enveloppe. Partout les degrés successifs de la contusion se manifesteront : par les épanchements sous-capsulaires ou interstitiels; par les ruptures partielles; par la rupture totale. Ceci se vérifie dans l'histoire des contusions et des ruptures musculaires comme dans celle de la contusion des nerfs. (Voy. fig. 2 et 3.)

II. ***Organes durs***. — Ici, le choc direct ou le choc transmis (contrecoup) se traduiront par des solutions de continuité, d'étendue et de

([1]) Monod et Terrillon, *Maladies du testicule et des annexes*, 1889, p. 103. — Voy. aussi Rigal, Rech. expérim. sur l'atrophie du testicule, consécutive aux contusions de cet organe. *Archives de physiol.*, 1879, t. VI, p. 155-171. — Terrillon et Suchard, Rech. expér. sur la contusion du testicule. *Archives de physiol.*, 1882, t. IX, p. 325-335. — Coutan, Contrib. à l'étude de l'inflammation du testicule et de l'épididyme, consécutive aux contusions de cet organe. *Thèse de Paris*, 1881.

profondeur variables, mais qui seront toujours, quelle qu'en soit la complexité apparente, la résultante de la direction et de l'intensité du traumatisme, d'une part, de la résistance du tissu, d'autre part.

Pour le système osseux, on peut ranger, comme suit, les résultats successifs de la contusion, autrement dit, du choc.

a) Fissures microscopiques. — A la suite d'un choc, même d'intensité moyenne, Güssenbauer ([1]) avait relevé, dans ses expériences, les lésions que voici :

« Les vaisseaux sanguins des canalicules de Havers et ceux de la moelle sont déchirés plus ou moins largement, et l'on trouve en conséquence, de petits épanchements sanguins disséminés et reconnaissables seulement au microscope. Dans le tissu osseux lui-même, on relève des fissures très nombreuses, sillonnant les lamelles du système périhaversien; dans la substance compacte de ces coupes, ces fissures ne se révèlent qu'au microscope; dans le tissu spongieux des épiphyses, on peut les distinguer à la loupe et même à l'œil nu, dans les cloisons osseuses qui séparent les aréoles médullaires. »

Ce fait, dûment constaté, est d'un grand intérêt : il permet de fournir un substratum anatomique précis aux phénomènes qu'on voit succéder parfois à la contusion, toute simple, en apparence, des os : on s'explique mieux le développement ultérieur des hyperostoses, etc.

b) Fêlures. — Ce sont les solutions de continuité, n'intéressant pas toute l'épaisseur de l'os.

Elles accompagnent souvent les fractures proprement dites. Elles affectent des directions et une forme, inexplicables souvent à première vue, mais qui pourtant répondent à certains types donnés. Le plus souvent étoilées sur les os plats, elles deviennent ailleurs spiroïdes, comme au tibia, dans le type de fracture décrit par Gosselin.

On les retrouve surtout à la suite d'un choc très violent, ayant porté sur une étroite surface ([2]), à la suite des plaies d'armes à feu, par exemple (voy. plus loin : *Plaies par armes à feu*).

Il n'y a aucune différence au point de vue général, entre les *fissures osseuses* et les *fissures* des *parenchymes compacts*, dont nous parlions tout à l'heure.

c) Fractures. — Je n'ai pas à en faire l'histoire; je n'ai qu'à indiquer leur place, parmi les effets du choc, sur le même rang que les ruptures musculaires, que les éclatements d'organes creux, auxquels nous allons venir; le mécanisme secondaire diffère seul.

Pour comprendre le mode de production des fractures, il faut tenir compte d'un double fait : *le lieu d'application et la direction du choc* — *le lieu de moindre résistance de l'os*, déduit de sa texture même. Je n'ai qu'à rappeler ici les recherches bien connues de Wolff sur l'archi-

([1]) *Loc. cit.*

([2]) La radiographie a montré qu'elles sont relativement fréquentes et qu'elles donnent la raison de certaines douleurs persistantes, post-traumatiques, jusqu'alors inexpliquées.

tecture des os [1], et celles qui ont eu pour but l'étude de la résistance et de l'élasticité des différents segments du squelette [2].

A un degré extrême, il s'agit d'un véritable *écrasement.*

Dès que la solution de continuité est accomplie, l'hémorragie se produit, et l'on sait qu'aucun tissu ne saigne comme le tissu osseux. La disposition des vaisseaux [3], leur abondance dans les épiphyses et spécialement dans certaines d'entre elles [4], leur inclusion dans les canaux osseux béants, comme le diploé des os plats, rendent un compte suffisant de cette particularité.

Il n'en sera pas de même des cartilages, bien entendu, et c'est le tissu cartilagineux, semble-t-il, qui résiste le mieux de tous aux contusions. Des heurts très violents n'ont jamais donné, entre les mains de Güssenbauer, que de minimes fissures ou de petites irrégularités de surface. On trouve, dans les écrasements du thorax, les cartilages costaux rompus, décollés de leur attache costale; on ne les trouve jamais écrasés et réduits en bouillie.

Les cartilages articulaires, eux, sans donner lieu, non plus, d'ordinaire, à des phénomènes bien marqués, sont pourtant susceptibles de se fendiller, de se décoller par places, de se détacher en lamelles. C'est là un des côtés, et non le moindre, de l'histoire, mal faite encore, il faut le dire, de la *contusion articulaire.* Ces parcelles détachées du cartilage peuvent devenir le point de départ de corps étrangers et donner lieu à des accidents lointains.

III. ***Organes creux.*** — J'arrive à la contusion des organes creux, et ce que nous entendons par ce dernier terme, tout le monde le comprend, ce sont : les organes circulatoires, cœur, artères, veines, tissus érectiles, les différents segments du tube digestif, la vésicule et les canaux biliaires, la vessie et les uretères, etc.

Au *cœur*, les expériences de M. Külbs [5] ont bien mis en lumière les lésions initiales ou incomplètes, qui procèdent du choc.

Le choc portait sur le côté gauche du thorax, au niveau de la pointe; on se servait d'un bâton, de 40 centimètres de long, arrondi, un peu épais du bout; on frappait 1, 2, ou 3 fois, et la pression ainsi produite se chiffrait à 140, 180 kilos, ou plus. Sur 34 chiens, ainsi traités, l'auteur.

(1) J. Wolff, Ueber die innere Architectur der Knochen. *Archiv f. Anat. und Physiologie*, 1873, p. 389.

(2) Voy. Messerer, *Ueber Elasticität und Festigkeit der menschlichen Knochen*, Stuttgart, 1880. — Charpy, La résistance des os aux fractures. *Revue de chirurgie*, 1885, p. 465 et 723, etc. « Les os, comme tout autre solide, écrit Charpy, ne peuvent se rompre que de quatre façons différentes : par torsion, par flexion, par traction et par pression. »

(3) Voy. M. Sihaud, Rech. anatomiques sur les artères des os longs. *Thèse de Lyon*, 1894.

(4) L'épiphyse supérieure du tibia, par exemple. Les veines des os sont d'une importance tout aussi grande que les artères, sous ce rapport.

(5) Külbs, Experimentelle Untersuchungen über Herz und Trauma. *Mitteil. a. d. Grenzgeb. d. Med. u. Chir.*, 1909, XIX, 4, p. 678.

a relevé 21 fois (dans 61 pour 100 des cas) des hémorragies valvulaires, occupant la base des valvules, et s'étendant plus ou moins sur le myocarde voisin; une seule fois, il observa une rupture d'une valvule semilunaire, aortique; de plus, sur 15 des animaux (44 pour 100), il y avait des hémorragies du myocarde, surtout dans la cloison ou dans l'épaisseur du ventricule gauche. Après leur résorption, ces foyers sanguins laissent des îlots ou des tractus fibreux, qui peuvent nuire au fonctionnement régulier du muscle cardiaque.

Il est à supposer que de pareilles lésions peuvent survenir chez l'homme, à la suite de certains traumatismes de la paroi thoracique antérieure, et entraîner des résultats analogues. On les a constatées, du reste, quelquefois; et l'on a décrit, aux autopsies, des désordres plus graves : ruptures valvulaires et ruptures du myocarde.

Les ruptures valvulaires ont été étudiées par Lesser, Fraenkel, Weiss, Schmidt, Barié, etc.; elles siègent sur les valvules auriculo-ventriculaires, sur les valvules sigmoïdes aortiques, exceptionnellement sur les sigmoïdes pulmonaires; elles se caractérisent par des fissures de longueur et de forme variables, qui, parfois, peuvent désinsérer un segment de valvule ou en détacher un copeau (embolie).

Quant aux ruptures du myocarde, elles occupent souvent la pointe; elles sont beaucoup plus fréquentes sur le ventricule gauche, se voient aussi sur le droit, puis sur l'oreillette droite; très souvent sur la gauche. Elles présentent, du reste, toutes les directions; elles peuvent être longitudinales ou transversales, ou même s'étendre circonférentiellement autour du cœur. Il convient de noter les ruptures incomplètes, endocardiaques, susceptibles de se distendre et de se rompre secondairement. Un exemple typique en a été rapporté par M. Ebbinghaus [1] : une fille de 12 ans tombe d'un 5e étage; elle se fait une fracture du bras gauche, une fracture du bassin, des contusions de la face et de la région précordiale; elle se reprend assez vite, le pouls, d'abord irrégulier et petit, redevient normal; huit jours après, elle meurt subitement; à l'autopsie, on constate qu'une fissure endocardique, correspondant au cône artériel et procédant du traumatisme, s'est finalement complétée et rompue.

Sur les *artères*, on observe aussi tous les degrés de la contusion : ruptures incomplètes, limitées aux tuniques interne et moyenne; ruptures complètes; ces dernières seraient [2] relativement moins rares qu'on ne le croyait, puisque MM. Monod et Vanverts en ont pu relever 48 exemples et 58 cas de ruptures incomplètes.

Lors de rupture totale, la solution de continuité n'est jamais une section nette : les bouts peuvent être effilés, étirés, ou encore l'un d'eux est renflé en massue; leur lumière est en partie ou même complètement obstruée.

(1) EBBINGHAUS, Ein Beitrag zur Lehre von der traumatischen Erkrankungen des Herzens; ein Fall von subacut verlaufender traumatischer Hezruptur mit Tod am q. Tage, *Deutsche Zeitschrift f. Chir.*, 1903, t. LXVI, 1-2. p. 176.

(2) MONOD et VANVERTS, Chirurgie des artères. *Congrès français de chirurgie*, 1909.

Dans l'autre type, les tuniques interne et moyenne, déchirées, se recroquevillent à l'intérieur du vaisseau, un caillot se constitue, et le segment contus devient imperméable (fig. 4 et 5); souvent même le caillot se prolonge au delà de la zone contuse, et accroît d'autant le danger de gangrène consécutive [1]. Il convient de signaler encore les fissures de l'endartère, que Verneuil décrivit dès 1872, et qui peuvent devenir l'origine d'une thrombose progressive et lente [2].

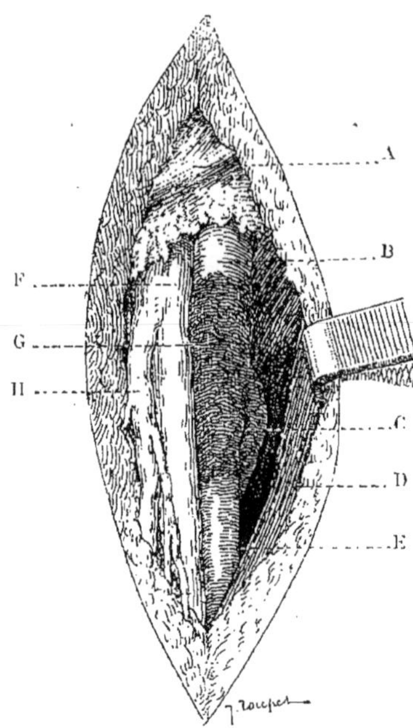

Fig. 4. — Attrition sous-cutanée directe de l'artère fémorale.

A, arcade crurale; B, artère fémorale, au-dessus de la zone contuse; C, artère fémorale profonde; D, muscle couturier; E, artère fémorale au-dessous de la zone contuse; F, veine fémorale; G, *zone contuse* de l'artère fémorale; H, saphène interne.

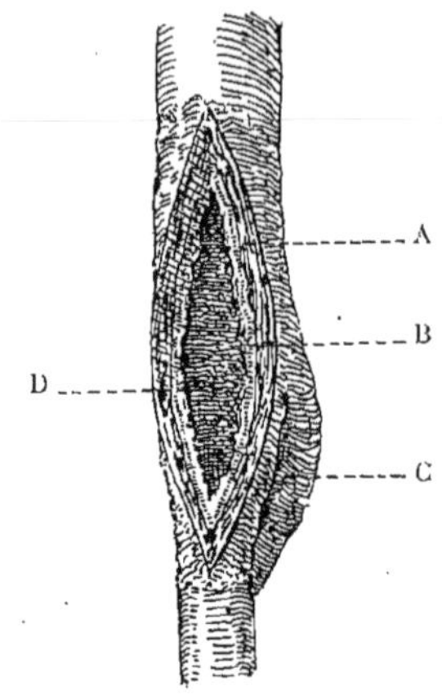

Fig. 5. — Attrition sous-cutanée directe de l'artère fémorale. — Incision du segment contus de l'artère.

A, tunique moyenne de l'artère; B, tunique interne; C, fémorale profonde; D, caillot remplissant l'artère au niveau de la zone contuse.

Pareilles lésions succèdent à la contusion des *veines*.

C'est au tube digestif, sur l'*estomac* et l'*intestin* que les diverses variétés de ruptures sont surtout fréquentes; leur étude a été si souvent reprise, qu'il nous suffira ici d'insister sur quelques points. Elles peuvent

(1) Voy. notre mémoire sur *les ruptures sous-cutanées des artères. Revue de chirurgie*, 1898, nº 6, p. 290.

(2) VERNEUIL, Contusions multiples; délire violent, hémiplégie à droite, signes de compression cérébrale, mort le cinquième jour. Rupture complète des tuniques profondes de la carotide interne gauche, au cou; oblitération du vaisseau au point lésé par un caillot qui remonte jusqu'aux dernières branches de l'artère sylvienne. Ramollissement cérébral étendu à la presque totalité du lobe moyen. *Bull. de l'Acad. de méd.*, 1872, t. I, p. 46.

être incomplètes, elles aussi, et porter alors, soit en dehors, sur les couches séreuses ou séro-musculaires, qui sont fissurées, effilées, ou décollées en lambeaux; soit en dedans, sur la muqueuse. Ces déchirures de la muqueuse gastrique par contusion, ont été bien analysées par M. Rehn; à l'intestin, il arrive que la solution de continuité porte sur la muqueuse et la couche musculaire, laissant intacte la séreuse seule (Février), et ce serait là l'origine de certaines perforations secondaires ou tardives.

Quand la paroi est intéressée sur toute son épaisseur, il en résulte : *a*) des perforations, évasées en dehors, de bords irréguliers, uniques ou multiples (voyez plus haut : *Mécanisme*); *b*) des ruptures circulaires totales, isolant l'un de l'autre deux bouts intestinaux, qui, d'ailleurs, dans la première heure, par le fait de l'attrition et du recroquevillement, et surtout de la contracture, peuvent rester fermés, en partie, du moins, et ne laisser rien sourdre.

Des remarques analogues seraient à faire pour les ruptures de la vésicule et des gros canaux biliaires et aussi, pour les ruptures de la vessie, de l'uretère et du bassinet.

Effets secondaires de la contusion. — Nous voyons donc que, partout où agit le choc direct ou transmis, il crée deux ordres de phénomènes, qui ne diffèrent que par leur siège et leurs degrés : 1° *la rupture des vaisseaux sanguins ou lymphatiques, ou des conduits organiques*; 2° *l'attrition des tissus*, des ruptures encore, de profondeur et de types variables.

Il en résulte : 1° des *épanchements*, de nature diverse; 2° des *désordres locaux*, dont la nature, l'intensité, l'évolution sont aussi à déterminer.

Avant cela, il est un accident commun à la contusion et à toutes les lésions traumatiques, que nous devons étudier brièvement : la *douleur*.

Il convient de distinguer.

a) La douleur *immédiate*, provoquée par le choc lui-même;

b) La douleur *secondaire*, qui se prolonge souvent, et qui reconnaît une autre pathogénie.

Sous le choc, la réaction douloureuse est loin d'être toujours identique; le siège de la zone contuse, l'état sain ou morbide de cette zone, l'intensité du choc, représentent autant d'éléments qui la modifient.

Faut-il rappeler que, sous un léger heurt, un nerf, bien exposé et qui repose sur un plan osseux, devient le point de départ d'une souffrance atroce, douleur locale, douleur à distance, qui s'irradie au loin, dans le reste du membre, dans tout le territoire correspondant.

Faut-il rappeler aussi que certains organes sont d'une sensibilité toute spéciale à la contusion. La syncope est un fait fréquent, dans les traumatismes des bourses, et, pour une bonne part, elle relève de la douleur. Ici encore, on note de constantes irradiations, le long du cordon, dans la fosse iliaque, jusqu'à la région lombaire, si nettes d'ordinaire, que la voie nerveuse qu'elles suivent n'est pas douteuse.

On sait d'ailleurs que, dans la sphère du sympathique, la contusion provoque souvent des douleurs « syncopales ». La contusion de l'abdomen, alors qu'il n'y a pas de ruptures, pas de complications profondes, entraîne toujours un état d'endolorissement particulier, qui réagit sur tout l'état général, et qui assombrit parfois le pronostic immédiat. Le blessé est pâle, affaissé, il a le pouls petit, la voix brisée, le moindre contact est douloureux; il y a là une période de *commotion abdominale*, qui pourrait faire croire, de prime abord, aux pires lésions (1).

Il n'est point superflu, croyons-nous, de rappeler la *contusion des tissus pathologiques*. La douleur revêt, en pareil cas, une intensité hors de toute proportion : un coup de pied sur un testicule enflammé, une chute sur un genou malade, un heurt sur un anthrax de la nuque ou du dos, créent, avec la souffrance, une exacerbation du mal, sur laquelle nous reviendrons. Ne sait-on pas que, dans la contusion des tissus contus, la souffrance devient extrême, et ce fait n'était-il pas connu des tortionnaires de tous les temps?

L'intensité du choc agit sur l'élément douloureux de façon assez étrange : est-elle considérable et telle qu'elle produise des délabrements énormes, il arrive souvent que la douleur primitive soit peu marquée. L'observation est courante, dans les écrasements des membres. Cela tient peut-être, pour une part, à la commotion générale qui accompagne d'ordinaire ces grands traumatismes, et à l'état de torpeur nerveuse, qui en résulte. Nous dirons plus loin que les plaies d'armes à feu sont souvent, elles aussi, presque indolentes, au moment même du traumatisme, et il en est ainsi de certaines plaies d'armes blanches, telles qu'on les reçoit dans l'émotion du combat. Autrement dit, l'état de réceptivité du système nerveux central doit avoir, là aussi, sa part.

Voilà pourquoi le blessé, qui n'a rien senti au moment de l'accident, n'en souffre pas moins, plus tard, quand cette période d'*algostase provisoire* s'est évanouie (2).

Il y a, du reste, deux causes principales à la *douleur secondaire* des lésions traumatiques : la compression déterminée par les épanchements, les phénomènes inflammatoires.

Pourquoi une surface contuse, fût-elle peu étendue, reste-t-elle longtemps douloureuse sous le doigt? Parce que l'extravasat sanguin comprime les terminaisons nerveuses, les troncules voisins, et qu'en appuyant sur cette petite nappe de liquide, on ne peut qu'accroître cette compression. Ici encore, on conçoit, sans détails, que les régions se prêtent plus ou

(1) Il en résulte des difficultés réelles pour les déterminations opératoires, d'autant plus que le tableau est loin d'être toujours le même. Un blessé avait été renversé par une voiture et était tombé à plat ventre : on ne trouvait aucune douleur au palper abdominal, pas de météorisme, pas de vomissements; le pouls était bon, quoique un peu fréquent; mais la température se maintint obstinément durant plusieurs heures, au-dessous de 36 degrés. Les indications ne nous parurent pas être celles d'une intervention immédiate; et, de fait, en peu de jours, le blessé était entièrement guéri. L'abaissement thermique témoignait simplement du choc abdominal.

(2) Le mot est de Verneuil.

moins, suivant leur texture et leur richesse en nerfs, à la longue persistance de ces phénomènes.

S'il survient des accidents inflammatoires, la douleur reprend de nouveau, mais avec d'autres caractères, sur lesquels je ne veux pas insister. Je veux dire seulement qu'il y a lieu de craindre cette complication, quand le foyer sanguin reste très douloureux, ou qu'il le redevient.

I. Épanchements sanguins. — Il n'y a pas de contusion sans ruptures vasculaires, autrement dit, sans épanchement sanguin.

Or, ces épanchements sont de trois ordres : 1° *infiltrés*; 2° *collectés*; 3° *cavitaires*.

Épanchements infiltrés. — L'ecchymose en est le type. Elle dénonce la présence du sang dans l'épaisseur ou immédiatement au-dessous de la peau, des muqueuses ou des séreuses (poumon, intestin, etc.).

Une observation un peu minutieuse permet souvent de se rendre compte du siège même du sang, au moins au début, et pendant la période de l'hémorragie interstitielle : il paraît, à la peau, par petits foyers, qui s'étendent et se diffusent, et qui se prolongent parfois jusqu'à fleur d'épiderme ; ailleurs, la teinte est uniforme, d'emblée, et l'on comprend que la couleur du sang ne s'accuse que par transparence, et plus ou moins nettement, suivant le degré d'épaisseur de la peau.

Toutefois l'heure vient, plus ou moins tôt, où ces différences s'effacent. Ce qui caractérise alors l'ecchymose, c'est, d'une part, sa couleur, d'autre part, les variations mêmes de cette couleur.

Les ecchymoses cutanées se forment d'abord; elles prennent une teinte d'un noir bleuâtre, d'autant plus opaque que la quantité de sang est plus abondante, et aussi peut-être que la peau est plus épaisse. Puis elles se décolorent : elles passent au vert, sur leur périphérie d'abord, puis au jaune orangé, au jaune pâle, et l'on sait que cette nuance bistrée persiste longtemps, assez longtemps pour faire parfois, à la face, par exemple, le désespoir des patients, ou, ce qui est plus sérieux, pour servir d'indices révélateurs lointains. Sur les muqueuses, les ecchymoses sont rouges, ce qui tient à la minceur de ces membranes, et aussi à la possibilité des échanges gazeux.

Avec ces caractères, les ecchymoses doivent être divisées en deux variétés : les ecchymoses *précoces*, les ecchymoses *tardives*..

L'*ecchymose précoce* n'a par elle-même que cette signification : il existe un foyer superficiel de contusion. Elle n'est pourtant jamais immédiate, et un intervalle, si court soit-il, sépare toujours le choc de l'apparition du sang épanché : le temps nécessaire à l'épanchement. Voilà pourquoi leur caractère est d'être extensives, de faire « tache d'huile », et de s'étendre surtout dans le sens de la déclivité. Nous y reviendrons.

Conséquence directe du traumatisme, l'ecchymose précoce est susceptible de fournir, par elle-même, quelques données sur la nature et les caractères physiques de l'agent contondant; la chose acquiert, en médecine légale, une importance toute particulière.

J'ai à peine besoin d'ajouter encore que l'intensité de l'ecchymose précoce est variable suivant les régions (bourses, paupières), et aussi suivant l'état général du blessé. D'autres encore que les hémophiles sont susceptibles de faire, au moindre heurt, une large ecchymose; n'est-ce pas un fait d'observation chez certains cirrhotiques, certains cachectiques, etc.

L'*ecchymose tardive* peut être directe ou à distance. Voici comment. Il est possible qu'au point contus, par le fait de l'épaisseur de la peau, du siège profond, sous-aponévrotique, des lésions principales, l'infiltration sanguine ne gagne le plan hypodermique et ne devienne apparente qu'au bout d'un certain temps, après un stade plus ou moins long de diffusion excentrique. Plus souvent peut-être elle se voit à distance de la zone traumatisée, résultant toujours de cette infiltration progressive du sang qui, suivant les espaces celluleux et gagnant la déclivité, ne se montre à la surface que tard et loin du foyer d'origine. Elle n'en a souvent que plus de valeur, en révélant certaines lésions profondes. Faut-il citer l'ecchymose palpébro-conjonctivale inférieure, qui accompagne et dénonce les fractures de la base du crâne [1], l'ecchymose pharyngée, etc. Faut-il rappeler encore ces exemples curieux d'ecchymoses inguinales ou inguino-scrotales, consécutives à une rupture du rein? N'a-t-on pas indiqué, dans l'hémothorax, l'apparition à la région lombaire d'une plaque ecchymotique tardive, qui porte le nom d'ecchymose de Valentin? Dans les fractures, dans les luxations, ne voit-on pas paraître aussi, à quelques jours de distance, des plaques ecchymotiques de siège variable, mais toujours déclives?

Nous allons retrouver cette même tendance à la diffusion centrifuge, dans les autres types d'épanchements sanguins traumatiques.

Épanchements collectés. — Ce sont les *hématomes*, dont il a y deux classes à distinguer : les hématomes *circonscrits* et les hématomes *diffus*.

L'*hématome circonscrit* forme une poche d'emblée bien isolée, bien fermée, et qui tend plutôt à s'arrondir et à proéminer qu'à s'étendre en nappe. Certaines régions, par leur texture, par la présence d'un plan osseux sous-jacent, telles que la face convexe du crâne, la face interne du tibia, les différentes aspérités osseuses, réunissent toutes les conditions favorables à la production de ce type d'épanchement; on ne saurait oublier non plus qu'il existe sous la peau ou sous les aponévroses des cavités closes toutes prêtes, semble-t-il, à devenir des hématomes : je veux parler des bourses séreuses, décrites et non décrites.

(1) Il y a lieu de signaler, toutefois, certaines formes atténuées de l'infiltration ecchymotique diffuse de la face, consécutives aux compressions du tronc, et les « lunettes noires », les ecchymoses bilatérales des conjonctives, des paupières et des régions péri-orbitaires, qui peuvent procéder d'un pareil mécanisme, et faire penser à une fracture du crâne; j'en relatais deux cas à la Société de chirurgie. en 1911 (*Bull. et mém. Soc. de chir.*, 1911, p. 1212).

On ne saurait confondre d'ailleurs l'hématome circonscrit superficiel. *sous-tégumentaire*, et l'hématome circonscrit profond, *interstitiel*.

La première variété est représentée par la *bosse sanguine*, poche bien arrondie, bien saillante, molle et fluctuante d'abord, et qui parcourt une série d'étapes fort intéressantes.

La coagulation du sang, dans cette collection close, est suivie d'un double phénomène important : 1° l'induration en couronne du pourtour de l'hématome; 2° la crépitation sanguine. Peu à peu l'induration se propage à toute la tumeur qui s'amoindrit, se rétracte et finit par disparaître. Combien de temps exige cette résorption complète? On serait bien empêché de donner aucune évaluation précise; alors même que la bosse a disparu, que les douleurs ont cessé, il reste encore une petite quantité de sang ou des caillots, un reliquat, dont la complète résorption s'achève à une date inconnue. Les faits d'épanchements sanguins fort anciens, que j'aurai à citer tout à l'heure, en seront une démonstration. Ceci est important surtout pour les hématomes circonscrits *interstitiels*, ceux qui siègent dans l'épaisseur des organes, muscles, viscères, etc. Ceux-là se dérobent sans trop de peine à l'examen, et plus tard, non sans surprise, on les retrouve tels quels ou transformés.

J'arrive à l'*hématome diffus*, à la nappe sanguine, qui peut être, elle aussi, sous-tégumentaire ou profonde.

Certaines régions, ici encore, réunissent les conditions nécessaires à un épanchement de ce genre : il faut citer la face externe de la cuisse, le cuir chevelu, la région lombaire, etc. Un plan osseux ou une large et solide aponévrose se retrouvent toujours en pareil cas. Le type du traumatisme, son intensité et l'état des lésions profondes entrent aussi, pour une part, dans la production de ces larges foyers. Il est probable que le choc porte alors sur une grande surface, où qu'il se combine à l'arrachement et que, par son action oblique, il entraîne et fait glisser la peau, déchire les tractus sous-cutanés, et prépare un large réceptacle au sang épanché. Il est évident que la rupture d'un vaisseau de calibre est aussi une condition fréquente.

Ces vastes hématomes revêtent parfois des dimensions monstrueuses. Sur un malade que je vis à l'Hôtel-Dieu, la cuisse droite, presque doublée de volume, était entourée d'un manchon hématique; la peau, décollée et soulevée sur toute la hauteur des faces externe et antérieure, servait de paroi à une collection immense, dont le flot se transmettait sans peine du grand trochanter aux condyles. On se demande comment une peau, ainsi arrachée, ne se gangrène pas; il faut tenir compte et de l'obliquité de ses vaisseaux nourriciers et des brides vasculaires, petites colonnettes qui traversent toujours ces grandes cavités, libres en apparence. Pourtant ces accidents de sphacèle secondaire sont loin d'être exceptionnels. Je dois dire que, chez mon malade, la tumeur sanguine était à peu près indolente, et que ce fait ce renouvelle souvent.

Sous-aponévrotique, l'hématome diffus suit les espaces celluleux, les gaines vasculaires, ou bien il se collecte dans l'épaisseur des gros muscles ou dans les interstices des muscles à chefs multiples ou encore dans la trame de certains parenchymes, la rate, le foie, etc.

Circonscrits ou diffus, superficiels ou profonds, les épanchements sanguins collectés suivent une évolution assez variable et qui est susceptible de susciter, en clinique, des problèmes difficiles. Voici, en somme, quels en sont les principaux types :

1° *Ils restent à l'état de tumeurs liquides*, et cela longtemps, des mois, des années.

Un cavalier est renversé de cheval, à la bataille de la Tchernaïa, en juillet 1855. Le soir même, un gonflement paraît à la face externe de la cuisse droite; quelques jours après, la douleur cessait, et le blessé reprenait son service. La tumeur avait conservé son volume; neuf mois plus tard, on la retrouvait encore; Broca la ponctionna, et en retira 450 grammes de liquide rouge, fluide, et chargé de globules sanguins, d'aspect normal [1].

Je cite ce fait entre une série d'autres. Pelletan, Voillemier, Morel-Lavallée, ont rapporté de ces tumeurs hématiques, de durée presque indéfinie de la face externe de la cuisse. Et l'observation est loin d'en être exceptionnelle. J'ai vu un blessé qui portait ainsi un énorme hématome occupant la face externe du bras et se prolongeant sur l'avant-bras, et cela depuis six semaines, sans la moindre douleur, sans le moindre indice de réaction. Or, que contenait la tumeur ponctionnée? Du sang, du sang liquide bien rouge, tel que celui qu'on eût tiré d'une saignée. Ce fait de la longue survivance du sang, et je puis dire dans une cavité close et organique, est depuis longtemps connu. Ne sait-on pas qu'il reste ainsi liquide dans une veine de cheval liée à ses deux bouts : les expériences de Bouley et de Frédériq (de Liége) ont depuis longtemps mis en lumière cette curieuse propriété du récipient organique. Le foyer d'une contusion ne ressemble qu'en partie à la paroi d'un vaisseau, c'est évident, mais il est bien régulier parfois, surtout lorsqu'il s'agit de vastes décollements ou que l'épanchement s'est collecté dans une cavité séreuse préexistante, et l'on conçoit que les mêmes phénomènes puissent alors s'observer, en partie du moins.

La tumeur liquide persistante ne contient pas toujours du sang d'apparence normale; elle peut renfermer un liquide rougeâtre, à peine coloré, séreux même. On parlait beaucoup autrefois de ces kystes séreux, qui succèdent à des hématomes; il faut reconnaître que les observations en sont assez peu nettes, en général, et il est prudent de ne les considérer que comme une éventualité possible, exceptionnelle, mais que l'on n'acceptera que sous le bénéfice d'une constatation précise.

(1) Bésaucèle, Étude sur les épanchements sanguins anciens dans le tissu cellulaire sous-cutané, *Thèse de Paris*, 1874.

2° *Ils restent à l'état de tumeurs solides.*

Et voici ce que l'on observe :

Une tumeur compacte, non fluctuante, résistante ou mollasse, qui donne l'illusion d'un lipome ou d'un sarcome mou. On l'ouvre; on tombe dans une cavité kystique, de paroi épaisse, remplie d'un gros caillot, plus ou moins décoloré, ou d'un amas de caillots fibrineux, qui feraient penser à une poche anévrysmale (1);

Une tumeur plus dure, irrégulière de surface, bosselée, profonde souvent; cela ressemble à un fibrome, à un fibro-sarcome. Encore une fois, l'opération montre qu'il s'agit d'une tumeur hématique ancienne. J'ai vu deux cas de ce genre au niveau du grand droit;

Une tumeur de consistance osseuse ou calcaire, et, de fait, elle est souvent calcifiée. Les hématomes musculaires nous fourniront de nombreux exemples. Au pli du coude, dans l'épaisseur du brachial antérieur dans le droit de l'abdomen, dans le droit antérieur de la cuisse, dans les adducteurs, on voit les hématomes, consécutifs aux ruptures partielles, acquérir pareille consistance et en imposer pour de véritables ostéomes.

Il convient de rappeler encore la curieuse évolution de certains hématomes, qui restent plus ou moins longtemps à l'état de petites tumeurs fluctuantes ou compactes, puis s'accroissent assez brusquement et acquièrent, en peu de temps, d'énormes dimensions. Ces cas ne sont point exceptionnels.

Enfin, les hématomes, quels qu'en soient le type et le siège, peuvent suppurer.

L'auto-infection, d'une part, et, d'autre part, les portes d'entrée de la surface tégumentaire, les *micro-traumas*, dont parlait Verneuil, suffisent à en fournir l'explication. Un convalescent de fièvre typhoïde tombe et se fait une bosse sanguine; elle suppure, qu'y trouve-t-on? Le bacille d'Eberth. — Un sujet encore en puissance d'ostéomyélite fait une chute : bosse sanguine, suppuration; le pus contient le *Staphyloccocus albus* ou *aureus*. Ce sont là de simples exemples, mais qui montrent le sens dans lequel il faut chercher la pathogénie d'une complication, en apparence inexpliquée.

Une mention particulière doit être faite des suppurations *tardives*, qui affectent souvent des allures froides, torpides, trompeuses. Un gardien de la paix de trente-sept ans entre à l'hôpital avec une grosse tumeur de la face antérieure de la cuisse droite, de 20 à 25 centimètres de long sur 10 de large : tumeur sous-aponévrotique, fluctuante, peu douloureuse à la pression. Je pense à un abcès froid; j'incise, je trouve une abondante collection d'un pus rougeâtre, chargé de caillots, et tout autour une poche tomenteuse, d'un rouge brunâtre : c'était un hématome profond, ancien et suppuré. Un an auparavant, le malade avait été bousculé dans une bagarre, il avait souffert un peu de la cuisse, puis tout s'était calmé;

(1) Ce sont là les *tumeurs fibrineuses* de Velpeau.

mais peu à peu, la petite masse, le « cordon », qui persistait sur le devant de la cuisse, avait grossi.

Pratiquement, il faut donc conclure qu'on doit se méfier de l'hématome ancien et de ses transformations tardives, en présence de ces tumeurs d'allures étranges et d'aspect mal défini, qu'on rencontre parfois.

Épanchements cavitaires. — J'entends par ce mot les épanchements sanguins qui se collectent dans les cavités closes de l'organisme : le crâne, l'abdomen, la poitrine (plèvre et péricarde), la tunique vaginale, les articulations.

Leur mécanisme, leur mode de résorption, leur mode d'infection, méritent d'être esquissés.

L'hémorragie intra-cavitaire suppose une rupture de vaisseaux intra-pariétaux (méningée moyenne, intercostales, épigastrique, etc.) ou de ceux qui serpentent à la surface des viscères. Dans ce dernier cas, il existe presque toujours une solution de continuité viscérale, une rupture, une perforation, ce qui aggrave singulièrement le pronostic. Le tissu osseux, comme on le vérifie journellement, est celui qui saigne le plus, après les grands parenchymes et la paroi intestinale : il prend souvent une large part à la production des hématomes cavitaires (fractures de côtes, arrachement tibial dans l'hémarthrose du genou, etc.).

Ces réflexions expliquent le double caractère, à peu près constant, quel que soit leur siège, des épanchements sanguins dont nous parlons; *ils sont abondants, ils se font très vite.* Quelques heures suffisent pour remplir un genou de sang, après une forte contusion, et les collections hématiques de l'abdomen, de la plèvre, qui succèdent au traumatisme, ont la même allure. Le sang coule librement dans ce récipient tout préparé; il ne s'arrêtera qu'au moment où la tension sera devenue suffisante à contre-balancer la tension vasculaire. Cette apparition rapide devient, en clinique, un précieux appoint pour le diagnostic différentiel.

Quelle sera l'évolution des épanchements sanguins cavitaires? Que deviennent-ils? Se produit-il une coagulation immédiate ou tardive, totale ou progressive? Et quel est le sort de ces caillots?

Les ponctions articulaires, celles du thorax ont donné des résultats en apparence fort disparates. Langenbeck, Kocher, Lücke avaient trouvé le sang coagulé, dans le genou, dès le troisième jour. Kocher l'a retiré, encore parfaitement liquide, au quatorzième jour — et je pourrais encore grossir le nombre des faits de l'une ou l'autre série. N'a-t-on pas ponctionné des hémothorax, dès les premiers jours, sans retirer presque de liquide, ne rencontrant partout que des caillots? Je me souviens par contre d'un hémothorax traumatique que je ponctionnai, à la Pitié, au bout d'un mois : je retirai plus de 1 litre 1/2 d'un liquide rouge foncé, absolument sanguin, d'apparence. Pourquoi ces différences?

Il semble que les faits cliniques et les expériences permettent de donner la raison de ces apparentes anomalies, et de n'y voir que les termes successifs d'un processus uniforme. Le sang épanché dans une cavité séreuse se coagule; mais, très vite, le sérum et une grande partie des globules se séparent du réseau fibrineux, et constituent un liquide nouveau, ayant, à l'œil, toutes les apparences du sang veineux. C'est le résultat des expériences de Trousseau et Leblanc ([1]), tant de fois citées; c'est, à peu de chose près, la conclusion de Ch. Nélaton, dans sa thèse ([2]). D'autre part, pour l'hémarthrose, Nélaton et Brasse ([3]) ont constaté que le sang pur, retiré par une ponction, était bien, en réalité, du sang défibriné. Alors commence la seconde phase : la résorption. La rapidité en varie avec plusieurs conditions : l'abondance de l'épanchement, et aussi l'état de la paroi. N'est-ce pas pour cela que l'hémarthrose, chez l'enfant, se résorbe si bien, sous une simple compression, et que, chez l'adulte, chez le vieillard, elle traîne et s'éternise souvent? Du reste, Ledderhose ([4]) concluait, en 1889, d'une série d'expériences : que dans les cavités séreuses, le sang reste liquide et se résorbe, quand la quantité n'est pas considérable, et que la séreuse enveloppante est relativement saine; que le sang se coagule vite, en masse ou partiellement, s'il est abondant, si la membrane est de vitalité amoindrie ou s'il existe des corps étrangers.

Cela suffit à rendre compte des hématomes cavitaires à résorption retardée. Et même lorsque la résorption a lieu, la partie solide, la fibrine coagulée, reste longtemps encore à l'état de débris, de pseudo-membranes, qui encroûtent et épaississent les culs-de-sac. Nicaise ([5]) n'avait-il pas trouvé, dans un genou, au cours d'une autopsie, des caillots fibrineux non résorbés quatorze mois après le traumatisme? Ces reliquats d'épanchement font bien comprendre les reliquats de douleur et de gêne fonctionnelle.

Ici encore, la suppuration, quelquefois tardive, est un mode de terminaison, et la voie d'infection est, en général, assez facile à démêler.

II. Épanchements séreux. — L'attrition des tissus n'ouvre pas seulement les voies sanguines, elle déchire aussi les voies lymphatiques, et il n'est pas douteux que les épanchements sanguins ne soient, la plupart du temps, séro-sanguins.

Je veux parler ici des épanchements traumatiques de sérosité, ou mieux, peut-être, des épanchements lymphatiques (*Lymphextravasate*), qui se présentent, en clinique, avec des caractères typiques.

([1]) Trousseau et Leblanc, *Journal de médecine vétérinaire*, 1829, p. 104.

([2]) Ch. Nélaton, Des épanchements de sang dans les plèvres consécutifs aux traumatismes, *Thèse de Paris*, 1880. « Si l'on injecte 800 grammes de sang dans la plèvre, écrit Nélaton, au bout de vingt-quatre heures, on trouve, en ouvrant l'animal, 400 grammes de sérosité sanglante dans la cavité pleurale et un caillot de 400 grammes ». Il semble établi que, chez l'homme, l'évolution de l'hémothorax ne suit pas toujours une loi aussi rigoureuse. — Voy. Lesdon, Contribution à l'étude de l'hémothorax d'origine traumatique. *Thèse de Paris*, 1882.

([3]) Ch. Nélaton et Brasse, *Bulletin médical*, 1888, p. 1520.

([4]) Ledderhose, Beiträge zur Kenntniss des Verhaltens von Blutergüssen in serösen Höhlen, etc., Strasbourg, 1885.

([5]) Nicaise, Épanchement sanguin de l'articulation du genou. *Bull. et Mém. de la Soc. de chir.*, 1876, p. 750.

Indiqués par Pelletan et Velpeau, ils ont été décrits par Morel-Lavallée (1), en 1853 : ils portent son nom. Leur histoire s'est vite complétée par les faits de Verneuil (2), Grynfeld (de Montpellier) (3), Rossignol (4), Bugeau (5), etc. Leur pathogénie, leur nature propre sont restées, seules, assez longtemps indécises.

Il est inutile de répéter une fois de plus la série des hypothèses. Güssenbauer a eu le mérite de bien montrer que tout, dans le développement et l'évolution de ces épanchements, concorde à affirmer leur origine lymphatique. Les analyses, anciennes et récentes, celles de Robin et Quévenne, ne parlent-elles pas dans ce sens? De plus, on ne trouve pas trace de coagulation dans ces épanchements; ils se créent et s'accroissent lentement, ils se reproduisent une fois évacués, et la quantité de liquide qu'ils renferment est souvent énorme et se chiffre par un ou plusieurs litres. Une lymphorragie sous-cutanée, ou plus rarement, sous-aponévrotique, explique seule ces phénomènes, qui se retrouvent constamment.

Si l'épanchement lymphorragique est d'ordinaire sous-cutané, il peut siéger, en effet, sous les aponévroses, et la thèse de Bugeau en contient des exemples. Le principal est celui d'un épanchement traumatique de sérosité, remplissant le triangle de Scarpa : il était très nettement sous-aponévrotique; de consistance mollasse, il donnait la sensation d'une poche incomplètement remplie, et soulevée par les battements de l'artère fémorale. Une ponction exploratrice fournit 250 grammes d'un liquide « d'un jaune couleur de beurre ». A l'examen microscopique, il était « absolument dépourvu de graisse, de globules blancs et de globules sanguins », mais extrêmement riche en cholestérine. A quelque temps de là, une seconde ponction ramena un liquide moins jaune, mais visqueux, il ne contenait ni graisse ni globules, mais une notable proportion de matières albuminoïdes. Nul doute qu'il ne se soit modifié, d'une ponction à l'autre.

Il est rare d'ailleurs de trouver des analyses complètes du liquide épanché, et il ne paraît pas qu'on puisse en rien inférer contre sa nature originairement lymphatique. Le sang des épanchements sanguins est-il du sang pur? Nous avons vu qu'il en était autrement. N'est-il pas admissible que la lymphe épanchée subisse pareilles transformations?

Le siège d'élection des épanchements séro-lymphatiques est en rapport avec leur mode de production, par décollement cutané et *contusion tangentielle*. C'est à la face externe de la cuisse, à la surface de l'épaisse

(1) MOREL-LAVALLÉE, Épanchements traumatiques de sérosité. *Arch. gén. de méd.*, juin 1853. — Décollements traumatiques de la peau et des couches sous-jacentes. *Arch. gén. de méd.*, 1863, p. 172.

(2) VERNEUIL, *Soc. de chir.*, 1857, p. 527.

(3) GRYNFELD, Épanchements traumatiques de sérosité. *Thèse de Montpellier*, 1875.

(4) ROSSIGNOL, De l'épanchement traumatique primitif de sérosité. *Thèse de Paris*, 1879.

(5) BUGEAU, Essai sur les épanchements traumatiques de sérosité sous-aponévrotiques. *Thèse de Paris*, 1882.

bandelette du fascia lata, à la région lombaire, à la fesse, au crâne, qu'on les observe d'ordinaire.

Nous avons dit leur développement progressif, qui demande quelquefois plusieurs jours, sans qu'il y ait là, d'ailleurs, une règle fixe.

La tumeur est molle, fluctuante, entourée d'un épaississement, toujours moindre que dans les collections sanguines; mais cette mollesse et cette fluctuation revêtent un caractère tout spécial. Au moindre choc, au moindre souffle, quelquefois, toute la masse s'anime d'une sorte de flottement, de tremblotement, d'ondulation, qui très vite se disperse sur toute son étendue, comme par une série d'ondes concentriques. C'est là un signe pathognomonique, et qui tient, sans doute, à la ténuité du liquide. Ce tremblement se reproduit dès que le malade fait un mouvement. On retrouve bien, dans les vastes épanchements sanguins sous-cutanés, à la cuisse par exemple, quelques traces de cette ondulation : elle n'est jamais aussi nette, aussi typique, que dans les collections séreuses. Tout naturellement, pareil signe manquera dans les collections profondes, sous-aponévrotiques.

Épanchements huileux. — Ils ont été signalés par Chassaignac en 1854, étudiés par Gosselin, Broca, Benjamin Anger, Terrier [1]. Ils sont restés à l'état de faits exceptionnels.

Nous nous contenterons de rappeler l'observation de Terrier [2], qui en représente le meilleur exemple : « Un malade portait une collection liquide formée au voisinage d'un foyer de fracture; la ponction y démontra l'existence d'un liquide huileux et l'analyse chimique y constata de la margarine, de la stéarine et de la cholestérine en petite quantité. Ce liquide tachait le papier comme de la graisse, était soluble dans l'éther et l'essence de térébenthine. »

Le broiement des cellules adipeuses, dans les régions chargées de graisse, l'écoulement jusque sous la peau des éléments de la moelle osseuse, dans les fractures comminutives, expliquent assez bien le mode de production de ces collections huileuses.

Épanchements de gaz ou de liquides organiques. — Je ne ferai que signaler les épanchements qui succèdent à la contusion grave des organes creux, aux ruptures du poumon, de l'intestin, des voies biliaires, etc. Je n'insisterai que sur les deux points suivants :

1° La présence de ces gaz ou de ces liquides organiques modifie la teneur et les caractères cliniques des épanchements; l'hémo-pneumothorax, l'hémo-pneumo-péricarde nous serviront d'exemples; dans l'abdomen, le météorisme recouvre et masque les signes propres de la collection hématique;

2° Ce mélange est d'ordinaire une cause d'infection. Encore ne faut-il

(1) Voy. aussi CASTEIGNAU, Épanchements huileux dans les lésions traumatiques. *Thèse de Paris*, 1875.

(2) TERRIER, Note sur un épanchement traumatique d'huile, à la suite d'une fracture de jambe. *Revue mensuelle*, 1878, p. 489.

pas oublier que les liquides organiques ne sont pas tous et toujours septiques : Il suffirait de comparer, pour mettre le fait en lumière, les accidents qui succèdent à l'émission intra-péritonéale de quelques gouttes de liquide stercoral ou les vastes épanchements de bile, procédant des ruptures de la vésicule ou des canaux.

En dehors des ruptures vasculaires et des épanchements de divers ordres, les autres **Effets secondaires de la contusion** procédant de **l'attrition des tissus**, se rapportent aux différents types que voici :

1° *Sphacèle immédiat, total ou partiel.* — S'il s'agit d'une zone étendue, d'un segment de membre ou d'un membre tout entier, la situation se complique d'ordinaire de tous les phénomènes d'un choc traumatique grave. Je ne fais que signaler les accidents septiques, locaux et généraux, dont la région, brusquement « cadavérisée », devient le point de départ.

2° *Sphacèle secondaire.* — Il est partiel, le plus souvent; il résulte de l'ischémie, qui devient complète ou se combine aux premières manifestations inflammatoires.

3° *Phlegmasies aiguës ou chroniques, d'origine traumatique.* — Leur nombre est grand et je ne saurais entrer dans des détails qui trouveront leur place ailleurs. Je tiens à dire pourtant que ce diagnostic « d'inflammation traumatique » ne doit être souvent accepté que sous bénéfice d'inventaire, le choc ne servant alors que d'agent révélateur ou aggravateur, comme nous le verrons bientôt.

Ce qui nous intéresse avant tout, c'est la pathogénie, le mécanisme précis de ces phlegmasies d'origine traumatique : hygromas, arthrites, pneumonies, néphrites, orchites, appendicites, etc., qui succèdent à des contusions sans plaie, à des *lésions fermées*, en apparence, du moins. Or, il est possible de rapporter à un triple processus les accidents aigus de cet ordre :

1° Le foyer de contusion s'infecte par une voie détournée, ou par le fait d'un micro-trauma de la surface cutanée, qui passe inaperçu, mais qui suffit à assurer l'inoculation. A la suite des fractures du crâne, sans plaie, la méningo-encéphalite ne reconnaît-elle pas pour origine l'infection, émanant des cavités nasales, du pharynx, de l'oreille, et se faisant jour jusqu'aux méninges et au cerveau contus, par une fissure osseuse, par le trait d'irradiation d'une fracture de l'étage antérieur ou de l'étage moyen? J'ai déjà insisté, à l'occasion des épanchements sanguins et de leur suppuration, sur ces érosions cutanées, ces petites plaies insignifiantes, au niveau desquelles s'inoculent les agents pyogènes.

2° Le foyer de contusion (viscérale) s'infecte par le contenu même de l'organe, épanché dans sa trame, à la suite de la rupture de ses conduits. Le poumon nous fournit un excellent exemple : il a été établi, depuis longtemps déjà, que la pneumonie traumatique [1] reconnaît, elle aussi,

[1] Voy. l'exposé de la question dans l'article de M. L. Müller : Traumatische Pneumonie. (*Centralblatt für die Grenzgeb. der Med. und Chir.*, 1910, p. 11.)

pour agents, les microbes, qui sont contenus, à l'état normal, dans les voies pulmonaires, et se répandent, après leur déchirure, dans le tissu parenchymateux voisin. La diversité de ces agents microbiens donne l'explication des formes anormales et des formes suppurées.

Autre fait. La péritonite herniaire, succédant à une contusion du sac herniaire, n'est pas d'observation rare, et cela, sans qu'il y ait de rupture ni de solution de continuité apparente de l'intestin; mais il n'est pas douteux que la paroi intestinale, altérée par le traumatisme, ne laisse transsuder les agents infectieux, le *bacterium coli*, qui provoquent l'inflammation sacculaire. Des faits du même genre se retrouvent, à la suite des contusions de l'abdomen, sans déchirure de l'intestin [1].

3° Le foyer de contusion s'infecte par l'intermédiaire des agents pathogènes contenus dans le sang, et auxquels les ruptures vasculaires ouvrent la voie. Le fait se réalise dans certaines maladies générales, au décours des grandes infections. Il faut en rapprocher la contusion des tissus pathologiques, le traumatisme créant toujours, en pareil milieu, des auto-inoculations, qui expliquent les poussées consécutives (voyez plus bas : *Rôle pathogénique de la contusion*).

A côté des phlegmasies aiguës, suppurées quelquefois, la contusion est susceptible de provoquer des accidents d'allures moins bruyantes, de forme chronique, de tendance souvent atrophique. L'orchite traumatique, bien étudiée par Rigal, par Terrillon et Suchard, aboutit souvent à l'atrophie, alors même que le choc a été peu intense et tout à fait disproportionné avec cette terminaison inattendue. Au sein, les noyaux de mastite chronique, de diagnostic quelquefois si difficile, reconnaissent souvent aussi une origine traumatique.

Il est utile de rapprocher de cette seconde catégorie de faits les lésions chroniques, qui procèdent des chocs répétés, journaliers, professionnels souvent, de la contusion chronique. Nous n'aurons qu'à signaler les nombreuses variétés de durillons et d'hygromas. Des localisations plus rares reconnaissent une semblable pathogénie; l'artérite fémorale des bourreliers, décrite par M. Guichard (de Lyon) [2] peut servir d'exemple : c'est aux chocs répétés et à la pression d'un instrument appelé « rembourroir », qu'on appuie et propulse avec l'aine droite, dans la fabrication des colliers de chevaux, qu'il faut attribuer la contusion chronique de l'artère; les ouvriers portent d'ailleurs, à l'aine droite, un lipome, qui témoigne de ce traumatisme professionnel. L'étude des différents métiers de force nous fournirait maint autre exemple.

4° *Réparation plus ou moins intégrale et qui exige toujours un assez long temps.* — Elle comporte, du reste, un double travail : la résorption des épanchements que nous avons plus haut étudiés, la réparation proprement dite des tissus. Nous verrons, à l'occasion des sections, quels sont les modes et les variétés de cette réparation des organes « lésés »,

[1] Voy. en particulier GUIBAL, Péritonite traumatique par contusion de l'abdomen sans ruptures viscérales. Rapport de Tuffier. *Soc. de chir.* 1910.

[2] GUICHARD, Étude sur l'artérite fémorale des bourreliers. *Thèse de Lyon*, 1894.

et nous distinguerons la régénération vraie, fait rare, de la réunion cicatricielle, suffisante à assurer le retour des fonctions, dans certains cas, et qui entraîne, ailleurs, des désordres incurables. Il y a lieu de remarquer seulement, ici, que l'attrition des tissus est, en somme, la lésion mécanique qui prête le moins à un processus régulier et facile de restauration spontanée.

Au cours de cette longue évolution, sont encore à signaler des accidents d'ordre plus général : *les phénomènes fébriles, sans plaie; l'ictère hématique traumatique; les embolies sanguines ou graisseuses.*

Le sang épanché dans les tissus, et, en particulier, dans les séreuses, est susceptible de provoquer, en dehors de tout phénomène de septicité, une réaction irritative, qui se traduit par l'élévation thermique. A la suite de certaines fractures chez l'adulte (¹) et chez l'enfant (²), des hémorragies intra-péritonéales, ou intra-pleurales, le fait a été souvent noté : il concorde, du reste, avec les observations qu'on a recueillies au cours des expériences de transfusion péritonéale. S'il reste un peu de sang dans le ventre après une laparotomie, ou s'il se produit un suintement sanguin notable au niveau du pédicule ou des adhérences rompues, il est bien exceptionnel que le thermomètre ne monte pas, le premier soir, de quelques dixièmes de degré, pour redescendre bientôt à la normale. M. A. Broca (³) a attiré l'attention, il y a longtemps déjà, sur la fièvre qui accompagne assez souvent l'hémarthrose du genou, chez l'enfant, et qui peut éveiller des craintes. A la suite des contusions, sans plaie, sans la moindre effraction cutanée, à la suite des oblitérations vasculaires (⁴), d'origine traumatique, pareils faits ont été relevés.

Ce qui caractérise, en général, ces ascensions thermiques, c'est leur courte durée, et l'absence des accidents généraux, qui sont les satellites ordinaires de la fièvre : on peut ainsi leur donner leur réelle signification.

A quoi sont-elles dues? Et quelle est la théorie de cette fièvre aseptique? Elle passe, en général, pour une « fièvre de résorption », les substances résorbées procédant des éléments anatomiques mortifiés. A la fièvre septique, due aux toxines microbiennes, il faudrait opposer la fièvre aseptique due aux toxines organiques (ptomaïnes, leucomaïnes); autrement dit, en dehors de toute infection intrinsèque, et par le fait seul du travail de réparation, les tissus contus seraient susceptibles de créer des substances pyrétogènes, et de provoquer cette fièvre larvée, bénigne, dont les exemples sont nombreux.

(¹) GANGOLPHE et JOSSERAND, De la fièvre dans les fractures simples. *Rev. de chir.*, 1881, p. 445.
(²) A. BROCA, De la fièvre dans les fractures fermées chez l'enfant. *Mercredi médical*, 1895, p. 49.
(³) *Loc. cit.*
(⁴) MONTALTI, Étude sur la fièvre aseptique consécutive à l'oblitération vasculaire. *Thèse de Lyon*, 1891.

Quant à l'*ictère hématique traumatique*, c'est à la suite de contusions violentes, ayant provoqué des suffusions sanguines étendues, que l'accident survient; l'abondance du sang épanché et qui se résorbe en est la condition nécessaire. La peau et les conjonctives se colorent, en général, dans la première semaine qui suit l'accident, alors que la résorption commence à être active; elle tarde quelquefois, et, chez l'un des malades de M. Poncet [1], la teinte ictéroïde ne parut qu'au dix-neuvième jour. Elle n'est jamais très foncée; « la coloration de la peau ne dépasse guère la teinte jaune soufre pâle; elle est très nette sur la face, sur les ailes du nez, le front, les commissures des lèvres. Les conjonctives sont jaunâtres et la pression sur les muqueuses, en chassant le sang des capillaires, leur donne une teinte jaune citron pâle. »

Les urines sont d'un jaune rougeâtre, plus ou moins foncé, et ne donnent pas, à l'acide nitrique nitreux, la réaction ordinaire des urines ictériques.

L'accident est essentiellement transitoire, et ne crée aucun danger. Il ne laisse pas cependant que de susciter parfois quelques inquiétudes, au moment où il s'accuse pour la première fois : on songe tout de suite aux ictères traumatiques, d'une autre nature, aux ictères septiques. L'absence de pigment biliaire dans l'urine, et l'évolution spéciale de cette « jaunisse sanguine » ramènent le pronostic à de justes proportions.

Si, dans sa forme complète, l'ictère traumatique est assez rare, il est, par contre, fréquent de relever, à la suite des grands épanchements sanguins et au cours de leur résorption, une légère teinte ictéroïde de la face et des conjonctives : une observation attentive permettra de se rendre compte du fait, que j'ai, pour ma part, maintes fois constaté.

Les *embolies* sont de deux ordres : 1° embolies *sanguines*; 2° embolies *graisseuses*. Les premières sont assez rares dans les variétés bénignes de la contusion, et ne surviennent que dans les attritions profondes, et spécialement dans les fractures.

Velpeau, en 1862, communiquait à l'Institut un fait de mort subite, chez une femme atteinte de fracture comminutive du tibia : la mort était due à une embolie de l'artère pulmonaire. Azam (de Bordeaux) [2] dans deux mémoires, reprit et développa l'intéressante question soulevée par Velpeau, et, depuis lors, les observations se sont multipliées. M. Barbier [3] en réunissait 76, dans sa thèse récente.

Il y a ici deux éléments à considérer : un fait constant, la thrombose des veines profondes au voisinage des fractures ou des foyers de contusion grave; un accident, assez rare en somme, la migration lointaine de ces caillots et l'embolie pulmonaire.

(1) PONCET, De l'ictère hématique traumatique. *Thèse de Paris*, 1874.

(2) AZAM, De la mort subite par embolie pulmonaire dans les contusions et les fractures. *Gazette hebdomadaire*, 1864, p. 611, et *Congrès médical de Bordeaux*, 1865, p. 435.

(3) MAURICE BARBIER, L'embolie pulmonaire dans les fractures. Contribution à l'étude de la coagulabilité du sang au cours de l'évolution des fractures. *Thèse de Paris*, 1910.

Verneuil avait signalé, depuis bien longtemps, la phlébite des veines tibiales postérieures et péronières, à la suite des fractures de jambe; et les recherches de Durodié (1) lui avaient permis d'établir que, si les veines superficielles restent perméables, en pareil cas, les veines profondes sont, en règle, thrombosées dans un rayon plus ou moins large : il n'est pas rare que les caillots remontent jusqu'à la poplitée et la fémorale. Les membres variqueux sont un terrain tout préparé pour ces oblitérations veineuses traumatiques. On vérifiera sans peine l'existence, à peu près constante, de ces lésions veineuses, aux autopsies; et l'examen de fractures déjà anciennes montre que l'état du système veineux profond en conserve longtemps l'empreinte. Des douleurs tenaces, des crampes, des soubresauts pénibles, un peu d'œdème suffisent le plus souvent à révéler ces thromboses profondes : elles ne deviennent plus apparentes que lors de leur extension aux gros troncs.

Ces thromboses, aseptiques, il le semble, du moins, procèderaient de certaines causes mécaniques, telles que l'altération des parois veineuses par le heurt ou la compression des fragments, et les entraves apportées à la circulation de retour; mais elles relèveraient surtout de l'hypercoagulabilité du sang, que MM. Quénu et Barbier ont signalée, et qui, chez les « fracturés », s'observerait « dans la moitié des cas; au début, dans le tiers des cas, quand la fracture est plus ancienne ».

L'embolie serait due, le plus souvent à la mobilisation du caillot secondaire de stase, formé au-dessus du caillot primitif. Suivant le volume du caillot migrant et le lieu où il s'arrête, elle se traduit par la mort subite, en syncope ou en asphyxie, ou par les accidents curables de l'infarctus hémoptoïque; il arrive encore que, l'hémoptysie manquant, elle revêt l'aspect de la pneumonie, de la pleurésie ou de la bronchite simples, et ces formes frustes sont loin d'être rares. Enfin l'on ne saurait oublier les apoplexies pulmonaires successives, procédant des décharges emboliques répétées.

L'embolie graisseuse est moins connue en clinique, bien qu'elle ait fait l'objet de nombreux travaux expérimentaux : ceux de Wagner, de Busch, de Feltz, de Déjerine, et, plus récemment, ceux de Frischmuth (2), de Bergemann (3), de Fuchsig (4), de Fritzsche (5).

Elle succède de préférence aux fractures, mais elle peut survenir aussi à la suite des simples commotions osseuses, ou des lésions des parties molles, surtout chez les sujets gras. La dyspnée plus ou moins accusée, l'accélération respiratoire, la toux; une certaine élévation thermique;

(1) Durodié, *Thèse de Paris*, 1874.
(2) Frischmuth, Ueber Fettembolie. *Inaug. Diss.*, Königsberg, 1909.
(3) Bergemann, Die traumatische Entstehung der Fettembolie. *Berlin. Klin. Woch.* 1910, n° 24.
(4) Fuchsig, Ueber experimentelle Fettembolie. *Zeitschr. f. experiment. Path. u. Ther.* 1910, t. VII, 3.
(5) Fritzsche, Experimentelle Untersuchungen zur Frage der Fettembolie, mit spezieller Berücksichtigung prophylaktischer und therapeutischer Vorschläge. *Deutche Zeitschrift f. Chir.* 1910, CVII, 4-6, p. 456.

un pouls fréquent; des accidents subcomateux, en seraient les indices révélateurs, auxquels il conviendrait d'ajouter la présence de gouttelettes de graisse dans l'urine; mais, en pratique, ces divers signes ne se présentent pas toujours ou ne s'associent pas avec une netteté suffisante, et le diagnostic reste imprécis et douteux; peut-être aussi ne pense-t-on pas assez à l'embolie graisseuse.

Par quelle voie se produit-elle, la voie veineuse ou la voie lymphatique? Il semble que l'une et l'autre puissent être suivies, et d'après les recherches récentes de Fritzsche, c'est par les veines que la graisse serait absorbée et migrerait, après les fractures, et, lors de contusions osseuses simples, elle passerait plutôt dans les lymphatiques. Toujours est-il que le drainage sus-claviculaire du canal thoracique, pratiqué par Wilms [1], a permis l'élimination d'une grande quantité de lymphe chargée de gouttelettes graisseuses, et coupé court aux accidents commençants. Cette intervention ne saurait d'ailleurs, être efficace que si elle a lieu de très bonne heure, et il resterait : 1° à faire le diagnostic précoce de l'embolie graisseuse; 2° à reconnaître qu'elle suit la voie lymphatique.

Effets lointains de la contusion. — Rôle pathogénique. — Je ne saurais que tracer les grandes lignes de ce chapitre, d'un si haut intérêt. Des hypothèses séduisantes, des axiomes populaires s'y mêlent à un certain nombre de faits, dûment et scientifiquement établis.

Le choc et ses diverses variétés sont susceptibles de jouer un triple rôle : un rôle *d'aggravation* sur les lésions locales préexistantes, de rappel pour les diathèses; un rôle *pathogénique direct*; un rôle de *localisation*.

I. La contusion, s'exerçant sur une tissu malade, sur un organe malade, provoque toujours, sous une forme variée, une exagération de l'état pathologique antérieur, une poussée. Ceci est vrai pour les néoplasmes et la tuberculose [2] comme pour toutes les affections viscérales. Les exemples en sont journaliers : la contusion d'une articulation malade, déjà en puissance de tumeur blanche, si je puis dire, peut devenir le point de départ d'une évolution aiguë de la tuberculose; un choc, un froissement des bourses révèlent tout d'un coup l'existence d'un épididyme bourré de noyaux tuberculeux; le mal datait de loin, mais il était indolent, il restait inaperçu; sous l'influence du traumatisme, les symptômes deviennent brusquement ceux d'une orchite aiguë. Nombre d'orchites *par effort* rentrent, en réalité, dans ce cadre. Ne voyons-nous pas, même à la suite d'explorations trop consciencieuses et

[1] Wilms, Traitement de l'embolie graisseuse par le drainage temporaire du canal thoracique. *Semaine médicale*, 23 mars 1910, p. 138.

[2] Et aussi pour l'actinomycose. Voy. H. Noesske. Ueber die Bedeutuug des Traumas für die Estwickelung aktinomykotischer Prozesse. *Medicinische Klinik*, 1910, p. 496.

d'examens répétés, les tumeurs malignes, les sarcomes grossir sous nos yeux, en quelques jours? Et la contusion chronique n'est-elle pas une cause d'incurabilité des lésions inflammatoires, d'extension des lésions néoplasiques, en certaines régions (scrotum, talon, etc.).

Le choc joue un pareil rôle d'aggravation sur les affections viscérales, sur le poumon, le rein, le cœur, etc., et le pronostic du traumatisme s'en trouve lui-même assombri. Faut-il rappeler l'anurie mortelle, succédant à une contusion lombo-abdominale, d'intensité moyenne, mais qui a porté sur des reins malades? Faut-il rappeler que la pneumonie traumatique relève moins peut-être des lésions de la contusion thoracique que de l'état antérieur du poumon? Je ne parle ici que des accidents viscéraux consécutifs à des contusions locales; mais on sait bien, depuis les travaux de Verneuil et de ses élèves, qu'il s'agit là parfois de réactions à distance, de pathogénie moins nette, mais qui n'en sont pas moins d'observation fréquente en clinique. Pour le cœur, en particulier, la thèse de Ch. Nélaton [1] en contient d'intéressants exemples.

II. Ailleurs, le choc devient l'*agent direct* de lésions pathologiques viscérales *susceptibles de se révéler d'ailleurs à une date variable*. Nous ne saurions y insister longuement, d'autant plus que les connexions pathogéniques sont assez souvent observées et vaudraient d'être discutées; et nous ne ferons que signaler les affections cardiaques d'origine traumatique, plus haut notées; les néphrites traumatiques, et, en particulier, ce type assez étrange de néphrite post-traumatique unilatérale, que Potain avait décrit et qui était suivie d'une anasarque, unilatérale aussi; les kystes traumatiques du pancréas [2]; l'appendicite traumatique [3]; enfin le rôle qu'on a voulu faire jouer au choc ou à la compression épigastriques dans le développement de certains ulcères de l'estomac [4].

III. Enfin le choc, le traumatisme en général, jouent souvent le rôle d'*agents de localisation*.

Pour ne parler que de la syphilis et de la tuberculose, la contusion peut faire naître sur place les manifestations du processus morbide général.

On sait que les gommes, les périostoses syphilitiques reconnaissent souvent pareille origine. Et ce n'est pas seulement le choc brusque et intense qui agit de la sorte, mais la pression répétée, les traumatismes

(1) Ch. Nélaton, De l'influence du traumatisme sur les affections du cœur. *Thèse d'agrégation*, 1886.

(2) P. Graf, Zur Kasuistik der traumatischen Pankreascysten, *Münchener medicin., Woch.*, 1910, n° 48.

(3) Jeanbrau et Anglada, *Revue de chir.*, 1907. — Brüning, über Appendicitis nach Trauma. *Archiv. f. Klin. Chir.*, LXXXVI, 4. — Pehl, über traumatische Appendicitis, *Zentralblatt f. Chir.*, 1910, n° 13.

(4) W. Ackermann, Trauma and chronic compression of the epigastrium as etiological factors of gastric ulcers. *Medical News*, 14 janvier 1905.

journaliers. Verneuil n'a-t-il pas montré que les gommes sous-cutanées siègent souvent dans la paroi des bourses séreuses, épaissies par la contusion chronique ?

La phtisie d'origine traumatique avait été signalée par Lépine, Teissier, Perroud, Lebert, Hanot, etc.; Perroud (1) avait décrit la phtisie traumatique chez les mariniers du Rhône. Elle reconnaîtrait pour cause le traumatisme chronique, auquel la manœuvre de l'*harpi* soumet le haut de la cage thoracique et le sommet du poumon. « C'est d'abord un point de congestion chronique, qui se forme au sommet du poumon, au niveau de l'endroit soumis aux pressions exercées par l'*harpi*. En ce point, les malades ressentent une certaine douleur, sourde et profonde, puis ils se mettent à tousser. » Il s'agit, ici, d'une action mécanique lente et prolongée; d'autres faits ont été publiés, où la tuberculose pulmonaire semblait avoir eu pour cause une contusion violente du thorax, et cela, chez les sujets auxquels leurs antécédents ou leur état de santé ne créaient aucune réceptivité morbide. Mendelsohn (2), qui avait réuni tous ces faits, en donnait huit observations personnelles : sept de ses malades ne présentaient aucune tare tuberculeuse héréditaire; le huitième avait toujours joui d'une excellente santé. On ne saurait méconnaître, dans la plupart de ces cas, les rapports de succession étroite du traumatisme et de la phtisie; quant au mécanisme, il est douteux, et il paraît difficile de voir là autre chose qu'une action localisatrice.

D'ailleurs, ce rôle du traumatisme a été bien établi pour la tuberculose; l'expérience fameuse de Max Schüller a été reproduite maintes fois, et maintes fois vérifiée en clinique. Une chute, une contusion articulaire, bien et dûment constatée, répétée quelquefois, figurent dans l'étiologie de nombre de tumeurs blanches. Bien entendu, il y a lieu d'admettre que les sujets étaient déjà en puissance d'infection tuberculeuse, manifeste ou latente. Une observation de M. Kappis (3) est fort démonstrative à ce point de vue : c'est celle d'un homme de 25 ans, qui, en tombant d'un toit, se fit une fracture compliquée de la cuisse; le foyer suppura, une arthrite purulente du genou se produisit, qui, après ponction, se termina par ankylose; on dut procéder à des ablations de séquestres, et l'examen des bourgeons fongueux « grattés » au cours de ces opérations, démontra leur nature tuberculeuse. Finalement l'état local devint tel, qu'on se résolut à l'amputation : elle fut suivie de mort. A l'autopsie on trouva, aux sommets des deux poumons, des tubercules anciens et récents; une ulcération tuberculeuse récente de l'iléon, et, au niveau de la cuisse fracturée, une tuberculose étendue des parties molles. Les lésions pulmonaires, pour latentes qu'elles fussent, n'en avaient pas

(1) Perroud, *Congrès de l'Association française pour l'avancement des sciences*. Lille, 1879, p. 950.

(2) Mendelsohn, Traumatische Phthisie. *Zeitschrift. für klin. Medicin.*, 1885, Bd. X, p. 108.

(3) Kappis, Beitrag zur traumatischen Tuberkulose. *Deutsche med. Woch.*, 1910, n° 28.

moins servi de point de départ à l'infection tuberculeuse, qui, par la voie du transport sanguin, avait envahi le foyer traumatisé.

Cette infection par voie sanguine explique toute la série des accidents locaux du même type, qui succèdent à un choc, à une contusion simple, sans effraction, sans « porte d'entrée ». Il suffirait de rappeler ce qui se passe souvent dans l'ostéomyélite, dans les suppurations typhiques, etc.; le traumatisme n'a créé aucune érosion cutanée, aucune inoculation extérieure; mais il a rompu des vaisseaux et altéré la vitalité cellulaire des tissus, au point contus : le sang qui s'extravase charrie des microbes, et le terrain où ils se déposent est tout prêt à leur servir de milieu de culture. La théorie, ainsi conçue en termes généraux, trouve de nombreuses applications cliniques.

J'arrive au rôle des agents mécaniques dans la pathogénie des *néoplasmes*. L'idée remonte aux temps les plus anciens de la médecine; elle est devenue « populaire », et d'ailleurs, suivant la remarque de M. Ménétrier [1], ces idées populaires « le plus souvent ne font que continuer les traditions scientifiques des âges précédents ».

Toujours est-il que les documents précis se sont multipliés sur cette question complexe de l'origine traumatique des tumeurs; mais la pleine lumière n'est pas faite encore. Et d'abord, quel que soit le trauma, il ne crée jamais, par lui-même et par lui seul, le néoplasme. Pour faire naître le cancer ou le sarcome dans ce foyer traumatique, que rien ne différencie tout d'abord, un second élément est nécessaire, un élément personnel, une prédisposition [2] de ce terrain, de ces tissus, qui n'ont subi, en somme, qu'une insulte banale, et qui réagissent d'une façon si exceptionnelle. Cette prédisposition revient toujours, quoi qu'on fasse, et s'impose; et là est le mystère.

Même sous cette forme de cause occasionnelle, avec ce rôle de second plan, le traumatisme est d'une étude fort intéressante dans ses rapports avec l'évolution des tumeurs, et, tout d'abord, il y a lieu de considérer le traumatisme unique, le choc local, plus ou moins intense.

Les faits ne manquent pas : encore faut-il, pour qu'ils soient acceptables, qu'ils comportent un certain nombre de renseignements précis : 1° la nature exacte et le siège du traumatisme initial; 2° la date de ce traumatisme; 3° la correspondance démontrée de son siège et de celui du néoplasme; 4° le mode d'évolution de ce néoplasme.

Au sein, par exemple, il est de règle que les malades attribuent à « un coup » le développement de leur tumeur. A quelle époque remonte cette contusion, en quelle région du sein a-t-elle porté, etc., tout cela est d'ordinaire très vague. N'est-il pas bien certain que telles ou telles régions sont exposées à des traumatismes maintes fois répétés : l'un d'eux reste dans le souvenir, par le fait de conditions extrinsèques. Est-ce

(1) MÉNÉTRIER, Cancer, in *Nouveau traité de médecine et de thérapeutique*, 1908.

(2) Voy. GEBEKE, Beziehungen zwischen Unfall und Geschwülsten. *Münchener medic. Woch.*, 1909, n° 24.

une raison suffisante pour en faire un agent pathogénique? Cette analyse sévère des observations est de toute nécessité.

En 1894, M. Löwenthal (¹) avait réuni 800 observations de tumeurs : épithéliomas, sarcomes, angiomes, enchondromes, lipomes, etc., d'origine traumatique.

Sur ce nombre, se trouvaient 137 cancers du sein : 90 fois le traumatisme initial était représenté par une contusion. Dans 43 cas seulement, on avait noté le temps écoulé entre l'accident et l'apparition du néoplasme; 28 fois, on relevait une période intermédiaire de 1 mois à 1 an; 10 fois, de 1 an à 10 ans; 3 fois, le cancer s'était montré dans les trois premières semaines; 2 fois, à des dates lointaines, de 20 à 25 semaines.

Les sarcomes de toutes les régions figuraient au nombre de 316; 190 fois on avait pu évaluer la durée de la période intermédiaire, le stade d'incubation, si l'on peut ainsi dire : il était, 135 fois, de un mois au-dessous; 33 fois, de un mois à un an; 22 fois, de plus d'une année, jusqu'à 15, 18, 19, 34, 35, 49 ans, après le traumatisme soi-disant originel.

Ces catégories provoquent quelques remarques. L'apparition immédiate, ou l'apparition très lointaine du néoplasme, sont également susceptibles de faire mettre en doute le rôle authentique du traumatisme. N'est-il pas admissible que le choc, en portant sur une tumeur jusqu'alors méconnue et indolente, ne soit simplement « révélateur »? D'autre part, comment retrouver, au bout de plusieurs années, une connexion certaine entre la tumeur et un accident depuis longtemps effacé, et qui, sans elle, resterait souvent oublié? Si la région contuse est restée le siège de quelque phénomène anormal, s'il a persisté des douleurs, du gonflement, tout cela fût-il très superficiel, on y verra pourtant l'indice d'une connexion pathogénique, et quelque chose de plus qu'un simple rapport de succession à longue distance. Ailleurs encore, la lésion locale a été de réelle importance; elle a laissé des déformations, des stigmates permanents, une cicatrice, un cal difforme, etc., et l'évolution ultérieure du néoplasme, sur ce terrain nouveau, devient plus explicable. M. Löwenthal rapportait l'observation d'un sarcome de la cuisse, développé aux dépens du cal d'une fracture par arme à feu, mal consolidée, dix-huit ans après le traumatisme. Est-ce le traumatisme proprement dit qu'il faut incriminer en pareille circonstance, ou n'est-il pas plus rationnel de croire qu'un cal difforme, atteint d'ostéite chronique, est devenu lui-même un excellent terrain pour l'évolution du sarcome (²).

Les faits les plus probants sont donc ceux où l'apparition du néoplasme post-traumatique ne tarde pas trop. Ils sont nombreux, comme nous l'a montré la statistique générale que nous venons de citer; ils sont quelquefois frappants.

(¹) Löwenthal, Ueber die traumatische Entstehung der Geschwülste. *Archiv. f. klin. Chir.*, 1894, XLIX, p. 1 et 267.
(²) Voy. Haberern, Daten zur Lehre von den Callustumoren. *Arch. f. klin. Chir.*, 1891, XLIII, p. 352.

En somme, ce rôle du traumatisme n'est pas niable dans un nombre de cas assez restreint, qu'il serait, du reste, fort malaisé de préciser. Les diverses statistiques se traduisent, en effet, par des pourcentages assez différents : M. Röpke ([1]), sur 800 carcinomes et 189 sarcomes, avait reconnu, à 19 tumeurs de chacun des deux groupes, une origine traumatique, soit à 2,3 pour 100 des carcinomes, à 10 pour 100 des sarcomes. Pareille origine semble effectivement plus fréquente pour le sarcome : M. Lengnick ([2]), sur une série de 18 néoplasmes consécutifs (suivant toute vraisemblance) à un trauma, relevait 15 sarcomes et 3 carcinomes; en 1906, M. Löwenstein ([3]), rassemblant les tumeurs sarcomateuses observées à la clinique chirurgicale de Heidelberg, de 1897 à 1904, en trouvait 489, et, de ce nombre, 19, soit 4 pour 100, étaient post-traumatiques; il avait, d'ailleurs, pu recueillir 111 cas du même genre dans la littérature.

C'est aux membres, au tronc, au sein, en particulier, que cette « genèse » traumatique du néoplasme malin s'est le plus souvent manifestée; mais elle a été invoquée aussi pour certaines tumeurs profondes, endo-cavitaires, pour certains cancers de l'intestin ou de l'estomac : M. Menne ([4]) rassemblait, en 1906, dix cancers de l'estomac, auxquels une telle pathogénie semblait attribuable; et M. Boas ([5]) en avait depuis longtemps montré la vraisemblance pour quelques néoplasmes intestinaux. Ces faits ont acquis, par la loi sur les accidents du travail, une importance pratique considérable.

Il y a, du reste, dans l'action du traumatisme, deux modes à distinguer : *a*) Il détermine l'accroissement, plus ou moins rapide, d'une tumeur jusqu'alors petite, indolente, inerte; *b*) il fait naître, au moins suivant toute apparence, dans un organisme sain, dans une région indemne, un néoplasme que rien n'avait annoncé. Et, pour expliquer cette « genèse », car le terme vaut d'être repris, les théories n'ont pas manqué : on a rappelé les germes embryonnaires de Conheim, ces éléments cellulaires latents, que le traumatisme réveillerait de leur sommeil; ou bien encore on a parlé d'une hypergénèse cellulaire spéciale, au point contus. Rien ne servirait d'exposer longuement ces hypothèses.

A côté du choc unique, une place très large doit être réservée aux chocs répétés, aux frottements, à l'irritation continue, souvent profes-

([1]) Röpke, Die Bedeutung des Traumas für die Entstehung der Carcinome und Sarkome. *Archiv. f. klin. Chirurgie,* 1906, LXXVIII, p. 201.

([2]) Lengnick, Über den œtiologischen Zusammenhang zwischen Trauma und der Entwickelung der Geschwülsten. *Deutsche Zeitschrift f. Chir.*, 1899, LII, p. 379.

([3]) Löwenstein, Der œtiologische Zusammenhang zwischen akutem einmaligen. Trauma und Sarkom. Ein Beitrag zur Œtiologie der malignen Tumoren. *Beiträge zur Klin. Chirurgie*, 1906, XLVIII, 3, p. 780.

([4]) Menne, Die Bedeutung des Traumas für das Enstehen und Wachsthum der Geschwülste speziell des Magencarcinoms mit diesbezüglichen Fällen. *Deutsche Zeitsch. f. Chir.*, 1906, LXXXI, 2, 3, 4, p. 374.

([5]) Boas, Ueber die Bedeutung von Traumen für die Entstehung von Intestinal carcinomen mit besonderer Berücksichtigung der Unfallversicherungsgesetzes. *Deustche med. Woch.*, 1897, n° 44.

sionnelle, qui semblent plus aptes, du reste, à produire l'épithélioma en ses diverses formes. Faut-il rappeler leur fréquence au niveau des orifices naturels et citer une fois de plus le cancer du scrotum, chez les ramoneurs, celui de la vulve, chez les prostituées, etc. ? Ne relève-t-on pas, d'autre part, une connexion pathogénique entre les calculs et l'épithélioma de la vésicule biliaire? N'a-t-on pas émis pareille hypothèse pour le cancer de la vessie? Je ne saurais insister.

III

PLAIES PAR ARMES A FEU

On doit entendre, sous ce terme général, l'ensemble des lésions produites par l'*action des corps vulnérants*, quelles qu'en soient la nature et la forme, *propulsés par les matières dites explosives*. Il résulte de ce mode de propulsion que les agents mécaniques, dont nous allons parler, sont animés d'une force vive considérable : de là, à leur contact, un choc de caractères tout spéciaux et des lésions qui méritent d'être étudiées à part.

Cette définition nous permet de faire rentrer dans cette catégorie : 1° les projectiles, quels qu'ils soient, balles, clous, débris métalliques, éclats, etc., lancés par l'explosion des obus, des bombes, des engins de toute espèce, chargés à la dynamite, etc.;

2° Les projectiles réguliers, lancés par des armes régulières, et dont il y a lieu de distinguer aussi plusieurs variétés : d'après leur calibre (shrapnells, balles de guerre, balles de revolver, plombs de chasse) — d'après leur forme, d'après leur aptitude plus ou moins grande à se déformer et à se fragmenter — et surtout d'après l'intensité de la force explosive qui les propulse, autrement dit, d'après la vitesse initiale qui leur est imprimée.

Nous verrons bientôt de quelle importance sont toutes ces conditions pour l'appréciation pathogénique des effets produits et l'analyse de leur mécanisme.

Il y a lieu, tout d'abord, de diviser en deux groupes les lésions dont nous parlons, et d'étudier successivement :

1° Les désordres *locaux*, *directs*, bornés, ou peu s'en faut, à *la zone de contact du projectile*, et qui varient, du reste, en intensité, depuis la simple plaie contuse jusqu'à la pénétration complète, à la traversée de part en part d'une ou de plusieurs cavités viscérales ;

2° Les désordres *irradiés*, *indirects*, *à distance*, qui se produisent et s'étendent dans une sphère plus ou moins large, autour du point directement atteint ; qui varient, eux aussi, de teneur et d'intensité, suivant une série de facteurs à déterminer, et qui représentent, à proprement parler, les *effets explosifs*.

La présence de ces lésions irradiées, au delà du trajet suivi par le projectile, et propagées au loin, constitue la caractéristique des plaies d'armes à feu, et l'élément principal de leur gravité.

Quel est le mécanisme de ces lésions? Elles procèdent de deux éléments : la force vive du projectile, la résistance du point vulnéré.

On sait que la force vive s'exprime par la formule suivante : $F = \frac{mv^2}{2}$, m représentant la masse du projectile, v, sa vitesse.

La masse des projectiles modernes est moindre que celle des projectiles anciens : la balle du fusil Gras pesait 25 grammes, celle du « Lebel » pèse 15 grammes ; mais la forme a changé : le diamètre, qui était de 11 millimètres pour le chassepot, le fusil Gras, le Mauser 1871, est tombé à 8 millimètres pour le Lebel, à 7 mm. 9 pour le Mauser 1889-91, à 7 mm. 5 pour le Springfield des États-Unis, à 6 mm. 5 pour le fusil Italien (Paravicino-Carcano). Bien entendu, pour que la masse ne se réduise pas trop, à la diminution de diamètre correspond une augmentation de longueur : la balle du fusil Gras avait 2 cm. 1/2 de longueur, celle du Lebel en a 3 ; la balle du Mauser 1871 avait 2 cm. 60, celle du Mauser 1889-91 en a 3.80 ; de plus la constitution des projectiles s'est modifiée : le noyau est toujours en plomb, mais la cuirasse, dont ils sont tous pourvus, est en métal dur, maillechort, acier, acier nickelé.

Ainsi donc, les projectiles modernes sont de forme allongée, cylindro-ogivale ; leur vitesse initiale s'est grandement accrue : elle était de 450 mètres à la seconde pour le Gras, de 445 mètres pour l'ancien Mauser, elle est de 640 mètres pour le Lebel et pour le Mauser 1889-91, de 700 mètres pour le fusil Italien (balles de 6 mm. 5), de 860 mètres pour la balle S allemande, de 700 mètres pour la balle D française.

Il en résulte que, malgré une certaine réduction de la masse, la force vive du projectile moderne, de la balle de petit calibre, est devenue considérable, d'où l'extrême puissance de pénétration qui en caractérise les effets ; la balle D perfore 5 cadavres à 500 mètres, 2 cadavres à 1500 mètres, 1 cadavre à 2500 mètres.

Cette pénétration est encore activée par la vitesse de rotation du projectile, vitesse qui atteint, pour la balle du Mauser, 2660 tours à la seconde, pour celle du Lebel, 2550, pour celle du fusil italien 3500. Elle l'est aussi par l'absence de déformation de la balle « cuirassée », au moins lors d'incidence perpendiculaire.

La caractéristique de la balle moderne, c'est donc, avant tout, la pénétration, et la pénétration directe, en ligne continuant la trajectoire tendue, rasante, du projectile. Quant aux effets explosifs, ils ont diminué, et ne se manifestent plus, semble-t-il, lors d'incidences perpendiculaires, que dans les coups de feu tirés de près ; mais il n'en va plus de même, lorsque la balle atteint le corps obliquement, ou après ricochet et déformation. Des exemples nombreux en sont donnés depuis longtemps : à Biala, les troupes, armées du fusil Mannlicher, exécutèrent plusieurs feux de salve, à une distance de 40 à 180 pas, entre des murailles ; de nombreuses balles rebondirent sur les pierres, et, par ricochet, produisirent des plaies effrayantes.

On a émis toute une série d'hypothèses pour expliquer ces effets explosifs ([1]), ces lésions à distance du point percuté. Nous ne ferons que rappeler l'action attribuée par Melsens à la gaîne d'air comprimé qui entoure le projectile, au moins tant que la vitesse en est supérieure à 340 mètres, et qui pénètre à haute pression dans les tissus, au-devant et autour de lui.

Sur des expériences bien connues, Kocher avait basé la théorie de la pression hydraulique. Le projectile rencontre, dans le corps humain, des cavités closes remplies de liquide ou des parenchymes qui peuvent être considérés comme tels : il refoule brusquement ce contenu incompressible, qui devient l'agent de transmission excentrique du choc, et le facteur des lésions à distance. On répète partout l'expérience classique : tirez un coup de fusil sur une boîte métallique pleine d'eau ; la boîte éclate ; est-elle vide, la balle se borne à la traverser, en trouant deux des parois.

La théorie de la pression hydro-dynamique, exposée par von Coler, est plus générale ; elle suppose que la force vive du projectile se communique aux molécules des tissus atteints, qu'ils soient solides ou liquides, et les refoule dans tous les sens, en créant, de la sorte, les attritions et les ruptures plus ou moins lointaines, qui caractérisent l'explosion.

Tous les faits qui viennent d'être rappelés ont été établis par une série d'expériences, celles de Chauvel et Nimier, Breton et Pesme ; de Delorme, de Habart, de von Bruns, de Démosthène, de Kocher, de Reger, de Tscherning, de von Coler, etc. Les guerres modernes, en particulier, celle du Transvaal et celle de Mandchourie, ont permis de contrôler sur le vivant les résultats expérimentaux, et de tracer l'histoire clinique des plaies d'armes à feu.

L'étroitesse des orifices d'entrée et de sortie, leur occlusion spontanée par le caillot, le trajet direct, parfois très long, mais étroit, lui aussi : telles sont les conditions primordiales de la bénignité relative de ces plaies, avec la balle moderne. Il n'y a pas d'infection, ou, du moins, la porte d'entrée est si petite et si vite close, que, sous la réserve d'un simple pansement protecteur, appliqué tôt, l'inoculation septique est prévenue ; quelles que soient les lésions profondes, elles évoluent comme si elles étaient sous-cutanées. Ainsi s'expliquent les guérisons toutes simples des vastes sétons de parties molles, de certaines fractures à multiples éclats, des plaies articulaires, des plaies cavitaires.

D'après M. Küttner, 80 pour 100 des plaies des parties molles finissaient sans suppuration, au cours de la guerre sud-africaine.

On a été frappé de la rareté relative des hémorragies primitives

([1]) Voy. J. L. Reverdin, Des blessures faites par les balles de fusils. *Leçons de chirurgie de guerre*, 1910.

mortelles, du moins dans les coups de feu des membres. En Crimée, 18 pour 100 des morts étaient attribuables à l'hémorragie immédiate; dans les guerres modernes, il en va autrement : l'étroitesse du trajet facilite l'hémostase, l'hémorragie s'arrête, les anévrismes faux consécutifs sont fréquents. Un nombre élevé de pareils anévrysmes ont été opérés dans les formations de l'arrière.

Sur le squelette, les observations des dernières campagnes, et, en particulier, les examens radiographiques de M. Küttner, ont montré que les divers types de fractures relevés expérimentalement, se rencontrent en pratique « vivante ». M. Delorme (1) avait dégagé autrefois, de ses expériences, trois types de fracas osseux : 1° les fractures par contact à grandes esquilles; 2° les perforations, complètes ou incomplètes; 3° les gouttières diaphysaires. On a constaté aussi, dans les traumatismes de guerre, les perforations pures et simples, le trou, le tunnel creusé par la balle, surtout dans les os spongieux et les épiphyses; les sections transverses ou obliques; mais, à côté de ces lésions localisées, une large place doit être faite aux broiements, aux brisures multiples, à la fracture en ailes de papillon (*Schmetterlingsfraktur*), dans laquelle, du point central de heurt ou de pénétration du projectile, on voit irradier, en haut et en bas, deux longs traits obliques, circonscrivant et détachant deux grandes esquilles. Ce sont les « grandes esquilles en X », figurées par M. Delorme (fig. 6 et 7). Cette zone d'attrition osseuse comminutive, mesurait souvent de 12 à 14 centimètres sur le fémur, de 9 à 10 sur l'humérus, 10 centimètres sur le tibia (Küttner); et, lors de coups de feu à longue distance, lors

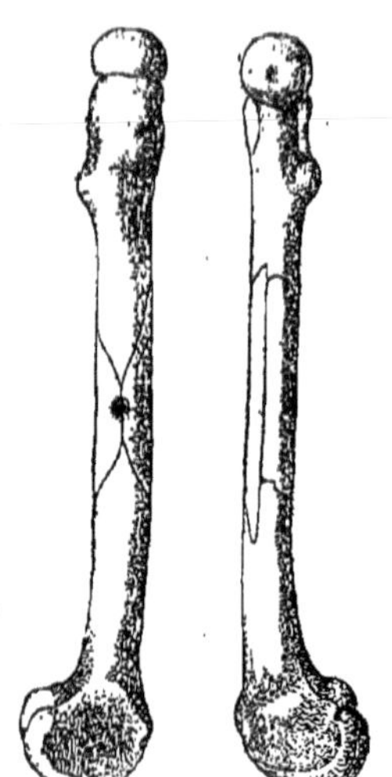

Fig. 6. — Fissures en X et fissure symétrique (d'après Delorme).

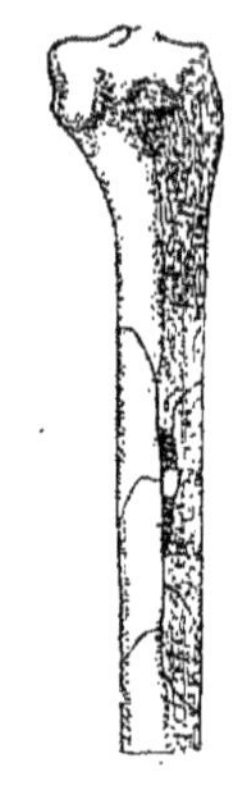

Fig. 7. — Perforation du tibia, grandes coquilles en X et fissure symétrique (d'après Delorme).

(1) Delorme, *Traité de chirurgie de guerre*, t. II, 1893.

d'orifices cutanés étroits, l'évolution de pareils éclatements osseux a été d'ordinaire d'une simplicité frappante.

Ainsi en est-il des plaies articulaires, sous la même réserve et dans les mêmes conditions.

Les plaies viscérales, celles de la poitrine et de l'abdomen, ont été marquées par leur bénignité relative et inattendue. On a cité maint exemple de plaie du poumon guérie en deux semaines, sans intervention ; M. Lönnqvist (¹), sur 35 plaies par balles du thorax avec perforation pulmonaire, ne comptait que 5 morts (14 pour 100). On a même vu guérir, sans accidents graves, ces immenses trajets dans l'axe, où la balle, ayant pénétré à la base du cou, chez l'homme couché, traverse tout au long, d'avant en arrière, poitrine, abdomen, bassin.

Quant aux plaies de l'abdomen, les résultats signalés ont été tels, qu'ils ont fait douter parfois, de la légitimité de la pratique interventionniste, aujourd'hui courante. Déjà, au Transvaal, la mortalité des non-opérés descendait au-dessous de 40 pour 100, d'après sir Frédéric Trèves, et, sur 36 plaies du ventre, M. Watson Cheyne en avait vu guérir 22 sans opération. En Mandchourie, M. Bornhaupt — pour ne citer qu'un mémoire — a eu l'occasion d'observer, à Kharbine, 162 plaies de l'abdomen par balles ; les blessés avaient subi de 6 à 10 jours d'évacuation ; or, sur les 162, 89 (55 pour 100) guérirent simplement, sans intervention, primitive ou secondaire.

Il est donc démontré que la balle moderne peut créer des perforations intestinales très étroites, qui s'obstruent seules ou se prêtent à une localisation des accidents péritoniques ; mais quelle est la fréquence relative des plaies de ce genre et de ce pronostic ? On ne saurait le dire ; et l'on doit tenir compte des « blessés du ventre » qui meurent sur le champ de bataille, dans les formations de première ligne, ou au cours des évacuations, car les chiffres plus haut cités procèdent, en général, des observations faites dans les hôpitaux de l'arrière.

La même réserve s'impose à l'endroit des plaies de poitrine ou des plaies vasculaires ; à côté des cas heureux, des guérisons inattendues, quel est le chiffre des morts rapides ? Pour les os, lors des coups de feu tirés d'assez près, ne voit-on pas l'orifice de sortie s'évaser largement, et le broiement osseux, ainsi découvert, se présente dans des conditions de gravité particulière ?

Que la balle, à longue distance, à incidence perpendiculaire, puisse ne produire que les lésions réparables dont nous venons de parler, c'est entendu ; mais une large part reste à faire aux coups de feu « obliques » par « ricochet », dans la zone explosive. On ne saurait oublier, non plus, les plaies « d'artillerie ». Elles ont doublé de fréquence, dans les dernières guerres : elles figuraient pour 9,1 pour 100 dans les plaies de guerre de l'armée allemande, en 1870 ; elles se sont élevés à 17,6 pour 100

(¹) Lönnqvist, Kriegs-Chirurgische Erfahrungen vom russisch-japanischen Kriege, *St-Petersb. medic. Woch.*, 17 et 24 juin 1905.

dans les armées russe et japonaise, au cours de la campagne de Mandchourie; leur nombre s'est accru encore dans certains engagements. Elles sont d'une gravité extrême : très souvent multiples, elles sont larges, de bords effrités, et compliquées, dans la profondeur, de vastes délabrements des parties molles et d'éclatement des os. Leur évolution est toute différente de celle des plaies par balles de fusil : elles suppurent dans 43 pour 100 des cas, suivant les observations de M. Suzuki; leur léthalité est considérable.

On aurait donc grand tort d'ajouter foi à la soi-disant bénignité des plaies de guerre, avec l'armement moderne; d'ailleurs, les statistiques générales que nous possédons à l'heure actuelle montrent que le chiffre des « pertes sanglantes », tués et blessés sur le champ de bataille, a été notablement plus élevé dans la guerre russo-japonaise que dans les campagnes anciennes : il représentait 18 pour 100 de l'effectif, dans l'armée allemande, en 1870 : il représente 28,9 pour 100 pour l'armée russe, 40 pour 100 pour l'armée japonaise. Quant à la proportion des tués, par rapport aux blessés, elle s'est accrue également : elle était de 1 pour 5,8, en 1870, dans l'armée allemande, elle est de 1 pour 4,9 dans l'armée russe, de 1 pour 3,7 dans l'armée japonaise. Ce qui s'est grandement amélioré, c'est la mortalité ultérieure des blessés : elle était de 11 pour 100 sur les blessés allemands en 1870; elle est tombée à 6,6 pour 100 sur les blessés japonais; à 3,7 pour 100 sur les blessés russes. Ainsi donc, dans les guerres modernes, on est plus souvent atteint, on est plus souvent tué; blessé, l'on guérit plus souvent.

CHAPITRE II

LA COMPRESSION

Sous ce titre général doivent figurer les agents mécaniques qui, appliqués à la surface des régions ou des organes, tendent à en réduire le volume. Ils mettent d'abord en jeu la compressibilité variable des tissus; quand elle est épuisée, ils créent des effractions interstitielles et une série de lésions, de gravité croissante, jusqu'à l'écrasement : ils se manifestent, en clinique, par des désordres fonctionnels, d'abord transitoires et réparables, plus tard définitifs, si l'action mécanique est plus intense ou prolongée.

Il y a, dans l'étude de la compression, deux questions d'importance majeure, à élucider, ou, du moins, à débattre :

1° Quelle est la compression maxima, *la limite de compression*, à laquelle peuvent être soumis les différents tissus ou organes, *sans perdre leur intégrité anatomique et leurs aptitudes fonctionnelles, ou sans les perdre d'une façon irréparable*;

2° Quels sont les *résultats de la compression* sur les tissus, et spécialement sur les tissus pathologiques — ce qui nous permettra d'en esquisser les effets curatifs, le rôle thérapeutique.

Pour bien mettre en lumière ces deux séries de faits, il convient d'analyser successivement : *les agents*, *le mécanisme*, *les effets* de la compression sur le corps humain et ses divers segments.

Agents de la compression. — Ils se répartissent en deux groupes : ils sont *extérieurs* ou *intérieurs*, et voici comment doit s'entendre cette division.

Les agents *extérieurs*, d'ordre naturellement fort divers, sont appliqués sur la surface cutanée ; les agents de même espèce, appliqués, plus rarement, sur les muqueuses, procèdent plutôt par distension. Tout corps mousse, d'un certain poids, et qui n'est animé d'aucune vitesse acquise, est, à proprement parler, un agent compresseur; s'il est très pesant, s'il est mis brusquement en contact avec la surface cutanée, il crée, en réalité, des lésions toutes semblables à celles du choc ; il n'y a pourtant pas une similitude complète; les corps compresseurs n'agissent que par leur masse, les corps contondants agissent surtout par leur force vive. Les effets diffèrent, à proprement parler, très peu.

Certaines compressions sont de nature vulgaire, quelques-unes professionnelles. Faut-il citer la compression du plexus brachial, chez les porteurs d'eau, la compression axillaire exercée par les béquilles, la compression du radial, au coude, par le poids de la tête ou le dossier d'un siège?

En chirurgie, la méthode compressive est d'usage journalier ; elle s'exerce localement, sur une zone étroite des membres, avec le tube d'Esmarch, la bande de Nicaise, etc. Elle s'exerce sur une large surface, sur tout le pourtour d'une articulation, sur tout un membre quelquefois, avec la bande de caoutchouc, les bandages de tout genre. Nous verrons bientôt combien il importe de distinguer la compression étroite et la compression large.

Je rappelle seulement que les liquides et les gaz, dans certaines conditions, peuvent devenir des agents compresseurs : il est rare, d'ailleurs, que leur action soit localisée, et ils rentrent plutôt dans la catégorie des *agents physiques*, étudiés ailleurs.

Très souvent, la compression est *intérieure* ; elle reconnaît pour causes, 1° le déplacement réciproque des diverses pièces du squelette ; 2° les tumeurs, ce terme étant pris dans son sens le plus général. Ne sait-on pas que les fragments chevauchés d'une fracture peuvent comprimer les vaisseaux et les nerfs voisins? La tête humérale luxée dans l'aisselle ne détermine-t-elle pas quelquefois un tel aplatissement des vaisseaux axillaires, que le pouls radial disparaît, que l'œdème survient, que le sphacèle devient même imminent? Les tumeurs que nous venons d'incriminer comprennent et les épanchements séreux et sanguins (hémothorax, hémopéricarde, hématomes intraméningés, etc.), et les abcès (abcès endo-craniens) et les cals hypertrophiques (à l'humérus, à la clavicule), et les néoplasmes de tout ordre (cancer secondaire des ganglions axillaires ou inguinaux, tumeurs thyroïdiennes, fibromes utérins, etc.). C'est surtout dans ces groupes pathogéniques que la compression ne conserve pas toujours un caractère exclusivement mécanique, et que souvent il s'y joint un travail morbide particulier, envahissement néoplasique, ulcérations de contact, inflammations chroniques, etc.

Les cicatrices méritent de prendre place parmi les agents compresseurs : on ne doute pas de leur énorme puissance, quand on a vu ces cicatrices circonférentielles, ces anneaux constricteurs qui succèdent aux ulcères circulaires de la jambe, quand on a observé des compressions nerveuses par cicatrices.

Je ne veux mentionner ici ni les lésions péritonéales ou autres, qui servent d'agents ordinaires à l'étranglement interne, ni l'anneau herniaire. En pareille occurrence, les lésions dérivent plutôt de la distension, et ce qui confirme cette interprétation, c'est ce fait qu'elles débutent, en règle générale, par la face interne, profonde, de l'intestin, par la muqueuse.

Mécanisme. — Quels qu'ils soient, les agents compresseurs procèdent par un mécanisme assez semblable qu'il nous faut rechercher.

La *compression* peut être *totale d'emblée*, ou *lentement progressive*; et voici dans quel sens ces deux termes doivent s'entendre :

Un corps, d'un certain poids, quelquefois considérable, est appliqué sur un point de la surface cutanée — sans vitesse acquise; il n'agit que par son poids, mais par tout son poids; il donne, d'emblée, tout l'effet mécanique qu'il peut donner; il y a donc un choc véritable au moment de son application. Si le poids est faible, les lésions sont naturellement minimes, et d'ailleurs variables suivant la résistance de la région ou de l'organe; s'il est considérable, elles sont très graves, et, tout de suite ou en peu d'instants, elles se complètent. Les tissus n'ont aucun répit, si l'on peut dire, aucun moyen de préparer et d'organiser leur résistance (et nous verrons bientôt ce qu'il faut entendre par cette accoutumance à la compression); ils ne résistent que comme des corps inertes, sans pouvoir utiliser ces voies d'échappement et de décharge, qui leur servent dans d'autres conditions.

Tout autre est la situation, lors d'une *compression lente*, *croissante*, *et dont l'intensité*, *d'abord minime*, *suit une progression régulière*. Les procédés de résistance que nous étudierons bientôt ont alors tout le temps d'entrer en jeu : les suppléances vasculaires s'établissent, le reflux des liquides, le déplacement des parties molles, le tassement des éléments cellulaires, dans la limite où ce contact plus intime est compatible encore avec leur fonctionnement physiologique, deviennent autant de moyens de défense. N'aurons-nous pas à citer tel ou tel organe, de structure éminemment délicate, la moelle, par exemple, que la lente et progressive étreinte de la compression peut réduire dans des proportions considérables, sans supprimer entièrement ses propriétés physiologiques?

L'*intensité* de la compression, un second élément d'importance, est, en réalité, extrêmement variable, et l'on pourrait parler, sans invraisemblance, d'une intensité absolue et d'une intensité relative. Ce dernier terme n'est destiné qu'à rappeler ce fait, que les effets de l'agent compresseur se mesurent, pour une grande part, à la résistance des tissus et des organes. Que produiraient, à la surface d'un os, ces hématomes sous-dure-mériens, qui aplatissent tout un hémisphère cérébral?

Nous aurons à faire grand cas de la *durée*, quand il s'agira d'étudier les lésions secondaires, temporaires ou définitives, que la compression laisse derrière elle, alors même qu'elle a disparu. Et, pour les membres seulement, nous aurons à soulever, à ce point de vue, une série de questions intéressantes : combien de temps la circulation peut-elle rester arrêtée, dans l'artère principale, sans que le sphacèle devienne imminent? Dans le même ordre d'idées, quelles variétés de compressions cérébrales laissent à leur suite des désordres permanents, même après la trépanation et l'évacuation du foyer, plus ou moins tardives?

Arrivons au mécanisme proprement dit. Il faut distinguer tout d'abord les compressions *périphériques totales*, *circonférentielles*, *localisées*; et voici dans quel sens elles doivent être prises en dénominations.

Si l'agent compresseur agit sur *toute la périphérie*, sur toute l'étendue de la surface extérieure de l'organe comprimé, ce dernier est fatalement voué aux plus graves lésions, et nous allons voir comment. Ajoutons tout de suite que ce type de compression totale n'est, pour ainsi dire, jamais réalisé d'une façon absolue sur le corps humain; pourtant quelques segments isolés, le pied, la main, les bourses, même la tête, peuvent se trouver enserrés de tous les côtés ou à peu près.

S'il s'agissait d'un corps homogène, il épuiserait d'abord sa limite de compressibilité, et, au delà, se briserait, éclaterait, s'effriterait suivant le type de sa cohésion; mais toutes les parties du corps humain dont nous venons de parler sont loin d'offrir pareille teneur physique; elles sont toutes de structure et de composition fort mélangées, mais qui se résument, en somme, dans la combinaison d'une quantité plus ou moins grande de liquide disposé en courants, en nappes, en vacuoles, etc., et d'éléments solides, de dureté médiocre en général, sauf les os, et de cohésion variable.

Or, *les liquides étant incompressibles, ce sont eux qui deviennent les agents de transmission de la force traumatisante*, c'est autour d'eux, par leur intermédiaire, que se produisent les effractions interstitielles et les éclatements. Voilà pourquoi les suffusions sanguines peuvent passer pour la lésion primordiale et constante, en pareil cas, et pourquoi ces lésions parenchymateuses, d'apparence diffuse et singulière, se rapportent pourtant à un certain nombre de types et à une pathogénie mécanique commune.

Beaucoup plus souvent, la compression est *circonférentielle*; aux membres, par exemple, elle porte sur tout leur pourtour, et dans une hauteur plus ou moins grande. Le segment squelettique axile représente le plan d'appui, et, malgré cela, il sert, jusqu'à un certain point, de moyen de protection aux parties molles qui l'entourent, grâce au système de cloisons fibreuses (osseuses quelquefois) dont il est le centre et qui s'arcboutent sur lui. Sur un organe entièrement mou, la compression circonférentielle s'exerce d'une façon plus directement nocive. Quoi qu'il en soit, les trois mécanismes de défense, dont nous parlions tout à l'heure, entrent alors en action : 1° le reflux des liquides, du sang, de la lymphe, des liquides glandulaires, etc.; — 2° le déplacement des tissus mous, souvent eux-mêmes liquides, à l'état vivant; je veux parler de la graisse, de la substance musculaire, de certains parenchymes; — 3° le tassement cellulaire, sur lequel nous allons revenir.

La compression circulaire des membres se traduit surtout par son action sur les vaisseaux et par les désordres qui en dérivent. Faut-il rappeler la stase veineuse et l'œdème, succédant aux strictions de diverse nature? Après une application prolongée de la bande d'Esmarch, le membre, d'abord pâle et exsangue, reprend vite une coloration rouge et une circulation active : phénomène de paralysie vaso-motrice que nous allons retrouver bientôt. Il arrive parfois, quand la durée de la compression a été excessive, que l'état de mort apparente persiste plus longtemps, et que le sang ne reprenne que lentement sa marche régulière : l'immobilité, la parésie vasculaire témoignent de cette ischémie prolongée, et quelques plaques périphériques de sphacèle viennent, quelques jours après, la souligner encore. C'est un premier degré, une première menace. Le sphacèle total a été observé maintes fois, à la suite de compressions circulaires, et de longue durée; les appareils circulaires de fractures présentent, sous ce rapport, un danger bien connu.

Le troisième type est celui de la compression *localisée, étroite ou large, courte ou durable, totale d'emblée ou progressivement croissante.*

C'est ici que doit prendre place l'étude du mode de résistance des régions, des tissus et des organes, et de leur limite de compressibilité. Or tissus, organes, régions opposent à la force compressive : 1° les procédés de défense spéciaux et d'analyse fort intéressante pour chacun d'eux, que représente, en termes généraux, le reflux des liquides et des parties molles; — 2° leur propre cohésion.

Autour de certains organes, les centres nerveux, par exemple, les défenses se multiplient, en quelque sorte, et se superposent : enveloppes osseuses, nappe liquide périphérique, nappe liquide centrale, volumineux réseaux vasculaires; la force traumatisante s'épuise en partie sur toutes ces barrières successives. Les gaines osseuses ou aponévrotiques, les membranes tégumentaires résistantes entravent, bien certainement, l'action des agents compresseurs, mais dans une limite plus restreinte qu'on ne le croirait tout d'abord : s'agit-il d'une voûte osseuse, d'une lame fibreuse, d'une peau ou d'une muqueuse bien tendues, elles opposent une certaine résistance, en rapport avec cette tension et cette architecture spéciale, puis elles cèdent, et ne servent plus qu'à transmettre la pression exercée à leur surface : elles sont les premières à en souffrir les atteintes, et voilà tout.

La présence d'une quantité notable de liquide, dans un organe ou un tissu, qu'il s'agisse d'une nappe liquide, périphérique ou centrale, ou d'une abondante vascularisation, ne devient un élément de protection, au moins temporaire et partielle, que si les voies d'échappement de ce liquide sont restées ouvertes. Les pelotons veineux intra-rachidiens ne peuvent jouer leur rôle que sous la condition que leurs voies de dérivation soient et restent libres; le sang est-il chassé en sens inverse des ordonnances valvulaires, les canaux de retour sont-ils obstrués par un mécanisme quelconque, physiologique ou morbide, la présence du liquide devient un agent de *compression interstitielle*, si je puis dire.

Il en est de même pour les viscères creux, distendus, suivant que leurs orifices d'évacuation sont plus ou moins largement ouverts; il en est de même pour le liquide céphalo-rachidien. S'il crée, aux centres nerveux, une protection idéale, c'est grâce à son débit facile, à son oscillation régulière, du crâne au rachis, du rachis au crâne. Sous le choc, nous l'avons vu plus haut, il perd cette propriété particulière; il devient lui-même un agent vulnérant, en quelque sorte, les défilés qui relient les ventricules au canal central de la moelle et aux espaces sous-dure-mériens ne suffisant pas, en pareil cas, à laisser passer le flot. La compression lente, au contraire, lui laisse tout le temps d'agir.

Le cerveau s'aplatit sous la compression, et cet affaissement des hémisphères peut devenir considérable : mais, en même temps, le liquide céphalo-rachidien, qui remplit les ventricules latéraux, reflue dans le canal rachidien, refoule les ligaments jaunes, élastiques, et les amas graisseux et veineux, péri-dure-mériens. Pagenstecher, puis Duret, ont parfaitement étudié ce mécanisme de dérivation; ils ont cherché à évaluer la diminution de la cavité crânienne nécessaire pour déterminer des phénomènes de compression. Il résulte des expériences de Pagenstecher que la capacité du crâne peut être réduite, chez le chien, de 0 cc. 029, sans accidents cérébraux En appliquant ces résultats au crâne de l'homme, écrit Duret, on reconnaît qu'il est possible de diminuer sa capacité de 57 cc. 7 à 40 cc. 6, en moyenne, sans causer de troubles généraux cérébro-médullaires. Dans un cas, chez un chien, Pagenstecher a pu rétrécir la cavité du crâne de 0 cc. 065, sans accidents : il en conclut que, dans certains cas, la capacité du crâne, chez l'homme, pourrait être diminuée de 84 cc. 5 — 91 centimètres cubes, au maximum, sans qu'on observe d'accidents. Ces différences dépendent, sans doute, de la quantité de liquide céphalo-rachidien qui circule autour des centres nerveux.

A mesure que la pression augmente à la surface des hémisphères, les accidents s'accentuent et s'aggravent par une progression assez régulière. Un corps du volume de 57 à 40 centimètres cubes introduit dans la cavité cranienne, chez l'homme, entre la dure-mère et les os, ne donnerait lieu à aucun phénomène de compression, au moins si l'introduction en est très doucement faite. Un corps de 58 à 65 centimètres cubes produit de la somnolence, de la dépression intellectuelle et de la faiblesse musculaire générale; un corps de 67 à 72 centimètres cubes, du sopor et de la résolution générale; un corps de 105 à 112 centimètres cubes détermine le coma et la mort en quelques heures.

Le liquide endocérébral amoindrit donc les effets de la compression; il en est de même, jusqu'à certain point, des liquides contenus dans les organes creux ou les cavités viscérales, sous la réserve, formulée plus haut, que leur échappement soit libre; il en est de même encore de l'air contenu dans le poumon, et chacun sait avec quelle facilité le poumon, réduit dans une proportion excessive, sous le poids d'un énorme épanchement, revient sur lui-même et reprend son volume et son fonctionnement normal, une fois le liquide évacué.

Du reste, et surtout grâce à ce caractère « d'éponge aérienne », le poumon peut être tenu pour l'organe le plus compressible du corps humain, — autrement dit, celui qui se laisse réduire aux dimensions les plus restreintes, sans perdre son intégrité anatomique. Cette propriété intéressante n'a pas été, que nous sachions, l'objet d'études comparatives précises, pour les différents tissus: il convient d'ajouter que ces mesures n'auraient d'intérêt que si elles se rapportaient aux tissus vivants, pourvus de leur vascularisation, sanguine et lymphatique, normale, et cette nécessité crée à l'expérimentation de grosses difficultés. Nous en sommes réduits à quelques termes généraux de comparaison, et nous savons seulement que les parenchymes mous, que les muscles sont notablement compressibles, alors que les os et les cartilages hyalins le sont fort peu. Encore ne faut-il pas confondre la compressibilité proprement dite avec les procédés secondaires d'échappement, si l'on peut dire, tels que le refoulement de la substance musculaire, semi-liquide, au-dessus et au-dessous du point de compression, ou le glissement réciproque de certains organes lisses, comme les anses intestinales.

Quand l'organe s'est réduit jusqu'à la limite extrême de sa compressibilité, et que la compression devient plus forte ou continue, il ne résiste plus que par sa cohésion, qui s'oppose seule à son écrasement et circonscrit les lésions interstitielles. La cohésion n'est point, d'une façon générale, en raison inverse de la compressibilité; le poumon, qui se réduit si étrangement, est d'un tissu très résistant : s'il se déchire, s'il éclate, c'est que toujours il reste imprégné d'air, et que ces vacuoles aériennes, forcées de toutes parts, agissent alors comme les nappes liquides interstitielles, dans d'autres tissus. Le tissu osseux, les cartilages hyalins sont d'une extrême résistance; pourtant, il ne faudrait pas confondre la dureté avec la cohésion proprement dite : ce serait méconnaître cette propriété particulière de « l'effritement », que l'on retrouve dans certains tissus normaux ou pathologiques (ganglions caséeux, par exemple).

Le cartilage hyalin est le mieux fait pour lutter contre la compression, et la subir sans dommage. Il ne renferme pas de liquide, pas de vaisseaux; il est homogène, il est peu compressible, mais d'une cohésion remarquable : il supporte, au niveau des articulations du membre inférieur, la pression du corps tout entier, il supporte des chocs innombrables, dans la marche, les sauts, les chutes, etc., et l'on sait combien sont rares, à part les cas où un processus morbide l'a préalablement altéré, les lésions dont il est le siège.

Effets de la compression. — Il convient de distinguer la ***compression brusque*** et la ***compression lente***.

Les effets de la ***compression brusque*** rappellent de très près ceux du choc : effractions interstitielles, épanchements sanguins, ruptures, écrasements, ce sont, en somme, les mêmes types de désordres, dans tous les organes, et je renvoie à la description qui en a été donnée plus haut.

A distance, cette compression brusque peut se traduire par des accidents particuliers, et nous citerons en exemple : « l'infiltration echymétique diffuse de la face et du cou consécutive à la compression du tronc ».

On sait que cette curieuse lésion traumatique a été remise à l'ordre du jour et bien décrite, en 1899, par M. Perthes(1), et que de nombreux faits en ont été rapportés depuis; elle s'accuse par une coloration bleue violacée de la face, souvent uniforme et très foncée, parfois panachée et irrégulière; des ponctuations plus rouges, de petits îlots sanguins, des pétéchies se détachent sur le fond ecchymotique; la coloration finit nettement au niveau du « col », si le blessé avait un col de chemise au moment de l'accident; dans le cas contraire, elle descend « en pèlerine » sur le haut de la poitrine; les paupières sont tuméfiées, les globes oculaires saillants, les conjonctives parsemées de suffusions sanguines.

Le brusque reflux du sang veineux, sous la compression des gros troncs abdomino-thoraciques, n'est point, du reste, seul en cause, et une large part doit être réservée, dans le mécanisme originel, au brusque et violent effort qui s'est produit d'ordinaire au moment du traumatisme (2).

Il arrive, et souvent, que la compression brusque, véritable choc, se continue, ensuite, sous forme de compression prolongée. Un fragment de voûte cranienne est brusquement enfoncé, à la suite d'une chute : compression brusque, choc cérébral; mais il reste dans cet état « d'embarrure », et la région correspondante de l'hémisphère, qu'il a heurtée d'abord, reste comprimée. Les deux mécanismes se succèdent et se combinent alors; le fragment relevé, les accidents de compression cessent, mais les effets du choc initial persistent.

(1) Perthes, Ueber ausgedehnte Blutextravasate am Kopf infolge von Compression des Thorax. *Deutsche Zeitschrift für Chir.*, 1899, L. 5-6, p. 136.

(2) Voy. notre article : L'infiltration ecchymotique de la face à la suite des compressions du tronc. *Semaine médicale*, 19 avril 1905.

La **compression lente** se manifeste par une triple série de phénomènes, qu'on peut, en termes généraux, ranger comme il suit :

I. Phénomènes de *stase veineuse* ou d'*ischémie*;
II. Phénomènes *atrophiques*;
III. Phénomènes *nécrotiques*.

I. L'hyperémie passive ou *stase veineuse* procède d'une compression suffisante à enrayer la circulation de retour, insuffisante à un barrage artériel. Aux membres, elle est d'observation fréquente; les grosses tumeurs, les extrémités articulaires luxées, à l'aisselle, par exemple, les cals vicieux, etc, en sont les agents; prolongée, elle se traduit par l'œdème chronique et les épanchements séreux articulaires ; elle peut provoquer encore certaines altérations de la peau. (Voy. plus loin : *Phénomènes nécrotiques*).

Lors de compression localisée, portant sur la veine principale, à la racine du membre, il y a lieu de se souvenir, toutefois, que les voies de dérivation veineuses sont particulièrement riches, et que, pour chaque région, pour chaque organe, sans doute, un appareil de suppléance mal développé, latent à l'état normal, se révèle lors des obstacles circulatoires, et acquiert parfois des proportions étonnantes. Si la compression est circulaire, dans la continuité d'un membre, ces voies d'échappement ne s'ouvrent plus, et la stase est complète; elle peut toutefois se poursuivre durant de longues heures, sans accident, et l'hyperémie passive, ainsi réalisée, est devenue, entre les mains de M. Bier, une méthode thérapeutique, sur laquelle nous reviendrons plus loin.

Les stases veineuses de cette origine sont loin d'être rares dans les circulations viscérales; sous la compression, ce sont les « segments veineux », plus dépressibles, qui cèdent et s'affaissent d'abord, et cela se vérifie sur le cœur lui-même, comme l'avait démontré M. François-Franck [1].

Lorsqu'on injecte du liquide ou de l'air dans le péricarde d'un animal vivant, tout en disposant l'expérience de façon à mesurer la contre-pression exercée à la surface du cœur, on constate que les oreillettes s'affaissent et deviennent immobiles, alors que les ventricules continuent à se contracter, mais en projetant dans l'aorte et l'artère pulmonaire des ondées sanguines de plus en plus restreintes; en effet, la pression artérielle diminue rapidement : la pression dans l'artère fémorale, qui était de 16 centimètres de mercure, au début de l'expérience, tombe à 10 centimètres quand la contre-pression atteint 1 centimètre; elle descend à 2 centimètres quand cette contre-pression est elle-même de 2 centimètres; le pouls est alors totalement supprimé. Au contraire la pression monte dans la jugulaire; quand la contre-pression intra-péri-

[1] Fr.-Franck, Sur le mode de production des troubles circulatoires dans les épanchements abondants du péricarde. *Comptes rendus de l'Acad. des sc.*, 28 mai 1877, et *Gazette hebd. de méd. et de chir.*, 1877.

cardique devient égale à la prssion veineuse, toute circulation intracardiaque est arrêtée.

Le même fait s'observe dans les tumeurs « compressives » du médiastin, dans celles de la zone intra-péritonéale : ce sont les veines caves, supérieure et inférieure, qui se laissent, les premières, déprimer et progressivement obstruer, et l'on en sait les conséquences.

D'autre part, l'ischémie survient, lorsque le débit artériel est mécanique ment enrayé; elle est totale ou partielle. Un exemple journalier d'ischémie totale nous est fourni par l'usage de la bande d'Esmarch, et, ce qu'il convient de relever, c'est que l'arrêt circulatoire peut se prolonger plusieurs heures, sans que les tissus anémiés aient perdu leurs propriétés vitales; les accidents consécutifs à l'application de la bande, du tube, ou du garrot, sont dus à une striction locale trop intense et aux lésions de l'artère et des troncs nerveux, qui en résultent, non au barrage circulatoire lui-même, si la durée, toutefois, n'en est pas excessive; et cela, quelle que soit l'étendue de la zone privée de sang. La compression circulaire du tronc, par le procédé de M. Momburg (1), en a été une excellente démonstration : elle a pu être prolongée pendant 45 minutes, 1 heure, 1 heure et quart (2), sans dommages, à la condition, bien entendu, qu'on suivît, dans l'ablation du lien, les règles prescrites.

Dans la pratique, il arrive que l'ischémie soit brusque et, d'emblée, totale ou presque, à la suite de certaines luxations, de certains chevauchements; le plus souvent, elle est progressive, et s'accuse par l'affaiblissement ou la suppression du pouls, la décoloration de la peau, la parésie musculaire, l'anesthésie, etc. Ici encore, il y a lieu de tenir compte des suppléances collatérales, qui s'organisent plus ou moins vite.

II. Ces effets vasculaires de la compression entrent, sans doute, pour beaucoup dans la pathogénie des désordres *atrophiques*, qu'elle provoque dans tous les tissus, lorsqu'elle est prolongée.

Il nous suffira de passer rapidement en revue les effets anatomiques de la compression sur les *membranes*, sur les *vaisseaux* et les *conduits d'excrétion*, sur les *parenchymes glandulaires*, sur le *système nerveux*, central et périphérique, sur le *système musculaire*, sur les *os* et les *cartilages*, pour nous convaincre que nous sommes partout et toujours en présence de processus régressifs, de dégénérescences.

La *peau*, les *muqueuses*, longuement comprimées, s'amincissent, se décolorent, leurs réseaux vasculaires, leurs glandes s'atrophient : elles s'acheminent peu à peu vers l'ulcération, terme fréquent du processus, comme nous le verrons bientôt. Sous ce rapport, il y a une distinction importante à maintenir entre la compression vraie, autrement dit, la

(1) MOMBURG, Die künstliche Blutleere der unteren Körperhälfte. *Zentralblatt für Chir.*, 6 juin 1908, n° 28, p. 697-699.

(2) HOFBAUER, Zur Blutleere der unteren Körperhälfte nach Momburg. *Freie Vereinig. d. Chirurg. Berlin's*, 9 nov. 1908.

pression forte exercée d'une façon continue sur un même point, et les compressions alternatives, les frottements répétés, auxquels sont soumises certaines régions. Appliquez une forte compression autour de la jambe et du genou, et laissez-la en place : croyez-vous que la peau va s'épaissir, l'épiderme se doubler de callosités, la bourse séreuse normale s'agrandir et se développer? loin de là, c'est une escarre que le plus souvent vous verrez paraître au-devant de la tubérosité du tibia. Au contraire, les phénomènes dont je viens de parler sont ceux que l'on relève chez les sujets qui restent longtemps à genoux, et par le fait, non de la compression continue, mais de l'irritation chronique, résultant des frottements et des compressions répétées. La même remarque s'applique au talon, etc.

Nous avons déjà étudié les effets des agents compresseurs sur les *vaisseaux* : une artère ou une veine, longtemps comprimée, se rétrécit, ses tuniques subissent la dégénérescence granulo-graisseuse, elles deviennent friables et de déchirure aisée. N'est-ce pas pour cela que l'ouverture des gros vaisseaux est toujours un accident à redouter, au cours de l'ablation des tumeurs de certaines régions, et non seulement des néoplasmes qui s'infiltrent dans la paroi externe des conduits vasculaires, mais de ceux qui n'agissent que par simple contact, par simple pression, et qui, par ce même mécanisme, ont depuis longtemps altéré, ramolli, affaibli la paroi artérielle ou veineuse, et l'ont préparée aux déchirures, sous le moindre effort? Les différences de structure mises à part, le résultat est le même sur la paroi des conduits excréteurs, les altérations du même type, et les accidents auxquels elles prédisposent de même nature et de même origine.

La compression des *centres nerveux*, des diverses parties de l'encéphale et des différentes régions de la moelle a fourni matière à de nombreuses études, qui trouveront place ailleurs. C'est là qu'on observe, avec ses caractères les plus accentués, la dégénérescence compressive. L'histoire de la compression lente de la moelle, si magistralement faite par Charcot, en est le meilleur exemple. La compression des nerfs périphériques ou de certains nerfs craniens est loin d'être un fait rare : il suffit de rappeler celles du facial, dans certaines caries du rocher, des nerfs cervicaux dans le mal de Pott sous-occipital, des nerfs des membres, dans certains cals vicieux et sous l'action de certaines tumeurs. Le plus souvent, on trouve alors le cordon nerveux aminci, grisâtre, filamenteux; il a subi la dégénérescence wallérienne, que l'on retrouve à un stade plus ou moins avancé, suivant la durée de la compression. Quelquefois ces lésions profondes sont masquées par un processus de névrite chronique hypertrophique; le nerf est volumineux, blanchâtre, épais et dur, et cela, sur toute la longueur du segment comprimé et fréquemment encore au-dessous. Il n'est pas moins fonctionnellement détruit, malgré ces apparences extérieures, et la situation se trouve aggravée du danger éventuel d'une névrite ascendante.

Il va de soi que les *muscles* s'atrophient, alors, secondairement. La compression directe y détermine des lésions toutes semblables : la dégénérescence granulo-graisseuse, qui se traduit, à l'œil nu, par la réduction de volume, la décoloration, la friabilité du tissu musculaire. Les longues immobilisations, compliquées d'appareils compressifs, qui sont restées si longtemps en honneur dans le traitement des fractures, étaient suivies, en règle, de ces désordres étendus, difficilement réparables, et qui laissaient le malade pour longtemps impotent.

Je ne m'attarderai pas aux mêmes effets, observés dans les *parenchymes glandulaires*. Ne sait-on pas que la glande mammaire s'atrophie, sous une compression trop rigide du corset? N'exerce-t-il pas une pareille action sur le foie, et les dépressions, les incisures, dont l'organe se creuse parfois sous les fausses côtes refoulées, ne témoignent-elles pas de véritables zones d'atrophie partielle, d'une sorte d'usure du parenchyme, aux points de pression maxima?

Arrivons aux tissus qui, de prime abord, sembleraient les mieux faits pour résister au processus atrophique : les *cartilages* et les *os*. Les exemples de déformations osseuses, par compression prolongée, sont nombreux et d'un grand intérêt. Plus le sujet est jeune, plus le squelette se prête à ces altérations qui peuvent acquérir par là même, et avec le temps, des caractères inattendus. Il en est ainsi pour le crâne des jeunes enfants, et dans certaines peuplades, ces déformations artificielles sont de pratique traditionnelle. C'est à une aberration de même nature qu'il faut attribuer l'étrange mutilation, qu'une compression prolongée et précoce fait subir aux pieds des Chinoises; nous avons vu, au musée de l'Institut anatomique de Halle, des squelettes de pieds de Chinoises. sur lesquels les différentes pièces avaient revêtu les formes les plus anormales. Dans les divers types de pieds bots, c'est à un mécanisme analogue qu'il faut rapporter les déformations de certains os du tarse, déformations telles que la restauration morphologique ne s'obtient pas sans une intervention directe.

Il en est de même dans la scoliose, dans le torticolis infantile, la compression, exercée sur l'un des côtés des corps vertébraux, provoquant à la longue leur affaissement et rendant irréductible un vice d'attitude, qui semblait de prime abord d'origine exclusivement musculaire. Le même processus se reproduit dans le *genu valgum*, ou le *genu varum*; si la déviation du genou reconnaît, à son origine, d'autres causes, il n'est pas douteux que le déplacement de l'axe statique du membre, que le poids du corps, reporté tout entier sur l'un des condyles, ne contribue encore à l'atrophie, et n'accroisse la malformation. Cette théorie de la pression, appliquée aux anomalies morphologiques des os (*Belastungs-deformitäten*), a été surtout défendue par von Volkmann, et bien que J. Wolff l'ait longtemps critiquée, elle reste encore comme l'expression la plus simple des réalités observées.

La pathogénie est, d'ailleurs, complexe, dans les faits de ce genre, qui se rapportent surtout à des os jeunes et dont le développement est encore en pleine activité : l'influence de l'agent mécanique doit se faire sentir autant et plus sur le cartilage de conjugaison que sur le périoste fertile et sur le tissu osseux proprement dit. Le processus se traduit surtout par un arrêt de développement.

Il s'agit d'un travail d'une autre nature, lors d'*usure des os*, dans l'effort prolongé d'une tumeur, d'un anévrisme, par exemple. Le tissu osseux devient alors le siège d'une ostéite raréfiante, il s'érode peu à peu, se mine et se creuse, il se perfore quelquefois : les exemples ne manquent pas. Je me contenterai de citer un malade que je vis à la Pitié, en 1891 : une grosse tumeur, tendue et pulsatile, occupait la région sternale supérieure; de manubrium, il n'y en avait plus, il s'était détruit tout entier pour livrer passage à ce volumineux anévrisme aortique. Le lendemain, le malade mourait brusquement : l'énorme poche s'était rompue.

III. *Phénomènes nécrotiques.* — On pourrait ranger dans cette catégorie les lésions destructives, dont nous venons de parler; et l'on trouve, en effet, parfois des nécroses étendues au niveau de la surface de compression osseuse.

Il y a lieu de ranger en deux groupes les accidents de sphacèle provoqués par a compression : 1° ceux qu'elle produit *directement, sur place*; — 2° ceux qu'elle produit, *à distance, par son action sur les gros vaisseaux.*

La peau nous fournira de nombreux exemples de gangrène directe, si je puis dire. Les escarres par compression sont, en quelque sorte, d'observation journalière; elles siègent de prédilection au niveau des saillies osseuses, sur les points où l'agent mécanique trouve, dans un plan rigide sous-jacent, les meilleures conditions pour se manifester : les malléoles, les trochanters, les épines iliaques, les tubérosités humérales, les épines vertébrales, les ischions, la crête sacrée, constituent les localisations les plus fréquentes de ces accidents cutanés. L'état de la peau, de sa nutrition, de sa vitalité, l'état général du sujet, l'influence du système nerveux, ont la plus grande part dans le développement de ces phénomènes nécrotiques : le *debicutus acutus* en témoigne suffisamment. Et c'est là une cause prédisposante, d'ordre général, qu'on ne saurait méconnaître, et dont il est utile de tenir compte dans les applications thérapeutiques des agents compresseurs.

Le sphacèle est plus rare, au moins par le mécanisme direct, sur les masses musculaires, que protège la peau, dans une certaine mesure.

On le retrouve sur les parois vasculaires, sur celles des conduits glandulaires, sur les viscères, créant à sa suite des ulcérations et des pertes de substance : il arrive souvent, pour les viscères creux, qu'il s'agisse alors d'une compression intrinsèque, si je puis dire, autrement dit que la distension joue le principal rôle. L'intestin, étranglé par une bride intra-abdominale ou par le collet herniaire, se mortifie et se perfore, au niveau de la zone d'étranglement, par un semblable mécanisme : l'agent extérieur, bride ou anneau, sert de plan résistant, de surface d'appui, la force compressive est en dedans, représentée par le contenu liquide et surtout gazeux, porté à une haute pression. Ce qui le démontre, c'est l'apparition constante des lésions à la face interne de la paroi, et leur début par la muqueuse.

Sans insister plus longtemps, je passe aux *gangrènes indirectes par compression vasculaire* (¹), que je ne saurais qu'esquisser, car elles rentrent dans l'histoire générale des gangrènes. Elles succèdent à une compression totale exercée sur une étendue variable d'un membre, où à une compression localisée et circulaire : dans les deux cas, l'arrêt circulatoire complet est l'agent pathogénique commun. Combien de temps peut durer cette ischémie totale, sans que la mort des tissus soit définitive? Il est difficile de déduire des faits observés des données précises . le mode d'application de l'agent compresseur, la quantité de sang qu'il laisse dans l'épaisseur des tissus, leur résistance variable, doivent entrer en ligne de compte dans la solution. — L'arrêt circulatoire total est, en pareil cas, l'élément pathogénique essentiel : aussi la compression de l'artère ou la compression simultanée de l'artère et de la veine sont-elles, d'ordinaire, nécessaires pour provoquer le sphacèle, dans leur territoire d'irrigation. On a admis, sur des preuves peu authentiques, que la compression veineuse, seule, pouvait entraîner pareil résultat : le fait ne saurait se réaliser que si l'occlusion de la voie veineuse suffisait à paralyser complètement le cours du sang, et le phénomène ne semble guère cadrer, pour les membres au moins, avec la richesse bien connue des voies dérivatives.

Nous venons de voir que la compression agissait, sur les organes et les tissus du corps humain, par stase veineuse ou ischémie, par atrophie, par nécrose. Il est évident que son *action thérapeutique* ne saurait se fonder que sur des processus du même genre. C'est surtout la compression circulaire à distance, et l'hyperémie veineuse consécutive, qui, à l'heure actuelle, se prêtent à de nombreuses applications, dans la méthode de Bier; il y a, du reste, une technique spéciale à suivre pour enrouler la bande et enserrer le membre « juste assez » ; en certaines régions où la compression à distance n'est plus réalisable, l'aspiration par les ventouses, de forme appropriée, sert à provoquer la même hyperémie passive [2]. Nous ne pouvons que rappeler ici, sans entrer dans les détails, les résultats que l'on doit à cette méthode « bien appliquée », dans les affections inflammatoires de tout ordre et de tout siège [3].

La compression totale a figuré pendant longtemps au rang des grandes

[1] La compression vasculaire intervient encore dans la pathogénie de certains processus viscéraux d'ulcération et de sphacèle; les lésions de l'anse étranglée en particulier, relèvent pour une grande part, de la striction du pédicule mésentérique.

[2] L'hyperémie active s'obtient par les appareils « à air chaud », au moyen de boîtes où les parties malades sont incluses et la température portée à un degré suffisamment élevé.

[3] Voy. H. Delagenière, Contribution à l'étude de la stase hyperémique passive comme méthode thérapeutique ou méthode de Bier. *Journal de méd. et de chir. pratiques*, 25 mars 1909.

méthodes thérapeutiques, et peu d'affections chirurgicales n'ont pas été soumises à ce mode de traitement, si simple, en somme, et dont l'efficacité a souvent paru indiscutable; la sphère de ses indications s'est, depuis, notablement restreinte. Elle a été principalement appliquée : 1° *aux épanchements*, de tout siège et de toute nature; 2° *aux tumeurs*.

Dans les *collections liquides*, *séreuses ou sanguines*, ou dans les *épanchements infiltrés*, la compression agit en facilitant l'endosmose, la résorption : encore est-il indispensable, pour qu'elle puisse remplir ce programme, que son action « profonde » soit d'une certaine intensité, et que l'agent compresseur ne porte pas sur les voies sanguines ou lymphatiques de retour, qui doivent servir de voies de départ aux liquides résorbés.

La réalisation de ces deux conditions n'est pas toujours possible; dans les cavités viscérales, par exemple : aussi la compression est-elle illusoire dans l'ascite ou les épanchements sanguins de l'abdomen, dans l'hydrocéphalie, dans les épanchements pleuraux, etc. Il n'en est pas de même de l'hydarthrose et des collections sanguines, sous-cutanées ou même profondes, des membres, de la tête ou des parois du tronc : la bande de caoutchouc, bien appliquée et bien surveillée, rend alors des services qu'on ne songera pas à nier. C'est par un mécanisme analogue, en accélérant la résorption du sang épanché ou de l'œdème, qu'elle est utile dans l'entorse et dans certaines fractures.

Du reste, il ne faudrait pas, en pareille occasion, méconnaître la distinction nécessaire entre la contention et la compression proprement dite : les bandages dits compressifs, aux membres et à l'abdomen, n'agissent très souvent qu'en assurant une contention régulière, en maintenant les extrémités fracturées ou les parois distendues; sur les séreuses, sur certaines tumeurs kystiques, ponctionnées, c'est encore, sans doute, en appliquant intimement les feuillets en contact que la compression joue son rôle, facilite les adhérences et les oblitérations partielles, plutôt que par son action mécanique propre, et les modifications que détermine, dans l'épaisseur des tissus en présence, la pression exercée à leur surface.

La question n'a plus guère qu'un intérêt historique, lorsqu'il s'agit des *tumeurs*; car les résultats n'ont pas justifié les espérances des premiers essais. Imaginée par S. Young, en 1814, la compression des tumeurs du sein a été surtout mise en pratique par Récamier et par Broca. Toutefois, les variétés nombreuses et d'aspect quelquefois fort analogue des néoplasmes mammaires et même de la mammite chronique laisseront toujours planer un doute sur la nature réelle de la tumeur que la compression avait semblé réduire. Le fait que voici en témoigne : une dame de cinquante-cinq ans avait été traitée pour une tumeur du sein gauche, par la compression exercée, avec le plus grand soin, pendant plus d'une année, et suivant une technique qui ne permettait pas de doute sur sa parfaite application. La tumeur avait disparu et la malade s'était crue guérie. Quinze ans plus tard, je découvrais, au même point de la glande, une masse grosse comme un œuf de poule, dure, et dont la nature squirrheuse était d'autant moins incertaine qu'on trouvait, dans l'aisselle, deux gros ganglions. Que s'était-il passé? Etait-ce une tumeur nouvelle? Etait-ce la tumeur primitive qui, restée latente pendant quinze ans, avait repris son développement interrompu? N'était-ce pas plutôt un fait de transformation maligne, d'une tumeur d'abord simplement adénomateuse? Entre ces diverses hypothèses, il était fort malaisé de choisir.

Comme on le voit, c'est surtout par la suspension circulatoire que la compression agit, et encore, dans une mesure mal déterminée, par l'action atrophiante qu'elle exerce sur les tissus morbides, comme sur les tissus normaux. Dans les différentes localisations de la tuberculose externe, dans les tumeurs blanches et les adénites tuberculeuses, le rôle « atrophiant » représente l'élément théorique principal sur lequel repose son emploi. Or, dans une articulation immobilisée, soumise à l'extension continue et comprimée, quel départage faut-il faire entre ces trois modes thérapeutiques? N'est-il pas très plausible d'admettre que l'immobilité, que le maintien des surfaces articulaires hors de contact, agissent tout autant et plus sur la marche des lésions que la compression proprement dite? Quoi qu'il en soit, lorsque le processus tuberculeux a dépassé un certain stade, variable, sans doute, suivant l'âge et quelques autres conditions générales, les exemples sont bien rares de guérisons complètes et définitives par la compression ; il faut ajouter que, très prolongée, elle entraîne avec elle un certain nombre de dommages qui tiennent, précisément, à son action propre sur les tissus vivants.

CHAPITRE III

LA DISTENSION

La distension doit s'entendre de l'ensemble des actions mécaniques, qui tendent à allonger les tissus, dans tel ou tel sens, ou dans tous les sens à la fois, *à les disjoindre, à les écarter de leur état moyen de forme et de volume, en détruisant la cohésion de leurs différentes parties constituantes*. Allongements, amincissements, atrophies, déchirures interstitielles ; tels en sont les premiers termes; les arrachements, les ruptures, les éclatements en représentent l'expression la plus grave.

Agents de la distension. — Très nombreux, ils peuvent être, ici encore, rangés en deux groupes : ils sont *extérieurs*, étrangers à l'organisme, traumatiques à proprement parler; ou bien ils sont représentés par les *pièces du squelette déplacées* ou par des *produits normaux ou pathologiques*.

Nous ne saurions énumérer les traumatismes qui agissent ainsi, par « distraction » des parties molles ou des membres, ni remonter jusqu'à l'écartèlement. C'est un crochet qui s'implante dans les chairs et les arrache; c'est la forte mâchoire de certains animaux qui « emportent le morceau »; c'est un membre, la main, le pied, les cheveux, saisis dans un engrenage, entraînés, et, quelquefois, séparés du reste du corps : le scalp n'est pas d'observation très rare; dans certaines usines, les longs cheveux des ouvrières arrachent avec eux tout le cuir chevelu. Faut-il rappeler encore le doigt pris dans une boucle de harnais ou dans l'anse du bridon, quand le cheval « tire au renard », et tant d'autres exemples journaliers, qui n'ont pas leur place ici.

Pour les organes creux, les *corps étrangers* constituent les agents de distension les plus fréquemment observés, distension rarement isolée et régulière, et qui se complique souvent d'une autre action vulnérante, piqûre ou section. En chirurgie, les instruments dilatateurs, portés au delà d'un certain volume, provoquent de pareils accidents, et, de là, un intérêt pratique tout spécial acquis d'avance à cette étude précise.

Les agents intrinsèques peuvent être gazeux, liquides, solides. On ne saurait nier le rôle de la distension gazeuse de l'intestin, dans la hernie étranglée, dans l'étranglement interne. — Tous les liquides organiques, accumulés dans les réservoirs à la suite d'une obstruction, passagère ou permanente, des voies d'excrétion, y peuvent acquérir une haute tension, suffisante quelquefois à vaincre la résistance de la paroi qui les emprisonne : il nous suffira de citer la vessie, la vésicule biliaire, la portion profonde de l'urètre, etc. Il en est de même des liquides pathologiques, des épanchements de toute nature, sanguins, séreux ou purulents.

Enfin les parties dures du corps humain, luxées ou chevauchées, provoquent des distensions et des déchirures des parties molles ambiantes, dont la notion est vulgaire : l'entorse, les luxations, les fractures nous en fournissent d'innombrables exemples. J'ajoute que les parties molles elles-mêmes, de résistance différente, peuvent jouer réciproquement un rôle analogue, et nous parlerons bientôt de ces conflits, où le tissu dur arrache le tissu mou.

Quelle qu'en soit la modalité, la distension obéit toujours aux mêmes lois, procède suivant un mécanisme semblable, et produit des effets analogues.

Mécanisme et effets de la distension. — Ce mécanisme et ces effets doivent être étudiés — et il est utile que cette double étude soit simultanée — dans les différents types d'organes, groupés, à ce point de vue, en trois catégories :

1° Les ***organes creux***, réservoirs, canaux organiques, vaisseaux;

2° Les ***membranes***;

3° Les ***organes longs***. Sous ce terme, un peu étrange d'abord, mais qui traduit bien la caractéristique mécanique des organes dont nous parlons, nous rangeons les muscles, les tendons, les ligaments, les nerfs, dans lesquels le diamètre longitudinal prédomine de beaucoup. Bien entendu, les muscles larges, les tendons et les ligaments membraneux, rentrent, comme les aponévroses, dans la seconde catégorie.

I. ***Organes creux***. — Il faut distinguer : A. La *distension brusque* ; B. La *distension lente et progressive*.

L'une et l'autre peuvent avoir pour siège : 1° les *cavités viscérales*, (crâne, poitrine, abdomen, scrotum ou articulations) ; 2° les *réservoirs muqueux* ; 3° les *conduits excréteurs*. Les conditions de résistance ne sont pas identiques, dans ces différents groupes de faits.

A) Les épanchements sanguins, d'origine traumatique, certains épanchements séreux, rapidement collectés, représentent les causes les plus ordinaires de *distension brusque des cavités viscérales* : la rupture est exceptionnelle[1], et il est aisé d'en saisir la double raison : 1° il s'agit d'une distension liquide, par suite uniforme, diffusée, en général, sur une assez large surface, et qui permet à la résistance des parois d'être plus étendue et plus complète ; 2° les parois des cavités viscérales, à plans multiples, de structure et de densité différentes, sont bien faites pour s'opposer à l'effort excentrique ; elle présentent toutes, comme nous le verrons, un certain nombre de points faibles, mais qui ne cèdent guère qu'à l'action prolongée d'une compression lente.

Dans les *réservoirs muqueux*, le mécanisme de la rétention, qu'elle soit due à une obstruction des canaux excréteurs, ou à une paralysie de la tunique musculaire, ne provoque pas, en général, la distension brusque ; grâce au mode de sécrétion des liquides organiques, l'accumulation en est toujours progressive, et demande un certain temps, du reste variable, pour devenir extrême. Nous parlerons bientôt de l'énorme quantité d'urine que l'on trouve parfois dans une vessie dilatée, des distensions de la vésicule biliaire, etc. Ces collections liquides, de proportions colossales, sont toujours le produit d'une rétention de quelque durée : l'expansion n'est jamais brusque. Les notions — et elles sont rares — que nous possédons sur la résistance des réservoirs, de paroi saine, à la distension brusque, sont toutes expérimentales : ce que nous venons de dire amoindrit beaucoup leur intérêt pratique.

On ne saurait confondre avec la distension brusque l'*auto-rupture* des réservoirs musculaires, dont on a fourni, pour la vessie en particulier, quelques exemples frappants. Pousson[2] l'avait déjà soigneusement

[1] Elle a été vue pourtant dans l'hydrocèle vaginale, le plus souvent, du reste, à la suite d'un effort ou d'un léger traumatisme local. (Voy. Léon Thévenot. Ruptures spontanées des hydrocèles. *Archives générales de Chirurgie*, 25 mai 1911).

[2] Voy. Pousson, Considérations sur la pathogénie de deux variétés peu connues de ruptures de la vessie, et sur les moyens de les prévenir. *Revue de chirurgie*, nov. 1885.

étudiée : dans tous les cas, la rupture vésicale s'était produite à la suite d'une injection ne dépassant pas 250 grammes de liquide.

En pareille occurrence, la distension ne saurait être incriminée : il faut admettre l'intervention d'une action réflexe exagérée, bien explicable par l'état ordinaire de ces vessies, atteintes de cystite chronique, de cystite tuberculeuse le plus souvent, et une violente contraction du muscle vésical, hypertrophié, qui se brise lui-même, par un mécanisme analogue à celui qui préside aux ruptures musculaires des membres. Pousson rappelait une expérience fort ancienne de Chaussier, et qui met en pleine lumière ce processus : l'aorte est comprimée sur un animal; distendu par le sang, le cœur se contracte violemment, et ne tarde pas à se rompre — au niveau de sa paroi la plus épaisse, la plus puissamment musclée, au niveau du ventricule gauche (¹).

La musculature du réservoir vésical le prédispose à ces accidents, de nature si particulière : on ne saurait douter, pourtant, qu'ils ne puissent se produire, à titre exceptionnel, dans les autres organes creux, à paroi contractile. On décrit des ruptures spontanées de l'œsophage, du rectum, etc., et l'on admet, sans trop de preuves, que le brusque afflux d'une grande quantité de matières liquides ou demi-solides peut en donner la raison; que la projection du contenu de l'estomac, en masse, dans un effort de vomissement, peut entraîner la déchirure de la paroi œsophagienne distendue. Peut-être l'auto-rupture fournirait-elle une explication meilleure, dans les cas, au moins, où la paroi musculaire est hypertrophiée, au-dessus d'un rétrécissement par exemple. Nous aurons l'occasion de signaler bientôt un autre mode pathogénique.

La distension brusque des *conduits organiques* reconnaît pour causes : l'effort excentrique du liquide qu'ils charrient normalement, dans certaines conditions données, lors d'obstruction mécanique, de rétrécissement, etc.; les corps étrangers.

M. Bazy (²) a attiré l'attention sur les déchirures de l'urètre par distension : l'accident s'était traduit, par une urétrorragie assez abondante, chez un malade qui, aux prises avec une envie impérieuse, s'était serré la verge pour y résister. Il convient d'ajouter, avec l'auteur, qu'il existait une urétrite ancienne, et que les muqueuses ainsi altérées paraissent seules exposées à ces éraillures, à ces fissures, sous la pression de l'urine. Une série d'expériences, pratiquées en commun avec M. Rodriguez, avaient, d'ailleurs, permis à M. Bazy de confirmer que le cul-de-sac du bulbe était le point le moins résistant du conduit urétral, et qui se prêtait le mieux aux ruptures. La verge étant liée en arrière du gland et

(¹) Sur 49 cas de rupture spontanée du cœur, 34 fois la déchirure siégeait sur le ventricule gauche, 8 fois sur le droit, 2 fois sur l'oreillette gauche et 5 fois sur la droite. Par contre, lorsqu'il s'agit de ruptures dues à des violences extérieures, ce sont les cavités à parois les plus minces qui sont le plus souvent rompues; ainsi, dans 11 cas réunis par Ollivier, 8 fois les cavités droites étaient déchirées et 3 fois les gauches. (POUSSON, *Loc. cit.*)

(²) BAZY, De la déchirure de l'urètre par distension. *Semaine médicale*, 18 mars 1891.

une injection poussée par le col de la vessie, sur 10 sujets de vingt-trois à cinquante-deux ans, la déchirure fut constatée : 4 fois au niveau du cul-de-sac du bulbe; 3 fois à la portion membraneuse; 2 fois elle était double et siégeait, à la fois, à la portion membraneuse et à la portion bulbaire; 1 fois, elle intéressait à la fois les segments bulbaire et membraneux de l'urètre; les fissures étaient toujours longitudinales.

Dans les rétrécissements de l'urètre, la rupture dite pathologique, qui ouvre le plus souvent la porte à l'infiltration d'urine, occupe aussi le cul-de-sac du bulbe, et la distension y prend une grande part. N'est-ce pas d'ordinaire à la suite d'une rétention prolongée et sous l'influence d'un effort de miction que la paroi du canal cède, livrant passage à l'urine, dans le périnée, au milieu d'un soulagement de mauvais augure? Toutefois cette paroi urétrale, cette fossette bulbaire est depuis longtemps préparée à pareil accident : la muqueuse est ulcérée derrière le rétrécissement, toutes les couches du canal sont altérées, et l'action mécanique de l'urine n'a plus à jouer qu'un rôle amoindri.

La dilatabilité de l'urètre a été étudiée expérimentalement par MM. Guyon et Campenon([1]), à l'aide de l'introduction successive de cathéters Béniqué de calibre croissant de 9^{mm},5/6 à 10^{mm},4/6 (numéros 59, 60, 61, 62, 63, 64). Sur 37 expériences, 30 fois des déchirures ont été constatées, et les faits se groupent de la façon suivante : sur les 30 déchirures, 10 se sont produites à un moment qui a pu être précisé, entre les numéros 61 et 64 (10^{mm},1/4 et 10^{mm},4/6), 9 autres, entre les numéros 58 et 61 (9^{mm},4/6 et 10^{mm},1/6); 11 autres faits d'éclatement sont survenus à la suite d'une distension qu'il a été impossible de mesurer exactement; pourtant, 4 fois, les déchirures étaient très limitées, bien que la dilatation urétrale ait été portée jusqu'à 10^{mm},4/6. — On voit que, si la limite de dilatabilité urétrale peut être, en somme, évaluée à 10^{mm},4/6, ce terme n'a pourtant rien d'absolu, et les dangers commencent bien plus tôt. Cela est plus vrai encore, comme le fait remarquer M. Guyon, lorsqu'il s'agit d'urètres pathologiques.

Ces ruptures par distension n'intéressent que la paroi inférieure de l'urètre; elles occupent, dans la moitié des cas, sa portion antérieure; elles sont le plus souvent multiples, longitudinales, quelquefois d'une longueur de 5 à 6 centimètres. Leur profondeur varie : simples éraillures parfois, elles intéressent, ailleurs, toute l'épaisseur de la muqueuse, et empiètent sur la gaine spongieuse; dans la région membraneuse, il y a, d'ordinaire, un véritable éclatement du sphincter musculaire. Enfin, détail intéressant, dans aucun cas on ne trouve de lésions des couches sous-muqueuses, quand la muqueuse elle-même n'est pas déchirée.

Ce dernier fait est caractéristique des lésions propres à la distension. On le retrouve dans les autres déchirures des canaux muqueux, celles de l'œsophage, du rectum et du vagin, par exemple.

L'étude de la limite de distension brusque de l'œsophage avait été faite

([1]) GUYON, Leçons sur les maladies des voies urinaires, p. 620.

par Mouton[1], dans une thèse bien connue. Après avoir déterminé le calibre normal du conduit et indiqué ses trois points rétrécis normaux, il avait montré que la dilatation n'agit pas uniformément sur lui, que les deux points rétrécis supérieurs atteignent 18 à 19 millimètres, la partie inférieure 25 millimètres, et la partie moyenne, la plus extensible, 35 millimètres de diamètre. Au-dessus de ces chiffres, la paroi se fissure, le travail de déchirure commençant toujours par la muqueuse.

Je ne sache pas que pareilles recherches aient été entreprises pour le rectum : l'utilité directe en serait d'ailleurs moindre. Ce n'est pas que les ruptures du rectum, par distension brusque, soient exceptionnelles, et la longue liste des corps étrangers nous en fournit de nombreux exemples : tous les degrés, ici encore, ont été observés, depuis la simple éraillure de la muqueuse, lésion élémentaire et primordiale, jusqu'aux solutions de continuité, qui intéressent toute la paroi, et empiètent même sur les organes voisins.

On sait quelle est l'énorme distensibilité du vagin, et les dimensions qu'il acquiert pendant l'accouchement ; il convient d'ajouter qu'il est, en pareil cas, préparé à ce rôle spécial, et que la distension se fait progressivement, au cours du travail. Les ruptures, lorsqu'elles se produisent, occupent le plus souvent les parois latérales : elles peuvent être le point de départ d'hémorragies inquiétantes, qui s'expliquent bien, comme l'a montré Farabeuf, par la disposition des vaisseaux. D'autres déchirures succèdent à l'introduction de corps étrangers, au coït : très souvent, elles intéressent la paroi postérieure ; le mécanisme est souvent celui des plaies contuses, plutôt que de la distension proprement dite.

Les *vaisseaux* sembleraient bien faits pour subir les effets de la distension brusque, et, de fait, l'élévation brusque de la tension intra-vasculaire, le *choc sanguin*, si l'on peut dire, entre pour une part dans le mécanisme des ruptures artérielles et veineuses. Cependant l'analyse des faits montre qu'en pareil cas la paroi vasculaire n'est jamais saine ; elle a lentement perdu sa résistance, son épaisseur et son élasticité normales ; elle est amincie, distendue, et le brusque effort de l'ondée sanguine ne fait plus qu'achever un travail depuis longtemps commencé. Il en est ainsi dans les ruptures des veines variqueuses, dans celles des sacs anévrismaux.

Sous l'influence d'un effort général ou d'une violente contraction musculaire, les ruptures spontanées des veines ont été fréquemment observées : pareil accident se produit sur les veines du mollet, sur celles des organes génitaux, du rectum, de l'œsophage ; on l'a même constaté sur l'azygos et la veine cave supérieure. La pathogénie en est de conception facile : on comprend bien que l'arrêt du sang veineux qui accompagne l'effort, que le brusque reflux qui suit certaines contractions musculaires, à la jambe, par exemple, créent, en amont, un excès de tension, un véritable choc, et, à sa suite, la rupture de la paroi veineuse. Ajoutons

[1] Mouton, Du calibre de l'œsophage et du cathétérisme œsophagien. *Thèse de Paris*, 1874.

que cette paroi n'est, d'ordinaire, jamais saine, et que, presque constamment, la lésion porte sur une ampoule variqueuse. Verneuil n'a-t-il pas démontré que cette affection étrange, le coup de fouet, est due le plus souvent à la déchirure d'une veine inter ou intra-musculaire?

Ces déchirures de veines variqueuses fournissent l'explication, ou, tout au moins, l'hypothèse pathogénique la plus admissible, d'un certain nombre de ruptures spontanées de canaux organiques, Quénu[1] a publié des faits fort intéressants de rupture spontanée du rectum, dans lesquels il existait, tout autour de la perforation, des veines rectales rompues et un véritable décollement du tissu sous-muqueux, disséqué par le sang. Il en concluait que « la rupture spontanée du rectum, pendant l'effort, reconnaît pour cause, non — comme on aurait pu le croire — l'augmentation de la pression intra-intestinale, mais l'augmentation de la tension sanguine dans les veines hémorrhoïdales variqueuses. La rupture des varices précède et provoque la déchirure des parois rectales. » — Pour l'œsophage, une pathogénie analogue peut s'appliquer à certaines ruptures spontanées, comme Quénu[2] l'a encore indiqué; et l'on sait quel développement acquièrent parfois les varices du segment inférieur de l'œsophage[3]. Dans ces grandes ectasies veineuses, le processus ne se borne pas à la couche sous-muqueuse : non seulement il s'étend à toute l'épaisseur de la muqueuse, mais il se diffuse dans la tunique musculaire, qui devient parfois un véritable tissu érectile : dissociées par les bosselures variqueuses, les fibres musculaires perdent beaucoup de leur résistance, et cèdent facilement. Peut-être des examens ultérieurs permettront-ils d'étendre encore la sphère de cette théorie, simple et séduisante, de *la rupture spontanée*, *d'origine variqueuse*.

La poche anévrismale, qui se crève brusquement, obéit, elle aussi, d'ordinaire, à une subite exagération de la tension sanguine. N'est-ce pas ainsi qu'il faut expliquer le rôle, indéniable parfois, de l'émotion? Là encore, l'accident est, depuis longtemps, imminent : la distension brusque n'est, en quelque sorte, que la goutte d'eau qui fait déborder le vase.

Or, dans les exemples qui viennent d'être rapportés, les lésions, lentement progressives, de la paroi, ne dérivent qu'en partie de la distension prolongée : le plus souvent, il s'agit d'un état pathologique primitif, qui, lui-même, en affaiblissant la paroi, crée la dilatation du réservoir ou du conduit. Cette distinction mérite d'être faite, et nous allons passer en revue une série de lésions chroniques, exclusivement dues, cette fois, à la distension lente, et fort comparables aux altérations de même nature, qui succèdent à la compression.

B. Un premier fait est à relever, dans l'histoire de la *distension lente*

(1) Quénu, Des ruptures spontanées du rectum. *Revue de chirurgie*, 1882, p. 181. — De l'intervention chirurgicale dans la rupture spontanée du rectum. *Semaine médicale*, 1887.

(2) *Loc. cit.*

(3) Voy. en part. Letulle, Les varices de l'œsophage dans l'alcoolisme chronique. *Médecine moderne*, 20 nov. 1898.

des organes creux : c'est l'énorme dilatation qu'ils peuvent acquérir, et cela, précisément, grâce aux altérations progressives des tissus et aux modifications qui en résultent, dans leurs propriétés mécaniques.

Les grosses tumeurs, l'ascite, créent parfois une distension monstrueuse de la *paroi abdominale*; l'amincissement, la décoloration des couches musculaires, la résorption, au moins partielle, des plans adipeux, les éraillures aponévrotiques, sont alors d'observation constante. Si la distension a été considérable et surtout prolongée, si le sujet est d'un certain âge, la paroi ne reprend jamais ses caractères primitifs : elle reste flasque, plissée, réduite à un mince feuillet : — toute prête aux éventrations ultérieures.

La résistance s'y trouve, du reste, inégalement répartie, et l'on y peut pécrire des *zones de soutien* et des *points faibles* : les deux grands droits jouent le rôle de véritables sangles tendues, qui en constituent les principaux éléments de solidité; la région des flancs, les régions sus-inguinales, l'ombilic, cèdent beaucoup plus aisément sous l'effort : elles sont les premières à faire relief. L'ombilic est, semble-t-il, le seul point de la paroi abdominale où l'on puisse observer la rupture spontanée, et cela lorsque le liquide ascitique, refoulé à travers l'orifice, a distendu et aminci la peau, déjà très fine et très peu défendue, qui le recouvre; encore faut-il ajouter que ces ruptures spontanées de l'ombilic sont rares, et qu'un traumatisme accidentel, un choc, l'action surajoutée d'une phlegmasie superficielle, doivent souvent entrer en ligne de compte.

Il nous faudrait répéter les mêmes faits pour la *paroi thoracique*; là encore, le plan des intercostaux, distendu et élargi, s'amincit et s'atrophie. Pourtant les conditions de résistance, grâce à la présence des arcs costaux, sont ici bien supérieures. A la longue, les cartilages costaux subissent la régression graisseuse, s'atrophient ou se calcifient; les côtes elles-mêmes se déforment, mais, ici encore, le mode pathogénique n'est pas univoque, et il faut tenir compte de la nature de l'épanchement et des lésions de voisinage qu'il provoque, en dehors de toute action mécanique.

Dans toutes les cavités viscérales, l'agent de distension agit à la fois et sur la paroi et sur le contenu; si la paroi supporte l'effort excentrique, le contenu est soumis à une contre-pression variable, précisément avec le degré d'extensibilité de la paroi cavitaire. Voilà pourquoi des épanchements d'abondance considérable et des tumeurs d'énorme volume ne déterminent parfois que des accidents médiocres de compression : la distension porte tout entière sur la paroi, qui cède.

C'est pour cela encore que, dans la boîte cranienne, au moins chez l'adulte, le contenu, l'encéphale, supporte, si je puis dire, tout le poids du corps étranger; l'effet utile de la distension étant nul sur la paroi inextensible de la cavité, la contre-pression totalise l'action mécanique, en quelque sorte : il y a seulement compression. S'il arrive que certains néoplasmes endocraniens perforent la voûte osseuse, l'accident ne reconnaît souvent pas, à proprement parler, une origine mécanique : l'extension de la tumeur aux os du crâne est la principale cause à incriminer. Pourtant, dans certains cas, la voûte est indemne de toute propagation néoplasique ; la perte de substance est régulière, « plus ou moins arrondie, offrant quelquefois à son contour des inégalités, mais sans traces de nécrose ou de carie ». Elle succède à un travail de lente résorption, qui dérive, sans doute, de la pression locale prolongée, exercée par la tumeur.

Chez l'enfant, avant la soudure des différentes pièces craniennes, la distension peut les disjoindre, en écartant largement les fissures. Pareil fait se constate dans l'hydrocéphalie, et le crâne peut atteindre, alors, des dimensions colossales ; celui d'un hydrocéphale, mort à seize mois, et dont parle Franck, mesurait 1 m. 40 de circonférence. Ne sait-on pas aussi que les os de la voûte restent, chez ces hydrocéphales, amincis, membraneux, transparents, et que leur développement est complètement vicié ?

Les parois des *réservoirs muqueux* subissent, sous l'influence de la distension lente, des altérations de même ordre. Là encore, l'amincissement et l'atrophie des tuniques musculaires, l'amincissement des muqueuses et la régression, au moins partielle, de leurs organes glandulaires, sont d'observation courante. Là aussi, la dilatation est susceptible d'acquérir peu à peu, par ce long travail, que les processus expérimentaux ne sauraient reproduire fidèlement, des proportions inattendues. Des exemples en sont cités partout, pour la vessie, pour la vésicule biliaire, pour la trompe même. On ne saurait ranger tels quels tous ces faits au passif de la distension simple, telle que nous cherchons à en dégager les caractères précis.

Suivant le mode et l'abondance des différentes sécrétions, d'une part, et suivant le degré d'obstruction des voies de décharge, la distension sera plus ou moins considérable et plus ou moins rapide, quelquefois intermittente. De plus, la stagnation des liquides organiques s'accompagne presque toujours de certaines altérations, chimiques ou infectieuses, qui sont de nature à « attaquer » la paroi. Enfin, dans la réalité, ces rétentions prolongées succèdent à certaines lésions morbides, qui, elles aussi, retentissent sur la paroi, modifient sa structure normale et affaiblissent sa résistance physiologique.

Cela revient à dire que les effets purement mécaniques de la distension simple ne s'observent presque jamais seuls, en dehors des conditions expérimentales. Les ruptures spontanées sont rares ; elles supposent presque toujours un état pathologique antérieur du réservoir qui se crève, une altération, un travail d'érosion progressive depuis longtemps commencé. L'urètre qui se rompt derrière un rétrécissement, au niveau de la dilatation rétro-bulbaire, est déjà le siège d'une perte de substance profonde, comme l'a montré Voillemier.

Les mêmes réflexions s'appliquent aux ruptures dites spontanées de la vessie, qui sont d'ailleurs exceptionnelles. Ullmann (¹) en avait réuni 8 cas, en 1887; de ses expériences sur des vessies saines, il résultait que le degré de réplétion, nécessaire pour produire la rupture. est essentiellement variable : la quantité de liquide à injecter varie de 360 centimètres cubes à 5 litres (²). Presque toujours, en clinique, il s'agissait de vessies depuis longtemps malades : ainsi en était-il dans les trois cas rapportés par Thompson; dans celui de Call, où une rétention complète, chez un vieux rétréci, fut suivie d'une rupture de la cloison recto-vésicale. Linn et Moreau en ont observé deux autres, pendant la grossesse; enfin Rivington a publié un exemple de rupture spontanée de la vessie, due à une rétention d'origine hystérique. Dans ces trois derniers faits, l'action propre de la distension est beaucoup moins discutable. Ils se rapprochent des observations expérimentales de Quinquaud : sur des chiens auxquels il avait lié l'urètre, il vit la vessie se rompre au bout de trois jours de rétention. — Or, en pareille occurrence, le siège de la rupture est presque toujours le même : c'est en arrière et en bas qu'on la rencontre. et souvent dans la zone sous-péritonéale (Houel), en d'autres termes, au niveau du bas-fond de la région la plus extensible, et aussi la plus souvent malade de la vessie (³).

Souvent aussi, la rupture dite spontanée, et cela est vrai pour tous les réservoirs dont nous parlons, procède, en réalité, d'un traumatisme, traumatisme minime, quelquefois, mais suffisant à provoquer l'éclatement d'une cavité distendue, ou encore d'une brusque contraction musculaire. Les muscles abdominaux sont susceptibles d'exercer, de la sorte, un véritable choc à la surface du globe vésical, et ce traumatisme physiologique restreint encore le nombre des ruptures par distension simple.

Ce que nous venons de dire des réservoirs devrait se répéter pour les *conduits organiques*. Ici encore, la dilatation lente peut atteindre des proportions que ne permettraient pas de prévoir les limites de la dilatabilité brusque, expérimentale. M. le professeur Guyon (⁴) en fournit, pour l'urètre, un exemple de grand intérêt: sur un malade, qui avait long-

(¹) ULLMANN, Ueber durch Füllung erzeugte Blasenruptur. *Wiener med. Woch.*, 1887, nᵒˢ 23-25.

(²) Ce sont deux termes extrêmes. La quantité de liquide susceptible de produire, par injection forcée, la rupture de la vessie varie, en réalité, beaucoup moins : COULEY (*Thèse de Paris*, 1883) indique une moyenne de 1300 gr.; DUCHATELET (*Thèse de Paris*, 1886) trouve 1180 gr.; P. DELBET (*Annales génito-urinaires*, 1892), de 1400 à 2200 gr. — La *pression intra-vésicale* est beaucoup plus importante, sous ce rapport, que la quantité même du liquide injecté : DUCHATELET a produit la rupture avec une pression minima de 125 cent. d'eau, deux fois avec 200, une fois avec 235; on conçoit que, pour une même quantité de liquide injecté, la pression soit très variable, suivant l'état et les réactions de la paroi vésicale. (Voy. GENOUVILLE, La contractilité du muscle vésical. *Thèse*, 1894).

(³) D'après les expériences d'Ullmann, la présence du ballon rectal prédispose aux ruptures de la paroi vésicale postérieure (intra-péritonéales.) — La déchirure est ordinairement linéaire et longitudinale, rarement transversale ; il est exceptionnel qu'elle présente la forme d'une véritable perte de substance. Elle est toujours plus étendue, et de beaucoup, sur la face péritonéale de l'organe que sur sa face interne.

(⁴) GUYON, *Leçons sur les maladies des organes génito-urinaires*, p. 683.

temps porté, au milieu de la région pénienne, un calcul, et qui succomba peu de jours après son extraction, voici quelles étaient les dimensions du canal de l'urètre :

	Circonférence en mm.	Diamètre en mm.
Au milieu de la région pénienne.	20	6,3
A 4 centimètres en avant du bulbe	38	10,6
A 2 centimètres en avant du bulbe	38	12,5
Au niveau du bulbe	40	12,6
Portion membraneuse.	35	11,6
Base de la prostate	26	8,6
Portion prostatique de l'urètre	35	11,6
Col de la vessie	42	13,0

Il est bon de remarquer qu'il s'agit ici d'un conduit de paroi très résistante, et par la texture de sa muqueuse et de ses tuniques externes, et par les gaines multiples dont il est enveloppé. On conçoit que la distension soit autrement considérable, dans les canaux de paroi mince, peu soutenue, ou entièrement libre sur son pourtour, comme l'intestin, l'œsophage (poches œsophagiennes), le rectum (poches rectales au-dessus de certains rétrécissements), le canal cholédoque, etc.

La perforation spontanée s'observe encore dans ces canaux, mais presque toujours elle est d'origine ulcéreuse, elle représente le dernier terme d'un long travail de distension, et le processus mécanique, l'effort excentrique exercé par le contenu, n'y prennent qu'une part secondaire. A l'œsophage, les diverticules par propulsion, qu'on a longtemps attribués à une distension du conduit, en un point de moindre résistance, semblent relever bien plutôt d'une anomalie congénitale ; toujours est-il que, dans ce nouvel exemple, une pathogénie exclusivement mécanique n'est nullement admissible.

Telle est d'ailleurs la conclusion qui se dégage de toute cette étude, et qui montre, une fois de plus, que les théories mécanicistes, appliquées au corps humain et au corps humain vivant, sont toujours courtes et incomplètes. La démonstration s'achèvera par l'analyse de la distension des membranes et des organes longs.

II. ***Membranes.*** — La peau et les muqueuses, les séreuses, les lames musculaires, les aponévroses rentrent dans ce groupe ; l'observation journalière révèle les diverses variétés de lésions qu'elles subissent, du fait de la distension, brusque ou prolongée, mais l'étude expérimentale n'en a été que rarement faite.

Une fois de plus, il faut tenir compte non seulement du mode de la distension, mais de la surface d'application ; l'effort excentrique, portant sur une zone étroite, agit tout autrement qu'une distension en masse, qui soulève et refoule un large surtout membraneux. L'analyse des conditions de résistance des membranes isolées ne fournira jamais qu'une conception insuffisante de la réalité : leurs connexions, leurs adhérences profondes compliquent singulièrement la teneur du problème.

Dans certaines luxations, celles de l'astragale, par exemple, dans certaines fractures à grand chevauchement, la peau s'éraille et se déchire; d'ordinaire, le mécanisme est complexe, les irrégularités du fragment déplacé en font un véritable agent de section. Nous verrons bientôt, lors d'arrachement des membres, la peau s'étirer et se rompre la première, puis se rétracter très loin et très haut, dépouillant une large surface : l'accident est survenu parfois au cours de certaines manœuvres chirurgicales, et Malgaigne rapporte un fait où la peau se déchira circulairement au-dessous du coude, pendant une réduction de force, et découvrit tout l'avant-bras, en se retournant comme un gant.

Longtemps, la doctrine de la rupture brusque des aponévroses, sous la pression des muscles contractés, a servi de pathogénie classique à la hernie musculaire. Le corps charnu distend sa gaine et la fait éclater; il fait hernie par la brèche : la théorie était fort simple et, en apparence, de compréhension facile. Elle n'a pas résisté à l'analyse. Farabeuf [1] a bien montré que, même contracté, le muscle n'exerce jamais de pression sur les parois de sa loge aponévrotique. Par la contraction, il ne grossit pas, il *change de forme*, et sa gaine s'y prête : elle tire à elle « la couverture », c'est-à-dire le manchon fibreux du muscle antagoniste et des muscles voisins, et suffit ainsi à jouer son rôle d'enveloppe, quelles que soient les variations de son contenu. Du reste, une bonne partie des pseudo-hernies doivent, en réalité, rentrer dans le cadre des ruptures. Nous allons voir que la distension prolongée peut devenir le point de départ de hernies vraies.

Ce second type de distension provoque, dans tous les tissus membraneux, des lésions de même ordre que celles que nous décrivions plus haut : amincissement, atrophie des papilles, des glandes, des couches musculaires, des éléments élastiques, état fasciculé des lames fibreuses. Les grosses tumeurs, bien encapsulées, et qui n'agissent que par leur volume, permettent de suivre aisément toutes les phases du processus. sur la peau ou sur les muqueuses. Un fait constant, c'est la dilatation des petits systèmes vasculaires, artériels et surtout veineux, endo et sous-dermiques : dès que la distension devient considérable, on voit se dessiner à fleur de peau ces arabesques vasculaires, ces étoiles à rayons courbes, sortes de *vasa vorticosa*, que les meilleures injections ne dévoilent jamais aussi finement; un peu plus tard, quand la pression est plus forte encore à sa face profonde, la membrane devient lisse, pâle, quelquefois d'une teinte rougeâtre uniforme, indice certain d'une prochaine éraillure.

A la suite de ces distensions prolongées, la membrane, et je parle surtout de la peau, la plus résistante et la plus élastique de toutes, ne reprend que partiellement ses caractères primitifs; si sa limite d'extensibilité n'a pas été dépassée, et si la longue durée de l'effort n'a pas déterminé la complète atrophie de ses éléments élastiques, elle revient peu à peu sur elle-même : et cette involution, si je puis dire, exige toujours un

[1] Farabeuf, *Bull. Soc. de chirurgie*, 1881, p. 93 et 145.

certain temps. Ainsi en est-il après la grossesse, par exemple. Cette rétractilité conservée explique un fait d'observation courante : à la suite de l'ablation des grosses tumeurs de l'abdomen, des énormes kystes multitondaires de l'ovaire, par exemple; sur le ventre distendu, et de volume parfois monstrueux, il faut pratiquer une longue incision médiane, de l'ombilic au pubis, qui mesure 25, 30, 35 centimètres quelquefois; deux mois, trois mois après, la cicatrice est devenue toute petite, elle n'a que 10 ou 15 centimètres de long, et l'opérée s'en étonne.

Pourtant la distension prolongée laisse toujours derrière elle des stigmates, et des stigmates indélébiles : des plis, des vergetures, des taches pigmentaires souvent. Les vergetures, sortes de cicatrices intra-dermiques, témoignent des éraillures interstitielles de la membrane; à la paroi abdominale antérieure, aux cuisses, elles accusent une grossesse antérieure, une tumeur, une adipose qui a disparu; au thorax, elles peuvent être l'indice d'une pleurésie antérieure, comme l'a montré Gilbert. Les taches pigmentaires procèdent sans doute d'un mécanisme analogue : elles se développent au niveau des éraillures de la couche de Malpighi, et par le fait des altérations trophiques de l'épiderme qui leur succèdent. On les retrouve souvent à la peau de l'abdomen.

La dissociation des faisceaux fibreux et l'élargissement de leurs mailles constituent les principaux effets de la distension des aponévroses; nous n'aurons qu'à citer la ligne blanche. De là un danger : la hernie des organes sous-jacents; l'enveloppe fibreuse ne saurait plus remplir son rôle d'exacte contention; la voie est libre, au niveau des zones de moindre résistance ainsi créées. Encore faut-il qu'une pression suffisante, qu'un effort interviennent, pour chasser l'organe hors de sa loge fenêtrée. L'observation est courante pour les aponévroses de l'abdomen, pour la ligne blanche, et l'on sait quelle est, dans cette région, l'influence de la distension abdominale, des grossesses, en particulier, sur le développement des hernies. On a soutenu que l'usure lente des aponévroses était un des facteurs principaux de la véritable hernie musculaire; la gaine s'amincit et s'éraille, sous les frottements répétés d'un muscle trop volumineux, qui est « à plein » dans sa loge; telle est, du moins, la théorie invoquée par Dupuytren, Follin, et aussi par Guinard.

III. **Organes longs.** — Les uns sont pleins; les nerfs, les muscles, les tendons, les ligaments; les autres, creux et tubulaires, les vaisseaux sanguins et lymphatiques. Aucun d'eux n'est homogène; leurs parties constituantes sont d'extensibilité, d'élasticité, de résistance différentes, d'où l'ordinaire irrégularité des ruptures.

Il est important d'étudier, pour chacun d'eux : 1° *leur degré d'extensibilité*; 2° *leur limite de rupture*, autrement dit, le poids nécessaire pour les rompre; 3° *leurs points de rupture*, et le type anatomique de ces solutions de continuité par arrachement. Ces notions trouvent, comme nous le verrons, de nombreuses applications pratiques.

Le problème, ainsi posé, a donné lieu à de sérieuses études. Pour les nerfs, en particulier, la méthode de l'élongation leur assurait un regain d'actualité.

Sous la traction, les nerfs périphériques s'allongent beaucoup plus qu'on ne le croirait; Tillaux a vu le médian et le cubital s'étirer, sur le cadavre, de 15 à 20 centimètres, avant de se rompre ; mais l'allongement, porté à ces limites, ne va pas sans des lésions interstitielles graves, et le nerf ne reprend plus ses dimensions premières. Il y a un degré d'extensibilité qu'on pourrait appeler normale, et qui n'est que la mise en jeu des propriétés élastiques du cordon nerveux : Assaky [1] s'était efforcé de le déterminer, et il avait démontré, par une série de 28 expériences cadavériques, qu'il était, en réalité, assez étendu, et notablement plus considérable, sur le bout central que sur le bout périphérique ; la différence, ajoutait-il, « est sans doute en rapport avec le mode de ramescence des cordons nerveux périphériques, les branches collatérales représentant autant de points d'arrêt ».

Il existe donc un premier type de lésion anatomique qui peut prendre le nom de *distension simple*. En réalité, bien que le nerf, à l'œil nu, paraisse intact, l'on retrouve toujours, à un examen plus précis, quelques déchirures partielles de la gaine, quelques ruptures vasculaires interstitielles; les tubes nerveux peuvent rester indemnes, et, dans leurs expériences, Marchand et Terrillon avaient montré que le bout périphérique, après une simple élongation au doigt, ne renferme pas de fibres dégénérées. En pareil cas, l'engourdissement de la sensibilité et du mouvement dure peu. Toutefois il est bien probable qu'en pratique, dans la majorité des faits, il se produit, dans l'épaisseur du cordon nerveux, des ruptures tubulaires disséminées et plus ou moins nombreuses.

D'après Weir Mitchell, quand le nerf a subi un allongement d'un sixième de sa longueur, il perd son excitabilité directe et réflexe ; mais l'électricité provoque encore des contractions musculaires, et l'excitabilité électrique ne disparaît qu'après un allongement porté au quart des dimensions primitives. On ne saurait nier que de pareilles mensurations soient bien difficiles à établir ; elles n'en apportent pas moins, dans leur teneur générale, une nouvelle preuve de la remarquable extensibilité des nerfs périphériques.

Très extensibles, ils sont aussi très résistants, et la plus banale expérience cadavérique en témoigne. Tirez sur le sciatique dénudé, sur le médian, et vous soulèverez le corps tout entier, avant de rompre le nerf. Tillaux a donné le chiffre de 54 à 58 kilogrammes comme le poids nécessaire à la rupture du sciatique, de 20 à 25 kilogrammes comme le poids nécessaire à celle du médian et du cubital. Les évaluations de Trombetta [2], qui portent sur la plupart des nerfs périphériques, n'ont pas perdu de leur intérêt. Voici, d'après lui, la liste des poids de rupture :

[1] Assaky, De la suture des nerfs à distance. *Thèse de Paris*, 1886.

[2] Trombetta, *Sullo stiramento dei nervi, studi pathologici e clinici*, Messine, 1880.

		Kilogrammes.
Nerf sciatique		84
— crural		38
— médian		38,187
— radial		27,750
— cubital		26,5
Plexus brachial dans l'aisselle	17 à	37
Branche sus-orbitaire		2,720
— sous-orbitaire		5,477
— mentonnière		2,492
5e branche cervicale		21,820
6e —		24,154
7e —		23,416
8e — et 1re dorsale		29,460

Ces chiffres n'ont rien d'absolu, et, pour le même nerf, les poids indiqués par les divers expérimentateurs ne concordent pas toujours. Il y a des conditions de résistance individuelles, et, en clinique, des conditions pathologiques, qu'on ne saurait oublier.

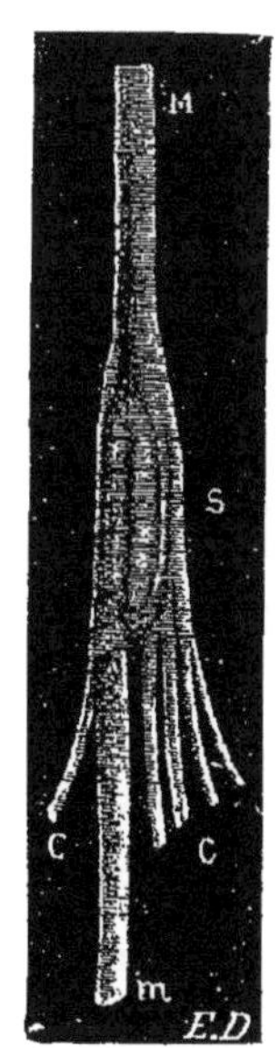

Fig. 8. — Invagination à trois cylindres du nerf médian dans sa gaine, à la suite d'un arrachement (Farabeuf).

M, médian brachial : m, médian antibrachial ; S, invagination ; C, C, collatérales.

La solution de continuité affecte de préférence certains points du cordon : les *points d'arrêt et de réflexion*. C'est au sortir du bassin, dans l'échancrure, que le sciatique se rompt le plus souvent; le médian, au-dessous du pli du coude; le cubital, au-dessous de la gouttière rétro-épitrochléenne; les zones d'émergence des branches collatérales, la traversée des anneaux fibreux, les points d'inflexion autour du squelette, représentent autant de sièges d'élection. Enfin, les racines elles-mêmes peuvent être déchirées ou « déracinées », à leur implantation médullaire, et l'on trouvera plus loin l'histoire des paralysies radiculaires traumatiques. Dans les luxations, dans les manœuvres de force appliquées aux réductions, le mécanisme des lésions nerveuses est complexe : la contusion et l'écrasement se combinent à la distension, elle-même presque toujours oblique.

Quand le nerf se rompt, les tubes nerveux se déchirent les premiers, le névrilème se laisse étirer et s'effile, comme l'adventice d'un vaisseau. Une fois rompu, il se rétracte, souvent à longue distance, et la figure ci-contre (fig. 8), due à Farabeuf, fournit un curieux exemple de cette rétractilité; il s'agit d'une invagination à trois cylindres du nerf médian dans sa gaine, après arrachement.

Nous ne saurions insister sur les accidents fonctionnels qui succèdent à ces arrachements : l'abolition complète des fonctions du conducteur nerveux en est la conséquence nécessaire. Pourtant, la lésion est ici plus grave et l'avenir plus sombre encore que dans les simples sections nerveuses, et voici pourquoi : *les ruptures interstitielles s'étendent bien au delà, bien au-dessus du niveau d'arrachement*, souvent jusqu'aux racines, jusqu'à la moelle ; les phénomènes de stupeur locale, de choc, sont donc beaucoup plus marqués, la réparation anatomique ou les suppléances plus difficiles, les complications névritiques et la myélite ascendante plus souvent à redouter.

A la distension lente, au contact de grosses tumeurs, etc., les nerfs opposent une résistance très accusée; il semble qu'il se produise, à la longue, une sorte d'accoutumance de la fibre nerveuse, qui, dans ce nouvel état, n'en continue pas moins son rôle de transmission ; encore faut-il qu'il s'agisse d'une distension simple, et que le néoplasme refoule le nerf, sans l'entourer ni l'envahir. Des ganglions squirrheux, de médiocre volume, suffisent parfois à paralyser le membre supérieur.

Les *ruptures des muscles et des tendons*, qui constituent avec eux un système commun, supposent un mécanisme tout différent de celui des ruptures nerveuses ou des ruptures vasculaires; ici un agent nouveau entre en ligne : la contraction musculaire et ses anomalies.

Sans doute, les muscles peuvent être arrachés comme les organes longs, inertes, et céder à l'allongement forcé; le fait, en pratique, est exceptionnel. Bichat et Delpech avaient invoqué tour à tour cet allongement forcé dans la pathogénie des ruptures : c'étaient les muscles antagonistes, qui, dans une contraction violente, distendaient et arrachaient leurs « partenaires ». Théorie étrange, qui ne résiste pas aux moindres recherches précises. Pour rompre un muscle, même sur le cadavre, pour rompre le biceps brachial, par exemple, il faut une traction minima de 30 à 36 kilogrammes, comme l'ont montré les expériences de Sallefranque (1); or, le muscle vivant est au moins dix fois plus résistant que le muscle pris vingt-quatre heures après la mort; à l'état de contraction ou actionné par l'électricité, il le devient plus encore. Quelle que soit la laxité de certaines articulations, elles ne sauraient se prêter à un pareil allongement des muscles voisins.

La vérité est tout autre : le muscle *se brise lui-même, par sa propre contraction*. Il n'est pas douteux que pareil accident ne saurait se produire en dehors de l'une ou l'autre des deux conditions que voici : 1° anomalie dans l'intensité, la coordination, le sens de la contraction musculaire; 2° anomalie dans la résistance au mouvement. Les deux éventualités se trouvent souvent combinées, et les données étiologiques en témoignent. C'est pendant un violent effort pour soulever un fardeau que le biceps se rompt; pendant un effort pour reprendre l'équilibre, pour soulever le corps tout entier, dans le saut, par exemple, pour se mettre en selle ou s'y maintenir, que l'on voit survenir les ruptures du grand droit de l'abdo-

(1) Sallefranque, De la rupture sous-cutanée du biceps brachial, d'origine traumatique. *Thèse de Paris*, 1887.

men, du droit antérieur de la cuisse, des jumeaux, des adducteurs. « Les ruptures musculaires, écrivaient Charvot et Couillaud (1), se produisent presque toujours à l'occasion des mêmes mouvements forcés. A chacune de ces manœuvres de force correspond la lésion du même muscle, rompu presque toujours au même point. »

A l'état normal, le sens musculaire sert de régulateur à la contraction; il la maintient, si l'on peut dire, dans de sages limites. Dans certaines circonstances, physiologiques ou morbides, il cesse d'être entendu; le muscle entre en lutte, brusquement, avec une résistance supérieure à la résistance propre de son tissu contracté, et il cède et se brise. Ou bien encore, sous les mêmes influences, tout le système des synergies est détruit; le muscle se contracte, seul de son groupe, sans attendre le concours des autres corps charnus qui sont appareillés avec lui, ou encore tel ou tel de ses faisceaux se contracte isolément. On conçoit que, dans chacune de ces éventualités, il se trouve en état d'infériorité. Si la substance charnue est dégénérée, et Roth (de Moscou) a démontré que la fatigue seule suffisait à l'altérer, l'accident sera naturellement beaucoup plus facile à produire.

Or, de ces contractions anormales, dérivent toute une série de lésions, dont le mécanisme commun est, en somme, la distension; les voici :

1° *Ruptures interstitielles ou incomplètes* du corps charnu;
2° *Ruptures complètes* du corps charnu;
3° *Ruptures musculo-tendineuses;*
4° *Ruptures du tendon*;
5° *Arrachement du tendon, à sa surface d'implantation osseuse*;
6° *Arrachement de la surface osseuse* ou de l'apophyse d'insertion;
7° *Fracture par contraction musculaire.*

Les ruptures interstitielles et incomplètes sont la meilleure démonstration de ces contractions incoordonnées, asynergiques, dont nous parlions. Leur fréquence est, sans doute, plus grande encore qu'on ne le pense; et, à part le lumbago, certaines formes de torticolis, etc., nombre de douleurs locales succédant à de faux mouvements, à des entorses, à des efforts, ne reconnaissent probablement pas d'autre pathogénie. On sait que la solution de continuité incomplète peut avoir un siège inattendu dans l'épaisseur du muscle, et donner lieu à des signes physiques susceptibles d'égarer le diagnostic; qu'elle peut occuper, par exemple, la couche profonde du biceps, laissant intacte sa masse principale.

C'est dans la zone musculo-tendineuse, dans la zone de pénétration réciproque du muscle et du tendon, que la rupture a lieu le plus souvent. Sédillot ne voyait-il pas là un véritable décollement, et Nélaton ne soutenait-il pas que le cône plein tendineux s'arrache du cône creux muscu-

(1) Charvot et Couillaud, Étude clinique sur les ruptures musculaires chez les cavaliers, *Revue de chirurgie*, 1887.

laire, comme une épée à moitié tirée du fourreau? Sans accorder trop de valeur à des comparaisons que la réalité ne justifie pas toujours, le siège d'élection de la rupture n'en reste pas moins.

Siège d'élection, mais non localisation constante : l'arrachement porte souvent sur le corps charnu lui-même, et là aussi, en des points presque toujours les mêmes, dans la région sous-ombilicale, sur le grand droit de l'abdomen, à la partie moyenne, sur le biceps, etc.

Pourquoi, à la suite d'une action mécanique en somme toute semblable, la brisure intéresse-t-elle tantôt le muscle, tantôt le tendon, tantôt l'os lui-même? Cela tient, sans doute, d'abord, aux conditions variables de résistance comparée des trois éléments. Certains muscles se rompent beaucoup plus rarement que leur tendon, le triceps crural, par exemple, Delon n'avait pu rassembler que 6 cas de ruptures du muscle triceps, alors qu'il recueillait 36 faits de ruptures du tendon rotulien. La direction des fibres du corps charnu, l'épaisseur du tendon, la structure variable de l'os, dans la zone d'insertion, fournissent une explication suffisante de ces apparentes anomalies; l'étude de chaque cas particulier permettrait de s'en rendre compte.

On ne saurait non plus négliger la direction du mouvement brusque, qui devient « vulnérant », et l'intensité de la résistance qu'il rencontre. Lorsqu'on a étudié expérimentalement l'énorme puissance des gros tendons et des gros ligaments, on ne s'étonne guère de les voir arracher leur surface d'attache; on s'étonne davantage qu'ils puissent eux-mêmes se rompre. La traction dans l'axe de leurs fibres leur permet de lutter, en quelque sorte, avec toutes leurs forces combinées : Malgaigne avait déjà constaté que, chez le lapin, ils résistent à des poids de 40 à 45 kilogrammes; chez l'homme, la résistance, pour chacun d'entre eux, est bien supérieure au poids du corps.

Dans la réalité, la distension est loin d'être toujours une distension dans l'axe, une élongation vraie; elle est souvent *oblique*, et les faisceaux du tendon ou du ligament n'entrent pas tous en jeu; ainsi s'expliquent les ruptures incomplètes, au cours des entorses, par exemple. Enfin, là encore, les différences d'épaisseur, de forme, de cohésion, donnent la raison du siège d'élection des ruptures par contraction musculaire, dites spontanées.

Pour les organes longs *tubulés*, les vaisseaux et certains conduits glandulaires, les différences de résistance des tuniques successives impriment aux ruptures des caractères particuliers.

Les tuniques moyenne et interne des artères se brisent les premières et se recroquevillent comme sous la striction du fil à ligature; la tunique externe s'étire et s'allonge en fuseau, et ne cède que beaucoup plus tard : il y a là, pour l'artère arrachée, un procédé d'oblitération spontanée qui explique la rareté des hémorragies, au moins immédiates, dans les plaies par arrachement. On aurait tort pourtant de tenir pour constante cette hémostase procédant du type même de la blessure ; elle s'observe à la suite des élongations proprement dites, des arrachements réguliers, expérimentaux en quelque sorte : les traumatismes ne sont jamais aussi simples, et nous avons eu déjà l'occasion de noter que le mécanisme est alors rarement unique.

Nicaise avait montré, sur le cadavre, que les lésions de la distension veineuse ne sont pas absolument calquées sur celles des artères, et cela, grâce à l'épaisseur et à la texture différentes de leur paroi. Les tuniques interne et moyenne se rompent au même niveau, mais ne se recroquevillent pas ; l'externe s'étire, mais beaucoup moins que l'adventice artérielle, et, une fois rompue à son tour, elle ne déborde guère les deux autres que de 2 ou 3 millimètres. L'hémorragie veineuse est donc presque toujours à craindre, et ce que l'on voit quelquefois au cours de l'énucléation des grosses tumeurs du cou, par exemple, en témoigne suffisamment. Rappelons, en passant, l'arrachement des collatérales veineuses, à leur implantation sur leur tronc d'origine, que Verneuil a depuis longtemps signalé [1].

Des faits analogues se reproduisent à la suite de l'arrachement des conduits organiques ; là encore, suivant son degré de laxité et d'adhérence profonde, la tunique externe s'étire plus ou moins et joue, dans des limites variables, ce rôle d'oblitération temporaire dont nous parlions. Nous ne saurions entrer dans des détails ; les faits bien étudiés manquent d'ailleurs. Citons cependant les arrachements du cordon et du canal déférent, qui ont été quelquefois observés.

Ce que nous venons de dire du type différent des lésions par distension dans les différents tissus suffit à rendre compte de ce qu'on observe dans les arrachements des membres ou des segments de membres.

La peau, grâce à son extensibilité, semble céder la dernière ; les ligaments articulaires, grâce à leur résistance, ne se rompent aussi qu'aux dernières secousses ; les tendons se brisent bien au-dessus du plan de disjonction, et l'on trouve quelquefois des bouts tendineux de 20 à 30 centimètres appendus au segment arraché ; les artères s'effilent, suivant le mécanisme que nous décrivions tout à l'heure ; les nerfs se déchirent, eux aussi, très haut, et l'existence de ces désordres *haut situés*, *lointains*, est précisément l'un des éléments principaux de gravité des plaies par arrachement.

(1) Les mêmes faits s'observent dans l'extirpation des tumeurs ganglionnaires du cou, de l'aisselle, de l'aine.

CHAPITRE IV

PIQURES

Les agents mécaniques qui procèdent par pipûre ou par section ont pour caractéristique de n'entrer en conflit avec les tissus que par *une surface très étroite*, ce qui restreint, dans une mesure considérable, la résistance qui leur est opposée. La surface de conflit est linéaire et de longueur variable dans les sections; elle tend à être punctiforme dans les piqûres. Les deux variétés d'agents peuvent pénétrer par leur simple poids, si leur arête est assez tranchante, ou leur pointe assez acérée; ils sont le plus souvent animés d'une certaine force vive, et produisent, à leur point de pénétration, un véritable choc.

Aussi les piqûres se rencontrent-elles assez rarement à l'état de lésions élémentaires, si je puis dire; elles sont d'ordinaire combinées à un certain degré de contusion ou de section.

Il suffit, d'ailleurs, pour s'en rendre compte, de rappeler les agents les plus ordinaires de ces sortes de plaies. Les armes blanches, depuis l'épée de combat jusqu'au couteau, presque toutes aplaties ou triangulaires, effilées à leur extrémité et s'élargissant jusqu'à la poignée, pénètrent en piquant et progressent en coupant, dans l'épaisseur des tissus. Souvent même, le mouvement qui leur est imprimé accroît encore la section profonde. L'assassin qui relève violemment le manche de son poignard, avant de l'arracher, sait bien qu'il aggrave ainsi la blessure et la rend presque fatalement mortelle.

Les aiguilles, les poinçons, les divers instruments de chirurgie (trocarts, aiguilles à acupuncture, etc.) créent une variété de piqûres, plus nettes, plus simples, plus bénignes, sauf quelques localisations exceptionnelles. Enfin, il est certains agents intérieurs, tels que les esquilles, les corps étrangers en voie de migration, etc., qui peuvent provoquer aussi pareilles lésions.

Il est bien certain que la vulnérabilité des différents tissus aux piqûres varie avec leur cohésion et leur dureté; que, d'autre part, leur élasticité variable leur permet d'oblitérer plus ou moins vite et plus ou moins complètement le trajet creusé par la piqûre. Pour l'étude générale du mécanisme et des lésions, il y a surtout lieu de distinguer les piqûres *étroites* et les piqûres *larges*.

Piqûres étroites. — Elles peuvent n'intéresser que les tissus compacts, ou pénétrer dans une cavité, cavité splanchnique ou viscérale, vaisseaux ou conduits organiques. Certaines d'entre elles, par leur siège même, acquièrent une gravité toute spéciale.

La piqûre étroite d'une membrane, de la peau, des couches sous-cutanées, d'un muscle, d'un tendon, n'est suivie, d'ordinaire, que d'un très minime écoulement sanguin, quelquefois même nul; elle se ferme d'elle-même, au moins dans l'épaisseur des tissus élastiques, comme la peau, ou bien un caillot filiforme remplit le trajet et l'oblitère.

Exceptionnellement, l'agent traumatique, ayant traversé un vaisseau ou un nerf de quelque grosseur, provoque une réaction et des phénomènes plus marqués. D'ordinaire (je parle, bien entendu, des piqûres non septiques) la réparation ne tarde pas à être complète; pourtant un petit point cicatriciel, qui se détache en blanc sur la peau, un petit trajet fibreux, dans les tissus profonds, l'un et l'autre bientôt méconnaissables, démontrent bien qu'il n'y a pas eu simple dissociation, mais solution de continuité proprement dite.

Assez souvent, un petit nodus, un épaississement circonscrit, qui se résorbe plus ou moins vite, témoignent de ce travail de cicatrisation : ainsi en est-il au niveau des tendons, des os, etc.

Il est probable que le fait témoigne le plus souvent de la présence d'un corps étranger, si minime soit-il, dans l'épaisseur du tissu atteint: on sait que très souvent la pointe fine des instruments piquants se brise et reste incluse, et que la recherche en est presque toujours très laborieuse, En thèse générale, et je signale en passant ce point de pratique, on peut dire que le meilleur procédé, pour la découverte de ces débris perdus, consiste à tendre autant que possible les parties molles qui les recèlent : de la sorte, on les redresse, on les immobilise, et on les fait saillir. Moulonguet([1]) a préconisé cette pratique, pour les corps étrangers implantés dans les tendons de la main; dans un fait rapporté par François Franck, une aiguille enfoncée dans le nerf cubital provoquait des crises de contracture, dans la main et l'avant-bras, tout en ne se révélant, à l'examen, par aucun stigmate, aucune aspérité; Franck renversa fortement le poignet, et, en suivant au doigt la surface du nerf, il découvrit une petite pointe saillante : c'était l'aiguille; elle fut extraite, et tous les accidents cessèrent. L'examen radiographique nous fournit, aujourd'hui, de précieuses données, mais les artifices d'exploration directe n'en conservent pas moins leur valeur.

La piqûre étroite d'un parenchyme est assez souvent suivie d'une hémorragie un peu plus considérable, mais qui s'arrête bientôt et ne présente d'ordinaire aucune gravité. Le rein, par exemple, saigne quelquefois d'une façon assez notable, mais la compression suffit toujours, et vite, à faire l'hémostase; Tuffier et son élève Robineau-Duclos avaient bien mis ce fait en lumière, pour les piqûres exploratrices du rein. Ceci s'applique au foie, à la rate, au poumon, au cerveau lui-même, au moins dans ses zones neutres; l'acupuncture, bien faite, est inoffensive, et

([1]) MOULONGUET, *France médicale*, 1888, p. 856.

l'expérience clinique journalière le démontre suffisamment, et cela est vrai, non seulement des aiguilles filiformes, comme celle de la seringue de Pravaz, mais encore des aiguilles tubulées ou des trocarts de petit calibre. Il est certain que, plus l'instrument devient gros, plus l'oblitération spontanée du trajet devient mécaniquement difficile; si un vaisseau de quelque calibre a été intéressé dans la profondeur, l'hémorragie est à craindre. L'état du parenchyme joue un grand rôle, comme nous le verrons, dans ce mécanisme de cicatrisation rapide; les tissus malades s'y prêtent, en général, beaucoup moins.

Ceci se vérifie, en particulier, dans les piqûres des organes creux. Les piqûres de l'intestin, même au trocart, se ferment d'elles-mêmes; la rétractibilité de la paroi et surtout la contraction de la tunique musculaire font disparaître immédiatement la petite solution de continuité. Les expériences de Jobert l'avaient déjà bien montré. Or, on ne saurait faire fonds de cette propriété de la paroi intestinale *saine* pour établir l'innocuité de l'acupuncture de l'intestin distendu, paralysé, malade, tel qu'on le trouve dans l'occlusion intestinale; Verneuil avait attiré l'attention sur le danger des ponctions de l'intestin, dans la hernie étranglée et dans l'étranglement interne. Aucun chirurgien ne consentirait, d'ailleurs, à faire une ponction à travers la paroi, et, lorsqu'elles sont pratiquées à ciel ouvert, il est toujours indiqué d'assurer l'occlusion de l'orifice par un ou deux points séro-séreux.

On peut en dire autant de la vésicule biliaire et de la vessie. Leur paroi est-elle malade, il est exceptionnel que le trajet d'une piqûre, qui n'est pas réellement capillaire, ne laisse suinter un peu du liquide contenu, quantité infinitésimale peut-être, suffisante pourtant pour créer un foyer d'infection, si le liquide est septique. Les ponctions dites capillaires de la vessie, de ces énormes vessies de prostatiques, atones et flasques, n'échappent pas à ce reproche; si les accidents sont rares, cela prouve simplement l'action d'ordinaire peu nocive de l'urine sur les tissus.

S'agit-il de poches néoformées, à contenu liquide, de kystes, de collections profondes et cavitaires, l'oblitération spontanée de la piqûre, si fine soit-elle, est encore moins certaine, et c'est en ce sens qu'on peut soutenir qu'une incision exploratrice est moins dangereuse qu'une ponction.

Pour le cœur, pour les gros vaisseaux, pour les dilatations veineuses ou artérielles (varices, anévrismes), le danger devient plus grand encore, dès que la piqûre cesse d'avoir le diamètre le plus fin. On ne pense plus, comme les anciens, que toute blessure du cœur soit immédiatement et fatalement mortelle; Sanctorius avait montré déjà l'innocuité de la piqûre du cœur chez le lapin, et d'assez nombreuses observations humaines en témoignent également. Le trajet se ferme aussitôt, par l'action même de la puissante musculature cardiaque, ou bien un étroit caillot le remplit; il arrive qu'on ait une véritable difficulté à le reconnaître, comme Georg Fischer [1] en rapportait un exemple. D'autre part,

[1] G. Fischer, Die Wunden des Herzens und des Herzbeutels, *Archiv. f. Klin. Chir.*, Bd. IX, 1868, p. 571.

l'acupuncture est devenue, entre les mains de quelques médecins, une méthode de traitement des anévrismes, en particulier de l'anévrisme aortique; on y a introduit de longues aiguilles d'or ou de platine, servant à l'électrolyse, des ressorts de montre, etc., et les accidents ont été rares.

Étant données la texture et l'élasticité plus ou moins altérées d'une paroi vasculaire, il y a, en somme, une limite de grosseur que les instruments piquants ne sauraient dépasser sans créer une solution de continuité persistante, un orifice qui reste béant, et, par suite, l'hémorragie inévitable.

Jusqu'ici, toutefois, la piqûre, piqûre étroite ou capillaire, représentait une lésion mécanique le plus souvent bénigne. Sans perdre ces minimes dimensions, elle peut revêtir, du fait seul de sa localisation, une gravité particulière et provoquer des phénomènes souvent disproportionnés avec le traumatisme : je veux parler des piqûres des centres nerveux et des nerfs. Il suffit de rappeler la piqûre du bulbe, qui n'est pas seulement une expérience de laboratoire, mais qui devient quelquefois une manœuvre criminelle, et un procédé d'assassinat des nouveau-nés. Les piqûres des nerfs sont fréquemment suivies d'accidents douloureux et de réactions locales plus intenses que les sections proprement dites. Or, la névrite ascendante ne peut avoir pour point de départ une simple piqûre, d'apparence toute bénigne, d'un cordon nerveux, Il y a lieu d'ajouter que le fait se produit à la suite des piqûres septiques, et de celles qui laissent, dans l'épaisseur du nerf; la pointe du corps étranger.

Piqûres larges. — C'est alors surtout que la lésion est rarement simple, et qu'il s'agit le plus souvent d'un mécanisme combiné, où la section se mêle à la piqûre. Aussi serons-nous brefs sur l'évolution générale de ces piqûres larges, car nous en retrouverons presque tous les éléments au chapitre suivant.

Il y a lieu d'ailleurs, au point de vue de leur gravité et des désordres qu'elles provoquent, de les ranger en trois catégories, que voici : 1° piqûres *trans-cavitaires*; 2° piqûres *cavitaires*; 3° piqûres *extra-cavitaires*.

Un instrument piquant, de suffisante longueur, la lance, l'épée de combat, peuvent *traverser le corps de part en part*, au niveau du thorax ou de l'abdomen; il arrive même que ce long trajet intéresse à la fois les deux grandes cavités splanchniques, en blessant un nombre considérable d'organes. Pareilles blessures sont très souvent mortelles et mortelles immédiatement lorsqu'elles atteignent le cœur ou les gros vaisseaux. En tout état de cause, leur gravité est extrême.

La piqûre est dite *cavitaire*, lorsque l'instrument a pénétré jusque dans l'une des cavités splanchniques, cranienne, thoracique ou abdominale, ou lorsqu'il a ouvert une cavité muqueuse. Une piqûre du cou qui perfore l'œsophage doit être dite cavitaire, tout aussi bien qu'un coup de couteau qui ouvre le ventre, même sans léser l'intestin. L'importance de cette division est très grande, et surtout pour ce triple motif, que je ne fais qu'indiquer; 1° la plaie est exposée et presque fatalement condamnée à l'infection, lorsqu'elle est en communication avec certains conduits ou certains réservoirs, l'intestin, la vessie, etc.; 2° l'hémostase primitive est beaucoup plus difficile, par suite du libre accès du sang dans la cavité voisine, qui parfois même exerce une véritable aspiration (thorax, etc.); 3° ces piqûres deviennent assez souvent, plus tard, des trajets fistuleux, de cure très laborieuse (fistules aériennes, fistules intestinales, fistules urinaires, etc.).

Quand l'instrument s'arrête dans l'épaisseur des tissus, que la plaie est, à proprement parler, *extra-cavitaire*, quelle que se soit sa profondeur, elle crée des dangers bien moindres, sous la réserve toutefois qu'elle soit aseptique. Il est bon de répéter, ici encore, cette dernière réserve; et, si les plaies par instruments piquants ont été pendant longtemps considérées comme plus graves que les sections simples, cela tenait, en effet, surtout à leur infection plus fréquente, au développement plus facile des processus infectieux au fond de ces trajets profonds et irréguliers.

Ces caractères mêmes du trajet de la piqûre créent à l'hémostase primitive des conditions très favorables : le sang s'accumule et stagne forcément dans la profondeur de cette plaie conique, en entonnoir, et, suivant la résistance des tissus ambiants, l'hématome qui s'est formé tout autour devient aussi un agent de compression.

C'est d'ailleurs par ce mécanisme que se produit l'hémostase, à la suite des piqûres artérielles et veineuses : le sang s'épanche au-dessous de l'adventice, la décolle et la soulève, et, de la sorte, il se forme comme un épais couvercle, qui obture la perforation et ferme la voie au sang. Si la paroi est mince, l'épanchement a lieu tout autour du vaisseau piqué, dans sa gaine tangentielle, et l'on voit souvent l'infiltration péri-vasculaire se prolonger au loin; à la hauteur de la plaie, elle se collecte en un épais cylindre, une virole de caillots, qui jouent dans l'hémostase le rôle dont nous venons de parler.

Les piqûres de l'intestin se prêtent. elles aussi, à un mécanisme spécial d'oblitération. La muqueuse, plus lâche que les autres tuniques, fait hernie à travers la perte de substance des couches musculaire et séreuse : elle se présente sous la forme d'une sorte de bouchon qui obture l'orifice (Travers), occlusion grossière, en réalité, et qui ne suffit pas à empêcher le suintement du liquide infectant.

Une complication fréquente des piqûres étroites, c'est, nous l'avons vu, la présence de corps étrangers, corps étrangers le plus souvent très petits, et de recherche pénible (échardes, pointes d'aiguilles, etc.). Ils sont plus rares dans les piqûres larges, grâce au volume et à la puissance même des agents vulnérants; ce n'est guère qu'en se heurtant au squelette qu'ils se brisent. Aussi les trouve-t-on implantés dans le crâne, dans la colonne vertébrale, dans les os volumineux. Des faits étranges ont été rapportés, que nous ne saurions reproduire ici, et qui témoignent de la longue tolérance des tissus. Longue tolérance et non tolérance indéfinie : presque toujours, en effet, l'heure vient, où le corps étranger, oublié, se révèle de nouveau, et quelquefois par des accidents graves.

CHAPITRE V

SECTIONS

On pourrait dire des sections : ce sont les solutions de continuité produites par des corps tranchants, en définissant le tranchant, avec Chauvel, « une scie très fine, agissant non par pression directe, mais par pression combinée à un mouvement de glissement ». Ce qui caractérise les agents de section, c'est précisément l'étroitesse de leur surface d'application, de conflit, avec les tissus, et, par suite, la résistance très amoindrie qu'ils rencontrent. Il n'existe pas d'assez fin tranchant pour s'insinuer dans les espaces intercellulaires, et produire une simple dissociation des éléments adjacents; la section idéale, si l'on peut dire, n'existe donc pas en pratique, et, quelque mince et aiguisée que soit la lame, il y a toujours, à son contact, des déchirures, des écrasements, des lésions qui, pour être circonscrites à une zone étroite et quelquefois presque élémentaire, n'en sont pas moins, en miniature, celle de la plaie contuse.

La gradation est indéniable et d'observation courante entre ces divers types de lésions traumatiques : certaines crêtes osseuses, arrondies et mousses, le rebord orbitaire, par exemple peuvent sectionner la peau de dedans en dehors avec la plus grande netteté; par contre, un mauvais couteau fait une entaille à bords mâchés et contus.

Aussi les *agents de section* sont-ils très nombreux et de nature extrêmement diverse. Je n'ai qu'à rappeler le nombre considérable des instruments usuels, des outils industriels, des armes de guerre, des instruments de chirurgie. Ne nous servons-nous pas tous les jours du bistouri et des ciseaux! N'observe-t-on pas, dans tous les corps de métiers, des coupures en quelque sorte professionnelles!

Nous avons vu, au chapitre précédent, que l'action vulnérante est souvent complexe, et que l'instrument est souvent à la fois tranchant et piquant. Cela est vrai, en particulier, des armes de guerre, qui frappent d'estoc ou de taille; le sabre est surtout destiné à frapper de taille, l'épée de combat à agir de la pointe. Dans les duels, les plaies sont presque toujours dues à des coups de pointe.

Il faut tenir un grand compte, dans l'appréciation des effets produits par les instruments tranchants, de leur poids, d'une part, et de l'impulsion qui leur est communiquée. Un corps très pesant, muni d'une arête tranchante et qui tombe d'une notable hauteur, divise sans peine un membre tout entier, la colonne vertébrale, le cou; la hache, la guillotine en sont des exemples. Les instruments doués de cette terrible puissance sont nécessairement d'une notable épaisseur, leur arête est étroite, ils s'élargissent en coin; aussi une contusion plus ou moins étendue se combine-t-elle toujours, en pareil cas, à la section.

La diérèse n'est, du reste, pas le propre des instruments métalliques : les débris de verre, de poteries, etc., se retrouvent souvent dans l'étiologie, les feuilles rigides et à bord aminci de certains végétaux, ou même certains fils minces, animés d'un mouvement rapide ou sous l'effort d'une brusque striction.

L'énumération serait oiseuse; il me suffit de montrer que la caractéristique du corps coupant est toujours la même, quelle qu'en soit la nature.

L'intérêt de l'étude des sections réside surtout dans leur aptitude plus ou moins accusée à la réparation. Quelles sont les variétés de plaies qui se prêtent le mieux à une *restitutio ad integrum* des tissus? En quoi les caractères et le mécanisme de la section influent-ils sur ce processus de cicatrisation définitive? Voilà ce qu'il faut, avant tout, rechercher.

Or, dans toute section, les deux conditions essentielles qui s'opposent à la réunion, sont les suivantes : 1° *l'écartement variable des deux lèvres de la solution de continuité;* 2° *la présence, sur les bords de la division, d'une zone; plus ou moins épaisse, d'éléments mortifiés ou destinés à l'être,* zone que nous dénommerons plus tard zone ischémiée, stupéfiée, gangrenée et dont la résorption est toujours le premier temps du travail d'accolement réparateur.

C'est à ce double point de vue qu'il y a lieu de considérer le mode d'action des agents de diérèse et ce mode d'action aura pour principaux éléments : 1° leurs caractères physiques et leur direction; 2° la résistance variable des tissus.

J'ai déjà dit que la finesse du tranchant, que la minceur de la lame tout entière étaient indispensables à la production d'une section nette, autrement dit d'une division aussi appropriée que possible à la réunion ultérieure. Il est aisé de comprendre ce qui se passe dans l'éventualité contraire. Suivant la direction et le mode d'application de l'instrument vulnérant, la solution de continuité est *perpendiculaire* ou *oblique*; elle est d'ordinaire très nette, dans le premier cas, et donne lieu à une plaie évasée, sur les bords de laquelle les divers plans divisés s'écartent plus ou moins, suivant leur rétractilité propre ; les sections obliques créent des plaies à lambeau, souvent beaucoup plus larges, mais de rapprochement et d'adaptation quelquefois plus faciles. Enfin la diérèse peut s'accompagner d'une *exérèse* véritable ; un segment de membre, un doigt, par exemple, un organe saillant, le nez, l'oreille, etc., un lambeau de tissu est complètement détaché, laissant à sa place une perte de substance, qui ne se comblera spontanément que par un tissu de cicatrice, ou artificiellement, que par une véritable greffe.

Les tissus de forte cohésion sont ceux qui se prêtent le mieux aux sections franches ; rien ne se coupe plus régulièrement qu'un muscle bien tendu, et, dans nos incisions, nous avons soin de fixer et de tendre la peau au-devant du bistouri.

Les organes mous s'effritent et s'écrasent, les os éclatent et se brisent. Sans doute on rencontre, et surtout au crâne, de véritables sections osseuses, et je ne fais que citer l'*eccopé* et le *diacopé* des anciens ; les coups de sabre ou de hache ont divisé parfois les os des membres, et l'ostéotomie est d'usage courant, en chirurgie. Mais nous savons bien que nos ciseaux, nos ostéotomes ne créent pas des sections simples, ils agissent tout autant par pression, par tassement, et nous utilisons précisément ce tassement des deux lèvres de la brèche, pour nous donner du jeu, et permettre le redressement, dans les déviations du genou, par exemple. Les propriétés du tissu osseux et son active régénération fournissent une réparation aussi rapide après ces divisions mousses qu'après l'éclatement nette d'une fracture. Il n'en est pas de même pour les autres tissus, comme nous allons le dire.

Enfin, la profondeur de la solution de continuité doit entrer aussi en ligne de compte ; les effets immédiats et la facilité d'une restauration ultérieure varient suivant que la division a été complète ou incomplète. Une autre catégorie plus importante est celle des plaies qui pénètrent jusque dans une cavité viscérale, qui ouvrent le crâne, la poitrine et l'abdomen, les voies digestives ou respiratoires ; ce sont, cette fois encore, des *plaies cavitaires*. Une pareille communication livre passage d'ordinaire à l'infection, et, de plus, elle entrave le processus d'occlusion spontanée, et expose aux abouchements anormaux et aux fistules.

Les **effets immédiats** de toute diérèse peuvent se résumer dans les trois termes que voici :

1° *Section des vaisseaux, hémorragie primitive* ;

2° *Section des nerfs, douleur primitive*, d'intensité et de durée variables ;

3° *Section des différents tissus, et rétraction plus ou moins large* des lèvres de la brèche.

Il est superflu de répéter que l'hémorragie varie d'abondance suivant le volume des vaisseaux intéressés, suivant le degré de vascularisation artérielle ou veineuse, physiologique ou morbide, des régions et des organes. Nous savons tous que les plaies de la face, même superficielles, saignent abondamment, que les gros parenchymes, la rate, le foie, le poumon, saignent plus encore que les masses musculaires, que l'incision d'un phlegmon diffus, d'un anthrax donne lieu à un suintement en nappe, quelquefois inquiétant. Tout cela est de notion banale. Ce qu'il faut retenir, c'est que l'hémorragie dépend moins de la richesse vasculaire d'un tissu que de la disposition des vaisseaux, de l'adhérence de leur paroi, de la béance qu'ils conservent à la coupe; dans le foie, par exemple, les grosses veines sus-hépatiques restent grandes ouvertes sur les deux bords de la brèche, comme les sinus craniens; il en résulte des hémorragies qui peuvent devenir mortelles, alors même que le tronc porte n'est pas atteint; le même mécanisme se retrouve sous des sections des tissus érectiles, des corps caverneux.

Le second accident primitif, la douleur, est aussi, au moins en partie, subordonné au nombre et à la qualité des nerfs sectionnés, à l'innervation plus ou moins riche de la zone traumatisée. Faut-il rappeler que les plaies des extrémités sont d'ordinaire extrêmement douloureuses, alors qu'un coup d'épée ou de couteau dans le foie, dans la rate, dans le poumon, ne déterminent souvent tout d'abord qu'une vague sensation de choc? Ici doivent intervenir, pourtant, divers éléments d'importance. La réaction douloureuse se modifie suivant les caractères de la diérèse, sa rapidité, sa netteté, suivant l'état des tissus, et la souffrance atroce qui accompagne l'incision du panaris est citée partout comme exemple. On en trouverait bien d'autres. Je ne saurais oublier, sans y insister pourtant, la réceptivité nerveuse du sujet et les nombreux agents, morbides ou accidentels, qui l'atténuent ou l'exagèrent. Aussi bien Verneuil n'a-t-il pas divisé les blessés en deux catégories : les exagérateurs et les atténuateurs?

Le fait capital, au point de vue mécanique, est le suivant : la diérèse ne reste jamais à l'état d'une simple fente, de largeur égale à celle de l'instrument de section, au moins dans les tissus vivants, doués de leur tension et de leur tonicité normales. Les deux lames de tissu, brusquement disjointes, n'ont aucune tendance naturelle à reprendre contact, et, comme nous allons le dire, alors même que l'accolement est artificiellement réalisé, il ne saurait être question d'une coalescence primitive, d'une réparation immédiate par soudure, au sens propre du mot.

Cet écartement des tissus divisés varie, d'ailleurs, au gré de certaines conditions données, et qu'il est utile d'étudier, comme le *processus de réunion*, dans les membranes, les organes longs, les organes creux, les parenchymes.

Un grand fait est à établir tout d'abord : à l'état physiologique, tous les tissus sont soumis à une tension variable, intermittente quelquefois, et à laquelle s'ajoute la tonicité des éléments musculaires. Voyez la peau, la plus rétractile des *membranes*; les deux lèvres d'une incision s'écartent plus ou moins suivant les régions, suivant la direction du trait de section. Pourquoi? Parce que l'abondance des éléments élastiques et leur direction varient, parce que les adhérences profondes de la membrane cutanée sont plus ou moins serrées, plus ou moins étroites. Et ceci est vrai pour toutes les membranes. La muqueuse vaginale, par exemple, intimement soudée au plan sous-jacent, ne se prête pas à la moindre rétraction : l'avivement dans les colporrhaphies, permet bien de s'en rendre compte. L'élasticité de la membrane est neutralisée par son adhérence.

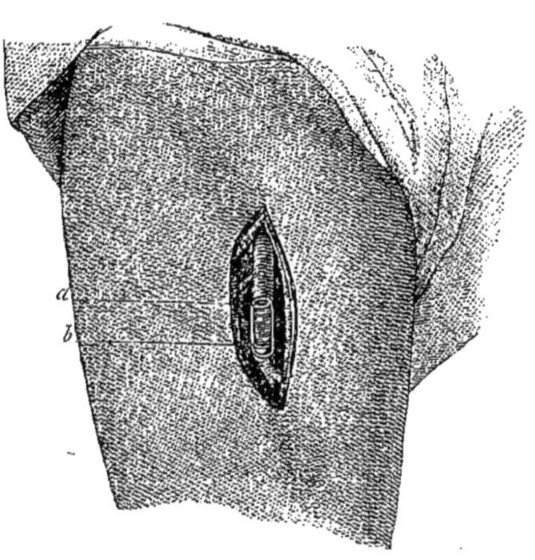

Fig. 9. — Écartement des deux bouts d'une artère sectionnée complètement dans sa gaine.

L'écart des deux bouts est souvent limité, pour les muscles, pour les tendons, pour les nerfs, par un procédé du même genre : les connexions étendues avec l'os voisin, avec une aponévrose, les tendons dérivés (doubles tendons, expansions aponévrotiques), les branches collatérales. La coupe et la recoupe des muscles, dans les amputations circulaires, sont nécessitées par ce fait d'observation courante, que les muscles profonds ne se rétractent pas. Les longs muscles superficiels, dont les extrémités seules sont fixées, laissent, au contraire, entre leurs deux bouts divisés, un long écart, au moins lorsque le muscle est soumis à l'action de ses antagonistes. Après les sections tendineuses, on est souvent contraint d'aller chercher haut et loin, et au prix de débridements étendus, le bout supérieur entraîné par son muscle. L'*expression musculaire*, indiquée par Le Fort, rend, en pareille occurrence, les plus grands services. Les contractions, volontaires ou réflexes, accroissent encore le retrait du bout supérieur, mais leur rôle n'est jamais que temporaire.

C'est encore au mode de distribution et à la direction des éléments élastiques et musculaires, qu'il faut attribuer la forme et la béance variable des plaies, dans la paroi des *organes creux*. Les artères en fournissent le meilleur exemple.

La section est-elle complète, les deux bouts du vaisseau s'éloignent l'un de l'autre, en glissant dans leur gaine tangentielle (fig. 9); ils se resserrent un peu jusqu'au point d'émergence de la première collatérale, sur les artères de petit volume et de paroi très musculaire, ce phénomène de rétraction primitive peut aller jusqu'à une occlusion complète, temporaire, et, de là, une pathogénie des *hémorragies primitives retardées*. Si la diérèse est incomplète et transversale, les deux lèvres s'écartent, et la fente, élargie, devient bientôt circulaire ou ovalaire : c'est une véritable perte de substance. Il arrive que la circonférence du vaisseau soit intéressée presque tout entière et qu'une étroite bandelette reste seule, comme une sorte de rétinaculum, entre les deux segments du tube artériel ; un jeune homme avait reçu un coup de couteau à la partie supéro-interne du bras gauche, sous l'aisselle ; à ce niveau, une poche anévrysmale, grosse comme un œuf, s'était développée ; je trouvai l'artère humérale sectionnée dans les deux tiers de son pourtour, et une bandelette externe retenant seule les deux bouts écartés de 2 centimètres 1/2. En pareil cas, si la lamelle intermédiaire est très étroite, le mécanisme de l'hémostase est, sans doute, le même qu'après une section complète ; il est, en somme, de réalisation plus facile qu'après une section incomplète, qui laisse, une fois ses bords rétractés, un trou béant dans la paroi du vaisseau (fig. 10).

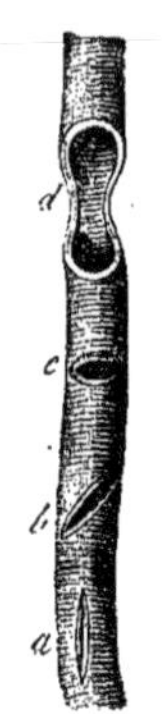

Fig. 10. — Plaies incomplètes des artères.
a, verticales ; *b*, obliques ; *c*, *d*, transversales.

Ce que nous venons de dire s'applique aux veines, mais dans une mesure beaucoup plus restreinte, grâce à la différence de texture de leur paroi. Ici encore, les plaies longitudinales s'élargissent peu, les sections transversales tendent à prendre une forme arrondie ou ovalaire. Ajoutons que, pour les veines et pour les artères, l'état pathologique altère et transforme ces modes de réaction aux agents mécaniques ; ne voit-on pas les veines variqueuses, épaissies et rigides, rester béantes à l'incision et saigner comme des artères ; et, d'autre part, il nous suffit de rappeler ce que deviennent souvent les artères athéromateuses.

Ailleurs, dans le *tube digestif*, par exemple, l'élargissement secondaire de la plaie relève surtout de l'action des fibres lisses. Une section transversale de l'intestin est, en général, peu béante ; une section longitudinale l'est beaucoup plus, elle revêt une forme losangique ou ovalaire et, là encore, ce qui était d'abord une simple fente devient un trou béant, une perte de substance ; le bouchon muqueux dont nous avons déjà parlé, ne suffit pas, en général, à assurer l'occlusion. A la trachée, les solutions de continuité transversales se prêtent aussi à un écartement souvent considérable de leurs deux lèvres ; le tube aérien est-il entièrement sectionné, le bout inférieur se dérobe au loin, jusque dans le thorax ; dans l'extirpation du larynx, on a bien soin d'amarrer solidement le tube trachéal.

On pourrait multiplier les exemples ; partout les faits se ramènent à la même explication. Ainsi en est-il encore pour les *parenchymes*. En règle, dans le foie, la rate, le poumon, le rein, une section incomplète revêt la forme d'un coin, à base périphérique, plus ou moins large, suivant les caractères physiques du tissu parenchymateux, et aussi, suivant la profondeur de la solution de continuité. Parfois la section est complète, et un segment plus ou moins considérable de l'organe entièrement détaché; ce serait une exérèse véritable, si la portion « excisée » par l'instrument tranchant ne restait incluse, d'ordinaire, dans la cavité viscérale correspondante, où elle devient l'origine d'accidents particuliers.

On voit que, dans tous les tissus, la section aboutit, en somme, à la création d'un foyer traumatique, autrement dit, d'un espace vide, de largeur variable, intermédiaire aux deux lèvres de la ligne de diérèse, destiné à se remplir de sang et à être le siège des phénomènes de réparation ultérieure.

Il y a lieu d'étudier, en effet, dans ce foyer traumatique, et à titre d'***effets lointains de la section*** : 1° le *processus d'hémostase*; 2° le *processus de cicatrisation*, dans le sens complet que comporte ce terme.

1° L'*hémostase* a été bien étudiée par J.-L. Petit; il a montré que le sang, épanché dans la gaine tangentielle et dans la cavité irrégulière de la plaie, finit par s'y coaguler, et ce premier caillot figure une sorte de *couvercle*, qui obture la plaie vasculaire; il se prolonge dans l'intérieur même du vaisseau, en s'effilant en pointe, et sur une longueur variable, d'ordinaire jusqu'à la plus voisine collatérale; ce second caillot forme *bouchon* et achève de barrer la route à l'écoulement sanguin. C'est là une hémostase provisoire (fig. 11).

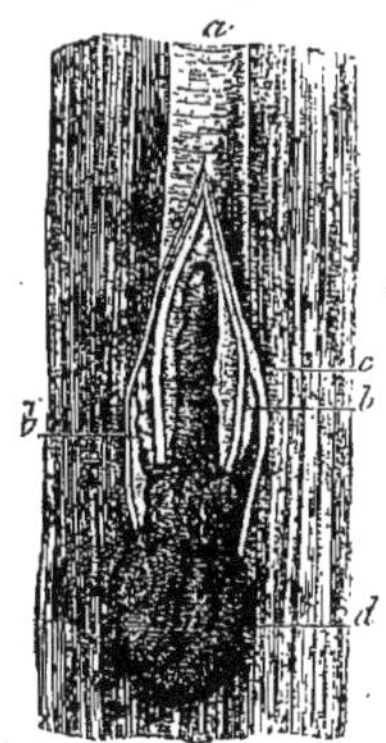

Fig. 11.
Hémostase provisoire.
Couvercle : bouchon.

Le travail d'hémostase définitive, le processus d'oblitération des deux bouts divisés du vaisseau rappelle de tout point celui de la cicatrisation par seconde intention, que nous allons décrire dans un instant. Sans entrer dans les détails histologiques, on voit qu'une série de bourgeons embryonnaires émanent de la face interne du vaisseau, nés de l'endartère et de la tunique moyenne, pénètrent dans l'épaisseur du caillot, qui s'effrite et se résorbe, et, par leur fusion et leur transformation ultérieure, créent un bouchon fibreux, qui oblitère définitivement le vaisseau. L'étude de cette cicatrisation vasculaire a fourni matière à de nombreux travaux dont l'exposé trouvera place ailleurs [1].

[1] Nous ne pouvons que signaler ici l'importante question des *sutures* artérielles et veineuses et des *anastomoses*.

Quoi qu'il en soit, une fois achevée l'hémostase provisoire, le foyer traumatique est rempli d'un caillot de volume et de forme variables. Quel rôle sera dévolu à ce sang épanché, dans l'évolution réparatrice de la plaie? On a cru longtemps, avec Hunter, à l'organisation du sang, qui devenait ainsi l'agent principal de la cicatrisation. Cette théorie n'a plus qu'un intérêt historique, au moins dans sa teneur primitive. Il paraît établi, en effet, que le sang, s'il ne concourt pas lui-même à la création de la cicatrice, représente néanmoins un excellent milieu de cicatrisation et de réparation osseuse.

Le foyer traumatique peut contenir autre chose que du sang : d'autres liquides organiques, des débris de tissus, des esquilles, des corps étrangers. Ce sont autant d'obstacles à la réunion de ses bords et au processus d'occlusion cicatricielle; l'élimination de ces corps étrangers, le plus souvent septiques, la résorption du sang, doivent être le premier terme de l'évolution réparatrice.

Et ce travail préliminaire est indispensable, même après les sections les plus simples et qui se prêtent le plus aisément à l'accolement primitif. Il existe toujours, sur les deux versants du plan de section, une lame, si étroite soit-elle, de tissu désorganisé, condamné irrémédiablement à la nécrose ou à la résorption, et qui suffirait à entraver la soudure immédiate, alors même que la physiologie générale s'en accommoderait.

Nous allons voir, en effet, que la réunion, même la plus complète et la plus rapide, ne répond nullement à cette formule simpliste.

2° La *réunion* est *primitive ou secondaire*, par première ou seconde intention.

La réunion primitive suppose le contact, l'accolement des deux lèvres de la solution de continuité, dont l'adhésion devient définitive. Par quel mécanisme?

S'agit-il d'un tissu sans vaisseaux, de structure simple, la cornée par exemple, il n'y a pas, même alors, de coalescence directe, physique pour ainsi dire, et c'est une lamelle néoformée qui vient combler la fente traumatique. Si la plaie est un peu déhiscente, si l'asepsie n'est pas absolue, la cicatrice restera opaque.

En règle, dans tous les tissus vasculaires, c'est le tissu conjonctif, ce parenchyme commun, qui fait tous les frais du processus de réunion. Sur les parois du foyer de section, il y a lieu de distinguer deux zones : une interne, d'épaisseur variable, *zone ischémiée ou stupéfiée*, quelquefois sphacélée, qui correspond au territoire de désorganisation mécanique, plus ou moins large, suivant le mode de la section; une externe, la *zone irritée*, qui va devenir la zone de prolifération et servir de terrain aux premiers phénomènes réparateurs.

Que trouve-t-on entre les lèvres d'une plaie récemment suturée? Une matière demi-liquide, le blastème, la lymphe plastique d'autrefois, qui contient des globules sanguins, toujours assez abondants, de la lymphe exsudée, des cellules embryonnaires; à un stade un peu plus avancé, des néo-capillaires. Ces éléments cellulaires sont nés de la végétation embryonnaire, dont la zone irritée devient le siège; ces néo-vaisseaux procèdent des capillaires voisins, qui bourgeonnent suivant un processus anatomique bien connu, s'étendent d'un bord à l'autre et se fusionnent. En dernière analyse, l'accolement définitif est réalisé, par l'interposition d'une bande de tissu embryonnaire; à la longue, cette cicatrice jeune devient fibreuse, se rétracte, s'amoindrit, disparaît ou semble disparaître quelquefois. En réalité, si l'affrontement des divers plans de la peau est exact et se maintient tel, la ligne cicatricielle est réduite au minimum; elle n'est plus marquée que par la coloration de l'épiderme, qui s'atténue et s'efface avec le temps. L'affrontement aussi régulier que possible, telle est la condition essentielle des belles cicatrices, et la suture intra-dermique n'agit pas autrement.

On voit que cette réunion primitive constitue une véritable *greffe* des deux lames de tissu divisées; ou, si l'on préfère, la greffe n'est autre chose qu'une réunion *per primam*, avec cette différence qu'il s'agit ici, d'un segment de tissu généralement éloigné, isolé, ou laissé, pour un temps, en continuité vasculaire avec son lieu d'emprunt.

Dans cette dernière hypothèse, que réalise la greffe par approche, le processus rappelle de tout point celui de la cicatrisation par première intention. Si le lambeau transplanté est entièrement détaché, il ne prendra qu'une part fort restreinte aux phénomènes de réparation, qui auront presque exclusivement pour siège le « terrain de transplantation ». L'étude en avait été très soigneusement faite par M. Garré pour les larges lambeaux dermo-épidermiques de la greffe d'Ollier-Thiersch; de nombreux examens, répétés à des stades différents, lui avaient montré que l'adhésion primitive a toujours lieu par l'intermédiaire d'un exsudat composé d'un réseau fibrineux et de globules sanguins et bientôt infiltré de noyaux embryonnaires et de néo-vaisseaux. Vaisseaux et noyaux émanent ici uniquement du plan profond, qui fait seul les frais du travail d'hypergenèse. Quant aux greffes, les transformations qu'elles subissent sont plutôt de l'ordre régressif. Leurs vaisseaux propres disparaissent en partie, ceux qui restent entrent en communication avec les néo-vaisseaux, qui émergent de la profondeur, et deviennent le point de départ d'un nouveau système vasculaire; le derme redevient embryonnaire, la couche cornée de l'épiderme se desquame et « mue ». En somme, lorsque les bandelettes transplantées ont pris définitivement racine dans leur nouvel habitat, elles se sont transformées et rénovées dans toute leur épaisseur, et *il reste bien peu de leur tissu primitif*.

Pareil fait se reproduit à la suite de toutes les variétés de greffes, cutanées, musculaires, tendineuses, osseuses, etc., et l'on ne saurait confondre les résultats primitifs et les résultats lointains. Suivant les conditions de vitalité des différents tissus, ils peuvent demeurer pendant plus ou moins longtemps, sans mourir, soustraits à la circulation sanguine; autrement dit, ils peuvent attendre, transplantés en un nouvel habitat, que l'implantation soit réalisée, sous la réserve que cette période de réparation soit plus ou moins courte. Grâce à cette propriété spéciale, et si l'ensemble des conditions est favorable, ils ne se flétrissent pas, ils restent vivants ou reprennent toutes les apparences de la vie, après une période de stupeur; ils adhèrent : le succès primitif de la greffe est assuré.

Alors commence un travail de seconde main, celui de l'assimilation définitive, si je puis dire. Que restera-t-il de ce segment de peau, de muscle, de tendon, d'os, au bout de quelques semaines ou de quelques mois? Souvent peu de chose ; la greffe ne s'est pas mortifiée, mais lentement elle s'est résorbée, atrophiée, transformée ; elle a joué, pendant un temps variable, le rôle d'une matière de remplissage, d'une pièce surajoutée, et quelquefois, cela suffit, en somme, à remplir les indications. Il est assez rare qu'elle donne plus, et l'étude des nombreux travaux suscités par cette intéressante question, permettrait de s'en convaincre. Ainsi en est-il, en particulier, pour la greffe osseuse : il paraît démontré aujourd'hui que, même s'il a été prélevé sur le même sujet et transplanté « frais », avec son périoste et sa moelle, le tissu osseux se nécrose et se résorbe ; le périoste et la moelle conservent seuls leur vie et leur activité propre, au moins lorsque le transplant a eu lieu dans des conditions suffisantes, et régénèrent l'os définitivement[1]. Nous ne saurions aborder ici ces problèmes complexes; une notion, pourtant semble toujours à retenir : de ce qu'une greffe « a pris », greffe de tissus, de segments, de membres ou d'organes (articulations, etc.), on ne saurait conclure à la survivance intégrale des éléments anatomiques transplantés.

Ce mécanisme de la greffe se retrouve encore dans la cicatrisation par *seconde intention*, mais il n'y prend plus qu'une part assez restreinte et assez incomplète.

Ici, le foyer de section reste ouvert, plus ou moins largement, et l'écartement primitif persiste ou même s'accroît. La cicatrisation a pourtant les mêmes organes élémentaires, si l'on peut dire : elle se fait par granulation, par bourgeonnement. Le *bourgeon charnu*, cet organe anonyme, qui se montre et végète partout, sur la tranche de tous les organes, à la surface de tous les tissus, en est le principal facteur.

Or le bourgeon charnu, quels qu'en soient l'aspect et la forme, n'est autre chose qu'une agglomération de noyaux embryonnaires, groupés autour d'une touffe centrale de néo-capillaires. Il dérive du même processus que nous avons étudié tout à l'heure, mais ici la voie est libre, l'espace est large entre les deux versants de la solution de continuité, et la gangue unissante, au lieu de figurer une mince lamelle, s'étale ou

[1] Voir G. Axhausen. — Arbeiten aus dem Gebiet der Knochenpathologie und Knochenchirurgie. *Archiv. f. klin. Chir.*, 1911, t. XCIV, 2, p. 241.

s'épaissit. Arrivés au contact, les bourgeons charnus se soudent, ou plutôt se greffent en inoculant leurs systèmes capillaires, et le tissu de la jeune cicatrice se trouve constitué, tissu anonyme, lui aussi, au moins durant cette première période, quelles que soient les parties qu'il ait charge de réunir. A la surface, le revêtement épithélial se développe à son tour, et sous forme d'îlots, qui s'irradient et se fusionnent, et par l'envahissement concentrique du limbe. Je ne veux pas insister sur ce mode de développement : je tiens à rappeler seulement que ce néo-épithélium n'acquiert, lui aussi, ses caractères définitifs qu'avec le temps.

La réunion est assurée, mais elle n'est pas définitive; et c'est là un fait dont l'importance pratique est grande. Il faut des semaines, des mois, quelquefois plus, pour que cette cicatrice jeune, embryonnaire, ai fourni tous les termes successifs de son évolution, pour qu'elle ait acquis sa forme, sa résistance, sa consistance normales, pour qu'elle ait épuisé toute sa rétractilité. C'est encore au cours de cette période secondaire qu'auront lieu les processus de régénération, sur lesquels nous allons revenir.

Avant cela, un point important, aujourd'hui de notion banale, doit être mis en lumière. Toutes ces cicatrisations, primitives ou secondaires, sont des *cicatrisations aseptiques* : elles dérivent de l'activité réparatrice, propre aux tissus vivants, sans immixtion d'aucun processus anormal, pathologique, infectieux. Il est inutile d'insister aujourd'hui sur cette vérité démontrée : le pus n'est jamais que destructeur, *c'est la réunion par bourgeonnement, lentement obtenue, mais aseptique*, qui donne les bonnes cicatrices secondaires.

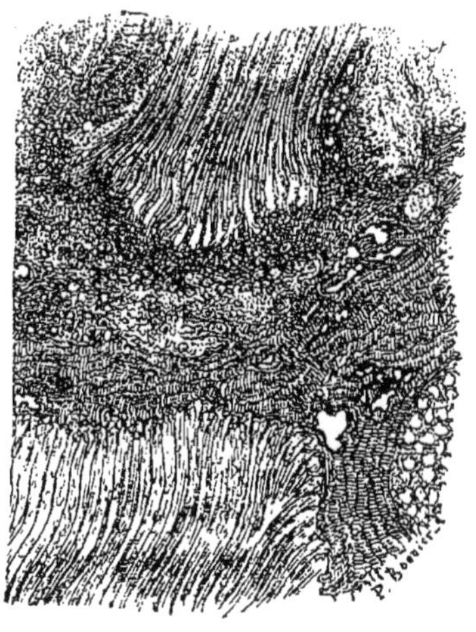

Fig. 12. — Cicatrice d'un cordon nerveux suturé, coupe longitudinale; zone conjonctive intermédiaire aux deux bouts; inflexions des tubes nerveux (Quénu).

Nous disions plus haut qu'il y avait deux âges dans la vie de toute cicatrice, et qu'au second seulement, à une date souvent fort éloignée, elles finissaient par devenir adultes, autrement dit, par acquérir leurs caractères définitifs.

Il faut rappeler encore que nulle part, dans aucun tissu, la réunion *primitive* n'existe, au sens anatomique du mot. Certaines observations ont pu la faire admettre pour les tendons et pour les nerfs : Glück croyait l'avoir obtenue expérimentalement, sur des nerfs sectionnés. Ces résultats n'ont jamais été confirmés. En réalité, on ne comprend pas qu'un élément cellulaire, d'ordre aussi élevé qu'une fibre nerveuse ou musculaire, puisse, une fois sectionné, reprendre, par une sorte de soudure, sa continuité et ses propriétés vitales. Ajoutons qu'en pratique, le contact intime, fibre à fibre, cellule à cellule, que supposerait cette réunion directe, est de réalisation souvent impossible, pour les nerfs, en particulier (voy. fig. 12).

C'est donc toujours à un processus de seconde main, que succède la *régénération cicatricielle*, et les effets définitifs en seront variables, suivant le mode de réunion, suivant les tissus, leur âge et l'état de leur nutrition générale. Le milieu organique est-il le même, et l'activité réparatrice marche-t-elle du même pas, chez l'enfant et le vieillard ou le sujet vieilli par la maladie? Il suffit de poser la question.

Les *membranes* se régénèrent en apparence d'une façon très complète ; pourtant il est exceptionnel que, dans les cas même les plus favorables, quelques stigmates, quelques anomalies de coloration, de surface, de mobilité, ne trahissent les imperfections, souvent minimes, il est vrai, du travail rénovateur. Dans la peau, les glandes ne se reproduisent pas ; il en est de même des fibres élastiques, et les papilles ne retrouvent pas non plus leur forme, leurs dimensions et leur ordonnance normales.

Les *os et les tendons* fournissent les meilleurs exemples de réparation intégrale. Je ne saurais faire ici l'histoire du cal, sinon pour rappeler que la cicatrice osseuse passe, elle aussi, par la période « anonyme », et que c'est dans l'épaisseur et aux dépens du tissu embryonnaire que se produit l'ossification définitive, d'emblée ou après la phase préparatoire du cartilage. La restauration tendineuse peut être si parfaite, qu'aucune trace de la diérèse antérieure ne soit reconnaissable, les fibres néoformées, d'origine cicatricielle, ayant repris l'aspect et la direction des fibres adjacentes. S'il faut en croire les expériences, il en serait de même, au moins après les sections aseptiques, des cartilages articulaires.

On ne saurait oublier, d'ailleurs, que, dans les tissus que nous venons de nommer la cicatrice n'est appelée à jouer qu'un rôle mécanique : pourvu qu'elle soit régulière et solide, elle remplira toutes les conditions d'une bonne cicatrice, et peu importent les détails de structure. Il en va tout autrement pour les tissus d'une physiologie plus complexe : les muscles, les nerfs, les parenchymes. Après une section ou une exérèse, peut-il se refaire du muscle strié ou lisse, du nerf, du tissu glandulaire ; autrement dit, la continuité de tissu peut-elle se rétablir dans tous ses termes ?

Pour les nerfs périphériques, des expériences célèbres, quelques faits observés chez l'homme, ont démontré que la régénération avait pour point de départ le bourgeonnement des cylindres-axes du bout central, sous la réserve que les deux bouts soient en contact ou reliés par un conducteur, qui permette aux fibres néoformées de prendre et de suivre la bonne voie, celle de l'ancien cordon nerveux, dégénéré. Connaît-on, au moins chez l'homme, toutes les données du problème, tous les éléments du processus? Nous ne le croyons pas, et la clinique en témoigne souvent [1].

La régénération du muscle strié a fourni matière à des études nombreuses, dont l'analyse trouvera place ailleurs (Waldeyer, Weber, Moslowsly, Demarquay, Robin, Hayem, Bouchard, etc.). Qu'elle ait lieu par le développement et l'évolution d'éléments myoplastiques, nés des noyaux du sarcolemme, des noyaux embryonnaires de la cicatrice primaire, etc., ou qu'elle soit due à une véritable segmentation des fibres musculaires, sur les bords de la solution de continuité, son rôle est en somme fort restreint, à la suite des diérèses; et, du reste, ici encore, une cicatrice fibreuse, qui segmente le muscle et le rend digastrique, ne nuit guère, le plus souvent à son fonctionnement actif.

Quant aux parenchymes, les faits probants de régénération dans le foyer d'une ancienne plaie, sont exceptionnels. Pourtant Hess [2], après quelques autres, avait décrit et figuré, dans la jeune cicatrice d'une rupture du foie, des traînées cellulaires, qu'il considérait comme des cellules hépatiques néoformées, et comme des canalicules biliaires en voie de régénération. Tuffier [3] a bien étudié la réunion des plaies du rein, qui peuvent servir de type, et voici comment il resume ses recherches : « Sur les bords de la plaie, les éléments nobles se mortifient, l'épithélium des tubes contournés devient granuleux, dans toutes les régions où les tubes sont privés de leur connexion glomérulaire, leur lumière est remplie de globules sanguins ou de fibrine. Après quarante-huit heures, une prolifération embryonnaire peu intense envahit les espaces péri-tubulaires et péri-vasculaires, faisant une véritable bande autour de la plaie. La lumière des tubes est effacée.... Au septième jour, la cicatrice est conjonctive, on ne trouve plus qu'une mince bande fibreuse, au milieu de laquelle se voient les éléments nobles atrophiés, sans qu'on puisse y trouver la régénération dont parle Pisenti. »

On trouve partout des phénomènes à peu près semblables ; or, la persistance de la barrière fibreuse cicatricielle n'est pas toujours inoffensive, dans les parenchymes ou les glandes : si elle est longue et profonde, elle est susceptible d'oblitérer définitivement un certain nombre de canaux excréteurs et d'entraîner l'atrophie ultérieure du segment correspondant de l'organe.

On voit donc que l'histoire des sections ne finit pas avec la réunion primitive des deux bords de la plaie, comme celle des contusions n'est pas close, quand le sang épanché s'est résorbé. Toute lésion traumatique,

[1] Nous ne saurions entrer ici dans le détail de cette importante question. Voy. notre art. PLAIES DES NERFS du *Traité de chirurgie*, t. II, p. 26.

[2] HESS, Beitrag zur Lehre von den traumatischen Leberrupturen. *Virchow' Archiv.*, 1890, Bd. CXXI, p. 154.

[3] TUFFIER, *Loc. cit.*

de quelque importance, laisse derrière elle un long travail de réparation à accomplir; elle crée, de plus, pour ce foyer, pour la cicatrice qui lui succède, des aptitudes morbides spéciales. Je ne puis ici rappeler que d'un mot la pathologie des cicatrices ; mais je tiens à rapprocher les faits de ce genre des effets lointains de la contusion, dont nous parlions ailleurs. Tant il est vrai que l'étude des agents mécaniques, appliqués au corps humain, ne saurait se renfermer dans les termes d'une formule toute mécanique.

INFLUENCE DU TRAVAIL PROFESSIONNEL
SUR L'ORGANISME

Par M. A. IMBERT
Professeur à la Faculté de Montpellier.

De même que toute machine industrielle, l'organisme humain, en tant que moteur, ne peut fournir du travail que jusqu'à une certaine limite maxima, à partir de laquelle le moteur très spécial que nous sommes s'altère dans son fonctionnement et dans ses organes. Toutefois si la comparaison du moteur animé à une machine industrielle est acceptable dans les termes très généraux avec lesquels elle vient d'être faite, ce moteur animé n'en présente pas moins des caractères particuliers dont il faut tenir compte dans l'appréciation des effets du travail sur l'organisme.

Une machine industrielle, par exemple, peut impunément, après un long repos, être mise brusquement au régime de la production maxima pour laquelle elle a été construite. Le moteur animé, au contraire, après une période d'inactivité un peu longue, ne peut, sans dommage pour lui, fournir sans transition le maximum d'énergie auquel il sera capable de satisfaire après un *entraînement* préalable.

Un enfant se distingue d'ailleurs d'un adulte en ce qu'il constitue un moteur en quelque sorte inachevé, mais déjà capable de fournir une certaine quantité de travail. En outre, ce moteur en voie de développement n'est pas seulement caractérisé par une puissance énergétique actuellement moindre; pour que ce jeune organisme puisse acquérir progressivement la capacité maxima de travail qui pourra être la sienne lorsqu'il aura atteint l'âge adulte, il est encore indispensable qu'il travaille, mais qu'il se livre à des catégories spéciales de travaux à l'exclusion de certaines autres.

D'autre part, une machine industrielle, à l'usure près des pièces qui la constituent, reste indéfiniment semblable à elle-même au point de vue de sa puissance et de son rendement en travail. Par contre, le fonctionnement du moteur animé est rapidement influencé par ce fonctionnement même, si bien que l'aptitude de ce moteur à fournir du travail diminue à mesure qu'augmente le temps depuis lequel il est en activité.

C'est cette diminution d'aptitude au travail que l'on désigne couramment sous le nom de *fatigue*, mot qui, au point de vue physiologique, correspond à un phénomène très complexe et d'ailleurs incomplètement connu encore.

Mais le moteur animé revient à son état initial et peut recommencer à travailler s'il reçoit, sous forme d'aliments, une somme d'énergie qui dépendra pour une part de la quantité de travail qu'il doit fournir, et si en outre il jouit, entre deux périodes successives d'activité, d'un repos assez long pour que l'organisme ait le temps d'éliminer les déchets accumulés pendant chaque période de travail.

Lorsque l'une ou l'autre de ces deux conditions n'est pas satisfaite, l'organisme est en état de *surmenage*, état caractérisé par une auto-intoxication due aux déchets organiques non éliminés et par une résistance moindre dans la lutte contre les agents extérieurs.

Alimentation suffisante et repos assez long sont donc indispensables pour que l'organisme conserve — les effets de l'âge et des causes accidentelles mis à part — une capacité constante et maxima de travail.

Qu'il s'agisse d'ailleurs de sport ou de travail professionnel, la question est la même. Sans doute le résultat se réduit, dans un cas, à un bénéfice personnel d'ordre sanitaire, et se traduit, dans l'autre, par un salaire destiné à assurer l'existence d'une famille; mais ouvrier et sportsman ont fourni une certaine quantité de travail, et les organismes de l'un et de l'autre sont soumis aux mêmes lois physiologiques d'entretien et de dépense.

D'autre part, l'entraînement et le surmenage sont surtout des questions de médecine individuelle, lorsqu'on les envisage au point de vue de la pratique des sports; mais c'est essentiellement de médecine collective qu'il s'agit, peut-on dire, lorsque l'entraînement et le surmenage sont considérés dans leurs rapports avec le travail professionnel, et ce caractère de généralité montre l'importance et fait prévoir les difficultés que présente alors l'étude de ces questions. Ces difficultés sont d'ailleurs encore accrues par ce fait que les mesures garantes de l'entraînement et préservatrices du surmenage se heurtent en pratique à des obstacles qui, pour être d'ordre extra-médical, n'en sont pas moins difficiles à écarter.

Il est médicalement nécessaire, en effet, que le travail professionnel des enfants constitue un sage et utile entraînement en vue des dépenses d'énergie auxquelles ces jeunes organismes auront plus tard à satisfaire lorsqu'ils seront arrrivés à l'âge adulte; et il est non moins indispensable, au point de vue médical encore, que l'ouvrier adulte, de quelque métier que ce soit, ait la possibilité de s'alimenter assez et de laisser reposer suffisamment son organisme pour que soit écarté tout danger de surmenage. Il n'y a pas là seulement intérêt individuel de l'ouvrier, mais en réalité intérêt national et intérêt de race.

Malheureusement ces questions médicales d'entraînement des jeunes ouvriers et de non-surmenage des ouvriers adultes se confondent, dans la pratique, avec celles, d'ordre économique, de l'emploi des enfants dans l'industrie, du salaire, de la durée de la journée de travail, etc., etc.

Ainsi apparaissent avec toute évidence les rapports directs qui existent entre la Médecine et l'Économie politique, pour toutes les questions dans lesquelles intervient pour une part la dépense d'énergie de l'organisme humain. Économie politique et Médecine ont donc des domaines communs, dont il serait irrationnel d'attribuer l'exploration aux seuls adeptes de l'une ou l'autre de ces sciences. C'est simultanément que médecins et économistes doivent aborder ces problèmes relatifs au travail professionnel, et c'est ensemble qu'ils doivent en discuter les solutions pratiques. pour éviter l'absolutisme, dangereux dans ses conséquences, qui résulterait de l'étude incomplète de ces questions complexes.

Depuis longtemps déjà les diverses conditions dans lesquelles s'écoule la vie des ouvriers, insalubrité des logements et des ateliers, maladies professionnelles, alcoolisme, etc., ont été l'objet de préoccupations suivies et générales de la part des médecins. Quant au travail professionnel lui-même, considéré uniquement au point de vue des dépenses d'énergie qu'il nécessite, il n'a guère encore été l'objet de recherches spéciales et directes.

Il y a près d'un siècle déjà que, en France et en Prusse, les gouvernements ont eu leur attention attirée sur ce fait que le nombre des cas de réforme est notablement plus grand parmi les conscrits de la population industrielle que parmi les jeunes gens de la population agricole; c'est même cet inquiétant état de choses qui a suscité les premières et timides tentatives de réglementation du travail des enfants dans l'industrie. Depuis lors les constatations analogues se sont multipliées, et les tables de mortalité et de morbidité, les statistiques relatives aux nombres des survivants aux divers âges dans les divers milieux sociaux, la comparaison du poids, de la taille de la force des enfants de même âge appartenant à des familles pauvres ou aisées, les statistiques des poids des nouveau-nés dont les mères ont ou n'ont pas travaillé jusqu'au jour de l'accouchement, etc., ont montré que, dans l'ensemble des conditions au milieu desquelles se passe la vie des ouvriers en général, agissent des causes qui entraînent la débilité, la maladie et la mort.

Toutefois les résultats numériques de telles enquêtes d'ordre général englobent dans leurs chiffres les influences, inégalement importantes, de causes diverses agissant simultanément, sans que la part de chacune de ces causes puisse être isolée et évaluée. Mais en se multipliant ces recherches se sont circonscrites et ont permis alors de juger de la nocuité particulière de certaines professions, et de spécifier les causes, intoxication, poussières, etc., auxquelles cette nocuité est due. En outre, des constatations ont pu ainsi être faites, dont les unes mettent en évidence certains effets spéciaux nuisibles engendrés par le travail lui-même, tandis que d'autres conduisent à présumer tout au moins l'existence d'un certain degré de surmenage nerveux ou physique chez un certain nombre d'ouvriers de diverses professions.

Au nombre des premières de ces constatations, on peut citer la fréquence du pied plat chez les manœuvres occupés à porter de lourdes charges, la diminution de l'acuité auditive chez les ouvriers travaillant dans des ateliers où un bruit intense est produit, les douleurs localisées, chez les mineurs, dans les muscles les plus actifs, les crampes des plieuses, etc.

Quant au surmenage professionnel, en outre de la fréquence plus grande de la neurasthénie dans certaines professions, on peut citer les résultats démonstratifs des expériences faites en divers pays et relatives à la diminution de la durée de la journée de travail. Des industriels anglais d'abord, puis d'autres de Belgique et d'Allemagne, ont délibérément, et en dehors de toute obligation légale, diminué progressivement la durée de la journée de leurs ouvriers, durée qui, dans certains cas, a été ramenée au taux relativement faible de huit heures. Or, la productivité ouvrière, après avoir subi un fléchissement temporaire au moment de chacune des diminutions successives de durée de la journée, s'est relevée ensuite pour atteindre sa valeur antérieure, et quelquefois la dépasser.

Les faits suivants, observés en France, méritent également d'être invoqués. La loi du 1er Avril 1900, qui fixe à 10 heures la durée maxima de la journée de travail dans un certain nombre de professions, autorise une augmentation temporaire de cette durée aux époques où le travail est pressant. Or, par l'examen des livres de paye, dans le cas de salaire à la tâche, l'Inspecteur du travail Grillet a constaté qu'en général la productivité ouvrière est accrue quand la durée de la journée augmente, mais que cet accroissement de productivité ne dure que quelques jours et disparaît ensuite.

En dehors de l'hypothèse — dont la justification rigoureuse est au moins difficile — d'une limitation volontaire de la quantité de travail journalier par les ouvriers, les constatations qui viennent d'être citées ne paraissent susceptibles de pouvoir être interprétées que comme des indices de l'existence d'un certain degré de surmenage après les longues journées de travail professionnel. Un fait rend d'ailleurs plus probable cette dernière manière de voir, c'est que, dans les agglomérations ouvrières qui ont bénéficié d'une réduction de la journée de travail, le taux de la morbidité a concurremment diminué. Mais le moins que l'on puisse conclure de tout ce qui précède est que le travail, tel qu'il est effectué en intensité et en durée, apparaît comme pouvant entraîner le surmenage et par suite comme pouvant jouer le rôle d'une cause générale de débilité de l'organisme. L'étude du travail professionnel, des réactions qu'il détermine, et des conséquences qu'il engendre dans le moteur qui le fournit, présente donc une réelle importance, et cette étude mérite d'être systématisée par des méthodes plus directes que celles dont il a été fait usage jusqu'ici.

Une première catégorie de recherches particulièrement importantes devrait porter sur la détermination précoce des aptitudes des futurs ouvriers. Un travailleur bénéficie, en effet, d'un salaire d'autant plus élevé et d'autant plus continu qu'il est plus habile dans sa profession, c'est-à-dire qu'il est plus apte au travail spécial qui est le sien; or, un salaire plus élevé permet la réalisation de conditions meilleures d'existence (alimentation, logement, etc.), supprime des causes de surmenage et écarte des chances de maladie. Sans doute l'extrême variété des tâches professionnelles dans les divers métiers semble devoir rendre bien difficile à établir la solution complète et idéale du problème. Mais il apparaît cependant comme possible, et peut-être facile, d'arriver, dans un avenir assez prochain, à une solution partielle en recherchant les caractéristiques de l'aptitude aux catégories de métiers qui, par exemple, réclament surtout des qualités de goût, de vitesse, d'attention ou de force. C'est d'ailleurs avant la sortie de l'école que ces déterminations devraient être faites, afin que des indications judicieuses puissent être données aux familles, quant à la catégorie des professions dans lesquelles l'enfant aura le plus de chance d'acquérir l'habileté qui lui assurera un salaire élevé.

Au même titre que celle des aptitudes, le question de l'apprentissage doit retenir l'attention. L'institution de l'apprentissage, en effet, contribuerait à un meilleur emploi des forces individuelles, abrégerait la durée de la période d'initiation professionnelle et hâterait le moment où l'apprenti mériterait une rétribution. Or, il suffit de considérer de près et en détail le budget des dépenses des familles ouvrières pour être convaincu que le moindre accroissement de ressources pécuniaires peut avoir une influence efficace sur la morbidité au sein de beaucoup de ces familles, parce qu'il rendrait possible une amélioration de la nourriture, la location d'un logement moins insalubre, l'achat de vêtements plus chauds, etc.

Il importe d'ajouter ici que l'apprentissage n'est pas seulement nécessaire pour les métiers qualifiés, comme on pourrait être tenté de le croire tout d'abord; l'apprentissage est encore utile même pour les métiers et les actes professionnels les plus simples, si l'on a préalablement étudié les techniques diverses dont on peut faire usage pour l'exercice de ces métiers ou l'exécution de ces actes. Or, pour procéder à cette étude et reconnaître la meilleure technique, il peut être indispensable de recourir à des considérations théoriques et à des méthodes graphiques d'exploration des actes professionnels, avant de les enseigner à l'apprenti.

C'est ainsi qu'il y a moindre dépense d'énergie à saisir les manches d'une brouette par l'extrémité ou par le milieu, suivant la façon dont la charge est distribuée sur le véhicule; le fait vaut donc la peine d'être établi d'abord, puis enseigné à l'ouvrier, car il en résultera pour celui-ci une diminution de la fatigue professionnelle qui peut aboutir au surmenage.

C'est ainsi encore qu'il y a deux manières de donner un coup de sécateur, comme on peut s'en assurer en faisant travailler des coupeuses de sarments habiles et médiocres avec un outil muni d'un dispositif inscripteur des efforts. Or, de ces deux manières, l'une correspond à une rapidité plus grande de travail; il serait donc utile d'inculquer cette technique aux ouvrières, dont un petit nombre seulement saura la découvrir spontanément, puisqu'il en résulterait pour elles une augmentation de salaire journalier avec toutes les conséquences heureuses que ce surcroît de ressources entraînerait dans les conditions de leur existence.

Au vieil adage : « C'est en forgeant qu'on devient forgeron », il faut ajouter cet autre : « Par l'étude directe, expérimentale et graphique des actes professionnels qu'un métier comporte, on devient apte à collaborer efficacement à l'apprentissage de ce métier. »

Le travail des enfants mérite d'être considéré encore à un autre point de vue.

Puisque ces jeunes organismes doivent, avant leur formation achevée, se livrer à un travail rémunérateur, il serait du moins nécessaire que la réglementation de ce travail fût basée, dans la mesure du possible, sur cette double préoccupation d'éviter un surmenage précoce et d'assurer un entraînement capable de contribuer au développement de ces jeunes moteurs en vue des dépenses d'énergie auxquelles ils auront à satisfaire plus tard. Autant que les exigences de la pratique le permettent, le travail professionnel des enfants devrait donc se rapprocher des exercices de gymnastique et de sport reconnus les meilleurs pour les enfants des classes aisées, c'est-à-dire des exercices de vitesse et de force à l'exclusion des exercices de fond caractérisés surtout par une longue durée. Or, les règlements existants sont loin de satisfaire à ce desideratum. Dans certains pays, en effet, on se borne à interdire d'employer les jeunes ouvriers à un travail au-dessus de leur force, prescription assez vague pour laisser place, semble-t-il, à de nombreux abus. Quant à la réglementation française, plus précise tout au moins en ce qui concerne le transport des charges, si, dans un certain nombre de cas, elle met les enfants à l'abri du surmenage, elle paraît, dans d'autres, être insuffisante pour assurer le développement des jeunes organismes en faveur desquels elle a été édictée. Toutefois il est plus facile à l'heure actuelle de faire la critique des réglementations existantes que de formuler en articles les prescriptions qu'il y aurait lieu d'instituer, car bien des données manquent encore, qu'il serait cependant possible d'établir au moyen de recherches systématiquement entreprises. En raison d'ailleurs de la variété des besognes professionnelles qui sont confiées à de jeunes ouvriers, il s'agit presque d'une question d'espèces, et, par suite, de multiples règlements visant chacun une catégorie spéciale de professions. Mais il n'y a là qu'une complexité dont il ne faut pas exagérer l'importance, et il serait, semble-t-il, plus long que difficile d'établir les données préalables nécessaires et de fixer ensuite les bases de judicieuses réglementations qui, tout en préservant du surmenage, assureraient d'autre part le développement normal des jeunes ouvriers.

Quant au surmenage professionnel des adultes, nous avons été conduit à en présumer tout au moins l'existence dans certaines professions et à conclure à l'intérêt que présenteraient des recherches systématiques poursuivies sur ce sujet. Ces recherches fourniraient des données expérimentales susceptibles de servir, en vue de prescriptions légales à instituer, de bases plus précises que les affirmations souvent contradictoires des deux groupes d'intéressés; ces recherches devraient d'ailleurs être directes, c'est-à-dire porter sur le travail professionnel lui-même, tel qu'il s'effectue en réalité, avec les outils dont il nécessite l'emploi, et être entreprises souvent dans les lieux même. ateliers, chantiers, usines, où travaille le moteur humain, car telle circonstance ambiante de température, d'humidité, etc., peut avoir une action sur l'intensité de la fatigue et les chances de surmenage.

C'est là un domaine de la médecine collective peu exploré encore, et il n'est pas sans intérêt de remarquer que c'est l'illustre physicien français Coulomb qui, le premier, a posé une loi numérique limitative du travail à exiger d'un ouvrier. Cette loi, que Coulomb exposait aux officiers-élèves de l'Ecole d'application du génie et de l'artillerie de Metz, s'est transmise d'année en année dans l'enseignement de l'Ecole, mais est restée ignorée du public médical jusqu'au jour où le professeur A. Broca, ancien officier lui-même, eut l'heureuse idée de la publier.

Coulomb enseignait que :

Un homme ne doit donner, comme effort constant dans un travail soutenu, que les quatre neuvièmes de l'effort maximum qu'il peut donner avec le groupe de muscles mis en jeu;

En outre, pour cet effort, il ne doit travailler qu'avec une vitesse égale au tiers de la vitesse normale qu'il peut soutenir à vide.

On ignore sur quelles observations Coulomb à basé les lois précédentes et à quels travaux spéciaux elles se rapportent; mais elles n'en sont pas moins précieuses comme indication du sens dans lequel doit être entreprise l'étude du travail professionnel.

Un rapprochement s'impose entre les lois de Coulomb que nous venons de rappeler et les recherches de laboratoire effectuées avec l'ergographe de Mosso, en particulier celles de Maggiora, de Trèves, et surtout celles de A. Broca et Ch. Richet. Celles-ci se rapportent à la puissance du moteur animé, le muscle, c'est-à-dire à la quantité de travail que le muscle est capable de fournir par unité de temps, cette puissance étant calculée en tenant compte de la durée des périodes de repos qu'il est nécessaire d'accorder au moteur entre deux dépenses d'énergie. Ce sont là les conditions mêmes qui se rencontrent le plus fréquemment dans le travail professionnel; ce que l'on demande à l'ouvrier en effet, c'est de fournir un certain effort périodique pendant les longues heures de la journée de travail, et c'est sa puissance en tant que moteur qui est l'un des facteurs dont dépend le taux de son salaire.

Les expériences de laboratoire avec l'ergographe, d'une part, les observations directes d'où Coulomb a déduit ses lois, de l'autre, apparaissent ainsi comme présentant une analogie qui autorisera, le cas échéant, à compléter les renseignements que fournissent les unes par ceux auxquels conduisent les autres. Mais expériences de laboratoire et observations directes n'en présentent pas moins des caractères différentiels qu'il importe de ne pas perdre de vue.

Des expériences à l'ergographe, on déduira des renseignements d'ordre général, dont les résultats de Maggiora, Trèves, A. Broca et Ch. Richet, etc., indiquent bien la nature : existence et durée de la fatigue, nécessité de considérer la puissance, et non le travail brut, variabilité de cette puissance avec le poids soulevé et le nombre des soulèvements, existence d'un maximum de puissance pour certaines conditions d'effort et de vitesse de travail, etc.; à l'importance près, ces expériences doivent être rapprochées des admirables travaux de Chauveau qui visent, en outre de la nature même du moteur animé, les lois les plus générales du fonctionnement de ce moteur, quelle que soit la tâche énergétique spéciale à laquelle il doive être employé. Par contre, les conditions très particulières dans lesquelles s'effectue le travail à l'ergographe ne permettent pas d'arriver, avec cet instrument, à des nombres que l'on puisse transporter dans la pratique, alors que ce sont des nombres analogues à ceux des lois de Coulomb qu'il est nécessaire de connaître pour élaborer une réglementation du travail capable de soustraire l'ouvrier à tous risques de surmenage.

Une étude directe du travail professionnel est donc indispensable, si l'on veut sortir des considérations avant tout théoriques pour aborder le problème pratique que posent les plaintes des ouvriers et les multiples statistiques de mortalité et de morbidité dont il a été question plus haut.

Bien que tout travail professionnel, peut-on dire, soit simultanément physique et cérébral, la tâche de l'ouvrier comporte, suivant les métiers, des proportions extrêmement différentes de dépenses d'énergie physique et d'énergie nerveuse. De là, une distinction, justifiée autant par la nature des effets à rechercher que par le principe des méthodes à utiliser pour les recherches, entre les professions dont la pratique exige un travail plus spécialement psychique ou plus exclusivement physique.

Dans le premier cas, c'est la fatigue et le surmenage nerveux qu'il s'agira de dépister, et les méthodes auxquelles on aura recours seront plus particulièrement analogues à celles qui ont été imaginées pour l'étude de la fatigue intellectuelle, mais qui n'ont guère été appliquées encore qu'à des écoliers.

Dans le second cas, c'est plus particulièrement sur le système musculaire, sur les grandes fonctions de respiration, de circulation et d'excrétion que les explorations devront porter.

Il importe de faire remarquer dès maintenant que, dans ce cas de dépense professionnelle d'énergie physique, l'évaluatiou du travail ouvrier en unités mécaniques, en kilogrammètres, ne présentera en général nul intérêt. Un ouvrier en effet qui serait uniquement employé à réaliser une résistance, à s'opposer par exemple à la chute d'un poids, n'effectuerait aucun travail au sens mécanique du mot, puisque l'un des facteurs dont le produit mesure le travail, le chemin parcouru, est alors nul; or, cet ouvrier n'en serait pas moins atteint par la fatigue et même par le surmenage, si la durée d'effort de résistance était assez longue et l'intensité de cet effort assez grande. D'une manière plus générale, il n'est pas indifférent à l'organisme d'effectuer un travail d'un même nombre de kilogrammètres avec tels ou tels muscles, avec ou sans l'intermédiaire de leviers, et les exemples suivants mettent numériquement en évidence l'exactitude de cette affirmation.

Un facteur qui ferait deux tournées journalières de trois heures chacune, à la vitesse de 3600 mètres à l'heure, effectuerait, d'après les données établies par Marey, un travail mécanique quotidien d'environ :

260000 kilogrammètres.

L'ouvrier de chais, qui manœuvre pendant 10 heures une pompe à vin, fournit, d'après les évaluations de M. A. Gautier, un travail mécanique équivalant à :

212600 kilogrammètres.

Par contre un docker charbonnier qui, dans la cale d'un navire, remplit de charbon la corbeille qu'un treuil élèvera sur le pont, n'effectue qu'un travail mécanique inférieur à :

75000 kilogrammètres.

Or, si l'on veut classer ces trois professions d'après l'ordre croissant de la fatigue qu'elles déterminent, c'est l'ordre décroissant des nombres de kilogrammètres effectués qu'il faut adopter.

En réalité, le travail extérieur fourni — distance parcourue, charge totale transportée ou élevée, nombre d'objets fabriqués — intéresse exclusivement le patron et correspond au caractère économique de la question de l'emploi du moteur animé. Mais ce moteur, l'ouvrier, ne prend en considération que ses sensations internes de fatigue ainsi que les effets que la besogne professionnelle fait supporter à son organisme, ce qui vise le caractère physiologique de la même question. Or, c'est sur ce caractère physiologique qu'il a y lieu d'appeler l'attention et de faire porter les recherches plus qu'il n'a été fait jusqu'ici, puisque l'évaluation du travail extérieur effectué ne fournira, même lorsque l'organisme ouvrier doit satisfaire à une dépense d'énergie essentiellement musculaire, que des données illusoires, comme on vient d'en voir des exemples, ou tout au moins incertaines et insuffisantes dans la plupart des cas.

Bien que l'organisme ne soit pas assimilable, en tant que moteur, à une machine thermique qui transforme directement la chaleur en travail, la valeur calorique des aliments ingérés n'en correspond pas moins au maximum d'énergie dynamique que l'organisme est capable de fournir, grâce à des transformations énergétiques sur lesquelles les recherches de Chauveau, en particulier, ont déjà jeté une si précieuse clarté. Dès lors, dans l'étude du travail professionnel, une large place doit être réservée à l'alimentation ouvrière. C'est là une question sur laquelle l'attention des économistes et des médecins s'est portée surtout depuis les dernières années du dernier siècle; aussi dans tous les pays civilisés les publications se sont-elles multipliées, relatant des recherches de laboratoire ou donnant les résultats de précieuses enquêtes dont quelques-unes se rapportent à une centaine (Landouzy et Labbé, etc.), ou même à un millier d'ouvriers (Waxweiler et Slosse). Concurremment ont été analysés les aliments divers, et des tableaux ont été laborieusement dressés (Alquier, etc.), qui font connaître les déchets de préparation, les proportions d'albuminoïde, de graisse, d'hydrates de carbone des diverses substances alimentaires, le nombre d'unités nutritives organiques utilisables par unité de poids, etc. A toutes ces données d'ordre physiologique, il en est joint une autre, de nature économique, celle du prix d'achat des aliments considérés. C'est qu'en effet l'étude de ce problème particulier du fonctionnement énergétique du moteur animé, l'alimentation, resterait incomplète au point de vue pratique, si la valeur dynamique d'une substance alimentaire n'était pas finalement rapportée au prix d'achat, puisque c'est surtout de ce prix que dépend l'utilisation de l'aliment par ceux pour lesquels les recherches ont plus spécialement été faites.

La question de l'énergie potentielle à fournir au moteur humain est en somme dans un meilleur état d'avancement que celle du travail lui-même, c'est-à-dire que celle de la dépense correspondante d'énergie dynamique effectuée par ce moteur. Dans l'étude de ce travail d'ailleurs, c'est l'effort réalisé par les muscles actifs, avons-nous fait remarquer plus haut, qu'il y a lieu de prendre tout d'abord en considération, c'est-à-dire de mesurer en intensité, en durée, en fréquence. Or, cette mesure est possible, et facile en général, avec toute la précision qu'assure l'emploi de la méthode graphique. Il suffit pour cela d'interposer, entre la main ou le pied de l'ouvrier, et le corps sur lequel s'exerce l'effort professionnel, un ressort dont le degré de déformation sera en rapport avec l'intensité de l'effort développé; si l'on recueille en quelque sorte les déformations de ce ressort au moyen d'un tambour ou d'une poire en caoutchouc mis en communication avec un tambour inscripteur, le levier de celui-ci inscrira en intensité, durée et fréquence, l'effort musculaire développé par l'ouvrier; les tracés pourront d'ailleurs, devront même être pris au cours du travail professionnel normal.

Les exemples suivants constituent autant d'applications du principe qui vient d'être énoncé sommairement.

La figure 1 représente un sécateur muni du dispositif inscripteur des efforts musculaires que doivent développer les ouvrières dont le travail professionnel consiste à débiter en boutures les longs sarments des vignes américaines.

Le manche MN de l'outil a été sectionné en S et les deux parties SN et SM de ce manche ont été réunies par une charnière O. Sur la pièce métallique supplémentaire P est fixée, en H, une lame flexible d'acier

HE, dont l'extrémité est reliée à la partie SN du manche au moyen d'une chappe DE libre en E et mobile autour d'un axe D. Entre la lame flexible HE et la partie DP du manche, on introduit une poire en caoutchouc C de grosseur convenable qui communique par le tube T avec un tambour inscripteur.

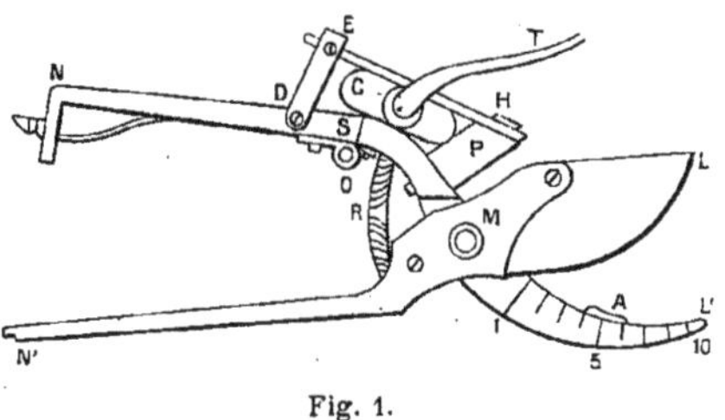

Fig. 1.

Grâce à ce dispositif, lorsqu'un effort est exercé; par l'ouvrière munie de cet outil, pour sectionner un sarment introduit entre les lames L et L′, la lame d'acier HE, intercalée entre la main de l'ouvrière et le sarment à couper, subit une déformation que la poire en caoutchouc C recueille et transmet au tambour inscripteur.

La figure 2, qui est la reproduction de tracés correspondant à la section de sarments de diamètres égaux à 3,5, 5,5, 6,5 et 10,5 millimètres, permet de juger de la sensibilité du dispositif d'inscription qui vient d'être décrit. Quant à la traduction en nombres, en kilogrammes, des tracés de ce travail professionnel, c'est-à-dire à la graduation de l'outil inscripteur, on l'obtient de la manière suivante.

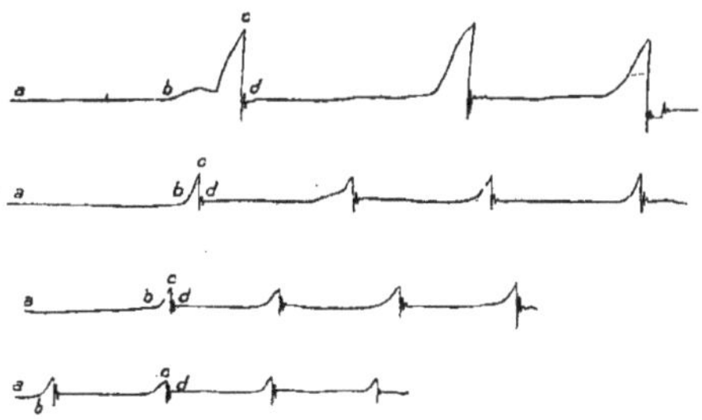

Fig. 2.

On substitue au ressort R du sécateur une lame rigide qui immobilise les manches et les lames, on fixe le manche MN′ entre les mâchoires d'un étau, et l'on suspend vers le milieu de SN, où s'exerce l'action de l'ouvrière pendant le travail, des poids connus et croissants. Les déplacements successifs du stylet inscripteur sont ensuite utilisés pour construire une courbe de graduation dont les abscisses sont les poids, et les ordonnées les déplacements correspondants du stylet.

Il suffit dès lors de mesurer au compas d'épaisseur les diamètres des sarments coupés pour pouvoir, grâce aux données précédentes, calculer, par exemple, la somme d'efforts effectués par les muscles actifs durant une journée entière de travail, au cours de laquelle une bonne ouvrière arrive à tailler 3000 boutures. Cette somme totale, formée par un grand nombre d'efforts successifs, a été trouvée égale à 27 000 kilogrammes environ.

L'observation directe des ouvrières en travail courant normal permet, d'autre part, de faire une constatation qui est à rapprocher des lois de

Coulomb énoncées plus haut. Toutes les fois que le sarment à couper a un diamètre supérieur à 6 millimètres environ, la section, qui nécessite un effort supérieur à 5 kilogrammes, n'est plus effectuée par la simple action des fléchisseurs des doigts. L'ouvrière, en effet, appuie alors les doigts sur la cuisse par leur face dorsale et coupe en recourant à l'intervention du triceps brachial qui étend l'avant-bras, dont l'extrémité repousse, par l'éminence thénar, le manche supérieur de l'outil, tandis que le manche inférieur est immobilisé contre la cuisse. Comme la force moyenne des muscles fléchisseurs des doigts, chez les ouvrières observées, a été trouvée égale à 30 kilogrammes au dynamomètre médical, le changement spontané de technique qu'adoptent les coupeuses, pour tout effort de section égal ou supérieur à 5 kilogrammes environ, conduit à cette conclusion : Les ouvrières jugent, par leurs sensations internes de fatigue, ne pouvoir réaliser fréquemment un effort égal ou supérieur à $\frac{5}{30}$ ou $\frac{1}{6}$ de l'effort maximum qu'elles peuvent développer sur le sécateur avec leurs fléchisseurs des doigts; aussi substituent-elles à ces fléchisseurs, relativement faibles, des muscles plus puissants, les extenseurs de l'avant-bras.

Ce rapport $\frac{1}{6}$ est très notablement inférieur au rapport $\frac{4}{9}$ indiqué par Coulomb comme pouvant être réalisé en travail courant. Il est vrai qu'il s'agit d'ouvriers, dans un cas, d'ouvrières, dans l'autre, et que les travaux correspondants sont sans nul doute très différents entre eux. Quoi qu'il en soit de ces différences, il y a lieu tout au moins de conclure que l'étude directe, expérimentale et graphique du travail professionnel conduit à des résultats présentant toute la rigueur désirable et susceptibles de servir de bases à une réglementation physiologique de ce travail. Mais cette étude doit successivement porter sur les divers métiers, car on n'est pas, *a priori*, autorisé à appliquer à un travail professionnel ce que l'expérience a établi pour un autre.

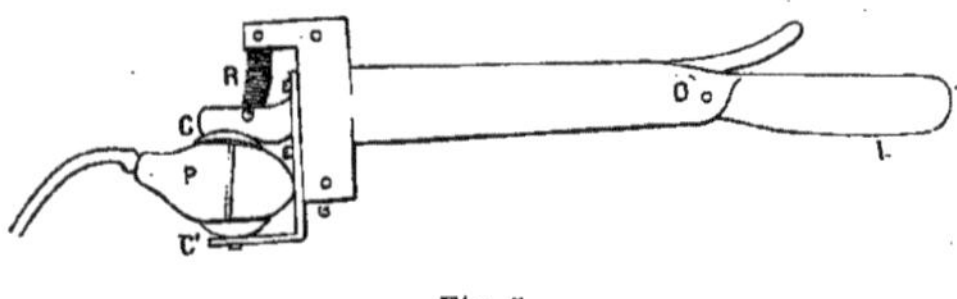

Fig. 3.

La figure 3 représente un couteau à greffer, muni d'un dispositif inscripteur des efforts nécessités par le travail de greffage sur table. Dans ce dispositif, la lame L se prolonge à travers le manche au delà duquel elle se termine par une cupule métallique C réunie au manche par un ressort à boudin R. Au-dessous de cette cupule en est une deuxième C′ soudée au manche, et entre les deux cupules est logée une poire en caoutchouc P qui communique avec un tambour inscripteur. La lame coupante est d'ailleurs mobile autour d'un axe O situé tout près de l'extrémité antérieure du manche de l'outil. Ce couteau inscripteur peut, comme le sécateur dont il a été question plus haut et par un procédé analogue, être muni d'une graduation numérique qui permet encore d'évaluer en kilogrammes les efforts nécessités par le travail de greffage sur table.

Ce travail de greffage peut d'ailleurs être également effectué avec d'autres outils, véritables machines imaginées en vue de faciliter la technique et d'augmenter le rendement, machines qui peuvent chacune recevoir un dispositif inscripteur analogue à ceux qui ont été décrits plus haut et être d'autre part dotées aussi d'une graduation. Or, les mesures effectuées montrent que ces machines nécessitent des efforts variant entre 20 et 75 pour 100 de l'effort maximum que l'ouvrière peut réaliser en les maniant. L'emploi de certaines de ces machines est donc nettement plus fatigant que celui de certaines autres, et un tel résultat est une nouvelle preuve de l'intérêt pratique que présente l'étude expérimentale du travail professionnel.

Fig. 4.

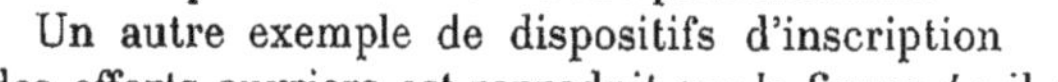

Un autre exemple de dispositifs d'inscription des efforts ouvriers est reproduit sur la figure 4; il est relatif au transport des charges avec un cabrouet ou diable.

L'un des manches du véhicule que la figure 4 représente a été sectionné, et la portion ainsi détachée a été réunie au reste du manche de telle sorte qu'elle puisse tourner autour d'un axe O. Un ressort métallique R, qui est ici un ressort de dynamomètre médical, réunit les deux parties du manche sectionné, et les déformations de ce ressort, au moment où l'ouvrier agit sur le manche avec le bras gauche pour réaliser la charge du fardeau, sont recueillies par un tambour T qui communique avec un deuxième tambour inscripteur. La manœuvre de charge, sur le cabrouet, du fardeau à transporter nécessite encore : 1° un effort du bras droit que l'on peut inscrire en agissant sur le fardeau au moyen du crochet à main de la figure 5 que l'ouvrier saisit par la poignée M; 2° un effort exercé avec le pied droit sur l'axe des roues pour immobiliser momentanément le véhicule, effort dont on obtiendra l'inscription en munissant le pied de l'ouvrier d'une chaussure de Marey. Quant aux efforts de poussée pendant le transport, l'inscription en est obtenue grâce à un manchon métallique M qui entoure l'extrémité du manche et dont le déplacement agit sur un deuxième ressort de dynamomètre médical R';

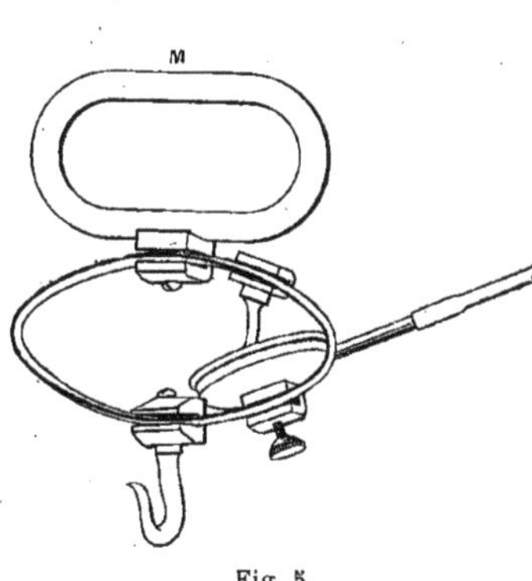

Fig. 5.

les déformations de ce ressort sont encore recueillies par un tambour T' qui les transmet à un tambour inscripteur.

Il est donc possible de traduire en nombres tous les efforts qu'un ouvrier développe pendant la charge et le transport des fardeaux. Les tracés ainsi obtenus pendant un travail courant au cabrouet, travail effectué par un adolescent vigoureux âgé de seize ans, conduisent aux conclusions ci-dessous :

Le travail au cabrouet, pour le transport de sacs de céréales d'un poids de 60 kilogrammes, à une distance de 25 mètres, sur un sol cimenté horizontal en bon état, équivaut, pour une journée de dix heures, à la somme des trois travaux suivants :

1° Une ascension verticale de 70 mètres (correspondant aux efforts du membre inférieur pour assurer l'immobilité du cabrouet pendant la charge des sacs sur le véhicule);

2° Un parcours horizontal de 30 kilomètres contre un vent dont la vitesse serait de 5 mètres environ à la seconde (la résistance du vent correspondant aux efforts de poussée pendant le transport) ;

3° Un effort total de 18 600 kilogrammes effectué, par fractions de 30 kilogrammes, par les muscles du membre supérieur (l'effort de 30 kilogrammes représentant chaque manœuvre de charge) ;

4° En ce qui concerne ces derniers muscles, la fatigue engendrée par une heure seulement de travail, et explorée au moyen de tracés ergographiques, est loin d'être dissipée encore après un repos absolu de deux heures.

Ces exemples suffisent pour permettre de juger de la nature et de la précision des résultats auxquels conduira l'étude systématique, directe et expérimentale du travail professionnel au point de vue de la dépense d'énergie mécanique. L'importance de ces résultats apparaît en outre avec évidence en ce qui concerne la réglementation du travail ouvrier, qui ne peut être rationnelle si elle ne s'appuie sur des données physiologiques certaines.

Alimentation, d'une part, dépenses d'énergies nerveuse et physique, de l'autre, sont les trois éléments à considérer dans l'étude de cette importante question du rendement maximum du moteur humain compatible avec une santé parfaite de l'organisme. Pour fixer les limites entre lesquelles ces trois éléments peuvent varier, établir les rapports qu'ils doivent présenter entre eux, etc., des méthodes et des données existent, d'autres devront être imaginées et établies. Si d'ailleurs les recherches doivent quelquefois être longues et laborieuses, l'importance pratique des résultats à prévoir est une raison suffisante pour qu'elles soient délibérément entreprises, puisque c'est la santé générale des travailleurs de toute espèce qui bénéficiera du temps et des efforts dépensés.

LES VARIATIONS DE PRESSION EXTÉRIEURE

Par J.-P. LANGLOIS

Professeur agrégé à la Faculté de Paris.

Les variations de pression. — L'atmosphère dans laquelle nous vivons est soumise à une pression, désignée sous le nom de pression atmosphérique et qui, dans les conditions ordinaires d'habitat, est représentée par une colonne de mercure de 760 millimètres.

Les faibles oscillations provoquées par les perturbations du temps, et qui ne dépassent pas 20 centimètres généralement (772 à 620) paraissent exercer une réelle influence sur certains organismes particulièrement disposés. Néanmoins les données rigoureusement scientifiques sur l'influence exercée par ces dépressions manquant encore, nous n'envisagerons ici que les variations considérables soit négatives, provoquées par l'ascension en montagne ou en ballon, soit positives, déterminées par les besoins de l'industrie, dans les travaux sous l'eau, en caisson ou en scaphandre.

I

DÉPRESSION ATMOSPHÉRIQUE

L'organisme humain est exposé aux accidents de la dépression atmosphérique quand il séjourne ou s'élève en montagne, ou bien encore quand il monte dans les airs en ballon ou en aéroplane. On a décrit, sous le nom de mal des montagnes, mal en ballon ou mal de ballon, un ensemble de symptômes qui varie légèrement suivant le régime suivi : ascension pédestre ou en ballon. Nous décrirons d'abord en quelques lignes les symptômes du mal en ballon.

En ballon, les troubles respiratoires sont peu manifestes jusqu'à 5000 mètres ; on note simplement une plus grande amplitude des respirations, avec parfois une petite accélération du rythme, le tout amenant une exagération de la ventilation pulmonaire. Les troubles circulatoires sont plus accentués. Le pouls est rapide, atteignant graduellement 130 à 150 pulsations, avec une irrégularité de plus en plus nette et indiquant un dicrotisme exagéré. Les sensations de palpitations sont des plus fréquentes avec une angoisse cardiaque accompagnée ou non de bourdonnements d'oreilles, de sensation de battements aux tempes, alors que la mesure de la pression artérielle donne les résultats les plus discordants.

Mais au delà de 6000 mètres, les symptômes acquièrent une acuité extrême : la face est violacée, vultueuse, les lèvres sont bleuâtres et le moindre mouvement tendant à baisser la tête augmente la congestion veineuse et peut amener un état syncopal.

Dans les hautes altitudes, 8000 mètres environ, les hémorragies des muqueuses sont fréquentes, mêmes celles de l'intestin, et les hématuries ont été signalées.

La sécrétion urinaire est ralentie, quelquefois presque tarie.

Les nausées se produisent souvent à une altitude assez basse, vers 3000 mètres, avec une soif intense, puis les vomissements éclatent, parfois très violents et persistants au point de provoquer de graves désordres comme les hématémèses. La diarrhée a été observée, mais c'est surtout le tympanisme abdominal qui a été signalé et cette dilatation des gaz intestinaux a même été incriminée comme pouvant provoquer presque tous les symptômes décrits chez les aéronautes.

Le système nerveux est particulièrement atteint.

La sensation de fatigue apparaît à des hauteurs souvent très faibles. moins de 3000 mètres, et va en s'accentuant.

Les accidents de l'appareil locomoteur débutent par une douleur très spéciale dans les jambes, une sorte de coup au genou. Les membres inférieurs sont les premiers envahis par cet engourdissement qui gagne ensuite les membres supérieurs; l'aéronaute n'a plus la force de faire un mouvement, de saisir la sucette de l'appareil à oxygène. Les muscles de la face sont paralysés à leur tour, la parole devient impossible en dépit des efforts de l'aéronaute qui a conservé sa lucidité d'esprit. Après la descente, cet engourdissement persiste assez longtemps, et l'on a la sensation d'être brisé de fatigue.

La tendance invincible au sommeil est telle qu'aucun mouvement n'est plus possible. Toutes les sensations se modifient, la sensibilité de l'ouïe est plutôt exagérée, alors que la vue s'affaiblit au point qu'il existe une véritable cécité accompagnée ou non par des lueurs fulgurantes ou des éblouissements.

Le mal des montagnes présente des symptômes identiques, mais qui ne suivent pas le même ordre d'apparition.

Le mal des montagnes se manifeste quelquefois à 3000 mètres dans les Alpes notamment; le plus souvent il faut dépasser 3500 mètres pour le ressentir et même dans certaines chaînes de montagnes, comme l'Himayala et les Andes, on atteint sans inconvénient 4000 mètres. La hauteur seule, c'est-à-dire la dépression barométrique, est insuffisante pour expliquer l'apparition des phénomènes.

L'anhélation respiratoire, faible ou nulle en ballon, tend rapidement vers la dyspnée dans la marche en montagne. De même, l'accélération du rythme cardiaque est plus accentuée et surtout plus précoce.

Les troubles musculaires et urinaires sont non seulement plus accentués, mais surtout plus durables. Et ces modifications s'expliquent par l'intervention du facteur, travail musculaire, nul en ballon, excessif dans la marche des ascensionnistes. C'est l'étude successive des modifications apportées dans les fonctions diverses qui permettra d'établir une pathogénie rationnelle des accidents.

Les conditions atmosphériques influent sensiblement et c'est une des raisons qui font que les voyageurs atteignent plus facilement 4000 mètres dans les régions des Andes ou des Indes que dans les territoires des Alpes. On a incriminé également les brouillards, l'état électrique de l'air, etc. Un des facteurs les plus importants avec la température se rencontre dans les conditions orographiques. Quand l'ascension doit se faire rapidement, avec de grands efforts, le mal des montagnes éclate plus brusquement, plus brutalement que dans les terrains à pente douce, à ascension lente et graduelle.

Sang. — *Éléments figurés.* — Jourdanet, dans son étude sur les habitants des hauts plateaux du Mexique insistait sur les symptômes d'anémie que l'on observait constamment. Mais c'est à Paul Bert, en 1882, qu'il faut arriver pour trouver la notion d'un mécanisme compensateur. « On peut se demander si, par une compensation harmonique, dont la biologie nous offre de nombreux exemples, le sang serait devenu plus apte, soit par modifications dans la nature ou la quantité d'hémoglobine, soit par une augmentation du nombre des hématies, à absorber plus d'oxygène sous un même volume ».

Une expérience de P. Bert confirmait cette manière de voir. Le sang d'animaux envoyé de La Paz (3700 mètres) et étudié à Paris, absorbait 18 à 20 pour 100 d'oxygène, alors que d'après les chiffres admis, le sang d'animaux de même espèce, n'absorbait au niveau de la mer que 10 à 12 pour 100. Ces derniers chiffres furent trouvés par la suite erronés et la différence observée bien plus faible que ne l'avait annoncé P. Bert.

En 1892, Viault, dans un voyage au Pérou, signale l'augmentation considérable du nombre des globules rouges, non seulement sur les habitants du pays, mais sur lui-même, il s'agissait donc d'une adaptation des plus rapides. Au lieu de 5 millions de globules, comptés à Lima, Viault trouvait son propre sang enrichi de 2 millions à Morocouha à 4400 mètres. La théorie de l'hyperglobulie compensatrice était posée : la multiplication des hématies assurait une augmentation de la surface d'absorption pour l'oxygène.

Les travaux se sont alors multipliés : Egger, Mercier trouvent l'hyperglobulie, et s'attachent surtout à la marche même de cette réaction défensive qui se produirait dans une première période brusquement, puis continuerait ensuite lentement, atteignant son apogée le quinzième jour

(Egger), le quatre-vingt-dixième jour (Mercier). D'autre part, l'augmentation du nombre des globules paraît proportionnelle à l'altitude, et le tableau de Keppe résume une série d'observations faites entre 0 et 4400 mètres.

AUTEURS.	LOCALITÉS.	ALTITUDE.	CHIFFRES MOYENS D'HÉMATIES.
Laache	Christiania.	»	4 974 000
Schaper.	Gœttingen	148 m.	5 235 000
Reinert	Tübingen	324 m.	5 322 000
Stierlin	Zurich	411 m.	5 752 000
Kœppe	Auerbach	400 à 500 m.	5 748 000
—	Reiboldsgrün	700 m.	5 970 000
Egger.	Arosa	1 800 m.	7 000 000
Viault	Morocouha.	4392 m.	8 000 000

On pourrait représenter la marche de l'hyperglobulie par une courbe s'élevant régulièrement jusqu'à 2000 mètres, puis s'infléchissant ensuite pour devenir horizontale au-dessus de 2400 mètres. Mais il faut se garder des exagérations et ne pas conclure comme Marie : « La concordance entre l'augmentation de l'altitude et celle du nombre des globules est telle, qu'en l'absence du baromètre, on pourrait presque s'en rapporter au chiffre des globules rouges du sang des habitants d'un village pour en fixer l'altitude ».

Plus les observations se multiplient, plus les résultats contradictoires augmentent; c'est ainsi, pour ne citer qu'un cas, que Lœwy et Zuntz, à 3600 mètres, ne trouvent pas d'hyperglobulie.

Les recherches faites sur des animaux soumis à une décompression permanente mettent également en évidence l'hyperglobulie (Schaumann et Rosenqvuist, Sellier). Il nous faut citer l'expérience de Sellier qui montre le rôle joué par la tension de l'oxygène. Il place, sous une cloche spéciale, une caille qui vit à la pression de 760 millimètres, mais avec une quantité d'oxygène diminuée. Lorsque le chiffre de l'oxygène atteint 40 pour 100, un séjour de quatre jours donne les résultats suivants :

	Avant l'expérience.	Après l'expérience.
1re caille	2 200 000 gl. r.	2 225 000
2e —	2 420 000 —	2 570 000
3e —	3 640 000 —	3 540 000

La diminution de l'oxygène paraît donc le facteur principal de l'hyperglobulie des altitudes, analogue en cela à l'hyperglobulie obtenue par la diminution du champ de l'hématose.

A partir de 1900 les ascensions scientifiques en ballon se succèdent, les procédés d'étude se précisent. Avec Gaule, par 4700 mètres, l'hyperglobulie est de nouveau confirmée. L'hémoglobine n'augmente pas avec le nombre des hématies, fait en faveur de la prolifération globuleuse.

A 4200 mètres, J. Gaule observe la présence de très nombreux globules rouges avec noyaux teints en bleu par la méthode d'Ehrlich. « Ce noyau est souvent en état de segmentation; on trouve des groupes de trois ou quatre corpuscules comme s'il y avait eu subdivision. » Ce sont les mêmes globules nucléés qui apparaissent dans le sang en voie de grande prolifération pour une cause pathologique.

Cette nouvelle observation complète la précédente, et « montre qu'il y a vraiment formation de globules quand on arrive à une grande hauteur et que ce phénomène se produit avec une très grande rapidité ».

Si la découverte des globules nucléés déjà entrevus par Mercier se confirmait, la théorie de l'hyperglobulie vraie serait définitivement établie, mais les doutes persistent.

Toute une pléiade de physiologistes et d'histologistes s'élevèrent en ballon : Bensaude, Jolly, V. Henry, Lapicque, Abderhalden, Schrötter, Zuntz, alors que d'autres reprirent les recherches avec des sas à compression.

Si nous cherchons à résumer les faits recueillis nous trouvons qu'il paraît bien exister une hyperglobulie dans le sang recueilli à la périphérie, mais ici s'arrête l'accord.

Les uns admettent une hyperglobulie vraie, avec néoformation globulaire, les autres nient l'existence de globules nucléés et soutiennent que l'hyperglobulie n'est que relative, ne se trouve que dans les vaisseaux périphériques et non dans le cœur ou les gros vaisseaux.

Quant à la raison de cette hyperglobulie, elle résiderait dans une vaso-constriction périphérique, due soit à la dépression (Hallion-Dominici), soit au froid (Lapicque-Mayer). Une nouvelle preuve de cette influence des réactions vaso-motrices est apportée par les recherches de Henri, Jolly et Lapicque. Sur des lapins ayant un sympathique cervical sectionné, on constate à 2500 mètres que seul le sang provenant de l'oreille énervée présente de l'hyperglobulie.

L'hyperglobulie des hautes altitudes est un phénomène complexe qui présente deux périodes. Au début, il y a hyperglobulie périphérique avec hypoglobulie centrale. Les variations portent sur quatre éléments différents : nombre des hématies, taux de l'hémoglobine, valeur globulaire des hématies, masse du sang; elles sont à la fois sous la dépendance de l'altitude, de la température et du temps.

L'hyperglobulie des altitudes, tout au moins celle du début, semble être localisée uniquement dans les vaisseaux veineux périphériques et tient à des phénomènes de vaso-constriction. Pour les ascensions rapides, l'hyperglobulie ne paraît être que relative et liée, moins à la dépression barométrique pure, qu'à l'association de celle-ci avec les autres facteurs physiques susceptibles de déterminer la vaso-constriction, alors que pour les séjours prolongés en montagne, l'existence d'une polyglobulie vraie, avec augmentation du pouvoir fixateur est admissible. Ce qui reste encore obscur est l'apparition en quantités appréciables d'éléments de néoformation.

Hémoglobine. — On sait qu'hématopoièse morphologique et hématopoièse chimique ne suivent pas une marche parallèle ; par suite la numération des globules seule ne peut suffire à mettre en évidence la réaction du sang pour assurer l'équilibre dans les fonctions d'hématose.

Ce qu'il importe d'établir ce sont les variations de capacités respiratoires du sang ; or, ces variations peuvent être réalisées par une modification quantitative ou qualitative de l'hémoglobine.

Ici encore, il y a lieu de distinguer les conditions d'observations, dépression rapide et passagère, ballon, ascension ; dépression continue, séjour sur les hauts-plateaux. En ce qui concerne les premiers, l'opinion d'Abderhalden n'admettant qu'une augmentation apparente de l'hémoglobine, est confirmée par Lapicque, Von Schrœtter, Zuntz, Reymond. Mais dans le cas de séjour prolongé l'augmentation totale de l'hémoglobine reste réelle, et c'est ce que confirment les expériences faites sur les animaux maintenus dans un vide relatif, ou chez lesquels l'hématose est gênée par un pneumothorax (Lapicque), par de l'air chargé de vapeurs de benzène (Langlois).

Les leucocytes. — Il n'existe aucun parallélisme entre les variations des hématies et celles des leucocytes. Les grandes oscillations constatées par Quiserne, Armand Delille, André Mayer, Soubise, ne permettent de tirer aucune conclusion. Il en est de même en ce qui concerne la formule leucocytaire. A. Mayer obtient :

A terre, pour 100 leucocytes : 19 lymphocytes, 7 grands mononucléaires, 73.5 polynucléaires, 0.5 éosinophiles.

A 4450 mètres : 18.5 lymphocytes, 3.5 grands mononucléaires, 78 polynucléaires, 0 éosinophile.

Les différences minimes restent dans la limite des erreurs possibles. La morphologie des globules blancs n'a donc pas varié.

Les gaz du sang. — C'est Paul Bert qui a montré le premier l'importance de l'étude des gaz du sang. Il établit, à la suite de ses nombreuses expériences sur la compression et la décompression en milieux gazeux différents, « qu'en vase clos, aux pressions inférieures à une atmosphère, la mort survient lorsque la tension $O \times P$ de l'oxygène de l'air est réduite à une certaine valeur qui est constante pour chaque espèce, ou qui du moins oscille dans de faibles limites autour d'une moyenne ».

Cette tension de l'oxygène a été calculée suivant les altitudes :

Altitude.	Pression.	Oxygène pour la pression de 0 m. 760.	Oxygène dans le sang.
2 500 mètres.	0 m. 560	15,4 pour 100	17,40 pour 100
4 000 —	0 m. 450	12,4 —	15,0 —
6 000 —	0 m. 340	9,3 —	12,0 —
8 000 —	0 m. 250	6,9 —	9,9 —

En ce qui concerne les gaz du sang, Paul Bert a pu établir cette loi : « Quand la pression diminue, la quantité des gaz contenus dans le sang diminue également, mais en proportion un peu moindre que celle qu'indiquerait la loi de Dalton; le sang perd ainsi plus d'oxygène que d'acide carbonique. »

Paul Bert reconnaît, d'autre part, que la quantité d'acide carbonique du sang diminue avec l'altitude; cette diminution est d'ailleurs moins rapide que celle de l'oxygène. Cependant, on ne peut d'après lui rapporter la mort à l'acide carbonique du gaz. La véritable cause est donc la faible tension de l'oxygène.

Les expériences de Tissot sur des animaux soumis à la décompression le conduisent aux conclusions suivantes :

« 1° La quantité totale des gaz ne varie pas et est indépendante de la pression extérieure jusqu'à une tension de 48 centimètres de Hg;

« 2° La quantité d'oxygène contenu dans le sang reste constante, ce qui signifie que, jusqu'à la tension de 48 centimètres de Hg, ce gaz n'obéit pas, au niveau de l'épithélium pulmonaire, aux lois de la dissolution des gaz. »

Dans une première observation faite avec Hallion, Tissot avait même cru pouvoir déduire des chiffres recueillis que la quantité d'O et de CO^2 variait en sens inverse des lois de dissolution, qu'il y avait plus d'oxygène par suite à 2500 mètres qu'à 300. Mais il dut abandonner cette idée.

Il n'en reste pas moins établi que, jusqu'à 3000 mètres, la quantité des gaz actifs du sang ne varie pas.

Pression artérielle. — Ici encore on trouve une grande divergence dans les résultats.

Avec Hallion-Tissot, pas ou peu de modifications dans la pression artérielle observée pendant des ascensions à 3500 et 4000 mètres.

Avec Reymond-Tripet, une diminution.

Avec Soubise, Crouzon, Le Play, tantôt une augmentation, tantôt une diminution.

Pour Lapicque il existerait une légère diminution vers 3000 mètres produite par une vaso-dilatation abdominale, et il considère la vaso-dilatation céphalique comme un phénomène normal dans les ascensions en ballon. A l'appui de cette opinion, il rappelle que les chiens non anesthésiés deviennent somnolents aux environs de 3000 mètres, et que, d'autre part, les aéronautes éprouvent parfois, lorsqu'ils se baissent pour prendre du lest dans la nacelle, une impression de vertige accompagnée d'une légère congestion de la face.

A côté des observations en ballon, il faut citer les expériences de Camus et de Bartlett dans le laboratoire, expériences aboutissant à des conclusions diamétralement opposées.

Camus constate surtout le parallélisme des courbes de la pression sanguine et de la pression atmosphérique. Les variations de la pression atmosphérique, qu'elles soient lentes on rapides, de faible ou de grande intensité, n'arrivent pas à rompre ce parallélisme. Il y a dans cette action de dépression atmosphérique un phénomène purement physique, qui ne retentit pas sur l'organisme. En outre « l'action de la dépression atmosphérique ne se fait pas sentir directement sur la pression sanguine, mais très indirectement, par l'intermédiaire des modifications respiratoires. Ce n'est que lorsque les échanges sont troublés par suite d'une grande diminution de tension de l'oxygène que les modifications dans le rythme respiratoire et cardiaque, ainsi que dans le tonus vasculaire, apparaissent et font varier la pression sanguine. »

Camus fait enfin remarquer que des pressions très basses, produites brusquement, ne s'accompagnent pas de changements dans la tension artérielle parce que l'animal n'est pas encore incommodé par cette diminution de l'oxygène. On ne doit donc pas craindre les accidents qu'aurait pu causer une ascension rapide ou une descente brusque d'une altitude très élevée.

Pour Bartlett les troubles observés en ascension sont provoqués par des modifications mécaniques dans la circulation pulmonaire, la dépression atmosphérique entraînant une dépression analogue dans les vaisseaux.

Les échanges respiratoires. — Les observations en ballon ou en chambre de dépression donnent des résultats identiques et il suffira de citer les conclusions de Tissot :

« 1° La décompression ne diminue pas la valeur du coefficient respiratoire du sujet au repos; l'intensité absolue des échanges respiratoires reste sensiblement la même, quelle que soit la pression extérieure, jusqu'à une décompression de 28 centimètres de Hg; cette conclusion est conforme à celle des expériences de Lœvy qu'elle confirme;

« 2° Le débit respiratoire réel, c'est-à-dire la quantité d'air mesurée à 0 degré et 760 millimètres qui entre dans le poumon, diminue comme la pression et suit une courbe analogue à celle de la variation de pression:

« 3° Le débit respiratoire apparent (volume d'air expiré à la pression et à la température actuelles) n'augmente pas. Il ne présente comme variations que celles que l'on retrouve habituellement chez tous les sujets;

« 4° Comme le débit apparent ne varie pas et que la pression diminue, la tension de l'oxygène diminue progressivement dans l'air inspiré. L'augmentation progressive des altérations de l'air expiré à mesure que la pression diminue, jointe à la fixité du débit respiratoire apparent, montre que cette diminution de tension n'a aucun effet sur la valeur absolue des échanges. Le sang a encore plus d'oxygène qu'il ne lui en faut;

« 5° La quantité totale de l'acide carbonique exhalé varie peu ou pas et montre que cette exhalation n'obéit pas aux lois de la réduction des gaz. »

En fait les phénomènes de respiration interne ne se modifient pas jusqu'à 4500 mètres et il faut arriver à 6500 mètres pour observer les premières perturbations dans les échanges. Vers cette altitude la quantité d'oxygène exhalé augmente sensiblement par suite de l'accroissement de la ventilation pulmonaire.

Aggazzotti, dans ses recherches sur la composition de l'air des alvéoles pulmonaires, indique qu'au delà d'une dépression de 456 millimètres de Hg, il y a une diminution de l'oxygène et de l'acide carbonique en proportions inégales, l'acide carbonique disparaissant plus lentement. L'air des alvéoles contient, à Turin, 4 à 5,5 pour 100 d'acide carbonique; on en retrouve 7 à 9 pour 100 au Mont Rosa. Sa proportion est donc augmentée par rapport à l'oxygène. Mais, si cet air des alvéoles renferme plus d'acide carbonique, le sang artériel en a moins par suite de la dépression; il en résulte que l'échange des gaz ne s'accomplit plus suivant les lois admises et le contenu gazeux du sang n'est plus en rapport avec la composition chimique de l'air des alvéoles.

Lorsque l'on revient à une pression de 760 millimètres, la quantité d'acide carbonique dans l'air des alvéoles est moindre que normalement. Aggazzotti explique ce fait en disant que, pendant le séjour dans l'air raréfié, le sang avait éliminé de l'acide carbonique avec excès. Il doit donc en absorber à nouveau pour rétablir son équilibre gazeux.

Enfin, pendant la raréfaction, la tension partielle de l'acide carbonique dans l'air de réserve est toujours inférieure à la normale, alors même que son élimination atteint le maximum. La tension partielle de l'oxygène diminue à mesure que la raréfaction augmente, et cet abaissement est surtout rapide entre 650 et 450 millimètres, parce que, à ce moment, il y a une consommation plus grande d'oxygène.

Pathogénie. — Les théories émises pour expliquer les accidents survenus au cours des dépressions atmosphériques sont nombreuses; nous les passerons rapidement en vue.

Action mécanique. — La destruction de l'équilibre entre la pression extérieure et la pression dans l'intérieur des vaisseaux est peut-être la première théorie en date (Boyle); elle ne résiste pas à l'analyse; toutefois il faut signaler l'opinion émise par Aggazzotti qui attribue les hémorragies observées dans le crâne des oiseaux aux décompressions brusques.

Kronecker et Bartlett admettent cependant une action mécanique due à la dépression atmosphérique.

Le mécanisme du mal des montagnes s'expliquerait par la stagnation du sang dans les poumons; la pression est très faible dans les vaisseaux pulmonaires, et un faible changement de pression dans l'air inspiré suffit à modifier considérablement le cours du sang. Les individus atteints de ce mal sont dans le même état que les personnes présentant une insuffisance mitrale, et chez lesquelles les stases sanguines se produisent facilement dans le système pulmonaire. D'ailleurs les malades ayant une lésion mitrale sont sujets à ces accidents à de très faibles altitudes.

La même théorie est défendue par Germe qui explique ce mal par l'anhémospasie, c'est-à-dire le défaut d'aspiration du sang dans les poumons. Si cette aspiration est diminuée par suite de la faible tension de l'air dans les alvéoles, de la dilatation des gaz intestinaux qui gênent les mouvements du diaphragme, il se produit une accumulation du sang dans le système veineux, et, au contraire, un ralentissement de la circulation artérielle, d'où nutrition imparfaite des tissus, anémie cérébrale.

A cette théorie de la dépression atmosphérique se rattache celle qui se rapporte à la modification du vide pleural. Normalement, pendant l'inspiration, le développement de la cage thoracique aurait pour effet l'augmentation de la cavité pleurale dans laquelle il y a le vide, si les poumons n'étaient distendus par l'air qu'ils contiennent, et qui ne se trouve plus en équilibre avec la pression extérieure. Lorsque la pression barométrique diminue, le changement de pression en dedans et en dehors des poumons, pendant l'inspiration, doit diminuer également. L'aspiration thoracique est alors affaiblie, la béance des veines est moins complète, et la stagnation peut se trouver facilitée dans le système veineux pulmonaire.

Une dernière théorie peut être rapprochée des précédentes. Colin d'Alfort, invoque la dilatation des gaz intestinaux qui augmenteraient de volume en raison de la faible tension de l'air extérieur et qui refouleraient le diaphragme. Ce fait a été en effet constaté, en dépit de l'assertion contraire de Regnard qui fait remarquer que l'intestin est ouvert à ses deux extrémités. Cependant Paul Bert a signalé que, sous la cloche d'une machine pneumatique, cette distension se produisait : « Il m'a paru que ce gonflement était assez fort pour agir même sur la respiration et en gêner les mouvements; j'ai constaté sur moi-même ce gonflement désagréable. » Le même phénomène a été observé pendant des ascensions en ballon.

Ces diverses théories ne sauraient expliquer à elles seules le mal en ballon et on doit simplement les classer parmi les causes accessoires des accidents observés.

Puisque les théories mécaniques, si elles peuvent expliquer certains symptômes et ne doivent pas être rejetées en bloc, sont insuffisantes, il faut faire appel aux théories chimiques. Celles-ci se ramènent essentiellement à deux : l'anoxhémie de Paul Bert, ayant pour base la diminution de la tension de l'oxygène; l'acapnie de Mosso invoquant la suppression de l'acide carbonique.

Paul Bert pose le principe essentiel de sa théorie des échanges respiratoires. « La pression barométrique n'agit pas par elle-même, elle n'intervient que par ce fait qu'elle diminue la tension de l'oxygène. La pression barométrique ne fait rien, la tension de l'oxygène est tout. »

Les expériences de Paul Bert donnent la confirmation de ses assertions. Dans l'air confiné, les moineaux périssent lorsque la tension de l'oxygène est représentée par un chiffre qui oscille entre 3 et 4, chiffre indiquant la proportion centésimale. Ces moineaux présentent successivement une augmentation du nombre de respirations, l'abaissement de la température, des convulsions et la mort. En définitive, « en vase clos, aux pressions inférieures à une atmosphère, la mort survient lorsque la tension O $\times$ P de l'oxygène de l'air est réduite à une certaine valeur qui est constante pour chaque espèce, ou qui du moins oscille dans de faibles limites autour d'une moyenne ».

La mort des animaux n'est pas due à l'acide carbonique : il s'en produit, selon Paul Bert, d'autant moins que la pression est plus faible. L'air contient encore, vers la fin de l'expérience, une assez grande quantité d'oxygène, soit, en moyenne, de 12,5 à 17 pour 100. Mais la tension de cet oxygène a diminué, et suffit à produire la mort.

La théorie de l'anoxhémie de Paul Bert a été admise pendant longtemps, néanmoins certains accidents restaient inexplicables, et c'est alors que parurent les travaux de Mosso et de l'École de Turin.

La théorie de Mosso sur l'acapnie, insuffisance d'acide carbonique dans le sang par suite de la raréfaction de l'air, est basée au contraire sur un certain nombre de faits que l'on a vérifiés pendant les ascensions ainsi qu'au laboratoire. Mosso rappelle cette remarque de Paul Bert, que « les variations de l'acide carbonique sur les hautes montagnes sont considérablement plus étendues que celles de l'oxygène ». D'autre part, suivant une loi de Paul Bert, un animal placé dans une atmosphère raréfiée au tiers et composée cependant de deux tiers d'oxygène, ne devrait présenter aucun trouble. Les expériences de Mosso ont montré qu'il n'en était pas ainsi : la fréquence de la respiration augmente : il y a de la somnolence et du malaise. Ces phénomènes tiennent à la diminution de l'acide carbonique, à l'acapnie. Dans diverses expériences, Mosso constate qu'il ranime avec quelques litres d'acide carbonique des animaux placés sous la cloche de la machine pneumatique, lorsque la diminution de pression va causer leur mort. L'acide carbonique agit ici en stimulant le cœur; il fait contracter les vaisseaux sanguins, il augmente l'amplitude des inspirations et il développe ainsi la ventilation pulmonaire. D'autre part, la somnolence et l'état de dépression des centres nerveux, observés quand la tension propre de l'oxygène reste constante, dépendent de la diminution subie par la quantité d'acide carbonique du sang.

Suivant Tissot, la quantité d'acide carbonique est invariable jusqu'à l'altitude de 5.000 mètres. Quand l'altitude est supérieure à 5 000 mètres il y a augmentation dans la quantité d'acide carbonique exhalé; ce fait est dû, comme pour l'oxygène, au développement de la ventilation pulmonaire. Enfin, au-dessus de 8.000 mètres, correspondant à une proportion d'oxygène inférieure à 11 pour 100 dans l'air inspiré, le quotient respiratoire s'accroît pour les mêmes motifs de ventilation pulmonaire. Mais si cette ventilation exerce une faible action sur l'oxygène, elle a beaucoup plus d'influence sur l'acide carbonique qui s'exhale et que l'on retrouve considérablement augmenté.

De son côté, G. Weiss signale la faible modification des mouvements respiratoires pendant la dépression. Il semblerait donc que les échanges de l'organisme dussent se ralentir. Mais, à mesure que l'on monte, la fixation d'oxygène et l'élimination de l'acide carbonique deviennent plus grandes. L'air sortant du poumon contient moins d'oxygène et plus d'acide carbonique.

A son tour Aggazzotti a retrouvé, au delà d'une dépression de 456 millimètres, une diminution de l'oxygène et de l'acide carbonique dans les alvéoles pulmonaires; cependant l'acide carbonique disparaît plus lentement. Durant la raréfaction, la tension partielle de l'acide carbonique dans l'air de réserve est toujours inférieure à la normale. Au retour à la pression de 760 millimètres, la quantité d'acide carbonique dans l'air des alvéoles est encore moindre que normalement. Cela provient de ce que, pendant la raréfaction, l'acide carbonique a été éliminé du sang avec excès ; après l'acapnie, c'est d'abord le sang qui reprend l'acide carbonique dont il était privé.

Il semble donc, d'après ces théories, qu'il y ait une élimination plus ou moins considérable de l'acide carbonique pendant la décompression et que l'acide carbonique doive être en déficit.

Mais quel est le rôle de l'acide carbonique? Ce gaz paraît bien, suivant l'expression de Starling, être l'hormone respiratoire, c'est-à-dire l'excitant nécessaire pour assurer le mouvement nécessaire pour assurer l'hématose, mais il pourrait jouer un rôle autre que celui d'excitant, soit des terminaisons du pneumogastrique, soit des cellules du bulbe; ses effets retentiraient encore sur les réactions chimiques qui assurent l'hématose. Si pour Tissot l'effet est indirect, augmentation de la ventilation pulmonaire favorisant l'augmentation de tension de l'oxygène dans l'alvéole pulmonaire, il existerait en outre une action élective sur l'hémoglobine, favorisant la fixation de l'oxygène par cet élément protéique. Quoi qu'il en soit, les résultats de Mosso et d'Aggazzotti sont des plus intéressants. Les nausées et les vomissements qui font souffrir les ascensionnistes au delà de 3 000 mètres disparaissent avec des inhalations d'acide carbonique.

Le mélange d'oxygène et d'acide carbonique a permis à Aggazotti de réaliser sur lui-même, en 1906, l'énorme dépression de 122 millimètres de Hg, correspondant à 14582 mètres. Quand l'expérimentateur se sentait fatigué et déprimé, tout malaise disparaissait par l'adjonction d'acide carbonique dans l'air; l'oxygène pur ne donnait pas le même résultat. La conclusion d'Aggazzotti est donc que la présence d'une certaine quantité d'acide carbonique dans l'air inspiré est indispensable contre le malaise dans les fortes dépressions. Le conseil donné par Mosso aux aéronautes, d'ajouter de l'acide carbonique à l'oxygène, est pleinement justifié. Il suffit pour Aggazzotti de 13 pour 100 d'acide carbonique avec 87 pour 100 d'oxygène dans le mélange pour que l'homme puisse arriver à l'altitude de 14582 mètres sans ressentir le moindre trouble. La ventilation pulmonaire devient plus active, et la proportion des gaz du sang se modifie fort peu.

Toutefois il faut reconnaître que l'action bienfaisante de l'acide carbonique ne saurait se maintenir avec une forte diminution de tension de l'oxygène. Quelle que soit la composition du mélange, les malaises éclatent quand la tension de l'oxygène tombe au-dessus de 100 millimètres.

Les troubles du métabolisme général ont été évoqués également.

Jackson, Kronecker avaient signalé des altérations dans les quotients uréiques, etc. Dastre indique de l'hyperglycémie. Guillemart et Moog appellent surtout l'attention sur la rétention chlorurée accompagnée d'une diminution dans les processus d'oxydation des molécules albuminoïdes. Il y a apparition dans les urines de substances toxiques, le rein filtre mal; enfin une réelle auto-intoxication avec tout son syndrome habituel : asthme, anorexie, céphalée, vomissements, etc. Tous ces symptômes sont plus accentués chez les ascensionnistes que chez les aéronautes, parce que chez les premiers viennent s'ajouter les produits résultant du travail musculaire intense provoqué par la marche en montagne.

II

SURPRESSION

L'augmentation de pression est réalisée dans la cloche à plongeur et dans le scaphandre.

Le caisson est constitué par une caisse métallique ouverte par le bas qui vient reposer sur le fond et recevoir de l'air sous pression. Pour pénétrer et sortir du caisson, les ouvriers passent par une écluse ou sas, dans laquelle se fait la mise en équilibre de la pression avec le chantier, période de compression, ou avec l'extérieur, période de décompression.

Pratiquement, on peut admettre que 1 atmosphère fait équilibre à une colonne d'eau de 10 mètres, et on exprime généralement les pressions en kilogrammes. Mais il existe deux méthodes de compter les pressions. Quand on parle de 2 ou 4 atmosphères, on fait entrer en ligne de compte la pression atmosphérique, alors que, lorsque l'on s'exprime en kilogrammes, il s'agit de la pression effective exercée sur 1 décimètre carré. De sorte que deux auteurs différents, traitant d'un travail fait sous une profondeur de 20 mètres d'eau, parleront d'une pression de 3 atmosphères et l'autre de 2 kilogrammes.

Symptomatologie. — Les phénomènes morbides observés chez les ouvriers soumis aux effets de l'air comprimé, se produisent pendant la compression, pendant la durée du travail et enfin pendant la décompression.

Période de compression. — Les accidents sont rarement sérieux; on observe par suite du retard à l'établissement de l'équilibre intra et extraorganique une dépression abdominale compensée par une augmentation des diamètres thoraciques; le diaphragme est généralement abaissé; une légère accélération du cœur avec de l'angoisse précordiale, des maux de tête, vertige et nausée. Mais les troubles auditifs sont les plus caractérisés et les plus fréquents. La différence de pression des deux côtés de la membrane tympanique provoquent des bourdonnements de l'oreille, une sensation angoissante dans l'oreille pouvant amener des troubles généraux et qui disparaissent par un mouvement de déglutition provoquant l'ouverture de la trompe d'Eustache et le rétablissement de l'équilibre.

Pendant la période du travail, et si la pression reste constante, les troubles observés sont nuls ou faibles; dans tous les cas, les modifications physiologiques de l'organisme sont si inconstantes, qu'on ne peut tirer aucune conclusion des observations fixes : pouls ralenti ou accéléré; pression augmentée ou diminuée; température légèrement abaissée; échanges respiratoires augmentés.

Ventilation pulmonaire peu modifiée, courbe ergographique variant d'un sujet à l'autre dans un sens différent. Tels sont les résultats de nos expériences poursuivies par 2 kilogrammes de pression (20 mètres d'eau) sur 20 ouvriers et préparateurs.

La *période de décompression* est seule réellement dangereuse : *On ne paye qu'en sortant*, suivant l'expression des ouvriers.

Les accidents sont d'autant plus graves et fréquents que la décompression est plus rapide. Les symptômes morbides observés sont de plusieurs types. Du côté de l'oreille, des phénomènes du même ordre que ceux signalés pendant la compression et qui ont la même origine, pouvant entraîner la rupture de la membrane ou des troubles nerveux complexes et variés. Du côté des yeux, une cécité passagère avec hémorragies des muqueuses de la face. La dilatation brusque de l'air dans les glandes ou les tissus provoquant la grosse joue ou l'emphysème pulmonaire.

Le mécanisme essentiel des accidents, entrevu par Hoppe Seyler dès 1857, a été démontré par la belle série d'expériences de Paul Bert en 1878, et von Schrötter, qui a repris dans ces dernières années les travaux de Paul Bert en les confirmant, a toujours insisté sur le rôle joué par le physiologiste français. Les gaz de l'atmosphère dissous dans le sang apparaissent sous forme de bulles quand la pression diminue, et ces bulles peuvent provoquer des embolies gazeuses s'opposant à la circulation capillaire.

Les anémies localisées qui en résultent peuvent passer inaperçues si elles portent sur des parties peu sensibles comme le tissu adipeux; d'autres fois, elles se manifesteront par des symptômes douloureux : fourmillements à fleur de peau que les ouvriers désignent sous le nom de *puces*; douleurs articulaires, parfois atroces, les *bends* des Anglais; enfin les troubles peuvent être plus graves si les centres nerveux principalement sont touchés : paralysies partielles et finalement mort subite par anémie des centres bulbaires ou encore par embolie pulmonaire. Casaras a noté un cas de surdité verbale transitoire, l'aphasie partielle a été également signalée.

L'anémie n'est évidemment pas le seul mécanisme traumatique que l'on doit évoquer pour expliquer les troubles du système nerveux; dans certains cas, on a pu démontrer l'existence de foyers hémorragiques dans la moelle ou dans le cerveau (hématomyélie), qui ont pu être primaires ou secondaires après formation d'embolies initiales (Lépine). Cette notion ne doit pas être oubliée, car elle permet d'expliquer les insuccès de la méthode de recompression dont nous parlerons plus loin.

La théorie de l'embolie gazeuse permet encore d'expliquer ces accidents qui surviennent longtemps après la décompression, cinq ou six heures après la sortie du sas, un homme tombe frappé. Les calculs que nous donnerons plus loin, nous permettent d'admettre qu'après un laps de temps si prolongé, la désaturation devrait être complète, mais on peut admettre que la désaturation s'est faite très irrégulièrement suivant les régions; il se produit des embolies. Les puces et les moutons sont une indication très nette de l'établissement, dans une région, d'une anémie localisée. Il suffit d'une modification dans la circulation locale pour favoriser le départ des bulles d'azote qui peuvent se fixer alors dans des régions aux fonctions essentielles, comme l'axe cérébro-spinal ou le cœur.

Les autopsies ont montré, dans les cas de mort rapide, des lésions telles que l'œdème aigu du poumon, des hémorragies cérébrales, méningées, de la dilatation du cœur droit, enfin, dans quelques cas, l'embolie gazeuse a pu être reconnue, soit sous forme de grosses bulles dans un organe, soit sous l'aspect d'une chaîne de petites bulles dans les vaisseaux (Von Schrötter).

Quoi qu'il en soit, tous ceux qui ont étudié le problème de l'air comprimé sont d'accord pour attribuer au dégagement brusque de l'azote le plus grand nombre des accidents. Ni l'acide carbonique, ni l'oxygène ne sauraient être incriminés.

La quantité d'acide carbonique fixée dans le sang ne subit aucune modification par suite de la compression, au moins quand la proportion dans l'air respiré ne dépasse pas un à deux pour cent.

En effet, ce n'est pas la tension de l'acide carbonique dans l'air qui exerce son influence directement sur le sang circulant dans les poumons, mais la tension de l'acide carbonique de l'air alvéolaire. Or, les recherches de Haldane et Priestley, de Hill et Greenwood ont nettement établi que la ventilation pulmonaire est normalement réglée par la constitution même de l'air alvéolaire, et plus spécialement par la teneur en acide carbonique, ce gaz étant, suivant l'expression de Starling, l'hormone du centre respiratoire, le régulateur de ce centre. Si la proportion de l'acide carbonique s'élève dans l'air ambiant, et par suite, s'il y a tendance à une augmentation de la tension de l'acide carbonique alvéolaire, immédiatement la ventilation s'accélère, de telle sorte que la tension reste invariable :

L'oxygène ne saurait être mis en cause dans les accidents de la décompression. L'oxygène est peu soluble; il ne représente que le cinquième du mélange gazeux qui constitue l'atmosphère. L'augmentation de pression ne peut donc agir que dans une très faible mesure, et les observations de Paul Bert, confirmées par celles toutes récentes de Hill et Macleod, montrent qu'il y a quelquefois moins d'oxygène dans le sang des animaux soumis à de hautes pressions que dans le sang d'animaux placés dans les conditions normales.

Reste donc l'azote. On a souvent comparé le sang du sujet décomprimé au liquide d'une bouteille d'eau de Seltz, dont les gaz s'échappent tumultueusement aussitôt que la pression baisse. Il y a là une première erreur : liquide albumineux, renfermant des éléments solides, le sang présente une résistance réelle à l'établissement rapide de l'équilibre de la tension azotée, et *in vitro* le dégagement de l'azote est relativement lent. Enfin, les tissus, qui n'ont été que très lentement saturés, ne restituent également le gaz qu'avec une grande lenteur. Les observations montrent que la désaturation ne doit être réalisée qu'après une période qui peut dépasser cinq heures.

L'azote étant le seul gaz réellement dangereux dans le cas spécial qui nous occupe, il y a lieu de chercher à déterminer le temps nécessaire pour que l'organisme soit saturé de ce gaz, le même laps de temps devant exister pour la désaturation. La quantité d'azote que le sang peut dissoudre à une température et à une pression déterminées ne peut se calculer théoriquement; toutes les recherches montrent que les données expérimentales ne concordent pas avec les chiffres calculés d'après la loi de Dalton (Barcroft, Oliver).

Ajoutons que les résultats expérimentaux sont loin de concorder également entre eux. Hoppe Seyler avait indiqué que la quantité d'azote dissous à 38° dans 100 centimètres cubes de sang augmente de 1 centimètre cube par atmosphère; von Schrötter admet 1,5, Pflüger 1,8; plus récemment, Bohr ne donne plus que 0,87.

D'autre part, les premiers auteurs n'avaient envisagé que la masse du sang, sans tenir compte des autres éléments de l'organisme susceptibles de dissoudre l'azote.

Le corps renferme 61 pour cent d'eau, et l'on peut admettre que cette quantié d'eau saline se comporte comme le sang et possède le même pouvoir de dissolution; c'est donc, pour un homme de 70 kilogs, une masse de 45 à 50 kilogs capable d'absorber 400 à 500 centimètres cubes d'azote par atmosphère en surcharge.

Ces données sont encore insuffisantes; les expériences de Vernon ont introduit un nouveau facteur dont l'importance est loin d'être négligeable. Les graisses possèdent un pouvoir d'absorption considérable pour l'azote, six fois au moins celui du sang. Les recherches de Vernon permettent de trouver une explication scientifique et rationnelle à un fait d'observation. Les ingénieurs et les ouvriers tubistes ou les scaphandriers avaient signalé souvent la fréquence des accidents de décompression chez les ouvriers de forte corpulence, et les médecins avaient même évoqué une stéatose du cœur, ou d'autres tissus. Maintenant les accidents s'expliquent par l'hypersaturation des sujets gras.

Or, si l'on admet qu'un sujet, dans les conditions normales, possède environ 15 à 20 pour 100 de tissu adipeux, on voit la quantité d'azote susceptible d'être fixée quand la saturation est complète. En adoptant le chiffre de 1 litre par atmosphère supplémentaire, nous sommes certainement au-dessous de la vérité.

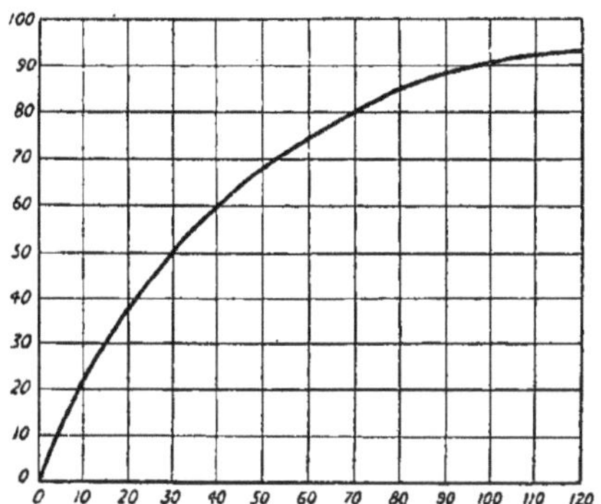

Fig. 1. — Courbe montrant la vitesse approximative de saturation des parties du corps, pour une vitesse de la circulation et un pourcentage de graisse moyens. — Abscisses = temps en minutes; ordonnées = saturation pour cent.

Peut-on, par le calcul, même en tenant compte des causes d'erreur résultant de l'incertitude où l'on est sur la proportion des graisses, connaître le temps nécessaire pour réaliser la saturation totale et complète du corps?

Zuntz, Heller, Mager, von Schrötter, Haldane, Boycott, Langlois, Glibert et bien d'autres se sont efforcés d'établir les lois qui président à cette saturation. Malheureusement, les bases sur lesquelles ils doivent s'appuyer sont très hypothétiques.

Il serait indispensable de connaître : 1° la proportion exacte du sang par rapport aux autres tissus; 2° la quantité de sang traversant le poumon dans une unité de temps; 3° la durée d'une circulation générale et les durées des circulations locales, autant de facteurs qui sont loin d'être déterminés exactement. Il nous suffira de citer quelques chiffres empruntés à des physiologistes justement estimés pour montrer les écarts existant dans les chiffres donnés :

Quantité de sang d'un homme de poids moyen, 70 *kilogs* : chiffre classique, 5 litres; Haldane et Lorrain Smith, 3 l. 1/2.

Rapport entre la quantité de sang et celle de la lymphe : von Schrötter, 1/11 ; Haldane, 1/35.

Volume du sang envoyé à chaque systole : Volkmann, 180 grammes; Tigerstedt, 60 grammes.

Durée d'une circulation totale : Hering, 23 secondes; Langlois, 45 secondes; Tigerstedt, 90 secondes.

Quantité de sang passant par le poumon par minute : Gréhant, 4 litres; Lorrain Smith, 3 litres.

Ces divergences expliquent les réserves que nous pouvons faire sur l'utilisation des formules mathématiques pour déterminer le temps de saturation.

Les courbes calculées avec la formule de von Schrötter montrent qu'après trente-cinq circulations la saturation est presque réalisée sous une pression de 2 atmosphères, et qu'après cinquante circulations elle est acquise même avec six atmosphères.

En une heure, on pourrait donc considérer la saturation comme accomplie.

Haldane n'arrive pas aux mêmes chiffres. Pour lui, la saturation presque complète n'est réalisable théoriquement qu'après un temps plus long, soit une heure et demie environ, et les expériences directes lui ont montré que toutes ces considérations théoriques doivent être rejetées; que chez les chèvres, par exemple, la saturation ne paraît effective qu'après trois heures d'exposition, et que chez l'homme il faut compter cinq heures au moins.

Cette question de la durée nécessaire pour arriver à la saturation a une importance extrême au point de vue de la prophylaxie des accidents.

La pratique a montré, en effet, que le nombre et la gravité des accidents sont en fonction de la durée du séjour dans l'air comprimé.

Moir avait déjà insisté sur la diminution du nombre des accidents quand on abaisse la durée du travail dans les caissons. Presque tous les médecins qui ont été chargés de la surveillance médicale dans les chantiers d'air comprimé arrivent aux mêmes conclusions. Eads, qui a observé de nombreux accidents, dont quelques-uns mortels, quand les ouvriers travaillaient quatre heures de suite avec une pression de 3 kilos, n'a plus eu d'accidents quand la durée du travail réel fut réduite à une heure.

Waller (Congrès de Bruxelles, 1910) donne des observations très intéressantes. Le travail, à Amsterdam, se poursuivait avec une pression de 2 atmosphères; les hommes fournissaient deux équipes de quatre heures chaque, séparées par huit heures de repos. Le nombre des accidents était de 1 sur 250 descentes. Les entrepreneurs crurent plus avantageux de ne faire qu'une équipe de huit heures : la proportion s'éleva à 1 sur 86, soit trois fois plus, toutes les conditions restant égales, sauf la durée du séjour.

L'École autrichienne s'était élevée contre la limitation des heures de travail, alléguant que, pendant le séjour dans les caissons, on ne constatait aucune altération dans les fonctions de l'organisme et, d'autre part, que, la saturation étant atteinte à la fin de la première heure, la prolongation du séjour ne pouvait avoir aucune influence sur la teneur en azote.

Il paraît probable, en effet, que le séjour prolongé dans l'air comprimé n'altère pas la santé, et Oliver cite à cet égard une curieuse observation. Dans le tunnel creusé sous l'Hudson, on utilisait pour la traction des chariots des mulets qui séjournèrent dans le caisson pendant près d'une année sous une pression de 2 kilogs. Or, ces mulets, qui d'ailleurs furent décomprimés avec une rare lenteur : huit heures! devaient être en parfait état, car, dit l'ingénieur dans son rapport, ils furent bien vendus.

Quoi qu'il en soit, si pour de faibles pressions il ne paraît pas utile de diminuer la durée des équipes, il n'en est plus de même quand il s'agit de fortes pressions.

La loi hollandaise prévoit la diminution des heures de travail en fonction de la pression, et, dans la pratique, à Amsterdam, on ne dépasse plus quatre heures quand la pression atteint 2 kilogs.

En France, la Commission d'hygiène industrielle avait demandé la diminution progressive de la durée des équipes suivant la pression, mais le Conseil d'État a rejeté l'article visant cette limitation, la loi ne permettant pas la limitation des heures de travail par décret.

Il faut ajouter que, dans la pratique, on se heurte à des difficultés redoutables.

Pour un travail effectué sous 20 mètres d'eau, soit deux atmosphères en surcharge, nous verrons plus loin que le temps passé dans l'écluse dépassera cinquante minutes tant à l'entrée (dix minutes) qu'à la sortie (quarante minutes). Or, pour obtenir des ouvriers l'observation du règlement, il est nécessaire et juste que le temps passé dans le sas soit compté comme temps de travail spécial, c'est-à-dire à haute paye.

D'autre part, une objection a été soulevée contre la réduction des périodes de travail. Une équipe de quatre heures, ne fournissant en réalité que trois heures de travail dans le chantier, devra redescendre une seconde fois après huit heures de repos (méthode hollandaise). C'est, par suite, exposer deux fois par jour les hommes aux dangers du stade de décompression.

La question qui se pose est donc celle-ci :

Les chances d'accidents sont-elles plus nombreuses pour des hommes séjournant de six à huit heures dans l'air comprimé à haute tension et n'étant décomprimés qu'une fois par jour que pour les ouvriers ne séjournant chaque fois que quatre heures, mais subissant deux décompressions journalières?

La Commission d'hygiène industrielle s'était prononcée en faveur de la première solution; il semble qu'à l'étranger l'opinion des hygiénistes soit plutôt pour la seconde.

S'il est vrai que l'équilibre azoté ne doit être établi qu'après un laps de temps supérieur à cinq heures quand la saturation a été complète, il faudrait, pour réaliser la sécurité absolue, consacrer cinq heures à la décompression quand le séjour a dépassé ce même laps de temps, et en fait il existe quelques exemples d'accidents survenus longtemps après la décompression, qui justifieraient cette durée. Mais on conçoit qu'une telle pratique serait irréalisable, et il a fallu chercher quel était le mode de décompression offrant le plus de sécurité relative et restant acceptable pour l'industrie.

Trois systèmes sont aujourd'hui préconisés dans la décompression, tous trois s'appuyant sur des données physiologiques plus ou moins théoriques.

Le système autrichien, avec Mager, Heller, von Schrötter, Silberstern : décompression lente (un dixième d'atmosphère par deux minutes) et uniforme, quelle que soit la pression atteinte. Avec la formule autrichienne, pour un travail par 23 mètres d'eau, il faut compter 46 minutes de séjour dans le sas.

Le système franco-hollandais, tel qu'il est édicté dans la loi hollandaise du 25 juin 1905 et dans le décret français du 15 décembre 1908, impose une décompression régulière et progressive.

Règlement français,

Le temps employé à la décompression ne doit pas être inférieur aux valeurs indiquées ci-dessous :

20 minutes au-dessus de 3 kilogs effectifs. . . . . . } Par kilog.
15 — entre 3 et 2 — . . . . . . } de pression.
10 — — 2 et 0 — . . . . . . }

Règlement hollandais.

30 minutes au-dessus de 3 kilogs effectifs.
20 — entre 3 et 1,5 —
15 — — 1,5 et 0 —

La méthode anglaise est tout autre : c'est la décompression par stage. Haldane était parti de cette conception que les accidents graves sont très rares, sinon inconnus, pour les pressions inférieures à 2 kilogs, quelle que soit la rapidité de décompression.

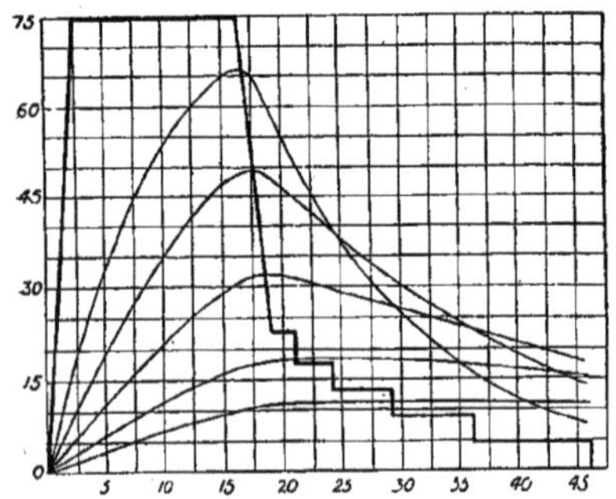

Fig. 2. — Courbe de la saturation et de la désaturation azotée — plongée à 62 mètres — par la méthode de Haldane. — Le plongeur reste 14 minutes au fond et 48 minutes sous l'eau. — Les courbes représentent de haut en bas les variations de saturation des parties du corps qui se saturent à moitié en 5, 10, 15, 20, 40 et 75 minutes; la ligne épaisse représente la pression de l'air. — Abscisses = temps en minutes; ordonnées = pression en livres par pouce carré.

Or, d'après la loi de Dalton, si l'on part d'une pression absolue quelconque, 6 atmosphères, par exemple, et qu'on la réduise de moitié (3 atmosphères), le volume de gaz que l'organisme doit éliminer, mesuré à cette pression de 3 atmosphères, est précisément égal à celui qu'il élimine quand une pression de 2 kilogs est ramenée à la pression atmosphérique, c'est-à-dire réduite aussi de moitié.

A la pression $\frac{N}{2}$ le volume de gaz mesuré à cette pression est toujours αV; mais pour le comparer au précédent, il faut mesurer celui-ci à la pression $\frac{N}{2}$ et son volume sera $2\alpha V$.

Le volume du gaz à éliminer à la pression $\frac{N}{2}$ sera donc : $2\alpha V - \alpha V = \alpha V$.

C'est-à-dire qu'il est indépendant de la pression initiale et qu'il est bien le même que lorsque $N = 2$ et $\frac{N}{2} = 1$ (pression atmosphérique).

Les expériences de Haldane, poursuivies sur les chèvres, ont montré que la pression pouvait être réduite dans le rapport de 2,3 à 1 en quatre minutes. Une chute rapide de 6 à 2,6 ne produit aucun accident, bien que la chute de pression soit de 3,4 atmosphères parce que le rapport des pressions initiale et finale ne dépasse pas celui de 2,3 à 1.

Avec les mêmes animaux, le passage de 4,4 à 1 produit des effets désastreux, parce que ce rapport est de 4,4 à 1.

Une fois la pression initiale réduite de moitié, on doit rester un cer-

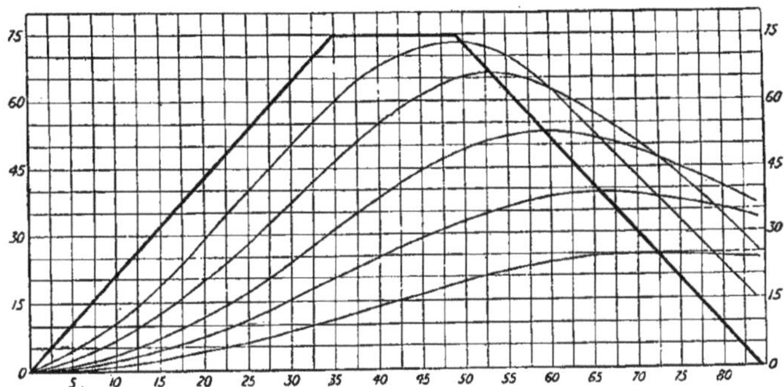

Fig. 3. — Courbe de la saturation et de la désaturation azotée par décompression régulière. — Le plongeur reste 11 minutes au fond et 84 minutes sous l'eau. Les courbes ont la même signification que dans la figure précédente.

tain temps à cette nouvelle pression, pour permettre à l'organisme de se débarrasser de son azote.

Après la première chute brusque, qui réduit de moitié la pression initiale, Haldane conseille de poursuivre en diminuant la pression par paliers et par différences constantes de 0 atm. 3. correspondant à 3 mètres d'eau de mer si la pression absolue est de 4 atmosphères. A un moment donné, on la ramène donc à $h - 0{,}3$, après avoir attendu suffisamment pour que la pression de l'azote dans les tissus soit tombée au double de celle qu'elle va prendre. Il n'est donc pas nécessaire que cette pression soit devenue h, il suffit qu'elle soit moindre que $2\,(h - 0{,}3)$, c'est-à-dire moindre que $2\,h - 0{,}6$.

Les expériences sur les chèvres ont été très nombreuses ; elles ont été poursuivies en décomprimant ces animaux après un temps de compression identique, soit par la méthode uniforme, soit par la méthode par palier.

Malgré l'intérêt que présentent les tableaux donnés par Haldane, il nous paraît suffisant de résumer les résultats obtenus en utilisant une notation spéciale. Si on donne des coefficients particuliers aux symptômes observés et en fonction de leur gravité, par exemple le coefficient 1 pour les douleurs articulaires, 2 pour les paralysies passagères, 6 pour les cas de mort, et en additionnant les cas multipliés par ces coefficients, on établit le tableau suivant :

Tableau I. — **Statistique comparée des accidents dans l'air comprimé.**

DURÉE DE LA COMPRESSION.	DURÉE DE LA DÉCOMPRESSION.	DÉCOMPRESSION	
		PAR PALIER.	UNIFORME.
15 minutes.	31 minutes.	5 accidents.	30 accidents.
30 —	31 —	2 —	6 —
30 —	68 —	0 —	7 —
120 —	70 —	4 —	13 —
120 —	100 —	5 —	26 —
180 —	134 —	2 —	0 —
		18 accidents.	82 accidents.

La méthode uniforme donne donc une proportion de 5 accidents contre 1 produit avec la décompression par palier.

Et, si on élimine les accidents légers représentés par le coefficient 1, la proportion atteint 25 contre 1.

Si la détente brusque a l'avantage d'abaisser rapidement le degré de saturation, elle offre le grave danger de favoriser la formation de bulles d'azote dans le réseau vasculaire.

D'autre part la décompression uniforme a l'inconvénient d'allonger considérablement le temps de désaturation.

En fait une méthode générale ne saurait être scientifiquement recommandée et suivant la pression initiale atteinte, tel ou tel procédé présente les meilleures garanties de sécurité.

Glibert, en s'appuyant sur des calculs, arrive à établir que la désaturation se faisant d'autant plus lentement que la pression devient plus basse, critique la méthode française et hollandaise, admettant une vitesse croissante dans la décompression et il réclame au contraire une décompression à vitesse décroissante.

La méthode de Haldane a été appliquée dans ces deux dernières années, non seulement par l'Amirauté anglaise, mais également à l'étranger, et, bien que les observations à l'étranger soient peu nombreuses, les chiffres parlent en faveur du procédé.

C'est ainsi qu'à Hambourg, Bornstein a systématiquement alterné les deux méthodes : décompression régulière et décompression en palier, pour des travaux exécutés par deux atmosphères de pression (Tableau II).

TABLEAU II. — **Résultats des essais de décompression effectués à Hambourg par les deux méthodes.**

	MÉTHODE.	NOMBRE DES OUVRIERS.	NOMBRE DES ACCIDENTS.	ACCIDENTS PAR JOUR.
5 au 21 novembre 1909 . .	Haldane.	526	15	0,94
22 au 5 décembre 1909 . . .	Uniforme.	528	17	1,21
6 au 23 décembre 1909 . .	Haldane.	529	12	0,67
24 déc. au 8 janv, 1910 . . .	Uniforme.	529	14	0,88
9 au 21 janvier 1910 . . .	Haldane.	536	12	0,86

En Amérique, Japp utilisa la méthode par palier.

Le tunnel de l'East River était divisé en quatre compartiments étanches : le chantier avec une pression de 2 kilogs et la première chambre avec la même pression, la seconde ayant une pression de 1 kil. 5 et la troisième avec 0 kil. 7.

Les ouvriers restaient dans la première chambre 5 minutes, dans la seconde 8 minutes et dans la troisième 15 minutes, soit une demi-heure pour sortir d'un chantier établi avec 3 atmosphères; les ouvriers devaient marcher pendant la durée du séjour dans chaque chambre, longues chacune de 2 à 300 mètres. Les accidents, très fréquents avant l'application de la méthode par palier, diminuèrent immédiatement. Mais il faut ajouter que, dans les premiers temps, la décompression uniforme se faisait trop rapidement.

C'est principalement avec les scaphandres que la méthode de Haldane a été appliquée.

Les tables de l'Amirauté anglaise renferment un grand nombre de chiffres fixant des durées successives de l'ascension du plongeur; nous ne donnerons qu'un des tableaux (Tableau III).

TABLEAU III. — **Type de tableau des plongées de la Marine anglaise.**

PROFONDEUR en mètres.	PRESSION en atmosphères.	DURÉE DE LA PLONGÉE jusqu'au début de la montée.	HAUTEUR ET DURÉE EN MINUTES des arrêts pendant la montée.				TEMPS TOTAL de la montée en minutes.
			12 mètr.	9 mètr.	6 mètr.	3 mètr.	
33 — 36 1/2	4,6	jusqu'à 15 minutes.	»	2	3	7	15
		— 15-25 —	»	5	5	10	23
		— 25-35 —	»	5	10	15	33
		— 35-60 —	5	10	15	25	57
		— 60-120 —	10	20	30	35	97
		au-dessus de 120 —	30	35	35	40	142

On voit la divergence complète entre la méthode franco-hollandaise et la méthode anglaise. Dans la première, la décompression se fait très lentement au début et va en s'accélérant à mesure que la pression diminue. Au contraire, avec la méthode anglaise, pour un séjour de 40 minutes, temps moyen des plongées, et une descente à 35 mètres, le premier arrêt à 12 mètres n'est que de 5 minutes, le second à 9 mètres est de 10 minutes, le troisième à 6 mètres de 15 minutes, et le quatrième à 3 mètres se prolonge 25 minutes, soit en tout 57 minutes. Avec le nouveau règlement français (applicable seulement aux tubistes), les quinze premiers mètres auraient demandé 30 minutes et les dix derniers 10 minutes, soit 40 minutes.

Les instructions du ministre de la Marine prescrivent, en France, la montée avec une vitesse uniforme de 1 mètre par minute, si le plongeur est resté moins de 5 minutes sous l'eau, et de 1 mètre par 2 minutes si le séjour est plus long.

Pour 35 mètres, il faudrait donc compter une heure dix pour la montée. Ce délai n'est jamais observé et ne saurait l'être.

Le lieutenant Damant, inspecteur des scaphandriers, rapporte que les plongeurs de l'Amirauté ont fait des milliers de plongées supérieures à 33 mètres et quelques-unes à 62 mètres et qu'il n'y a eu que deux cas graves enregistrés. Un plongeur, traité par la recompression, se remit rapidement; le second mourut le lendemain de la plongée fatale, mais, pris dans un obstacle par 47 mètres d'eau, il n'avait pu se dégager qu'après deux heures et demie d'efforts violents.

Une sécurité absolue ne peut être donnée, même avec les décompressions les plus lentes; il faut donc, étant donné que les ouvriers se montrent toujours réfractaires au séjour prolongé dans le sas, chercher à en diminuer la durée, ou tout au moins à ne pas dépasser les périodes prescrites, et qui nous paraissent encore insuffisantes.

Pour favoriser la désaturation, deux procédés ont été préconisés, qui peuvent d'ailleurs être employés simultanément.

Les inhalations d'oxygène, proposées par von Schrötter, accélèrent très rapidement le départ de l'azote. Cette méthode n'est applicable que pour les pressions inférieures à 4 kilogs, puisqu'au-dessus de ce chiffre l'oxygène peut constituer un toxique.

L'exercice musculaire, en accélérant la circulation, aboutit au même résultat. Damant fait faire des mouvements à ses plongeurs pendant les périodes d'arrêt, et les ouvriers de Japp devaient marcher dans les écluses successives.

Bornstein considère le travail non seulement pendant la décompression, mais après la sortie de l'écluse, comme le procédé le plus sûr contre les accidents ordinaires, tels que les crampes articulaires, les puces, etc. Il a suffi de faire monter systématiquement un escalier de 25 mètres aux ouvriers après la sortie du sas pour faire tomber la moyenne quotidienne des accidents de 2,5 pour 1000 à 1,06.

Le traitement logique contre les accidents dus à l'air comprimé réside dans une recompression immédiate. On comprend que, sous l'influence de la recompression, les bulles gazeuses se dissolvent de nouveau, la circulation se rétablit, et il suffit alors de reprendre la décompression lente.

On peut évidemment utiliser pour la recompression le sas qui sert à l'entrée des ouvriers ; mais, en principe, il faut exiger une étuve à recompression indépendante du chantier et disposée de telle sorte que l'on puisse introduire la victime facilement, la coucher et que deux aides puissent lui donner des soins. Une petite écluse à main doit être annexée pour permettre l'introduction d'objets ou de médicaments réclamés d'urgence. Le décret de 1909 n'exige l'écluse que si la pression atteint 2 kilogrammes ; c'est une concession regrettable.

La recompression s'effectuera à raison de cinq minutes par kilogramme de pression; il suffit souvent de comprimer à une pression inférieure à celle de la pression primitive; mais, dans d'autres cas, il faut dépasser la pression constatée dans la chambre de travail.

Si le sujet a perdu connaissance, provoquer des mouvements de déglutition par titillation du voile du palais ou par des tractions rythmées de la langue et maintenir ainsi l'équilibre dans la chambre auditive. Arrivé au stade maximum de compression, faire faire des mouvements divers au malade et des massages pour libérer les gaz; donner alors de l'oxygène, qui permettra de déplacer l'azote, l'oxygène n'étant contre-indiqué que si on opérait avec une surpression de 2 kil. 500.

Procéder ensuite, quand les symptômes toxiques ont disparu, à une décompression très lente : trois minutes par dixième d'atmosphère; arrêter la décompression ou même refaire de la pression si les accidents reviennent. A Amsterdam, un malade n'a été remis qu'à la quatrième recompression.

Pour être efficace, la recompression doit être exécutée sans retard. On sait, en effet, que les tissus nerveux supportent mal l'anémie prolongée et que, dans l'expérience de Sténon, il suffit de comprimer l'aorte plus de vingt minutes pour observer des troubles médullaires persistants, l'examen histologique montrant alors des lésions de chromatolyse dans les cellules de la substance grise. C'est pour permettre cette intervention rapide que l'on demande une chambre de repos pour les ouvriers et le logement des ouvriers dans un rayon inférieur à 2 kilomètres du chantier.

Contre les troubles persistants soit du côté pulmonaire, soit dans les membres, Catsaras conseille de pratiquer tous les jours de faibles recompressions.

Deux procédés de traitement, soit préventif, soit curatif, ont été conseillés : les inhalations d'oxygène et les mouvements musculaires après la sortie du travail. Bornstein fait monter un escalier aux ouvriers, et les Anglais conseillent la bicyclette.

Si les inhalations d'oxygène avant la décompression (von Schrötter) ou pendant la recompression sont logiques, il n'en est plus de même à l'air libre : faire respirer de l'oxygène pur à ce moment, c'est diminuer la tension de l'azote et favoriser l'embolie azotée. De même les mouvements musculaires dans les mêmes conditions peuvent provoquer la mobilisation des embolies restées dans des régions non délicates et les entraîner vers les centres nerveux. L'exercice n'est justifié que s'il est pratiqué à proximité de l'écluse à recompression.

Naturellement, en cas de fléchissement du cœur ou même en cas de syncope, les injections d'huile camphrée, de préférence aux injections d'éther, sont indiquées.

Les troubles dus à la viciation de l'air et qui acquièrent une gravité exceptionnelle par suite de la surpression relèvent surtout des inhalations d'oxygène.

Quant aux affections de cause *a frigore* si fréquentes chez les tubistes et qui sont attribuables au refroidissement provoqué par la décompression, elles relèvent des traitements généraux, et ces affections doivent diminuer avec l'application des règles de décompression lente.

ACTIONS PATHOGÈNES DES AGENTS PHYSIQUES

Par J. BERGONIÉ

Professeur de Physique biologique et d'Électricité médicale à la Faculté de médecine de Bordeaux.

INTRODUCTION

Pour traiter toute la question, il faudrait commencer par faire le dénombrement des agents physiques capables de provoquer des actions pathogènes et établir pour chacun d'eux l'inventaire de toutes les formes d'accidents causés, formes quelquefois tout à fait dissemblables. Quelques considérations générales feront mieux saisir le champ très vaste à explorer.

Tout d'abord, il n'y a pas un nombre limité, *ne varietur*, d'agents physiques, comme il y a cinq sens, par exemple, depuis des milliers de siècles, et pour des milliers de siècles encore. La très ancienne Physique. celle d'il y a trente ans, à côté d'un premier chapitre de mécanique, traitait de la chaleur, de la lumière, de l'électricité et du magnétisme ; puis venait l'acoustique, dernier chapitre, pas plus homogène d'ailleurs que le premier. Aujourd'hui, tout est bien changé : la théorie des électrons semble devoir permettre à l'électricité d'envahir toute la physique; autrefois le magnétisme en était la seule dépendance; aujourd'hui, on comprend parmi ces dernières : la lumière, les radiations de petite longueur d'onde, les rayons X, le rayonnement du radium, etc.

Cette condensation n'est simplifiante que théoriquement, c'est-à-dire que les théories s'unifient, mais les agents physiques, à les considérer physiologiquement et médicalement, augmentent de nombre. Nous avons eu depuis 15 ans les rayons X et la radioactivité qui ont donné des effets inattendus, bouleversé les méthodes physiques de diagnostic et ont ouvert des chapitres entiers en pathologie. La production intensive des radiations éthérées de très petite longueur d'onde, ont fait de ces dernières depuis peu un agent physique tout à fait indépendant; les applications de l'air chaud sont absolument nouvelles; les courants intenses de haute fréquence produisant des effets ne ressemblant en rien au « déjà vu » en électricité; et ainsi, à mesure qu'une nouvelle découverte sera faite en physique, on cherchera à l'appliquer à l'industrie et à la médecine, comme historiquement cela s'est toujours fait, et il en résultera des actions pathogènes nouvelles, ou plus nombreuses, ou plus graves.

D'autre part, si de nouveaux agents physiques nous sont venus depuis peu ou nous viennent tous les jours, les anciens, tels que la chaleur, la lumière, l'électricité, se sont tellement élargis dans leur application à la vie de tous les jours, qu'il faut aujourd'hui distinguer, par exemple en électricité, le voltage, la forme du courant, la constitution du circuit, la fréquence des alternances, etc. Ce n'est que dans le langage vulgaire et non scientifique que l'on peut définir une affection en disant simplement qu'elle a été causée par l'électricité ; de même un accident causé par la chaleur, de même un autre causé par la lumière. On s'apercevra par ce qui va suivre que les accidents sont très différents lorsque varient les divers facteurs de l'agent physique considéré, si différents même que nous nous bornerons ici, pour ne pas trop allonger ce chapitre, à rapporter ceux qui sont le plus couramment observés dans la pratique médicale. On nous excusera d'en laisser de côté un assez grand nombre, car la place nous est mesurée d'une part et, d'autre part, on trouvera dans les traités de pathologie interne ou externe les développements qui ne seraient pas ici à leur place.

ACTIONS PATHOGÈNES PRODUITES PAR LA CHALEUR

On peut comprendre de bien des manières les actions pathogènes produites par la chaleur. La plus simple est la suivante : un corps chaud au voisinage médiat ou immédiat d'un organisme vivant, par le fait des échanges de chaleur entre lui et cet organisme par rayonnement, conductibilité, convection, provoque des actions pathogènes affectant cet organisme. Cette formule dans sa simplicité physique comprend toutes les actions locales et générales de la chaleur sur l'organisme depuis la brûlure locale jusqu'au coup de chaleur ; ce sont ces actions pathogènes que l'on a d'ordinaire à étudier dans un traité de pathologie générale.

Il semble aujourd'hui que l'on doive pour être complet, aller plus loin : envisager l'organisme comme source de chaleur, ce qui est vrai pour tous les animaux, mais surtout frappant pour l'homme et les homéothermes en général, et rechercher les troubles qui surviennent dans la santé, lorsque dans la production ou la déperdition de cette chaleur apparaissent des anomalies dont il est important et utile de rechercher les causes et les conséquences. C'est ce qui sera essayé au cours de divers alinéas de cette exposition.

Actions locales de la chaleur sur l'organisme. — Il est pratiquement inutile de définir le mot chaleur et le corps chaud d'où provient l'action sur l'organisme, il suffit d'indiquer que la température des corps chauds pouvant causer des actions pathogènes est toujours supérieure sensiblement à la température physiologique de l'homme soit 37° centigrades. Dans des cas particuliers, (enveloppement complet par le corps chaud, bains) elle peut ne lui être supérieure que de quelques degrés centigrades et provoquer cependant des désastres au point de vue de la santé; mais dans la plupart des cas la température du corps chaud est notablement supérieure à celle de l'organisme et précisément la gravité des actions pathogènes subies par celui-ci dépend, au moins en partie, de l'élévation de cette température.

A cause de cette température plus élevée et en vertu des lois physiques très simples, le corps chaud cède à l'organisme une quantité de chaleur variable selon les circonstances et d'après un mode de transmission également variable. C'est par rayonnement surtout que les accidents se produisent chez les verriers, c'est par contact ou conductibilité que les brûlures ont surtout lieu dans la vie de tous les jours. Si le corps chaud qui rayonne est à une distance suffisante (loi des carrés), ou si sa température dans le cas de petite distance n'est pas trop élevée, si le temps du rayonnement n'est pas trop prolongé, en un mot si le gain de chaleur de l'organisme soumis à ce rayonnement n'est ni trop grand ni trop rapide, ce n'est plus une action pathogène qui se produit, mais une action bienfaisante, pouvant être utilisée en thérapeutique (bains de chaleur ou de lumière, héliothérapie).

Il en est de même pour le gain de chaleur par contact. Si le corps chaud n'est pas à une température trop élevée, si sa chaleur spécifique n'est pas trop grande, ni sa conductibilité trop considérable, si enfin le contact ne dure pas trop longtemps, il n'y a pas à proprement parler d'action pathogène. Il peut y avoir comme dans le premier cas, une action bienfaisante utilisable en thérapeutique (étuves chaudes, bains et douches d'air chaud, cataplasmes, thermoplasmes, bains et douches chaudes, etc).

C'est que dans les deux cas le gain de chaleur venu du corps chaud à l'organisme par rayonnement ou conductibilité a pu être diffusé, réparti dans toute la profondeur et la masse des tissus sans qu'il en résulte au point d'impact ou au point d'entrée une élévation nocive de la température. Cette capacité de diffusion dans sa masse pour la chaleur de l'organisme vivant, n'est pas d'ailleurs très considérable, elle est variable avec les individus et pour un même individu avec les points d'entrée. Elle dépend surtout du développement du réseau capillaire superficiel, de la masse du sang qu'il peut arriver à contenir par vaso-dilatation et de la vitesse de cette circulation périphérique. C'est en effet la circulation sanguine qui est le meilleur répartiteur de la chaleur. Toute action locale d'un corps chaud aboutit en effet à ce chauffage de l'organisme par transport de la chaleur de la périphérie au centre, par la circulation du sang; à l'inverse, mais par le même mécanisme, de ce qui se passe dans nos maisons à chauffage central. On comprend que dans ces conditions l'action locale du corps chaud sera d'autant plus éloignée d'être pathogène qu'elle portera sur telle région du corps où l'irrigation sanguine est plus abondante, c'est-à-dire où la masse et la vitesse du sang sont plus considérables. On peut par exemple appliquer une boule d'eau chaude au pli du coude, au creux proplité, à l'aine, au cou, points remplissant les conditions indiquées plus haut et la chaleur est enlevée plus vite et plus vite répartie, le réchauffage général se fait mieux que si l'on applique le même corps chaud au niveau de la fesse. Si la température du corps chaud venait à s'élever lentement jusqu'à devenir nocive, l'action pathogène locale pouvant en résulter serait, pour les mêmes raisons, retardée au niveau des endroits fortement irrigués plus haut cités. D'ailleurs ces points-là sont pour les mêmes raisons, mais par un effet inverse, les points chauds de l'organisme lorsque celui-ci est soumis aux causes habituelles du refroidissement extérieur(1). L'activité circulatoire de même que la vaso-dilatation apparaît donc ici comme une défense de l'organisme contre certaines actions pathogènes des corps chauds, d'ailleurs de faible nocivité.

Mais bien que cette répartition par convection de la chaleur du fait de la circulation soit de beaucoup la plus efficace, elle n'est pas la seule et il faut faire entrer aussi en ligne de compte la répartition et la progression vers le centre de la chaleur locale par conductibilité.

Les tissus animaux sont tous très mauvais conducteurs de la chaleur. Ils doivent cela en partie à ce que ce sont au point de vue physique, des corps hétérogènes, formés de parties plus ou moins solides en suspension ou imprégnées de liquides; d'autre part tous les liquides organiques sont mauvais conducteurs parce que formés d'eau surtout, elle-même mauvaise conductrice. Malgré cette mauvaise conductibilité générale des tissus, on a trouvé par l'expérimentation des différences entre eux. Landois, Bordier, Charrin et Guillemonat ont pu ranger les divers tissus de l'organisme par ordre de conductibilité croissante. Voici par exemple les chiffres donnés par Charrin et Guillemonat (2) en prenant la conductibilité de l'air comme unité :

Air	1
Poumons	1,11
Graisse	1,46
Muscles	1,69
Foie	2,07

On comprend qu'avec des corps si médiocrement conducteurs, la répartition dans l'organisme et la progression vers le centre par conductibilité de la chaleur locale cédée en un point par le corps chaud provoquant l'action pathogène, soient à peu près négligeables. C'est ce que confirme l'expérience vulgaire de tous les jours : les pointes de feu que l'on fait à la surface de la peau, non seulement ne détruisent que les points touchés

(1) Voir la répartition des températures locales. BERGONIÉ, *Leçons de chaleur animale*, 1891.

(2) *Soc. de biol.*, 1er juillet 1898, n° 23, p. 683.

de cette peau, mais ne lèsent en rien les tissus sous-jacents, car la chaleur ne peut s'y communiquer. Malgré cela on ne peut pas dire, comme le font justement remarquer Charrin et Guillemonat, qu'il soit indifférent à égalité de surface qu'une peau soit doublée de tissu musculaire ou de tissu adipeux. L'homme amaigri, toutes choses égales d'ailleurs, éprouve des pertes que n'éprouve pas l'obèse. Et ce qui est vrai pour la sortie, ne peut être faux pour l'entrée; en effet les actions pathogènes de la chaleur sont différentes chez l'obèse et le marastique, mais ce sont celles surtout qui sont causées lorsque le corps chaud enveloppe l'organisme entier, parce qu'alors la petite différence de conductibilité se multiplie par le facteur de surface.

Pour toutes ces raisons l'action pathogène du corps chaud ne commence, au point d'impact le plus rapproché, s'il agit par rayonnement, au point de contact, s'il agit par conduction, que si sa température, la durée de son action, la difficulté de la transmission profonde et de la diffusion de la chaleur transmise, sont assez grandes pour qu'il y ait accumulation locale de chaleur, élévation de la température du tissu qui absorbe cette chaleur jusqu'au niveau où la vie du protoplasma cellulaire est définitivement arrêtée. Alors la destruction des tissus par la chaleur ou *brûlure* est constituée.

Chose remarquable, ce niveau de la température destructive, niveau qui ne peut être fixé théoriquement à cause des nombreuses variables dépendant des qualités physiques du corps chaud et des circonstances physiologiques où se trouve l'organisme chauffé, variables, dont nous avons parlé plus haut, ce niveau limite, cette température critique divise, comme une sorte de frontière sans zone franche, les effets de la chaleur sur l'organisme en effets favorables, utiles même, thérapeutiques souvent d'une part, et effets nocifs, destructeurs, pathogènes d'autre part. La méthode thermique de Bier et toute la thermothérapie reposent sur l'accumulation locale de chaleur avec élévation de la température des tissus chauffés jusqu'au voisinage de ce point critique, de ce degré frontière. Les appareils qui servent à la thérapeutique thermique sont agencés de telle manière qu'on puisse l'atteindre presque, sans le dépasser; car c'est précisément dans son voisinage que se manifestent le mieux les effets favorables de vaso-dilatation, congestion capillaire et veineuse, phagocytose locale, échanges cellulaires plus actifs, que l'on cherche à provoquer. Mais si l'agencement de ces appareils n'est pas parfait, si leur emploi n'est pas judicieux, si leur fonctionnement n'est pas attentivement surveillé, alors la température optima du tissu le plus atteint, le plus rempli pourrait-on dire par cette accumulation de calories, cette température est dépassée et les effets nocifs de brûlure locale sont produits par ces appareils qui de thérapeutiques deviennent pathogènes presque sans transition.

Des brûlures. — Voici donc produite l'action locale pathogène du corps chaud, c'est-à-dire la « brûlure » ou destruction par la chaleur d'une partie même fort petite du tissu vivant. Cette destruction, suivant la température du corps chaud et ses autres constantes physiques dont sa masse, sa chaleur spécifique, sa conductibilité, etc., suivant aussi le temps d'action de ce corps par rayonnement ou contact, suivant les autres conditions signalées plus haut, dans lesquelles se trouve l'organisme ou partie de l'organisme atteint, cette destruction sera variable en profondeur, en étendue, en volume. Mais l'intensité de l'action pathogène ne sera pas toujours en rapport direct avec l'étendue, la profondeur, le volume des tissus détruits. Aussi la classification si souvent faite et refaite des brûlures paraît aujourd'hui un exercice de scolastique aussi puéril qu'inutile cliniquement.

Classification des brûlures. — Ces classifications reposent en effet sur les symptômes fort nombreux que présentent les brûlures et que l'on peut accoler les uns aux autres de bien des manières. Parmi ces symptômes citons : la rougeur de la peau ou érythème ; la vésication avec phlyctènes confluentes ou isolées, à sérosité limpide ou louche ; ces phlyctènes pouvant revêtir encore la forme de bulles ou de vésicules d'aspect et de volumes variés ; les taches jaunes ou brunes, déprimées ou saillantes, sèches ou humides ; le racornissement des tissus allant jusqu'aux fibres du chorion (l'une des classes de Bichat) ou plus bas encore ; enfin l'escharrification proprement dite avec toutes ses variétés, puis la carbonisation en masse des tissus, plus ou moins complète, plus ou moins étendue, plus ou moins compliquée des autres symptômes moins graves plus haut cités.

C'est suivant la prise en considération ou le rejet de tel ou tel symptôme pour telle ou telle classe ou degré de brûlure que les classifications diverses ont été faites. L'on comprend que les auteurs n'aient pu s'entendre ; qu'à chaque classificateur ait pu correspondre une nouvelle classification dont les diverses classes ou degrés différaient et par leur nombre et par les symptômes. C'est ainsi que Fabrice de Hilden (1607) avait classé les brûlures en trois degrés ; Heisler (1771) en quatre degrés ; Callisen (1787) en quatre degrés également mais différents de ceux de Heisler ; Boyer en trois degrés ; Bichat en quatre degrés ; Gerdy en degrés d'après l'étendue et la profondeur ; Marjolin et Ollivier avaient un autre critérium encore ; enfin Dupuytren a classé les brûlures en six degrés et c'est la classification la plus connue, la plus utilisée. Nous la rappellerons ici à titre de document :

Le premier degré est l'érythème ;

Le deuxième degré est caractérisé par la phlyctène ; au troisième degré, il y a désorganisation de l'épiderme, le corps muqueux de Malpighi est atteint ;

Au quatrième degré, la destruction de la peau est complète ;

Au cinquième degré, l'escharification comprend toutes les parties superficielles et le muscle ; au sixième degré, tout un membre est carbonisé.

On voit que dans cette classification de Dupuytren, les deux premières classes ne comprennent que des lésions n'allant pas jusqu'à la destruction des parties; elles pourraient être réduites par cela même en une seule, ou former un groupe à part. Dans les quatre autres classes les parties sont détruites d'une manière définitive et leur élimination doit se faire. Encore là un groupe. Mais dans la troisième classe il y a lieu de distinguer la forme sèche et la forme humide; les brûlures de la cinquième classe ont une grande ressemblance avec celles de la quatrième; dans la cinquième classe on ne cite pas la destruction même superficielle des tuniques veineuses ou artérielles, autrement graves comme conséquences que celle des muscles, etc. Enfin la classification ne comprend pas les brûlures des muqueuses, ne tient aucun compte de l'étendue de la brûlure, ni des douleurs provoquées, ni du siège. Pour toutes ces raisons il semble qu'aujourd'hui le classement d'une brûlure fait sèchement dans une observation, au risque de soumettre la mémoire du lecteur à de vains efforts, et d'être inexact, car tous les degrés peuvent être réunis dans un cas, doit être remplacé par une bonne description clinique claire et précise, dans laquelle les caractéristiques si importantes de la brûlure, non comprises dans la classification pratiquée aujourd'hui, telles que l'étendue et les douleurs ressenties, le siège, etc., auront naturellement leur place. Dans la gravité ou la bénignité des brûlures il y a une infinie variété de degrés et toute classification naturelle c'est-à-dire rationnelle paraît impossible.

Caractères des brûlures d'après la nature du corps brûlant. — La classification des brûlures basée sur la nature du corps chaud n'a pas plus de valeur, mais elle a peut-être plus d'intérêt et il est des considérations générales utiles que ce nouveau point de vue permet d'énoncer.

Les corps chauds provoquant l'action pathogène, la brûlure, les corps brûlants par conséquent, peuvent être solides, liquides ou gazeux et nous savons qu'à chacun de ces divers états correspondent des qualités physiques différentes. Les corps solides ont en général une grande conductibilité, un poids spécifique assez élevé, une capacité calorifique moyenne, une mobilité faible. Les liquides ont une grande capacité calorifique surtout quand, ce qui est le cas le plus habituel, ils sont formés d'eau en grande partie; ils ont une grande mobilité; un poids spécifique moyen et une température en général peu élevée à cause de leur changement d'état au niveau de leur température d'ébullition. Les gaz ont une mobilité considérable, ils peuvent avoir une très haute température; ils ont une chaleur spécifique très faible, leur détente brusque peut abaisser notablement leur température. Pour les liquides et les gaz, des actions chimiques peuvent intervenir qui aggravent leurs actions pathogènes soit en élevant brusquement leur température propre (explosions, combustions), soit en attaquant chimiquement les tissus après les avoir brûlés (brûlures par les acides, le phosphore et le soufre en ignition, etc.).

Ces diverses propriétés physiques des corps brûlants impriment aux brûlures certaines apparences, certaines caractéristiques qui peuvent aider au diagnostic clinique ou légal et guider le pronostic si difficile quelquefois lorsqu'il s'agit de brûlures. Ainsi il est rare que les brûlures par corps solides soient très étendues; elles sont le plus souvent assez exactement limitées, représentant, comme un graphique par pression, la surface de contact et du corps brûlant et de la peau. L'ouvrier qui a saisi à pleines mains la tige de fer encore à 200 ou 300 degrés qu'il supposait froide, vu son aspect innocent, a tous les plis articulaires des doigts épargnés; les saillies des régions médianes des phalanges sont d'autant plus profondément atteintes qu'elles sont plus saillantes; la région hypothénar de la paume donne presque par l'étendue de la brûlure le demi-périmètre de la barre saisie.

Le graphique est encore plus exact dans les brûlures de la plante du pied chez les ouvriers lamineurs qui ont marché par inadvertance sur des tôles non encore refroidies. La surface de contact limite exactement la brûlure et la gravité de celle-ci s'augmente au niveau des points où la pression a été la plus forte et la plus prolongée.

C'est dans le cas de solides incandescents (métaux portés au rouge blanc) que peut s'observer cette protection curieuse contre la brûlure tenant au passage des liquides sécrétés ou non par l'organisme à l'*état sphéroïdal*. La sueur est ordinairement ce liquide, mais les larmes peuvent intervenir, comme dans ce drame russe d'un conteur scientifique, très populaire il y a vingt ans. Le mécanisme de cette protection, sur laquelle il ne faudrait pas toujours compter, est expliqué aujourd'hui; elle n'est qu'un cas particulier du *roulement* des liquides sur les solides qui ne sont pas mouillés par ces liquides. La *caléfaction*, l'*état globulaire*, l'*état sphéroïdal* sont des noms différents du même phénomène. En somme, le liquide interposé, en prenant la forme de gouttelettes entourées d'une atmosphère de vapeur du liquide, empêche tout contact de l'organisme avec le corps chaud et prévient la brûlure. C'est ainsi qu'on peut passer la langue sur un fer rougi à blanc sans se brûler, couper un jet de fonte avec la main mouillée, etc., nous n'avons pas à insister ici sur ces phénomènes.

Les brûlures par les liquides se présentent ordinairement sous un aspect tout différent. D'abord, elles sont le plus souvent beaucoup plus étendues; elles ont une forme fort irrégulière causée par la mobilité, le déplacement facile du liquide. Quelquefois la surface de niveau est nettement marquée lorsque par exemple un membre a été plongé en partie dans un liquide bouillant, l'eau le plus souvent. A part des exceptions qui d'ailleurs ne sont pas très rares vu le grand nombre de cas que l'on peut observer de ces brûlures par l'eau bouillante, leur gravité ne dépasse pas le deuxième degré de la classification de Dupuytren, c'est-à-dire que la couche musculaire n'est pas atteinte, seuls le derme et l'épiderme sont touchés. D'autre part il n'est pas besoin souvent d'une grande quantité du liquide bouillant pour provoquer ces brûlures assez étendues; le liquide, à condition que ce liquide soit l'eau, après avoir touché une surface et l'avoir brûlée, coule sur la surface voisine et la brûle encore à cause de sa grande capacité calorifique [1]. Malgré la chaleur cédée aux tissus brûlés, le réservoir de chaleur qu'est l'eau ne s'épuise que lentement, d'où la continuité des effets et l'étendue des brûlures, cette dernière favorisée encore par la mobilité propre à cette classe de corps. Sauf avec les métaux en fusion, qui sont momentanément les liquides les plus dangereux au point de vue des brûlures, on n'observe pas avec l'eau ni l'escharification profonde, ni la carbonisation des tissus.

Les brûlures par les gaz sont comme les brûlures par les solides et les liquides, en rapport avec les qualités physiques de ces corps que nous avons brièvement énoncées plus haut. Tout d'abord leur température peut être fort élevée et dépasser de beaucoup 1000 degrés, car ce que nous appelons *flammes* ne sont que des gaz portés à une assez haute température pour devenir lumineux. Cette élévation considérable de la température des gaz brûlants peut masquer au point de vue de la gravité plus ou moins grande des brûlures qu'ils produisent, leur faible chaleur spécifique. D'autre part, une flamme n'est pas un gaz inerte, elle n'emprunte pas à une source de chaleur extérieure sa chaleur propre, mais par le fait des combinaisons exothermiques intenses dont elle est le siège, la chaleur se développe en elle au fur et à mesure qu'elle peut lui être enlevée par le contact avec les corps froids et surtout avec les corps vivants mauvais conducteurs. D'où deux causes de gravité des brûlures par les gaz incandescents ou flammes : d'une part, leur très haute température; d'autre part, la permanence de cette température par le fait des actions chimiques (combustion) dont elles sont le siège.

La très haute température des gaz brûlants et des flammes, est la cause d'une aggravation des brûlures par propagation de la combustion à des corps voisins de l'organisme (vêtements, sièges, lits, tentures, etc.). Des parties même de cet organisme facilement comburantes telles que la graisse, peuvent à leur tour devenir des foyers de combustion. Déjà vers 600 à 800 degrés l'air chaud des appareils récents de thermothérapie, loin d'être lumineux à cette température, enflamme cependant du bois, du papier, des étoffes; à plus forte raison l'inflammation ou la propagation de la combustion se fait lorsque l'organisme est mis en contact avec les gaz de la flamme dont la température est sensiblement plus élevée. Cette propagation augmente considérablement l'étendue et la gravité des brûlures. Aux brûlures par les gaz appartiennent donc la plupart des brûlures étendues et graves, celle des jeunes enfants tombés dans un foyer, des pompiers victimes de l'incendie qu'ils combattent, des mineurs que le grisou a surpris, des ouvriers,

(1) La chaleur spécifique de l'eau étant 1, celle du fer est 0,1 celle du mercure 0,03 celle du cuivre 0,09 celle du verre 0,17, etc. A égalité de poids et de température, du mercure coulant sur la peau, la brûlerait donc sur une étendue qui serait considérablement moindre que l'eau ne le ferait. Pour un décimètre carré brûlé par l'eau à 100°, le même poids de mercure à la même température n'aurait brûlé qu'une surface de trois centimètres carrés, toutes choses égales d'ailleurs.

marins ou chauffeurs qu'une explosion de poudre ou de chaudière à vapeur a terrassés, etc. Dans tous les cas d'ailleurs, à la gravité et à l'étendue des brûlures viennent s'adjoindre d'autres phénomènes pathologiques tels que choc nerveux, contusions généralisées, fractures multiples, etc., dont nous n'avons pas à nous occuper ici.

Suite des brûlures. — Il nous reste à dire quelques mots des suites des brûlures. Elles sont variables, comme il fallait s'y attendre avec chaque degré de gravité et l'on trouvera dans les traités de pathologie externe l'étude des suites immédiates, choc, douleur intense, fièvre, lésions internes et viscérales, etc.; et des suites plus éloignées : chute des eschares, accidents qui peuvent l'accompagner, épuisement, fièvre hectique, cicatrisation plus ou moins vicieuse, kéloïdes, etc. Nous ne retiendrons ici que quelques suites des brûlures étendues à cause des considérations de pathologie générale qu'elles suggèrent.

Brûlures étendues. — Par brûlures étendues, il faut entendre celles dont la surface est comparable à la surface tout entière du corps de l'homme ou de l'animal considéré. Il est assez difficile d'exprimer par un chiffre le moment où la brûlure cesse d'être *étendue*; nous estimons cependant que lorsque toute la surface d'une jambe depuis les orteils au genou est couverte d'une brûlure continue, la brûlure est étendue. Or, chez un homme moyen, cette surface peut être estimée environ à 20 décimètres carrés ce qui est à peu près le dixième de la surface totale du corps. A plus forte raison la brûlure est-elle étendue si elle atteint une fraction plus forte de la surface totale. Mais encore là il n'y a pas de limite absolue surtout en ce qui concerne la gravité, et, pour mesurer celle-ci à l'étendue, il faut supposer que tous les autres symptômes, toutes les autres circonstances, tous les autres facteurs de gravité en un mot, autre que l'étendue, sont les mêmes ou du moins comparables, ce qui n'arrive que rarement.

Toutes ces réserves étant faites, il est certain que l'étendue d'une brûlure même superficielle, est l'un des principaux facteurs de sa gravité. Il y a à cela des causes multiples. C'est d'abord dans ces cas de brûlures étendues que l'on observe le plus habituellement ces morts rapides qui surviennent le jour même ou le lendemain de l'accident, cause de la brûlure étendue, et qu'on ne peut attribuer qu'au choc. Or, on entend par *choc*, ou shock de quelque manière qu'on l'écrive, un phénomène nerveux mal défini, à la suite duquel des phénomènes d'inhibition se produisent pouvant amener l'arrêt d'une fonction primordiale et par conséquent la mort. Il semble dans la brûlure étendue que ce choc nerveux a pour origine la très forte excitation sensitive périphérique causée par la brûlure. « C'est une mort par excès de douleur, disait Dupuytren [1], une trop grande perte de sensibilité peut tuer, comme une trop grande perte de sang dans les hémorragies. » Nous dirions aujourd'hui : une excitation

(1) DUPUYTREN, *Leçons orales de clinique chirurgicale des brûlures*, t. IV, p. 503 et suivantes.

trop forte, trop étendue et trop prolongée de la sensibilité, peuvent provoquer des phénomènes d'inhibition amenant la mort. Ce serait la même idée, au fond. Car il est certain que les douleurs provoquées par la brûlure sont parmi les plus aiguës, les plus angoissantes, les plus continues qui soient. C'est contre cette douleur immédiatement très vive, que l'on a préconisé dans la thérapeutique populaire, les remèdes les plus nombreux et les plus extravagants et que l'on rencontre dans la thérapeutique scientifique un encombrement des formulaires. Il n'est donc pas irrationnel d'expliquer la mort par choc après brûlure étendue, comme l'expliquait Dupuytren, en invoquant un épuisement nerveux par la douleur.

D'autres causes peuvent d'ailleurs se surajouter; ne serait-ce que l'absorption par la surface extérieure brûlée ou non, par l'air respiré au voisinage du foyer, d'une quantité de chaleur parfois énorme. Il peut s'ensuivre une élévation rapide de la température centrale du corps, une sorte d'hyperthermie aiguë, avec caillots intra-pulmonaires cylindriques, cœur dur et rigide, sang décomposé et noirâtre, etc.

L'inhibition nerveuse peut avoir aussi pour cause la destruction ou du moins l'arrêt des fonctions d'un nerf important. G. Brodie et W. Halliburton (¹) ont recherché l'effet de la chaleur sur le nerf et sa conductibilité. Ils ont constaté qu'à mesure que l'on échauffe ce nerf, il y a raccourcissement et qu'à partir d'une certaine température atteinte réellement par le cordon nerveux, des coagulations successives se produisent. A 50° centigrades pour les nerfs des oiseaux, à plus forte raison pour les nerfs des autres animaux, ces nerfs ne *conduisant plus les excitations*, peuvent être considérés comme détruits.

Mais c'est surtout par des phénomènes de retentissement sur des organes quelquefois fort éloignés que les brûlures étendues acquièrent toute leur gravité. Ces phénomènes ne sont que la conséquence plus ou moins tardive de brûlures étendues. C'est ainsi que les atteintes des organes respiratoires en passant à la deuxième période, c'est-à-dire à la période inflammatoire, se transforment en bronchite plus ou moins grave, pneumonie étendue ou pleurésie sournoise. Dupuytren et d'autres avant lui avaient signalé les lésions de l'estomac et de l'intestin. Pfeiffer (²) dans un travail récent confirme par l'expérimentation l'existence de ces lésions depuis longtemps reconnues à l'autopsie par la clinique. Il a soumis des lapins pendant trente à cinquante secondes à l'ébouillantement sur une surface étendue de la peau et il a trouvé que l'intestin était lésé dans 40,9 pour 100 des cas (ecchymoses avec ou sans ulcérations) et que l'estomac l'était dans 25,7 pour 100 avec les mêmes lésions.

L'ulcère du duodénum à la suite de brûlures a été signalé par Curlong (³) il y a bien longtemps : il l'a trouvé seize fois dans cent-vingt-cinq autop-

(¹) G. Brodie and W. Halliburton, *Journ. of Physiol.*, 1905, p. 475.
(²) *Archiv. f. Psychiatrie*, 1905, p. 567.
(³) Curlong, *The Science and art of Surgery*, London, 1864.

sies de sujets atteints de brûlures, les uns ayant succombé au cours de la deuxième période, les autres au cours de la troisième.

Le rein présente aussi des lésions graves surtout par leurs conséquences. Dans le travail de Pfeiffer déjà cité, les reins sont lésés bien plus souvent encore que l'estomac et l'intestin, chez les lapins trempés dans l'eau bouillante ; la statistique de l'auteur donne 69,6 pour 100 des cas. Comme corollaire ou plutôt comme cause probable de ces altérations du rein, le sérum sanguin et l'urine montrent des propriétés toxiques spéciales. La toxicité de l'urine va en croissant de la quatrième à la vingt-quatrième heure, tandis que pendant cette période le sérum ne se montre généralement pas toxique ; puis la toxicité de l'urine diminue généralement jusqu'à la mort, en même temps que celle du sérum augmente graduellement, permettant de conclure que déjà la néphrite est constituée et que l'élimination du poison ne se fait plus.

Il y a donc un poison formé probablement à la surface des parties dénudées à la suite des brûlures graves. Tous les expérimentateurs récents et tous les cliniciens sont d'accord pour en admettre l'existence. Mais tandis que Raysky (1), à la suite de trois observations, dans lesquelles la mort s'étant produite, il a pu observer des altérations dégénératives des reins, dit que la nature du poison auquel sont dues ces lésions, reste absolument inconnue, Pfeiffer donne sur le poison en question quelques éclaircissements. Ce poison aurait des effets excitants et paralysants, ainsi qu'une action nécrosante locale. Et pour montrer que les propriétés nécrosantes et paralysantes ou neurotoxiques sont indépendantes, l'auteur soumet les animaux à l'eau bouillante pendant un temps très long (30 minutes) et trouve que l'action nécrosante du poison n'apparaît plus tandis que les propriétés neurotoxiques persistent, bien que d'une manière inconstante. D'après le même auteur, ce poison traverse les filtres ; extrait par l'alcool et la distillation dans le vide à 40 degrés, il ne ressemble ni à une ptomaïne ni à une base analogue à la pyridine, mais il aurait plutôt des analogies avec le venin des serpents et les nucléo-protéides. Enfin chose curieuse, il ne paraît pas se former au niveau de la brûlure. Dans des expériences plus récentes encore et toujours expérimentales, C. Eijkman et C. E. A. Van Hogenhuize (2) bien qu'ayant trouvé une notable altération du sang de leurs animaux (cobayes et chauves-souris) pensent cependant que la peau subit une telle altération qu'il s'y développe des substances capables de causer la mort après passage dans le sang. Si une brûlure restreinte avec carbonisation est mieux supportée qu'une brûlure étendue quoique moins profonde, ils se l'expliquent par ce fait que dans le premier cas, la circulation étant en grande partie supprimée, les substances formées ont moins l'occasion de diffuser. D'après ces mêmes auteurs, les brûlures du tissu

(1) Raysky, Contribution à l'étude des altérations locales et générales dans la mort par brûlure, *Archiv. für patholog. Anatomie und Physiol.*, 1910, p. 208, 220.

(2) C. Eijknan et C. E. Van Hogenhuize, *Arch. für Patholog. Anatomie und Physiolog.*, 1906, p. 377.

musculaire ne donneraient pas lieu à la production de substances toxiques comme celle de la peau.

L'intoxication à la suite des brûlures étendues est donc une action pathogène tardive et redoutable de ces lésions ; c'est elle surtout qui prédomine dans cette débilitation progressive de l'organisme qui amène les malades à la mort sans l'aide ou avec l'aide d'une complication aiguë; mais elle n'est pas la seule. Il faut signaler encore une cause adjuvante de cette débilitation à laquelle on a peu pensé jusqu'ici et qui moins importante que la précédente mérite cependant qu'on la signale à cause des précautions et des indications thérapeutiques qu'elle peut fournir, c'est l'augmentation considérable de la chaleur perdue par les surfaces brûlées. La peau doublée de sa couche graisseuse, si mince soit-elle, a un pouvoir émissif fort petit, à cause de sa surface lisse et unie. D'autre part, sa température est sensiblement plus basse que celle des muscles sous-jacents et même des tissus immédiatement sous-cutanés; enfin l'évaporation des liquides à sa surface se fait seulement lorsque cette évaporation est nécessaire, au moment de l'échauffement général du corps. Sauf des cas pathologiques déterminés, la sudation et sa conséquence naturelle, la vaporisation de la sueur, sont donc des processus de lutte et de défense naturelle de l'organisme contre l'hyperthermie. Ces processus sont extraordinairement efficaces. En effet un homme de 60 à 70 kilogrammes peut perdre en une heure pour lutter contre l'hyperthermie, 500 grammes d'eau et davantage; ces 500 grammes de sueur enlèvent au corps à la surface duquel ils s'évaporent, environ 300 calories-kilogramme-degré-C°, ce qui est une grosse quantité de chaleur et montre l'efficacité de ce moyen de défense contre l'hyperthermie.

Or, tous ces moyens physiques qu'a la peau de limiter ses pertes caloriques, les surfaces brûlées dénudées, les ont perdus. Par contre, tandis que l'évaporation des liquides à la surface n'est utilisée par l'organisme sain qu'en cas d'hyperthermie et que la sécrétion sudorale se tarit au-dessous d'une température assez fixe pour chaque individu, empêchant ainsi toute perte inutile de chaleur, les surfaces brûlées, au contraire, ont perdu tout appareil de régulation thermique. L'évaporation des liquides dont elles sont constamment imprégnées s'y fait activement, la nécessité des pansements fréquents favorise cette évaporation, la température des tissus sous-jacents plus élevée que celle de la peau normale y ajoute, et la chaleur sort de cet organisme déjà affaibli, par une porte toujours ouverte. Ainsi s'aggrave rapidement la débilitation par l'augmentation des dépenses énergétiques; augmentation d'autant moins opportune que ces recettes sont diminuées par l'état du tube digestif.

Contre cette nouvelle action pathogène indirecte des brûlures, il semble que les grands pansements rares et chauds par enveloppement ouaté épais soient rationnels et l'on s'explique leurs bons résultats. On peut expliquer de la même manière, par les considérations pathogéniques précédentes, l'action des bains prolongés chauds [1] comme traitement des brûlures étendues. Avec eux on limite les pertes de chaleur de l'organisme en supprimant totalement l'évaporation des liquides à sa surface. La perte peut même se transformer en gain, tout dépend de la température de l'eau dans laquelle est plongé le brûlé.

Répercussions nerveuses des brûlures. — Une autre action pathogène des brûlures et surtout des brûlures étendues, c'est leur retentissement sur les centres nerveux correspondants à la surface brûlée. Les recherches récentes de Righetti [2] mettent en lumière ces phénomènes d'ailleurs faciles à prévoir. A la suite des brûlures de la peau chez le chien comme chez le lapin, cet auteur a vu des altérations graves des cellules nerveuses des ganglions spinaux correspondant au territoire cutané lésé. Les cellules de la corne antérieure et les cellules du sympathique réagissent beaucoup moins. Les modifications cellulaires dans les ganglions spinaux sont très apparentes dès le troisième jour et elles deviennent de plus en plus profondes jusqu'au vingtième jour où la plupart des éléments entrent en dissolution. L'auteur rapproche ces graves désordres centripètes causés par les brûlures de ceux peu ou pas apparents causés par les lésions des téguments provenant du bistouri et l'on peut trouver là, sinon une explication complète de la difficulté de cicatrisation des brûlures du moins l'une de ses causes.

On peut rapprocher encore de ces répercussions nerveuses pour ainsi dire attendues des brûlures, celles moins aisées à prévoir que Valentin [3] a récemment signalées sur l'aspect des corps thyroïdes. Cet auteur a vu dans le cas de brûlures mortelles, des modifications histologiques du corps thyroïde fort importantes, telles que : altération des noyaux, nécrose et transformation de la substance colloïde en matière analogue à la mucine.

Actions pathogènes produites par la chaleur autres que les brûlures. — Sans produire la destruction des parties voisines, brûlures proprement dites, la chaleur ou plutôt le corps chaud peut provoquer dans l'organisme soumis à son action des désordres ou actions pathogènes qui, quoique d'une toute autre nature, n'en sont pas moins graves et utiles à signaler. De ce nombre est *le coup de chaleur*.

Coup de chaleur. — Ce que l'on nomme coup de chaleur, n'est qu'une variété de ces états hyperthermiques depuis longtemps étudiés par les physiologistes, variété qui a pour caractéristique de se produire sur l'homme dans des conditions de vie particulière et souvent en plein air, sous le soleil brûlant. Or, que faut-il pour que l'hyperthermie soit réalisée : que les gains de chaleur ne soient pas compensés par les pertes. Depuis Claude Bernard (1876) [4] un grand nombre de physiologistes ont

(1) Cure de Passavant.
(2) C. Righetti, *Lo sperimentale*, 1907, p. 771.
(3) Valentin, *Arch. für patholog. Anat. und Physiol.*, 1908, p. 42.
(4) Cl. Bernard, *Leçons sur la chaleur animale*.

étudié l'hyperthermie produite artificiellement chez l'animal. Les travaux de Ch. Richet et de ses élèves Langlois, Pellegrin, Gautrelet, etc., de Jolyet et Vincent[1] et d'un grand nombre d'autres, ont éclairé la question. Tous ces expérimentateurs pour augmenter les gains de chaleur de l'organisme plaçaient les animaux en expérience dans une enceinte chauffée. Ce sont là des conditions qui peuvent être exceptionnellement réalisées dans la production de certains cas d'hyperthermie chez l'homme. Ainsi chez les verriers, les fondeurs, les chauffeurs et spécialement chez ceux des bateaux à vapeur, où la chambre de chauffe est une véritable étuve. « Dans la Mer Rouge, qui est encaissée entre des montagnes abruptes, dit Roger[2], la chaleur du climat s'ajoutant à celle de la machine augmentait tellement les accidents, qu'on a dû remplacer les chauffeurs européens par des chauffeurs nègres, plus résistants aux températures élevées ».

Mais le coup de chaleur tel que l'ont décrit un grand nombre de médecins militaires et entre autres, Vallin, Héricourt, Lacassagne, Collin, Laveran et Regnard, etc., le coup de chaleur dans nos pays, ne fait pas intervenir une source de chaleur artificielle pour se produire; il suffit d'une température élevée de 25 à 30 degrés et au delà du milieu ambiant, avec ou sans soleil, état hygrométrique élevé, fatigue physique, vêtement mal adapté ou trop peu perméable et quelques autres circonstances moins importantes, parmi lesquelles il convient de citer la suralimentation et l'ingestion de boissons alcooliques. Dans ces conditions, voici d'après la description imagée d'Héricourt[3] comment les choses se passent et quels sont les symptômes du coup de chaleur. « Par une température qui peut ne pas être élevée et parfois oscille « autour de 25 degrés, le ciel étant plutôt nuageux que lumineux, le « temps orageux et l'air chargé de poussières vers la fin des manœuvres « prolongées et particulièrement des longues marches, on voit les côtés « de la route se garnir d'hommes qui déclarent ne plus pouvoir avancer; « leur visage est congestionné et baigné de sueur, ils accusent une soif « vive et se plaignent d'éprouver une douleur constrictive à l'épigastre, « des vertiges, des éblouissements, de la céphalalgie; il n'y a pas d'envie « d'uriner. En donnant les premiers soins à ces malades, le médecin « constate que leur connaissance est abolie à des degrés différents, « depuis le simple éblouissement fugace jusqu'au coma complet; mais « toujours la face est violacée, turgescente, la peau humide et parfois « visqueuse, la respiration lente, le pouls faible et irrégulier, les pupilles « dilatées; parfois on remarque un peu d'écume à la bouche. Disons tout « de suite que la mort qui peut survenir si le coma persiste, surtout en « l'absence de secours, est rarement la conséquence de cette atteinte. »

L'on a beaucoup discuté sur la cause de la mort par hyperthermie et

(1) VINCENT, Recherches expérimentales sur l'hyperthermie. *Thèse de Bordeaux*, 1887.
(2) ROGER, *Introduction à l'étude de la médecine*, 4e édition, 1909, p. 52.
(3) HÉRICOURT, *Etude critique sur les accidents causés par la chaleur.*

sur la mort par coup de chaleur, on n'est pas d'accord, même aujourd'hui. Il y a des degrés nombreux et des formes diverses comme surtout les cliniciens le font observer. Claude Bernard avait pensé que les animaux meurent par le cœur dans l'hyperthermie expérimentale. La rigidité de celui-ci serait entraînée par la coagulation de la myosine de ses fibres. Jolyet a démontré qu'il n'en était rien et que chez les animaux hyperthermisés la respiration s'arrête avant le cœur qui reste excitable même quelques instants après la mort. Laveran et Regnard pensent que dans les conditions où ils ont expérimenté, la mort arrivait par arrêt dans le fonctionnement du système nerveux et par suite dans le fonctionnement du cœur. Quant aux nombreuses altérations du sang qui ont été invoquées comme cause de la mort par hyperthermie, aucune n'a résisté au contrôle de l'expérience ou à un sérieux examen. La cause la plus probable, mais non certaine de la mort par hyperthermie, serait due à une intoxication générale de l'organisme comme Vincent, le premier, l'a démontré. Mais, là encore, les avis ne sont pas unanimes et Colin n'admet pas cet empoisonnement par des produits de déchets formés en un temps très court et d'une toxicité foudroyante [1].

Quoi qu'il en soit il est bien certain que le traitement qui réussit le mieux dans le coup de chaleur, c'est la réfrigération appliquée sans tarder. Si cette constatation ne permet pas d'éclairer suffisamment la question de la cause de la mort, si controversée comme on vient de le voir, elle permet tout au moins de diriger la prophylaxie. On a beaucoup fait déjà en médecine militaire pour donner au commandement les conseils qui doivent préserver les troupes du coup de chaleur : l'heure des marches et des revues d'été est devenue plus matinale, quelquefois l'on a supprimé le sac, permis aux hommes de se disperser, etc., mais je ne crois pas qu'on ait fait grand chose pour modifier le vêtement du soldat pendant les marches au moment de la canicule, ni surtout son vêtement de dessous dont le médecin militaire devrait avoir la surveillance au moins autant que pour l'alimentation. Il règne sur ce sujet, parmi les soldats, des idées fausses qu'il serait bon de réformer. L'on arriverait ainsi, en modifiant ce vêtement de dessous, en en augmentant considérablement, en été, la *perméabilité*, à réaliser une réfrigération naturelle, variable d'ailleurs avec l'ouverture du vêtement de dessus (qui est aujourd'hui permise en marche et qui devrait être recommandée), on arriverait, dis-je, à lutter efficacement contre le coup de chaleur.

On peut rapprocher du coup de chaleur de nos climats, cas d'hyperthermie aiguë, certaines formes de fièvres des pays tropicaux dites « climatiques » qui ressemblent à l'hyperthermie lente. On donne à ces fièvres suivant les régions où elles sont observées les noms de « fièvre des Antilles », « fièvres de la Mer Rouge » et de la « Mer des Indes », de la « Cochinchine », « Pseudo-dengue », etc. Sauf les cas compliqués de paludisme ou d'infection microbienne, ces formes fébriles ne paraissent

(1) COLIN, Coup de chaleur, *Acad. de méd.*, 1895, p. 36.

être que des effets pathogènes de la chaleur. Ces affections sont en effet observées chez des sujets non acclimatés aux pays chauds, brusquement transportés d'un milieu à température moyenne dans les régions susénoncées où la température élevée du nouveau milieu est souvent aggravée par un état hygrométrique de l'air, voisin de l'état de saturation. Ajoutons à cette cause prédominante de l'élévation brusque et quelquefois considérable (plus de 41°, Grall) de la température axillaire des sujets atteints, hyperthermie caractéristique et principal symptôme de la maladie, les erreurs alimentaires au point de vue qualitatif (albuminoïdes fermentescibles) et quantitatif (ration alimentaire non modifiée); les défauts d'un vêtement non adapté; quelquefois la nécessité d'un travail musculaire intense; l'absorption de liquides dits réconfortants qui ne font qu'aggraver l'erreur alimentaire quantitative (alcool, sirops, vins toniques, etc.) et l'on sera amené à conclure que la plupart de ces formes de fièvres dites « climatiques » est l'aboutissant rationnel, certain, pouvant être prévu d'une calorification défectueuse de l'organisme, un effet pathogène de la chaleur.

ACTIONS PATHOGÈNES DU FROID

Le *chaud* et le *froid* sont des *sensations* que nous font éprouver dans certaines conditions nos nerfs périphériques, sans que ces conditions aient un rapport constant avec la température des corps que nous touchons. De l'eau à 15 degrés dans laquelle nous plongeons une main tandis que l'autre touche un morceau de glace, nous donne la sensation de *chaud*; la même eau nous donne une sensation de *froid*, quand nous substituons au morceau de glace, de l'eau à 50 degrés. C'est là une expérience classique et concluante; elle permet d'affirmer que le chaud et le froid sont subjectifs et que ces sensations n'ont rien à voir avec les pertes ou les gains de chaleur que peut faire notre organisme. Ce qui le prouve encore mieux, c'est le défaut de la sensation de froid chez des organismes aguerris par une longue pratique des ablutions froides, et l'extrême acuité de cette sensation au contraire chez ceux qui n'ont même pas l'habitude de se dévêtir de temps en temps complètement.

On ne peut donc pas définir le *froid* par une sensation en rapport avec une température thermométrique fixe et déterminée; cependant comme il faut ici une définition de l'agent susceptible de causer les actions pathogènes que nous allons étudier, nous dirons que ces actions proviennent du contact ou du voisinage de corps *froids*, c'est-à-dire de corps à une température notablement inférieure à la température périphérique la plus basse à l'état de santé environ 20° centigrade.

Depuis quelques années, une grande industrie s'est créée ayant pour but la production et l'utilisation des basses températures pour la conservation des viandes et des matières alimentaires. Cette industrie du froid intéressante pour le médecin à plus d'un titre, pour objectiver plus sûrement la puissance de ses machines, a mis en usage une unité nouvelle, unité industrielle de quantité de froid, comme la calorie est l'unité de quantité de chaleur des physiciens. Cette unité a reçu le nom de *frigorie*. La frigorie n'est que la calorie affectée du signe moins, et l'on peut aussi bien dire que tel liquide, en s'évaporant, absorbe tant de calories, que dire de cette évaporation qu'elle produit tant de frigories. Donner des frigories à un corps chaud est non pas seulement équivalent, mais identique à lui retrancher le même nombre de calories. La *frigorie* peut donc se définir la quantité de *froid* qu'il faut donner à un kilogramme d'eau pour abaisser sa température, *pour le refroidir*, de 1° centigrade. Grâce à ce langage, à ces nouvelles expressions, qui n'ont rien changé en ce qui concerne les lois, les phénomènes et les constantes physiques, le froid a pris comme nous le disions plus haut une existence plus objective dans l'industrie. Il y a longtemps qu'il en était ainsi en pathologie et que l'on distinguait encore avec plus de raison les actions nocives du froid, des actions nocives de la chaleur.

Mécanismes physiques du refroidissement. — Le corps de l'homme peut se refroidir ou gagner des frigories de bien des manières : il peut se refroidir par rayonnement sans aucun contact avec un corps froid : tel le refroidissement par les nuits claires et sans brume des pays d'Orient où malgré la couche d'air chaud qui revêt le sol, le refroidissement peut vous atteindre traîtreusement dès le coucher du soleil, c'est-à-dire au moment où se substitue au rayonnement solaire chaud, le rayonnement glacial des espaces interplanétaires. Le corps de l'homme peut encore se refroidir par contact en cédant sa chaleur par conductibilité à un corps froid plus ou moins bon conducteur, solide, liquide ou gazeux. Enfin il peut encore se refroidir par un mécanisme particulier toujours source de froid, l'évaporation des liquides à sa surface. Ces divers modes de refroidissement sont assez différents et entraînent à leur suite des phénomènes pathologiques quelquefois assez dissemblables pour que nous les passions successivement en revue.

Refroidissement par rayonnement. — C'est le mécanisme de refroidissement des corps vivants le moins facile à observer en dehors des autres. A part le cas que nous avons cité plus haut du rayonnement par les nuits claires dans une atmosphère dépourvue de vapeur d'eau et par une température moyenne des couches inférieures de cette atmosphère, toutes conditions qui se trouvent souvent réalisées dans les pays désertiques, le rayonnement n'agit pas seul pour enlever au corps sa chaleur, mais il vient compliquer et aggraver tous les autres modes de refroidissement. Il a pour caractéristique de ne provoquer que des sensations peu intenses, peut-être à cause de l'étendue de la surface soumise au rayonnement et par conséquent au refroidissement, peut-être aussi à cause de l'absence de contact réel avec le corps froid toujours éloigné.

D'où la traîtrise des effets du rayonnement, l'inattendu des effets pathogènes qu'il produit et souvent l'absence de défense efficace de l'organisme.

« J'ai plongé le bras nu jusqu'au-dessus du coude, dit M. Raoul Pictet [1], dans le puits frigorifique maintenu à — 105° sans toucher les parois métalliques. On sent sur toute la peau et dans toute l'épaisseur des muscles une impression tout à fait caractéristique et spéciale qu'aucune description ne peut faire entendre. On éprouve une sensation pas désagréable d'abord, mais qui le devient peu à peu et dont le siège semble être l'os central ou le périoste. »

Malgré ce défaut de sensation, l'action pathogène du froid rayonné n'en est pas moins très active pendant tout le temps du rayonnement. C'est ainsi qu'un chien plongé par Pictet dans le même puits de froid essaye de lutter, par l'augmentation de ses combustions, contre l'abaissement de sa température centrale; les parties du corps de moindre masse se refroidissent d'abord, et l'animal meurt vers 22 degrés (température prise dans l'aine) sans qu'aucun soin puisse le rappeler à la vie. L'animal a résisté deux heures à cette formidable émission de chaleur causée par l'énorme différence de température de 157° environ [2], entre le corps rayonnant (le chien) et l'enceinte.

(1) Raoul Pictet, Action des basses températures, *Revue scientifique*, 1893, p. 581, 2° semestre.

(2) La loi de Newton qui fixe la vitesse de refroidissement du corps chaud soumis au rayonnement lorsque sont connus : la température t de l'enceinte froide; la température T du corps qui se refroidit et un certain coefficient K, qui dépend de l'état de la surface du c ps rayonnant, s'exprime par la formule :

$$V = K\,(T - t).$$

ou V désigne cette vitesse ou la quantité de chaleur perdue, dans l'unité de temps. Donc toutes choses égales d'ailleurs, c'est-à-dire avec un coefficient K invariable, la vitesse de refroidissement d'un corps qui rayonne est proportionnelle à la différence qui existe entre sa température propre et celle de l'enceinte Certainement, l'animal, aussi bien que les corps inertes, obéit à cette loi, mais la difficulté d'appliquer la loi et les controverses au sujet de son application viennent de l'évaluation de la température de l'animal. Elle n'est pas uniforme, comme celle d'un bloc de cuivre ou d'argent, et les échanges de chaleur entre les régions centrales et la périphérie qui rayonne, ne s'y font pas facilement; les phénomènes de vaso-motricité viennent encore compliquer cette évaluation. Enfin l'animal est une source de chaleur dont la puissance est limitée et essentiellement variable, et non un réservoir de calorique, comme le bloc métallique cité plus haut. Pour toutes ces raisons, qui tiennent à l'habituelle complexité des phénomènes physiques lorsqu'ils sont considérés chez l'être vivant, le coefficient K d'émission contenu dans l'expression algébrique de la loi de Newton peut être sujet à des variations plus ou moins étendues et plus ou moins rapides. Mais si on considère ce phénomène de refroidissement de l'être vivant pendant un temps assez court pour que le coefficient en question puisse être, sans erreur bien grande, supposé constant, l'application de la loi de Newton est légitime et la quantité de chaleur perdue par l'être vivant est proportionnelle à la différence de température entre le milieu extérieur et la sienne propre, prise à la périphérie. Voir sur la question : Bergonié, *Leçons de chaleur et de thermodynamique animales*, 1893-94, p. 64. — Richet, *Dict. de physiol.*, Art. Chaleur, par Athanasiu et Carvallo, t. III, p. 140. — Lefèvre, *Chaleur animale et énergétique*, p. 369.

D'ailleurs la grosse expérience de tous les jours n'admet-elle pas une loi de

On n'observe jamais, avons-nous dit, le refroidissement par rayonnement seul sur les animaux supérieurs et sur l'homme puisque ceux-ci vivent entourés nécessairement d'une atmosphère plus ou moins bonne conductrice de la chaleur. Le refroidissement se fait donc pour eux à la fois par rayonnement et par contact ou conductibilité. Ce n'est que l'effet-somme de ces deux causes que l'on constate, et la part de chacune dans les troubles pathogènes produits est variable avec les circonstances. L'air sec est très diathermane (50 fois plus environ que l'air humide d'après Tyndall); de plus il est très mauvais conducteur de la chaleur, d'où l'explication simple de l'importance du rayonnement dans le refroidissement subi pendant les nuits en pays désertiques.

Dans les régions polaires, l'air privé de sa vapeur d'eau par condensation, est doué des mêmes qualités et le rayonnement reprend sa prépondérance dans les effets pathogènes du froid subi. Si l'on se met à l'abri du rayonnement, le jour par un vêtement approprié, la nuit par « l'igloo » de neige (hutte en coupole des esquimaux), les températures que l'homme peut supporter peuvent être extrêmement basses sans qu'il en souffre. Pour ne citer que les deux derniers explorateurs arctiques, Nansen et Peary, car on connaît les récits des explorateurs antérieurs, Nansen dit(1) que le 12 mars ses compagnons et lui ont supporté des températures de —50° et —51°,2. « Néanmoins chaque jour, écrit-il, nous faisons des excursions. Quoique nous ne soyons pas plus couverts que d'habitude, nous ne sommes nullement incommodés par cette basse température, tout au contraire, elle nous semble très agréable ; nous ne sentons seulement froid qu'au ventre et aux jambes, mais il suffit de battre la semelle pour se réchauffer. Très certainement on pourrait supporter une température encore plus basse de 10, 20 et même 30°. »

Peary dit d'autre part (2) : « nous partîmes par une température de — 53°; le minimum atteint pendant la nuit avait été de — 55° et à l'aube le thermomètre avait marqué — 59°. Avec le brillant soleil de midi et dans l'absence de toute brise, bien enveloppés dans nos fourrures nous ne souffrîmes pas du froid. Le cognac était solidifié, le pétrole blanc et visqueux et les chiens s'avançaient dans un nuage produit par leur respiration ».

A côté de ces températures excessives supportées si facilement grâce aux précautions prises par les explorateurs et aussi à leur vaillance, à leur esprit d'abnégation, à leur volonté renforcée par l'enthousiasme, il y a des moments pénibles : « Ainsi par un froid de — 40° seulement, la lecture des instruments de météorologie, dit également Nansen (3) n'est

Newton, au moins approchée? Le chien de Pictet n'aurait-il pas mis un temps plus long à se refroidir et à mourir, si le puits de froid au lieu d'être à la température de —107° avait été à la température de — 50° seulement? Est-ce que les actions pathogènes ne sont pas plus graves et plus rapides aux températures très basses qu'aux températures voisines de 0°, toutes choses égales d'ailleurs?

(1) NANSEN, *Vers le pôle*, p. 107.

(2) ROBERT E. PEARY, *La découverte du Pôle nord*. P. Lafitte, édit. Paris, 1911, p. 234.

(3) NANSEN, *op. cit.*, p. 97.

pas précisément agréable, surtout celle des thermomètres à maxima et minima placés dans le « nid de corbeau ». Plus pénibles encore sont les observations astronomiques exécutées tous les deux jours; pour manier les petites vis très délicates des instruments, naturellement Nansen et son aide doivent être dégantés, d'où de fréquentes congélations aux mains; souvent le froid est tellement pénétrant que les observateurs doivent interrompre leur travail pour battre la semelle et pour se frapper les bras! Nansen dit d'autre part (p. 103) : « combien sont exagérées les craintes qu'inspirent les basses températures arctiques; certainement il ne fait pas chaud par — 40° ou — 42°, mais un tel froid ne cause aucune souffrance. Hier, dans une promenade sur les skis, j'étais vêtu d'une chemise ordinaire et de deux blouses en peau; aux jambes : caleçons, pantalons, jambières en drap, et je suais à grosses gouttes. » A ajouter ici l'importance du travail physique et la complexion particulièrement musclée de ces hommes très entraînés, très robustes, quelques-uns même très gras. (A la fin de l'expédition, Nansen avait gagné plus de 10 kilogrammes de poids!)

On se met donc assez facilement à l'abri du refroidissement par rayonnement même, par températures très basses, il suffit d'être protégé par un vêtement suffisant, tellement mauvais conducteur qu'il puisse exister entre les deux faces de ce vêtement une différence de température de 80° ou 90° sans qu'il y ait passage important de la chaleur du corps au travers. La face extérieure de ce vêtement se met alors en équilibre de température avec le milieu et tout rayonnement cesse de ce fait. Toute action pathogène du froid est donc ainsi évitée au niveau des parties protégées par le vêtement.

Refroidissement par conductibilité ou par contact. — Mais il n'en est plus ainsi, lorsqu'au rayonnement vient se joindre la perte de chaleur par contact ou conductibilité; immédiatement les actions pathogènes deviennent plus dangereuses. Leur gravité d'ailleurs dépend encore là des conditions physiques du contact, des propriétés conductrices et de la capacité pour la chaleur du corps froid touchant le corps. Si c'est l'air atmosphérique, il agit pour refroidir proportionnellement à l'abaissement de sa température, de sa conductibilité (qui augmente avec la vapeur d'eau qu'il contient) et de son renouvellement au voisinage de la peau. En un mot, l'action pathogène d'une température extérieure basse varie avec un autre facteur que la température, c'est le déplacement de l'air ou le *vent*. Ce fait est d'observation courante dans les récits des explorateurs arctiques. C'est ainsi que les compagnons de Peary souffraient plus du froid à une température à peine au-dessous de zéro (— 6°), lorsque soufflait une forte brise, qu'à près de 20° au-dessous de zéro par temps calme. Il en est de même de Nansen et de Peary comme on vient de le voir. Et cela se comprend sans invoquer, comme l'ont voulu certains auteurs, l'évaporation à la surface de la peau d'une sueur, problématique à ces très basses températures. Il faut simplement mettre en ligne de compte l'arrivée au contact ou au voisinage de la peau d'un air très froid, par conséquent très dense et dont la capacité calorifique est de ce chef considérable à égalité de volume. Par temps calme, l'air immobilisé au contact du corps par ce vêtement, loin d'être une cause de déperdition, ajoute sa protection de corps mauvais conducteur à celle du vêtement qui l'enferme. Mais le vent ne permet plus cette immobilisation de l'air au contact du corps. Même avec les vêtements de fourrure et de peaux de bête, qui sont ceux dont la perméabilité aux gaz est la plus petite, il existe des ouvertures nécessaires, des coutures indispensables, des fissures imprévues par lesquelles suivant la pression du vent, l'air froid pénètre plus ou moins, chassant devant lui l'air déjà réchauffé et c'est comme un écoulement de chaleur qui se fait, suivi bientôt de désordres plus ou moins graves.

Ces désordres sont bien plus marqués encore quand, à la place de l'air, c'est un liquide, l'eau le plus souvent, qui vient en contact avec l'organisme. Ici, grâce à la mobilité du corps froid qui se renouvelle constamment au niveau des surfaces de contact, grâce à son énorme capacité calorifique, à son application exacte, la chaleur soustraite au corps peut être considérable en peu de temps. Dans une expérience [1], M. Lefèvre s'est plongé dans un bain à une température de 4° centigrades et a constaté qu'il perdait alors 20 grandes calories par minute, soit 240 calories en 12 minutes qu'a duré le bain; 1200 calories à l'heure! — c'est-à-dire dix à douze fois plus à peu près qu'un homme dans les conditions ordinaires de la vie. Il n'y a pas eu d'accidents, grâce, d'une part à la courte durée du bain et, d'autre part, à l'entraînement et à la constitution robuste du sujet. En dehors de ces conditions exceptionnelles, les meilleurs nageurs sont paralysés par l'eau à 0°. Aussi peut-on expliquer de cette manière des morts historiques comme celle de Poniatowski à sa sortie de Leipzig, dans l'Elster, et celle de nos soldats au passage de la Bérésina dans la retraite de Russie. « A peine ces malheureux, dit Larrey, étaient-ils entrés dans le fleuve que leurs membres étaient frappés de raideur et qu'ils étaient morts sans doute avant d'avoir été noyés. »

L'humidité, en diminuant considérablement la protection causée par la conductibilité des fourrures, augmente dans les mêmes proportions la probabilité des gelures. C'est ainsi que Peary pendant sa dernière exploration arctique insiste sur le danger des chaussures humides. « Tant qu'elles sont sèches, dit-il, on n'a pas à redouter les pieds gelés, une fois qu'elles sont humides, le danger est continuel [2]. »

Concluons donc que, si chez l'homme vigoureux et convenablement entraîné au froid, il peut exister une *puissance* thermogénétique assez grande pour réparer immédiatement les pertes de chaleur subies sous l'influence des brusques et violentes réfrigérations par l'eau, il n'en est

(1) Lefèvre, *Chaleur animale et énergétique*, p. 527, et *Soc. de Biologie*, 16 juin 1894.
(2) Peary, *La découverte du Pôle nord*, p. 166.

pas moins vrai qu'il faut des conditions déterminées et même exceptionnelles, pour qu'il puisse résister à ces énormes productions de chaleur. Ces conditions ne peuvent être réunies qu'en mettant en jeu toutes les ressources d'un entraînement savant au point de vue musculaire et au point de vue alimentaire; ce qui le prouve, c'est que les animaux se montrent de ce côté-là très inférieurs à l'homme entraîné. Il faut mettre évidemment de côté les cétacés et les pinnipèdes (morses et phoques), qui, grâce à leur vêtement, soit de fourrure soit de lard, peuvent résister à des températures très basses, bien que plongés dans un milieu bon conducteur.

Avec les corps solides froids, le contact est moins étendu et la réfrigération peut ne porter que sur une petite partie du corps, mais elle peut y être assez intense pour que la vie des cellules soit définitivement compromise ou détruite immédiatement. Quand ce corps solide froid a une bonne conductibilité pour la chaleur, ce qui est le cas des métaux, *la gelure* immédiatement produite au point de contact ressemble à une brûlure locale et comme aspect et comme suite.

Quand c'est une muqueuse bien humectée qui subit le contact, des phénomènes de soudure instantanée bizarres peuvent se produire. « Un jour, dit Nansen [1], le thermomètre descend à 56° au-dessous de zéro. Par un pareil froid il ne fait pas bon toucher le fer; un de nos jeunes chiens ayant eu l'idée de lécher un anneau en fit l'expérience à ses dépens : la langue de la pauvre bête resta adhérente au morceau de métal, comme prise à la glue. Heureusement, au moment de l'accident, B... se trouvait sur le pont, attrapant l'animal par le cou pour l'empêcher de s'arracher la langue, dans les bonds qu'il faisait pour se dégager, il échauffe le fer avec sa main garnie de moufles et réussit à rendre la liberté au chien. »

Réfrigération par évaporation des liquides. — Le froid à la surface du corps de l'homme peut encore provenir de l'évaporation sur cette surface de liquides sécrétés ou d'autres apportés. L'intensité de la réfrigération dans ces cas, où le nombre de *frigories* développées dépend du liquide, c'est-à-dire de sa volatilité ou tension de vapeur à la température de la peau et de sa chaleur de volatilisation. Elle dépend encore de la rapidité avec laquelle se fait cette évaporation.

Lorsque c'est la sueur normalement émise, c'est-à-dire à la suite d'un réflexe provoqué par une élévation de température centrale du corps, l'on a affaire à un procédé de défense de l'organisme, et l'action réfrigérante obtenue, au lieu d'être pathogène, est bienfaisante. Nous avons dit plus haut [2] quelle efficacité peut avoir l'évaporation de la sueur pour ramener à la température normale l'organisme en hyperthermie; ajoutons que cette efficacité naturelle peut être compromise et même transformée en effet nocif, si la surface d'évaporation, au lieu d'être la

(1) NANSEN, *Vers le pôle*, p. 159 de l'édition française.
(2) Voir plus haut *Brûlures*, p. 803.

peau elle-même, est une pièce quelconque du vêtement de dessous. Non seulement, en absorbant par un vêtement la sueur produite, on supprime son action immédiatement réfrigérante sur la peau, demandée par le réflexe sudoral, mais on transforme ce vêtement, qui lui ne produit pas de chaleur, en vêtement glacé, dont le contact, lorsque la phase d'hyperthermie passagère a disparu, peut être des plus nuisibles. C'est ainsi qu'un vêtement trop peu perméable et mal approprié va à l'encontre de cette défense de l'organisme, si importante contre l'hyperthermie, la sudation. Il empêche la réfrigération de la peau au moment où elle est réclamée impérieusement par la nature, et la produit plus tard lorsque tout besoin de réfrigération a disparu. A ce titre, on peut ranger cette erreur trop répandue d'hygiène vestimentaire, parmi les effets pathogènes de la réfrigération, par l'évaporation, à contre-sens, pourrait-on dire, de la sécrétion sudorale. Cet effet pathogène est important par sa fréquence ; il mérite une place à part dans l'étiologie des maladies du poumon, et la gravité des désordres qu'il entraîne ne dépend que de la résistance du sujet, de la coïncidence d'une nutrition ralentie, d'une régulation thermique paresseuse, etc.

La réfrigération, dans un but thérapeutique ou anesthésique, a depuis longtemps été pratiquée comme on le sait, et l'est encore très fréquemment aujourd'hui. Là encore, comme nous l'avons déjà fait remarquer pour la chaleur, il n'y a qu'une frontière très étroite entre les effets thérapeutiques et les effets pathogènes. Le bain froid donné suivant la méthode de Brandt, est l'une des meilleures médications qui soient dans les états hyperthermiques, quelle qu'en soit l'origine; mais encore faut-il que ses indications en soient nettement pesées. Le bain froid impose, en effet, à l'organisme une dépense énorme d'énergie sous forme d'augmentation des combustions, comme nous venons de le voir [1]. Ce n'est donc pas une médication antithermogène, comme il conviendrait, et l'on ne doit, l'on ne peut l'appliquer sans danger qu'à un organisme capable de supporter sans faiblir cette dépense supplémentaire [2].

Il faut faire les mêmes remarques restrictives à propos des autres modes de réfrigération générale par les affusions froides, avec des liquides plus ou moins volatils, tels que eau, alcool, eau de Cologne, embrocations diverses. Les frigories cédées au corps vivant le sont ici, surtout au moment de l'évaporation du liquide en question, et l'on sait combien est puissante et redoutable cette réfrigération par changement d'état, par rapport au simple échauffement d'un liquide froid [3].

Nous ne dirons que quelques mots de la réfrigération dans un but

(1) Voir plus haut, p. 812.

(2) J. Bergonié, *Chaleur et thermodynamique animale*, 1893, p. 123.

(3) 250 grammes d'eau, ce que contient environ une grosse éponge légèrement exprimée, à la température de 15°, enlèvent au corps sur lequel on les répand, en s'échauffant à 35°, température moyenne de la peau, une quantité de chaleur de 5 grandes calories seulement; tandis que si la même quantité d'eau s'évapore sur la même surface, elle lui enlève environ 130 calories, soit une quantité de chaleur 26 fois plus grande.

anesthésique, Elle est faite, comme on sait, toujours au moyen de liquides volatils, dont les plus employés sont l'éther, le chlorure d'éthyle et le chlorure de méthyle. Les effets pathogènes, sous forme de gelure destructive plus ou moins profonde, ne sont ordinairement observés qu'avec les liquides dont le point d'ébullition est au-dessous de zéro (chlorure de méthyle —23°). Plus tard, lorsque l'industrie des gaz liquéfiés aura étendu son domaine et qu'on maniera plus commodément qu'aujourd'hui l'air, l'oxygène, l'azote et l'hydrogène liquides, des accidents de même origine, mais d'une gravité proportionnelle aux basses températures critiques de liquéfaction de ces gaz, seront observés. Il y a tout lieu de penser que ces actions pathogènes dues au contact avec ces liquides à température très basse (200° au-dessous de zéro) se présenteront sous la forme de gelures rapides et profondes, largement destructives des tissus, bien que l'on ait observé déjà que le doigt trempé dans l'air liquide et aussitôt retiré, n'éprouve aucun effet fâcheux.

Les gaz liquéfiés peuvent être solidifiés dans certaines conditions. L'un d'eux, l'acide carbonique, vendu couramment dans le commerce à l'état liquide, se solidifie facilement par détente, et l'on peut recueillir, au moyen d'un dispositif très simple approprié, de la neige carbonique. Cette neige, comprimée dans un moule *ad hoc*, donne un crayon d'acide carbonique solide, utilisé depuis peu pour produire des gelures limitées dans un but thérapeutique. C'est un nouvel exemple d'une action pathogène transformée en action destructive utile.

Désordres produits par la réfrigération. — Voici les divers mécanismes physiques qui peuvent causer la réfrigération de l'organisme ; examinons maintenant la suite de cette réfrigération générale ou locale, c'est-à-dire les désordres produits par le froid.

Influence du froid sur la vie des cellules. — L'influence du froid sur la vie de la cellule, et en particulier sur le phénomène le plus apparent, sa division et sa segmentation ont été étudiés récemment par un certain nombre d'expérimentateurs. Ainsi O. Hertwig a étudié l'action du froid sur le développement de l'œuf de la grenouille et sur le têtard (1). E. de Wildemann (2) a vu sur la cellule végétale le retard apporté par l'abaissement de la température sur la marche, la durée et la fréquence de la karyokinèse dans le règne végétal. Plus récemment encore J. Jolly (3), en étudiant les stades de la division cellulaire sur les globules sanguins du triton, a montré, comme Hertwig, comme Wildemann, que le ralentissement de la division cellulaire s'accentue à mesure que l'on abaisse la température du milieu où ces phénomènes sont observés, jusqu'à l'arrêt du phénomène qui peut survenir vers la température de

(1) HERTWIG, *Arch. für mikroscop. Anat.*, 1898, p. 319, et *Ienaïsche Zeitzch. für Naturv*, 1890, p. 268.

(2) WILDEMANN, *Journal de médecine, de chirurgie et de pharmacie de la Soc. des Sc. méd. et naturelles*, Bruxelles, 1891, t. XCII, p. 35 et suiv.

(3) JOLLY, *Soc. de Biol.*, 1903, p. 193.

+ 2° centigrades. Il semble donc qu'aux environs de cette température limite, chez les poïkilothermes, le processus de tout développement cellulaire est arrêté. Et, d'après les auteurs, l'arrêt ne porterait pas seulement sur les combinaisons chimiques cellulaires qui se produisent au moment des phases préparatoires de la mitose, mais encore auraient une influence directe sur les phénomènes dynamiques de la division cellulaire, tels que la disparition ou la non formation des radiations du fuseau.

Donc, de même qu'une température élevée paralyse la vie du protoplasma et même la détruit, de même l'action du froid paralyse cette vie ou diminue la vitesse des phénomènes vitaux à mesure que la température s'abaisse. On voit ces phénomènes devenir de moins en moins perceptibles et s'arrêter complètement à une température d'ailleurs assez difficile à fixer. C'est ainsi que la levure de bière ne dédouble plus le glucose au-dessous de 10 degrés; que l'œuf des oursins cesse de se segmenter entre 2 et 3 degrés, et que celui des batraciens ne se segmente plus au-dessous de 12 degrés; quant aux amibes, elles arrêtent leur mouvement à partir de 0 degré. Si l'on traçait donc une courbe, traduisant la grandeur des phénomènes vitaux en fonction de la température, cette courbe s'élèverait lentement à partir des environs du 0 degré centigrade, qui serait aussi le zéro de la vie protoplasmique, pour atteindre progressivement un point de température optima pour cette même vie (vers 40° centigrades) et redescendre ensuite pour atteindre un autre zéro avec les températures élevées incompatibles avec la vie. Ces points extrêmes de la courbe ont été nommés point de *rigidité* du protoplasma par les physiologistes [1].

Sans insister ici outre mesure sur ces phénomènes du ressort de la physiologie, mais qui cependant permettent d'expliquer les actions pathogènes du froid plus exactement et plus utilement, nous dirons cependant que depuis longtemps les expériences de Marey ont démontré que par le froid, la secousse du muscle s'allonge, ressemblant à la secousse lente du muscle dégénéré, à celle qui, en électro-diagnostic, est le principal signe de la réaction de dégénérescence; de même la *chronaxie* s'augmente, c'est-à-dire le temps perdu du muscle; passant de $\frac{1}{100}$ de seconde, chiffre classique, à la température de 15° à 18°, à $\frac{4}{100}$ à 0°. De même, la conductibilité nerveuse, c'est-à-dire la vitesse de propagation de l'excitation dans le nerf, diminue à mesure que la température de ce nerf s'abaisse. Cette variation de conductibilité, recherchée par Weiss [2] en se mettant à l'abri de toutes les erreurs expérimentales, n'a pas été trouvée aussi grande que par les auteurs précédents. L'excitabilité du nerf au contraire, diminue sensiblement par le refroidisse-

[1] Voir sur ce sujet : LEFÈVRE, *Chaleur animale et bioénergétique*, p. 240 et suiv.
[2] WEISS, *Journal de physiologie et de pathologie générale*, janvier 1903.

ment; et même cette excitabilité du nerf, à la température de 0° semble avoir totalement disparu.

Citons encore l'action du froid sur la résistance globulaire qui a donné l'explication de certains phénomènes pathologiques (ictère idiopathique des nouveau-nés) [1]. On sait depuis les anciennes recherches de Rolet (1863) que les limites extrêmes de température compatibles avec l'intégrité morphologique des hématies sont de 40 à 45 degrés pour la limite supérieure et de 5 degrés pour la limite inférieure ; le point optimum se trouvant compris vers 35 degrés. On doit donc considérer comme dangereuses les températures voisines de 5° C, et à plus forte raison les températures inférieures. Lorsqu'elles sont atteintes par les vaisseaux, le *laquage* du sang se produit, c'est-à-dire la dissolution de l'hémoglobine dans le plasma et par conséquent la fonction physiologique du globule rouge disparaît. L'ictère idiopathique du nouveau-né n'est donc dû qu'à une action pathogène du froid sur les globules rouges de sa périphérie.

Conséquences de la réfrigération générale chez l'homme et les animaux. — L'action pathogène du froid sur un organisme peut varier avec de nombreux facteurs. L'action peut être violente, c'est-à-dire que si l'on soumet un être vivant à un froid très intense, l'action pathogène peut être immédiate et aller jusqu'à tuer. Mais rechercher quelle est la température extérieure la plus basse compatible avec la vie de l'homéotherme ne signifie rien. On l'a vu par les exemples et les faits que nous avons cités plus haut (récits des explorateurs arctiques) touchant l'état de l'homéotherme, la protection de son vêtement, son alimentation, son entraînement, etc. Au contraire, rechercher quelle est la température interne la plus basse atteinte par l'homéotherme, compatible avec sa vie, est un problème de physiopathologie intéressant pour le pathologiste et qui a été résolu.

Parmi les dernières recherches, il faut citer celles de Maurel [2], celles de Lagriffe et Maurel [3] et enfin celles de Lefèvre, qui sont certainement de beaucoup les plus complètes, recherches que contient en résumé son beau livre déjà cité souvent ici [4].

Les expériences de Lagriffe et Maurel ont été faites sur le lapin refroidi par le triple effet de la contention, du mouillage et de la ventilation. Pendant que l'animal subissait les diverses phases du refroidissement on prenait sa température rectale et l'on trouvait que vers la température de 25° à 29° la vie de l'animal était en danger. Cette même température pouvait descendre jusqu'à 30° sans inconvénient. Pour ces auteurs c'est donc cette température de 30° qui est la température interne limite compatible avec la vie pour l'animal qu'ils ont observé et les conditions dans lesquelles ils se sont placés.

(1) Voir le travail de LEURET qui a montré la véritable pathogénie de la maladie, *in Arch. clin. des maladies de l'enfance*, mars 1905.
(2) MAUREL, *Soc. de biol.*, février 1911.
(3) LAGRIFFE et MAUREL, *Soc. de biol.*, février 1911.
(4) LEFÈVRE, *Chaleur animale et bioénergétique*, Masson et Cie, 1911.

Dans des expériences très complètes et très intéressantes, Lefèvre ne s'est pas borné à prendre seulement la température rectale de l'animal soumis à la réfrigération mais à l'aide de procédés thermo-électriques, il a pu prendre à la fois la température des surfaces cutanées et sous-cutanées, celles des masses musculaires du rectum et du foie, ce qui faisait cinq températures plus ou moins profondes. Traçant les courbes de variation de ces températures pour l'animal progressivement refroidi, il a vu, à mesure que la lutte contre le froid devenait plus difficile, ces courbes se rapprocher peu à peu l'une de l'autre et converger vers la température de 25° qui serait pour cet auteur la température centrale minima compatible avec la vie de l'homéotherme. A partir de cette température, toute lutte contre le froid cesse; la chute généralisée se manifeste rapide et la mort survient. « On peut bien, ajoute Lefèvre, à 23°, 22° et même 20° chez le lapin, la mort n'étant pas encore survenue, on peut bien, à l'aide d'infinies précautions et à l'aide de bains progressivement chauffés, amener la température du corps au-dessus de 25° et permettre ainsi à l'animal de regagner sa température initiale, mais ce sont là des essais qui ne réussissent pas toujours et on peut admettre que la température de 25°, atteinte par la température centrale de l'animal, est une température, signe de défaite, c'est-à-dire de mort pour lui. »

Tableau de la mort par le froid chez l'homme. — Voici le tableau de la mort par le froid écrit par Laveran il y a plus de 30 ans et auquel il n'y a rien à changer. « La première impression de froid est suivie, dit Laveran, d'une contraction des vaisseaux périphériques; l'organisme concentre ses forces, sa chaleur, vers les parties centrales. L'homme soumis au refroidissement comprend instinctivement le danger et il cherche à lutter contre le froid par un exercice violent, par une alimentation substantielle, par un habitat et des vêtements appropriés. Si ces auxiliaires lui font défaut, il arrive un moment où il ne peut plus maintenir sa température constante. Le sang refroidi à la périphérie, n'est plus suffisamment réchauffé dans les parties profondes, la température générale s'abaisse. C'est à ce moment que se font sentir les frissons accompagnés de malaises, de défaillances; le refroidissement des muscles dont la circulation se fait mal est rapide. Nous avons vu que le froid produisait sur les muscles le même effet que la fatigue (Marey). Cette gêne apportée au fonctionnement régulier des muscles, explique la lassitude extrême, le besoin presque insurmontable de repos, de sommeil qu'éprouvent les malades. De là aussi les douleurs musculaires, les douleurs cataleptiformes; de là aussi cette démarche incertaine, titubante, qui a été comparée par plusieurs auteurs à celle de l'homme ivre. Les parties périphériques se refroidissent avant les parties centrales, les muscles des membres se paralysent avant ceux du tronc; les muscles des jambes faiblissent, le malade tombe et il lui est impossible de se relever, si on ne vient pas énergiquement à son secours pour rétablir la circulation périphérique et le fonctionnement des muscles. Une fois par terre, sur la neige, le malheureux qui a été saisi par le froid continu à se refroidir plus rapidement encore; les muscles du tronc, ceux qui président à la respiration, et le cœur lui-même se paralysent; la respiration se ralentit, les battements du cœur diminuent de fréquence et deviennent parfois irréguliers; la mort arrive doucement au milieu d'un délire tranquille dû à l'anémie cérébrale, ou bien on voit survenir des attaques épileptiformes qui sont rattachées probablement à l'anémie bulbaire [1]. »

Mécanisme de la mort par le froid. — C'est une question qui ne paraît pas entièrement résolue ou qui comporte plusieurs explications. Si l'on s'adresse aux organismes élémentaires comme l'ont fait Kühne, Hofmeister et plus récemment R. Pictet, on constate que ces organismes peuvent subir plusieurs alternatives de congélation et de reviviscence, d'où la conclusion que le protoplasma de ces êtres n'est pas altéré par le froid. Chez les animaux poïkilothermes, la résistance au froid est déjà moins complète et si le train postérieur d'une grenouille retrouve son activité fonctionnelle à la suite d'une congélation complète, c'est à la condition que des précautions aient été prises pour ramener très lentement cette sorte de dégel organique. Mais chez les homéothermes aucune congélation partielle, et même sans aller jusque-là, aucun abaissement de température aux environs de 4° ne peut se faire sans provoquer de graves désordres. C'est ainsi que les globules rouges comme nous l'avons vu ne tardent pas à mettre en liberté leur hémoglobine, que les fibres nerveuses et musculaires perdent leurs caractères histologiques et que la mort des épithéliums survient assez vite. On peut donc dire que tout organisme supérieur, homéotherme, dont toute la masse des tissus ou une grande partie, a été amenée à une température voisine de 0° meurt dans chacune de ses cellules.

Mais la mort comme nous l'avons encore vu arrive bien avant cet abaissement rare de la température aux environs de 0°, puisque d'après des expériences nombreuses dont nous avons parlé plus haut, c'est vers 25° de température centrale que les animaux en expérience cessent de vivre. Dans ces conditions est-ce par arrêt du cœur que la mort survient suivant l'opinion de Ansiaux [2], de Richet et Rondeau, etc.; ou par un mécanisme comparable à l'épuisement lent provoqué par les anesthésiques suivant les idées de Cl. Bernard et de R. Dubois, ou encore d'une autre manière. Il est probable que ce mécanisme de la mort par le froid n'est pas un mécanisme unique. Le cobaye plongé brusquement dans l'eau à 4°, qui subit de ce fait un choc nerveux violent, dont la respiration s'arrête instantanément, qui succombe en quelques instants, ne meurt pas de la même manière que le chien plongé dans le puits de froid de R. Pictet lequel ne succombe après plusieurs heures qu'épuisé par la production énorme de chaleur qu'a dû faire son organisme pour essayer

(1) Laveran, art. Froid. *Dict. Dechambre.*
(2) Ansiaux, La mort par le refroidissement. *Trav. du labor. de Frédéricq*, Liége, t. III, p. 25, 60.

de lutter contre l'abaissement progressif de sa température centrale. De même le vieillard qui, après un *coup de froid* meurt par congestion pulmonaire dans les quarante-huit heures, ne ressemble, comme mécanisme de la mort, ni au cobaye ni au chien plus haut cités. Il semble donc que la question ne comporte pas une réponse unique et générale; elle a d'ailleurs moins d'intérêt pour le médecin que pour le physiologiste.

Rôle du froid dans l'étiologie des maladies. — On ferait plus vite le dénombrement des maladies dans l'étiologie desquelles le froid n'est pas cité, que de celles où il tient comme cause une place quelconque petite ou grande. Est-ce à tort, est-ce à raison? il semble bien que le rôle étiologique du froid est considérable, mais cependant pas autant qu'il semble l'être d'après les auteurs; bien souvent, l'épithète *a frigore*, si facile, n'est là que pour cacher la pauvreté de nos connaissances des causes certaines.

Dans les maladies infectieuses, en tous les cas, son rôle n'est que secondaire. C'est en diminuant la résistance de l'organisme à l'agent infectieux, d'une manière analogue à la fatigue, que le froid peut agir. La rougeole, la variole, la syphilis déciment aussi bien les populations des pays tropicaux que celles des zones glaciales. La cause infectieuse rend négligeable par sa prépondérance les autres, qui ne peuvent être que petitement adjuvantes; le froid est de ces dernières.

Mais il n'en est pas de même lorsque à l'abri de toute infection, des parties du corps superficielles ou profondes sont refroidies au delà de leur limite de résistance. Alors se constituent des lésions, des maladies, qui sont bien réellement *a frigore*, car les autres causes qui peuvent accompagner l'action du froid sont nettement secondaires. Or, nous savons aujourd'hui que certaines cellules, certains stades de la vie du protoplasme sont plus sensibles que d'autres à l'action des agents physiques; c'est même sur des constatations très souvent répétées de ces sensibilités différentes des éléments qu'est basée cette propriété de sélection si curieuse, bien reconnue aujourd'hui pour certains d'entre eux (rayons X), et point de départ solide et rationnel de leur action thérapeutique. Si l'on admet qu'il en est ainsi pour le froid, ce qui, *a priori*, est tout à fait probable, et si, de plus, on tient compte de la mauvaise conductibilité des tissus vivants pour la chaleur (voir p. 794), de l'agent réfrigérant, l'air ou l'eau le plus souvent, dont l'action est superficielle, de la défense diminuée des extrémités ou parties minces du corps mal irriguées par un sang déjà refroidi, on pourra fort bien expliquer les gelures de la peau ou des couches superficielles du derme (engelures), celles des extrémités : doigts, pieds, nez; celles des parties minces : oreilles; les altérations des muqueuses : coryza, laryngite, trachéites, bronchites, conjonctivites, etc., *a frigore*. Évidemment, ces dernières maladies peuvent être dues à d'autres agents que le froid, en totalité ou en partie: mais il me paraît bien certain que chez des sujets à nutrition ou calorification ralentie, à régulation thermique paresseuse, peu entraînés, par conséquent, aux variations brusques de température, toutes ces maladies-là peuvent reconnaître pour cause efficiente le froid. J'ajouterai même que je vois le mécanisme de cette action du froid sur les cellules les plus sensibles et les plus exposées des organes atteints, assez semblable à celui des radiations X ou ultra-violettes. C'est le protoplasma qui succombe tout d'abord, puis les cellules détruites provoquent autour d'elles un processus complexe d'élimination avec flore microbienne variée et abondante; enfin, la cicatrisation arrive, rétablissant plus ou moins les anciennes fonctions, suivant que la trame conjonctive de la cicatrice est moins ou plus abondante.

On comprend encore que le froid puisse, dans certaines conditions, être l'une des causes les plus efficaces dans certaines maladies du poumon. C'est un organe presque extérieur que le poumon, qui ne conserve son homéothermie que grâce à une irrigation très large du sang chaud. Des parois costales, quelquefois fort minces, le séparent du milieu extérieur; sa masse est relativement faible, et l'air à peine réchauffé dans les voies nasales et pharyngiennes y a le plus libre accès. Ce sont là des conditions réunies et de même signe pour que le coup de froid puisse, à un moment, provoquer les plus graves désordres tant au niveau de son tissu propre que de son enveloppe. D'où la congestion, la pneumonie, la pleurésie sinon *a frigore* entièrement, au moins en partie.

Les névrites motrices ou paralysies périphériques *a frigore* sont déjà plus sujettes à caution, et le froid n'est pas le plus souvent la cause dominante. Il en est ainsi, semble-t-il, pour la paralysie radiale, la paralysie faciale, celle du jambier antérieur et des extenseurs des orteils. Dans les névrites sciatiques, dans celles du circonflexe, le doute est encore plus permis, et l'on a beau invoquer, par exemple, le contact prolongé de la terre humide et froide, il est nécessaire d'y adjoindre la compression et des dispositions du sujet, passagères ou diathésiques, quelquefois même une infection ou une intoxication méconnue.

Quant à la création par le froid de névralgies faciales intercostales ou autres, il faut avouer que ce sont des affirmations qui ne reposent sur aucune démonstration soit clinique, soit expérimentale. Certes, des faits plus extraordinaires encore semblent probants, telle l'histoire de ce Russe, racontée par Duchenne de Boulogne, qui fut atteint de poliomyélite antérieure après s'être couché nu dans la neige; mais cela conduit simplement à conclure que la science n'est pas faite encore sur ces points et qu'il faut, pour incriminer l'action pathogène exclusive ou nettement prépondérante du froid dans ces cas relativement rares, avoir éliminé les causes ordinaires et bien connues de ces maladies. Les mêmes restrictions me paraissent devoir être apportées à l'étiologie *a frigore* des néphrites et de certaines maladies de l'intestin; là encore, l'action pathogène du froid me paraît une cause seulement adjuvante et secondaire.

Le rhumatisme et la goutte sont parmi les maladies dans l'étiologie desquelles on range classiquement l'action du froid. Rien n'est moins sûr cependant. Si l'on prend pour caractéristique de ces maladies la déviation nutritive prouvée par l'existence de déchets anormaux soit dans le sang, soit dans les articulations douloureuses ou autour d'elles, on ne peut attribuer au froid le lent établissement de cet état pathologique. Que lorsqu'il est établi, le froid puisse provoquer le développement d'un accès aigu, c'est à peu près certain; que, d'autre part, les sujets rhumatisants, par le fait de leur nutrition ralentie (Bouchard) soient plus sensibles aux températures basses; qu'ils se refroidissent eux-mêmes plus vite dans l'immobilité ou le repos musculaire, cela n'est pas non plus contestable. Mais il y a là une confusion qui fait prendre un effet pour la cause, car le rhumatisme et la goutte sont déjà établis lorsque ces vices de nutrition ou ces défenses incomplètes, que l'on doit ranger parmi les symptômes, se manifestent.

ACTIONS PATHOGÈNES CAUSÉES PAR L'ÉLECTRICITÉ

Ce chapitre de pathologie générale qui pouvait être passé sous silence, il y a quelque vingt ans, ne le peut plus aujourd'hui. Comme Mascart l'a fait, on peut appeler le XIXe siècle, le siècle de l'électricité et cette appellation pourrait même déborder sur une partie du XXe, malgré les grandes et belles découvertes qui ont surgi à son origine. Il est certain en effet que l'Électricité envahit toutes les branches de l'activité humaine; nous ne vivons plus, même dans les campagnes sans être constamment près de ses moteurs, de ses conducteurs, au milieu de ses ondes, au voisinage de ses usines. Elle pénètre dans nos maisons pour les éclairer, y rend déjà et y rendra de plus en plus les mille petits services d'un serviteur toujours prêt, y apporte instantanément la parole vivante ou écrite, révolutionne l'industrie en procurant les moyens pratiques d'emmagasiner, de transporter et de fractionner le travail mécanique; vieillit en quelques années nos chemins de fer à peine âgés d'un demi-siècle; supprime peu à peu dans les villes tout autre mode de traction pour les transports en commun; permet d'obtenir des métaux jadis inconnus industriellement, tels que l'aluminium; ouvre à la thérapeutique une voie nouvelle de jour en jour plus efficace et plus docile; enfin se transforme, véritable protée de l'énergie, en lumière, chaleur, actions chimiques, puissance mécanique, ondulations sonores, vibrations moléculaires, peut-être même en oscillations nerveuses, car le problème des poissons électriques est encore là, toujours posé, jamais résolu.

Il ne faut donc pas s'étonner que ce chapitre des troubles pathogènes produits par un agent physique si puissant et si répandu se soit considérablement augmenté. L'expression « rançon du progrès » est de mise ici et la meilleure manière de réduire cette rançon d'infirmités et de vies, est de mieux connaître et de mieux prévoir les conditions dans lesquelles l'homme s'expose et les désordres que provoque cette force puissante dont la civilisation actuelle ne saurait plus se passer.

Nous diviserons les actions pathogènes produites par l'électricité en actions pathogènes produites par la foudre, et actions pathogènes produites par l'électricité industrielle.

Actions pathogènes produites par la foudre. — La statistique nous apprend qu'il y a en moyenne en France et par an, une centaine de morts causées par la foudre et à peu près un millier de blessures plus ou moins graves ayant la même origine. D'ailleurs les années se suivent sans se ressembler à ce point de vue: il y a même entre elles des différences considérables. Ainsi l'année 1892 a été particulièrement fertile en accidents de ce genre; elle accuse 227 morts; soit 140 hommes et 87 femmes! A remarquer que l'homme est toujours beaucoup plus atteint par le coup de foudre que la femme; et cela tient au plus grand nombre d'hommes parmi les travailleurs des champs lesquels fournissent le plus de victimes.

L'étude de l'électricité atmosphérique très en honneur au XVIIIe siècle avec d'Alibard, Franklin, Buffon, de Romas, etc., est peu cultivée aujourd'hui. Elle est tout à fait entrée dans la météorologie et l'on ne s'en occupe activement depuis quelque temps, qu'à cause de la possibilité entrevue d'y découvrir l'origine de la grêle et les moyens d'en préserver les récoltes. Des Commissions sont nommées dans beaucoup de départements agricoles et une Commission centrale fonctionne à Paris auprès du Ministre de l'Agriculture, pour étudier la construction et l'efficacité de paragrêles électriques. Comme il n'est pas douteux que la protection des récoltes contre les orages électriques producteurs de grêle ne puisse se faire sans réaliser en même temps la protection des personnes contre la foudre, il était bon, je crois, de signaler ici ce mouvement d'où pourrait sortir la meilleure prophylaxie. Reste à savoir si, comme dans les grandes inondations, les grands incendies de forêts, les éruptions volcaniques, les cyclones, etc., il n'y a pas là des forces en jeu tellement considérables et soudaines, tant au point de vue de leur développement que de leur répartition à la surface du sol, qu'elles rendent et rendront pendant longtemps inefficace tout dispositif restreint de protection.

Autant qu'on puisse s'en faire une idée exacte, les puissances en jeu sont en effet énormes. Lorsque l'éclair éclate, c'est-à-dire lorsqu'une décharge disruptive triomphe de la *rigidité* du diélectrique interposé, l'air, une quantité considérable d'énergie passe de l'état potentiel (charge des nuages orageux) à l'état actuel et un courant instantané s'établit dont l'intensité est difficile à évaluer mais pourrait être rangée dans l'ordre de grandeur des dizaines de mille ampères. Quant à la différence de potentiel, l'autre facteur de cette énergie, on n'est pas non plus bien fixé sur sa valeur mais elle est probablement telle qu'aucune machine humaine ne peut actuellement et ne pourra de bien longtemps en produire de semblable. Pour donner une idée de cette différence de potentiel, de cette tension électrique des nuages orageux, nous n'avons qu'à citer les expériences du physicien de Romas[1] faites à Nérac en 1752 avec le cerf-volant électrique qu'il inventa avant Franklin. Cet homme de génie si longtemps méconnu, parvint à tirer de son cerf-volant et dans des circonstances fort différentes, des étincelles qui avaient jusqu'à six mètres de longueur! Que l'on juge d'après cela de la tension de décharges naturelles des nuages orageux.

Avec une telle quantité d'énergie brusquement libérée, les effets destructifs produits par la foudre quelque considérables qu'ils soient sont très explicables; à plus forte raison les accidents mortels, les blessures ou les brûlures graves observés sur l'homme et les animaux.

Si l'on en peut à peu près supputer l'énergie, la forme exacte de ces terribles décharges instantanées, est peu connue. On est cependant certain qu'elles ne sont pas constituées par un flux continu. Ces décharges, comme toutes les décharges instantanées, sont certainement composées d'oscillations électriques alternatives, de haute fréquence; ce qui explique les bizarreries constatées dans le chemin qu'elles parcourent souvent. En effet, loin de suivre les bons conducteurs, de préférence à des conducteurs moins bons, situés dans le voisinage, la foudre traverse les diélectriques, suit des chemins rectilignes pour arriver au sol et choisit, on ne sait pourquoi, une ou plusieurs victimes au milieu d'autres dont elles ne se distinguent par aucune particularité. Le plus souvent les bons conducteurs présentant soit des coudes aigus, soit des retours, à plus forte raison des enroulements, sont délaissés par le fluide parce qu'ils sont doués de *self* suivant l'expression des électriciens. D'autre part les expériences de A. Léauté[2] et de Courtois[3] ont montré que les décharges très brusques, par exemple celles dues à des décharges oscillantes de grande fréquence, peuvent produire des effets destructifs considérables, alors même que leur énergie est faible. Pour toutes ces raisons, on comprend l'incertitude de tous les dispositifs techniques de protection et la difficulté d'établir un bon parafoudre.

Conditions ordinaires des accidents causés par la foudre. — La meilleure manière d'éviter les accidents causés par la foudre, c'est de ne pas offrir au météore un point plus favorable de chute que les objets ou édifices voisins. On compte que, parmi les victimes de la foudre, les quatre cinquièmes sont des paysans qui, isolés au moment d'un orage sur un champ dénudé, formaient un point saillant sur lequel le météore est tombé de préférence. L'accident sous les arbres est également bien connu. C'est l'arbre qui attire la foudre et le fluide en suit les

(1) *Œuvres inédites de* DE ROMAS *sur l'électricité*, choisies et annotées par J. BERGONIÉ, Bordeaux, 1911.

(2) LÉAUTÉ, *C. R. de l'Acad. des sciences*, 1900, p. 849.

(3) COURTOIS, *Bull. de la Soc. des électriciens*, juin 1910, p. 371.

couches superficielles, parce que les plus conductrices, surtout l'aubier situé sous l'écorce; mais c'est le sujet vivant en contact avec cette écorce et quelquefois meilleur conducteur, que la foudre choisit pour arriver au sol. Quelques accidents ont encore lieu dans les maisons isolées ou non pourvues de paratonnerres. Peu d'accidents ont lieu dans les villes.

De ces considérations résultent un certain nombre de mesures prophylactiques que l'on peut formuler de la manière suivante : En temps d'orage : — Éviter de se trouver isolé sur un champ. — Si l'on est surpris par l'orage, se coucher dans un creux le moins humide possible, ne serait-ce qu'au creux d'un sillon. — Ne pas se réfugier sous les arbres. — S'éloigner, à la maison, des objets métalliques. — Ne pas sonner les cloches dans les églises. — Ne pas rester auprès des poteaux télégraphiques.

Symptômes des accidents de fulguration. — Ils peuvent se diviser en symptômes locaux et symptômes généraux et nerveux.

Les symptômes locaux sont presque infiniment variés. Ainsi, par exemple, un homme s'étant réfugié sous un arbre est frappé par le météore; il porte à partir du sein droit une large brûlure qui descend jusqu'à la cuisse droite, se bifurque et passe à la jambe gauche à ce niveau, puis arrive au sol en suivant les deux jambes, brûlant les pieds et détruisant la chaussure de la victime. La peau présente des brûlures du premier et du second degré, mais on y rencontre aussi des taches rouges disséminées, des points noirs, comme si la victime avait reçu la décharge d'un fusil de chasse; quelques pustules se montrent aussi; les poils sont brûlés ou arrachés; la couleur de la peau passe du rouge au gris brun, avec des bandes, des stries, des spirales de forme et de dimensions variables. Chez quelques foudroyés on observe des taches en forme d'arborisations, de feuilles de fougères, de fleurs, ressemblant aux figures de Lichtenberg, réalisées dans tous les cabinets de physique. En résumé les lésions locales chez un fulguré se résument en des brûlures de forme anormale, superficielles ou profondes, dont la direction générale converge vers le sol.

Les symptômes généraux sont plus importants et plus graves, bien que quelquefois plus faciles à guérir lorsqu'on arrive à temps. Ils consistent en des phénomènes d'inhibition par choc nerveux dont la gravité peut être considérable. Dans les cas légers il n'y a qu'une perte de connaissance qui dure plus ou moins longtemps, une secousse violente, une commotion électrique parcourant tout le corps et laissant après elle une impression de fatigue, de courbature et de dépression. Le choc nerveux peut aller beaucoup plus loin et alors se montrent consécutivement des paralysies des membres, avec ou sans anesthésie, paralysies qui peuvent durer de quelques heures à plusieurs mois. Ces paralysies sont toujours périphériques; quelques-unes, les plus graves, peuvent présenter des réactions électriques anormales; mais chez les foudroyés que j'ai examinés, je n'ai jamais trouvé la réaction complète de dégénérescence. Jamais ou presque jamais il n'y a de paralysie d'origine centrale; presque jamais de paralysie de la vessie ou de l'intestin, etc.

Les accidents les plus graves ont lieu par l'arrêt du cœur et de la respiration. Le collapsus est quelquefois si profond, qu'on sent à peine le pouls, tellement il est faible et intermittent; la respiration est lente et régulière; elle peut être supprimée. Ce sont là des symptômes auxquels il faut porter le plus rapidement remède.

A côté de ces symptômes que l'on peut appeler primitifs, on peut observer des phénomènes tardifs. C'est ainsi que l'on a observé des paralysies hystériques, des états neurasthéniques, des cas d'hystéro-traumatisme semblables à ceux provoqués par les accidents de chemin de fer. Il y a encore bien d'autres phénomènes pathologiques produits : ce sont des destructions d'organes internes produits mécaniquement ou par élévation de température, tous effets de la décharge. Dans cette catégorie d'accidents on peut ranger la cataracte précoce par fulguration, les troubles de la cornée, les atrophies du nerf optique, les déchirures du tympan, etc.

« Un foudroyé, dit d'Arsonval (1) doit être traité comme un noyé. » C'est donc le collapsus et l'arrêt de la respiration qui dominent dans l'effet pathogène immédiat de la foudre. Aussi doit-on appliquer aussi rapidement que possible le traitement par la respiration artificielle bien faite et longtemps continuée. Des foudroyés sont revenus à la vie après une heure et plus de respiration artificielle.

D'Arsonval cite le cas d'un foudroyé, *traité* comme un noyé, qui mit environ deux heures à revenir à la vie et chez lequel un succès tout à fait inespéré fut obtenu, grâce à cette persévérance. A la respiration artificielle, on peut ajouter la manœuvre de Laborde, c'est-à-dire la traction rythmée de la langue; mais il semble bien d'après les auteurs que ce n'est qu'un traitement secondaire.

ACTIONS PATHOGÈNES CAUSÉES PAR L'ÉLECTRICITÉ INDUSTRIELLE

A mesure que les lignes de transport d'énergie se développent les accidents d'électrocution causés par le contact involontaire avec des conducteurs de très haute tension, tendent à devenir plus fréquents. Leur gravité augmente d'autre part du fait que les électriciens industriels, poussés par l'économie nécessaire des capitaux engagés, et du cuivre immobilisé, tendent de plus en plus à élever les tensions des courants. Autrefois, c'est-à-dire il y a quinze ans, les tensions de 8000 à 10 000 volts étaient considérées comme des tensions extrêmes; aujourd'hui toutes les nouvelles lignes sont établies pour des tensions de 30 000 à 50 000 volts,

(1) D'ARSONVAL, *C. R. de l'Acad. des sciences*, 4 avril 1896.

et l'on prévoit pour des lignes de transport donnant lieu au passage de puissances exceptionnelles des tensions de 100 000 volts. (Projet d'alimentation de Paris en force motrice par le Rhône).

Facteurs de gravité des effets pathogènes de l'électricité industrielle. — Les accidents causés par l'électricité industrielle peuvent être si graves que la mort s'ensuit immédiatement, ou au contraire si bénins que tout se borne à une commotion qui ne laisse aucune trace. Entre ces cas extrêmes, tous les cas intermédiaires peuvent se produire. Pour l'expliquer on a incriminé avec raison le voltage de la canalisation électrique, la forme du courant, continu ou alternatif, le contact bipolaire (bien plus grave) ou monopolaire de la victime avec les conducteurs, le temps ou la durée du passage du courant à travers son corps. Ce sont là en effet des facteurs de gravité importants. On peut il me semble réunir tous ces facteurs de gravité sous deux chefs qui les résument et simplifient leurs actions combinées : d'une part, l'*intensité* du courant qui a traversé le patient ; d'autre part, le *trajet* qu'a suivi le courant à *travers le corps*.

Nous savons d'après la loi d'ohm que l'intensité d'un courant dépend, toutes choses égales d'ailleurs, de la différence de potentiel ou de tension aux points d'entrée et de sortie, et de la résistance du conducteur interposé. Donc plus la tension de la ligne cause de l'accident sera élevée plus elle sera, *a priori*, dangereuse. C'est ce que les faits démontrent journellement. Mais l'autre facteur de l'intensité, la résistance du corps de l'accidenté traversé par le courant intervient. Or, cette résistance est surtout formée par la peau et seulement par celle qui vient en contact avec les conducteurs dangereux. Il est des ouvriers dont l'épiderme corné et sec est tellement résistant au niveau des mains qu'ils peuvent toucher des fils à 5000 volts et plus sans éprouver de commotion trop pénible. Le contact doit être d'ailleurs aussi court que possible. Mais ce sont là des conditions favorables exceptionnelles. Dans l'autre sens les conditions peuvent également être exceptionnellement défavorables : supposons une peau mince et fine, humide par la sueur ou mouillée, la résistance aux points d'entrée pourra être beaucoup plus faible et dans une proportion dont on se fait difficilement une idée (plusieurs fois 10 000 ohms en plus ou en moins). Qu'arrivera-t-il alors ? C'est qu'un courant même de très basse tension soit 250 volts, soit 120 volts ou même 70 volts peut développer dans ces circonstances très favorables, dans le corps du patient, une intensité dangereuse et la mort s'ensuivre. Il en a été ainsi pour cet accident de Revel dans la Haute-Garonne, il y a une dizaine d'années. Les fils d'une usine d'éclairage (125 volts) tombés sur le sol, s'enroulèrent autour d'un seau métallique porté par une femme, qui fut électrocutée immédiatement. De même pour cette jeune fille, dont l'histoire est racontée par Jellinek, les circonstances étaient encore plus favorables. Elle prenait un bain dans une baignoire métallique et saisit avec la main une lampe électrique mal isolée placée maladroitement à sa portée : le courant passa de la lampe à travers son corps pour retourner à l'autre pôle par l'excellente *terre* que formaient l'eau et la baignoire avec sa robinetterie, son tuyau d'écoulement, etc. On la retrouva inanimée, et cependant la canalisation n'était qu'à 100 volts.

Entre ces deux extrêmes, résistance de la peau exceptionnellement grande ou exceptionnellement faible; tensions très élevées ou tensions basses, tous les intermédiaires, tous les termes de passage peuvent se présenter donnant lieu à des accidents dont la gravité peut atteindre tous les degrés.

Facteur biologique de gravité des actions pathogènes du courant électrique. — A ces deux facteurs techniques industriels de la gravité des accidents : le bon contact d'une part, la tension du courant de l'autre, il faut en ajouter un troisième ; le chemin parcouru par le courant à travers le corps de la victime.

Pour en faire bien comprendre toute l'importance, supposons qu'à travers le bulbe d'un animal endormi sous le chloroforme on fasse passer avec une pile de quelques volts une intensité très faible, de quelques milliampères, pendant quelques secondes. On provoquera immédiatement l'arrêt définitif de la respiration par destruction électrolytique du centre respiratoire et aucune manœuvre, aucun médicament ne pourra la rétablir. Donc action pathogène mortelle sans rémission. Supposons que, d'autre part, au moyen de ces courants de haute fréquence peu amortis qui servent aujourd'hui aux applications médicales de la *diathermie*, on fasse traverser par un courant de plusieurs ampères, à peu près mille fois plus intense que le précédent, le mollet ou la cuisse du sujet, entre deux électrodes définissant exactement le trajet du courant à travers des masses musculaires ou graisseuses; aucun accident ne surviendra si l'application n'a pas été trop longue ; avec une application même prolongée, l'action pathogène se bornera à une destruction plus ou moins grande de tissus qui s'élimineront par la suite. Le trajet du courant à travers un organe noble, indispensable à la vie, a donc causé la gravité de l'accident dans le premier cas, son innocuité complète ou relative dans le second. Si le point d'entrée, où l'un des points d'entrée du courant est situé au niveau du cœur, du foie, de la vessie, d'une anse intestinale, etc., la destruction par électro-coagulation de l'organe ou d'une partie de l'organe traversé par un grand nombre de lignes de flux, pourra s'ensuivre. Cela à cause de la *densité* maxima du courant à ce point d'entrée. Et c'est là encore l'un des facteurs de gravité qui rentre comme adjuvant dans celui défini par le trajet à travers le corps.

Un exemple fera bien saisir comment la densité du courant peut varier dans sa traversée du corps, tout détruire sur son trajet quand la densité est élevée, être presque sans effets sur les organes traversés quand sa densité est faible. Dans un cas survenu le 31 mai 1911 et transmis à l'Académie de Médecine par le Dr Cadllaud de Monte-Carlo, un jeune ingénieur reçut d'une main à l'autre *en court circuit* à travers son corps un courant de dix mille volts triphasé à vingt-cinq périodes. Avant de perdre connaissance, il eut le temps de sentir de terribles contractions dans les muscles et des éclairs dans les yeux, puis tomba inanimé. La perte de connaissance ne fut que de très courte durée et une demi-heure après l'accident la lucidité était parfaite. Or, les lésions étaient cantonnées aux deux membres supérieurs : « ils formaient deux masses rigides, dures, inertes, depuis l'extrémité des doigts jusqu'au tendon d'insertion du grand pectoral. A ce niveau, la limite apparaissait entre le mort et le vif, suivant un plan nettement transversal, perpendiculaire à l'axe du membre. C'était un spectacle saisissant de voir fixés à ce corps vivant ces deux bras qu'on aurait dit appartenir à un cadavre. » On amputa les deux bras et le malade guérit sans complications.

Ici tant que le conducteur vivant avait conservé la même et une faible section, la densité était restée très élevée et les deux bras avaient été électro-coagulés; mais à l'épaule la section du conducteur augmentant brusquement la densité avait diminué suffisamment pour que des effets passagers d'excitation musculaire aient été seuls produits. C'est d'après ce principe que les médecins-électriciens appliquent des électrodes sur le tronc ; à cause de leur grande surface et de la très faible densité du courant à leur niveau; on les appelle électrodes *indifférentes* parce qu'au-dessous d'elles les effets sont négligeables.

Durée du contact. — C'est là encore un élément de gravité qu'il est nécessaire de faire entrer en ligne de compte. Si le courant est continu la destruction électrolytique des tissus (actions tertiaires de l'électrolyse) est proportionnelle, à intensité égale, au temps de passage du courant et l'on comprend que les brûlures soient d'autant plus profondes que ce temps a été plus long. Pour un temps très court de passage avec des courants puissants ce sont les phénomènes de choc, d'inhibition qui dominent et l'on peut du moins essayer d'y porter remède avec quelque espoir, mais lorsque la durée du passage à dépassé la minute, ou avec de très puissants courants quelques secondes ce sont des destructions définitives en face desquelles on se trouve comme dans le cas cité plus haut.

Avec les courants alternatifs l'électrolyse proprement dite n'est pas en jeu et les destructions ne viennent que de l'*effet Joule* (production de chaleur dans le conducteur traversé). Il faut des ampères pour que ces destructions soient profondes. Mais un autre élément intervient, c'est la tétanisation de tous les muscles placés sur le trajet du courant et particulièrement de tous les muscles fléchisseurs des mains sur le conducteur dangereux, d'où le bon contact, cause nouvelle de gravité.

Mécanisme de la mort par électrocution au moyen des courants industriels. — La recherche de la cause ou du mécanisme de la mort par l'application des courants industriels a donné lieu à de très nombreuses recherches faites sur les animaux. Citons parmi les plus importantes, qu'il faut consulter pour être au courant des détails de la question, celles de Dechambre[1], de Kratter[2], de d'Arsonval[3], de Corrado[4], de Jellinek[5] déjà cité, celles, les plus importantes et les plus complètes, de Prévost et Batelli[6] et enfin les toutes récentes de la Commission nommée par le Ministère du Travail ayant M. le Professeur G. Weiss comme président et M. Zacon comme rapporteur[7].

La première explication qui vient à l'esprit et q i s'est présentée dès les recherches des auteurs plus haut cités, c'est que l'électricité ayant sur les organes excitables et en particulier sur les nerfs une telle action que celle d'aucun autre agent physique ne peut lui être comparée, la cause de la mort et son mécanisme devaient être recherchés dans une inhibition et une altération des centres. En réalité malgré les lésions trouvées par Jellinek, Corrado et d'autres dans les cellules nerveuses du cerveau ou de la moelle, malgré les quelques hémorrhagies capillaires constatées, il semble bien aujourd'hui que ce n'est pas là la cause et le mécanisme de la mort des électrocutés. Prévost et Battelli ont eu le mérite d'attirer les premiers l'attention sur un phénomène passé jusqu'à eux inaperçu, les *trémulations fibrillaires du cœur* auxquelles ils attribuent l'importance que leurs expériences et celle qui ont suivi depuis ont démontré être réelle et considérable. D'après ces auteurs c'est surtout avec des courants de faible voltage que la mort par le cœur en trémulations fibrillaires se produit ; avec des courants continus ou alternatifs de très haut voltage, c'est l'arrêt de la respiration par inhibition qui domine la scène et cause la mort, le cœur ne s'arrêtant que secondairement.

D'ailleurs il n'y a pas là une règle fixe pas plus qu'il n'y a absolument, comme nous l'avons vu plus haut, ni bas ni hauts voltages au point de vue du danger couru. Voici par exemple un mécanisme tout différent mais très rationnel de la mort que donne G. Weiss[9] « Sous l'influence du courant (alternatif, 45 m. A) tous les muscles du corps sont tétanisés, les combustions organiques s'élèvent énormément et l'animal a un besoin impérieux d'absorber de l'oxygène et d'exhaler de l'acide carbonique. Or, sa respiration est considérablement entravée par la tétanisation des muscles du thorax et on le voit asphyxier peu à peu; il met à mourir un temps assez long, jusqu'à 10 minutes. »

Une mention spéciale doit être faite des variations de la pression

(1) Dechambre, art. Fulguration, *Dict. encycl. des sciences méd.* Paris, 1880.

(2) Kratter, *Der Tod durch Elektricität.* Liepzig, 1896.

(3) D'Arsonval, La mort par l'électricité dans l'industrie. Les mécanismes physiologiques, moyens préservateurs. *C. R. de l'Acad. des sciences*, 1887, p. 978.

(4) De Corrado, De quelques altérations des cellules nerveuses par la mort par par l'électricité. *Arch. d'électr. méd.*, 1890, p. 5.

(5) Jellinek. Voir plus haut et *Wien. klin. woch.*, 1902.

(6) Prevost et Batelli, La mort par les décharges électriques. *Journ. de phys. et pathol. génér.*, 1899, p. 1085 et 1114; 1900, p. 40 et 755. — Batelli, *ibid.*, 1902, p. 12.

(7) Weiss, Sur les effets physiologiques des courants électriques. *Soc. intern. des électriciens*, 1911, p. 417.

(8) Zacon, Expériences d'électrocution, etc. *Ibid.*, 1911, p. 457.

(9) *Loc. cit.*

artérielle au moment du choc électrique et après ce choc. Des graphiques donnés dans leurs travaux par Prévost et Battelli et de ceux très nombreux et plus récents contenus dans le rapport de la Commission du Ministère des Travaux publics[1], il ressort que d'une façon générale, au moment du passage du courant, la pression prise dans une grosse artère, la fémorale, s'élève brusquement, comme si par le fait de la tétanisation générale des muscles, un cœur périphérique était entré en systole; puis la pression baisse par arrêt du cœur et ne se remonte qu'à la longue avec le retour des battements cardiaques et si ceux-ci se rétablissent. Cette règle est à peu près générale; elle comporte quelques exceptions dans les expériences avec le courant continu. Lorsque c'est la respiration qui cesse d'abord, la pression s'abaisse peu à peu jusqu'à l'arrêt complet du cœur.

Retenons donc de cette étude succincte des actions pathogènes des courants industriels l'importance des trois facteurs ordinaires de gravité que nous avons signalés : intensité du courant, trajet du courant à travers le corps, durée du passage. Ajoutons que le courant continu doit être appliqué avec une intensité plus grande (quatre fois d'après G. Weiss) que le courant alternatif pour amener la mort. Les destructions des tissus, électrolytiques pour le courant continu, par effet Joule pour le courant alternatif, sont surtout importantes au niveau des points d'entrée du courant et sur tous les autres du trajet où sa densité est grande, conséquence de la faible section du conducteur. La mort a lieu rarement par destruction des cellules des centres nerveux; le cœur placé sur le trajet du courant est bien plus sensible: il s'arrête et meurt affecté de trémulations fibrillaires. La respiration est arrêtée secondairement, sauf avec les courants de haut voltage.

Ce ne sont pas là des règles absolues, et l'on peut trouver des exceptions à chacune d'elles sinon à plusieurs, appliquées dans tel ou tel accident; car le propre de la plupart des accidents électriques, comme la caractéristique des miracles d'innocuité également observés par contre dans de nombreuses circonstances, c'est de renverser les explications les plus rationnelles et de déconcerter les prévisions les mieux étudiées.

ACTION PATHOGÈNE DES RAYONS X

Nature de l'agent pathogène. — Depuis le mois de décembre 1895 nous sommes en possession, par la découverte du Professeur Röntgen, d'une forme nouvelle de l'énergie tout à fait inconnue avant cette découverte. Non seulement l'énergie sous cette forme nous a été révélée pour la première fois, à cette date, mais encore nous ne pouvons trouver dans

[1] *Loc. cit.*

les forces naturelles rien qui soit comparable à cette émission si particulière du tube à vide que l'on nomme rayons X après Röntgen, que l'on doit nommer par simple reconnaissance rayons de Röntgen. Certes les corps radio-actifs (Becquerel, 1896) et le radium (M. et Madame Curie, 1898) émettent des rayons dits γ, qui ressemblent aux rayons de Röntgen; peut-être même existe-t-il dans cette masse énorme de radiations émise par notre soleil, des traces de cette forme d'énergie particulière; mais il semble bien que ce ne soit encore qu'une supposition pour le dernier fait; quant aux rayons γ, nous savons qu'ils diffèrent pratiquement par leur origine, par la composition de leur faisceau, par certaines propriétés, par la faible quantité à notre disposition, etc., de ces puissants rayons X que la technique actuelle toujours en progrès met au service de la médecine.

Cette forme nouvelle de l'énergie créée par l'homme tout récemment, n'a pu provoquer, comme tous les autres agents physiques naturels avec lesquels l'humanité vit depuis de longs siècles, des processus d'adaptation ou de défense chez les êtres vivants. Ceux-ci sont donc désarmés devant cette brusque attaque que n'avait soutenu aucun de leurs ancêtres et c'est là d'abord l'une des raisons de la nocivité particulière de ces radiations nouvelles créées de toute pièce par la recherche scientifique, tirées par la science de l'inconnu physique que l'on croyait à peu près épuisé et qui nous apparaît, depuis la découverte des rayons X et de la radio-activité, depuis Röntgen et depuis Becquerel, à nouveau en bien des points insondé.

Nous savons très bien comment se produisent les rayons X. Dans un tube de verre où le vide est fait aux environs de 0^{mm}1 de millimètre de mercure et qui contient deux électrodes, anode et cathode, la décharge électrique se fait dans des conditions toutes particulières. Si le courant est d'un seul sens, des particules matérielles plus petites que des atomes, chargées d'électricité négative sont projetées en ligne droite de la cathode (faisceau cathodique). Si sur cette ligne droite elles rencontrent un obstacle, et en particulier l'électrode positive, il se fait au point ainsi bombardé par ces particules nommées électrons une transformation de leur énergie cinétique d'où naissent les rayons X. C'est donc de ce point d'impact sur l'anticathode, le plus souvent assez étroit, de ce foyer, que partent les rayons X pour se propager dans toutes les directions en avant de l'anticathode.

De quelle nature est au juste cette radiation? Le nom même de rayons X que leur a donné Röntgen prouve que l'on n'était pas absolument fixé au moment de leur découverte; on ne l'est guère davantage aujourd'hui. Ce que l'on sait de certain c'est que les rayons X ne sont pas formés comme le faisceau cathodique, ou les *rayons canaux*, ou les rayons α et β du radium par des particules matérielles *émises* au niveau du point d'impact, mais que ce sont des vibrations de l'éther plus ou moins analogues aux vibrations lumineuses. Elles en diffèrent par une longueur d'onde fort petite, « notablement inférieure aux distances des particules les plus voisines des corps matériels » (Sagnac). Ainsi seraient expliquées les particularités si étranges de la propagation des rayons de Röntgen, qui ne se réfléchissent, ni ne se réfractent, etc, mais qui suivent invariablement la ligne droite à travers les corps, pour eux *milieux troubles*, dans lesquels ils sont disséminés, plus ou moins absorbés, mais non déviés.

Facteurs de gravité tenant à la qualité et à la quantité des rayons de Röntgen utilisés. — Nous ne pouvons admettre qu'un agent physique produise un effet quelconque utile ou nocif, ce qui est fort peu différent souvent, comme nous l'avons montré déjà, sans que cet agent abandonne dans l'organisme une partie de l'énergie dont il est porteur, ou au contraire en enlève à cet organisme pour l'absorber ou la transformer. Un agent physique qui, après avoir été utilisé c'est-à-dire avoir été appliqué à l'être vivant, se retrouverait intact sans modifications ni de la quantité ni de la qualité de l'énergie dont il représente l'une des formes (électricité, chaleur, vibrations éthérées, force vive, etc) ne pourrait pas être compté dans l'étiologie des troubles ou des effets thérapeutiques constatés sur cet organisme. On ne pourrait l'invoquer comme cause, sans par cela même transformer ses effets en miracles, c'est-à-dire sans sortir de la science. La pathogénie et la thérapeutique physiques se présentent avec un caractère d'objectivité, de précision et de clarté tel qu'il nous faut aussi des rapports plus nets qu'autrefois de cause à effet. En particulier, nous ne pourrions plus ajouter foi à des effets pathogènes ou favorables dus à cette classe d'agents, s'ils contrevenaient, par exemple, au grand principe de la conservation de l'énergie.

Il y a bien les effets de *déclanchement*, qui, pour une faible dépense énergétique, produisent des désordres qui n'ont plus de commune mesure avec l'infime cause dont ils dépendent; il existe également des effets particulièrement nocifs parce qu'ils touchent à des organes essentiels, et qui cependant ne nécessitent pour se produire qu'une minime absorption d'énergie; mais ces cas sont également connus et envisagés en dehors de la biologie, et leur explication scientifique ne sort pas de l'application des grands principes établis.

Pour les rayons X, cette forme si neuve, on pourrait presque dire si artificielle de l'énergie, pour laquelle on ne mesure pas encore le rendement des sources qui la produisent, qui ne doit le développement de son emploi et le perfectionnement de ses appareils qu'à son action sur les cellules vivantes et surtout parce qu'ils sont un magnifique moyen de diagnostic médical, il est certain que l'explication méthodique et scientifique de leurs effets est encore entourée de beaucoup d'obscurité. Il n'en est pas moins vrai que leur absorption physique par la cellule atteinte paraît nécessaire pour que l'action de ces rayons se manifeste. Il faut donc qu'il y ait variation de la quantité d'énergie du faisceau de radiations à l'entrée et à la sortie; cette variation pouvant être d'ailleurs fort petite, car la sensibilité d'éléments cellulaires profonds, de tout temps à l'abri, jusqu'à Röntgen, des actions physiques extérieures, cette sensibilité peut être fort grande. Quelles sont donc les conditions de cette absorption des rayons X par les corps et en particulier par les corps vivants? elle nous sont nécessaires à connaître, du moins dans leurs grandes lignes, puisque les actions pathogènes de ces rayons dépendent en partie de cette absorption.

Qualité des rayons de Röntgen qui les rend plus ou moins absorbables par les tissus. — Le faisceau cathodique du tube de Crookes formé par l'émission au niveau de la cathode d'électrons animés de grandes vitesses et chargés d'électricité négative est, nous l'avons vu, l'origine des rayons de Röntgen. Or les vitesses de ces électrons sont différentes (de 22 000 à 50 000 kilomètres à la seconde d'après Wiechert) et dépendent en particulier pour chaque électron de la différence de potentiel entre la cathode et l'anode au moment de son émission. A cette complexité, à cette variabilité du faisceau générateur doit donc correspondre et correspond en réalité une complexité analogue et une variation simultanée du faisceau de rayons X produit. Pour analyser ce faisceau complexe, on ne pouvait s'adresser à un phénomène de réflexion, de réfraction ou de diffraction, car les rayons X, comme nous l'avons vu, se propagent en ligne droite malgré tous les obstacles que l'on a pu leur opposer jusqu'à présent. On s'est donc adressé au phénomène de l'absorption, et voici à quels résultats pratiques ont conduit les recherches d'abord de Benoist et Hurmuzescu et ensuite celles de Benoist.

Entre les rayons X très absorbables par les corps matériels, dits rayons *mous* et les rayons X les moins absorbables, dits rayons *durs*, existe, toute une gamme de rayons de même nature plus ou moins pénétrants. Si on compare cette échelle, d'ailleurs très étendue de radiations Röntgen, à la gamme des rayons lumineux dont les corps colorés absorbent ou réfléchissent sélectivement (radiochroïsme) certaines couleurs, on pourra distinguer des corps absorbant à peu près également toutes les radiations X (corps a-radiochroïques, l'argent pur, par exemple) et d'autres doués d'absorption sélective (corps radiochroïques, l'aluminium). Benoist [1] a utilisé ces propriétés pour constituer un instrument de grande simplicité et d'une utilité journalière qui porte à juste titre son nom : le radiochronomètre de Benoist, avec lequel on mesure la qualité moyenne du faisceau de rayons X observé. C'est ainsi qu'au radiochronomètre de Benoist des rayons très mous marqueront 2, des rayons moyens marqueront 6 et des rayons très durs marqueront 8 ou 10. D'autres échelles venues après celle de Benoist et en dérivant ont été créées sans utilité; on en trouvera ailleurs la description et la correspondance [2]; nous n'insistons pas.

(1) Benoist, Application de la transparence à la radioscopie et à la radiographie; in *Traité de radiologie médicale* de Bouchard, p. 492.

(2) Speder, Echelles de dureté et quantitomètres. *Arch. d'Elect. méd.*, 1910, p. 567.

Le radioscléromètre de P. Villard [1], basé sur un tout autre principe (intensité des phénomènes d'ionisation produits par un faisceau filtré), est l'instrument idéal pour cette mesure du pouvoir pénétrant des rayons X. Il ne s'est pas répandu à cause des difficultés pratiques de son utilisation.

Il y a donc des rayons mous qui sont très absorbables par les tissus et des rayons durs qui le sont fort peu, avec tous les intermédiaires entre ces deux qualités extrêmes et opposées. En nous reportant aux principes généraux exposés plus haut, à ces qualités intrinsèques fort différentes correspondra une nocivité différente également. Les plus nocifs de ces rayons seront les plus absorbés. On pourrait concevoir d'autre part des rayons tellement pénétrants qu'ils puissent traverser les tissus vivants sans y rien perdre de leur énergie, comme un faisceau solaire traverse une lame de sel gemme. ou des rayons ultra-violets traversent une lame de quartz : ils n'auraient aucune nocivité. Avec les rayons X ayant le maximum de nocivité, on n'aurait aucune image photographique, aucune fluorescence sur l'écran, après leur traversée des tissus; avec les rayons X ayant le minimum de nocivité, ultra-pénétrants, on n'aurait aucune ombre de ces mêmes tissus. Ce sont là des cas extrêmes que l'on peut envisager, mais qui ne se rencontrent pas dans la pratique. D'abord on n'a pu encore produire un faisceau homogène des rayons X, un faisceau monochromatique, pour continuer la comparaison avec les rayons lumineux, et c'est fort dommage pour les progrès des applications médicales des rayons X. Tous les faisceaux mis à notre disposition par l'instrumentation actuelle sont des faisceaux complexes contenant des rayons très peu pénétrants et des rayons ultra-pénétrants, et ce n'est que la pénétration moyenne du faisceau que nous donne le radiochronomètre de Benoist. D'ailleurs si nous avons un appareil d'analyse du faisceau incident, fort utile, j'en conviens, nous n'en avons pas qui défalque automatiquement ou autrement la partie du faisceau transmise de la totalité du faisceau incident, nous donnant ainsi le faisceau absorbé. Or, comme l'a fort bien dit Guilleminot [2], « le *coefficient d'utilité* d'une radiation ou son *coefficient de nocivité*, ce qui, nous le savons, est identique, dépend de l'absorbabilité de cette radiation par la partie vivante du tissu de la cellule, par l'albumine cellulaire ». C'est là l'un des éléments de cette nocivité qu'il nous faut retenir, car il y en a d'autres.

Lorsqu'on fut bien convaincu de la grande nocivité de certaines radiations très absorbables existant dans tous les faisceaux de rayons X, émanant des ampoules, on essaya de les éliminer. Ne pouvant pas, avec l'instrumentation actuelle, en empêcher la formation au moment de la production du faisceau, car il est impossible de produire ni un faisceau pur, ni même une région unique du spectre si étendu des rayons X, on a essayé de les arrêter par absorption sélective. On a nommé

(1) P. Villard, *Arch. d'Élect. méd.*, 1908, p. 236 et 692.

(2) Guilleminot, L'efficacité biologique des radiations nouvelles. *Arch. d'Élect. méd.*, 1911, p. 148.

filtration cette élimination par absorption, et *rayons filtrés*, le faisceau qui en résulte.

Les matières filtrantes dont on s'est servi au début furent fort nombreuses et arrêtées un peu au hasard; aujourd'hui l'aluminium en lames plus ou moins épaisses est le filtre de choix; les épaisseurs de $0^{mm},5$ à 3 millimètres sont les plus utilisées.

Le faisceau émergeant des divers filtres a été étudié ; Guilleminot et Belot entre autres ont publié soit des courbes, soit des chiffres et des formules indiquant sa composition pour des faisceaux incidents divers et des filtres variés. Nous ne pouvons insister ici sur cette question si importante au point de vue radiothérapique. Disons seulement que des accidents nombreux et graves ont été évités par la filtration et que, grâce à elle, les applications de la radiothérapie se sont multipliées, et qu'elle a pu atteindre plus efficacement les organes profonds, sans danger pour les tissus superficiels. Nous verrons, à propos des radiodermites aiguës, que la filtration ne met pas cependant à l'abri de tout accident.

Facteur de gravité tenant à la quantité des rayons X. — Les faisceaux de rayons X actuellement produits par les puissants instruments mis à la disposition des médecins par l'industrie, sont bien plus intenses que ceux utilisés peu après leur découverte et c'est là l'un des principaux facteurs du danger des irradiations actuelles, d'autre part si précieuses et si efficaces. Pour en donner une idée, rappelons qu'il y a dix ans les intensités de courant ordinairement supportées par un tube de Crookes allaient tout juste jusqu'au milliampère; il est aujourd'hui des tubes qui absorbent, pendant un temps très court il est vrai, jusqu'à 100 milliampères! Il y a donc de ce côté une énorme augmentation de la puissance des appareils de production des rayons X, car cette production est proportionnelle, toutes choses égales d'ailleurs, à l'intensité du courant excitateur du tube.

Ce n'est pas là le seul facteur de quantité, il faut encore considérer le temps pendant lequel l'irradiation est faite et la distance à laquelle elle est faite. Pour le temps, en supposant constante l'intensité du faisceau, la surface irradiée reçoit une quantité de radiations proportionnelle à la durée de l'irradiation. Pour la distance, si on considère un faisceau normal à la surface frappée, comme ce faisceau a pour origine un point ou une étendue fort petite de l'anticathode, et va s'élargissant en cône, la quantité de rayons reçus par la surface irradiée est, en vertu d'une loi générale, inversement proportionnelle au carré de la distance. D'où la formule ci-dessous qui peut, en réunissant les trois facteurs précédents, donner une mesure de la valeur de l'irradiation par la quantité des rayons X reçus par l'unité de surface irradiée :

$$Q = \frac{It}{d^2},$$

dans laquelle Q est cette quantité, I l'intensité du faisceau constant émis par le tube, t la durée de l'irradiation et d la distance à l'anticathode de la surface irradiée.

On comprend que les médecins électriciens, qui s'occupent ordinairement des applications de ces rayons X à la thérapeutique, aient voulu autant que possible se mettre à l'abri de surprises ou d'accidents et aient cherché avec une persévérance louable dès le début à mesurer, après la qualité des rayons dont ils se servaient, leur quantité. D'où les très nombreux *quantitomètres* qui sont aujourd'hui en usage.

Il règne une complète anarchie, au sujet du choix de *l'unité quantitométrique* (employons, parce qu'accepté, ce terme barbare). P. Villard en a proposé une qui a le mérite de rentrer dans le système C. G. S. de nos unités physiques. Il l'a ainsi définie : *l'unité de quantité de rayons X est celle qui libère par ionisation une unité électrostatique par centimètre cube d'air dans les conditions normales de température et de pression* (1). On voit, par cette définition, combien cette unité, qu'on peut dire absolue, serait claire et scientifique. Mais elle n'a pas été adoptée dans la pratique et pas même rattachée, que je sache, à l'écheveau embrouillé d'unités pratiques qui ont cours actuellement.

Parmi ces unités, ou plutôt parmi ces mesures quantitatives, l'une des plus simples consiste, au lieu d'utiliser un effet des rayons X intégrant les variations de l'intensité du courant excitateur, du temps et de la distance pour avoir Q (voir plus haut l'expression algébrique), à compter le temps de l'irradiation en minutes, pour une même intensité I, du courant excitateur du tube et à une même distance. Ainsi on prescrira une irradiation de 15 minutes, à vingt centimètres avec $0^{mA},5$, rayons n° 6 du radiochronomètre de Benoist. C'est là, quoi qu'on en dise, l'une des méthodes les plus employées. Elle est simple et, lorsque la source du courant est bien connue et bien réglée, permet une sécurité dans les applications moins trompeuse que celle apportée par toutes les autres méthodes de mesure.

Celles-ci reposent sur l'un des effets des rayons X, cet effet variant d'ailleurs avec les divers expérimentateurs, ainsi que l'unité par eux choisie. Nous en sommes aujourd'hui à *sept* unités ou méthodes quantitométriques de mesure dont je ne ferai que citer les noms : unité H (Holtznecht); unité teinte B (Sabouraud et Noiré); unité teinte 1 (Bordier); unité I (Bordier et Galimard); unité M (Guillleminot); unité X (Kienböck); unité Kalom (Schwartz). On a calculé la correspondance entre ces unités diverses et l'on a trouvé (Spéder) qu'à 5 H, dose produisant juste l'érythème sur une peau saine, correspondait la teinte B, la teinte 1, trois à quatre unités I, 625 unités M, 10 unités X et enfin 3,5 Kaloms !

En résumé l'unité de quantité de rayons n'est mesurée actuellement ni d'une manière uniforme ni d'une manière rationnelle, car si l'on com-

(1) VILLARD, Instruments de mesure à lecture directe pour les rayons X. *Arch. d'Elect. Méd.*, 1908, p. 692.

pare la définition adoptée aujourd'hui dans la pratique pour l'unité H, la plus ancienne (le cinquième de la quantité de rayons nécessaires pour produire le premier degré de l'érythème sur une peau normale), on voit combien elle laisse de marge à l'appréciation de chacun, car comment définir le premier degré de l'érythème, et surtout où trouver une peau normale? Il faudrait donc pour pouvoir s'entendre scientifiquement et faire rentrer l'unité de quantité dans le cadre du système C. G. S. des unités, en venir à l'unité que nous a proposée Villard et dont j'ai reproduit plus haut la définition si simple et si claire. Puisqu'il est d'usage de donner un nom aux unités, on appellerait celle-ci *le villard*. Ce serait juste à tous les points de vue, ce ne sont pas les médecins électriciens qui me démentiront.

Facteurs de gravité dépendant des tissus irradiés. — Les rayons X possèdent vis-à-vis des tissus animaux un pouvoir nocif caractérisé par le ralentissement passager ou la cessation définitive des manifestations vitales dans les parties irradiées. L'hypobiose n'étant qu'une étape vers la mort, on peut dire que les rayons de Röntgen ont sur les éléments de l'organisme une *action abiotique*. Cette action est générale : toute cellule animale quelle qu'elle soit doit succomber à l'irradiation, mais à condition qu'on lui fasse absorber une quantité suffisante de rayons de qualité convenablement choisie. En ceci, les rayons X ne diffèrent guère des autres agents physiques, chaleur, électricité, lumière, etc. qui, eux aussi, sont capables de tuer les éléments cellulaires si la dose et la forme appliquées sont appropriées.

Les cellules ne sont pas toutes également faciles à tuer par irradiation. Ce n'est parfois qu'une question de perméabilité des tissus aux rayons X; par exemple, des cellules quelconques abritées derrière une lame osseuse seront moins aisément détruites parce que moins accessibles; de même la charpente molle d'un tissu, par sa nature, par la richesse de sa vascularisation, peut être une protection plus ou moins efficace pour les éléments cellulaires qui y sont contenus. Des variations analogues s'observent avec d'autres agents physiques (chaleur, etc...).

Mais, là où les rayons X diffèrent manifestement des autres agents physiques, c'est en exerçant une *destruction sélective* véritable. Irradions par exemple un organe complexe tel que le testicule dont les tubes sont composés d'éléments divers mélangés et contigus; certaines cellules, bien déterminées par leur forme et leurs fonctions seront très vite frappées de mort (cellules de la lignée séminale); d'autres cellules ayant des attributs morphologiques et fonctionnels différents seront au contraire systématiquement épargnées, ou ne succomberont qu'à une irradiation intensive (cellules de Sertoli, cellules conjonctives, cellules de la glande interstitielle). Mieux encore, dans une partie du corps formée de couches superposées contenant des éléments cellulaires diversement spécialisés, les rayons X traverseront, sans laisser de traces, les plans superficiels pour aller décimer les cellules de tel ou tel plan profond bien déterminé; on peut ainsi stériliser l'ovaire à travers la paroi abdominale et les anses intestinales sans altérer celles-ci. Dès le début des accidents dus aux rayons de Röntgen et des premières applications radiothérapiques, on avait remarqué que, tandis que certaines cellules vivantes succombaient après la période de latence particulière à ces applications, d'autres survivaient nettement. Mais l'observation plus précise et l'interprétation de ces faits n'ont pu être réalisées que grâce à de nombreuses irradiations expérimentales pratiquées sur des organes ou des tissus sains, et suivies, après des périodes d'attente de durée variable, d'une étude histologique complète des pièces anatomiques prélevées. Une longue série de recherches de cette nature fut faite de 1903 à 1910 dans le laboratoire de physique biologique et électricité médicale de l'Université de Bordeaux, sur le testicule, l'ovaire, l'os, le foie, le muscle, le sang, le système nerveux, l'œil, la moelle, par Tribondeau, Récamier, Hudellet, Lafargue, Belley, Heymann, Labeau et Bergonié [1], et ces recherches rapprochées d'autres analogues effectuées un peu partout

(1) J. Bergonié et L. Tribondeau, Action des rayons X sur le testicule du rat blanc. Technique et résultats anatomo-pathologiques. *Réunion biologique de Bordeaux*, séance du 12 nov. 1904; in *C. R. de la Société de Biologie*, t. LVII, p. 400. *Arch. d'Elect. Méd.*, 1905, n° 160, p. 149. — Action des rayons X sur le testicule du rat blanc. Résultats histo-pathologiques; dégénération de l'épithélium séminal. *Réunion biologique de Bordeaux*, séance du 17 déc. 1904; in *C. R. de la Société de Biologie*, t. LVII, p. 592 et *Arch. d'Elect. Méd.*, 1905, p. 474, n° 168. — Action des rayons X sur les spermatozoïdes de l'homme. *Réunion biologique de Bordeaux*, séance du 17 déc. 1904; in *C. R. de la Société de Biologie*, t. LVII, p. 595 et *Arch. d'Elect. Méd.*, 1905, n° 173, p. 686. — Action des rayons X sur le testicule du rat blanc. Résultats histo-pathologiques, modification et destruction des tubes. *Réunion biologique de Bordeaux*, séance du 21 janv. 1905; in *C. R. de la Société de Biologie*, t. LVIII, p. 154. — Action des rayons X sur le testicule du rat blanc. Graisse, glande interstitielle, épididyme. *Réunion biologique de Bordeaux*, séance du 21 janvier 1905; in *C. R. de la Société de Biologie*, t. LVIII, p. 155. — Aspermatogenèse expérimentale après une seule exposition aux rayons X. *Réunion biologique de Bordeaux*, séance du 11 fév. 1905; in *C. R. de la Société de Biologie*, t. LVIII, p. 282.

J. Bergonié, L. Tribondeau et Récamier, Action des rayons X sur l'ovaire de la lapine. *Réunion biologique de Bordeaux*, séance du 11 fév. 1905; in *C. R. de la Société de Biologie*, t. LVIII, p. 284.

J. Bergonié et L. Tribondeau, L'aspermatogenèse expérimentale complète, obtenue par les rayons X, est-elle définitive? *Réunion biologique de Bordeaux*, séance du 8 avril 1905; in *C. R. de la Société de Biologie*, t. LVIII, p. 678. — Lésions du testicule obtenues avec des doses croissantes de rayons X; comment se produisent-elles? *Réunion biologique de Bordeaux*, séance du 17 juin 1905; in *C. R. de la Société de Biologie*, t. LVIII, p. 1029.

L. Tribondeau et Récamier, Altération des yeux et du squelette facial d'un chat nouveau-né par röntgénisation. *Réunion biologique de Bordeaux*, séance du 17 juin 1905; in *C. R. de la Société de Biologie*, t. LVIII, p. 1031. — A propos de l'action des rayons X sur l'ostéogenèse. *Réunion biologique de Bordeaux*, séance du 9 déc. 1905; in *C. R. de la Société de Biologie*, t. LIX, p. 621.

L. Tribondeau et Hudellet, Action des rayons X sur le foie du lapin. *Arch. d'Elect, Méd.* Congrès de l'A. F. A. S., août 1906, p. 599.

Hudellet, Etude expérimentale de l'action des rayons X sur le foie. *C. R. de la Société de Biologie*, séance du 4 déc. 1906, p. 639.

J. Bergonié et Tribondeau, Action des rayons X sur le testicule. Mémoire des *Arch. d'Elect. Méd.*, 25 oct.-10 nov.-10 déc. 1906.

Récamier, Action des rayons X sur le développement de l'os. *Thèse de Bordeaux*, 1905-1906.

L. Tribondeau et G. Hudellet, Action des rayons X sur le foie du chat nouveau-

permirent de formuler une loi générale à laquelle certains auteurs, et entre autres Oudin et Zimmern[1] récemment, ont bien voulu accorder une certaine importance et une portée synthéthique intéressante. Cette loi (Loi de Bergonié et Tribondeau) permet d'englober sous un énoncé très simple la masse énorme de faits dont s'est enrichie la science, concernant l'action des rayons X sur les tissus normaux et pathologiques. Elle explique et prévoit les si nombreuses actions pathogènes des rayons de Röntgen en permettant de classer les tissus par ordre de sensibilité

né. *Réunion biologique de Bordeaux*, séance du 8 janv. 1907; in *C. R. de la Société de Biologie*, t. LXII, p. 102.

J. Bergonié et L. Tribondeau, Processus involutif des follicules ovariens après röntgénisation de la glande génitale femelle. *Réunion biologique de Bordeaux*, séance du 8 janv. 1907; in *C. R. de la Société de Biologie*, t. LXII, p. 105. — Altérations de la glande interstitielle après röntgénisation de l'ovaire. *Réunion biologique de Bordeaux*, séance du 5 fév. 1907; in *C. R. de la Société de Biologie*, t. LXII, p. 274 et *Arch. d'Elect. Méd.*, n° 220, 620.

G. Hudellet, Action des rayons X sur le foie. *Thèse*, Bordeaux. 1906-1907.

L. Tribondeau et G. Belley, Cataracte expérimentale obtenue par la röntgénisation de l'œil d'animaux nouveau-nés. *Réunion biologique de Bordeaux*, séance du 2 juillet 1907; in *C. R. de la Société de Biologie*, t. LXIII, p. 126. — Microphtalmie et modifications concomitantes de la rétine par röntgénisation de l'œil d'animaux nouveau-nés. *Réunion biologique de Bordeaux*, séance du 2 juillet 1907; in *C. R. de la Société de Biologie*, t. LVIII, p. 128. — Action des rayons X sur l'œil en voie de développement. *Arch d'Elect. Méd.*, 10 déc 1907, p. 907.

G. Belley. Etude expérimentale de l'action des rayons X sur l'œil en voie de développement. *Thèse*, Bordeaux 1907-1908.

L. Tribondeau et Lafargue, Action différente des rayons X sur le cristallin des animaux jeunes et des animaux adultes. *Réunion biologique de Bordeaux*, séance du 3 déc. 1907; in *C. R. de la Société de Biologie*, t. LXIII, p. 716.

Heymann, Action des rayons X sur le rein adulte. *Congrès de Reims*, 1907. *Arch. d'Elect. Méd.*, n° 219, p. 601.

J. Bergonié et L. Tribondeau, Note relative à l'influence des rayons X sur la fécondité des lapines. *Réunion biologique de Bordeaux*, séance du 10 mars 1908; in *C. R. de la Société de Biologie*, t. LXIV, p. 478. — Etude expérimentale de l'action des rayons X sur les globules rouges du sang. *Réunion biologique de Bordeaux*, séance du 7 juillet 1908; in *C. R. de la Société de Biologie*, t. LXV, p. 147.

L. Tribondeau et Lafargue, Etude expérimentale de l'action des rayons X sur la rétine et le nerf optique. *Réunion biologique de Bordeaux*, séance du 7 juillet 1908; in *C. R. de la Société de Biologie*, t. LXV, p. 149.

J. Bergonié et L. Tribondeau, Action des rayons X sur les globules rouges du lapin. *Arch. d'Elect. Méd.*, Congrès de l'A. F. A. S. Clermont-Ferrand, août 1908, p. 597.

L. Tribondeau et Lafargue, Les troubles provoqués dans l'appareil visuel adulte par les rayons X. *Arch. d'Elect. Méd.* Congrès de l'A. F. A. S., août, 1908, p. 597.

J. Bergonié et L. Tribondeau, Conséquences théoriques et pratiques de l'action des rayons X sur les glandes génitales. *Arch. d'Elect. Méd.*, même Congrès, août 1908, p. 590.

L. Tribondeau et Lafargue, Présentation d'un chat dont les yeux ont été röntgénisés. *Réunion biologique de Bordeaux*, séance du 10 nov. 1908; in *C. R. de la Société de Biologie*, t. LXV, p. 447. — De l'emploi des rayons X dans la région oculaire. *Arch. d'Elect. Méd.*, 1908, n° 252, p. 999.

R. Labeau, Contribution à la radiothérapie de la syringomyélie. *Thèse*, Bordeaux, 1908.

J. Bergonié et L. Tribondeau, Résistance du cerveau, des nerfs et des muscles aux rayons X. *Réunion biologique de Bordeaux*, séance du 2 fév. 1909. *C. R. de la Société de Biologie*, t. LXVI, p. 255.

P. Lafargue. Actions des rayons X sur l'œil. *Thèse*, Bordeaux, 1908-1909.

[1] Oudin et Zimmern. *Traité de Radiothérapie* et *Rev. scientif.*, 17 février 1912.

d'après leurs caractères histophysiologiques et de connaître par conséquent *a priori* cet important facteur de gravité.

Elle peut se résumer à cette formule : « *La vulnérabilité des cellules par les rayons X est fonction de leur activité reproductrice* ». L'énoncé complet de la loi est le suivant :

« *Les rayons X agissent avec d'autant plus d'intensité sur les cellules :*
1° *Que l'activité reproductrice de ces cellules est plus grande;*
2° *Que leur devenir karyokinétique est plus long;*
3° *Que leur morphologie et leurs fonctions sont moins définitivement fixées.* »

I. — Le premier paragraphe est de beaucoup le plus important et le plus général. Il établit une *relation étroite entre la reproductibilité et la sensibilité aux rayons X de toutes les cellules*; un élément cellulaire, quel qu'il soit, du moment qu'il entre en activité reproductrice, devient *ipso facto* moins résistant aux radiations.

Cette première partie de la loi trouva une démonstration très nette dans les constatations suivantes faites dès le début des recherches sur le testicule et l'ovaire irradiés : 1° très rapide destruction des diverses cellules de l'épithélium séminal et de la couche granuleuse des vésicules de Graaf, quand elles sont en état de karyokinèse; action destructive intense des radiations sur les spermatogonies, les spermatocytes, les cellules de la granuleuse, les ovules en maturation, toutes cellules en voie de préparation à la karyokinèse; 2° faible action de ces rayons sur les cellules de Sertoli et les cellules interstitielles de l'ovaire; action très faible sur les spermatides, les spermatozoïdes, les cellules conjonctives du testicule, les éléments du stroma et de l'épithélium superficiel ovarien, toutes cellules dépourvues d'activité reproductrice.

Une longue série de faits observés sur d'autres tissus normaux vint ensuite confirmer les précédents : 1° action plus grande des rayons X sur la plupart des tissus animaux très jeunes, que sur ces mêmes tissus chez l'adulte, à cause de l'activité formatrice plus intense. Certains tissus, fragiles chez le nouveau-né, deviennent indifférents chez l'adulte : tels l'épithélium cristallinien, le foie, etc.; 2° action manifeste des radiations sur les tissus adultes normalement insensibles quand il s'y produit une brusque poussée prolifératrice. Exemple : glande mammaire au stade d'évolution pendant la gestation (Soulié); 3° influence constante des rayons X sur des tissus adultes où l'activité karyokinétique est persistante : centres germinatifs des organes lymphoïdes, couches germinatives de l'épiderme, racine du poil; 4° indifférence des cellules dont l'activité multiplicatrice est très ralentie ou nulle : cellules glandulaires, nerveuses, musculaires, hématies.

Enfin, les rayons X agissent aussi sur les tissus pathologiques (inflammatoires et surtout néoplasiques), d'autant plus efficacement qu'ils prolifèrent davantage (sensibilité des sarcomes, des épithéliomes, des adénites; indifférence plus ou moins grande des fibromes, des myomes, des lipomes) et dans toutes les biopsies de néoplasmes irradiés on a signalé des zones de destruction maxima correspondant aux centres de prolifération.

II. — Le deuxième paragraphe de la loi (*relation entre la sensibilité aux rayons X et le devenir karyokinétique*) étend pour ainsi dire encore la portée générale du premier en accordant une sensibilité röntgénienne particulière aux cellules longuement et héréditairement spécialisées en vue de la fonction reproductrice, à ces ensembles de cellules que l'on appelle des *lignées*. Il existe, dans ces familles cellulaires un mouvement prolongé du noyau qui le fait progressivement se multiplier et se transformer; ce mouvement, nous le désignons sous le nom de *devenir karyokinétique*. Il se manifeste à nous surtout par ses résultats et ne devient accessible à nos moyens d'investigation qu'à une courte phase correspondant à une division imminente du noyau (c'est l'état de mitose ou de karyokinèse telle qu'on l'entend d'habitude, c'est-à-dire dans le sens de mouvement microscopiquement visible du noyau), ou à une modification morphologique très grande de ce noyau (exemple : transformation des noyaux de spermatides devenant têtes de spermatozoïdes). Mais il comprend certainement une période de préparation latente beaucoup plus longue, probablement même il se poursuit sans interruption, avec des alternances d'acmé et de ralentissement de la cellule mère dans les cellules filles, puis petites-filles, etc.... De cette spécialisation des cellules en vue de la reproduction, héréditairement transmise de cellule en cellule, de cette continuité du mouvement nucléaire, résulte, selon nous, une fragilité également continue, même en l'absence des figures classiques de la caryodiérèse. Au contraire, la vulnérabilité de la plupart des cellules de l'organisme par les rayons X est transitoire et en relation avec des mitoses elles-mêmes aberrantes.

Le point de départ de notre opinion a été la constatation de la susceptibilité très grande de *toutes* les cellules de la lignée séminale, tant qu'elles sont en état de devenir karyokinétique, c'est-à-dire depuis la spermatogonie jusqu'à la spermatide (qui ne se divise plus, mais se transforme). Il est curieux de voir combien la sensibilité de ces éléments est plus grande que celle des autres cellules de l'organisme, alors même qu'aucun caractère microscopique ne permet de constater l'existence d'un processus karyokinétique; les spermatogonies offrent de ce fait l'exemple le plus typique. Pour nous, il existe là une évolution multiplicatrice latente qui est la raison d'être du peu de résistance aux rayons. Nous la retrouvons moins accusée dans les ovules.

D'autres tissus de l'organisme possèdent des cellules qui sont pour ainsi dire en perpétuel état de devenir karyokinétique, bien que les figures de mitose s'y montrent à des intervalles moins rapprochés que dans le testicule; citons l'épiderme, le poil. On connaît leur vulnérabilité remarquable.

Dans les tumeurs, n'observe-t-on pas également une grande susceptibilité de *toutes* les cellules néoplasiques aux radiations, même quand leur noyau est en repos apparent? Les cellules des néoplasmes constituent, elles aussi, de véritables lignées; leur devenir karyokinétique est long, puisqu'il embrasse un grand nombre de générations; on peut donc leur appliquer le deuxième paragraphe de notre loi. C'est la seule façon de s'expliquer leur destruction globale sous l'influence d'une irradiation qui épargne à côté d'elles des cellules normales.

Mais il semble que l'expression, peu usitée, de *devenir* employée par nous a été prise parfois dans le sens *d'avenir*. Il est facile de montrer à combien de contradictions on s'exposerait en remplaçant dans la loi un mot par l'autre. Supposons, par exemple, qu'une spermatogonie, cellule très sensible, soit condamnée pour une raison fortuite quelconque à disparaître avant d'évoluer, son *avenir karyokinétique*, de considérable, devient nul; en sera-t-elle moins sensible tant qu'elle vit? Inversement, une cellule conjonctive, par exemple, pourra, dans un avenir éloigné, sous des influences accidentelles diverses, se multiplier activement. Cette éventualité peut-elle raisonnablement influer sur sa vulnérabilité actuelle? Le devenir karyokinétique implique l'existence dans la cellule d'un mouvement qui se propage dans un nombre plus ou moins considérable de générations antérieures à elle ou dérivées d'elle.

III. — Le troisième paragraphe de la loi (*relation entre la sensibilité aux rayons et l'instabilité morphologique et fonctionnelle*) n'est que le corollaire des deux premiers. En effet, plus une cellule se différencie morphologiquement et physiologiquement en vue de fonctions spéciales (nutrition, sécrétion, contraction, production de l'influx nerveux, etc.), plus la fonction multiplicatrice est reléguée à l'arrière-plan; inversement, quand une cellule ainsi spécialisée va incidemment se reproduire (exemple : cellule glandulaire), ses fonctions spéciales se ralentissent, ses attributs morphologiques s'effacent et le rôle prépondérant revient aux phénomènes karyokinétiques.

Dans les organes génitaux, nous voyons les cellules de Sertoli du testicule et les cellules interstitielles des deux glandes génitales se spécialiser dans un rôle sécrétoire et posséder une morphologie définitive et caractéristique; ces éléments sont presque indifférents à l'égard des rayons X [1]. De même, la forme du spermatozoïde est parfaitement fixée; c'est un élément incapable de se diviser, spécialisé en vue de la motricité et d'un apport nécessaire au développement de l'ovule; aussi les rayons X ne détruisent-ils plus ce dérivé de cellules pourtant si fragiles.

Parmi les cellules normales, les cellules hautement différenciées en vue de fonctions déterminées : cellules glandulaires, musculaires, nerveuses, osseuses, cartilagineuses, hématies, etc., sont également résistantes, alors que les lymphocytes, par exemple, succombent facilement.

Enfin les tumeurs nous fournissent d'excellents exemples de cellules

[1] Voir les microphotographies.

peu sensibles dont les fonctions et la morphologie sont bien fixées (lipome) et de cellules très polymorphes, ou sans fonction définie autre que la reproductibilité (carcinome, épithéliome, sarcome) qui sont très fragiles.

Comme nous avons eu déjà l'occasion de le dire, ces trois paragraphes de la loi s'enchaînent l'un à l'autre; certains tissus sains, certaines tumeurs se retrouvent cités à propos de chacun d'eux; c'est qu'en effet, leur sensibilité aux rayons est à la fois en relation avec leur activité reproductrice, la durée de leur devenir karyokinétique, l'instabilité de leur morphologie et de leurs fonctions (exemple : spermatocytes, carcinomes); chez les autres, la résistance aux rayons est en relation avec des caractères contraires : activité reproductrice et devenir karyokinétique faibles ou nuls, morphologie et fonctions définitivement fixées (exemple : hématies, lipome).

Nous croyons avoir apporté à l'appui de la loi de Bergonié et Tribondeau un faisceau d'arguments déjà assez imposant pour qu'elle soit prise en considération. Grâce à elle, il est permis, connaissant l'activité reproductrice des cellules, la présence ou l'absence des lignées cellulaires, la morphologie et les fonctions d'un tissu, de prévoir comment il se comportera vis-à-vis des rayons X. Cette loi n'a pas, bien entendu, la prétention d'arriver à une estimation rigoureuse; tant de données diverses nous manquent encore! Elle n'essaye pas davantage d'expliquer le pourquoi des relations entre l'activité reproductrice et la sensibilité aux radiations.

Nous donnons ici (fig. 1, 2, 3, 4, 5, 6, 7, 8), pour fixer les idées sur les désordres provoqués par l'action des rayons X sur les tissus, une série de photographies micrographiques prises parmi celles obtenues par Bergonié et Tribondeau dans leurs expériences sur l'irradiation des testicules du rat blanc. Le nombre et l'importance des travaux ayant trait à l'action pathogène ou thérapeutique des rayons X qui ont été publiés depuis dans le monde entier est considérable, leur énumération tiendrait à elle seule un volume de ce recueil. Les quelques indications bibliographiques données ici [1] (p. 838-840 et p. 875-878) permettront au lecteur de lire les principales. Pour une étude plus complète qui sortirait du cadre qui nous a été tracé, on s'adressera aux périodiques spéciaux et aux Comptes rendus des Sociétés Röntgen. Après ces idées générales exposées nous ne décrirons avec quelques détails que les actions pathogènes des rayons X les plus communément observées, c'est-à-dire les radiodermites.

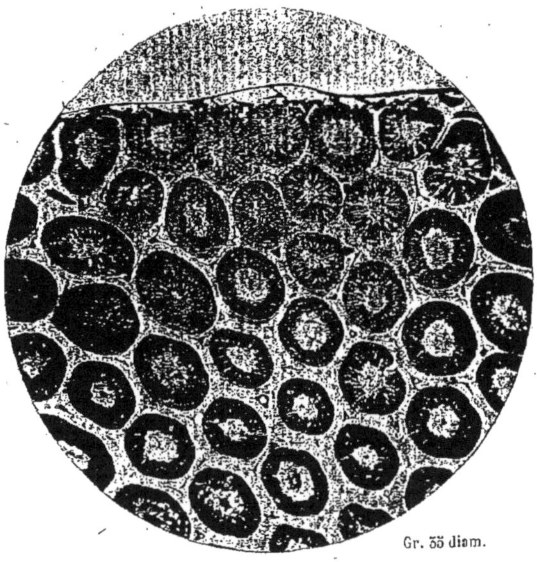

Fig. 1. — Testicule non exposé (adulte).
Les tubes sont normalement gros et féconds, même ceux qui sont situés immédiatement au-dessous de l'enveloppe fibreuse de la glande qu'on aperçoit en haut.

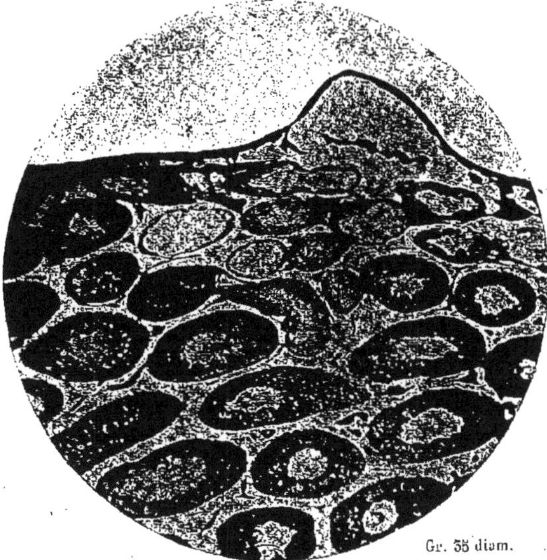

Fig. 2. — Testicule exposé : 10 minutes à 10 centimètres (1 séance), extirpé 1 mois après.
Les tubes superficiels ont leur paroi très amincie; le diamètre de plusieurs est notablement diminué. (Au fort grossissement, certains sont aspermatogènes). Les tubes profonds sont normaux. (La saillie de la capsule fibreuse est artificielle.)

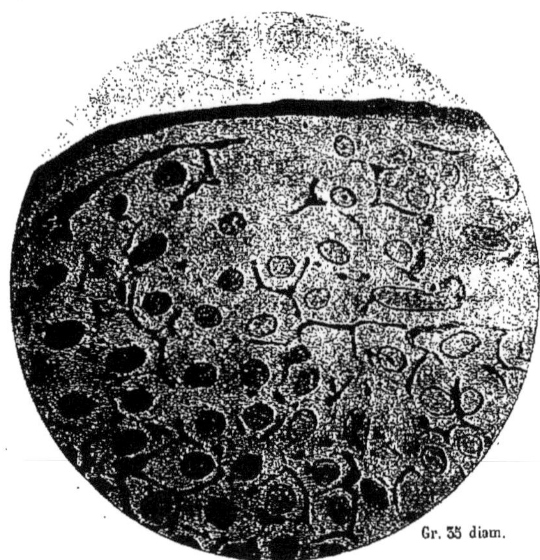

Fig. 3. — Testicule exposé : 25 minutes à 15 centimètres (5 séances, 1 par semaine), extirpé un mois et demi après.

Mince couche de liquéfaction sous l'enveloppe fibreuse (diminuée par suite de la section à l'état frais). Tous les tubes ont leur paroi amincie et leur diamètre diminué. (Au fort grossissement, on voit que plusieurs contiennent des cellules de la lignée séminale, ce qui peut se deviner à la rigueur sur l'image ci-contre). Remarquer : l'aspect général qui est celui d'un testicule sénile ; l'écartement des tubes ; l'épanchement liquide entre les tubes ; l'augmentation du tissu interstitiel.

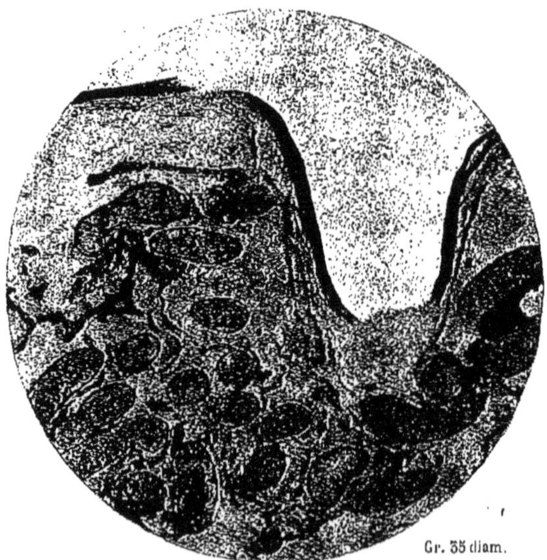

Fig. 4. — Testicule exposé 35 minutes à 15 centimètres (11 séances, 3 par semaine) extirpé un mois et demi après.

Couche épaisse de liquéfaction sous l'enveloppe fibreuse (dont un pli exagéré par suite de la section avant fixation, est brisé artificiellement). Tous les tubes sont diminués de volume : leur lumière est irrégulière, multiple ou absente (Au fort grossissement, aspermatogénèse de tous les tubes). Remarquer : l'écartement des tubes ; l'épanchement liquide qui les sépare ; l'augmentation du tissu interstitiel ; le plissement déjà assez accentué de l'enveloppe des tubes.

Gr. 35 diam.

Fig. 5. — Testicule exposé : 120 minutes à 10 centimètres (8 séances, 3 par semaine), extirpé un mois après.

Les tubes sont réduits à de petites masses pleines, à membrane plissée. (Au fort grossissement, l'aspermatogénèse est complète). La résorption du liquide dû à la fonte des tubes superficiels est achevée. Remarquer : l'espacement des tubes; plusieurs trous dus chacun à la disparition d'un tube; le développement du tissu interstitiel dessinant les cadres polygonaux.

Gr. 450 diam.

Fig. 6. — Tube transformé en bourgeon plein.

Un syncytium, d'aspect plus filamenteux, plus enchevêtré que le précédent, remplit la cavité du tube. Tous les noyaux appartiennent au type sertolien; ils sont irréguliers, anguleux et « enfumés » par les colorants.

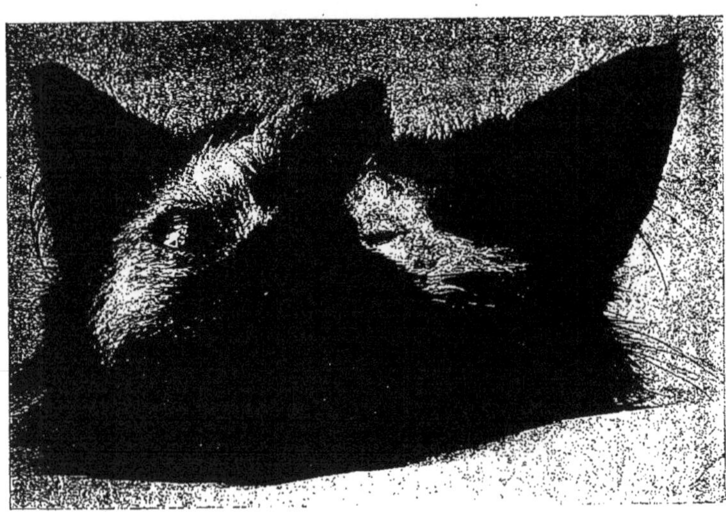

Fig. 7. — Photographie d'une tête de chat à l'âge de quatre mois.

O. G. — Irradié le 39e jour, un mois après l'ouverture des paupières (60 minutes en deux séances; intensité = O mA. 5; distance = 10 cm. : rayons n° 6). Les poils, tombés après radiodermite ulcéreuse qui a provoqué l'occlusion intermittente de la fente palpébrale, n'ont repoussé, blancs, qu'à la périphérie. La zone glabre est dépigmentée. Membrane clignotante sans pigment. Atrésie considérable de la fente palpébrale.

O. D. — Irradié le 69e jour, deux mois après l'ouverture des paupières (60 minutes en deux séances; intensité = I mA. 2 à I mA. 5; distance = 10 cm.: teinte n° 5 Bordier à chaque séance). Les poils tombés après radiodermite non ulcéreuse, ont repoussé partout, blancs, sur un tégument hyperpigmenté. La membrane clignotante possède sa pigmentation normale. Pas d'atrésie palpébrale.

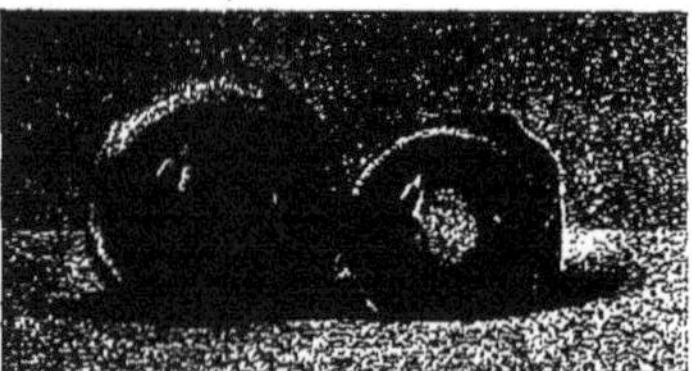

Fig. 8. — Photographie des globes oculaires du chat de la fig. 7; grandeur nature.

O. G. — Cataracte complète (Début le 38e jour). Microphtalmie. Pupille légèrement rétrécie. Pas d'iritis.

O. D. — Pas de cataracte. Pas de microphtalmie. Pupille et iris normaux.

LES RADIODERMITES

Lorsqu'un sujet a été soumis à des radiations de rayons X, on observe des phénomènes variables, suivant la quantité de rayonnement absorbée en une ou plusieurs fois, et suivant le nombre et la fréquence des expositions. Ces phénomènes présentent même certaines différences suivant les individus, les régions du corps et les qualités, c'est-à-dire l'homogénéité et le degré de pénétration des faisceaux de rayons Röntgen.

Pour la description, on peut considérer d'une part les phénomènes que l'on observe après une ou plusieurs expositions relativement fortes, faites à des intervalles suffisamment rapprochés, et d'autre part ceux que l'on observe après un grand nombre d'expositions faibles. Sur les téguments en particulier les modifications produites sont différentes dans ces deux cas extrêmes. Il existe encore une série de modifications des téguments qui, bien que déterminées par une seule ou par un petit nombre d'expositions fortes, ont une évolution spéciale, tardive et longue, justifiant leur classification dans une catégorie intermédiaire.

Au point de vue pathogénique et clinique, on avait décrit jusqu'ici deux sortes de radiodermite chronique. Cette classification n'est pas satisfaisante. En considérant le point de vue clinique, on doit décrire :

1° Les *réactions proches*, à évolution relativement courte;

2° Les *effets lointains*, à évolution lente et parfois tardive;

3° Les *lésions chroniques*.

Les modifications histologiques qui correspondent à ces trois catégories, faites d'après l'allure clinique, présentent des différences telles que, en considérant le seul point de vue anatomo-pathologique, cette classification est également tout à fait logique.

Nous avons vu plus haut que l'absorption du rayonnement Röntgen par les cellules de l'organisme y détermine des modifications d'autant plus grandes que la quantité absorbée et la radio-sensibilité de ces cellules est plus grande. Quoique des modifications histologiques puissent être décelées déjà quelques heures après l'irradiation, ce n'est qu'après un certain temps que l'on peut, si l'exposition a été suffisante, observer macroscopiquement des phénomènes réactionnels d'une intensité qui est en rapport avec la dose absorbée par les tissus; le temps qui s'écoule entre l'exposition et le début de la réaction est le *temps de latence*, dont la durée a, d'ordinaire, une valeur inverse de la quantité de rayonnement absorbée, et varie de quelques jours à plusieurs semaines et plus.

Lorsqu'on fait l'examen histologique d'organes d'animaux soumis dans les mêmes conditions à l'action des rayons X, et sacrifiés à des temps plus ou moins éloignés de l'exposition, on observe que les modifications cellulaires sont de plus en plus nettes, jusqu'à un certain moment où le processus dégénératif s'arrête et où la réparation commence : nous avons là l'explication de la longueur de l'incubation des réactions cutanées. Les modifications cellulaires des téguments augmentent d'intensité à partir du moment où elles ont été déterminées par les rayons. Quand ces modifications *primitives* ont atteint une certaine valeur et que le trouble de fonctionnement chimique et énergétique des cellules normales est assez intense, alors *secondairement* se produit un processus inflammatoire qui est la *réaction*. Plus la quantité de rayons absorbée a été grande, plus sont rapides l'évolution et l'intensité des lésions cellulaires primaires et plus est rapide aussi l'apparition du processus inflammatoire réactionnel secondaire. Ce temps de latence permet en outre d'expliquer l'*action cumulative* d'irradiations successives : une exposition peut être trop faible pour provoquer une réaction visible des tissus, mais si d'autres semblables sont répétées à des intervalles assez courts pour que la réparation des désordres provoqués dans les éléments cellulaires ne soit pas complète, leurs effets s'ajoutent, et il peut en résulter des modifications des tissus allant jusqu'à la destruction : le résultat final est le même que si une seule exposition forte eût été faite. D'ailleurs, aucun élément cellulaire ne s'accoutume à l'action des rayons X; bien au contraire : un tissu irradié une première fois reste longtemps, sinon toujours, plus ou moins sensibilisé à l'égard des rayons. (Anaphylaxie physique (?).)

Réactions précoces. — Après des expositions aux rayons X on observe parfois des phénomènes réactionnels qui, par le moment où ils se produisent (moment qui est assez proche de l'irradiation puisqu'ils la suivent souvent à moins de quelques heures) par leur nature et par leur intensité semblent parfois anormaux et disproportionnés à la dose appliquée : ce sont les *réactions précoces*.

L'une d'elles, l'*érythème précoce*, a été observée assez fréquemment : une ou quelques heures après l'application d'une dose faible (3 H) toute la zone irradiée devient rouge, le patient ressent en ces points une douleur de brûlure légère, un accroissement de la sensibilité au contact : le maximum de la réaction est atteint au bout de quelques heures (6 à 24); la rougeur diminue le deuxième jour, pour disparaître bientôt sans laisser de trace, ou n'être suivie que d'une très légère pigmentation, alors que la réaction Röntgen normale ne se produit que plus tard, avec une intensité nullement en rapport avec la rapidité de production et l'intensité de la réaction précoce. Ce phénomène a été observé et décrit avec quelques variantes par de nombreux auteurs : Oudin (1902), Barjon, Nogier, Béclère, Köhler, Schmidt, Wetterer, Lévy-Dorn.

En dehors de l'érythème, il est d'autres manifestations précoces de l'action des rayons X [1]. Pour la description, nous les classerons sous trois groupes :

[1] Voir sur le sujet : BERGONIÉ et SPÉDER. Sur quelques formes de réactions précoces après des irradiations Röntgen. *Arch. d'Electr. Méd.*, n° 306, p. 241.

1° Les réactions précoces superficielles;
2° Les réactions précoces profondes;
3° Les réactions précoces générales.

1° ***Réactions précoces superficielles.*** — Les *réactions précoces superficielles* correspondent en partie à la préréaction classique : les téguments de la *zone irradiée* se tuméfient légèrement, deviennent au bout de 2 ou 3 heures secs, rouges, souvent brûlants, un peu sensibles, et parfois douloureux; après 8 à 10 heures, des pellicules épidermiques apparaissent; la teinte rouge devient brune : les phénomènes sensitifs cèdent peu à peu et l'évolution est terminée en un temps variable de 5 à 12 jours.

Mais parfois, et le plus souvent, quand l'irradiation a été faite sur une partie de la face, la réaction dépasse les limites de la zone irradiée et gagne toute la *région voisine;* la tuméfaction notamment s'étend assez loin. Ces phénomènes apparaissent parfois seuls, assez souvent ils s'accompagnent de réactions profondes.

2° ***Réactions précoces profondes.*** — Par *réactions précoces profondes* nous entendons des troubles sensitifs paraissant localisés à certains territoires nerveux ou organes profonds, des troubles fonctionnels de glandes et d'organes internes, troubles se produisant tout de suite, ou quelques heures seulement après une exposition aux rayons X.

Des malades accusent de la *céphalalgie* parfois intense, les douleurs durant quelques heures. Certains sujets ont ressenti, 5 heures après une exposition d'une partie très limitée de la face, de la *névralgie* du trijumeau. Certains ont eu du *torticolis* pendant 6 à 8 heures. Enfin après des irradiations pour fibromes utérins, des malades ont présenté plusieurs fois, et pendant 8 à 12 heures, de l'*engourdissement* des membres inférieurs avec fourmillements. La sensibilité des nerfs du plexus sacré semble avoir été exagérée pour quelques heures après l'application des rayons de Röntgen.

En plus des phénomènes douloureux, nous avons noté des actions diverses sur les muqueuses et les glandes. Fréquemment les malades se plaignent de ressentir, quelques heures après, des irradiations de la face, de la *sécheresse extrême* de la bouche, du nez et de la gorge, qui disparaît dès le lendemain. Les *glandes* sous-maxillaires et parotidiennes sont souvent *tuméfiées* et douloureuses. Plusieurs malades ont eu, après des irradiations des lèvres, de la *gingivite*, avec gonflement et sensibilité des gencives, qui durait jusqu'à 8 jours. Il faut aussi noter de la difficulté à ouvrir les mâchoires, avec douleur dans les régions des masséters et de l'articulation temporo-maxillaire.

Plusieurs fois on a remarqué, après des irradiations pour fibromes utérins, de la *sensibilité de l'ovaire*, très bien constatée par les malades elles-mêmes, des *coliques*, sans diarrhée, dans la nuit suivant l'irradiation, de l'amélioration d'une constipation ordinaire. Il y a donc une action directe ou indirecte des rayons sur la muqueuse intestinale.

Encore, après des irradiations pour fibromes, des malades ont eu, pendant 10 à 12 heures, des *mictions difficiles*, avec urine peu abondante, évacuée lentement et après de longs efforts. On peut enfin considérer, comme phénomènes réactionnels précoces, les *modifications des règles*, comme durée et comme date d'apparition, leur diminution, ou plus rarement leur augmentation, après la première ou les deux premières irradiations (pour les suivantes, on ne peut dissocier l'effet de chaque séance) précédant de 1 ou 2 jours la venue des menstrues.

3° ***Réactions précoces générales.*** — Des malades accusent enfin, à la suite d'irradiations diverses, parfois légères, très souvent faites avec des rayons filtrés, sur des régions variées, de la *fatigue générale*, des fébricules (37°,9), des *frissons*, de l'*abattement* pendant 1 à 3 jours. D'autres ont de la fièvre assez forte (40°,5) avec des vomissements ou des nausées, alors que la séance a été faite 2 à 12 heures plus tôt, et qu'il ne semble pouvoir y avoir encore de résorption d'éléments cellulaires sains ou pathologiques nécrosés. La sécheresse de la bouche et de la gorge, signalée déjà comme se produisant après des irradiations de la tête et du cou, a été ressentie pendant quelque temps par des malades après chaque irradiation de l'*abdomen;* ce trouble disparaissait dès le lendemain matin. Il y a une action précoce générale, se manifestant, par des troubles généraux ou par des troubles de fonctionnement d'organes non irradiés et même éloignés du territoire exposé.

Quel est le mécanisme de cette action précoce et si variable des radiations Röntgen? Y a-t-il une susceptibilité plus ou moins grande des individus, variant suivant des conditions qui nous échappent? Nous avons observé ces réactions précoces après des applications avec des tubes très durs et très mous, avec des rayons filtrés ou non, avec des doses faibles (5 H) ou fortes (15 ou 20 H). Des malades en ont présenté une, deux ou trois fois, qui n'éprouvèrent rien après d'autres séances. Certains sujets en ont accusé après presque toutes les irradiations, d'autres n'en ont jamais eu. La question de la susceptibilité individuelle, qui ne peut, dans certaines limites, être niée, n'a donc qu'une valeur secondaire. Que valent, dès lors, toutes les explications qui ont été données de la préréaction classique : action des rayons actiniques issus de la paroi de l'ampoule ou de l'anticathode (Holzknecht, Béclère); action des rayons calorifiques (Köhler), sensibilité exagérée du système vasculaire à toutes les excitations psychiques toxiques, chimiques (Schmidt); production de choline dans les tissus irradiés (Schwartz); hypersensibilité vasculaire à l'égard de la choline (Holzknecht); tropho-névrose (Barjon et Nogier); sensibilité de la couche pigmentaire (Lévy-Dorn), etc. Plusieurs de ces explications ont été reconnues fausses, aucune n'est satisfaisante toujours.

Les modifications sécrétoires, la sécheresse de la langue, de la gorge, de la peau, les modifications de la menstruation, les troubles intestinaux (coliques), l'expulsion des vers intestinaux, sont certainement des phénomènes précoces qui pourraient s'expliquer par une action directe des rayons sur des tissus comprenant des cellules en karyokinèse très active et, par cela même, très sensibles aux radiations. Les observations de Reifferscheid sur l'action des rayons X sur l'ovaire semblent les confirmer : cet auteur a en effet constaté qu'après des applications de doses même faibles, il y avait déjà, au bout de trois heures, des modifications histologiques appréciables de cette glande : il est dès lors logique d'admettre que des modifications fonctionnelles assez grandes peuvent être provoquées dans les mêmes temps. De même pour les grandes variations de la formule hématologique après des irradiations d'organes divers (rate, foie, ganglions, etc.).

Restent les autres symptômes : rougeur, chaleur et tuméfaction des téguments, puis les céphalalgies, névralgies, engourdissements, torticolis, mictions difficiles, anurie, etc., d'une part; la sensibilité de l'ovaire après les irradiations, les phénomènes sensitifs sur les trajets nerveux (nerfs lombaires, sacrés, faciaux, intercostaux, etc.) d'autre part, et enfin les troubles généraux.

Devons-nous les considérer comme le résultat d'actes réflexes ou comme le résultat de modifications directes du sang, des vaisseaux ou des nerfs?

Quoi qu'il en soit, ces diverses réactions peuvent être la seule manifestation qui succède à certaines irradiations et elles ne permettent pas de prévoir quelle sera la nature de l'intensité des réactions ultérieures, dont elles diffèrent en tous points.

Réactions proches. — Lorsque les téguments ont reçu une dose de rayons X suffisante, en dehors des réactions précoces qui sont légères et ont passé longtemps inaperçues, on observe, avons-nous dit, toute une série de phénomènes réactionnels, dont l'apparition, le développement et la réparation se font de façon presque semblable dans tous les cas. Ce sont ceux-là que nous allons décrire : nous verrons ensuite à quelles modifications histologiques ils correspondent.

La première manifestation qui succède à des irradiations faibles faites sur la peau normale est *l'érythème*. Cet érythème peut, suivant la dose, être très peu marqué et n'être pas même perçu par des personnes non prévenues. A son degré le plus faible, on peut observer une très légère coloration brunâtre des tissus directement exposés aux rayons, et visible seulement à jour frisant et avec un éclairage peu intense. Cette coloration de la peau apparaît après un temps de latence de 15 à 25 jours et ne doit pas être confondue avec l'érythème précoce auquel elle succède parfois. En peu de jours la teinte devient plus sombre ; la peau, d'abord sèche, se couvre de petites pellicules, et en une ou deux semaines toute trace de l'irradiation a disparu. Au niveau des régions du corps où les poils ont une croissance assez rapide (cuir chevelu, face), on peut en même temps observer de la chute des poils qui débute dès le 15e jour et peut durer pendant deux semaines environ. Cette chute des poils est due à ce que les cellules de la papille ont une radio-sensibilité beaucoup plus grande que celles des autres parties de la peau (couche de Malpighi) et qu'elles entrent en dégénérescence après l'absorption d'une dose de rayons insuffisante pour déterminer des modifications notables des autres tissus. Cette sensibilité des poils est d'ailleurs différente suivant les régions; en particulier les duvets et les poils à croissance lente peuvent résister à des applications de doses suffisantes pour provoquer une inflammation notable de la peau. L'épilation qui succède aux irradiations faibles est toute passagère et au bout de quatre à cinq semaines la repousse commence; en trois mois la réparation est complète, la région irradiée ayant repris son aspect primitif.

Si la dose des rayons absorbés a été plus grande, dès la deuxième ou troisième semaine, le territoire exposé prend une teinte rosée, soit régulièrement répartie, soit par taches disséminées qui deviennent bientôt confluentes. La coloration s'accentue dans les jours qui suivent et en deux à quatre jours arrive à son maximum. A ce moment, si la région a été limitée par un corps opaque (plomb, caoutchouc au bismuth) les contours en sont nettement marqués. Les patients peuvent accuser une sensation de chaleur avec un peu de tension des téguments, qui sont parfois légèrement tuméfiés. Peu à peu les poils tombent et, suivant les régions, en cinq à huit jours l'épilation est complète ou incomplète; très rarement on observe la chute des duvets. Après avoir atteint son maximum d'intensité, la rougeur prend une teinte brunâtre plus ou moins forte, suivant les individus et indépendamment de la plus ou moins grande pigmentation normale de la peau ou des poils du sujet. Huit à quinze jours environ après le début de la rougeur, la coloration diminue, la peau se pelliculise et en trois ou quatre semaines tout rentre dans l'ordre, aucune trace de l'irradiation ne subsistant, sauf s'il se produit de la pigmentation secondaire, comme nous le verrons plus loin.

La réaction peut être plus forte : la coloration, d'abord rose, puis rouge, peut atteindre une teinte brune; la sensibilité de la région est accrue, les malades y éprouvent des démangeaisons plus ou moins intenses; la peau est légèrement tuméfiée; la période d'état, plus longue, peut atteindre 20 à 25 jours. Ce n'est que 35 à 40 jours après la séance que disparaissent ces différents symptômes; seules persistent une pigmentation de la peau qui peut durer quelques mois et une épilation non définitive, la plupart des poils repoussant dans la suite.

Après une irradiation plus forte, au bout de huit à dix jours, l'érythème commence, mais au lieu de garder une teinte rose pendant quelques jours, la teinte devient, en un ou deux jours, bleuâtre et violacée; le prurit est de suite assez marqué; les tissus hyperémiés se recouvrent de petites vésicules disséminées d'abord, bientôt plus ou moins confluentes; la tuméfaction des tissus augmente; le contenu des vésicules, qui d'abord est séreux, devient jaunâtre, louche, puis purulent; les vésicules crèvent et laissent l'épiderme à nu, les espaces intervésiculaires se dépouillant peu à peu de leur couche cornée. Cependant le prurit est devenu plus intense et fait place à une sensation de brûlure assez forte pour empêcher le sommeil; tous les poils sont naturellement frappés de dégénérescence, quelques-uns restant fixés par les croûtelles qui se forment; le liquide de suintement, d'abord abondant, se dessèche à la surface de la région et forme une croûte dont l'épaisseur augmente et peut atteindre un demi-centimètre. Sous cette croûte, l'épidermisation s'effectue ensuite à partir de la périphérie et des îlots intervésiculaires et, au bout de deux à quatre semaines, le territoire irradié est recouvert d'un épiderme jeune qui peut reprendre l'aspect de la peau normale. Il en différera cependant par sa sécheresse et son aspect luisant dus à la destruction définitive des glandes sébacées et sudoripares. Le plus souvent, le pourtour de la région ainsi lésée est marqué par une teinte brunâtre de pigmentation de la peau et qui, très intense vers le centre, va en se dégradant vers la périphérie.

La réaction peut être moins vive et ne pas dépasser la formation des vésicules qui ne crèvent pas, se dessèchent sur place sans qu'il y ait d'ulcération. Elle peut au contraire être plus marquée, les vésicules devenir confluentes, toute la région s'excorier et la réparation être beaucoup plus lente à se faire. Le derme est à nu, le territoire irradié est rouge vif, humide, suintant, les sensations de brûlures sont intenses, les douleurs s'irradient au voisinage et il faut parfois deux et trois mois pour que l'épidermisation soit complète. Les traces de la radiodermite subsistent alors indéfiniment, avec ses contours irréguliers sinueux, *géographiques* (Oudin) et la coloration blanche de la cicatrice, marbrée de taches pigmentées et de dilatations vasculaires (télangiectasies). Naturellement, l'épilation est définitive; il ne subsiste ni glandes sébacées, ni glandes sudoripares, la peau nouvelle est atrophiée, fine, adhérente aux plans sous-jacents. Parfois des nécroses secondaires se produisent tardivement, ainsi que nous le verrons plus loin.

Anatomie pathologique. — Aux réactions macroscopiques, dont nous venons de retracer rapidement le tableau, correspondent des modifications des tissus typiques retrouvées par la plupart des auteurs qui ont fait l'étude histologique des téguments irradiés.

Très rapidement, quelques heures parfois après l'irradiation, quand la dose a été suffisante et alors que l'on n'observe macroscopiquement aucune modification, on peut microscopiquement trouver des lésions cellulaires notables. 24 heures après l'irradiation, Scholtz a observé que le protoplasma des cellules de la couche génératrice de l'épiderme se colorait d'une façon plus diffuse et plus intense que normalement, les contours en sont moins nets.

Quelques jours après, alors qu'aucune réaction n'est visible, on trouve sous le microscope les lésions suivantes : la couche cornée se détache, les cellules du substratum granulosum ont disparu en partie, les cellules de la couche basale présentent des modifications plus notables : des vacuoles apparaissent dans leur protoplasma, qui se colore uniformément, alors que le noyau est plus visible. La chromatine est en petits grumeaux, les noyaux sont tuméfiés, ont des contours irréguliers et présentent des vacuoles. Certaines cellules ont deux ou trois noyaux en division amitosique. Les lésions sont surtout nettes au voisinage de la couche cornée : les cellules de la racine et des follicules des poils sont modifiées; le chorium est œdématié; les travées conjonctives homogènes sont légèrement tuméfiées; les fibres conjonctives sont normales, ainsi que les petits vaisseaux. Les cellules conjonctives présentent moins de modifications que celles de l'épiderme, mais sont tuméfiées et parfois déformées; les cellules des glandes sudoripares sont légèrement dégénérées; les cellules de la tunique interne des gros vaisseaux enfin, sont dégénérées, ainsi qu'une partie des cellules de la tunique interne.

Au début de la réaction érythémateuse, le chorium est infiltré de globules blancs mono ou polynucléaires, et surtout au voisinage des vaisseaux; les petits vaisseaux des corps papillaires sont légèrement dilatés, A la période d'état de l'érythème, les modifications cellulaires sont plus intenses, mais on trouve surtout un grand nombre de leucocytes disséminés entre, et même dans les cellules dégénérées de l'épiderme. Aux points où existent des vésicules, les cellules de la couche de Malpighi sont soulevées et détachées en même temps que le réseau du corps muqueux; la tunique interne et moyenne des gros vaisseaux a ses cellules tuméfiées et les noyaux, se colorant mal, sont souvent en division mitosique; des vacuoles sont observées dans les noyaux et le protoplasma. Les cellules de la tunique interne des petits vaisseaux présentent les mêmes modifications et font saillie dans la lumière du vaisseau; les cellules des glandes sudoripares sont atteintes de dégénérescence et sont vacuolisées; les lymphatiques sont farcis de leucocytes; les racines des poils sont également modifiées profondément et entourées de leucocytes.

Ces modifications histologiques sont bien conformes à la loi de Bergonié et Tribondeau. Elles consistent (Scholtz) surtout, et parfois uniquement, en lésions des éléments cellulaires de la peau, éléments qui entrent en dégénérescence dès que l'absorption de rayons X a été suffisante. Le tissu conjonctif élastique, musculaire ou cartilagineux, est peu ou pas modifié et ce n'est que secondairement qu'il est altéré, par suite de dégénérescence des cellules et des phénomènes réactionnels inflammatoires. De tous les éléments cellulaires de l'épiderme, ce sont surtout les cellules de la couche génératrice de Malpighi, dont l'activité reproductrice est intense, qui sont les plus sensibles, puis viennent celles des glandes, des vaisseaux et du tissu conjonctif.

Dès que cette dégénérescence des éléments cellulaires a atteint un certain degré, apparaissent les phénomènes réactionnels inflammatoires, caractérisés par une forte dilatation des vaisseaux, la disposition marginale des leucocytes et la diapédèse abondante des globules blancs. Si les dégénérescences cellulaires sont plus notables, les leucocytes abondent dans le magma des cellules dégénérées et en hâtent la destruction complète.

Effets lointains. — Les lésions provoquées par les rayons peuvent atteindre une gravité plus grande que la vésiculation et l'exulcération superficielle, si la dose absorbée par les tissus a été très intense. En supposant que la dose ait été appliquée en une seule séance, 2 à 8 jours après, parfois 10 à 12 jours, apparaît un érythème rouge, violacé, avec des placards bleuâtres disséminés. L'évolution des lésions est tout d'abord semblable à celle que nous avons décrite en dernier lieu : des vésicules se forment, deviennent confluentes, crèvent, et tout le territoire irradié est dépouillé de son épiderme, le derme est à nu, le fond d'ulcération étant rouge intense, humide et suintant. C'est alors que commence un stade nouveau d'évolution des lésions qui, par son allure clinique, par les modifications histologiques auxquelles il correspond, par sa longue durée, est très différent des réactions que nous avons décrites jusqu'ici et justifie sa classification en une deuxième catégorie spéciale : c'est le stade d'*escarrification*, celui décrit comme *réaction du 4e degré*, et plus connu sous le nom d'*ulcère de Röntgen*. Il peut être observé à la suite d'une première irradiation intense, mais peut également, comme nous le verrons, apparaître tardivement. Considérons d'abord le cas où il succède immédiatement à la période d'exulcération superficielle.

L'exulcération superficielle, d'abord de coloration rose ou rougeâtre, au lieu de s'épidermiser à partir de la périphérie et des îlots restés intacts, se recouvre par places de dépôts jaunes, grisâtres, adhérents, à l'allure de fausses membranes, qui bientôt forment une sorte d'enduit sur toute sa surface. Ces fausses membranes peuvent n'apparaître parfois qu'après un certain temps pendant lequel l'exulcération primitive a paru devoir se cicatriser et lorsque seules subsistaient quelques parties excoriées. Les bords de la plaie, qui d'abord descendaient en pente douce et étaient limités vers le centre par un liséré d'épithélium de nouvelle formation, s'épaississent, deviennent abrupts. La base de l'ulcération s'indure, ses dimensions augmentent. Les douleurs ressenties par les patients sont très intenses, insupportables : sensation de brûlure, de pincement, douleurs lancinantes, revenant par accès nombreux et non localisées à la plaie, mais s'irradiant au loin et troublant l'état général par l'insomnie et l'anorexie.

L'*ulcère Röntgen* se constitue. Les dépôts jaunâtres, parfois brun violacé, semblent disparaître en certains points de l'ulcère, enlevés avec le pansement imbibé par une sécrétion très abondante. Mais un nouvel enduit se reforme bientôt; l'ulcère gagne en profondeur par sphacèle des tissus; le fond irrégulier est parcouru par des travées jaunâtres, restes de fibres conjonctives et élastiques, plus difficilement éliminées. Parfois il y a une apparence d'amélioration, mais au bout de quelques jours, de quelques semaines, de nouveaux points de sphacèle apparaissent, et l'ulcère persiste, sans aucune tendance à la réparation. Si l'exulcération primitive s'était en partie cicatrisée, au niveau du tissu cicatriciel on peut voir se former des points rouges vineux, semblables à certains nœvi ponctués; leur surface augmente légèrement; ils prennent une teinte noirâtre et ce sont là de nouveaux foyers de nécrose, annonce de nouveaux ulcères, qui se réunissent au premier ou évoluent isolément.

Après des mois et des mois, le bord devient moins abrupt et épais, l'induration basale diminue, les crises de douleurs moins fréquentes, mais cependant encore assez intenses, perdent de leur acuité; un liséré épidermique très fin gagne peu à peu vers le centre de l'ulcère et la cicatrisation commence. Lente et se faisant par à-coups, elle laisse parfois, pendant un très long temps, une surface dénudée qui, se fermant enfin, peut cependant, même après des mois et des années, se rouvrir à nouveau. D'ailleurs, sous l'effet d'un traumatisme quelconque, un ulcère type peut réapparaître sur le territoire d'un ulcère guéri.

La cicatrice de l'ulcère Röntgen est blanche nacrée, limitée à sa périphérie par une zone brune qui va se dégradant vers la peau restée intacte. On observe souvent à son niveau de la télangiectasie disséminée en placards, ou confluente comme un angiome. Cette cicatrice adhérente aux tissus profonds peut se rétracter secondairement, et par cela même gêner les mouvements, et même dans certains cas, immobiliser complètement une articulation.

L'ulcère de Röntgen peut également apparaître longtemps après des irradiations répétées qui avaient causé de l'exulcération superficielle, cicatrisée assez rapidement, paraissant complètement guérie. C'est ainsi que Oudin a réuni un certain nombre de cas où, sept ou huit mois, un an et plus, après des séances, des ulcères se sont développés, alors que dans l'intervalle la réparation semblait devoir être définitive. Dans ces cas, le plus souvent, un traumatisme quelconque, choc, opération chirurgicale, brûlure, etc., a déclanché le nouveau processus.

L'ulcère Röntgen peut enfin se développer (ainsi que Spéder en a décrit quelques observations prises dans mon service) longtemps (sept à dix mois) après un nombre restreint d'irradiations avec des rayons durs, filtrés, qui jamais n'avaient provoqué d'autre réaction que l'érythème.

L'évolution dans les divers cas est tout à fait comparable : début tardif, période de développement et d'état très longue, réparation lente et qui, parfois, reste incomplète. La gravité de l'ulcère dépend de son étendue, de sa situation au niveau de régions plus ou moins bien nourries, et aussi de la profondeur du sphacèle, qui peut non seulement comprendre le derme, mais aussi les muscles et même les os. L'état général des sujets a, de plus, une certaine importance, et la réparation se fait plus rapidement chez les individus jeunes et en bon état de santé.

L'ulcère Röntgen est la plus grave des actions pathogènes des rayons X, succédant soit à une seule ou à quelques irradiations fortes, soit à un grand nombre d'irradiations faibles, soit, dans quelques cas, à un petit nombre d'irradiations filtrées. Il est d'autres effets lointains et que nous n'avons fait que signaler rapidement : ce sont la *pigmentation*, l'*épilation*, l'*atrophie de la peau*, les *télangiectasies* et la *sclérose profonde des tissus*. Cette dernière s'observe surtout après des traitements avec des rayons durs et filtrés.

La *pigmentation de la peau* peut s'observer aussi bien après des irradiations faibles n'ayant causé qu'un érythème très peu intense, qu'après des irradiations très intenses ayant déterminé des lésions graves comme l'ulcère.

Elle est, soit répartie également sur tout le territoire irradié (après la réaction de l'érythème), soit disséminée en taches plus ou moins intensivement colorées (après la vésiculation ou l'exulcération superficielle), soit en liséré (ancien ulcère cicatrisé). Elle apparaît le plus souvent quelque temps après la réaction proche, qu'elle peut cependant suivre immédiatement. C'est ainsi que lorsque la période érythémateuse est terminée, il peut rester une légère teinte brune de la peau, teinte qui va s'accentuant pendant quelques semaines et peut ne disparaître qu'après des mois, subsistant parfois indéfiniment. Tous les sujets ne semblent pas avoir une égale tendance à faire de la pigmentation. La richesse de la peau et de ses annexes (poils) en pigment n'a pas grande importance, et chez les sujets blonds, la peau reste parfois colorée, alors que chez tel autre brun aucune irradiation d'intensité presque identiqne ne laisse de trace durable.

La pigmentation vraie ne doit pas être confondue avec la coloration brune de la peau qui, chez certains individus, remplace l'érythème et s'observe au moment où ce dernier eût été observé : cette fausse pigmentation est, comme l'ont montré Kienböck et Gassmann, due non à du pigment, mais à des dépôts de cristaux d'hémosidérine dans les cellules de l'épiderme, cristaux qui se résorbent rapidement, alors que les dépôts de pigment persistent très longtemps. L'*épilation* définitive s'observe, soit après des réactions érythémateuses faibles et répétées, soit quand la peau a présenté de la vésiculation, et à plus forte raison de l'exulcération : elle est due à ce que la papille du poil a été frappée de dégénérescence. Nous avons vu plus haut que, même après des irradiations assez faibles pour ne provoquer aucune réaction visible, on observait de la chute des poils. C'est que, toujours conformément à la loi de Bergonié et Tribondeau, les cellules de la papille des poils et surtout de ceux à développement rapide (barbe, cheveux, gros poils) ont une activité reproductrice très intense. Les duvets sont moins sensibles à l'action des rayons et résistent plus longtemps aux irradiations car leurs cellules de la papille sont bien moins actives. La radio-sensibilité est pour les gros poils légèrement plus grande que celle de la couche de Malpighi. C'est d'ailleurs cette propriété qui est utilisée dans le traitement de l'hypertrichose par la radiothérapie. Alors que les modifications des cellules de l'épiderme sont encore peu intenses, les cellules de la papille du poil entrent déjà en dégénérescence. D'abord les contours en sont flous, le protoplasma prend une apparence homogène, des vacuoles y apparaissent, le noyau a un aspect nuageux. Ces lésions correspondent au stade de la chute des poils. A un degré de plus, le protoplasma et le noyau ne peuvent plus se distinguer l'un de l'autre. On trouve tous les signes de réaction inflammatoire avec la dilatation des vaisseaux, la diapédèse abondante des globules blancs, etc. Si les lésions ont atteint ce degré, la régénération des poils n'est plus possible; la papille n'existe plus, elle s'oblitère et disparaît.

De même que les cellules de la racine du poil, les cellules des glandes *sébacées* et *sudoripares* sont très sensibles aux irradiations et entrent précocement en dégénérescence; c'est ce qui permet le traitement de l'hyperhydrose et de la séborrhée par la radiothérapie. Elles prolifèrent d'abord puis tombent dans le canal glandulaire qu'elles obstruent. Sous l'effet d'une dose plus forte de rayons, elles se vacuolisent, fondent en quelque sorte, puis disparaissent, résorbées par des leucocytes. Stein et Halberstädter ont observé la disparition des granulations graisseuses des cellules des glandes sébacées, alors qu'il n'existait aucun signe visible d'inflammation : il y aurait donc des modifications fonctionnelles avant les modifications organiques.

L'*atrophie de la peau* s'observe le plus souvent sur des territoires cutanés ayant présenté de la vésiculation, de l'exulcération, et mieux encore de l'ulcération profonde. On peut cependant l'observer après de nombreuses irradiations faibles, ou quand on a produit plusieurs réactions n'ayant pas dépassé l'érythème. Suivant de près la guérison des lésions dans les premiers cas, elle peut être assez tardive dans le second et Wetterer dit avoir observé son apparition, presque un an après les applications.

A son degré le plus faible, l'atrophie cutanée se traduit par un aspect fripé de la peau, qui semble avoir perdu son élasticité normale. Sillonnée de mille plis, elle est légèrement décolorée, et surtout chez les sujets à peau brune, cette décoloration est assez visible par contraste. Si l'atrophie est plus prononcée, la peau est pâle ou même blanc nacré; son aspect est luisant, elle est sèche (destruction des glandes sudoripares et sébacées). Peu épaisse, elle est difficilement pincée; à un degré extrême d'atrophie, elle est adhérente aux tissus sous-jacents, avec lesquels elle fait corps. L'atrophie cutanée s'accompagne alors de sclérose profonde.

Lorsque la peau présente ces modifications atrophiques, même à leur plus faible degré, on observe en même temps à sa surface des taches rosées, vineuses, disséminées, plus ou moins nombreuses *télangiectasies*. Parfois même, lorsque les lésions primitives ont été assez intenses, se développent de véritables lacs sanguins, comparables à des angiomes plans, non pulsatiles : c'est ce que l'on appelle des *télangiectasies*, dues à la dilatation de capillaires préexistants, soit par suite de l'obstacle opposé à la circulation de retour par la sclérose des parties profondes de la peau, soit par un processus d'endophlébite oblitérante. Ces télangiectasies peuvent apparaître quelques mois (irradiations fortes) ou même un ou deux ans après les irradiations faibles répétées. Ces télangiectasies dont on ne peut prévoir, à coup sûr, le développement, sont, avec l'atrophie de la peau, des effets tardifs des irradiations qui limitent dans certains cas (épilation) l'emploi de la radiothérapie.

Des *modifications profondes des téguments*, à évolution lente et tardive, peuvent être observées après des traitements très longs, au cours desquels le plus souvent on a observé des réactions fortes. Quelques mois après le traitement, la peau devient lisse, sèche, brillante, mais ce qui est surtout caractéristique, c'est son épaississement, son induration; on ne peut plus la pincer, ni la faire glisser sur le tissu celluleux sous-cutané ; elle fait corps avec le derme et le pannicule adipeux sous-jacent. Elle présente une apparence de peau d'orange, avec un pointillé caractéristique de la tension des tractus fibreux qui la relient au derme. Les malades n'ont aucune sensation douloureuse, et c'est tout au plus s'ils accusent une légère sensation de rigidité au niveau du gâteau d'induration. Parfois aussi ils ont un peu de démangeaison superficielle, qui doit être attribuée à l'atrophie de la peau, devenue sèche et moins élastique. Cet aspect ne se retrouve pas également pour toutes les parties du corps, et s'observe surtout là où le pannicule adipeux est épais, et où la circulation est moins intense. On ne l'observe que rarement au visage, au cou, à la partie supérieure du thorax, etc., mais assez souvent au niveau de l'abdomen. Peu à peu, si aucune irradiation nouvelle n'est faite, l'induration et la tension diminuent (1), la peau reprend plus de souplesse et il ne subsiste plus que de l'atrophie superficielle avec des télangiectasies plus ou moins développées et de la pigmentation en placards ou en taches isolées.

On peut observer, comme nous le verrons plus loin, ces troubles trophiques profonds, après un nombre restreint d'applications de rayons durs filtrés, alors que jamais les réactions primaires n'avaient été au delà de l'érythème.

Les troubles trophiques peuvent enfin dépasser (2) le stade que nous venons de décrire, et au lieu d'évoluer vers la régression, ils peuvent s'accentuer et arriver peu à peu à une *mortification* plus ou moins étendue des tissus, donnant naissance à un véritable *ulcère Röntgen*, qui apparaît six et dix mois après les dernières irradiations, alors que rien dans l'intervalle ne permettait de prévoir cette évolution fâcheuse. Observée seulement après des irradiations avec des rayons durs et filtrés sur des régions en état de trophicité préalable très mauvais, elle s'explique, comme nous allons le voir, par les différences d'absorption de rayons dans les couches plus on moins profondes, lorsque les radiations employées sont de grande pénétration et débarrassées de la fraction qui en eût été absorbée par les plans tout superficiels de la peau.

(1) Chez une de nos malades dont la paroi abdominale présentait une induration en gâteau très étendue et très profonde, faisant craindre la mortification des tissus, nous avons constaté une amélioration considérable de ces troubles trophiques, à la suite de massages énergiques pratiqués pour une tout autre raison au cours d'une saison à Vichy. La paroi abdominale a repris sa souplesse, le gâteau d'induration a disparu, et seule subsiste actuellement de l'atrophie de la peau.

(2) Spéder. Les effets immédiats et lointains des irradiations avec la filtration. *Arch. d'Electr. Méd.*, n° 327, 10 février 1912, p. 112.

La pratique de la filtration et l'emploi de radiations pénétrantes ayant pris une importance très grande en radiothérapie, il nous paraît nécessaire d'insister ici sur la pathogénie de certains effets tardifs, que l'on peut observer après leur emploi. Nous avons vu plus haut que l'on a observé de la sclérose profonde des tissus, et même des ulcères types, se développant des mois (six à dix), après des expositions faites avec des rayons durs et filtrés, alors que jamais une réaction superficielle intense n'a été produite. Jusqu'à ces derniers temps, des troubles trophiques aussi profonds à évolution tardive n'ont été que bien rarement observés, mais la rareté de ces troubles trophiques graves s'explique : 1° Par le peu de temps depuis lequel on utilise couramment les rayons durs filtrés; 2° par les conditions de moindre résistance aux rayons des téguments que doivent remplir les individus et les régions traitées (paroi abdominale antérieure); 3° par le peu de temps depuis lequel on emploie ces radiations pour le traitement d'affections utéro-ovariennes, qui nécessite des irradiations de téguments en mauvais état de vitalité ; 4° par l'espace de temps assez long qui s'écoule entre la fin du traitement et l'apparition des mortifications.

Quelle est donc la raison pour laquelle ces mortifications sont constatées après l'emploi des rayons durs filtrés? Cette différence pourrait tenir à ce que les radiations Röntgen de diverses qualités ont des effets autres : elle est due, beaucoup plus vraisemblablement, à ce que l'absorption des radiations dures filtrées se répartit dans les couches des tissus d'une façon différente. Guilleminot, d'après les résultats de ses recherches de physiologie animale et végétale, conclut que les actions biologiques sont proportionnelles uniquement aux quantités d'énergie radiante absorbées, quelle que soit la qualité des radiations. L'interprétation des faits cliniques semble aussi prouver que les différences d'effets tiennent à ce que le rapport des absorptions des radiations dans la profondeur et à la surface est beaucoup plus grand avec les faisceaux durs filtrés qu'avec les faisceaux non filtrés.

Lorsqu'on fait une irradiation avec un faisceau non filtré, donc très complexe, les radiations molles en sont absorbées par les couches superficielles et y déterminent des modifications proportionnelles à la quantité de radiations qui y sont arrêtées. Par la filtration, nous améliorons ce faisceau : pour une même dose incidente, nous diminuons l'effet nocif pour la peau, et par là même les réactions superficielles *visibles*. C'est la raison pour laquelle les réactions proches, telles que l'érythème, sont moins vives avec la filtration et exigent l'application d'une quantité plus grande de radiations. L'érythème, phénomène réactionnel inflammatoire, qui, histologiquement, est caractérisé par une dilatation des vaisseaux superficiels avec infiltration séreuse des tissus et diapédèse abondante des globules blancs, se produit quand les éléments cellulaires de la peau sont détruits en assez grande quantité pour provoquer une réaction inflammatoire à leur voisinage. Les différences constatées dans son apparition et son évolution après les irradiations dures filtrées s'expliquent par une moindre destruction des cellules de la couche génératrice de l'épiderme.

Grâce à la filtration, la dose profonde est augmentée très notablement par rapport à la dose superficielle, aussi les effets profonds sont-ils différents comme intensité de ceux des rayons non filtrés. En particulier, les artères profondes de la peau, celles du réseau sous-dermique, semblent, d'après l'évolution des réactions, subir avec les rayons durs filtrés des modifications très importantes. Nous savons que des lésions vasculaires ont été observées dans tous les examens histologiques de tissus pris sur des territoires ayant présenté de la radiodermite. Ces lésions vasculaires ont même été considérées par plusieurs auteurs (Gassmann) comme caractéristiques des radiodermites graves ; elles consistent en une tuméfaction de l'endothélium avec thrombus remplissant par place la lumière du vaisseau, en de l'épaississement de la tunique interne et de l'endartérite allant jusqu'à l'oblitération. Cette sensibilité de la tunique interne des artères rentre d'ailleurs dans la loi générale de Bergonié et Tribondeau [1] qui régit l'action élective des rayons ; les cellules de la couche endothéliale et de la couche muqueuse sont très près du type embryonnaire, tant au point de vue morphologique qu'au point de vue fonctionnel. Avec les rayons durs filtrés, les effets sur les vaisseaux profonds de la peau prennent plus d'importance que les effets sur les cellules de la couche génératrice de l'épiderme, comme le prouvent un certain nombre de faits réactionnels précoces ou tardifs, observés après leur application.

Même lorsque la quantité de rayons durs filtrés a été assez forte pour détruire directement les tissus superficiels, la radiodermite prend une allure toute particulière, ainsi que le fait observer Clunet, à propos du cas qu'il a observé. « Cette radiodermite, dit-il, n'a pas présenté l'évolution progressive que l'on observe après l'emploi des rayons non filtrés : en vingt-quatre heures est apparue une escharre de forme arrondie, avec sillon d'élimination *en tous points comparable aux plaques de gangrène sèche par artérite chez les vieillards*. Il est probable que dans ce cas la destruction de l'épiderme n'est pas due à l'action directe des rayons sur l'épithélium, mais à une *action secondaire par l'intermédiaire d'une artérite* ».

La longueur de la période de latence observée par Nogier et Lacassagne après des applications de doses fortes sur des animaux d'expérience, ne s'explique aussi que par la longueur de l'évolution de l'artérite profonde.

L'évolution vers la sclérose, vers l'atrophie profonde des téguments, observée dans plusieurs cas, est également un signe de lésions vasculaires des couches profondes de la peau, sans que les téguments présentent ou aient présenté des modifications notables. Quelques mois parfois après les dernières applications, apparaît profondément une induration qui, peu à peu, gagne toute l'épaisseur du pannicule sous-cutané ;

(1) Voir plus haut, page 840.

ce travail de sclérose est vraisemblablement causé par des troubles de vascularisation dus à l'artérite radiothérapique. Après un certain temps, les lésions se séparent, la circulation pouvant se rétablir par des vaisseaux restés intacts et les tissus mieux nourris reprennent leur vitalité.

Les modifications vasculaires semblent enfin prouvées surtout par l'apparition d'ulcères. Le tableau clinique est en tout semblable à celui de la gangrène sénile : des fourmillements douloureux annoncent le début de la mortification ; une tache de gangrène blanche apparaît ; elle se recouvre d'un pointillé lie de vin qui devient confluent et la tache reprend une teinte noirâtre. A la périphérie de la plaque brune, une bande de gangrène blanche marque les progrès du sphacèle et s'accroît à mesure que sa partie centrale passe aux tons bruns. On retrouve, à distance du sphacèle primitif, ces plaques blanches, au moment de la formation de nouveaux foyers de mortification. Pendant toute cette période de mortification de l'escharre, les sujets accusent des douleurs violentes irradiées. La période d'élimination est très longue ; un sillon d'élimination apparaît se creuse, s'approfondit, s'élargit par diminution du sphacèle central : les douleurs irradiées persistent, moins intenses cependant. Puis la réparation se fait lentement, des bourgeons charnus recouvrent le fond de l'ulcère, les bords se resserrent peu à peu et la cicatrisation complète ne se fait que plusieurs mois après le début de la mortification. C'est bien là une évolution que seule peut expliquer une ischémie vasculaire par *endartérite oblitérante*.

Après certaines applications de rayonnements non filtrés, on retrouve d'ailleurs exactement le même processus. Il suffit, la filtration supprimant pratiquement les rayons de faible pénétration, de faire la distinction dans les réactions observées, des effets dus aux rayons mous, de ceux dus aux rayons durs.

Oudin (1), en 1902, alors que les lois de l'absorption des radiations de diverses pénétrations étaient encore imparfaitement connues, avait, à propos de l'ulcère Röntgen, très bien observé la dualité du processus. Il insiste, dans la description qu'il en donne, sur la distinction à faire entre la période d'*ulcération superficielle*, qui paraît très bénigne au début et semble même bientôt se cicatriser, et l'*escharification* « annoncée, dit-il, par des modifications apparentes, et qui semblent répondre superficiellement à un travail plus profond qui se fait parallèlement ». On peut dire aujourd'hui que la première est due à l'absorption superficielle des rayons peu pénétrants, la seconde à l'absorption profonde des radiations dures. D'ailleurs, dans notre description des effets des rayons, nous avons nettement séparé les réactions proches (exulcération superficielle) des effets lointains auxquels appartient l'ulcère.

Cette dualité observée dans l'évolution clinique correspond à des modifications histologiques constatées par maints auteurs sur des coupes

(1) Oudin, Sur les accidents dus aux rayons X (Rapport au Congrès de Berne). *Arch. d'Electr. Méd.*, 1902, p. 521.

prises sur le territoire d'anciens ulcères cicatrisés. A côté de modifications superficielles des tissus, on observe, comme nous l'avons vu, des modifications profondes consistant presque uniquement en des lésions des vaisseaux.

Enfin, à la suite de traitements très longs (durant un ou deux ans) avec des rayons non filtrés et ayant (la plupart des auteurs insistent sur ce point) déterminé de l'érythème violent, de l'exulcération, on a observé des troubles trophiques profonds, dus à des lésions vasculaires; mais pour que la quantité absorbée dans la profondeur ait été suffisante pour provoquer de l'artérite, il a fallu que la dose totale ait été très forte (au moins 10 à 15 doses normales). De plus, un irritant quelconque a presque toujours provoqué la mortification [1]. Dans les cas observés, il n'a été fait qu'un petit nombre d'applications (sept à neuf) de rayons durs filtrés, dont aucune n'avait causé de l'exulcération, et la mortification s'est produite *spontanément*. Il est important de rappeler cependant que l'état antérieur des téguments a été dans tous les cas une cause prédisposante qui a joué un grand rôle dans l'évolution des accidents.

Ainsi donc, lorsqu'on utilise dans un but thérapeutique des rayonnements X durs et filtrés, les réactions superficielles visibles n'indiquent pas dans quelles limites on peut continuer les irradiations, et il faut songer à la possibilité des lésions vasculaires qui, dans certaines conditions, peuvent être suivies de modifications graves de la trophicité des tissus. Sur les régions bien vascularisées, telles que la face, la partie supérieure du tronc, les membres, cette mortification secondaire est moins à craindre que sur les régions mal irriguées anatomiquement (paroi abdominale antérieure), ou pathologiquement (adiposité, ptoses, vergetures, œdème des membres, etc.).

Enfin, au point de vue de l'action pathogène des rayons X, il semble légitime de dire, d'après ces faits, que la sensibilité de certains éléments anatomiques des artères (tunique interne) est plus grande que celle des cellules de la couche de Malpighi. En effet, quelles que soient, dans la limite pratique, la dureté et l'homogénéité d'un faisceau de rayons X, les quantités absorbées vont toujours en diminuant avec la profondeur, donc, la dose absorbée par les cellules de la tunique interne des vaisseaux est moindre que celle absorbée par la couche de Malpighi. Or il est indéniable, de par les faits cliniques, que les modifications vasculaires s'observent alors que l'épiderme lui-même est encore intact. Il faudrait donc dans les échelles de sensibilité des tissus placer les artères ou plutôt la tunique interne de certaines artères, bien avant la couche génératrice de l'épiderme.

La radiodermite chronique. — Sous le nom de radiodermite chronique, on désigne toute une série de modifications des tissus, et

(1) Voir les réponses aux IIIe, IVe, V^e^ questions du referendum. ARCELIN. *Arch. d'Electr. Méd.*, 1911, t. II, p. 57 et les cas cités dans le rapport de OUDIN sur les *Accidents dus aux rayons X* (*loc. cit.*).

surtout de la peau, qui s'observent chez les individus exposés pendant longtemps, des mois, ou plutôt des années, à de faibles irradiations répétées. Elle a d'abord été observée chez les médecins électriciens, dont elle est, en quelque sorte, la maladie professionnelle. Mais parmi les ouvriers des fabriques de tubes à rayons X, parmi des physiciens, on a trouvé un certain nombre de cas de radiodermite chronique.

La radiodermite chronique est donc une affection qui frappe presqu'exclusivement ceux qui s'occupent de rayons X, médecins ou techniciens, tandis que les lésions étudiées jusqu'à présent sont plus souvent observées chez des individus soumis à un traitement ou à un examen par ces mêmes rayons.

Localisation de l'affection. — C'est presqu'uniquement la peau des mains, des doigts, surtout au niveau de la face dorsale, qui est atteinte de radiodermite chronique. Cette localisation s'explique par ce fait que ce sont toujours les mains qui sont le plus exposées aux rayons, durant les manipulations nécessaires aux examens ou aux applications thérapeutiques et durant la fabrication des ampoules. De plus, les mains sont, chez le technicien, souvent nues ; et les cas de radiodermite du thorax observées ne l'ont été que chez des ouvriers travaillant la poitrine découverte. Les seules manchettes, manches de vêtements arrêtent assez les rayons pour que la radiodermite ne soit pas constatée à ce niveau. Enfin, chez les médecins électriciens, l'irradiation de la peau par le contact fréquent des bains photographiques, des solutions antiseptiques, etc. est un facteur adjuvant d'une certaine importance. On sait, en effet, que ces solutions ont une action irritante suffisante pour déterminer à elles seules des lésions assez prononcées de la peau (eczéma des photographes).

Description. — Les premiers signes de modifications trophiques sont : la sécheresse de la peau, une chute *incomplète* et *permanente* des poils et une légère rougeur diffuse des téguments. Cette rougeur est due à une dilatation des capillaires et est parfois remplacée par des placards d'un rouge violacé (Unna). Les tissus peuvent être en même temps tuméfiés, œdématiés, les doigts ont une apparence boudinée qui leur donne, avec leur coloration, l'aspect de *main de cuisinière* (Oudin). Les patients éprouvent à ce stade une sensation de chaleur, de tension, ou même de prurit, dès qu'ils s'exposent, même de loin, au rayonnement émis par un tube en fonctionnement. Les ongles présentent les premiers signes de dystrophie : d'abord la striation longitudinale s'accuse, ils s'épaississent au niveau des bords, et des saillies blanches peuvent apparaître.

A un degré plus prononcé de l'affection (1) la modification caractéris-

(1) D'après Kienböck, l'épilation la sécheresse de la peau, une légère tuméfaction des tissus et une coloration rouge livide du dos de la main sont les premiers signes de dermite chronique et en sont le premier stade. Au second stade appartiennent l'atrophie de la peau, son hyperpigmentation, les télangiectasies en certains points, la dépigmentation en d'autres, les troubles de croissance de l'ongle. Au troisième stade apparaissent les hyperkératoses et les rhagades. Le quatrième stade est carac-

tique est d'épaississement de la peau. Les glandes sébacées et sudoripares étant détruites, la peau est sèche, atrophiée, les couches superficielles sont peu mobiles sur les plans sous-jacents. La surface se modifie; certains plis s'approfondissent, d'autres disparaissent; les premiers subsistent même quand on soulève la peau, et par leur peu de souplesse empêchent même la flexion complète des doigts. A ce stade, les lésions peuvent rétrograder, si l'on évite toute exposition nouvelle. Au cas contraire, on arrive à une hyperkératose diffuse, avec sensation de tension, la main semble être dans un gant trop étroit, la sensibilité tactile diminue et il en résulte une certaine maladresse (Wetterer). Les ongles deviennent cassants, la striation longitudinale est plus accusée et plus grossière; leur forme est plus bombée, la couche épidermique du lit de l'ongle s'épaissit et est la cause des irrégularités de sa surface.

Des hyperkératoses localisées apparaissent, semblables à des durillons. Leur base, souvent enflammée, les rend très sensibles à tout contact ou choc. Pouvant se développper sur le bord antérieur de l'ongle, ces hyperkératoses le soulèvent, le décollent irrégulièrement, nécessitant parfois son ablation. Enfin se produisent les rhagades, fissures douloureuses au niveau des plis des phalanges et dues à l'épaississement et au manque de souplesse de la peau. Les douleurs provoquées sont parfois très vives, elles s'exaspèrent au contact des solutions antiseptiques ou chimiques et nécessitent assez fréquemment, par leur durée et l'acuité des phénomènes douloureux, une excision large, qui elle-même se cicatrise d'ailleurs lentement. Ces fissures pouvant être le point de départ d'infections (eczéma, érysipèle, furonculose) sont une gêne continuelle. Les ongles épaissis sont soulevés par l'hypertrophie de l'épithélium; ils diminuent de surface et se transforment en une masse cornée peu résistante, informe et irrégulière, qui arrive à n'avoir plus que quelques millimètres de largeur. Le tissu conjonctif périarticulaire et le périoste sont également influencés par les irradiations. La forme des doigts se modifie, les extrémités des phalanges augmentent de volume, par prolifération du tissu conjonctif périarticulaire, tandis que l'atrophie des tissus mous à la partie moyenne des phalanges masque l'épaississement périostal de l'os. L'amplitude des mouvements articulaires diminue, les doigts deviennent de plus en plus rigides.

Les lésions peuvent encore être arrêtées dans leur évolution, malgré leur peu de tendance à la réparation, mais la trace en subsiste indéfiniment. La peau est parsemée de taches rouges, violacées (télangiectasies): des hyperkératoses plus ou moins larges la surmontent, des croûtes cornées gris sale et des cicatrices blanches nacrées la parsèment; des ulcérations apparaissent au moindre choc; les doigts sont déformés, avec des ongles bombés, épaissis, irréguliers : c'est la *main de Röntgen*. A chaque nouvelle irradiation, si faible soit-elle, une nouvelle poussée de

térisé par les excoriations chroniques et les ulcères, l'immobilisation et la nécrose des tendons, d'où la main en griffe. Enfin le cinquième stade est le « carcinome Röntgen » (Wetterer. *Handbuch der Röntgentherapie*, 1908).

douleurs rappelle au patient son séjour imprudent auprès d'une ampoule en activité, malgré toutes les précautions prises (gants, écrans, etc.). Bien heureux si une ulcération torpide ne se développe pas sur une rhagade persistante. Les douleurs deviennent alors intolérables, elles réapparaissent par accès, s'irradient tout le long des trajets nerveux, empêchent le sommeil et déterminent le patient à chercher, par une amputation du doigt ou de la main, à mettre un terme à ses souffrances.

Ces altérations peuvent à la longue subir une dégénérescence maligne, et les cas de carcinomes développés sur des ulcérations de ce genre sont malheureusement trop fréquents. Jusqu'à présent, Otto Hesse a réuni une trentaine d'observations de *carcinomes de Röntgen* dont l'évolution n'a pu toujours être arrêtée par des opérations précoces : un doigt étant amputé, une récidive se produit parfois sur la cicatrice et nécessite une seconde opération moins économique. Dans quelques cas, l'arrêt de l'affection n'a pu être obtenu que par une amputation du bras au tiers moyen. Le carcinome Röntgen, livré à lui-même, a peu de tendance à s'accroître et les métastases sont relativement rares; elles ont été observées surtout quand, par suite d'affections dyscrasiques (diabète) ou de mauvaise nutrition générale, le malade se trouvait en état de moindre résistance. Le carcinome Röntgen prend le plus souvent naissance sur les ulcères, quoique ces derniers guérissent presque toujours au début, par une excision simple. Ce qui caractérise le carcinome c'est la forme et l'apparence du bord de l'ulcération. Est-il mou, non épaissi, non induré, descend-il en pente douce vers le centre de l'ulcère? il est peu dangereux. Par contre, si le bord s'indure, s'épaissit, surplombe l'ulcération vers laquelle il tombe à pic, si sa coloration devient jaunâtre, s'il prend une consistance cartilagineuse ou cornée, s'il est peu mobile sur une base indurée, l'ulcère est vraisemblablement carcinomateux. Les douleurs ne sont d'aucune utilité pour le diagnostic différentiel entre la dermite simple, l'ulcération et le cancroïde. Elles peuvent manquer, ou être très intenses dans les trois cas. En général, dans la période d'ulcération, les douleurs sont très intenses, reviennent par accès et ne sont pas localisées, mais s'irradient le long du bras, et jusqu'à l'épaule.

Histologie. — De même que la radiodermite chronique ne se développe que dans des conditions particulières d'expositions aux rayons (expositions répétées, doses très minimes de rayons) et que l'évolution des lésions diffère complètement de celles observées après des irradiations relativement fortes et peu nombreuses, faites dans un but thérapeutique ou diagnostique, de même les modifications anatomiques observées ont un caractère spécial et elles diffèrent en beaucoup de points des lésions dont nous avons donné la description ci-dessus, à propos de la radiodermite aiguë et des effets lointains des irradiations.

L'étude histologique de la radiodermite chronique a pu malheureusement être faite de façon complète, à la suite d'opérations chirurgicales nécessitées par l'évolution de l'affection. Gassmann, Oudin, Barthélemy,

Darier, Unna, Mackarell, Otto Hesse, Dominici, etc., ont, par leurs recherches, contribué beaucoup à sa connaissance.

Dans tous les cas l'épithélium est modifié : il l'est plus ou moins, suivant les individus et les points où sont faites les coupes. Rarement la couche cornée a une structure normale ; la substance cornée y est disposée en larges masses ; son épaisseur est parfois double de l'ensemble des autres couches de l'épithélium. Des fissures en réseau s'observent en divers points. La surface de la couche cornée est, ou bien plane, aucune ondulation ne correspondant aux irrégularités de la face profonde de la peau, ou bien irrégulièrement accidentée, avec des kératoses de toutes formes. Elle se détache en placards ou en lamelles épaisses et rarement, pendant les manipulations histologiques, la couche cornée reste adhérente au reste de la préparation. En d'autres points, la couche est très mince, atrophiée, surtout là où se développe un processus prolifératif ou inflammatoire. Les cellules sont alors étroites, anucléées et peu riches en matière cornée. Le stradum lucidum n'existe pas dans la majorité des cas, l'éläidine se répartissant en partie dans les cellules du corps muqueux de Malpighi, en partie dans les cellules de la couche cornée. Le stratum granuleux est épaissi et comprend 5 à 6 rangs de cellules au lieu de 2 ou 3. Ces cellules ont des dimensions plus grandes, sont légèrement arrondies, avec un gros noyau. Le réseau du corps muqueux subit également une hypertrophie : il est formé de 10 à 12 rangées de cellules (deux fois plus que normalement). Leur ordonnancement reste normal. On trouve des lymphocytes isolés ou en groupe dans les espaces intercellulaires, en même temps souvent qu'un léger œdème séreux interstitiel. Les cellules de la couche génératrice ont également un volume plus grand ; rarement on trouve de la « dégénérescence vacuolisante », comme au cours des radiodermites aiguës ; les différents éléments prennent la coloration de façon normale et même plus intensement.

En résumé : les modifications de l'épiderme consistent surtout en une hypertrophie des différentes couches de cellules qui la composent.

Le tissu conjonctif du derme présente le plus souvent, et surtout dans ses couches profondes, une structure feutrée, presque cicatricielle, avec des cellules étroites, ramifiées, à petits noyaux. La substance intercellulaire a perdu sa structure fibrillaire. Le tissu élastique disparaît plus ou moins dans la plupart des cas, et les fibres qui subsistent sont épaissies, ratatinées. Toujours on constate des irrégularités dans la disposition normale du tissu élastique en couches successives, et les faisceaux sont toujours plus ou moins modifiés. Le tissu élastique est cependant l'un des tissus de la peau les moins sensibles aux rayons. Le tissu graisseux subit une simple atrophie. Entre les fines lamelles conjonctives qui entourent les vésicules adipeuses, sont souvent de nombreux globules blancs. Dans toutes les préparations on observe des lésions de l'appareil vasculaire, mais elles sont relativement peu marquées pour les gros vaisseaux. L'adventice présente des modifications inflammatoires peu intenses, avec diminution des fibres conjonctives. Les capillaires, par contre, sont entourés d'une zone d'infiltration. Dans la tunique moyenne, les cellules musculaires sont souvent dégénérées, avec des points d'œdème intra ou extra-cellulaires. La membrane basale sous-endothéliale est remplacée par un tissu conjonctif peu dense, souvent hyalin. L'endothélium est, soit simplement épaissi avec des cellules gonflées, cubiques, soit proliférant, et obstruant alors complètement la lumière du vaisseau. Les capillaires sont très nombreux; les uns ne sont représentés que par une double rangée de cellules cubiques semblables à celles des canalicules d'excrétion des glandes, les autres sont dilatés, avec des globules sanguins en plus ou moins grande quantité. Autour des vaisseaux on trouve, en règle générale, une infiltration très intense composée surtout de cellules rondes et, en moins grand nombre, d'autres éléments parmi lesquels surtout des éosinophiles.

Les poils, les glandes sébacées et sudoripares ont disparu, remplacés par du tissu conjonctif cicatriciel et des cellules rondes. Leur emplacement est cependant marqué par des amas de cellules moins différenciées, moins actives. Au voisinage des rhagades, les corps papillaires sont très œdématiés et farcis de plasmazellen qui borde la surface libre comme une coque. Au niveau des points où l'épiderme est hypertrophié, les prolongements interpapillaires ont des dimensions anormales, la longueur et la largeur sont accrues, les formes sont irrégulières, avec des îlots presque isolés, sans cependant que les cellules aient perdu leur forme normale. Dans la forme de transition entre la dermite chronique et l'ulcère, l'épithélium est atypique et en prolifération irrégulière. D'ailleurs, la distinction entre l'épithélium en prolifération ou en dégénérescence maligne, n'est pas toujours facile. Le carcinome Röntgen n'a pas un aspect microscopique caractéristique. Autour d'amas épithéliaux, à perle cornée centrale, le tissu conjonctif est dense, cicatriciel, Cette apparence est celle de la plupart des carcinomes et n'a rien de typique.

Comme on le voit, les lésions des tissus dans les radiodermites chroniques sont toutes différentes de celles observées après des réactions graves (ulcères Röntgen); nous ne trouvons ici aucune altération marquante d'un tissu quelconque de la peau, mais toutes les parties cellulaires ou non cellulaires en sont modifiées. A considérer le seul aspect de la préparation microscopique, on ne saurait dire si c'est un même facteur étiologique qui a provoqué les lésions de radiodermite aiguë et les lésions de radiodermite chronique. C'est que, les effets des radiations diffèrent totalement, suivant la dose absorbée par les éléments anatomiques.

Le carcinome Röntgen. — Les carcinomes qui se développent sur les territoires atteints de radiodermite chronique sont-ils provoqués directement par les rayons X ou les rayons ne font-ils que préparer le terrain sur lequel pourra se développer la tumeur maligne? Bien des théories ont été émises pour expliquer la genèse du carcinome Röntgen. Actuellement il est admis généralement que si le carcinome peut se développer dans des tissus modifiés profondément par des irradiations Röntgen, cette genèse est absolument comparable à celles des carcinomes prenant naissance sur des tissus soumis à toute autre irradiation chronique (xérodermie solaire, cancer des marins, cancer des campagnards, cancer des ramoneurs, etc.). Le cancer n'est pas provoqué directement par les rayons X dont le seul effet est de prédisposer les tissus à une évolution maligne.

Se basant sur ce fait que dans le cas de carcinome Röntgen il y avait une infiltration considérable du tissu conjonctif qui prend un aspect cicatriciel, Rebbert explique le développement du carcinome par une *pénétration lente de l'épithélium* vers l'intérieur des tissus; physiologiquement cette tendance est contre-balancée par la résistance opposée par les tissus sous-jacents; la peau atteinte de radiodermite chronique ne présente plus une résistance suffisante et l'épithélium gagne la profondeur, en y envoyant des prolongements, au niveau des glandes de la peau dégénérées. Ces pointes épithéliales seraient ensuite isolées, se développeraient et seraient l'amorce du carcinome. On trouve assez souvent, dans les préparations, un aspect qui semble étayer cette hypothèse; on éprouve cependant une certaine difficulté à admettre que les conditions de développement des cellules épithéliales soient modifiées au point qu'elles puissent avoir une croissance aussi rapide; les propriétés biologiques ne peuvent subir une telle déviation. De plus, cette explication est basée sur une hypothèse non démontrée : celle de la tendance de l'épiderme à pousser dans la profondeur. Enfin, dans beaucoup de dermites chroniques dues à d'autres causes que les expositions aux rayons, on a les mêmes îlots de cellules épithéliales isolés dans les tissus sous-dermiques, sans qu'il s'y développe de carcinome.

Oudin, Zicinsky, Destot, etc., ont cru trouver dans une *lésion des nerfs* la cause de la production du carcinome Röntgen. Des troubles de fonctionnement des nerfs peuvent être invoqués avec vraisemblance pour les réactions précoces et pour les radiodermites aiguës; on a, en effet, trouvé des signes de névrites locales. On ne peut cependant admettre qu'une névrite puisse provoquer directement des lésions semblables de tissus, car la physiologie ne reconnaît actuellement aux différents nerfs aucune propriété d'excitation nutritive. Les troubles trophiques produits à la suite de lésions nerveuses peuvent toujours s'expliquer comme un effet nerveux, indirect, par l'intermédiaire des vaisseaux et par une lésion des terminaisons nerveuses dans les vaisseaux.

La *théorie vasculaire* a été soutenue par Kapon, puis Bäerman et Linser. Les lésions primaires des petits vaisseaux et des capillaires provoqueraient des modifications inflammatoires dont la conséquence serait l'atrophie des autres tissus. Cette théorie est abandonnée actuellement. En effet : on observe souvent des lésions très semblables à l'atrophie idiopathique de la peau, qui se développent sans inflammation préalable. Souvent aussi ces phénomènes inflammatoires ne font que succéder à des modifications dégénératives dues aux rayons X. Aujourd'hui on admet généralement avec Kienböck, Holzknecht, Perthes, etc., que c'est primitivement que les rayons X déterminent des lésions du parenchyme, des cellules des tissus.

Les *théories chimiques* comme celle d'Holzknecht, suivant laquelle l'énergie radiante se transformerait en une énergie chimique pour modifier les échanges cellulaires, sont trop hypothétiques encore et demandent à être prouvées. De même pour les expériences de Werner qui prouveraient que la cause des modifications des parenchymes est due à la lécithine des cellules ; de même pour les idées de Clendinnen, qui pense que la dermite se produit sous l'action de sels nitreux et d'ions.

On a enfin voulu trouver dans les *modifications de l'épithélium* la cause du développement du carcinome. Au premier abord, cette hypothèse a quelque chose de séduisant. Mais, théoriquement, il faut se demander comment les rayons pourraient provoquer de telles modifications du caractère de l'épithélium. Il y a, en effet, une différence fondamentale aux points de vue anatomique et biologique entre les cellules d'un épithélium irrité et une cellule cancéreuse ; de plus, les résultats des recherches ne sont pas d'accord avec cette théorie. Jamais on n'est arrivé à produire expérimentalement du carcinome par des irradiations Röntgen et immédiatement après elles. Ménétrier et Mallet à Paris, Rownter à Londres, ont réussi à provoquer sur des animaux d'expérience des modifications de l'épiderme consistant en hyperplasie de toutes les couches et en métaplasie (transformation des glandes sébacées et des poils, en travées conjonctives pleines, formation de globes épidermiques, etc.). Marie, Clunet et Raulot Lapointe ont reproduit ces expériences et retrouvé les mêmes résultats : ils ont même réussi à obtenir une tumeur maligne développée sur une radiodermite ulcéreuse expérimentale chez le rat blanc ; mais ces auteurs se demandent eux-mêmes si les rayons X ont provoqué le développement du néoplasme par une action biologique spécifique, ou seulement d'une manière indirecte par l'ulcération chronique infectée qu'ils ont déterminée. Rowntree, Lexer, Ménétrier, Marie et Clunet, croient que des applications de doses faibles et répétées peuvent provoquer des phénomènes de radio-excitation. Cette explication serait justifiée si le carcinome Röntgen se développait uniquement à la suite de radiodermite chronique ; or on en a observé également sur le territoire d'ulcères radiothérapiques provoqués par l'absorption de doses énormes de rayons. Otto Hesse, à qui nous avons emprunté plusieurs éléments de cette discussion de la pathogénie du carcinome Röntgen, conclut : *Les rayons Röntgen ont une action destructive sur le parenchyme de tous les tissus de la peau. L'organisme réagit aux lésions primaires de l'appareil conjonctif et vasculaire par de l'inflammation et de la sclérose cicatricielle. Cette dernière crée, indépen-*

damment donc de l'action des rayons, soit en détachant des débris épithéliaux, soit de toute autre manière, le *terrain sur lequel quelques cellules épithéliales peuvent devenir néoplasiques.* Ce qui fait que ces dernières donnent aussi fréquemment du carcinome (autant que dans les autres affections chroniques de la peau), c'est l'état *d'excitation primaire proliférative* des cellules de la couche de Malpighi qui, lui, est dû aux rayons.

Nous arrivons ainsi à cette conclusion que le carcinome de Röntgen n'étant pas une lésion due directement aux rayons, ne peut être considéré comme la conséquence la plus fâcheuse des irradiations et ne doit par conséquent pas être décrit comme le résultat de l'effet des rayons. L'appellation de « carcinome de Röntgen » est impropre, en ce sens qu'elle semble faire préjuger de la pathogénie de cette affection. Pratiquement, elle doit être gardée, car elle rappelle l'*étiologie* et les conditions dans lesquelles peut se développer le néoplasme.

Autres lésions observées chez les médecins-électriciens exposés professionnellement aux rayons X. — Les sujets qui, par leur profession, sont exposés aux irradiations répétées même très faibles, peuvent, en dehors des lésions du revêtement cutané, présenter d'autres lésions des divers tissus de l'organisme. C'est ainsi que Wiesner (1) a observé chez des individus, ouvriers, ingénieurs, médecins, qui avaient subi des irradiations pendant un temps assez long, des troubles de nutrition du côté des cartilages costaux. Cet auteur aurait trouvé dans tous les cas, même chez les sujets jeunes, une ossification des cartilages costaux beaucoup plus prononcée que chez la plupart des individus du même âge.

MM. W. Von Jagie, G. Schwarz et L. von Siebenrock (2) ayant examiné le sang de dix radiologistes fréquemment exposés à des irradiations Roentgen, ont trouvé des modifications notables de la formule sanguine consistant surtout (dans huit cas) en un abaissement de la valeur numérique des globules blancs, oscillant entre 5300 et 6000 avec, dans tous les cas, une diminution notable des leucocytes à noyau polymorphe et une augmentation des lymphocytes dont le nombre atteignait parfois le chiffre de 3000 par millimètre cube. De plus, ils ont trouvé une diminution constante des éléments acidophiles, qui faisaient complètement défaut dans cinq cas. Les globules rouges étaient en nombre normal et même plus élevé dans trois cas. En aucun cas il n'a été constaté d'éléments anormaux. D'après ces recherches, de faibles irradiations répétées provoquent un abaissement du nombre des leucocytes avec surtout une diminution notable du nombre des leucocytes polynucléaires et une augmentation des lymphocytes.

(1) WIESNER, Ossificature précoce généralisée des cartilages costaux peut-être due aux rayons X. *Munch. Mediz. Woch.*, 24 mai 1910.

(2) W. VON JAGIE, C. SCHWARZ et L. VON SIÉBENROCK, Blutbefunde bei Roentgenologen. *Berl. Klin. Wochenschrift*, 3 juillet 1911.

Ch. Aubertin [1] a repris ces recherches et son examen a porté sur 16 sujets dont il fait des examens hématologiques répétés. Sur ces seize cas il a trouvé six cas dans lesquels la formule était nettement modifiée dans le sens de la mononucléose, ou, pour mieux dire, était modifiée par suite d'une diminution soit permanente, soit habituelle des *polynucléaires neutrophiles*, avec diminution du chiffre total des leucocytes. Cette *hyponeutrophilie* ne s'accompagnait pas d'hypoéosinophilie, bien au contraire les éosinophiles étaient souvent au-dessus de la normale. Dans les dix autres cas les modifications étaient d'un autre ordre, parfois très légères, de sorte qu'on pouvait qualifier le sang de subnormal ; tantôt il constata une légère polynucléose accompagnée d'éosinophilie, tantôt une éosinophilie plus ou moins accentuée. Dans ces cas la formule n'était pas rigoureusement normale et rappelait celle décrite par Aubertin et Beaujard [2] chez les animaux irradiés, et où les polynucléaires étaient détruits en abondance et la moelle se trouvait en état d'hyperfonctionnement.

Ces résultats de Ch. Aubertin, tout en se rapprochant de ceux obtenus par V. Jagie Schwarz et v. Siebenrock, en diffèrent par le fait que, à côté de la mononucléose, il décrit un type au moins aussi fréquent de polynucléose et d'éosinophilie ; de plus, à l'encontre des derniers auteurs, Aubertin a trouvé dans tous les cas une augmentation plus ou moins nette des éléments acidophiles : les perturbations de l'équilibre leucocytaire sont donc assez variables.

Comment expliquer ces modifications sanguines des sujets exposés par leur profession aux rayons de Rœntgen? Les auteurs allemands pensent que la leucopénie est en rapport avec le nombre des irradiations subies par les sujets, et en effet d'après leurs observations, le chiffre total des leucocytes est d'autant moins élevé que le sujet est exposé depuis plus longtemps à des irradiations. Or, comme un seul sujet présentait des accidents cutanés, on peut admettre une indépendance complète entre les perturbations sanguines et les lésions des téguments. Quant aux poussées de polynucléose qui ramènent parfois et le chiffre leucocytaire et la formule aux environs de la normale, elles sont peut-être apparentes et tiennent alors à ce que la destruction des polynucléaires est suspendue pendant un certain temps (Aubertin). En tout cas elles ne semblent pas suivre nécessairement les séances de manipulation de rayons X.

Pour Aubertin ces modifications du sang sont manifestement attribuables à une destruction de polynucléaires qui se fait soit dans tout l'organisme, soit au niveau des centres hématopoiétiques, auquel cas il y

(1) Aubertin, Modifications du sang chez les radiologues professionnels. *C. R. Soc. de Biologie*, 20 janvier 1912, p. 84. — Recherches sur le sang des radiologues. *Arch. d'Electricité médicale*, 25 février 1912, p. 150.

(2) Aubertin et Beaujard, Sur le mécanisme de la leucopénie produite par les rayons X. *Soc. Biologie*, 7 mars 1908. — Action des rayons X sur le sang et la moelle osseuse, *Arch. de Médecine expérimentale*, mars 1908.

aurait après un hyperfonctionnement passager, un certain degré d'insuffisance fonctionnelle de la moelle osseuse.

Quelle que soit la valeur de ces hypothèses, il est évident que ces modifications du sang sont dues aux faibles doses de rayons pénétrants reçus quotidiennement depuis de longues années et malgré toutes les précautions prises par les radiologues professionnels. Sans pouvoir être rapproché de la leucémie cet état du sang doit être pris en considération, car il est une condition défavorable en cas d'infection; il est intéressant néanmoins de rappeler que l'on a observé chez certains sujets exposés de par leur profession à des irradiations répétées le développement de leucémies soit à type lymphoïde (G. Schwarz), soit à type myéloïde (Vaquez)(¹).

BIBLIOGRAPHIE (²)

KENNON DUNHAM, The effects of X Rays upon lower animal life and the tube best suited to their destruction, *Bull. of the Johns Hopkins Hospit.* (Baltimore), t. XV, 51-53, 1904; anal. in *Journ. de Physiol. et de Pathol. gén.*, 15 juillet 1904.

FOVEAU DE COURMELLES, Action atrophique glandulaire des rayons X, *Acad. des Sc.*, 27 fév. 1905; *Arch. d'élect. méd.*, 1905, n° 168, p. 478.

H. BORDIER et J. GALIMARD, Action des rayons X sur le développement de l'embryon du poulet. *Arch. d'élect. méd.*, 1905, n° 168, p. 491.

BORDIER et GALIMARD, Les rayons X ont-ils la propriété de provoquer les effets chimiques? Action de ces rayons sur les substances à l'état colloïdal. *Arch. d'élect. méd.*, août 1905, p. 596.

RÉCAMIER, Actions des rayons X sur le tissu osseux en voie de développement *Arch. d'élect. méd.*, 1905, n° 178, p. 853.

F. VILLEMIN, Rayons X et activité génitale. *C. R. de l'Acad. des Sc.*, séance du 19 mars 1906.

BARJON, Influence des rayons de Röntgen sur le sang et les organes hématopoiétiques, traitement de la leucémie. Rapport au Congrès de Lyon; *Ass. Fr. pour l'Av. des Sc.*, août 1906. *Arch. d'élect. méd.*, 1906, n° 191, p. 458.

J. BELOT, Les rayons de Röntgen et les affections des organes hématopoiétiques, leucémies et pseudo-leucémies. Rapport au Congrès de Lyon. *Ass. Fr. pour l'Av. des Sc.*, août 1906. *Arch. d'élect. méd.*, 1906, n° 193, p. 483.

REGAUD et BLANC. Action des rayons X sur le spermatogenèse du rat blanc et considérations générales sur cette action. *Congrès de Lyon, A. S. F. pour l'Av. des Sc.*, août 1906.

(¹) Je dois remercier mon Assistant le Dʳ Speder pour l'aide qu'il m'a prêtée dans la rédaction de ces dernières pages sur les radiodermites; je le fais ici affectueusement.

(²) Cette bibliographie est fort loin d'être complète, il faudrait tout un volume! Elle ne donne que quelques indications sur les recherches expérimentales ayant trait aux actions pathogènes des rayons X. On trouvera une bibliographie complète *in* GOCHT : *Die Röngenliteratur. Gesammelt*, Berlin, 1911.

BLANC, Action des rayons X sur le testicule. *Thèse de la Fac. de méd.*, Lyon, déc. 1906, Paris, J.-B. Baillière, p. 73.

LAQUERRIERE, Un cas d'azoospermie chez un médecin radiologue. *Congrès de Lyon. Acad. Fr. Avanc. des Sciences*, 1906.

REGAUD et J. BLANC, Action des rayons X sur les diverses générations de la lignée spermatique. Extrême sensibilité des spermatogonies à ces rayons. *C. R. de la Soc. de Biol.* du 3 août 1906.

G. REGAUD et J. BLANC, Action des rayons de Röntgen sur les éléments de l'épithélium séminal. *Soc. de Biol.*, 15 nov. 1906.

ROULIER, Action des rayons X sur l'ovaire de la chienne. *C. R. de l'Acad. des Sc.* 6 août 1906.

R. ROMME, Actions des rayons X sur le sang. *Presse méd.*, 29 août 1906.

P. KRAUSE, K. ZIEGLER, Recherches expérimentales sur l'action des rayons X sur les tissus vivants des animaux. *Forts. auf dem Gebiete der Roentgenstrahlen*, Bd. X, 1907.

TATARSKY, Recherches expérimentales concernant l'action des rayons X sur le sang des animaux. *Zeits. für med. Elektrol und Roentgenkunde*, 1907, n°s 1 et 2. Travail de la Clinique médicale de l'Université de Breslau.

E. RETTERER, De l'action des rayons X sur l'évolution de la glande mammaire du cobaye pendant la grossesse. *Soc. de Biol.*, 1er février 1907.

A. S. WARTHIN, Action des rayons de Röntgen sur les reins. *Semaine médicale*, 2 sept., 1907.

P. ANCEL et P. BOUIN, Rayons X et glandes génitales. *Presse médicale*, 10 avril 1907.

CL. REGAUD, Action des rayons de Röntgen sur l'épithélium séminal. Application des résultats à certains problèmes concernant la structure et les fonctions de cet épithélium. *C. R. de l'Ass. des anatomistes*, 1907.

FOVEAU DE COURMELLES, Stérilisation ovarique chez la femme par les rayons X. *C. R. de l'Acad. des Sc.*, 27 février, 1905.

REGAUD et DUBREUIL, Action des rayons X sur le testicule du lapin. *Soc. de Biol.* 20 et 27 déc. 1907.

AUBERTIN et BEAUJARD, Sur le mécanisme de la leucopénie produite expérimentalement par les rayons X. *Soc. de Biol.*, 4 février, 1905.

P. MENETRIER et A. TOURAINE, Étude de l'action histologique des rayons de Röntgen dans la leucémie lymphoïde. *Arch. des mal. de cœur, des vaisseaux et du sang*, janv.-fév., 1908.

G. REGAUD et G. DUBREUIL, Influence de la röntgénisation des testicules sur la structure de l'épithélium séminal et des épididymes, sur la fécondité et sur la puissance virile du lapin. *Lyon méd.*, 1er mars 1908, p. 457.

REGAUD, Lésions déterminées par les rayons de Röntgen et de Becquerel-Curie dans les glandes germinales et dans les cellules sexuelles chez les animaux et les hommes. *Ass. Fr. pour l'Av. des Sc.*, Congrès de Clermont-Ferrand, 1908.

REGAUD et DUBREUIL, Actions des rayons X sur le testicule des animaux impubères. *Ass. Fr. pour l'Av. des Sc.*, Congrès de Clermont-Ferrand, 1908.

BOUCHACOURT, Action atrophiante des rayons X sur la glande mammaire en dehors de la lactation. *Ass. Fr. pour l'Av. des Sc.* Congrès de Clermont-Ferrand, 1908.

CLUSET et VASSAL, Action des rayons X sur l'évolution de la mamelle pendant la gestation. *Arch. d'élect. méd.*, 1908, n° 251, p. 959.

H. GUILLEMINOT, Absorption des rayons X par les tissus, actions biochimiques correspondantes, (2e partie). *Arch. d'élect. méd.*, 1909, n° 253, p. 7.

H. Beclère et H. Buliard, Echelle de sensibilité des éléments leucocytaires à l'irradiation de Röntgen dans la leucémie myéloïde. *Société de Radiologie de Paris; Arch. d'élect. méd.*, 1909, n° 260, p. 309.

Regaud et Nogier, Effets produits sur le testicule par les rayons de Röntgen très pénétrants filtrés. *Ass. Fr. pour l'Av. des Sc.* Congrès de Lille, 1909.

Regaud, Action des rayons de Röntgen sur le testicule du chat (résumé). Congrès de Lille, *Ass. Fr. pour l'Av. des Sc.*, 1909.

H. Guilleminot, Contribution à l'étude biochimique des rayons X. *Arch. d'élect. méd.*, 1909, n° 270, p. 716.

Aubertin et Bordet, Action des rayons X, sur le thymus. *Archiv. des mal. du cœur*, 6 juin 1909.

Fred Wohler, Etude expérimentale des rayons X sur le sang humain. *Zeits. f. Elkir.*, janv. 1909, t. XI-I.

A. Schonberg, Action des rayons X sur l'appareil génital de la femme. *Biolog. Abteil. des Aertz. Vereins in Hamburg*, 2 nov. 1909.

Simmonds, Action des rayons X sur les testicules. *Forts a. d. Gebiete*, XIV, 4, 1909.

C. Regaud et Nogier, Stérilisation complète et définitive des testicules du rat sans aucune lésion de la peau par une application unique des rayons X filtrés. *C. R. de l'Académie des Sciences*, 27 déc. 1909, p. 1598.

H. Hunberg, Recherches expérimentales sur l'action des rayons X sur la mamelle. *Zeits f. Röntgenk*, Bd XII, Heft 4, avril 1910.

Schwartz, Contribution nouvelle à la connaissance de la radio-sensibilité. *Wien. klin. Wochens.*, 1910, n° 11.

Contamin, Résorption des tumeurs expérimentales de la souris, sous l'influence des rayons X. *C. R. de l'Acad. de Méd.*, 6 juin 1910; n° 23, p. 1537.

Schmidt, Recherches expérimentales sur l'action des radiations de Röntgen sur les cellules jeunes. *Berlin. Klin. Wochens.*, 22 mai, in *Bull. méd.*, 15 juin 1910, n° 48, p. 561.

Regaud, Particularité d'action des rayons de Röntgen sur l'épithélium séminal du chat. *C. R. des séances de la Soc. de Biol.*, 25 mars 1910, n° 11, p. 543.

Max Nunberg, Action des rayons X sur les organes parenchymateux et en particulier sur les organes génitaux. *Zeits. f. Röntgenk.*, Band XII, Heft 5, 1910.

H. Guilleminot, Sur l'efficacité biologique des radiations nouvelles. *Arch. d'élect. méd.*, 1911, n° 304, p. 145.

P. Marie et J. Clunet, Action des rayons X sur les tumeurs malignes. *Presse méd.*, 22 oct. 1910, n° 85, p. 790.

Lyon-Caen, Influence des rayons de Röntgen sur le métabolisme du fer. In *Paris méd.*, 31 déc. 1910, n° 5, p. 107.

M. Eberlein, Action des rayons sur les organismes inférieurs. *VII° Congrès Röntgen.* Berlin, 23-24 avril 1911.

Fraenkel, Transmissibilité des caractères acquis, *VII° Congrès Röntgen.* Berlin 23-24 avril 1911.

Gerhartz, Contribution à la question de l'influence des rayons de Röntgen sur les organes sexuels. *Archiv. f. die ges. Physiol.*, 1910, Bd. CXXXI, p. 568-571.

Peters, Action des irradiations Röntgen localisées et espacées sur le sang, les organes hématopoiétiques, les reins et les testicules. *Forts. a. d. Gebiete*, XVI, I, 1910.

M. Bouchacourt, Sur la différence de sensibilité de la peau des sujets et des régions d'un même sujet vis-à-vis des rayons de Röntgen. *Ass. Fr. pour l'Av. des Sc.* Congrès de Dijon, 31 juillet, 5 août 1911.

M. Barjon, Etat de la peau chez un malade soumis au traitement radiothérapique depuis sept ans. *Ass. Fr. pour l'Av. des Sc.* Congrès de Dijon, 31 juillet, 5 août 1911.

A. Zimmern et C. Battez, De l'action des rayons X sur le corps thyroïde. *Ass. Fr. pour l'Av. des Sc.* Congrès de Dijon, 31 juillet, 5 août 1911.

A. Amato, A propos de l'action des rayons X sur les cellules en karyokinésie. *Zeits. f. Röntgen*, Bd. XIII, Heft, 2, 1911.

Otto Friedrich, Examen histologique d'un fœtus humain exposé aux rayons X pendant la grossesse de la mère. *Zeits. Röntgen*, Bd. XII, Heft 12, 1910.

Nogier et Regaud. Action des rayons X sur les testicules du chien. Conditions de la stérilisation complète et définitive. *Soc. de Biol.*, 20 janv. 1911. n° 2, p. 52.

K. Reifferscheid, Recherches expérimentales sur la régénération des ovaires irradiés. *Zeits. f. Röntgenk.*, Bd. XIII, Heft, 8 août 1911.

A. Faber, L'action des rayons X sur les organes sexuels des animaux et de l'homme. *Forts. a. d. Gebiete*, XVI, 5, p. 365, et 6, p. 433.

Wetterer, Contribution à la connaissance de l'action biologique des rayons Röntgen sur la croissance des plantes. 82 *Vorsamme. Deuts., Naturforsche u. Aertze*, 26 sept. 1911; *Münch. med. Wochens.*, 1911, n° 42.

ACTION PATHOGÈNE DU RADIUM

On comprendra que nous n'entreprenions pas ici l'historique de la découverte de la radio-activité (H. Becquerel, 1896), ni de l'isolement des divers métaux radio-actifs (Thorium, par Mme Curie et Schmidt, 1898. — Radium et Polonium, par P. Curie et Mme Curie, 1900. — Actinium, par Debierne, 1900. — Radio-thorium, par Ramsay et Hahn, 1904). Nous considérons également comme hors du sujet l'exposé des propriétés physiques et moléculaires de ces corps. Mme Curie a consacré à cet important sujet deux magnifiques volumes (1), auxquels pourront se reporter ceux qui voudront connaître à fond ces phénomènes dont la découverte a révolutionné la physique moderne.

Ce que nous devons simplement rappeler pour faire comprendre les actions pathogènes dues au radium, c'est que ce corps, ainsi que ses congénères radio-actifs, est en désagrégation moléculaire constante, d'où une production d'énergie qui se traduit par l'émission de *rayons particuliers* étudiés par H. Becquerel, P. Curie, P. Villard, etc., et par la libération d'un gaz nommé l'*émanation*.

Les actions pathogènes du radium et des corps radio-actifs en général, sont donc de deux sortes : celles dues aux divers rayons émis, celles dues à l'émanation introduite expérimentalement ou non dans l'organisme.

(1) Curie (Mme), *Traité de Radioactivité.* 2 vol. in-8°. Paris, Gauthier-Villars, 1910.

Actions pathogènes dues aux rayons du radium. — Ces actions pathogènes ont été parmi les premiers effets du radium constatés. En effet, Becquerel et Curie furent assez grièvement brûlés en transportant, dans leurs poches, les quelques centigrammes de radium qu'ils venaient de préparer; ce fut là l'origine des recherches faites depuis pour utiliser cette action, plus mystérieuse encore que celle des rayons X, dans un but thérapeutique. D'où la *radiumthérapie*, devenue si importante que des Instituts du Radium sont aujourd'hui créés par les divers grands États, surtout pour réunir une certaine quantité de radium et en développer et définir les indications et les contre-indications au point de vue du traitement des maladies.

Rayonnement du radium. — Les rayons émis par le radium sont de trois espèces désignées par les trois premières lettres de l'alphabet grec : rayons α, rayons β et rayons γ.

Les rayons α, à cause de leur propriété d'être facilement absorbés par tous les corps (même un vernis peu épais, mis à la surface des appareils radifères, les absorbe en grande partie), ne peuvent être mis en ligne de compte et on ne leur attribue, dans la pratique ordinaire radiumthérapique, aucune action nocive ou thérapeutique.

Les rayons β, formés comme les rayons α de particules matérielles portant une charge électrique, mais négative pour les β, tandis qu'elle est positive pour les α, sont la partie dominante dans le rayonnement actif du radium (80 à 90 pour 100). Ce faisceau de rayons β qui sort d'un appareil radifère est très hétérogène; c'est-à-dire que certains de ces rayons sont doués d'une très grande pénétration comparable et même supérieure à celle des rayons X les plus durs, tandis que certains autres de ces rayons β sont aussi mous que les rayons X les plus mous. C'est à eux, en grande partie, que sont dues les actions pathogènes du radium.

Les rayons γ sont identiques aux rayons X (Villard). Ils sont comme eux formés par une vibration particulière de l'éther et en possèdent toutes les propriétés. Mais tandis qu'avec les tubes de Crookes actuels nous ne pouvons produire que des rayons X d'une dureté ne dépassant pas le n° 12 du radiochromomètre de Benoist (voir plus haut pour ces définitions) et traversant à peine, par conséquent, une épaisseur de douze millimètres d'aluminium, les rayons γ du radium sont beaucoup plus pénétrants. Si, d'après M. Debierne, entre *cinq millimètres* et *un centimètre de* PLOMB, on ne sait au juste à quel moment les rayons β durs ne traversent plus, les rayons γ vont encore au delà. C'est donc à ces rayons (rayons β très durs et rayons γ), que l'on pourra rationnellement attribuer les actions pathogènes sur les tissus les plus profonds, non seulement à cause de la possibilité et même de la facilité qu'ils ont d'atteindre de tels tissus, mais encore à cause d'une autre propriété, celle de développer, au sein de ces tissus, des *rayons secondaires* facilement absorbables et par conséquent d'autant plus nocifs.

Technique des applications. — Pour qu'il y ait action thérapeutique ou pathogène par le radium, il est nécessaire qu'une certaine quantité de radium (ordinairement de 1 à 20 centigrammes d'un sel de radium pur, chlorure, bromure ou sulfate) soit mise en contact ou au voisinage immédiat de la région du corps sur laquelle on veut la faire agir. La durée de l'application doit être proportionnellement calculée d'après la quantité de sel de radium et son activité [1].

Des applications d'une durée de *pose*, de deux à dix heures sont les plus pratiquées; dans des cas exceptionnels, lorsqu'il s'agit de détruire

Fig. 9. — Aspect de trois lapins soumis pendant 8 semaines au rayonnement du radium : lésions des oreilles, de la peau (croûtes et abcès ouverts), occlusion des yeux.

une masse assez grande de tissu, on a pu faire des applications beaucoup plus longues [2].

Nature des lésions produites par le radium. — Il n'y a pas une très grande différence dans la nature des lésions produites par le rayonnement du radium et celles des rayons X, et ceci à cause d'une raison primordiale, c'est l'analogie de ces rayonnements au point de vue physique. Nous renverrons donc le lecteur à ce qui a été dit dans les chapitres antérieurs sur les lésions produites par les rayons X, leurs

(1) L'activité de l'uranium métallique étant prise pour unité, l'activité du radium métallique pur est de 2000000, cela veut dire qu'une quantité de radium pur *ionise* 2000000 de fois plus fortement l'air ambiant qu'une quantité égale d'uranium.

(2) Voir pour la description des appareils radifères, la technique des applications et les résultats thérapeutiques de ces applications : Wickam et Degrais, *Radiumthérapie*. Paris, J.-B. Baillère, 1909.

formes, leurs causes, leur durée, leur période de latence, leur anatomie pathologique, etc.

Au point de vue de la sensibilité comparée des cellules vivantes vis-à-vis du rayonnement du radium, il semble bien aussi qu'il n'y ait rien à changer à ce que nous avons dit à propos des rayons X. La loi de Bergonié et Tribondeau s'applique encore pour le radium comme pour les rayons X. Les tissus les plus sensibles, comme l'ont constaté Kienbock, London, Boden, Balthazar, Scholtz, Seldin, etc., sont encore les spermatogénies du testicule, les organes lymphoïdes, les endothéliums vasculaires, la couche proliférante de la peau, les glandes en plein fonc-

Fig. 10. — Aspect d'un des trois lapins représentés dans la figure 9. Lésions des oreilles, du dos. Parésie des membres.

tionnement, etc. Pour les tissus pathologiques ce sont les sarcomes, les épithéliomas cutanés et cancroïdes, les nœvi vasculaires, etc., toutes tumeurs également très sensibles aux rayons X et ayant pour caractéristique commune une activité reproductrice considérable.

A titre d'exemple des actions pathogènes dues au rayonnement du radium, voici des figures (fig. 9 et 10) tirées de l'un des premiers travaux ayant mis en évidence ces actions pathogènes, celui de E. S. London(¹). Ce sont des photographies de lapins placés dans une cage de 45 centimètres de longueur, 41 centimètres de largeur et 31 centimètres de hauteur, au milieu du toit de laquelle furent placés 26 centigrammes de bromure de radium. Les trois lapins vécurent dans cette cage pendant une durée de quinze mois. On peut voir les graves désordres produits sur leur dos, leurs oreilles, et les troubles de leur attitude générale. Parmi les tissus et les organes les plus atteints, London cite la peau, les organes génitaux, la rate, les capsules surrénales, le système lymphatique, la rétine; puis, parmi ceux beaucoup moins atteints, le foie, les reins, la moelle, les milieux de l'œil.

(¹). E.-S. London, Action physiologique de la radioactivité très faible. *Arch. d'Électricité médicale*, 1906, p. 94.

Actions pathogènes produites par l'émanation du radium. — L'émanation du radium est un gaz doué des mêmes propriétés radioactives, mais dont la radioactivité disparaît spontanément suivant une loi exponentielle de telle manière que sa durée totale est de 5 jours 75. Elle a toutes les propriétés des gaz et peut même, dans l'air liquide, être condensée sur la paroi des récipients qui la contiennent. Elle se diffuse dans les tissus animaux comme dans l'air en communiquant à tous les corps, en contact desquels elle arrive, une radio-activité induite qu'il est facile de révéler par la méthode électrométrique ordinaire.

Les actions pathogènes dues à l'émanation du radium ont été mises en lumière surtout par les travaux de Bouchard, Curie et Balthazard (1) et par ceux de London (2). Ce dernier a appliqué divers corps activés par l'émanation, tels que tubes de verre, pièces de monnaie, paraffine, caoutchouc et ouate sur sa propre peau et a vu s'y développer, surtout avec l'ouate radio-activée, une réaction assez vive et même une *radiumdermite* ayant duré plusieurs jours. Il a fait vivre aussi des grenouilles et des souris dans des flacons contenant de l'émanation et a constaté que la mort arrivait surtout par troubles respiratoires.

Bouchard, Curie et Balthazard ont expérimenté sur la souris et le cobaye, mais leur dispositif, tout en permettant de faire vivre les animaux en expérience dans une atmosphère chargée d'une grande quantité d'émanation, permettait de régénérer, par un procédé chimique, l'air vicié par la respiration. Ils ont ainsi trouvé que l'émanation émise pendant une heure par 50 grammes de bromure de radium, soit 50 grammes — heure, répartie dans un flacon de deux litres, tue la souris en quatre heures et le cobaye en sept heures. C'est par l'arrêt de la respiration que la mort survient; les mouvements respiratoires prennent un rythme saccadé, l'expiration devient très brève et la pause respiratoire s'allonge. En même temps l'animal se met en boule, reste immobile et son poil se hérisse; puis le refroidissement progressif se produit, en même temps que la fréquence respiratoire tombe à huit ou même *six* respirations par minute.

Les animaux qui ont succombé à l'action de l'émanation du radium ont été activés par elle dans toute la masse de leurs tissus. A MM. Bouchard, Curie et Balthazard revient le mérite d'avoir déterminé la répartition inégale de cette radio-activité induite dans les divers tissus de l'organisme et sa localisation plus particulière sur les capsules surrénales, la rate, le poumon et la peau, le foie et le rein en contenant

(1) BOUCHARD, CURIE et BALTHAZARD, Action physiologique de l'émanation du radium. *C. R. Acad. des Sc.*, 6 Juin 1904, t. CXXXVIII, p. 1384. — BOUCHARD et BALTHAZARD, Action de l'émanation sur les bactéries chromogènes. *C. R. Acad. des Sc.*, 2 avril 1906. — Action toxique et localisation de l'émanation du radium. *Ibid.*, 28 juillet 1906 — BALTHAZARD. Étude physiologique et thérapeutique des radiations émises par les corps radioactifs et leurs émanations. *Arch. d'Electr. méd.*, 1906. p. 402.

(2) LONDON, Étude physiologique et pathologique de l'émanation du radium. *Arch. d'Electr. méd.*, 1904, p. 363.

beaucoup moins (le rein 100 fois moins que les capsules surrénales à égalité de poids d'organe).

Cette répartition si inégale découverte par les auteurs précités a une assez grande importance à cause des conséquences qu'elle peut entraîner. Comme le dit Balthazard [1] « puisque les recherches de Bergell, Braunstein et Beckel ont prouvé que l'émanation accroît l'action zymotique de la pepsine, de la pancréatine et des ferments en général, la localisation élective de cette émanation sur les glandes à sécrétion interne n'est pas chose indifférente pour le physiothérapeute. Elle laisse entrevoir la possibilité d'agir sur les maladies de la nutrition liées au mauvais fonctionnement de ces glandes, diabète, maladie d'Addison, goitre exophtalmique. Elle explique peut-être aussi l'action stimulante qu'exercent sur les sécrétions les eaux minérales qui renferment de l'émanation, lorsqu'elles sont prises à la source. »

[1] *Loc. cit. Arch. d'Électr. méd.*

ACTION PATHOGÈNE DE LA LUMIÈRE

Par Th. NOGIER

Professeur agrégé à la Faculté de médecine de Lyon.

Avant d'envisager l'action pathogène de la lumière, il est nécessaire d'être fixé de façon très exacte sur ce qu'on entend par *lumière*. La lumière est l'ensemble des vibrations de l'éther qui impressionnent notre rétine et qui sont comprises entre les longueurs d'onde 8100 Angström (extrême rouge) et 3820 Angström (extrême violet) si l'on s'en rapporte aux recherches d'Helmholtz.

Mais de chaque côté de ces limites existent des radiations que notre œil ne perçoit pas et que nous faisons cependant entrer, par extension, dans la désignation générique de radiations *lumineuses*. C'est ainsi que les radiations infra-rouges et ultra-violettes, quoique obscures, sont souvent confondues avec les radiations lumineuses. C'est même cette confusion de radiations bien différentes comme nature et comme effets qui est la cause de nombreuses obscurités, parfois même d'erreurs graves dans les ouvrages traitant de l'action de la lumière.

L'infra-rouge ne rentre pas à proprement parler dans notre étude. Les radiations qui le constituent se traduisent surtout par des effets calorifiques et l'on a coutume de distinguer très justement l'action de la chaleur de celle de la lumière.

L'ultra-violet, au contraire, qui s'étend de 3820 Angström (limite du spectre visible) jusqu'à 1030 Angström rentre dans le domaine des radiations, dites lumineuses, lorsqu'on étudie leur action pathogène.

Les radiations dont nous nous occuperons sont donc comprises entre 8100 A et 1030 A (radiations visibles + radiations ultra-violettes). Chacune de ces radiations possède à un degré inégal deux propriétés : une propriété calorifique et une propriété chimique. Du côté du rouge, les actions calorifiques prédominent, du côté du violet et de l'ultra-violet ce sont les actions chimiques. Nous aurons à envisager le rôle de chacune de ces propriétés dans les effets que nous constaterons.

Nous pouvons dire immédiatement que les radiations *lumineuses*, au sens strict de ce mot, ne possèdent pas d'action pathogène sur un sujet normal pourvu d'organes sains. Comment en serait-il autrement? Nous percevons ces radiations à l'aide d'un organe d'une délicatesse extrême :

l'œil. Si ces radiations étaient pathogènes elles auraient depuis bien longtemps compromis l'organe de la vision.

De sorte qu'en poussant de plus en plus loin l'analyse, on arrive à cette conclusion que les effets pathogènes de la lumière sont dus précisément à des radiations que notre œil *ne voit pas*.

Ces notions si importantes ont été acquises à la suite de travaux longs et délicats dans lesquels la lumière solaire et les diverses lumières artificielles ont été décomposées à l'aide de lentilles et de prismes de quartz (¹). On a pu ainsi, en étalant le *spectre* de ces diverses lumières, distinguer d'abord la nature des radiations qu'elles émettaient et définir ensuite l'action propre de chacune d'elles.

Voyons d'abord la nature des radiations émises par les sources de lumière les plus connues. Nous ne nous occuperons que de la limite extrême du côté de l'ultra-violet.

Le Soleil donne un spectre jusqu'à 2922 A (Dr Simony), à très hautes altitudes (pic Ténériffe), et par un ciel très pur; habituellement le spectre solaire ne dépasse pas 2948 A ou 2950 A (Cornu).

Les lampes à pétrole, à huile, à gaz donnent toutes un spectre moins étendu que celui de la lampe Nernst, car ces sources sont moins chaudes.

Les lampes à incandescence ont un spectre limité vers 3200 A.

La lampe Nernst fournit un spectre jusqu'à 3000 A.

La lampe à arc voltaïque donne des radiations jusqu'à 2500 A.

L'arc au fer est riche en radiations ultra-violettes jusqu'à 2327 A.

La lampe à vapeur de mercure à tube de quartz 2225 A.

Demandons-nous entre quelles limites se trouve comprise la *zone pathogène* des radiations émises par ces sources?

Pour le savoir, projetons, à l'aide d'un prisme de quartz, le spectre d'une puissante source de lumière artificielle sur une culture de champignons microscopiques, le Phycomyces nitens, par exemple, comme l'a fait Raybaud avec une lampe à vapeur de mercure. Sur la culture se dessine une véritable image du spectre due à ce que le développement des champignons est complètement empêché par certaines radiations, tandis qu'il a lieu normalement dans leurs intervalles (²). On constate alors que l'action des radiations est nulle ou extrêmement faible jusqu'à la longueur d'onde 3130, puis qu'elle apparaît *brusquement*, qu'elle est extrêmement forte vers 3025 A jusque vers 2636 A, puis qu'elle diminue lentement jusqu'aux extrémités du spectre ultra-violet.

Cette belle expérience prouve que le protoplasma du champignon n'est détruit que par les radiations de longueur d'onde plus petite que 3025 A. Les autres radiations lumineuses et calorifiques, lui sont utiles ou indifférentes.

(¹) Le quartz ou cristal de roche est transparent non seulement aux rayons visibles mais aux rayons infra-rouges et ultra-violets.

La fluorine est encore plus transparente que le quartz pour les rayons ultra-violets.

(²) Le spectre de la vapeur de mercure se compose, on s'en souvient, de raies brillantes séparées par des espaces obscurs.

Les tissus animaux, la peau de l'homme en particulier, se comportent sensiblement comme le protoplasma du champignon. Toute source de lumière qui ne donnera pas de radiations plus courtes que 3130 et surtout que 3025 sera donc sans action pathogène sensible. Mais n'oublions pas que nous sommes déjà en plein spectre ultra-violet *invisible*.

Reportons-nous maintenant au tableau donné plus haut du spectre des sources lumineuses. Nous voyons immédiatement que les lampes à huile, à gaz, à incandescence ne peuvent pas posséder d'action pathogène : ce que prouve l'expérience. La lampe Nernst peut, à la longue, exercer une action de cette nature, mais elle est très faible. Par contre, la lumière solaire pourra être très active[1] et plus actives encore les sources de lumière artificielle (lampe à arc voltaïque, arc au fer, lampe en quartz à vapeurs de mercure).

Il reste enfin à tenir compte d'un dernier facteur dans l'action pathogène de la lumière. Jusqu'à présent nous n'avons envisagé que la *qualité* des radiations pathogènes; il faut aussi faire intervenir leur *quantité*. Ainsi une lampe Nernst peut bien émettre quelques radiations pathogènes mais en quantité extrêmement faible, tandis que la lampe en quartz à vapeur de mercure émet à la fois des radiations pathogènes très *nombreuses*, chacune d'elles étant très *intense*, d'où ses effets extrêmement actifs.

Nous envisagerons successivement l'action de la lumière sur la peau saine, puis sur la peau malade ou hypersensible.

ACTION PATHOGÈNE DE LA LUMIÈRE SUR LA PEAU SAINE

L'action pathogène de la lumière peut déterminer des lésions aiguës et des lésions chroniques.

A) **Lésions aiguës**. — Qu'elles soient causées par la lumière du soleil ou par celle de sources artificielles de lumière très puissantes, la pathogénie des lésions aiguës reste la même.

1° ***Coup de soleil***. — L'action brutale de la lumière solaire sur la peau a reçu le nom de coup de soleil. Suivant les circonstances dans lesquelles ce coup de soleil s'est produit, on distingue le coup de soleil ordinaire et le coup de soleil des glaciers. Par extension, on a donné le nom de coup de soleil électrique aux accidents analogues produits par les sources de lumière électrique.

(1) Le soleil émet certainement des radiations ultra-violettes beaucoup plus courtes que 2922 A, mais ces radiations sont absorbées par l'atmosphère terrestre qui joue le rôle d'*écran protecteur*. L'action pathogène du soleil se trouve ainsi réduite au minimum. Sans l'absorption atmosphérique les rayons ultra-violets solaires auraient depuis longtemps détruit toute cellule vivante à la surface de notre globe.

a) *Coup de soleil ordinaire.* — Le coup de soleil est un accident limité aux régions du corps découvertes, visage, nuque, mains. On l'observe au printemps et de préférence chez les personnes qui, vivant habituellement dans des appartements peu éclairés, s'exposent directement aux rayons du soleil par un temps très clair.

Après un stade de latence de quelques heures, se développe, sur les régions frappées par la lumière, une rougeur très vive accompagnée d'élévation de la température locale, de tuméfaction et de prurit. La peau est douloureuse à la pression et les mouvements exagèrent cette douleur.

Si l'irradiation a été prolongée, comme cela se rencontre sur le dos des mains des chauffeurs d'automobile, l'érythème peut être suivi de phlyctènes contenant un liquide jaune clair. Ces phlyctènes, à leur tour, sont remplacées par des croûtes.

Ces accidents mettent quelques jours à évoluer. L'érythème s'efface; s'il y a des croûtes, elles tombent, puis tout rentre dans l'ordre. La région frappée du coup de soleil reste souvent un peu plus pigmentée que les régions voisines, mais le degré de la pigmentation est très variable suivant les individus.

b) *Coup de soleil des glaciers.* — Le coup de soleil des glaciers se traduit par les mêmes symptômes que le coup de soleil ordinaire, mais il frappe les excursionnistes faisant de longues courses sur la neige ou les explorateurs des régions polaires. Le froid auquel sont soumis les individus et qui provoque l'*ischémie* (1) des tissus joue un rôle favorisant évident. Il hâte l'éclosion des lésions et augmente leur intensité.

Dans le coup de soleil des glaciers, la face est fréquemment atteinte à la suite de la réverbération des rayons de courte longueur d'onde par la glace ou par la neige.

On peut éviter le coup de soleil des glaciers en se protégeant la face par un voile de gaze coloré en vert ou en rouge On peut encore faire usage d'une pommade au sulfate de quinine fluorescent qui transforme les radiations ultra-violettes en radiations de longueur d'onde plus grande, inoffensives pour la peau.

c) *Coup de soleil électrique.* — La lampe à arc voltaïque peut donner lieu à des phénomènes analogues au coup de soleil ordinaire, mais plus graves. Cela se comprend aisément. La lampe à arc (sans son globe de verre) peut être comparée à un petit soleil dont les rayons n'auraient pas été filtrés par l'atmosphère.

Le premier coup de soleil électrique fut signalé en 1858 par Charcot. Il atteignit deux chimistes qui avaient séjourné quelque temps dans le voisinage d'une lampe à arc alimentée par 120 éléments Bunsen.

Depuis, ces accidents se sont reproduits très souvent dans les usines

(1) Le sang qui remplit les capillaires de la peau *transforme* en effet les radiations ultra-violettes en radiations de longueur d'onde plus grande (rouge, orangé) qui n'exercent plus en profondeur d'action pathogène. L'ischémie favorise donc l'action des rayons ultra-violets.

électro-métallurgiques au voisinage des fours électriques. Finsen et ses assistants, travaillant avec une lampe à arc de 40 000 bougies éprouvèrent avec une intensité très grande le coup de soleil électrique.

Dans ces accidents, les yeux participent souvent à l'irritation de la peau. Une conjonctivite très douloureuse avec chémosis et suppuration peut s'installer pendant deux à trois jours si les rayons ultra-violets sont arrivés directement sur le globe oculaire. Les lampes en quartz à vapeur de mercure sont particulièrement dangereuses à ce point de vue.

La *pathogénie* de ces lésions a été parfaitement définie après les recherches de Charcot, de Bouchard, de Widmark et de Finsen. Ce sont les rayons de petite longueur d'onde seuls et non les rayons calorifiques qui sont capables d'amener l'érythème des tissus ou leur vésication. Si l'on favorise la pénétration de ces rayons dans les tissus en chassant le sang par la compression ou par le froid (*ischémie*) on augmente l'intensité de la réaction, sa profondeur et sa durée.

Les lésions produites par les rayons calorifiques se distinguent très nettement de celles produites par les rayons ultra-violets. Avec les rayons *calorifiques* les réactions sont immédiates et marchent rapidement vers leur maximum. Avec les *rayons ultra-violets* la réaction met un temps variable à se produire. Ce temps est de quelques heures si l'irradiation a été faible, de un à deux jours, si elle a été légère. Ce stade de *latence* se retrouve dans les applications de rayons X, mais il est alors beaucoup plus long.

B) **Lésions chroniques**. — Dans les lésions aiguës que nous venons de voir, nous avons constaté, comme effet ultime de la réaction, une *pigmentation* plus ou moins intense de la peau.

Cette modification de la coloration de la peau normale peut se produire lentement sans trace d'accident aigu. Si la lumière qui atteint les téguments y arrive *progressivement* et chaque fois à dose croissante, on voit la peau modifier sa coloration et prendre une teinte de plus en plus foncée(¹). On connaît le hâle des marins, des alpinistes, des bicyclistes, des paysans. Ce hâle atteint les régions découvertes, visage, cou, bras, thorax, jambes.

La pigmentation de l'épiderme s'accompagne d'une *dilatation vasculaire* qui peut persister plusieurs mois, parfois même plusieurs années (Widmark).

Quoique la pigmentation et la dilatation vasculaires soient des lésions chroniques de la peau produites par la lumière, on peut se demander si la lumière joue bien là un rôle pathogène.

Quand on pense au rôle des pigments dans le règne végétal, pigments qui captent l'énergie solaire pour la convertir en énergie chimique, il

(¹) C'est en utilisant ce procédé des expositions au soleil de plus en plus longues, en commençant par des séances courtes (10 à 15 minutes), que l'on arrive dans les *cures de lumière*, à faire supporter de très longues irradiations solaires sans passer par le coup de soleil.

vient naturellement à l'esprit que le pigment qui se développe dans la peau humaine est peut-être l'analogue de la chlorophylle des plantes vertes, de la phycoérythrine ou de la phycocyanine de certaines algues. On comprendrait mieux alors la résistance à la fatigue des races du Midi malgré une nourriture souvent plus que frugale et on s'expliquerait ainsi les merveilleuses guérisons de tuberculoses chirurgicales obtenues dans les sanatoria par des expositions prolongées au soleil.

ACTION PATHOGÈNE DE LA LUMIÈRE SUR LA PEAU MALADE

Les accidents causés par la lumière peuvent se produire grâce à une sensibilité *spéciale* ou *anormale* des téguments.

C'est grâce à une sensibilité *spéciale* que certains sujets sont frappés du coup de soleil alors que d'autres placés dans les mêmes conditions n'éprouvent rien.

C'est grâce à une sensibilité *anormale* du tégument que l'action de la lumière peut déterminer l'éclosion de véritables maladies.

Tantôt cette sensibilité anormale est *congénitale*, comme dans le xeroderma pigmentosum, tantôt elle est *acquise* ainsi qu'on le voit dans l'eczéma solaire et les éphélides, tantôt enfin cette sensibilité est engendrée par des *troubles de nutrition de la peau*. Ainsi, dans la pellagre, la lumière détermine des érythèmes particuliers; elle exagère les lésions existantes dans la variole.

L'étude succincte de ces diverses maladies rentre dans le cadre de la pathologie générale; nous les envisagerons successivement.

1° ***Xeroderma pigmentosum***. — Le xeroderma pigmentosum est une maladie de la peau d'origine *familiale*. Elle se développe de très bonne heure, le plus souvent avant la fin de la première année.

Les régions atteintes sont le visage, le cou, le dos de la main, les avant-bras, les épaules, c'est-à-dire les régions découvertes exposées à la lumière.

L'affection est caractérisée par l'apparition de taches pigmentaires jaunes ou brunes ressemblant à des éphélides séparées par des îlots de peau blanchâtre. La peau prend un aspect *desséché*, parcheminé, d'où le nom donné à la maladie. Elle adhère aux plans sous-jacents; on n'arrive qu'avec peine à la plisser. Il existe aussi des télangiectasies sous forme de points ou de petites zones allongées.

Avec le temps, la peau s'atrophie progressivement et présente une sénilité précoce (Kaposi). L'épiderme se détache en lamelles, se fendille, des ulcérations se forment.

Sur cette peau atrophiée peuvent apparaître, à tous les stades de la maladie, des néoplasies pigmentaires, sortes de verrues qui prolifèrent et dégénèrent. La mort survient au bout de plusieurs années par la cachexie carcinomateuse.

L'action de la lumière solaire est indiscutable. Elle vient servir de cause déterminante, occasionnelle chez des sujets prédisposés par l'hérédité et par un défaut de nutrition du corps papillaire. La maladie débute généralement au *printemps*, après une exposition de la peau au soleil. On croit à un coup de soleil, mais l'érythème disparu, la peau se couvre de taches pigmentaires et de télangiectasies qui d'abord éparses ne tardent pas à devenir confluentes. La peau devient sèche, rugueuse; elle se recouvre de petites verrues. La maladie est constituée.

Le traitement préconisé par Unna, dès 1885, et qui consiste à protéger les malades atteints de xeroderma pigmentosum contre toute lumière vive a été appliqué avec succès dans un cas par Allan Jamieson. Il vient confirmer le rôle pathogène joué par la lumière.

2° ***Eczéma solaire***. — Il existe deux types d'eczéma solaire, l'eczéma aigu et l'eczéma subaigu.

Dans la *forme aiguë*, la région atteinte prend une rougeur intense, se tuméfie, se recouvre de vésicules miliaires et se met à suinter. Un prurit parfois féroce accompagne ces manifestations.

Dans la *forme subaiguë* on trouve des papules isolées, parfois confluentes en certains points. Le prurit existe comme dans la forme précédente mais il est beaucoup moins vif.

Si une nouvelle exposition au soleil a lieu au cours de l'éruption, de nouvelles lésions apparaissent et les phénomènes décrits augmentent d'acuité.

La lumière solaire est bien l'agent actif de cette variété d'eczéma. L'éruption ne se produit que sur des régions de la peau découvertes (face, cou, avant-bras). Elle se manifeste dès les premières journées ensoleillées du printemps et guérit par le séjour dans l'appartement. Ni le vent, ni la chaleur ne déterminent l'apparition des accidents qu'une nouvelle exposition au soleil suffit pour réveiller.

Quoiqu'on ne l'ait pas essayée, la lumière des lampes électriques à arc exercerait probablement le même effet que la lumière solaire. Cela est d'autant plus probable que nous avons pu provoquer des rechutes d'eczéma solaire au moyen de la lampe en quartz à vapeur de mercure.

3° ***Éphélides***. — Les éphélides sont des accumulations de pigment qui se développent sur certaines régions de la peau (face, cou, mains) et qui forment des taches brunâtres du volume d'un grain de mil à un petit pois. Ces taches apparaissent au *printemps* ou en *été*. Elles sont plus foncées chez les individus à chevelure blonde ou rousse que chez les bruns. Elles peuvent devenir confluentes et former des nappes irrégulières qui ne font pas saillie sur l'épiderme.

On peut voir des éphélides sur les régions recouvertes par les vêtements, mais dans ces cas elles sont rares et très claires.

On peut en voir aussi de très abondantes sur la paroi antérieure du thorax chez les paysans. On sait qu'au niveau de cette région la chemise reste largement entr'ouverte l'été chez les travailleurs des champs. La lumière peut donc agir comme au niveau de la face et des mains.

Il faut remarquer, en terminant, que la disposition à avoir des éphélides est parfois héréditaire. Vers quarante ans la peau perd, en général, sa sensibilité à la lumière et le soleil ne détermine plus l'apparition de taches pigmentaires dans l'épiderme.

4° **Hydroa vernal.** — L'hydroa vernal est une maladie de la peau que l'on rencontre rarement. Elle a été décrite pour la première fois par Bazin, en 1860. Elle débute toujours au printemps d'où le nom très juste de « vernal » qui lui a été appliqué.

On distingue deux types d'hydroa vernal, le type *vésiculo-bulleux* et le type *vacciniforme*. Entre ces deux types se trouvent des cas mixtes tenant de l'une et de l'autre forme.

L'éruption se manifeste comme le coup de soleil, après une exposition un peu longue à un soleil trop vif. Sur la peau rouge, tendue, tuméfiée ne tardent pas à apparaître des taches plus rouges que le fond qui augmentent d'épaisseur. Puis ces taches constituent une saillie dont le sommet forme une bulle renfermant un peu de liquide. C'est à ce stade que s'arrête le type *vésico-bulleux*; le contenu des bulles se dessèche; une croûte se forme. Elle tombe et ne laisse pas de cicatrice.

Mais, le plus souvent, la maladie revêt le type *vacciniforme*, beaucoup plus grave. Chaque bulle s'ombilique en son centre et prend à ce niveau une coloration très foncée entourée d'un anneau plus clair. La croûte qui se forme ultérieurement est sèche, adhérente à la peau, souvent incrustée dans l'épiderme et elle laisse, en tombant, une cicatrice déprimée semblable à celle qui succède à une pustule variolique.

La maladie débute généralement avant l'âge de 10 ans; parfois, plus tard, comme dans un cas très net que nous avons eu l'occasion d'observer.

La maladie récidive à chaque printemps. La peau finit par être criblée de cicatrices mélangées de télangiectasies. Il y a mieux. Chaque récidive marque une aggravation de la maladie. Comme pour l'eczéma solaire, il y a là, un fait curieux d'anaphylaxie.

Le rôle pathogène de la lumière paraît indiscutable puisque Magnus Möller a pu déterminer l'éclosion d'accidents cutanés caractéristiques en exposant une région encore saine de la peau d'un malade atteint d'hydroa vernal à la lumière d'une lampe à arc de 15 ampères.

5° **Pellagre.** — Ce n'est pas à proprement parler la pellagre que détermine l'action des rayons lumineux, mais un accident constant dans cette maladie : l'*érythème des pellagreux*.

La pellagre est, en effet, une maladie assez complexe où l'on note un état cachectique s'accompagnant de troubles digestifs, parfois de troubles mentaux et enfin de l'érythème dont nous nous occuperons exclusivement. Cet érythème, le dernier venu dans le tableau symptomatologique, ne semble se manifester qu'à la faveur d'une mauvaise nutrition de la peau; ce n'est jamais un phénomène initial.

Mais la lumière joue dans cet érythème un rôle provocateur indéniable. Les paysans lombards semblaient depuis longtemps l'avoir pressenti en nommant la pellagre « mal del sol ». L'érythème n'atteint du reste que les régions de la peau exposées à la lumière. Il apparaît au printemps et disparaît à l'automne. Bouchard a démontré que cet érythème est dû à la radiation solaire et particulièrement aux rayons chimiques du spectre, les rayons violets.

L'érythème pellagreux débute, en général, par les mains qui prennent, sur leur face dorsale, une teinte rouge bleuâtre s'accompagnant de très vives cuissons. On voit ensuite l'érythème s'étendre au cou, à la partie antérieure du thorax, à la face, aux jambes et aux pieds. Au bout de deux à trois semaines, la peau desquame en lambeaux assez grands.

L'érythème s'efface alors, la peau brunit, se pigmente et présente alors un aspect sec. Peu à peu, la peau perd sa contractilité, se fissure et ressemble « beaucoup à la peau sèche, ratatinée de certains vieillards cachectiques » (Raymond).

L'érythème disparaît en hiver pour reparaître l'année suivante, dès que la lumière solaire est assez vive. L'érythème n'apparaît pas chez les pellagreux qui vivent à l'ombre des appartements.

On peut éviter, du reste, les accidents érythémateux chez les pellagreux en protégeant leur peau contre les rayons chimiques de la lumière.

6° ***Variole.*** — Depuis les recherches de Finsen, il est reconnu que le contenu des pustules varioliques est particulièrement sensible à la lumière. Une pustule variolique placée dans la plus complète obscurité évolue de façon bénigne et se dessèche sans suppurer et *sans laisser de trace*. Une pustule variolique, au contraire, exposée à la lumière du jour évolue, comme on le sait, en suppurant et en donnant lieu à de grosses croûtes suivies de cicatrices indélébiles.

Le rôle des rayons chimiques de la lumière est tellement évident dans l'évolution des pustules varioliques qu'on a pu baser sur ce principe un traitement, excellent du reste, de ce symptôme. Les malades sont placés aussitôt que possible dans une chambre obscure ou dans une chambre tendue de rideaux rouges *très épais*. La chambre où se trouvent les malades doit être si bien protégée contre la lumière qu'une plaque photographique peut y être exposée sans crainte de voile.

Ce traitement de la variole par l'exclusion de la lumière vient confirmer l'efficacité de toute une série de pratiques fort anciennes et très curieuses. Au Tonkin, en Roumanie, on traite les varioleux en les recouvrant d'étoffes rouges ou en les enfermant dans des chambres tapissées de rouge. Au moyen âge, on entourait de tentures rouges le lit des varioleux.

Dans les premières recherches qui furent faites sur cette question par Picton, par Black (1867), par Waters et Barlow (1871), par Gallavardin, à Lyon (1876), on ne se rendait pas bien compte de la nature des rayons nocifs dans l'évolution de la variole. Il fallut les recherches précises de Finsen pour démontrer que les rayons chimiques du spectre, bleus, violets et ultra-violets étaient seuls à incriminer. Mettre un varioleux dans une chambre éclairée par la lumière rouge équivaut donc à le placer dans l'obscurité puisqu'on a exclu les rayons chimiques. Il serait même intéressant d'essayer les rayons *verts* qui sont aussi inactiniques que les rayons rouges et qui donnent un éclairage beaucoup moins pénible à supporter.

Quelques auteurs français ont essayé du traitement de la variole par la lumière rouge et s'en sont montrés peu satisfaits. Nous sommes intimement persuadés que leur échec vient d'une mauvaise interprétation de la méthode. Ils ont vu plutôt un traitement de la variole par la lumière rouge qu'un traitement par élimination absolue des rayons chimiques du spectre.

Ceux qui voudront recommencer des tentatives dans ce sens devront donc viser à avoir non seulement un éclairage rouge ou vert *très faible*, mais s'assurer de toutes manières que cet éclairage est *monochromatique*[1], c'est-à-dire ne laisse passer que des radiations inactiniques. C'est à ces deux conditions que l'on pourra espérer un succès.

***

L'étude rapide que nous venons de faire de l'action pathogène de la lumière ne doit pas nous faire oublier que sur l'homme *sain* l'action pathogène de la lumière *solaire* est la plupart du temps insignifiante. Ce sont les puissantes sources de lumière artificielle qui sont surtout pathogènes.

L'homme s'est progressivement adapté à la lumière naturelle qui baigne son univers et n'y trouve qu'avantages à moins de circonstances exceptionnelles. Si la lumière arrive trop abondante au niveau de son tégument, la pigmentation apparaît et le pigment nous semble destiné à ramener à une dose bienfaisante l'agent actif dont l'excès pourrait amener des perturbations dangereuses. Il y a là un *processus d'adaptation*, plutôt qu'un processus de défense, quoiqu'en aient dit certains auteurs.

Il est heureux que les microbes ne possèdent point ce pouvoir d'adaptation particulier. Incolores ou presque ils se laissent pénétrer par les rayons chimiques de la lumière; la lumière exerce alors, sur eux, au maximum, son action pathogène que l'on désigne ici sous le nom d'*ac-*

(1) Beaucoup de verres ou d'étoffes rouges et verts laissent filtrer une quantité notable de rayons bleus et violets capables d'impressionner la plaque photographique. Ces verres et ces étoffes seraient donc très mauvais dans le traitement de la variole tel que nous venons de l'indiquer.

tion bactéricide. Supposons un instant que les microbes puissent se défendre par la production d'un pigment tel que la chlorophylle, la lumière loin de les tuer leur communiquerait, comme aux végétaux, des énergies nouvelles. La purification naturelle de l'air, du sol et de l'eau par la lumière aurait vécu. On juge des conséquences qui en découleraient pour l'existence de l'homme sur la terre!

LES AGENTS CHIMIQUES

LES CAUSTIQUES

Par P. LE NOIR

Médecin de l'hôpital Saint-Antoine.

Sous le nom de *caustiques* on désigne les « corps qui, mis en contact avec une partie animale et à une température peu élevée, en altèrent et détruisent rapidement l'organisation ».

Indépendante de toute influence physique, thermique ou électrique, la cautérisation par les caustiques résulte uniquement de l'application de certaines substances à la surface du corps ou des muqueuses. Dans ce mode de cautérisation, contrairement à ce qu'on observe dans la rubéfaction ou dans la vésication (¹), un trouble durable et profond est apporté dans la composition des tissus; il y a mortification consécutive des parties atteintes et élimination terminale des eschares.

C'est en se combinant aux matières organiques que ces agents produisent de tels désordres et leur pouvoir caustique est en rapport avec leurs affinités pour les matières organiques. Leurs propriétés chimiques permettront donc de comprendre leur mode d'action.

Cette étude devrait être entreprise pour chaque caustique et pour chacun des tissus de l'économie animale, car on conçoit que le pouvoir corrosif varie suivant les circonstances dans lesquelles il se manifeste. La nature de l'agent chimique, la constitution anatomique de la région atteinte, la durée du contact sont autant de conditions capables

(¹) La rubéfaction peut être obtenue par des moyens bien différents : friction, calorique, balai électrique, percussion, ventouses, application de substances végétales ou minérales (teinture d'iode, farine de moutarde, etc.). Sous l'influence de ces agents la peau devient rouge, le sang y afflue, une sensation de cuisson est ressentie par le patient. Tous ces phénomènes sont le résultat d'une excitation des nerfs cutanés qui provoque, par action réflexe, la vaso-dilatation des capillaires.

La vésication est plus active; il y a tuméfaction, exsudation d'une sérosité riche en albumine, soulèvement de l'épiderme.

Dans la rubéfaction comme dans la vésication il n'y a pas altération persistante, et, au point de vue local, le résultat obtenu est en tous points comparable aux brûlures du 1er ou du 2e degré.

de modifier les phénomènes. La puissance de cautérisation est loin, en effet, d'être la même pour tous les caustiques. La résistance varie suivant les tissus et pour un même tissu suivant les différentes régions du corps. Enfin l'action du caustique est tantôt brutale, rapide, étendue et profonde, comme cela se voit à la suite des attentats criminels, des accidents ou des empoisonnements; tantôt elle est lente, atténuée dans son intensité, limitée dans son étendue comme dans les cas où il s'agit d'applications thérapeutiques. Dans cette dernière circonstance la cautérisation s'exerce soit sur des éléments normaux, soit sur des produits pathologiques.

Signalons en outre l'utilisation de certains caustiques comme réactifs dans la technique histologique et leur emploi en hygiène publique pour la destruction rapide des cadavres et pour la désinfection.

Les tissus le plus souvent atteints sont d'abord le tégument externe (peau et annexes, muqueuses oculaire, nasale, labiale), ensuite les voies digestives et surtout les premières voies (bouche, langue, pharynx, œsophage, estomac). L'introduction accidentelle d'un liquide caustique dans le rectum explique la possibilité de brûlures étendues de la muqueuse du gros intestin.

Les voies aériennes sont rarement touchées par les caustiques; cependant lorsqu'un liquide corrosif est ingéré en grande quantité la pénétration de quelques gouttes de la solution dans le larynx et la trachée est assez fréquente; la brûlure de l'épiglotte est presque constante. Les altérations profondes des bronches et de leurs divisions ne peuvent guère être réalisées que par l'inhalation de gaz irritants.

La muqueuse vaginale, la muqueuse utérine, la vessie, sont souvent soumises à l'action des caustiques dans un but thérapeutique.

L'étendue de la cautérisation peut varier en surface et en profondeur. Superficielles, mais détruisant de larges territoires cutanés, les brûlures par caustiques déterminent des troubles généraux graves; localement même la réparation se fait lentement, la cicatrisation est vicieuse. Si la cautérisation est profonde, après destruction de la peau ou de la muqueuse, les tissus sous-jacents eux-mêmes sont attaqués; les vaisseaux sont rompus; le sang est mis en contact avec le caustique; les muscles, les aponévroses, les tendons sont soumis à l'action corrosive; les cartilages, les os, les viscères même peuvent être exceptionnellement atteints.

Il faudrait donc envisager l'action des caustiques sur chacun de ces tissus, comme il faudrait aussi rechercher l'influence de ces mêmes corps chimiques sur les néoformations pathologiques (cancers, bourgeons charnus, etc.). Cette étude nous entraînerait trop loin; elle présente d'ailleurs, en l'état actuel de nos connaissances, trop de lacunes pour être entreprise avec utilité. Nous ne pouvons que passer en revue les conditions générales qui favorisent ou qui contrarient l'action des caustiques et voir quelles sont les altérations les plus ordinaires des tissus cautérisés, en prenant pour types les brûlures de la peau et de l'estomac qui présentent le plus d'intérêt.

L'organisme possède des moyens naturels de protection. Les matières grasses, qui recouvrent normalement la peau, isolent, très imparfaitement il est vrai, les téguments; les sécrétions physiologiques favorisent ou neutralisent l'action de certains composés. Les liquides de l'économie, alcalins pour la plupart, atténuent, dans une certaine mesure, la causticité des acides, tandis que l'acidité du suc gastrique, de l'urine, combat l'alcalinité des liquides introduits dans l'estomac ou dans la vessie. Les sécrétions dans la composition desquelles entrent les chlorures précipitent les sels d'argent. Mais ce sont là de bien faibles moyens de défense et, dans la majorité des cas, l'action des caustiques ne rencontre aucun obstacle appréciable. Les liquides transsudés sous l'influence même du corps irritant agissent bien plus efficacement par le seul fait qu'ils se mélangent aux liquides nocifs et qu'ils en diminuent le pouvoir par dilution de plus en plus grande. C'est par ce mécanisme qu'on voit les lésions se limiter aux parties superficielles et l'effet destructif s'atténuer rapidement sur les parties profondes.

La résistance propre à certains tissus est plus importante encore. La peau est moins sensible à l'action corrosive que les muqueuses et même certaines régions du tégument externe sont difficilement attaquées. On sait qu'il faut répéter fréquemment les attouchements à l'acide nitrique concentré pour détruire les productions épidermiques (verrues, etc.).

Même inégalité pour les muqueuses; celles qui sont recouvertes d'épithélium stratifié se laissent moins facilement désorganiser que les muqueuses à épithélium cylindrique. Les aponévroses, les tendons demeurent indemnes ou ne cèdent que devant une action énergique.

A ces circonstances dépendantes de la vitalité des tissus organiques, il faut opposer celles qui sont en rapport avec la composition des corps caustiques. Il existe, en effet, des variations considérables dans le pouvoir corrosif des substances chimiques, et l'on pourrait établir une échelle de causticité en partant des corps les moins actifs pour aboutir aux plus violents. Nous aurons à revenir sur cette étude, lorsque nous essayerons d'établir une classification rationnelle des caustiques; mais disons dès maintenant qu'il est à peu près impossible de trouver une corrélation directe entre la composition chimique d'un corps et son pouvoir caustique.

On remarque, par contre, un rapport certain entre l'action d'un même agent et son état physique. S'il s'agit de corps en solution dans un liquide inerte par lui-même, le degré de la dilution a une importance capitale. En solutions concentrées, l'acide phénique, par exemple, jouit de propriétés caustiques violentes ; tandis que, en dissolutions étendues, il est tous les jours employé en chirurgie et son application sur la peau ou sur les plaies ne provoque qu'exceptionnellement des accidents. Il en est de même pour la plupart des caustiques acides (acide chlorhydrique, acide sulfurique), qui entrent même dans la composition de certaines limonades.

Les corps solides produisent des effets variables. Les uns inertes tant qu'ils restent à l'état solide, ne deviennent actifs que s'ils rencontrent un certain degré d'humidité (nitrate d'argent, par exemple), les autres attaquent énergiquement les tissus dès qu'ils arrivent à leur contact. Aussi voyons-nous les anciens chirurgiens s'efforcer de modérer l'action des substances douées de propriétés caustiques énergiques, mais réputées favorables à la guérison des tumeurs, en les mélangeant avec des poudres inertes. Cette sorte de dilution avait encore l'avantage de rendre ces corps plus maniables pour l'opérateur.

Il faut aussi tenir compte de ce fait que, dans les combinaisons formées, certains corps caustiques épuisent peu à peu leur action, que les composés albumineux auxquels ils donnent naissance sont souvent insolubles et s'opposent à leur diffusion en protégeant les parties sous-jacentes; ainsi la cautérisation se limite d'elle-même.

Dans les circonstances opposées, aucune barrière n'est apportée à l'action chimique et la désorganisation s'étend au loin, le caustique fuse à une plus ou moins grande distance. Il est évident que, dans tous les cas, il faut faire intervenir la durée du contact, et qu'il existe de notables différences entre la brûlure produite par un corps, qui ne fait que glisser pour ainsi dire à la surface de la peau ou d'une muqueuse et l'action prolongée de la même substance. C'est ainsi que les liquides déglutis en grande quantité peuvent altérer davantage la muqueuse gastrique que les parois du pharynx et de l'œsophage, et que, dans ce dernier conduit même, ce sont les points rétrécis qui portent les lésions les plus graves.

Les corps chimiques doués de propriétés caustiques sont gazeux, liquides ou solides (classification de Sanson). On peut encore les diviser en corps métalliques, corps acides (végétaux ou minéraux), corps basiques ou en combinaisons salines. C'est la classification proposée par Bonnet[1]. Si une pareille distinction, fondée uniquement sur les propriétés chimiques, est acceptable lorsqu'il s'agit de faire une énumération, elle doit être abandonnée lorsqu'on se propose d'étudier le mode d'action des caustiques; mais, en s'appuyant sur les modifications qu'ils impriment aux tissus, on pourra, comme nous allons le voir, réunir les éléments d'une classification rationnelle.

On rangeait autrefois les caustiques en deux groupes suivant l'intensité de leur action : les cathérétiques de causticité faible ; les escharotiques doués de propriétés énergiques. Aucune démarcation nette ne sépare les premiers des seconds et le même corps peut selon son état de concentration, être considéré comme escharotique ou comme cathérétique.

(1) Bonnet, Mémoire sur la cautérisation. *Gaz. méd. de Paris*, 1844.

La distinction proposée par Mialhe([1]), sans être tout à fait à l'abri du même reproche, est cependant bien préférable. Elle repose sur une réaction générale des matières protéiques. Un certain nombre de substances caustiques forment avec l'albumine du sang et des tissus un composé insoluble et la coagulent, d'autres corps dans les mêmes conditions produisent une combinaison soluble et ramollissent les parties sur lesquelles ils agissent. On peut ainsi séparer les caustiques en caustiques coagulants et en caustiques fluidifiants ou liquéfiants.

Cette classification, surtout utile au point de vue pharmacologique, mérite d'être conservée dans une étude d'ensemble des caustiques, car elle permet de réunir dans un même groupe les corps doués de propriétés chimiques et physiologiques sinon identiques du moins très analogues.

Il est enfin un point que nous ne ferons que mentionner, c'est l'action générale des caustiques sur l'organisme; ces corps, en effet, peuvent être absorbés et donner lieu à des phénomènes d'intoxication plus ou moins graves.

Caustiques coagulants. — Les composés chimiques qui possèdent la propriété de coaguler les matières albuminoïdes appartiennent soit aux sels métalliques, soit aux acides. Certaines essences ont également cette action.

Sels métalliques. — Les sels métalliques ont le pouvoir coagulant le plus énergique; ils sont solides ou en dissolution. A l'état solide, ils ont peu d'action sur la peau sèche et n'agissent que sur le tégument externe dépourvu de son épiderme ou sur les muqueuses. Liquides, leur causticité varie avec le degré de la dilution, et ce n'est qu'en concentration qu'ils sont réellement coagulants.

De couleur, de consistance et d'épaisseur variables suivant la nature du caustique, les eschares sont sèches, bien limitées, et leur chute ne s'accompagne que rarement d'hémorragie. La mortification se produit plus facilement sur les tissus pathologiques que sur les tissus sains. Examinée au microscope, la région cautérisée présente des altérations qui ont été surtout bien étudiées par Bryk ([2]), à propos de l'action des chlorures et dont la description peut être prise comme type. Les tissus qui constituent l'eschare subissent deux lésions différentes, une sorte de momification et la dégénérescence graisseuse. La première porte principalement sur les couches les plus superficielles tandis que la seconde s'observe surtout dans les parties les plus profondes.

A la surface, les tissus nécrosés sont peu modifiés dans leur structure; ils se dessèchent rapidement et se transforment en une substance friable. Les éléments cellulaires sont conservés et reconnaissables au microscope. Dans les points où prédomine la dégénérescence graisseuse, au con-

([1]) Mialhe, *Traité de l'art de formuler*.
([2]) Bryk, *Virchow's Archiv*, 1860, t. XVIII.

traire, les cellules épithéliales des muqueuses, celles du corps de Malpighi, les cellules du tissu conjonctif sous-cutané, les éléments musculaires sont augmentés de volume et distendus par des granulations graisseuses. Les mêmes lésions ont pu être observées expérimentalement dans les cartilages et les os.

C'est sur les vaisseaux et sur le sang qu'ils contiennent que l'action spéciale de ces caustiques est surtout manifeste. Le sang est coagulé dans les artères, dans les veines et dans les capillaires, non seulement dans le territoire même de l'eschare, mais bien au delà de ses limites, surtout si l'on observe les veines. Le caillot remplit les vaisseaux, qui sont ainsi transformés en cordons durs, rétractés sur eux-mêmes, de calibre moindre qu'à l'état normal. Les parois elles-mêmes sont intactes ou atteintes de dégénérescence graisseuse dans leurs cellules endothéliales.

Sur les tissus pathologiques il est également possible, d'après Lambl et d'après Bryk, de constater l'existence de plusieurs couches, présentant des lésions différentes. Dans les couches les plus superficielles, on reconnaît les éléments du tissu malade plus ou moins altérés et les vaisseaux coagulés. Dans les couches profondes les granulations graisseuses prédominent et, au-dessous de l'eschare, se trouve un amas purulent.

L'analyse chimique a permis de révéler dans les tissus cautérisés la présence de produits en majeure partie insolubles, quelques-uns solubles cependant (albuminates métalliques solubles ou non ; acides gras, substance protéique chlorée, etc.).

C'est surtout dans la thérapeutique chirurgicale que les sels métalliques ont trouvé leur application. Les plus usités sont le nitrate d'argent, le nitrate acide de mercure, les chlorures métalliques. Ces derniers lorsqu'ils sont en dissolution étendue se rapprochent par leur action des chlorures alcalins.

En technique histologique on utilise la propriété qu'ont certains sels métalliques (nitrate d'argent, chlorure de zinc, etc.) de faire périr instantanément les cellules sans modifier leurs formes.

Acides caustiques. — Les acides diffèrent un peu par leurs effets des caustiques métalliques. Ils agissent généralement à l'état liquide; aussi produisent-ils des eschares étendues, mal limitées. Ils attaquent énergiquement les tissus, et la peau ne leur oppose aucune résistance, mais leur action s'atténue rapidement. Deux causes contribuent à borner leur pouvoir corrosif; ils absorbent l'eau des tissus et par ce fait, ils subissent une dilution de plus en plus grande; l'alcalinité du milieu où ils agissent neutralise une partie de leur acidité.

Pour toutes ces raisons, les eschares produites par les acides n'ont jamais une grande épaisseur. D'abord molles, elles durcissent au contact de l'air; leur coloration varie avec la nature de l'acide qui les a produites; jaunes avec l'acide azotique (formation d'acide xanthoprotéique), elles sont brunes ou noirâtres avec l'acide sulfurique, par suite de la mise en liberté du carbone, par production de gélatine ou encore par altération de la matière colorante du sang.

L'interprétation exacte des phénomènes qui contribuent à la formation de l'eschare est difficile à donner. L'action de ces caustiques ne serait pas identique sur le vivant et sur le cadavre, du moins pour l'acide sulfurique le mieux étudié de tous (Neyreneuf). Ces acides désorganisent les tissus vraisemblablement par un mécanisme assez complexe et variable dans chaque cas. On peut invoquer la désydratation des tissus (acide sulfurique), l'oxydation des matières albuminoïdes (acide azotique, acide chromique), leur dissolution (acide acétique). Un seul fait est bien établi, c'est la coagulation du sang dans les vaisseaux et c'est peut-être la cause la plus importante de la mortification des tissus.

Les acides doués de pouvoir caustique sont nombreux. Les acides végétaux sont peu actifs, tandis que les acides minéraux comme l'acide sulfurique, l'acide azotique, l'acide chloro-azotique, l'acide chromique ont une action destructive des plus violentes.

L'acide arsénieux ne rentre pas dans la classe des caustiques coagulants et son étude sera faite plus loin.

Les lésions produites par l'acide sulfurique sont les plus fréquentes. On les observe d'ordinaire soit sur la peau, soit sur la muqueuse gastrique. Le pouvoir corrosif de cet acide est considérable. En solution concentrée, il détruit la peau sur de vastes surfaces, laisse à la suite de son action des plaies étendues, dont la cicatrisation se fait lentement. Ingéré, s'il est absorbé en grande quantité, il corrode la muqueuse buccale, la langue; il détermine des brûlures de l'œsophage surtout aux deux extrémités où le conduit se rétrécit et où le contact avec le liquide est plus intense. Arrivé dans l'estomac, il peut détruire toute l'épaisseur de la muqueuse et la chute de l'eschare peut être suivie d'une perforation. Si le liquide a été introduit à dose faible, les lésions sont encore très marquées. La muqueuse gastrique est boursouflée, ses couches superficielles sont coagulées; il se forme une eschare. Au dessous de la couche glandulaire, un épanchement sanguin s'étend en nappe entre les parties mortifiées et le chorion. Ces lésions ecchymotiques sont plus prononcées avec l'acide sulfurique qu'avec tout autre acide. Injecté dans le tissu cellulaire, l'acide sulfurique de Nordhausen détruit les nerfs et le tissu lamineux, injecté dans les muscles il en détermine la momification, mais son action n'est pas suivie de suppuration (Nélaton et Th. Anger).

La coloration des eschares produites par l'acide sulfurique est noire par suite de l'altération de l'hémoglobine du sang et la mise en liberté du carbone organique; tandis que les eschares consécutives au contact de l'acide azotique sont jaunes (réaction xantro-protéiques des matières albuminoïdes).

Essences. — Les essences dont l'action a été étudiée par M. Pilliet [1] ont une action analogue à celle des acides. Mais, fait digne de remarque, tandis qu'en général leur influence sur la peau est nulle, leur pouvoir caustique par rapport à la muqueuse gastrique se rapproche des acides

[1] PILLIET, *Société de biologie*, nov. 1893 et janvier 1894.

les plus forts, et peut être comparé à celui de l'acide sulfurique [1]. Les essences de cannelle, de bergamote et de reine des prés injectées dans l'estomac du lapin provoquent la formation d'une eschare totale, constituant une membrane blanchâtre qui recouvre la totalité de la muqueuse gastrique.

Sous l'influence du caustique, les villosités s'allongent, une infiltration embryonnaire se forme autour des glandes et la partie superficielle de la muqueuse se sépare au bout de trois à quatre jours.

Caustiques liquéfiants. — Nous étudierons dans ce groupe les substances alcalines telles que la potasse, la soude, l'ammoniaque, la chaux, leurs composés et, en outre, l'acide arsénieux.

La causticité de ces corps est considérable. Ils désorganisent les tissus en s'emparant de leur eau de composition, se combinent aux matières grasses pour former des savons, enfin ils décomposent les matières azotées et s'unissent aux acides pour donner naissance à des sels alcalins. Ils ne coagulent pas le sang contenu dans les vaisseaux ; ils possèdent même la propriété d'empêcher *in vitro* la coagulation du sang extrait des veines.

Leur action sur la peau est énergique, mais la cautérisation est lente et elle n'est complète qu'au bout de plusieurs heures. L'eschare est molle, noirâtre. En résumé, l'action des caustiques liquéfiants est rapide, mais limitée aux couches superficielles ; il s'ensuit que les symptômes immédiats seront toujours très graves, mais que la cicatrisation qui succédera à l'eschare sera peu profonde, superficielle, peu rétractile (P. Delbet et Veau), le caustique ayant tendance à la diffusion, les tissus sont détruits au delà du point d'application; la profondeur de l'eschare atteint environ la moitié de la largeur. Au moment de l'élimination, les vaisseaux restent béants et il n'est pas rare d'observer des hémorragies. Seule, la potasse caustique sous forme de pierre à cautère ou associée à la chaux pour constituer le caustique de Vienne trouve encore son application thérapeutique.

Les chlorures alcalins (chlorures de potassium, sodium, de calcium et d'ammonium) et aussi les chlorures métalliques à l'état de dissolution étendue ont un pouvoir caustique faible ; ils donnent une eschare molle, blanchâtre, qui durcit au contact de l'air, le sang reste liquide dans les vaisseaux. Ils provoquent la dégénérescence graisseuse des cellules épithéliales de la peau, du corps de Malpighi et des fibres musculaires. Cette action serait due, d'après Bryk, à la mise en liberté du chlore.

L'acide arsénieux produit également une eschare molle qui tombe ordinairement du quinzième au trentième jour, il n'a d'action caustique que sur les tissus vivants. Son absorption se fait assez rapidement et peut être une cause d'intoxication.

[1] Le suc d'ail et celui de certaines plantes crucifères peuvent cependant être très caustique pour la peau.

L'action des caustiques aboutit donc toujours à la formation d'une eschare qui, au bout d'un certain temps, va être éliminée. La chute des parties mortifiées se fait au bout de dix à vingt jours, plus rapidement à la suite de l'application des acides qu'après celle des alcalins; tantôt les tissus se détachent par lambeaux, tantôt l'eschare reste entière et est éliminée en bloc laissant au-dessous d'elle une plaie bourgeonnante dont la cicatrisation ne présente rien de particulier.

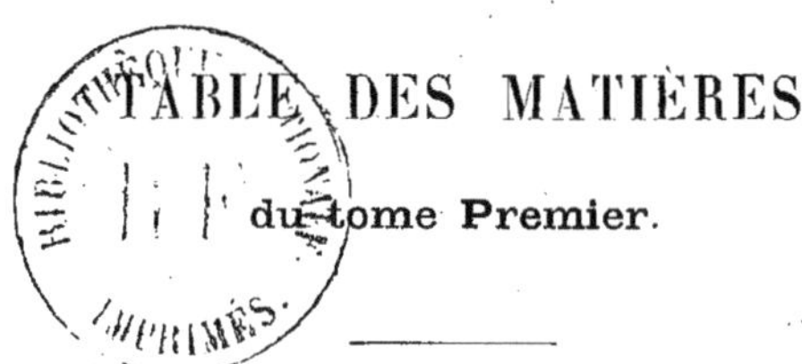

TABLE DES MATIÈRES

du tome Premier.

INTRODUCTION A L'ÉTUDE DE LA PATHOLOGIE GÉNÉRALE.

(H. Roger.)

PATHOLOGIE COMPARÉE DE L'HOMME ET DES ANIMAUX

(H. Roger et P.-J. Cadiot.)

NOTIONS DE PATHOLOGIE VÉGÉTALE

(P. Vuillemin.)

ÉTIOLOGIE ET PATHOGÉNIE

(**H. Roger.**)

PATHOGÉNIE GÉNÉRALE DE L'EMBRYON — TÉRATOLOGIE

(**Mathias Duval et P. Mulon.**)

L'HÉRÉDITÉ ET LA PATHOLOGIE GÉNÉRALE

(**P. Le Gendre.**)

IMMUNITÉS ET PRÉDISPOSITIONS MORBIDES

(**Ch. Achard.**)

DE L'ANAPHYLAXIE

(Paul Courmont.)

LES AGENTS MÉCANIQUES

(Félix Lejars.)

INFLUENCE DU TRAVAIL PROFESSIONNEL SUR L'ORGANISME

(**A. Imbert.**)

LES VARIATIONS DE PRESSION EXTÉRIEURE

(**J.-P. Langlois.**)

ACTIONS PATHOGÈNES DES AGENTS PHYSIQUES

(**J. Bergonié.**)

ACTION PATHOGÈNE DE LA LUMIÈRE

(Th. Nogier.)

LES AGENTS CHIMIQUES : LES CAUSTIQUES

(P. Le Noir.)

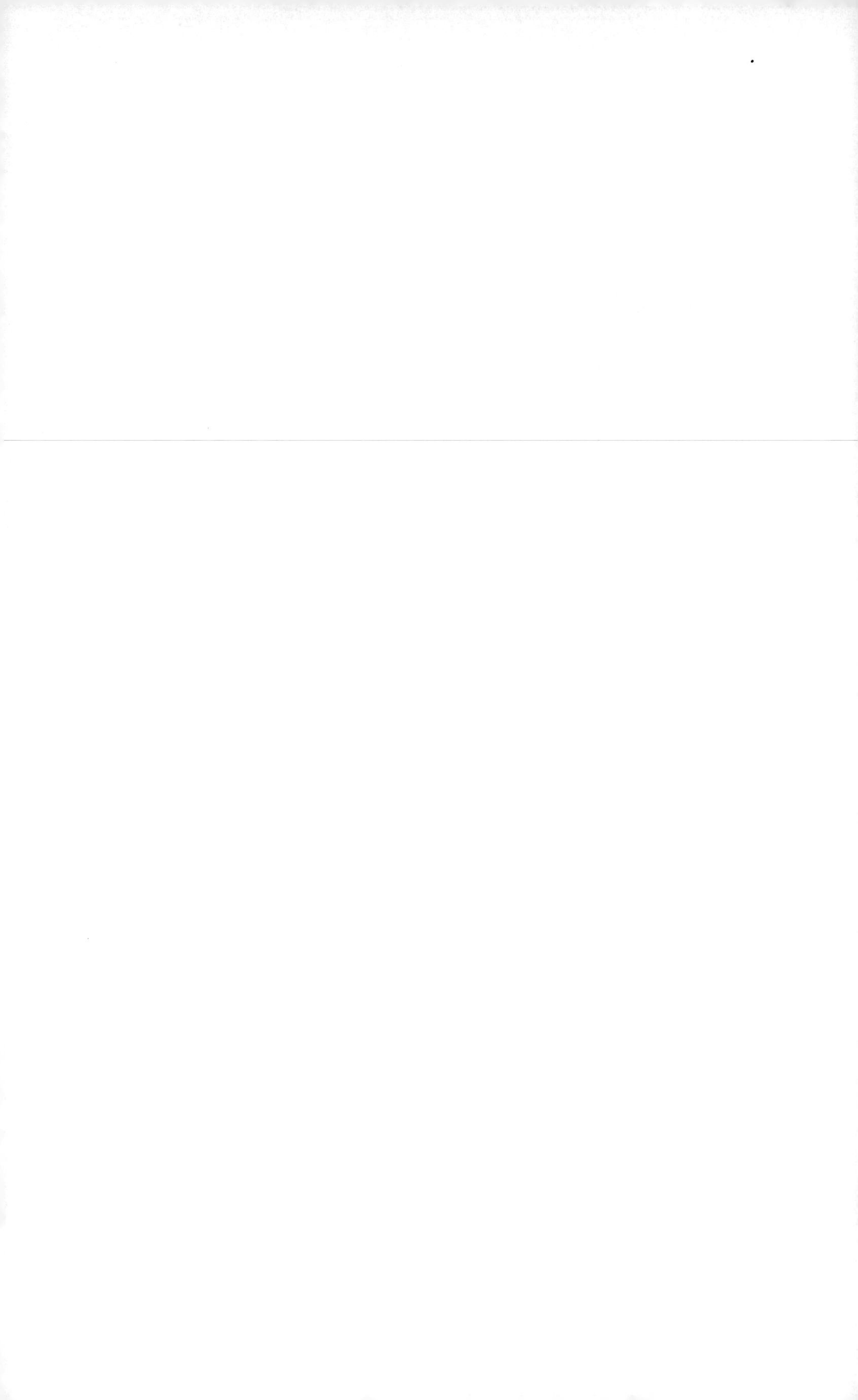

67823. — PARIS, IMPRIMERIE GÉNÉRALE LAHURE
9, RUE DE FLEURUS, 9.

www.ingramcontent.com/pod-product-compliance
Ingram Content Group UK Ltd.
Pitfield, Milton Keynes, MK11 3LW, UK
UKHW020949230726
13923UKWH00007B/1

9 782019 240547